Win-Q

용접

산업기사 필기

시대에듀

합격에 윙크[Win-Q]하다

Win-Q

[용접산업기사] 필기

Always with you

사람이 길에서 우연하게 만나거나 함께 살아가는 것만이 인연은 아니라고 생각합니다.
책을 펴내는 출판사와 그 책을 읽는 독자의 만남도 소중한 인연입니다.
시대에듀는 항상 독자의 마음을 헤아리기 위해 노력하고 있습니다.
늘 독자와 함께하겠습니다.

PREFACE

머리말

용접 분야의 전문가를 향한 첫 발걸음!

이 교재는 용접산업기사를 취득하고자 하는 수험생들이 용접 관련 이론 서적들을 참고하지 않아도 필기시험에 합격할 수 있도록 구성되었습니다.

용접산업기사 필기시험의 출제영역은 크게 용접야금 및 용접설비제도, 용접구조설계, 용접일반 및 안전관리의 세 부분으로 구분되는데 한국산업인력공단의 출제기준과 최근 11년간의 기출(복원)문제를 철저히 분석하여 핵심이론을 구성하였고 기출(복원)문제에도 상세히 해설을 첨부하였습니다.

문제은행식으로 출제되는 국가기술자격의 필기시험은 기출문제가 반복적으로 출제되기 때문에 기출(복원)문제를 분석해서 풀어보고 이와 관련된 이론들을 학습하는 것이 효과적인 학습방법입니다.

이 교재는 용접이라는 분야를 처음 접하는 수험생들이 쉽게 이해할 수 있도록 풀어서 설명하였고, 꼭 알아야만 하는 용접 관련 이론만을 엄선해서 핵심이론을 수록했습니다. 이 교재를 통해서 한 번에 용접산업기사 필기시험에 합격하고자 한다면 다음과 같이 교재를 활용하시기 바랍니다.

첫째, 빨간키의 내용을 하루에 한 번씩 암기하십시오.

  국가기술자격시험은 60문제 중에서 최소 36문제를 맞히면 되므로 자주 등장하는 기출 용어에 익숙해질 필요가 있습니다.

둘째, 1년치의 기출문제를 1시간 안에 빠른 속도로 여러 번 반복 학습하십시오.

셋째, 최근 기출복원문제에 등장한 문제의 해설을 더 꼼꼼하게 학습하십시오.

위와 같은 방법으로 이 교재를 활용한다면 분명 단기간에 용접산업기사 필기시험에 합격할 수 있을 것이라고 자신합니다. 이 교재가 수험생 여러분의 자격증 취득으로 가는 길의 길잡이가 되길 희망합니다.

마지막으로 본 교재가 출간될 수 있도록 도움을 주신 홍종수, 정윤숙, 신원장, 김철희, 박병욱, 오가영 선생님과 시대에듀 회장님 및 임직원 여러분들께도 감사드립니다.

편저자 씀

시험안내

개 요

용접기술은 조선, 기계, 자동차, 전기, 전자 및 건설 등의 산업에서 제품이나 설비의 제조, 조립, 설치, 보수 등에 이르기까지 광범위하게 사용되고, 산업기술의 척도라고 할 만큼 중요한 위치를 차지한다. 이에 산업현장에 필요한 용접기술인력을 양성하고자 자격제도를 제정하였다.

수행직무

주로 제품과정에 필요한 용접을 하여 하나의 제품 또는 구조물을 완성하는 작업을 수행하며, 용접에 관한 설계와 제도 완성, 이에 따르는 비용 계산, 재료 준비 등의 업무를 수행한다.

시험일정

구 분	필기원서접수 (인터넷)	필기시험	필기합격 (예정자)발표	실기원서접수	실기시험	최종 합격자 발표일
제1회	1월 하순	2월 중순	3월 중순	3월 하순	4월 하순	5월 하순
제2회	4월 중순	5월 초순	6월 초순	6월 하순	7월 하순	8월 하순
제3회	6월 중순	7월 초순	8월 초순	9월 초순	10월 중순	11월 중순

※ 상기 시험일정은 시행처의 사정에 따라 변경될 수 있으니, www.q-net.or.kr에서 확인하시기 바랍니다.

시험요강

❶ 시행처 : 한국산업인력공단

❷ 관련 학과 : 전문대학 및 대학의 기계공학, 금속공학 등 관련 학과

❸ 시험과목

㉠ 필기 : 1. 용접야금 및 용접설비제도 2. 용접구조설계 3. 용접일반 및 안전관리

㉡ 실기 : 용접 실무

❹ 검정방법

㉠ 필기 : 과목당 객관식 20문항(과목당 30분)

㉡ 실기 : 작업형(2시간 정도)

❺ 합격기준

㉠ 필기 : 100점을 만점으로 하여 과목당 40점 이상, 전 과목 평균 60점 이상

㉡ 실기 : 100점을 만점으로 하여 60점 이상

검정현황

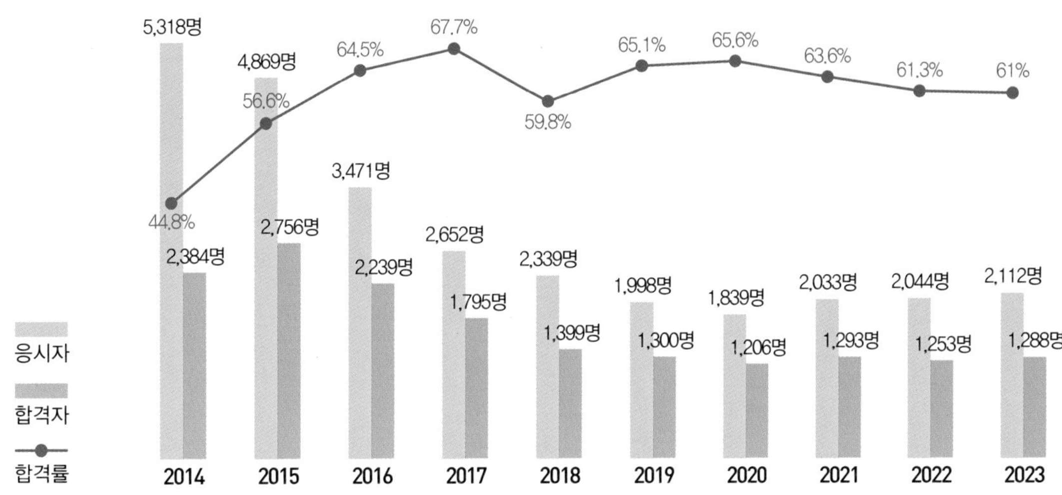

필기시험

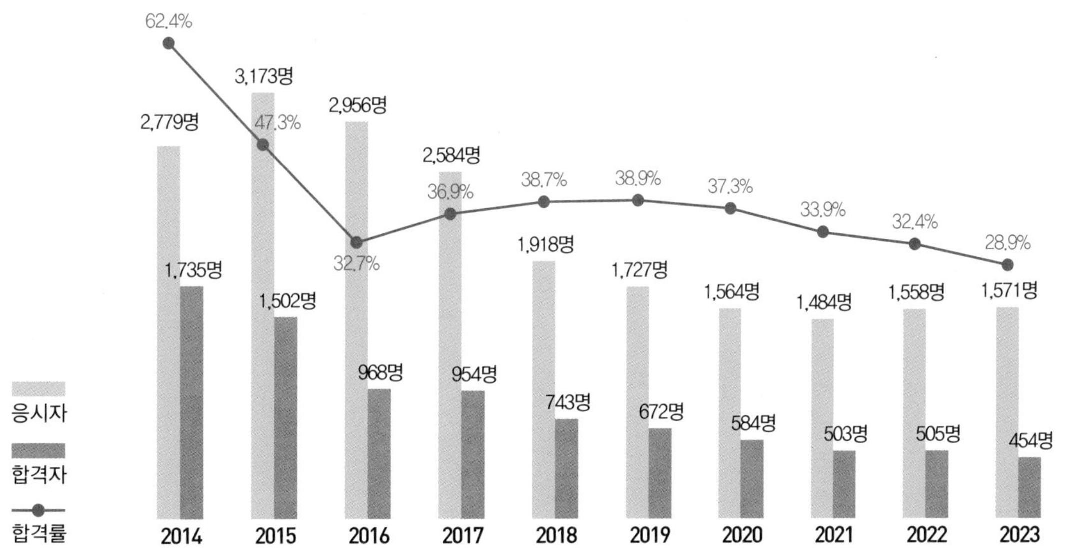

실기시험

시험안내

출제기준

필기과목명	주요항목	세부항목	세세항목
용접야금 및 용접설비제도	용접부의 야금학적 특징	용접야금 기초	• 금속결정구조 • 화합물의 반응 • 평형상태도 • 금속조직의 종류
		용접부의 야금학적 특징	• 가스의 용해 • 탈산, 탈황 및 탈인반응 • 고온 균열의 발생원인과 방지 • 용접부 조직과 특징 • 저온 균열의 발생원인과 방지 • 철강 및 비철재료의 열처리 • 용접부의 열영향 및 기계적 성질
	용접재료 선택 및 전 · 후처리	용접재료 선택	• 용접재료의 분류와 표시 • 용가제의 성분과 기능 • 슬래그의 생성반응 • 용접재료의 관리
		용접 전 · 후처리	• 예열 • 후열처리 • 응력풀림처리
	용접설비제도	제도통칙	• 제도의 개요 • 문자와 선 • 도면의 분류 및 도면관리
		제도의 기본	• 평면도법 • 투상법 • 도형의 표시 및 치수 기입방법 • 기계재료의 표시법 및 스케치 • CAD 기초
		용접제도	• 용접기호 기재방법 • 용접기호 판독방법 • 용접부의 시험기호 • 용접 구조물의 도면 해독 • 판금, 제관의 용접도면 해독

필기과목명	주요항목	세부항목	세세항목
용접구조설계	용접설계 및 시공	용접설계	• 용접이음부의 종류 • 용접이음부의 강도 계산 • 용접구조물의 설계
		용접시공 및 결함	• 용접시공, 경비 및 용착량 계산 • 용접 준비 • 본용접 및 후처리 • 용접온도분포, 잔류응력, 변형, 결함 및 그 방지대책
	용접성 시험	용접성 시험	• 비파괴시험 및 검사 • 파괴시험 및 검사
용접일반 및 안전관리	용접, 피복 아크용접 및 가스용접의 개요 및 원리	용접의 개요 및 원리	• 용접의 개요 및 원리 • 용접의 분류 및 용도
		피복아크용접 및 가스용접	• 피복아크용접 설비 및 기구 • 피복아크용접법 • 가스용접 설비 및 기구 • 가스용접법 • 절단 및 가공
	기타 용접	기타 용접 및 용접의 자동화	• 기타 용접 • 압접 • 납땜 • 용접의 자동화 및 로봇용접
	안전관리	용접 안전관리	• 아크, 가스 및 기타 용접의 안전장치 • 화재, 폭발, 전기, 전격사고의 원인 및 그 방지대책 • 용접에 의한 장해 원인과 그 방지대책

구성 및 특징

핵심이론

필수적으로 학습해야 하는 중요한 이론들을 각 과목별로 분류하여 수록하였습니다.
시험과 관계없는 두꺼운 기본서의 복잡한 이론은 이제 그만! 시험에 꼭 나오는 이론을 중심으로 효과적으로 공부하십시오.

CHAPTER 01 용접야금 및 용접설비제도

제1절 용접부의 야금학적 특징 및 용접재료

핵심이론 01 금속의 일반적인 성질

① 금속의 일반적인 특성
㉠ 비중이 크다.
㉡ 전기 및 열의 양도체이다.
㉢ 금속 특유의 광택을 갖는다.
㉣ 이온화하면 양(+)이온이 된다.
㉤ 상온에서 고체이며 결정체이다(단, Hg 제외).
㉥ 연성과 전성이 우수하며 소성변형이 가능하다.

② Fe 결정구조의 종류별 특징

종류	체심입방격자 (BCC ; Body Centered Cubic)	면심입방격자 (FCC ; Face Centered Cubic)	조밀육방격자 (HCP ; Hexagonal Close Packed lattice)
성질	• 강도가 크다. • 용융점이 높다. • 전성과 연성이 작다.	• 전기전도도가 크다. • 가공성이 우수하다. • 장신구로 사용된다. • 전성과 연성이 크다. • 연한 성질의 재료이다.	• 전성과 연성이 작다. • 가공성이 좋지 않다.
원소	W, Cr, Mo, V, Na, K	Al, Ag, Au, Cu, Ni, Pb, Pt, Ca	Mg, Zn, Ti, Be, Hg, Zr, Cd, Ce
단위격자	2개	4개	2개
배위수	8	12	12
원자 충진율	68%	74%	74%

※ 결정구조란 3차원 공간에서 규칙적으로 배열된 원자의 집합체를 말한다.

③ 합금(Alloy)
㉠ 두 개 이상의 서로 다른 금속들을 혼합하여 원하는 목적의 성질을 만드는 작업이다. 철강에 영향을 주는 주요 10가지 합금원소에는 C(탄소), Si(규소), Mn(망간), P(인), S(황), N(질소), Cr(크롬), V(바나듐), Mo(몰리브덴), Cu(구리), Ni(니켈)이 있다. 그 중 C가 가장 큰 영향을 미치는데, C의 양이 적을수록 용접성이 좋으므로, 저탄소강이 가장 용접성이 좋다.
㉡ 합금의 일반적 성질
• 경도가 증가한다.
• 주조성이 ...
• 용융점이 ...
• 전성, 연...
• 성분금속...
• 성분금속...
• 성분을 ...
는 경우...

④ 금속의 비중

Mg
1.7
Sn
5.8
Fe
7.8
Pb
11.3

※ 경금속과 중금...

2 ■ PART 01 핵심이론

핵심이론 09 구리와 그 합금

① 구리(Cu)의 성질
㉠ 비중 : 8.96
㉡ 비자성체이다.
㉢ 내식성이 좋다.
㉣ 용융점 : 1,083℃
㉤ 끓는점 : 2,560℃
㉥ 전기전도율이 우수하다.
㉦ 전기와 열의 양도체이다.
㉧ 전연성과 가공성이 우수하다.
㉨ Ni, Sn, Zn 등과 합금이 잘된다.
㉩ 건조한 공기 중에서 산화하지 않는다.
㉪ 방전용 전극재료로 가장 많이 사용된다.
㉫ 아름다운 광택과 귀금속적 성질이 우수하다.
㉬ 결정격자는 면심입방격자이며 변태점이 없다.
㉭ 황산, 염산에 용해되며 습기, 탄소가스, 해수에 녹이 생긴다.
㉮ 수소병이란 환원 여림의 일종으로 산화구리를 환원성 분위기에서 가열하면 수소가 구리 중에 확산 침투하여 균열이 발생한다. 질산에는 급격히 용해된다.
㉯ 구리의 경우 열전도율과 열팽창계수가 높아서 가열 시 재료의 변형이 일어나고, 열의 집중성이 떨어져서 저항용접이 어렵다.
㉰ 구리 중의 산화구리(Cu_2O)를 함유한 부분이 순수한 구리에 비하여 용융점이 약간 낮으므로, 먼저 용융되어 균열이 발생하기 쉽다.
㉱ 가스용접, 그 밖의 용접방법으로 환원성 분위기 속에서 용접을 하면 산화구리는 환원될 가능성이 커진다. 이때 용적은 감소하여 스펀지(Sponge) 모양의 구리가 되므로 더욱 강도를 약화시킨다. 그러므로 용접용 구리재료는 전해구리보다 탈산구리를 사용해야 하며 용접봉도 탈산구리 용접봉 또는 합금 용접봉을 사용해야 한다.

② 구리 합금의 대표적인 종류

청동	Cu + Sn, 구리 + 주석
황동	Cu + Zn, 구리 + 아연

③ 구리 용접이 어려운 이유
㉠ 구리는 열전도율이 높고 냉각속도가 빠르다.
㉡ 수소와 같이 확산성이 큰 가스를 석출하여, 그 압력 때문에 더욱 약점이 생긴다.
㉢ 열팽창계수는 연강보다 약 50% 크므로 냉각에 의한 수축과 응력집중을 일으켜 균열이 발생하기 쉽다.
㉣ 구리는 용융될 때 심한 산화를 일으키며, 가스를 흡수하기 쉬우므로 용접부에 기공 등이 발생하기 쉽다.

10년간 자주 출제된 문제

구리 합금의 용접성에 대한 설명으로 틀린 것은?
① 순동은 좋은 용입을 얻기 위해서 반드시 예열이 필요하다.
② 알루미늄 청동은 열간에서 강도나 연성이 우수하다.
③ 인청동은 열간취성의 경향이 없으며, 용융점이 낮아 편석에 의한 균열 발생이 없다.
④ 황동에는 아연이 다량 함유되어 있어 용접 시 증발에 의해 기포가 발생하기 쉽다.

|해설|
청동은 구리와 주석의 합금인데 구리 중의 산화구리를 함유한 부분이 순수한 구리에 비해 용융점이 낮아서 먼저 용융되는데, 이때 균열이 발생하므로 구리 합금(동합금)을 용접할 때 균열이 발생할 수 있다.

정답 ③

18 ■ PART 01 핵심이론

10년간 자주 출제된 문제

출제기준을 중심으로 출제 빈도가 높은 기출문제와 필수적으로 풀어보아야 할 문제를 핵심이론당 1~2문제씩 선정했습니다. 각 문제마다 핵심을 찌르는 명쾌한 해설이 수록되어 있습니다.

과년도 기출문제

지금까지 출제된 과년도 기출문제를 수록하였습니다. 각 문제에는 자세한 해설이 추가되어 핵심이론만으로는 아쉬운 내용을 보충 학습하고 출제경향의 변화를 확인할 수 있습니다.

2014년 제1회 과년도 기출문제

제1과목 용접야금 및 용접설비제도

01 용접성이 가장 좋은 강은?

① 0.2%C 이하의 강 ② 0.3%C 강
③ 0.4%C 강 ④ 0.5%C 강

해설
Fe에 C의 함량이 많을수록 용접성이 나빠지고 균열이 생기기 쉬우므로 탄소의 함량이 작은 ①번의 용접성이 가장 좋다.

02 저수소계 용접봉의 특징을 설명한 것 중 틀린 것은?

① 용접금속의 수소량이 낮아 내균열성이 뛰어나다.
② 고장력강, 고탄소강 등의 용접에 적합하다.
③ 아크는 안정되나 비드가 오목하게 되는 경향이 있다.
④ 비드 시점에 기공이 발생되기 쉽다.

해설
E4316(저수소계) 용접봉의 특징
- 아크가 불안정하다.
- 용접봉 중에서 피복제의 염기성이 가장 높다.
- 석회석이나 형석을 주성분으로 한 피복제를 사용한다.
- 숙련도가 낮을 경우 심한 볼록 비드의 모양이 만들어지기 쉽다.
- 용착 금속 중의 수소량이 타 용접봉에 비해 1/10 정도로 현저하게 적다.
- 보통 저탄소강의 용접에 주로 사용되나 저합금강과 중, 고탄소강의 용접에도 사용된다.
- 피복제는 습기를 잘 흡수하기 때문에 사용 전에 300~350℃에서 1~2시간 건조 후 사용해야 한다.
- 균열에 대한 감수성이 좋아 구속도가 큰 구조물이 용접이나 탄소 및 황의 함유량이 많은 쾌삭강의 용접에 사용한다.

03 합금주철의 함유성분 중 흑연화를 촉진하는 원소는?

① V ② Cr
③ Ni ④ Mo

해설
주철의 흑연화에 영향을 미치는 원소
- 주철의 흑연화 촉진제 : Al, Si, Ni, Ti
- 주철의 흑연화 방지제 : Cr, V, Mn, S

04 용접분위기 … 수 없는 것 …

① 플럭스 …
② 고착제 …
③ 플럭스 …
④ 대기 중 …

해설
용접할 때 수 … 수분이 없는 … 용접분위기 중 …
- 대기 중의 …
- 플럭스 중의 …
- 결정수를 포 …
- 플럭스에 흡 …
- 고착제(물유 …

최근 기출복원문제

최근에 출제된 기출문제를 복원하여 가장 최신의 출제경향을 파악하고 새롭게 출제된 문제의 유형을 익혀 처음 보는 문제들도 모두 맞힐 수 있도록 하였습니다.

2024년 제1회 최근 기출복원문제

제1과목 용접야금 및 용접설비제도

01 철강의 용접부 조직 중 수지상 결정조직으로 되어 있는 부분은?

① 모 재 ② 열영향부
③ 용착금속부 ④ 용합부

해설
철강의 용접부 조직에서 수지상의 결정구조를 갖는 부분은 용착금속부이다.
수지상정(수지상 결정) : 금속이 응고하는 과정에서 성장하는 결정립의 모양으로 그 모양이 나뭇가지 모양을 닮았다고 하여 수지상정이라고 불린다.

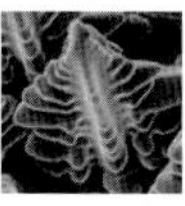

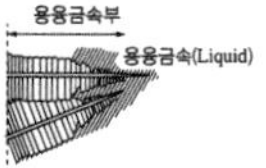

02 금속재료의 일반적인 특징이 아닌 것은?

① 금속결합인 결정체로 되어 있어 소성가공이 유리하다.
② 열과 전기의 양도체이다.
③ 이온화하면 음(-)이온이 된다.
④ 비중이 크고 금속적 광택을 갖는다.

해설
금속의 일반적인 특성
- 비중이 크다.
- 전기 및 열의 양도체이다.
- 금속 특유의 광택을 갖는다.
- 이온화하면 양(+)이온이 된다.
- 상온에서 고체이며 결정체이다(단, Hg 제외).
- 연성과 전성이 우수하며 소성변형이 가능하다.

03 용접 중 용융된 강의 탈산, 탈황, 탈인에 관한 설명으로 적합한 것은?

① 용융슬래그(Slag)는 염기도가 높을수록 탈인율이 크다.
② 탈황반응 시 용융슬래그(Slag)는 환원성, 산성과 관계없다.
③ Si, Mn 함유량이 같을 경우 저수소계 용접봉은 타이타늄계 용접봉보다 산소 함유량이 적어진다.
④ 관구이론은 피복아크용접봉의 플럭스(Flux)를 사용한 탈산에 관한 이론이다.

해설
저수소계 용접봉은 타이타늄계 용접봉보다 산소와 수소의 함유량이 적어서 고장력강용 용접에 널리 사용된다.

04 다음 그림에서 실제 목두께는 어느 부분인가?

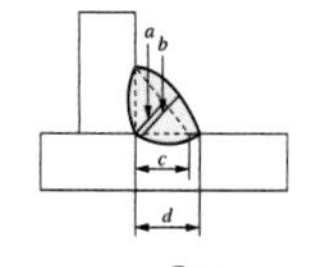

① a ② b
③ c ④ d

해설

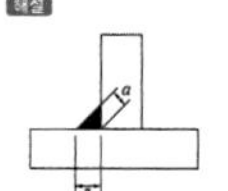

- a : 목두께
- z : 목길이(다리길이) $z = a\sqrt{2}$

1 ③ 2 ③ 3 ③ 4 ② 정답

최신 기출문제 출제경향

2021년 1회

- 용접 후 열처리의 목적
- 스톱홀 불량의 정의
- 슬롯용접의 특징
- 피복금속아크용접에서 스패터 발생원인
- 일렉트로가스용접의 특징

2021년 2회

- 용착법의 종류(스킵법)
- 엔드탭의 용도
- 피복아크용접봉 피복제의 종류 및 특징
- 저항용접의 종류 및 특징
- 탄산가스아크용접의 특징

2022년 1회

- 용접금속의 변형시효
- 예열의 실시 목적
- 레이저 용접장치의 형태
- CO_2용접의 특징
- 납땜용 용제가 갖추어야 할 조건

2022년 2회

- 공정반응으로 생성된 조직
- 심랭처리의 특징
- 용접부에 발생되는 허용응력 구하기
- 저수소계 용접봉의 건조온도
- 테르밋용접의 특징

2023년 1회

- 킬드강의 정의
- 용접보조기호
- 용접구조설계상 주의사항
- 서브머지드아크용접의 다전극 방식의 종류
- 저셀룰로스계 용접봉 피복제의 특징

2023년 2회

- 청열취성의 정의
- 등각투상도의 특징
- 용접결함의 특징
- 로봇의 동작기능을 나타내는 좌표계의 종류
- 가스용접의 전진법과 후진법의 특징

2024년 1회

- 테르밋용접의 특징
- 서브머지드아크용접기의 구성
- 용접변형방지법의 종류 및 특징
- 두꺼운 판 용접 시 홈 설계의 특징
- 피복아크용접봉에 사용된 피복제의 특징
- MIG용접에서 스프레이 용접 이행의 특징
- 맞대기 용접에서 최대굽힘응력 구하기

2024년 2회

- 응력제거풀림의 특징
- 이산화탄소가스아크용접의 정의
- 심랭처리(서브제로법)의 특징
- 점용접(스폿용접)의 3대 요소
- 잔류응력측정방법의 종류 및 특징
- 용접작업 시 반드시 필요한 전격방지대책
- 알루미늄을 TIG로 용접할 때 적합한 전류(고주파 교류)

이 책의 목차

빨리보는 간단한 키워드

빨간키

#합격비법 핵심 요약집 #최다 빈출키워드 #시험장 필수 아이템

CHAPTER 01 용접야금 및 용접설비제도

청열취성(靑熱, 푸를 청, 더울 열, 철이 산화되어 푸른빛으로 달궈져 보이는 상태)

탄소강이 200~300℃에서 인장강도와 경도값이 상온일 때보다 커지는 반면, 연신율이나 성형성은 오히려 작아져서 취성이 커지는 현상이다. 이 온도범위(200~300℃)에서는 철의 표면에 푸른 산화피막이 형성되기 때문에 청열취성이라고 부른다. 따라서 탄소강은 200~300℃에서는 가공을 피해야 한다.

적열취성(赤熱, 붉을 적, 더울 열, 철이 빨갛게 달궈진 상태)

S(황)의 함유량이 많은 탄소강이 900℃ 부근에서 적열 상태가 되었을 때 파괴되는 성질로, 철에 S의 함유량이 많으면 황화철이 되면서 결정립계 부근의 S이 망상으로 분포되면서 결정립계가 파괴된다. 적열취성을 방지하려면 Mn(망간)을 합금하여 S을 MnS로 석출시키면 된다. 이 적열취성은 높은 온도에서 발생하므로 고온취성으로도 부른다.

연신율(ε)

재료에 외력이 가해졌을 때 처음 길이에 비해 나중에 늘어난 길이의 비율

$$\varepsilon = \frac{\text{나중길이} - \text{처음길이}}{\text{처음길이}} = \frac{l_1 - l_0}{l_0} \times 100\%$$

크리프

고온에서 재료에 일정 크기의 하중(정하중)을 작용시키면 시간이 경과함에 따라 변형이 증가하는 현상

Fe-C계 평형상태도에서의 3가지 불변반응

종 류	반응온도	탄소함유량	반응내용	생성조직
공석반응	723℃	0.8%	γ고용체 ↔ α고용체 + Fe_3C	펄라이트 조직
공정반응	1,147℃	4.3%	융체(L) ↔ γ고용체 + Fe_3C	레데부라이트 조직
포정반응	1,494℃(1,500℃)	0.18%	γ고용체 ↔ δ고용체 + 융체(L)	오스테나이트 조직

▌ 탄소함유량 증가에 따른 철강의 특성

- 경도 증가
- 항복점 증가
- 인장강도 증가
- 취성 증가
- 충격치 감소
- 인성 및 연신율, 단면수축률 감소

▌ 탄소강에 함유된 합금원소의 영향

- 탄소(C) : 항복점은 증가, 인성과 연성은 감소
- 규소(Si) : 유동성은 증가, 결정립의 조대화로 충격값과 인성, 연신율은 저하
- 망간(Mn) : 탈산제로 사용 및 주철의 흑연화, 적열취성 방지
- 인(P) : 상온취성, 편석, 균열의 원인
- 황(S) : 편석과 적열취성의 원인
- 수소(H_2) : 백점, 헤어크랙의 원인
- 몰리브덴(Mo) : 뜨임취성을 방지
- 납(Pb) : 절삭성을 크게 하여 쾌삭강의 재료로 쓰임

▌ 흑연을 구상화하는 방법

황(S)이 적은 선철을 용해한 후 Mg, Ce, Ca 등을 첨가하여 제조하는데, 흑연이 구상화되면 보통주철에 비해 강력하고 점성이 강한 성질을 갖게 한다.

▌ 마우러 조직도

주철의 조직을 지배하는 주요 요소인 C와 Si의 함유량에 따른 주철의 조직의 관계를 나타낸 그래프

▌ 스테인리스강 중에서 가장 대표적으로 사용되는 오스테나이트계 스테인리스강은 일반 강(Steel)에 Cr-18%와 Ni-8%가 합금된 재료로 스테인리스강 중에서 용접성이 가장 좋다.

▌ 알루미늄 및 알루미늄 합금의 용접성

- 용접 후 변형이 작고 균열이 생기지 않는다.
- 색채에 따른 가열온도 판정이 불가능하다.
- 응고 시 수소가스를 흡수하여 기공이 발생한다.
- 용융점이 660℃로 낮아서 지나치게 용융되기 쉽다.
- 산화알루미늄의 용융온도가 알루미늄의 용융온도보다 높아서 용접성이 좋지 못하다.

▮ 기본 열처리의 종류

- 담금질(Quenching) : 강을 Fe-C상태도의 A_3 및 A_1 변태선에서 약 30~50℃ 이상의 온도로 가열한 후 급랭시켜 오스테나이트 조직에서 마텐자이트 조직으로 만들어 강도를 높이는 열처리작업이다.
- 뜨임(Tempering) : 담금질한 강을 A_1 변태점 이하로 가열한 후 서랭하는 것으로 담금질되어 경화된 재료에 인성을 부여한다.
- 풀림(Annealing) : 재질을 연하고 균일화시킬 목적으로 목적에 맞는 일정온도 이상으로 가열한 후 서랭한다(완전풀림은 A_3 변태점 이상, 연화풀림은 650℃ 정도).
- 불림(Normalizing) : 담금질이 심하거나 결정입자가 조대해진 강을 표준화조직으로 만들어주기 위하여 A_3점이나 A_{cm}점 이상으로 가열 후 공랭시킨다. Normal은 표준이라는 의미이다.

▮ 금속 조직의 경도 순서

페라이트 < 오스테나이트 < 펄라이트 < 소르바이트 < 베이나이트 < 트루스타이트 < 마텐자이트 < 시멘타이트

▮ 강의 담금질 조직의 냉각속도가 빠른 순서

오스테나이트 > 마텐자이트 > 트루스타이트 > 소르바이트 > 펄라이트

▮ 침탄법과 질화법의 특징

특 성	침탄법	질화법
경 도	질화법보다 낮다.	침탄법보다 높다.
수정 여부	침탄 후 수정이 가능하다.	불가하다.
처리시간	짧다.	길다.
열처리	침탄 후 열처리가 필요하다.	불필요하다.
변 형	변형이 크다.	변형이 작다.
취 성	질화층보다 여리지 않다.	질화층부가 여리다.
경화층	질화법에 비해 깊다.	침탄법에 비해 얇다.
가열온도	질화법보다 높다.	낮다.

▮ 숏피닝

강이나 주철제의 작은 강구(볼)를 금속 표면에 고속으로 분사하여 표면층을 냉간가공에 의한 가공경화 효과로 경화시키면서 압축 잔류응력을 부여하여 금속부품의 피로수명을 향상시키는 표면경화법

주요 예열방법

- 물건이 작거나 변형이 큰 경우에는 전체 예열을 실시한다.
- 국부 예열의 가열 범위는 용접선 양쪽에 50~100mm 정도로 한다.
- 오스테나이트계 스테인리스강은 가능한 용접입열을 작게 해야 하므로 용접 전 예열을 하지 않아야 한다.

용접 전과 후 모재에 예열을 가하는 목적

- 열영향부(HAZ)의 균열을 방지한다.
- 수축변형 및 균열을 경감시킨다.
- 용접금속에 연성 및 인성을 부여한다.
- 열영향부와 용착금속의 경화를 방지한다.
- 급열 및 급랭 방지로 잔류응력을 줄인다.
- 용접금속의 팽창이나 수축의 정도를 줄여 준다.
- 수소 방출을 용이하게 하여 저온 균열을 방지한다.
- 금속 내부의 가스를 방출시켜 기공 및 균열을 방지한다.

열영향부의 구조

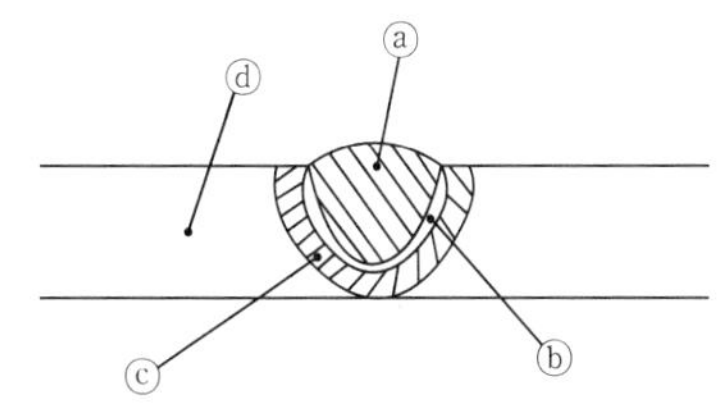

ⓐ 용융금속
ⓑ 본드부
ⓒ 열영향부(HAZ ; Heat Affected Zone)
ⓓ 모재

도형의 스케치방법

- 프린트법 : 스케치할 물체의 표면에 광명단 또는 스탬프잉크를 칠한 다음 용지에 찍어 실형을 뜨는 방법이다.
- 모양뜨기법(본뜨기법) : 물체를 종이 위에 올려놓고 그 둘레의 모양을 직접 제도연필로 그리거나 납선, 구리선을 사용하여 모양을 만드는 방법이다.
- 프리핸드법 : 운영자나 컴퍼스 등의 제도용품을 사용하지 않고 손으로 작도하는 방법이다. 스케치의 일반적인 방법으로 척도에 관계없이 적당한 크기로 부품을 그린 후 치수를 측정한다.
- 사진 촬영법 : 물체의 사진을 찍는 방법이다.

한국산업규격(KS)의 부문별 분류기호

분류기호	KS A	KS B	KS C	KS D	KS E	KS F	KS I	KS K	KS Q	KS R	KS T	KS V	KS W	KS X
분 야	기 본	기 계	전기 전자	금 속	광 산	건 설	환 경	섬 유	품질 경영	수송 기계	물 류	조 선	항공 우주	정 보

도면의 종류별 크기 및 윤곽치수(mm)

크기의 호칭	A0	A1	A2	A3	A4
가로 × 세로	841 × 1,189	594 × 841	420 × 594	297 × 420	210 × 297

※ A0의 넓이 = $1m^2$

척도 표시방법

A : B = 도면에서의 크기 : 물체의 실제 크기

예 축적 – 1 : 2, 현척 – 1 : 1, 배척 – 2 : 1

비례척이 아님(NS)

NS는 Not to Scale의 약자로 척도가 비례하지 않을 경우 비례척이 아님을 의미하며, 치수 밑에 밑줄을 긋기도 한다.

두 종류 이상의 선이 중복되는 경우, 선의 우선순위

숫자나 문자 > 외형선 > 숨은선 > 절단선 > 중심선 > 무게 중심선 > 치수 보조선

가는 2점 쇄선(——‑‑——)으로 표시되는 가상선의 용도

- 반복되는 것을 나타낼 때
- 가공 전이나 후의 모양을 표시할 때
- 도시된 단면의 앞 부분을 표시할 때
- 물품의 인접 부분을 참고로 표시할 때
- 이동하는 부분의 운동 범위를 표시할 때
- 공구 및 지그 등 위치를 참고로 나타낼 때
- 단면의 무게 중심을 연결한 선을 표시할 때

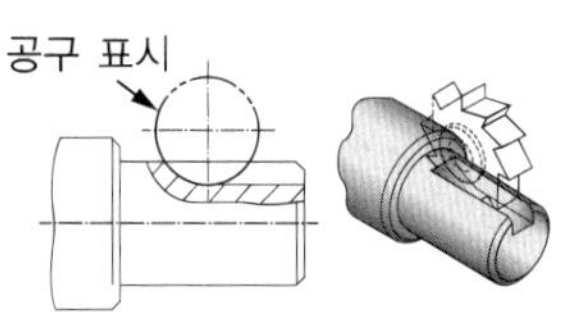

가공 전후의 모양

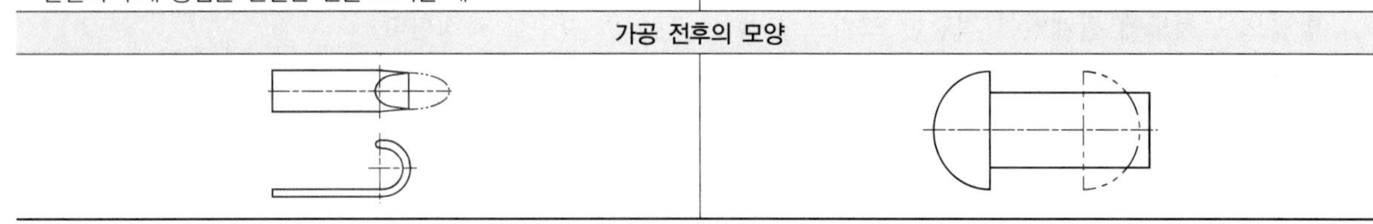

치수 표시 기호

기 호	구 분	기 호	구 분
ϕ	지 름	p	피 치
Sϕ	구의 지름	$\frown{50}$	호의 길이
R	반지름	$\underline{50}$	비례척도가 아닌 치수
SR	구의 반지름	$\boxed{50}$	이론적으로 정확한 치수
□	정사각형	(50)	참고 치수
C	45° 모따기	~~50~~	치수의 취소(수정 시 사용)
t	두 께		

치수기입원칙(KS B 0001)

- 중복 기입을 피한다.
- 치수는 주투상도에 집중한다.
- 관련되는 치수는 한곳에 모아서 기입한다.
- 치수는 공정마다 배열을 분리해서 기입한다.
- 치수는 계산해서 구할 필요가 없도록 기입한다.
- 치수 숫자는 치수선 위 중앙에 기입하는 것이 좋다.
- 치수 중 참고 치수에 대하여는 수치에 괄호를 붙인다.
- 도면에 나타나는 치수는 특별히 명시하지 않는 한 다듬질 치수로 표시한다.
- 치수는 투상도와의 모양 및 치수의 비교가 쉽도록 관련 투상도 쪽으로 기입한다.
- 치수는 대상물의 크기, 자세 및 위치를 가장 명확하게 표시할 수 있도록 기입한다.
- 기능상 필요한 경우 치수의 허용 한계를 지시한다(단, 이론적 정확한 치수는 제외).
- 대상물의 기능, 제작, 조립 등을 고려하여 꼭 필요한 치수를 분명하게 도면에 기입한다.
- 하나의 투상도인 경우 수평 방향의 길이 치수는 투상도의 위쪽에, 수직 방향의 길이 치수는 투상도의 오른쪽에서 읽을 수 있도록 기입한다.

길이와 각도의 치수기입

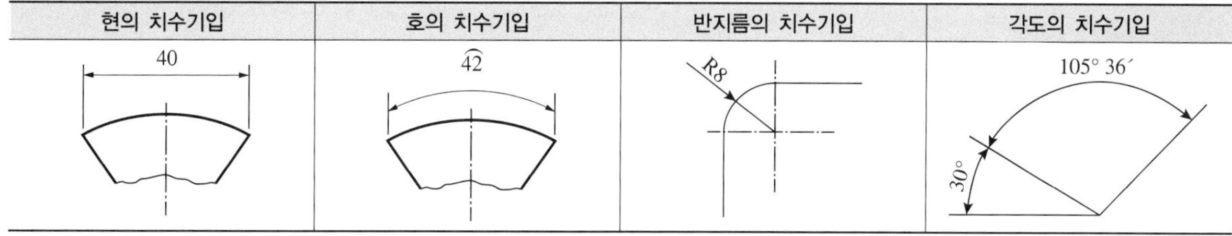

▌ 단면도의 종류

단면도명	도 면	특 징
온단면도	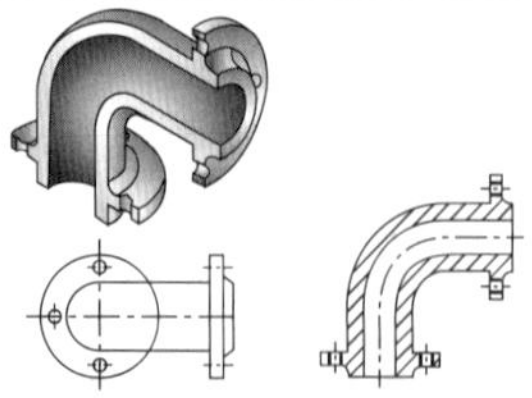	• 전단면도라고도 한다. • 물체 전체를 직선으로 절단하여 앞부분을 잘라내고 남은 뒷부분의 단면 모양을 그린 것이다. • 절단 부위의 위치와 보는 방향이 확실한 경우에는 절단선, 화살표, 문자 기호를 기입하지 않아도 된다.
한쪽 단면도	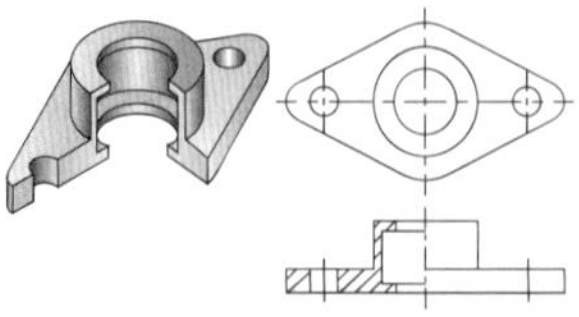	• 반단면도라고도 한다. • 절단면을 전체의 반만 설치하여 단면도를 얻는다. • 상하 또는 좌우가 대칭인 물체를 중심선을 기준으로 1/4 절단하여 내부 모양과 외부 모양을 동시에 표시하는 방법이다.
부분 단면도	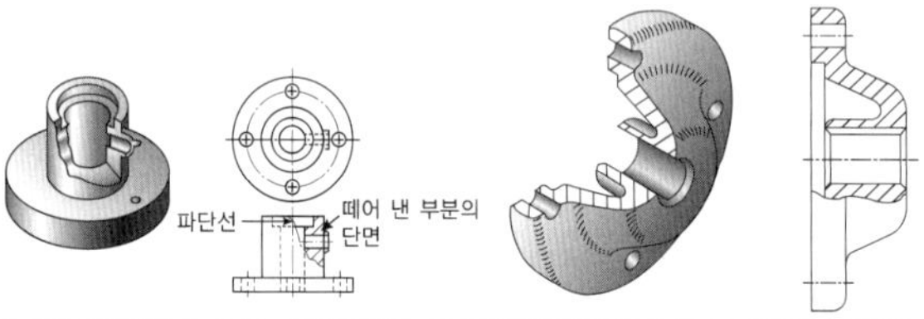 파단선 떼어 낸 부분의 단면	• 파단선을 그어서 단면 부분의 경계를 표시한다. • 일부분을 잘라 내고 필요한 내부의 모양을 그리기 위한 방법이다.
회전도시 단면도	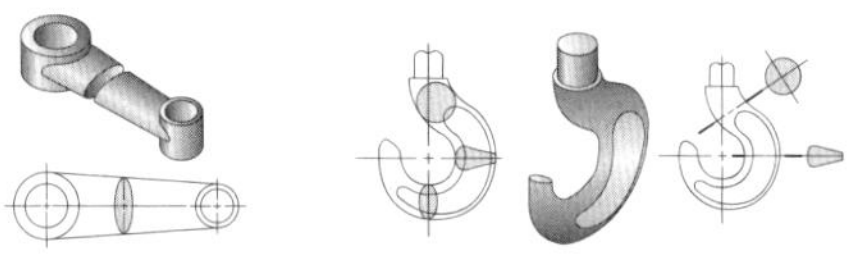 (a) 암의 회전 단면도 (투상도 안) (b) 훅의 회전 단면도(투상도 밖)	• 절단선의 연장선 뒤에도 그릴 수 있다. • 투상도의 절단할 곳과 겹쳐서 그릴 때는 가는 실선으로 그린다. • 주투상도의 밖으로 끌어내어 그릴 경우는 가는 1점 쇄선으로 한계를 표시하고 굵은 실선으로 그린다. • 핸들이나 벨트 풀리, 바퀴의 암, 리브, 축, 형강 등의 단면의 모양을 90°로 회전시켜 투상도의 안이나 밖에 그린다.
계단 단면도	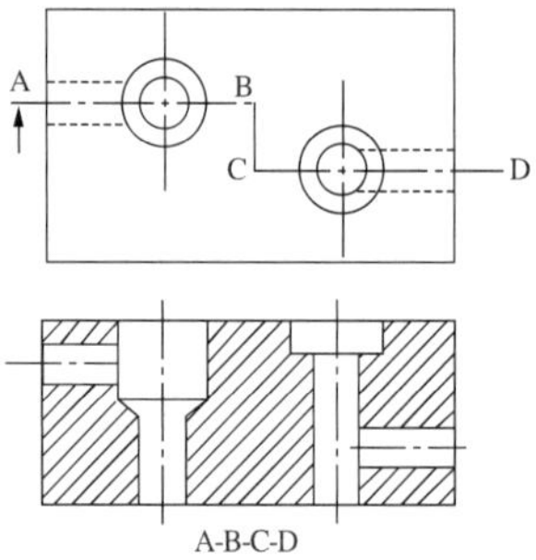 A B C D A-B-C-D	• 절단면을 여러 개 설치하여 그린 단면도이다. • 복잡한 물체의 투상도 수를 줄일 목적으로 사용한다. • 절단선, 절단면의 한계와 화살표 및 문자기호를 반드시 표시하여 절단면의 위치와 보는 방향을 정확히 명시해야 한다.

정투상도의 배열방법 및 기호

제1각법	제3각법
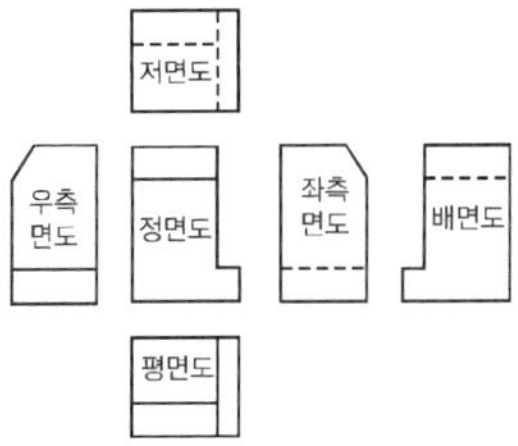	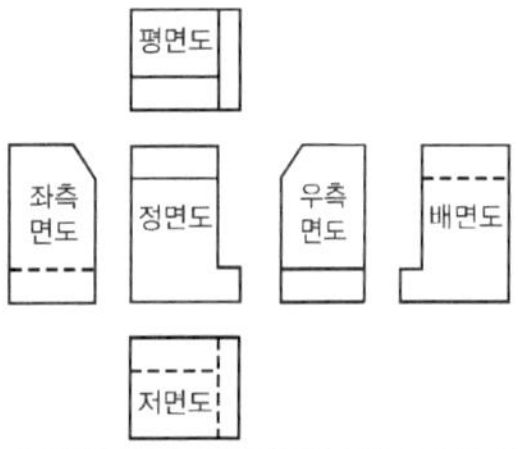
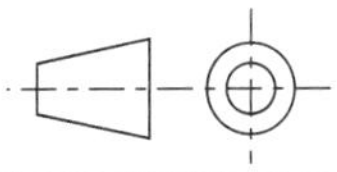	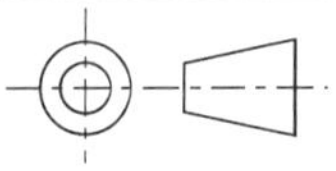

※ 기호를 표시할 때 제3각법의 투상방법은 눈 → 투상면 → 물체로서, 당구에서 3쿠션을 연상하여 그림의 좌측을 당구공, 우측을 큐대로 생각하면 암기하기 쉽다. 제1각법은 공의 위치가 반대가 된다.

KS 재료기호

- SM : 기계구조용 탄소강재
- SS : 일반구조용 압연강재
- SC : 탄소강 주강품
- STS : 합금공구강(절삭공구)

투상도의 종류

종 류	정 의	도면 표시
회전투상도	각도를 가진 물체의 그 실제 모양을 나타내기 위해서는 그 부분을 회전해서 실제 모양으로 나타내야 한다.	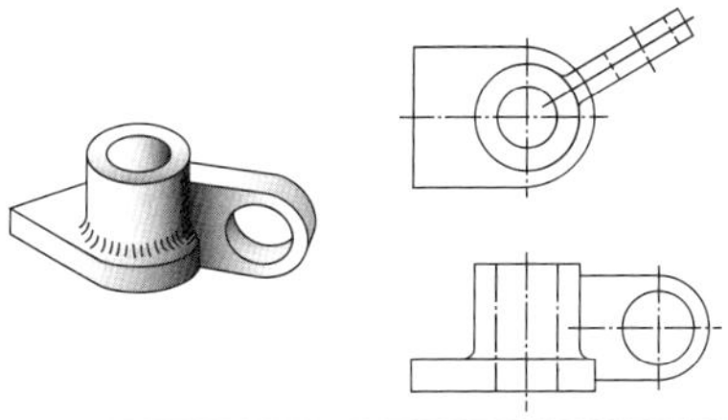
부분투상도	그림의 일부를 도시하는 것으로도 충분한 경우에는 필요한 부분만을 투상하여 그린다.	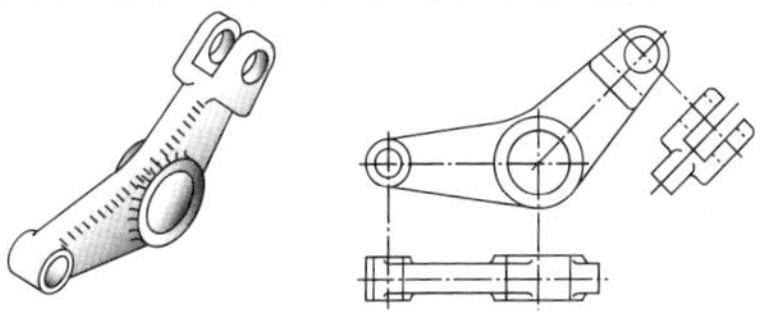

종 류	정 의	도면 표시
국부투상도	대상물의 구멍, 홈 등과 같이 한 부분의 모양을 도시하는 것으로 충분한 경우에 국부투상도를 도시한다.	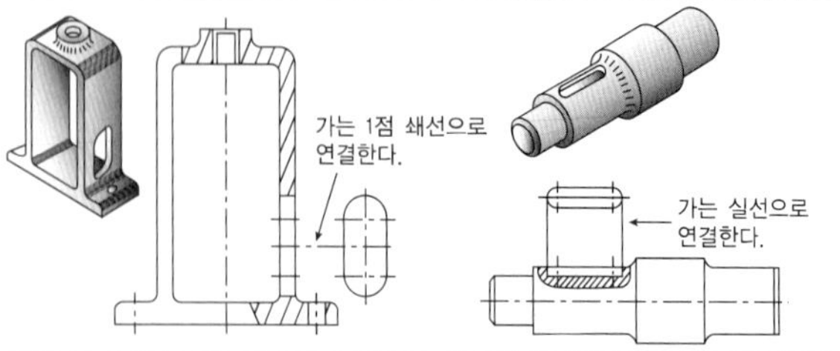 가는 1점 쇄선으로 연결한다. 가는 실선으로 연결한다.
부분확대도	특정한 부분의 도형이 작아서 그 부분을 자세하게 나타낼 수 없거나 치수 기입을 할 수 없을 때에는 그 부분을 가는 실선으로 싸고 한글이나 알파벳 대문자로 표시한다.	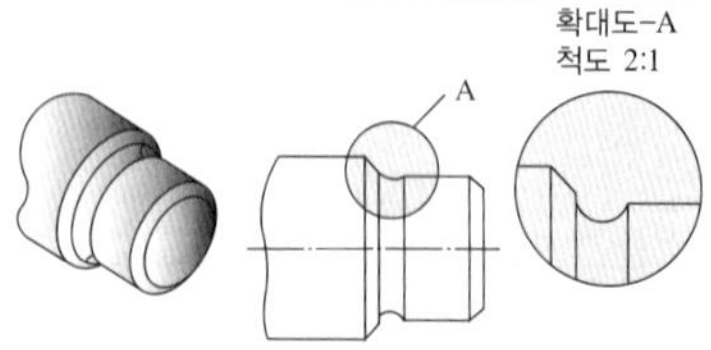 확대도-A 척도 2:1 A
보조투상도	경사면을 지니고 있는 물체는 그 경사면의 실제 모양을 표시할 필요가 있는데, 이 경우 보이는 부분의 전체 또는 일부분을 대상물의 사면에 대향하는 위치에 그린다.	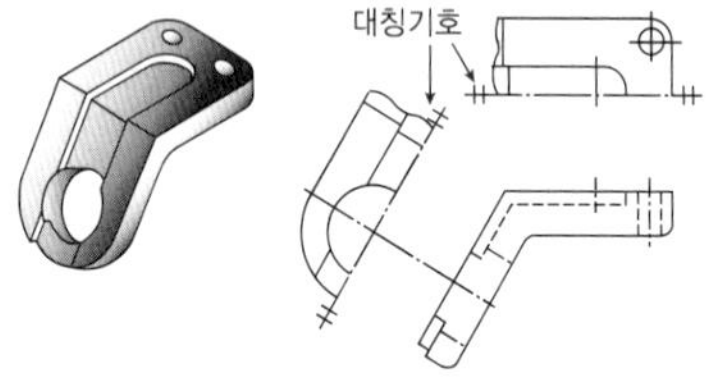 대칭기호

▌ 용접부의 보조기호(1)

구 분		보조기호	비 고
용접부의 표면 모양	평 탄	―	–
	볼 록	⌒	기선의 밖으로 향하여 볼록하게 한다.
	오 목	‿	기선의 밖으로 향하여 오목하게 한다.
용접부의 다듬질 방법	치 핑	C	–
	연 삭	G	그라인더 다듬질일 경우
	절 삭	M	기계 다듬질일 경우
	지정 없음	F	다듬질방법을 지정하지 않을 경우
현장용접		⚑	온둘레용접이 분명할 때에는 생략해도 좋다.
온둘레용접		○	
온둘레현장용접		⚑○	

▌ 용접부의 보조기호(2)

M	MR	 ⌣⌣	 ◺⌣
영구적인 덮개판(이면판재) 사용	제거 가능한 덮개판(이면판재) 사용	끝단부 토(Toe)를 매끄럽게 한다.	필릿용접부 토(Toe)를 매끄럽게 한다.

※ 토(Toe) : 용접 모재와 용접 표면이 만나는 부위

플러그용접부의 기호표시

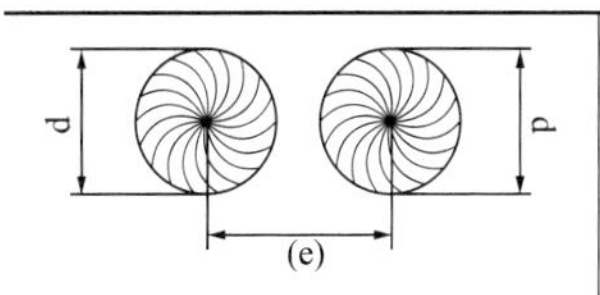	d ⊓ n(e)

- d : 구멍의 지름
- ⊓ : 플러그용접기호
- n : 용접부 수
- (e) : 인접한 용접부 간격

전개도법의 종류

종 류	의 미
평행선법	삼각기둥, 사각기둥과 같은 여러 가지의 각기둥과 원기둥을 평행하게 전개하여 그리는 방법
방사선법	삼각뿔, 사각뿔 등의 각뿔과 원뿔을 꼭지점을 기준으로 부채꼴로 펼쳐서 전개도를 그리는 방법
삼각형법	꼭지점이 먼 각뿔, 원뿔 등을 해당 면을 삼각형으로 분할하여 전개도를 그리는 방법

용접의 종류별 도시기호(KS B ISO 2553)

번 호	명 칭	기본기호	번 호	명 칭	기본기호
1	필릿용접		8	평행(I형) 맞대기용접	
2	점용접(스폿용접)		9	V형 맞대기용접	
3	플러그용접(슬롯용접)		10	일면개선형 맞대기용접	
4	이면(뒷면)용접		11	가장자리용접	
5	심용접		12	표면(서페이싱) 육성용접	
6	겹침이음		13	서페이싱용접	
7	끝면 플랜지형 맞대기용접				

※ 육성용접 : 재료의 표면에 내마모나 내식용 재료를 입히는 용접법

CHAPTER 02 용접구조설계

▮ 용접이음부 설계 시 주의사항

- 용접선의 교차를 최대한 줄인다.
- 용착량을 가능한 한 적게 설계해야 한다.
- 용접길이가 감소될 수 있는 설계를 한다.
- 가능한 한 아래보기 자세로 작업하도록 한다.
- 용접열이 국부적으로 집중되지 않도록 한다.
- 보강재 등 구속이 커지도록 구조설계를 한다.
- 용접작업에 지장을 주지 않도록 공간을 남긴다.
- 열의 분포가 가능한 부재 전체에 고루 퍼지도록 한다.

▮ 이음효율(η)

$$\text{이음효율}(\eta) = \frac{\text{시험편 인장강도}}{\text{모재 인장강도}} \times 100\%$$

▮ 필릿용접에서 목두께(a)와 목길이(z)

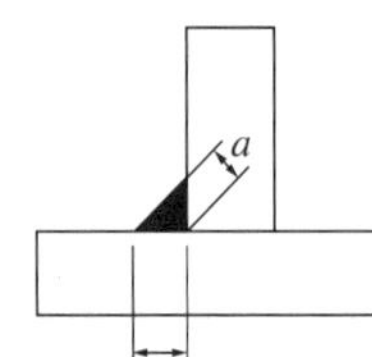

- a : 목두께
- z : 목길이(다리길이)

$z = a\sqrt{2}$

▮ 용접으로 인한 재료의 변형방지법

- 억제법 : 지그나 보조판을 모재에 설치하거나 가접을 통해 변형을 억제하도록 한 것
- 역변형법 : 용접 전에 변형을 예측하여 반대 방향으로 변형시킨 후 용접을 하도록 한 것
- 도열법 : 용접 중 모재의 입열을 최소화하기 위해 물을 적신 동판을 덧대어 열을 흡수하도록 한 것

용접변형 방지용 지그

바이스 지그	스트롱백 지그	역변형 지그

용접 후 재료 내부의 잔류응력제거법

- 노 내 풀림법 : 가열 노(Furnace) 내부의 유지온도는 625℃ 정도이며 노에 넣을 때나 꺼낼 때의 온도는 300℃ 정도로 한다. 판두께가 25mm일 경우에 1시간 동안 유지하는 데 유지온도가 높거나 유지시간이 길수록 풀림 효과가 크다.
- 국부 풀림법 : 노 내 풀림법이 곤란한 경우에 사용하며 용접선 양측을 각각 250mm나 판두께 12배 이상의 범위를 가열한 후 서랭한다. 유도가열장치를 사용하며 온도가 불균일하게 실시되면 잔류응력이 발생할 수 있다.
- 응력제거 풀림법 : 주조나 단조, 기계가공, 용접으로 금속재료에 생긴 잔류응력을 제거하기 위한 열처리의 일종으로 구조용 강의 경우 약 550~650℃의 온도 범위로 일정한 시간을 유지하였다가 노 속에서 냉각시킨다. 충격에 대한 저항력과 응력 부식에 대한 저항력을 증가시키고 크리프 강도도 향상시킨다. 그리고 용착금속 중 수소 제거에 의한 연성을 증대시킨다.
- 기계적 응력 완화법 : 용접 후 잔류응력이 있는 제품에 하중을 주어 용접부에 약간의 소성변형을 일으킨 후 하중을 제거하면서 잔류응력을 제거하는 방법이다.
- 저온 응력 완화법 : 용접선의 양측을 정속으로 이동하는 가스불꽃에 의하여 약 150mm의 너비에 걸쳐 150~200℃로 가열한 뒤 곧 수랭하는 방법으로 주로 용접선 방향의 응력을 제거하는 데 사용한다.
- 피닝법 : 끝이 둥근 특수 해머를 사용하여 용접부를 연속적으로 타격하며 용접 표면에 소성변형을 주어 인장 응력을 완화시킨다.
- 연화 풀림법 : 재질을 연하고 균일화시킬 목적으로 실시하는 열처리법으로 650℃ 정도로 가열한 후 서랭한다.

주요 용접결함

- 언더컷(Undercut) : 용접부의 끝부분에서 모재가 파이고 용착금속이 채워지지 않고 홈으로 남아 있는 부분
- 오버랩(Overlap) : 용융된 금속이 용입이 되지 않은 상태에서 표면을 덮어버린 불량
- 슬래그 섞임(Slag Inclusion) : 용착금속 안이나 모재와의 융합부에 슬래그가 남아 있는 불량
- 은점(Fish Eye) : 수소(H_2)가스에 의해 발생하는 불량으로 용착금속의 파단면에 은백색을 띤 물고기 눈 모양의 결함이다.
- 피트(Pit) : 작은 구멍이 용접부 표면에 생기는 표면결함으로 주로 C에 의해 발생된다.

• 루트균열 : 맞대기용접 시 가접이나 비드의 첫 층에서 루트면 근방의 열영향부(HAZ)에 발생한 노치에서 시작하여 점차 비드 속으로 들어가는 균열(세로방향 균열)로 함유 수소에 의해서도 발생되는 저온균열의 일종이다.

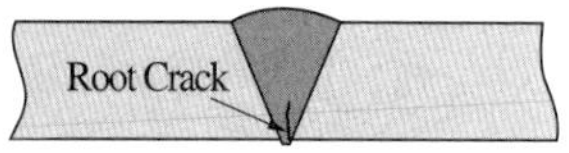

• 크레이터균열 : 용접비드의 끝에서 발생하는 고온 균열로서 냉각속도가 지나치게 빠른 경우에 발생하며 용접 루트의 노치부에 의한 응력 집중부에도 발생한다.

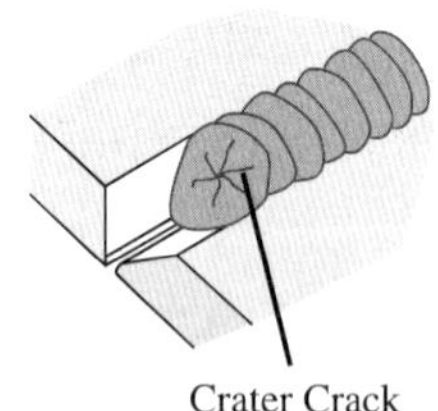

• 토(Toe) 균열 : 표면비드와 모재와의 경계부에서 발생하는 불량이다.
• 스톱 홀(Stop Hole) : 용접부에 균열이 생겼을 때 균열이 더 이상 진행되지 못하도록 균열의 진행방향의 양단에 뚫는 구멍이다.

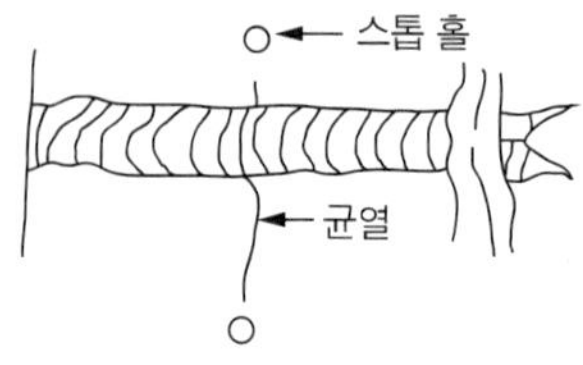

▌ 인장응력

재료에 인장하중이 가해질 때 생기는 응력

$$\sigma = \frac{\text{하중}(F)}{\text{단면적}(A)}\ (\mathrm{N/mm^2})$$

▌ 맞대기용접부의 인장하중(힘)

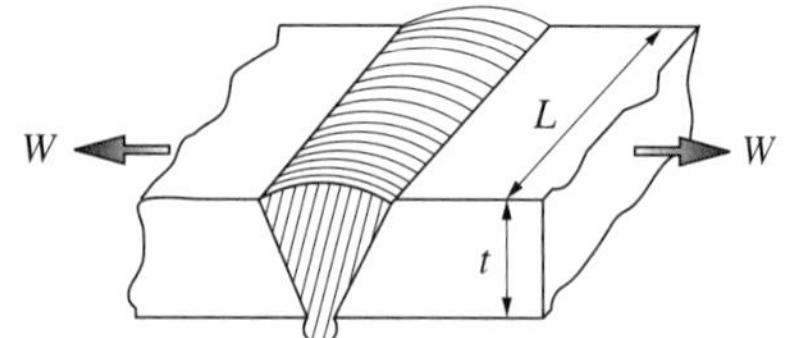

$$\text{인장응력}\ \sigma = \frac{F}{A} = \frac{F}{t \times L}$$

$$\sigma(\mathrm{N/mm^2}) = \frac{F}{t(\mathrm{mm}) \times L(\mathrm{mm})}$$

굽힘응력

$M=\sigma\times Z$, 여기서 단면계수(Z) : $\frac{bh^2}{6}=\frac{lh^2}{6}$ 대입

$$\sigma=\frac{M}{Z}=\frac{M}{\frac{lh^2}{6}}=\frac{6M}{lh^2}$$

경도시험법의 종류

종 류	시험 원리	압입자
브리넬 경도 (H_B)	압입자인 강구에 일정량의 하중을 걸어 시험편의 표면에 압입한 후, 압입자국의 표면적 크기와 하중의 비로 경도를 측정한다. $H_B=\frac{P}{A}=\frac{P}{\pi Dh}=\frac{2P}{\pi D(D-\sqrt{D^2-d^2})}$ 여기서, D : 강구 지름 d : 압입자국의 지름 h : 압입자국의 깊이 A : 압입자국의 표면적	강 구
비커스 경도 (H_V)	압입자에 1~120kg의 하중을 걸어 자국의 대각선 길이로 경도를 측정한다. 하중을 가하는 시간은 캠의 회전속도로 조절한다. $H_V=\frac{P(\text{하중})}{A(\text{압입자국의 표면적})}$	136°인 다이아몬드 피라미드 압입자
로크웰 경도 (H_{RB}, H_{RC})	압입자에 하중을 걸어 압입자국(홈)의 깊이를 측정하여 경도를 측정한다. • 예비하중 : 10kg • 시험하중 – B스케일 : 100kg – C스케일 : 150kg • $H_{RB}=130-500h$ • $H_{RC}=100-500h$ 여기서 h : 압입자국의 깊이	• B스케일 : 강구 • C스케일 : 120° 다이아몬드(콘)
쇼어 경도 (H_S)	추를 일정한 높이(h_0)에서 낙하시켜, 이 추의 반발높이(h)를 측정해서 경도를 측정한다. $H_S=\frac{10{,}000}{65}\times\frac{h(\text{해머의 반발 높이})}{h_0(\text{해머의 낙하 높이})}$	다이아몬드 추

파괴 및 비파괴시험법

비파괴시험	내부결함	방사선투과시험(RT)
		초음파탐상시험(UT)
	표면결함	외관검사(VT)
		자분탐상검사(MT)
		침투탐상검사(PT)
		누설검사(LT)
파괴시험(기계적 시험)	인장시험	인장강도, 항복점, 연신율 계산
	굽힘시험	연성의 정도 측정
	충격시험	인성과 취성의 정도 측정
	경도시험	외력에 대한 저항의 크기 측정
	피로시험	반복적인 외력에 대한 저항력 측정
파괴시험(화학적 시험)	매크로시험	현미경 조직검사

방사선투과시험법의 원리

방사선투과시험은 용접부 뒷면에 필름을 놓고 용접물 표면에서 X선이나 선을 방사하여 용접부를 통과시키면, 금속 내부에 구멍이 있을 경우 그만큼 투과되는 두께가 얇아져서 필름에 방사선의 투과량이 많아지게 되므로 다른 곳보다 검게 됨을 확인함으로써 불량을 검출하는 시험법이다.

초음파탐상검사(UT ; Ultrasonic Test)

사람이 들을 수 없는 매우 높은 주파수의 초음파를 사용하여 검사 대상물의 형상과 물리적 특성을 검사하는 방법이다. 4~5MHz 정도의 초음파가 경계면, 결함표면 등에서 반사하여 되돌아오는 성질을 이용하는 방법으로 반사파의 시간과 크기를 스크린으로 관찰하여 결함의 유무, 크기, 종류 등을 검사한다.

초음파탐상시험법의 종류

- 투과법 : 초음파 펄스를 시험체의 한쪽 면에서 송신하고 반대쪽 면에서 수신하는 방법
- 펄스반사법 : 시험체 내로 초음파 펄스를 송신하고 내부 또는 바닥면에서 그 반사파를 탐지하는 결함에코의 형태로 내부 결함이나 재질을 조사하는 방법으로 현재 가장 널리 사용되고 있다.
- 공진법 : 시험체에 가해진 초음파 진동수와 고유진도수가 일치할 때 진동 폭이 커지는 공진현상을 이용하여 시험체의 두께를 측정하는 방법

▌자기탐상시험(자분탐상시험, MT)

철강 재료 등 강자서체를 자기장에 놓았을 때 시험편 표면이나 표면 근처에 균열이나 비금속 개재물과 같은 결함이 있으면 결함 부분에는 자속이 통하기 어려워 공간으로 누설되어 누설 자속이 생긴다. 이 누설 자속을 자분(자성 분말)이나 검사 코일을 사용하여 결함의 존재를 검출하는 검사방법이다.

▌지분탐상검사의 종류

- 축통전법
- 직각통전법
- 관통법
- 코일법
- 극간법

▌현미경조직검사

금속조직은 동일한 화학 성분이라도 주조 조직이나 가공조직, 열처리조직이 다르며 금속의 성질에 큰 영향을 미친다. 따라서 현미경조직검사는 조직을 관찰하고 결함을 파악하는 데 사용한다.

▌현미경조직시험의 순서

시험편 채취 → 마운팅 → 샌드페이퍼 연마 → 폴리싱 → 부식 → 현미경조직검사

▌부식제의 종류

부식할 금속	부식제
철강용	질산 알코올 용액과 피크르산 알코올 용액, 염산, 초산
Al과 그 합금	플루오린화 수소액
금, 백금 등 귀금속의 부식제	왕수(진한 염산 + 진한 질산)

▌침투탐상시험(PT)

검사하려는 대상물의 표면에 침투력이 강한 형광성 침투액을 도포 또는 분무하거나 표면 전체를 침투액 속에 침적시켜 표면의 흠집 속에 침투액이 스며들게 한 다음 그 위에 백색 분말의 현상제(MgO, $BaCO_3$)나 현상액을 뿌려서 침투액을 표면으로부터 빨아내서 결함을 검출하는 방법으로 모세관 현상을 이용한다. 침투액이 형광물질이면 형광침투탐상시험이라고 부른다.

와전류탐상시험(ET)

도체에 전류가 흐르면 그 도체 주위에는 자기장이 형성되며, 변화하는 자기장 내에서는 도체에 전류가 유도된다.

와전류탐상검사의 특징

- 결함의 크기, 두께 및 재질의 변화 등을 동시에 검사할 수 있다.
- 결함 지시가 모니터에 전기적 신호로 나타나므로 기록 보존과 재생이 용이하다.
- 표면에 흐르는 전류의 형태를 파악하여 검사하는 방법으로 깊은 부위의 결함은 찾아낼 수 없다.
- 표면부 결함의 탐상감도가 우수하며 고온에서의 검사 및 얇고 가는 소재와 구멍의 내부 등을 검사할 수 있다.

▌ 가용접은 본용접 시보다 지름이 작은 용접봉으로 실시하는 것이 좋다.

CHAPTER 03 용접일반 및 안전관리

용접의 분류

융 접	접합 부위를 용융시켜 만든 용융 풀에 용가재인 용접봉을 넣어가며 접합시키는 방법
압 접	접합 부위를 녹기 직전까지 가열한 후 압력을 가해 접합시키는 방법
납 땜	모재를 녹이지 않고 모재보다 용융점이 낮은 금속(은납 등)을 녹여 접합부에 넣어 표면장력(원자간 확산침투)으로 접합시키는 방법

용극식과 비용극식 아크용접법

용극식 용접법 (소모성 전극)	용가재인 와이어 자체가 전극이 되어 모재와의 사이에서 아크를 발생시키면서 용접 부위를 채워나가는 용접방법으로, 이때 전극의 역할을 하는 와이어는 소모된다. 예 서브머지드 아크용접(SAW), MIG용접, CO_2용접, 피복금속 아크용접(SMAW)
비용극식 용접법 (비소모성 전극)	전극봉을 사용하여 아크를 발생시키고 이 아크열로 용가재인 용접을 녹이면서 용접하는 방법으로, 이때 전극은 소모되지 않고 용가재인 와이어(피복금속 아크용접의 경우 피복용접봉)는 소모된다. 예 TIG용접

아크쏠림(자기불림)의 방지대책

- 용접전류를 줄인다.
- 교류용접기를 사용한다.
- 접지점을 2개 연결한다.
- 아크길이를 최대한 짧게 유지한다.
- 접지부를 용접부에서 최대한 멀리한다.
- 용접봉 끝을 아크쏠림의 반대 방향으로 기울인다.
- 용접부가 긴 경우 가용접 후 후진법(후퇴용접법)을 사용한다.
- 받침쇠, 긴 가용접부, 이음의 처음과 끝에 엔드탭을 사용한다.

▮ 아크길이는 보통 용접봉 심선의 지름 정도이나 일반적인 아크의 길이는 3mm 정도이다. 여기서 용접봉의 지름은 곧 심선의 지름이기 때문에 가장 적합한 아크길이는 3.2mm가 된다.

용접의 장점 및 단점

장 점	단 점
• 이음효율이 높다. • 재료가 절약된다. • 제작비가 적게 든다. • 이음 구조가 간단하다. • 유지와 보수가 용이하다. • 재료의 두께 제한이 없다. • 이종재료도 접합이 가능하다. • 제품의 성능과 수명이 향상된다. • 유밀성, 기밀성, 수밀성이 우수하다. • 작업공정이 줄고, 자동화가 용이하다.	• 취성이 생기기 쉽다. • 균열이 발생하기 쉽다. • 용접부의 결함 판단이 어렵다. • 용융부위 금속의 재질이 변한다. • 저온에서 쉽게 약해질 우려가 있다. • 용접모재의 재질에 따라 영향을 크게 받는다. • 용접 기술자(용접사)의 기량에 따라 품질이 다르다. • 용접 후 변형 및 수축에 따라 잔류응력이 발생한다.

용접부 명칭

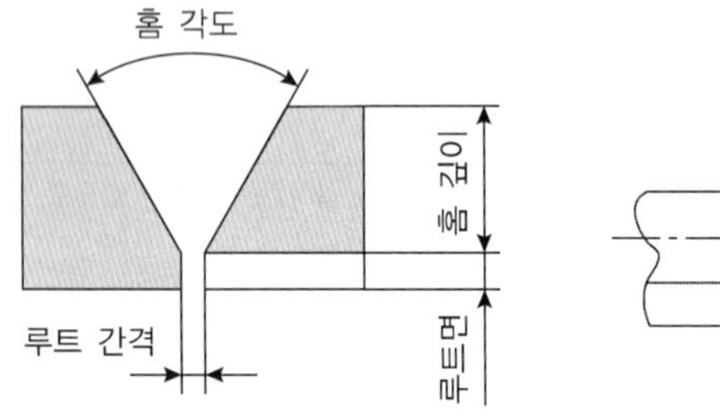

• a : 루트 간격 • b : 루트면 중심거리
• c : 용접면 간격 • d : 개선각(홈각도)

용접이음의 종류

맞대기이음	모서리이음	변두리이음	겹치기이음
맞물림 겹치기이음	T이음(필릿용접)	십자형이음	한면 맞대기판이음
양면 맞대기판이음		플레어이음	

홈의 형상에 따른 특징

홈의 형상	특 징
I형	• 가공이 쉽고 용착량이 적어서 경제적이다. • 판이 두꺼워지면 이음부를 완전히 녹일 수 없다.
V형	• 한쪽 방향에서 완전한 용입을 얻고자 할 때 사용한다. • 홈 가공이 용이하나 두꺼운 판에서는 용착량이 많아지고 변형이 일어난다.
X형	• 후판(두꺼운 판) 용접에 적합하다. • 홈 가공이 V형에 비해 어렵지만 용착량이 적다. • 양쪽에서 용접하므로 완전한 용입을 얻을 수 있다.
U형	• 홈 가공이 어렵다. • 두꺼운 판에서 비드의 너비가 좁고 용착량도 적다. • 두꺼운 판을 한쪽 방향에서 충분한 용입을 얻고자 할 때 사용한다.
H형	두꺼운 판을 양쪽에서 용접하므로 완전한 용입을 얻을 수 있다.
J형	한쪽 V형이나 K형 홈보다 두꺼운 판에 사용한다.

용접법의 분류

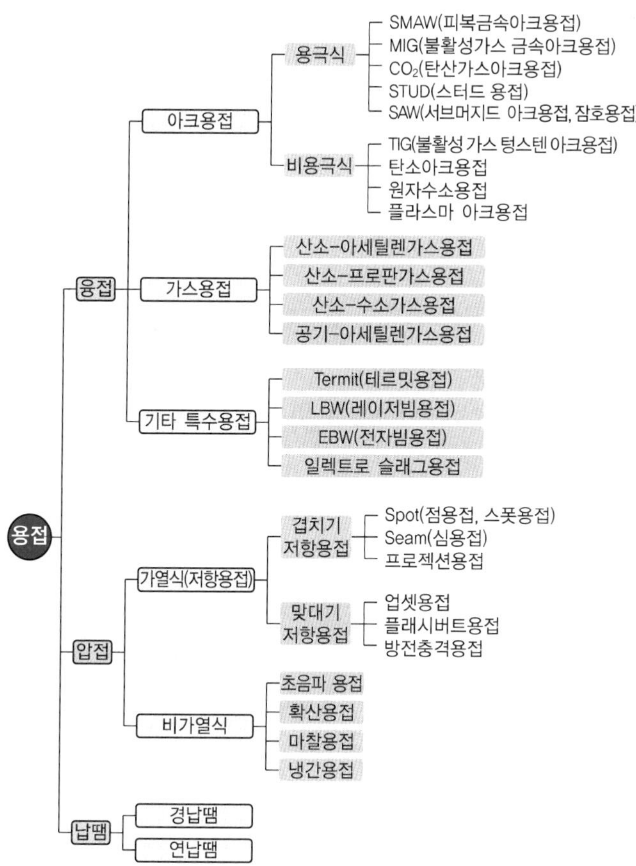

TIG용접

텅스텐(Tungsten)재질의 전극봉과 불활성 가스(Inert Gas)인 아르곤(Ar)을 사용해서 용접하는 특수용접법이다.

MIG용접

- 정의 : 용가재인 전극와이어(1.0~2.4ϕ)를 연속적으로 보내어 아크를 발생시키는 방법으로 용극식 또는 소모식 불활성 가스 아크용접이라고 부르며 용융지로 불활성 가스로는 주로 아르곤(Ar) 가스를 사용한다.
- MIG용접의 특징
  - 분무 이행이 원활하다.
  - 열영향부가 매우 작다.
  - 용착효율은 약 98%이다.
  - 전자세용접이 가능하다.
  - 용접기의 조작이 간단하다.
  - 아크의 자기제어 기능이 있다.
  - 직류용접기의 경우 정전압 특성 또는 상승 특성이 있다.
  - 전류가 일정할 때 아크전압이 커지면 용융속도가 낮아진다.
  - 전류밀도가 아크용접의 4~6배, TIG용접의 2배 정도로 매우 높다.
  - 용접부가 좁고, 깊은 용입을 얻으므로 후판(두꺼운 판) 용접에 적당하다.
  - 전자동 또는 반자동식이 많으며 전극인 와이어는 모재와 동일한 금속을 사용한다.
  - 용접부로 공급되는 와이어가 전극과 용가재의 역할을 동시에 하므로 전극인 와이어는 소모된다.
  - 전원은 직류 역극성이 이용되며 Al, Mg 등에는 클리닝작용(청정작용)이 있어 용제 없이도 용접이 가능하다.
  - 용접봉을 갈아 끼울 필요가 없어 용접속도를 빨리할 수 있으므로 고속 및 연속적으로 양호한 용접을 할 수 있다.

서브머지드 아크용접(SAW ; Submerged Arc Welding)

용접 부위에 미세한 입상의 플럭스를 도포한 뒤 용접선과 나란히 설치된 레일 위를 주행대차가 지나가면서 와이어를 용접부로 공급시키면 플럭스 내부에서 아크가 발생하면서 용접하는 자동 용접법이다. 아크가 플럭스 속에서 발생되므로 용접부가 눈에 보이지 않아 불가시 아크용접, 잠호용접이라고 불린다. 용접봉인 와이어의 공급과 이송이 자동이며 용접부를 플럭스가 덮고 있으므로 복사열과 연기가 많이 발생하지 않는다. 특히, 용접부로 공급되는 와이어가 전극과 용가재의 역할을 동시에 하므로 전극인 와이어는 소모된다.

▌플러그용접

위아래로 겹쳐진 판을 접합할 때 사용하는 용접법으로 위에 놓인 판의 한쪽에 구멍을 뚫고 그 구멍 아래부터 용접을 하면 용접불꽃에 의해 아랫면이 용해되면서 용접이 되며 용가재로 구멍을 채우는 방법

▌납땜용 용제의 종류

경납용 용제(Flux)	붕사, 붕산, 불화나트륨, 불화칼륨, 은납, 황동납, 인동납, 망간납, 양은납, 알루미늄납
연납용 용제(Flux)	송진, 인산, 염산, 염화아연, 염화암모늄, 주석-납, 카드뮴-아연납, 저융점 땜납

▌필릿 용접부의 보수방법

- 간격이 1.5mm 이하일 때는 그대로 규정된 각장(다리길이)으로 용접하면 된다.
- 간격이 1.5~4.5mm일 때는 그대로 규정된 각장(다리길이)으로 용접하거나 각장을 증가시킨다.
- 간격이 4.5mm일 때는 라이너를 넣는다.
- 간격이 4.5mm 이상일 때는 이상 부위를 300mm 정도로 잘라낸 후 새로운 판으로 용접한다.

▌피복금속 아크용접기의 종류

직류아크용접기	발전기형	전동발전식
		엔진구동형
	정류기형	셀 렌
		실리콘
		게르마늄
교류아크용접기	가동철심형	
	가동코일형	
	탭전환형	
	가포화리액터형	

▌직류아크용접기와 교류아크용접기의 차이점

특 성	직류아크용접기	교류아크용접기
아크안정성	우수하다.	보통이다.
비피복봉 사용 여부	가능하다.	불가능하다.
극성 변화	가능하다.	불가능하다.
아크쏠림방지	불가능하다.	가능하다.
무부하 전압	약간 낮다(40~60V).	높다(70~80V).
전격의 위험	적다.	많다.
유지보수	다소 어렵다.	쉽다.
고 장	비교적 많다.	적다.
구 조	복잡하다.	간단하다.
역 률	양호하다.	불량하다.
가 격	고가이다.	저렴하다.

용접기의 외부특성곡선

용접기는 아크 안정성을 위해서 외부특성곡선을 필요로 한다. 외부특성곡선이란 부하전류와 부하단자 전압의 관계를 나타낸 곡선으로 피복아크용접에서는 수하특성을, MIG나 CO_2용접기에서는 정전압특성이나 상승특성이 이용된다.

- 정전류특성(CC특성 ; Constant Current) : 전압이 변해도 전류는 거의 변하지 않는다.
- 정전압특성(CP특성 ; Constant Voltage) : 전류가 변해도 전압은 거의 변하지 않는다.
- 수하특성(DC특성 ; Drooping Characteristic) : 전류가 증가하면 전압이 낮아진다.
- 상승특성(RC특성 ; Rising Characteristic) : 전류가 증가하면 전압이 약간 높아진다.

허용사용률 구하는 식

$$\text{허용사용률(\%)} = \frac{(\text{정격 2차 전류})^2}{(\text{실제 용접 전류})^2} \times \text{정격사용률(\%)}$$

아크용접기의 극성에 따른 특징

구분	특징
직류 정극성 (DCSP ; Direct Current Straight Polarity)	• 용입이 깊다. • 비드 폭이 좁다. • 용접봉의 용융속도가 느리다. • 후판(두꺼운 판) 용접이 가능하다. • 모재에는 (+)전극이 연결되며 70% 열이 발생하고, 용접봉에는 (−)전극이 연결되며 30% 열이 발생한다.
직류 역극성 (DCRP ; Direct Current Reverse Polarity)	• 용입이 얕다. • 비드 폭이 넓다. • 용접봉의 용융속도가 빠르다. • 박판(얇은 판) 용접이 가능하다. • 주철, 고탄소강, 비철금속의 용접에 쓰인다. • 모재에는 (−)전극이 연결되며 30% 열이 발생하고, 용접봉에는 (+)전극이 연결되며 70% 열이 발생한다.
교류(AC)	• 극성이 없다. • 전원 주파수의 $\frac{1}{2}$사이클마다 극성이 바뀐다. • 직류 정극성과 직류 역극성의 중간적 성격이다.

용접봉의 건조온도

용접봉은 습기에 민감해서 건조가 필요하다. 습기는 기공이나 균열 등의 원인이 되므로 저수소계 용접봉에 수소가 많으면 특히 기공을 발생시키기 쉽고 내균열성과 강도가 저하되며 셀룰로스계는 피복이 떨어진다.

구분	건조온도
일반용접봉	약 100℃로 30분~1시간
저수소계 용접봉	약 300~350℃에서 1~2시간

피복제(Flux)의 역할

- 아크를 안정시킨다.
- 전기 절연 작용을 한다.
- 보호가스를 발생시킨다.
- 아크의 집중성을 좋게 한다.
- 용착금속의 급랭을 방지한다.
- 탈산작용 및 정련작용을 한다.
- 용융금속과 슬래그의 유동성을 좋게 한다.
- 용적(쇳물)을 미세화하여 용착효율을 높인다.
- 슬래그 제거를 쉽게 하여 비드의 외관을 좋게 한다.
- 적당량의 합금 원소 첨가로 금속에 특수성을 부여한다.
- 중성 또는 환원성 분위기를 만들어 질화나 산화를 방지하고 용융금속을 보호한다.
- 쇳물이 쉽게 달라붙을 수 있도록 힘을 주어 수직자세, 위보기자세 등 어려운 자세를 쉽게 한다.
- 피복제는 용융점이 낮고 적당한 점성을 가진 슬래그를 생성하게 하여 용접부를 덮어 급랭을 방지하게 해 준다.

심선을 둘러쌓는 피복 배합제의 종류

배합제	용 도	종 류
고착제	심선에 피복제를 고착시킨다.	규산나트륨, 규산칼륨, 아교
탈산제	용융금속 중의 산화물을 탈산, 정련한다.	크롬, 망간, 알루미늄, 규소철, 톱밥, 페로망간, 페로실리콘, 타이타늄철, 망간철, 소맥분(밀가루)
가스발생제	중성, 환원성 가스를 발생하여 대기와의 접촉을 차단하여 용융금속의 산화나 질화를 방지한다.	아교, 녹말, 톱밥, 탄산바륨, 셀룰로이드, 석회석, 마그네사이트
아크안정제	아크를 안정시킨다.	산화타이타늄, 규산칼륨, 규산나트륨, 석회석
슬래그생성제	용융점이 낮고 가벼운 슬래그를 만들어 산화나 질화를 방지한다.	석회석, 규사, 산화철, 일미나이트, 이산화망간
합금첨가제	용접부의 성질을 개선하기 위해 첨가한다.	페로망간, 페로실리콘, 니켈, 몰리브덴, 구리

저수소계(E4316)

- 아크가 다소 불안정하다.
- 기공이 발생하기 쉽다.
- 운봉에 숙련이 필요하다.
- 석회석이나 형석이 주성분이다.
- 이행 용적의 양이 적고, 입자가 크다.
- 강력한 탈산 작용으로 강인성이 풍부하다.
- 용착금속 중의 수소량이 타 용접봉에 비해 1/10 정도로 현저하게 적다.

• 보통 저탄소강의 용접에 주로 사용되나 저합금강과 중, 고탄소강의 용접에도 사용된다.
• 피복제는 습기를 잘 흡수하기 때문에 사용 전에 약 300~350℃에서 1~2시간 정도 건조 후 사용해야 한다.
• 균열에 대한 감수성이 좋아 구속도가 큰 구조물의 용접이나 탄소 및 황의 함유량이 많은 쾌삭강의 용접에 사용한다.

용접법의 종류

분 류		특 징
용착 방향에 의한 용착법	전진법	• 한쪽 끝에서 다른 쪽 끝으로 용접을 진행하는 방법으로 용접진행 방향과 용착 방향이 서로 같다. • 용접 길이가 길면 끝부분 쪽에 수축과 잔류응력이 생긴다.
	후퇴법	• 용접을 단계적으로 후퇴하면서 전체 길이를 용접하는 방법으로 용접 진행 방향과 용착 방향이 서로 반대가 된다. • 수축과 잔류응력을 줄이는 용접기법이나 작업능률이 떨어진다.
	대칭법	변형과 수축응력의 경감법으로 용접의 전 길이에 걸쳐 중심에서 좌우 또는 용접물 형상에 따라 좌우 대칭으로 용접하는 기법이다.
	스킵법 (비석법)	용접부 전체의 길이를 5개 부분으로 나누어 놓고 1-4-2-5-3 순으로 용접하는 방법으로 용접부에 잔류응력을 적게 하면서 변형을 방지하고자 할 때 사용한다.
다층 비드 용착법	덧살올림법 (빌드업법)	각 층마다 전체의 길이를 용접하면서 쌓아올리는 방법으로 가장 일반적인 방법이다.
	전진블록법	• 한 개의 용접봉으로 살을 붙일만한 길이로 구분해서 홈을 한 층 완료 후 다른 층을 용접하는 방법이다. • 다층 용접 시 변형과 잔류 응력의 경감을 위해 사용한다.
	캐스케이드법	한 부분의 몇 층을 용접하다가 다음 부분의 층으로 연속시켜 전체가 단계를 이루도록 용착시켜 나가는 방법이다.

가스의 분류

조연성 가스(지연성 가스)	다른 연소 물질이 타는 것을 도와주는 가스	산소, 공기
가연성 가스(연료 가스)	산소나 공기와 혼합하여 점화하면 빛과 열을 내면서 연소하는 가스	아세틸렌, 프로판, 메탄, 부탄, 수소
불활성 가스	다른 물질과 반응하지 않는 기체	아르곤, 헬륨, 네온, 이산화탄소

산소-아세틸렌가스 불꽃의 구성

산소와 아세틸렌을 1 : 1로 혼합하여 연소시키면 불꽃이 다음과 같이 생성되는데, 이때 생성되는 불꽃은 다음의 세 부분으로 구성된다.

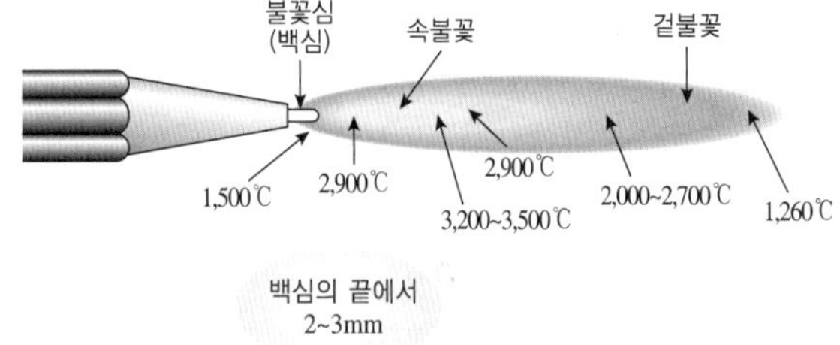

일반 가스 용기의 도색 색상

가스명칭	산 소	수 소	탄산가스	아르곤	암모니아	아세틸렌	프로판(LPG)	염 소
도 색	녹 색	주황색	청 색	회 색	백 색	황 색	회 색	갈 색

※ 산업용과 의료용의 용기 색상은 다르다(의료용의 경우 산소는 백색).

가스용접봉 지름

$$\text{가스용접봉 지름}(D) = \frac{\text{판두께}(T)}{2} + 1$$

가스용접 시 재료에 따른 용제의 종류

재 질	용 제
연 강	용제를 사용하지 않는다.
반경강	중탄산소다, 탄산소다
주 철	붕사, 탄산나트륨, 중탄산나트륨
알루미늄	염화칼륨, 염화나트륨, 염화리튬, 플루오린화칼륨
구리합금	붕사, 염화리튬

가스용접에서의 전진법과 후진법의 차이점

구 분	전진법	후진법
토치 진행 방향	오른쪽 → 왼쪽	왼쪽 → 오른쪽
열 이용률	나쁘다.	좋다.
비드의 모양	보기 좋다.	매끈하지 못하다.
홈의 각도	크다(약 80°).	작다(약 60°).
용접속도	느리다.	빠르다.
용접 변형	크다.	작다.
용접 가능 두께	두께 5mm 이하의 박판	후판
가열시간	길다.	짧다.
기계적 성질	나쁘다.	좋다.
산화 정도	심하다.	양호하다.
토치 진행 방향 및 각도	좌 우	좌 우

▌ 절단법의 종류 및 특징

- 산소창절단 : 가늘고 긴 강관(안지름 3.2~6mm, 길이 1.5~3m)을 사용해서 절단 산소를 큰 강괴의 심부에 분출시켜 창으로 불리는 강관 자체가 함께 연소하면서 절단되는 방법
- 분말절단 : 철분이나 플럭스 분말을 연속적으로 절단 산소 속에 혼입시켜서 공급하여 그 반응열을 이용한 절단방법
- 아크에어가우징 : 탄소봉을 전극으로 하여 아크를 발생시킨 후 절단을 하는 탄소아크절단법에 약 5~7kgf/cm^{2}인 고압의 압축 공기를 병용하는 것으로 용융된 금속에 탄소봉과 평행으로 분출하는 압축 공기를 계속 불어내서 홈을 파내는 방법이다. 용접부의 홈 가공, 뒷면 따내기(Back Chipping), 용접 결함부 제거 등에 많이 사용된다.
- 플라스마아크절단 : 플라스마절단에서는 플라스마 기류가 노즐을 통과할 때 열적핀치효과를 이용하여 20,000~30,000℃의 플라스마 아크를 만들어 내는데, 이 초고온의 플라스마 아크를 절단 열원으로 사용하여 가공물을 절단하는 방법
- 가스가우징 : 용접 결함이나 가접부 등의 제거를 위하여 사용하는 방법으로서 가스절단과 비슷한 토치를 사용해서 용접 부분의 뒷면을 따내든지 U형, H형의 용접 홈을 가공하기 위하여 깊은 홈을 파내는 가공방법
- 산소아크절단 : 산소아크절단에 사용되는 전극봉은 중공의 피복봉으로 발생되는 아크열을 이용하여 모재를 용융시킨 후, 중공 부분으로 절단 산소를 내보내서 절단하는 방법이다. 산소아크절단의 특징은 다음과 같다.
  - 전극의 운봉이 거의 필요 없고, 전극봉을 절단방향으로 직선이동시키면 된다.
  - 입열시간이 적어서 변형이 작다.
  - 가스절단에 비해 절단면이 거칠다.
  - 전원은 직류 정극성이나 교류를 사용한다.
  - 가운데가 비어있는 중공의 원형봉을 전극봉으로 사용한다.
  - 산화발열효과와 산소의 분출압력 때문에 절단속도가 빨라 철강 구조물 해체나 수중 해체 작업에 이용된다.
  - 절단면이 고르지 못하다.
- 피복아크절단 : 피복아크용접봉을 이용하는 것으로 토치나 탄소 용접봉이 없을 때나 토치의 팁이 들어가지 않는 좁은 곳에 사용하는 방법
- 금속아크절단 : 탄소 전극봉 대신 절단 전용 특수 피복제를 입힌 전극봉을 사용하여 절단하는 방법으로 직류 정극성이 적합하며, 교류도 사용은 가능하다. 절단면은 가스절단면에 비해 거칠고 담금질 경화성이 강한 재료의 절단부는 기계 가공이 곤란하다.
- 포갬절단 : 판과 판 사이의 틈새를 0.1mm 이상으로 포개어 압착시킨 후 절단하는 방법
- TIG절단 : 아크 절단법의 일종으로 텅스텐 전극과 모재 사이에 아크를 발생시켜 모재를 용융하여 절단하는 절단법으로 알루미늄과 마그네슘, 구리 및 구리합금, 스테인리스강 등의 금속재료의 절단에 사용한다. 절단가스로는 $Ar+H_2$의 혼합가스를 사용하고 전원은 직류 정극성을 사용한다.

CO_2용접의 특징

- 조작이 간단하다.
- 가시아크로 시공이 편리하다.
- 전 용접자세로 용접이 가능하다.
- 용착금속의 강도와 연신율이 크다.
- MIG용접에 비해 용착금속에 기공의 발생이 작다.
- 보호가스가 저렴한 탄산가스이므로 경비가 적게 든다.
- 킬드강이나 세미킬드강, 림드강도 쉽게 용접할 수 있다.
- 아크와 용융지가 눈에 보여 정확한 용접이 가능하다.
- 산화 및 질화가 되지 않아 양호한 용착금속을 얻을 수 있다.
- 용접의 전류밀도가 커서 용입이 깊고 용접속도를 빠르게 할 수 있다.
- 용착금속 내부의 수소 함량이 타 용접법보다 적어 은점이 생기지 않는다.
- 용제가 사용되지 않아 슬래그의 잠입이 적으며 슬래그를 제거하지 않아도 된다.
- 아크 특성에 적합한 상승 특성을 갖는 전원을 사용하므로 스패터의 발생이 적고 안정된 아크를 얻는다.
- 서브머지드 아크용접에 비해 모재 표면의 녹이나 오물 등이 있어도 큰 지장이 없으므로 용접을 할 때 완전한 청소를 하지 않아도 된다.

페룰(Ferrule)

모재와 스터드가 통전할 수 있도록 연결해 주는 것으로 아크 공간을 대기와 차단하여 아크분위기를 보호한다. 아크열을 집중시켜 주며 용착금속의 누출을 방지하고 작업자의 눈도 보호해 준다.

테르밋용접

금속 산화물과 알루미늄이 반응하여 열과 슬래그를 발생시키는 테르밋반응을 이용하는 용접법이다. 강을 용접할 경우에는 산화철과 알루미늄 분말을 3 : 1로 혼합한 테르밋제를 만든 후 냄비의 역할을 하는 도가니에 넣고 점화제를 약 1,000℃로 점화시키면 약 2,800℃의 열이 발생되어 용접용 강이 만들어지는데 이 강(Steel)을 용접 부위에 주입 후 서랭하여 용접을 완료한다. 철도 레일이나 차축, 선박의 프레임 접합에 주로 사용된다.

테르밋용접의 특징

- 전기가 필요 없다.
- 용접작업이 단순하다.
- 홈 가공이 불필요하다.
- 용접시간이 비교적 짧다.
- 용접 결과물이 우수하다.
- 용접 후 변형이 크지 않다.
- 용접기구가 간단해서 설비비가 저렴하다.
- 구조, 단조, 레일 등의 용접 및 보수에 이용한다.
- 작업장소의 이동이 쉬워 현장에서 많이 사용된다.
- 금속 산화물이 알루미늄에 의해 산소를 빼앗기는 반응을 이용한다.
- 차축이나 레일의 접합, 선박의 프레임 등 비교적 큰 단면을 가진 물체의 맞대기용접과 보수 용접에 주로 사용한다.

전자빔용접

고밀도로 집속되고 가속화된 전자빔을 높은 진공(10^{-6}~10^{-4}mmHg) 속에서 용접물에 고속도로 조사시키면 빛과 같은 속도로 이동한 전자가 용접물에 충돌하면서 전자의 운동에너지를 열에너지로 변환시켜 국부적으로 고열을 발생시키는데, 이때 생긴 열원으로 용접부를 용융시켜 용접하는 방식이다. 텅스텐(3,410℃)과 몰리브덴(2,620℃)과 같이 용융점이 높은 재료의 용접에 적합하다.

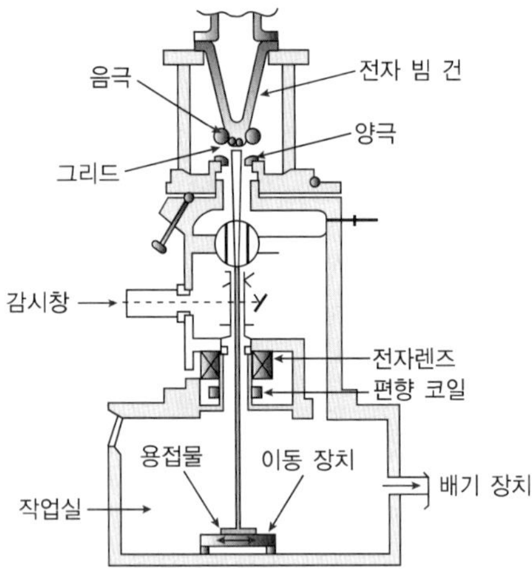

전자빔용접의 장점

- 에너지 밀도가 크다.
- 정밀용접이 가능하다.
- 용접부의 성질이 양호하다.
- 활성 재료가 용이하게 용접이 된다.
- 고용융점 재료의 용접이 가능하다.
- 아크빔에 의해 열의 집중이 잘된다.
- 고속절단이나 구멍 뚫기에 적합하다.
- 용접부가 작아서 입열량도 적으므로 HAZ와 용접변형이 작다.
- 아크용접에 비해 용입이 깊어 다층용접도 단층용접으로 완성할 수 있다.
- 얇은 판에서 두꺼운 판까지 용접할 수 있다(응용 범위가 넓다).
- 높은 진공상태에서 행해지므로 대기와 반응하기 쉬운 재료도 용접이 가능하다.
- 진공 중에서도 용접하므로 불순가스에 의한 오염이 적고 높은 순도의 용접이 된다.

레이저빔용접(레이저용접)

레이저란 유도 방사에 의한 빛의 증폭이란 뜻이며 레이저에서 얻어진 접속성이 강한 단색 광선으로서 강렬한 에너지를 가지고 있으며, 이때의 광선 출력을 이용하여 용접을 하는 방법이다. 모재의 열변형이 거의 없으며, 이종 금속의 용접이 가능하고 정밀한 용접을 할 수 있으며, 비접촉식 방식으로 모재에 손상을 주지 않는다는 특징을 갖는다.

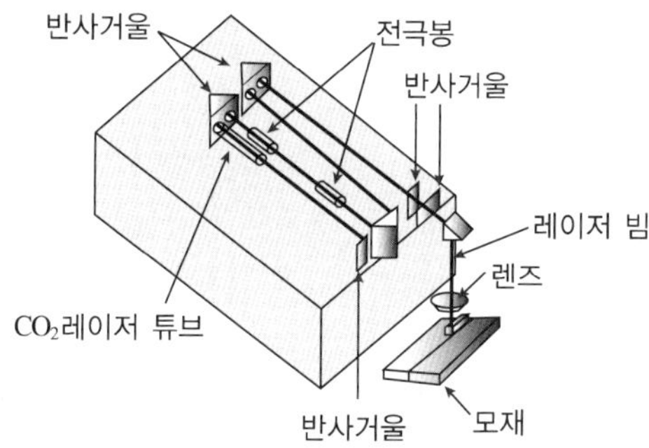

레이저빔용접의 특징

- 좁고 깊은 접합부의 용접에 적합하다.
- 접근이 곤란한 물체의 용접이 가능하다.
- 전자빔 용접기 설치비용보다 설치비가 저렴하다.
- 반사도가 높은 재료는 용접효율이 감소될 수 있다.
- 수축과 뒤틀림이 작으며 용접부의 품질이 뛰어나다.
- 전자부품과 같은 작은 크기의 정밀 용접이 가능하다.
- 용접 입열이 대단히 작으며, 열영향부의 범위가 좁다.
- 용접될 물체가 불량도체인 경우에도 용접이 가능하다.
- 에너지 밀도가 매우 높으며, 고융점을 가진 금속의 용접에 이용한다.
- 열원이 빛의 빔이기 때문에 투명재료를 써서 어떤 분위기 속에서도(공기, 진공) 용접이 가능하다.

저항용접의 분류

겹치기 저항용접	맞대기 저항용접
• 점용접(스폿용접) • 심용접 • 프로젝션용접	• 버트용접 • 퍼컷션용접 • 업셋용접 • 플래시 버트용접 • 포일심용접

저항용접의 3요소

- 용접전류
- 가압력
- 통전시간

심용접(Seam Welding)

원판상의 롤러 전극 사이에 용접할 2장의 판을 두고, 전기와 압력을 가하며 전극을 회전시키면서 연속적으로 점용접을 반복하는 용접

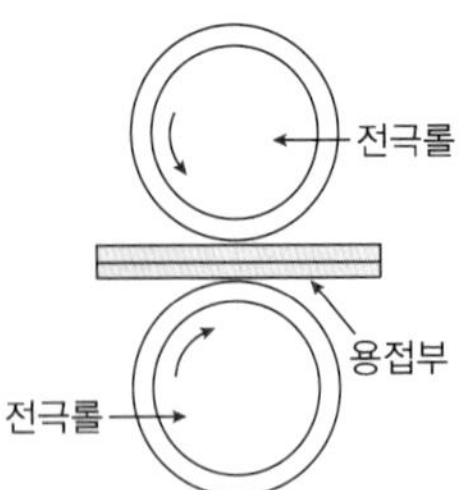

▌ 점용접법(스폿용접, Spot Welding)

재료를 2개의 전극 사이에 끼워 놓고 가압하는 방법이다.

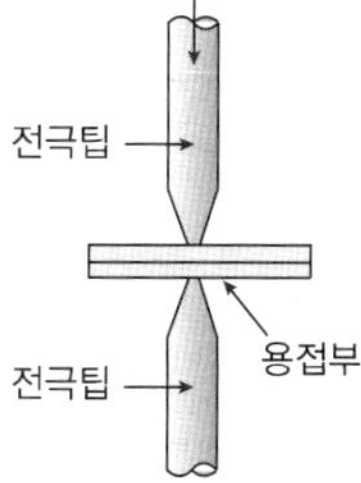

▌ 프로젝션용접

모재의 평면에 프로젝션인 돌기부를 만들어 평탄한 동전극의 사이에 물려 대전류를 흘려보낸 후 돌기부에 발생된 저항열로 용접한다.

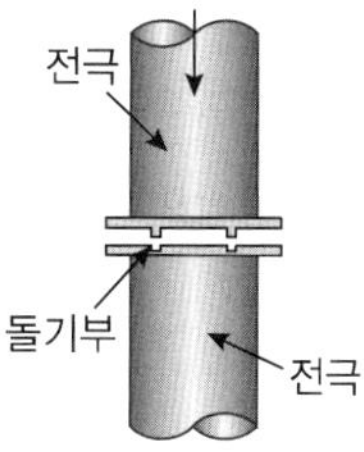

▌ 안전율

외부의 하중에 견딜 수 있는 정도를 수치로 나타낸 것

$$S = \frac{\text{극한강도}(\sigma_u)}{\text{허용응력}(\sigma_a)}$$

▌ 용접의 종류별 적정 차광번호(KS P 8141)

아크가 발생될 때 눈을 자극하는 빛인 적외선과 자외선을 차단하는 것으로, 번호가 클수록 빛을 차단하는 차광량이 많아진다.

용접의 종류	전류범위(A)	차광도 번호(No.)
납 땜	–	2~4
가스용접	–	4~7
산소절단	901~2,000	5
	2,001~4,000	6
	4,001~6,000	7

용접의 종류	전류범위(A)	차광도 번호(No.)
피복아크용접 및 절단	30 이하	5~6
	36~75	7~8
	76~200	9~11
	201~400	12~13
	401 이상	14
아크에어가우징	126~225	10~11
	226~350	12~13
	351 이상	14~16
탄소아크용접	–	14
TIG, MIG	100 이하	9~10
	101~300	11~12
	301~500	13~14
	501 이상	15~16

전 격

전격이란 강한 전류를 갑자기 몸에 느꼈을 때의 충격을 말하며, 용접기에는 작업자의 전격을 방지하기 위해서 반드시 전격방지기를 용접기에 부착해야 한다. 전격방지기는 작업을 쉬는 동안에 2차 무부하 전압이 항상 25V 정도로 유지되도록 하여 전격을 방지할 수 있다.

전류량이 인체에 미치는 영향

전류량	인체에 미치는 영향
1mA	전기를 조금 느낀다.
5mA	상당한 고통을 느낀다.
10mA	근육운동은 자유로우나 고통을 수반한 쇼크를 느낀다.
20mA	근육 수축, 스스로 현장을 탈피하기 힘들다.
20~50mA	고통과 강한 근육 수축, 호흡이 곤란하다.
50mA	심장마비 발생으로 사망의 위험이 있다.
100mA	사망과 같은 치명적인 결과를 준다.

산업안전보건법에 따른 안전 · 보건표지의 색채 및 용도

색 채	용 도	사 례
빨간색	금 지	정지신호, 소화설비 및 그 장소, 유해행위 금지
	경 고	화학물질 취급장소에서의 유해 · 위험경고
노란색	경 고	화학물질 취급장소에서의 유해 · 위험경고 이외의 위험경고, 주의표지 또는 기계방호물
파란색	지 시	특정 행위의 지시 및 사실의 고지
녹 색	안 내	비상구 및 피난소, 사람 또는 차량의 통행표지
흰 색	–	파란색 또는 녹색에 대한 보조색
검은색	–	문자 및 빨간색 또는 노란색에 대한 보조색

교육은 우리 자신의 무지를 점차 발견해 가는 과정이다.

– 윌 듀란트 –

PART 01

핵심이론

#출제 포인트 분석 #자주 출제된 문제 #합격 보장 필수이론

CHAPTER 01 용접야금 및 용접설비제도

제1절 용접부의 야금학적 특징 및 용접재료

핵심이론 01 | 금속의 일반적인 성질

① 금속의 일반적인 특성

㉠ 비중이 크다.

㉡ 전기 및 열의 양도체이다.

㉢ 금속 특유의 광택을 갖는다.

㉣ 이온화하면 양(+)이온이 된다.

㉤ 상온에서 고체이며 결정체이다(단, Hg 제외).

㉥ 연성과 전성이 우수하며 소성변형이 가능하다.

② Fe 결정구조의 종류별 특징

종 류	체심입방격자 (BCC ; Body Centered Cubic)	면심입방격자 (FCC ; Face Centered Cubic)	조밀육방격자 (HCP ; Hexagonal Close Packed lattice)
성 질	• 강도가 크다. • 용융점이 높다. • 전성과 연성이 작다.	• 전기전도도가 크다. • 가공성이 우수하다. • 장신구로 사용된다. • 전성과 연성이 크다. • 연한 성질의 재료이다.	• 전성과 연성이 작다. • 가공성이 좋지 않다.
원 소	W, Cr, Mo, V, Na, K	Al, Ag, Au, Cu, Ni, Pb, Pt, Ca	Mg, Zn, Ti, Be, Hg, Zr, Cd, Ce
단위격자	2개	4개	2개
배위수	8	12	12
원자 충진율	68%	74%	74%

※ 결정구조란 3차원 공간에서 규칙적으로 배열된 원자의 집합체를 말한다.

③ 합금(Alloy)

㉠ 두 개 이상의 서로 다른 금속들을 혼합하여 원하는 목적의 성질을 만드는 작업이다. 철강에 영향을 주는 주요 10가지 합금원소에는 C(탄소), Si(규소), Mn(망간), P(인), S(황), N(질소), Cr(크롬), V(바나듐), Mo(몰리브덴), Cu(구리), Ni(니켈)이 있다. 그 중 C가 가장 큰 영향을 미치는데, C의 양이 적을수록 용접성이 좋으므로, 저탄소강이 가장 용접성이 좋다.

㉡ 합금의 일반적 성질

- 경도가 증가한다.
- 주조성이 좋아진다.
- 용융점이 낮아진다.
- 전성, 연성은 떨어진다.
- 성분금속의 비율에 따라 색이 변한다.
- 성분금속보다 강도 및 경도가 증가한다.
- 성분을 이루는 금속보다 우수한 성질을 나타내는 경우가 많다.

④ 금속의 비중

경금속			
Mg	Be	Al	Ti
1.7	1.8	2.7	4.5

중금속			
Sn	V	Cr	Mn
5.8	6.1	7.1	7.4
Fe	Ni	Cu	Ag
7.8	8.9	8.9	10.4

Pb	W	Au	Pt	Ir
11.3	19.1	19.3	21.4	22

※ 경금속과 중금속을 구분하는 비중의 경계 : 4.5

⑤ 열 및 전기전도율이 높은 순서

Ag > Cu > Au > Al > Mg > Zn > Ni > Fe > Pb > Sb

※ 열전도율이 높을수록 고유저항은 작아진다.

⑥ 재료의 성질

㉠ 탄성 : 외력에 의해 변형된 물체가 외력을 제거하면 다시 원래의 상태로 되돌아가려는 성질이다.

㉡ 소성 : 물체에 변형을 준 뒤 외력을 제거해도 원래의 상태로 되돌아오지 않고 영구적으로 변형되는 성질로 가소성으로도 불린다.

㉢ 전성 : 넓게 펴지는 성질로 가단성으로도 불린다. 전성(가단성)이 크면 큰 외력에도 쉽게 부러지지 않아서 단조가공의 난이도를 나타내는 척도로 사용된다.

㉣ 연성 : 탄성한도 이상의 외력이 가해졌을 때 파괴되지 않고 잘 늘어나는 성질이다.

㉤ 취성 : 물체가 외력에 견디지 못하고 파괴되는 성질로 인성에 반대되는 성질이다. 취성재료는 연성이 거의 없으므로 항복점이 아닌 탄성한도를 고려해서 다뤄야 한다.

- 적열취성(赤熱 ; 붉을 적, 더울 열, 철이 빨갛게 달궈진 상태) : S(황)의 함유량이 많은 탄소강이 900℃ 부근에서 적열 상태가 되었을 때 파괴되는 성질로 철에 S의 함유량이 많으면 황화철이 되면서 결정립계 부근의 S이 망상으로 분포되면서 결정립계가 파괴된다. 적열취성을 방지하려면 Mn(망간)을 합금하여 S을 MnS로 석출시키면 된다. 이 적열취성은 높은 온도에서 발생하므로 고온취성으로도 부른다.
- 청열취성(靑熱 ; 푸를 청, 더울 열, 철이 산화되어 푸른빛으로 달궈져 보이는 상태) : 탄소강이 200~300℃에서 인장강도와 경도값이 상온일 때보다 커지는 반면, 연신율이나 성형성은 오히려 작아져서 취성이 커지는 현상이다. 이 온도범위(200~300℃)에서는 철의 표면에 푸른 산화피막이 형성되기 때문에 청열취성이라고 부른다. 따라서 탄소강은 200~300℃에서 가공을 피해야 한다.
- 저온취성 : 탄소강이 천이온도에 도달하면 충격치가 급격히 감소되면서 취성이 커지는 현상이다.
- 상온취성 : P(인)의 함유량이 많은 탄소강이 상온(약 24℃)에서 충격치가 떨어지면서 취성이 커지는 현상이다.

㉥ 인성 : 재료가 파괴되기(파괴강도) 전까지 에너지를 흡수할 수 있는 능력이다.

㉦ 강도 : 외력에 대한 재료 단면의 저항력이다.

㉧ 경도 : 재료 표면의 단단한 정도이다.

㉨ 연신율(ε) : 재료에 외력이 가해졌을 때 처음길이에 비해 나중에 늘어난 길이의 비율

$$\varepsilon = \frac{\text{나중길이} - \text{처음길이}}{\text{처음길이}} = \frac{l_1 - l_0}{l_0} \times 100\%$$

㉩ 피로한도 : 재료에 하중을 반복적으로 가했을 때 파괴되지 않는 응력변동의 최대범위로 S-N곡선으로 확인할 수 있다. 재질이나 반복하중의 종류, 표면 상태나 형상에 큰 영향을 받는다.

㉪ 피로수명 : 반복하중을 받는 재료가 파괴될 때까지의 반복적으로 재료에 가한 수치나 시간이다.

㉫ 크리프 : 고온에서 재료에 일정 크기의 하중(정하중)을 작용시키면 시간이 경과함에 따라 변형이 증가하는 현상이다.

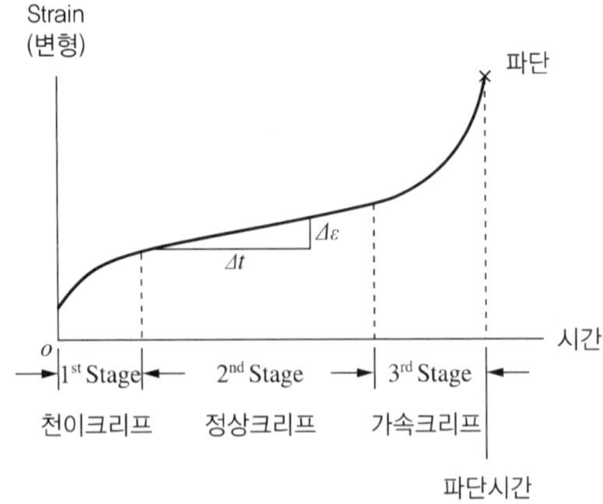

㉮ 잔류응력 : 재료의 변형 후 외력을 제거해도 재료의 내부나 표면에 남아 있는 응력이다. 재료의 온도 변화에 의해서 발생할 수 있는데 추가적으로 소성변형을 해 주거나 재결정온도 전까지 온도를 올려줌으로써 감소시킬 수 있다. 표면에 남아 있는 인장잔류응력은 피로수명과 파괴강도를 저하시킨다.

㉯ 재결정온도 : 1시간 안에 95% 이상 새로운 재결정이 형성되는 온도이다. 금속이 재결정되면 불순물이 제거되어 더 순수한 결정을 얻어낼 수 있는데, 이 재결정은 금속의 순도나 조성, 소성변형 정도, 가열시간에 큰 영향을 받는다.

㉮ 가단성 : 단조가공 동안 재료가 파괴되지 않고 변형되는 금속의 성질이다. 단조가공의 난이도를 나타내는 척도로써 전성의 다른 말로도 사용된다. 합금보다는 순금속의 가단성이 더 크다.

㉯ 슬립 : 금속이 소성변형을 일으키는 원인으로 원자 밀도가 가장 큰 격자면에서 잘 일어난다.

[철의 결정구조별 슬립면과 슬립방향]

결정구조	슬립면	슬립방향
BCC(체심입방격자)	{110}	⟨111⟩
	{112}	⟨111⟩
	{123}	⟨111⟩
FCC(면심입방격자)	{111}	⟨110⟩

㉰ 전위(全委 ; 구를 전, 자리하다 위) : 안정된 상태의 금속결정은 원자가 규칙적으로 질서정연하게 배열되어 있는데, 이 상태에서 어긋나있는 상태를 말하며 이는 전자현미경으로 확인이 가능하다.

㉱ 편석 : 합금원소나 불순물이 균일하지 못하고 편중되어 있는 상태이다.

㉲ 고용체 : 두 개 이상의 고체가 일정한 조성으로 완전하게 균일한 상을 이룬 혼합물이다.

㉳ 금속간화합물 : 두 가지 이상의 원소를 간단한 원자의 정수비로 결합시킴으로써 원하는 성질의 재료를 만들어낸 결과물이다.

⑦ 금속조직의 종류 및 특징

㉠ 페라이트(Ferrite) : 체심입방격자인 α 철이 723℃에서 최대 0.02%의 탄소를 고용하는데, 이때의 고용체가 페라이트이다. 전연성이 크고 자성체이다.

㉡ 펄라이트(Pearlite) : α 철(페라이트) + Fe_3C(시멘타이트)의 층상구조조직으로 질기고 강한 성질을 갖는 금속조직이다.

㉢ 시멘타이트(Cementite) : 순철에 6.67%의 탄소가 합금된 금속조직으로 경도가 매우 크고 취성도 크다. 재료 기호는 Fe_3C로 표시한다.

㉣ 마텐자이트(Martensite) : 강을 오스테나이트 영역의 온도까지 가열한 후 급랭시켜 얻는 금속조직으로 경도가 가장 크다.

㉤ 베이나이트(Bainite) : 공석강을 오스테나이트 영역까지 가열한 후 250~550℃의 온도 범위에서 일정 시간 동안 항온을 유지하는 항온열처리 조작을 통해서 얻을 수 있는 금속조직이다. 펄라이트와 마텐자이트의 중간 조직으로 냉각온도에 따라 분류된다.

항온 열처리 온도에 따른 분류
- 250~350℃ : 하부 베이나이트
- 350~550℃ : 상부 베이나이트

ⓑ 오스테나이트(Austenite) : γ철, 강을 A_1 변태점 이상으로 가열했을 때 얻어지는 조직으로 비자성체이며 전기저항이 크고 질기고 강한 성질을 갖는다.

ⓢ 레데부라이트(Ledeburite) : 융체(L) ↔ γ고용체 +Fe_3C

⑧ Fe–C계 평형상태도에서의 3개 불변반응

종 류	반응온도	탄소 함유량	반응내용	생성조직
공석 반응	723℃	0.8%	γ고용체 ↔ α고용체 + Fe_3C	펄라이트 조직
공정 반응	1,147℃	4.3%	융체(L) ↔ γ고용체 + Fe_3C	레데부라이트 조직
포정 반응	1,494℃ (1,500℃)	0.18%	γ고용체 ↔ δ고용체 + 융체(L)	오스테나이트 조직

10년간 자주 출제된 문제

1-1. 다음 금속 중 면심입방격자(FCC)에 속하는 것은?

① 니켈, 알루미늄 ② 크롬, 구리
③ 텅스텐, 바나듐 ④ 몰리브덴, 리듐

1-2. Fe–C계 평형상태도의 조직과 결정구조에 대한 연결이 옳은 것은?

① δ–페라이트 : 면심입방격자
② 펄라이트 : δ + Fe_3C의 혼합물
③ γ–오스테나이트 : 체심입방격자
④ 레데부라이트 : γ + Fe_3C의 혼합물

1-3. 적열취성에 가장 큰 영향을 미치는 것은?

① S ② P
③ H_2 ④ N_2

|해설|

1-1

면심입방격자는 Ni이나 Al과 같이 비교적 연한 금속들이 갖는 결정구조이다.

1-2

레데부라이트 조직 : 융체(L) ↔ γ고용체 + Fe_3C
① δ–페라이트 : 체심입방격자
② 펄라이트 : α철(페라이트) + Fe_3C(시멘타이트)
③ γ–오스테나이트 : 면심입방격자

1-3

S은 적열취성을 일으키는 원소이므로 이를 방지하기 위해서는 Mn(망간)을 합금시킨다.

정답 1-1 ① 1-2 ④ 1-3 ①

핵심이론 02 | 기계가공법

① 소성가공

금속재료에 힘을 가해서 형태를 변화시켜 갖가지 모양을 만드는 가공방법으로써 압연, 단조, 인발 등의 가공방법이 속한다. 선반가공은 재료를 깎는 작업방법으로서 절삭가공에 속한다.

② 절삭가공

절삭공구로 재료를 깎아 가공하는 방법으로 칩(Chip)이 발생되는 가공법이다. 절삭가공에 사용되는 공작기계로는 선반, 밀링, 드릴링머신, 셰이퍼 등이 있다.

③ 열간가공

재결정온도 이상에서 가공하는 소성가공법이다. 열간가공으로는 가공경화가 일어나지 않으며 연속하여 가공을 할 수 있고, 조밀하고 균질한 조직이 되어 안정된 재질을 얻을 수 있으나 냉간가공에 비해 치수는 부정확하다.

금속의 재결정온도

금 속	온도(℃)	금 속	온도(℃)
주석(Sn)	상온 이하	은(Ag)	200
납(Pb)	상온 이하	금(Au)	200
카드뮴(Cd)	상 온	백금(Pt)	450
아연(Zn)	상 온	철(Fe)	450
마그네슘(Mg)	150	니켈(Ni)	600
알루미늄(Al)	150	몰리브덴(Mo)	900
구리(Cu)	200	텅스텐(W)	1,200

④ 냉간가공

㉠ 강철을 720℃(재결정온도) 이하로 가공하는 방법으로 강철의 조직은 치밀해지나, 가공도가 진행될수록 내부에 변형을 일으켜 점성을 감소시키는 결점이 있다. 또 200~300℃ 부근에서는 청열취성이 발생되므로 이 온도 부근에서는 가공을 피해야 한다. 경량의 형강이 냉간가공으로 제조된다. 열간가공에 의해 형성된 강재를 최종치수로 마무리하는 경우에 압연, 인발, 압출, 판금가공에 의해 실시된다.

㉡ 냉간가공의 특징

- 수축에 의한 변화가 없다.
- 가공온도와 상온과의 차가 작다.
- 표면의 마무리를 깨끗하게 할 수 있다.
- 재료 표면의 산화가 없기 때문에 치수 정밀도를 향상할 수 있다.
- 냉간가공에 의해 적당한 내부 변형이 발생하므로 금속을 경화하여 재질을 강하게 할 수 있다.
- 강을 200~300℃의 범위에서 냉간가공하면 결정격자에 변형을 발생시켜 재료가 무르게 되기 때문에 가공이 어렵게 되는데 이 현상을 청열취성(Blue Shortness)이라고 한다.

⑤ 가공경화

금속재료에 소성변형을 부여하면 이후 같은 종류의 응력이 가해질 때마다 항복점이 상승하여 다음의 소성변형을 일으키는 데 필요한 저항이 증가한다. 이와 같은 현상을 가공경화라고 한다.

핵심이론 03 탄소강 및 합금강

① 철강의 분류

성 질	순 철	강	주 철
영 문	Pure Iron	Steel	Cast Iron
탄소 함유량	0.02% 이하	0.02~2.0%	2.0~6.67%
담금질성	담금질이 안 됨	좋 음	잘되지 않음
강도·경도	연하고 약함	큼	경도는 크나 잘 부서짐
활 용	전기재료	기계재료	주조용 철
제 조	전기로	전 로	큐폴라

강의 종류별 탄소함유량
- 연강 : 0.15~0.28%의 탄소함유량
- 반경강 : 0.3~0.4%의 탄소함유량
- 경강 : 0.4~0.5%의 탄소함유량
- 최경강 : 0.5~0.6%의 탄소함유량
- 탄소공구강 : 0.6~1.5%의 탄소함유량

② 탄소강의 정의

순철은 너무 연해 구조용 강으로 부적합하므로 탄소 외에 규소와 망간, 인 등을 첨가하여 강도를 높인 것을 탄소강이라 하며 연강으로도 불린다.

③ 탄소함유량 증가에 따른 철강의 특성

㉠ 경도 증가
㉡ 취성 증가
㉢ 항복점 증가
㉣ 충격치 감소
㉤ 인장강도 증가
㉥ 인성 및 연신율, 단면수축률 감소

④ 탄소강의 표준조직

철과 탄소(C)의 합금에 따른 평형상태도에 나타나는 조직을 말하며 종류로는 페라이트, 펄라이트, 오스테나이트, 시멘타이트, 레데부라이트가 있다.

⑤ 탄소주강의 분류

㉠ 저탄소주강 : 0.2% 이하의 C가 합금된 주조용 재료
㉡ 중탄소주강 : 0.2~0.5%의 C가 합금된 주조용 재료
㉢ 고탄소주강 : 0.5% 이상의 C가 합금된 주조용 재료

⑥ 저탄소강의 용접성

저탄소강은 연하기 때문에 용접 시 특히 문제가 되는 것은 노치취성과 용접터짐이다. 저탄소강은 어떠한 용접법으로도 가능하지만 노치취성과 용접터짐의 발생우려가 있어서 용접 전 예열이나 저수소계와 같이 적절한 용접봉을 선택해서 사용해야 한다.

⑦ 강괴의 종류

㉠ 킬드강 : 평로, 전기로에서 제조된 용강을 Fe-Mn, Fe-Si, Al 등으로 완전히 탈산시킨 강
㉡ 세미킬드강 : Al으로 림드강과 킬드강의 중간 정도로 탈산시킨 강
㉢ 림드강 : 평로, 전로에서 제조된 것을 Fe-Mn으로 가볍게 탈산시킨 강
㉣ 캡트강 : 림드강을 주형에 주입한 후 탈산제를 넣거나 주형에 뚜껑을 덮고 리밍 작용을 억제하여 내부를 조용하게 응고시키는 것에 의해 강괴의 표면 부근을 림드강처럼 깨끗하게 만듦과 동시에 내부를 세미킬드강처럼 편석이 적은 상태로 만든 강

킬드강	림드강	세미킬드강
수축공, 강괴	기포, 강괴	수축공, 기포, 강괴

⑧ 탄소강의 질량효과

탄소강을 담금질하였을 때 강의 질량(크기)에 따라 조직과 기계적 성질이 변하는 현상이다. 제품을 담금질할 때 질량이 큰 제품일수록 내부의 열이 많기 때문에 천천히 냉각되며, 그 결과 조직과 경도가 변한다.

10년간 자주 출제된 문제

주철과 강을 분류할 때 탄소의 함량이 약 몇 %를 기준으로 하는가?

① 0.4%　　② 0.8%
③ 2.0%　　④ 4.3%

|해설|

주철과 강을 분류하는 기준은 2%의 탄소함유량이다.

정답 ③

핵심이론 04 | 탄소강에 함유된 합금원소의 영향

① 탄소(C)
- ㉠ 경도를 증가시킨다.
- ㉡ 충격치를 감소시킨다.
- ㉢ 인성과 연성을 감소시킨다.
- ㉣ 일정 함유량까지 강도를 증가시킨다.
- ㉤ 항복점을 증가시킨다.
- ㉥ 함유량이 많아질수록 취성(메짐)이 강해진다.

② 규소(Si)
- ㉠ 탈산제로 사용한다.
- ㉡ 유동성을 증가시킨다.
- ㉢ 용접성과 가공성을 저하시킨다.
- ㉣ 인장강도, 탄성한계, 경도를 상승시킨다.
- ㉤ 결정립의 조대화로 충격값과 인성, 연신율을 저하시킨다.

③ 망간(Mn)
- ㉠ 탈산제로 사용한다.
- ㉡ 주조성을 향상시킨다.
- ㉢ 주철의 흑연화를 방지한다.
- ㉣ 고온에서 결정립 성장을 억제한다.
- ㉤ 인성과 점성, 인장강도를 증가시킨다.
- ㉥ 강의 담금질 효과를 증가시켜 경화능을 향상시킨다.
- ㉦ 탄소강에 함유된 S(황)을 MnS로 석출시켜 적열취성을 방지한다.

> **경화능**
> 담금질함으로써 생기는 경화의 깊이 및 분포의 정도를 표시하는 것으로 경화능이 클수록 담금질이 잘 된다는 의미이다.

④ 인(P)
- ㉠ 불순물을 제거한다.
- ㉡ 상온취성의 원인이 된다.
- ㉢ 강도와 경도를 증가시킨다.
- ㉣ 연신율과 충격값을 저하시킨다.

㉤ 결정립의 크기를 조대화시킨다.

㉥ 편석이나 균열의 원인이 된다.

㉦ 주철의 용융점을 낮추고 유동성을 좋게 한다.

⑤ 황(S)

㉠ 인성을 저하시킨다.

㉡ 불순물을 제거한다.

㉢ 절삭성을 양호하게 한다.

㉣ 편석과 적열취성의 원인이 된다.

㉤ 철을 여리게 하며 알칼리성에 약하다.

> **편 석**
> 합금원소나 불순물이 균일하지 못하고 편중되어 있는 상태

⑥ 수소(H_2)

백점, 헤어크랙의 원인이 된다.

⑦ 몰리브덴(Mo)

㉠ 내식성을 증가시킨다.

㉡ 뜨임취성을 방지한다.

㉢ 담금질 깊이를 깊게 한다.

⑧ 크롬(Cr)

㉠ 강도와 경도를 증가시킨다.

㉡ 탄화물을 만들기 쉽게 한다.

㉢ 내식성, 내열성, 내마모성을 증가시킨다.

⑨ 납(Pb)

절삭성을 크게 하여 쾌삭강의 재료가 된다.

⑩ 코발트(Co)

고온에서 내식성, 내산화성, 내마모성, 기계적 성질이 뛰어나다.

⑪ 구리(Cu)

㉠ 고온취성의 원인이 된다.

㉡ 압연 시 균열의 원인이 된다.

⑫ 니켈(Ni)

내식성 및 내산화성을 증가시킨다.

⑬ 타이타늄(Ti)

㉠ 부식에 대한 저항이 매우 크다.

㉡ 가볍고 강력해서 항공기용 재료로 사용된다.

⑭ 비금속 개재물

강 중에는 Fe_2O_3, FeO, MnS, MnO_2, Al_2O_3, SiO_2 등 여러가지 비금속 개재물이 섞여 있다. 이러한 비금속 개재물은 재료 내부에 점 상태로 존재하여 인성 저하와 열처리 시 균열의 원인이 되며 산화철, 알루미나, 규산염 등은 단조나 압연 중에 균열을 일으키기 쉽다.

10년간 자주 출제된 문제

4-1. 마멸성을 가진 용접봉으로 보수용접을 하고자 할 때 사용하는 용접봉으로 적합하지 않은 것은?

① 망간강 계통의 심선
② 크롬강 계통의 심선
③ 규소강 계통의 심선
④ 크롬-코발트-텅스텐 계통의 심선

4-2. 적열취성에 가장 큰 영향을 미치는 것은?

① S ② P
③ H_2 ④ N_2

|해설|

4-1

규소(Si, 실리콘)는 용접성과 가공성을 저하시키는 원소이므로 규소강 계통의 심선을 가진 용접봉은 내마멸성의 용도로는 적합하지 않다.

4-2

S은 적열취성을 일으키는 원소이므로 이를 방지하기 위해서는 Mn(망간)을 합금시킨다.

정답 4-1 ③ 4-2 ①

핵심이론 05 주철 및 주강

① 주 철

용광로에 철광석, 석회석, 코크스를 장입하여 1,200℃의 열풍을 불어 넣어 주면 쇳물이 나오는데 이 쇳물은 보통 4.5% 정도의 탄소가 함유된다. 보통 주조에 사용되어 주철(Cast Iron)이라고 하며 Fe에 탄소가 2~6.67%까지 함유된다. 가스절단 시 발생하는 불꽃에 의해 바로 용융되므로 절단작업은 주로 분말절단을 사용한다.

② 주철의 특징

㉠ 주조성이 우수하다.

㉡ 기계가공성이 좋다.

㉢ 압축강도가 크고 경도가 높다.

㉣ 가격이 저렴해서 널리 사용된다.

㉤ 고온에서 기계적 성질이 떨어진다.

㉥ 600℃ 이상으로 가열과 냉각을 반복하면 부피가 팽창한다.

㉦ 주철 중의 Si는 공정점을 저탄소강 영역으로 이동시킨다.

㉧ 용융점이 낮고 주조성이 좋아서 복잡한 형상을 쉽게 제작한다.

㉨ 주철 중 탄소의 흑연화를 위해서는 탄소와 규소의 함량이 중요하다.

㉩ 주철을 파면상으로 분류하면 회주철, 백주철, 반주철로 구분할 수 있다.

㉪ 주철에서 C와 Si의 함유량이 많을수록 비중은 작아지고 용융점은 낮아진다.

㉫ 강에 비해 탄소의 함유량이 많기 때문에 취성과 경도가 커지나 강도는 작아진다.

㉬ 투자율을 크게 하려면 화합 탄소를 적게 하고, 유리 탄소를 균일하게 분포시킨다.

③ 주철의 종류

㉠ 보통주철(GC100~GC200) : 주철 중에서 인장강도가 가장 낮다. 인장강도는 100~200N/mm^2(10~20kgf/mm^2) 정도로 기계가공성이 좋고 값이 싸며 기계구조물의 몸체 등의 재료로 사용된다. 주조성이 좋으나 취성이 커서 연신율이 거의 없다. 탄소함유량이 높기 때문에 고온에서 기계적 성질이 떨어지는 단점이 있다.

㉡ 고급주철(GC250~GC350, 펄라이트주철) : 편상흑연주철 중 인장강도가 250N/mm^2 이상인 주철로 조직이 펄라이트라서 펄라이트주철로도 불린다. 고강도와 내마멸성을 요구하는 기계 부품에 주로 사용된다.

㉢ 회주철(Gray Cast Iron)

- GC200으로 표시되는 주조용 철로서 200은 최저 인장강도를 나타낸다. 탄소가 흑연 박편의 형태로 석출되며 내마모성과 진동흡수 능력이 우수하고 압축강도가 좋아서 엔진 블록이나 브레이크 드럼용 재료, 공작기계의 베드용 재료로 사용된다. 이 회주철 조직에 가장 큰 영향을 미치는 원소는 C와 Si이다.
- 회주철의 특징
  - 주조와 절삭가공이 쉽다.
  - 인장력에 약하고 깨지기 쉽다.
  - 탄소강에 비해 진동에너지의 흡수가 좋다.
  - 유동성이 좋아서 복잡한 형태의 주물을 만들 수 있다.

㉣ 구상흑연주철 : 주철 속 흑연이 완전히 구상이고 그 주위가 페라이트조직으로 되어 있는데 이 형상이 황소의 눈과 닮았다고 해서 불스아이주철로도 불린다. 일반 주철에 Ni(니켈), Cr(크롬), Mo(몰리브덴), Cu(구리)를 첨가하여 재질을 개선한 주철로 내마멸성, 내열성, 내식성이 대단히 우수하여 자동차용 주물이나 주조용 재료로 사용된다. 다른 말로 노듈러주철, 덕타일주철로도 불린다.

> **흑연을 구상화하는 방법**
> 황(S)이 적은 선철을 용해한 후 Mg, Ce, Ca 등을 첨가하여 제조하는데, 흑연이 구상화되면 보통주철에 비해 강력하고 점성이 강한 성질을 갖는다.

㉤ 백주철 : 회주철을 급랭시켜 얻는 주철로 파단면이 백색이다. 흑연을 거의 함유하고 있지 않으며 탄소가 시멘타이트로 존재하기 때문에 다른 주철에 비해 시멘타이트의 함유량이 많아서 단단하기는 하나 취성이 큰 단점이 있다. 마모량이 큰 제분용 볼(Mill Ball)과 같은 기계요소의 재료로 사용된다.

㉥ 가단주철 : 백주철을 고온에서 장시간 열처리하여 시멘타이트 조직을 분해하거나 소실시켜 조직의 인성과 연성을 개선한 주철로 가단성이 부족했던 주철을 강인한 조직으로 만들기 때문에 단조작업이 가능한 주철이다. 제작 공정이 복잡해서 시간과 비용이 상대적으로 많이 든다.

- 가단주철의 종류
  - 흑심가단주철 : 흑연화가 주목적
  - 백심가단주철 : 탈탄이 주목적
  - 특수가단주철
  - 펄라이트가단주철

㉦ 미하나이트주철 : 바탕이 펄라이트조직으로 인장강도가 350~450MPa인 이 주철은 담금질이 가능하고 인성과 연성이 대단히 크며, 두께 차이에 의한 성질의 변화가 매우 작아서 내연기관의 실린더용 재료로 사용된다.

㉧ 고규소주철 : C(탄소)가 0.5~1.0%, Si(규소)가 14~16% 정도 합금된 주철로서 내식용 재료로 화학 공업에 널리 사용된다. 경도가 높아 가공성이 곤란하며 재질이 여린 단점이 있다.

㉨ 칠드주철 : 주조 시 주형에 냉금을 삽입하여 주물의 표면을 급랭시켜 조직을 백선화하고 경도를 증가시킨 내마모성 주철이다. 칠드된 부분은 시멘타이트 조직으로 되어 경도가 높아지고 내마멸성과 압축강도가 커서 기차바퀴나 분쇄기롤러 등에 사용된다.

㉩ ADI(Austempered Ductile Iron)주철 : 재질을 경화시키기 위해 구상흑연주철을 항온열처리법인 오스템퍼링으로 열처리한 주철이다.

> **주철용접 시 주의사항**
> - 용입을 지나치게 깊게 하지 않는다.
> - 용접전류는 필요 이상으로 높이지 않는다.
> - 용접부를 필요 이상으로 크게 하지 않는다.
> - 용접봉은 되도록 가는 지름의 것을 사용한다.
> - 비드 배치는 짧게 해서 여러 번의 조작으로 완료하도록 한다.
> - 가열되어 있을 때 피닝작업을 하여 변형을 줄이는 것이 좋다.
> - 균열의 보수는 균열의 연장을 방지하기 위하여 균열의 끝에 작은 구멍을 뚫는다.

④ 주철의 보수용접작업의 종류

㉠ 비녀장법 : 균열부 수리나 가늘고 긴 부분을 용접할 때 용접선에 직각이 되게 지름이 6~10mm 정도인 ㄷ자형의 강봉을 박고 용접하는 방법

㉡ 버터링법 : 처음에는 모재와 잘 융합이 되는 용접봉으로 적정 두께까지 용착시킨 후 다른 용접봉으로 용접하는 방법

㉢ 로킹법 : 스터드 볼트 대신에 용접부 바닥에 홈을 파고 이 부분을 걸쳐서 힘을 받도록 하는 방법

⑤ 흑연화

Fe_3C 상태에서는 불안정하게 되어 Fe과 흑연으로 분리되는 현상이다.

⑥ 탄소강의 재료기호

SC 360에서 SC는 Steel Carbon의 약자로, 탄소강을 의미한다. 360은 인장강도가 360N/mm^{2}인 것을 나타낸다.

⑦ 주철의 성장

㉠ 정의 : 주철을 600℃ 이상의 온도에서 가열과 냉각을 반복하면 부피의 증가로 재료가 파열되는데, 이 현상을 주철의 성장이라고 한다.

㉡ 주철 성장의 원인

- 흡수된 가스에 의한 팽창
- A_1 변태에서 부피 변화로 인한 팽창
- 시멘타이트(Fe_3C)의 흑연화에 의한 팽창
- 페라이트 중 고용된 Si(규소)의 산화에 의한 팽창
- 불균일한 가열에 의해 생기는 파열, 균열에 의한 팽창

㉢ 주철의 성장을 방지하는 방법

- 편상흑연을 구상흑연화한다.
- C와 Si의 양을 적게 해야 한다.
- 흑연의 미세화로서 조직을 치밀하게 한다.
- Cr, Mn, Mo 등을 첨가하여 펄라이트 중의 Fe_3C(시멘나이트) 분해를 막는다.

⑧ 주강의 정의

주철에 비해 C(탄소)의 함유량을 줄인 용강(용융된 강)을 주형에 주입해서 만든 주조용 강 재료이다. 주철에 비해 기계적 성질이 좋고 용접에 의한 보수작업이 용이하며 단조품에 비해 가공공정이 적으면서 대형제품을 만들 수 있는 장점이 있어서 형상이 크거나 복잡해서 단조품으로 만들기 곤란하거나 주철로는 강도가 부족한 경우 사용한다. 그러나 주조 조직이 거칠고 응고 시 수축률도 크며 취성이 있어서 주조 후에는 완전풀림을 통해 조직을 미세화하고 주조응력을 제거해야 한다는 단점이 있다. 주강에는 0.1~0.5%의 C가 함유되어 있다.

⑨ 주강의 특징

㉠ 주철로서는 강도가 부족한 곳에 사용된다.

㉡ 일반적인 주강의 탄소함량은 0.1~0.6% 정도이다.

㉢ 함유된 C(탄소)의 양이 많기 때문에 완전풀림을 실시해야 한다.

㉣ 기포나 기공 등이 생기기 쉬우므로 제강작업 시 다량의 탈산제가 필요하다.

⑩ 주강의 종류

㉠ 탄소주강

- Fe과 C의 합금만으로 만들어진 주강으로 탄소의 함유량에 따라 기계적 성질이 다르게 나타난다.
- 탄소주강의 분류
  - 저탄소주강 : 0.2% 이하의 C가 합금된 주조용 재료
  - 중탄소주강 : 0.2~0.5%의 C가 합금된 주조용 재료
  - 고탄소주강 : 0.5% 이상의 C가 합금된 주조용 재료

㉡ 합금주강

- 원하는 목적에 따라 탄소주강에 다양한 합금원소를 첨가해서 만든 주조용 재료로 탄소주강에 비해 강도가 우수하고 인성과 내마모성이 크다.
- 합금주강의 분류
  - Ni주강 : 강인성 향상을 위해 1~5%의 Ni을 첨가한 것으로 연신율의 저하를 막고 강도 및 내마멸성이 향상되어 톱니바퀴나 차축용 재료로 사용된다.
  - Cr주강 : 탄소주강에 3% 이하의 Cr을 첨가하여 강도와 내마멸성을 증가시킨 재료로 분쇄기계용 재료로 사용된다.
  - Ni-Cr주강 : 1~4%의 Ni, 약 1%의 Cr을 합금한 주강으로 강도가 크고 인성이 양호해서 자동차나 항공기용 재료로 사용된다.

– Mn주강 : Mn을 약 1% 합금한 저망간주강은 제지용 롤러에, 약 12% 합금한 고망간주강(해드필드강)은 오스테나이트 입계의 탄화물 석출로 취약하나 약 1,000℃에서 담금질하면 균일한 오스테나이트 조직이 되면서 조직이 강인해지므로 광산이나 토목용 기계부품에 사용이 가능하다.

⑪ 마우러 조직도

주철의 조직을 지배하는 주요 요소인 C와 Si의 함유량에 따른 주철의 조직의 관계를 나타낸 그래프이다.

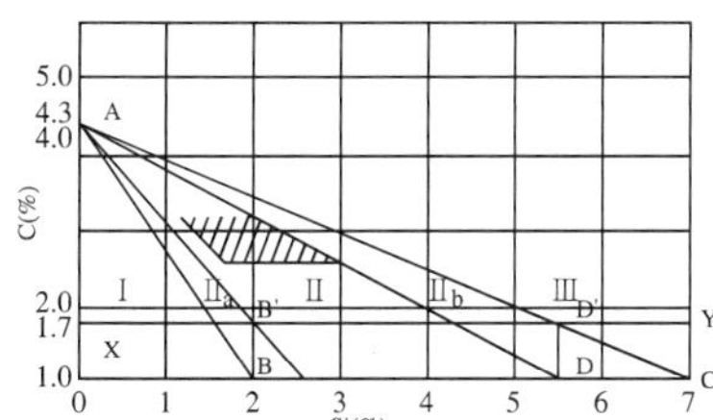

※ 빗금 친 부분은 고급주철이다.

영 역	주철 조직	경 도
I	백주철	최대 ↕ 최소
II_a	반주철	
II	펄라이트주철	
II_b	회주철	
III	페라이트주철	

⑫ 탄소 주강품의 기계적 성질

종 류	인장강도(N/mm^2)	탄소함유량(%)
SC360	360 이하	0.20 이하
SC410	410 이하	0.30 이하
SC450	450 이하	0.35 이하
SC480	480 이하	0.40 이하

10년간 자주 출제된 문제

5-1. 저탄소강 용접금속의 조직에 대한 설명으로 맞는 것은?

① 용접 후 재가열하면 여러 가지 탄화물 또는 a상이 석출하여 용접성질을 저하시킨다.
② 용접금속의 조직은 대부분 페라이트이고 다층 용접의 경우 미세 페라이트이다.
③ 용접부가 급랭되는 경우는 레데부라이트가 생성한 백선조직이 된다.
④ 용접부가 급랭되는 경우는 시멘타이트 조직이 생성된다.

5-2. 주철의 용접 시 주의사항으로 틀린 것은?

① 용접 전류는 필요 이상 높이지 말고 용입을 지나치게 깊게 하지 않는다.
② 비드의 배치는 짧게 해서 여러 번의 조작으로 완료한다.
③ 용접봉은 가급적 지름이 굵은 것을 사용한다.
④ 용접부를 필요 이상 크게 하지 않는다.

|해설|

5-1

저탄소강이란 순수한 철에 C가 0.2% 이하로 첨가된 페라이트 조직으로 다층 용접의 경우 미세 페라이트가 생성된다.

5-2

주철(Cast Iron)을 용접할 때 용접봉은 되도록 가는 지름의 것을 사용해야 한다.

정답 5-1 ② 5-2 ③

핵심이론 06 공구재료

① 절삭공구재료의 구비조건

㉠ 내마모성이 커야 한다.

㉡ 충격에 잘 견뎌야 한다.

㉢ 고온경도가 커야 한다.

㉣ 열처리와 가공이 쉬워야 한다.

㉤ 절삭 시 마찰계수가 작아야 한다.

㉥ 강인성(억세고 질긴 성질)이 커야 한다.

㉦ 성형성이 용이하고 가격이 저렴해야 한다.

> **고온경도**
> 접촉 부위의 온도가 높아지더라도 경도를 유지하는 성질

② 공구강의 고온경도 및 파손강도가 높은 순서

> 다이아몬드 > 입방정 질화붕소 > 세라믹 > 초경합금 > 주조경질합금(스텔라이트) > 고속도강 > 합금공구강 > 탄소공구강

③ 공구재료의 종류

㉠ 탄소공구강(STC) : 300℃의 절삭열에도 경도 변화가 작고 열처리가 쉬우며 값이 저렴한 반면, 강도가 작아서 고속절삭용 공구재료로는 사용이 부적합하며 수기가공용 공구인 줄이나 쇠톱날, 정용재료로 사용된다.

㉡ 합금공구강(STS) : 탄소강에 W, Cr, W–Cr, Mn, Ni 등을 합금하여 제작하는 공구재료로 600℃의 절삭열에도 경도 변화가 작아서 바이트나 다이스, 탭, 띠톱용 재료로 사용된다.

㉢ 고속도강(HSS) : 탄소강에 W 18%, Cr 4%, V 1%이 합금된 것으로 600℃의 절삭열에도 경도변화가 없다. 탄소강보다 2배의 절삭속도로 가공이 가능하기 때문에 강력 절삭 바이트나 밀링 커터용 재료로 사용된다. 고속도강에서 나타나는 시효변화를 억제하기 위해서는 뜨임처리를 3회 이상 반복함으로써 잔류응력을 제거해야 한다. W계와 Mo계로 크게 분류된다.

㉣ 주조경질합금 : 스텔라이트라고도 하며 800℃의 절삭열에도 경도변화가 없다. 열처리가 불필요하며 고속도강보다 2배의 절삭속도로 가공이 가능하나 내구성과 인성이 작다. 청동이나 황동의 절삭재료로도 사용된다.

㉤ 초경합금(소결 초경합금)

- 1,100℃의 고온에서도 경도 변화 없이 고속절삭이 가능한 절삭공구로 WC, TiC, TaC 분말에 Co나 Ni 분말을 함께 첨가한 후 1,400℃ 이상의 고온으로 가열하면서 프레스로 소결시켜 만든다. 진동이나 충격을 받으면 쉽게 깨지는 단점이 있으나 고속도강의 4배의 절삭속도로 가공이 가능하다.
- 초경합금의 특징
  - 경도가 높다.
  - 내마모성이 크다.
  - 고온에서 변형이 적다.
  - 고온경도 및 강도가 양호하다.
  - 소결합금으로 이루어진 공구이다.
  - HRC(로크웰경도 C스케일) 50 이상으로 경도가 크다.

㉥ 세라믹 : 무기질의 비금속 재료를 고온에서 소결한 것으로 1,200℃의 절삭열에도 경도변화가 없는 신소재이다. 주로 고온에서 소결시켜 만들 수 있는데 내마모성과 내열성, 내화학성(내산화성)이 우수하나 인성이 부족하고 성형성이 좋지 못하며 충격에 약한 단점이 있다.

㉦ 다이아몬드 : 절삭공구용 재료 중에서 경도가 가장 높고(HB 7000), 내마멸성이 크며 절삭속도가 빨라서 가공이 매우 능률적이나 취성이 크고 값이 비싼 단점이 있다. 강에 비해 열팽창이 크지 않아서 장시간의 고속절삭이 가능하다.

ⓞ 입방정 질화붕소(CBN공구, Cubic Boron Nitride) : 미소분말을 고온이나 고압에서 소결하여 만든 것으로 다이아몬드 다음으로 경한 재료이다. 내열성과 내마모성이 뛰어나서 철계 금속이나 내열합금의 절삭, 난삭재, 고속도강의 절삭에 주로 사용한다.

10년간 자주 출제된 문제

WC, TiC, TaC 등의 금속탄화물을 Co로 소결한 것으로서 탄화물 소결공구라고 하며, 일반적으로 칠드 주철, 경질 유리 등도 쉽게 절삭할 수 있는 공구강은?

① 세라믹　　② 고속도강
③ 초경합금　　④ 주조경질합금

|해설|

초경합금은 텅스텐카바이트, 타이타늄카바이드 등의 소결재료로 제작되어 약 1,100℃의 고온에서도 열에 의한 변형 없이 가공할 수 있다.

정답 ③

핵심이론 07 | 스테인리스강(Stainless Steel)

① 스테인리스강의 정의

일반강 재료에 Cr(크롬)을 12% 이상 합금하여 만든 내식용 강으로 부식이 잘 일어나지 않아서 최근 조리용품의 재료로 많이 사용되는 금속재료이다. 스테인리스강에는 Cr(크롬)이 가장 많이 함유된다.

② 스테인리스강의 분류

구 분	종 류	주요성분	자 성
Cr계	페라이트계 스테인리스강	Fe + Cr 12% 이상	자성체
	마텐자이트계 스테인리스강	Fe + Cr 13%	자성체
Cr+Ni계	오스테나이트계 스테인리스강	Fe+Cr 18% + Ni 8%	비자성체
	석출경화계 스테인리스강	Fe + Cr + Ni	비자성체

③ 스테인리스강의 일반적인 특징

㉠ 내식성이 우수하다.
㉡ 대기 중이나 수중에서 녹이 발생하지 않는다.
㉢ 황산, 염산 등의 크롬 산화막에는 침식되어 내식성을 잃는다.
㉣ 스테인리스강 중에서 용접성이 가장 좋은 것은 오스테나이트계이다.

④ 오스테나이트 스테인리스강 용접 시 유의사항

㉠ 짧은 아크를 유지한다.
㉡ 아크를 중단하기 전에 크레이터 처리를 한다.
㉢ 낮은 전륫값으로 용접하여 용접입열을 억제한다.
㉣ 오스테나이트계 스테인리스강은 높은 열이 가해질수록 탄화물이 더 빨리 발생하여 입계부식을 일으키므로 가능한 용접입열을 작게 해야 한다.

⑤ 스테인리스강의 종류별 특징

㉠ 페라이트계 스테인리스강
- 자성체이다.
- 체심입방격자(BCC)이다.
- 열처리에 의해 경화되지 않는다.

• 순수한 Cr계 스테인리스강이다.
• 유기산과 질산에는 침식되지 않는다.
• 염산, 황산 등과 접촉하게 되면 내식성을 잃어버린다.
• 오스테나이트계 스테인리스강에 비하여 내산성이 낮다.
• 표면이 잘 연마된 것은 공기나 물 중에 부식되지 않는다.

㉡ 마텐자이트계 스테인리스강
• 자성체이다.
• 체심입방격자이다.
• 열처리에 의해 경화된다.
• 순수한 Cr 스테인리스강이다.

㉢ 오스테나이트계 스테인리스강
• 비자성체이다.
• 비경화성이다.
• 내식성이 크다.
• 면심입방격자이다.
• 용접성이 좋지 않다.
• 염산이나 황산에 강하다.
• Cr-18%와 Ni-8%가 합금된 재료이다.

⑥ PH형 스테인리스강

Precipitation Hardening의 약자로서 Cr-Ni계 스테인리스강에 Al, Ti, Nb, Cu 등을 첨가하여 석출경화를 이용하여 강도를 높인 스테인리스강의 총칭이다.

10년간 자주 출제된 문제

스테인리스강에서 용접성이 가장 좋은 계통은?

① 페라이트계 ② 펄라이트계
③ 마텐자이트계 ④ 오스테나이트계

|해설|

스테인리스강 중에서 가장 대표적으로 사용되는 오스테나이트계 스테인리스강은 일반강(Steel)에 Cr-18%와 Ni-8%가 합금된 재료로 스테인리스강 중에서 용접성이 가장 좋다.

정답 ④

핵심이론 08 알루미늄과 그 합금

① 알루미늄의 성질

㉠ 비중 : 2.7
㉡ 용융점 : 660℃
㉢ 면심입방격자이다.
㉣ 비강도가 우수하다.
㉤ 주조성이 우수하다.
㉥ 열과 전기전도성이 좋다.
㉦ 가볍고 전연성이 우수하다.
㉧ 내식성 및 가공성이 양호하다.
㉨ 담금질 효과는 시효경화로 얻는다.
㉩ 염산이나 황산 등의 무기산에 잘 부식된다.
㉪ 보크사이트 광석에서 추출하는 경금속이다.

시효경화
열처리 후 시간이 지남에 따라 강도와 경도가 증가하는 현상

② 알루미늄 합금의 종류 및 특징

분 류	종 류	구성 및 특징
주조용(내열용)	실루민	• Al + Si(10~14% 함유), 알팍스로도 불린다. • 해수에 잘 침식되지 않는다.
	라우탈	• Al + Cu 4% + Si 5% • 열처리에 의하여 기계적 성질을 개량할 수 있다.
	Y합금	• Al + Cu + Mg + Ni • 내연기관용 피스톤, 실린더 헤드의 재료로 사용된다.
	로엑스 합금(Lo-Ex)	• Al + Si 12% + Mg 1% + Cu 1% + Ni • 열팽창 계수가 작아서 엔진, 피스톤용 재료로 사용된다.
	코비탈륨	• Al + Cu + Ni에 Ti, Cu 0.2% 첨가 • 내연기관의 피스톤용 재료로 사용된다.
가공용	두랄루민	• Al + Cu + Mg + Mn • 고강도로서 항공기나 자동차용 재료로 사용된다.
	알클래드	고강도 Al합금에 다시 Al을 피복한 것

분 류	종 류	구성 및 특징
내식성	알 민	• Al + Mn • 내식성과 용접성이 우수한 알루미늄 합금
	알드레이	Al + Mg + Si 강인성이 없고 가공변형에 잘 견딘다.
	하이드로날륨	• Al + Mg • 내식성과 용접성이 우수한 알루미늄 합금

③ 알루미늄 및 알루미늄 합금의 용접성

㉠ 용접 후 변형이 작고 균열이 생기지 않는다.

㉡ 색채에 따른 가열온도 판정이 불가능하다.

㉢ 응고 시 수소가스를 흡수하여 기공이 발생한다.

㉣ 용융점이 660℃로 낮아서 지나치게 용융되기 쉽다.

㉤ 산화알루미늄의 용융온도가 알루미늄의 용융온도보다 높아서 용접성이 좋지 못하다.

④ 알루미늄은 철강에 비하여 일반 용접봉으로는 용접이 매우 곤란한 이유

㉠ 비열 및 열전도도가 크므로 단시간에 용접온도를 높이는 데 높은 온도의 열원이 필요하다.

㉡ 강에 비해 팽창계수가 약 2배, 응고수축이 약 1.5배 크므로 용접변형이 클 뿐 아니라 합금에 따라서는 응고균열이 생기기 쉽다.

㉢ 산화알루미늄의 비중(4.0)은 보통 알루미늄의 비중(2.7)에 비해 크므로 용융금속 표면에 떠오르기가 어렵고 용착금속 속에 남는다.

㉣ 액상에 있어서의 수소 용해도가 고상 때보다 대단히 크므로, 수소가스를 흡수하여 응고할 때에 기공으로 되어 용착금속 중에 남게 된다.

㉤ 산화알루미늄의 용융점은 약 2,050℃로 알루미늄의 용융점(658℃)에 비해 매우 높아서 용융되지 않은 채로 유동성을 해치고 알루미늄 표면을 덮어 금속 사이의 융합을 방지하는 등 작업을 크게 해친다.

⑤ 알루미늄 합금의 열처리방법

알루미늄 합금은 변태점이 없기 때문에 담금질이 불가능하므로 시효경화나 석출경화를 이용하여 기계적 성질을 변화시킨다.

⑥ 개량처리

㉠ 개량처리의 정의 : Al에 Si(규소, 실리콘)가 고용될 수 있는 한계는 공정온도인 577℃에서 약 1.6%이고, 공정점은 12.6%이다. 이 부근의 주조 조직은 육각판의 모양으로 크고 거칠며 취성이 있어서 실용성이 없는데 이 합금에 나트륨이나 수산화나트륨, 플루오린화 알칼리, 알칼리 염류 등을 용탕 안에 넣고 10~50분 후에 주입하면 조직이 미세화되며 공정점과 온도가 14%, 556℃로 이동하는데 이 처리를 개량처리라고 한다.

㉡ 개량처리된 합금의 명칭 : 실용 합금으로는 10~13%의 Si가 함유된 실루민(Silumin)이 유명하다.

㉢ 개량처리에 주로 사용되는 원소 : Na(나트륨)

⑦ 알루미늄 방식법의 종류

㉠ 수산법

㉡ 황산법

㉢ 크롬산법

10년간 자주 출제된 문제

알루미늄과 그 합금의 용접성이 나쁜 이유로 틀린 것은?

① 비열과 열전도도가 대단히 커서 수축량이 크기 때문

② 용융 응고 시 수소가스를 흡수하여 기공이 발생하기 쉽기 때문

③ 강에 비해 용접 후의 변형이 커 균열이 발생하기 쉽기 때문

④ 산화알루미늄의 용융온도가 알루미늄의 용융온도보다 매우 낮기 때문

|해설|

알루미늄 합금은 표면에 강한 산화막이 존재하기 때문에 납땜이나 용접을 하기 힘든데, 산화알루미늄의 용융온도(약 2,070℃)가 알루미늄의 용융온도(용융온도 660℃, 끓는점 약 2,500℃)보다 매우 크기 때문이다.

정답 ④

핵심이론 09 | 구리와 그 합금

① 구리(Cu)의 성질

㉠ 비중 : 8.96
㉡ 비자성체이다.
㉢ 내식성이 좋다.
㉣ 용융점 : 1,083℃
㉤ 끓는점 : 2,560℃
㉥ 전기전도율이 우수하다.
㉦ 전기와 열의 양도체이다.
㉧ 전연성과 가공성이 우수하다.
㉨ Ni, Sn, Zn 등과 합금이 잘된다.
㉩ 건조한 공기 중에서 산화하지 않는다.
㉪ 방전용 전극재료로 가장 많이 사용된다.
㉫ 아름다운 광택과 귀금속적 성질이 우수하다.
㉬ 결정격자는 면심입방격자이며 변태점이 없다.
㉭ 황산, 염산에 용해되며 습기, 탄소가스, 해수에 녹이 생긴다.
㉮ 수소병이란 환원 여림의 일종으로 산화구리를 환원성 분위기에서 가열하면 수소가 구리 중에 확산 침투하여 균열이 발생한다. 질산에는 급격히 용해된다.

② 구리 합금의 대표적인 종류

청 동	Cu + Sn, 구리 + 주석
황 동	Cu + Zn, 구리 + 아연

③ 구리 용접이 어려운 이유

㉠ 구리는 열전도율이 높고 냉각속도가 빠르다.
㉡ 수소와 같이 확산성이 큰 가스를 석출하여, 그 압력 때문에 더욱 약점이 생긴다.
㉢ 열팽창계수는 연강보다 약 50% 크므로 냉각에 의한 수축과 응력집중을 일으켜 균열이 발생하기 쉽다.
㉣ 구리는 용융될 때 심한 산화를 일으키며, 가스를 흡수하기 쉬우므로 용접부에 기공 등이 발생하기 쉽다.
㉤ 구리의 경우 열전도율과 열팽창계수가 높아서 가열 시 재료의 변형이 일어나고, 열의 집중성이 떨어져서 저항용접이 어렵다.
㉥ 구리 중의 산화구리(Cu_2O)를 함유한 부분이 순수한 구리에 비하여 용융점이 약간 낮으므로, 먼저 용융되어 균열이 발생하기 쉽다.
㉦ 가스용접, 그 밖의 용접방법으로 환원성 분위기 속에서 용접을 하면 산화구리는 환원될 가능성이 커진다. 이때 용적은 감소하여 스펀지(Sponge) 모양의 구리가 되므로 더욱 강도를 약화시킨다. 그러므로 용접용 구리재료는 전해구리보다 탈산구리를 사용해야 하며 용접봉도 탈산구리 용접봉 또는 합금 용접봉을 사용해야 한다.

10년간 자주 출제된 문제

구리 합금의 용접성에 대한 설명으로 틀린 것은?

① 순동은 좋은 용입을 얻기 위해서 반드시 예열이 필요하다.
② 알루미늄 청동은 열간에서 강도나 연성이 우수하다.
③ 인청동은 열간취성의 경향이 없으며, 용융점이 낮아 편석에 의한 균열 발생이 없다.
④ 황동에는 아연이 다량 함유되어 있어 용접 시 증발에 의해 기포가 발생하기 쉽다.

|해설|

청동은 구리와 주석의 합금인데 구리 중의 산화구리를 함유한 부분이 순수한 구리에 비해 용융점이 낮아서 먼저 용융되는데, 이때 균열이 발생하므로 구리 합금(동합금)을 용접할 때 균열이 발생할 수 있다.

정답 ③

핵심이론 10 황동과 청동

① 황동과 청동합금의 종류

황 동		청 동
양 은 톰 백 알브락 델타메탈 문쯔메탈	규소황동 네이벌황동 고속도황동 알루미늄황동 애드미럴티황동	켈 밋 포 금 쿠니알 인청동 콘스탄탄 베어링청동

② 황동의 종류별 특징

톰 백	Cu에 Zn을 5~20% 합금한 것으로 색깔이 아름답고 냉간가공이 쉽게 되어 단추나 금박, 금 모조품과 같은 장식용 재료로 사용된다.
문쯔메탈	60%의 Cu와 40%의 Zn이 합금된 것으로 인장강도가 최대이며, 강도가 필요한 단조제품이나 볼트, 리벳용 재료로 사용한다.
알브락	Cu 75% + Zn 20% + 소량의 Al, Si, As의 합금이다. 해수에 강하며 내식성과 내침수성이 커서 복수기관과 냉각기관에 사용한다.
애드미럴티 황동	7 : 3 황동에 Sn 1%를 합금한 것으로 콘덴서 튜브에 사용한다.
델타메탈	6 : 4 황동에 1~2% Fe을 첨가한 것으로, 강도가 크고 내식성이 좋아서 광산기계나 선박용, 화학용 기계에 사용한다.
쾌삭황동	황동에 Pb을 0.5~3% 합금한 것으로 피절삭성 향상을 위해 사용한다.
납황동	3% 이하의 Pb을 6 : 4 황동에 첨가하여 절삭성을 향상시킨 쾌삭황동으로 기계적 성질은 다소 떨어진다.
강력황동	4 : 6 황동에 Mn, Al, Fe, Ni, Sn 등을 첨가하여 한층 더 강력하게 만든 황동이다.
네이벌 황동	6 : 4 황동에 0.8% 정도의 Sn을 첨가한 것으로 내해수성이 강해서 선박용 부품에 사용한다.

③ 황동의 자연균열

냉간가공한 황동 파이프나 봉재제품이 보관 중에 자연적으로 균열이 생기는 현상으로 그 원인은 암모니아나 암모늄에 의한 내부응력 때문이다. 방지법은 표면에 도색이나 도금을 하거나 200~300℃로 저온 풀림처리를 하여 내부응력을 제거하면 된다.

④ 재료의 경년변화

재료 내부는 상태가 세월이 경과함에 따라 서서히 변하는데 그 때문에 부품의 특성이 당초의 값보다 변동하는 것으로 방치할 경우 기기의 오작동을 초래할 수 있다. 이것은 상온에서 장시간 방치할 경우에 발생한다.

⑤ 주요 청동 합금

켈밋합금	Cu 70% + Pb 30~40%의 합금이다. 열전도성과 압축강도가 크고 마찰계수가 작아서 고속, 고온, 고하중용 베어링 재료로 사용된다.
베릴륨 청동	Cu에 1~3%의 베릴륨을 첨가한 합금으로 담금질한 후 시효 경화시키면 기계적 성질이 합금강에 뒤떨어지지 않고 내식성도 우수하여 기어, 판스프링, 베어링용 재료로 쓰이지만, 가공하기 어렵다는 단점이 있다.
연청동	납청동이라고도 하며 베어링용이나 패킹재료로 사용된다.
알루미늄 청동	Cu에 2~15%의 Al을 첨가한 합금으로 강도가 극히 높고 내식성이 우수하다. 기어나 캠, 레버, 베어링용 재료로 사용된다.

⑥ 콜슨(Corson)합금

니켈 청동합금으로 Ni 3~4%, Si 0.8~1.0%의 Cu합금이다. 인장강도와 도전율이 높아서 통신선, 전화선과 같이 얇은 선재로 사용된다.

10년간 자주 출제된 문제

6 : 4 황동에 1~2% Fe을 첨가한 것으로 강도가 크며 내식성이 좋아 광산기계, 선박용 기계, 화학기계 등에 이용되는 합금은?

① 톰 백 ② 라우탈
③ 델타메탈 ④ 네이벌 황동

|해설|

델타메탈 : 6 : 4 황동에 1~2% Fe을 첨가한 것으로, 강도가 크고 내식성이 좋아서 광산기계나 선박용, 화학용 기계에 사용한다.

정답 ③

핵심이론 11 기타 비철금속과 그 합금

① 마그네슘과 그 합금

㉠ Mg(마그네슘)의 성질

- 절삭성이 우수하다.
- 용융점은 650℃이다.
- 조밀육방격자 구조이다.
- 고온에서 발화하기 쉽다.
- Al에 비해 약 35% 가볍다.
- 알칼리성에는 거의 부식되지 않는다.
- 구상흑연주철 제조 시 첨가제로 사용된다.
- 비중이 1.74로 실용금속 중 가장 가볍다.
- 열전도율과 전기전도율은 Cu, Al보다 낮다.
- 비강도가 우수하여 항공기나 자동차 부품으로 사용된다.
- 대기 중에는 내식성이 양호하나 산이나 염류(바닷물)에는 침식되기 쉽다.

> 마그네슘 합금은 부식되기 쉽고, 탄성한도와 연신율이 작으므로 Al, Zn, Mn 및 Zr 등을 첨가한 합금으로 제조된다.

㉡ 마그네슘 합금의 종류

구 분	종 류
주물용 마그네슘 합금	Mg-Al계 합금
	Mg-Zn계 합금
	Mg-희토류계 합금
가공용 마그네슘 합금	Mg-Mn계 합금
	Mg-Al-Zn계 합금
	Mg-Zn-Zr계 합금

> 알루미늄은 주조 조직을 미세화하며 기계적 성질을 향상시킨다.

② 니켈과 그 합금

㉠ 니켈(Ni)의 성질

- 용융점은 1,455℃이다.
- 밀도는 8.9g/cm^{3}이다.
- 아름다운 광택과 내식성이 우수하다.
- 강자성체로서 자성을 띠는 금속원소이다.
- 냄새가 없는 은색의 단단한 고체금속이다.

㉡ Ni-Fe계 합금의 특징

- 불변강으로 내식용 니켈 합금이다.
- 일반적으로 강하고 인성이 좋으며 공기나 물, 바닷물에도 부식되지 않을 정도로 내식성이 우수하여 밸브나 보일러용 파이프에 사용된다.

㉢ Ni-Fe계 합금(불변강)의 종류

종 류	용 도
인 바	• Fe에 35%의 Ni, 0.1~0.3%의 Co, 0.4%의 Mn이 합금된 불변강의 일종으로 상온 부근에서 열팽창계수가 매우 작아서 길이 변화가 거의 없다. • 줄자나 측정용 표준자, 바이메탈용 재료로 사용한다.
슈퍼인바	• Fe에 30~32%의 Ni, 4~6%의 Co를 합금한 재료로 20℃에서 열팽창계수가 0에 가까워서 표준척도용 재료로 사용한다. • 인바에 비해 열팽창계수가 작다.
엘린바	Fe에 36%의 Ni, 12%의 Cr이 합금된 재료로 온도변화에 따른 탄성률의 변화가 미세하여 시계태엽이나 계기의 스프링, 기압계용 다이어프램, 정밀저울용 스프링 재료로 사용한다.
퍼멀로이	• 자기장의 세기가 큰 합금의 상품명이다. • Fe에 35~80%의 Ni이 합금된 재료로 열팽창계수가 작고 열처리를 하면 높은 자기투과도를 나타내기 때문에 측정기나 고주파 철심, 코일, 릴레이용 재료로 사용된다.
플래티나이트	Fe에 46%의 Ni이 합금된 재료로 열팽창계수가 유리와 백금과 가까우며 전구 도입선이나 진공관의 도선용으로 사용한다.
코엘린바	• 엘린바에 Co(코발트)를 첨가한 재료이다. • Fe에 Cr 10~11%, Co 26~58%, Ni 10~16%를 합금한 것으로 온도변화에 대한 탄성률의 변화가 작고 공기 중이나 수중에서 부식되지 않아서 스프링, 태엽, 기상관측용 기구의 부품에 사용한다.

③ Cu와 Ni의 합금

콘스탄탄	Cu에 Ni을 40~45% 합금한 재료로 온도변화에 영향을 많이 받으며 전기 저항성이 커서 저항선이나 전열선, 열전쌍의 재료로 사용된다.
니크롬	니켈과 크롬의 이원합금으로 고온에 잘 견디며 높은 저항성이 있어서 저항선이나 전열선으로 사용된다.
모넬메탈	Cu에 Ni이 60~70% 합금된 재료로 내식성과 고온강도가 높아서 화학기계나 열기관용 재료로 사용된다.
큐프로니켈	Cu에 Ni을 15~25% 합금한 재료로 백동이라고도 한다. 소성가공성과 내식성이 좋고 비교적 고온에서도 잘 견디어 열교환기의 재료로 사용된다.
베네딕트 메탈	Cu 85%에 Ni이 14.5% 정도 합금된 재료로 복수기관이나 건축공구, 화학기계의 부품용으로 사용되는 내식용 백색합금이다.
니켈 실버 (Nikel Silver)	은백색의 Cu+Zn+Ni의 합금으로 기계적 성질과 내식성, 내열성이 우수하여 스프링 재료로 사용되며, 전기저항이 작아서 온도 조절용 바이메탈 재료로도 사용된다. 기계 재료로 사용될 때는 양백, 식기나 장식용으로 사용 시에는 양은으로 불리는 경우가 많다.

④ 배빗메탈

Sn, Sb 및 Cu가 주성분인 화이트 메탈로서, 발명자 Issac Babbit의 이름을 따서 배빗메탈이라 한다. 내열성이 우수하여 주로 내연기관용 베어링에 많이 쓰인다.

⑤ 텅갈로이

WC(탄화텅스텐)의 합금으로 경질합금에 이용되는데 절삭작업 중 열이 발생하면 재료에 변형이 발생한다.

⑥ 니칼로이

50%의 Ni, 1% 이하의 Mn, 나머지 Fe이 합금된 것으로 투자율이 높아서 소형 변압기나 계전기, 증폭기용 재료로 사용한다.

⑦ 어드밴스

56%의 Cu, 1.5% 이하의 Mn, 나머지 Ni의 합금으로 전기저항에 대한 온도계수가 작아서 열전쌍이나 저항재료를 활용한 전기기구에 사용한다.

⑧ 타이타늄(Ti)의 성질

㉠ 비중 : 4.5

㉡ 용융점 : 1,668℃

㉢ 가볍고 내식성이 우수하다.

㉣ 타이타늄용접 시 보호장치가 필요하다.

㉤ 강한 탈산제 및 흑연화 촉진제로 사용된다.

㉥ 600℃ 이상에서 급격한 산화로 TIG용접 시 용접토치에 특수(Shield Gas)장치가 필요하다.

10년간 자주 출제된 문제

온도에 따른 탄성률의 변화가 거의 없어 시계나 압력계 등에 널리 이용되고 있는 합금은?

① 플래티나이트 ② 니칼로이
③ 인 바 ④ 엘린바

|해설|

엘린바 : Fe에 36%의 Ni, 12%의 Cr이 합금된 재료로 온도변화에 따른 탄성률의 변화가 미세하여 시계태엽이나 기압계, 다이어프램용 재료로 사용되는 불변강의 일종이다.
① 플래티나이트 : 전구나 진공관용 도선재료로 사용된다.
③ 인바 : 표준자나 바이메탈용 재료로 사용된다.

정답 ④

제2절 용접재료의 열처리

핵심이론 01 열처리

① 열처리의 정의

열처리란 사용 목적에 따라 강(Steel)에 필요한 성질을 부여하는 조작이다.

② 열처리의 분류

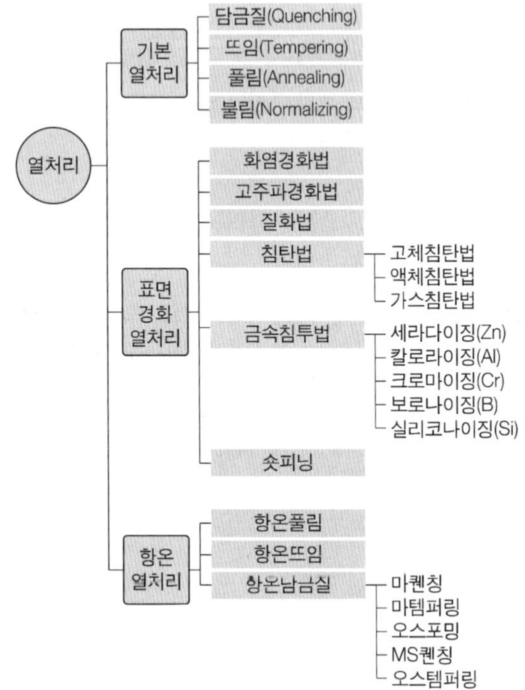

③ 열처리의 특징

㉠ 결정립을 미세화시킨다.

㉡ 결정립을 조대화하면 강이 물러진다.

㉢ 강을 가열하거나 냉각하는 처리를 통해 금속의 기계적 성질을 변화시키는 처리이다.

④ 기본 열처리의 종류

㉠ 담금질(Quenching) : 강을 Fe-C상태도의 A_3 및 A_1 변태선에서 약 30~50℃ 이상의 온도로 가열한 후 급랭시켜 오스테나이트 조직에서 마텐자이트 조직으로 만들어 강도를 높이는 열처리작업이다.

㉡ 뜨임(Tempering) : 담금질한 강을 A_1 변태점 이하로 가열한 후 서랭하는 것으로 담금질되어 경화된 재료에 인성을 부여한다.

㉢ 풀림(Annealing) : 재질을 연하고 균일화시킬 목적으로 목적에 맞는 일정온도 이상으로 가열한 후 서랭한다(완전풀림 : A_3 변태점 이상, 연화풀림 : 650℃ 정도).

㉣ 불림(Normalizing) : 담금질이 심하거나 결정입자가 조대해진 강을 표준화조직으로 만들어주기 위하여 A_3 변태점이나 A_{cm} 변태점 이상으로 가열 후 공랭시킨다. Normal은 표준이라는 의미이다.

⑤ 금속 조직의 경도 순서

페라이트 < 오스테나이트 < 펄라이트 < 소르바이트 < 베이나이트 < 트루스타이트 < 마텐자이트 < 시멘타이트

⑥ 강의 담금질 조직의 냉각속도가 빠른 순서

오스테나이트 > 마텐자이트 > 트루스타이트 > 소르바이트 > 펄라이트

⑦ 철에 열을 가한 후 물에 식히는 작업인 담금질을 하는 이유

상온에서 체심입방격자인 강을 오스테나이트 조직의 영역까지 가열하여 면심입방격자의 오스테나이트 조직으로 만든 후 급랭시키면 상온에서도 오스테나이트 조직의 강을 만들 수 있다. 강을 오스테나이트 조직으로 만들려는 목적은 페라이트와 시멘타이트의 층상조직으로 이루어진 오스테나이트조직이 다른 금속조직에 없는 질기고 강한 성질을 보이기 때문이다.

⑧ 금속을 가열한 후 냉각하는 방법에 따른 금속조직

㉠ 노랭 : 펄라이트

㉡ 공랭 : 소르바이트

㉢ 유랭 : 트루스타이트

㉣ 수랭 : 마텐자이트

⑨ 항온열처리

㉠ 항온열처리의 정의 : 변태점 이상의 온도로 가열한 재료를 연속 냉각하지 않고 500~600℃의 온도인 염욕 중에서 일정한 시간 동안 유지한 뒤 냉각시켜 담금질과 뜨임처리를 동시에 하여 원하는 조직과 경도값을 얻는 열처리법이다. 그 종류에는 항온풀림, 항온담금질, 항온뜨임이 있다.

㉡ 항온열처리의 종류

항온 풀림		재료의 내부응력을 제거하여 조직을 균일화하고 인성을 향상시키기 위한 열처리조작으로 가열한 재료를 연속적으로 냉각하지 않고 약 500~600℃의 염욕 중에 일정 시간 동안 유지시킨 뒤 냉각시키는 방법이다.
항온 뜨임		약 250℃의 열욕에서 일정시간을 유지시킨 후 공랭하여 마텐자이트와 베이나이트의 혼합된 조직을 얻는 열처리법으로 고속도강이나 다이스강을 뜨임처리하고자 할 때 사용한다.
항온담금질	오스템퍼링	강을 오스테나이트 상태로 가열한 후 300~350℃의 온도에서 담금질을 하여 하부 베이나이트 조직으로 변태시킨 후 공랭하는 방법으로 강인한 베이나이트 조직을 얻고자 할 때 사용한다.
	마템퍼링	강을 M_s점과 M_f점 사이에서 항온 유지 후 꺼내어 공기 중에서 냉각하여 마텐자이트와 베이나이트의 혼합조직을 얻는 방법 • M_s : 마텐자이트 생성 시작점 • M_f : 마텐자이트 생성 종료점
	마퀜칭	강을 오스테나이트 상태로 가열한 후 M_s점 바로 위에서 기름이나 염욕에 담그는 열욕에서 담금질하여 재료의 내부 및 외부가 같은 온도가 될 때까지 항온을 유지한 후 공랭하여 열처리하는 방법으로 균열이 없는 마텐자이트 조직을 얻을 때 사용한다.
	오스포밍	가공과 열처리를 동시에 하는 방법으로 조밀하고 기계적 성질이 좋은 마텐자이트 조직을 얻고자 할 때 사용된다.
	MS 퀜칭	강을 M_s점보다 다소 낮은 온도에서 담금질하여 물이나 기름 중에서 급랭시키는 열처리 방법으로 잔류 오스테나이트의 양이 적다.

10년간 자주 출제된 문제

1-1. 다음 중 경도가 가장 낮은 조직은?

① 페라이트 ② 펄라이트
③ 시멘타이트 ④ 마텐자이트

1-2. 강의 오스테나이트 상태에서 냉각속도가 가장 빠를 때 나타나는 조직은?

① 펄라이트 ② 소르바이트
③ 마텐자이트 ④ 트루스타이트

|해설|

1-1

금속 조직의 경도 순서

페라이트 < 오스테나이트 < 펄라이트 < 소르바이트 < 베이나이트 < 트루스타이트 < 마텐자이트 < 시멘타이트

1-2

강을 급랭시키면 마텐자이트 조직이 생성된다.

정답 1-1 ① 1-2 ③

핵심이론 02 표면경화법

① 표면경화법의 종류

종 류		침탄재료
화염경화법		산소-아세틸렌불꽃
고주파경화법		고주파 유도전류
질화법		암모니아가스
침탄법	고체침탄법	목탄, 코크스, 골탄
	액체침탄법	KCN(사이안화칼륨), NaCN(사이안화나트륨)
	가스침탄법	메탄, 에탄, 프로판
금속침투법	세라다이징	Zn(아연)
	칼로라이징	Al(알루미늄)
	크로마이징	Cr(크롬)
	실리코나이징	Si(규소, 실리콘)
	보로나이징	B(붕소)

② 표면경화법의 성질에 따른 분류

물리적 표면경화법	화학적 표면경화법
화염경화법	침탄법
고주파경화법	질화법
하드페이싱	금속침투법
숏피닝	

③ 침탄법과 질화법의 특징

특 성	침탄법	질화법
경 도	질화법보다 낮다.	침탄법보다 높다.
수정 여부	침탄 후 수정이 가능하다.	불가하다.
처리시간	짧다.	길다.
열처리	침탄 후 열처리가 필요하다.	불필요하다.
변 형	변형이 크다.	변형이 작다.
취 성	질화층보다 여리지 않다.	질화층부가 여리다.
경화층	질화법에 비해 깊다.	침탄법에 비해 얇다.
가열온도	질화법보다 높다.	낮다.

④ 침탄법

㉠ 침탄법의 정의

순철에 0.2% 이하의 C가 합금된 저탄소강을 목탄과 같은 침탄제 속에 완전히 파묻은 상태로 약 900~950℃로 가열하여 재료의 표면에 C(탄소)를 침입시켜 고탄소강으로 만든 후 급랭시킴으로써 표면을 경화시키는 열처리법이다. 기어나 피스톤 핀을 표면경화할 때 주로 사용된다.

㉡ 침탄법의 종류

액체침탄법	• 침탄제인 NaCN, KCN에 염화물과 탄화염을 약 40~50% 첨가하고 600~900℃ 정도에서 용해하여 C와 N가 동시에 소재의 표면에 침투하게 하여 표면을 경화시키는 방법으로써 침탄과 질화가 동시에 된다는 특징이 있다. • 침탄제의 종류로 NaCN(사이안화나트륨), KCN(사이안화칼륨)이 있다.
고체침탄법	침탄제인 목탄이나 코크스 분말과 소금 등의 침탄 촉진제를 재료와 함께 침탄 상자에서 약 900℃의 온도에서 약 3~4시간 가열하여 표면에서 0.5~2mm의 침탄층을 얻는 표면경화법이다.
가스침탄법	메탄가스나 프로판가스를 이용하여 표면을 침탄하는 표면경화법이다.

⑤ 질화법

암모니아(NH_3)가스 분위기(영역) 안에 재료를 넣고 500℃ 정도에서 약 50~100시간을 가열하면 재료 표면에 Al, Cr, Mo 원소와 함께 질소가 확산되면서 강 재료의 표면이 단단해지는 표면경화법이다. 내연기관의 실린더 내벽이나 고압용 터빈날개를 표면경화할 때 주로 사용된다.

⑥ 화염경화법

㉠ 화염경화법의 정의 : 산소-아세틸렌가스 불꽃으로 강의 표면을 급격히 가열한 후 물을 분사시켜 급랭시킴으로써 표면을 경화시키는 방법

㉡ 화염경화법의 특징
- 설비비가 저렴하다.
- 가열온도의 조절이 어렵다.
- 부품의 크기와 형상은 무관하다.

⑦ 금속침투법

경화하고자 하는 재료의 표면을 가열한 후 여기에 다른 종류의 금속을 확산 작용으로 부착시켜 합금 피복층을 얻는 표면경화법이다.

종 류	세라다이징	칼로라이징	크로마이징	실리코나이징	보로나이징
침투원소	Zn	Al	Cr	Si	B

⑧ 고주파경화법

㉠ 고주파 유도전류로 강(Steel)의 표면층을 급속 가열한 후 급랭시키는 방법으로 가열시간이 짧고, 피가열물에 대한 영향을 최소로 억제하며 표면을 경화시키는 표면경화법이다. 고주파는 소형 제품이나 깊이가 얕은 담금질층을 얻고자 할 때, 저주파는 대형 제품이나 깊은 담금질층을 얻고자 할 때 사용한다.

㉡ 고주파경화법의 특징

- 작업비가 싸다.
- 직접 가열하므로 열효율이 높다.
- 열처리 후 연삭과정을 생략할 수 있다.
- 조작이 간단하여 열처리시간이 단축된다.
- 불량이 적어서 변형을 수정할 필요가 없다.
- 급열이나 급랭으로 인해 재료가 변형될 수 있다.
- 경화층이 이탈되거나 담금질 균열이 생기기 쉽다.
- 가열시간이 짧아서 산화되거나 탈탄의 우려가 작다.
- 마텐자이트 생성으로 체적이 변화하여 내부응력이 발생한다.
- 부분 담금질이 가능하므로 필요한 깊이만큼 균일하게 경화시킬 수 있다.

⑨ 하드페이싱

금속표면에 스텔라이트나 경합금 등의 금속을 용착시켜 표면경화층을 만드는 방법

⑩ 숏피닝

강이나 주철제의 작은 강구(볼)를 금속 표면에 고속으로 분사하여 표면층을 냉간가공에 의한 가공경화 효과로 경화시키면서 압축 잔류응력을 부여하여 금속부품의 피로수명을 향상시키는 표면경화법

표면경화법과 함께 등장하는 기타 가공법

- 피닝(Peening) : 타격 부분이 둥근 구면인 특수 해머를 사용하여 모재의 표면에 지속적으로 충격을 가해줌으로써 재료 내부에 있는 잔류응력을 완화시키면서 표면층에 소성변형을 주는 방법
- 샌드블라스트 : 분사 가공의 일종으로 직경이 작은 구를 압축공기로 분사시키거나 중력으로 낙하시켜 소재의 표면을 연마작업이나 녹 제거 등의 가공을 하는 방법

10년간 자주 출제된 문제

2-1. 연강판의 맞대기 용접이음 시 굽힘변형방지법이 아닌 것은?

① 이음부에 미리 역변형을 주는 방법
② 특수 해머로 두들겨서 변형하는 방법
③ 지그(Jig)로 정반에 고정하는 방법
④ 스트롱백(Strong Back)에 의한 구속방법

2-2. 다음 보기의 내용을 공통적으로 설명하는 표면경화법은?

| 보기 |
- 강을 NH_3 가스 중에 500~550℃로 20~100시간 정도 가열한다.
- 경화깊이를 깊게 하기 위해서는 시간을 길게 하여야 한다.
- 표면층에 합금 성분인 Cr, Al, Mo 등이 단단한 경화층을 형성하며, 특히 Al은 경도를 높여 주는 역할을 한다.

① 질화법　② 침탄법
③ 크로마이징　④ 화염경화법

2-3. 강의 표면경화법이 아닌 것은?

① 불 림　② 침탄법
③ 질화법　④ 고주파 열처리

| 해설 |

2-1
특수 해머로 재료의 표면을 두들기는 작업은 피닝(Peening)으로 이 작업은 변형방지법이 아니라 재료 내부에 있는 잔류응력을 완화시키기 위한 작업이다.

2-2
질화법은 암모니아(NH_3)가스 분위기(영역) 안에 재료를 넣고 500℃ 정도에서 약 50~100시간을 가열하면 재료 표면에 Al, Cr, Mo 원소와 함께 질소가 확산되면서 강 재료의 표면이 단단해지는 표면경화법이다. 내연기관의 실린더 내벽이나 고압용 터빈날개를 표면경화할 때 주로 사용된다.

2-3
불림(Normalizing)은 강의 기본 열처리 4단계에 속한다.

정답 2-1 ② 2-2 ① 2-3 ①

핵심이론 03 용접 전처리(용접 예열)

① 용접 전과 후 모재에 예열을 가하는 목적
- ㉠ 열영향부(HAZ)의 균열을 방지한다.
- ㉡ 수축변형 및 균열을 경감시킨다.
- ㉢ 용접금속에 연성 및 인성을 부여한다.
- ㉣ 열영향부와 용착금속의 경화를 방지한다.
- ㉤ 급열 및 급랭 방지로 잔류응력을 줄인다.
- ㉥ 용접금속의 팽창이나 수축의 정도를 줄여 준다.
- ㉦ 수소 방출을 용이하게 하여 저온 균열을 방지한다.
- ㉧ 금속 내부의 가스를 방출시켜 기공 및 균열을 방지한다.

② 예열 불꽃의 세기

예열 불꽃이 너무 강할 때	예열 불꽃이 너무 약할 때
• 절단면이 거칠어진다. • 절단면 위 모서리가 녹아 둥글게 된다. • 슬래그가 뒤쪽에 많이 달라 붙어 잘 떨어지지 않는다. • 슬래그 중의 철 성분의 박리가 어려워진다.	• 드래그가 증가한다. • 역화를 일으키기 쉽다. • 절단속도가 느려지며, 절단이 중단되기 쉽다.

③ 주요 예열방법
- ㉠ 물건이 작거나 변형이 큰 경우에는 전체 예열을 실시한다.
- ㉡ 국부 예열의 가열 범위는 용접선 양쪽에 50~100mm 정도로 한다.
- ㉢ 오스테나이트계 스테인리스강은 가능한 용접입열을 작게 해야 하므로 용접 전 예열을 하지 않아야 한다.

④ 예열 및 절단

예열 시 팁의 백심에서 모재까지의 거리는 1.5~2.0mm가 되도록 유지하며 모재의 절단 부위를 예열한다. 약 900℃가 되었을 때 고압의 산소를 분출시키면서 서서히 토치를 진행시키면 모재가 절단된다.

⑤ 탄소량에 따른 모재의 예열온도(℃)

탄소량	0.2% 이하	0.2~0.3	0.3~0.45	0.45~0.8
예열온도	90 이하	90~150	150~260	260~420

10년간 자주 출제된 문제

3-1. 주철의 용접에서 예열은 몇 ℃ 정도가 가장 적당한가?

① 0~50℃　　② 60~90℃
③ 100~140℃　　④ 150~300℃

3-2. 예열 및 후열의 목적이 아닌 것은?

① 균열의 방지
② 기계적 성질 향상
③ 잔류응력의 경감
④ 균열 감수성의 증가

|해설|

3-1

예열온도란 용접 직전의 용접모재의 온도이다. 주철(2~6.67%의 C)용접 시 일반적인 예열 및 후열의 온도는 500~600℃가 적당하나 특별히 냉간용접을 실시할 경우에는 200℃ 전후가 알맞으므로 ④번이 정답에 가깝다.

3-2

용접재료를 예열이나 후열을 하는 목적은 금속의 갑작스런 팽창과 수축에 의한 변형방지 및 잔류응력을 제거함으로써 균열에 대한 감수성을 저하시키는 데 있다.

정답 3-1 ④ 3-2 ④

핵심이론 04 열영향부

① 열영향부(HAZ ; Heat Affected Zone)의 정의

열영향부는 용접할 때 발생하는 열에 영향을 받아 금속의 성질이 본래 상태와 달라진 부분으로 변질부라고도 한다.

② 열영향부의 구조

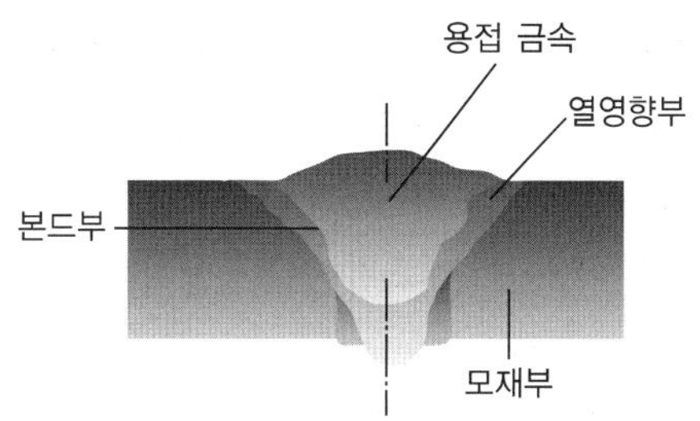

③ 열영향부의 특징

㉠ 용융면 주변의 수 mm 구역은 매크로부식으로 관찰할 경우 모재의 원질부와 명확하게 구분되는 구역을 열영향부라고 한다.

㉡ 열영향부의 기계적 성질과 조직의 변화는 모재의 화학성분, 냉각속도, 용접속도, 예열 및 후열 등에 따라서 달라진다.

10년간 자주 출제된 문제

용접부의 단면을 나타낸 것이다. 열영향부를 나타내는 것은?

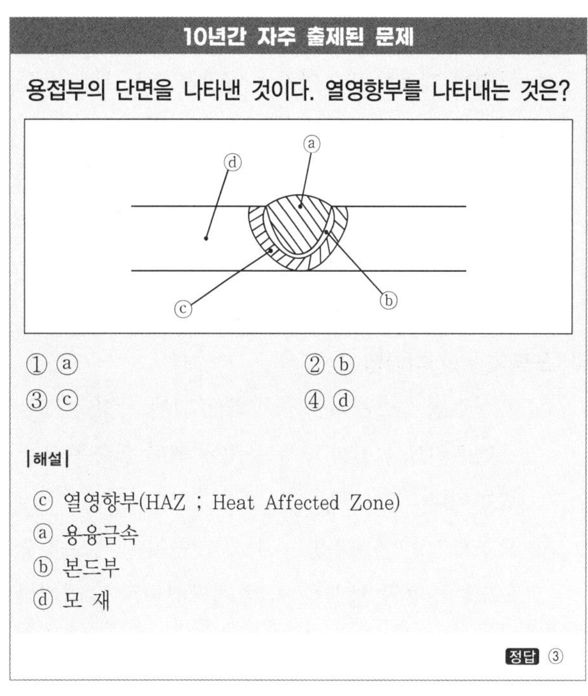

① ⓐ　　② ⓑ
③ ⓒ　　④ ⓓ

|해설|

ⓒ 열영향부(HAZ ; Heat Affected Zone)
ⓐ 용융금속
ⓑ 본드부
ⓓ 모 재

정답 ③

제3절 용접설비제도

핵심이론 01 | 기계제도의 일반사항

① 기계제도의 목적

제도의 목적은 설계자의 제작 의도를 기계 도면에 반영하여 제품 제작 기술자에게 말을 대신하여 전달하는 제작도로서 이는 제도 표준에 근거하여 제품 제작에 필요한 모든 사항을 담고 있어야 한다. 그러나 설계자 임의의 창의성을 기록하면 제작자가 설계자의 의도를 정확히 이해하기 어렵기 때문에 창의적인 사항을 기록해서는 안 된다.

② 기계제도의 일반사항

㉠ 선의 굵기 방향의 중심은 선의 이론상 그려야 할 위치 위에 있어야 한다.

㉡ 한국공업규격에서 제도에 사용하는 기호는 특별한 주기로 수정을 필요로 하지 않는다.

㉢ 기능상의 요구, 호환성, 제작 기술 수준 등을 기본으로 불가결의 경우만 기하공차를 그린다.

㉣ 길이 치수는 특별히 지시가 없는 한 그 대상물의 측정을 2점 측정에 따라 행한 것으로 지시한다.

㉤ 투명한 재료로 만들어지는 대상물 또는 부분은 투상도에서 전부 불투명한 것으로 가정하고 그린다.

㉥ 도형의 크기와 대상물의 크기와의 사이에는 올바른 비례관계를 보유하도록 그린다. 단, 잘못 볼 염려가 없다고 생각되는 도면은 도면의 일부 또는 전부에 대해 비례관계를 지키지 않아도 좋다.

③ 도형의 스케치방법

㉠ 프린트법 : 스케치할 물체의 표면에 광명단 또는 스탬프잉크를 칠한 다음 용지에 찍어 실형을 뜨는 방법이다.

㉡ 모양뜨기법(본뜨기법) : 물체를 종이 위에 올려놓고 그 둘레의 모양을 직접 제도연필로 그리거나 납선, 구리선을 사용하여 모양을 만드는 방법이다.

㉢ 프리핸드법 : 운영자나 컴퍼스 등의 제도용품을 사용하지 않고 손으로 작도하는 방법으로, 스케치의 일반적인 방법이다. 척도에 관계없이 적당한 크기로 부품을 그린 후 치수를 측정한다.

㉣ 사진 촬영법 : 물체의 사진을 찍는 방법이다.

④ 한국산업규격(KS)의 부문별 분류기호

분류기호	분 야	분류기호	분 야
KS A	기 본	KS K	섬 유
KS B	기 계	KS Q	품질경영
KS C	전기전자	KS R	수송기계
KS D	금 속	KS T	물 류
KS E	광 산	KS V	조 선
KS F	건 설	KS W	항공우주
KS I	환 경	KS X	정 보

⑤ 국가별 산업표준기호

국 가	기 호	
한 국	KS	Korea Industrial Standards
미 국	ANSI	American National Standards Institutes
영 국	BS	British Standards
독 일	DIN	Deutsche Institute fur Norm
일 본	JIS	Japanese Industrial Standards
프랑스	NF	Norme Francaise
스위스	SNV	Schweizerische Normen Vereinigung

⑥ 도면에 반드시 마련해야 할 양식

㉠ 윤곽선

㉡ 표제란

㉢ 중심마크

※ 표제란의 위치 : 표제란은 항상 도면 용지의 우측 하단에 위치시킨다.

⑦ 도면의 분류

분 류	명 칭	정 의
용도에 따른 분류	계획도	설계자의 의도와 계획을 나타낸 도면
	공정도	제조 공정 도중이나 공정 전체를 나타낸 제작도면
	시공도	현장 시공을 대상으로 해서 그린 제작도면
	상세도	건조물이나 구성재의 일부를 상세하게 나타낸 도면으로, 일반적으로 큰 척도로 그린다.
	제작도	건설이나 제조에 필요한 정보 전달을 위한 도면
	검사도	검사에 필요한 사항을 기록한 도면
	주문도	주문서에 첨부하여 제품의 크기나 형태, 정밀도 등을 나타낸 도면
	승인도	주문자 등이 승인한 도면
	승인용도	주문자 등의 승인을 얻기 위한 도면
	설명도	구조나 기능 등을 설명하기 위한 도면
내용에 따른 분류	부품도	부품에 대하여 최종 다듬질 상태에서 구비해야 할 사항을 기록한 도면
	기초도	기초를 나타낸 도면
	장치도	각 장치의 배치나 제조 공정의 관계를 나타낸 도면
	배선도	구성 부품에서 배선의 실태를 나타낸 계통도면
	배치도	건물의 위치나 기계의 설치 위치를 나타낸 도면
	조립도	2개 이상의 부품들을 조립한 상태에서 상호 관계와 필요 치수 등을 나타낸 도면
	구조도	구조물의 구조를 나타낸 도면
	스케치도	실제 물체를 보고 그린 도면
표현 형식에 따른 분류	선 도	기호와 선을 사용하여 장치나 플랜트의 기능, 그 구성 부분 사이의 상호 관계, 에너지나 정보의 계통 등을 나타낸 도면
	전개도	대상물을 구성하는 면을 평행으로 전개한 도면
	외관도	대상물의 외형 및 최소로 필요한 치수를 나타낸 도면
	계통도	급수나 배수, 전력 등의 계통을 나타낸 도면
	곡면선도	선체나 자동차 차체 등의 복잡한 곡면을 여러 개의 선으로 나타낸 도면

10년간 자주 출제된 문제

1-1. 실형의 물건에 광명단 등 도료를 발라 용지에 찍어 스케치하는 방법은?

① 본뜨기법　　② 프린트법
③ 사진촬영법　　④ 프리핸드법

1-2. KS 분류기호 중 KS B는 어느 부문에 속하는가?

① 전 기　　② 금 속
③ 조 선　　④ 기 계

1-3. 기계나 장치 등의 실체를 보고 프리핸드(Free Hand)로 그린 도면은?

① 스케치도　　② 부품도
③ 배치도　　④ 기초도

|해설|

1-1
광명단을 발라서 부품을 스케치 용지에 바로 찍는 스케치법은 프린트법이다.

1-3
스케치도는 실제 물체를 보고 그린 도면이다.

정답 1-1 ② 1-2 ④ 1-3 ①

핵심이론 02 도면의 크기 및 척도

① 도면의 종류별 크기 및 윤곽치수(mm)

크기의 호칭			A0	A1	A2	A3	A4
a×b			841×1,189	594×841	420×594	297×420	210×297
도면윤곽	c(최소)		20	20	10	10	10
	d(최소)	철하지 않을 때	20	20	10	10	10
		철할 때	25	25	25	25	25

※ A0의 넓이 = $1m^2$

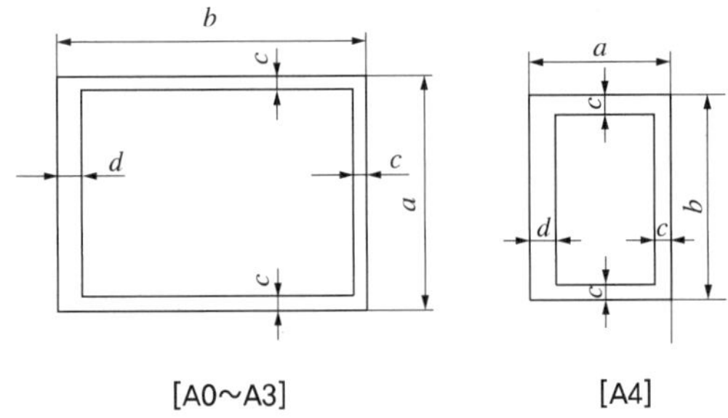

[A0~A3] [A4]

㉠ 도면을 철할 때 윤곽선은 왼쪽과 오른쪽이 용지 가장자리에서 띄는 간격이 다르다.

㉡ 제도용지의 세로와 가로의 비는 $1 : \sqrt{2}$ 이며, 복사한 도면은 A4용지로 접어서 보관한다.

② 도면에 마련되는 양식

윤곽선	도면 용지의 안쪽에 그려진 내용이 확실하게 구분되도록 하고, 종이의 가장자리가 찢어져서 도면의 내용을 훼손하지 않도록 하기 위해서 굵은 실선으로 표시한다.
표제란	도면 관리에 필요한 사항과 도면 내용에 관한 중요 사항으로서 도명, 도면 번호, 기업(소속명), 척도, 투상법, 작성 연월일, 설계자 등이 기입된다.
중심마크	도면의 영구 보존을 위해 마이크로필름으로 촬영하거나 복사하고자 할 때 굵은 실선으로 표시한다.
비교눈금	도면을 축소하거나 확대했을 때 그 정도를 알기 위해 도면 아래쪽의 중앙 부분에 10mm 간격의 눈금을 굵은 실선으로 그려놓은 것이다.
재단마크	인쇄, 복사, 플로터로 출력된 도면을 규격에서 정한 크기로 자르기 편하도록 하기 위해 사용한다.

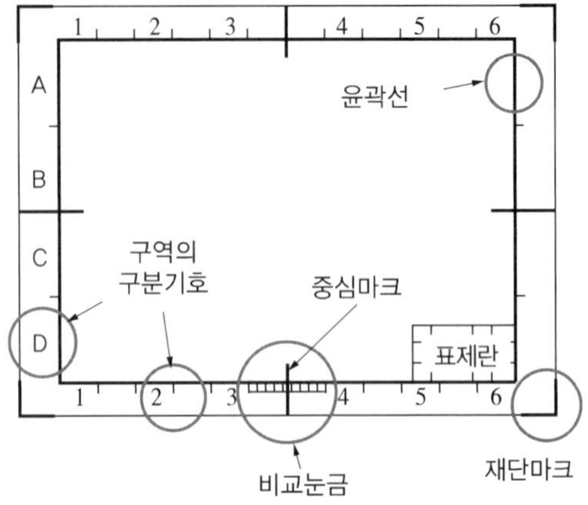

※ 표제란은 항상 도면 용지의 우측 하단에 위치시킨다.

③ 도면에 사용되는 척도

㉠ 척도 기입 위치 : 도면 전체의 그림 크기에 대한 척도값은 표제란의 척도란에 표시한다.

㉡ 척도 표시방법 : 척도란 도면상의 길이와 실제 길이와의 비를 말한다. 척도의 표시에서 A : B = 도면에서의 크기 : 물체의 실제크기이므로 "척도 2 : 1"은 실제 제품을 2배 확대해서 그린 그림이다.

> A : B = 도면에서의 크기 : 물체의 실제 크기
> 예 축척 – 1 : 2, 현척 – 1 : 1, 배척 – 2 : 1

종 류	의 미
축 척	실물보다 작게 축소해서 그리는 것으로 1 : 2, 1 : 20의 형태로 표시
배 척	실물보다 크게 확대해서 그리는 것으로 2 : 1, 20 : 1의 형태로 표시
현 척	실물과 동일한 크기로 1 : 1의 형태로 표시

㉢ 비례척이 아님(NS) : NS는 Not to Scale의 약자로서 척도가 비례하지 않을 경우 비례척이 아님을 의미하며, 치수 밑에 밑줄을 긋기도 한다.

10년간 자주 출제된 문제

2-1. 도면의 크기 중 A0 용지의 넓이는 약 얼마인가?

① 0.25m^2 ② 0.5m^2
③ 0.8m^2 ④ 1.0m^2

2-2. 도면에서 척도를 기입하는 경우, 도면을 정해진 척도값으로 그리지 못하거나 비례하지 않을 때 표시방법은?

① 현 척 ② 축 척
③ 배 척 ④ NS

|해설|

2-2
NS : Not to Scale, 비례척이 아님

정답 2-1 ④ 2-2 ④

핵심이론 03 선의 종류 및 기하공차

① 선의 종류

명 칭	기호명칭	기 호	설 명
외형선	굵은 실선	──── (굵은 실선)	대상물이 보이는 모양을 표시하는 선
치수선	가는 실선	──── (가는 실선)	치수 기입을 위해 사용하는 선
치수 보조선			치수를 기입하기 위해 도형에서 인출한 선
지시선			지시, 기호를 나타내기 위한 선
회전 단면선			회전한 형상을 나타내기 위한 선
수준면선			수면, 유면 등의 위치를 나타내는 선
숨은선	가는 파선	─ ─ ─ ─	대상물의 보이지 않는 부분의 모양을 표시
절단선	가는 1점 쇄선이 겹치는 부분에는 굵은 실선		절단한 면을 나타내는 선
중심선	가는 1점 쇄선	─·─·─	도형의 중심을 표시하는 선
기준선			위치 결정의 근거임을 나타내기 위해 사용
피치선			반복 도형의 피치의 기준을 잡음
무게 중심선	가는 2점 쇄선	──··──	단면의 무게 중심 연결한 선
가상선			가공 부분의 이동하는 특정 위치나 이동 한계의 위치를 나타내는 선
특수 지정선	굵은 1점 쇄선	━·━·━	특수한 가공이나 특수 열처리가 필요한 부분 등 특별한 요구사항을 적용할 범위를 표시할 때 사용하는 선
파단선	불규칙한 가는 실선	(불규칙한 물결선)	대상물의 일부를 파단한 경계나 일부를 떼어낸 경계를 표시하는 선
	지그재그 선	(지그재그 선)	
해 칭	가는 실선(사선)	//////////	단면도의 절단면을 나타내는 선
개스킷	아주 굵은 실선	━━━━	개스킷 등 두께가 얇은 부분 표시하는 선

② 선의 활용

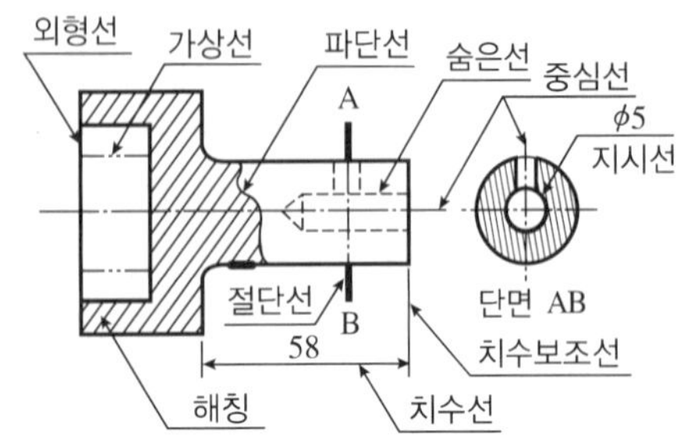

③ 두 종류 이상의 선이 중복되는 경우, 선의 우선순위

> 숫자나 문자 > 외형선 > 숨은선 > 절단선 > 중심선 > 무게 중심선 > 치수 보조선

④ 가는 2점 쇄선(——‑‑——)으로 표시되는 가상선의 용도

㉠ 반복되는 것을 나타낼 때
㉡ 가공 전이나 후의 모양을 표시할 때
㉢ 도시된 단면의 앞부분을 표시할 때
㉣ 물품의 인접 부분을 참고로 표시할 때
㉤ 이동하는 부분의 운동 범위를 표시할 때
㉥ 공구 및 지그 등 위치를 참고로 나타낼 때
㉦ 단면의 무게 중심을 연결한 선을 표시할 때

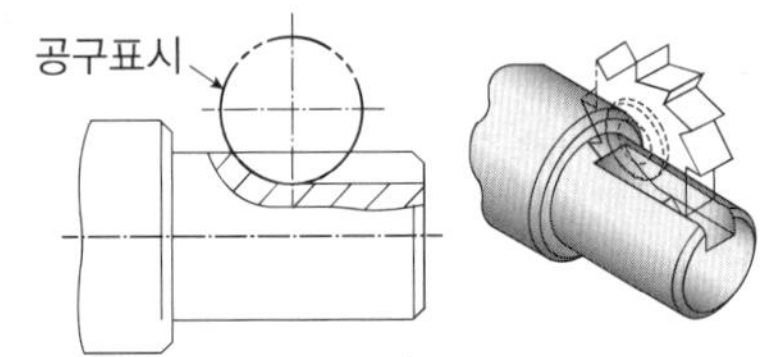

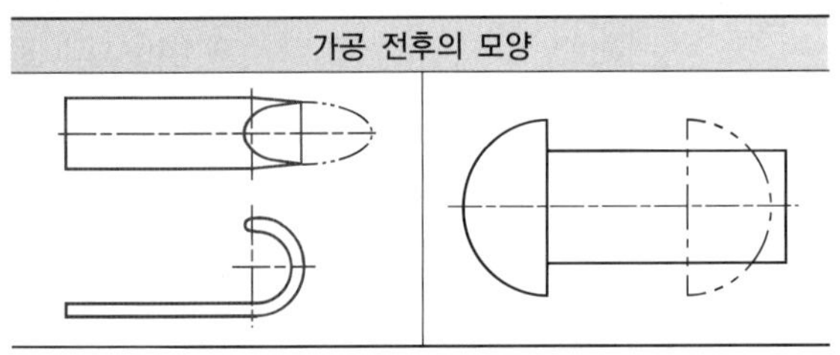

⑤ 아주 굵은 실선의 활용

두께가 얇아서 실제 치수를 표시하기 곤란한 경우에는 열처리 표시와 비슷한 굵기의 아주 굵은 실선으로 표시하여 개스킷, 박판(얇은 판), 형강(H, ㄴ형강)임을 표시한다.

⑥ 기하공차 종류 및 기호

적용하는 형체	공차의 종류		기 호
단독 형체	모양공차	진직도 공차	⏤
		평면도 공차	⏥
		진원도 공차	○
		원통도 공차	⌭
단독 형체 또는 관련 형체		선의 윤곽도 공차	⌒
		면의 윤곽도 공차	⌓
관련 형체	자세공차	평행도 공차	//
		직각도 공차	⊥
		경사도 공차	∠
	위치공차	위치도 공차	⌖
		동축도 공차 또는 동심도 공차	◎
		대칭도	⌯
	흔들림공차	원주 흔들림 공차	↗
		온흔들림 공차	⌰

⑦ 제도 시 선 굵기의 비율

아주 굵은 선	:	굵은 선	:	가는 선
4	:	2	:	1

⑧ 평면 표시

기계제도에서 대상으로 하는 부분이 평면인 경우에는 단면에 가는 실선을 대각선으로 표시한다. 그리고 만일 단면이 정사각형일 때는 해당 단면의 치수 앞에 정사각형 기호를 붙여 "□20"와 같이 표시한다.

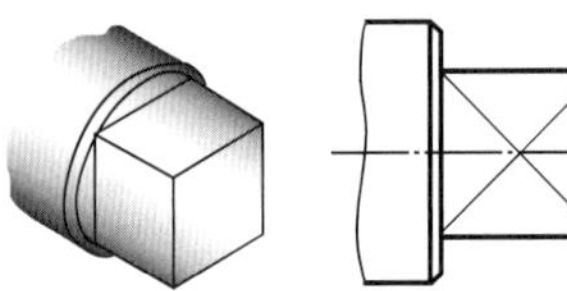

10년간 자주 출제된 문제

3-1. 도면에서 2종류 이상의 선이 같은 장소에서 중복될 경우 가장 우선이 되는 선은?

① 외형선 ② 숨은선
③ 절단선 ④ 중심선

3-2. 가는 실선으로 사용하는 선이 아닌 것은?

① 지시선 ② 수준면선
③ 무게 중심선 ④ 치수 보조선

|해설|

3-1
두 종류 이상의 선이 중복되는 경우 선의 우선순위

숫자나 문자 > 외형선 > 숨은선 > 절단선 > 중심선 > 무게 중심선 > 치수 보조선

3-2
무게 중심선은 가는 2점 쇄선으로 표시한다.

정답 3-1 ① 3-2 ③

핵심이론 04 치수기입방법

① 치수표시기호

기 호	구 분
ϕ	지 름
Sϕ	구의 지름
R	반지름
SR	구의 반지름
□	정사각형
C	45° 모따기
t	두 께
p	피 치
$\overset{\frown}{50}$	호의 길이
$\underline{50}$	비례척도가 아닌 치수
$\boxed{50}$	이론적으로 정확한 치수
(50)	참고 치수
~~50~~	치수의 취소(수정 시 사용)

② 치수 기입의 원칙(KS B 0001)

㉠ 대상물의 기능, 제장, 조립 등을 고려하여 도면에 필요 불가결하다고 생각되는 치수를 명료하게 지시한다.
㉡ 대상물의 크기, 자세 및 위치를 가장 명확하게 표시하는 데 필요하고 충분한 치수를 기입한다.
㉢ 치수는 치수선, 치수 보조선, 치수 보조 기호 등을 이용해서 치수 수치로 나타낸다.
㉣ 치수는 되도록 주투상도에 집중해서 지시한다.
㉤ 도면에는 특별히 명시하지 않는 한, 그 도면에 도시한 대상물의 다듬질 치수를 표시한다.
㉥ 치수는 되도록 계산해서 구할 필요가 없도록 기입한다.
㉦ 가공 또는 조립 시에 기준이 되는 형체가 있는 경우, 그 형체를 기준으로 하여 치수를 기입한다.
㉧ 치수는 되도록 공정마다 배열을 분리하여 기입한다.
㉨ 관련 치수는 되도록 한곳에 모아서 기입한다.

ⓩ 치수는 중복 기입을 피한다(단, 중복 치수를 기입하는 것이 도면의 이해를 용이하게 하는 경우에는 중복 기입을 해도 좋다).

ⓚ 원호 부분의 치수는 원호가 180°까지는 반지름으로 나타내고 180°를 초과하는 경우에는 지름으로 나타낸다.

ⓣ 기능상(호환성을 포함) 필요한 치수에는 치수의 허용한계를 지시한다.

ⓟ 치수 가운데 이론적으로 정확한 치수는 직사형 안에 치수 수치를 기입하고, 참고 치수는 괄호 안에 기입한다.

③ 길이와 각도의 치수기입

현의 치수기입	호의 치수기입
40	42
반지름의 치수기입	**각도의 치수기입**
R8	105° 36′ 30°

④ 중복되는 구멍의 치수는 간략하게 나타내고, 도면상에도 해당 위치에 중심 표시만 해준다.

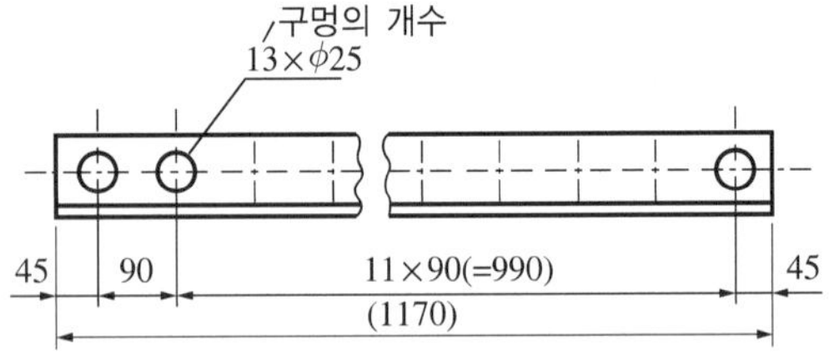

⑤ 치수의 배치방법

종 류	도면상 표현 및 내용
직렬치수 기입법	(46) 4, 6, 10, 6, 10, 6, 4 6-φ4 • 직렬로 나란히 연결된 각각의 치수에 공차가 누적되어도 상관없는 경우에 사용한다. • 축을 기입할 때는 중요도가 작은 치수는 괄호를 붙여서 참고 치수로 기입한다.
병렬치수 기입법	기준면 46, 42, 36, 26, 20, 10, 4 6-φ4 • 기준면을 설정하여 개별로 기입하는 방법이다. • 각 치수의 일반공차는 다른 치수의 일반공차에 영향을 주지 않는다.
누진치수 기입법	기점기호 12, 24, 32 t5 30, 10, 20 • 한 개의 연속된 치수선으로 간편하게 기입하는 방법이다. • 치수의 기준점에 기점기호(o)를 기입하고, 치수 보조선과 만나는 곳마다 화살표를 붙인다.
좌표치수 기입법	175, 160, 120, 90, 60, 20 20, 60, 100, 140, 180, 200, 235 φ16, φ26, φ14, t10 • 구멍의 위치나 크기 등의 치수는 좌표를 사용해도 된다. • 프레스 금형이나 사출 금형의 설계도면 작성 시 사용한다. • 기준면에 해당하는 쪽의 치수 보조선의 위치는 제품의 기능, 조립, 검사 등의 조건을 고려하여 정한다.

10년간 자주 출제된 문제

4-1. 도면에 치수를 기입할 때의 유의사항으로 틀린 것은?

① 치수는 계산할 필요가 없도록 기입하여야 한다.
② 치수는 중복 기입하여 도면을 이해하기 쉽게 한다.
③ 관련되는 치수는 가능한 한 한곳에 모아서 기입한다.
④ 치수는 될 수 있는 대로 주투상도에 기입해야 한다.

4-2. 45° 모따기의 기호는?

① SR ② R
③ C ④ t

|해설|

4-1
도면에 치수를 기입할 때는 중복 치수를 피해야 한다.

정답 4-1 ② 4-2 ③

핵심이론 05 투상법

① 투상법(Projection)의 정의

광선을 물체에 비추어 하나의 평면에 맺히는 형태로서 형상, 크기, 위치 등을 일정한 법칙에 따라 표시하는 도법을 투상법이라 한다.

② 투상법의 종류

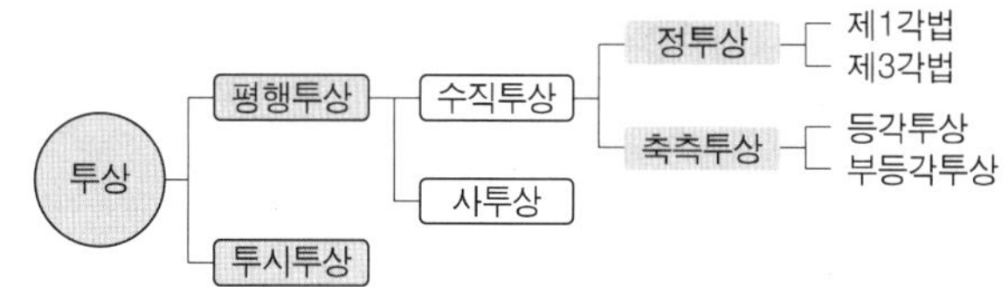

③ 투상도 그리기

입체를 평면으로 표현한 일종의 설계도와 같다. 주로 정면도와 평면도, 측면도로 세 방향에서 그리게 되는데 보이는 선은 실선으로, 보이지 않는 선은 파선으로 그린다. 그렇게 하면 그 입체의 생김새를 알 수 있고 실제 모형을 제작할 수도 있다.

④ 정투상도의 배열방법 및 기호

제1각법	제3각법
저면도 우측면도 정면도 좌측면도 배면도 평면도	평면도 좌측면도 정면도 우측면도 배면도 저면도

※ 기호를 표시할 때 제3각법의 투상방법은 눈 → 투상면 → 물체로서, 당구에서 3쿠션을 연상하여 그림의 좌측을 당구공, 우측을 큐대로 생각하면 암기하기 쉽다. 제1각법은 공의 위치가 반대가 된다.

⑤ 제3각법으로 물체 표현하기

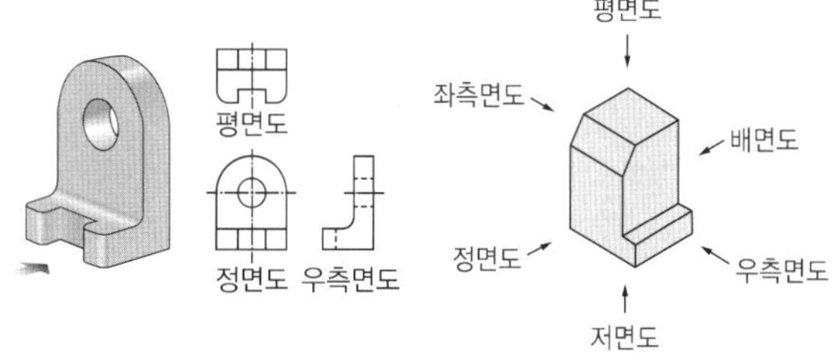

⑥ 투상도의 종류

㉠ 부분확대도 : 특정한 부분의 도형이 작아서 그 부분을 자세하게 나타낼 수 없거나 치수 기입을 할 수 없을 때에는 그 부분을 가는 실선으로 싸고 한글이나 알파벳 대문자로 표시한다.

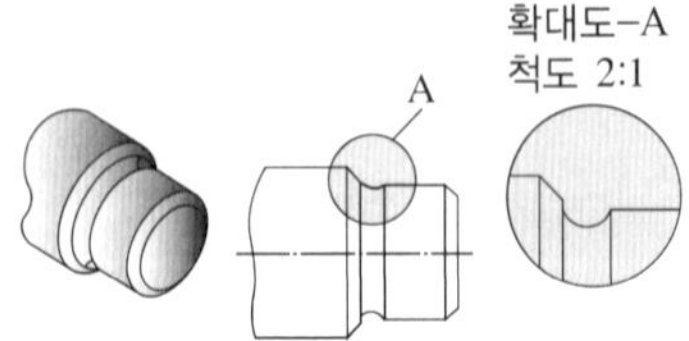

㉡ 보조투상도 : 경사면을 지니고 있는 물체는 그 경사면의 실제 모양을 표시할 필요가 있는데, 이 경우 보이는 부분의 전체 또는 일부분을 대상물의 사면에 대향하는 위치에 그린다.

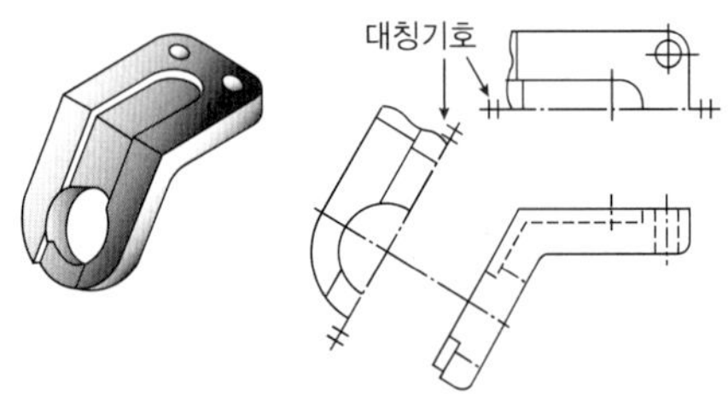

㉢ 회전투상도 : 각도를 가진 물체의 그 실제 모양을 나타내기 위해서는 그 부분을 회전해서 실제 모양으로 나타내야 한다.

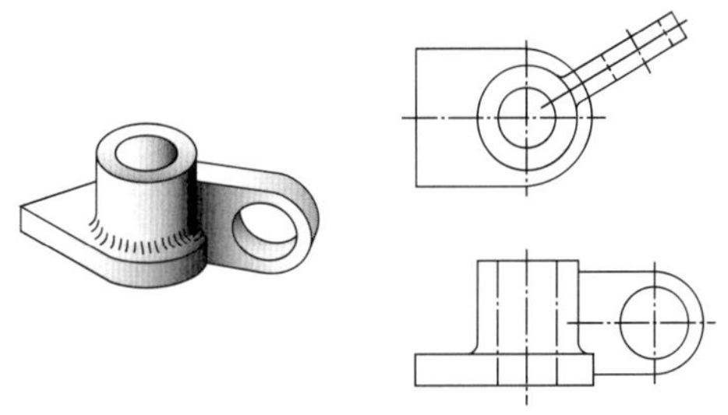

㉣ 부분투상도 : 그림의 일부를 도시하는 것으로도 충분한 경우에는 필요한 부분만을 투상하여 그린다.

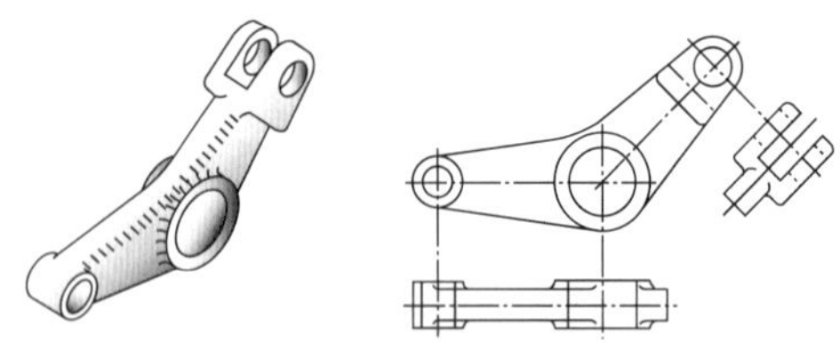

㉤ 국부투상도 : 대상물의 구멍, 홈 등과 같이 한 부분의 모양을 도시하는 것으로 충분한 경우에 국부투상도를 도시한다.

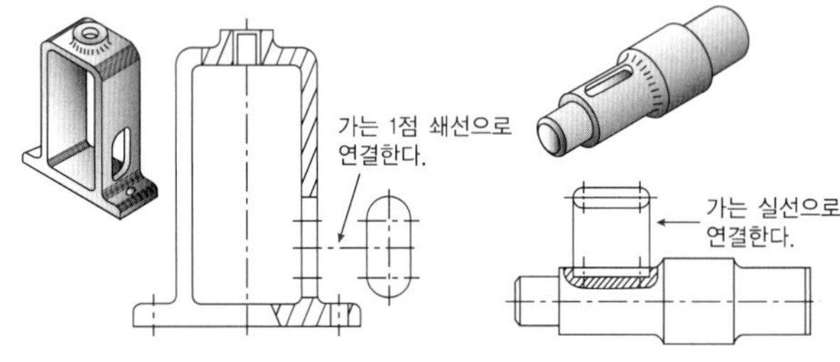

㉥ 대칭 물체의 투상도를 생략해서 간단히 그리기

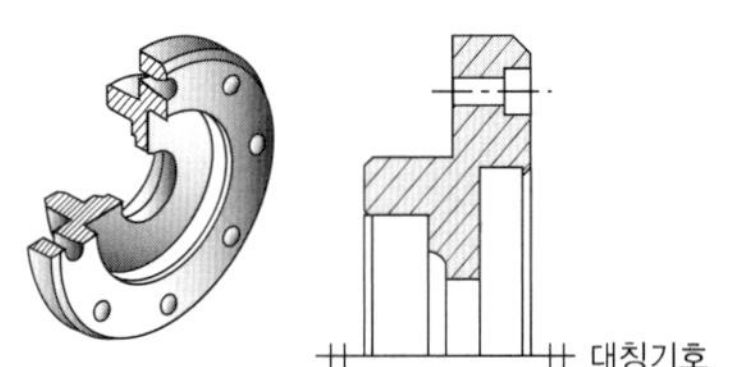

[단면도를 대칭 기호로 생략]

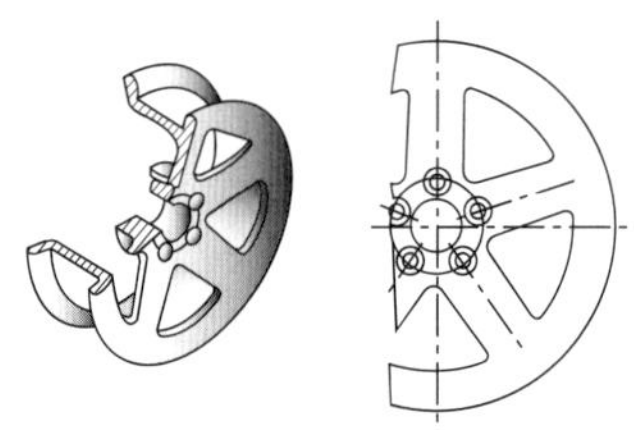

[대칭 모양을 파단선으로 생략]

㉦ 모양이 반복되는 투상도를 간략하게 그리기 : 같은 크기의 모양이 반복되어 여러 개가 있는 경우 모두 그리지 않고 일반만 생각하면 복잡하지 않아 읽기도 쉽다.

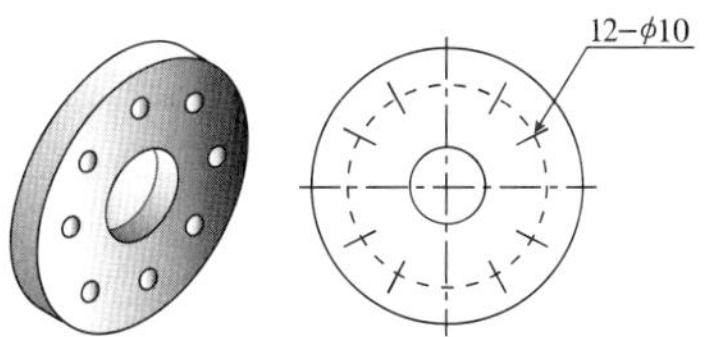

㉧ 등각투상도 : 등각투상도는 정면, 평면, 측면을 하나의 투상도에서 동시에 볼 수 있도록 그린 도법으로, 직육면체의 등각투상도에서 직각으로 만나는 3개의 모서리는 각각 120°를 이룬다.

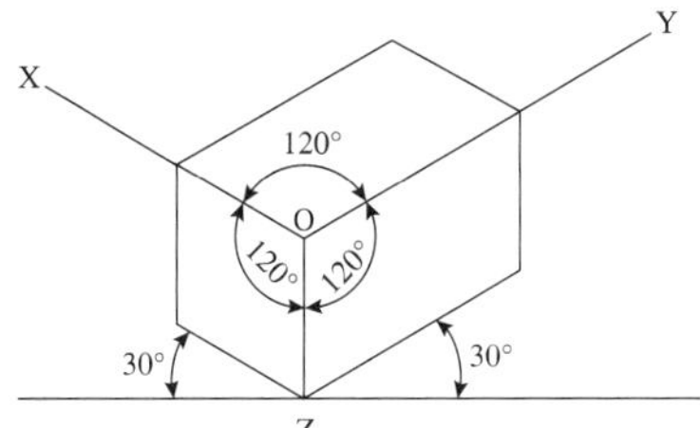

10년간 자주 출제된 문제

5-1. 투상도의 배열에 사용된 제1각법과 제3각법의 대표 기호로 옳은 것은?

① 제1각법 : 　제3각법 :

② 제1각법 : 　제3각법 :

③ 제1각법 : 　제3각법 :

④ 제1각법 : 　제3각법 :

5-2. 다음 그림과 같이 경사부가 있는 물체를 경사면의 실제 모양을 표시할 때 보이는 부분의 전체 또는 일부를 나타낸 투상도는?

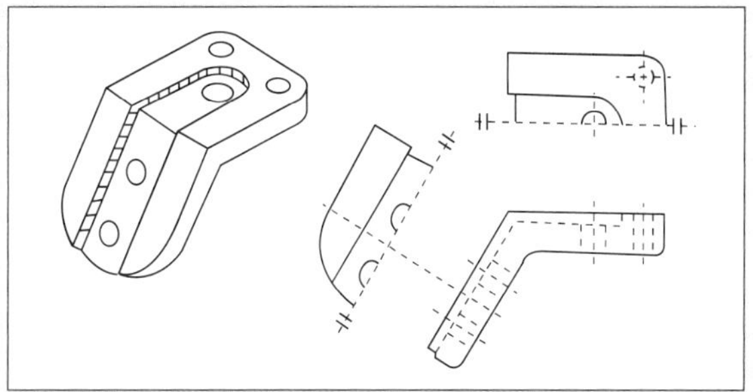

① 주투상도　② 보조투상도
③ 부분투상도　④ 회전투상도

|해설|

5-2

보조투상도는 경사면을 지니고 있는 물체는 그 경사면의 실제 모양을 표시할 필요가 있는데 이 경우 보이는 부분의 전체 또는 일부분을 나타낼 때 사용한다.

정답 5-1 ① 5-2 ②

핵심이론 06 | 단면도

① 단면도의 정의

물체의 내·외부 모양이 복잡한 경우 숨은선으로 표시하면 복잡하여 도면을 이해하기가 어렵다. 이 경우에 물체를 좀 더 명확하게 표시할 필요가 있는 곳에 절단 또는 파단한 것으로 가상하여 물체 내부가 보이는 것과 같이 표시하면 숨은선이 없어지고 필요한 곳이 뚜렷하게 표시된다. 그림 (a)와 같이 가상의 절단면을 설치하고, 그림 (b)와 같이 앞부분을 잘라 낸 다음, 그림 (c)와 같이 남겨진 부분의 모양을 그린 것을 단면도(Sectional View)라 한다.

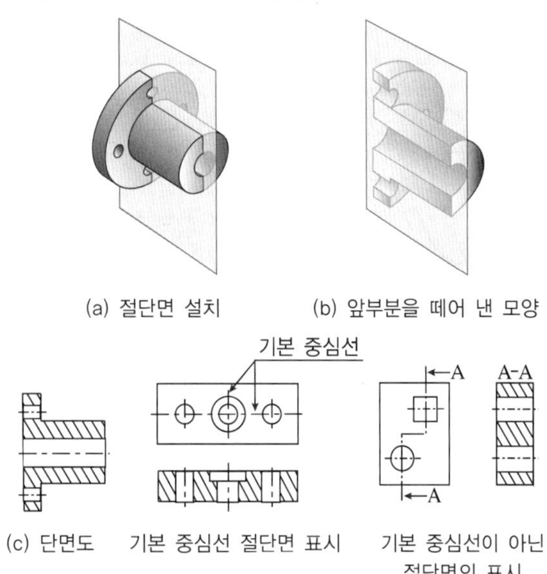

(a) 절단면 설치 (b) 앞부분을 떼어 낸 모양

(c) 단면도 기본 중심선 절단면 표시 기본 중심선이 아닌 절단면의 표시 [계단단면도]

[단면도의 표시 방법]

② 해칭(Hatching)이나 스머징(Smudging)

단면도에는 필요한 경우 절단하지 않은 면과 구별하기 위해 해칭이나 스머징을 한다. 그리고 인접한 단면의 해칭은 기존 해칭이나 스머징 선의 방향 또는 각도를 달리하여 구분한다.

해 칭	스머징
해칭은 45°의 가는 실선을 단면부의 면적에 2~3mm 간격으로 사선을 긋는다.	외형선 안쪽에 색칠한다.

③ 단면도의 종류

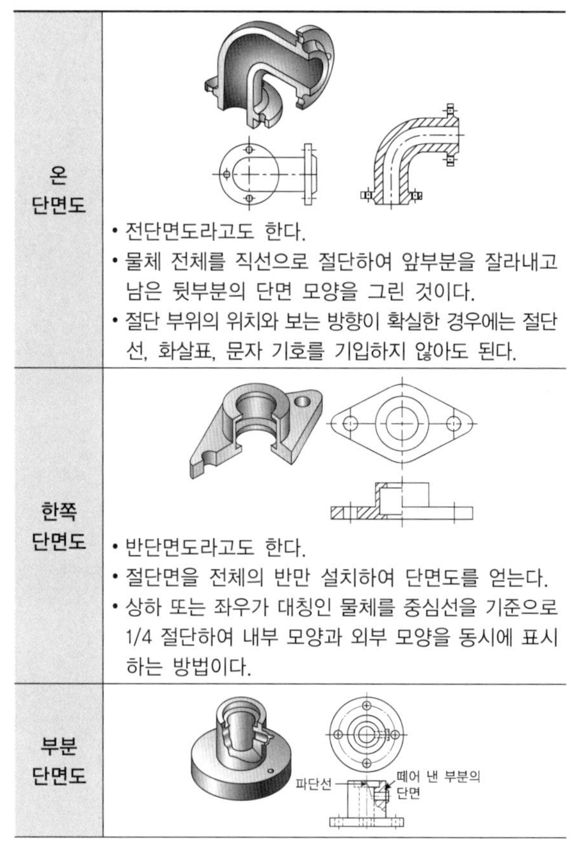

온 단면도	• 전단면도라고도 한다. • 물체 전체를 직선으로 절단하여 앞부분을 잘라내고 남은 뒷부분의 단면 모양을 그린 것이다. • 절단 부위의 위치와 보는 방향이 확실한 경우에는 절단선, 화살표, 문자 기호를 기입하지 않아도 된다.
한쪽 단면도	• 반단면도라고도 한다. • 절단면을 전체의 반만 설치하여 단면도를 얻는다. • 상하 또는 좌우가 대칭인 물체를 중심선을 기준으로 1/4 절단하여 내부 모양과 외부 모양을 동시에 표시하는 방법이다.
부분 단면도	

부분 단면도	• 파단선을 그어서 단면 부분의 경계를 표시한다. • 일부분을 잘라 내고 필요한 내부의 모양을 그리기 위한 방법이다.
회전 도시 단면도	(a) 암의 회전 단면도 (투상도 안) (b) 훅의 회전 단면도(투상도 밖) • 절단선의 연장선 뒤에도 그릴 수 있다. • 투상도의 절단할 곳과 겹쳐서 그릴 때는 가는 실선으로 그린다. • 주투상도의 밖으로 끌어내어 그릴 경우는 가는 1점 쇄선으로 한계를 표시하고 굵은 실선으로 그린다. • 핸들이나 벨트 풀리, 바퀴의 암, 리브, 축, 형강 등의 단면의 모양을 90°로 회전시켜 투상도의 안이나 밖에 그린다.
계단 단면도	A B C D A-B-C-D • 절단면을 여러 개 설치하여 그린 단면도이다. • 복잡한 물체의 투상도 수를 줄일 목적으로 사용한다. • 절단선, 절단면의 한계와 화살표 및 문자기호를 반드시 표시하여 절단면의 위치와 보는 방향을 정확히 명시해야 한다.

④ 길이 방향으로 절단 도시가 가능 및 불가능한 기계요소

길이 방향으로 절단하여 도시가 가능한 것	보스, 부시, 칼럼, 베어링, 파이프 등 KS 규격에서 절단하여 도시가 불가능하다고 규정되지 않은 부품
길이 방향으로 절단하여 도시가 불가능한 것	축, 키, 바퀴의 암, 핀, 볼트, 너트, 리브, 리벳, 코터, 기어의 이, 베어링의 볼과 롤러

10년간 자주 출제된 문제

6-1. 단면도의 표시방법으로 알맞지 않은 것은?

① 단면도의 도형은 절단면을 사용하여 대상물을 절단하였다고 가정하고 절단면의 앞부분을 제거하고 그린다.
② 온단면도에서 절단면을 정하여 그릴 때 절단선은 기입하지 않는다.
③ 외형도에 있어서 필요로 하는 요소의 일부만을 부분단면도로 표시할 수 있으며 이 경우 파단선에 의해서 그 경계를 나타낸다.
④ 절단했기 때문에 축, 핀, 볼트의 경우는 원칙적으로 긴 쪽 방향으로 절단한다.

6-2. 핸들이나 바퀴 등의 암 및 리브, 훅, 축, 구조물의 부재 등의 절단면을 표시하는 데 가장 적합한 단면도는?

① 부분단면도
② 한쪽단면도
③ 회전도시단면도
④ 조합에 의한 단면도

|해설|

6-1
도면에 기계요소를 표시할 때 축이나 핀, 볼트는 긴 쪽 방향인 길이방향으로 절단하여 도시하지 않는다.

6-2
회전도시단면도는 핸들이나 벨트 풀리, 바퀴의 암, 리브, 축, 형강 등의 단면의 모양을 90°로 회전시켜 투상도의 안이나 밖에 그리는 단면도법이다.

정답 6-1 ④ 6-2 ③

핵심이론 07 기계요소 도시방법

① 나사의 도시방법

㉠ 단면 시 암나사는 안지름까지 해칭한다.

㉡ 수나사와 암나사의 골지름은 모두 가는 실선으로 그린다.

㉢ 수나사와 암나사 결합부의 단면은 수나사 기준으로 나타낸다.

㉣ 수나사의 바깥지름과 암나사의 안지름은 굵은 실선으로 그린다.

㉤ 완전 나사부와 불완전 나사부의 경계선은 굵은 실선으로 그린다.

㉥ 수나사와 암나사의 측면도시에서 골지름과 바깥지름은 가는 실선으로 그린다.

㉦ 암나사의 단면 도시에서 드릴 구멍의 끝 부분은 굵은 실선으로 120°로 그린다.

㉧ 불완전 나사부의 골밑을 나타내는 선은 축선에 대하여 30°의 경사진 가는 실선으로 그린다.

㉨ 가려서 보이지 않는 암나사의 안지름은 보통의 파선으로 그리고, 바깥지름은 가는 파선으로 그린다.

㉩ 나사의 끝면에서 본 그림에서 나사의 골밑은 가는 실선으로 원주의 3/4에 가까운 원의 일부로 그린다.

- 완전 나사부 : 환봉이나 구멍에 나사내기를 할 때, 완전한 나사산이 만들어져 있는 부분
- 불완전 나사부 : 환봉이나 구멍에 나사내기를 할 때, 나사가 끝나는 곳에서 불완전 나사산을 갖는 부분
- 도시 : 도면에 표시의 줄임말

② 축의 도시방법

㉠ 긴 축은 중간을 파단하여 짧게 그릴 수 있다.

㉡ 축의 키홈 부분의 표시는 부분 단면도로 나타낸다.

㉢ 축의 끝은 모따기를 하고 모따기 치수를 기입한다.

㉣ 축은 길이 방향으로 절단하여 단면을 도시하지 않는다.

㉤ 축은 일반적으로 중심선을 수평 방향으로 놓고 그린다.

㉥ 축의 일부 중 평면 부위는 가는 실선으로 대각선 표시를 한다.

㉦ 축의 구석 홈 가공부는 확대하여 상세 치수를 기입할 수 있다.

㉧ 축의 끝에는 조립을 쉽고 정확하게 하기 위해서 모따기를 한다.

㉨ 긴 축은 중간 부분을 파단하여 짧게 그리고 실제치수를 기입한다.

㉩ 축 끝의 모따기는 폭과 각도를 기입하거나 45°인 경우 C로 표시한다.

㉪ 널링을 도시할 때 빗줄인 경우 축선에 대하여 30°로 엇갈리게 그린다.

③ 기어의 도시방법

㉠ 이끝원은 굵은 실선으로 한다.

㉡ 피치원은 가는 1점 쇄선으로 한다.

㉢ 맞물리는 한 쌍의 기어의 이끝원은 굵은 실선으로 그린다.

㉣ 헬리컬 기어의 잇줄 방향은 통상 3개의 가는 실선으로 그린다.

㉤ 보통 축에 직각인 방향에서 본투상도를 주투상도로 할 수 있다.

㉥ 이뿌리원(이골원)은 가는 실선으로 그린다. 단, 축에 직각 방향으로 단면 투상할 경우에는 굵은 실선으로 한다.

④ 스프링 도시방법

㉠ 스프링은 원칙적으로 무하중 상태로 그린다.

㉡ 그림 안에 기입하기 힘든 사항은 일괄하여 요목표에 표시한다.

㉢ 코일의 중간 부분을 생략할 때는 생략한 부분을 가는 2점 쇄선으로 표시한다.

㉣ 스프링의 종류와 모양만을 도시할 때는 재료의 중심선만을 굵은 실선으로 그린다.

㉤ 하중과 높이 등의 관계를 표시할 필요가 있을 때에는 선도 또는 요목표에 표시한다.

ⓗ 스프링의 종류와 모양만을 간략도로 나타내는 경우 재료의 중심선만을 굵은 실선으로 그린다.

ⓢ 코일 부분의 투상은 나선이 되고, 시트에 근접한 부분의 피치 및 각도가 연속적으로 변하는 것은 직선으로 표시한다.

ⓞ 스프링은 특별한 단서가 없는 한 모두 오른쪽 감기로 도시하며, 왼쪽 감기로 도시할 경우에는 '감긴 방향 왼쪽'이라고 명시해야 한다.

ⓙ 코일 스프링에서 양 끝을 제외한 동일 모양 부분의 일부를 생략하는 경우 생략되는 부분의 선지름의 중심선은 가는 1점 쇄선으로 나타낸다.

모든 도면은 한국산업표준(KS) 규격을 따라서 그려야 한다.

10년간 자주 출제된 문제

제도에 대한 설명으로 가장 적합한 것은?

① 투명한 재료로 만들어지는 대상물 또는 부분은 투상도에서는 그리지 않는다.
② 투상도는 설계자가 생각하는 것을 투상하여 입체형태로 그린 것이다.
③ 나사, 중심 구멍 등 특수한 부분의 표시는 별도로 정한 한국산업표준에 따른다.
④ 한국산업표준에서 규정한 기호를 사용할 경우 주기를 입력해야 하며, 기호 옆에 뜻을 명확히 주기한다.

|해설|

도면은 설계자와 제품 제작 기술자간의 약속이므로, 도면에 표시할 때는 나사나 중심 구멍, 특수 부분을 포함한 모든 부분을 반드시 한국산업표준(KS) 규격을 따라야 한다.

정답 ③

핵심이론 08 | KS 재료기호

① 일반구조용 압연강재 – SS400의 경우
- ㉠ S : Steel
- ㉡ S : 일반구조용 압연재(General Structural Purposes)
- ㉢ 400 : 최저인장강도($41kgf/mm^2 \times 9.8 = 400N/mm^2$)

② 기계구조용 압연강재 – SM45C의 경우
- ㉠ S : Steel
- ㉡ M : 기계구조용(Machine Structural Use)
- ㉢ 45C : 탄소함유량(0.40~0.50%)

③ 탄소강 단강품 – SF490A의 경우
- ㉠ SF : carbon Steel Forging for general use
- ㉡ 490 : 최저인장강도 $490N/mm^2$
- ㉢ A : 어닐링, 노멀라이징 또는 노멀라이징 템퍼링을 한 단강품

④ 제도용지 표시 – "KS B ISO 5457 – A1t–TP112.5–TBL"의 경우

A1으로 제단된 트레이싱 용지의 단위 면적당 질량이 $112.5g/m^2$이다. 뒷면(R)에 인쇄한 것이 TBL 형식에 따르는 표제란을 가진 도면이다.
- ㉠ TP112.5 : 트레이싱 용지 $112.5g/m^2$
  ※ OP : 불투명 용지, $60\sim120g/m^2$
- ㉡ R : 인쇄 시 뒷면
- ㉢ TBL : TBL 형식에 따르는 표제란을 도면에 기재한다.

⑤ 기타 KS 재료기호

명 칭	기 호	명 칭	기 호
알루미늄 합금주물	AC1A	니켈–크롬강	SNC
알루미늄청동	ALBrC1	니켈–크롬–몰리브덴강	SNCM
다이캐스팅용 알루미늄합금	ALDC1	판스프링강	SPC
청동합금주물	BC(CAC)	냉간압연강판 및 강대(일반용)	SPCC

명 칭	기 호	명 칭	기 호
편상흑연주철	FC	드로잉용 냉간압연강판 및 강대	SPCD
회주철품	GC	열간 압연 연강판 및 강대(드로잉용)	SPHD
구상흑연주철품	GCD	배관용 탄소강판	SPP
구상흑연주철	GCD	스프링용강	SPS
인청동	PBC2	배관용 탄소강관	SPW
합 판	PW	일반구조용 압연강재	SS
피아노선재	PWR	탄소공구강	STC
보일러 및 압력용기용 탄소강	SB	합금공구강 (냉간금형)	STD
보일러용 압연강재	SBB	합금공구강 (열간금형)	STF
보일러 및 압력용기용 강재	SBV	일반구조용 탄소강관	STK
탄소강 주강품	SC	기계구조용 탄소강관	STKM
기계구조용 합금강재	SCM, SCr 등	합금공구강 (절삭공구)	STS
크롬강	SCr	리벳용 원형강	SV
주강품	SCW	탄화텅스텐	WC
탄소강 단조품	SF	화이트메탈	WM
고속도공구강재	SKH	다이캐스팅용 아연합금	ZDC
기계구조용 탄소강재	SM		
용접구조용 압연강재	SM 표시후 A, B, C 순서로 용접성이 좋아짐		

⑥ ㄱ형강 표시

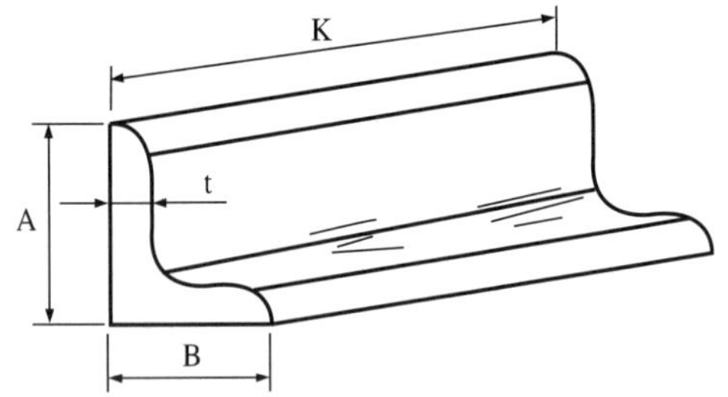

예 형강의 치수 표시(LA×B×t-K)의 경우

L	A	×	B	×	t	-	K
형강 모양	세로 폭		가로 폭		두께		길이

10년간 자주 출제된 문제

8-1. 건축, 교량, 선박, 철도, 차량 등의 구조물에 쓰이는 일반구조용 압연강재 2종의 재료기호는?

① SHP 2 ② SCP 2
③ SM 20C ④ SS 400

8-2. KS에서 일반구조용 압연강재의 종류로 옳은 것은?

① SS400 ② SM45C
③ SM400A ④ STKM

|해설|

8-1

① SHP : 열간압연강판 및 강대
② SCP : 냉간압연강관 및 강대
③ SM : 기계구조용 탄소강재
※ 일반구조용 압연강재(SS) - SS400의 경우
• S : Steel(재질 : 강)
• S : 일반구조용 압연강재(General Structural Purposes)
• 400 : 최저인장강도 400N/mm^2

8-2

① SS400 : 일반구조용 압연강재
② SM45C : 기계구조용 탄소강재
③ SM400A : 용접구조용 압연강재의 기호는 SM으로 기계구조용 탄소강재와 함께 사용하나, 다른 점은 최저인장강도 400 뒤에 용접성에 따라 A, B, C기호를 붙인다.
④ STKM : 기계구조용 탄소강관(Steel Tube)

정답 8-1 ④ 8-2 ①

핵심이론 09 | 용접부 보조기호

① 용접부 보조기호의 정의

용접부의 표면모양이나 다듬질방법, 용접장소 및 방법 등을 표시하는 기호이다.

② 용접부의 보조기호(1)

구 분		보조 기호	비 고
용접부의 표면 모양	평 탄	—	-
	볼 록	⌒	기선의 밖으로 향하여 볼록하게 한다.
	오 목	‿	기선의 밖으로 향하여 오목하게 한다.
용접부의 다듬질 방법	치 핑	C	-
	연 삭	G	그라인더 다듬질일 경우
	절 삭	M	기계 다듬질일 경우
	지정 없음	F	다듬질방법을 지정하지 않을 경우
현장용접		⚑	온둘레용접이 분명할 때에는 생략해도 좋다.
온둘레용접		○	
온둘레현장용접		⚑○	

③ 용접부의 보조기호(2)

기호	설명
M	영구적인 덮개판(이면판재) 사용
MR	제거 가능한 덮개판(이면판재) 사용
⌣	끝단부 토(Toe)를 매끄럽게 함
◺	필릿용접부 토(Toe)를 매끄럽게 함

※ 토(Toe) : 용접 모재와 용접 표면이 만나는 부위

④ 용접기호의 구성

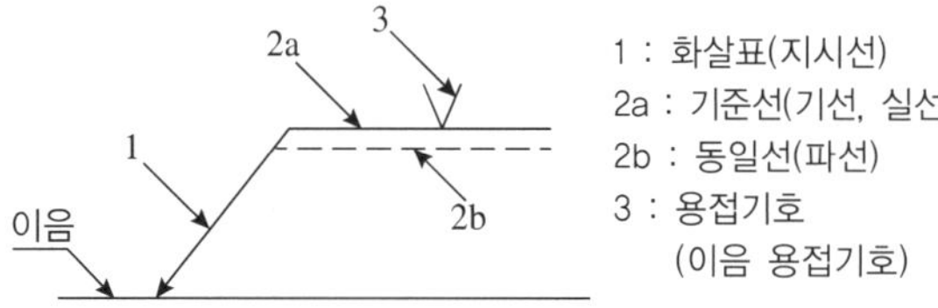

1 : 화살표(지시선)
2a : 기준선(기선, 실선)
2b : 동일선(파선)
3 : 용접기호
(이음 용접기호)

※ 설명선은 a, b와 같이 기선, 화살표, 꼬리로 구성되며, 꼬리가 필요 없으면 생략해도 된다.

⑤ 용접기호의 일반사항

㉠ 꼬리는 삭제 가능하다.

㉡ 화살표 및 기준선에 모든 관련 기호를 붙인다.

㉢ 화살표는 용접부를 지시하며 기선에 대해 60°의 직선으로 한다.

㉣ 기선은 보통 수평선으로 하고, 기선의 한쪽 끝에는 화살표를 붙인다.

㉤ 용접부(용접면)가 화살표 쪽에 있을 때는 용접기호를 기준선(실선)에 기입한다.

㉥ 용접부(용접면)가 화살표 반대쪽에 있을 때는 용접기호를 동일선(파선)에 기입한다.

㉦ 용접기호는 비드 및 살붙이기를 제외하고, 두 부재 간 접합부 용접의 종류를 나타낸다.

㉧ 기준선은 도면의 이음부를 표시하는 선에 평행으로 그리나 불가능한 경우 수직으로 기입한다.

⑥ 용접기호의 용접부 방향 표시

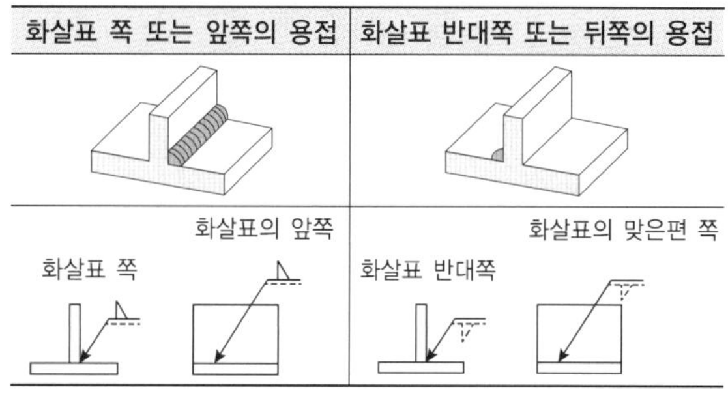

⑦ 보조기호 기입하기

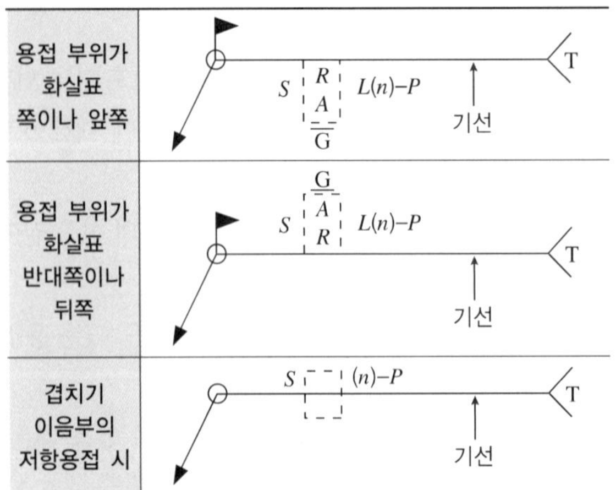

S : 용접부의 단면 치수 또는 강도
R : 루트 간격
A : 홈 각도
L : 단속필릿용접의 길이, 슬롯용접의 홈길이나 용접길이
n : 단속필릿용접, 플러그용접, 슬롯용접, 점용접 등의 수
P : 단속필릿용접, 플러그용접, 슬롯용접, 점용접 등의 피치
T : 특별 지시사항(J형, U형 등의 루트 반지름, 용접방법, 비파괴시험의 보조기호 등 기타)

⑧ 플러그용접 기호의 해석

플러그용접에서 용접부 수는 4개, 간격은 70mm, 구멍의 지름은 8mm이다.

10년간 자주 출제된 문제

9-1. 용접부의 표면 형상 중 끝단부를 매끄럽게 가공하는 보조기호는?

① ② ③ ④

9-2. 그림에 대한 설명으로 옳은 것은?

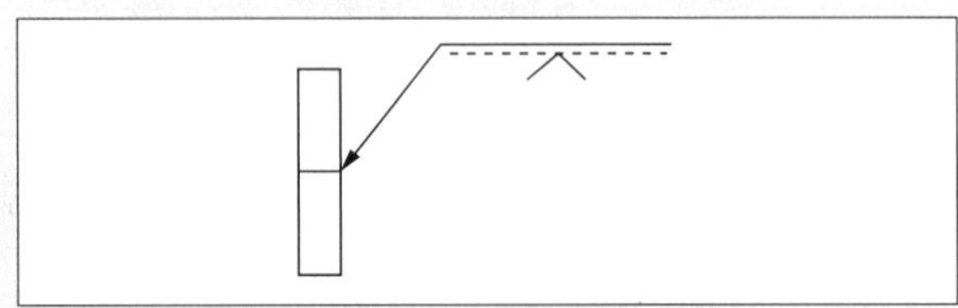

① 화살표 쪽에 용접 ② 화살표 반대쪽 용접
③ 원둘레용접 ④ 양면용접

9-3. 필릿용접 끝단부를 매끄럽게 다듬질하라는 보조기호는?

① 
② 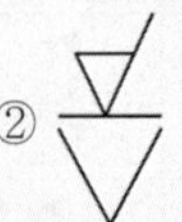
③ 
④ 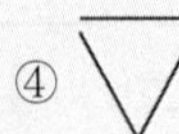

|해설|

9-1

M	영구적인 덮개판(이면판재) 사용
MR	제거 가능한 덮개판(이면판재) 사용
	끝단부 토(Toe)를 매끄럽게 함
	필릿용접부 토(Toe)를 매끄럽게 함

※ 토(Toe) : 용접 모재와 용접 표면이 만나는 부위

9-2

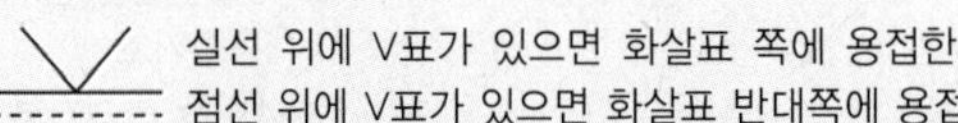

9-3

끝단부란 곧 "토"를 말하는 것이므로 토를 매끄럽게 하라는 기호 ③번이 정답이다.

정답 9-1 ④ 9-2 ② 9-3 ③

핵심이론 10 용접의 종류별 도시 및 기본기호

① 기본기호(KS B ISO 2553)

번 호	명 칭	도 시	기본기호
1	필릿용접	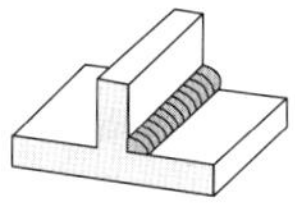	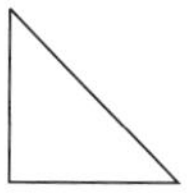
2	점용접(스폿용접)	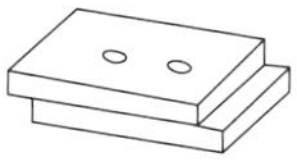	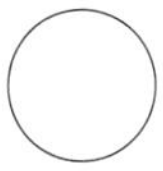
3	플러그용접 (슬롯용접)	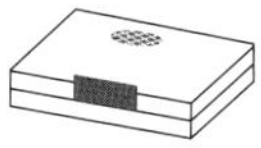	
4	이면(뒷면)용접	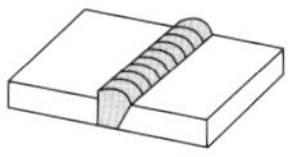	
5	심용접	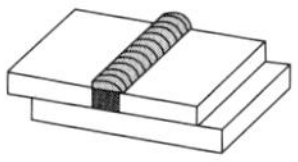	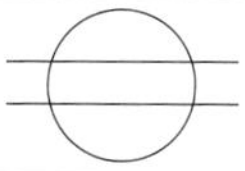
6	겹침이음		
7	끝면 플랜지형 맞대기용접	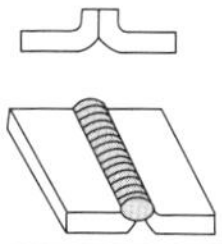	
8	평행(I형) 맞대기용접	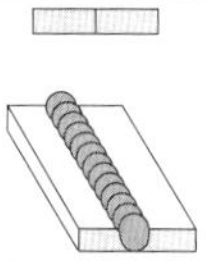	
9	V형 맞대기용접	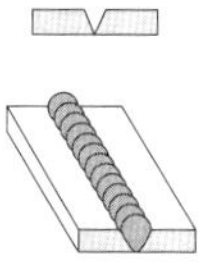	
10	일면 개선형 맞대기용접	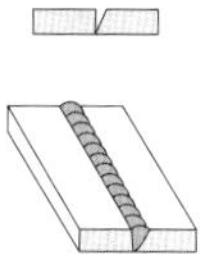	
11	넓은 루트면이 있는 V형 맞대기용접	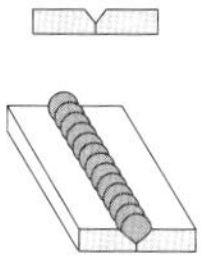	
12	가장자리용접	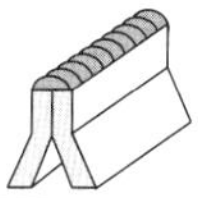	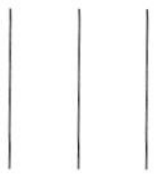
13	표면(서페이싱) 육성 용접	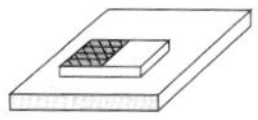	
14	서페이싱용접	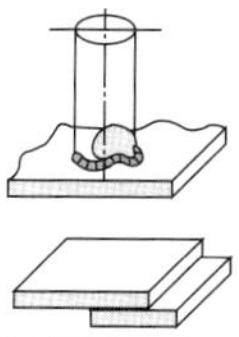	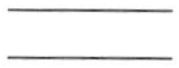
15	경사 접합부		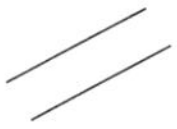

※ 육성용접 : 재료의 표면에 내마모나 내식용 재료를 입히는 용접법

② 용접부별 기호 표시

명 칭	단속필릿용접	지그재그 단속필릿용접
형 상	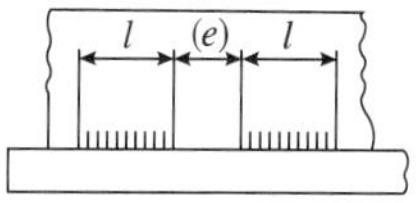 l (e) l	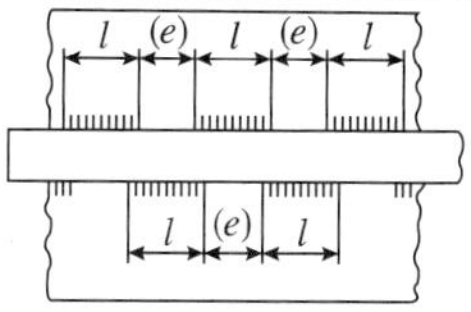 l (e) l (e) l l (e) l
기 호	a ◺ n × l (e)	a ▷ n × l ⁄ (e) a ▷ n × l ⁄ (e)
의 미	a : 목두께 ◺ : 필릿용접기호 n : 용접부 수 l : 용접 길이 (e) : 인접한 용접부 간격	a : 목두께 ◺ : 필릿용접기호 n : 용접부 수 l : 용접 길이 (e) : 인접한 용접부 간격
명 칭	플러그 또는 슬롯용접	플러그용접
형 상	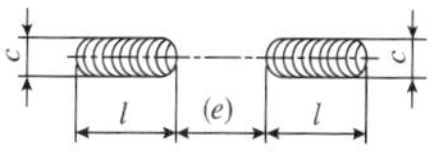 c l (e) l c	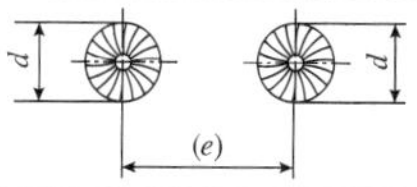 d d (e)
기 호	C ⊓ n × l (e)	d ⊓ n(e)
의 미	c : 슬롯의 너비 ⊓ : 플러그용접기호 n : 용접부 수 l : 용접길이 (e) : 인접한 용접부 간격	d : 구멍 지름 ⊓ : 플러그용접기호 n : 용접부 수 (e) : 인접한 용접부 간격
명 칭	심용접	점용접
형 상	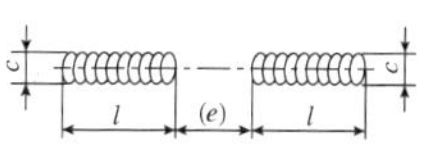 c l (e) l c	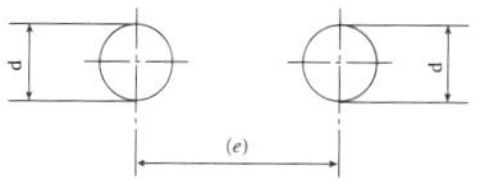 d d (e)
기 호	C ⊖ n × l (e)	d ○ n(e)
의 미	c : 슬롯의 너비 ⊖ : 심용접기호 n : 용접부 수 l : 용접길이 (e) : 인접한 용접부 간격	d : 점용접부의 지름 ○ : 점용접기호 n : 용접부 수 (e) : 인접한 용접부 간격

10년간 자주 출제된 문제

10-1. 용접기호에 대한 명칭이 틀리게 짝지어진 것은?

① : 스폿용접

② : 플러그용접

③ : 뒷면용접

④ : 현장용접

10-2. 필릿용접에서 a5◺4×300(50)의 설명으로 옳은 것은?

① 목두께 5mm, 용접부 수 4, 용접길이 300mm, 인접한 용접부 간격 50mm

② 판두께 5mm, 용접두께 4mm, 용접피치 300mm, 인접한 용접부 간격 50mm

③ 용입깊이 5mm, 경사길이 4mm, 용접피치 300mm, 용접부 수 50

④ 목길이 5mm, 용입깊이 4mm, 용접길이 300mm, 용접부 수 50

|해설|

10-1

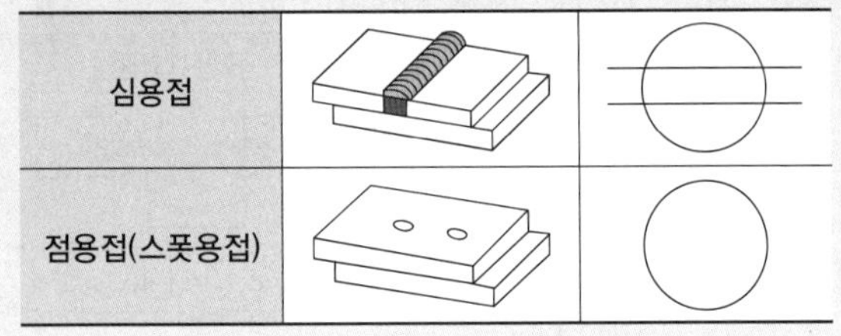

심용접		
점용접(스폿용접)		

정답 10-1 ① 10-2 ①

핵심이론 11 배관도시기호

① 밸브, 콕, 계기의 표시

밸브 일반		전자밸브	
글로브밸브		전동밸브	
체크밸브		콕 일반	
슬루스밸브 (게이트밸브)		닫힌 콕 일반	
앵글밸브		닫혀 있는 밸브 일반	
3방향밸브		볼밸브	
안전밸브 (스프링식)		안전밸브 (추식)	
공기빼기밸브		버터플라이 밸브	

② 주요 배관접합기호의 종류

유니언 연결		플랜지 연결	
칼럼 연결		마개와 소켓 연결	
확장 연결		일반 연결	
관의 지지			

③ 관의 접속 상태와 그림 기호

관의 접속 상태	그림 기호
접속하지 않을 때	
교차 또는 분기할 때	교차 분기

④ 파이프 안에 흐르는 유체의 종류

㉠ A(Air) : 공기

㉡ G(Gas) : 가스

㉢ O(Oil) : 유류

㉣ S(Steam) : 수증기

㉤ W(Water) : 물

㉥ C : 냉수

⑤ 계기 표시의 도면 기호

㉠ T(Temperature) : 온도계

㉡ F(Flow Rate) : 유량계

㉢ V(Vacuum) : 진공계

㉣ P(Pressure) : 압력계

⑥ 관의 끝부분 표시

끝부분의 종류	그림 기호
막힌 플랜지	
나사박음식 캡 및 나사박음식 플러그	
용접식 캡	

⑦ 관이음의 종류

부품 명칭	그림 기호	
	플랜지이음	나사이음
엘 보		
45° 엘보		
오는 엘보		
가는 엘보		
티		
가는 티		
오는 티		
크로스		
와 이		
이 음		
신축 이음		
줄이개		
유니언		
캡		
부 시		
플러그		

⑧ 단선 도시 배관도

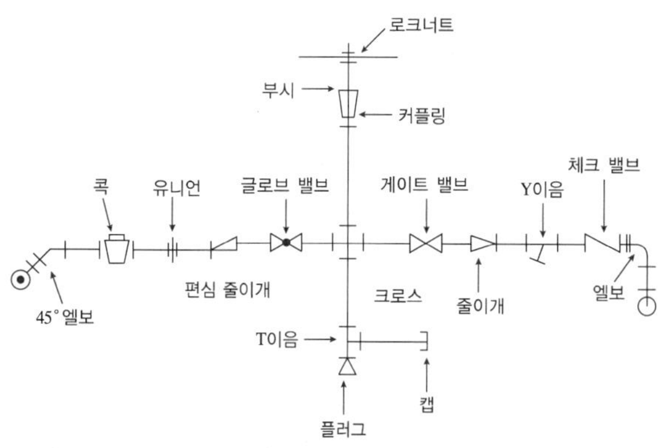

10년간 자주 출제된 문제

11-1. 배관도시기호 중 체크밸브를 나타내는 것은?

①

② 

③

④ 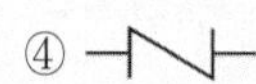

11-2. 배관도의 계기 표시방법 중에서 압력계를 나타내는 기호는?

① T

② 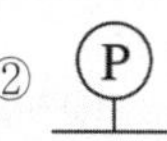

③ 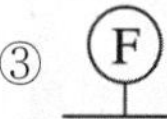

④ 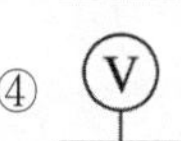

|해설|

11-1

체크밸브는 유체의 흐름을 한쪽 방향으로만 흐르도록 제어하는 밸브로서 , 와 같이 2가지로 표현한다.

11-2

① T(Temperature) : 온도계

③ F(Flow Rate) : 유량계

④ V(Vacuum) : 진공계

정답 11-1 ④ 11-2 ②

핵심이론 12 전개도법

① 전개도법의 정의

전개도는 입체의 표면을 하나의 평면 위에 펼쳐 놓은 도형으로 투상도를 기본으로 하여 그린 도면이다.

② 전개도와 투상도의 관계

투상도는 그 입체를 평면으로 표현한 일종의 설계도와 같다. 주로 정면도와 평면도, 측면도로 세 방향에서 그리게 되는데 보이는 선은 실선으로 그리고, 보이지 않는 선은 파선으로 그린다. 그렇게 하면 그 입체의 생김새를 알 수 있고 실제 모형을 제작할 수 있으므로 이 투상도를 기본으로 하여 전개도를 그린다.

③ 전개도법의 종류

㉠ 평행선법 : 삼각기둥, 사각기둥과 같은 여러 가지의 각기둥과 원기둥을 평행하게 전개하여 그리는 방법

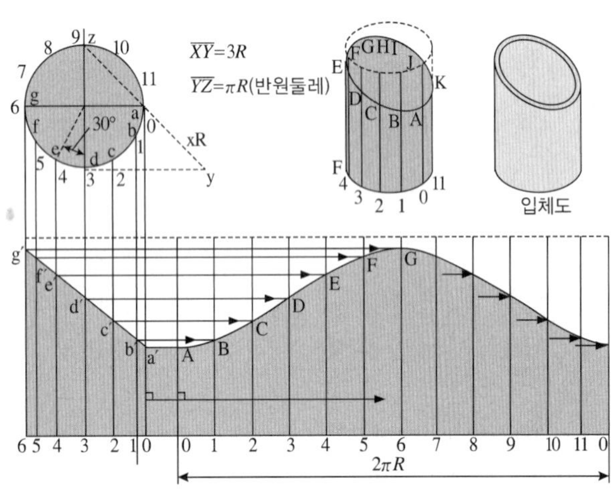

㉡ 방사선법 : 삼각뿔, 사각뿔 등의 각뿔과 원뿔을 꼭지점을 기준으로 부채꼴로 펼쳐서 전개도를 그리는 방법

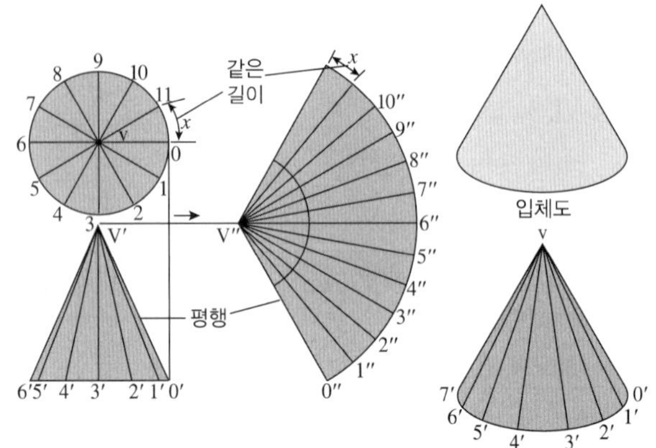

㉢ 삼각형법 : 꼭지점이 먼 각뿔, 원뿔 등을 해당 면을 삼각형으로 분할하여 전개도를 그리는 방법

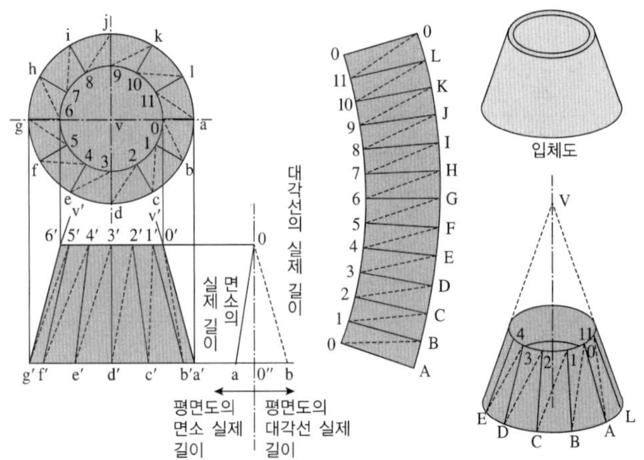

④ 전개도법 작성 시 주의사항

㉠ 문자기호는 가능한 한 간략하게 중요 부분만을 기입한다.

㉡ 주서의 크기는 치수 숫자의 크기보다 한 단계 위의 크기로 한다.

㉢ 제품의 전개도를 그릴 때는 위쪽이나 아래쪽에 '전개도'라고 주서로 기입하는 것이 좋다.

㉣ 전개도에 사용된 작도선은 0.18mm, 외형선은 가능한 한 0.5mm를 넘지 않은 굵기로 긋는다.

10년간 자주 출제된 문제

12-1. 전개도를 그리는 기본적인 방법 3가지에 해당하지 않는 것은?

① 평행선 전개법
② 삼각형 전개법
③ 방사선 전개법
④ 원통형 전개법

12-2. 전개도를 그리는 방법에 속하지 않는 것은?

① 평행선 전개법
② 나선형 전개법
③ 방사선 전개법
④ 삼각형 전개법

정답 12-1 ④ 12-2 ②

CHAPTER 02

용접구조설계

제1절 용접이음부 설계

핵심이론 01 | 용접이음부 설계

① 용접이음부 설계 시 주의사항

㉠ 용접선의 교차를 최대한 줄인다.

㉡ 용착량을 가능한 한 적게 설계해야 한다.

㉢ 용접길이가 감소될 수 있는 설계를 한다.

㉣ 가능한 한 아래보기 자세로 작업한다.

㉤ 용접열이 국부적으로 집중되지 않도록 한다.

㉥ 보강재 등 구속이 커지도록 구조설계를 한다.

㉦ 용접작업에 지장을 주지 않도록 공간을 남긴다.

㉧ 열의 분포가 가능한 한 부재 전체에 고루 퍼지도록 한다.

② 이음효율(η)

용접은 리벳과 같은 기계적 접합법보다 이음효율이 좋다.

$$이음효율 = \frac{시험편\ 인장강도}{모재\ 인장강도} \times 100\%$$

③ 필릿용접에서 목두께(a)와 목길이(z)

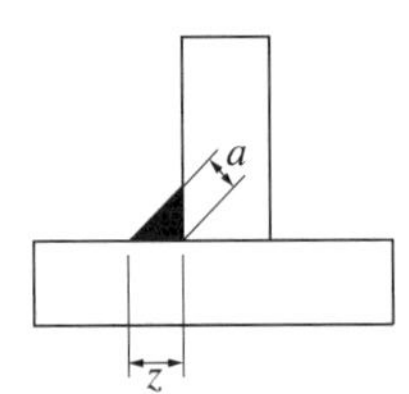

㉠ a : 목두께, z : 목길이(다리길이)

㉡ $z = a\sqrt{2}$

10년간 자주 출제된 문제

1-1. 맞대기용접이음에서 모재의 인장강도가 50N/mm²이고, 용접시험편의 인장강도가 25N/mm²으로 나타났을 때 이음효율은?

① 40% ② 50%
③ 60% ④ 70%

1-2. 필릿용접의 이음강도를 계산할 때 목길이가 10mm라면 목두께는?

① 약 7mm ② 약 10mm
③ 약 12mm ④ 약 15mm

|해설|

1-1

용접부의 이음효율(η)

$$\eta = \frac{시험편\ 인장강도}{모재\ 인장강도} \times 100\% = \frac{25\text{N/mm}^2}{50\text{N/mm}^2} \times 100\% = 50\%$$

1-2

목길이 $z = a\sqrt{2}$

$10\text{mm} = a\sqrt{2}$

목두께 $a = \frac{10\text{mm}}{\sqrt{2}} = 7.07\text{mm}$

정답 1-1 ② 1-2 ①

핵심이론 02 | 용접변형 방지대책

① 변형의 종류

㉠ 세로굽힘변형(Longitudinal Deformation) : 용접선의 길이 방향으로 발생하는 굽힘 변형으로 세로방향의 수축 중심이 부재 단면의 중심과 일치하지 않을 경우에 발생한다.

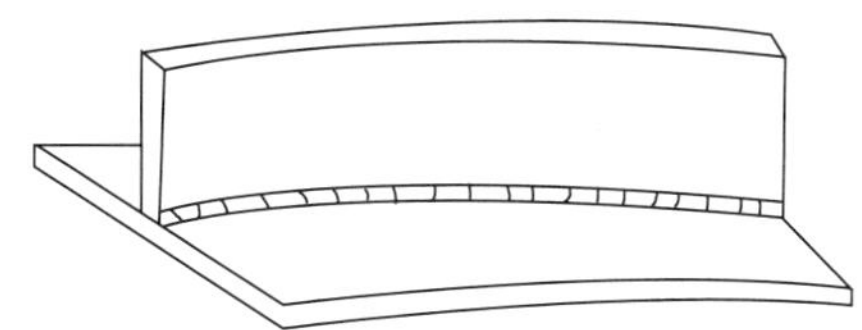

㉡ 가로굽힘변형(Transverse Deformation) : 각변형이라고도 하며 양면용접을 동시에 수행하면 용접 시 온도변화는 양면에 대칭되나 실제는 한쪽면씩 용접을 수행하기 때문에 수축량 등이 달라져 가로굽힘변형이 발생한다.

㉢ 좌굴변형 : 박판의 용접은 입열량에 비해 판재의 강성이 낮아 용접선 방향으로 작용하는 압축응력에 의해 좌굴형식의 변형이 발생한다.

② 용접으로 인한 재료의 변형방지법

㉠ 억제법 : 지그나 보조판을 모재에 설치하거나 가접을 통해 변형을 억제하도록 한 것

㉡ 역변형법 : 용접 전에 변형을 예측하여 반대 방향으로 변형시킨 후 용접을 하도록 한 것

㉢ 도열법 : 용접 중 모재의 입열을 최소화하기 위해 물을 적신 동판을 덧대어 열을 흡수하도록 한 것

③ 용접변형 방지용 지그

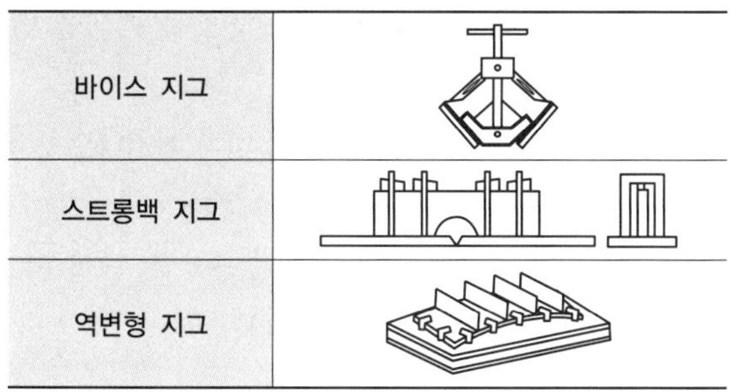

바이스 지그	
스트롱백 지그	
역변형 지그	

④ 용접 후 재료 내부의 잔류응력제거법

㉠ 노 내 풀림법 : 가열 노(Furnace) 내부의 유지온도는 625℃ 정도이며 노에 넣을 때나 꺼낼 때의 온도는 300℃ 정도로 한다. 판 두께 25mm일 경우에 1시간 동안 유지하는데 유지온도가 높거나 유지시간이 길수록 풀림 효과가 크다.

㉡ 국부 풀림법 : 노 내 풀림법이 곤란한 경우에 사용하며 용접선 양측을 각각 250mm나 판 두께 12배 이상의 범위를 가열한 후 서랭한다. 유도가열장치를 사용하며 온도가 불균일하게 실시되면 잔류응력이 발생할 수 있다.

㉢ 응력제거 풀림법 : 주조나 단조, 기계가공, 용접으로 금속재료에 생긴 잔류응력을 제거하기 위한 열처리의 일종으로 구조용 강의 경우 약 550~650℃의 온도 범위로 일정한 시간을 유지하였다가 노속에서 냉각시킨다. 충격에 대한 저항력과 응력부식에 대한 저항력을 증가시키고 크리프 강도도 향상시킨다. 그리고 용착금속 중 수소 제거에 의한 연성을 증대시킨다.

㉣ 기계적 응력 완화법 : 용접 후 잔류응력이 있는 제품에 하중을 주어 용접부에 약간의 소성변형을 일으킨 후 하중을 제거하면서 잔류응력을 제거하는 방법이다.

㉤ 저온 응력 완화법 : 용접선의 양측을 정속으로 이동하는 가스불꽃에 의하여 약 150mm의 너비에 걸쳐 150~200℃로 가열한 뒤 곧 수랭하는 방법으로, 주로 용접선 방향의 응력을 제거하는 데 사용한다.

㉥ 피닝법 : 끝이 둥근 특수 해머를 사용하여 용접부를 연속적으로 타격하며 용접 표면에 소성변형을 주어 인장응력을 완화시킨다.

㉦ 연화 풀림법 : 재질을 연하고 균일화시킬 목적으로 실시하는 열처리법으로, 650℃ 정도로 가열한 후 서랭한다.

⑤ 모재의 단면적과 응력의 상관관계

응력$(\sigma) = \dfrac{\text{작용힘(하중, } F)}{\text{단면적}(A)}$ 이므로, 하나의 부재에 단면적이 다른 부분이 존재할 때 부재의 단면적을 높게 계산할수록 작용하는 응력은 낮게 설정되어 안전상의 문제가 발생한다. 따라서 안전상을 이유로 단면적은 얇은 쪽 부재의 두께로 계산해야 한다.

용접 후 수축에 따른 작업 시 주의사항

철이 열을 받으면 부피가 팽창하고 냉각이 되면 부피가 수축된다. 따라서 변형을 방지하기 위해서는 반드시 "용접 후 수축이 큰 이음부"를 먼저 용접한 뒤 "수축이 작은 부분"을 해야 한다.

10년간 자주 출제된 문제

잔류응력제거법 중 잔류응력이 있는 제품에 하중을 주어 용접 부위에 약간의 소성변형을 일으킨 다음 하중을 제거하는 방법은?

① 피닝법
② 노 내 풀림법
③ 국부 풀림법
④ 기계적 응력 완화법

|해설|

기계적 응력 완화법 : 용접 후 잔류응력이 있는 제품에 하중을 주어 용접부에 약간의 소성변형을 일으킨 후 하중을 제거하면서 잔류응력을 제거하는 방법이다.

정답 ④

핵심이론 03 용접결함

① 용접결함

㉠ 용접결함의 분류

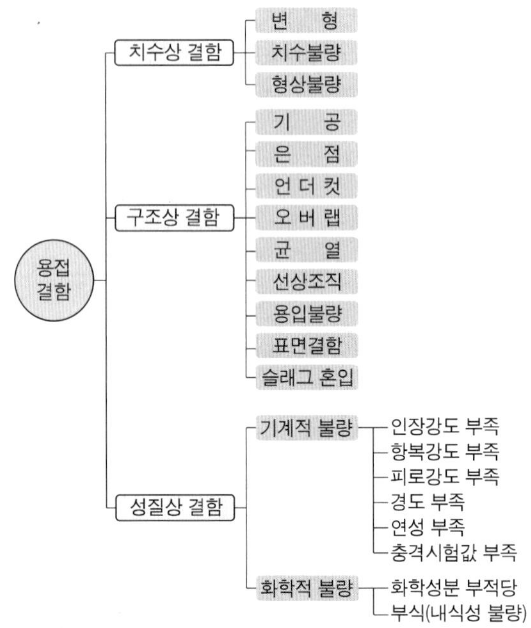

㉡ 용접 결함의 정의

- 언더컷(Undercut) : 용접부의 끝부분에서 모재가 파이고 용착금속이 채워지지 않고 홈으로 남아 있는 부분
- 오버랩(Overlap) : 용융된 금속이 용입되지 않은 상태에서 표면을 덮은 불량
- 슬래그 섞임(Slag Inclusion) : 용착금속 안이나 모재와의 융합부에 슬래그가 남아 있는 불량
- 은점(Fish Eye) : 수소(H_2)가스에 의해 발생하는 불량으로 용착금속의 파단면에 은백색을 띤 물고기 눈 모양의 결함
- 기공 : 용접부가 급랭될 때 미처 빠져나오지 못한 가스에 의해 발생하는 빈 공간
- 용락(Burn Through) : 용융금속 홈 끝의 뒤쪽이 녹아서 떨어져내리는 불량

- 피트(Pit) : 작은 구멍이 용접부 표면에 생기는 표면결함으로 주로 C(탄소)에 의해 발생
- 아크 스트라이크(Arc Strike) : 아크용접 시 용접 이음의 용융부 밖에서 아크를 발생시킬 때 모재 표면의 결함

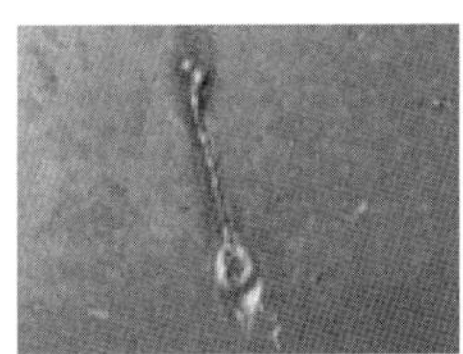

[Arc Strike 불량]

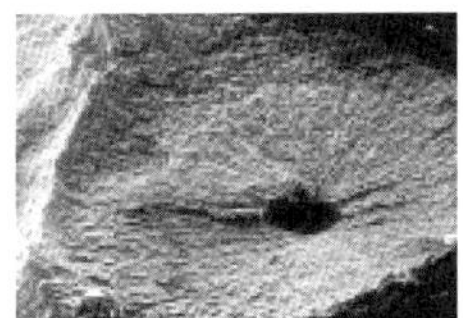

[Fish Eye(은점) 불량]

② 주요 용접부 결함과 방지대책

모 양	원 인	방지대책
언더컷	• 전류가 높을 때 • 아크길이가 길 때 • 용접속도 부적당 시 • 적당하지 않은 용접봉 사용 시	• 전류를 낮춘다. • 아크길이를 짧게 한다. • 용접속도를 알맞게 한다. • 적절한 용접봉을 사용한다.
오버랩	• 전류가 낮을 때 • 운봉, 작업각과 진행각 불량 시 • 적당하지 않은 용접봉 사용 시	• 전류를 높인다. • 작업각과 진행각을 조정한다. • 적절한 용접봉을 사용한다.
용입 불량	• 이음 설계 결함 • 용접속도가 빠를 때 • 용접전류가 낮을 때 • 적당하지 않은 용접봉 사용 시	• 루트 간격 및 치수를 크게 한다. • 용접속도를 적당히 조절한다. • 전류를 높인다. • 적절한 용접봉을 사용한다.
균 열	• 이음부의 강성이 클 때 • 적당하지 않은 용접봉 사용 시 • C, Mn 등 합금성분이 많을 때 • 과대 전류, 속도가 큰 경우 • 모재에 유황 성분이 많을 때	• 예열, 피닝 등 열처리를 한다. • 적절한 용접봉을 사용한다. • 예열 및 후열한다. • 전류 및 속도를 적절하게 조정한다. • 저수소계 용접봉을 사용한다.
기 공	• 수소나 일산화탄소 과잉 • 용접부의 급속한 응고 시 • 용접속도가 빠를 때 • 아크길이가 부적절할 때	• 건조된 저수소계 용접봉을 사용한다. • 적당한 전류 및 용접속도로 작업한다. • 이음 표면을 깨끗이 하고 예열을 한다.
슬래그 혼입	• 용접이음이 적당하지 않은 때 • 모든 층의 슬래그 제거가 불완전할 때 • 전류 과소, 불완전한 운봉 조작을 할 때	• 슬래그를 깨끗이 제거한다. • 루트 간격을 넓게 한다. • 전류를 약간 세게 하며 적절한 운봉을 조작한다.

③ 기타 균열 및 결함의 종류

㉠ 저온균열 : 일반적으로는 220℃ 이하의 온도에서 발생하는 균열로 용접 후 용접부의 온도가 상온(약 24℃) 부근으로 떨어지면 발생하는데 200~300℃에서 발생하기도 한다. 잔류응력이나 용착금속 내의 수소가스, 철강 재료의 용접부나 HAZ(열영향부)의 경화현상에 의해 주로 발생한다.

㉡ 루트균열 : 맞대기용접 시 가접이나 비드의 첫 층에서 루트면 근방의 열영향부(HAZ)에 발생한 노치에서 시작하여 점차 비드 속으로 들어가는 균열(세로방향 균열)로 함유 수소에 의해서도 발생되는 저온균열의 일종이다.

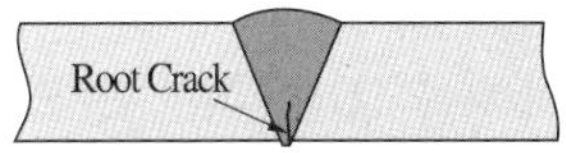

㉢ 크레이터균열 : 용접 비드의 끝에서 발생하는 고온균열로서 냉각속도가 지나치게 빠른 경우에 발생하며 용접 루트의 노치부에 의한 응력 집중부에도 발생한다.

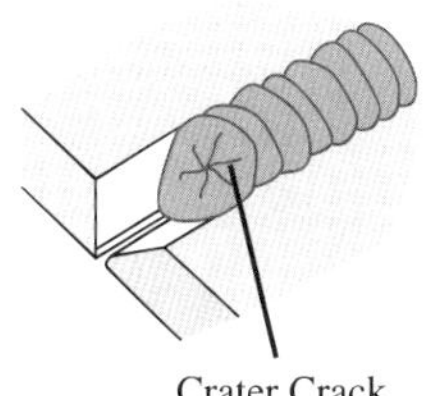

㉣ 설퍼균열 : 유황의 편석이 층상으로 존재하는 강재를 용접하는 경우, 낮은 융점의 황화철이 원인이 되어 용접금속 내에 생기는 1차 결정입계의 균열이다.

㉤ 래미네이션 불량 : 모재의 재질결함으로써 강괴일 때 기포가 내부에 존재해서 생기는 결함이다. 설퍼 밴드와 같은 층상으로 편해하여 강재 내부에 노치를 형성한다.

㉥ 비드 밑 균열 : 모재의 용융선 근처 열영향부에서 발생되는 균열로, 고탄소강이나 저합금강을 용접할 때 용접열에 의한 열영향부의 경화와 변태응력 및 용착금속 내부의 확산성 수소에 의해 발생한다.

㉦ 라멜라 티어(Lamellar Tear) 균열 : 압연으로 제작된 강판 내부에 표면과 평행하게 층상으로 발생하는 균열로 T이음과 모서리이음에서 발생한다. 평행부와 수직부로 구성되며 주로 MnS계 개재물에 의해서 발생되는데 S의 함량을 감소시키거나 판두께 방향으로 구속도가 최소가 되게 설계 또는 시공함으로써 억제할 수 있다.

㉧ 토(Toe) 균열 : 표면비드와 모재와의 경계부에 발생하는 불량이다.

㉨ 스톱 홀(Stop Hole) : 용접부에 균열이 생겼을 때 균열이 더 이상 진행되지 못하도록 균열 진행 방향의 양단에 뚫는 구멍이다.

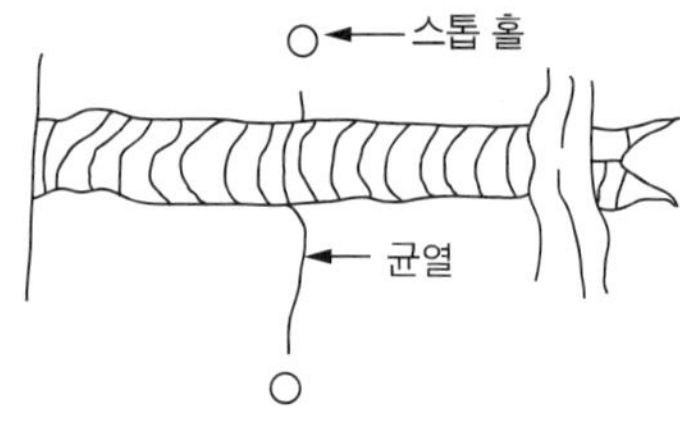

10년간 자주 출제된 문제

3-1. 용접비드의 끝에서 발생하는 고온 균열로서 냉각속도가 지나치게 빠른 경우에 발생하는 균열은?

① 종균열　② 횡균열
③ 호상균열　④ 크레이터 균열

3-2. 용접의 내부결함이 아닌 것은?

① 은 점　② 피 트
③ 선상조직　④ 비금속 개재물

|해설|

3-1

크레이터 균열 : 용접비드의 끝에서 발생하는 고온 균열로서 냉각속도가 지나치게 빠른 경우에 크레이터 부분에서 발생한다.

크레이터 : 아크용접의 비드 끝에서 오목하게 파인 부분으로 용접 후에는 반드시 크레이터 처리를 실시해야 한다.

3-2

피트(Pit) : 용접부 표면에 작은 구멍이 생기는 현상으로, 주로 C(탄소)에 의해 발생한다. 따라서 피트는 표면결함이다.

① 은점(Fish Eye) : 수소가스에 의해 발생하는 불량으로 용착금속의 파단면에 은백색을 띤 물고기 눈 모양의 결함이다.
③ 선상조직 : 표면이 눈꽃 모양인 조직을 나타내고 있는 것으로 인(P)을 많이 함유하는 강에 나타나는 편석의 일종이다. 용접금속의 파단면에 미세한 주상정이 서릿발 모양으로 병립하고 그 사이에 현미경으로 확인 가능한 비금속 개재물이나 기공을 포함하고 있다.
④ 비금속 개재물 : 재료의 내부에 존재하는 비금속 물질(산화물, 황화물 등)로 재료의 성질에 나쁜 영향을 미친다.

정답 3-1 ④ 3-2 ②

제2절 파괴, 비파괴검사

핵심이론 01 | 용접부의 검사방법

① 용접부 검사방법의 종류

㉠ 파괴 및 비파괴시험법

비파괴시험	내부결함	방사선투과시험(RT)
		초음파탐상시험(UT)
	표면결함	외관검사(VT)
		자분탐상검사(MT)
		침투탐상검사(PT)
		누설검사(LT)
파괴시험 (기계적 시험)	인장시험	인장강도, 항복점, 연신율 계산
	굽힘시험	연성의 정도 측정
	충격시험	인성과 취성의 정도 측정
	경도시험	외력에 대한 저항의 크기 측정
	피로시험	반복적인 외력에 대한 저항력 측정
파괴시험 (화학적 시험)	매크로시험	현미경 조직검사

※ 굽힘시험은 용접부위를 U자 모양으로 굽힘으로써, 용접부의 연성 여부를 확인할 수 있다.

㉡ 성질시험법

구 분	종 류
연성시험	킨젤시험
	코머렐시험
	T-굽힘시험
취성시험	로버트슨시험
	밴더 빈시험
	칸티어시험
	슈나트시험
	카안인열시험
	티퍼시험
	에소시험
	샤르피 충격시험
균열(터짐)성시험	피스코 균열시험
	CTS 균열시험법
	리하이형 구속균열시험

② 비파괴검사의 기호 및 영문 표기

명 칭	기 호	영문 표기
방사선투과시험	RT	Radiography Test
침투탐상검사	PT	Penetrant Test
초음파탐상검사	UT	Ultrasonic Test
와전류탐상검사	ET	Eddy Current Test
자분탐상검사	MT	Magnetic Test
누설검사	LT	Leaking Test
육안검사	VT	Visual Test

10년간 자주 출제된 문제

1-1. 용접성 시험 중 용접부 연성시험에 해당하는 것은?

① 로버트슨시험 ② 카안인열시험
③ 킨젤시험 ④ 슈나트시험

1-2. 용접부의 비파괴시험 보조기호 중 잘못 표기된 것은?

① RT : 방사선투과시험
② UT : 초음파탐상시험
③ MT : 침투탐상시험
④ ET : 와류탐상시험

1-3. 비파괴검사법 중 표면결함검출에 사용되지 않는 것은?

① MT ② UT
③ PT ④ ET

|해설|

1-1
킨젤시험이 용접부의 연성 여부를 시험할 수 있다.

1-2
MT는 자분탐상검사이며 PT가 침투탐상검사의 보조기호이다.

1-3
초음파탐상검사는 재료 내부의 결함을 파악하는 데 사용한다.

정답 1-1 ③ 1-2 ③ 1-3 ②

핵심이론 02 인장시험

① 정 의

만능시험기를 이용하여 규정된 시험편에 인장하중을 가하여 재료의 인장강도 및 연신율 등을 측정하는 시험법

② 인장응력

재료에 인장하중이 가해질 때 생기는 응력

$$\text{인장응력}(\sigma) = \frac{\text{하중}(F)}{\text{단면적}(A)}(\text{N/mm}^2)$$

③ 맞대기용접부의 인장하중(힘)

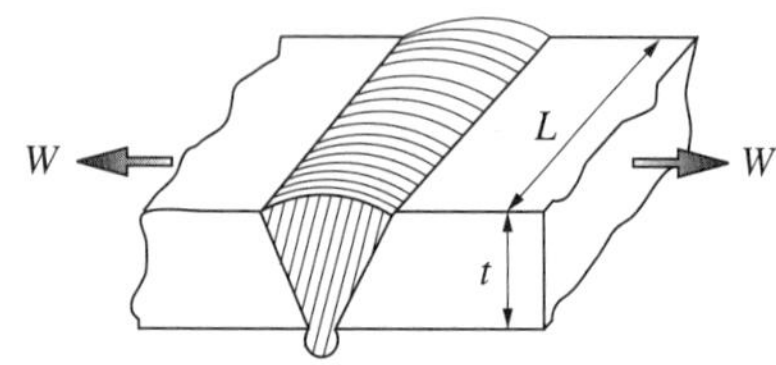

$$\text{인장응력 } \sigma = \frac{F}{A} = \frac{F}{t \times L}$$

$$\sigma(\text{N/mm}^2) = \frac{F}{t(\text{mm}) \times L(\text{mm})}$$

④ 인장시험편

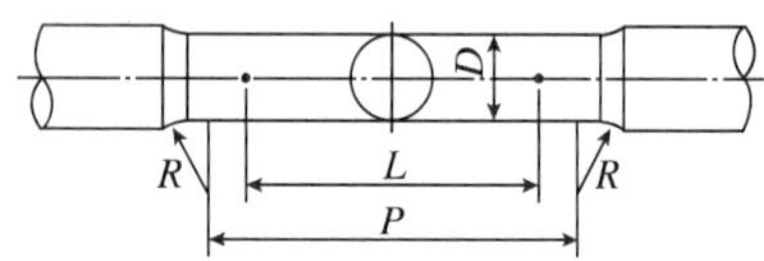

(단위 : mm)

지름(D)	표점거리(L)	평행부의 길이(P)	어깨부의 반지름(R)
14	50	60	15 이상

⑤ 인장시험을 통해 알 수 있는 사항

㉠ 인장강도 : 시험편이 파단될 때의 최대인장하중을 평행부의 단면적으로 나눈 값

㉡ 항복점 : 인장시험에서 하중이 증가하여 어느 한도에 도달하면 하중을 제거해도 원위치로 돌아가지 못하고 변형이 남는 순간의 하중

㉢ 연신율(ε) : 시험편이 파괴되기 직전의 표점거리와 원표점거리와의 차를 변형량이라고 하는데, 연신율은 이 변형량을 원표점거리에 대한 백분율로 표시한 것

$$\varepsilon = \frac{L_1 - L_0}{L_0} \times 100\%$$

㉣ 단면수축률(α) : 시험편이 파괴되기 직전의 최소 단면적(A)과 시험 전 원단면적과의 차가 단면변형량이다. 단면수축률은 변형량을 원단면적에 대한 백분율(%)로 표시한 것

$$\alpha = \frac{A_0 - A_1}{A_0} \times 100\%$$

10년간 자주 출제된 문제

2-1. 처음길이가 340mm인 용접 재료를 길이방향으로 인장시험한 결과 390mm가 되었다. 이 재료의 연신율은 약 몇 %인가?

① 12.8 ② 14.7
③ 17.2 ④ 87.2

2-2. 맞대기용접이음에서 강판의 두께 6mm, 인장하중 60kN을 작용시키려 한다. 이때 필요한 용접길이는?(단, 허용인장응력은 500MPa이다)

① 20mm ② 30mm
③ 40mm ④ 50mm

|해설|

2-1

연신율(ε) : 재료에 외력이 가해졌을 때 처음길이에 비해 나중에 늘어난 길이의 비율

$$\varepsilon = \frac{\text{나중길이} - \text{처음길이}}{\text{처음길이}} = \frac{l_1 - l_0}{l_0} \times 100\%$$

$$= \frac{390\text{mm} - 340\text{mm}}{340\text{mm}} \times 100\% = 14.7\%$$

2-2

인장응력 $\sigma = \frac{F}{A} = \frac{F}{t \times L}$ 식을 응용하면

$$500 \times 10^6\text{Pa} = \frac{60{,}000\text{N}}{6 \times 10^{-3}\text{m} \times L \times 10^{-3}\text{m}}$$

$$L = \frac{60{,}000\text{N}}{6 \times 10^{-3}\text{m} \times 500 \times 10^6 \times 10^{-3}\text{m}} = 20\text{mm}$$

정답 2-1 ② 2-2 ①

핵심이론 03 굽힘시험 및 경도시험

① 굽힘시험법

㉠ 굽힘시험 측정 이유 : 용접부의 연성을 조사하기 위해 사용되는 시험법으로 보통 180°까지 굽힌다.

㉡ 굽힘시험 표면 상태에 따른 분류
- 표면 굽힘시험
- 이면 굽힘시험
- 측면 굽힘시험

㉢ 굽힘방법
- 자유 굽힘
- 롤러 굽힘
- 형틀 굽힘

㉣ 굽힘시험용 형틀의 형상

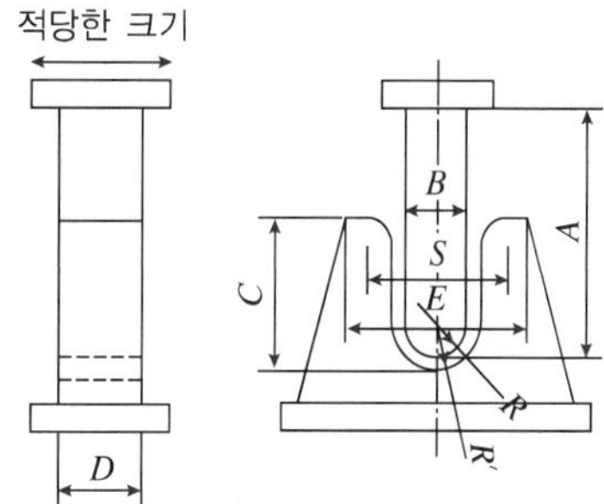

㉤ 굽힘응력

$$M = \sigma \times Z$$

여기서, 단면계수(Z) $\frac{bh^2}{6} = \frac{lh^2}{6}$ 대입

$$\sigma = \frac{M}{Z} = \frac{M}{\frac{lh^2}{6}} = \frac{6M}{lh^2}$$

② 경도시험법

㉠ 경도시험의 측정 이유 : 경도는 기계적 성질 중에서 단단한 정도인데 경도시험은 이 단단한 정도를 시험한다. 경도값을 통해서 내마모성을 알 수 있으며 단단한 재료일수록 연신율이 작다.

㉡ 경도시험법의 원리 : 시험편 위에 강구나 다이아몬드와 같은 압입자에 일정한 하중을 가한 후 시험편에 나타난 자국을 측정하여 경도를 측정한다.

㉢ 경도시험법의 종류

종 류	시험 원리	압입자
브리넬 경도 (H_B)	압입자인 강구에 일정량의 하중을 걸어 시험편의 표면에 압입한 후, 압입자국의 표면적 크기와 하중의 비로 경도를 측정한다. $H_B = \frac{P}{A} = \frac{P}{\pi Dh}$ $= \frac{2P}{\pi D(D - \sqrt{D^2 - d^2})}$ 여기서, D : 강구 지름 d : 압입자국의 지름 h : 압입자국의 깊이 A: 압입자국의 표면적	강 구
비커스 경도 (H_V)	압입자에 1~120kg의 하중을 걸어 자국의 대각선 길이로 경도를 측정한다. 하중을 가하는 시간은 캠의 회전속도로 조절한다. $H_V = \frac{P(\text{하중})}{A(\text{압입자국의 표면적})}$	136°인 다이아몬드 피라미드 압입자
로크웰 경도 (H_{RB}, H_{RC})	압입자에 하중을 걸어 압입자국(홈)의 깊이를 측정하여 경도를 측정한다. • 예비하중 : 10kg • 시험하중 – B스케일 : 100kg – C스케일 : 150kg • $H_{RB} = 130 - 500h$ • $H_{RC} = 100 - 500h$ 여기서 h: 압입자국의 깊이	• B스케일 : 강구 • C스케일 : 120° 다이아몬드(콘)
쇼어 경도 (H_S)	추를 일정한 높이(h_0)에서 낙하시켜, 이 추의 반발높이(h)를 측정해서 경도를 측정한다. $H_S = \frac{10,000}{65} \times \frac{h(\text{해머의 반발 높이})}{h_0(\text{해머의 낙하 높이})}$	다이아몬드 추

10년간 자주 출제된 문제

3-1. 완전 용입된 평판맞대기이음에서 굽힘응력을 계산하는 식은?(단, σ : 용접부의 굽힘응력, M : 굽힘모멘트, l : 용접 유효길이, h : 모재의 두께로 한다)

① $\sigma = \frac{4M}{lh^2}$ ② $\sigma = \frac{4M}{lh^3}$

③ $\sigma = \frac{6M}{lh^2}$ ④ $\sigma = \frac{6M}{lh^3}$

3-2. 작은 강구나 다이아몬드를 붙인 소형 추를 일정한 높이에서 시험편 표면에 낙하시켜 튀어 오르는 반발높이로 경도를 측정하는 시험은?

① 쇼어 경도시험
② 브리넬 경도시험
③ 로크웰 경도시험
④ 비커스 경도시험

|해설|

3-1

$M = \sigma \times Z$

여기서, 단면계수(Z) $\frac{bh^2}{6} = \frac{lh^2}{6}$ 대입

$\sigma = \frac{M}{Z} = \frac{M}{\frac{lh^2}{6}} = \frac{6M}{lh^2}$

3-2

쇼어 경도시험은 추를 일정한 높이(h_0)에서 낙하시켜 이 추의 반발높이(h)를 측정해서 경도를 측정한다.

정답 3-1 ③ 3-2 ①

핵심이론 04 충격시험(Impact Test)

① 충격시험의 목적

충격력에 대한 재료의 충격저항인 인성과 취성을 시험하는 데 있다. 재료에 충격력을 가해 파괴하려 할 때 재료가 잘 파괴되지 않는 성질인 인성, 파괴가 잘되는 성질인 메짐(취성)의 정도를 알아보는 데 있다.

② 충격시험 시 유의사항

충격시험은 충격값이 낮은 주철, 다이캐스팅용 합금 등에는 적용하지 않는다.

③ 충격시험방법

충격시험은 시험편에 V형 또는 U형의 노치부를 만들고 이 시편에 충격을 주어 충격량을 계산하는 방식의 시험법으로서, 시험기의 종류에 따라 샤르피식과 아이조드식으로 나뉜다.

④ 충격시험의 종류

㉠ 샤르피식 충격시험법 : 샤르피 충격시험기를 사용하여 시험편을 40mm 떨어진 2개의 지지대로 지지하고, 노치부를 지지대 사이의 중앙에 일치시킨 후 노치부 뒷면을 해머로 1회만 충격을 주어 시험편을 파단시킬 때 소비된 흡수에너지(E)와 충격값(U)를 구하는 시험방법이다.

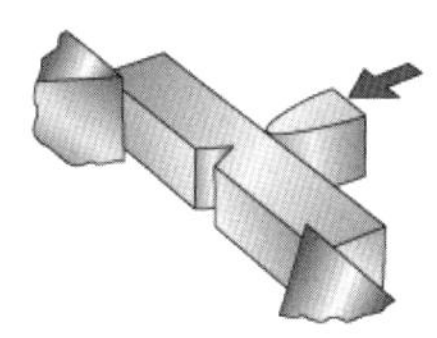

[샤르피 시험기]

$$E = WR(\cos\beta - \cos\alpha)\ (\mathrm{kgf \cdot m})$$

여기서, E : 소비된 흡수에너지

W : 해머의 무게(kg)

R : 해머의 회전축 중심에서 무게 중심까지의 거리(m)

α : 해머의 들어 올린 각도

β : 시험편 파단 후에 해머가 올라간 각도

$$U = \frac{E}{A_0}\ (\mathrm{kgf \cdot m/cm^2})$$

여기서, A_0 : 소비된 흡수에너지

㉡ 아이조드식 충격시험법 : 아이조드 충격시험기를 사용하여 시험편의 한 끝을 노치부에 고정하고 다른 끝을 노치부에서 22mm 떨어져 있는 위치에서 노치부와 같은 쪽의 면을 해머로 1회 충격으로 시험편을 판단하고 그 충격값을 구하는 시험방법이다.

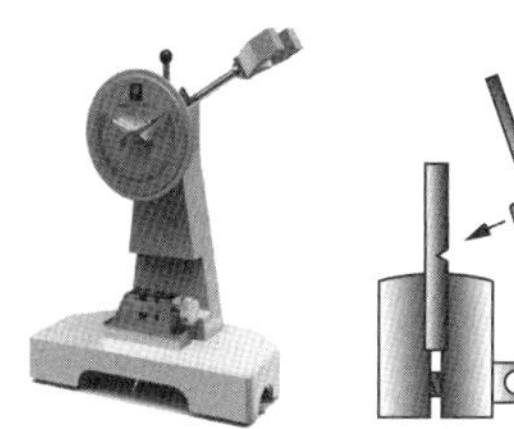

[아이조드 시험기]

핵심이론 05 방사선투과시험

① 방사선투과시험법의 원리

방사선투과시험은 용접부 뒷면에 필름을 놓고 용접물 표면에 X선이나 γ선을 방사하여 용접부를 통과시키면, 금속 내부에 구멍이 있을 경우 그만큼 투과되는 두께가 얇아져서 필름에 방사선의 투과량이 많아지게 되므로 다른 곳보다 검게 됨을 확인함으로써 불량을 검출하는 시험법이다.

② 방사선투과시험의 검사방법

방사선검사는 병원에서 사용하는 X선과 같은 방사선을 가지고 금속을 투과하여 내부를 조사하는 방법으로, X선이나 γ선과 같은 방사선이 사진 필름을 검게 하는 성질이 있어서 필름이 검게 되는 정도로 물체의 내부 상태를 파악한다.

③ 방사선투과시험의 특징

기공, 균열, 융착 불량, 슬래그 섞임 등의 투과량이 모두 다르므로 검게 되는 정도를 확인함으로써 결함의 종류와 위치를 찾을 수 있다.

④ 방사선투과시험의 기계 및 기구

㉠ X선 발생장치
㉡ 투과도계
㉢ 필름 배지
㉣ 필름 식별판
㉤ 방사선 표지판
㉥ 현상용 탱크
㉦ 증감지
㉧ 서베이미터

⑤ 방사선의 종류

X선	• 얇은 판 투과 시 사용 • 물체 투과 시 일부는 물체에 흡수됨
γ선	• 두꺼운 판 투과

⑥ 방사선투과시험의 결함 등급

종 별	결함의 종류
제1종	기공(블로홀) 및 이와 유사한 둥근 결함
제2종	가는 슬래그 개입 및 이와 유사한 결함
제3종	터짐 및 이와 유사한 결함

10년간 자주 출제된 문제

방사선투과검사의 장점에 대한 설명으로 틀린 것은?

① 모든 재질의 내부결함검사에 적용할 수 있다.
② 검사 결과를 필름에 영구적으로 기록할 수 있다.
③ 미세한 표면 균열이나 래미네이션도 검출할 수 있다.
④ 주변 재질과 비교하여 1% 이상의 흡수차를 나타내는 경우도 검출할 수 있다.

|해설|

방사선투과검사(Radiographic Testing)는 내부결함의 검출에 용이한 비파괴검사법으로 기공이나 래미네이션결함 등을 검출할 수 있다. 그러나 미세한 표면의 균열은 검출되지 않는다.

※ 래미네이션 : 압연방향으로 얇은 층이 발생하는 내부결함으로 강괴 내의 수축공, 기공, 슬래그가 잔류하면 미압착된 부분이 생겨서 이 부분에 중공이 생기는 불량

정답 ③

핵심이론 06 초음파탐상시험(UT ; Ultrasonic Test)

① 초음파탐상시험의 원리

사람이 들을 수 없는 매우 높은 주파수의 초음파를 사용하여 검사 대상물의 형상과 물리적 특성을 검사하는 방법이다. 4~5MHz 정도의 초음파가 경계면, 결함 표면 등에서 반사되어 되돌아오는 성질을 이용하는 방법으로 반사파의 시간과 크기를 스크린으로 관찰하여 결함의 유무, 크기, 종류 등을 검사한다.

② 초음파탐상시험의 특징

㉠ 주파수가 높고 파장이 짧아 지향성이 크다.

㉡ 용접결함 등 불연속부에서 반사되는 성질이다.

㉢ 음파는 특정 재질에서 일정한 속도로 전파되는 특성이 있다.

③ 초음파탐상시험의 장점

㉠ 인체에 무해하다.

㉡ 미세한 크랙(Crack)을 감지한다.

㉢ 대상물에 대한 3차원적인 검사가 가능하다.

㉣ 균열이나 용융 부족 등의 결함을 찾는 데 탁월하다.

④ 초음파탐상시험의 단점

㉠ 기록 보존력이 떨어진다.

㉡ 결함의 경사에 좌우된다.

㉢ 검사자의 기능에 좌우된다.

㉣ 검사 표면을 평평하게 가공해야 한다.

㉤ 결함의 위치를 정확하게 감지하기 어렵다.

㉥ 용접 두께가 약 6.4mm 이상이 되어야 한다.

㉦ 결함의 형상을 정확하게 감지하기 어렵다.

⑤ KS규격(KS B 0535)의 초음파탐촉자의 성능 측정 기호

㉠ UT-A : 경사각

㉡ UT-VA : 가변각

㉢ UT-LA : 종파 경사각

㉣ UT-N : 수직 형식으로 탐상

㉤ UT-S : 표면파

⑥ 초음파탐상시험법의 종류

㉠ 투과법 : 초음파 펄스를 시험체의 한쪽면에서 송신하고 반대쪽면에서 수신하는 방법

㉡ 펄스반사법 : 시험체 내로 초음파 펄스를 송신하고 내부 또는 바닥면에서 그 반사파를 탐지하는 결함 에코의 형태로 내부결함이나 재질을 조사하는 방법으로 현재 가장 널리 사용된다.

㉢ 공진법 : 시험체에 가해진 초음파 진동수와 고유진동수가 일치할 때 진동 폭이 커지는 공진현상을 이용하여 시험체의 두께를 측정하는 방법

10년간 자주 출제된 문제

6-1. 탐촉자를 이용하여 결함의 위치 및 크기를 검사하는 비파괴시험법은?

① 방사선투과시험 ② 초음파탐상시험
③ 침투탐상시험 ④ 자분탐상시험

6-2. 결함 에코 형태로 결함을 판정하는 방법으로 초음파검사법의 종류 중에서 가장 많이 사용하는 방법은?

① 투과법 ② 공진법
③ 타격법 ④ 펄스반사법

|해설|

6-1

초음파탐상검사(UT ; Ultrasonic Test) : 사람이 들을 수 없는 매우 높은 주파수의 초음파를 사용하여 검사 대상물의 형상과 물리적 특성을 검사하는 방법이다. 4~5MHz 정도의 초음파가 경계면, 결함 표면 등에서 반사하여 되돌아오는 성질을 이용하는 방법으로, 반사파의 시간과 크기를 탐촉자로 파악하고 스크린으로 관찰하여 결함의 유무, 크기, 종류 등을 검사한다.

6-2

펄스반사법 : 시험체 내로 초음파 펄스를 송신하고 내부 또는 바닥면에서 그 반사파를 탐지하는 결함 에코의 형태로 내부결함이나 재질을 조사하는 방법으로, 현재 가장 널리 사용된다.

정답 6-1 ② 6-2 ④

핵심이론 07 자기탐상시험(자분탐상시험, MT)

① 원 리

철강 재료 등 강자성체를 자기장에 놓았을 때 시험편 표면이나 표면 근처에 균열이나 비금속 개재물과 같은 결함이 있으면 결함 부분에는 자속이 통하기 어려워 공간으로 누설되어 누설자속이 생긴다. 이 누설자속을 자분(자성분말)이나 검사코일을 사용하여 결함의 존재를 검출하는 검사방법이다. 전류를 통하여 자화가 될 수 있는 금속재료, 즉 철, 니켈과 같이 자기변태를 나타내는 금속 또는 그 합금으로 제조된 구조물이나 기계부품의 표면부에 존재하는 결함을 검출하는 비파괴시험법이나 알루미늄, 오스테나이트 스테인리스강, 구리 등 비자성체에는 적용이 불가능하다.

② 자분탐상시험의 특징

㉠ 취급이 간단하다.
㉡ 인체에 해롭지 않다.
㉢ 내부결함 및 비자성체에서 사용이 곤란하다.
㉣ 교류는 표면에, 직류는 내부에 수직하게 사용한다.
㉤ 미세한 표면결함 및 표면직하결함 탐지에 뛰어나다.

③ 자분탐상시험의 방법(습식법)

표면청소 – 형광체 Screen 액 도포 – 습식 자분 도포 – 자화

④ 자분탐상시험의 종류

㉠ 극간법 : 시험편의 전체나 일부분을 전자석 또는 영구 자석의 자극 사이에 놓고 직선 자화시키는 방법이다.
㉡ 직각통전법 : 실험편의 축에 대해 직각인 방향에 직접 전류를 흘려서 전류 주위에 생기는 자장을 원형으로 자화시키는 방법으로, 축에 직각인 방향의 결함을 검출한다.
㉢ 축통전법 : 시험편의 축방향의 끝에 전극을 대고 전류를 흘려 원형으로 자화시키는 방법으로, 축방향인 전류에 평행한 결함을 검출한다.
㉣ 관통법 : 시험편의 구멍에 철심을 통해 교류 자속을 흘려 그 주위에 유도전류를 발생시켜 그 전류가 만드는 자기장에 의해 결함을 검출하는 방법이다.
㉤ 코일법 : 시험편을 전자석으로 자화시키고 시험편에 따라 탐상 코일을 이동시키면서 전자유도전류로 검출하는 직선자화방법이다.

10년간 자주 출제된 문제

자기비파괴검사에서 사용하는 자화방법이 아닌 것은?

① 형광법 ② 극간법
③ 관통법 ④ 축통전법

|해설|

자분탐상검사의 종류
- 축통전법
- 직각통전법
- 관통법
- 코일법
- 극간법

정답 ①

핵심이론 08 | 현미경조직검사

① 현미경조직검사의 원리

금속조직은 동일한 화학성분이라도 주조조직이나 가공조직, 열처리조직이 다르며 금속의 성질에 큰 영향을 미친다. 따라서 현미경조직검사는 조직을 관찰하고 결함을 파악하는 데 사용한다.

② 현미경조직검사의 활용

㉠ 균열의 형상과 성장 상황

㉡ 금속조직의 구분 및 결정 입도의 크기

㉢ 주조, 열처리, 단조 등에 의한 조직 변화

㉣ 비금속 개재물의 종류와 형상, 크기 및 편석 부분의 상황

㉤ 파단면 관찰에 의한 파괴 양상의 파악 등에 따른 상세한 검토

③ 현미경조직시험의 순서

> 시험편 채취 → 마운팅 → 샌드페이퍼 연마 → 폴리싱 → 부식 → 현미경조직검사

④ 현미경조직검사의 방법

순 서	검사방법	내 용
1	시료 채취 및 제작	검사부위 채취(결함 검사 시 결함부에서 가까운 부분을 25mm 크기로 절단)한다.
2	연 마	현미경 관찰이 용이하도록 평활한 측정면을 만드는 작업이다.
3	부식(Etching)	검사할 면을 부식시킨다.
4	조직 관찰	금속 현미경을 사용하여 시험편의 조직을 관찰한다.

⑤ 용융금속의 응고과정

> 결정핵 생성 → 수지상 결정(수지상정) 형성 → 결정립계(결정립경계) 형성 → 결정입자 구성

⑥ 연마(Grinding-polishing)

㉠ 연마의 종류

- 거친 연마
- 중간 연마
- 미세 연마
- 광택 연마

㉡ 연마작업 시 주의사항

- 각 단계로 넘어갈 때마다 시험편의 연마 흔적이 나타나지 않도록 먼저 작업한 연마 방향에 수직인 방향으로 연마를 하며 평면이 되게 한다.
- 광택 연마는 최종 연마로 미세한 표면 홈을 제거하여 매끄러운 광택의 표면을 얻기 위해 회전식 연마기를 사용하여 특수 연마포에 연마제를 뿌려가며 광택을 낸다.

㉢ 연마제의 종류

일반재료	Fe_2O_3, Cr_2O_3, Al_2O_3
경합금	Al_2O_3, MgO
초경합금	다이아몬드 페이스트

⑦ 부식제의 종류

부식할 금속	부식제
철강용	질산 알코올 용액과 피크르산 알코올 용액, 염산, 초산
Al과 그 합금	플루오린화 수소액
금, 백금 등 귀금속의 부식제	왕수(진한 염산 + 진한 질산)

10년간 자주 출제된 문제

8-1. 용접부의 시험과 검사 중 파괴시험에 해당되는 것은?

① 방사선투과시험 ② 초음파탐사시험
③ 현미경조직시험 ④ 음향시험

8-2. 철강에 주로 사용되는 부식액이 아닌 것은?

① 염산 1 : 물 1의 액
② 염산 3.8 : 황린 1.2 : 물 5.0의 액
③ 수소 1 : 물 1.5의 액
④ 초산 1 : 물 3의 액

|해설|

8-1

현미경조직검사는 시편에 손상을 주기 때문에 파괴시험법에 속한다.

8-2

수소는 부식액으로 사용하지 않는다.

정답 8-1 ③ 8-2 ③

핵심이론 09 | 침투탐상시험(PT)

① 침투탐상시험의 정의

검사하려는 대상물의 표면에 침투력이 강한 형광성 침투액을 도포 또는 분무하거나 표면 전체를 침투액 속에 침적시켜 표면의 흠집 속에 침투액이 스며들게 한 다음 그 위에 백색 분말의 현상제(MgO, $BaCO_3$)나 현상액을 뿌려서 침투액을 표면으로부터 빨아내서 결함을 검출하는 방법으로, 모세관 현상을 이용한다. 침투액이 형광물질이면 형광침투탐상시험이라고 부른다.

② 침투탐상시험의 특징

㉠ 물체의 표면에 균열, 홈, 핀 홀 등 개구부를 갖는 결함에 대해서만 유효한 방법이다. 비자성재료의 표면결함 검출에 효과가 있다.

㉡ 점성이 높은 침투액은 결함 내부로 천천히 이동하며 침투속도를 느리게 한다. 온도가 낮을수록 점성이 커지게 되기 때문에 검사 온도는 15~50℃ 정도 사이에서 약 5분간 시험을 해야 한다.

㉢ 점성이란 서로 접촉하는 액체 간 떨어지지 않으려는 성질로 이것은 온도에 따라 바뀐다. 이 성질은 침투력 자체에는 영향을 미치지 않으나, 침투액이 용접 결함의 속으로 침투하는 속도에 영향을 준다.

㉣ 시험방법이 간단하여 초보자도 쉽게 검사할 수 있으므로, 검사원의 경험과는 큰 관련이 없다.

10년간 자주 출제된 문제

모세관 현상을 이용하여 표면결함을 검사하는 방법은?

① 육안검사　　② 침투검사
③ 자분검사　　④ 전자기적 검사

정답 ②

핵심이론 10 | 와전류탐상시험(ET)

① 와전류탐상검사의 정의

도체에 전류가 흐르면 그 도체 주위에는 자기장이 형성되며, 변화하는 자기장 내에서는 도체에 전류가 유도된다. 이 표면에 흐르는 전류의 형태를 파악하여 검사하는 방법이다.

② 와전류탐상검사의 특징

㉠ 결함의 크기, 두께 및 재질의 변화 등을 동시에 검사할 수 있다.

㉡ 결함 지시가 모니터에 전기적 신호로 나타나므로 기록 보존과 재생이 용이하다.

㉢ 표면에 흐르는 전류의 형태를 파악하여 검사하는 방법으로 깊은 부위의 결함은 찾아낼 수 없다.

㉣ 표면부 결함의 탐상감도가 우수하며 고온에서의 검사 및 얇고 가는 소재와 구멍의 내부 등을 검사할 수 있다.

10년간 자주 출제된 문제

와전류탐상검사의 장점이 아닌 것은?

① 결함의 크기, 두께 및 재질의 변화 등을 동시에 검사할 수 있다.
② 결함 지시가 모니터에 전기적 신호로 나타나므로 기록 보존과 재생이 용이하다.
③ 검사체의 표면으로부터 깊은 내부결함 및 강자성 금속도 탐상이 가능하다.
④ 표면부 결함의 탐상감도가 우수하며 고온에서의 검사 및 얇고 가는 소재와 구멍의 내부 등을 검사할 수 있다.

|해설|

와전류탐상검사 : 도체에 전류가 흐르면 그 도체 주위에는 자기장이 형성되며 변화하는 자기장 내에서는 도체에 전류가 유도된다. 이 표면에 흐르는 전류의 형태를 파악하여 검사하는 방법이다. 따라서 와전류탐상시험으로는 깊은 내부결함의 검출은 불가능하다.

정답 ③

CHAPTER 03 용접일반 및 안전관리

제1절 용접일반

핵심이론 01 용접(Welding)

① 정 의

용접이란 2개의 서로 다른 물체를 접합하고자 할 때 사용하는 기술이다.

② 용접의 분류

융 접	접합 부위를 용융시켜 만든 용융 풀에 용가재인 용접봉을 넣어가며 접합시키는 방법
압 접	접합 부위를 녹기 직전까지 가열한 후 압력을 가해 접합시키는 방법
납 땜	모재를 녹이지 않고 모재보다 용융점이 낮은 금속(은납 등)을 녹여 접합부에 넣어 표면장력(원자 간 확산침투)으로 접합시키는 방법

③ 용접의 작업 순서

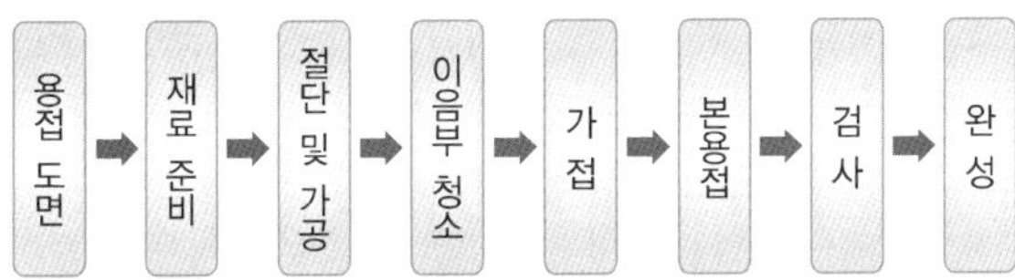

④ 용접과 타 접합법과의 차이점

구 분	종 류	장점 및 단점
야금적 접합법	용접이음 (융접, 압접, 납땜)	• 결합부에 틈새가 발생하지 않아서 이음효율이 좋다. • 영구적인 결합법으로 한 번 결합 시 분리가 불가능하다.
기계적 접합법	리벳이음, 볼트이음, 나사이음, 핀, 키, 접어 잇기 등	• 결합부에 틈새가 발생하여 이음효율이 좋지 않다. • 일시적인 결합법으로 잘못 결합 시 수정이 가능하다.
화학적 접합법	본드와 같은 화학 물질에 의한 접합	• 간단하게 결합이 가능하다. • 이음강도가 크지 않다.

※ 야금 : 광석에서 금속을 추출하고 용융한 뒤 정련하여 사용목적에 알맞은 형상으로 제조하는 기술

⑤ 용접자세(Welding Position)

자 세	KS규격	ISO	AWS
아래보기	F(Flat Position)	PA	1G
수 평	H(Horizontal Position)	PC	2G
수 직	V(Vertical Position)	PF	3G
위보기	OH(Overhead Position)	PE	4G

⑥ 용극식과 비용극식 아크용접법

용극식 용접법 (소모성 전극)	용가재인 와이어 자체가 전극이 되어 모재와의 사이에서 아크를 발생시키면서 용접 부위를 채워 나가는 용접방법으로, 이때 전극의 역할을 하는 와이어는 소모된다. 예 서브머지드 아크용접(SAW), MIG용접, CO_2용접, 피복금속 아크용접(SMAW)
비용극식 용접법 (비소모성 전극)	전극봉을 사용하여 아크를 발생시키고 이 아크열로 용가재인 용접을 녹이면서 용접하는 방법으로, 이때 전극은 소모되지 않고 용가재인 와이어(피복금속 아크용접의 경우 피복용접봉)는 소모된다. 예 TIG용접

10년간 자주 출제된 문제

1-1. 불활성 가스 아크용접에서 비용극식, 비소모식인 용접의 종류는?

① TIG용접 ② MIG용접
③ 퓨즈아크법 ④ 아코스아크법

1-2. 금속과 금속의 원자 간 거리를 충분히 접근시키면 금속원자 사이에 인력이 작용하여 그 인력에 의하여 금속을 영구 결합시키는 것이 아닌 것은?

① 융 접 ② 압 접
③ 납 땜 ④ 리벳이음

|해설|

1-2

용접법의 종류에는 융접, 압접, 납땜이 있으며 리벳이음은 기계적 이음법에 속한다.

정답 1-1 ① 1-2 ④

핵심이론 02 | Arc(용접 아크)

① 아크(Arc)

양극과 음극 사이의 고온에서 이온이 분리되면 이온화된 기체들이 매개체가 되어 전류가 흐르는 상태가 되는데 용접봉과 모재 사이에 전원을 연결한 후 용접봉을 모재에 접촉시키면서 약 1~2mm 정도 들어 올리면 불꽃 방전에 의하여 청백색의 강한 빛이 Arc 모양으로 생기는데 이것을 아크라고 한다. 청백색의 강렬한 빛과 열을 내는 이 Arc는 온도가 가장 높은 부분(아크 중심)이 약 6,000℃이며, 보통 3,000~5,000℃ 정도이다.

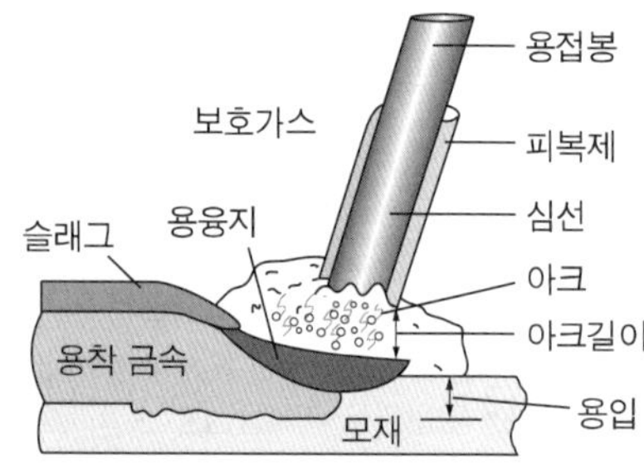

② 아크길이

모재에서 용접봉 심선 끝부분까지의 거리(아크 기둥의 길이)로 용접봉의 직경에 따라 표준아크길이를 적용하는 것이 좋다.

아크길이가 짧을 때	아크길이가 길 때
• 용접봉이 자주 달라붙는다. • 슬래그 혼입 불량의 원인이 된다. • 발열량 부족으로 용입 불량이 발생한다.	• 아크전압이 증가한다. • 스패터가 많이 발생한다. • 열의 발산으로 용입이 나쁘다. • 언더컷, 오버랩 불량의 원인이 된다. • 공기의 유입으로 산화, 기공, 균열이 발생한다.

③ 표준아크길이

봉의 직경(ϕ)	전류(A)	아크길이(mm)	전압(V)
1.6	20~50	1.6	14~17
3.2	75~135	3.2	17~21
4.0	110~180	4.0	18~22
4.8	150~220	4.8	18~24
6.4	200~300	6.4	18~26

※ 최적의 아크길이는 아크 발생 소리로도 판단이 가능하다.

④ 아크전압(V_a)

아크의 양극과 음극 사이에 걸리는 전압으로 아크의 길이에 비례하며 피복제의 종류나 아크전류의 크기에도 영향을 크게 받는다.

아크전압(V_a) = 음극전압강하(V_k) + 양극전압강하(V_A) + 아크기둥의 전압강하(V_P)

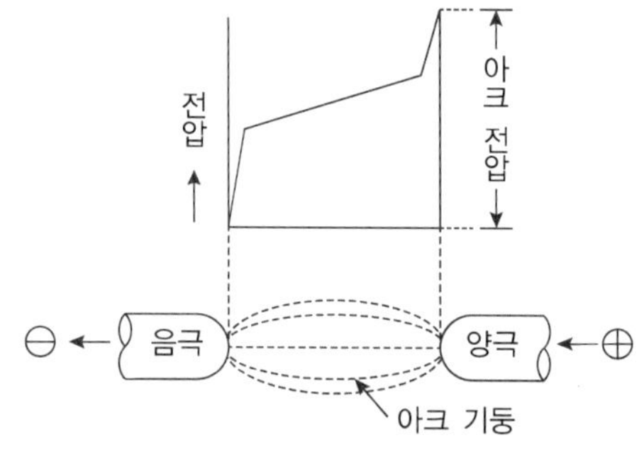

⑤ 아크쏠림(Arc Blow, 자기불림)

용접봉과 모재 사이에 전류가 흐를 때 그 주위에는 자기장이 생기는데 이 자기장이 용접봉에 대해 비대칭으로 형성되어 아크가 한쪽으로 쏠리는 현상이다. 아크쏠림현상이 발생하면 아크가 불안정하고 기공이나 슬래그 섞임, 용착금속의 재질 변화 등의 불량이 발생한다.

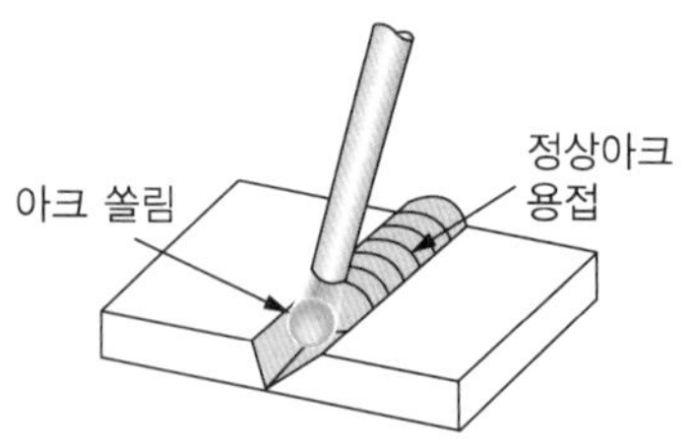

㉠ 아크쏠림에 의한 영향

- 아크가 불안정하다.
- 과도한 스패터를 발생시킨다.
- 용착금속의 재질을 변화시킨다.
- 크레이터 결함의 원인이 되기도 한다.
- 용접 부재의 끝부분에서 주로 발생한다.
- 불완전한 용입이나 용착, 기공, 슬래그 섞임 등의 불량을 발생시킨다.

ⓛ 아크쏠림의 원인

- 철계 금속을 직류 전원으로 용접했을 경우
- 아크전류에 의해 용접봉과 모재 사이에 형성된 자기장에 의해
- 직류용접기에서 비피복용접봉(맨(Bare) 용접봉)을 사용했을 경우

ⓒ 아크쏠림(자기불림)의 방지대책

- 용접전류를 줄인다.
- 교류용접기를 사용한다.
- 접지점을 2개 연결한다.
- 아크길이를 최대한 짧게 유지한다.
- 접지부를 용접부에서 최대한 멀리한다.
- 용접봉 끝을 아크쏠림의 반대 방향으로 기울인다.
- 용접부가 긴 경우 가용접 후 후진법(후퇴 용접법)을 사용한다.
- 받침쇠, 긴 가용접부, 이음의 처음과 끝에 엔드 탭을 사용한다.

⑥ 핫스타트장치

㉠ 핫스타트장치의 정의 : 아크 발생 초기에 용접봉과 모재가 냉각되어 있어 아크가 불안정하게 되는데 아크 발생을 더 쉽게 하기 위해 아크 발생 초기에만 용접전류를 특별히 크게 하는 장치이다.

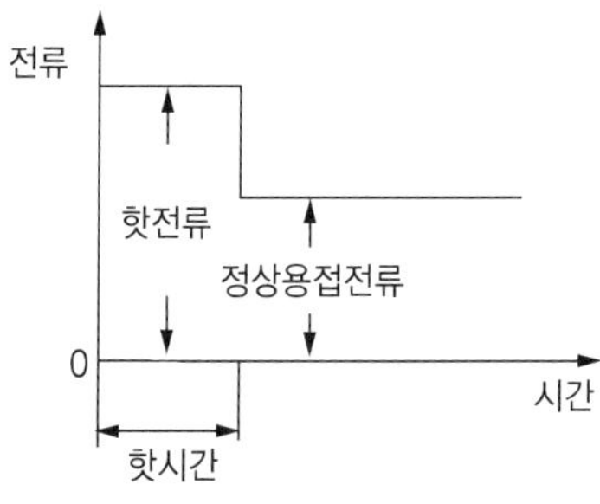

ⓛ 핫스타트장치의 특징

- 기공 발생을 방지한다.
- 아크 발생을 쉽게 한다.
- 비드의 이음을 좋게 한다.
- 아크 발생 초기에 비드의 용입을 좋게 한다.

10년간 자주 출제된 문제

2-1. 피복아크용접에서 자기불림(Magnetic Blow)의 방지책으로 틀린 것은?

① 교류용접을 한다.
② 접지점을 2개로 연결한다.
③ 접지점을 용접부에 가깝게 한다.
④ 용접부가 긴 경우는 후퇴 용접법으로 한다.

2-2. 지름이 3.2mm인 피복아크용접봉으로 연강판을 용접하고자 할 때 가장 적합한 아크의 길이는 몇 mm 정도인가?

① 3.2　　② 4.0
③ 4.8　　④ 5.0

|해설|

2-1

아크쏠림(자기불림)을 방지하려면 접지부를 용접부에서 최대한 멀리 두어야 한다.

2-2

아크길이는 보통 용접봉 심선의 지름 정도이나 일반적인 아크의 길이는 3mm 정도이다. 여기서 용접봉의 지름은 곧 심선의 지름이기 때문에 가장 적합한 아크길이는 3.2mm가 된다.

정답 2-1 ③ 2-2 ①

핵심이론 03 | 용접의 장점 및 단점

① 용접의 장점

㉠ 이음효율이 높다.

㉡ 재료가 절약된다.

㉢ 제작비가 적게 든다.

㉣ 이음 구조가 간단하다.

㉤ 유지와 보수가 용이하다.

㉥ 재료의 두께 제한이 없다.

㉦ 이종재료도 접합이 가능하다.

㉧ 제품의 성능과 수명이 향상된다.

㉨ 유밀성, 기밀성, 수밀성이 우수하다.

㉩ 작업 공정이 줄고, 자동화가 용이하다.

② 용접의 단점

㉠ 취성이 생기기 쉽다.

㉡ 균열이 발생하기 쉽다.

㉢ 용접부의 결함 판단이 어렵다.

㉣ 용융 부위 금속의 재질이 변한다.

㉤ 저온에서 쉽게 약해질 우려가 있다.

㉥ 용접 모재의 재질에 따라 영향을 크게 받는다.

㉦ 용접 기술자(용접사)의 기량에 따라 품질이 다르다.

㉧ 용접 후 변형 및 수축에 따라 잔류응력이 발생한다.

10년간 자주 출제된 문제

용접의 특징으로 틀린 것은?

① 재료가 절약된다.
② 기밀, 수밀성이 우수하다.
③ 변형, 수축이 없다.
④ 기공(Blow Hole), 균열 등 결함이 있다.

|해설|

용접법은 재료의 변형과 수축이 크다는 단점이 있다.

정답 ③

핵심이론 04 | 용접부의 홈(Groove) 형상

① 용접부 홈의 형상 및 명칭

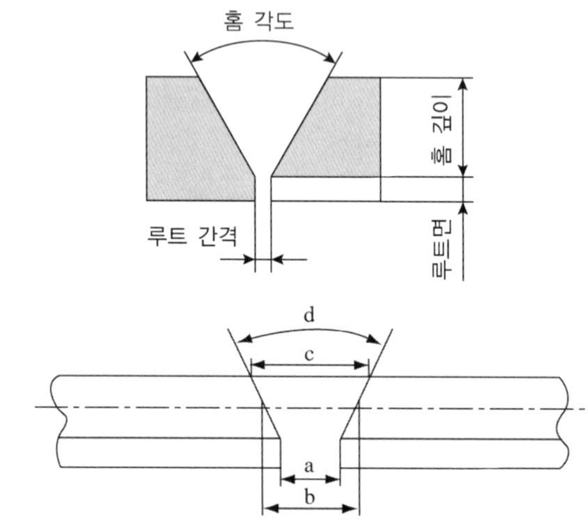

• a : 루트 간격 • b : 루트면 중심거리
• c : 용접면 간격 • d : 개선각(홈 각도)

② 용접이음의 종류

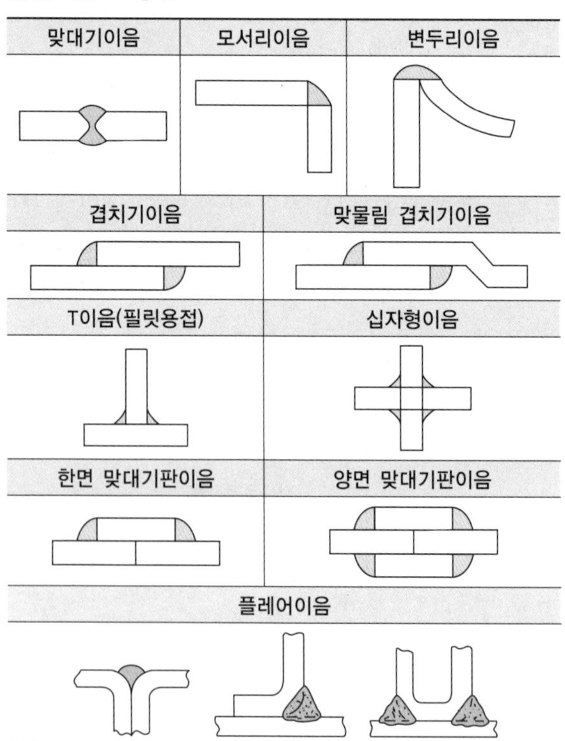

③ 맞대기이음의 종류

I형	V형	X형
U형	H형	/형
K형	J형	양면 J형

④ 홈의 형상에 따른 특징

홈의 형상	특 징
I형	• 가공이 쉽고 용착량이 적어서 경제적이다. • 판이 두꺼워지면 이음부를 완전히 녹일 수 없다.
V형	• 한쪽 방향에서 완전한 용입을 얻고자 할 때 사용한다. • 홈 가공이 용이하나 두꺼운 판에서는 용착량이 많아지고 변형이 일어난다.
X형	• 후판(두꺼운 판) 용접에 적합하다. • 홈 가공이 V형에 비해 어렵지만 용착량이 적다. • 양쪽에서 용접하므로 완전한 용입을 얻을 수 있다.
U형	• 홈 가공이 어렵다. • 두꺼운 판에서 비드의 너비가 좁고 용착량도 적다. • 두꺼운 판을 한쪽 방향에서 충분한 용입을 얻고자 할 때 사용한다.
H형	두꺼운 판을 양쪽에서 용접하므로 완전한 용입을 얻을 수 있다.
J형	한쪽 V형이나 K형 홈보다 두꺼운 판에 사용한다.

⑤ 용접부 홈(Groove)의 선택방법

㉠ 홈의 폭이 좁으면 용접 시간은 짧아지나 용입이 나쁘다.

㉡ 루트 간격의 최댓값은 사용 용접봉의 지름을 한도로 한다.

㉢ 홈의 모양은 용접부가 되며, 홈 가공이 용이하며 용착량이 적게 드는 것이 좋다.

⑥ 맞대기용접 홈의 형상별 적용 판 두께

형 상	I형	V형	/형	X형	U형
적용 두께	6mm 이하	6mm~19mm	9mm~14mm	18mm~28mm	16mm~50mm

10년간 자주 출제된 문제

4-1. 그림과 같은 V형 맞대기용접에서 각부의 명칭 중 틀린 것은?

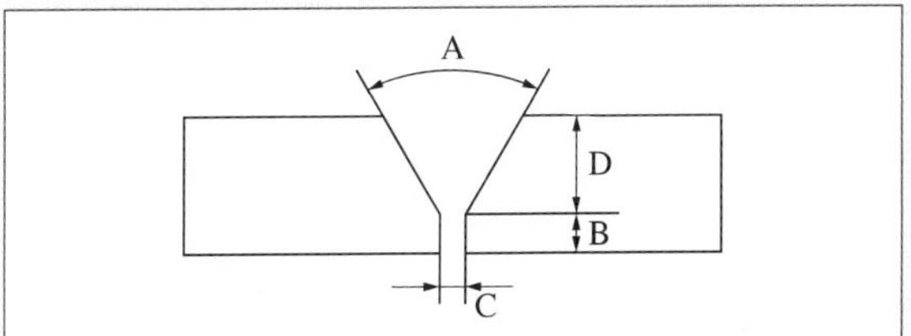

① A : 홈 각도 ② B : 루트면
③ C : 루트 간격 ④ D : 비드높이

4-2. 다음 중 가장 얇은 판에 적용하는 용접 홈 형상은?

① H형 ② I형
③ K형 ④ V형

4-3. 강판의 맞대기용접이음에서 가장 두꺼운 판에 사용할 수 있으며, 양면 용접에 의해 충분한 용입을 얻으려고 할 때 사용하는 홈의 형상은?

① V형 ② U형
③ I형 ④ H형

|해설|

4-1

D의 명칭은 “홈 깊이”이다.

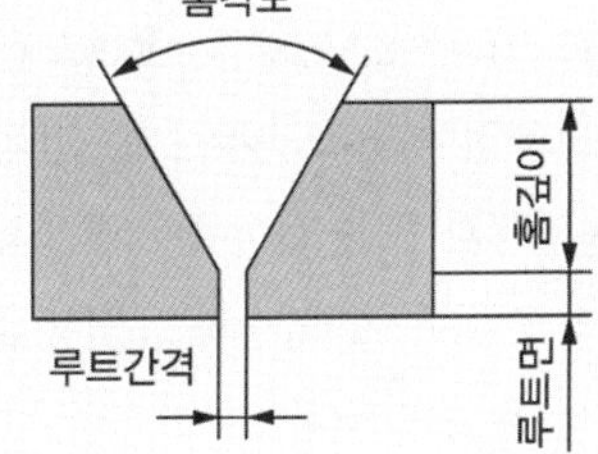

4-2

맞대기용접 시 가장 얇은 판은 I형 홈으로 가공해서 작업해야 한다.

4-3

H형 홈은 두꺼운 판을 양쪽 방향에서 충분한 용입을 얻고자 할 때 사용한다.

정답 4-1 ④ 4-2 ② 4-3 ④

핵심이론 05 용접의 종류

※ 용접법의 분류

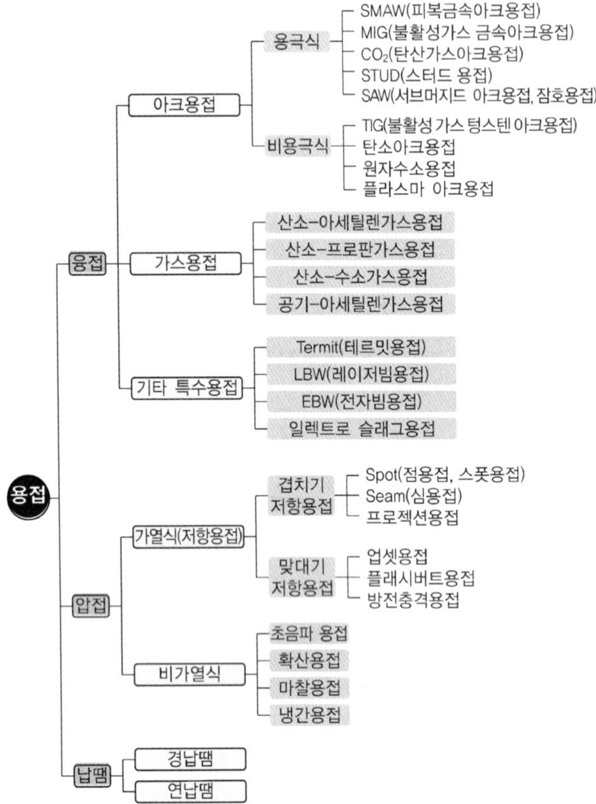

① **피복금속 아크용접**(SMAW ; Shielded Metal Arc Welding)

보통 전기용접, 피복아크용접이라고도 부르며, 피복제로 심선을 둘러쌓은 용접봉과 모재 사이에서 발생하는 아크열(약 6,000℃)을 이용하여 모재와 용접봉을 녹여서 용접하는 용극식 용접법이다.

② **가스용접**(Gas Welding)

사용하는 가연성 가스의 종류에 따라 산소-아세틸렌용접, 산소-수소용접, 산소-프로판 용접, 공기-아세틸렌 용접 등이 있으나 가장 많이 사용되는 것은 산소-아세틸렌가스이므로 가스용접은 곧 산소-아세틸렌가스용접을 의미하기도 한다.

③ **불활성 가스 아크용접**(TIG, MIG)

TIG용접과 MIG용접이 불활성 가스 아크용접에 해당되며, 불활성 가스(Inert Gas)인 Ar을 보호가스로 하여 용접하는 특수용접법이다. 불활성 가스는 다른 물질과 화학반응을 일으키기 어려운 가스로 Ar(아르곤), He(헬륨), Ne(네온) 등이 있다.

④ **CO_2가스 아크용접**(이산화탄소가스 아크용접, 탄산가스 아크용접)

Coil로 된 용접와이어를 송급 모터에 의해 용접토치까지 연속으로 공급시키면서 토치 팁을 통해 빠져 나온 통전된 와이어 자체가 전극이 되어 모재와의 사이에 아크를 발생시켜 접합하는 용극식 용접법이다.

⑤ **서브머지드 아크용접**(SAW ; Submerged Arc Welding)

용접 부위에 미세한 입상의 플럭스를 도포한 뒤 용접선과 나란히 설치된 레일 위를 주행대차가 지나가면서 와이어를 용접부로 공급시키면 플럭스 내부에서 아크가 발생하면서 용접하는 자동 용접법이다. 아크가 플럭스 속에서 발생되므로 용접부가 눈에 보이지 않아 불가시 아크용접, 잠호용접이라고 부른다. 용접봉인 와이어의 공급과 이송이 자동이며 용접부를 플럭스가 덮고 있으므로 복사열과 연기가 많이 발생하지 않는다. 특히, 용접부로 공급되는 와이어가 전극과 용가재의 역할을 동시에 하므로 전극인 와이어는 소모된다.

⑥ **일렉트로 슬래그용접**(ESW ; Electro Slag Welding)

용융된 슬래그와 용융 금속이 용접부에서 흘러나오지 못하도록 수랭동판으로 둘러싸고 이 용융풀에 용접봉을 연속적으로 공급하는데, 이때 발생하는 용융 슬래그의 저항열에 의하여 용접봉과 모재를 연속적으로 용융시키면서 용접하는 방법이다.

⑦ **스터드용접**(STUD Welding)

점용접의 일부로 봉재나 볼트 등의 스터드를 판 또는 프레임의 구조재에 직접 심는 능률적인 용접방법이다. 여기서 스터드란 판재에 덧대는 물체인 봉이나 볼트같이 긴 물체를 일컫는 용어이다.

⑧ 전자빔용접(EBW ; Electron Beam Welding)

고밀도로 집속되고 가속화된 전자빔을 높은 진공(10^{-6} ~10^{-4}mmHg) 속에서 용접물에 고속도로 조사시키면 빛과 같은 속도로 이동한 전자가 용접물에 충돌하면서 전자의 운동에너지를 열에너지로 변환시켜 국부적으로 고열을 발생시키는데, 이때 생긴 열원으로 용접부를 용융시켜 용접하는 방식이다. 텅스텐(3,410℃)과 몰리브덴(2,620℃)과 같이 용융점이 높은 재료의 용접에 적합하다.

⑨ 레이저빔용접(레이저용접, LBW ; Laser Beam Welding)

레이저란 유도 방사에 의한 빛의 증폭이란 뜻이며 레이저에서 얻어진 접속성이 강한 단색 광선으로서 강렬한 에너지를 가지고 있으며, 이때의 광선 출력을 이용하여 용접을 하는 방법이다. 모재의 열 변형이 거의 없으며, 이종 금속의 용접이 가능하고 정밀한 용접을 할 수 있으며, 비접촉식 방식으로 모재에 손상을 주지 않는다는 특징을 갖는다.

⑩ 플라스마 아크용접(Plasma Arc Welding)

높은 온도를 가진 플라스마를 한 방향으로 모아서 분출시키는 것을 일컬어 플라스마 제트라고 부르며, 이를 이용하여 용접이나 절단에 사용하는 용접방법으로 설비비가 많이 드는 단점이 있다.

⑪ 원자수소 아크용접

2개의 텅스텐 전극 사이에서 아크를 발생시키고 홀더의 노즐에서 수소가스를 유출시켜서 용접하는 방법으로 연성이 좋고 표면이 깨끗한 용접부를 얻을 수 있으나, 토치 구조가 복잡하고 비용이 많이 들기 때문에 특수 금속용접에 적합하다. 가열 열량의 조절이 용이하고 시설비가 싸며 박판이나 파이프, 비철합금 등의 용접에 많이 사용된다.

⑫ 납땜(Soldering)

금속의 표면에 용융금속을 접촉시켜 양 금속 원자 간의 응집력과 확산 작용에 의해 결합시키는 방법으로, 고체금속면에 용융금속이 잘 달라붙는 성질인 Wetting성이 좋은 납땜용 용제의 사용과 성분의 확산현상이 중요하다.

⑬ 저온용접

일반 용접의 온도보다 낮은 100~500℃에서 진행되는 용접방법이다.

⑭ 열풍용접

용접 부위에 열풍을 불어넣어 용접하는 방법으로 주로 플라스틱용접에 이용된다.

⑮ 마찰용접

특별한 용가재 없이도 회전력과 압력만 이용해서 두 소재를 붙이는 용접방법이다. 환봉이나 파이프 등을 가압된 상태에서 회전시키면 이때 마찰열이 발생하는데, 일정 온도에 도달하면 회전을 멈추고 가압시켜 용접한다. 이 마찰용접은 TIG, MIG, 서브머지드 아크용접과는 달리 아크를 발생하지 않으므로 발생열이 현저하게 적어 열영향부(HAZ) 역시 가장 좁다.

⑯ 고주파용접

용접부 주위에 감은 유도 코일에 고주파 전류를 흘려서 용접 물체에 2차적으로 유기되는 유도전류의 가열 작용을 이용하여 용접하는 방법이다.

⑰ 플러그용접

위아래로 겹쳐진 판을 접합할 때 사용하는 용접법으로 위에 놓인 판의 한쪽에 구멍을 뚫고 그 구멍 아래부터 용접하면 용접불꽃에 의해 아랫면이 용해되면서 용접이 되며 용가재로 구멍을 채워 용접하는 용접방법이다.

⑱ 논가스 아크용접

솔리드 와이어 또는 플럭스가 든 와이어를 써서 보호 가스가 없이도 공기 중에서 직접 용접하는 방법이다. 비피복 아크용접이라고도 하며 반자동 용접으로서 가장 간편한 방법이다. 보호 가스가 필요치 않으므로 바람에도 비교적 안정되어 옥외 용접도 가능하다.

⑲ 일렉트로가스 아크용접

탄산가스(CO_2)를 용접부의 보호가스로 사용하며 탄산가스 분위기 속에서 아크를 발생시켜 그 아크열로 모재를 용융시켜 용접하는 방법이다.

10년간 자주 출제된 문제

5-1. 압접의 종류가 아닌 것은?

① 단접(Forged Welding)
② 마찰용접(Friction Welding)
③ 점용접(Spot Welding)
④ 전자빔용접(Electron Beam Welding)

5-2. 용접분류방법 중 아크용접에 해당되는 것은?

① 프로젝션용접 ② 마찰용접
③ 서브머지드용접 ④ 초음파용접

|해설|

5-1

전자빔용접은 용접부를 녹여서 결합시키는 융접에 속한다.

5-2

프로젝션용접, 마찰용접, 초음파용접은 모두 저항용접으로 분류된다.

정답 5-1 ④ 5-2 ③

핵심이론 06 납땜(Soldering)

① 납땜의 정의

금속의 표면에 용융금속을 접촉시켜 양 금속 원자 간의 응집력과 확산 작용에 의해 결합시키는 방법이다.

② 납땜용 용제가 갖추어야 할 조건

㉠ 금속의 표면이 산화되지 않아야 한다.
㉡ 납땜 후 슬래그 제거가 용이해야 한다.
㉢ 모재나 땜납에 대한 부식이 최소이어야 한다.
㉣ 전기저항 납땜에 사용되는 용제는 도체이어야 한다.
㉤ 용제의 유효온도 범위와 납땜의 온도가 일치해야 한다.
㉥ 땜납의 표면장력을 맞추어서 모재와의 친화력이 높아야 한다.

③ 납땜용 용제의 종류

경납용 용제(Flux)	연납용 용제(Flux)
• 붕 사 • 붕 산 • 불화나트륨 • 불화칼륨 • 은 납 • 황동납 • 인동납 • 망간납 • 양은납 • 알루미늄납	• 송 진 • 인 산 • 염 산 • 염화아연 • 염화암모늄 • 주석-납 • 카드뮴-아연납 • 저용점 땜납

10년간 자주 출제된 문제

6-1. 납땜에서 용제가 갖추어야 할 조건으로 틀린 것은?

① 청정한 금속면의 산화를 방지할 것
② 모재의 땜납에 대한 부식 작용이 최소한일 것
③ 전기저항 납땜에 사용되는 것은 비전도체일 것
④ 납땜 후 슬래그의 제거가 용이할 것

6-2. 납땜에서 경납용으로 쓰이는 용제는?

① 붕 사 ② 인 산
③ 염화아연 ④ 염화암모니아

|해설|

6-1

전기저항 납땜용 용제는 전기가 잘 통하는 도체를 사용해야 한다.

6-2

경납(Hard Lead)용 용제는 붕사가 사용된다.

정답 6-1 ③ 6-2 ①

핵심이론 07 | 용접 용어

① 피복금속 아크용접의 구조

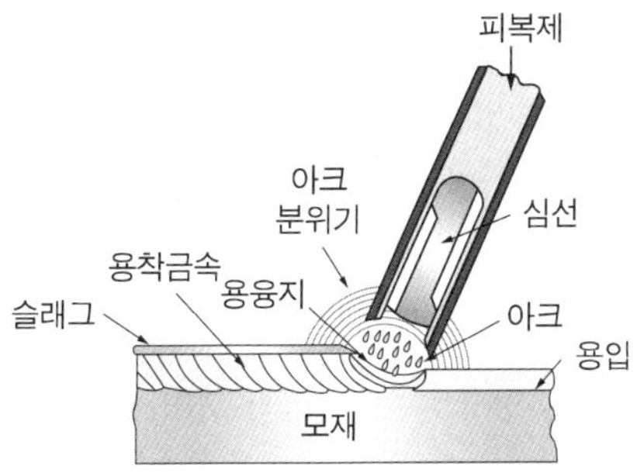

㉠ 모재(Base Metal) : 용접 재료

㉡ 용입(Penetration) : 용접부에서 모재 표면에서 모재가 용융된 부분까지의 총 거리

㉢ 아크(Arc) : 용접봉과 모재 사이에 전원을 연결한 후 용접봉을 모재에 접촉시킨 다음 약 1~2mm 정도 들어 올리면 불꽃 방전에 의하여 청백색의 강한 빛이 Arc 모양으로 생기는 데 온도가 가장 높은 부분(아크 중심)이 약 6,000℃이며, 보통 3,000~5,000℃ 정도이다.

㉣ 용융지(Molton Pool) : 모재가 녹은 부분(쇳물)

㉤ 아크 분위기(Arc Atmosphere) : 아크 주위에 피복제에 의해 기체가 미치는 영역

㉥ 용착금속(Molton Metal) : 용접 시 용접봉의 심선으로부터 모재에 용착한 금속

㉦ 슬래그(Slag) : 피복제와 모재의 용융지로부터 순수 금속만을 빼내고 남은 찌꺼기 덩어리로 비드의 표면을 덮고 있다.

용융 슬래그의 염기도

$$\text{용융 슬래그염기도} = \frac{\sum \text{염기성 성분(\%)}}{\sum \text{산성 성분(\%)}}$$

㉧ 심선(Core Wire) : 용접봉의 중앙에 있는 금속으로 모재와 같은 재질로 되어 있으며 피복제로 둘러싸여 있다.

㉧ 피복제(Flux) : 용재나 용가재로도 불리며 용접봉의 심선을 둘러싸고 있는 성분으로 용착금속에 특정 성질을 부여하거나 슬래그 제거를 위해 사용된다.

㉨ 용접봉 : 금속 심선(Core Wire) 위에 유기물, 무기물 또는 양자의 혼합물로 만든 피복제를 바른 것으로, 아크 안정 등 여러 가지 역할을 한다.

㉩ 용락 : 모재가 녹아서 쇳물이 흘러내려서 구멍이 발생하는 현상

㉪ 용적 : 용융방울이라고도 하며 용융지에 용착되는 것으로서 용접봉이 녹아 이루어진 형상

㉫ 용접길이 : 용접 시작점과 크레이터(Crater)를 제외한 용접이 계속된 비드 부분의 길이

② 용접선, 용적축, 다리길이

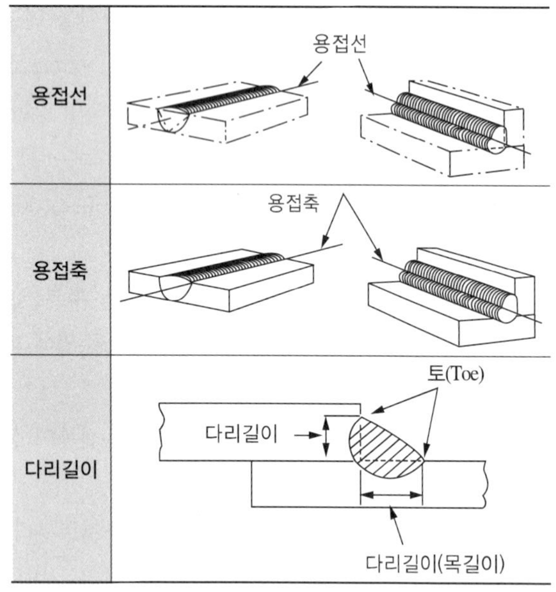

㉠ 용접선 : 접합 부위를 녹여서 서로 이은 자리에 생기는 줄

㉡ 용접축 : 용접선에 직각인 용착부의 단면 중심을 통과하고 그 단면에 수직인 선

㉢ 다리길이 : 필릿용접부에서 모재 표면의 교차점으로부터 용접 끝부분까지의 길이

③ 다공성

다공성이란 금속 중에 기공(Blow Hole)이나 피트(Pit)가 발생하기 쉬운 성질을 말하는데 질소, 수소, 일산화탄소에 의해 발생된다. 이 불량을 방지하기 위해서는 용융강중에 산화철(FeO)을 적당히 감소시켜야 한다.

④ 필릿용접(Fillet Welding)

2장의 모재를 T자 형태로 맞붙이거나 겹쳐 붙이기를 할 때 생기는 코너 부분을 용접하는 것

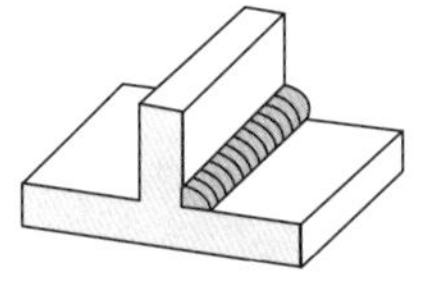

㉠ 하중 방향에 따른 필릿용접의 종류

• 하중 방향에 따른 필릿용접

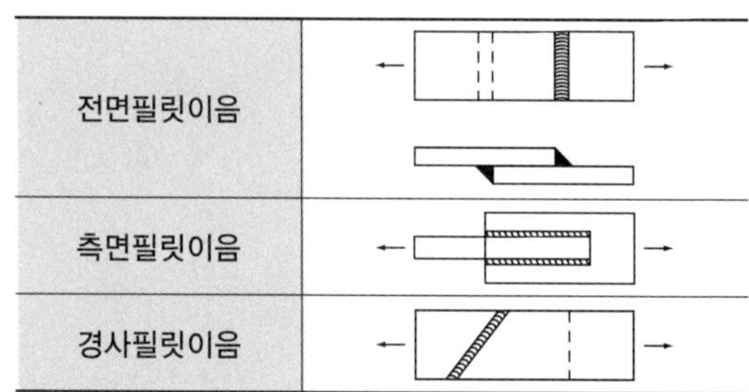

전면필릿이음	
측면필릿이음	
경사필릿이음	

• 형상에 따른 필릿용접

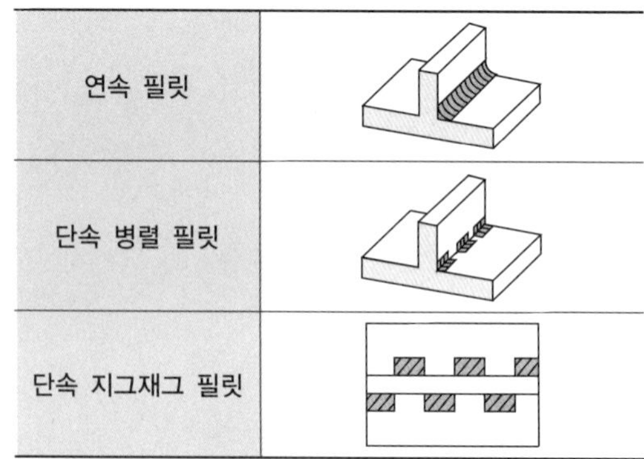

연속 필릿	
단속 병렬 필릿	
단속 지그재그 필릿	

㉡ 주요 필릿용접의 정의

• 전면필릿용접 : 응력의 방향인 힘을 받는 방향과 용접선이 직각인 용접

• 측면필릿용접 : 응력의 방향인 힘을 받는 방향과 용접선이 평행인 용접

• 경사필릿용접 : 응력의 방향인 힘을 받는 방향과 용접선이 평행이나 직각 이외의 각인 용접

㉢ 필릿용접부의 보수방법

• 간격이 1.5mm 이하일 때는 그대로 규정된 각장(다리길이)으로 용접하면 된다.

• 간격이 1.5~4.5mm일 때는 그대로 규정된 각장(다리길이)으로 용접하거나 각장을 증가시킨다.

• 간격이 4.5mm일 때는 라이너를 넣는다.

• 간격이 4.5mm 이상일 때는 이상 부위를 300mm 정도로 잘라낸 후 새로운 판으로 용접한다.

10년간 자주 출제된 문제

7-1. 용접선의 방향과 하중 방향이 직교되는 것은?

① 전면필릿용접　② 측면필릿용접
③ 경사필릿용접　④ 병용필릿용접

7-2. 다음 그림과 같은 필릿용접부의 종류는?

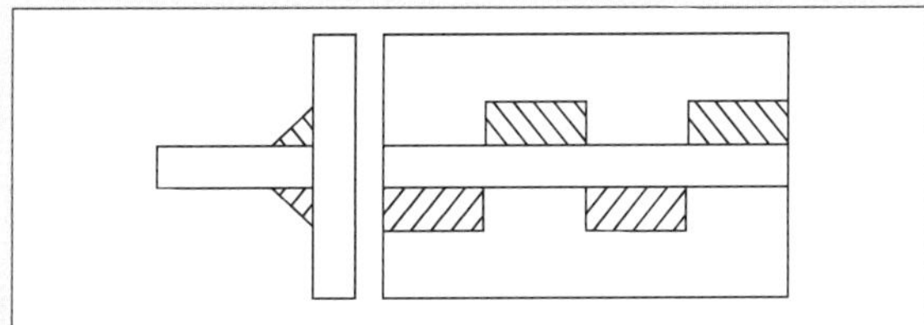

① 연속 병렬 필릿용접
② 연속 필릿용접
③ 단속 병렬 필릿용접
④ 단속 지그재그 필릿용접

|해설|

7-1

하중 방향과 용접선의 방향이 직교인 이음은 전면필릿이음이다.

정답 7-1 ① 7-2 ④

제2절 피복금속 아크용접

핵심이론 01 | 피복금속 아크용접기

① 피복금속 아크용접기의 정의

아크용접 시 열원을 공급해 주는 기기로서 용접에 알맞은 낮은 전압으로 대전류를 흐르게 해 주는 설비이다. 종류는 전원에 따라 직류 아크용접기와 교류 아크용접기로 나뉜다.

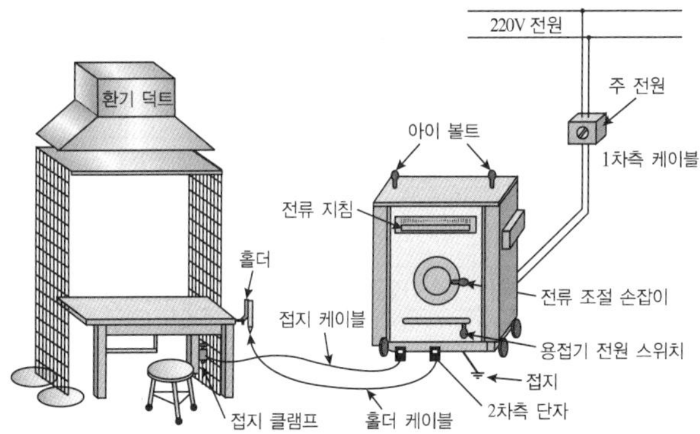

② 아크용접기의 구비조건

㉠ 내구성이 좋아야 한다.
㉡ 역률과 효율이 높아야 한다.
㉢ 구조 및 취급이 간단해야 한다.
㉣ 사용 중 온도 상승이 작아야 한다.
㉤ 단락되는 전류가 크지 않아야 한다.
㉥ 전격방지기가 설치되어 있어야 한다.
㉦ 아크 발생이 쉽고 아크가 안정되어야 한다.
㉧ 아크 안정을 위해 외부 특성 곡선을 따라야 한다.
㉨ 전류 조정이 용이하고 전류가 일정하게 흘러야 한다.
㉩ 아크길이의 변화에 따라 전류의 변동이 작아야 한다.
㉪ 적당한 무부하전압이 있어야 한다(AC : 70~80V, DC : 40~60V).

③ 피복금속 아크용접기의 종류

직류아크용접기	발전기형	전동발전식
		엔진구동형
	정류기형	셀 렌
		실리콘
		게르마늄
교류아크용접기	가동철심형	
	가동코일형	
	탭전환형	
	가포화리액터형	

④ 직류아크용접기와 교류아크용접기의 차이점

특 성	직류아크용접기	교류아크용접기
아크안정성	우 수	보 통
비피복봉 사용 여부	가 능	불가능
극성 변화	가 능	불가능
아크쏠림 방지	불가능	가 능
무부하전압	약간 낮음(40~60V)	높음(70~80V)
전격의 위험	적 음	많 음
유지보수	다소 어려움	쉬 움
고 장	비교적 많음	적 음
구 조	복 잡	간 단
역 률	양 호	불 량
가 격	고 가	저 렴

⑤ 직류아크용접기의 종류별 특징

발전기형	정류기형
고가이다.	저렴하다.
구조가 복잡하다.	구조가 간단하다.
보수와 점검이 어렵다.	취급이 간단하다.
완전한 직류를 얻는다.	완전한 직류를 얻지 못한다.
전원이 없어도 사용이 가능하다.	전원이 필요하다.
소음이나 고장이 발생하기 쉽다.	소음이 없다.

⑥ 교류아크용접기의 종류별 특징

㉠ 가동 철심형

- 현재 가장 많이 사용된다.
- 미세한 전류 조정이 가능하다.
- 광범위한 전류 조정이 어렵다.
- 가동 철심으로 누설 자속을 가감하여 전류를 조정한다.

㉡ 가동 코일형

- 아크 안정성이 크고 소음이 없다.
- 가격이 비싸며 현재는 거의 사용되지 않는다.
- 용접기 핸들로 1차 코일을 상하로 이동시켜 2차 코일의 간격을 변화시켜 전류를 조정한다.

㉢ 탭 전환형

- 주로 소형이 많다.
- 탭 전환부의 소손이 심하다.
- 넓은 범위는 전류 조정이 어렵다.
- 코일의 감긴 수에 따라 전류를 조정한다.
- 미세전류 조정 시 무부하전압이 높아서 전격의 위험이 크다.

㉣ 가포화 리액터형

- 조작이 간단하고 원격 제어가 가능하다.
- 가변 저항의 변화로 용접 전류를 조정한다.
- 전기적 전류 조정으로 소음이 없고 기계의 수명이 길다.

⑦ 교류아크용접기의 규격

종 류	정격 2차 전류(A)	정격 사용률(%)	정격 부하 전압(V)	사용 용접봉 지름(mm)
AW200	200	40	30	2.0~4.0
AW300	300	40	35	2.6~6.0
AW400	400	40	40	3.2~8.0
AW500	500	60	40	4.0~8.0

⑧ 용접기의 외부특성곡선

용접기는 아크 안정성을 위해서 외부특성곡선을 필요로 한다. 외부특성곡선이란 부하전류와 부하단자 전압의 관계를 나타낸 곡선으로 피복아크용접에서는 수하특성을, MIG나 CO_2용접기에서는 정전압특성이나 상승특성이 이용된다.

㉠ 정전류특성(CC특성, Constant Current) : 전압이 변해도 전류는 거의 변하지 않는다.

㉡ 정전압특성(CP특성, Constant Voltage) : 전류가 변해도 전압은 거의 변하지 않는다.

㉢ 수하특성(DC특성, Drooping Characteristic) : 전류가 증가하면 전압이 낮아진다.

㉣ 상승특성(RC특성, Rising Characteristic) : 전류가 증가하면 전압이 약간 높아진다.

⑨ 아크용접기의 고주파 발생장치

㉠ 고주파 발생장치의 정의 : 교류아크용접기의 아크 안정성을 확보하기 위하여 상용 주파수의 아크전류 외에 고전압(2,000~3,000V)의 고주파 전류를 중첩시키는 방식으로 라디오나 TV등에 방해를 주는 단점도 있으나 장점이 더 많다.

㉡ 고주파 발생장치의 특징

- 아크손실이 작아 용접하기 쉽다.
- 무부하전압을 낮게 할 수 있다.
- 전격의 위험이 작고 전원 입력을 작게 할 수 있으므로 역률이 개선된다.
- 아크 발생 초기에 용접봉을 모재에 접촉시키지 않아도 아크가 발생된다.

⑩ 피복금속 아크용접(SMAW)의 회로 순서

용접기 → 전극케이블 → 용접봉 홀더 → 용접봉 → 아크 → 모재 → 접지케이블

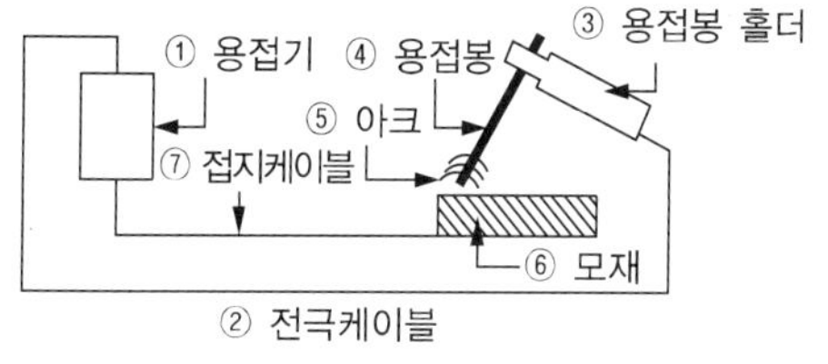

10년간 자주 출제된 문제

1-1. 직류용접기와 비교하여 교류용접기의 장점이 아닌 것은?

① 자기쏠림이 방지된다.
② 구조가 간단하다.
③ 소음이 적다.
④ 역률이 좋다.

1-2. 직류아크용접기에서 발전기형과 비교한 정류기형의 특징으로 틀린 것은?

① 소음이 적다.
② 보수 점검이 간단하다.
③ 취급이 간편하고 가격이 저렴하다.
④ 교류를 정류하므로 완전한 직류를 얻는다.

1-3. AW 300의 교류아크용접기로 조정할 수 있는 2차 전류(A)값의 범위는?

① 30~220A ② 40~330A
③ 60~330A ④ 120~480A

|해설|

1-1
교류아크용접기는 직류아크용접기에 비해 역률이 좋지 않다.

1-3
AW 300의 정격 2차 전류는 300A인데, 교류아크용접기의 용접전류의 조정범위는 전격 2차 전류의 20~110% 범위이다. 따라서 300A의 20~110%는 60~330A가 된다.

정답 1-1 ④ 1-2 ④ 1-3 ③

핵심이론 02 피복금속 아크용접기의 사용률, 역률 구하기

① 사용률(Duty Cycle)의 정의

용접기의 사용률은 용접기를 사용하여 아크용접을 할 때 용접기의 2차측에서 아크를 발생하는 시간을 나타내는 것으로, 사용률이 40%이면 아크를 발생하는 시간은 용접기가 가동된 전체 시간의 40%이고 나머지 60%는 용접작업 준비, 슬래그 제거 등으로 용접기가 쉬는 시간을 비율로 나타낸 것이다. 이 사용률을 고려하는 것은 용접기의 온도 상승을 방지하여 용접기를 보호하기 위해서 반드시 필요하다.

$$\text{사용률} = \frac{\text{아크 발생 시간}}{\text{아크 발생 시간} + \text{정지 시간}} \times 100$$

② 교류아크용접기의 정격사용률(KS C 9602)

종 류	정격사용률(%)	종 류	정격사용률(%)
AWL - 130	30%	AW - 200	40%
AWL - 150		AW - 300	
AWL - 180		AW - 400	
AWL - 250		AW - 500	50%

③ 아크용접기의 허용사용률

$$\text{허용사용률} = \frac{(\text{정격 2차 전류})^2}{(\text{실제 용접전류})^2} \times \text{정격사용률}(\%)$$

④ 역률(Power Factor)

역률이 낮으면 입력에너지가 증가하며 전기 소모량이 낮아진다. 또한 용접 비용이 증가하고 용접기 용량이 커지며 시설비도 증가한다.

$$\text{역률} = \frac{\text{소비전력}}{\text{전원입력}} \times 100\%$$

⑤ 퓨즈용량

용접기의 1차측에는 작업자의 안전을 위해 퓨즈(Fuse)를 부착한 안전 스위치를 설치해야 하는데, 이때 사용되는 퓨즈의 용량이 중요하다. 단, 규정값보다 크거나 구리로 만든 전선을 사용하면 안 된다.

$$\text{퓨즈용량} = \frac{\text{전력(kVA)}}{\text{전압(V)}}$$

⑥ 용접 입열

$$H = \frac{60EI}{v}\ (\mathrm{J/cm})$$

H : 용접 단위 길이 1cm당 발생하는 전기적 에너지
E : 아크전압(V)
I : 아크전류(A)
v : 용접속도(cm/min)
※ 일반적으로 모재에 흡수된 열량은 입열의 75~85% 정도이다.

10년간 자주 출제된 문제

2-1. 무부하전압이 80V, 아크전압 35V, 아크전류 400A라 하면 교류용접기의 역률과 효율은 각각 약 몇 %인가?(단, 내부손실은 4kW이다)

① 역률 : 51, 효율 : 72
② 역률 : 56, 효율 : 78
③ 역률 : 61, 효율 : 82
④ 역률 : 66, 효율 : 88

2-2. AW-240용접기로 180A를 이용하여 용접한다면, 허용사용률은 약 몇 %인가?(단, 정격사용률은 40%이다)

① 51　　② 61
③ 71　　④ 81

|해설|

2-1

• $\text{효율}(\%) = \dfrac{\text{아크전력}}{\text{소비전력}} \times 100\%$

여기서, 아크전력 = 아크전압 × 정격 2차 전류
$= 35 \times 400 = 14,000\text{W}$
소비전력 = 아크전력 + 내부 손실
$= 14,000 + 4,000 = 18,000\text{W}$

$\therefore \text{효율}(\%) = \dfrac{14,000}{18,000} \times 100\% = 77.7\%$

• $\text{역률}(\%) = \dfrac{\text{소비전력}}{\text{전원입력}} \times 100\%$

여기서, 전원입력 = 무부하전압 × 정격 2차 전류
$= 80 \times 400 = 32,000\text{W}$

$\therefore \text{역률}(\%) = \dfrac{18,000}{32,000} \times 100\% = 56.2\%$

2-2

$$\text{허용사용률}(\%) = \frac{(\text{정격 2차 전류})^2}{(\text{실제 용접전류})^2} \times \text{정격사용률}(\%)$$

$$= \frac{(240\text{A})^2}{(180\text{A})^2} \times 40\% = \frac{57,600}{32,400} \times 40\% = 71.11\%$$

정답 2-1 ② 2-2 ③

핵심이론 03 피복금속 아크용접기의 극성

① 용접기의 극성
㉠ 직류(Direct Current) : 전기의 흐름방향이 한 방향으로 일정하게 흐르는 전원
㉡ 교류(Alternating Current) : 시간에 따라서 전기의 흐름방향이 변하는 전원

② 아크용접기의 극성에 따른 특징

구분	특징
직류 정극성 (DCSP : Direct Current Straight Polarity)	• 용입이 깊다. • 비드폭이 좁다. • 용접봉의 용융속도가 느리다. • 후판(두꺼운 판) 용접이 가능하다. • 모재에는 (+)전극이 연결되며 70% 열이 발생하고, 용접봉에는 (−)전극이 연결되며 30% 열이 발생한다.
직류 역극성 (DCRP : Direct Current Reverse Polarity)	• 용입이 얕다. • 비드폭이 넓다. • 용접봉의 용융속도가 빠르다. • 박판(얇은 판) 용접이 가능하다. • 주철, 고탄소강, 비철금속의 용접에 쓰인다. • 모재에는 (−)전극이 연결되며 30% 열이 발생하고, 용접봉에는 (+)전극이 연결되며 70% 열이 발생한다.
교류(AC)	• 극성이 없다. • 전원 주파수의 $\frac{1}{2}$사이클마다 극성이 바뀐다. • 직류 정극성과 직류 역극성의 중간적 성격이다.

③ 용접 극성에 따른 용입이 깊은 순서

DCSP > AC > DCRP

10년간 자주 출제된 문제

3-1. 피복아크용접에서 직류정극성의 설명으로 틀린 것은?

① 용접봉의 용융이 늦다.
② 모재의 용입이 얕아진다.
③ 두꺼운 판의 용접에 적합하다.
④ 모재를 (+)극에, 용접봉을 (-)극에 연결한다.

3-2. 불활성 가스텅스텐 아크용접에서 직류역극성(DCRP)으로 용접할 경우 비드폭과 용입에 대한 설명으로 옳은 것은?

① 용입이 깊고 비드폭이 넓다.
② 용입이 깊고 비드폭이 좁다.
③ 용입이 얕고 비드폭이 넓다.
④ 용입이 얕고 비드폭이 좁다.

|해설|

3-1

직류정극성은 모재에 (+)전극이 연결되어 70%의 열이 발생하므로 용입을 깊게 할 수 있다.

3-2

TIG용접에서는 직류역극성일 경우 용접봉에서 70%의 열이 발생하므로 용접봉이 빨리 녹아내려서 비드의 폭이 넓고 용입이 얕다.

정답 3-1 ② 3-2 ③

핵심이론 04 | 용접홀더

① 용접홀더의 구조

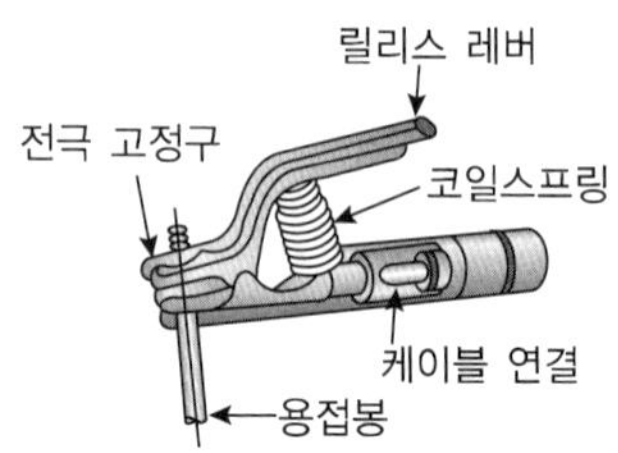

② 용접홀더의 종류(KS C 9607)

종 류	정격 용접 전류(A)	홀더로 잡을 수 있는 용접봉 지름(mm)	접촉할 수 있는 최대홀더용 케이블의 도체 공칭 단면적(mm^2)
125호	125	1.6~3.2	22
160호	160	3.2~4.0	30
200호	200	3.2~5.0	38
250호	250	4.0~6.0	50
300호	300	4.0~6.0	50
400호	400	5.0~8.0	60
500호	500	6.4~10.0	80

③ 안전홀더의 종류

㉠ A형 : 안전형으로 전체가 절연된 홀더이다.
㉡ B형 : 비안전형으로 손잡이 부분만 절연된 홀더이다.

10년간 자주 출제된 문제

4-1. 피복아크용접에서 용입에 영향을 미치는 원인이 아닌 것은?

① 용접속도
② 용접홀더
③ 용접전류
④ 아크의 길이

4-2. 피복아크용접 시 안전홀더를 사용하는 이유로 옳은 것은?

① 고무장갑 대용
② 유해가스 중독 방지
③ 용접작업 중 전격 예방
④ 자외선과 적외선 차단

|해설|

4-1

용입은 용접전류와 아크길이, 용접속도와 관련이 있으나 용접봉을 고정하는 용접홀더와는 관련이 없다.

4-2

피복아크용접의 전원은 전기이므로 반드시 전격의 위험을 방지하기 위해 안전홀더를 사용해야 한다.

정답 4-1 ② 4-2 ③

핵심이론 05 | 피복금속 아크용접봉

① 용접봉의 구조

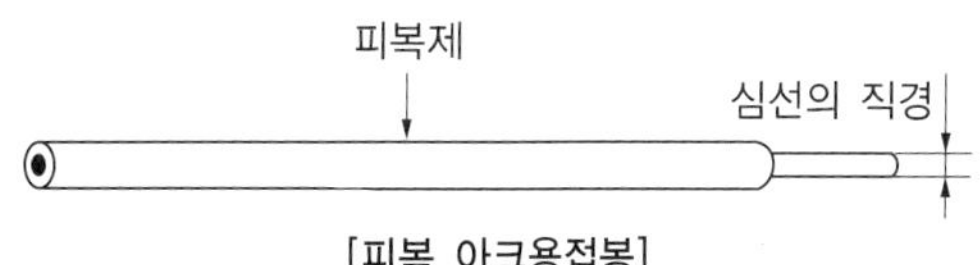

[피복 아크용접봉]

② 피복금속 아크용접봉의 종류

㉠ E4301 : 일미나이트계
㉡ E4303 : 라임티타니아계
㉢ E4311 : 고셀룰로스계
㉣ E4313 : 고산화타이타늄계
㉤ E4316 : 저수소계
㉥ E4324 : 철분 산화타이타늄계
㉦ E4326 : 철분 저수소계
㉧ E4327 : 철분 산화철계

③ 용접봉의 건조온도

용접봉은 습기에 민감해서 건조가 필요하다. 습기는 기공이나 균열 등의 원인이 되므로, 저수소계 용접봉에 수소가 많으면 특히 기공을 발생시키기 쉽고 내균열성과 강도가 저하되며 셀룰로스계는 피복이 떨어진다.

일반 용접봉	약 100℃로 30분~1시간
저수소계 용접봉	약 300~350℃에서 1~2시간

④ 용접봉의 용융속도

단위 시간당 소비되는 용접봉의 길이나 무게로 용융속도를 나타낼 수 있는데, 아크전류는 용접봉의 열량을 결정하는 주요 요인이다.

용접봉 용융속도 = 아크전류 × 용접봉 쪽 전압강하

⑤ 연강용 피복아크용접봉의 규격(저수소계 용접봉인 E4316의 경우)

E	43	16
Electrode (전기용접봉)	용착금속의 최소인장강도(kg/mm^2)	피복제의 계통

⑥ 용접봉의 선택방법

모재의 강도에 적합한 용접봉을 선정하여 인장강도와 연신율, 충격값 등을 알맞게 한다.

⑦ 용접봉의 표준지름(ϕ)-KS 규격

ϕ1.0, ϕ1.4, ϕ2.0, ϕ2.6, ϕ3.2, ϕ4.0, ϕ4.5, ϕ5.5, ϕ6.0, ϕ6.4, ϕ7.0, ϕ8.0, ϕ9.0

⑧ 연강용 용접봉의 시험편 처리(KS D 7005)

SR	625±25℃에서 응력 제거 풀림을 한 것
NSR	용접한 상태 그대로 응력을 제거하지 않은 것

⑨ 피복아크용접봉의 편심률(e)

편심률은 일반적으로 3% 이내이어야 한다.

$$e = \frac{D' - D}{D} \times 100\%$$

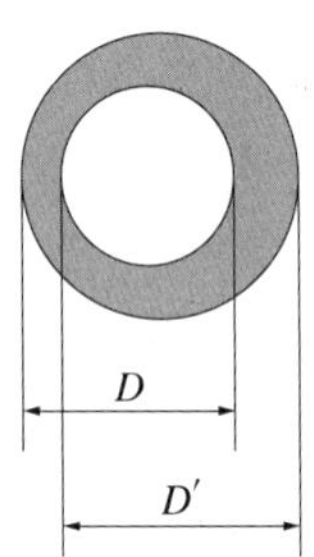

10년간 자주 출제된 문제

5-1. 습기 찬 저수소계 용접봉은 사용 전 건조해야 하는데 건조 온도로 가장 적당한 것은?

① 70~100℃
② 100~150℃
③ 150~200℃
④ 300~350℃

5-2. 피복아크용접봉에서 피복제의 편심률은 몇 % 이내이어야 하는가?

① 3% ② 6%
③ 9% ④ 12%

|해설|

5-1

저수소계 용접봉의 건조온도는 약 300~350℃에서 1~2시간 정도 실시해야 한다.

5-2

용접봉의 편심률(e)은 일반적으로 3% 이내이어야 한다.

정답 5-1 ④ 5-2 ①

핵심이론 06 피복금속 아크용접용 피복제

① 피복제(Flux)의 정의

용재나 용가재로도 부르며 용접봉의 심선을 둘러싸고 있는 성분으로 용착금속에 특정 성질을 부여하거나 슬래그 제거를 위해 사용된다.

② 피복제(Flux)의 역할

㉠ 아크를 안정시킨다.

㉡ 전기 절연 작용을 한다.

㉢ 보호가스를 발생시킨다.

㉣ 아크의 집중성을 좋게 한다.

㉤ 용착금속의 급랭을 방지한다.

㉥ 탈산작용 및 정련작용을 한다.

㉦ 용융금속과 슬래그의 유동성을 좋게 한다.

㉧ 용적(쇳물)을 미세화하여 용착효율을 높인다.

㉨ 슬래그 제거를 쉽게 하여 비드의 외관을 좋게 한다.

㉩ 적당량의 합금원소 첨가로 금속에 특수성을 부여한다.

㉪ 중성 또는 환원성 분위기를 만들어 질화나 산화를 방지하고 용융금속을 보호한다.

㉫ 쇳물이 쉽게 달라붙을 수 있도록 힘을 주어 수직자세, 위보기 자세 등 어려운 자세를 쉽게 한다.

㉬ 피복제는 용융점이 낮고 적당한 점성을 가진 슬래그를 생성하게 하여 용접부를 덮어 급랭을 방지하게 해 준다.

③ 심선을 둘러쌓는 피복 배합제의 종류

배합제	용 도	종 류
고착제	심선에 피복제를 고착시킨다.	규산나트륨, 규산칼륨, 아교
탈산제	용융금속 중의 산화물을 탈산, 정련한다.	크롬, 망간, 알루미늄, 규소철, 톱밥, 페로망간, 타이타늄철, 페로실리콘, 망간철, 소맥분(밀가루)
가스 발생제	중성, 환원성 가스를 발생하여 대기와의 접촉을 차단하여 용융 금속의 산화나 질화를 방지한다.	아교, 녹말, 톱밥, 탄산바륨, 셀룰로이드, 석회석, 마그네사이트
아크 안정제	아크를 안정시킨다.	산화타이타늄, 규산칼륨, 규산나트륨, 석회석
슬래그 생성제	용융점이 낮고 가벼운 슬래그를 만들어 산화나 질화를 방지한다.	석회석, 규사, 산화철, 일미나이트, 이산화망간
합금 첨가제	용접부의 성질을 개선하기 위해 첨가한다.	페로망간, 페로실리콘, 니켈, 몰리브덴, 구리

④ 용접봉별 피복제의 특성

㉠ 일미나이트계(E4301)

- 용입이 깊다.
- 내균열성이 좋다.
- 슬래그 제거가 쉽다.
- 전 자세용 용접봉이다.
- 슬래그의 유동성이 좋다.
- 작업성과 용접성이 우수하다.
- 비드 형상이 가늘고 아름답다.
- 일반구조물이나 중요 구조물용으로 이용된다.
- 내균열성, 내가공성, 연성이 우수하여 25mm 이상의 후판용접도 가능하다.
- 일미나이트 광석 등을 주성분으로 약 30% 이상 합금한 것으로 Slag 생성계 용접봉이다.
- 일본에서 처음 개발한 것으로 작업성과 용접성이 우수하며 값이 저렴하여 철도나 차량, 구조물, 압력 용기에 사용된다.

㉡ 라임티타니아계(E4303)

- 슬래그 생성계이다.
- 박판 용접에 적당하다.
- 비드 외관 및 작업성이 양호하다.
- 아크가 조용하고, 용입이 낮다.
- 피복이 두껍고 전 자세 용접성이 우수하다.
- 고산화타이타늄계 용접봉보다 약간 높은 전류를 사용한다.
- 슬래그의 유동성이 좋고, 다공질로서 제거가 용이하다.
- 산화타이타늄과 염기성 산화물이 다량으로 함유된 슬래그 생성식이다.
- E4313의 새로운 형태로 약 30% 이상의 산화타이타늄(TiO_2)과 석회석($CaCO_3$)이 주성분이다.
- E4313의 작업성을 따르면서 기계적 성질과 일미나이트계의 작업성이 부족한 점을 개량하여 만든 용접봉이다.

㉢ 고셀룰로스계(E4311)

- 기공이 생기기 쉽다.
- 아크가 강하고, 용입이 깊다.
- 비드 표면이 거칠고 스패터가 많다.
- 전류가 높으면 용착금속이 나쁘다.
- 다량의 가스가 용착금속을 보호한다.
- 표면의 파형이 나쁘며, 스패터가 많다.
- 슬래그 생성이 적어 위보기, 수직자세 용접에 좋다.
- 도금 강판, 저합금강, 저장탱크나 배관공사에 이용된다.
- 아크는 스프레이 형상으로 용입이 크고 용융속도가 빠르다.
- 가스 생성에 의한 환원성 아크 분위기로 용착금속의 기계적 성질이 양호하다.
- 피복제에 가스 발생제인 셀룰로스를 20~30% 정도 포함한 가스 생성식 용접봉이다.
- 사용 전류는 슬래그 실드계 용접봉에 비해 10~15% 낮게 하며 사용 전 70~100℃에서 30분~1시간 건조해야 한다.

㉣ 고산화타이타늄계(E4313)

- 아크가 안정하다.
- 균열이 생기기 쉽다.
- 박판 용접에 적합하다.
- 용입이 얕고 스패터가 적다.
- 슬래그의 박리성이 좋고 외관이 아름답다.
- 용착금속의 연성이나 인성이 다소 부족하다.
- 다층 용접에서는 만족할 만한 품질을 만들지 못한다.
- 저합금강이나 탄소량이 높은 합금강의 용접에 적합하다.
- 기계적 성질이 다른 용접봉에 비해 약하고 고온 균열을 일으키기 쉽다.
- 용접기의 2차 무부하전압이 낮을 때에도 아크가 안정적이며 조용하다.
- 피복제에 산화타이타늄(TiO_2)을 약 35% 정도 합금한 것으로 일반 구조용 용접에 사용된다.
- 균열에 대한 감수성이 좋아서 구속이 큰 구조물의 용접이나 고탄소강, 쾌삭강의 용접에 사용한다.

㉤ 저수소계(E4316)

- 기공이 발생하기 쉽다.
- 아크가 다소 불안정하다.
- 운봉에 숙련이 필요하다.
- 석회석이나 형석이 주성분이다.
- 이행 용적의 양이 적고, 입자가 크다.
- 강력한 탈산 작용으로 강인성이 풍부하다.
- 용착금속 중의 수소량이 타 용접봉에 비해 1/10 정도로 현저하게 적다.
- 보통 저탄소강의 용접에 주로 사용되나 저합금강과 중, 고탄소강의 용접에도 사용된다.

• 피복제는 습기를 잘 흡수하기 때문에 사용 전에 약 300~350℃에서 1~2시간 정도 건조 후 사용해야 한다.
• 균열에 대한 감수성이 좋아 구속도가 큰 구조물의 용접이나 탄소 및 황의 함유량이 많은 쾌삭강의 용접에 사용한다.

ⓗ 철분 산화타이타늄계(E4324)
• 용착속도가 빠르고, 용접 능률이 좋다.
• 위보기 용접자세에는 주로 사용하지 않는다.
• 용착금속의 기계적 성질은 E4313과 비슷하다.
• 작업성이 좋고 스패터가 적게 발생하나 용입이 얕다.
• 고산화타이타늄계(E4313)에 50% 정도의 철분을 첨가한 것이다.

ⓢ 철분 저수소계(E4326)
• 아래보기나 수평 필릿용접에만 사용된다.
• 저수소계에 비해 용착속도가 빠르고 용접 효율이 좋다.
• E4316의 피복제에 30~50% 정도의 철분을 첨가한 것이다.
• 용착금속의 기계적 성질이 양호하고 슬래그의 박리성이 저수소계 용접봉보다 좋다.

ⓞ 철분 산화철계(E4327)
• 용착금속의 기계적 성질이 좋다.
• 용착 효율이 좋고, 용접속도가 빠르다.
• 슬래그 제거가 양호하고, 비드 표면이 깨끗하다.
• 산화철을 주성분으로 다량의 철분을 첨가한 것이다.
• 아크가 분무상(스프레이 형)으로 나타나며 스패터가 적고 용입은 E4324보다 깊다.
• 비드의 표면이 곱고 슬래그의 박리성이 좋아서 아래보기나 수평 필릿용접에 많이 사용된다.
• 주성분인 산화철에 철분을 첨가한 것으로 규산염을 다량 함유하고 있어서 산성의 슬래그가 생성된다.

10년간 자주 출제된 문제

6-1. 피복아크용접에서 피복제의 역할이 아닌 것은?

① 용적을 미세화하고 용착효율을 높인다.
② 용착금속에 필요한 합금원소를 첨가한다.
③ 아크를 안정시킨다.
④ 용착금속의 냉각속도를 빠르게 한다.

6-2. 피복아크용접봉의 고착제에 해당되는 것은?

① 석 면 ② 망 간
③ 규소철 ④ 규산나트륨

6-3. 석회석이나 형석을 주성분으로 사용한 것으로 용착금속 중의 수소 함유량이 다른 용접봉에 비해 약 1/10 정도로 현저하게 적은 용접봉은?

① 저수소계
② 고산화타이타늄계
③ 일미나이트계
④ 철분 산화타이타늄계

|해설|

6-1
피복아크용접용 용접봉은 심선을 피복제가 둘러쌓고 있는데 이 피복제는 용접금속을 덮고 있는 형상이므로 냉각속도를 느리게 한다.

6-2
규산나트륨은 고착제의 역할을 하는 피복배합제이다.

6-3
저수소계 용접봉(E4316)은 용착금속 중의 수소량이 타 용접봉에 비해 $\frac{1}{10}$ 정도로 적어서 용착효율이 좋아 고장력강용으로 사용한다.

정답 6-1 ④ 6-2 ④ 6-3 ①

핵심이론 07 피복금속 아크용접기법

① 용접봉 운봉 방향(용착 방향)에 의한 분류

전진법	한쪽 끝에서 다른 쪽 끝으로 용접을 진행하는 방법으로, 용접 길이가 길면 끝부분 쪽에 수축과 잔류응력이 생긴다.
후퇴법	용접을 단계적으로 후퇴하면서 전체 길이를 용접하는 방법으로, 수축과 잔류응력을 줄이는 용접 기법이다.
대칭법	변형과 수축응력의 경감법으로 용접 전 길이에 걸쳐 중심에서 좌우로 또는 용접물 형상에 따라 좌우 대칭으로 용접하는 기법이다.
스킵법 (비석법)	전체를 짧은 용접 길이 5군데로 나누어 놓고, 간격을 두면서 1-4-2-5-3 순으로 용접하는 방법으로, 잔류응력을 적게 해야 할 경우 사용한다.

② 다층 용접법에 의한 분류

덧살올림법 (빌드업법)	각 층마다 전체의 길이를 용접하면서 쌓아올리는 가장 일반적인 방법이다.
전진블록법	한 개의 용접봉으로 살을 붙일 만한 길이로 구분해서 홈을 한 층 완료한 후 다른 층을 용접하는 방법이다.
캐스케이드법	한 부분의 몇 층을 용접하다가 이것을 다음 부분의 층으로 연속시켜 전체가 단계를 이루도록 용착시켜 나가는 방법이다.

③ 용착법의 종류별 아크용접봉의 운봉방법

구 분	종 류	
용접 방향에 의한 용착법	전진법	후퇴법
	1 2 3 4 5	5 4 3 2 1
	대칭법	스킵법(비석법)
	4 2 1 3	1 4 2 5 3
다층 비드 용착법	빌드업법(덧살올림법)	캐스케이드법
	4 3 2 1	4 3 2 1
	전진블록법	
	4 8 12 3 7 11 2 6 10 1 5 9	

10년간 자주 출제된 문제

7-1. 다음 그림과 같은 순서로 하는 용착법을 무엇이라고 하는가?

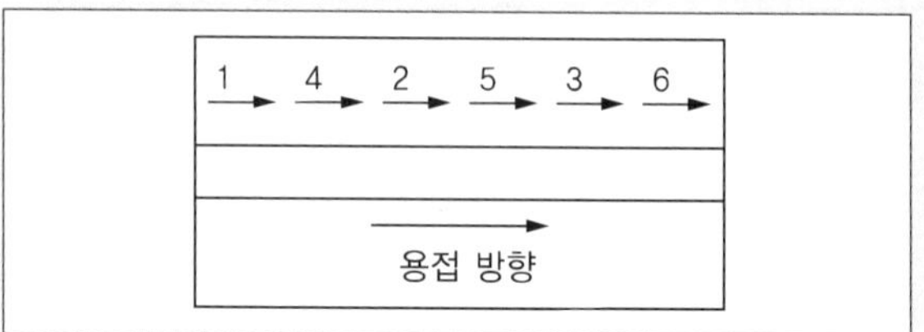

① 전진법 ② 후퇴법
③ 캐스케이드법 ④ 스킵법

7-2. 용접길이를 짧게 나누어 간격을 두면서 용접하는 방법으로 피용접물 전체에 변형이나 잔류응력이 적게 발생하도록 하는 용착법은?

① 스킵법 ② 후진법
③ 전진블록법 ④ 캐스케이드법

7-3. 용착법 중 단층 용착법이 아닌 것은?

① 스킵법 ② 전진법
③ 대칭법 ④ 빌드업법

|해설|

7-1

그림은 용접부 전 부분을 일정하게 나누어 균형 있게 용접하는 방법인 스킵법(비석법)이다.

7-2

스킵법(비석법) : 용접부 전체의 길이를 5개 부분으로 나누어 놓고 1-4-2-5-3 순으로 용접하는 방법으로 용접부에 잔류응력을 적게 해야 할 경우에 사용하는 용착법이다.

7-3

빌드업법(덧살올림법)은 다층 용착법에 속한다.

정답 7-1 ④ 7-2 ① 7-3 ④

제3절 가스용접

핵심이론 01 가스용접일반

① 가스용접의 정의

주로 산소-아세틸렌가스를 열원으로 하여 용접부를 용융하면서 용가재를 공급하여 접합시키는 용접법으로, 그 종류에는 사용하는 연료가스에 따라 산소-아세틸렌용접, 산소-수소용접, 산소-프로판용접, 공기-아세틸렌 용접 등이 있다. 산소-아세틸렌가스의 불꽃 온도는 약 3,430℃이다.

㉠ 가스용접에 사용되는 가스는 조연성 가스와 가연성 가스를 혼합하여 사용한다.

㉡ 연료가스는 연소속도가 빨라야 원활하게 작업이 가능하며 매끈한 절단면 및 용접물을 얻을 수 있다.

② 가스의 분류

조연성 가스 (지연성 가스)	다른 연소 물질이 타는 것을 도와주는 가스	산소, 공기
가연성 가스 (연료 가스)	산소나 공기와 혼합하여 점화하면 빛과 열을 내면서 연소하는 가스	아세틸렌, 프로판, 메탄, 부탄, 수소
불활성 가스	다른 물질과 반응하지 않는 기체	아르곤, 헬륨, 네온, 이산화탄소

③ 가스용접의 장점

㉠ 운반이 편리하고 설비비가 싸다.

㉡ 전원이 없는 곳에 쉽게 설치할 수 있다.

㉢ 아크용접에 비해 유해 광선의 피해가 적다.

㉣ 가열할 때 열량 조절이 비교적 자유로워 박판 용접에 적당하다.

㉤ 기화용제가 만든 가스 상태의 보호막은 용접 시 산화작용을 방지한다.

㉥ 산화불꽃, 환원불꽃, 중성불꽃, 탄화불꽃 등 불꽃의 종류를 다양하게 만들 수 있다.

④ 가스용접의 단점

㉠ 폭발의 위험이 있다.

㉡ 금속이 탄화 및 산화될 가능성이 많다.

㉢ 아크용접에 비해 불꽃의 온도가 낮다(아크 : 약 3,000~5,000℃, 산소-아세틸렌불꽃 : 약 3,430℃).

㉣ 열의 집중성이 나빠서 효율적인 용접이 어려우며 가열 범위가 커서 용접 변형이 크고 일반적으로 용접부의 신뢰성이 적다.

⑤ 가스용접용 가스의 성질

㉠ 산소가스(Oxygen, O_2)

- 무색, 무미, 무취의 기체이다.
- 액화 산소는 연한 청색을 띤다.
- 산소는 대기 중에 약 21%나 존재하기 때문에 쉽게 얻을 수 있다.
- 고압 용기에 35℃에서 150kgf/cm^{2}의 고압으로 압축하여 충전한다.
- 가스용접 및 가스절단용으로 사용되는 산소는 순도가 99.3% 이상이어야 한다.
- 순도가 높을수록 좋으며 KS규격에 의하면 공업용 산소의 순도는 99.5% 이상이다.
- 산소 자체는 타지 않으나 다른 물질의 연소를 도와주어 조연성 가스라 부른다. 금, 백금, 수은 등을 제외한 원소와 화합하면 산화물을 만든다.

㉡ 아세틸렌가스(Acetylene, C_2H_2)

- 400℃ 근처에서 자연 발화한다.
- 카바이드(CaC_2)를 물에 작용시켜 제조한다.
- 구리나 은 등과 반응할 때 폭발성 물질이 생성된다.
- 가스용접이나 절단 등에 주로 사용되는 연료가스이다.
- 산소와 적당히 혼합 연소시키면 3,000~3,500℃의 고온을 낸다.
- 아세틸렌가스의 비중은 0.906으로, 비중이 1.105인 산소보다 가볍다.
- 아세틸렌가스는 불포화 탄화수소의 일종으로 불완전한 상태의 가스이다.

• 각종 액체에 용해가 잘된다(물 : 1배, 석유 : 2배, 벤젠 : 4배, 알코올 : 6배, 아세톤 : 25배).
• 아세틸렌가스의 충전은 15℃, 1기압하에서 15kgf/cm^2의 압력으로 한다. 아세틸렌가스 1L의 무게는 1.176g이다.
• 순수한 카바이드 1kg은 이론적으로 348L의 아세틸렌가스를 발생하며, 보통의 카바이드는 230~300L의 아세틸렌가스를 발생시킨다.
• 순수한 아세틸렌가스는 무색, 무취의 기체이나 아세틸렌가스 중에 포함된 불순물인 인화수소, 황화수소, 암모니아 등에 의해 악취가 난다.
• 아세틸렌이 완전 연소하는 데 이론적으로는 2.5배의 산소가 필요하나, 실제는 아세틸렌에 불순물이 포함되어 1.2~1.3배의 산소가 필요하다.
• 가스병 내부가 1.5기압 이상이 되면 폭발위험이 있고 2기압 이상으로 압축하면 폭발한다. 아세틸렌은 공기 또는 산소와 혼합되면 폭발성이 격렬해지는데 아세틸렌 15%, 산소 85% 부근이 가장 위험하다.

㉢ 아르곤가스(Argon, Ar) - 불활성 가스
• 물에 잘 용해된다.
• 녹는점 : -189.35℃
• 끓는점 : -185.85℃
• 밀도 : 1,650kg/m^3
• 불활성이며 불연성이다.
• 무색, 무취, 무미의 성질을 갖는다.
• 특수강 정련 및 특수용접에 사용된다.
• 대기 중 약 0.9%를 차지한다(불활성 기체 중 가장 많음).
• 단원자 분자의 기체로 반응성이 거의 없어 불활성 기체라 한다.
• 공기보다 약 1.4배 무겁기 때문에 용접에 이용 시 용접부를 도포하여 산화 및 질화를 방지하고, 용접부의 마무리를 잘해 주어 주로 TIG용접 및 MIG용접에 이용된다.

㉣ 액화석유가스(LPG ; Liquified Petroleum Gas)
• 프로판 또는 LP가스라고도 부른다.
• 프로판(C_3H_8)과 부탄(C_4H_{10})이 주성분이다.
• 열효율이 높은 연소 기구의 제작이 가능하다.
• 사용 전 환기시키고 사용 중 점화를 확인해야 한다.
• 프로판 + 산소 → 이산화탄소 + 물 + 발열반응을 낸다.
• 연소할 때 필요한 산소량은 산소 : 프로판 = 4.5 : 1이다.
• 상온에서는 기체 상태이고 무색, 투명하며 약간의 냄새가 난다.
• 쉽게 기화하며 발열량이 높고 폭발 한계가 좁아 안전도가 높다.
• 액화가 용이하여 용기에 충전하여 저장할 수 있다(1/250 정도로 압축할 수 있다).

㉤ 수소(Hydrogen, H_2)
• 물의 전기 분해로 제조한다.
• 무색, 무미, 무취로서 인체에 해가 없다.
• 비중은 0.0695로서 물질 중 가장 가볍다.
• 고압 용기에 충전한다(35℃, 150kgf/cm^2).
• 산소와 화합하여 고온을 내며 아세틸렌가스 다음으로 폭발 범위가 넓다.
• 연소 시 탄소가 존재하지 않아 납의 용접이나 수중 절단용 가스로 사용된다.

⑥ 절단작업 시 아세틸렌과 LP가스의 비교

아세틸렌가스	LP가스
점화가 용이하다.	슬래그의 제거가 용이하다.
중성 불꽃을 만들기 쉽다.	절단면이 깨끗하고 정밀하다.
절단 시작까지 시간이 빠르다.	절단 위 모서리 녹음이 적다.
박판 절단 시 속도가 빠르다.	두꺼운 판(후판) 절단 시 유리하다.
모재 표면에 대한 영향이 적다.	포갬 절단에서 아세틸렌보다 유리하다.

⑦ 용접용 가스가 가스용접이나 가스절단에 사용되기 위한 조건

㉠ 발열량이 클 것

㉡ 연소속도가 빠를 것

㉢ 불꽃의 온도가 높을 것

㉣ 용융금속과 화학 반응을 일으키지 않을 것

㉤ 취급이 쉽고 폭발 범위가 작을 것

⑧ 혼합 기체의 폭발 한계

기체의 종류	수 소	메 탄	프로판	아세틸렌
공기 중 기체 함유량(%)	4~74	5~15	2.4~9.5	2.5~80

⑨ 주요 가스의 화학식

㉠ 부탄 : C_4H_{10}

㉡ 프로판 : C_3H_8

㉢ 펜탄 : C_5H_{12}

㉣ 에탄 : C_2H_6

⑩ 착화온도(Ignition Temperature) : 불이 붙거나 타는 온도

가 스	착화온도(발화온도)
수 소	570℃
일산화탄소	610℃
아세틸렌	305℃
휘발유	290℃

10년간 자주 출제된 문제

1-1. 가스용접에 사용하는 지연성 가스는?

① 산 소　　② 수 소

③ 프로판　　④ 아세틸렌

1-2. 가스용접의 특징으로 틀린 것은?

① 아크용접에 비해 불꽃온도가 높다.

② 응용범위가 넓고 운반이 편리하다.

③ 아크용접에 비해 유해 광선의 발생이 적다.

④ 전원 설비가 없는 곳에서도 용접이 가능하다.

|해설|

1-1

지연성 가스란 조연성 가스를 달리 부르는 용어로 산소가 이에 속한다.

1-2

가스용접은 아크용접에 비해 불꽃의 온도가 낮다.

정답 1-1 ① 1-2 ①

핵심이론 02 불꽃의 종류

① 가스별 불꽃의 온도 및 발열량

가스 종류	불꽃 온도(℃)	발열량(kcal/m^3)
아세틸렌	3,430	12,500
부 탄	2,926	26,000
수 소	2,960	2,400
프로판	2,820	21,000
메 탄	2,700	8,500

② 산소-아세틸렌가스 불꽃의 종류

산소와 아세틸렌가스를 대기 중에서 연소시킬 때는 산소의 양에 따라 다음과 같이 4가지의 불꽃이 된다.

불꽃의 종류	명 칭	산소 : 아세틸렌 비율
적황색(매연)	아세틸렌불꽃(산소 약간 혼입)	-
담백색	탄화불꽃(아세틸렌 과잉)	0.05~0.95 : 1
백심(회백색) $C_2H_2=2C+H_2$, $C_2H_2+O_2=2CO+H_2$, 바깥 불꽃(투명한 청색) $2CO+O_2=2CO_2$, $H_2+\frac{1}{2}O_2=H_2O$	중성불꽃(표준불꽃)	1 : 1
	산화불꽃(산소 과잉)	1.15~1.70 : 1

③ 불꽃의 종류별 특징

㉠ 아세틸렌불꽃 : 아세틸렌가스만 공급 후 점화했을 때 발생되는 불꽃이다.

㉡ 탄화불꽃
- 스테인리스나 스텔라이트와 같이 가스용접 시 산화 방지가 필요한 금속의 용접에 사용한다.
- 금속 표면에 침탄작용을 일으키기 쉬운 불꽃으로 아세틸렌 과잉 불꽃이라고도 한다.
- 속불꽃과 겉불꽃 사이에 연한 백색의 제3불꽃인 아세틸렌 페더가 있는 것이 특징이다.
- 아세틸렌 밸브를 열고 점화한 후, 산소 밸브를 조금만 열면 다량의 그을음이 발생되어 연소하게 되는 경우에 발생한다.

㉢ 중성불꽃(표준불꽃)
- 산소와 아세틸렌가스의 혼합비가 1 : 1일 때 발생한다.
- 중성불꽃은 표준불꽃으로 용접작업에 가장 알맞은 불꽃이다.
- 금속의 용접부에 산화나 탄화의 영향이 가장 적게 미치는 불꽃이다.
- 탄화불꽃에서 산소량을 증가시키거나 아세틸렌가스량을 감소시키면 아세틸렌 페더가 점차 감소되어 백심불꽃과 아세틸렌 페더가 일치될 때를 중성불꽃(표준불꽃)이라 한다.

㉣ 산화불꽃
- 산소 과잉 불꽃이다.
- 용접 시 금속을 산화시키므로 구리, 황동 등의 용접에 사용한다.
- 산화성 분위기를 만들어 일반적인 금속 용접에는 사용하지 않는다.
- 중성 불꽃에서 산소량을 증가시키거나 아세틸렌가스량을 감소시키면 만들어진다.

④ 산소-아세틸렌가스 불꽃의 구성

산소와 아세틸렌을 1 : 1로 혼합하여 연소시키면 다음과 같이 불꽃이 생성되는데, 이때 생성되는 불꽃은 세 부분으로 구성된다.

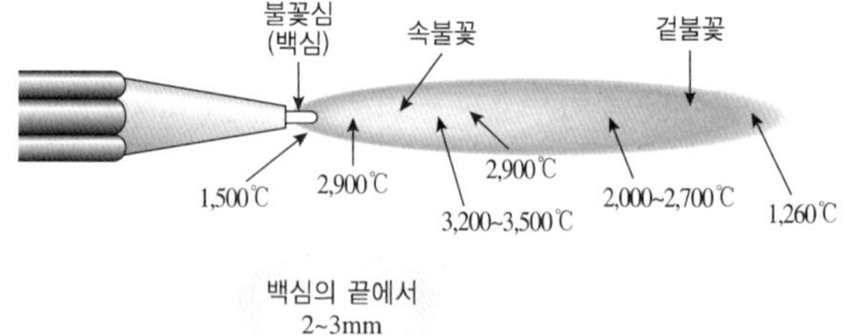

⑤ 불꽃의 이상 현상

㉠ 역 류
- 토치 내부의 청소가 불량할 때 내부 기관에 막힘이 생겨 고압의 산소가 밖으로 배출되지 못하고 압력이 낮은 아세틸렌 쪽으로 흐르는 현상

• 방지 및 조치법
  - 팁을 깨끗이 청소한다.
  - 안전기와 발생기를 차단한다.
  - 토치의 산소 밸브를 차단시킨다.
  - 토치의 아세틸렌 밸브를 차단시킨다.

㉡ 역화 : 토치의 팁 끝이 모재에 닿아 순간적으로 막히거나 팁의 과열 또는 사용가스의 압력이 부적당할 때 팁 속에서 폭발음을 내면서 불꽃이 꺼졌다가 다시 나타나는 현상이다. 불꽃이 꺼지면 산소 밸브를 차단하고, 이어 아세틸렌 밸브를 닫는다. 팁이 가열되었으면 물속에 담가 산소를 약간 누출시키면서 냉각한다.

㉢ 인화 : 팁 끝이 순간적으로 막히면 가스의 분출이 나빠지고 가스 혼합실까지 불꽃이 도달하여 토치를 빨갛게 달구는 현상이다.

10년간 자주 출제된 문제

2-1. 산소-아세틸렌 불꽃의 구성 중 온도가 가장 높은 것은?

① 백 심　　② 속불꽃
③ 겉불꽃　　④ 불꽃심

2-2. 가스절단을 할 때 사용되는 예열가스 중 최고 불꽃 온도가 가장 높은 것은?

① CH_4　　② C_2H_2
③ H_2　　④ C_3H_8

|해설|

2-1

산소-아세틸렌 불꽃에서 속불꽃의 온도가 가장 높다.

2-2

산소-아세틸렌 불꽃의 온도는 약 3,430℃로 다른 불꽃들에 비해 가장 높다.

① CH_4 : 2,700
③ H_2 : 2,960
④ C_3H_8 : 2,820

정답 2-1 ② 2-2 ②

핵심이론 03 | 가스용접용 설비 및 기구

① 가스용접기의 구조

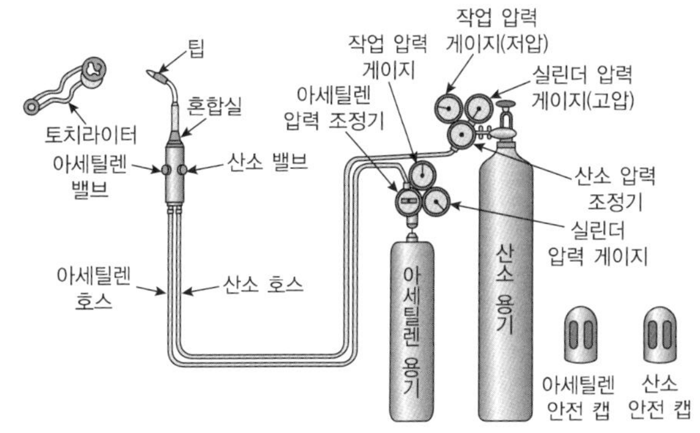

② 산소 용기(Oxygen Bomb) 취급 시 주의사항

㉠ 용기를 굴리거나 충격을 가하는 일이 없도록 한다.
㉡ 용기 밸브에 이상이 생겼을 때는 구매처에 반환한다.
㉢ 사용이 끝난 용기는 밸브를 잠그고 "빈 병"이라고 표시한다.
㉣ 용기의 밸브에 그리스(Grease)나 기름 등을 묻혀서는 안 된다.
㉤ 이동 시에는 밸브를 닫고 안전캡을 씌워 밸브가 손상되지 않도록 한다.
㉥ 비눗물로 반드시 누설검사를 하고, 화기에서 5m 이상 거리를 유지한다.
㉦ 용기의 밸브 개폐는 핸들을 천천히 돌리되, 1/4~1/2 회전 이내로 한다.
㉧ 통풍이 잘되고 직사광선이 없는 곳에 보관하며, 항상 40℃ 이하를 유지한다.
㉨ 겨울에 용기 밸브가 얼어서 산소의 분출이 어려울 경우 화기를 사용하지 말고 더운물로 녹여서 사용한다.

③ 산소 용기의 각인 사항

㉠ 용기 제조자의 명칭
㉡ 충전가스의 명칭
㉢ 용기 제조번호(용기번호)

㉣ 용기의 중량(kg)

㉤ 용기의 내용적(L)

㉥ 내압시험압력(TP ; Test Pressure) 연, 월, 일

㉦ 최고충전압력(FP ; Full Pressure)

㉧ 이음매 없는 용기일 경우 "이음매 없는 용기" 표기

④ 용기 속의 산소량

용기 속의 산소량 = 내용적 × 기압

⑤ 용접가능시간 구하기

$$용접가능시간 = \frac{산소용기\ 총\ 가스량}{시간당\ 소비량} = \frac{내용적 \times 압력}{시간당\ 소비량}$$

※ 가변압식 팁 100번은 단위시간당 가스 소비량이 100L이다.

⑥ 일반 가스 용기의 도색 색상

가스 명칭	도 색	가스 명칭	도 색
산 소	녹 색	암모니아	백 색
수 소	주황색	아세틸렌	황 색
탄산가스	청 색	프로판(LPG)	회 색
아르곤	회 색	염 소	갈 색

※ 산업용과 의료용의 용기 색상은 다르다(의료용의 경우 산소는 백색).

⑦ 가스 호스의 색깔

용 도	색 깔
산소용	검은색, 흑색 또는 녹색
아세틸렌용	적 색

⑧ 아세틸렌 용기(Acetylene Bomb) 취급 시 주의사항

㉠ 용기는 충격이나 타격을 주지 않도록 한다.

㉡ 저장소의 전등 및 전기 스위치 등은 방폭 구조여야 한다.

㉢ 가연성 가스를 사용하는 경우는 반드시 소화기를 비치하여야 한다.

㉣ 가스의 충전구가 동결되었을 때는 35℃ 이하의 더운물로 녹여야 한다.

㉤ 저장소에는 인화 물질이나 화기를 가까이 하지 말고 통풍이 양호해야 한다.

㉥ 용기 내의 아세톤 유출을 막기 위해 저장 또는 사용 중 반드시 용기를 세워두어야 한다.

⑨ 아세틸렌가스량(L) 구하기

$$아세틸렌가스량(L) = 가스용적(병\ 전체\ 무게 - 빈\ 병의\ 무게)$$
$$= 905(병\ 전체\ 무게 - 빈\ 병의\ 무게)$$

⑩ 산소용기의 취급상 주의사항

㉠ 산소용기에 전도, 충격을 주어서는 안 된다.

㉡ 산소와 아세틸렌 용기는 각각 별도로 지정한다.

㉢ 산소용기 속에 다른 가스를 혼합해서는 안 된다.

㉣ 산소용기, 밸브, 조정기, 고정구는 기름이 묻지 않게 한다.

㉤ 다른 가스에 사용한 조정기, 호스 등을 그대로 재사용해서는 안 된다.

㉥ 산소용기를 크레인 등으로 운반할 때는 로프나 와이어 등으로 매지 않고 철제상자 등 견고한 상자에 넣어 운반하여야 한다.

⑪ 압력조정기

㉠ 산소압력조정기

산소압력조절기의 압력조정나사를 오른쪽으로 돌리면 밸브가 열린다.

산소압력 조정기 형태	설 치
	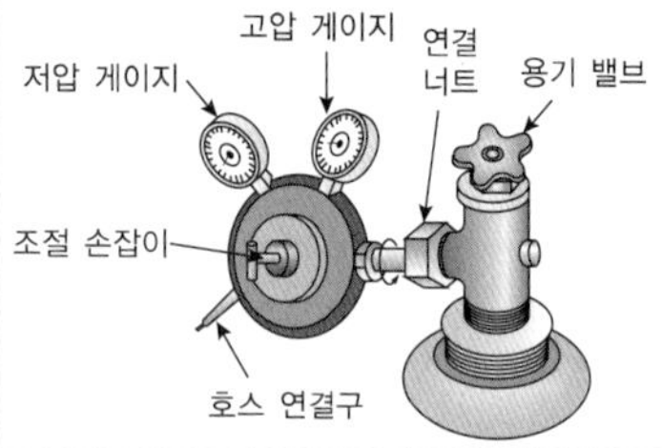 고압 게이지, 저압 게이지, 연결 너트, 용기 밸브, 조절 손잡이, 호스 연결구

㉡ 아세틸렌압력조정기

아세틸렌압력조정기는 시계 반대 방향(왼나사)으로 회전시켜 단단히 죄어 설치한다.

아세틸렌 압력 조정기 형태	설 치
	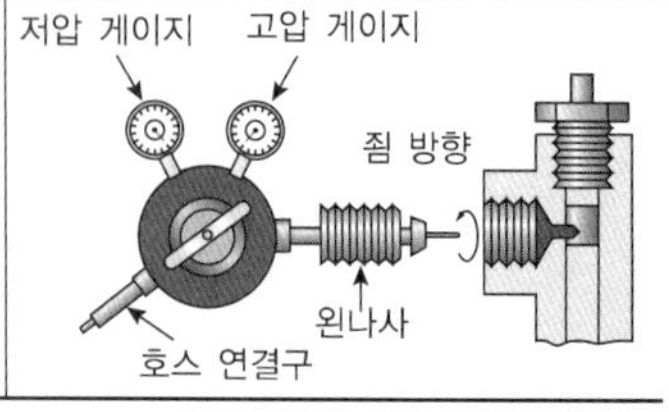 저압 게이지, 고압 게이지, 죔 방향, 왼나사, 호스 연결구

10년간 자주 출제된 문제

3-1. 가스용접에서 산소압력조정기의 압력조정나사를 오른쪽으로 돌리면 밸브는 어떻게 되는가?

① 닫힌다.
② 고정된다.
③ 열리게 된다.
④ 중립상태로 된다.

3-2. 산소 및 아세틸렌용기 취급에 대한 설명으로 옳은 것은?

① 산소병은 60℃ 이하, 아세틸렌병은 30℃ 이하의 온도에서 보관한다.
② 아세틸렌병은 눕혀서 운반하되 운반 도중 충격을 주어서는 안 된다.
③ 아세틸렌 충전구가 동결되었을 때는 50℃ 이상의 온수로 녹여야 한다.
④ 산소병 보관 장소에 가연성 가스를 혼합하여 보관해서는 안 되며 누설시험 시는 비눗물을 사용한다.

3-3. 용해 아세틸렌가스를 충전하였을 때의 용기 전체의 무게가 65kgf이고, 사용 후 빈 병의 무게가 61kgf였다면, 사용한 아세틸렌가스는 몇 리터(L)인가?

① 905　　② 1,810
③ 2,715　　④ 3,620

3-4. 일반적으로 가스용접에서 사용하는 가스의 종류와 용기의 색상이 옳게 짝지어진 것은?

① 산소 - 황색
② 수소 - 주황색
③ 탄산가스 - 녹색
④ 아세틸렌가스 - 백색

|해설|

3-1

산소압력조정기의 압력조정나사를 오른쪽으로 돌리면 밸브가 열려서 가스가 압력 용기에서 가스 토치로 흐르게 된다.

3-2

가스용접 뿐만 아니라 특수용접 중 보호가스로 사용되는 가스를 담고 있는 용기(봄베, 압력용기)는 안전을 위해 모두 세워서 보관해야 하며 누설시험은 비눗물로 한다.

① 가스 용기는 40℃ 이하의 온도에서 직사광선을 피해 그늘진 곳에서 보관한다.
② 모든 가스용기는 세워서 보관해야 한다.
③ 가스의 충전구가 동결되었을 때는 35℃ 이하의 온수로 녹인다.

3-3

용해 아세틸렌 1kg을 기화시키면 약 905L의 가스가 발생하므로, 아세틸렌가스량 공식은 다음과 같다.

아세틸렌가스량(L) = 905(병 전체 무게(A) - 빈 병의 무게(B))
= 905(65 - 61) = 3,620L

3-4

수소가스의 용기 색상은 주황색이다.

정답 3-1 ③ 3-2 ④ 3-3 ④ 3-4 ②

핵심이론 04 가스용접용 용접봉

① 가스용접용 용접봉

용가제(Filler Metal)라고 부르는 가스용접봉은 용접할 재료와 동일 재질의 용착 금속을 얻기 위해 모재와 조성이 동일하거나 비슷한 것을 사용한다. 용접 중 용접 열에 의하여 성분과 성질이 변화되므로 용접봉 제조 시 필요한 성분을 첨가하거나 제조하는 경우도 있다.

② 가스용접용 용접봉의 특징

㉠ 산화 방지를 위해 경우에 따라 용제(Flux)를 사용하기도 하나 연강의 가스용접에서는 용제가 필요 없다.

㉡ 일반적으로 비피복 용접봉을 사용하지만, 보관 및 사용 중 산화 방지를 위해 도금이나 피복된 것도 있다.

③ 가스용접봉의 표시

예 GA46 가스용접봉의 경우

G	A	46
가스용접봉	용착금속의 연신율 구분	용착금속의 최저 인장강도(kgf/mm²)

④ KS상 연강용 가스용접봉의 표준치수

ϕ1.0	ϕ1.6	ϕ2.0	ϕ2.6
ϕ3.2	ϕ4.0	ϕ5.0	ϕ6.0

⑤ 가스용접봉 선택 시 조건

㉠ 용융온도가 모재와 같거나 비슷할 것

㉡ 용접봉의 재질 중에 불순물을 포함하고 있지 않을 것

㉢ 모재와 같은 재질이어야 하며 충분한 강도를 줄 수 있을 것

㉣ 기계적 성질에 나쁜 영향을 주지 말 것

⑥ 연강용 가스용접봉의 성분이 모재에 미치는 영향

㉠ C(탄소) : 강의 강도를 증가시키나 연신율, 굽힘성이 감소된다.

㉡ Si(규소, 실리콘) : 기공은 막을 수 있으나 강도가 떨어진다.

㉢ P(인) : 강에 취성을 주며 연성을 작게 한다.

㉣ S(황) : 용접부의 저항력을 감소시키며 기공과 취성을 발생할 우려가 있다.

㉤ FeO_4(산화철) : 강도를 저하시킨다.

⑦ 가스용접용 용접봉의 종류

종 류	시험편 처리	인장강도(kg/mm²)
GA 46	SR	46 이상
	NSR	51 이상
GA 43	SR	43 이상
	NSR	44 이상
GA 35	SR	35 이상
	NSR	37 이상
GB 46	SR	46 이상
	NSR	51 이상
GB 43	SR	43 이상
	NSR	44 이상
GB 35	SR	35 이상
	NSR	37 이상
GB 32	NSR	32 이상

※ SR : 응력제거풀림을 한 것
NSR : 용접한 그대로 응력제거풀림을 하지 않은 것
예 "625±25℃에서 1시간 동안 응력을 제거했다" = SR

⑧ 가스용접봉 지름

$$\text{가스용접봉 지름}(D) = \frac{\text{판두께}(T)}{2} + 1$$

10년간 자주 출제된 문제

4-1. 일반적으로 가스용접봉의 지름이 2.6mm일 때 강판의 두께는 몇 mm 정도가 적당한가?

① 1.6mm ② 3.2mm
③ 4.5mm ④ 6.0mm

4-2. 가스용접봉 선택조건으로 틀린 것은?

① 모재와 같은 재질일 것
② 용융온도가 모재보다 낮을 것
③ 불순물이 포함되어 있지 않을 것
④ 기계적 성질에 나쁜 영향을 주지 않을 것

|해설|

4-1

$$\text{가스용접봉 지름}(D) = \frac{\text{판두께}(T)}{2} + 1$$

$$2.6\text{mm} = \frac{T}{2} + 1$$

$$T = 2(2.6\text{mm}) - 2$$
$$= 3.2\text{mm}$$

4-2

가스용접봉의 용융온도는 모재와 같거나 비슷해야 한다. 만일 모재의 용융온도보다 낮으면 용접봉만 먼저 용융되기 때문에 모재와 용접봉이 서로 결합되지 않는다.

정답 4-1 ② 4-2 ②

핵심이론 05 | 가스용접용 용제

① 가스용접용 용제(Flux)

㉠ 금속을 가열하면 대기 중의 산소나 질소와 접촉하여 산화 및 질화 작용이 일어난다. 이때 생긴 산화물이나 질화물은 모재와 융착금속과의 융합을 방해한다.

㉡ 용융금속보다 비중이 가벼운 산화물은 용융금속 위로 떠오르고, 비중이 무거운 것은 용착금속의 내부에 남는다. 용제는 용접 중 생기는 산화물과 유해물을 용융시켜 슬래그로 만들거나 산화물의 용융온도를 낮게 한다.

㉢ 용제는 분말이나 액체로 된 것이 있으며, 분말로 된 것은 물이나 알코올에 개어서 용접봉이나 용접 홈에 그대로 칠하거나 직접 용접 홈에 뿌려서 사용한다.

② 가스용접에서 용제를 사용하는 이유

금속을 가열하면 대기 중의 산소나 질소와 접촉하여 산화 및 질화 작용이 일어난다. 이때 생긴 산화물이나 질화물은 모재와 융착금속과의 융합을 방해한다. 용제는 용접 중 생기는 이러한 산화물과 유해물을 용융시켜 슬래그로 만들거나 산화물의 용융온도를 낮게 한다. 그러나 가스 소비량을 적게 하지는 않는다.

③ 가스용접용 용제의 특징

㉠ 용융온도가 낮은 슬래그를 생성한다.
㉡ 모재의 융점보다 낮은 온도에서 녹는다.
㉢ 일반적으로 연강은 용제를 사용하지 않는다.
㉣ 불순물을 제거하므로 용착금속의 성질을 좋게 한다.
㉤ 용접 중에 생기는 금속의 산화물 또는 비금속 개재물을 용해한다.

④ 가스용접용 용제의 종류

재 질	용 제
연 강	용제를 사용하지 않는다.
반경강	중탄산소다, 탄산소다
주 철	붕사, 탄산나트륨, 중탄산나트륨
알루미늄	염화칼륨, 염화나트륨, 염화리튬, 플루오린화칼륨
구리합금	붕사, 염화리튬

10년간 자주 출제된 문제

5-1. 가스용접으로 알루미늄판을 용접하려 할 때 용제의 혼합물이 아닌 것은?

① 염화나트륨　② 염화칼륨
③ 황 산　④ 염화리튬

5-2. 구리 및 구리합금의 가스용접용 용제에 사용되는 물질은?

① 붕 사　② 염화칼슘
③ 황산칼륨　④ 중탄산소다

|해설|

5-1
가스용접용 용제로 황산은 사용하지 않는다.

5-2
구리합금의 가스용접용 용제로는 붕사나 염화리튬이 사용된다.

정답 5-1 ③ 5-2 ①

핵심이론 06 산소-아세틸렌가스용접

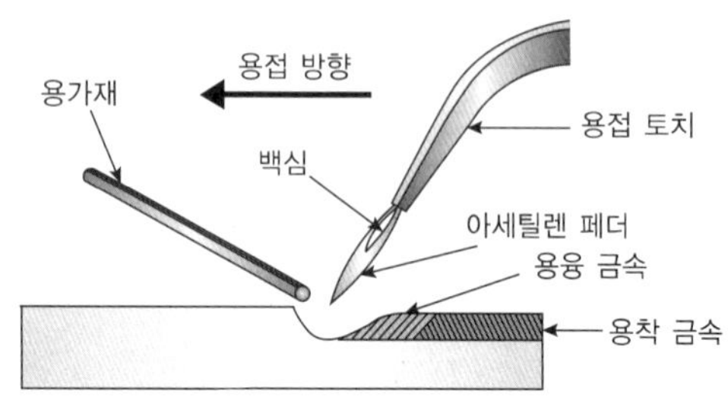

① 산소-아세틸렌가스용접의 장점
- ㉠ 응용 범위가 넓으며, 운반작업이 편리하다.
- ㉡ 전원이 불필요하며, 설치비용이 저렴하다.
- ㉢ 아크용접에 비해 유해 광선의 발생이 적다.
- ㉣ 열량 조절이 비교적 자유롭기 때문에 박판 용접에 적당하다.

② 산소-아세틸렌가스용접의 단점
- ㉠ 열효율이 낮아서 용접속도가 느리다.
- ㉡ 아크용접에 비해 불꽃의 온도가 낮다.
- ㉢ 열 영향에 의하여 용접 후 변형이 심하다.
- ㉣ 고압가스를 사용하므로 폭발 및 화재의 위험이 크다.
- ㉤ 용접부의 기계적 성질이 떨어져서 제품의 신뢰성이 적다.

③ 용접토치의 운봉법
- ㉠ 팁과 모재와의 거리는 불꽃 백심 끝에서 2~3mm로 일정하게 한다.
- ㉡ 용접 시 토치는 오른손으로 가볍게 잡고, 용접선을 따라 직선이나 작은 원, 반달형을 그리며 전진시켜 용융지를 형성한다.

④ 용접토치 운봉법의 종류

가스용접은 용접 비드 및 토치의 진행 방향에 따라 전진법과 후진법으로 나뉜다.

㉠ 전진법(좌진법)
- 주로 판 두께 5mm 이하의 박판용접에 사용한다.
- 용접토치를 오른쪽, 용접봉을 왼손에 잡은 상태에서 용접 진행 방향이 오른쪽에서 왼쪽으로 나가는 방법이다.

- 전진법은 토치의 불꽃이 용융지의 앞쪽을 가열하기 때문에 모재가 과열되기 쉽고 변형이 많으며 기계적 성질도 저하된다.

㉡ 후진법(우진법)

- 용접 변형이 전진법에 비해 작다.
- 가열시간이 짧아 과열되는 현상이 적다.
- 토치를 왼쪽에서 오른쪽으로 이동하는 방법이다.
- 용접속도가 빨라서 두꺼운 판 및 다층 용접에 사용된다.

㉢ 가스용접에서 전진법과 후진법의 차이점

구 분	전진법	후진법
토치 진행 방향	오른쪽 → 왼쪽	왼쪽 → 오른쪽
열 이용률	나쁘다.	좋다.
비드의 모양	보기 좋다.	매끈하지 못하다.
홈의 각도	크다(약 80°).	작다(약 60°).
용접속도	느리다.	빠르다.
용접 변형	크다.	작다.
용접 가능 두께	두께 5mm 이하의 박판	후 판
가열시간	길다.	짧다.
기계적 성질	나쁘다.	좋다.
산화 정도	심하다.	양호하다.
토치 진행 방향 및 각도	좌 우	좌 우

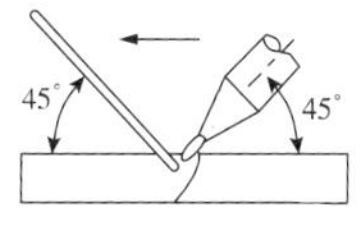

(a) 전진법

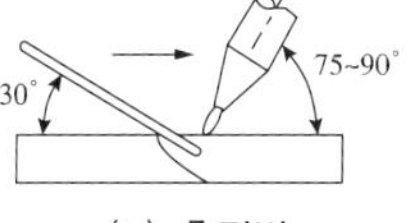

(b) 후진법

⑤ 아세틸렌가스의 토치별 사용압력

저압식	0.07kgf/cm^2 이하
중압식	0.07~1.3kgf/cm^2
고압식	1.3kgf/cm^2 이상

10년간 자주 출제된 문제

6-1. 가스용접에서 전진법과 비교한 후진법의 설명으로 틀린 것은?

① 열이용률이 좋다.
② 용접속도가 빠르다.
③ 용접변형이 크다.
④ 후판에 적합하다.

6-2. 산소-아세틸렌가스용접 시 사용하는 토치의 종류가 아닌 것은?

① 저압식 ② 절단식
③ 중압식 ④ 고압식

|해설|

6-1

가스용접에서 후진법은 전진법에 비해 용접변형이 작다.

6-2

산소-아세틸렌가스용접용 토치별 사용압력

저압식	0.07kgf/cm^2 이하
중압식	0.07~1.3kgf/cm^2
고압식	1.3kgf/cm^2 이상

정답 6-1 ③ 6-2 ②

제4절 절단 및 가공

핵심이론 01 절단법의 종류

① 가스절단의 정의

산소-아세틸렌가스 불꽃을 이용하여 재료를 절단시키는 작업으로 가스절단 시 팁에서 나온 불꽃의 백심 끝과 강판 사이의 간격은 1.5~2mm로 하며 절단한다.

② 절단법의 열원에 의한 분류

종 류	특 징	분 류
아크절단	전기 아크열을 이용한 금속 절단법	산소아크절단
		피복아크절단
		탄소아크절단
		아크에어가우징
		플라스마아크절단
		불활성 가스 아크절단
가스절단	산소가스와 금속과의 산화 반응을 이용한 금속절단법	산소-아세틸렌가스 절단
분말절단	철분이나 플럭스 분말을 연속적으로 절단 산소 속에 혼입시켜서 공급하여 그 반응열이나 용제작용을 이용한 절단법	

③ 절단법의 종류 및 특징

㉠ 산소창절단 : 가늘고 긴 강관(안지름 3.2~6mm, 길이 1.5~3m)을 사용해서 절단 산소를 큰 강괴의 심부에 분출시켜 창으로 불리는 강관 자체가 함께 연소되면서 절단되는 방법

㉡ 분말절단 : 철분이나 플럭스 분말을 연속적으로 절단 산소 속에 혼입시켜서 공급하여 그 반응열을 이용한 절단방법

㉢ 아크에어가우징 : 탄소봉을 전극으로 하여 아크를 발생시킨 후 절단하는 탄소아크절단법에 약 5~7kgf/cm^{2}인 고압의 압축 공기를 병용하는 것으로, 용융된 금속에 탄소봉과 평행으로 분출하는 압축 공기를 계속 불어내서 홈을 파내는 방법이다. 용접부의 홈 가공, 뒷면 따내기(Back Chipping), 용접 결함부 제거 등에 많이 사용된다.

㉣ 플라스마아크절단

플라스마절단에서는 플라스마 기류가 노즐을 통과할 때 열적핀치효과를 이용하여 20,000~30,000℃의 플라스마 아크를 만들어 내는데, 이 초고온의 플라스마 아크를 절단 열원으로 사용하여 가공물을 절단하는 방법

㉤ 가스가우징 : 용접 결함이나 가접부 등의 제거를 위하여 사용하는 방법으로써, 가스절단과 비슷한 토치를 사용해서 용접 부분의 뒷면을 따내거나 U형, H형의 용접 홈을 가공하기 위하여 깊은 홈을 파내는 가공방법

㉥ 산소아크절단

- 산소아크절단에 사용되는 전극봉은 중공의 피복봉으로 발생되는 아크열을 이용하여 모재를 용융시킨 후, 중공 부분으로 절단 산소를 내보내서 절단하는 방법이다.
- 산소아크절단의 특징
  - 전극의 운봉이 거의 필요 없고, 전극봉을 절단 방향으로 직선이동시키면 된다.
  - 입열시간이 적어서 변형이 작다.
  - 가스절단에 비해 절단면이 거칠다.
  - 전원은 직류 정극성이나 교류를 사용한다.
  - 가운데가 비어 있는 중공의 원형봉을 전극봉으로 사용한다.

- 산화발열효과와 산소의 분출압력 때문에 절단속도가 빨라 철강 구조물 해체나 수중 해체 작업에 이용된다.
- 절단면이 고르지 못하다.

ⓢ 피복아크절단 : 피복아크용접봉을 이용하는 것으로 토치나 탄소 용접봉이 없거나 토치의 팁이 들어가지 않는 좁은 곳에 사용하는 방법

ⓞ 금속아크절단 : 탄소 전극봉 대신 절단 전용 특수 피복제를 입힌 전극봉을 사용하여 절단하는 방법으로, 직류 정극성이 적합하며 교류도 사용은 가능하다. 절단면은 가스절단면에 비해 거칠고 담금질 경화성이 강한 재료의 절단부는 기계 가공이 곤란하다.

ⓙ 포갬절단 : 판과 판 사이의 틈새를 0.1mm 이상으로 포개어 압착시킨 후 절단하는 방법

ⓒ TIG절단 : 아크 절단법의 일종으로 텅스텐 전극과 모재 사이에 아크를 발생시켜 모재를 용융하여 절단하는 절단법으로 알루미늄과 마그네슘, 구리 및 구리합금, 스테인리스강 등의 금속재료의 절단에 사용한다. 절단가스로는 $Ar + H_2$의 혼합가스를 사용하고 전원은 직류 정극성을 사용한다.

④ 아크절단과 가스절단의 차이점

아크절단은 절단면의 정밀도가 가스절단보다 떨어지지만, 보통의 가스절단이 곤란한 알루미늄, 구리, 스테인리스강 및 고합금강의 절단에 사용할 수 있다.

10년간 자주 출제된 문제

1-1. 절단하려는 재료에 전기적 접촉을 하지 않으므로 금속재료뿐만 아니라 비금속 절단도 가능한 절단법은?

① 플라스마(Plasma) 아크절단
② 불활성 가스 텅스텐(TIG) 아크절단
③ 산소아크절단
④ 탄소아크절단

1-2. 이면 따내기 방법이 아닌 것은?

① 아크에어가우징　　② 밀 링
③ 가스가우징　　④ 산소창절단

|해설|

1-1

플라스마 아크절단(플라스마 제트절단) : 10,000~30,000℃의 높은 온도를 가진 플라스마를 한 방향으로 모아서 분출시키는 것을 일컬어 플라스마 제트라고 부르는데 이 열원으로 절단하는 방법이다. 절단하려는 재료에 전기적 접촉하지 않으므로 금속재료와 비금속재료 모두 절단이 가능하다.

1-2

산소창절단 : 가늘고 긴 강관(안지름 3.2~6mm, 길이 1.5~3m)을 사용해서 절단 산소를 큰 강괴의 중심부에 분출시켜 창으로 불리는 강관 자체가 함께 연소되면서 절단하는 방법이므로 이면(뒷면) 따내기 방법과는 관련이 없다.

정답 1-1 ① 1-2 ④

핵심이론 02 | 가스절단의 조건

① 가스절단을 사용하는 이유

자동차를 제작할 때는 기계 설비를 이용하여 철판을 알맞은 크기로 자른 뒤 용접을 한다. 하지만 이는 기계적인 방법이고, 용접에서 사용하는 절단은 열에너지에 의해 금속을 국부적으로 용융하여 절단하는 방법인 가스절단이 사용되는데 이는 철과 산소의 화학 반응열을 이용하는 열 절단법이다.

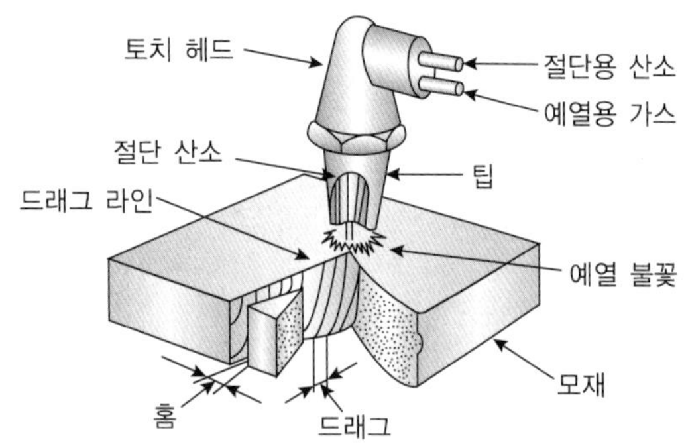

② 가스절단의 품질

가스절단의 품질은 절단속도가 알맞아야 하는데, 이 절단속도는 산소의 압력, 모재의 온도, 산소의 순도, 팁의 형식에 따라 달라진다. 특히 절단산소의 분출량과 속도에 따라 크게 좌우된다.

③ 절단팁의 종류

절단팁의 종류에는 동심형 팁(프랑스식)과 이심형 팁(독일식)이 있다.

동심형 팁 (프랑스식)	동심원의 중앙 구멍으로 고압 산소를 분출하고 외곽 구멍으로는 예열용 혼합가스를 분출한다. 가스절단에서 전후, 좌우 및 직선절단을 자유롭게 할 수 있다.
이심형 팁 (독일식)	고압 가스 분출구와 예열 가스 분출구가 분리되어 예열용 분출구가 있는 방향으로만 절단이 가능하다. 작은 곡선, 후진 등 절단은 어려우나 직선절단의 능률이 높고, 절단면이 깨끗하다.

④ 다이버전트형 절단팁

가스를 고속으로 분출할 수 있으므로 절단속도를 20~25% 증가시킬 수 있다.

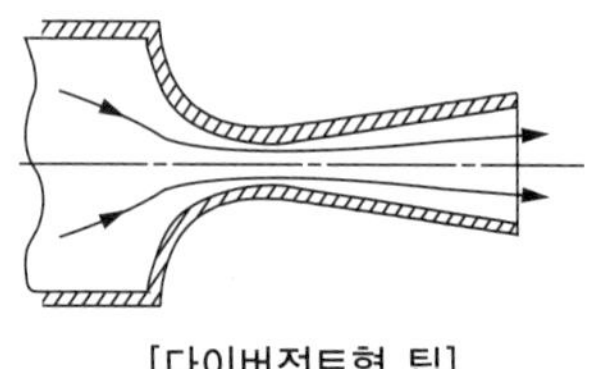

[다이버전트형 팁]

⑤ 표준 드래그길이

$$\text{표준 드래그길이(mm)} = \text{판두께(mm)} \times \frac{1}{5} = \text{판두께의 } 20\%$$

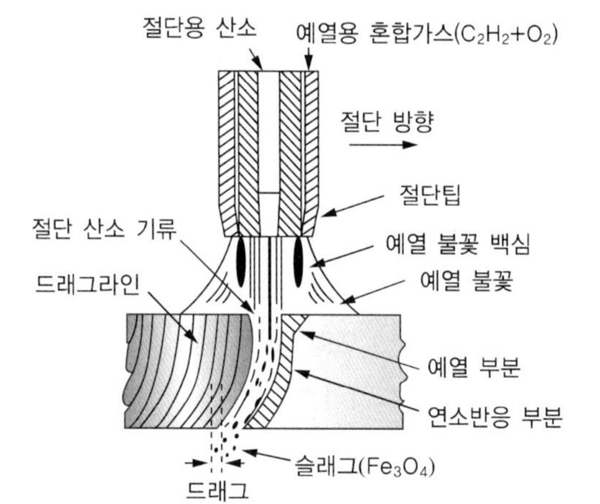

⑥ 드래그량

$$\text{드래그량(\%)} = \frac{\text{드래그길이}}{\text{판두께}} \times 100(\%)$$

⑦ 가스절단의 절단속도

㉠ 산소의 순도가 높으면 절단속도가 빠르다.

㉡ 절단속도는 모재의 온도가 높을수록 고속절단이 가능하다.

㉢ 절단속도는 절단산소의 순도와 분출속도에 따라 결정된다.

㉣ 절단속도는 절단산소의 압력과 산소 소비량이 많을수록 증가한다.

⑧ 양호한 절단면을 얻기 위한 조건
㉠ 드래그가 될 수 있으면 작을 것
㉡ 경제적인 절단이 이루어지도록 할 것
㉢ 절단면 표면의 각이 예리하고 슬래그의 박리성이 좋을 것
㉣ 절단면이 평활하며 드래그의 홈이 낮고 노치 등이 없을 것

⑨ 절단산소의 순도가 떨어질 때의 현상
㉠ 절단면이 거칠고, 절단속도가 늦어진다.
㉡ 산소 소비량이 많아지고, 절단개시시간이 길어진다.
㉢ 슬래그가 잘 떨어지지 않고(박리성이 떨어짐), 절단면 홈의 폭이 넓어진다.

⑩ 가스절단이 잘 안 되는 금속과 절단방법
㉠ 주철 : 주철의 용융점이 연소온도 및 슬래그의 용융점보다 낮고, 주철 중의 흑연은 철의 연속적인 연소를 방해하므로 가스절단이 곤란하다.
㉡ 스테인리스강, 알루미늄 등 : 절단 중 생기는 산화물의 용융점이 모재보다 고용점이므로 끈적끈적한 슬래그가 절단 표면을 덮어 산소와의 산화 반응을 방해하여 가스절단이 곤란하다.

⑪ 주철 및 스테인리스강, 알루미늄의 절단방법
산화물을 용해, 제거하기 위해서는 적당한 분말 용제(Flux)를 산소 기류에 혼입하거나 미리 절단부에 철분을 뿌린 다음 절단한다.

⑫ 가스절단이 원활히 이루어지게 하는 조건
㉠ 모재 중 불연소물이 적을 것
㉡ 산화물이나 슬래그의 유동성이 좋을 것
㉢ 산화 반응이 격렬하고 열을 많이 발생할 것
㉣ 산화물이나 슬래그의 용융온도가 모재의 용융온도보다 낮을 것
㉤ 절단속도가 알맞아야 한다. 절단속도는 산소의 압력, 모재의 온도, 산소의 순도, 팁의 형에 따라 달라진다. 특히 절단 산소의 분출양과 속도에 따라 크게 좌우된다.
㉥ 가스절단 시 예열 불꽃이 강하면 절단면이 거칠며 열량이 많아서 모서리가 용융되어 둥글게 되며, 철과 슬래그의 구분이 어려워진다. 반대로 약하면 절단속도가 늦어지고 드래그 길이가 증가한다.

⑬ 수중 절단용 가스의 특징
㉠ 연료 가스로는 수소가스를 가장 많이 사용한다.
㉡ 일반적으로는 수심 45m 정도까지 작업이 가능하다.
㉢ 수중 작업 시 예열 가스의 양은 공기 중에서의 약 4~8배로 한다.
㉣ 수중 작업 시 절단 산소의 압력은 공기 중에서의 약 1.5~2배로 한다.
㉤ 연료 가스로는 수소, 아세틸렌, 프로판, 벤젠 등의 가스를 사용한다.

⑭ 가스절단에 영향을 미치는 요소
㉠ 예열 불꽃
㉡ 후열 불꽃
㉢ 절단속도
㉣ 산소가스의 순도
㉤ 산소가스의 압력
㉥ 가연성 가스의 압력
㉦ 가스의 분출량과 속도

10년간 자주 출제된 문제

2-1. 두께가 12.7mm인 강판을 가스절단하려 할 때 표준 드래그의 길이는 2.4mm이다. 이때 드래그는 몇 %인가?

① 18.9 ② 32.1
③ 42.9 ④ 52.4

2-2. 가스절단 시 절단면에 생기는 드래그 라인(Drag Line)에 관한 설명으로 틀린 것은?

① 절단속도가 일정할 때 산소 소비량이 적으면 드래그 길이가 길고 절단면이 좋지 않다.
② 가스절단의 양부를 판정하는 기준이 된다.
③ 절단속도가 일정할 때 산소 소비량을 증가시키면 드래그 길이는 길어진다.
④ 드래그 길이는 주로 절단 속도, 산소 소비량에 따라 변화한다.

|해설|

2-1

$$\text{드래그량}(\%) = \frac{\text{드래그 길이}}{\text{판두께}} \times 100(\%)$$

$$= \frac{2.4\text{mm}}{12.7\text{mm}} \times 100(\%) = 18.9\%$$

2-2

가스절단 시 절단속도가 일정할 때 조연성 가스인 산소의 소비량을 증가시키면 그만큼 큰 열량이 발생되므로 드래그 길이는 짧아지고 절단면은 좋아진다.

정답 2-1 ① 2-2 ③

핵심이론 03 가스가공법

① 스카핑(Scarfing)

㉠ 원리 : 스카핑(Scarfing)이란 강괴나 강편, 강재 표면의 홈이나 개재물, 탈탄층 등을 제거하기 위한 불꽃 가공으로 가능한 한 얇으면서 타원형의 모양으로 표면을 깎아내는 가공법이다. 종류로는 열간스카핑, 냉간스카핑, 분말스카핑이 있다.

㉡ 스카핑속도 : 냉간재와 열간재에 따라서 스카핑속도가 달라진다.

냉간재	5~7m/min
열간재	20m/min

② 가스가우징

㉠ 원리 : 가스가우징은 용접 결함이나 가접부 등의 제거를 위하여 사용하는 방법으로써, 가스절단과 비슷한 토치를 사용해서 용접 부분의 뒷면을 따내거나 U형, H형의 용접 홈을 가공하기 위하여 깊은 홈을 파내는 가공법이다.

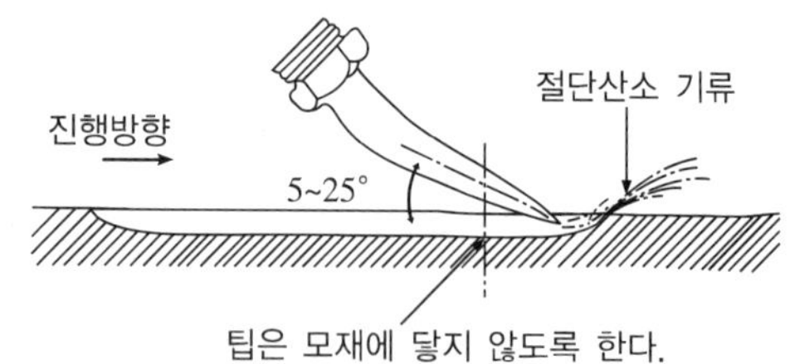

㉡ 가스가우징의 특징

- 가스절단보다 2~5배의 속도로 작업할 수 있다.
- 약간의 진동에서도 작업이 중단되기 쉬워 상당한 숙련이 필요하다.

③ 아크에어가우징(Arc Air Gauging)

㉠ 원리 : 탄소아크절단법에 고압(5~7kgf/cm^2)의 압축공기를 병용하는 방법이다. 용융된 금속에 탄소봉과 평행으로 분출하는 압축공기를 전극 홀더의 끝부분에 위치한 구멍을 통해 연속해서 불어내어 홈을 파내는 방법으로 홈가공이나 구멍 뚫기, 절단 작업, 뒷면 따내기(Back Chipping), 용접부의 결함 제거 등에 사용되는데 비교적 소음이 작고 능률도 좋다. 특수강에 적용 가능하며, 토치의 구조가 간단하여 비교적 좁은 장소의 가우징도 가능하다. 이것은 철이나 비철 금속에 모두 이용할 수 있으며, 가스가우징보다 작업 능률이 2~3배 높고 모재에도 해를 입히지 않는다.

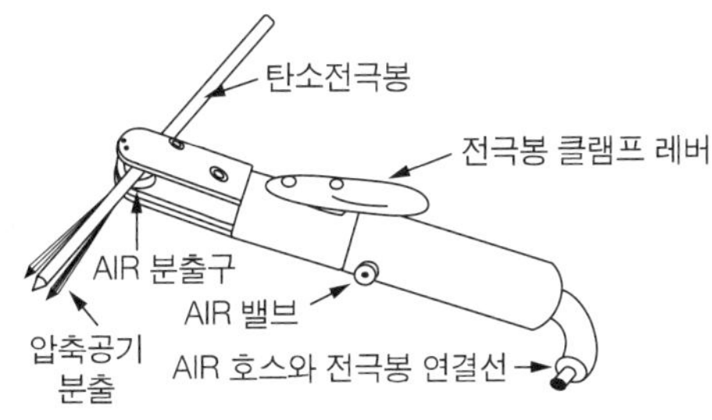

㉡ 특 징

- 소음이 작다.
- 조작방법이 간단하다.
- 용접결함부의 발견이 쉽다.
- 사용전원은 직류 역극성이다.
- 응용 범위가 넓고 경비가 저렴하다.
- 작업능률이 가스가우징보다 2~3배 높다.
- 철이나 비철금속에 모두 사용이 가능하다.
- 흑연으로 된 탄소봉에 구리 도금한 전극을 사용한다.
- 비용이 저렴하고 모재에 나쁜 영향을 미치지 않는다.
- 용융된 금속을 순간적으로 불어내어 모재에 악영향을 주지 않는다.

㉢ 아크에어가우징의 구성요소

- 가우징 봉
- 가우징 머신
- 가우징 토치
- 컴프레서(공기 압축기)

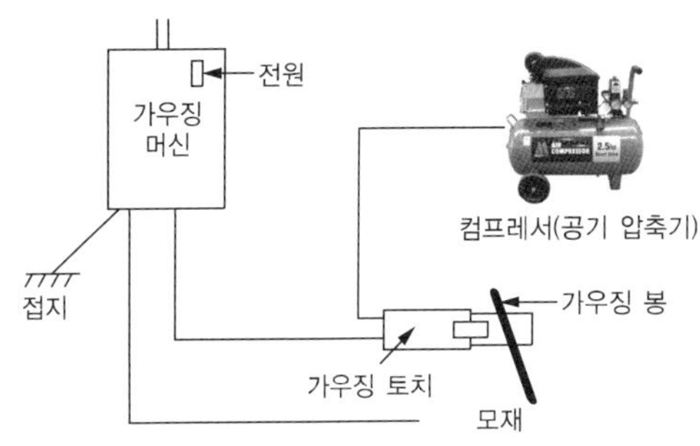

[아크에어가우징의 구성]

10년간 자주 출제된 문제

3-1. 각종 강재 표면의 탈탄층이나 홈을 얇고 넓게 깎아 결함을 제거하는 방법은?

① 가우징 ② 스카핑
③ 선 삭 ④ 천 공

3-2. 탄소전극과 모재와의 사이에 아크를 발생시켜 고압의 공기로 용융금속을 불어내어 홈을 파는 방법은?

① 불꽃 가우징
② 기계적 가우징
③ 아크에어가우징
④ 산소 수소 가우징

|해설|

3-1

스카핑 : 강괴나 강편, 강재 표면의 홈이나 개재물, 탈탄층 등을 제거하기 위한 불꽃 가공으로 가능한 얇으면서 타원형의 모양으로 표면을 깎아내는 가공법

① 가스가우징 : 용접결함이나 가접부 등의 제거를 위해 사용하는 방법으로써 가스절단과 비슷한 토치를 사용해 용접부의 뒷면을 따내거나, U형이나 H형의 용접 홈을 가공하기 위하여 깊은 홈을 파내는 가공법
③ 선삭 : 선반을 이용한 가공법
④ 천공 : 구멍을 뚫는 가공법

3-2

아크에어가우징 : 탄소아크절단법에 고압(5~7kgf/cm^2)의 압축공기를 병용하는 방법이다. 용융된 금속에 탄소봉과 평행으로 분출하는 압축공기를 전극 홀더의 끝부분에 위치한 구멍을 통해 연속해서 불어내어 홈을 파내는 방법으로 홈가공이나 구멍 뚫기, 절단작업에 사용된다. 이것은 철이나 비철금속에 모두 이용할 수 있으며, 가스가우징보다 작업 능률이 2~3배 높고 모재에도 해를 입히지 않는다.

정답 3-1 ② 3-2 ③

제5절 특수 및 기타 용접

핵심이론 01 | 서브머지드 아크용접(SAW ; Submerged Arc Welding, 잠호 용접)

① 서브머지드 아크용접의 정의

용접 부위에 미세한 입상의 플럭스를 도포한 뒤 와이어 릴에 감겨 있는 와이어가 이송 롤러에 의하여 연속적으로 공급되며, 동시에 용제 호퍼에서 용제가 다량으로 공급되기 때문에 와이어 선단은 용제에 묻힌 상태로 모재와의 사이에서 아크가 발생하여 용접이 이루어진다. 이때 아크가 플럭스 속에서 발생되므로 불가시 아크용접, 잠호용접, 개발자의 이름을 딴 케네디 용접, 그리고 이를 개발한 회사의 상품명인 유니언 멜트용접이라고도 한다.

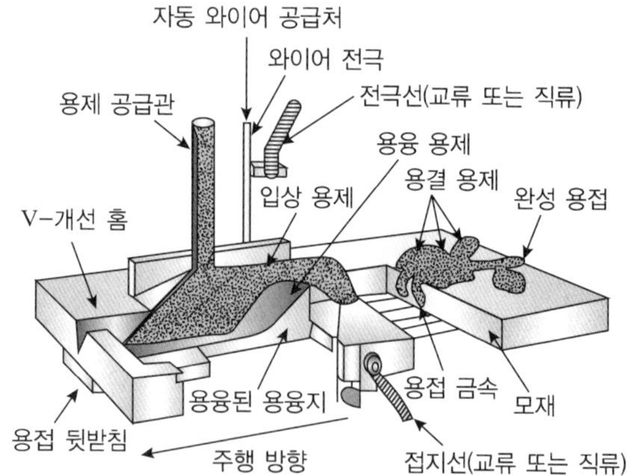

② 서브머지드 아크용접의 특징

㉠ 용접속도가 빠른 경우 용입이 낮아지고, 비드폭이 좁아진다.

㉡ Flux가 과열을 막아 주어 열 손실이 적으며 용입도 깊어 고능률용접이 가능하다.

㉢ 아크길이를 일정하게 유지시키기 위해 와이어의 이송속도가 작고 자동적으로 조정된다.

㉣ 용접전류가 커지면 용입과 비드높이가 증가하고, 전압이 커지면 용입이 낮고 비드폭이 넓어진다.

③ 서브머지드 아크용접의 장점

㉠ 내식성이 우수하다.

㉡ 이음부의 품질이 일정하다.

㉢ 후판일수록 용접속도가 빠르다.

㉣ 높은 전류밀도로 용접할 수 있다.

㉤ 용접 조건을 일정하게 유지하기 쉽다.

㉥ 용접금속의 품질을 양호하게 얻을 수 있다.

㉦ 용제의 단열 작용으로 용입을 크게 할 수 있다.

㉧ 용입이 깊어 개선각을 작게 해도 되므로 용접 변형이 작다.

㉨ 용접 중 대기와 차폐되어 대기 중의 산소, 질소 등의 해를 받지 않는다.

㉩ 용접속도가 아크용접에 비해서 판두께가 12mm일 경우에는 2~3배, 25mm일 경우에는 5~6배 빠르다.

④ 서브머지드 아크용접의 단점

㉠ 설비비가 많이 든다.

㉡ 용접시공 조건에 따라 제품의 불량률이 커진다.

㉢ 용제의 흡습성이 커서 건조나 취급을 잘해야 한다.

㉣ 용입이 크므로 모재의 재질을 신중히 검사해야 한다.

㉤ 용입이 크므로 요구되는 이음가공의 정도가 엄격하다.

㉥ 용접선이 짧고 복잡한 형상의 경우에는 용접기 조작이 번거롭다.

㉦ 아크가 보이지 않으므로 용접의 적부를 확인해서 용접할 수 없다.

㉧ 특수한 장치를 사용하지 않는 한 아래보기, 수평자세 용접에 한정된다.

㉨ 입열량이 크므로 용접금속의 결정립이 조대화되어 충격값이 낮아지기 쉽다.

⑤ 서브머지드 아크용접용 용제(Flux)

㉠ 용제의 종류

- 용융형 : 흡습성이 가장 작으며, 소결형에 비해 좋은 비드를 얻는다.
- 소결형 : 흡습성이 가장 좋다.
- 혼성형 : 중간의 특성을 갖는다.

㉡ 용제의 제조방법

용제의 종류	제조과정
용융형 용제 (Fused Flux)	원광석을 아크 전기로에서 1,300℃로 용융하여 응고시킨 후 분쇄하여 알맞은 입도로 만든 것이다.
소결형 용제 (Sintered Flux)	원료와 합금 분말을 규산화나트륨과 같은 점결제와 함께 낮은 온도에서 일정의 입도로 소결하여 제조한 것으로 기계적 성질을 쉽게 조절할 수 있다.

㉢ 서브머지드 아크용접에 사용되는 용융형 용제의 특징

- 비드 모양이 아름답다.
- 고속 용접이 가능하다.
- 화학적으로 안정되어 있다.
- 미용융된 용제의 재사용이 가능하다.
- 조성이 균일하고 흡습성이 작아서 가장 많이 사용한다.
- 입도가 작을수록 용입이 얕고 너비가 넓으며 미려한 비드를 생성한다.
- 작은 전류에는 입도가 큰 거친 입자를, 큰 전류에는 입도가 작은 미세한 입자를 사용한다. 작은 전류에 미세한 입자를 사용하면 가스 방출이 불량해서 Pock Mark 불량의 원인이 된다.

㉣ 서브머지드 아크용접에 사용되는 소결형 용제의 특징

- 용융형 용제에 비해 용제의 소모량이 적다.
- 페로실리콘이나 페로망간 등에 의해 강력한 탈산 작용이 된다.
- 분말형태로 작게 만든 후 결합하여 만들어서 흡습성이 가장 높다.
- 고입열의 자동차 후판용접, 고장력강 및 스테인리스강의 용접에 유리하다.
- 흡습성이 높아서 사용 전 약 150~300℃에서 1시간 정도 건조해서 사용해야 한다.

⑥ 서브머지드 아크용접과 일렉트로 슬래그용접과의 차이점

일렉트로 슬래그용접은 처음 아크를 발생시킬 때는 모재 사이에 공급된 Flux 속에 와이어를 밀어 넣고서 전류를 통하면 순간적으로 아크가 발생되는데, 이 점은 서브머지드 아크용접과 같다. 그러나 서브머지드 아크용접은 처음 발생된 아크를 플럭스 속에서 계속하여 열을 발생시키지만, 일렉트로 슬래그용접은 처음 발생된 아크가 꺼지고 저항열로서 용접이 계속된다는 점에서 다르다.

⑦ 서브머지드 아크용접의 다전극 용극방식

㉠ 탠덤식 : 2개의 와이어를 독립전원(AC-DC 또는 AC-AC)에 연결한 후 아크를 발생시켜 한 번에 다량의 용착금속을 얻는 방식이다.

㉡ 횡병렬식 : 2개의 와이어를 독립전원에 직렬로 흐르게 하여 아크의 복사열로 모재를 용융시켜 다량의 용착금속을 얻는 방식으로 용접폭이 넓고 용입이 깊다.

㉢ 횡직렬식 : 2개의 와이어를 한 개의 같은 전원에(AC-AC 또는 DC-DC) 연결한 후 아크를 발생시켜 그 복사열로 다량의 용착금속을 얻는 방법으로, 용입이 얕아서 스테인리스강의 덧붙이용접에 사용한다.

⑧ 서브머지드 아크용접장치의 구성요소

㉠ 용접헤드
- 와이어 송급장치
- 접촉팁(Contact Tip)
- 전압제어장치

㉡ 주행대차

10년간 자주 출제된 문제

1-1. 서브머지드 아크용접의 다전극 방식에 의한 분류 중 같은 종류의 전원에 두 개의 전극을 접속하여 용접하는 것으로 비드 폭이 넓고, 용입이 깊은 용접부를 얻기 위한 방식은?

① 탠덤식 ② 횡병렬식
③ 횡직렬식 ④ 종직렬식

1-2. 서브머지드 아크용접에서 용융형 용제의 특징으로 틀린 것은?

① 비드 외관이 아름답다.
② 용제의 화학적 균일성이 양호하다.
③ 미용융 용제는 재사용할 수 없다.
④ 용융 시 산화되는 원소를 첨가할 수 없다.

1-3. 이음부의 루트 간격 치수에 특히 유의하여야 하며, 아크가 보이지 않는 상태에서 용접이 진행된다고 하여 잠호용접이라고도 부르는 용접은?

① 피복아크용접 ② 탄산가스 아크용접
③ 서브머지드 아크용접 ④ 불활성 가스 금속아크용접

|해설|

1-1

같은 종류의 전원에 두 개의 전극을 접속한다고 했으므로 이는 독립전원에 각각 연결시키는 횡병렬식에 대한 설명이다.

1-2

용융형 용제는 미용융된 용제를 재사용할 수 있는 장점이 있다.

1-3

서브머지드 아크용접 : 용접 부위에 미세한 입상의 플럭스를 도포한 뒤 용접선과 나란히 설치된 레일 위를 주행대차가 지나가면서 와이어를 용접부로 공급시키면 플럭스 내부에서 아크가 발생하면서 용접하는 자동 용접법이다. 아크가 플럭스 속에서 발생되므로 용접부가 눈에 보이지 않아 불가시 아크용접, 잠호용접이라고 불린다.

정답 1-1 ② 1-2 ③ 1-3 ③

핵심이론 02 TIG용접 (Tungsten Inert Gas arc welding)

① TIG용접(불활성 가스 텅스텐 아크용접)의 정의

Tungsten(텅스텐) 재질의 전극봉으로 아크를 발생시킨 후 모재와 같은 성분의 용가재를 녹여가며 용접하는 특수용접법으로 불활성 가스 텅스텐 아크용접으로도 부른다. 용접 표면을 Inert Gas(불활성 가스)인 Ar(아르곤)가스로 보호하기 때문에 용접부가 산화되지 않아 깨끗한 용접부를 얻을 수 있다. 또한 전극으로 사용되는 텅스텐 전극봉이 아크만 발생시킬 뿐 용가재를 용입부에 별도로 공급해 주기 때문에 전극봉이 소모되지 않아 비용극식 또는 비소모성 전극 용접법이라고 불린다.

> Inert Gas
> 불활성 가스를 일컫는 말로 주로 Ar가스가 사용되며 He(헬륨), Ne(네온) 등이 있다.

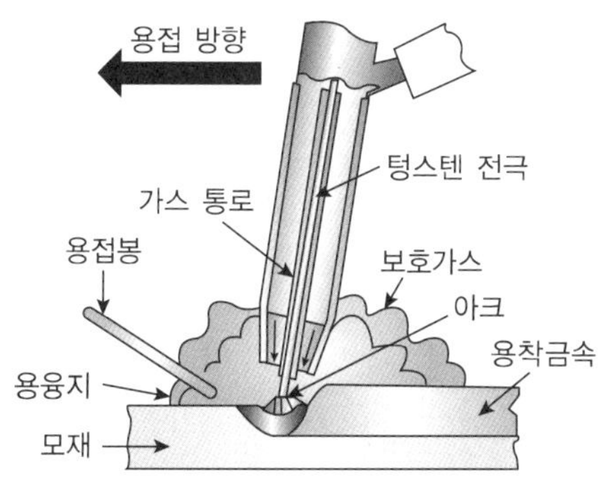

② 불활성 가스 텅스텐 아크용접의 특징

㉠ 보통의 아크용접법보다 생산비가 고가이다.

㉡ 모든 용접자세가 가능하며, 박판용접에 적합하다.

㉢ 용접 전원으로 DC나 AC가 사용되며 직류에서 극성은 용접 결과에 큰 영향을 준다.

㉣ 보호가스로 사용되는 불활성 가스는 용접봉 지지기 내를 통과시켜 용접물에 분출시킨다.

㉤ 용접부가 불활성 가스로 보호되어 용가재 합금 성분의 용착 효율이 거의 100%에 가깝다.

㉥ 직류 역극성에서 청정효과가 있어서 Al과 Mg과 같은 강한 산화막이나 용융점이 높은 금속의 용접에 적합하다.

㉦ 교류에서는 아크가 끊어지기 쉬우므로 용접 전류에 고주파의 약전류를 중첩시켜 양자의 특징을 이용하여 아크를 안정시킬 필요가 있다.

㉧ 직류 정극성(DCSP)에서는 음전기를 가진 전자가 전극에서 모재쪽으로 흐르고 가스 이온은 반대로 모재에서 전극쪽으로 흐르며 깊은 용입을 얻는다.

㉨ 불활성 가스의 압력 조정과 유량 조정은 불활성 가스 압력 조정기로 하며 일반적으로 1차 압력은 $150kgf/cm^2$, 2차 조정 압력은 $140kgf/cm^2$ 정도이다.

③ TIG용접용 토치의 구조

㉠ 롱 캡

㉡ 헤 드

㉢ 세라믹 노즐

㉣ 콜릿 척

㉤ 콜릿 보디

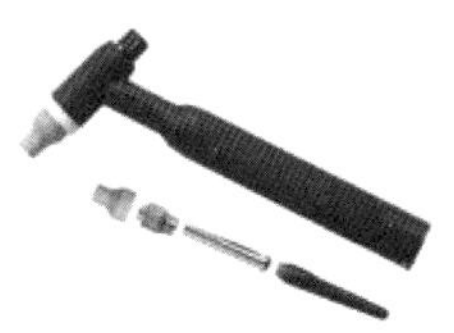

④ TIG용접용 토치의 종류

분 류	명 칭	내 용
냉각방식에 의한 분류	공랭식 토치	200A 이하의 전류 시 사용
	수랭식 토치	650A 정도의 전류까지 사용
모양에 따른 분류	T형 토치	가장 일반적으로 사용
	직선형 토치	T형 토치를 사용이 불가능한 장소에서 사용
	가변형 머리 토치 (플렉서블)	토치 머리의 각도를 조정

⑤ 텅스텐 전극봉의 식별용 색상

텅스텐봉의 종류	색 상
순 텅스텐봉	녹 색
1% 토륨봉	노란색
2% 토륨봉	적 색
지르코니아봉	갈 색

⑥ TIG용접기의 구성

㉠ 용접토치

㉡ 용접전원

㉢ 제어장치

㉣ 냉각수 순환장치

㉤ 보호가스 공급장치

⑦ TIG용접용 전원

아크 안정을 위해 주로 고주파 교류(ACHF)를 전원을 사용한다.

⑧ TIG용접에서 고주파 교류(ACHF)을 전원으로 사용하는 이유

㉠ 긴 아크 유지가 용이하다.

㉡ 아크를 발생시키기 쉽다.

㉢ 비접촉에 의해 용착금속과 전극의 오염을 방지한다.

㉣ 전극의 소모를 줄여 텅스텐 전극봉의 수명을 길게 한다.

㉤ 고주파 전원을 사용하므로 모재에 접촉시키지 않아도 아크가 발생한다.

㉥ 동일한 전극봉에서 직류정극선(DCSP)에 비해 고주파교류(ACHF)가 사용전류 범위가 크다.

10년간 자주 출제된 문제

2-1. 텅스텐 전극봉을 사용하는 용접은?

① 산소-아세틸렌용접　② 피복아크용접
③ MIG용접　④ TIG용접

2-2. 불활성 가스 텅스텐 아크용접의 특징으로 틀린 것은?

① 보호가스가 투명하여 가시용접이 가능하다.
② 가열범위가 넓어 용접으로 인한 변형이 크다.
③ 용제가 불필요하고 깨끗한 비드 외관을 얻을 수 있다.
④ 피복아크용접에 비해 용접부의 연성 및 강도가 우수하다.

|해설|

2-1

TIG용접 : 텅스텐(Tungsten) 재질의 전극봉과 불활성 가스(Inert Gas)인 Ar을 사용해서 용접하는 특수용접법이다.

2-2

TIG용접은 텅스텐봉에서 시작하는 아크 주변만 가열되므로 타 용접방법들에 비해 가열범위가 작아서 용접으로 인한 변형이 작다.

정답 2-1 ④ 2-2 ②

핵심이론 03 MIG용접(Metal Inert Gas arc welding)

① MIG용접(불활성 가스 금속 아크용접)의 원리

용가재인 전극와이어(1.0~2.4ϕ)를 용융지로 연속적으로 보내어 아크를 발생시키는 방법으로, 용극식 또는 소모식 불활성 가스 아크용접법이라 한다. Air Comatic, Sigma, Filler Arc, Argonaut 용접법 등으로도 부른다. 불활성 가스로는 주로 Ar을 사용한다.

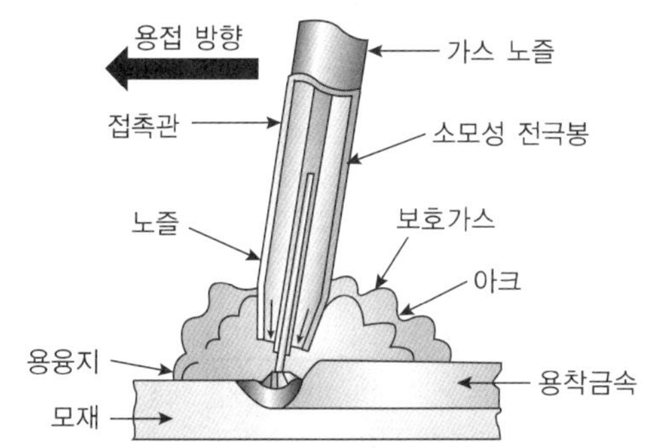

② MIG용접기의 용접 전원

MIG용접의 전원은 직류 역극성(DCRP ; Direct Current Reverse Polarity)이 주로 이용되며 청정작용이 있기 때문에 알루미늄이나 마그네슘 등은 용제가 없이도 용접이 가능하다.

③ MIG용접의 특징

㉠ 분무 이행이 원활하다.

㉡ 열영향부가 매우 작다.

㉢ 용착효율은 약 98%이다.

㉣ 전 자세 용접이 가능하다.

㉤ 용접기의 조작이 간단하다.

㉥ 아크의 자기제어기능이 있다.

㉦ 직류용접기의 경우 정전압 특성 또는 상승 특성이 있다.

㉧ 전류가 일정할 때 아크 전압이 커지면 용융속도가 낮아진다.

㉨ 전류밀도가 아크용접의 4~6배, TIG용접의 2배 정도로 매우 높다.

㉩ 용접부가 좁고, 깊은 용입을 얻으므로 후판(두꺼운 판) 용접에 적당하다.

㉪ 전자동 또는 반자동식이 많으며 전극인 와이어는 모재와 동일한 금속을 사용한다.

㉫ 용접부로 공급되는 와이어가 전극과 용가재의 역할을 동시에 하므로 전극인 와이어는 소모된다.

㉬ 전원은 직류 역극성이 이용되며 Al, Mg 등에는 클리닝 작용(청정 작용)이 있어 용제 없이도 용접이 가능하다.

㉭ 용접봉을 갈아 끼울 필요가 없어 용접속도를 빨리 할 수 있으므로 고속 및 연속적으로 양호한 용접을 할 수 있다.

④ MIG용접의 단점

㉠ 장비 이동이 곤란하다.

㉡ 장비가 복잡하고 가격이 비싸다.

㉢ 보호가스 분출 시 외부의 영향이 없어야 하므로 방풍 대책이 필요하다.

㉣ 슬래그 덮임이 없어 용금의 냉각속도가 빨라서 열영향부(HAZ) 부위의 기계적 성질에 영향을 미친다.

⑤ MIG용접기의 와이어 송급방식

㉠ Push방식 : 미는 방식

㉡ Pull방식 : 당기는 방식

㉢ Push-Pull방식 : 밀고 당기는 방식

⑥ MIG용접의 제어기능

종 류	기 능
예비가스 유출시간	아크 발생 전 보호가스 유출로 아크 안정과 결함의 발생을 방지한다.
스타트 시간	아크가 발생되는 순간에 전류와 전압을 크게 하여 아크 발생과 모재의 융합을 돕는다.
크레이터 충전시간	크레이터 결함을 방지한다.
번 백 시간	크레이터처리에 의해 낮아진 전류가 서서히 줄어들면서 아크가 끊어지는 현상을 제어함으로써 용접부가 녹아내리는 것을 방지한다.
가스지연 유출시간	용접 후 5~25초 정도 가스를 흘려서 크레이터의 산화를 방지한다.

⑦ 용착금속의 보호방식에 따른 분류

가스 발생식	피복제 성분은 주로 셀룰로스이며, 연소 시 가스를 발생시켜 용접부를 보호
슬래그 생성식	피복제 성분이 주로 규사, 석회석 등 무기물로 슬래그를 만들어 용접부를 보호하며 산화 및 질화를 방지
반가스 발생식	가스 발생식과 슬래그 생성식의 중간

⑧ MIG용접 시 용융금속의 이행방식에 따른 분류

이행 방식	이행 형태	특 징
단락이행		• 박판용접에 적합하다. • 모재로의 입열량이 적고 용입이 얕다. • 용융금속이 표면장력의 작용으로 모재에 옮겨가는 용적이행이다. • 저전류의 CO_2 및 MIG 용접에서 솔리드와이어를 사용할 때 발생한다.
입상이행 (글로뷸러) (Globular)		• Globule은 용융방울인 용적을 의미한다. • 깊고 양호한 용입을 얻을 수 있어서 능률적이나 스패터가 많이 발생한다. • 초당 90회 정도의 와이어보다 큰 용적으로 용융되어 모재로 이행된다.
스프레이 이행		• 용적이 작은 입자로 되어 스패터 발생이 적고 비드의 외관이 좋다. • 가장 많이 사용되는 것으로 아크 기류 중에서 용가재가 고속으로 용융되어 미입자의 용적으로 분사되어 모재에 옮겨가면서 용착되는 용적이행이다. • 고전압, 고전류에서 발생하며, 아르곤가스나 헬륨가스를 사용하는 경합금 용접에서 주로 나타나며 용착속도가 빠르고 능률적이다.
맥동이행 (펄스아크)		연속적으로 스프레이 이행을 사용할 때 높은 입열로 인해 용접부의 물성이 변화되었거나 박판 용접 시 용락으로 인해 용접이 불가능할 때 낮은 전류에서도 스프레이 이행이 이루어지게 하여 박판용접을 가능하게 한다.

※ MIG 용접에서는 스프레이 이행 형태를 가장 많이 사용한다.

⑨ 공랭식 MIG 용접토치의 구성요소

㉠ 노 즐

㉡ 토치보디

㉢ 콘택트팁

㉣ 전극와이어

㉤ 작동스위치

㉥ 스위치케이블

㉦ 불활성 가스용 호스

⑩ 공랭식과 수랭식 MIG토치의 차이점

공랭식	• 공기에 자연 노출시켜서 그 열을 식히는 냉각방식이다. • 피복아크용접기의 홀더와 같이 전선에 토치가 붙어서 공기에 노출된 상태로 용접하면서 자연 냉각되는 방식으로 장시간의 용접에는 부적당하다.
수랭식	• 과열된 토치 케이블인 전선을 물로 식히는 방식이다. • 현장에서 장시간 작업을 하면 용접토치에 과열이 발생되는데, 이 과열된 자동차의 라디에이터 장치처럼 물을 순환시켜 전선의 과열을 막음으로써 오랜 시간 동안 작업을 할 수 있다.

⑪ 아크의 자기 제어

㉠ 어떤 원인에 의해 아크길이가 짧아져도 이것을 다시 길게 하여 원래의 길이로 돌아오는 제어기능이다.

㉡ 동일 전류에서 아크전압이 높으면 용융속도가 떨어지고, 와이어의 송급속도가 격감하여 용접물이 오목하게 패인다. 아크길이가 길어짐으로써 아크전압이 높아지면 전극의 용융속도가 감소하므로 아크길이가 짧아져 다시 원래 길이로 돌아간다.

10년간 자주 출제된 문제

3-1. MIG용접법의 특징에 대한 설명으로 틀린 것은?

① 전 자세 용접이 불가능하다.
② 용접속도가 빠르므로 모재의 변형이 작다.
③ 피복아크용접에 비해 빠른 속도로 용접할 수 있다.
④ 후판에 적합하고 각종 금속 용접에 다양하게 적용할 수 있다.

3-2. 용융금속의 용적이행 형식인 단락형에 관한 설명으로 옳은 것은?

① 표면장력의 작용으로 이행하는 형식
② 전류소자 간 흡인력에 이행하는 형식
③ 비교적 미세 용적이 단락되지 않고 이행하는 형식
④ 미세한 용적이 스프레이와 같이 날려 이행하는 형식

|해설|

3-1

MIG(Metal Inert Gas arc welding) 용접은 전 자세 용접이 가능하다.

3-2

단락이행방식은 용융금속이 표면장력의 작용으로 모재에 옮겨가는 용적이행이다.

정답 3-1 ① 3-2 ①

핵심이론 04 CO_2가스아크용접(탄산가스아크용접)

① CO_2 용접의 정의

Coil로 된 용접와이어를 송급 모터에 의해 용접토치까지 연속으로 공급시키면서 토치 팁을 통해 빠져 나온 통전된 와이어 자체가 전극이 되어 모재와의 사이에 아크를 발생시켜 접합하는 용극식 용접법이다.

② CO_2 용접의 특징

㉠ 조작이 간단하다.

㉡ 가시 아크로 시공이 편리하다.

㉢ 전 용접자세로 용접이 가능하다.

㉣ 용착금속의 강도와 연신율이 크다.

㉤ MIG 용접에 비해 용착금속에 기공의 발생이 작다.

㉥ 보호가스가 저렴한 탄산가스이므로 경비가 적게 든다.

㉦ 킬드강이나 세미킬드강, 림드강도 쉽게 용접할 수 있다.

㉧ 아크와 용융지가 눈에 보여 정확한 용접이 가능하다.

㉨ 산화 및 질화가 되지 않아 양호한 용착금속을 얻을 수 있다.

㉩ 용접의 전류밀도가 커서 용입이 깊고 용접속도를 빠르게 할 수 있다.

㉪ 용착금속 내부의 수소 함량이 타 용접법보다 적어 은점이 생기지 않는다.

㉫ 용제가 사용되지 않아 슬래그의 잠입이 적으며 슬래그를 제거하지 않아도 된다.

㉬ 아크 특성에 적합한 상승 특성을 갖는 전원을 사용하므로 스패터의 발생이 적고 안정된 아크를 얻는다.

㉭ 서브머지드 아크용접에 비해 모재 표면의 녹이나 오물 등이 있어도 큰 지장이 없으므로 용접 때 완전한 청소를 하지 않아도 된다.

③ CO_2 용접의 단점

㉠ 비드 외관이 타 용접에 비해 거칠다.

㉡ 탄산가스(CO_2)를 사용하므로 작업량에 따라 환기를 해야 한다.

㉢ 고온 상태의 아크 중에서는 산화성이 크고 용착금속의 산화가 심하여 기공 및 그 밖의 결함이 생기기 쉽다.

㉣ 일반적으로 탄산가스 함량이 약 3~4%일 때 두통이나 뇌빈혈을 일으키고, 15% 이상이면 위험상태가 되며, 30% 이상이면 중독되어 생명이 위험하다.

④ CO_2 용접의 전진법과 후진법의 차이점

전진법	후진법
• 용접선이 잘 보여 운봉이 정확하다. • 높이가 낮고 평탄한 비드를 형성한다. • 스패터가 비교적 많고 진행 방향으로 흩어진다. • 용착금속이 아크보다 앞서기 쉬워 용입이 얕다.	• 스패터 발생이 적다. • 깊은 용입을 얻을 수 있다. • 높이가 높고 폭이 좁은 비드를 형성한다. • 용접선이 노즐에 가려 운봉이 부정확하다. • 비드 형상이 잘 보여 폭, 높이의 제어가 가능하다.

⑤ 와이어 돌출길이에 따른 특징

돌출길이란 팁 끝부터 아크길이를 제외한 선단까지의 길이를 말한다.

와이어 돌출 길이가 길 때	와이어 돌출 길이가 짧을 때
• 용접와이어의 예열이 많아진다. • 용착속도가 커진다. • 용착효율이 커진다. • 보호효과가 나빠지고 용접 전류가 낮아진다.	• 가스보호는 좋으나 노즐에 스패터가 부착되기 쉽다. • 용접부의 외관이 나쁘며, 작업성이 떨어진다.

⑥ 팁과 모재와의 적정 거리

㉠ 저전류 영역(약 200A 미만) : 10~15mm

㉡ 고전류 영역(약 200A 이상) : 15~25mm

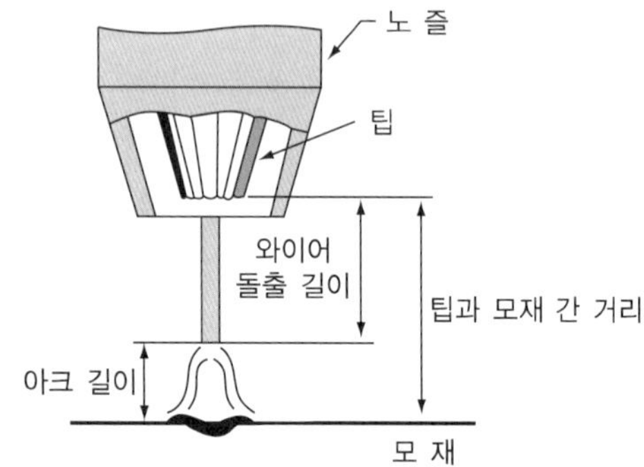

⑦ CO_2 용접의 맞대기 용접 조건

판두께 (mm)	와이어 지름 (mm)	루트 간격 (mm)	용접전류 (A)	아크전압 (V)	용접속도 (m/min)
1.0	0.9	0	90~100	17~18	80~90
2.0	1.2	0	110~120	19~21	45~50
3.2	1.2	1.5	110~120	19~21	40~45
4.0	1.2	1.5	110~120	19~21	40~45

⑧ CO_2 용접의 재료 두께별 아크전압(V) 구하는 식

아크전압을 높이면 비드가 넓고 납작해지며 기포가 발생하며 아크길이가 길어진다. 반대로 아크전압이 낮으면 아크가 집중되어 용입이 깊어지고 아크길이는 짧아진다.

박판의 아크전압(V)	$0.04 \times$ 용접전류(I) + (15.5±10%)
	$0.04 \times$ 용접전류(I) + (15.5±1.5)
후판의 아크전압(V)	$0.04 \times$ 용접전류(I) + (20±10%)
	$0.04 \times$ 용접전류(I) + (20±2)

예 두께가 3.2mm인 박판을 CO_2 가스 아크용접법으로 맞대기 용접을 하고자 한다. 용접전류 100A를 사용할 때, 이에 가장 적합한 아크전압(V)의 조정 범위는?

풀이

박판의 아크전압(V)을 구하는 식은

$0.04 \times I + (15.5 \pm 1.5)$이므로

• $0.04 \times 100 + (15.5 + 1.5) = 4 + 17 = 21$

• $0.04 \times 100 + (15.5 - 1.5) = 4 + 14 = 18$

따라서, 아크전압(V)의 조정 범위는 18~21V이다.

⑨ CO_2 가스 아크용접용 토치구조

㉠ 노 즐

㉡ 가스디퓨저

㉢ 스프링라이너

⑩ CO_2 용접에서의 와이어 송급방식

㉠ Push방식 : 미는 방식

㉡ Pull방식 : 당기는 방식

㉢ Push-Pull방식 : 밀고 당기는 방식

⑪ 솔리드와이어 혼합 가스법의 종류

㉠ CO_2 + CO법

㉡ CO_2 + O_2법

㉢ CO_2 + Ar법

㉣ CO_2 + Ar + O_2법

⑫ 사용와이어에 따른 용접법의 분류

구분	용접법
솔리드와이어 (Solid Wire)	CO_2법
	혼합가스법
복합와이어 (FCW ; Flux Cored Wire)	아코스 아크법
	유니언 아크법
	퓨즈 아크법
	NCG법
	S관상 와이어
	Y관상 와이어

⑬ 솔리드와이어와 복합(플럭스)와이어의 차이점

솔리드와이어	복합(플럭스)와이어
• 기공이 많다. • 용가재인 와이어만으로 구성되어 있다. • 동일 전류에서 전류밀도가 작다. • 용입이 깊다. • 바람의 영향이 크다. • 비드의 외관이 아름답지 않다. • 스패터 발생이 일반적으로 많다. • Arc의 안정성이 작다.	• 기공이 적다. • 와이어의 가격이 비싸다. • 비드의 외관이 아름답다. • 동일 전류에서 전류밀도가 크다. • 용제가 미리 심선 속에 들어 있다. • 탈산제나 아크 안정제 등의 합금원소가 포함되어 있다. • 바람의 영향이 작다. • 용입의 깊이가 얕다. • 스패터 발생이 적다. • Arc 안정성이 크다.

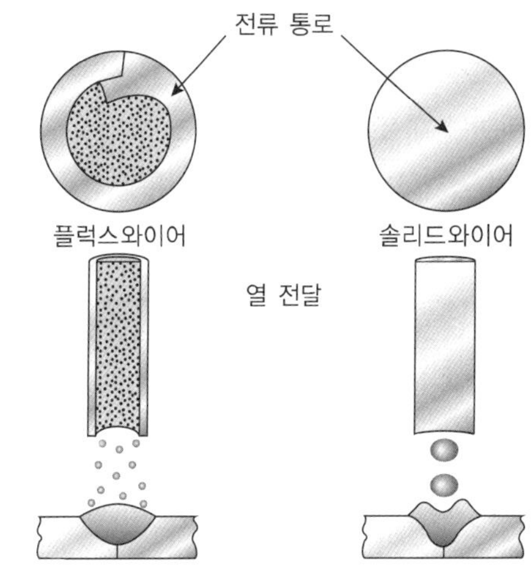

⑭ CO_2 용접용 솔리드와이어의 호칭방법 및 종류

㉠ CO_2 용접용 솔리드와이어의 호칭방법

Y	G	A	-	50	W	-	1.2	-	20
용접 와이어	가스 실드 아크 용접	내후성 강의 종류		용착 금속의 최소인장 강도	와이어의 화학성분		지름		무게
CO_2 용접용 와이어의 종류							지름		무게

㉡ CO_2 용접용 솔리드와이어의 종류

와이어의 종류	적용 강
YGA-50W	인장강도 400N/mm^{2}급 및 490N/mm^{2}급 내후성 강의 W형
YGA-50P	인장강도 400N/mm^{2}급 및 490N/mm^{2}급 내후성 강의 P형
YGA-58W	인장강도 570N/mm^{2}급 내후성 강의 W형
YGA-58P	인장강도 570N/mm^{2}급 내후성 강의 P형

※ 내후성 : 각종 기후에 잘 견디는 성질로 녹이 잘 슬지 않는 성질

⑮ CO_2 용접에서 전류의 크기에 따른 가스 유량

전류 영역		가스 유량(L/min)
250A 이하	저전류 영역	10~15
250A 이상	고전류 영역	20~25

⑯ CO_2 가스 아크용접에서 기공발생의 원인

㉠ CO_2 가스의 유량이 부족하다.

㉡ 바람에 의해 CO_2 가스가 날린다.

㉢ 노즐과 모재 간 거리가 지나치게 길다.

⑰ 뒷댐재

CO_2 가스 아크용접에서 이면 비드 형성과 뒷면 가우징 및 뒷면 용접을 생략할 수 있고 모재의 중량에 따른 뒤업기 작업도 생략할 수 있도록 용접 홈의 이면(뒷면)에 부착하는 용접 보조도구

10년간 자주 출제된 문제

4-1. 용접법의 종류 중 알루미늄 합금재료의 용접이 불가능한 것은?

① 피복아크용접 ② 탄산가스 아크용접
③ 불활성 가스 아크용접 ④ 산소-아세틸렌가스용접

4-2. 이산화탄소 아크용접에 대한 설명으로 옳지 않은 것은?

① 아크시간을 길게 할 수 있다.
② 가시(可視) 아크이므로 시공 시 편리하다.
③ 용접입열이 크고, 용융속도가 빠르며 용입이 깊다.
④ 바람의 영향을 받지 않으므로 방풍장치가 필요 없다.

4-3. 탄산가스 아크용접에 대한 설명으로 틀린 것은?

① 용착금속에 포함된 수소량은 피복아크용접봉보다 적다.
② 박판 용접은 단락이행 용접법에 의해 가능하고, 전자세 용접도 가능하다.
③ 피복아크용접처럼 용접봉을 갈아 끼우는 시간이 필요 없으므로 용접 생산성이 높다.
④ 용융지의 상태를 보면서 용접할 수가 없으므로 용접 진행의 양부 판단이 곤란하다.

|해설|

4-1

이산화탄소(CO_2, 탄산)가스 아크용접은 용접 재료가 철(Fe)에 한정되어 있으므로 알루미늄의 용접은 불가능하다.

4-2

CO_2 용접(이산화탄소가스 아크용접)도 보호가스로 이산화탄소 가스를 사용하므로 바람의 영향을 받는다. 따라서 야외에서 작업 시 방풍장치가 필요하다.

4-3

이산화탄소(CO_2, 탄산)가스아크용접은 아크와 용융지가 눈에 보여 정확한 용접이 가능하므로 용접 진행의 양부 판단이 가능하다.

정답 4-1 ② 4-2 ④ 4-3 ④

핵심이론 05 스터드용접(Stud Welding)

① 원 리

아크용접의 일부로서 봉재, 볼트 등의 스터드를 판 또는 프레임 등의 구조재에 직접 심는 능률적인 용접 방법이다. 여기서 스터드란 판재에 덧대는 물체인 봉이나 볼트와 같이 긴 물체를 일컫는 용어이다.

② 스터드용접의 진행순서

모재에 Stud 고정 및 Stud를 둘러싸고 있는 페룰에 의한 통전	Stud를 들어올려 Arc 발생	통전을 단절하고 가압스프링으로 가압	Stud 용접 완료

③ 스터드용접의 특징

㉠ 용접부가 비교적 작기 때문에 냉각속도가 빠르다.
㉡ 철강 재료 외에 구리, 황동, 알루미늄, 스테인리스강에도 적용이 가능하다.
㉢ 탭 작업, 구멍 뚫기 등이 필요 없이 모재에 볼트나 환봉 등을 용접할 수 있다.
㉣ 아크열을 이용하여 자동적으로 단시간에 용접부를 가열 용융하여 용접하는 방법으로 용접변형이 극히 작다.

④ 페룰(Ferrule)

모재와 스터드가 통전할 수 있도록 연결해 주는 것으로 아크 공간을 대기와 차단하여 아크분위기를 보호한다. 아크열을 집중시켜 주며 용착금속의 누출을 방지하고 작업자의 눈도 보호해 준다.

10년간 자주 출제된 문제

5-1. 스터드용접(Stud Welding)법의 특징 설명으로 틀린 것은?

① 아크열을 이용하여 자동적으로 단시간에 용접부를 가열 용융하여 용접하는 방법으로 용접변형이 극히 작다.
② 탭 작업, 구멍 뚫기 등이 필요 없이 모재에 볼트나 환봉 등을 용접할 수 있다.
③ 용접 후 냉각속도가 비교적 느리므로 용착금속부 또는 열영향부가 경화되는 경우가 적다.
④ 철강 재료 외에 구리, 황동, 알루미늄, 스테인리스강에도 적용이 가능하다.

5-2. 스터드용접에서 페룰의 역할로 틀린 것은?

① 용융금속의 유출을 촉진시킨다.
② 아크열을 집중시켜 준다.
③ 용융금속의 산화를 방지한다.
④ 용착부의 오염을 방지한다.

|해설|

5-1
스터드용접은 용접부가 비교적 작기 때문에 냉각속도가 빠르다.

5-2
스터드용접에 사용되는 페룰은 용융부를 둘러싸고 있으므로 용융금속의 유출을 방지한다.

정답 5-1 ③ 5-2 ①

핵심이론 06 테르밋용접(Termit Welding)

① 테르밋용접의 정의

금속 산화물과 알루미늄이 반응하여 열과 슬래그를 발생시키는 테르밋반응을 이용하는 용접법이다. 강을 용접할 경우에는 산화철과 알루미늄 분말을 3 : 1로 혼합한 테르밋제를 만든 후 냄비의 역할을 하는 도가니에 넣고, 점화제를 약 1,000℃로 점화시키면 약 2,800℃의 열이 발생되어 용접용 강이 만들어지는데 이 강(Steel)을 용접 부위에 주입 후 서랭하여 용접을 완료한다. 철도 레일이나 차축, 선박의 프레임 접합에 주로 사용된다.

② 테르밋용접의 특징

㉠ 전기가 필요 없다.
㉡ 용접작업이 단순하다.
㉢ 홈 가공이 불필요하다.
㉣ 용접시간이 비교적 짧다.
㉤ 용접 결과물이 우수하다.
㉥ 용접 후 변형이 크지 않다.
㉦ 용접기구가 간단해서 설비비가 저렴하다.
㉧ 구조, 단조, 레일 등의 용접 및 보수에 이용한다.
㉨ 작업장소의 이동이 쉬워 현장에서 많이 사용된다.
㉩ 금속 산화물이 알루미늄에 의해 산소를 빼앗기는 반응을 이용한다.
㉪ 차축이나 레일의 접합, 선박의 프레임 등 비교적 큰 단면을 가진 물체의 맞대기 용접과 보수 용접에 주로 사용한다.

③ 테르밋용접용 점화제의 종류

㉠ 마그네슘
㉡ 과산화바륨
㉢ 알루미늄분말

④ 테르밋 반응식

㉠ $3FeO + 2Al \rightleftarrows 3Fe + Al_2O_3 + 199.5kcal$
㉡ $Fe_2O_3 + 2Al \rightleftarrows 2Fe + Al_2O_3 + 198.3kcal$
㉢ $3Fe_3O_4 + 8Al \rightleftarrows 9Fe + 4Al_2O_3 + 773.7kcal$

10년간 자주 출제된 문제

6-1. 테르밋용접에 관한 설명으로 틀린 것은?

① 테르밋 혼합제는 미세한 알루미늄 분말과 산화철의 혼합물이다.
② 테르밋 반응 시 온도는 약 4,000℃이다.
③ 테르밋용접 시 모재가 강일 경우 약 800~900℃로 예열시킨다.
④ 테르밋은 차축, 레일, 선미 프레임 등 단면이 큰 부재 용접 시 사용한다.

6-2. 산화철 분말과 알루미늄 분말의 혼합제에 점화시켜 화학반응을 이용한 용접법은?

① 스터드용접　② 전자빔용접
③ 테르밋용접　④ 아크점용접

6-3. 테르밋용접 이음부의 예열 온도는 약 몇 ℃가 적당한가?

① 400~600　② 600~800
③ 800~900　④ 1,000~1,100

|해설|

6-1

테르밋용접 시 발생되는 반응온도는 약 2,800℃ 정도이다.

6-2

테르밋용접(Termit Welding) : 금속 산화물과 알루미늄이 반응하여 열과 슬래그를 발생시키는 테르밋반응을 이용하는 용접법이다. 강을 용접할 경우에는 산화철과 알루미늄 분말을 3 : 1로 혼합한 테르밋제를 만든 후 냄비의 역할을 하는 도가니에 넣고, 점화제를 약 1,000℃로 점화시키면 약 2,800℃의 열이 발생되어 용접용 강이 만들어지는데 이 강(Steel)을 용접 부위에 주입 후 서랭하여 용접을 완료한다. 철도 레일이나 차축, 선박의 프레임 접합에 주로 사용된다.

6-3

테르밋용접 이음부의 예열 온도는 800~900℃가 적당하다.

정답 6-1 ② 6-2 ③ 6-3 ③

핵심이론 07 플라스마 아크용접(플라스마 제트용접)

① 플라스마의 정의

기체를 가열하여 온도가 높아지면 기체의 전자는 심한 열운동에 의해 전리되어 이온과 전자가 혼합되면서 매우 높은 온도와 도전성을 가지는데 이러한 현상을 플라스마라고 한다.

② 원 리

높은 온도를 가진 플라스마를 한 방향으로 모아서 분출시키는 것을 일컬어 플라스마 제트라고 부르며, 이를 이용하여 용접이나 절단에 사용하는 용접방법으로 설비비가 많이 드는 단점이 있다.

③ 플라스마 아크용접과 플라스마 제트용접의 차이점

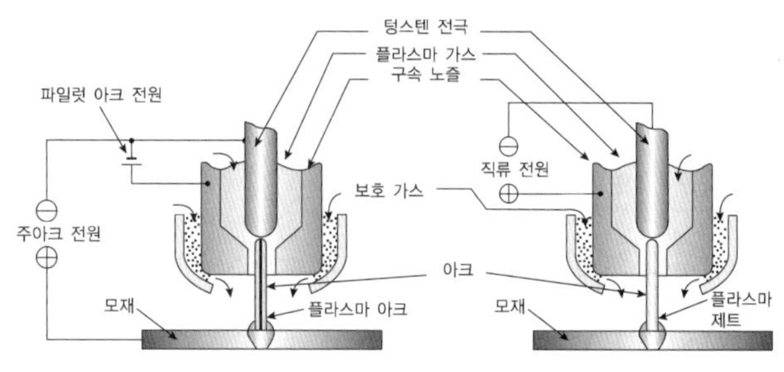

[플라스마 아크용접]　[플라스마 제트용접]

④ 플라스마 아크용접의 특징

㉠ 용접 변형이 작다.
㉡ 용접의 품질이 균일하다.
㉢ 용접부의 기계적 성질이 좋다.
㉣ 용접속도를 크게 할 수 있다.
㉤ 용입이 깊고 비드의 폭이 좁다.
㉥ 용접장치 중에 고주파 발생장치가 필요하다.
㉦ 용접속도가 빨라서 가스 보호가 잘되지 않는다.
㉧ 무부하전압이 일반 아크용접기보다 약 2~5배 더 높다.
㉨ 핀치효과에 의해 전류밀도가 크고, 안정적이며 보유 열량이 크다.
㉩ 스테인리스강이나 저탄소 합금강, 구리합금, 니켈합금과 같이 용접하기 힘든 재료도 용접이 가능하다.

㉪ 판 두께가 두꺼울 경우 토치 노즐이 용접 이음부의 루트면까지의 접근이 어려워서 모재의 두께는 25mm 이하로 제한을 받는다.

㉫ 아크용접에 비해 약 10~100배의 높은 에너지 밀도를 가짐으로써 10,000~30,000℃ 정도 고온의 플라스마를 얻으므로 철과 비철금속의 용접과 절단에 이용된다.

⑤ 열적 핀치 효과

아크 플라스마의 외부를 가스로 강제 냉각을 하면 아크 플라스마는 열손실이 증가하여 전류를 일정하게 하고 아크전압은 상승된다. 이때 아크 플라스마는 열손실이 최소가 되도록 단면이 수축되고 전류밀도가 증가하여 상당히 높은 온도의 아크 플라스마가 얻어진다.

⑥ 자기적 핀치 효과

아크 플라스마는 고전류가 되면 방전전류에 의하여 생기는 자장과 전류의 작용으로 아크의 단면이 수축하여 가늘게 되고, 전류밀도가 증가하여 큰 에너지를 발생시킨다.

10년간 자주 출제된 문제

7-1. 열적 핀치 효과와 자기적 핀치 효과를 이용하는 용접은?

① 초음파용접 ② 고주파용접
③ 레이저용접 ④ 플라스마 아크용접

7-2. 플라스마 아크용접에 사용되는 가스가 아닌 것은?

① 헬 륨 ② 수 소
③ 아르곤 ④ 암모니아

|해설|

7-2

높은 온도를 가진 플라스마를 한 방향으로 모아서 분출시키는 것을 일컬어 플라스마 제트라고 부르며, 이를 이용하여 용접이나 절단에 사용하는 것을 플라스마 아크용접이라고 한다. 보호가스로 헬륨, 수소, 아르곤 등의 불활성 가스를 사용한다.

정답 7-1 ④ 7-2 ④

핵심이론 08 일렉트로 슬래그용접

① 일렉트로 슬래그용접의 정의

용융된 슬래그와 용융 금속이 용접부에서 흘러나오지 못하도록 수랭동판으로 둘러싸고 이 용융 풀에 용접봉을 연속적으로 공급하는데, 이때 발생하는 용융 슬래그의 저항열에 의하여 용접봉과 모재를 연속적으로 용융시키면서 용접하는 방법이다.

② 일렉트로 슬래그용접의 장점

㉠ 용접이 능률적이다.

㉡ 후판 용접에 적합하다.

㉢ 전기 저항열에 의한 용접이다.

㉣ 용접시간이 적어서 용접 후 변형이 작다.

㉤ 판두께가 가장 두꺼운 경우에도 용접이 가능하다.

③ 일렉트로 슬래그용접의 단점

㉠ 손상된 부위에 취성이 크다.

㉡ 가격이 비싸며, 용접 후 기계적 성질이 좋지 않다.

㉢ 냉각하는 데 시간이 오래 걸려서 기공이나 슬래그가 섞일 확률이 적다.

④ 일렉트로 슬래그용접부의 구조

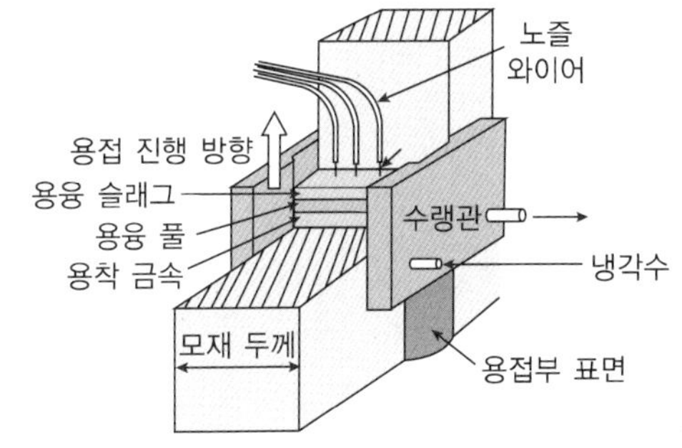

⑤ 일렉트로 슬래그용접이음의 종류

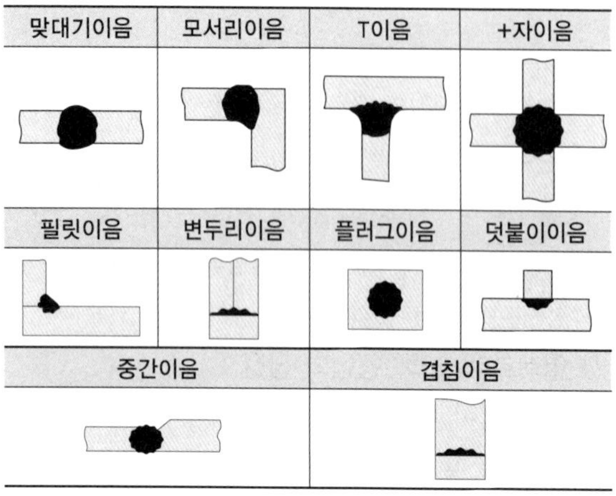

맞대기이음	모서리이음	T이음	+자이음
필릿이음	변두리이음	플러그이음	덧붙이이음
중간이음		겹침이음	

10년간 자주 출제된 문제

8-1. 실드가스로서 주로 탄산가스를 사용하여 용융부를 보호하여 탄산가스 분위기 속에서 아크를 발생시켜 그 아크열로 모재를 용융시켜 용접하는 방법은?

① 테르밋용접
② 실드용접
③ 전자빔용접
④ 일렉트로가스 아크용접

8-2. 판두께가 가장 두꺼운 경우에 적합한 용접방법은?

① 원자수소용접
② CO_2가스용접
③ 서브머지드용접(Submerged Welding)
④ 일렉트로 슬래그용접(Electro Slag Welding)

8-3. 일렉트로 슬래그용접의 특징으로 틀린 것은?

① 용접 입열이 낮다.
② 후판 용접에 적합하다.
③ 용접 능률과 용접 품질이 우수하다.
④ 용접 진행 중 직접 아크를 눈으로 관찰할 수 없다.

|해설|

8-1

일렉트로가스 아크용접 : 탄산가스(CO_2)를 용접부의 보호가스로 사용하며 탄산가스 분위기 속에서 아크를 발생시켜 그 아크열로 모재를 용융시켜 용접하는 방법

8-2

일렉트로 슬래그용접은 판의 두께가 아주 두꺼울 때 효과적인 용접법이다.

8-3

일렉트로 슬래그용접은 입열량이 커서 후판 용접에 적합하다.

정답 8-1 ④ 8-2 ④ 8-3 ①

핵심이론 09 전자빔용접 (EBW ; Electron Beam Welding)

① 전자빔용접의 정의

고밀도로 집속되고 가속화된 전자빔을 높은 진공(10^{-6}~10^{-4}mmHg) 속에서 용접물에 고속도로 조사시키면 빛과 같은 속도로 이동한 전자가 용접물에 충돌하면서 전자의 운동에너지를 열에너지로 변환시켜 국부적으로 고열을 발생시키는데, 이때 생긴 열원으로 용접부를 용융시켜 용접하는 방식이다. 텅스텐(3,410℃)과 몰리브덴(2,620℃)과 같이 용융점이 높은 재료의 용접에 적합하다.

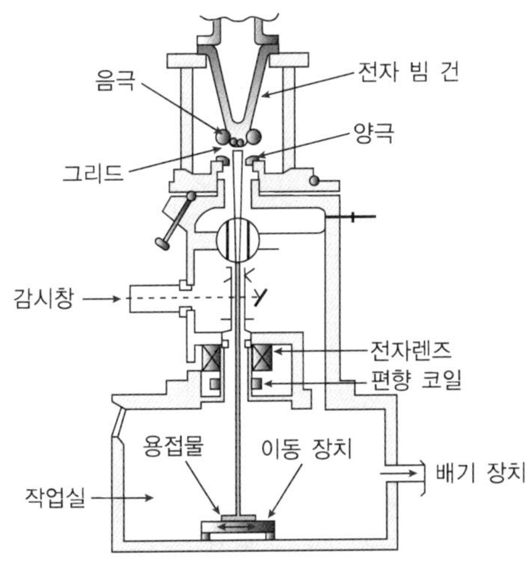

② 전자빔용접의 장점

㉠ 에너지 밀도가 크다.

㉡ 정밀용접이 가능하다.

㉢ 용접부의 성질이 양호하다.

㉣ 활성 재료가 용이하게 용접이 된다.

㉤ 고용융점 재료의 용접이 가능하다.

㉥ 아크빔에 의해 열의 집중이 잘된다.

㉦ 고속절단이나 구멍 뚫기에 적합하다.

㉧ 용접부가 작아서 입열량도 적으므로 HAZ와 용접 변형이 작다.

㉨ 아크용접에 비해 용입이 깊어 다층용접도 단층용접으로 완성할 수 있다.

㉩ 얇은 판에서 두꺼운 판까지 용접할 수 있다(응용 범위가 넓다).

㉪ 높은 진공상태에서 행해지므로 대기와 반응하기 쉬운 재료도 용접이 가능하다.

㉫ 진공 중에서도 용접하므로 불순가스에 의한 오염이 적고 높은 순도의 용접이 된다.

③ 전자빔용접의 단점

㉠ 설비비가 비싸다.

㉡ 용접부에 경화 현상이 생긴다.

㉢ X선 피해에 대한 특수보호장치가 필요하다.

㉣ 진공 중에서 용접하기 때문에 진공 상자의 크기에 따라 모재 크기가 제한된다.

④ 전자빔용접의 가속전압

㉠ 고전압형 : 60~150kV(일부 전공서에는 70~150kV로 되어 있다)

㉡ 저전압형 : 30~60kV

10년간 자주 출제된 문제

9-1. 고진공 중에서 높은 전압에 의한 열원을 이용하여 행하는 용접법은?

① 초음파용접법
② 고주파용접법
③ 전자빔용접법
④ 심용접법

9-2. 전자빔용접의 특징을 설명한 것으로 틀린 것은?

① 고진공 속에서 용접하므로 대기와 반응되기 쉬운 활성재료도 용이하게 용접된다.
② 전자렌즈에 의해 에너지를 집중시킬 수 있으므로 고용융 재료의 용접이 가능하다.
③ 전기적으로 매우 정확히 제어되므로 얇은 판에서의 용접에만 용접이 가능하다.
④ 에너지의 집중이 가능하기 때문에 용융속도가 빠르고 고속용접이 가능하다.

|해설|

9-1

전자빔용접 : 고밀도로 집속되고 가속화된 전자빔을 높은 진공 속에서 용접물에 고속도로 조사시키면 빛과 같은 속도로 이동한 전자가 용접물에 충돌하면서 전자의 운동에너지를 열에너지로 변환시켜 국부적으로 고열을 발생시키는데, 이때 생긴 열원으로 용접부를 용융시켜 용접하는 방식이다. 텅스텐(3,410℃)과 몰리브덴(2,620℃)과 같이 용융점이 높은 재료의 용접에 적합하다.

9-2

전자빔용접은 얇은 판에서 두꺼운 판까지 용접이 가능하다.

정답 9-1 ③ 9-2 ③

핵심이론 10 | 레이저빔용접

① 레이저빔용접(레이저용접)의 정의

레이저는 유도 방사에 의한 빛의 증폭이란 뜻이며 레이저에서 얻어진 접속성이 강한 단색 광선으로서 강렬한 에너지를 가지고 있으며, 이때의 광선 출력을 이용하여 용접하는 방법이다. 모재의 열 변형이 거의 없으며, 이종 금속의 용접이 가능하고 정밀한 용접을 할 수 있으며, 비접촉식 방식으로 모재에 손상을 주지 않는다는 특징을 갖는다.

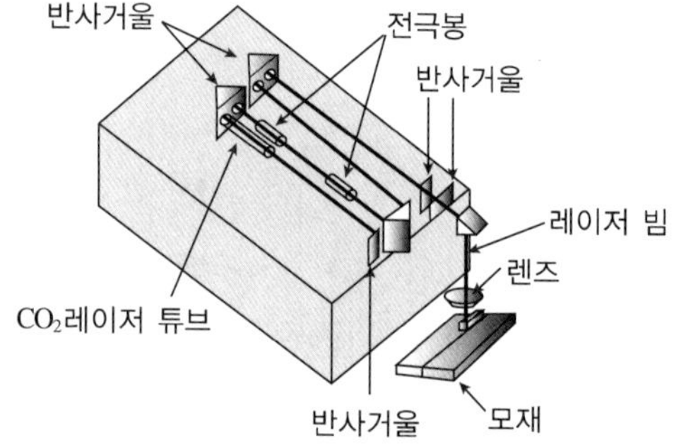

② 레이저빔용접의 특징

㉠ 좁고 깊은 접합부의 용접에 적합하다.
㉡ 접근이 곤란한 물체의 용접이 가능하다.
㉢ 전자빔 용접기 설치비용보다 설치비가 저렴하다.
㉣ 반사도가 높은 재료는 용접효율이 감소될 수 있다.
㉤ 수축과 뒤틀림이 작으며 용접부의 품질이 뛰어나다.
㉥ 전자부품과 같은 작은 크기의 정밀 용접이 가능하다.
㉦ 용접 입열이 대단히 작으며, 열영향부의 범위가 좁다.
㉧ 용접될 물체가 불량도체인 경우에도 용접이 가능하다.
㉨ 에너지 밀도가 매우 높으며, 고융점을 가진 금속의 용접에 이용한다.
㉩ 열원이 빛의 빔이기 때문에 투명재료를 써서 어떤 분위기 속에서도(공기, 진공) 용접이 가능하다.

10년간 자주 출제된 문제

레이저용접의 특징으로 틀린 것은?

① 좁고 깊은 용접부를 얻을 수 있다.
② 고속 용접과 용접 공정의 융통성을 부여할 수 있다.
③ 대입열 용접이 가능하고, 열영향부의 범위가 넓다.
④ 접합되어야 할 부품의 조건에 따라서 한면 용접으로 접합이 가능하다.

|해설|

레이저빔용접은 용접 입열이 대단히 작아서 열영향부가 좁다.

정답 ③

핵심이론 11 | 전기저항용접(Resistance Welding)

① 전기저항용접의 정의

용접하고자 하는 2개의 금속면을 서로 맞대어 놓고 적당한 기계적 압력을 주며 전류를 흐르게 하면 접촉면에 존재하는 접촉저항 및 금속 자체의 저항 때문에 접촉면과 그 부근에 열이 발생하여 온도가 올라가면 그 부분에 가해진 압력 때문에 양면이 완전히 밀착하게 되며, 이때 전류를 끊어서 용접을 완료한다. 전기저항용접은 줄의 법칙과 관련이 크다.

② 저항용접의 분류

겹치기 저항용접	맞대기 저항용접
• 점용접(스폿용접) • 심용접 • 프로젝션용접	• 버트용접 • 퍼커션용접 • 업셋용접 • 플래시버트용접 • 포일심용접

③ 저항용접의 3요소

㉠ 용접전류
㉡ 가압력
㉢ 통전시간

④ 전기저항용접의 발열량

$$발열량(H) = 0.24I^2RT$$
(여기서, I : 전류, R : 저항, T : 시간)

⑤ 저항용접의 장점

㉠ 작업속도가 빠르고 대량 생산에 적합하다.
㉡ 산화 및 변질 부분이 적고, 접합 강도가 비교적 크다.
㉢ 용접공의 기능에 대한 영향이 작다(작업자의 숙련을 요하지 않는다).
㉣ 가압 효과로 조직이 치밀하며, 용접봉, 용제 등이 불필요하다.
㉤ 열손실이 적고, 용접부에 집중열을 가할 수 있어서 용접 변형 및 잔류응력이 적다.

⑥ 저항용접의 단점

㉠ 용융점이 다른 금속 간의 접합은 다소 어렵다.

㉡ 대전류를 필요로 하며 설비가 복잡하고 값이 비싸다.

㉢ 서로 다른 금속과의 접합이 곤란하며, 비파괴검사에 제한이 있다.

㉣ 급랭 경화로 용접 후 열처리가 필요하며, 용접부의 위치, 형상 등의 영향을 받는다.

⑦ 심용접(Seam Welding)

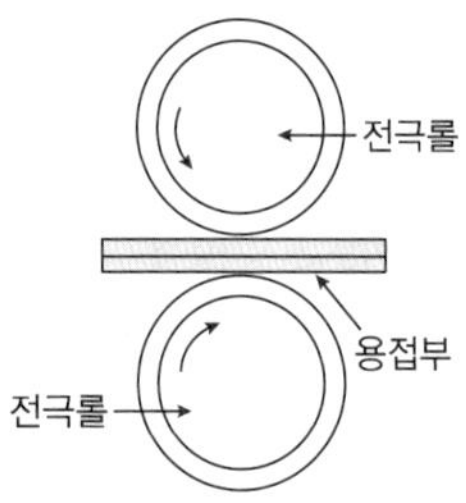

㉠ 원리 : 원판상의 롤러 전극 사이에 용접할 2장의 판을 두고, 전기와 압력을 가하며 전극을 회전시키면서 연속적으로 점용접을 반복하는 용접이다.

㉡ 심용접의 종류

- 맞대기심용접
- 머시심용접
- 포일심용접

㉢ 심용접의 특징

- 얇은 판의 용기 제작에 우수한 특성을 갖는다.
- 수밀, 기밀이 요구되는 액체와 기체를 담는 용기 제작에 사용된다.
- 점용접에 비해 전류는 1.5~2배, 압력은 1.2~1.6배가 적당하다.

⑧ 점용접법(스폿용접, Spot Welding)

㉠ 원리 : 재료를 2개의 전극 사이에 끼워 놓고 가압하는 방법이다.

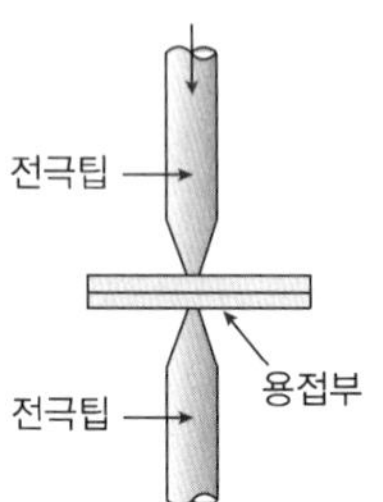

㉡ 특 징

- 공해가 극히 적다.
- 작업속도가 빠르다.
- 내구성이 좋아야 한다.
- 고도의 숙련을 요하지 않는다.
- 재질은 전기와 열전도도가 좋아야 한다.
- 고온에서도 기계적 성질이 유지되어야 한다.
- 구멍을 가공할 필요가 없고 변형이 거의 없다.

㉢ 점용접법의 종류

- 단극식 점용접 : 점용접의 기본적인 방법으로 전극 1쌍으로 1개의 점용접부를 만든다.
- 다전극 점용접 : 전극을 2개 이상으로 2점 이상의 용접을 하며 용접속도 향상 및 용접 변형 방지에 좋다.
- 직렬식 점용접 : 1개의 전류 회로에 2개 이상의 용접점을 만드는 방법으로 전류 손실이 크다. 전류를 증가시켜야 하며 용접 표면이 불량하고 균일하지 못하다.
- 인터랙 점용접 : 용접 전류가 피용접물의 일부를 통하여 다른 곳으로 전달하는 방식이다.
- 맥동 점용접 : 모재 두께가 다른 경우에 전극의 과열을 피하기 위해 전류를 단속하여 용접한다.

⑨ 프로젝션용접

㉠ 원리 : 모재의 평면에 프로젝션인 돌기부를 만들어 평탄한 동전극의 사이에 물려 대전류를 흘려보낸 후 돌기부에 발생된 저항열로 용접한다.

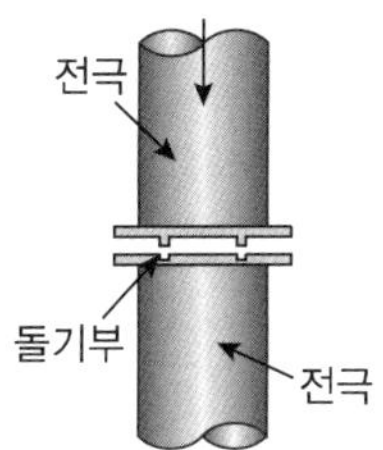

㉡ 프로젝션용접의 특징

- 열의 집중성이 좋다.
- 스폿용접의 일종이다.
- 전극의 가격이 고가이다.
- 대전류가 돌기부에 집중된다.
- 표면에 요철부가 생기지 않는다.
- 용접 위치를 항상 일정하게 할 수 있다.
- 좁은 공간에 많은 점을 용접할 수 있다.
- 전극의 형상이 복잡하지 않으며 수명이 길다.
- 돌기를 미리 가공해야 하므로 원가가 상승한다.
- 두께, 강도, 재질이 현저히 다른 경우에도 양호한 용접부를 얻는다.

10년간 자주 출제된 문제

11-1. 전기저항용접과 가장 관계가 깊은 법칙은?

① 줄(Joule)의 법칙
② 플레밍의 법칙
③ 암페어의 법칙
④ 뉴턴(Newton)의 법칙

11-2. 점용접의 3대 주요 요소가 아닌 것은?

① 용접 전류 ② 통전 시간
③ 용 제 ④ 가압력

11-3. 저항용접에 의한 압접에서 전류 20A, 전기저항 30Ω, 통전시간 10sec일 때 발열량은 약 몇 cal인가?

① 14,400 ② 24,400
③ 28,800 ④ 48,800

|해설|

11-1

전기저항용접은 줄의 법칙을 응용한 접합법이다.
줄의 법칙 : 저항체에 흐르는 전류의 크기와 이 저항체에 단위 시간당 발생하는 열량과의 관계를 나타낸 법칙

11-2

저항용접의 일종인 점용접의 3요소에 용제는 포함되지 않는다.

11-3

$H = 0.24I^2RT = 0.24 \times 20^2 \times 30 \times 10 = 28,800\text{cal}$

정답 11-1 ① 11-2 ③ 11-3 ③

핵심이론 12 초음파용접(압접)

① 초음파용접의 정의

용접물을 겹쳐서 용접 팁과 하부의 앤빌 사이에 끼워 놓고 압력을 가하면서 초음파주파수(약 18kHz 이상)로 직각방향으로 진동을 주면 접촉면의 불순물이 제거되면서 그 마찰열로 금속 원자 간 결합이 이루어져 압접을 실시하는 접합법이다.

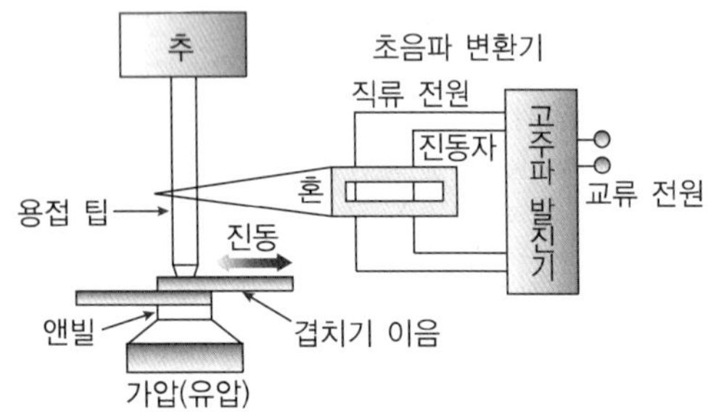

② 초음파용접의 특징

㉠ 교류 전류를 사용한다.

㉡ 이종 금속의 용접도 가능하다.

㉢ 판의 두께에 따라 용접 강도가 많이 변한다.

㉣ 필름과 같은 극히 얇은 판도 쉽게 용접할 수 있다.

㉤ 냉간 압접에 비해 주어지는 압력이 작아 용접물의 변형도 작다.

㉥ 금속이나 플라스틱 용접 및 모재가 서로 다른 종류의 금속 용접에 적당하다.

㉦ 금속은 0.01~2mm, 플라스틱 종류는 1~5mm의 두께를 가진 것도 용접이 가능하다.

핵심이론 13 기타 용접법

① MAG용접(Metal Active Gas arc welding)

㉠ MAG용접의 정의 : MAG용접은 용접 시 용접와이어가 연속적으로 공급되며, 이 와이어와 모재 간에 발생하는 아크가 지속되며 용접이 진행한다. 용접와이어는 아크를 발생시키는 전극인 동시에 그 아크열에 의해서 스스로 용해되어 용접 금속을 형성해 나간다. 이때, 토치 끝부분의 노즐에서 유출되는 실드 가스(Shield Gas)가 용접 금속을 보호하여 대기의 악영향을 막는다. 용접와이어에는 솔리드 와이어나 용융제가 포함된 와이어 전극이 사용된다. 이 경우 용접 작업성이나 용접 금속의 기계적 성질에 차이가 생긴다. MAG용접은 최근에 실드가스의 종류와 특성을 고려해 정의된 것으로, 용접 원리는 미그용접이나 탄산가스 아크용접과 같다.

㉡ MAG용접의 특징

- 용착속도가 크기 때문에 용접을 빨리 완성할 수 있다.
- 용착효율이 높기 때문에 용접 재료를 절약할 수 있다.
- 용융부가 깊기 때문에 모재의 절단 단면적을 줄일 수 있다.

② MIG용접과 MAG용접의 차이점

연속적으로 공급되는 Solid Wire를 사용하고 불활성가스를 보호가스로 사용하는 경우는 MIG, Active Gas를 사용할 경우 MAG용접으로 분류된다. MAG용접은 두 종류의 가스를 사용하기보다는 여러 가스를 혼합하여 사용한다. 일반적으로 Ar 80%, CO_2 20%의 혼합비로 섞어서 많이 사용하며 여기에 산소, 탄산가스를 혼합하여 사용하기도 한다.

10년간 자주 출제된 문제

활성 가스를 보호가스로 사용하는 용접법은?

① SAW용접
② MIG용접
③ MAG용접
④ TIG용접

|해설|

MAG용접(Metal Active Gas arc welding)은 활성 가스를 보호가스로 사용하는 용접법이다. 일반적으로 Ar 80%, CO_2 20%의 혼합비로 섞어서 많이 사용하며 여기에 산소, 탄산가스를 혼합하여 사용하기도 한다. 용접 원리는 미그용접이나 탄산가스 아크용접과 같다.

정답 ③

제6절 작업 및 용접안전

핵심이론 01 안전율 및 안전기구

① 안전율

㉠ 정의 : 외부의 하중에 견딜 수 있는 정도를 수치로 나타낸 것

$$S = \frac{\text{극한강도}(\sigma_u)}{\text{허용응력}(\sigma_a)}$$

㉡ 연강재의 안전하중

- 정하중 : 3
- 동하중(일반) : 5
- 동하중(주기적) : 8
- 충격 하중 : 12

② 용접의 종류별 적정 차광번호(KS P 8141)

아크가 발생될 때 눈을 자극하는 빛인 적외선과 자외선을 차단하는 것으로, 번호가 클수록 빛을 차단하는 차광량이 많아진다.

용접의 종류	전류범위(A)	차광도 번호(No.)
납 땜	–	2~4
가스용접	–	4~7
산소절단	901~2,000	5
	2,001~4,000	6
	4,001~6,000	7
피복아크용접 및 절단	30 이하	5~6
	36~75	7~8
	76~200	9~11
	201~400	12~13
	401 이상	14
아크에어가우징	126~225	10~11
	226~350	12~13
	351 이상	14~16
탄소아크용접	–	14
TIG, MIG	100 이하	9~10
	101~300	11~12
	301~500	13~14
	501 이상	15~16

③ 안전모

㉠ 안전모의 거리 및 간격 상세도

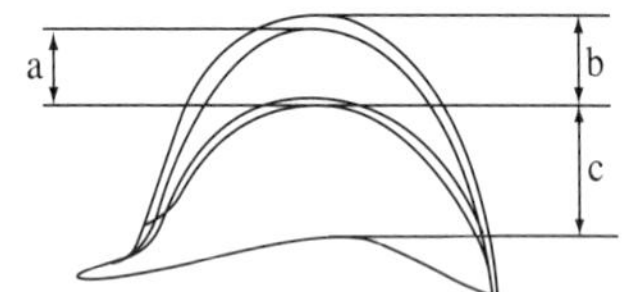

• a : 내부 수직거리
• b : 외부 수직거리
• c : 착용 높이

㉡ 안전모 각 부의 명칭

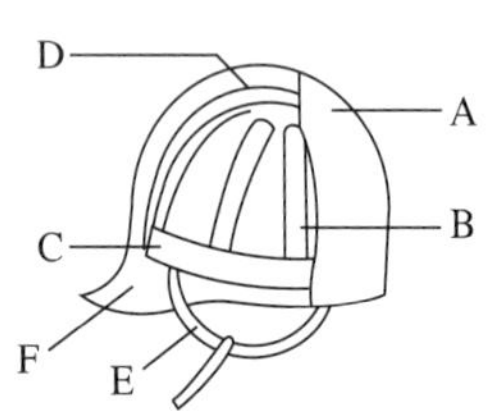

번호	명칭	
A	모 체	
B	착장체	머리받침끈
C		머리고정대
D		머리받침고리
E	턱 끈	
F	챙(차양)	

④ 안전모의 일반 기준

㉠ 안전모는 모체, 착장체 및 턱끈을 가질 것

㉡ 착장체의 머리고정대는 착용자의 머리 부위에 적합하도록 조절할 수 있을 것

㉢ 턱끈은 사용 중 탈락되지 않도록 확실히 고정되는 구조일 것

㉣ 안전모의 착용높이는 85mm 이상이고, 외부수직거리는 80mm 미만일 것

㉤ 안전모의 내부수직거리는 25mm 이상 50mm 미만일 것

㉥ 안전모의 수평간격은 5mm 이상일 것

㉦ 머리받침끈이 섬유인 경우 각각의 폭은 15mm 이상, 교차되는 끈의 폭의 합은 72mm 이상일 것

㉧ 턱끈의 폭은 10mm 이상일 것

㉨ 안전모의 모체, 착장체를 포함한 질량은 440g을 초과하지 않을 것

㉩ 안전모는 통기를 목적으로 모체에 구멍을 뚫을 수 있으며 총면적은 150mm^2 이상 450mm^2 이하일 것

⑤ 안전모의 기호

기 호	사용구분
A	물체의 낙하 및 비래에 의한 위험을 방지 또는 경감시키기 위한 것
AB	물체의 낙하 또는 비래 및 추락에 의한 위험을 방지 또는 경감시키기 위한 것
AE	물체의 낙하 또는 비래에 의한 위험을 방지 또는 경감하고, 머리 부위 감전에 의한 위험을 방지하기 위한 것
ABE	물체의 낙하 또는 비래 및 추락에 의한 위험을 방지 또는 경감하고, 머리 부위 감전에 의한 위험을 방지하기 위한 것

⑥ 귀마개를 착용하지 않아야 하는 작업자

강재 하역장의 크레인 신호자는 지표면에 있는 수신자의 호각소리에 주의를 기울여 협력작업을 진행해야 하므로 귀마개를 착용하지 않는다.

10년간 자주 출제된 문제

1-1. 연강을 용접이음할 때 인장강도가 21N/mm^2, 허용응력이 7N/mm^{2}이다. 정하중에서 구조물을 설계할 경우 안전율은 얼마인가?

① 1　② 2
③ 3　④ 4

1-2. TIG, MIG, 탄산가스 아크용접 시 사용하는 차광렌즈 번호로 가장 적당한 것은?

① 4~5　② 6~7
③ 8~9　④ 12~13

|해설|

1-1

안전율(S) : 외부의 하중에 견딜 수 있는 정도를 수치로 나타낸 것이다.

$$S = \frac{\text{인장강도}}{\text{허용응력}} = \frac{21\text{N/mm}^2}{7\text{N/mm}^2} = 3$$

1-2

TIG 및 MIG 용접은 일반적으로 100A 이상을 사용하므로 차광렌즈는 보기 중 12~13이 적합하다.

정답 1-1 ③ 1-2 ④

핵심이론 02 전격방지기

① 전 격

전격이란 강한 전류를 갑자기 몸에 느꼈을 때의 충격을 말하며, 용접기에는 작업자의 전격을 방지하기 위해서 반드시 전격방지기를 용접기에 부착해야 한다. 전격방지기는 작업을 쉬는 동안에 2차 무부하전압이 항상 25V 정도로 유지되도록 하여 전격을 방지할 수 있다.

② 전격방지기의 역할

㉠ 용접작업 중 전격의 위험을 방지한다.

㉡ 작업을 쉬는 중 용접기의 2차 무부하전압을 25V로 유지하고 용접봉을 모재에 접촉하면 순간 전자개폐기가 닫혀서 보통 2차 무부하전압이 70~80V로 되어 아크가 발생되도록 한다. 용접을 끝내고 아크를 끊으면 자동적으로 전자개폐가 차단되어 2차 무부하전압이 다시 25V로 된다. 이와 같이 해서 작업을 쉬는 동안에 2차 무부하전압이 항상 25V 정도로 유지되도록 하면 전격을 방지할 수 있다.

10년간 자주 출제된 문제

2-1. 용접작업 중 전격의 방지대책으로 적합하지 않은 것은?

① 용접기의 내부에 함부로 손을 대지 않는다.
② TIG용접기나 MIG 용접기의 수랭식 토치에서 물이 새어 나오면 사용을 금지한다.
③ 홀더나 용접봉은 맨손으로 취급해도 된다.
④ 용접작업이 종료했을 때나 장시간 중지할 때는 반드시 전원 스위치를 차단시킨다.

2-2. 피복아크용접 시 전격방지에 대한 주의사항으로 틀린 것은?

① 작업을 장시간 중지할 때는 스위치를 차단한다.
② 무부하전압이 필요 이상 높은 용접기를 사용하지 않는다.
③ 가죽장갑, 앞치마, 발 덮개 등 규정된 안전 보호구를 착용한다.
④ 땀이 많이 나는 좁은 장소에서는 신체를 노출시켜 용접해도 된다.

|해설|

2-1
용접 홀더나 용접봉에는 전류가 흐르기 때문에 절대 맨손으로 만져서는 안 된다.

2-2
용접 시 전격을 방지하려면 반드시 절연장갑 등을 껴서 신체를 노출시켜서는 안 된다.

정답 2-1 ③ 2-2 ④

핵심이론 03 | 유해 가스가 인체에 미치는 영향

① 전류량이 인체에 미치는 영향

전류량	인체에 미치는 영향
1mA	전기를 조금 느낌
5mA	상당한 고통을 느낌
10mA	근육운동은 자유로우나 고통을 수반한 쇼크를 느낌
20mA	근육 수축, 스스로 현장을 탈피하기 힘듦
20~50mA	고통과 강한 근육 수축, 호흡이 곤란함
50mA	심장마비 발생으로 사망의 위험이 있음
100mA	사망과 같은 치명적인 결과를 줌

② CO_2 가스가 인체에 미치는 영향

CO_2 농도	증 상	대 책
1%	호흡속도 다소 증가	무 해
2%	호흡속도 증가, 지속 시 피로를 느낌	–
3~4%	호흡속도 평소의 약 4배 증대, 두통, 뇌빈혈, 혈압 상승	환 기
6%	피부혈관의 확장, 구토	–
7~8%	호흡곤란, 정신장애, 수 분 내 의식불명	–
10% 이상	시력장애, 2~3분 내 의식을 잃으며 방치 시 사망	• 30분 이내 인공호흡 • 의사의 조치 필요
15% 이상	위험 상태	• 즉시 인공호흡 • 의사의 조치 필요
30% 이상	극히 위험, 사망	–

③ CO(일산화탄소) 가스가 인체에 미치는 영향

농 도	증 상
0.01% 이상	건강에 유해
0.02~0.05%	중독 작용
0.1% 이상	수시간 호흡하면 위험
0.2% 이상	30분 이상 호흡하면 극히 위험, 사망

10년간 자주 출제된 문제

인체에 흐르는 전류의 값에 따라 나타나는 증세 중 근육운동은 자유로우나 고통을 수반한 쇼크(Shock)를 느끼는 전류량은?

① 1mA　② 5mA
③ 10mA　④ 20mA

|해설|

인체에 10mA의 전류량이 흐르면 근육운동은 자유로우나 고통을 수반한 쇼크를 느낀다.

정답 ③

핵심이론 04 작업안전 준수사항

① 산업안전보건법에 따른 안전·보건표지의 색채 및 용도

색 채	용 도	사 례
빨간색	금 지	정지신호, 소화설비 및 그 장소, 유해행위 금지
	경 고	화학물질 취급장소에서의 유해·위험경고
노란색	경 고	화학물질 취급장소에서의 유해·위험경고 이외의 위험경고, 주의표지 또는 기계방호물
파란색	지 시	특정 행위의 지시 및 사실의 고지
녹 색	안 내	비상구 및 피난소, 사람 또는 차량의 통행표지
흰 색	-	파란색 또는 녹색에 대한 보조색
검정색	-	문자 및 빨간색 또는 노란색에 대한 보조색

② 응급처치의 구명 4단계

㉠ 1단계(기도 유지) : 질식을 막기 위해 기도 개방 후 이물질 제거하고, 호흡이 끊어지면 인공호흡을 한다.

㉡ 2단계(지혈) : 상처 부위의 피를 멈추게 하여 혈액 부족으로 인한 혼수상태를 예방한다.

㉢ 3단계(쇼크 방지) : 호흡곤란이나 혈액 부족을 제외한 심리적 충격에 의한 쇼크를 예방한다.

㉣ 4단계(상처의 치료) : 환자의 의식이 있는 상태에서 치료를 시작하며, 충격을 해소시켜야 한다.

10년간 자주 출제된 문제

KS규격에서 화재안전, 금지표시를 나타내는 안전색은?

① 노 랑 ② 초 록

③ 빨 강 ④ 파 랑

|해설|

산업안전보건법에 따르면 금지의 표시는 빨간색으로 나타낸다.

정답 ③

제7절 용접 화재방지

핵심이론 01 화상과 상처의 정의

① 화재의 종류에 따른 사용 소화기

분 류	A급 화재	B급 화재	C급 화재	D급 화재
명 칭	일반(보통) 화재	유류 및 가스화재	전기화재	금속화재
가연 물질	나무, 종이, 섬유 등의 고체 물질	기름, 윤활유, 페인트 등의 액체 물질	전기설비, 기계전선 등의 물질	가연성 금속 (Al 분말, Mg 분말)
소화 효과	냉각 효과	질식 효과	질식 및 냉각 효과	질식 효과
표현 색상	백 색	황 색	청 색	-
소화기	• 물소화기 • 분말소화기 • 포(포말) 소화기 • 이산화탄소 소화기 • 강화액 소화기 • 산·알칼리 소화기	• 분말소화기 • 포(포말) 소화기 • 이산화탄소 소화기	• 분말소화기 • 유기성 소화기 • 이산화탄소 소화기 • 무상강화액 소화기 • 할로겐화합물소화기	• 건조된 모래 (건조사)
사용 불가능 소화기	-	-	포(포말) 소화기	물 (금속가루는 물과 반응하여 폭발의 위험성이 있다)

② 소화기의 특징

전기화재에서 포소화기는 포가 물로 되어 있기 때문에 감전의 위험이 있어 사용이 불가능하며 가연성의 액체를 소화할 때 사용한다. 무상강화액소화기도 액체로 되어 있으나 무상(안개모양)으로 뿌리기 때문에 소화용으로 사용은 가능하다.

※ 소화 약제에 의한 분류

약 제	종 류
물(수계)	물소화기, 산·알칼리소화기, 강화액소화기, 포소화기
가스계	이산화탄소소화기, 할로겐소화기
분말계	분말소화기

③ 화상의 등급

1도 화상	• 뜨거운 물이나 불에 가볍게 표피만 데인 화상 • 붉게 변하고 따가운 상태
2도 화상	• 표피 안의 진피까지 화상을 입은 경우 • 물집이 생기는 상태
3도 화상	• 표피, 진피, 피하지방까지 화상을 입은 경우 • 살이 벗겨지는 매우 심한 상태

④ 화상에 따른 피부의 손상 정도

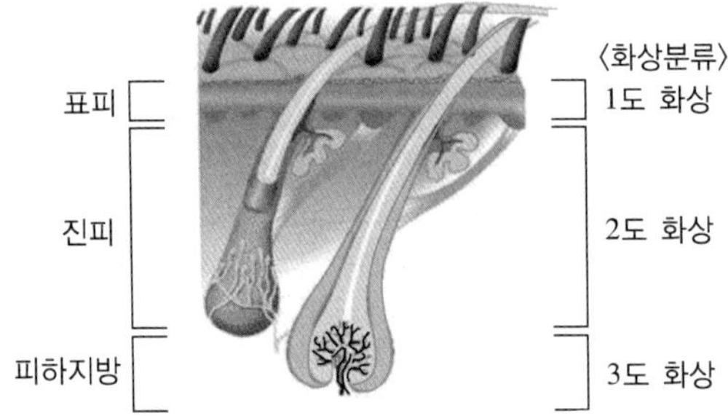

⑤ 상처의 정의

㉠ 찰과상 : 마찰에 의해 피부의 표면에 입는 외상으로, 긁힌 상처라고도 불린다. 피부의 진피까지 상처를 입으면 출혈이 크다. 넘어지거나 물체에 긁혀 발생한다.

㉡ 타박상 : 외부의 충격이나 부딪침 등에 의해 연부조직과 근육 등에 손상을 입어 통증이 발생되며 피부에 출혈과 부종이 보이는 경우

㉢ 화상 : 뜨거운 물이나 불, 화학물질에 의해 피부나 피부의 내부조직이 손상된 현상

㉣ 출혈 : 혈관의 손상에 의해 혈액이 혈관 밖으로 나오는 현상

⑥ 응급처치 시 유의사항

㉠ 충격 방지를 위하여 환자의 체온 유지에 노력하여야 한다.

㉡ 의식불명 환자에게 물 등 기타의 음료수를 먹이지 말아야 한다.

㉢ 응급 의료진과 가족에게 연락하고 주위 사람에게 도움을 청해야 한다.

㉣ 긴급을 요하는 환자가 2인 이상 발생 시 대출혈, 중독의 환자부터 처치해야 한다.

10년간 자주 출제된 문제

1-1. 일반 화재에 속하지 않는 것은?

① 목 재 ② 종 이
③ 금 속 ④ 섬 유

1-2. 다음 중 전기 설비 화재에 적용이 불가능한 소화기는?

① 포소화기
② 이산화탄소소화기
③ 무상강화액소화기
④ 할로겐화합물소화기

|해설|

1-1

A급 화재(일반 화재) : 나무, 종이, 섬유 등과 같은 물질의 화재

1-2

포소화기는 포가 물로 되어 있기 때문에 감전의 위험이 있어 전기 설비 화재에는 사용이 불가능하며 가연성의 액체를 소화할 때 사용한다. 무상강화액소화기도 액체로 되어 있으나 무상(안개모양)으로 뿌리기 때문에 소화용으로 사용은 가능하다.

정답 1-1 ③ 1-2 ①

교육이란 사람이 학교에서 배운 것을 잊어버린 후에 남은 것을 말한다.

– 알버트 아인슈타인 –

Win-Q

2014~2020년	과년도 기출문제	회독 CHECK 1 2 3
2021~2023년	과년도 기출복원문제	회독 CHECK 1 2 3
2024년	최근 기출복원문제	회독 CHECK 1 2 3

PART 02

과년도 + 최근 기출복원문제

#기출유형 확인 #상세한 해설 #최종점검 테스트

2014년 제1회 과년도 기출문제

제1과목 용접야금 및 용접설비제도

01 용접성이 가장 좋은 강은?

① 0.2%C 이하의 강　② 0.3%C 강
③ 0.4%C 강　④ 0.5%C 강

해설
Fe에 C의 함량이 많을수록 용접성이 나빠지고 균열이 생기기 쉬우므로 탄소의 함량이 작은 ①번의 용접성이 가장 좋다.

02 저수소계 용접봉의 특징을 설명한 것 중 틀린 것은?

① 용접금속의 수소량이 낮아 내균열성이 뛰어나다.
② 고장력강, 고탄소강 등의 용접에 적합하다.
③ 아크는 안정되나 비드가 오목하게 되는 경향이 있다.
④ 비드 시점에 기공이 발생되기 쉽다.

해설
E4316(저수소계) 용접봉의 특징
- 아크가 불안정하다.
- 용접봉 중에서 피복제의 염기성이 가장 높다.
- 석회석이나 형석을 주성분으로 한 피복제를 사용한다.
- 숙련도가 낮을 경우 심한 볼록 비드의 모양이 만들어지기 쉽다.
- 용착 금속 중의 수소량이 타 용접봉에 비해 1/10 정도로 현저하게 적다.
- 보통 저탄소강의 용접에 주로 사용되나 저합금강과 중, 고탄소강의 용접에도 사용된다.
- 피복제는 습기를 잘 흡수하기 때문에 사용 전에 300~350℃에서 1~2시간 건조 후 사용해야 한다.
- 균열에 대한 감수성이 좋아 구속도가 큰 구조물이 용접이나 탄소 및 황의 함유량이 많은 쾌삭강의 용접에 사용한다.

03 합금주철의 함유성분 중 흑연화를 촉진하는 원소는?

① V　② Cr
③ Ni　④ Mo

해설
주철의 흑연화에 영향을 미치는 원소
- 주철의 흑연화 촉진제 : Al, Si, Ni, Ti
- 주철의 흑연화 방지제 : Cr, V, Mn, S

04 용접분위기 중에서 발생하는 수소의 원(源)이 될 수 없는 것은?

① 플럭스 중의 무기물
② 고착제(물유리 등)가 포함한 수분
③ 플럭스에 흡수된 수분
④ 대기 중의 수분

해설
용접할 때 수분이 있으면 수소의 원(源, 근원 원)이 될 수 있으나, 수분이 없는 플럭스 중의 무기물은 수소를 발생시킬 수 없다.
용접분위기 중 발생하는 수소의 원
- 대기 중의 수분
- 플럭스 중의 유기물
- 결정수를 포함한 광물
- 플럭스에 흡수된 수분
- 고착제(물유리 등)가 포함한 수분

1 ① 2 ③ 3 ③ 4 ① 정답

05 Fe-C상태도에서 공정반응에 의해 생성된 조직은?

① 펄라이트
② 페라이트
③ 레데부라이트
④ 소르바이트

해설

Fe-C계 평형상태도에서의 불변반응

공석반응	• 반응온도 : 723℃ • 탄소함유량 : 0.8% • 반응내용 : γ 고용체 ↔ α고용체 + Fe_3C • 생성조직 : 펄라이트조직
공정반응	• 반응온도 : 1,147℃ • 탄소함유량 : 4.3% • 반응내용 : 융체(L) ↔ γ 고용체 + Fe_3C • 생성조직 : 레데부라이트조직
포정반응	• 반응온도 : 1,494℃(1,500℃) • 탄소함유량 : 0.18% • 반응내용 : δ고용체 + 융체(L) ↔ γ 고용체 • 생성조직 : 오스테나이트조직

06 편석이나 기공이 적은 가장 좋은 양질의 단면을 갖는 강은?

① 킬드강　　② 세미킬드강
③ 림드강　　④ 세미림드강

해설

① 킬드강 : 편석이나 기공이 적은 가장 좋은 양질의 단면을 갖는 강으로 평로, 전기로에서 제조된 용강을 Fe-Mn, Fe-Si, Al 등으로 완전히 탈산시킨 강으로 상부에 작은 수축관과 소수의 기포만이 존재하며 탄소 함유량이 0.15~0.3% 정도이다.
② 세미킬드강 : 탈산의 정도가 킬드강과 림드강 중간으로 림드강에 비해 재질이 균일하며 용접성이 좋고, 킬드강보다는 압연이 잘된다.
③ 림드강 : 평로, 전로에서 제조된 것을 Fe-Mn으로 가볍게 탈산시킨 강이다.
④ 캡트강 : 림드강을 주형에 주입한 후 탈산제를 넣거나 주형에 뚜껑을 덮고 리밍 작용을 억제하여 표면을 림드강처럼 깨끗하게 만듦과 동시에 내부를 세미킬드강처럼 편석이 적은 상태로 만든 강이다.

킬드강	림드강	세미킬드강
수축공 강괴	기포 강괴	수축공 기포 강괴

07 노치가 붙은 각 시험편을 각 온도에서 파괴하면, 어떤 온도를 경계로 하여 시험편이 급격히 취성화되는가?

① 천이온도　　② 노치온도
③ 파괴온도　　④ 취성온도

해설

천이온도(Transition Temperature) : 성질이 급변하는 온도로, 노치가 있는 시험편이 그 재료의 천이온도에 도달하면 급격히 충격치가 감소하면서 취성이 커진다.

정답 5 ③ 6 ① 7 ①

08 금속재료를 보통 500~700℃로 가열하여 일정 시간 유지 후 서랭하는 방법으로 주조, 단조, 기계가공 및 용접 후에 잔류응력을 제거하는 풀림방법은?

① 연화 풀림　② 구상화 풀림
③ 응력제거 풀림　④ 항온 풀림

해설

응력제거 풀림 : 주조나 단조, 기계가공, 용접으로 금속재료에 생긴 잔류응력을 제거하기 위한 열처리의 일종으로 구조용 강의 경우 약 550~650℃의 온도 범위로 일정한 시간을 유지하였다가 노속에서 냉각시킨다. 충격에 대한 저항력과 응력 부식에 대한 저항력을 증가시키고 크리프 강도도 향상시킨다. 그리고 용착금속 중 수소 제거에 의한 연성을 증대시킨다.

09 알루미늄의 특성이 아닌 것은?

① 전기전도도는 구리의 60% 이상이다.
② 직사광의 90% 이상을 반사할 수 있다.
③ 비자성체이며 내열성이 매우 우수하다.
④ 저온에서 우수한 특성을 갖고 있다.

해설

알루미늄은 이론상으로 자성체이며 열 및 전기의 전도성이 좋아서 내열성은 떨어진다.

알루미늄(Al)의 성질

- 비중 : 2.7
- 용융점 : 660℃
- 면심입방격자이다.
- 비강도가 우수하다.
- 주조성이 우수하다.
- 열과 전기전도성이 좋다.
- 가볍고 전연성이 우수하다.
- 내식성 및 가공성이 양호하다.
- 담금질 효과는 시효경화로 얻는다.
- 염산이나 황산 등의 무기산에 잘 부식된다.
- 보크사이트 광석에서 추출하는 경금속이다.
- 직사광선의 90% 이상을 반사할 수 있고 저온에서 우수하다.

※ 시효경화 : 열처리 후 시간이 지남에 따라 강도와 경도가 증가하는 현상

10 강의 담금질 조직 중 냉각속도에 따른 조직의 변화 순서가 옳게 나열된 것은?

① 트루스타이트 → 소르바이트 → 오스테나이트 → 마텐자이트
② 소르바이트 → 트루스타이트 → 오스테나이트 → 마텐자이트
③ 마텐자이트 → 오스테나이트 → 소르바이트 → 트루스타이트
④ 오스테나이트 → 마텐자이트 → 트루스타이트 → 소르바이트

해설

담금질 열처리를 실시하는 목적은 냉각속도를 빨리해서 오스테나이트 조직을 상온에서 사용하기 위함이므로 냉각속도가 가장 빠를 때 생성되는 조직은 오스테나이트조직이다.
그 이후로는 수중 냉각(마텐자이트) > 기름 냉각(트루스타이트) > 공기 중 냉각(소르바이트) > 노 중 냉각(펄라이트)의 순으로 조직이 생성된다.

강의 담금질 조직의 냉각속도가 빠른 순서

오스테나이트 > 마텐자이트 > 트루스타이트 > 소르바이트 > 펄라이트

11 3차원의 물체를 원근감을 주면서 투상선이 한곳에 집중되게 그린 것으로 건축, 토목의 투상에 주로 사용되는 것은?

① 투시도　② 사투상도
③ 부등각투상도　④ 정투상도

해설

투시투상도(투시도) : 3차원의 물체를 원근감을 주면서 투상선이 한곳에 집중되게 그린 도면으로, 주로 건축이나 토목의 투상에 사용된다.

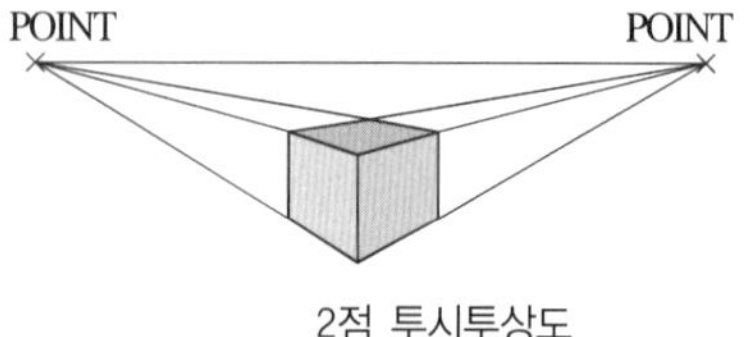

2점 투시투상도

8 ③ 9 ③ 10 ④ 11 ① **정답**

12 도면의 분류 중 내용에 따른 분류에 해당되지 않는 것은?

① 기초도 ② 스케치도
③ 계통도 ④ 장치도

해설

도면의 분류

분 류	명 칭	정 의
용도에 따른 분류	계획도	설계자의 의도와 계획을 나타낸 도면
	공정도	제조 공정 도중이나 공정 전체를 나타낸 제작도면
	시공도	현장 시공을 대상으로 해서 그린 제작도면
	상세도	건조물이나 구성재의 일부를 상세하게 나타낸 도면으로, 일반적으로 큰 척도로 그린다.
	제작도	건설이나 제조에 필요한 정보 전달을 위한 도면
	검사도	검사에 필요한 사항을 기록한 도면
	주문도	주문서에 첨부하여 제품의 크기나 형태, 정밀도 등을 나타낸 도면
	승인도	주문자 등이 승인한 도면
	승인용도	주문자 등의 승인을 얻기 위한 도면
	설명도	구조나 기능 등을 설명하기 위한 도면
내용에 따른 분류	부품도	부품에 대하여 최종 다듬질 상태에서 구비해야 할 사항을 기록한 도면
	기초도	기초를 나타낸 도면
	장치도	각 장치의 배치나 제조 공정의 관계를 나타낸 도면
	배선도	구성 부품에서 배선의 실태를 나타낸 계통도면
	배치도	건물의 위치나 기계의 설치 위치를 나타낸 도면
	조립도	2개 이상의 부품들을 조립한 상태에서 상호관계와 필요 치수 등을 나타낸 도면
	구조도	구조물의 구조를 나타낸 도면
	스케치도	실제 물체를 보고 그린 도면
표현 형식에 따른 분류	선 도	기호와 선을 사용하여 장치나 플랜트의 기능, 그 구성 부분 사이의 상호관계, 에너지나 정보의 계통 등을 나타낸 도면
	전개도	대상물을 구성하는 면을 평행으로 전개한 도면
	외관도	대상물의 외형 및 최소로 필요한 치수를 나타낸 도면
	계통도	급수나 배수, 전력 등의 계통을 나타낸 도면
	곡면선도	선체나 자동차 차체 등의 복잡한 곡면을 여러 개의 선으로 나타낸 도면

13 겹쳐진 부재에 홀(Hole) 대신 좁고 긴 홈을 만들어 용접하는 것은?

① 맞대기용접 ② 필릿용접
③ 플러그용접 ④ 슬롯용접

해설

④ 슬롯용접 : 겹쳐진 2개의 부재 중 한쪽에 가공한 좁고 긴 홈에 용접하는 방법이다.
① 맞대기용접 : 홈 가공한 재료를 서로 맞대어 놓고 용접하는 방법이다.
② 필릿용접 : 겹치기 이음이나 T 이음, 모서리 이음에 있어서 거의 직교하는 두 개의 면을 접합하는 3각형 단면의 용착부를 갖는 용접이다.
③ 플러그용접 : 겹쳐진 2개의 부재 중 한쪽에 구멍을 뚫고 판의 표면까지 가득하게 용접하고 다른 쪽 부재와 접합시키는 용접법이다.

14 CAD 시스템의 도입 효과가 아닌 것은?

① 품질 향상 ② 원가 절감
③ 납기 연장 ④ 표준화

해설

CAD 시스템을 도입하면 부품의 표준화가 됨으로써 품질 향상과 원가 절감, 납기 단축의 효과를 얻을 수 있으므로 납기 연장은 도입효과와 거리가 멀다.

정답 12 ③ 13 ④ 14 ③

15 보이지 않는 부분을 표시하는 데 쓰이는 선은?

① 외형선　　② 숨은선
③ 중심선　　④ 가상선

해설

도면에서 대상물이 보이지 않는 부분을 나타낼 때는 숨은선인 점선(-------------)을 사용한다.

- 외형선 : 굵은 실선
- 중심선 : 가는 1점 쇄선
- 가상선 : 가는 2점 쇄선

16 도형의 표시방법 중 보조투상도의 설명으로 옳은 것은?

① 그림의 일부를 도시하는 것으로 충분한 경우에 그 필요 부분만을 그리는 투상도
② 대상물의 구멍, 홈 등 한 국부만의 모양을 도시하는 것으로 충분한 경우에 그 필요 부분만을 그리는 투상도
③ 대상물의 일부가 어느 각도를 가지고 있기 때문에 투상면에 그 실형이 나타나지 않을 때에 그 부분을 회전해서 그리는 투상도
④ 경사면부가 있는 대상물에 그 경사면의 실형을 나타낼 필요가 있는 경우에 그리는 투상도

해설

투상도의 종류

종류	구분	내용
회전 투상도	정 의	각도를 가진 물체의 실제 모양을 나타내기 위해서 그 부분을 회전해서 그린다.
	도면 표시	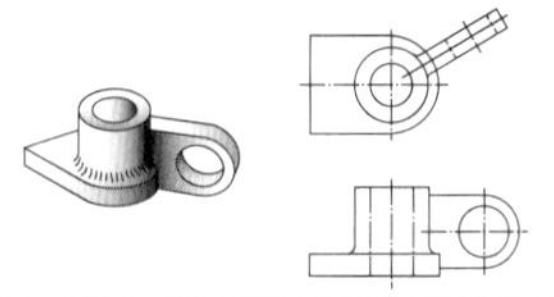
부분 투상도	정 의	그림의 일부를 도시하는 것만으로도 충분한 경우 필요한 부분만을 투상하여 그린다.
	도면 표시	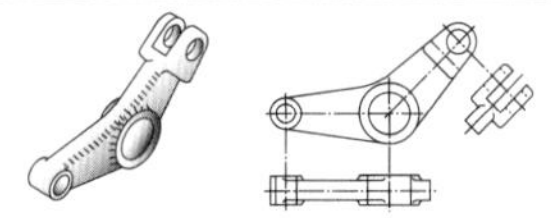
국부 투상도	정 의	대상물이 구멍, 홈 등과 같이 한 부분의 모양을 도시하는 것만으로도 충분한 경우에 사용한다.
	도면 표시	가는 1점 쇄선으로 연결한다. 가는 실선으로 연결한다.
부분 확대도	정 의	특정 부분의 도형이 작아서 그 부분을 자세히 나타낼 수 없거나 치수기입을 할 수 없을 때, 그 부분을 가는 실선으로 둘러싸고 한글이나 알파벳 대문자로 표시한 후 근처에 확대하여 표시한다.
	도면 표시	확대도-A 척도 2:1 A
보조 투상도	정 의	경사면을 지니고 있는 물체는 그 경사면의 실제 모양을 표시할 필요가 있는데, 이 경우 보이는 부분의 전체 또는 일부분을 대상물의 사면에 대향하는 위치에 그린다.
	도면 표시	대칭기호

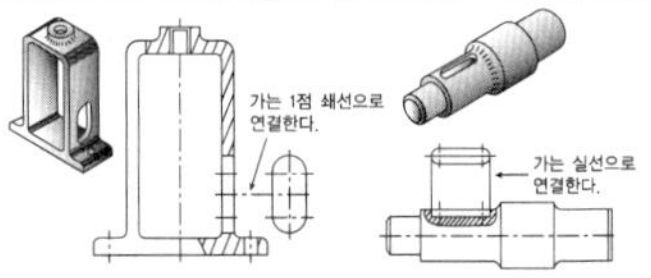

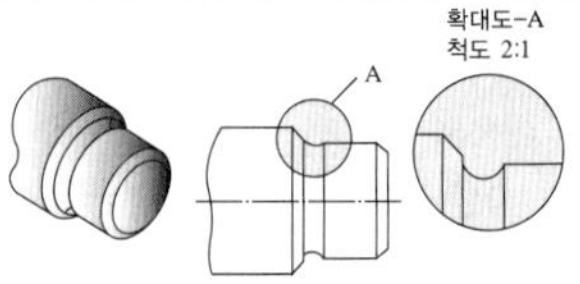

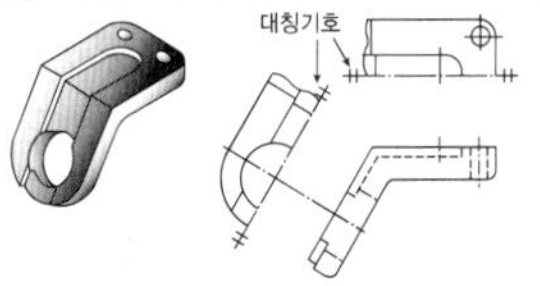

15 ② 16 ④ 정답

17 용접기호 중에서 스폿용접을 표시하는 기호는?

① 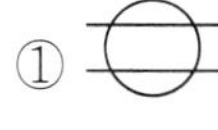　　② 

③ ○　　④ ＝

해설

용접부 기호의 종류

명 칭	도 시	기본기호
심용접		
플러그용접 (슬롯용접)		
점용접 (스폿용접)		
서페이싱용접		

18 다음 중 서로 관련되는 부품과의 대조가 용이하여 다종 소량 생산에 쓰이는 도면은?

① 1품 1엽 도면　　② 1품 다엽 도면
③ 다품 1엽 도면　　④ 복사 도면

해설

③ 다품 1엽 도면 : 몇 개의 부품이나 조립품 등을 1매의 제도 용지에 그린 도면으로, 주로 다품종 소량 생산에 쓰인다.
① 1품 1엽 도면 : 1개의 부품이나 조립품을 1매의 제도 용지에 그린 도면으로, 주로 1품종 대량 생산에 쓰인다.
② 1품 다엽 도면 : 1개의 부품이나 조립품을 2매 이상의 제도 용지에 그린 도면으로, 주로 1품종 대량 생산에 쓰인다.

19 다음 용접기호를 설명한 것으로 올바른 것은?

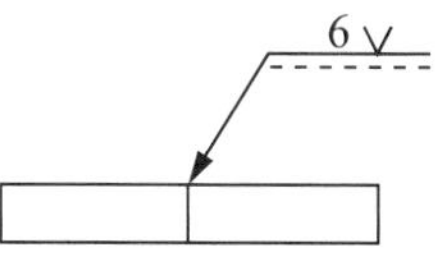

① 용접은 화살표 쪽으로 한다.
② 용접은 I형 이음으로 한다.
③ 용접 목길이는 6mm이다.
④ 용접부 루트 간격은 6mm이다.

해설

그림과 같은 용접기호는 화살표 쪽으로 용접하라는 의미이다.
실선 위에 V표가 있으면 화살표 쪽에 용접한다.
점선 위에 V표가 있으면 화살표 반대쪽에 용접한다.

20 용접부의 비파괴시험에서 150mm씩 세 곳을 택하여 형광자분탐상시험을 지시하는 것은?

① MT-F150(3)　　② MT-D150(3)
③ MT-F3(150)　　④ MT-D3(150)

해설

- MT : 자분탐상시험(Magnetic Test)
- F : 형광(Fluorescence)
- 150 : 시험부 길이
- (3) : 시험부 수

정답 17 ③ 18 ③ 19 ① 20 ①

제2과목 용접구조설계

21 루트 균열에 대한 설명으로 거리가 먼 것은?

① 루트 균열의 원인은 열영향부 조직의 경화성이다.
② 맞대기 용접이음의 가접에서 발생하기 쉬우며 가로 균열의 일종이다.
③ 루트 균열을 방지하기 위해 건조된 용접봉을 사용한다.
④ 방지책으로는 수소량이 적은 용접, 건조된 용접봉을 사용한다.

해설
루트 균열은 세로 균열의 일종이다.
루트 균열 : 맞대기용접 시 가접이나 비드의 첫 층에서 루트면 근방의 열영향부(HAZ)에 발생한 노치에서 시작하여 점차 비드 속으로 들어가는 균열(세로방향 균열)로 함유 수소에 의해서도 발생되는 저온균열의 일종이다.

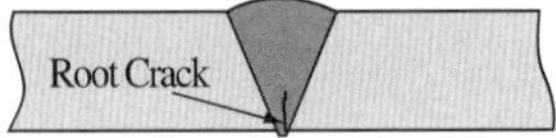

22 연강을 용접이음할 때 인장강도가 21N/mm², 허용응력이 7N/mm²이다. 정하중에서 구조물을 설계할 경우 안전율은 얼마인가?

① 1 ② 2
③ 3 ④ 4

해설
안전율(S) : 외부의 하중에 견딜 수 있는 정도를 수치로 나타낸 것이다.

$$S = \frac{\text{인장강도}}{\text{허용응력}} = \frac{21\text{N/mm}^2}{7\text{N/mm}^2} = 3$$

23 연강판의 맞대기 용접이음 시 굽힘변형방지법이 아닌 것은?

① 이음부에 미리 역변형을 주는 방법
② 특수 해머로 두들겨서 변형하는 방법
③ 지그(Jig)로 정반에 고정하는 방법
④ 스트롱백(Strong Back)에 의한 구속방법

해설
피닝(Peening) : 타격 부분이 둥근 구면인 특수 해머를 사용하여 모재의 표면에 지속적으로 충격을 가해 줌으로써 재료 내부에 있는 잔류응력을 완화시키면서 표면층에 소성변형을 주는 방법이다.

24 아크전류가 300A, 아크전압이 25V, 용접속도가 20cm/min인 경우 발생되는 용접입열은?

① 20,000J/cm
② 22,500J/cm
③ 25,500J/cm
④ 30,000J/cm

해설
$$\text{용접입열량}(H) = \frac{60EI}{v} = \frac{60 \times 25 \times 300}{20} = 22{,}500\text{J/cm}$$

용접입열량 구하는 식

$$H : \frac{60EI}{v}(\text{J/cm})$$

- H : 용접 단위길이 1cm당 발생하는 전기적 에너지
- E : 아크전압(V)
- I : 아크전류(A)
- v : 용접속도(cm/min)

※ 일반적으로 모재에 흡수된 열량은 입열의 75~85% 정도이다.

21 ② 22 ③ 23 ② 24 ② 정답

25 그림과 같은 겹치기 이음의 필릿용접을 하려고 한다. 허용응력을 50MPa라 하고, 인장하중을 50kN, 판 두께 12mm라고 할 때, 용접 유효길이는 약 몇 mm인가?

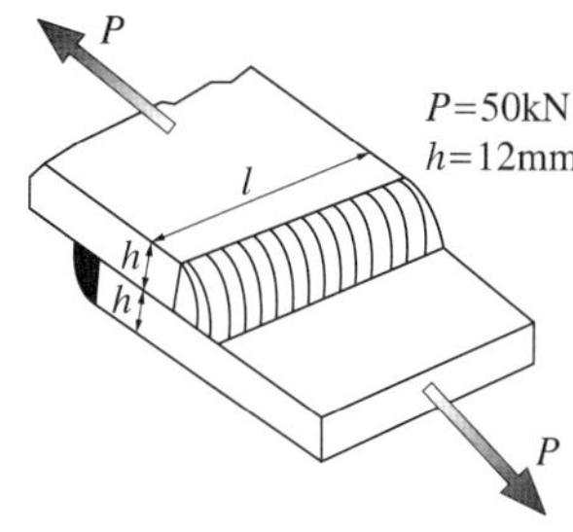

① 83 ② 73
③ 69 ④ 59

해설

$\sigma_a = \frac{F}{A} = \frac{F}{t \times L}$ 식을 응용하면

필릿용접은 t 대신 목두께 $a(h\cos 45°)$ 대입

$50 \times 10^6 \text{Pa} = \frac{50,000\text{N}}{(2 \times h\cos 45°) \times L}$

겹치기 이음이므로 용접부 수는 2개이다.

$L = \frac{50,000\text{N}}{2h\cos 45°\text{mm} \times (50 \times 10^6 \times 10^{-6}\text{N/mm}^2)}$

$= \frac{50,000\text{N}}{848.5\text{N/mm}} = 58.9\text{mm}$

26 다음 중 용접이음의 설계로 가장 좋은 것은?

① 용착 금속량이 많게 되도록 한다.
② 용접선이 한 곳에 집중되도록 한다.
③ 잔류응력이 적게 되도록 한다.
④ 부분 용입이 되도록 한다.

해설

용접이음은 안전을 위한 용접 후 잔류응력이 적게 되도록 설계되어야 한다.

27 자분탐상검사의 자화방법이 아닌 것은?

① 축통전법 ② 관통법
③ 극간법 ④ 원형법

해설

자분탐상검사의 종류
- 축통전법
- 직각통전법
- 관통법
- 코일법
- 극간법

자분탐상검사(MT ; Magnetic Test)

철강 재료 등 강자성체를 자기장에 놓았을 때 시험편 표면이나 표면 근처에 균열이나 비금속 개재물과 같은 결함이 있으면 결함 부분에는 자속이 통하기 어려워 공간으로 누설되어 누설 자속이 생긴다. 이 누설 자속을 자분(자성 분말)이나 검사 코일을 사용하여 결함의 존재를 검출하는 방법이다.

28 용접구조물을 조립할 때 용접자세를 원활하기 위해 사용되는 것은?

① 용접게이지 ② 제관용 정반
③ 용접지그(Jig) ④ 수평바이스

해설

용접지그란 용접 시 작업의 편리성을 위해 모재를 작업하기 알맞게 고정시키기 위한 것으로 용접자세를 원활하게 한다.

정답 25 ④ 26 ③ 27 ④ 28 ③

29 용접 시 용접자세를 좋게 하기 위해 정반 자체가 회전하도록 한 것은?

① 머니퓰레이터
② 용접 고정구(Fixture)
③ 용접대(Base Die)
④ 용접 포지셔너(Positioner)

해설
용접 포지셔너 : 용접 작업 중 불편한 용접자세를 바로잡기 위해 정반 자체가 회전하여 작업자가 원하는 대로 용접물을 움직일 수 있는 작업 보조기구

30 용접선에 직각 방향으로 수축되는 변형을 무엇이라 하는가?

① 가로수축 ② 세로수축
③ 회전수축 ④ 좌굴변형

해설
① 가로수축 : 용접선에 직각 방향으로 수축되는 변형
② 세로수축 : 용접선 방향으로 수축되는 변형

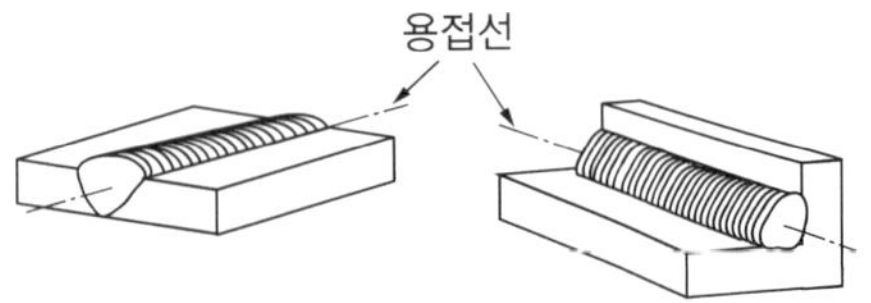

31 공업용 가스의 종류와 그 용기의 색상이 잘못 연결된 것은?

① 산소–녹색 ② 아세틸렌–황색
③ 아르곤–회색 ④ 수소–청색

해설
일반가스용기의 도색 색상

가스명칭	도 색	가스명칭	도 색
산 소	녹 색	암모니아	백 색
수 소	주황색	아세틸렌	황 색
탄산가스	청 색	프로판(LPG)	회 색
아르곤	회 색	염 소	갈 색

32 용착금속에서 기공의 결함을 찾아내는 데 가장 좋은 비파괴검사법은?

① 누설검사 ② 자기탐상검사
③ 침투탐상검사 ④ 방사선투과시험

해설
방사선투과검사(Radiographic Testing) : 내부 결함의 검출에 용이한 비파괴검사법으로, 기공이나 래미네이션 결함 등을 검출할 수 있다. 그러나 미세한 표면의 균열은 검출되지 않는다.
※ 래미네이션 : 압연방향으로 얇은 층이 발생하는 내부결함으로 강괴 내의 수축공, 기공, 슬래그가 잔류하면 미압착된 부분이 생겨서 이 부분에 중공이 생기는 불량이다.

29 ④ 30 ① 31 ④ 32 ④ **정답**

33 용접구조 설계 시 주의사항에 대한 설명으로 틀린 것은?

① 용접치수는 강도상 필요 이상 크게 하지 않는다.
② 용접이음의 집중, 교차를 피한다.
③ 파면에 직각방향으로 인장하중이 작용할 경우 판의 압연방향에 주의한다.
④ 후판을 용접할 경우 용입이 낮은 용접법을 이용하여 층수를 줄인다.

해설
용접구조 설계 시 후판을 용접할 경우는 용입이 깊은 용접법을 이용하여 용착량을 줄인다.

34 용접결함 중 언더컷이 발생했을 때 보수방법은?

① 예열한다.
② 후열한다.
③ 언더컷 부분을 연삭한다.
④ 언더컷 부분을 가는 용접봉으로 용접 후 연삭한다.

해설
언더컷불량은 용접 부위가 깊이 파인 불량이므로 직경이 가는 용접봉으로 용접을 실시한 후 그라인더로 연삭하여 보수작업을 마친다.

35 두꺼운 강판에 대한 용접이음 홈 설계 시는 용접자세, 이음의 종류, 변형, 용입상태, 경제성 등을 고려하여야 한다. 이때 설계의 요령과 관계가 먼 것은?

① 용접 홈의 단면적은 가능한 한 작게 한다.
② 루트 반지름(r)은 가능한 한 작게 한다.
③ 전후좌우로 용접봉을 움직일 수 있는 홈 각도가 필요하다.
④ 적당한 루트 간격과 루트면을 만들어준다.

해설
용접구조 설계 시 후판(두꺼운)을 용접할 경우는 용입이 깊은 용접법을 이용하므로 루트 반지름(r) 또한 크게 해야 한다.

36 용착효율을 구하는 식으로 옳은 것은?

① $용착효율(\%) = \frac{용착금속의\ 중량}{용접봉\ 사용중량} \times 100$

② $용착효율(\%) = \frac{용접봉\ 사용중량}{용착금속의\ 중량} \times 100$

③ $용착효율(\%) = \frac{남은\ 용접봉의\ 중량}{용접봉\ 사용중량} \times 100$

④ $용착효율(\%) = \frac{용접봉\ 사용중량}{남은\ 용접봉의\ 중량} \times 100$

해설
용착효율은 총 사용한 용접봉의 중량에 비해 용락 등 불량에 의한 손실 없이 얼마만큼의 중량이 실제 용접 부위에 용착되었는가를 나타내는 것이다.

$용접효율 = \frac{용착금속의\ 중량}{용접봉\ 사용중량} \times 100\%$

37 용접 시 발생하는 용접변형의 주발생 원인으로 가장 적합한 것은?

① 용착금속부의 취성에 의한 변형
② 용접이음부의 결함 발생으로 인한 변형
③ 용착금속부의 수축과 팽창으로 인한 변형
④ 용착금속부의 경화로 인한 변형

해설
용접작업 후 금속재료에 변형이 일어나는 원인은 용접 열에 의해 금속이 팽창되었다가 식을 때는 다시 수축되기 때문이다.

정답 33 ④ 34 ④ 35 ② 36 ① 37 ③

38 한 끝에서 다른 쪽 끝을 향해 연속적으로 진행하는 방법으로서 용접이음이 짧은 경우나 변형, 잔류응력 등이 크게 문제되지 않을 때 이용되는 용착법은?

① 비석법 ② 대칭법
③ 후퇴법 ④ 전진법

해설

전진법은 한쪽 끝에서 다른 쪽 끝으로 용접을 진행하는 방법으로 용접 길이가 짧을 때 사용한다.

용접법의 종류

분 류		특 징
용착 방향에 의한 용착법	전진법	한쪽 끝에서 다른 쪽 끝으로 용접을 진행하는 방법으로 용접 진행 방향과 용착 방향이 서로 같다. 용접 길이가 길면 끝부분 쪽에 수축과 잔류응력이 생긴다.
	후퇴법	용접을 단계적으로 후퇴하면서 전체 길이를 용접하는 방법으로 용접 진행 방향과 용착 방향이 서로 반대가 된다. 수축과 잔류응력을 줄이는 용접 기법이나 작업능률이 떨어진다.
	대칭법	변형과 수축응력의 경감법으로 용접의 전 길이에 걸쳐 중심에서 좌우 또는 용접물 형상에 따라 좌우대칭으로 용접하는 기법이다.
	스킵법(비석법)	용접부 전체의 길이를 5개 부분으로 나누어 놓고 1-4-2-5-3 순으로 용접하는 방법으로 용접부에 잔류응력을 적게 하면서 변형을 방지하고자 할 때 사용한다.
다층 비드 용착법	덧살올림법(빌드업법)	각 층마다 전체의 길이를 용접하면서 쌓아올리는 방법으로 가장 일반적인 방법이다.
	전진 블록법	한 개의 용접봉으로 살을 붙일 만한 길이로 구분해서 홈을 한 층 완료한 후 다른 층을 용접하는 방법이다. 다층용접 시 변형과 잔류응력의 경감을 위해 사용한다.
	캐스케이드법	한 부분의 몇 층을 용접하다가 다음 부분의 층으로 연속시켜 전체가 단계를 이루도록 용착시켜 나가는 방법이다.

39 용접부의 부식에 대한 설명으로 틀린 것은?

① 입계부식은 용접 열영향부의 오스테나이트입계에 Cr 탄화물이 석출될 때 발생한다.
② 용접부의 부식은 전면부식과 국부부식으로 분류한다.
③ 틈새 부식은 틈 사이의 부식을 말한다.
④ 용접부의 잔류응력은 부식과 관계없다.

해설

용접부에 잔류응력이 발생하면 해당 부분에 전위가 몰려 있어서 부식으로까지 이어지므로 잔류응력과 부식과의 관련성은 크다.

40 저온취성 파괴에 미치는 요인과 가장 관계가 먼 것은?

① 온도의 저하
② 인장 잔류응력
③ 예리한 노치
④ 강재의 고온 특성

해설

저온취성은 탄소강이 천이온도에 도달하면 충격치가 급격히 감소되면서 취성이 커지는 현상으로서, 재료에 온도가 저하되거나 인장 잔류응력, 예리한 노치부가 강재에 존재할 때 발생한다. 그러나 강재의 고온 특성과는 관련이 없다.

38 ④ 39 ④ 40 ④ **정답**

제3과목 용접일반 및 안전관리

41 판두께가 가장 두꺼운 경우에 적당한 용접방법은?

① 원자수소용접
② CO_2 가스용접
③ 서브머지드용접(Submerged Welding)
④ 일렉트로슬래그용접(Electro Slag Welding)

해설
일렉트로슬래그용접은 판의 두께가 아주 두꺼울 때 효과적인 용접법이다.

42 TIG용접으로 Al을 용접할 때 가장 적합한 용접전원은?

① DCSP ② DCRP
③ ACHF ④ ACRP

해설
TIG용접에서는 아크 안정을 위해 고주파 교류(ACHF)를 전원으로 사용하는데 고주파 전류는 아크를 발생하기 쉽고 전극의 소모를 줄여 텅스텐봉의 수명을 길게 하는 장점이 있다.

TIG용접에서 고주파 교류(ACHF)의 특성을 사용하는 목적
- 긴 아크유지가 용이하다.
- 아크를 발생시키기 쉽다.
- 비접촉에 의해 용착 금속과 전극의 오염을 방지한다.
- 전극의 소모를 줄여 텅스텐 전극봉의 수명을 길게 한다.
- 고주파 전원을 사용하므로 모재에 접촉시키지 않아도 아크가 발생한다.
- 동일한 전극봉에서 직류정극선(DCSP)에 비해 고주파 교류(ACHF)가 사용전류범위가 크다.

43 직류아크 용접기를 교류아크 용접기와 비교했을 때 틀린 것은?

① 비피복용접봉 사용이 가능하다.
② 전격의 위험이 크다.
③ 역률이 양호하다.
④ 유지보수가 어렵다.

해설
직류아크 용접기와 교류아크 용접기의 차이점

특 성	직류아크 용접기	교류아크 용접기
아크 안정성	우 수	보 통
비피복봉 사용 여부	가 능	불가능
극성 변화	가 능	불가능
아크쏠림 방지	불가능	가 능
무부하전압	약간 낮음(40~60V)	높음(70~80V)
전격의 위험	적다.	많다.
유지보수	다소 어렵다.	쉽다.
고 장	비교적 많다.	적다.
구 조	복잡하다.	간단하다.
역 률	양 호	불 량
가 격	고 가	저 렴

44 전기저항열을 이용한 용접법은?

① 일렉트로슬래그용접
② 잠호용접
③ 초음파용접
④ 원자수소용접

해설
일렉트로슬래그용접은 용융슬래그의 저항열로 용접한다.

정답 41 ④ 42 ③ 43 ② 44 ①

45 용제 없이 가스용접을 할 수 있는 재질은?

① 연 강　　② 주 철
③ 알루미늄　　④ 황 동

해설
순수한 철에 0.02% 이하의 탄소가 함유된 연강은 용제 없이도 가스용접이 가능하다.

46 두께가 12.7mm인 강판을 가스 절단하려 할 때 표준 드래그의 길이는 2.4mm이다. 이때 드래그는 몇 %인가?

① 18.9　　② 32.1
③ 42.9　　④ 52.4

해설

$$\text{드래그량}(\%) = \frac{\text{드래그길이}}{\text{판두께}} \times 100(\%)$$

$$= \frac{2.4\text{mm}}{12.7\text{mm}} \times 100(\%) = 18.9\%$$

47 용접에 관한 안전사항으로 틀린 것은?

① TIG용접 시 차광렌즈는 12~13번을 사용한다.
② MIG용접 시 피복 아크용접보다 1m가 넘는 거리에서도 공기 중의 산소를 오존(O_3)으로 바꿀 수 있다.
③ 전류가 인체에 미치는 영향에서 50mA는 위험을 수반하지 않는다.
④ 아크로 인한 염증을 일으켰을 경우 붕산수(2% 수용액)로 눈을 닦는다.

해설
전류(Ampere)량에 따라 사람의 몸에 미치는 영향

전류량	인체에 미치는 영향
1mA	전기를 조금 느낀다.
5mA	상당한 고통을 느낀다.
10mA	근육운동은 자유로우나 고통을 수반한 쇼크를 느낀다.
20mA	근육수축, 스스로 현장을 탈피하기 힘들다.
20~50mA	고통과 강한 근육수축, 호흡이 곤란하다.
50mA	심장마비 발생으로 사망의 위험이 있다.
100mA	사망과 같은 치명적인 결과를 준다.

48 CO_2 아크용접에 대한 설명 중 틀린 것은?

① 전류 밀도가 높아 용입이 깊고, 용접속도를 빠르게 할 수 있다.
② 용접장치, 용접전원 등 장치로서는 MIG 용접과 같은 점이 많다.
③ CO_2 아크용접에서는 탈산제로서 Mn 및 Si를 포함한 용접와이어를 사용한다.
④ CO_2 아크용접에서는 차폐가스로 CO_2에 소량의 수소를 혼합한 것을 사용한다.

해설
CO_2가스 아크용접은 보호가스(차폐가스)로 이산화탄소가스를 사용하지만 수소가스는 사용하지 않는다.

45 ① 46 ① 47 ③ 48 ④ **정답**

49 최소에너지 손실속도로 변화되는 절단팁의 노즐 형태는?

① 스트레이트 노즐　② 다이버전트 노즐
③ 원형 노즐　④ 직선형 노즐

해설

다이버전트형 팁

다이버전트형 팁은 최소에너지 손실속도로 변화되는 절단팁의 노즐로 고속분출을 얻을 수 있어서 보통의 절단팁에 비해 절단속도를 20~25% 증가시킬 수 있다.

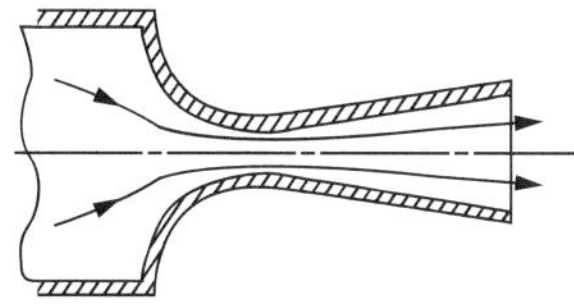

50 맞대기압접의 분류에 속하지 않는 것은?

① 플래시맞대기용접　② 방전충격용접
③ 업셋맞대기용접　④ 심용접

해설

용접법의 분류

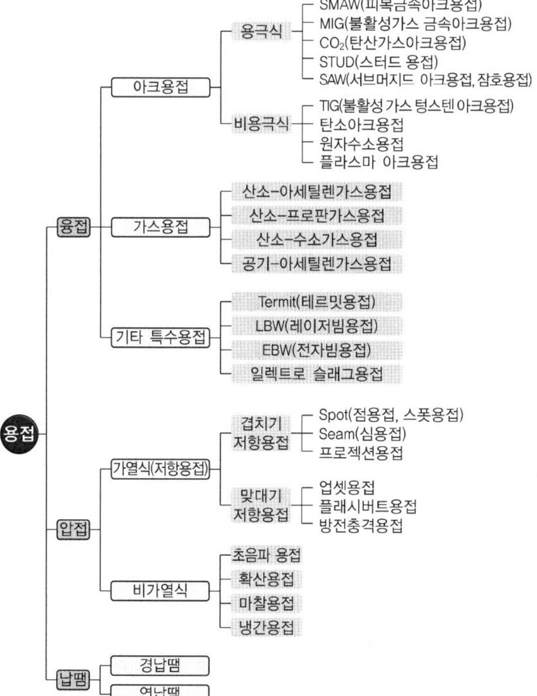

51 TIG용접 시 교류용접기에 고주파 전류를 사용할 때의 특징이 아닌 것은?

① 아크는 전극을 모재에 접촉시키지 않아도 발생된다.
② 전극의 수명이 길다.
③ 일정지름의 전극에 대해 광범위한 전류의 사용이 가능하다.
④ 아크가 길어지면 끊어진다.

해설

TIG용접에서는 아크 안정을 위해 고주파 교류(ACHF)를 전원으로 사용하는데 고주파 전류는 아크를 길게 유지할 수 있는 특성을 갖는다.

TIG용접에서 고주파 교류(ACHF)의 특성을 사용하는 목적

- 긴 아크유지가 용이하다.
- 아크를 발생시키기 쉽다.
- 비접촉에 의해 용착 금속과 전극의 오염을 방지한다.
- 전극의 소모를 줄여 텅스텐 전극봉의 수명을 길게 한다.
- 고주파 전원을 사용하므로 모재에 접촉시키지 않아도 아크가 발생한다.
- 동일한 전극봉에서 직류정극선(DCSP)에 비해 고주파 교류(ACHF)가 사용전류범위가 크다.

52 다음 중 전격의 위험성이 가장 적은 것은?

① 케이블의 피복이 파괴되어 절연이 나쁠 때
② 무부하전압이 낮은 용접기를 사용할 때
③ 땀을 흘리면서 전기용접을 할 때
④ 젖은 몸에 홀더 등이 닿았을 때

해설

무부하전압이 높을 때 전격의 위험이 커지기 때문에 무부하전압이 낮은 용접기를 사용하면 전격의 위험성이 줄어든다. 전격이란 강한 전류를 갑자기 몸에 느꼈을 때의 충격을 말하며, 용접기에는 작업자의 전격을 방지하기 위해서 반드시 전격방지기를 용접기에 부착해야 한다. 전격방지기는 작업을 쉬는 동안에 2차 무부하전압이 항상 25V 정도로 유지되도록 하여 전격을 방지할 수 있다.

정답 49 ② 50 ④ 51 ④ 52 ②

53 아세틸렌 청정기는 어느 위치에 설치함이 좋은가?

① 발생기의 출구
② 안전기 다음
③ 압력조정기 다음
④ 토치 바로 앞

해설

가스 청정기는 가스봄베(일종의 발생기)의 출구에 설치해야 아세틸렌가스 이외의 불순물을 거를 수 있다.

54 이산화탄소 아크용접에 대한 설명으로 옳지 않은 것은?

① 아크시간을 길게 할 수 있다.
② 가시(可視) 아크이므로 시공 시 편리하다.
③ 용접입열이 크고, 용융속도가 빠르며 용입이 깊다.
④ 바람의 영향을 받지 않으므로 방풍장치가 필요 없다.

해설

CO_2 용접(이산화탄소가스 아크용접)은 보호가스로 이산화탄소가스를 사용하므로 바람의 영향을 받는다. 따라서 야외에서 작업 시 방풍장치가 필요하다.

CO_2 용접의 특징

- 조작이 간단하다.
- 가시아크로 시공이 편리하다.
- 철 재질의 용접에만 한정된다.
- 전용접자세로 용접이 가능하다.
- 용착금속의 강도와 연신율이 크다.
- MIG 용접에 비해 용착금속에 기공의 발생이 적다.
- 보호가스가 저렴한 탄산가스이므로 경비가 적게 든다.
- 킬드강이나 세미킬드강, 림드강도 쉽게 용접할 수 있다.
- 아크와 용융지가 눈에 보여 정확한 용접이 가능하다.
- 산화 및 질화가 되지 않아 양호한 용착 금속을 얻을 수 있다.
- 용접의 전류밀도가 커서 용입이 깊고 용접속도를 빠르게 할 수 있다.
- 용착금속 내부의 수소 함량이 타 용접법보다 적어 은점이 생기지 않는다.
- 용제가 사용되지 않아 슬래그의 잠입이 적으며 슬래그를 제거하지 않아도 된다.
- 아크 특성에 적합한 상승 특성을 갖는 전원을 사용하므로 스패터의 발생이 적고 안정된 아크를 얻는다.

55 교류아크용접 시 아크시간이 6분이고, 휴식시간이 4분일 때 사용률은 얼마인가?

① 40% ② 50%
③ 60% ④ 70%

해설

아크 용접기의 사용률 구하는 식

$$\text{사용률(\%)} = \frac{\text{아크 발생 시간}}{\text{아크 발생 시간} + \text{정지 시간}} \times 100$$

$$\text{아크 용접기 사용률(\%)} = \frac{6\text{분}}{6\text{분} + 4\text{분}} \times 100\% = 60\%$$

56 B형 가스용접 토치의 팁번호 250을 바르게 설명한 것은?(단, 불꽃은 중성불꽃일 때)

① 판두께 250mm까지 용접한다.
② 1시간에 250L의 아세틸렌가스를 소비하는 것이다.
③ 1시간에 250L의 산소가스를 소비하는 것이다.
④ 1시간에 250cm까지 용접한다.

해설

가변압식 팁은 프랑스식으로 매시간당 아세틸렌가스의 소비량을 리터(L)로 표시한다. 따라서 250번 팁은 1시간당 아세틸렌가스의 소비량이 250L이다.

53 ① 54 ④ 55 ③ 56 ② 정답

57 CO_2가스에 O_2(산소)를 첨가한 효과가 아닌 것은?

① 슬래그 생성량이 많아져 비드 외관이 개선된다.
② 용입이 낮아 박판 용접에 유리하다.
③ 용융지의 온도가 상승된다.
④ 비금속개재물의 응집으로 용착강이 청결해진다.

해설
CO_2가스에 O_2(산소)를 첨가하면 용융지의 온도를 크게 할 수 있어서 용입을 깊게 하므로 후판용접에 유리하다.

58 교류아크 용접기에서 2차측의 무부하전압은 약 몇 V가 되는가?

① 40~60V ② 70~80V
③ 80~100V ④ 100~120V

해설
일반적인 교류아크 용접기의 2차측 무부하전압은 75V 정도가 되는데 이 때문에 직류아크 용접기보다 전격의 위험이 더 크다. 따라서 용접기에 반드시 정격방지기를 설치하고 무부하전압은 항상 25V 이하로 유지해야 한다.
※ 전격이란 강한 전류를 갑자기 몸에 느꼈을 때의 충격을 말하며, 용접기에는 작업자의 전격을 방지하기 위해서 반드시 전격방지기를 용접기에 부착해야 한다. 전격방지기는 작업을 쉬는 동안에 2차 무부하전압이 항상 25V 정도로 유지되도록 하여 전격을 방지할 수 있다.

59 강을 가스절단할 때 쉽게 절단할 수 있는 탄소함유량은 얼마인가?

① 6.68%C 이하
② 4.3%C 이하
③ 2.11%C 이하
④ 0.25%C 이하

해설
가스절단 시 탄소의 함유량의 많아짐에 따라 작업성은 저하된다. 따라서 보기 중 탄소의 함유량이 가장 적은 ④번이 정답이다.

60 아크용접과 절단작업에서 발생하는 복사에너지 중 눈에 백내장을 일으키고, 맨살에 화상을 입힐 수 있는 것은?

① 적외선
② 가시광선
③ 자외선
④ X선

정답 57 ② 58 ② 59 ④ 60 ①, ③

2014년 제2회 과년도 기출문제

제1과목 용접야금 및 용접설비제도

01 강의 조직 중 오스테나이트에서 냉각 중 탄소농도의 확산으로 탄소농도가 낮은 페라이트와 탄소농도가 높은 시멘타이트가 층상을 이루는 조직은?

① 펄라이트 ② 마텐자이트
③ 트루스타이트 ④ 레데부라이트

해설
① 펄라이트(Pearlite) : α철(페라이트) + Fe_3C(시멘타이트)의 층상구조 조직으로 질기고 강한 성질을 갖는다.
② 마텐자이트(Martensite) : 강을 오스테나이트 영역의 온도까지 가열한 후 급랭시켜 얻는 금속조직으로 강도와 경도가 크다.
③ 트루스타이트 : α철과 미세한 시멘타이트와의 혼합 조직으로서 마텐자이트를 약 400°C로 뜨임처리하였을 때 생기는 조직이다.
④ 레데부라이트 : 오스테나이트와 시멘타이트의 혼합조직이다.

02 용접부 고온 균열의 직접적인 원인이 되는 것은?

① 전극의 피복제에 흡수된 수분
② 고온에서의 연성 향상
③ 응고 시의 수축, 팽창
④ 후열처리

해설
용접부의 고온 균열은 높은 아크열에 의해 재료가 팽창되었다가 다시 수축할 때 주로 발생한다.

03 Fe-C 합금에서 6.67%C를 함유하는 탄화철의 조직은?

① 시멘타이트 ② 레데부라이트
③ 페라이트 ④ 오스테나이트

해설
시멘타이트(Cementite) : 순철에 6.67%의 탄소(C)가 합금된 금속조직으로 재료 기호는 Fe_3C 이다. 경도가 매우 크나 취성도 크다는 단점이 있다.

04 한국산업표준에서 정한 일반구조용 탄소강관을 표시하는 것은?

① SCPH ② STKM
③ NCF ④ STK

해설
④ STK : 일반구조용 탄소강관
① SCPH : 고온・고압용 주강품
② STKM : 기계구조용 탄소강관(Steel Tube)
③ NCF : 니켈-크롬-철합금 관

1 ① 2 ③ 3 ① 4 ④ 정답

05 황(S)에 관한 설명으로 틀린 것은?

① 강에 함유된 S는 대부분 MnS로 잔류한다.
② FeS는 결정립계에 망상으로 분포되어 있다.
③ S는 상온취성의 원인이 되며, 경도를 증가시킨다.
④ S가 0.02% 정도만 있어도 인장강도, 충격치를 감소시킨다.

해설
S(황)은 적열취성의 원인이 되며, 상온취성의 원인이 되는 것은 P(인)이다.

06 피복아크용접에서 피복제의 역할 중 가장 거리가 먼 것은?

① 용접금속의 응고와 냉각속도를 지연시킨다.
② 용접금속에 적당한 합금원소를 첨가한다.
③ 용융점이 낮은 적당한 점성의 슬래그를 만든다.
④ 합금원소 첨가 없이도 냉각속도로 인해 입자를 미세화하여 인성을 향상시킨다.

해설
피복아크용접용 용접봉은 심선을 피복제가 둘러싸고 있는데 이 피복제에 합금된 원소를 통해서 입자를 미세화하거나 인성을 부여하는 등 성질을 변화시킬 수 있다.

피복제(Flux)의 역할
- 아크를 안정시킨다.
- 전기 절연 작용을 한다.
- 보호가스를 발생시킨다.
- 스패터의 발생을 줄인다.
- 아크의 집중성을 좋게 한다.
- 용착금속의 급랭을 방지한다.
- 용착금속의 탈산·정련작용을 한다.
- 용융금속과 슬래그의 유동성을 좋게 한다.
- 용적(쇳물)을 미세화하여 용착효율을 높인다.
- 용융점이 낮고 적당한 점성의 슬래그를 생성한다.
- 슬래그 제거를 쉽게 하여 비드의 외관을 좋게 한다.
- 적당량의 합금 원소를 첨가하여 금속에 특수성을 부여한다.
- 중성 또는 환원성 분위기를 만들어 질화나 산화를 방지하고 용융금속을 보호한다.
- 쇳물이 쉽게 달라붙도록 힘을 주어 수직자세, 위보기자세 등 어려운 자세를 쉽게 한다.

07 연강용 피복아크 용접봉에서 피복제의 염기도가 가장 낮은 것은?

① 타이타늄계　② 저수소계
③ 일미나이트계　④ 고셀룰로스계

해설
연강용 피복아크 용접봉 중에서 피복제의 염기도가 가장 낮은 것은 타이타늄계이다. 피복제의 염기성이 높을수록 용융금속의 성질과 내균열성을 좋게 하나 작업성이 떨어진다는 단점이 있다. 저수소계(E4316)용접봉이 피복아크 용접봉 중에서 염기도가 가장 크다. 일반적인 염기도 순서는 E4316 > E4301 > E4311이다.

용접봉의 종류

E4301	일미나이트계
E4303	라임티타니아계
E4311	고셀룰로스계
E4313	고산화타이타늄계
E4316	저수소계
E4324	철분 산화타이타늄계
E4326	철분 저수소계
E4327	철분 산화철계

08 다음 중 탄소의 함유량이 가장 적은 것은?

① 경 강
② 연 강
③ 합금공구강
④ 탄소공구강

해설
연강은 0.15~0.28%의 탄소함유량을 가진 강재로, 강(Steel) 중에서 탄소의 함유량이 가장 적다. 건축용 철골이나 볼트, 리벳의 재료로 사용된다.

강의 종류별 탄소함유량
- 연강 : 0.15~0.28%의 탄소함유량
- 반경강 : 0.3~0.4%의 탄소함유량
- 경강 : 0.4~0.5%의 탄소함유량
- 최경강 : 0.5~0.6%의 탄소함유량
- 탄소공구강 : 0.6~1.5%의 탄소함유량

정답 5 ③ 6 ④ 7 ① 8 ②

09 **용접구조물에서 예열의 목적이 잘못 설명된 것은?**

① 열 영향부의 경도를 증가시킨다.

② 잔류응력을 경감시킨다.

③ 용접변형을 경감시킨다.

④ 저온균열을 방지시킨다.

해설

용접 전 재료를 예열하면 용접 작업 시 급열과 급랭에 의한 열변형을 방지할 수 있어서 열에 의한 틀어짐이나 균열을 방지할 수 있다. 그러나 재료의 강도나 경도의 증가와는 거리가 멀다.

10 **다음의 금속재료 중 전기전도율이 가장 큰 것은?**

① 크 롬 ② 아 연

③ 구 리 ④ 알루미늄

해설

열 및 전기전도율이 높은 순서

Ag > Cu > Au > Al > Mg > Zn > Ni > Fe > Pb > Sb

11 **다음의 용접기호를 바르게 설명한 것은?**

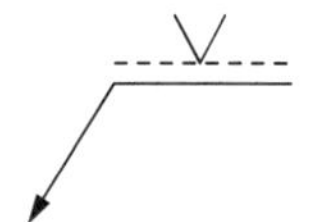

① 화살표 쪽의 용접

② 양면대칭 부분용입의 용접

③ 양면대칭용접

④ 화살표 반대쪽의 용접

해설

V형 홈 맞대기용접을 의미하는 기호가 점선 위에 있으므로 이는 화살표의 반대쪽으로 용접하라는 지시기호이다.

실선 위에 V표가 있으면 화살표 쪽에 용접한다.
점선 위에 V표가 있으면 화살표 반대쪽에 용접한다.

12 **도면에서 2종류 이상의 선이 같은 장소에서 중복될 경우 도면에 우선적으로 그어야 하는 선은?**

① 외형선 ② 중심선

③ 숨은선 ④ 무게중심선

해설

두 종류 이상의 선이 중복되는 경우 선의 우선순위

숫자나 문자 > 외형선 > 숨은선 > 절단선 > 중심선 > 무게중심선 > 치수보조선

9 ① 10 ③ 11 ④ 12 ① 정답

13 외형선 및 숨은선의 연장선을 표시하는 데 사용되는 선은?

① 가는 1점 쇄선 ② 가는 실선
③ 가는 2점 쇄선 ④ 파 선

해설
치수 표기를 위해 외형선이나 숨은선에 연장선을 그릴 때는 가는 실선으로 그린다.

14 치수기입 시 구의 반지름을 표시하는 치수보조기호는?

① SR ② Sϕ
③ R ④ t

해설
치수보조기호

기 호	구 분	기 호	구 분
ϕ	지 름	p	피 치
Sϕ	구의 지름	$\overset{\frown}{50}$	호의 길이
R	반지름	$\underline{50}$	비례척도가 아닌 치수
SR	구의 반지름	$\boxed{50}$	이론적으로 정확한 치수
□	정사각형	(50)	참고치수
C	45° 모따기	~~50~~	치수의 취소(수정 시 사용)
t	두 께		

15 일반적으로 부품의 모양을 스케치하는 방법이 아닌 것은?

① 프린트법 ② 프리핸드법
③ 판화법 ④ 사진촬영법

해설
판화법은 인쇄법의 일종으로 스케치법의 종류에는 속하지 않는다.

도형의 스케치방법

- 프린트법 : 스케치할 물체의 표면에 광명단 또는 스탬프잉크를 칠한 다음 용지에 찍어 실형을 뜨는 방법이다.
- 모양뜨기법(본뜨기법) : 물체를 종이 위에 올려놓고 그 둘레의 모양을 직접 제도연필로 그리거나 납선, 구리선을 사용하여 모양을 만드는 방법이다.
- 프리핸드법 : 운영자나 컴퍼스 등의 제도용품을 사용하지 않고 손으로 작도하는 방법이다. 스케치의 일반적인 방법으로 척도에 관계없이 적당한 크기로 부품을 그린 후 치수를 측정한다.
- 사진촬영법 : 물체의 사진을 찍는 방법이다.

16 KS 기계제도에 사용하는 평행투상법의 종류가 아닌 것은?

① 정투상 ② 등각투상
③ 사투상 ④ 투시투상

해설
투상법의 종류

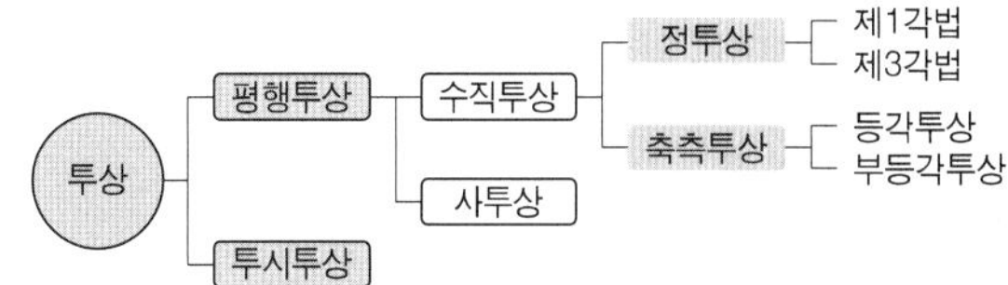

정답 13 ② 14 ① 15 ③ 16 ④

17 도면을 그리기 위하여 도면에 반드시 설정해야 되는 양식이 아닌 것은?

① 윤곽선　　② 도면의 구역
③ 표제란　　④ 중심 마크

해설

도면에 반드시 마련해야 할 양식

- 윤곽선
- 표제란
- 중심 마크

18 도형이 이동한 중심 궤적을 표시할 때 사용하는 선은?

① 굵은 실선　　② 가는 2점 쇄선
③ 가는 1점 쇄선　　④ 가는 실선

해설

도형이 이동한 중심궤적은 가는 1점 쇄선(– - —— - —— - –)으로 표시한다.

19 용접이음의 기호에서 뒷면용접을 나타낸 기호는?

①　　②
③　　④

20 다음 용접부의 기본기호 중 서페이싱을 나타내는 것은?

①　　②
③　　④ 

해설

용접부 기호의 종류

명 칭	기본기호
서페이싱	
뒷면용접	
스폿용접	
심용접	

제2과목 용접구조설계

21 잔류응력의 완화법인 응력제거 어닐링(Annealing)의 효과로 틀린 것은?

① 응력 부식에 대한 저항력 감소
② 크리프 강도 향상
③ 충격 저항의 증대
④ 치수 비틀림 방지

해설

응력제거풀림 : 주조나 단조, 기계가공, 용접으로 금속재료에 생긴 잔류응력을 제거하기 위한 열처리의 일종으로, 구조용 강의 경우 약 550~650℃의 온도 범위로 일정한 시간을 유지하였다가 노속에서 냉각시킨다. 충격에 대한 저항력과 응력 부식에 대한 저항력을 증가시키고 크리프 강도도 향상시켜 용접 구조물을 더욱 안전하게 만든다. 그리고 용착금속 중 수소 제거에 의한 연성을 증대시킨다.

17 ② 18 ③ 19 ④ 20 ① 21 ① **정답**

22 두께가 5mm인 강판을 가지고 완전 용입의 T형 용접을 하려고 한다. 이때 최대 50,000N의 인장하중을 작용시키려면 용접길이는 얼마인가?(단, 용접부의 허용 인장응력은 100MPa이다)

① 50mm　② 100mm
③ 150mm　④ 200mm

해설

$\sigma = \frac{F}{A} = \frac{F}{t \times l}$

$100 \times 10^6 \mathrm{N/m^2} = \frac{50{,}000\mathrm{N}}{5\mathrm{mm} \times l}$, m를 mm로 단위 변환

$100 \times 10^6 \times 10^{-6} \mathrm{N/mm^2} = \frac{50{,}000\mathrm{N}}{5\mathrm{mm} \times l}$

용접길이$(l) = \frac{50{,}000\mathrm{N}}{5\mathrm{mm} \times 100\mathrm{N/mm^2}} = 100\mathrm{mm}$

23 용접금속의 균열 현상에서 저온 균열에서 나타나는 균열은?

① 토 크랙　② 노치 크랙
③ 설퍼 크랙　④ 루트 크랙

해설

루트 균열 : 맞대기용접 시 가접이나 비드의 첫 층에서 루트면 근방의 열영향부(HAZ)에 발생한 노치에서 시작하여 점차 비드 속으로 들어가는 균열(세로방향 균열)로 함유 수소에 의해서도 발생되는 저온 균열의 일종이다.

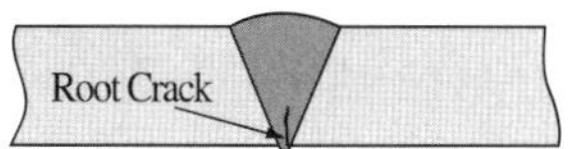

24 T형 이음(홈 완전 용입)에서 $P = 31.5\mathrm{kN}$, $h = 7\mathrm{mm}$로 할 때 용접길이는 얼마인가?(단, 허용응력은 90MPa이다)

① 20mm　② 30mm
③ 40mm　④ 50mm

해설

인장응력$(\sigma) = \frac{F}{A} = \frac{F}{t \times L}$ 식을 응용하면(필릿용접이지만 홈 완전용입이므로 t 대입),

$90 \times 10^6 \mathrm{Pa} = \frac{31{,}500\mathrm{N}}{7\mathrm{mm} \times L}$

$L = \frac{31{,}500\mathrm{N}}{7\mathrm{mm} \times (90 \times 10^6 \times 10^{-6} \mathrm{N/mm^2})}$

$= \frac{31{,}500\mathrm{N}}{630\mathrm{N/mm}} = 50\mathrm{mm}$

25 용접이음준비에서 조립과 가접에 대한 설명이다. 틀린 것은?

① 수축이 큰 맞대기용접을 먼저 한다.
② 용접과 리벳이 있는 경우 용접을 먼저 한다.
③ 가접은 본용접사와 같은 기량을 가진 용접사가 한다.
④ 가접은 변형 방지를 위하여 용접봉 지름의 큰 것을 사용한다.

해설

가접 : 본용접 전에 용접할 재료의 고정을 위해 재료의 일부분만 가는 용접봉으로 용접하는 작업이다.

정답 22 ② 23 ④ 24 ④ 25 ④

26 맞대기이음부의 홈의 형상으로만 조합된 것은?

① Z형, K형, L형, T형
② I형, V형, U형, H형
③ G형, X형, J형, P형
④ B형, U형, K형, Y형

해설

맞대기이음의 종류

I형	V형	X형
U형	H형	⁄형
K형	J형	양면 J형

27 다층 용접에서 변형과 잔류응력을 경감시키기 위해 사용하는 용접법은?

① 빌드업(Build Up)법
② 스킵(Skip)법
③ 후퇴법
④ 전진블록(Block)법

해설

용접법의 종류

분 류		특 징
용착 방향에 의한 용착법	전진법	한쪽 끝에서 다른 쪽 끝으로 용접을 진행하는 방법으로, 용접 진행 방향과 용착 방향이 서로 같다. 용접 길이가 길면 끝부분 쪽에 수축과 잔류응력이 생긴다.
	후퇴법	용접을 단계적으로 후퇴하면서 전체 길이를 용접하는 방법으로, 용접 진행 방향과 용착 방향이 서로 반대가 된다. 수축과 잔류응력을 줄이는 용접 기법이나 작업능률이 떨어진다.
	대칭법	변형과 수축응력의 경감법으로 용접의 전 길이에 걸쳐 중심에서 좌우 또는 용접물 형상에 따라 좌우대칭으로 용접하는 기법이다.
	스킵법 (비석법)	용접부 전체의 길이를 5개 부분으로 나누어 놓고 1-4-2-5-3 순으로 용접하는 방법으로, 용접부에 잔류응력을 적게 하면서 변형을 방지하고자 할 때 사용한다.
다층 비드 용착법	덧살올림법 (빌드업법)	각 층마다 전체의 길이를 용접하면서 쌓아 올리는 가장 일반적인 방법이다.
	전진 블록법	한 개의 용접봉으로 살을 붙일 만한 길이로 구분해서 홈을 한 층 완료한 후 다른 층을 용접하는 방법이다. 다층용접 시 변형과 잔류응력의 경감을 위해 사용한다.
	캐스 케이드법	한 부분의 몇 층을 용접하다가 다음 부분의 층으로 연속시켜 전체가 단계를 이루도록 용착시켜 나가는 방법이다.

26 ② 27 ④ 정답

28 다음 설명 중 옳지 않은 것은?

① 금속은 압축응력에 비하여 인장응력에는 약하다.
② 팽창과 수축의 정도는 가열된 면적의 크기에 반비례한다.
③ 구속된 상태의 팽창과 수축은 금속의 변형과 잔류응력을 생기게 한다.
④ 구속된 상태의 수축은 금속이 그 장력에 견딜만한 연성이 없으면 파단한다.

해설
용접불꽃이 닿는 면적에 크면 클수록 팽창과 수축의 정도는 더 커진다. 따라서 가열된 면적과 용접물의 팽창과 수축은 비례관계가 성립한다.

29 용접이음의 피로강도를 시험할 때 사용되는 S–N 곡선에서 S와 N을 옳게 표시한 항목은?

① S : 스트레인, N : 반복하중
② S : 응력, N : 반복하중
③ S : 인장강도, N : 전단강도
④ S : 비틀림강도, N : 응력

해설
피로시험은 재료의 강도시험으로 재료에 인장–압축응력을 반복해서 가했을 때 재료가 파괴되는 시점의 반복 수를 구해서 S–N곡선에 응력(S)과 반복하중 횟수(N)와의 상관관계를 나타내서 피로한도를 측정하는 시험이다. 이 시험을 통해서 S–N곡선이 만들어진다.

30 수직으로 4,000N의 힘이 작용하는 부분에 수평으로 맞대기용접을 하고자 하는데 용접부의 형상은 판 두께 6mm, 용접선의 길이 220mm로 하려고 할 때, 이음부에 발생하는 인장응력은 약 얼마인가?

① 4.0N/mm²　　② 3.0N/mm²
③ 109.1N/mm²　　④ 110.2N/mm²

해설
인장응력$(\sigma) = \frac{F}{A} = \frac{F}{t \times L}$ 식을 응용하면

$$\sigma = \frac{4{,}000\text{N}}{6\text{mm} \times 220\text{mm}} = 3.03\text{N/mm}^2$$

31 플레어용접부의 형상으로 맞는 것은?

①
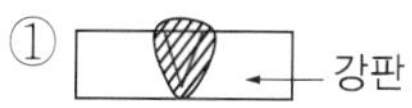

②
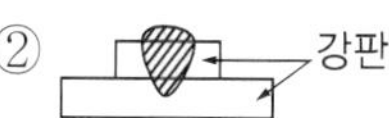

③
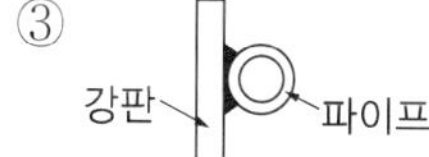

④
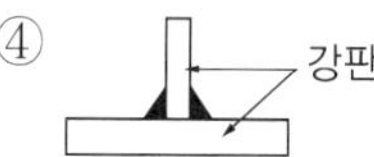

해설
① V형 맞대기이음
② 플러그용접
④ 필릿용접

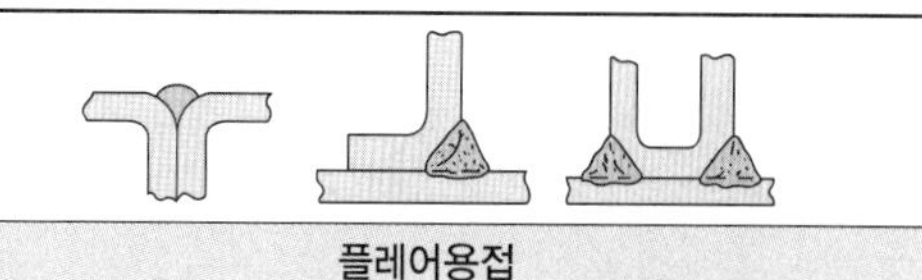
플레어용접

정답 28 ② 29 ② 30 ② 31 ③

32 다음 예열에 대한 설명으로 옳지 않은 것은?

① 연강의 두께가 25mm 이상인 경우 약 50~350℃ 정도의 온도로 예열한다.

② 연강을 0℃ 이하에서 용접할 경우 이음의 양쪽 폭 100mm 정도를 약 40~70℃ 정도로 예열하는 것이 좋다.

③ 구리나 알루미늄 합금 등은 200~400℃로 예열한다.

④ 예열은 근본적으로 용접 금속 내에 수소의 성분을 넣어주기 위함이다.

해설

용접 전과 후 모재에 예열을 가하는 목적

- 열영향부(HAZ)의 균열을 방지한다.
- 수축변형 및 균열을 경감시킨다.
- 용접금속에 연성 및 인성을 부여한다.
- 열영향부와 용착금속의 경화를 방지한다.
- 급열 및 급랭 방지로 잔류응력을 줄인다.
- 용접금속의 팽창이나 수축의 정도를 줄여 준다.
- 수소 방출을 용이하게 하여 저온 균열을 방지한다.
- 금속 내부의 가스를 방출시켜 기공 및 균열을 방지한다.

33 다음 그림과 같은 필릿용접부의 종류는?

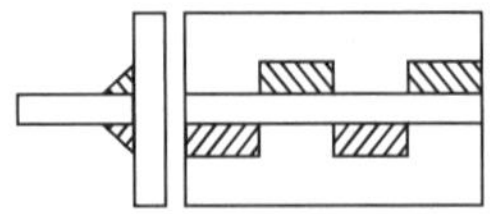

① 연속 병렬필릿용접

② 연속 필릿용접

③ 단속 병렬필릿용접

④ 단속 지그재그필릿용접

해설

하중 방향에 따른 필릿용접의 종류

하중 방향에 따른 필릿용접	전면 필릿이음	측면 필릿이음	경사 필릿이음
형상에 따른 필릿용접	연속 필릿	단속 병렬필릿	단속 지그재그필릿

34 용융된 금속이 모재와 잘못 녹아 어울리지 못하고 모재에 덮인 상태의 결함은?

① 스패터 ② 언더컷

③ 오버랩 ④ 기 공

해설

③ 오버랩 : 용융된 금속이 용입이 되지 않은 상태에서 표면을 덮어버린 불량이다.

① 스패터 : 아크용접이나 가스용접에서 용접 중 비산하는 금속입자이다.

② 언더컷 : 용접부의 가장자리 부분에서 용착 금속이 채워지지 않고 파여 홈으로 남아 있는 부분이다.

④ 기공 : 용접부가 급랭될 때 미처 빠져나오지 못한 가스에 의해 발생하는 불량이다.

32 ④ 33 ④ 34 ③ 정답

35 용접변형의 교정법에서 박판에 대한 점 수축법의 시공조건으로 틀린 것은?

① 가열온도는 500~600℃
② 가열시간은 180초
③ 가열점 지름은 20~30mm
④ 가열 후 즉시 수랭

해설
점 수축법으로 변형된 재료를 교정할 때는 가열점 지름을 20~30mm로 하고, 500~600℃의 온도로 약 30초간 가열을 진행하며 가열 즉시 수랭한다.

36 연강판용접인장시험에서 모재의 인장 강도가 3,500 MPa, 용접시험편의 인장강도가 2,800MPa로 나타났다면 이음효율은?

① 60% ② 70%
③ 80% ④ 90%

해설
용접부의 이음효율(η)

$$\eta = \frac{\text{시험편의 인장강도}}{\text{모재의 인장강도}} \times 100\%$$

$$= \frac{2,800\text{MPa}}{3,500\text{MPa}} \times 100\% = 80\%$$

37 용접변형의 종류에 해당되지 않는 것은?

① 좌굴변형
② 연성변형
③ 비틀림변형
④ 회전변형

해설
용접한 재료는 좌굴(축방향 외력에 의한 휨 변형), 비틀림, 회전변형이 일어날 수 있으나, 연성변형과는 관련이 없다.

38 시험편에 V형 또는 U형 노치를 만들어 파괴시키는 시험법은?

① 경도시험법 ② 인장시험법
③ 굽힘시험법 ④ 충격시험법

해설
충격시험법
시험편에 V형이나 U형의 노치부를 만든 후 가로 방향이나 세로 방향으로 고정시켜 재료의 충격값을 구하는 시험법이다.
- 샤르피식 충격시험법 : 시험편을 40mm 떨어진 2개의 지지대 위에 가로 방향으로 지지하고, 노치부를 지지대 사이의 중앙에 일치시킨 후 노치부 뒷면을 해머로 1회만 충격을 주어 시험편을 파단시킬 때 소비된 흡수에너지(E)와 충격값(U)를 구하는 시험방법
- 아이조드식 충격시험법 : 시험편을 세로방향으로 고정시키는 방법으로 한쪽 끝을 노치부에 고정하고 반대쪽 끝을 노치부에서 22mm 떨어뜨린 후 노치부와 같은 쪽 면을 해머로 1회의 충격으로 시험편을 파단시킬 때 그 충격값을 구하는 시험법

39 인장시험의 시험편의 처음길이를 l_0, 파단 후의 거리를 l이라 하면 변형률(ε)에 관한 식은?

① $\varepsilon = \dfrac{l - l_0}{l} \times 100\%$

② $\varepsilon = \dfrac{l_0 - l}{l} \times 100\%$

③ $\varepsilon = \dfrac{l_0 - l}{l_0} \times 100\%$

④ $\varepsilon = \dfrac{l - l_0}{l_0} \times 100\%$

해설
변형률(ε) : 재료가 외력에 의해 원래 길이보다 늘어나거나 줄어든 비율

$$\varepsilon = \frac{l - l_0}{l_0} \times 100\%$$

여기서, l_0 : 처음길이, l : 나중길이

정답 35 ② 36 ③ 37 ② 38 ④ 39 ④

40 필릿용접에서 응력집중이 가장 큰 용접부는?

① 루트부 ② 토 부
③ 각 장 ④ 목두께

해설
필릿용접 시 용접재료가 교차되는 루트부에 응력이 가장 집중된다.

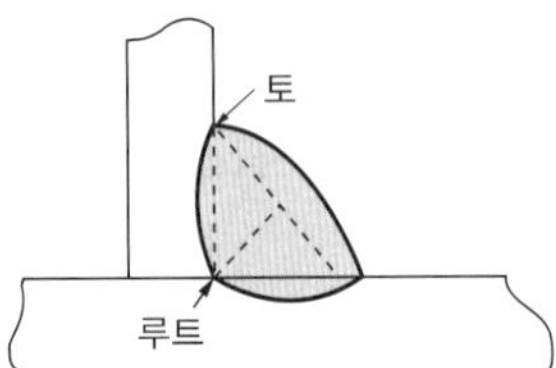

제3과목 용접일반 및 안전관리

41 테르밋용접 이음부의 예열온도는 약 몇 ℃가 적당한가?

① 400~600
② 600~800
③ 800~900
④ 1,000~1,100

해설
테르밋용접 이음부의 예열온도는 800~900℃가 적당하다.

42 실드가스로서, 주로 탄산가스를 사용하여 용융부를 보호하여 탄산가스 분위기 속에서 아크를 발생시켜 그 아크열로 모재를 용융시켜 용접하는 방법은?

① 테르밋용접
② 실드용접
③ 전자빔용접
④ 일렉트로가스 아크용접

해설
④ 일렉트로가스 아크용접 : 탄산가스(CO_2)로 용접부의 보호가스로 사용하며 탄산가스 분위기 속에서 아크를 발생시켜 그 아크열로 모재를 용융시켜 용접하는 방법
① 테르밋용접 : 금속산화물과 알루미늄이 반응하여 열과 슬래그를 발생시키는 테르밋반응을 이용하는 용접법이다. 강을 용접할 경우에는 산화철과 알루미늄 분말을 3 : 1로 혼합한 테르밋제를 만든 후 냄비의 역할을 하는 도가니에 넣고, 점화제를 약 1,000℃로 점화시키면 약 2,800℃의 열이 발생되어 용접용 강이 만들어지는데 이 강(Steel)을 용접 부위에 주입 후 서랭하여 용접을 완료한다. 철도 레일이나 차축, 선박의 프레임 접합에 주로 사용된다.
③ 전자빔용접 : 고밀도로 집속되고 가속화된 전자빔을 높은 진공 속에서 용접물에 고속도로 조사시키면 빛과 같은 속도로 이동한 전자가 용접물에 충돌하면서 전자의 운동에너지를 열에너지로 변환시켜 국부적으로 고열을 발생시키는데, 이때 생긴 열원으로 용접부를 용융시켜 용접하는 방식이다. 텅스텐(3,410℃)과 몰리브덴(2,620℃)과 같이 용융점이 높은 재료의 용접에 적합하다.

43 가스절단 시 절단속도에 영향을 주는 것과 가장 거리가 먼 것은?

① 팁의 형상 ② 용기의 산소량
③ 모재의 온도 ④ 산소 압력

해설
용기 내 산소가스의 용량이 적어서 고압의 산소를 내보내지 못하는 예외적 상황을 제외하고는 일반적으로 가스 절단에 사용되는 산소-아세틸렌 가스용기의 가스량은 절단속도에 직접적으로 영향을 미치지 못한다. 직접적으로 영향을 미치는 요인은 산소의 분출 압력이다.

40 ① 41 ③ 42 ④ 43 ② 정답

44 아크 용접기의 사용상 주의점이 아닌 것은?

① 정격 사용률 이상으로 사용한다.
② 접지(Earth)를 확실히 한다.
③ 비, 바람이 치는 장소에서는 사용하지 않는다.
④ 기름이나 증기가 많은 장소에서는 사용하지 않는다.

해설
모든 용접기는 작업자의 안전을 위하여 정격사용률 이하에서 사용해야 한다.

45 용접전류가 400A 이상일 때 가장 적합한 차광도 번호는?

① 5 ② 8
③ 10 ④ 14

해설
피복아크용접 시 전륫값이 400A 이상일 때는 No.14번의 차광유리를 적용한 보호헬멧을 착용해야 한다.

용접의 종류별 적정 차광번호(KS P 8141)

용접의 종류	전류범위(A)	차광도 번호(No.)
납 땜	–	2~4
가스용접	–	4~7
산소절단	901~2,000	5
	2,001~4,000	6
	4,001~6,000	7
피복아크용접 및 절단	30 이하	5~6
	36~75	7~8
	76~200	9~11
	201~400	12~13
	401 이상	14
아크에어가우징	126~225	10~11
	226~350	12~13
	351 이상	14~16
탄소아크용접	–	14
TIG, MIG	100 이하	9~10
	101~300	11~12
	301~500	13~14
	501 이상	15~16

46 전격 방지를 위한 작업으로 틀린 것은?

① 보호구를 완전히 착용한다.
② 직류보다 교류를 많이 사용한다.
③ 무부하전압이 낮은 용접기를 사용한다.
④ 절연상태를 확인한 후 사용한다.

해설
직류아크 용접기가 교류아크 용접기에 비해 전격의 위험이 더 적다.

47 아크용접작업에서 전격의 방지 대책으로 틀린 것은?

① 절연 홀더의 절연 부분이 노출되면 즉시 교체한다.
② 홀더나 용접봉은 절대로 맨손으로 취급하지 않는다.
③ 밀폐된 공간에서는 자동 전격 방지기를 사용하지 않는다.
④ 용접기의 내부에 함부로 손을 대지 않는다.

해설
용접기는 전원으로 전기를 사용하기 때문에 감전에 대비해서 밀폐되거나 개방된 장소를 불문하고 전격방지기를 내장하고 있어야 한다.

※ 전격이란 강한 전류를 갑자기 몸에 느꼈을 때의 충격을 말하며, 용접기에는 작업자의 전격을 방지하기 위해서 반드시 전격방지기를 용접기에 부착해야 한다. 전격방지기는 작업을 쉬는 동안에 2차 무부하전압이 항상 25V 정도로 유지되도록 하여 전격을 방지할 수 있다.

정답 44 ① 45 ④ 46 ② 47 ③

48 가스절단의 예열불꽃이 너무 약할 때의 현상을 가장 적절하게 설명한 것은?

① 절단속도가 빨라진다.
② 드래그가 증가한다.
③ 모서리가 용융되어 둥글게 된다.
④ 절단면이 거칠어진다.

해설
드래그(Drag) : 가스 절단 시 한 번에 토치를 이동한 거리로, 절단면에 일정한 간격의 곡선이 나타나는 것이다.
예열불꽃의 세기

예열불꽃이 너무 강할 때	예열불꽃이 너무 약할 때
• 절단면이 거칠어진다. • 절단면 위 모서리가 녹아 둥글게 된다. • 슬래그가 뒤쪽에 많이 달라 붙어 잘 떨어지지 않는다. • 슬래그 중의 철 성분의 박리가 어려워진다.	• 드래그가 증가한다. • 역화를 일으키기 쉽다. • 절단 속도가 느려지며, 절단이 중단되기 쉽다.

49 절단산소의 순도가 낮은 경우 발생하는 현상이 아닌 것은?

① 산소 소비량이 증가된다.
② 절단속도가 저하된다.
③ 절단 개시 시간이 길어진다.
④ 절단 홈 폭이 좁아진다.

해설
절단가스의 순도가 높을수록 절단 홈의 폭이 좁아져서 모재를 깨끗한 단면으로 절단할 수 있다. 순도가 낮으면 그만큼 열효율이 좋지 못하므로 ④번은 틀린 표현이다.

50 스테인리스나 알루미늄합금의 납땜이 어려운 가장 큰 이유는?

① 적당한 용제가 없기 때문에
② 강한 산화막이 있기 때문에
③ 융점이 높기 때문에
④ 친화력이 강하기 때문에

해설
스테인리스나 알루미늄합금의 납땜은 그 표면에 강한 산화막이 존재하기 때문에 납땜하기 힘들다.

51 용해 아세틸렌가스를 충전하였을 때 용기 전체의 무게가 34kgf이고, 사용 후 빈병의 무게가 31kgf이면 15℃, 1kgf/cm^{2}하에서 충전된 아세틸렌가스의 양은 약 몇 L인가?

① 465L ② 1,054L
③ 1,581L ④ 2,715L

해설
용해 아세틸렌 1kg을 기화시키면 약 905L의 아세틸렌가스가 발생되므로, 아세틸렌가스의 양(C)을 구하는 공식은 다음과 같다.
아세틸렌 가스량(C) = 905L(병 전체 무게(A) – 빈 병의 무게(B))
= 905L(34–31)
= 2,715L

48 ② 49 ④ 50 ② 51 ④ **정답**

52 불활성가스 텅스텐아크용접에 사용되는 뒷받침의 형식이 아닌 것은?

① 금속 뒷받침(Metal Backing)
② 배킹용접(Backing Weld)
③ 플럭스 뒷받침(Flux Backing)
④ 용접부의 뒤쪽에 불활성 가스를 흐르게 하는 방법(Inert Gas Backing)

해설

배킹용접은 주로 피복 금속 아크용접으로 맞대기용접할 때 사용하는 뒷받침이다.

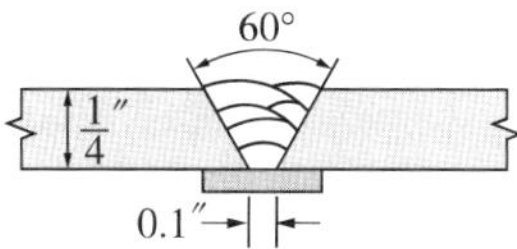

53 아크용접 시 발생되는 유해한 광선에 해당하는 것은?

① X-선
② 감마선(γ)
③ 알파선(α)
④ 적외선

해설

아크용접과 절단 작업 시 발생되는 적외선은 작업자의 눈에 백내장을 일으키고 맨살에 화상을 입힌다.

54 직류 용접기와 비교하여 교류 용접기의 장점이 아닌 것은?

① 자기쏠림이 방지된다.
② 구조가 간단하다.
③ 소음이 적다.
④ 역률이 좋다.

해설

직류아크 용접기와 교류아크 용접기의 차이점

특 성	직류아크 용접기	교류아크 용접기
아크 안정성	우 수	보 통
비피복봉 사용 여부	가 능	불가능
극성 변화	가 능	불가능
아크쏠림 방지	불가능	가 능
무부하전압	약간 낮음(40~60V)	높음(70~80V)
전격의 위험	적다.	많다.
유지보수	다소 어렵다.	쉽다.
고 장	비교적 많다.	적다.
구 조	복잡하다.	간단하다.
역 률	양 호	불 량
가 격	고 가	저 렴

55 내용적 40L의 산소용기에 140kgf/cm^{2}의 산소가 들어 있다. 350번 팁을 사용하여 혼합비 1:1의 표준불꽃으로 작업하면 몇 시간이나 작업할 수 있는가?

① 10시간 ② 12시간
③ 14시간 ④ 16시간

해설

프랑스식 350번 팁은 가변압식으로 시간당 소비량은 350L이다.

$$\text{용접가능시간} = \frac{\text{산소용기의 총 가스량}}{\text{시간당 소비량}} = \frac{\text{내용적} \times \text{압력}}{\text{시간당 소비량}}$$

$$= \frac{40 \times 140}{350} = 16\text{시간}$$

정답 52 ② 53 ④ 54 ④ 55 ④

56 표준불꽃으로 용접할 때 가스용접 팁의 번호가 200이면, 다음 중 옳은 설명은?

① 매시간당 산소의 소비량이 200L이다.
② 매분당 산소의 소비량이 200L이다.
③ 매시간당 아세틸렌가스의 소비량이 200L이다.
④ 매분당 아세틸렌가스의 소비량이 200L이다.

해설

가변압식 팁은 프랑스식으로 매시간당 아세틸렌가스의 소비량을 리터(L)로 표시한다. 따라서 200번 팁은 1시간당 아세틸렌가스의 소비량이 200L이다.

57 피복아크용접에서 피복제의 역할이 아닌 것은?

① 용적을 미세화하고 용착 효율을 높인다.
② 용착 금속에 필요한 합금 원소를 첨가한다.
③ 아크를 안정시킨다.
④ 용착금속의 냉각속도를 빠르게 한다.

해설

피복아크용접용 용접봉은 심선을 피복제가 둘러싸고 있는데 이 피복제는 용접금속을 덮고 있는 형상이므로 냉각속도를 느리게 한다.

피복제(Flux)의 역할

- 아크를 안정시킨다.
- 전기절연 작용을 한다.
- 보호가스를 발생시킨다.
- 스패터의 발생을 줄인다.
- 아크의 집중성을 좋게 한다.
- 용착금속의 급랭을 방지한다.
- 용착금속의 탈산 정련·작용을 한다.
- 용융금속과 슬래그의 유동성을 좋게 한다.
- 용적(쇳물)을 미세화하여 용착효율을 높인다.
- 용융점이 낮고 적당한 점성의 슬래그를 생성한다.
- 슬래그 제거를 쉽게 하여 비드의 외관을 좋게 한다.
- 적당량의 합금 원소를 첨가하여 금속에 특수성을 부여한다.
- 중성 또는 환원성 분위기를 만들어 질화나 산화를 방지하고 용융금속을 보호한다.
- 쇳물이 쉽게 달라붙도록 힘을 주어 수직자세, 위보기자세 등 어려운 자세를 쉽게 한다.

58 탄산가스(CO_2) 아크용접에 대한 설명 중 틀린 것은?

① 전자세 용접이 가능하다.
② 용착금속의 기계적, 야금적 성질이 우수하다.
③ 용접전류의 밀도가 낮아 용입이 얕다.
④ 가시(可視)아크이므로, 시공이 편리하다.

해설

CO_2 용접(탄산가스 아크용접)의 특징

- 조작이 간단하다.
- 가시아크로 시공이 편리하다.
- 철 재질의 용접에만 한정된다.
- 전 용접자세로 용접이 가능하다.
- 용착금속의 강도와 연신율이 크다.
- MIG용접에 비해 용착금속에 기공의 발생이 적다.
- 보호가스가 저렴한 탄산가스이므로 경비가 적게 든다.
- 킬드강이나 세미킬드강, 림드강도 쉽게 용접할 수 있다.
- 아크와 용융지가 눈에 보여 정확한 용접이 가능하다.
- 산화 및 질화가 되지 않아 양호한 용착금속을 얻을 수 있다.
- 용접의 전류밀도가 커서 용입이 깊고 용접속도를 빠르게 할 수 있다.
- 용착금속 내부의 수소함량이 타 용접법보다 적어 은점이 생기지 않는다.
- 용제가 사용되지 않아 슬래그의 잠입이 적으며 슬래그를 제거하지 않아도 된다.
- 아크 특성에 적합한 상승 특성을 갖는 전원을 사용하므로 스패터의 발생이 적고 안정된 아크를 얻는다.

56 ③ 57 ④ 58 ③ **정답**

59 아크쏠림의 발생 주원인은?

① 아크 발생의 불량으로 발생한다.

② 전류가 흐르는 도체 주변의 자장 발생으로 발생한다.

③ 용접봉이 굵은 관계로 발생한다.

④ 자석의 크기로 인해서 발생한다.

해설

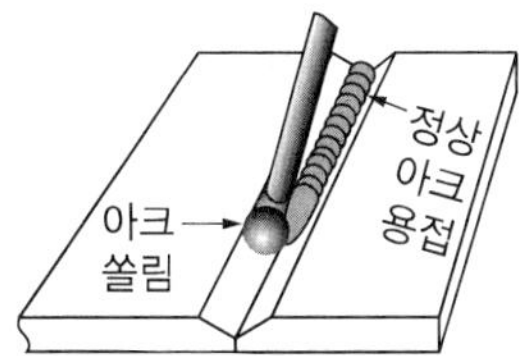

아크쏠림의 원인

- 철계 금속을 직류전원으로 용접했을 경우
- 아크전류에 의해 용접봉과 모재 사이에 형성된 자기장(자장)에 의해
- 직류용접기에서 비피복 용접봉(맨(Bare) 용접봉)을 사용했을 경우

아크쏠림(Arc Blow, 자기불림)

용접봉과 모재 사이에 전류가 흐를 때 그 주위에는 자기장이 생기는데, 이 자기장이 용접봉에 대해 비대칭으로 형성되면 아크가 자력선이 집중되지 않은 한쪽으로 쏠리는 현상이다. 직류아크용접에서 피복제가 없는 맨(Bare) 용접봉을 사용했을 때 많이 발생하며 아크가 불안정하고, 기공이나 슬래그 섞임, 용착금속의 재질 변화 등의 불량이 발생한다.

60 가스 실드계의 대표적인 용접봉으로 피복이 얇고, 슬래그가 적으므로 좁은 홈의 용접이나 수직상진·하진 및 위보기 용접에서 우수한 작업성을 가진 용접봉은?

① E4301

② E4311

③ E4313

④ E4316

해설

E4311(고셀룰로스계) 용접봉 : 피복제에 가스 발생제인 셀룰로스를 20~30% 정도 포함한 가스 생성식으로, 가스 실드계의 대표적인 용접봉이다. 슬래그가 적게 발생하며 좁은 홈의 용접이나 수직상진·하진 및 위보기용접에서 우수한 작업성을 갖는다.

정답 59 ② 60 ②

2014년 제3회 과년도 기출문제

제1과목 용접야금 및 용접설비제도

01 다음 보기를 공통적으로 설명하고 있는 표면경화법은?

보기

- 강을 NH_3 가스 중에 500~550℃로 20~100시간 정도 가열한다.
- 경화 깊이를 깊게 하기 위해서는 시간을 길게 하여야 한다.
- 표면층에 합금 성분인 Cr, Al, Mo 등이 단단한 경화층을 형성하며, 특히 Al은 경도를 높여 주는 역할을 한다.

① 질화법 ② 침탄법
③ 크로마이징 ④ 화염경화법

해설

① 질화법 : 암모니아(NH_3)가스 분위기(영역) 안에 재료를 넣고 500℃에서 50~100시간을 가열하면 재료 표면에 Al, Cr, Mo 원소와 함께 질소가 확산되면서 강 재료의 표면이 단단해지는 표면경화법이다. 내연기관의 실린더 내벽이나 고압용 터빈날개를 표면경화할 때 주로 사용된다.
② 침탄법 : 순철에 0.2% 이하의 C가 합금된 저탄소강을 목탄과 같은 침탄제 속에 완전히 파묻은 상태로 약 900~950℃로 가열하여 재료의 표면에 C(탄소)를 침입시켜 고탄소강으로 만든 후 급랭시킴으로써 표면을 경화시키는 열처리법이다. 기어나 피스톤핀을 표면경화할 때 주로 사용된다.
③ 크로마이징 : 표면경화법의 일종으로 강에 Cr을 침투시키는 금속침투법이다.
④ 화염경화법 : 산소-아세틸렌가스 불꽃으로 강의 표면을 급격히 가열한 후 물을 분사시켜 급랭시킴으로써 담금질성 있는 재료의 표면을 경화시키는 방법이다.

02 강을 단조, 압연 등의 소성가공이나 주조로 거칠어진 결정조직을 미세화하고 기계적 성질, 물리적 성질 등을 개량하여 조직을 표준화하고 공랭하는 열처리는?

① 풀림(Annealing)
② 불림(Normalizing)
③ 담금질(Quenching)
④ 뜨임(Tempering)

해설

불림(Normalizing) : 담금질 정도가 심하거나 결정입자가 조대해진 강, 소성가공이나 주조로 거칠어진 조직을 표준화조직으로 만들기 위하여 A_3점(968℃)이나 A_{cm}(시멘타이트)점보다 30~50℃ 이상의 온도로 가열한 후 공랭시킨다.

03 Fe－C 평형상태도에서 조직과 결정 구조에 대한 설명으로 옳은 것은?

① 펄라이트는 $\gamma + Fe_3C$이다.
② 레데부라이트는 $\alpha + Fe_3C$이다.
③ α－페라이트는 면심입방격자이다.
④ δ－페라이트는 체심입방격자이다.

해설

① 펄라이트 : α철(페라이트) + Fe_3C(시멘타이트)
② 레데부라이트 : 융체(L) ↔ γ고용체 + Fe_3C
③ α철(페라이트)은 체심입방격자(BCC)이다.

1 ① 2 ② 3 ④ 정답

04 타이타늄(Ti)의 성질을 설명한 것 중 옳은 것은?

① 비중은 약 8.9 정도이다.

② 열 및 도전율이 매우 높다.

③ 활성이 작아 고온에서 산화되지 않는다.

④ 상온 부근의 물 또는 공기 중에서는 부동태 피막이 형성된다.

해설

타이타늄(Ti)의 특징

- 비중 : 4.5
- 용융점 : 1,668℃
- 내식성이 우수하다.
- 열 및 전기전도율이 낮다.
- 강한 탈산제 및 흑연화 촉진제이다.
- 타이타늄 용접 시 보호장치가 필요하다.
- 상온 부근의 물이나 공기 중에서 부동태 피막이 형성된다.

05 다음 금속의 공통적인 성질로 틀린 것은?

① 수은 이외에는 상온에서 고체이며 결정체이다.

② 전기에 부도체이며, 비중이 작다.

③ 결정의 내부구조를 변경시킬 수 있다.

④ 금속 고유의 광택을 갖고 있다.

해설

금속의 일반적인 특성

- 비중이 크다.
- 전기 및 열의 양도체이다.
- 금속 특유의 광택을 갖는다.
- 이온화하면 양(+)이온이 된다.
- 상온에서 고체이며 결정체이다(단, Hg 제외).
- 연성과 전성이 우수하며 소성변형이 가능하다.

06 다음 중 강괴의 결함이 아닌 것은?

① 수축공 ② 백 점

③ 편 석 ④ 용 강

해설

용강이란 Molten Steel로 용융된 강(Steel)을 달리 부르는 말이므로 강괴의 결함과는 거리가 멀다.

① 수축공 : 재료가 냉각되면서 가스가 빠져나간 자리에 빈 공간이 생기는 불량

② 백점 : 강재의 표면에 발생한 미세한 균열로 그 파면이 백색의 반점이 나타난 불량

③ 편석 : 합금 원소나 불순물이 균일하지 못하고 편중되어 있는 상태

07 일반적으로 용융 금속 중에 기포가 응고 시 빠져나가지 못하고 잔류하여 용접부에 기계적 성질을 저하시키는 것은?

① 편 석 ② 은 점

③ 기 공 ④ 노 치

해설

③ 기공 : 용접부가 급랭될 때 미처 빠져나오지 못한 가스에 의해 발생하는 불량이다.

① 편석 : 합금 원소나 불순물이 균일하지 못하고 편중되어 있는 상태이다.

② 은점 : 수소가스에 의해 발생하는 불량으로 용착 금속의 파단면에 은백색을 띤 물고기 눈 모양의 결함이다.

④ 노치 : 모재의 한쪽 면에 흠집이 있는 것으로 용접부에 노치가 있으면 응력이 집중되어 Crack이 발생하기 쉽다.

정답 4 ④ 5 ② 6 ④ 7 ③

08 주철 용접부 바닥면에 스터드 볼트 대신 둥근 홈을 파고 이 부분에 걸쳐 힘을 받도록 용접하는 방법은?

① 버터링법 ② 로킹법
③ 비녀장법 ④ 스터드법

해설

주철의 보수용접방법

- 스터드법 : 스터드 볼트를 사용해서 용접부가 힘을 받도록 하는 방법
- 비녀장법 : 균열부 수리나 가늘고 긴 부분을 용접할 때 용접선에 직각이 되게 지름이 6~10mm 정도인 ㄷ자형의 강봉을 박고 용접하는 방법
- 버터링법 : 처음에는 모재와 잘 융합 되는 용접봉으로 적정 두께까지 용착시킨 후 다른 용접봉으로 용접하는 방법
- 로킹법 : 스터드 볼트 대신에 용접부 바닥에 홈을 파고 이 부분을 걸쳐서 힘을 받도록 하는 방법

09 강을 경화시키기 위한 열처리는?

① 담금질 ② 뜨 임
③ 불 림 ④ 풀 림

해설

① 담금질(Quenching) : 재질을 경화시킬 목적으로 강을 오스테나이트조직의 영역으로 가열한 후 급랭시켜 강도와 경도를 증가시키는 열처리법이다.
② 뜨임(Tempering) : 담금질한 강을 A_1 변태점(723℃) 이하로 가열 후 서랭하는 것으로 담금질로 경화된 재료에 인성을 부여하고 내부응력을 제거한다.
③ 불림(Normalizing) : 담금질 정도가 심하거나 결정입자가 조대해진 강, 소성가공이나 주조로 거칠어진 조직을 표준화조직으로 만들기 위하여 A_3점(968℃)이나 A_{cm}(시멘타이트)점보다 30~50℃ 이상의 온도로 가열한 후 공랭시킨다.
④ 풀림(Annealing) : 재질을 연하고(연화시키고) 균일화시키거나 내부응력을 제거할 목적으로 실시하는 열처리법으로 완전풀림은 A_3 변태점(968℃) 이상의 온도로, 연화풀림은 650℃ 정도의 온도로 가열한 후 서랭한다.

10 탄소강의 조직 중 전연성이 크고 연하며 강자성체인 조직은?

① 페라이트 ② 펄라이트
③ 시멘타이트 ④ 레데부라이트

해설

α철을 기호로 사용하는 페라이트는 체심입방격자로서, 723℃에서 최대 0.02%의 탄소를 고용하는데 전연성이 큰 강자성체이다.

11 척도의 종류 중 축척(Contraction Scale)으로 그릴 때의 내용을 바르게 설명한 것은?

① 도면의 치수는 실물의 축척된 치수를 기입한다.
② 표제란의 척도란에 'NS'라고 기입한다.
③ 표제란의 척도란에 2 : 1, 20 : 1 등으로 기입한다.
④ 도면의 치수는 실물의 실제치수를 기입한다.

해설

도면에 치수를 표시할 때는 실제의 치수를 기입해야 한다.

척도의 종류

종 류	의 미
축 척	실물보다 작게 축소해서 그리는 것으로 1 : 2, 1 : 20의 형태로 표시
배 척	실물보다 크게 확대해서 그리는 것으로 2 : 1, 20 : 1의 형태로 표시
현 척	실물과 동일한 크기로 1 : 1의 형태로 표시
NS	Not to Scale, 비례척이 아니다.

8 ② 9 ① 10 ① 11 ④ 정답

12 다음 용접기호 설명 중 틀린 은?

① ∨는 V형 맞대기용접을 의미한다.

② ◺는 필릿용접을 의미한다.

③ ○는 점용접을 의미한다.

④ ⼃⼂는 플러그용접을 의미한다.

해설

양면플랜지형 맞대기용접

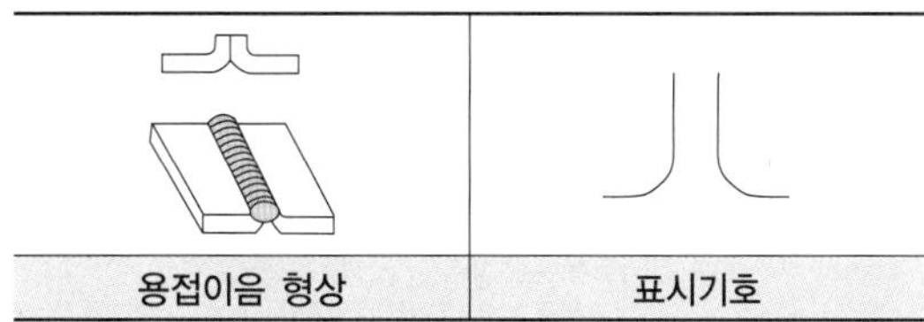

용접이음 형상	표시기호

13 다음 치수보조기호 중 잘못 설명된 것은?

① t : 판의 두께

② (20) : 이론적으로 정확한 치수

③ C : 45°의 모따기

④ SR : 구의 반지름

해설

치수보조기호

기 호	구 분	기 호	구 분
ϕ	지 름	p	피 치
Sϕ	구의 지름	$\frown$50	호의 길이
R	반지름	<u>50</u>	비례척도가 아닌 치수
SR	구의 반지름	[50]	이론적으로 정확한 치수
□	정사각형	(50)	참고치수
C	45° 모따기	~~50~~	치수의 취소(수정 시 사용)
t	두 께		

14 화살표 쪽 필릿용접의 기호는 무엇인가?

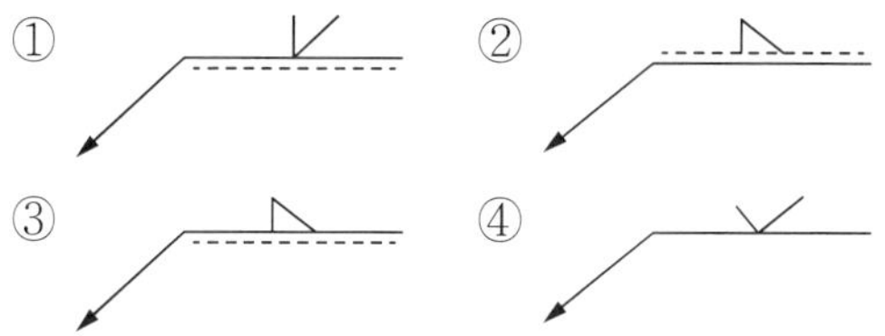

해설

③ 실선 위에 필릿용접기호(◺)가 있으므로 이는 화살표 쪽으로 필릿용접하라는 것을 나타낸다.

① 화살표 쪽으로 일면 개선형 맞대기용접을 하라는 지시기호

② 화살표 반대방향으로 필릿용접을 하라는 지시기호

④ 화살표 쪽으로 V형 맞대기용접을 하라는 지시기호

15 단면도의 표시방법으로 알맞지 않은 것은?

① 단면도의 도형은 절단면을 사용하여 대상물을 절단하였다고 가정하고 절단면의 앞부분을 제거하고 그린다.

② 온단면도에서 절단면을 정하여 그릴 때 절단선은 기입하지 않는다.

③ 외형도에 있어서 필요로 하는 요소의 일부만을 부분단면도로 표시할 수 있으며 이 경우 파단선에 의해서 그 경계를 나타낸다.

④ 절단했기 때문에 축, 핀, 볼트의 경우는 원칙적으로 긴 쪽 방향으로 절단한다.

해설

길이 방향으로 절단 도시가 가능 및 불가능한 기계요소

길이 방향으로 절단하여 도시가 가능한 것	보스, 부시, 칼라, 베어링, 파이프 등 KS 규격에서 절단하여 도시가 불가능하다고 규정되지 않은 부품
길이 방향으로 절단하여 도시가 불가능한 것	축, 키, 바퀴의 암, 핀, 볼트, 너트, 리브, 리벳, 코터, 기어의 이, 베어링의 볼과 롤러

정답 12 ④ 13 ② 14 ③ 15 ④

16 핸들이나 바퀴의 암 및 리브 훅, 축 구조물의 부재 등에 절단면을 90° 회전하여 그린 단면도는?

① 회전단면도 ② 부분단면도
③ 한쪽단면도 ④ 온단면도

해설

단면도의 종류

단면도명	특 징
온단면도 (전단면도)	• 전단면도라고도 한다. • 물체 전체를 직선으로 절단하여 앞부분을 잘라내고 남은 뒷부분의 단면 모양을 그린 것이다. • 절단 부위의 위치와 보는 방향이 확실한 경우에는 절단선, 화살표, 문자 기호를 기입하지 않아도 된다.
한쪽단면도 (반단면도)	• 반단면도라고도 한다. • 절단면을 전체의 반만 설치하여 단면도를 얻는다. • 상하 또는 좌우가 대칭인 물체를 중심선을 기준으로 1/4 절단하여 내부 모양과 외부 모양을 동시에 표시하는 방법이다.
부분단면도	파단선 / 떼어 낸 부분의 단면 • 파단선을 그어서 단면 부분의 경계를 표시한다. • 일부분을 잘라 내고 필요한 내부의 모양을 그리기 위한 방법이다.
회전도시 단면도	(a) 암의 회전단면도(투상도 안) (b) 훅의 회전단면도(투상도 밖) • 절단선의 연장선 뒤에도 그릴 수 있다. • 투상도의 절단할 곳과 겹쳐서 그릴 때는 가는 실선으로 그린다. • 주투상도의 밖으로 끌어내어 그릴 경우는 가는 1점 쇄선으로 한계를 표시하고 굵은 실선으로 그린다. • 핸들이나 벨트 풀리, 바퀴의 암, 리브, 축, 형강 등의 단면의 모양을 90°로 회전시켜 투상도의 안이나 밖에 그린다.
계단단면도	A B C D A-B-C-D • 절단면을 여러 개 설치하여 그린 단면도이다. • 복잡한 물체의 투상도 수를 줄일 목적으로 사용한다. • 절단선, 절단면의 한계와 화살표 및 문자기호를 반드시 표시하여 절단면의 위치와 보는 방향을 정확히 명시해야 한다.

16 ① 정답

17 한국산업규격 용접기호 중 $Z \triangle n \times l(e)$에서 n이 의미하는 것은?

① 용접부 수　　② 피 치
③ 용접길이　　④ 목길이

해설

단속 필릿용접부 표시기호
$a \triangle n \times l(e)$

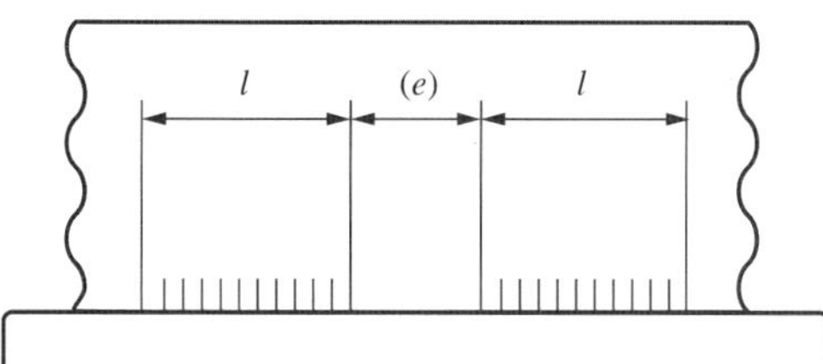

- a : 목두께 또는 Z : 목길이
- ◺ : 필릿용접기호
- n : 용접부 수
- l : 용접길이
- (e) : 인접한 용접부 간격

18 면이 평면으로 가공되어 있고, 복잡한 윤곽을 갖는 부품인 경우에는 그 면에 광명단 등을 발라 스케치 용지에 찍어 그 면의 실형을 얻는 스케치방법은?

① 프리핸드법　　② 프린트법
③ 모양뜨기법　　④ 사진촬영법

해설

도형의 스케치방법

- 프린트법 : 스케치할 물체의 표면에 광명단 또는 스탬프잉크를 칠한 다음 용지에 찍어 실형을 뜨는 방법이다.
- 모양뜨기법(본뜨기법) : 물체를 종이 위에 올려놓고 그 둘레의 모양을 직접 제도연필로 그리거나 납선, 구리선을 사용하여 모양을 만드는 방법이다.
- 프리핸드법 : 운영자나 컴퍼스 등의 제도용품을 사용하지 않고 손으로 작도하는 스케치의 일반적인 방법이다. 척도에 관계없이 적당한 크기로 부품을 그린 후 치수를 측정한다.
- 사진촬영법 : 물체의 사진을 찍는 방법이다.

19 물체의 구멍이나 홈 등 한 부분만의 모양을 표시하는 것으로 충분한 경우에 그 필요 부분만을 중심선, 치수 보조선 등으로 연결하여 나타내는 투상도의 명칭은?

① 부분투상도　　② 보조투상도
③ 국부투상도　　④ 회전투상도

해설

투상도의 종류

종류	구분	내용
회전 투상도	정 의	각도를 가진 물체의 실제 모양을 나타내기 위해서 그 부분을 회전해서 그린다.
	도면 표시	
부분 투상도	정 의	그림의 일부를 도시하는 것만으로도 충분한 경우 필요한 부분만을 투상하여 그린다.
	도면 표시	
국부 투상도	정 의	대상물이 구멍, 홈 등과 같이 한 부분의 모양을 도시하는 것만으로도 충분한 경우에 사용한다.
	도면 표시	가는 1점 쇄선으로 연결한다. / 가는 실선으로 연결한다.
부분 확대도	정 의	특정 부분의 도형이 작아서 그 부분을 자세히 나타낼 수 없거나 치수기입을 할 수 없을 때, 그 부분을 가는 실선으로 둘러싸고 한글이나 알파벳 대문자로 표시한 후 근처에 확대하여 표시한다.
	도면 표시	확대도-A 척도 2:1 / A
보조 투상도	정 의	경사면을 지니고 있는 물체는 그 경사면의 실제 모양을 표시할 필요가 있는데, 이 경우 보이는 부분의 전체 또는 일부분을 대상물의 사면에 대향하는 위치에 그린다.
	도면 표시	대칭기호

정답 17 ① 18 ② 19 ③

20 KS의 부문별 분류기호가 바르게 짝지어진 것은?

① KS A : 기계

② KS B : 기본

③ KS C : 전기

④ KS D : 광산

해설

한국산업규격(KS)의 부문별 분류기호

분류기호	분 야	분류기호	분 야	분류기호	분 야
KS A	기 본	KS F	건 설	KS T	물 류
KS B	기 계	KS I	환 경	KS V	조 선
KS C	전기전자	KS K	섬 유	KS W	항공우주
KS D	금 속	KS Q	품질경영	KS X	정 보
KS E	광 산	KS R	수송기계		

제2과목 용접구조설계

21 용접부의 단면을 나타낸 것이다. 열영향부를 나타내는 것은?

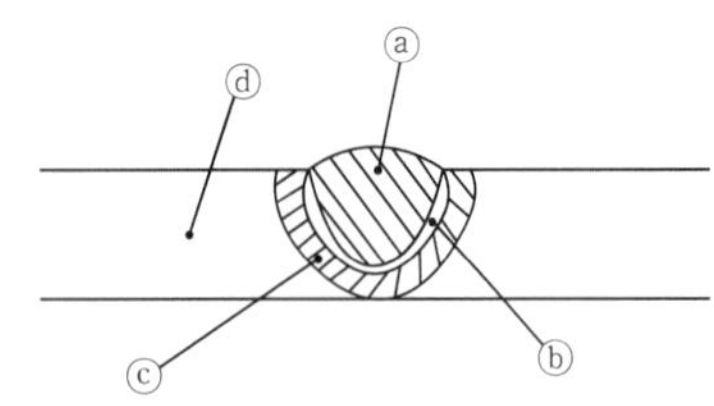

① ⓐ　　② ⓑ

③ ⓒ　　④ ⓓ

해설

ⓐ 용융금속

ⓑ 본드부

ⓒ 열영향부(HAZ ; Heat Affected Zone)

ⓓ 모 재

22 무부하전압이 80V, 아크전압 35V, 아크전류 400A라 하면 교류 용접기의 역률과 효율은 각각 약 몇 %인가?(단, 내부손실은 4kW이다)

① 역률 : 51, 효율 : 72

② 역률 : 56, 효율 : 78

③ 역률 : 61, 효율 : 82

④ 역률 : 66, 효율 : 88

해설

- 역률(%) $= \dfrac{\text{소비전력}}{\text{전원입력}} \times 100\%$

여기서, 전원입력 = 무부하전압 × 정격 2차 전류 = 80 × 400 = 32,000W

따라서, 역률(%) $= \dfrac{18,000}{32,000} \times 100(\%) = 56.2\%$

- 효율(%) $= \dfrac{\text{아크전력}}{\text{소비전력}} \times 100\%$

여기서, 아크전력 = 아크전압 × 정격 2차 전류 = 35 × 400 = 14,000W

소비전력 = 아크전력 + 내부손실 = 14,000 + 4,000 = 18,000W

따라서, 효율(%) $= \dfrac{14,000}{18,000} \times 100\% = 77.7\%$

20 ③　21 ③　22 ② **정답**

23 **탐촉자를 이용하여 결함의 위치 및 크기를 검사하는 비파괴시험법은?**

① 방사선투과시험　② 초음파탐상시험
③ 침투탐상시험　④ 자분탐상시험

해설
② 초음파탐상검사(UT ; Ultrasonic Test) : 사람이 들을 수 없는 매우 높은 주파수의 초음파를 사용하여 검사 대상물의 형상과 물리적 특성을 검사하는 방법이다. 4~5MHz 정도의 초음파가 경계면, 결함 표면 등에서 반사하여 되돌아오는 성질을 이용하는 방법으로 반사파의 시간과 크기를 탐촉자로 파악하고 스크린으로 관찰하여 결함의 유무, 크기, 종류 등을 검사하는 방법이다.
① 방사선투과시험 : 용접부 뒷면에 필름을 놓고 용접물 표면에서 X선이나 γ선을 방사하여 용접부를 통과시키면, 금속 내부에 구멍이 있을 경우 그만큼 투과되는 두께가 얇아져서 필름에 방사선의 투과량이 그만큼 많아지게 되므로 다른 곳보다 검게 됨을 확인함으로써 불량을 검출하는 방법이다.
③ 침투탐상검사 : 검사하려는 대상물의 표면에 침투력이 강한 형광성 침투액을 도포 또는 분무하거나 표면 전체를 침투액 속에 침적시켜 표면의 흠집 속에 침투액이 스며들게 한 다음 이를 백색 분말의 현상액을 뿌려서 침투액을 표면으로부터 빨아내서 결함을 검출하는 방법이다. 침투액이 형광물질이면 형광침투탐상시험이라고 불린다.
④ 자분탐상검사 : 철강 재료 등 강자성체를 자기장에 놓았을 때 시험편 표면이나 표면 근처에 균열이나 비금속 개재물과 같은 결함이 있으면 결함 부분에는 자속이 통하기 어려워 공간으로 누설되어 누설 자속이 생긴다. 이 누설 자속을 자분(자성 분말)이나 검사 코일을 사용하여 결함의 존재를 검출하는 방법이다.

24 **용접구조물에서 파괴 및 손상의 원인으로 가장 관계가 없는 것은?**

① 시공 불량
② 재료 불량
③ 설계 불량
④ 현도관리 불량

해설
현도란 실제물체와 동일한 치수로 그린 도면을 말하는 것으로 현도관리 불량과 용접구조물의 파괴와는 관련이 없다.

25 **내균열성이 가장 우수하고 제품의 인장강도가 요구될 때 사용되는 용접봉은?**

① 저수소계
② 라임티타니아계
③ 고셀룰로스계
④ 일미나이트계

해설
용접부에 인장강도가 요구될 때는 고장력강용인 저수소계 용접봉(E4316)을 사용해야 한다.

26 **용접에 의한 용착금속의 기계적 성질에 대한 사항으로 옳은 것은?**

① 용접 시 발생하는 급열, 급랭 효과에 의하여 용착금속이 경화한다.
② 용착금속의 기계적 성질은 일반적으로 다층용접보다 단층용접 쪽이 더 양호하다.
③ 피복아크 용접에 의한 용착금속의 강도는 보통 모재보다 저하된다.
④ 예열과 후열처리로 냉각속도를 감소시키면 인성과 연성이 감소된다.

해설
용접 시 발생하는 급열이나 급랭 효과에 의하여 용착금속이 담금질 열처리가 되기 때문에 용접부는 경화된다.

정답 23 ② 24 ④ 25 ① 26 ①

27 판두께가 30mm인 강판을 용접하였을 때 각 변형(가로 굽힘 변형)이 가장 많이 발생하는 홈의 형상은?

① H형 ② U형
③ K형 ④ V형

해설

홈의 형상에 따른 특징

홈의 형상	특 징
I형	• 가공이 쉽고 용착량이 적어서 경제적이다. • 판이 두꺼워지면 이음부를 완전히 녹일 수 없다.
V형	• 한쪽 방향에서 완전한 용입을 얻고자 할 때 사용한다. • 홈 가공이 용이하나 두꺼운 판에서는 용착량이 많아지고 변형이 일어난다.
X형	• 후판(두꺼운 판) 용접에 적합하다. • 홈가공이 V형에 비해 어렵지만 용착량이 적다. • 양쪽에서 용접하므로 완전한 용입을 얻을 수 있다.
U형	• 두꺼운 판에서 비드의 너비가 좁고 용착량도 적다. • 루트 반지름을 최대한 크게 만들며 홈 가공이 어렵다. • 두꺼운 판을 한쪽 방향에서 충분한 용입을 얻고자 할 때 사용한다.
H형	두꺼운 판을 양쪽에서 용접하므로 완전한 용입을 얻을 수 있다.
J형	한쪽 V형이나 K형 홈보다 두꺼운 판에 사용한다.

28 용접 시 발생하는 균열로 맞대기 및 필릿용접 등의 표면 비드와 모재와의 경계부에서 발생되는 것은?

① 크레이터 균열 ② 비드 밑 균열
③ 설퍼 균열 ④ 토 균열

해설

④ 토 균열 : 토란 용접 모재와 용접 표면이 만나는 부위를 말하는 용어로 토 균열이란 표면비드와 모재와의 경계부에서 발생하는 불량이다.
① 크레이터 균열 : 용접 비드의 끝에서 발생하는 고온 균열로서 냉각속도가 지나치게 빠른 경우에 발생한다.
② 비드 밑 균열 : 모재의 용융선 근처의 열영향부에서 발생되는 균열이며 고탄소강이나 저합금강을 용접할 때 용접열에 의한 열영향부의 경화와 변태응력 및 용착금속 내부의 확산성 수소에 의해 발생되는 균열이다. 용접비드의 밑 부분에서 발생되는 불량의 원인은 수소(H_2)가스이다.
③ 설퍼 균열 : 유황의 편석이 층상으로 존재하는 강재를 용접하는 경우, 낮은 융점의 황화철이 원인이 되어 용접금속 내에 생기는 1차 결정립계의 균열

29 직접적인 용접용 공구가 아닌 것은?

① 치핑해머 ② 앞치마
③ 와이어브러시 ④ 용접집게

해설

앞치마는 용접사를 보호하기 위한 안전용품이므로 간접적인 용접용품에 속한다.

27 ④ 28 ④ 29 ② 정답

30 용착부의 인장응력이 $5kgf/mm^2$, 용접선 유효길이가 80mm이며, V형 맞대기로 완전 용입인 경우 하중 8,000kgf에 대한 판 두께는 몇 mm인가?(단, 하중은 용접선과 직각 방향이다)

① 10 ② 20
③ 30 ④ 40

해설

인장응력$(\sigma) = \frac{F}{A} = \frac{F}{t \times l}$

$5kgf/mm^2 = \frac{8,000kgf}{t \times 80mm}$

판두께$(t) = \frac{8,000kgf}{5kgf/mm^2 \times 80mm} = 20mm$

31 용접구조물 조립순서 결정 시 고려사항이 아닌 것은?

① 가능한 한 구속하여 용접을 한다.
② 가접용 정반이나 지그를 적절히 채택한다.
③ 구조물의 형상을 고정하고 지지할 수 있어야 한다.
④ 변형이 발생되었을 때 쉽게 제거할 수 있어야 한다.

해설

용접 시 구속용접을 하면 잔류응력이나 변형이 구속된 곳에 집중되기 때문에 반드시 구속용접을 피해야 한다.

32 용접이음 설계상 주의사항으로 옳지 않은 것은?

① 용접 순서를 고려해야 한다.
② 용접선이 가능한 한 집중되도록 한다.
③ 용접부에 되도록 잔류응력이 발생하지 않도록 한다.
④ 두께가 다른 부재를 용접할 경우 단면의 급격한 변화를 피하도록 한다.

해설

용접이음을 설계할 때는 용접선을 겹치지 않고 분산되도록 설계해야 발생 열이 집중되지 않고 분산되어 열 변형을 방지할 수 있다.

33 용접 균열에 관한 설명으로 틀린 것은?

① 저탄소강에 비해 고탄소강에서 잘 발생한다.
② 저수소계 용접봉을 사용하면 감소된다.
③ 소재의 인장강도가 클수록 발생하기 쉽다.
④ 판 두께가 얇아질수록 증가한다.

해설

용접 균열은 판 두께가 두꺼워질수록 증가한다.

정답 30 ② 31 ① 32 ② 33 ④

34 다음 ( ) 안에 들어갈 적합한 말은?

> 용접구조물을 설계할 때 제작측에서 문의가 없어도 제작할 수 있게 설계도면에서 공작법의 세부지시사항을 지시한 ( )을(를) 작성하게 된다.

① 공작도면
② 사양서
③ 재료적산
④ 구조계획

해설
공작도면은 작업자가 도면을 보고 만들 수 있는 설계도면이다.

35 용접이음의 부식 중 용접 잔류응력 등 인장응력이 걸리거나, 특정의 부식 환경으로 될 때 발생하는 부식은?

① 입계부식 ② 틈새부식
③ 접촉부식 ④ 응력부식

해설
④ 응력부식 : 용접으로 인한 잔류응력이나 인장응력이 걸리는 특정한 부식 환경하에서 발생하는 부식
① 입계부식 : 용접 열영향부의 오스테나이트입계에 Cr 탄화물이 석출될 때 발생한다.
② 틈새부식 : 용접부 틈 사이에 발생한 부식이다.

36 용접변형 방지법의 종류로 거리가 가장 먼 것은?

① 전진법 ② 억제법
③ 역변형법 ④ 피닝법

해설
전진법은 용접할 때 용접봉의 진행 방향을 나타내는 것이므로 용접변형 방지와는 거리가 멀다.

37 용접균열의 발생 원인이 아닌 것은?

① 수소에 의한 균열
② 탈산에 의한 균열
③ 변태에 의한 균열
④ 노치에 의한 균열

해설
용접금속 내에서 탈산처리(산소를 밖으로 내보내는 처리)를 하면 기공과 같은 불량을 방지할 수 있으므로 탈산처리는 균열방지법에 속한다.

38 비파괴검사법 중 표면결함 검출에 사용되지 않는 것은?

① MT ② UT
③ PT ④ ET

해설
비파괴시험법의 분류

구분	시험법
내부결함	방사선투과시험(RT)
	초음파탐상시험(UT)
표면결함	외관검사(VT)
	자분탐상검사(MT)
	침투탐상검사(PT)
	누설검사(LT)
	와전류탐상시험(ET)

34 ① 35 ④ 36 ① 37 ② 38 ② 정답

39 모재의 인장강도가 400MPa이고, 용접시험편의 인장강도가 280MPa이라면 용접부의 이음효율은 몇 %인가?

① 50 ② 60
③ 70 ④ 80

해설
용접부의 이음효율(η)

$$\eta = \frac{\text{시험편의 인장강도}}{\text{모재의 인장강도}} \times 100\%$$

$$= \frac{280\text{MPa}}{400\text{MPa}} \times 100\% = 70\%$$

40 용접이음의 기본 형식이 아닌 것은?

① 맞대기이음
② 모서리이음
③ 겹치기이음
④ 플레어이음

해설
플레어용접은 기본 용접형식에 포함되지 않는다. 용접의 기본 형식으로는 맞대기용접, 필릿용접, 겹치기용접, 모서리이음 등이 있다.
플레어용접

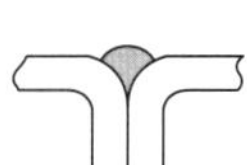
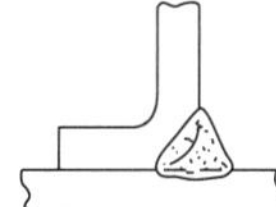
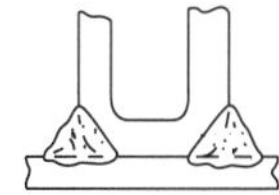

제3과목 용접일반 및 안전관리

41 서브머지드아크용접법의 설명 중 잘못된 것은?

① 용융속도와 용착속도가 빠르며, 용입이 깊다.
② 비소모식이므로 비드의 외관이 거칠다.
③ 모재 두께가 두꺼운 용접에서 효율적이다.
④ 용접선이 수직인 경우 적용이 곤란하다.

해설
서브머지드아크용접(SAW)은 전극이 소모되는 소모식 용접법으로 비드의 품질이 일정하고 양호하게 얻을 수 있다.
서브머지드아크용접의 정의
용접 부위에 미세한 입상의 플럭스를 도포한 뒤 용접선과 나란히 설치된 레일 위를 주행대차가 지나가면서 와이어를 용접부로 공급시키면 플럭스 내부에서 아크가 발생하면서 용접하는 자동 용접법이다. 아크가 플럭스 속에서 발생되므로 용접부가 눈에 보이지 않아 불가시 아크용접, 잠호용접이라고 불린다. 용접봉인 와이어의 공급과 이송이 자동이며 용접부를 플럭스가 덮고 있으므로 복사열과 연기가 많이 발생하지 않는다. 특히, 용접부로 공급되는 와이어가 전극과 용가재의 역할을 동시에 하므로 전극인 와이어는 소모된다.

정답 39 ③ 40 ④ 41 ②

42 MIG용접의 특징에 대한 설명으로 틀린 것은?

① 반자동 또는 전자동 용접기로 용접속도가 빠르다.

② 정전압특성 직류용접기가 사용된다.

③ 상승특성의 직류용접기가 사용된다.

④ 아크 자기제어 특성이 없다.

해설

MIG용접

용가재인 전극와이어(1.0~2.4ϕ)를 연속적으로 보내어 아크를 발생시키는 방법으로, 용극식 또는 소모식 불활성가스 아크용접이라고 불리며 불활성 가스로는 주로 Ar(아르곤) 가스를 사용한다.

- 분무이행이 원활하다.
- 열영향부가 매우 적다.
- 용착효율은 약 98%이다.
- 전자세용접이 가능하다.
- 용접기의 조작이 간단하다.
- 아크의 자기제어 기능이 있다.
- 직류용접기의 경우 정전압 특성 또는 상승 특성이 있다.
- 전류가 일정할 때 아크전압이 커지면 용융속도가 낮아진다.
- 전류밀도가 아크용접의 4~6배, TIG 용접의 2배 정도로 매우 높다.
- 용접부가 좁고, 깊은 용입을 얻으므로 후판(두꺼운 판) 용접에 적당하다.
- 전자동 또는 반자동식이 많으며 전극인 와이어는 모재와 동일한 금속을 사용한다.
- 용접부로 공급되는 와이어가 전극과 용가재의 역할을 동시에 하므로 전극인 와이어는 소모된다.
- 전원은 직류 역극성이 이용되며 Al, Mg 등에는 클리닝 작용(청정 작용)이 있어 용제 없이도 용접이 가능하다.
- 용접봉을 갈아 끼울 필요가 없어 용접 속도를 빨리할 수 있으므로 고속 및 연속적으로 양호한 용접을 할 수 있다.

43 아크(Arc)용접의 불꽃온도는 약 몇 ℃인가?

① 1,000℃ ② 2,000℃

③ 4,000℃ ④ 5,000℃

해설

아크란 이온화된 기체들이 불꽃 방전에 의해 청백색의 강렬한 빛과 열을 내는 현상으로 아크 중심의 온도는 약 6,000℃이며, 보통 3,000~5,000℃ 정도이나 아크의 경우 위치에 따라 온도가 달라지는데 이 문제에서는 정답을 5,000℃로 규정했다.

44 모재에 유황(S) 함량이 많을 때 생기는 용접부 결함은?

① 용입 불량 ② 언더컷

③ 슬래그 섞임 ④ 균 열

해설

모재에 유황성분이 많을 경우 적열취성이 발생하기 쉬우므로 용접 균열도 발생하기 쉽다.

45 가스용접에 쓰이는 토치의 취급상 주의사항으로 틀린 것은?

① 팁을 모래나 먼지 위에 놓지 말 것

② 토치를 함부로 분해하지 말 것

③ 토치에 기름, 그리스 등을 바를 것

④ 팁을 바꿀 때에는 반드시 양쪽 밸브를 잘 닫고 할 것

해설

가스용접에 사용하는 가스통과 압력조정기, 역화방지기 등 각각의 연결 부위에는 이물질이 들어가지 않도록 마른걸레로 잘 닦아야 한다. 연결 부위를 그리스와 같은 이물질을 바르거나 기름이 묻은 천으로 닦을 경우 이물질이 용접부로 혼입되어 불량을 유발할 수 있다.

42 ④ 43 ④ 44 ④ 45 ③ 정답

46 용접작업 중 전격의 방지대책으로 적합하지 않은 것은?

① 용접기의 내부에 함부로 손을 대지 않는다.
② TIG 용접기나 MIG 용접기의 수랭식 토치에서 물이 새어 나오면 사용을 금지한다.
③ 홀더나 용접봉은 맨손으로 취급해도 된다.
④ 용접작업이 종료했을 때나 장시간 중지할 때는 반드시 전원스위치를 차단시킨다.

해설
용접홀더나 용접봉에는 전류가 흐르기 때문에 절대 맨손으로 만져서는 안 된다.
※ 전격이란 강한 전류를 갑자기 몸에 느꼈을 때의 충격을 말하며, 용접기에는 작업자의 전격을 방지하기 위해서 반드시 전격방지기를 용접기에 부착해야 한다. 전격방지기는 작업을 쉬는 동안에 2차 무부하 전압이 항상 25V 정도로 유지되도록 하여 전격을 방지할 수 있다.

47 저압식 가스용접 토치로 니들밸브가 있는 가변압식 토치는 어느 것인가?

① 영국식 ② 프랑스식
③ 미국식 ④ 독일식

해설
가스용접용 토치 중 가변압식 팁은 프랑스식이다.

48 다음 보기 중 용접의 자동화에서 자동제어의 장점에 해당되는 사항으로만 모두 조합한 것은?

보기
㉠ 제품의 품질이 균일화되어 불량품이 감소된다.
㉡ 원자재, 원료 등이 증가된다.
㉢ 인간에게는 불가능한 고속작업이 가능하다.
㉣ 위험한 사고의 방지가 불가능하다.
㉤ 연속작업이 가능하다.

① ㉠, ㉡, ㉣
② ㉠, ㉡, ㉢, ㉤
③ ㉠, ㉢, ㉤
④ ㉠, ㉡, ㉢, ㉣, ㉤

해설
용접설비를 자동으로 제어하면 원자재와 원료의 투입률이 줄어들고 위험한 장소는 사람 대신 기계가 작업하므로 사고 방지가 가능하다. 따라서 ㉡, ㉣은 틀린 표현이다.

49 산소-아세틸렌가스 연소 혼합비에 따라 사용되고 있는 용접방법 중 산화불꽃(산소과잉불꽃)을 적용하는 재질은 어느 것인가?

① 황 동 ② 연 강
③ 주 철 ④ 스테인리스강

해설
산화불꽃(산소과잉불꽃) : 아세틸렌가스의 비율이 1.15~1.17 : 1로 강한 산화성을 나타내며 가스 불꽃 중 온도가 가장 높다. 이 산화불꽃으로는 황동과 같은 구리합금의 용접에 적합하다.

정답 46 ③ 47 ② 48 ③ 49 ①

50 용접에 관한 설명으로 틀린 것은?

① 저항용접 : 용접부에 대전류를 직접 흐르게 하여 전기 저항열로 접합부를 국부적으로 가열시킨 후 압력을 가해 접합하는 방법이다.

② 가스압접 : 열원은 주로 산소-아세틸렌 불꽃이 사용되며 접합부를 그 재료의 재결정 온도 이상으로 가열하여 축방향으로 압축력을 가하여 접합하는 방법이다.

③ 냉간압접 : 고온에서 강하게 압축함으로써 경계면을 국부적으로 탄성 변형시켜 압접하는 방법이다.

④ 초음파용접 : 용접물을 겹쳐서 용접 팁과 하부 앤빌 사이에 끼워 놓고 압력을 가하면서 초음파 주파수로 횡진동을 주어 그 진동 에너지에 의한 마찰열로 압접하는 방법이다.

해설

냉간압접

외부의 열이나 전기의 공급 없이 연한 재료의 경계부를 상온에서 강하게 압축시켜 접합면을 국부적으로 소성변형시켜서 압접하는 방법으로 열이 발생하지 않는다. 그리고 접합면의 청정이 중요하므로 접합부를 청소한 후 1시간 이내에 접합하여 산화막의 생성을 피해야 한다.

51 다음 중 중압식 토치(Medium Pressure Torch)에 대한 설명으로 틀린 것은?

① 아세틸렌가스의 압력은 0.07~1.3kgf/cm^2이다.

② 산소의 압력은 아세틸렌의 압력과 같거나 약간 높다.

③ 팁의 능력에 따라 용기의 압력조정기 및 토치의 조정밸브로 유량을 조절한다.

④ 인젝터 부분에 니들밸브로 유량과 압력을 조정한다.

해설

니들밸브로 유량과 압력을 조절하는 팁은 저압식 가스용접용 토치인 가변압식(프랑스식) 토치이다.

52 불활성 가스 아크용접 시 주로 사용되는 가스는?

① 아르곤가스

② 수소가스

③ 산소와 질소의 혼합가스

④ 질소가스

해설

TIG 및 MIG용접과 같은 불활성 가스 용접에는 주로 Ar(아르곤)가스를 보호가스로 사용한다.

53 서브머지드아크용접에서 용융형 용제의 특징으로 틀린 것은?

① 비드 외관이 아름답다.

② 용제의 화학적 균일성이 양호하다.

③ 미용융 용제는 재사용할 수 없다.

④ 용융 시 산화되는 원소를 첨가할 수 없다.

해설

서브머지드아크용접에 사용되는 용융형 용제의 특징

- 비드 모양이 아름답다.
- 고속 용접이 가능하다.
- 화학적으로 안정되어 있다.
- 미용융된 용제의 재사용이 가능하다.
- 조성이 균일하고 흡습성이 작아서 가장 많이 사용한다.
- 입도가 작을수록 용입이 얕고 너비가 넓으며 미려한 비드를 생성한다.
- 작은 전류에는 입도가 큰 거친 입자를, 큰 전류에는 입도가 작은 미세한 입자를 사용한다.
- 작은 전류에 미세한 입자를 사용하면 가스 방출이 불량해서 Pock Mark 불량의 원인이 된다.

50 ③ 51 ④ 52 ① 53 ③ 정답

54 아크용접 작업 시에 사용되는 차광유리의 규정 중 차광도 번호 13~14의 경우 몇 A 이상에 쓰이는가?

① 100 ② 200
③ 400 ④ 300

해설

용접의 종류별 적정 차광번호(KS P 8141)

용접의 종류	전류범위(A)	차광도 번호(No.)
납 땜	–	2~4
가스용접	–	4~7
산소절단	901~2,000	5
	2,001~4,000	6
	4,001~6,000	7
피복아크용접 및 절단	30 이하	5~6
	36~75	7~8
	76~200	9~11
	201~400	12~13
	401 이상	14
아크에어가우징	126~225	10~11
	226~350	12~13
	351 이상	14~16
탄소아크용접	–	14
TIG, MIG	100 이하	9~10
	101~300	11~12
	301~500	13~14
	501 이상	15~16

55 정격전류가 500A인 용접기를 실제는 400A로 사용하는 경우의 허용사용률은 몇 %인가?(단, 이 용접기의 정격사용률은 40%이다)

① 66.5 ② 64.5
③ 62.5 ④ 60.5

해설

$$허용사용률(\%) = \frac{(정격\ 2차\ 전류)^2}{(실제\ 용접전류)^2} \times 정격사용률(\%)$$
$$= \frac{(500A)^2}{(400A)^2} \times 40\% = \frac{250,000}{160,000} \times 40\%$$
$$= 62.5\%$$

56 용접 용어 중 '아크용접의 비드 끝에서 오목하게 파진 곳'을 뜻하는 것은?

① 크레이터
② 언더컷
③ 오버랩
④ 스패터

해설

① 크레이터 : 아크용접의 비드 끝에서 오목하게 파인 부분으로 용접 후에는 반드시 크레이터 처리를 실시해야 한다.
② 언더컷 : 용접부의 가장자리 부분에서 모재가 파이고 용착금속이 채워지지 않고 홈으로 남아 있는 부분
③ 오버랩 : 용융된 금속이 용입이 되지 않은 상태에서 표면을 덮어버린 불량
④ 스패터 : 용접 중 용접부에서 비산하는 슬래그나 금속 알갱이

정답 54 ④ 55 ③ 56 ①

57 돌기용접(Projection Welding)의 특징 중 틀린 것은?

① 용접부의 거리가 짧은 점용접이 가능하다.
② 전극 수명이 길고 작업 능률이 높다.
③ 작은 용접점이라도 높은 신뢰도를 얻을 수 있다.
④ 한 번에 한 점씩만 용접할 수 있어서 속도가 느리다.

해설

프로젝션 용접(돌기용접)의 특징

- 열의 집중성이 좋다.
- 스폿용접의 일종이다.
- 전극의 가격이 고가이다.
- 대전류가 돌기부에 집중된다.
- 표면에 요철부가 생기지 않는다.
- 용접 위치를 항상 일정하게 할 수 있다.
- 좁은 공간에 많은 점을 용접할 수 있다.
- 전극의 형상이 복잡하지 않으며 수명이 길다.
- 돌기를 미리 가공해야 하므로 원가가 상승한다.
- 두께, 강도, 재질이 현저히 다른 경우에도 양호한 용접부를 얻는다.
- 한 번에 많은 양의 돌기부를 용접할 수 있어서 용접속도가 빠르다.

58 전기저항접속의 방법이 아닌 것은?

① 직·병렬접속 ② 병렬접속
③ 직렬접속 ④ 합성접속

해설

합성접속은 전기저항접속법에 포함되지 않는다.

59 전기저항용접과 가장 관계가 깊은 법칙은?

① 줄(Joule)의 법칙
② 플레밍의 법칙
③ 암페어의 법칙
④ 뉴턴(Newton)의 법칙

해설

줄의 법칙이란 저항체에 흐르는 전류의 크기와 이 저항체에 단위시간당 발생하는 열량과의 관계를 나타낸 법칙으로, 전기저항용접은 줄의 법칙을 응용한 접합법이다.

전기저항용접의 정의

용접하고자 하는 2개의 금속면을 서로 맞대어 놓고 적당한 기계적 압력을 주며 전류를 흐르게 하면 접촉면에 존재하는 접촉저항 및 금속 자체의 저항 때문에 접촉면과 그 부근에 열이 발생한다. 온도가 올라가면 그 부분에 가해진 압력 때문에 양면이 완전히 밀착되며, 이때 전류를 끊어서 용접을 완료한다. 전기저항 용접은 용접부에 대전류를 직접 흐르게 하여 이때 생기는 열을 열원으로 접합부를 가열하고, 동시에 큰 압력을 주어 금속을 접합하는 방법이다.

60 각종 강재 표면의 탈탄층이나 흠을 얇고 넓게 깎아 결함을 제거하는 방법은?

① 가우징 ② 스카핑
③ 선 삭 ④ 천 공

해설

② 스카핑 : 강괴나 강편, 강재 표면의 홈이나 개재물, 탈탄층 등을 제거하기 위한 불꽃 가공으로 가능한 얇으면서 타원형의 모양으로 표면을 깎아내는 가공법
① 가스가우징 : 용접 결함이나 가접부 등의 제거를 위해 사용하는 방법으로써 가스 절단과 비슷한 토치를 사용해 용접부의 뒷면을 따내거나 U형이나 H형의 용접 홈을 가공하기 위하여 깊은 홈을 파내는 가공법
③ 선삭 : 선반을 이용한 가공법
④ 천공 : 구멍을 뚫는 가공법

57 ④ 58 ④ 59 ① 60 ② 정답

2015년 제1회 과년도 기출문제

제1과목 용접야금 및 용접설비제도

01 질기고 강하며 충격파괴를 일으키기 어려운 성질은?

① 연 성 ② 취 성
③ 굽힘성 ④ 인 성

해설
④ 인성 : 재료가 파괴되기(파괴강도) 전까지 에너지를 흡수할 수 있는 능력으로 충격파괴를 일으키기 어려운 성질
① 연성 : 탄성한도 이상의 외력이 가해졌을 때 파괴되지 않고 잘 늘어나는 성질
② 취성 : 물체가 외력에 견디지 못하고 파괴되는 성질로 인성에 반대되는 성질이다. 취성재료는 연성이 거의 없으므로 항복점이 아닌 탄성한도를 고려해야 한다.
③ 굽힘성 : 재료가 외력에 의해 잘 굽혀지는 성질

02 금속강화방법으로 금속을 구부리거나 두드려서 변형을 가하여 금속을 단단하게 하는 방법은?

① 가공경화 ② 시효경화
③ 고용경화 ④ 이상경화

해설
가공경화(Work Hardening) : 금속을 가공하고 소성변형시킴으로써 표면경도를 증가시키는 방법이다. 소성변형의 증가에 따라 경도가 증가하나 연신율과 수축성이 저하되어 외부 충격에 약해지는 특징을 갖는다. 이 현상은 철사를 손으로 잡고 구부렸다 폈다를 반복하면 결국에 끊어지는 것으로 설명할 수 있다.

03 두 종류의 금속이 간단한 원자의 정수비로 결합하여 고용체를 만드는 물질은?

① 층간화합물 ② 금속간화합물
③ 합금화합물 ④ 치환화합물

해설
금속간화합물은 일종의 합금을 말하는 것으로, 두 가지 이상의 원소를 간단한 원자의 정수비로 결합시킴으로써 원하는 성질의 재료를 만들어낸 결과물이다.

04 일반적으로 금속의 크리프(Creep) 곡선은 어떠한 관계를 나타낸 것인가?

① 응력과 시간의 관계
② 변위와 연신율의 관계
③ 변형량과 시간의 관계
④ 응력과 변형률의 관계

해설
크리프란 고온에서 재료에 일정 크기의 하중(정하중)을 작용시키면 시간이 경과함에 따라 변형이 증가하는 현상으로, 변형량과 시간과의 관계를 나타낸다.

정답 1 ④ 2 ① 3 ② 4 ③

05 고장력강의 용접부 중에서 경도값이 가장 높게 나타나는 부분은?

① 원질부　　② 본드부
③ 모재부　　④ 용착금속부

해설
열영향부 중에서 경도값이 가장 높은 부분은 본드부이다.

06 용접할 재료의 예열에 관한 설명으로 옳은 것은?

① 예열은 수축 정도를 늘려 준다.
② 용접 후 일정시간 동안 예열을 유지시켜도 효과는 떨어진다.
③ 예열은 냉각속도를 느리게 하여 수소의 확산을 촉진시킨다.
④ 예열은 용접금속과 열영향 모재의 냉각속도를 높여 용접균열에 저항성이 떨어진다.

해설
③ 용접할 재료를 예열하면 급랭을 방지하기 때문에 냉각속도를 천천히 하며 수소의 확산을 촉진시킨다.
① 예열은 팽창이나 수축의 정도를 줄여 준다.
② 용접 후 일정시간 동안 예열하면 효과는 더 커진다.
④ 예열은 용접금속의 급랭을 방지하여 용접균열에 대한 저항성을 높여 준다.

07 용접용 고장력강의 인성(Toughness)을 향상시키기 위해 첨가하는 원소가 아닌 것은?

① P　　② Al
③ Ti　　④ Mn

해설
고장력강에 P(인)을 첨가하면 취성은 증가하지만 인성은 감소한다.

08 스테인리스강의 종류가 아닌 것은?

① 마텐자이트계 스테인리스강
② 페라이트계 스테인리스강
③ 오스테나이트계 스테인리스강
④ 트루스타이트계 스테인리스강

해설
스테인리스강의 종류

구 분	종 류	주요성분	자 성
Cr계	페라이트계 스테인리스강	Fe + Cr 12% 이상	자성체
	마텐자이트계 스테인리스강	Fe + Cr 13%	자성체
Cr + Ni계	오스테나이트계 스테인리스강	Fe + Cr 18% + Ni 8%	비자성체
	석출경화계 스테인리스강	Fe + Cr + Ni	비자성체

09 탄소량이 약 0.80%인 공석강의 조직으로 옳은 것은?

① 페라이트　　② 펄라이트
③ 시멘타이트　　④ 레데부라이트

해설
② 펄라이트 : 순수한 Fe에 0.8%의 C가 합금된 조직으로 공석강이라고 불린다. 펄라이트는 α(페라이트)+Fe_3C(시멘타이트)의 층상구조 조직으로 질기고 강한 성질을 갖는 금속조직이다.
① 페라이트 : 체심입방격자인 α철이 723℃에서 최대 0.02%의 탄소를 고용하는데, 이때의 고용체가 페라이트이다. 전연성이 크고 자성체이다.
③ 시멘타이트 : 순철에 6.67%의 C가 합금된 금속조직으로 경도가 매우 크나 취성도 크다.
④ 레데부라이트 : 순수한 철에 C의 함유량이 약 4.3%인 금속조직으로 융체(L) ↔ γ고용체 + Fe_3C 간 반응에 의해 생성된다.

5 ② 6 ③ 7 ① 8 ④ 9 ② 정답

10 Fe-C 평형상태도에서 감마철($\gamma-Fe$)의 결정구조는?

① 면심입방격자
② 체심입방격자
③ 조밀입방격자
④ 사방입방격자

해설
γ-철은 오스테나이트계를 나타내는 기호로 금속의 결정구조상 면심입방격자에 속한다.

금속의 결정구조

	체심입방격자 (BCC ; Body Centered Cubic)	면심입방격자 (FCC ; Face Centered Cubic)	조밀육방격자 (HCP ; Hexagonal Close Packed lattice)
종 류			
성 질	• 강도가 크다. • 용융점이 높다. • 전성과 연성이 작다.	• 전기전도도가 크다. • 가공성이 우수하다. • 장신구로 사용된다. • 전성과 연성이 크다. • 연한 성질의 재료이다.	• 전성과 연성이 작다. • 가공성이 좋지 않다.
원 소	W, Cr, Mo, V, Na, K	Al, Ag, Au, Cu, Ni, Pb, Pt, Ca	Mg, Zn, Ti, Be, Hg, Zr, Cd, Ce
단위격자	2개	4개	2개
배위수	8	12	12
원자 충진율	68%	74%	74%

11 용접기호를 설명한 것으로 틀린 것은?

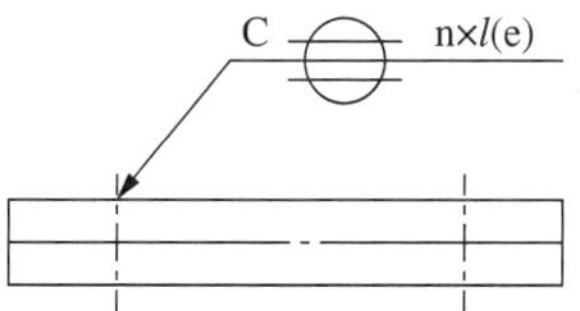

① 심용접으로 C는 슬롯부의 폭을 나타낸다.
② 심용접으로 (e)는 용접비드의 사이 거리를 나타낸다.
③ 심용접으로 화살표 반대방향의 용접을 나타낸다.
④ 심용접으로 n은 용접부의 개수를 나타낸다.

해설
용접부의 기호표시가 기선 중 실선 위에 있으므로 이는 심용접을 화살표 방향으로 용접하는 것을 의미한다.

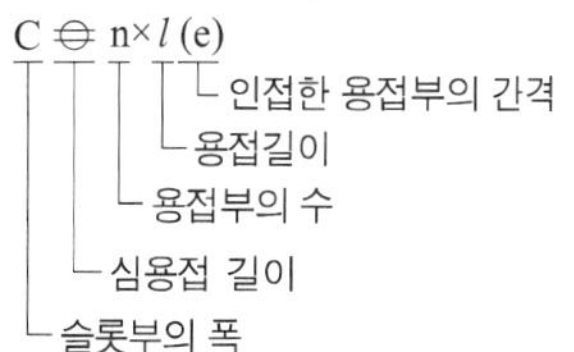

12 도면에서 치수 숫자의 방향과 위치에 대한 설명 중 틀린 것은?

① 치수 숫자 기입은 치수선 중앙 상단에 표시한다.
② 치수 보조선이 짧아 치수 기입이 어렵더라도 숫자 기입은 중앙에 위치하여야 한다.
③ 수평 치수선에 대하여는 치수가 위쪽으로 향하도록 한다.
④ 수직 치수선에서는 치수를 왼쪽에 기입하도록 한다.

해설
치수 보조선이 짧아서 치수 기입이 어려우면 한쪽으로 빼서 기입할 수 있다.

정답 10 ① 11 ③ 12 ②

13 건축, 교량, 선박, 철도, 차량 등의 구조물에 쓰이는 일반구조용 압연강재 2종의 재료기호는?

① SHP 2　　② SCP 2
③ SM 20C　　④ SS 400

해설
① SHP : 열간압연강판 및 강대
② SCP : 냉간압연강판 및 강대
③ SM : 기계구조용 탄소강재
※ 일반구조용 압연강재[SS]-SS400의 경우
• S : Steel(강-재질)
• S : 일반구조용 압연강재(General Structural Purposes)
• 400 : 최저인장강도 400N/mm^2

14 가상선의 용도에 대한 설명으로 틀린 것은?

① 인접 부분을 참고로 표시할 때
② 공구, 지그 등의 위치를 참고로 나타낼 때
③ 대상물이 보이지 않는 부분을 나타낼 때
④ 가공 전 또는 가공 후의 모양을 나타낼 때

해설
도면에서 대상물이 보이지 않는 부분을 나타낼 때는 숨은선인 점선(-------------)을 사용한다.

15 전개도를 그리는 방법에 속하지 않는 것은?

① 평행선 전개법　　② 나선형 전개법
③ 방사선 전개법　　④ 삼각형 전개법

해설
전개도법의 종류

종 류	의 미
평행선법	삼각기둥, 사각기둥과 같은 여러 가지의 각기둥과 원기둥을 평행하게 전개하여 그리는 방법
방사선법	삼각뿔, 사각뿔 등의 각뿔과 원뿔을 꼭짓점을 기준으로 부채꼴로 펼쳐서 전개도를 그리는 방법
삼각형법	꼭짓점이 먼 각뿔, 원뿔 등을 해당 면을 삼각형으로 분할하여 전개도를 그리는 방법

16 용접부의 표면형상 중 끝단부를 매끄럽게 가공하는 보조기호는?

① —　　② ⌒
③ ◡　　④ ◡◡

해설

종 류	의 미
—	용접부 표면모양이 편평하다.
⌒	용접부의 표면모양이 볼록하다.
◡	용접부의 표면모양이 오목하다.
◡◡	끝단부 토를 매끄럽게 한다.

※ 토 : 용접 모재와 용접 표면이 만나는 부위

17 도면의 종류와 내용이 다른 것은?

① 조립도 : 물품의 전체적인 조립상태를 나타내는 도면
② 부품도 : 물품을 구성하는 각 부품을 개별적으로 상세하게 그린 도면
③ 스케치도 : 기계나 장치 등의 실체를 보고 자를 대고 그린 도면
④ 전개도 : 구조물, 물품 등의 표면을 평면으로 나타내는 도면

해설
스케치도 : 기계나 물체를 보고 손으로 자유롭게(프리핸드) 그린 도면

13 ④　14 ③　15 ②　16 ④　17 ③　**정답**

18 투상법 중 등각투상도법에 대한 설명으로 옳은 것은?

① 한 평면 위에 물체의 실제모양을 정확히 표현하는 방법을 말한다.

② 정면, 측면, 평면을 하나의 투상면 위에서 동시에 볼 수 있도록 그려진 투상도이다.

③ 물체의 주요 면을 투상면에 평행하게 놓고, 투상면에 대해 수직보다 다소 옆면에서 보고 나타낸 투상도이다.

④ 도면에 물체의 앞면, 뒷면을 동시에 표시하는 방법이다.

해설

등각투상도

등각투상도는 다음 그림과 같이 도면에 물체의 앞면과 뒷면을 동시에 표시한다.

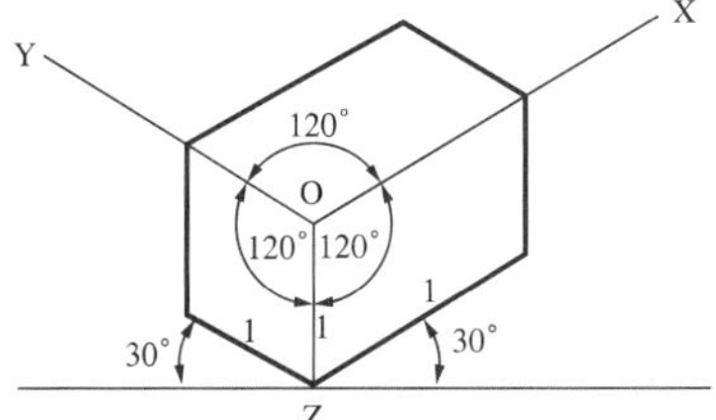

- 정면, 평면, 측면을 하나의 투상도에서 동시에 볼 수 있도록 그린 투상법이다.
- 직육면체의 등각투상도에서 직각으로 만나는 3개의 모서리는 각각 120°를 이룬다.
- 주로 기계 부품의 조립이나 분해를 설명하는 정비지침서 등에 사용한다.

19 도면에서 표제란의 척도 표시란에 NS의 의미는?

① 배척을 나타낸다.

② 척도가 생략됨을 나타낸다.

③ 비례척이 아님을 나타낸다.

④ 현척이 아님을 나타낸다.

해설

도면을 비례척으로 그리지 못하는 경우는 표제란에 'NS'를 표시한다.

척도의 종류

종 류	의 미
축 척	실물보다 작게 축소해서 그리는 것으로 1 : 2, 1 : 20의 형태로 표시
배 척	실물보다 크게 확대해서 그리는 것으로 2 : 1, 20 : 1의 형태로 표시
현 척	실물과 동일한 크기로 1 : 1의 형태로 표시
NS	Not to Scale, 비례척이 아니다.

20 도면의 크기에 대한 설명으로 틀린 것은?

① 제도 용지의 세로와 가로 비는 1 : $\sqrt{2}$ 이다.

② A0의 넓이는 약 $1m^2$이다.

③ 큰 도면을 접을 때는 A3의 크기로 접는다.

④ A4의 크기는 210×297mm이다.

해설

큰 도면은 A4(210×297) 크기로 접어서 보관한다.

정답 18 ② 19 ③ 20 ③

제2과목 용접구조설계

21 용접봉 종류 중 피복제에 석회석이나 형석을 주성분으로 하고 용착금속 중의 수소 함유량이 다른 용접봉에 비해서 $\frac{1}{10}$ 정도로 현저하게 낮은 용접봉은?

① E4301 ② E4303

③ E4311 ④ E4316

해설

저수소계 용접봉(E4316)은 용착금속 중의 수소량이 타 용접봉에 비해 $\frac{1}{10}$ 정도로 적어서 용착효율이 좋아 고장력강용으로 사용한다.

피복아크 용접봉의 종류

종 류		특 징
E4301	일미나이트계	• 일미나이트($TiO_2 \cdot FeO$)를 약 30% 이상 합금한 것으로 우리나라에서 많이 사용한다. • 일본에서 처음 개발한 것으로 작업성과 용접성이 우수하며 값이 저렴하여 철도나 차량, 구조물, 압력용기에 사용된다. • 내균열성, 내가공성, 연성이 우수하여 25 mm 이상의 후판용접도 가능하다.
E4303	라임 티타니아계	• E4313의 새로운 형태로 약 30% 이상의 산화타이타늄(TiO_2)과 석회석($CaCO_3$)이 주성분이다. • 산화타이타늄과 염기성 산화물이 다량으로 함유된 슬래그 생성식이다. • 피복이 두껍고 전자세 용접성이 우수하다. • E4313의 작업성을 따르면서 기계적 성질과 일미나이트계의 작업성 부족한 점을 개량하여 만든 용접봉이다. • 고산화타이타늄계 용접봉보다 약간 높은 전류를 사용한다.
E4311	고셀룰로스계	• 피복제에 가스 발생제인 셀룰로스(유기물)를 20~30% 정도 포함한 가스 생성식의 대표적인 용접봉이다. • 발생 가스량이 많아 피복량이 얇고 슬래그가 적으므로 수직, 위보기용접에서 우수한 작업성을 보인다. • 가스 생성에 의한 환원성 아크 분위기로 용착금속의 기계적 성질이 양호하며, 아크는 스프레이 형상으로 용입이 크고 용융속도가 빠르다. • 슬래그가 적으므로 비드 표면이 거칠고 스패터가 많다. • 사용 전류는 슬래그 실드계 용접봉에 비해 10~15% 낮게 하며, 사용 전 70~100℃에서 30분~1시간 건조해야 한다. • 도금 강판, 저합금강, 저장탱크나 배관공사에 이용된다.
E4313	고산화타이타늄계	• 균열에 대한 감수성이 좋아서 구속이 큰 구조물의 용접이나 고탄소강, 쾌삭강의 용접에 사용한다. • 피복제에 산화타이타늄(TiO_2)을 약 35% 정도 합금한 것으로 일반 구조용 용접에 사용된다. • 용접기의 2차 무부하전압이 낮을 때에도 아크가 안정적이며 조용하다. • 스패터가 적고 슬래그의 박리성도 좋아서 비드의 모양이 좋다. • 저합금강이나 탄소량이 높은 합금강의 용접에 적합하다. • 다층용접에서는 만족할 만한 품질을 만들지 못한다. • 기계적 성질이 다른 용접봉에 비해 약하고 고온 균열을 일으키기 쉬운 단점이 있다.
E4316	저수소계	• 아크가 불안정하다. • 용접봉 중에서 피복제의 염기성이 가장 높다. • 석회석이나 형석을 주성분으로 한 피복제를 사용한다. • 숙련도가 낮을 경우 심한 볼록 비드의 모양이 만들어지기 쉽다. • 보통 저탄소강의 용접에 주로 사용되나 저합금강과 중, 고탄소강의 용접에도 사용된다. • 용착금속 중의 수소량이 타 용접봉에 비해 1/10 정도로 현저하게 적다. • 균열에 대한 감수성이 좋아 구속도가 큰 구조물이 용접이나 탄소 및 황의 함유량이 많은 쾌삭강의 용접에 사용한다. • 피복제는 습기를 잘 흡수하기 때문에 사용 전에 300~350℃에서 1~2시간 건조 후 사용해야 한다.

21 ④ 정답

종 류		특 징
E4324	철분 산화 타이타늄계	• E4313의 피복제에 철분을 50% 정도 첨가한 것이다. • 작업성이 좋고 스패터가 적게 발생하나 용입이 얕다. • 용착금속의 기계적 성질은 E4313과 비슷하다.
E4326	철분 저수소계	• E4316의 피복제에 30~50% 정도의 철분을 첨가한 것으로 용착속도가 크고 작업능률이 좋다. • 용착금속의 기계적 성질이 양호하고 슬래그의 박리성이 저수소계 용접봉보다 좋으며 아래보기나 수평필릿용접에만 사용된다.
E4327	철분 산화철계	• 주성분인 산화철에 철분을 첨가한 것으로 규산염을 다량 함유하고 있어서 산성의 슬래그가 생성된다. • 아크가 분무상으로 나타나며 스패터가 적고 용입은 E4324보다 깊다. • 비드 표면이 곱고 슬래그의 박리성이 좋아서 아래보기나 수평필릿용접에 많이 사용된다.

22 용접부에 대한 침투검사법의 종류에 해당하는 것은?

① 자기침투검사, 와류침투검사
② 초음파침투검사, 펄스침투검사
③ 염색침투검사, 형광침투검사
④ 수직침투검사, 사각침투검사

해설

침투탐상검사법의 종류

• 염색침투탐상법 : 붉은색(적색)의 침투액을 결함 부위에 침투시켜 표시나게 만드는 검사법으로 자연광 아래에서 검사한다.
  - 침투액 : 용제제거성, 수세성
• 형광침투탐상법 : 형광침투액을 결함 부위에 침투시켜 표시나게 만드는 검사법으로 어두운 곳에서 자외선으로 검사한다.
  - 침투액 : 용제제거성, 수세성, 후유화성

23 연강 및 고장력강용 플럭스코어아크용접 와이어의 종류 중 하나인 YFW – C502X에서 2가 뜻하는 것은?

① 플럭스 타입
② 실드가스
③ 용착금속의 최소인장강도 수준
④ 용착금속의 충격시험 온도와 흡수에너지

해설

CO_2 용접용 와이어의 호칭방법

Y	FW	–	C	50	2	X
용접 와이어	연강 및 고장력 강용 Flux Wire		보호 가스	용착 금속의 최소 인장 강도	용착 금속의 시험 온도와 충격 흡수 에너지	Flux의 종류

24 용접입열이 일정한 경우 용접부의 냉각속도는 열전도율 및 열의 확산하는 방향에 따라 달라질 때, 냉각속도가 가장 빠른 것은?

① 두꺼운 연강판의 맞대기 이음
② 두꺼운 구리판의 T형 필릿 이음
③ 얇은 연강판의 모서리 이음
④ 얇은 구리판의 맞대기 이음

해설

Cu가 Fe보다 열전도율이 월등히 높기 때문에 용접입열이 같을 경우 두꺼운 구리판의 냉각속도가 철판보다 더 빠르다. 또한 방열 시 대기와의 접촉면적이 냉각속도에 큰 영향을 주는데, T형 필릿이음이 맞대기 이음보다 대기와의 접촉면적이 더 크므로 ②번이 정답이다.

열 및 전기전도율이 높은 순서

Ag > Cu > Au > Al > Mg > Zn > Ni > Fe > Pb > Sb

정답 22 ③ 23 ④ 24 ②

25 **120A의 용접전류로 피복아크용접을 하고자 한다. 적정한 차광유리의 차광도 번호는?**

① 6번　② 7번
③ 8번　④ 10번

해설
피복아크용접 시 120A는 No.9~11번의 차광유리를 적용한 보호헬멧을 착용해야 한다.

용접의 종류별 적정 차광번호(KS P 8141)

용접의 종류	전류범위(A)	차광도 번호(No.)
납 땜	–	2~4
가스용접	–	4~7
산소절단	901~2,000	5
	2,001~4,000	6
	4,001~6,000	7
피복아크용접 및 절단	30 이하	5~6
	36~75	7~8
	76~200	9~11
	201~400	12~13
	401 이상	14
아크에어가우징	126~225	10~11
	226~350	12~13
	351 이상	14~16
탄소아크용접	–	14
TIG, MIG	100 이하	9~10
	101~300	11~12
	301~500	13~14
	501 이상	15~16

26 **용접부의 시험과 검사 중 파괴시험에 해당되는 것은?**

① 방사선 투과시험　② 초음파 탐사시험
③ 현미경 조직시험　④ 음향시험

해설
현미경 조직검사는 시편에 손상을 주기 때문에 파괴시험법에 속한다.

용접부 검사방법의 종류

비파괴시험	내부결함	방사선투과시험(RT)
		초음파탐상시험(UT)
	표면결함	외관검사(VT)
		자분탐상검사(MT)
		침투탐상검사(PT)
		누설검사(LT)
파괴시험 (기계적 시험)	인장시험	인장강도, 항복점, 연신율 계산
	굽힘시험	연성의 정도 측정
	충격시험	인성과 취성의 정도 측정
	경도시험	외력에 대한 저항의 크기 측정
	피로시험	반복적인 외력에 대한 저항력 측정
파괴시험 (화학적 시험)	매크로시험	현미경 조직검사

27 **탄산가스(CO_2) 아크용접부의 기공 발생에 대한 방지 대책으로 틀린 것은?**

① 가스 유량을 적정하게 한다.
② 노즐 높이를 적정하게 한다.
③ 용접 부위의 기름, 녹, 수분 등을 제거한다.
④ 용접 전류를 높이고 운봉을 빠르게 한다.

해설
CO_2가스(탄산가스) 아크용접에서 기공 불량을 줄이기 위해서는 용접 전류를 모재의 두께에 따라 적절히 조절해야 한다. 만일 전류를 높이면 그 만큼 기공이 발생할 가능성이 더 커진다.

25 ④　26 ③　27 ④ **정답**

28 습기 찬 저수소계 용접봉은 사용 전 건조해야 하는데 건조 온도로 가장 적당한 것은?

① 70~100℃ ② 100~150℃
③ 150~200℃ ④ 300~350℃

해설

일반 용접봉	약 100℃로 30분~1시간
저수소계 용접봉	약 300~350℃에서 1~2시간

29 인장시험에서 구할 수 없는 것은?

① 인장응력 ② 굽힘응력
③ 변형률 ④ 단면수축률

해설
인장시험은 재료를 양쪽에서 잡아당기는 시험법으로 인장응력과 변형률, 단면수축률을 구할 수 있으나, 재료의 굽힘응력은 구할 수 없다.

30 설계단계에서의 일반적인 용접변형 방지법으로 틀린 것은?

① 용접 길이가 감소될 수 있는 설계를 한다.
② 용착금속을 증가시킬 수 있는 설계를 한다.
③ 보강재 등 구속이 커지도록 구조 설계를 한다.
④ 변형이 적어질 수 있는 이음 형상으로 배치한다.

해설
용접부가 많을수록 열 변형이 더 발생하기 때문에 기계 구조물을 만들 때 용접부는 가능한 한 적게 설계해야 한다. 용접부를 적게 설계하면 용착되는 금속의 양도 감소한다.

31 용접이음 강도 계산에서 안전율을 5로 하고, 허용응력을 100MPa이라 할 때 인장강도는 얼마인가?

① 300MPa
② 400MPa
③ 500MPa
④ 600MPa

해설
안전율(S) : 외부의 하중에 견딜 수 있는 정도를 수치로 나타낸 것이다.

$$S = \frac{\text{극한강도}(\sigma_u)\ \text{or 인장강도}}{\text{허용응력}(\sigma_a)}$$

$$5 = \frac{\text{인장강도}}{100\text{MPa}}$$

인장강도 $= 5 \times 100\text{MPa} = 500\text{MPa}$

정답 28 ④ 29 ② 30 ② 31 ③

32 다음 그림은 겹치기 필릿용접이음을 나타낸 것이다. 이음부에 발생하는 허용응력이 5MPa일 때 필요한 용접 길이(L)는 얼마인가?(단, h=20mm, P=6kN이다)

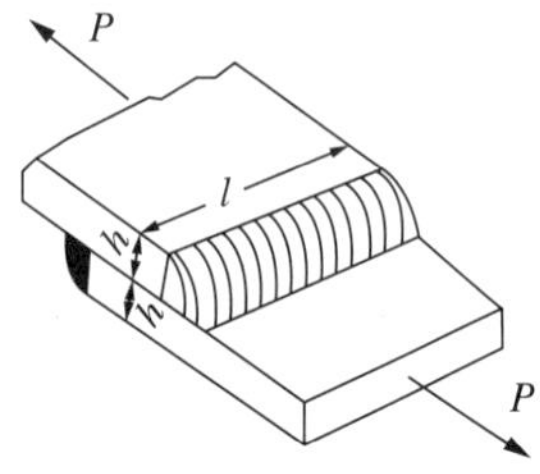

① 약 42mm ② 약 38mm

③ 약 35mm ④ 약 32mm

해설

인장응력(σ) $= \frac{F}{A} = \frac{F}{a \times L}$ 식을 응용하면, 필릿용접은 t 대신 목두께 a 대입식을 응용한다.

$$5 \times 10^6 \text{Pa} = \frac{6{,}000\text{N}}{(2 \times h\cos 45° \text{mm}) \times L}$$

겹치기이음이므로 용접부 수는 2개이다.

$$L = \frac{6{,}000\text{N}}{28.28\text{mm} \times (5 \times 10^6 \times 10^{-6} \text{N/mm}^2)}$$

$$L = \frac{6{,}000\text{N}}{141.4\text{N/mm}} = 42.43\text{mm}$$

용접부 기호 표시

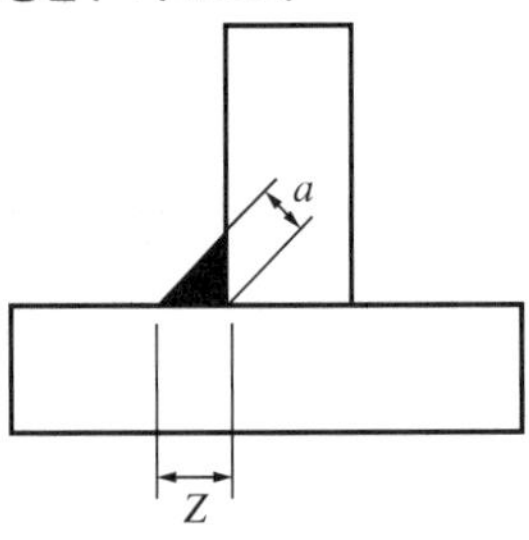

- a : 목두께
- Z : 목길이($Z = a\sqrt{2}$)

33 용접부에 발생하는 잔류응력 완화법이 아닌 것은?

① 응력제거풀림법

② 피닝법

③ 스퍼터링법

④ 기계적 응력완화법

해설

스퍼터링(Sputtering)법 : 진공 증착법의 일종으로 비교적 낮은 진공에서도 플라스마를 이온화된 Ar 등의 가스를 가속하여 재료에 충돌시키고, 원자를 분출시켜 웨이퍼나 유리 같은 기판의 표면에 막을 만드는 방법으로, 잔류응력완화법과는 관련이 없다.

34 인장강도가 430MPa인 모재를 용접하여 만든 용접시험편의 인장강도가 350MPa일 때 이 용접부의 이음효율은 약 몇 %인가?

① 81 ② 90

③ 71 ④ 122

해설

$$\text{이음효율}(\eta) = \frac{\text{시험편인장강도}}{\text{모재인장강도}} \times 100\%$$

$$= \frac{350\text{MPa}}{430\text{MPa}} \times 100\% = 81.39\%$$

32 ① 33 ③ 34 ① 정답

35 용접이음부의 형태를 설계할 때 고려할 사항이 아닌 것은?

① 용착금속량이 적게 드는 이음 모양이 되도록 할 것
② 적당한 루트 간격과 홈각도를 선택할 것
③ 용입이 깊은 용접법을 선택하여 가능한 이음의 베벨가공은 생략하거나 줄일 것
④ 후판용접에서는 양면 V형 홈보다 V형 홈용접하여 용착 금속량을 많게 할 것

해설

후판용접할 때는 H형 홈을 적용하는 게 적합하며, 용착금속량은 가급적 최소화해야 한다. 용착금속량이 많아질수록 용접 시 발생하는 열량이 모재에 더 많이 전달되므로 변형이 발생할 가능성이 더 커진다.

36 전자빔용접의 특징을 설명한 것으로 틀린 것은?

① 고진공 속에서 용접하므로 대기와 반응되기 쉬운 활성재료도 용이하게 용접이 된다.
② 전자렌즈에 의해 에너지를 집중시킬 수 있으므로 고용융 재료의 용접이 가능하다.
③ 전기적으로 매우 정확히 제어되므로 얇은 판에서의 용접에만 용접이 가능하다.
④ 에너지의 집중이 가능하기 때문에 용융속도가 빠르고 고속용접이 가능하다.

해설

전자빔용접의 장점 및 단점

장 점
• 에너지밀도가 크다. • 용접부의 성질이 양호하다. • 아크용접에 비해 용입이 깊다. • 활성 재료가 용이하게 용접된다. • 고용융점 재료의 용접이 가능하다. • 아크 빔에 의해 열의 집중이 잘된다. • 고속절단이나 구멍 뚫기에 적합하다. • 얇은 판에서 두꺼운 판까지 용접할 수 있다(응용 범위가 넓다). • 높은 진공상태에서 행해지므로 대기와 반응하기 쉬운 재료도 용접이 가능하다. • 진공 중에서도 용접하므로 불순가스에 의한 오염이 적고 높은 순도의 용접이 된다. • 용접부가 작아서 용접부의 입열이 작고 용입이 깊어 용접 변형이 적고 정밀용접이 가능하다.
단 점
• 용접부에 경화 현상이 생긴다. • X선 피해에 대한 특수 보호장치가 필요하다. • 진공 중에서 용접하기 때문에 진공 상자의 크기에 따라 모재 크기가 제한된다.

정답 35 ④ 36 ③

37 접합하고자 하는 모재 한 쪽에 구멍을 뚫고 그 구멍으로부터 용접하여 다른 한쪽 모재와 접합하는 용접방법은?

① 플러그용접 ② 필릿용접
③ 초음파용접 ④ 테르밋용접

해설

플러그용접

위아래로 겹쳐진 판을 접합할 때 사용하는 용접법으로 위에 놓인 판의 한쪽에 구멍을 뚫고 그 구멍 아래부터 용접하면 용접불꽃에 의해 아랫면이 용해되면서 용접이 되며 용가재로 구멍을 채워 용접하는 용접방법이다.

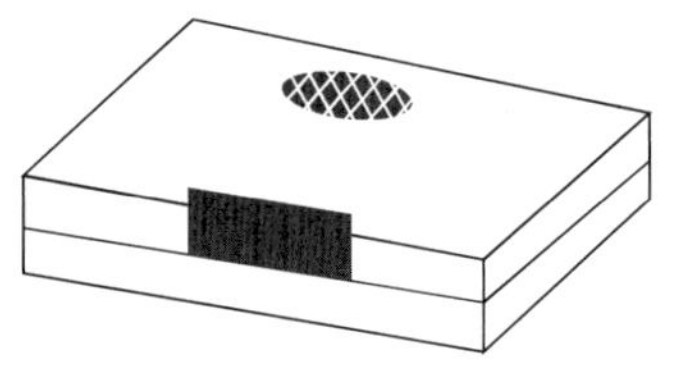

38 필릿용접과 맞대기용접의 특성을 비교한 것으로 틀린 것은?

① 필릿용접이 공작하기 쉽다.
② 필릿용접은 결함이 생기지 않고 이면 따내기가 쉽다.
③ 필릿용접의 수축변형이 맞대기용접보다 작다.
④ 부식은 필릿용접이 맞대기용접보다 더 영향을 받는다.

해설

필릿용접도 불량이 발생할 수 있으나 이면(뒷면)을 따내기는 쉽지 않다.

[필릿용접(T용접)]

39 용접이음의 준비사항으로 틀린 것은?

① 용입이 허용하는 한 홈각도를 작게 하는 것이 좋다.
② 가접은 이음의 끝 부분, 모서리 부분을 피한다.
③ 구조물을 조립할 때에는 용접지그를 사용한다.
④ 용접부의 결함을 검사한다.

해설

용접부의 결함검사는 용접이 완료된 이후에 실시하는 것이므로 준비사항과는 거리가 멀다.

40 용접방법과 시공방법을 개선하여 비용을 절감하는 방법으로 틀린 것은?

① 사용 가능한 용접방법 중 용착 속도가 큰 것을 사용한다.
② 피복아크용접할 경우 가능한 한 굵은 용접봉을 사용한다.
③ 용접 변형을 최소화하는 용접 순서를 택한다.
④ 모든 용접에 되도록 덧살을 많게 한다.

해설

용접 시 덧살이 많으면 그만큼 용접봉의 투입량도 많아지기 때문에 용접 비용이 늘어난다. 또한 덧살은 기존 용접부에 추가로 비드를 덧붙이는 작업으로 과대한 경우 피로강도를 감소시킨다.

37 ① 38 ② 39 ④ 40 ④ 정답

제3과목 용접일반 및 안전관리

41 가스절단 시 절단면에 생기는 드래그 라인(Drag Line)에 관한 설명으로 틀린 것은?

① 절단속도가 일정할 때 산소 소비량이 적으면 드래그 길이가 길고 절단면이 좋지 않다.
② 가스절단의 양부를 판정하는 기준이 된다.
③ 절단속도가 일정할 때 산소 소비량을 증가시키면 드래그 길이는 길어진다.
④ 드래그 길이는 주로 절단속도, 산소 소비량에 따라 변화한다.

해설
가스절단 시 절단속도가 일정할 때 조연성가스인 산소의 소비량을 증가시키면 그 만큼 큰 열량이 발생되므로 드래그 길이는 짧아지고 절단면은 좋아진다.

42 용접의 특징으로 틀린 것은?

① 재료가 절약된다.
② 기밀, 수밀성이 우수하다.
③ 변형, 수축이 없다.
④ 기공(Blow Hole), 균열 등 결함이 있다.

해설
용접의 장점 및 단점

장 점	단 점
• 이음효율이 높다. • 재료가 절약된다. • 제작비가 적게 든다. • 이음 구조가 간단하다. • 유지와 보수가 용이하다. • 재료의 두께 제한이 없다. • 이종재료도 접합이 가능하다. • 제품의 성능과 수명이 향상된다. • 유밀성, 기밀성, 수밀성이 우수하다. • 작업공정이 줄고, 자동화가 용이하다.	• 취성이 생기기 쉽다. • 균열이 발생하기 쉽다. • 용접부의 결함 판단이 어렵다. • 용융부위 금속의 재질이 변한다. • 저온에서 쉽게 약해질 우려가 있다. • 용접모재의 재질에 따라 영향을 크게 받는다. • 용접기술자(용접사)의 기량에 따라 품질이 다르다. • 재료의 변형과 수축이 크다. • 용접 후 변형 및 수축에 따라 잔류응력이 발생한다.

43 아크용접 보호구가 아닌 것은?

① 핸드 실드 ② 용접용 장갑
③ 앞치마 ④ 치핑해머

해설
치핑해머는 용접 후 슬래그를 제거할 때 사용하는 작업도구이다.

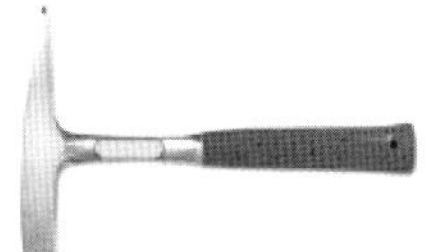
[치핑해머]

정답 41 ③ 42 ③ 43 ④

44 서브머지드아크용접에서 소결형 용제의 특징이 아닌 것은?

① 고전류에서의 용접 작업성이 좋다.
② 합금원소의 첨가가 용이하다.
③ 전류에 상관없이 동일한 용제로 용접이 가능하다.
④ 용융형 용제에 비하여 용제의 소모량이 많다.

해설

서브머지드아크용접에 사용되는 소결형 용제의 특징
- 용융형 용제에 비해 용제의 소모량이 적다.
- 페로실리콘이나 페로망간 등에 의해 강력한 탈산 작용이 된다.
- 분말형태로 작게 만든 후 결합하여 만들어서 흡습성이 가장 높다.
- 고입열의 자동차 후판용접, 고장력강 및 스테인리스강의 용접에 유리하다.

45 피복아크용접 중 수동 용접기에 가장 적합한 용접기의 특성은?

① 정전압 특성 ② 상승 특성
③ 수하 특성 ④ 정특성

해설

용접기의 특성 4가지
- 정전류 특성 : 부하전류나 전압이 변해도 단자전류는 거의 변하지 않는다.
- 정전압 특성
  - 부하전류나 전압이 변해도 단자전압은 거의 변하지 않는다.
  - 불활성가스 금속아크용접(MIG)에 사용된다.
- 수하 특성
  - 부하전류가 증가하면 단자전압이 낮아진다.
  - 피복아크용접 중 수동용접기에 가장 적합하다.
- 상승 특성 : 부하전류가 증가하면 단자전압이 약간 높아진다.

46 돌기용접(Projection Welding)의 특징으로 틀린 것은?

① 용접된 양쪽의 열용량이 크게 다를 경우라도 양호한 열평형이 얻어진다.
② 작은 용접점이라도 높은 신뢰도를 얻기 쉽다.
③ 점용접에 비해 작업속도가 매우 느리다.
④ 점용접에 비해 전극의 소모가 적어 수명이 길다.

해설

프로젝션용접(돌기용접)의 특징
- 열의 집중성이 좋다.
- 스폿용접의 일종이다.
- 전극의 가격이 고가이다.
- 대전류가 돌기부에 집중된다.
- 표면에 요철부가 생기지 않는다.
- 용접 위치를 항상 일정하게 할 수 있다.
- 좁은 공간에 많은 점을 용접할 수 있다.
- 전극의 형상이 복잡하지 않으며 수명이 길다.
- 돌기를 미리 가공해야 하므로 원가가 상승한다.
- 두께, 강도, 재질이 현저히 다른 경우에도 양호한 용접부를 얻는다.
- 한 번에 많은 양의 돌기부를 용접할 수 있으므로 점용접에 비해 작업속도가 빠르다.

47 가스용접작업에 필요한 보호구에 대한 설명 중 틀린 것은?

① 앞치마와 팔덮개 등은 착용하면 작업하기에 힘이 들기 때문에 착용하지 않아도 된다.
② 보호장갑은 화상방지를 위하여 꼭 착용한다.
③ 보호안경은 비산되는 불꽃에서 눈을 보호한다.
④ 유해가스가 발생할 염려가 있을 때에는 방독면을 착용한다.

해설

가스용접뿐만 아니라 모든 용접 및 절단작업 시에는 용접열이나 스패터로부터 작업자를 보호하기 위하여 안전보호구인 앞치마와 팔 덮개, 보호장갑, 보호안경을 반드시 착용해야 한다.

44 ④ 45 ③ 46 ③ 47 ① 정답

48 피복아크 용접봉에서 용융금속 중에 침투한 산화물을 제거하는 탈산정련작용제로 사용되는 것은?

① 붕 사 ② 석회석
③ 형 석 ④ 규소철

해설

피복배합제의 종류

배합제	용 도	종 류
고착제	심선에 피복제를 고착시킨다.	규산나트륨, 규산칼륨, 아교
탈산제	용융금속 중의 산화물을 탈산, 정련한다.	크롬, 망간, 알루미늄, 규소철, 페로망간, 페로실리콘, 망간철, 타이타늄철, 소맥분, 톱밥
가스 발생제	중성, 환원성 가스를 발생하여 대기와의 접촉을 차단하여 용융 금속의 산화나 질화를 방지한다.	아교, 녹말, 톱밥, 탄산바륨, 셀룰로이드, 석회석, 마그네사이트
아크 안정제	아크를 안정시킨다.	산화타이타늄, 규산칼륨, 규산나트륨, 석회석
슬래그 생성제	용융점이 낮고 가벼운 슬래그를 만들어 산화나 질화를 방지한다.	석회석, 규사, 산화철, 일미나이트, 이산화망간
합금 첨가제	용접부의 성질을 개선하기 위해 첨가한다.	페로망간, 페로실리콘, 니켈, 몰리브덴, 구리

49 피복아크용접기를 사용할 때의 주의사항이 아닌 것은?

① 정격 사용률 이상 사용하지 않는다.
② 용접기 케이스를 접지한다.
③ 탭 전환형은 아크 발생 중 탭을 전환시킨다.
④ 가동 부분, 냉각 팬(Fan)을 점검하고 주유를 해야 한다.

50 플래시버트용접의 과정 순서로 옳은 것은?

① 예열 → 업셋 → 플래시
② 업셋 → 예열 → 플래시
③ 예열 → 플래시 → 업셋
④ 플래시 → 예열 → 업셋

해설

플래시버트용접 과정의 3단계
예열 → 플래시 → 업셋

51 카바이드(CaC_2)의 취급법으로 틀린 것은?

① 카바이드는 인화성 물질과 같이 보관한다.
② 카바이드 개봉 후 뚜껑을 잘 닫아 습기가 침투되지 않도록 보관한다.
③ 운반 시 타격, 충격, 마찰을 주지 말아야 한다.
④ 카바이드 통을 개봉할 때 절단가위를 사용한다.

해설

카바이드(CaC_2)가 물(H_2O)을 만나면 아세틸렌(C_2H_2)가스가 발생되므로 인화성 물질과 함께 보관하면 안 된다.

정답 48 ④ 49 ③ 50 ③ 51 ①

52 **피복아크용접에서 피복제의 작용으로 틀린 것은?**

① 아크를 안정시킨다.
② 산화, 질화를 방지한다.
③ 용융점이 높고 점성이 없는 슬래그를 만든다.
④ 용착 효율을 높이고 용적을 미세화시킨다.

해설

피복아크 용접봉은 심선 주위를 피복제(Flux)가 감싸고 있는 것으로, 피복제는 용융점을 낮고 점성이 있는 슬래그(Slag)를 만들어 불순물을 제거하기 쉽게 만든다.

피복제(Flux)의 역할

- 아크를 안정시킨다.
- 전기절연작용을 한다.
- 보호가스를 발생시킨다.
- 스패터의 발생을 줄인다.
- 아크의 집중성을 좋게 한다.
- 용착금속의 급랭을 방지한다.
- 용착금속의 탈산정련 작용을 한다.
- 용융금속과 슬래그의 유동성을 좋게 한다.
- 용적(쇳물)을 미세화하여 용착효율을 높인다.
- 용융점이 낮고 적당한 점성의 슬래그를 생성한다.
- 슬래그 제거를 쉽게 하여 비드의 외관을 좋게 한다.
- 적당량의 합금 원소를 첨가하여 금속에 특수성을 부여한다.
- 중성 또는 환원성 분위기를 만들어 질화나 산화를 방지하고 용융금속을 보호한다.
- 쇳물이 쉽게 달라붙도록 힘을 주어 수직자세, 위보기자세 등 어려운 자세를 쉽게 한다.

53 **퍼커링(Puckering) 현상이 발생하는 한계전류값의 주원인이 아닌 것은?**

① 와이어 지름
② 후열방법
③ 용접속도
④ 보호가스의 조성

해설

퍼커링(Puckering) 현상 : 재료가 울퉁불퉁하게 만들어진 것으로, 이 퍼커링 현상을 만드는 한계전류값의 원인으로 후열처리는 관련이 없다.

54 **정격 2차 전류 300A, 정격사용률이 40%인 교류아크용접기를 사용하여 전류 150A로 용접작업하는 경우 허용사용률(%)은?**

① 180 ② 160
③ 80 ④ 60

해설

$$\text{허용사용률(\%)} = \frac{(\text{정격 2차 전류})^2}{(\text{실제 용접전류})^2} \times \text{정격사용률(\%)}$$

$$= \frac{(300\text{A})^2}{(150\text{A})^2} \times 40\%$$

$$= \frac{90{,}000}{22{,}500} \times 40\%$$

$$= 160\%$$

55 **높은 에너지밀도용접을 하기 위한 10^{-6}~10^{-4}mmHg 정도의 고진공 속에서 용접하는 용접법은?**

① 플라스마용접 ② 전자빔용접
③ 초음파용접 ④ 원자수소용접

해설

전자빔용접 : 고밀도로 집속되고 가속화된 전자빔을 높은 진공(10^{-6}~10^{-4}mmHg) 속에서 용접물에 고속도로 조사시키면 빛과 같은 속도로 이동한 전자가 용접물에 충돌하면서 전자의 운동에너지를 열에너지로 변환시켜 국부적으로 고열을 발생시키는데, 이때 생긴 열원으로 용접부를 용융시켜 용접하는 방식이다. 텅스텐(3,410℃)과 몰리브덴(2,620℃)과 같이 용융점이 높은 재료의 용접에 적합하다.

52 ③ 53 ② 54 ② 55 ② **정답**

56 피복아크용접부의 결함 중 언더컷(Under Cut)이 발생하는 원인으로 가장 거리가 먼 것은?

① 아크길이가 너무 긴 경우
② 용접봉의 유지각도가 적당치 않은 경우
③ 부적당한 용접봉을 사용한 경우
④ 용접전류가 너무 낮은 경우

해설

언더컷 불량은 용접전류가 너무 높아서 입열량이 많아졌을 때 용접재료가 파여서 생기는 것으로, 이 불량을 방지하려면 용접전류를 알맞게 조절해야 한다.

57 46.7L 산소용기에 150kgf/cm^{2}이 되게 산소를 충전하였고, 이것을 대기 중에서 환산하면 산소는 약 몇 L인가?

① 4,090
② 5,030
③ 6,100
④ 7,005

해설

용기에서 사용한 산소량 = 내용적 × 기압
= 46.7L × 150 = 7,005L

58 점용접의 3대 주요요소가 아닌 것은?

① 용접전류
② 통전시간
③ 용 제
④ 가압력

해설

저항용접의 3요소

- 가압력
- 용접전류
- 통전시간

59 슬래그의 생성량이 대단히 적고 수직자세와 위보기자세에 좋으며 아크는 스프레이형으로 용입이 좋아 아주 좁은 홈의 용접에 가장 적합한 특성을 갖고 있는 가스실드계 용접봉은?

① E4301
② E4316
③ E4311
④ E4327

해설

피복아크 용접봉의 종류

종 류		특 징
E4301	일미나이트계	• 일미나이트($TiO_2 \cdot FeO$)를 약 30% 이상 합금한 것으로 우리나라에서 많이 사용한다. • 일본에서 처음 개발한 것으로 작업성과 용접성이 우수하며 값이 저렴하여 철도나 차량, 구조물, 압력용기에 사용된다. • 내균열성, 내가공성, 연성이 우수해 25mm 이상의 후판용접도 가능하다.
E4303	라임티타니아계	• E4313의 새로운 형태로 약 30% 이상의 산화타이타늄(TiO_2)과 석회석($CaCO_3$)이 주성분이다. • 산화타이타늄과 염기성 산화물이 다량으로 함유된 슬래그 생성식이다. • 피복이 두껍고 전자세 용접성이 우수하다. • E4313의 작업성을 따르면서 기계적 성질과 일미나이트계의 작업성 부족한 점을 개량하여 만든 용접봉이다. • 고산화타이타늄계 용접봉보다 약간 높은 전류를 사용한다.
E4311	고셀룰로스계	• 피복제에 가스 발생제인 셀룰로스(유기물)를 20~30% 정도 포함한 가스 생성식의 대표적인 용접봉이다. • 발생 가스량이 많아 피복량이 얇고 슬래그가 적으므로 수직, 위보기용접에서 우수한 작업성을 보인다. • 가스 생성에 의한 환원성 아크 분위기로 용착금속의 기계적 성질이 양호하며 아크는 스프레이 형상으로 용입이 크고 용융속도가 빠르다. • 슬래그가 적으므로 비드표면이 거칠고 스패터가 많다. • 사용 전류는 슬래그 실드계 용접봉에 비해 10~15% 낮게 하며, 사용 전 70~100℃에서 30분~1시간 건조해야 한다. • 도금 강판, 저합금강, 저장탱크나 배관공사에 이용된다.

정답 56 ④ 57 ④ 58 ③ 59 ③

종 류		특 징
E4313	고산화 타이타늄계	• 균열에 대한 감수성이 좋아서 구속이 큰 구조물의 용접이나 고탄소강, 쾌삭강의 용접에 사용한다. • 피복제에 산화타이타늄(TiO_2)을 약 35% 정도 함금한 것으로 일반 구조용 용접에 사용된다. • 용접기의 2차 무부하전압이 낮을 때에도 아크가 안정적이며 조용하다. • 스패터가 적고 슬래그의 박리성도 좋아서 비드의 모양이 좋다. • 저합금강이나 탄소량이 높은 합금강의 용접에 적합하다. • 다층용접에서는 만족할 만한 품질을 만들지 못한다. • 기계적 성질이 다른 용접봉에 비해 약하고 고온 균열을 일으키기 쉬운 단점이 있다.
E4316	저수소계	• 아크가 불안정하다. • 용접봉 중에서 피복제의 염기성이 가장 높다. • 석회석이나 형석을 주성분으로 한 피복제를 사용한다. • 숙련도가 낮을 경우 심한 볼록 비드의 모양이 만들어지기 쉽다. • 보통 저탄소강의 용접에 주로 사용되나 저합금강과 중, 고탄소강의 용접에도 사용된다. • 용착금속 중의 수소량이 타 용접봉에 비해 1/10 정도로 현저하게 적다. • 균열에 대한 감수성이 좋아 구속도가 큰 구조물이 용접이나 탄소 및 황의 함유량이 많은 쾌삭강의 용접에 사용한다. • 피복제는 습기를 잘 흡수하기 때문에 사용 전에 300~350℃에서 1~2시간 건조 후 사용해야 한다.
E4324	철분 산화 타이타늄계	• E4313의 피복제에 철분을 50% 정도 첨가한 것이다. • 작업성이 좋고 스패터가 적게 발생하나 용입이 얕다. • 용착금속의 기계적 성질은 E4313과 비슷하다.
E4326	철분 저수소계	• E4316의 피복제에 30~50% 정도의 철분을 첨가한 것으로 용착속도가 크고 작업능률이 좋다. • 용착금속의 기계적 성질이 양호하고 슬래그의 박리성이 저수소계 용접봉보다 좋으며 아래보기나 수평필릿용접에만 사용된다.

종 류		특 징
E4327	철분 산화철계	• 주성분인 산화철에 철분을 첨가한 것으로 규산염을 다량 함유하고 있어서 산성의 슬래그가 생성된다. • 아크가 분무상으로 나타나며 스패터가 적고 용입은 E4324보다 깊다. • 비드의 표면이 곱고 슬래그의 박리성이 좋아서 아래보기나 수평필릿용접에 많이 사용된다.

60 납땜에 쓰이는 용제(Flux)가 갖추어야 할 조건으로 가장 적합한 것은?

① 청정한 금속면의 산화를 촉진시킬 것
② 납땜 후 슬래그 제거가 어려울 것
③ 침지땜에 사용되는 것은 수분을 함유할 것
④ 모재와 친화력을 높일 수 있으며 유동성이 좋을 것

해설

납땜용 용제가 갖추어야 할 조건
- 유동성이 좋아야 한다.
- 산화를 방지해야 한다.
- 인체에 해가 없어야 한다.
- 슬래그 제거가 용이해야 한다.
- 금속의 표면이 산화되지 않아야 한다.
- 모재나 땜납에 대한 부식이 최소이어야 한다.
- 침지땜에 사용되는 것은 수분이 함유되면 안 된다.
- 용제의 유효온도 범위와 납땜의 온도가 일치해야 한다.
- 땜납의 표면장력을 맞추어서 모재와의 친화력이 높아야 한다.
- 전기 저항 납땜용 용제는 전기가 잘 통하는 도체를 사용해야 한다.

60 ④ 정답

2015년 제2회 과년도 기출문제

제1과목 용접야금 및 용접설비제도

01 습기 제거를 위한 용접봉의 건조 시 건조온도가 가장 높은 것은?

① 일미나이트계 ② 저수소계
③ 고산화타이타늄계 ④ 라임티타니아계

해설
저수소계 용접봉은 흡습성이 큰 단점이 있어서 용접봉 중에서 건조온도가 가장 높다.

일반 용접봉	약 100℃로 30분~1시간
저수소계 용접봉	약 300~350℃에서 1~2시간

02 연화를 목적으로 적당한 온도까지 가열한 다음 그 온도에서 유지하고 나서 서랭하는 열처리법은?

① 불 림 ② 뜨 임
③ 풀 림 ④ 담금질

해설
③ 풀림(Annealing) : 재질을 연하고(연화시키고) 균일화시키거나 내부응력을 제거할 목적으로 실시하는 열처리법으로 완전풀림은 A_3 변태점(968℃) 이상의 온도로, 연화풀림은 650℃ 정도의 온도로 가열한 후 서랭한다.
① 불림(Normalizing) : 담금질 정도가 심하거나 결정입자가 조대해진 강, 소성가공이나 주조로 거칠어진 조직을 표준화조직으로 만들기 위하여 A_3점(968℃)이나 A_{cm}(시멘타이트)점보다 30~50℃ 이상의 온도로 가열 후 공랭시킨다.
② 뜨임(Tempering) : 담금질한 강을 A_1 변태점(723℃) 이하로 가열 후 서랭하는 것으로 담금질로 경화된 재료에 인성을 부여하고 내부응력을 제거한다.
④ 담금질(Quenching) : 재질을 경화시킬 목적으로 강을 오스테나이트조직의 영역으로 가열한 후 급랭시켜 강도와 경도를 증가시키는 열처리법이다.

03 용접부의 노 내 응력 제거방법에서 가열부를 노에 넣을 때 및 꺼낼 때의 노 내 온도는 몇 ℃ 이하로 하는가?

① 300℃ ② 400℃
③ 500℃ ④ 600℃

해설
노 내 풀림법 : 가열 노(Furnace) 내부의 유지온도는 625℃ 정도이며, 노에 넣을 때나 꺼낼 때의 온도는 300℃ 정도로 한다. 판 두께 25mm일 경우에 1시간 동안 유지하는 데 유지온도가 높거나 유지시간이 길수록 풀림 효과가 크다.

04 순철에서는 A_2 변태점에서 일어나며 원자 배열의 변화 없이 자기의 강도만 변화되는 자기변태 온도는?

① 723℃ ② 768℃
③ 910℃ ④ 1,401℃

해설
변태점이란 변태가 일어나는 온도로 다음과 같이 5개의 변태점이 있다.
- A_0 변태점(210℃) : 시멘타이트의 자기변태점
- A_1 변태점(723℃) : 철의 동소변태점(공석변태점)
- A_2 변태점(768℃) : 철의 자기변태점
- A_3 변태점(910℃) : 철의 동소변태점, 체심입방격자(BCC) → 면심입방격자(FCC)
- A_4 변태점(1,410℃) : 철의 동소변태점, 면심입방격자(FCC) → 체심입방격자(BCC)

※ 자기변태 : 금속이 퀴리점이라고 불리는 자기변태온도를 지나면서 자성을 띤 강자성체에서 자성을 잃어버리는 상자성체로 변화되는 현상으로 자기변태점이 없는 대표적인 금속으로는 Zn(아연)과 Al(알루미늄)이 있다.

정답 1 ② 2 ③ 3 ① 4 ②

05 **합금을 함으로써 얻어지는 성질이 아닌 것은?**

① 주조성이 양호하다.
② 내열성이 증가한다.
③ 내식, 내마모성이 증가한다.
④ 전연성이 증가되며, 융점 또한 높아진다.

해설
합금은 순수한 철에 원하는 성질의 금속을 얻기 위해 합금 원소를 첨가시킨 재료로, 순수한 금속보다 전연성이 떨어지고 용융점이 낮아진다.

06 **실용 주철의 특성에 대한 설명으로 틀린 것은?**

① 비중은 C와 Si 등이 많을수록 작아진다.
② 용융점은 C와 Si 등이 많을수록 낮아진다.
③ 흑연편이 클수록 자기 감응도가 나빠진다.
④ 내식성 주철은 염산, 질산 등의 산에는 강하나 알칼리에는 약하다.

해설
주철은 일반적으로 알칼리에 강한 성질을 갖는다. 그러나 철에 내식성 원소인 Ni이나 Cr을 합금시킨 내식성 주철은 염산이나 질산과 같은 산에 약하다.

07 **Fe_3C에서 Fe의 원자비는?**

① 75% ② 50%
③ 25% ④ 10%

해설
시멘타이트는 원소기호인 Fe_3C에서 보듯이 3개의 Fe원자와 1개의 C원자로 이루어진다. 따라서 Fe원자의 비율은 75%가 된다.

08 **용접금속에 수소가 침입하여 발생하는 것이 아닌 것은?**

① 은 점
② 언더컷
③ 헤어 크랙
④ 비드 밑 균열

해설
언더컷 불량은 주로 용접전류가 너무 크거나 아크 길이가 길 때 발생하는 불량으로, 수소(H_2)가스와는 관련이 없다.

09 **응력제거풀림처리 시 발생하는 효과가 아닌 것은?**

① 잔류응력을 제거한다.
② 응력부식에 대한 저항력이 증가한다.
③ 충격저항과 크리프저항이 감소한다.
④ 온도가 높고 시간이 길수록 수소함량은 낮아진다.

해설
재료 내부에 발생한 잔류응력을 제거하기 위해 풀림처리를 실시하면 충격저항과 크리프저항이 커진다.

5 ④ 6 ④ 7 ① 8 ② 9 ③ 정답

10 연강용접에서 용착금속의 샤르피(Charpy) 충격치가 가장 높은 것은?

① 산화철계
② 타이타늄계
③ 저수소계
④ 셀룰로스계

해설

저수소계 용접봉은 고장력강용으로 사용하기 때문에 용접 후 샤르피 충격시험으로 시험했을 때 그 충격치가 가장 크다.

샤르피식 충격시험법

시험편을 40mm 떨어진 2개의 지지대 위에 가로 방향으로 지지하고, 노치부를 지지대 사이의 중앙에 일치시킨 후 노치부 뒷면을 해머로 1회만 충격을 주어 시험편을 파단시킬 때 소비된 흡수 에너지(E)와 충격값(U)를 구하는 시험방법

[샤르피 충격시험기]

11 기계제도에서 선의 종류별 용도에 대한 설명으로 옳은 것은?

① 가는 2점 쇄선은 특별한 요구사항을 적용할 수 있는 범위를 표시한다.
② 가는 파선은 중심이 이동한 중심궤적을 표시한다.
③ 굵은 실선은 치수를 기입하기 위하여 쓰인다.
④ 가는 1점 쇄선은 위치 결정의 근거가 된다는 것을 명시할 때 쓰인다.

해설

① 특별한 요구사항을 적용할 수 있는 범위 표시 : 굵은 1점 쇄선
② 중심이 이동한 중심궤적 : 가는 2점 쇄선
③ 치수를 기입하기 위한 선 : 가는 실선

12 구의 반지름을 나타내는 기호는?

① C
② R
③ t
④ SR

해설

치수보조기호

기 호	구 분	기 호	구 분
ϕ	지 름	p	피 치
Sϕ	구의 지름	$\frown$50	호의 길이
R	반지름	<u>50</u>	비례척도가 아닌 치수
SR	구의 반지름	[50]	이론적으로 정확한 치수
□	정사각형	(50)	참고치수
C	45° 모따기	~~50~~	치수의 취소(수정 시 사용)
t	두 께		

13 도면 크기의 종류 중 호칭방법과 치수(A×B)가 틀린 것은?(단, 단위는 mm이다)

① A0 = 841 × 1,189
② A1 = 594 × 841
③ A3 = 297 × 420
④ A4 = 220 × 297

해설

도면의 종류별 크기 및 윤곽치수(mm)

크기의 호칭	A0	A1	A2	A3	A4
a×b	841×1,189	594×841	420×594	297×420	210×297

정답 10 ③ 11 ④ 12 ④ 13 ④

14 용접부의 기호 표시방법에 대한 설명 중 틀린 것은?

① 기준선의 하나는 실선으로 하고 다른 하나는 파선으로 표시한다.

② 용접부가 이음의 화살표 쪽에 있을 때에는 실선 쪽의 기준선에 표시한다.

③ 가로 단면의 주요치수는 기본기호의 우측에 기입한다.

④ 용접방법의 표시가 필요한 경우에는 기준선의 끝 꼬리 사이에 숫자로 표시한다.

해설

용접부의 단면치수는 기본기호의 기준선 아래나 위쪽에 기입한다.

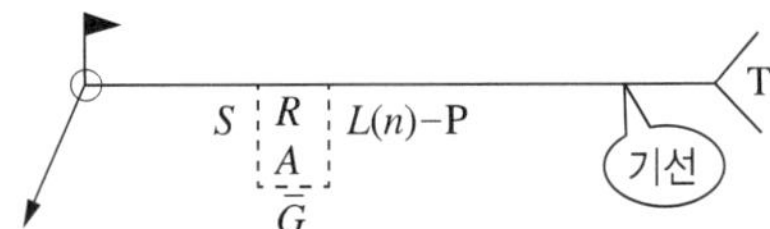

S : 용접부의 단면치수 또는 강도

15 그림에 대한 설명으로 옳은 것은?

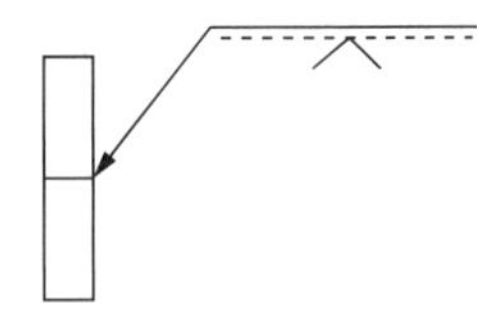

① 화살표 쪽에 용접

② 화살표 반대쪽에 용접

③ 원둘레용접

④ 양면용접

해설

실선 위에 V표가 있으면 화살표 쪽에 용접한다.
점선 위에 V표가 있으면 화살표 반대쪽에 용접한다.

16 치수기입 원칙의 일반적인 주의사항으로 틀린 것은?

① 치수는 중복 기입을 피한다.

② 관련되는 치수는 되도록 분산하여 기입한다.

③ 치수는 되도록 계산해서 구할 필요가 없도록 기입한다.

④ 치수 중 참고 치수에 대하여는 치수 수치에 괄호를 붙인다.

해설

치수기입 원칙(KS B 0001)

- 중복기입을 피한다.
- 치수는 주투상도에 집중한다.
- 관련되는 치수는 한곳에 모아서 기입한다.
- 치수는 공정마다 배열을 분리해서 기입한다.
- 치수는 계산해서 구할 필요가 없도록 기입한다.
- 치수 숫자는 치수선 위 중앙에 기입하는 것이 좋다.
- 치수 중 참고 치수에 대하여는 수치에 괄호를 붙인다.
- 도면에 나타나는 치수는 특별히 명시하지 않는 한 다듬질 치수를 표시한다.
- 치수는 투상도와의 모양 및 치수의 비교가 쉽도록 관련 투상도 쪽으로 기입한다.
- 치수는 대상물의 크기, 자세 및 위치를 가장 명확하게 표시할 수 있도록 기입한다.
- 기능상 필요한 경우 치수의 허용한계를 지시한다(단, 이론적 정확한 치수는 제외).
- 대상물의 기능, 제작, 조립 등을 고려하여 꼭 필요한 치수를 분명하게 도면에 기입한다.
- 하나의 투상도인 경우, 수평 방향의 길이 치수는 투상도의 위쪽에, 수직 방향의 길이 치수는 투상도의 오른쪽에서 읽을 수 있도록 기입한다.

14 ③ 15 ② 16 ② 정답

17 제도에 대한 설명으로 가장 적합한 것은?

① 투명한 재료로 만들어지는 대상물 또는 부분은 투상도에서는 그리지 않는다.
② 투상도는 설계자가 생각하는 것을 투상하여 입체 형태로 그린 것이다.
③ 나사, 중심 구멍 등 특수한 부분의 표시는 별도로 정한 한국산업표준에 따른다.
④ 한국산업표준에서 규정한 기호를 사용할 경우 주기를 입력해야 하며, 기호 옆에 뜻을 명확히 주기한다.

해설

도면은 설계자와 제품 제작 기술자 간의 약속이므로, 도면에 표시할 때는 나사나 중심 구멍, 특수 부분을 포함한 모든 부분을 반드시 한국산업표준(KS) 규격을 따라야 한다.

18 하나의 그림으로 물체의 정면, 우(좌)측면, 평(저)면 3면의 실제모양과 크기를 나타낼 수 있어 기계의 조립, 분해를 설명하는 정비지침서나, 제품의 디자인도 등을 그릴 때 사용되는 3축이 모두 120°가 되도록 한 입체도는?

① 사투상도 ② 분해투상도
③ 등각투상도 ④ 투시도

해설

주요 투상법의 특징

종 류	사투상도
그 림	30°
특 징	• 물체를 투상면에 대하여 한쪽으로 경사지게 투상하여 입체적으로 나타낸 투상법이다. • 하나의 그림으로 대상물의 한 면(정면)만을 중점적으로 엄밀하고 정확하게 표시할 수 있다.
종 류	등각투상도
그 림	X, Y, Z, 0, 120°, 120°, 120°, 30°, 30°
특 징	• 정면, 평면, 측면을 하나의 투상도에서 동시에 볼 수 있도록 그린 투상법이다. • 직육면체의 등각투상도에서 직각으로 만나는 3개의 모서리는 각각 120°를 이룬다. • 주로 기계 부품의 조립이나 분해를 설명하는 정비지침서 등에 사용한다.
종 류	투시투상도
그 림	
특 징	• 건축, 도로, 교량의 도면 작성에 사용된다. • 멀고 가까운 원근감을 느낄 수 있도록 하나의 시점과 물체의 각 점을 방사선으로 그리는 투상법이다.
종 류	부등각투상도
그 림	l, $\frac{3}{4}$, 1, 18°, 30°
특 징	수평선과 2개의 축선이 이루는 각을 서로 다르게 그린 투상법이다.

정답 17 ③ 18 ③

19 종이의 가장자리가 찢어져서 도면의 내용을 훼손하지 않도록 하기 위해 긋는 선은?

① 파 선
② 2점 쇄선
③ 1점 쇄선
④ 윤곽선

해설

도면에 마련되는 양식

윤곽선	도면 용지의 안쪽에 그려진 내용이 확실히 구분되도록 하고, 종이의 가장자리가 찢어져서 도면의 내용을 훼손하지 않도록 하기 위해서 굵은 실선으로 표시한다.
표제란	도면 관리에 필요한 사항과 도면 내용에 관한 중요 사항으로서 도명, 도면 번호, 기업(소속명), 척도, 투상법, 작성 연월일, 설계자 등이 기입된다.
중심마크	도면의 영구 보존을 위해 마이크로필름으로 촬영하거나 복사하고자 할 때 굵은 실선으로 표시한다.
비교눈금	도면을 축소하거나 확대했을 때 그 정도를 알기 위해 도면 아래쪽의 중앙 부분에 10mm 간격의 눈금을 굵은 실선으로 그려놓은 것이다.
재단마크	인쇄, 복사, 플로터로 출력된 도면을 규격에서 정한 크기로 자르기 편하도록 하기 위해 사용한다.

20 용접기호에 대한 설명으로 옳은 것은?

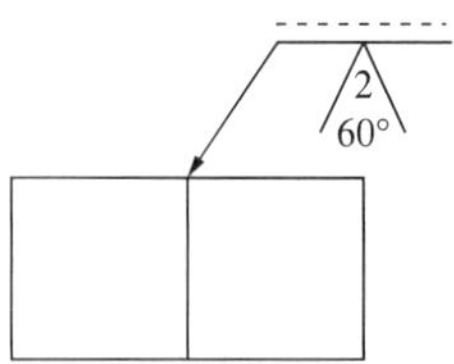

① V형 용접, 화살표 쪽으로 루트 간격 2mm, 홈각 60°이다.
② V형 용접, 화살표 반대쪽으로 루트 간격 2mm, 홈각 60°이다.
③ 필릿용접, 화살표 쪽으로 루트 간격 2mm, 홈각 60°이다.
④ 필릿용접, 화살표 반대쪽으로 루트 간격 2mm, 홈각 60°이다.

해설

- V : V형 홈 맞대기용접
- 홈 형상기호(V)가 실선 위에 있으므로 화살표 쪽으로 용접하라는 의미이다.
- 2 : 루트 간격 2mm
- 60° : 용접부의 V홈의 각도 60°

제2과목 용접구조설계

21 용접후처리에서 변형을 교정할 때 가열하지 않고, 외력만으로 소성변형을 일으켜 교정하는 방법은?

① 형재(形材)에 대한 직선 수축법
② 가열한 후 해머로 두드리는 법
③ 변형 교정 롤러에 의한 방법
④ 박판에 대한 점 수축법

해설

변형 롤러를 통해서 재료를 소성변형(영구적인 변형)시킬 때는 재료에 열을 가하지 않고 외력만 가해도 된다.

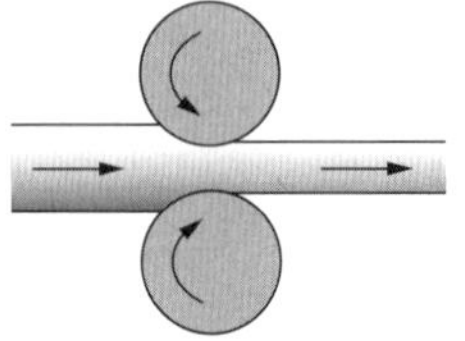

19 ④ 20 ① 21 ③ 정답

22 용접 수축량에 미치는 용접시공 조건의 영향을 설명한 것으로 틀린 것은?

① 루트 간격이 클수록 수축이 크다.
② V형 이음은 X형 이음보다 수축이 크다.
③ 같은 두께를 용접할 경우 용접봉 직경이 큰 쪽이 수축이 크다.
④ 위빙을 하는 쪽이 수축이 작다.

해설
같은 두께를 용접할 경우 용접봉의 직경이 큰 쪽은 용접패스 수를 줄일 수 있으므로 용접봉 직경이 작은 쪽보다 수축량도 더 작아진다.

23 용접부 취성을 측정하는 데 가장 적당한 시험방법은?

① 굽힘시험 ② 충격시험
③ 인장시험 ④ 부식시험

해설
용접부의 취성이나 노치부의 인성검사는 샤르피 충격시험이나 아이조드 충격시험으로 측정할 수 있다.

24 용접부의 구조상 결함인 기공(Blow Hole)을 검사하는 가장 좋은 방법은?

① 초음파검사 ② 육안검사
③ 수압검사 ④ 침투검사

해설
기공은 용접부의 내부에 존재하는 불량현상이므로 표면검사법인 육안검사나 수압검사, 침투검사로는 파악이 불가능하다. 따라서 기공 불량은 초음파검사를 통해서 용접부 내부의 존재 여부를 파악할 수 있다.

25 똑같은 두께의 재료를 용접할 때 냉각속도가 가장 빠른 이음은?

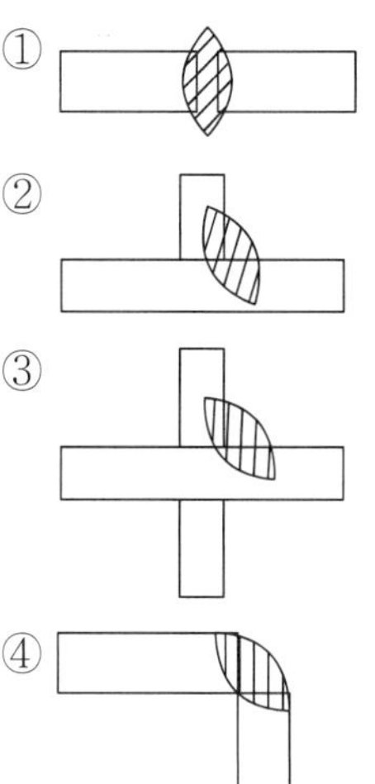

해설
냉각속도는 방열면적이 클수록 빨라지는데, 보기 중에서 방열면적이 가장 큰 것은 ③번이다.

26 필릿용접 크기에 대한 설명으로 틀린 것은?

① 필릿이음에서 목길이를 증가시켜 줄 필요가 있을 경우 양쪽 목길이를 같게 증가시켜 주는 것이 효과적이다.
② 판두께가 같은 경우 목길이가 다른 필릿용접 시는 수직 쪽의 목길이를 짧게 수평 쪽의 목길이를 길게 하는 것이 좋다.
③ 필릿용접 시 표면비드는 오목형보다 볼록형이 인장에 의한 수축 균열 발생이 적다.
④ 다층 필릿이음에서의 첫 패스는 항상 오목형이 되도록 하는 것이 좋다.

해설
다층 필릿이음에서의 첫 패스는 이면비드까지 용입시켜야 하고 수축에 의한 변형을 방지할 필요가 있으므로 볼록형이 되도록 하는 것이 좋다.

정답 22 ③ 23 ② 24 ① 25 ③ 26 ④

27 연강판의 두께가 9mm, 용접 길이를 200mm로 하고 양단에 최대 720kN의 인장하중을 작용시키는 V형 맞대기용접이음에서 발생하는 인장응력(MPa)은?

① 200　　② 400
③ 600　　④ 800

해설

인장응력(σ) $= \frac{F}{A} = \frac{F}{t \times L}$ 식을 응용하면

$$\sigma(\mathrm{N/mm^2}) = \frac{W}{t(\mathrm{mm}) \times L(\mathrm{mm})}$$
$$= \frac{720{,}000\mathrm{N}}{9\mathrm{mm} \times 200\mathrm{mm}} = 400\,\mathrm{N/mm^2}$$

맞대기용접부의 인장하중(힘)

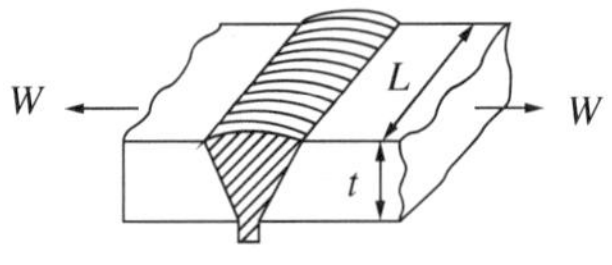

28 다음 금속 중 냉각속도가 가장 큰 금속은?

① 연 강　　② 알루미늄
③ 구 리　　④ 스테인리스강

해설

구리의 열전도율이 가장 크므로 냉각속도도 가장 크다.

열 및 전기전도율이 높은 순서

Ag > Cu > Au > Al > Mg > Zn > Ni > Fe > Pb > Sb

29 구속용접 시 발생하는 일반적인 응력은?

① 잔류응력　　② 연성력
③ 굽힘력　　④ 스프링백

해설

용접부를 구속하면 구속 부위에 잔류응력이 발생되어 구조물이 파괴된다.

30 용접부의 응력집중을 피하는 방법이 아닌 것은?

① 부채꼴 오목부를 설계한다.
② 강도상 중요한 용접이음 설계 시 맞대기용접부는 가능한 한 피하고 필릿용접부를 많이 하도록 한다.
③ 모서리의 응력집중을 피하기 위해 평탄부에 용접부를 설치한다.
④ 판 두께가 다른 경우 라운딩(Rounding)이나 경사를 주어 용접한다.

해설

강도상 중요한 부분은 맞대기이음으로 용접해야 한다. 필릿용접부는 응력집중도가 더 크기 때문에 가급적 강도가 필요한 곳은 피해야 한다.

31 용접경비를 적게 하고자 할 때 유의할 사항으로 틀린 것은?

① 용접봉의 적절한 선정과 그 경제적 사용방법
② 재료 절약을 위한 방법
③ 용접지그의 사용에 의한 위보기자세의 이용
④ 고정구 사용에 의한 능률 향상

해설

용접경비를 줄이려면 용접사의 작업 편리성을 높여 주는 것이 중요하므로 위보기자세는 피해야 한다.

27 ② 28 ③ 29 ① 30 ② 31 ③ **정답**

32 용접시공관리의 4대(4M) 요소가 아닌 것은?

① 사람(Man)　② 기계(Machine)
③ 재료(Material)　④ 태도(Manner)

해설

용접시공관리의 4M
- 사람 : Man
- 기계 : Machine
- 재료 : Material
- 작업방법 : Method

33 용접 준비사항 중 용접변형 방지를 위해 사용하는 것은?

① 터닝 롤러(Turning Roller)
② 머니퓰레이터(Manipulator)
③ 스트롱백(Strong Back)
④ 앤빌(Anvil)

해설

용접변형 방지용 지그

구분	그림
바이스 지그	
스트롱백 지그	
역변형 지그	

34 용접자세 중 H-Fill이 의미하는 자세는?

① 수직자세　② 아래보기자세
③ 위보기자세　④ 수평필릿자세

해설

용접자세(Welding Position)

일반적인 용접자세는 다음과 같이 4가지인데, 기호에 Fill이 추가되면 해당 자세에서의 필릿자세가 된다.

자 세	KS규격	모재와 용접봉 위치	ISO	AWS
아래보기	F (Flat Position)	바닥면	PA	1G
수 평	H (Horizontal Position)		PC	2G
수 직	V (Vertical Position)		PF	3G
위보기	OH (Overhead Position)		PE	4G

35 용접변형을 경감하는 방법으로 용접 전 변형 방지책은?

① 역변형법　② 빌드업법
③ 캐스케이드법　④ 전진블록법

해설

용접으로 인한 재료의 변형 방지법
- 억제법 : 지그나 보조판을 모재에 설치하거나 가접을 통해 변형을 억제하도록 한 것
- 역변형법 : 용접 전에 변형을 예측하여 반대 방향으로 변형시킨 후 용접하도록 한 것
- 도열법 : 용접 중 모재의 입열을 최소화하기 위해 물을 적신 동판을 덧대어 열을 흡수하도록 한 것

정답 32 ④　33 ③　34 ④　35 ①

36 완전맞대기용접이음이 단순굽힘모멘트 M_b = 9,800 N·cm을 받고 있을 때, 용접부에 발생하는 최대굽힘응력은?(단, 용접선 길이 = 200mm, 판두께 = 25mm이다)

① 196.0N/cm² ② 470.4N/cm²
③ 376.3N/cm² ④ 235.2N/cm²

해설

최대굽힘모멘트$(M_{max}) = \sigma_{max} \times Z$(단면계수)

사각단면의 단면계수 : $\frac{bh^2}{6}$

최대굽힘응력$(\sigma_{max}) = \frac{6M}{bh^2} = \frac{6 \times 9{,}800\text{N} \cdot \text{cm}}{20\text{cm} \times (2.5\text{cm})^2}$
$= 470.4\text{N/cm}^2$

37 다층용접 시 한 부분의 몇 층을 용접하다가 이것을 다음 부분의 층으로 연속시켜 전체가 단계를 이루도록 용착시켜 나가는 방법은?

① 후퇴법(Backstep Method)
② 캐스케이드법(Cascade Method)
③ 블록법(Block Method)
④ 덧살올림법(Build-up Method)

해설

용접법의 종류

분 류		특 징
용착 방향에 의한 용착법	전진법	한쪽 끝에서 다른 쪽 끝으로 용접을 진행하는 방법으로, 용접 진행 방향과 용착 방향이 서로 같다. 용접 길이가 길면 끝부분 쪽에 수축과 잔류응력이 생긴다.
	후퇴법	용접을 단계적으로 후퇴하면서 전체 길이를 용접하는 방법으로, 용접 진행 방향과 용착 방향이 서로 반대가 된다. 수축과 잔류응력을 줄이는 용접 기법이나 작업능률이 떨어진다.
	대칭법	변형과 수축응력의 경감법으로, 용접의 전 길이에 걸쳐 중심에서 좌우 또는 용접물 형상에 따라 좌우대칭으로 용접하는 기법이다.
	스킵법 (비석법)	용접부 전체의 길이를 5개 부분으로 나누어 놓고 1-4-2-5-3 순으로 용접하는 방법으로, 용접부에 잔류응력을 적게 하면서 변형을 방지하고자 할 때 사용한다.
다층 비드 용착법	덧살올림법 (빌드업법)	각 층마다 전체의 길이를 용접하면서 쌓아 올리는 가장 일반적인 방법이다.
	전진 블록법	한 개의 용접봉으로 살을 붙일 만한 길이로 구분해서 홈을 한 층 완료한 후 다른 층을 용접하는 방법이다. 다층용접 시 변형과 잔류응력의 경감을 위해 사용한다.
	캐스 케이드법	한 부분의 몇 층을 용접하다가 다음 부분의 층으로 연속시켜 전체가 단계를 이루도록 용착시켜 나가는 방법이다.

36 ② 37 ② 정답

38 **용접순서에서 동일 평면 내에 이음이 많을 경우, 수축은 가능한 자유단으로 보내는 이유로 옳은 것은?**

① 압축변형을 크게 해 주는 효과와 구조물 전체를 가능한 한 균형 있게 인장응력을 증가시키는 효과 때문
② 구속에 의한 압축응력을 작게 해 주는 효과와 구조물 전체를 가능한 균형 있게 굽힘응력을 증가시키는 효과 때문
③ 압축응력을 크게 해 주는 효과와 구조물 전체를 가능한 균형 있게 인장응력을 경감시키는 효과 때문
④ 구속에 의한 잔류응력을 작게 해 주는 효과와 구조물 전체를 가능한 한 균형 있게 변형을 경감시키는 효과 때문

해설
용접 시 고정단에서 자유단 방향으로 용접하는 이유는 잔류응력을 작게 해 줌으로써 구조물에 발생하는 잔류응력을 자유단으로 보내어 변형을 경감시키기 위함이다.

39 **설계단계에서 용접부 변형을 방지하기 위한 방법이 아닌 것은?**

① 용접길이가 감소될 수 있는 설계를 한다.
② 변형이 작아질 수 있는 이음 부분을 배치한다.
③ 보강재 등 구속이 커지도록 구조설계를 한다.
④ 용착금속을 증가시킬 수 있는 설계를 한다.

해설
용접이음부 설계 시 주의사항
- 용접선의 교차를 최대한 줄인다.
- 재료에 가해지는 열량을 최대한 적게 하기 위해 용착금속을 가능한 한 적게 설계해야 한다.
- 용접길이가 감소될 수 있는 설계를 한다.
- 가능한 한 아래보기자세로 작업하도록 한다.
- 용접열이 국부적으로 집중되지 않도록 한다.
- 보강재 등 구속이 커지도록 구조설계를 한다.
- 용접작업에 지장을 주지 않도록 공간을 남긴다.
- 열의 분포가 가능한 부재 전체에 고루 퍼지도록 한다.

40 **용접제품과 주조제품을 비교하였을 때 용접이음 방법의 장점으로 틀린 것은?**

① 이종재료의 접합이 가능하다.
② 용접변형을 교정할 때에는 시간과 비용이 필요치 않다.
③ 목형이나 주형이 불필요하고 설비의 소규모가 가능하여 생산비가 적게 된다.
④ 제품의 중량을 경감시킬 수 있다.

해설
용접은 영구적인 이음이므로 한 번 완료된 제품을 교정할 때는 많은 시간과 비용이 든다.

제3과목 용접일반 및 안전관리

41 **피복아크용접에서 용접부의 보호방식이 아닌 것은?**

① 가스 발생식 ② 슬래그 생성식
③ 아크 발생식 ④ 반가스 발생식

해설
용착금속의 보호방식에 따른 분류
- 가스 발생식 : 피복제 성분이 주로 셀룰로스이며 연소 시 가스를 발생시켜 용접부를 보호한다.
- 슬래그 생성식 : 피복제 성분이 주로 규사나 석회석 등의 무기물로 슬래그를 만들어 용접부를 보호하며 산화 및 질화를 방지한다.
- 반가스 발생식 : 가스 발생식과 슬래그 생성식의 중간적 성질을 갖는다.

정답 38 ④ 39 ④ 40 ② 41 ③

42 이론적으로 순수한 카바이드 5kg에서 발생할 수 있는 아세틸렌량은 약 몇 L인가?

① 3,480　② 1,740
③ 348　④ 174

해설
순수한 카바이드 1kg은 이론적으로 348L의 아세틸렌가스를 발생하며, 보통의 카바이드는 230~300L의 아세틸렌가스를 발생시킨다.
※ 카바이드 5kg×348L=1,740L

43 현장에서의 용접작업 시 주의사항이 아닌 것은?

① 폭발, 인화성 물질 부근에서는 용접작업을 피할 것
② 부득이 가연성 물체 가까이서 용접할 경우는 화재 발생 방지조치를 충분히 할 것
③ 탱크 내에서 용접작업 시 통풍을 잘하고 때때로 외부로 나와서 휴식을 취할 것
④ 탱크 내 용접작업 시 2명이 동시에 들어가 작업을 실시하고 빠른 시간에 작업을 완료하도록 할 것

해설
저장탱크와 같이 밀폐된 공간 안에서 용접을 할 때는 작업자가 발생 가스에 의해 질식되는 사고가 발생할 수 있으므로 반드시 보조작업자들과 함께 작업해야 하는데 한 명은 반드시 탱크 밖에 있어야 한다.

44 가장 두꺼운 판을 용접할 수 있는 용접법은?

① 일렉트로슬래그용접
② 전자빔용접
③ 서브머지드아크용접
④ 불활성가스아크용접

해설
일렉트로슬래그용접
용융된 슬래그와 용융금속이 용접부에서 흘러나오지 못하도록 수랭동판으로 둘러싸고 이 용융 풀에 용접봉을 연속적으로 공급하는데 이때 발생하는 용융 슬래그의 저항열에 의하여 용접봉과 모재를 연속적으로 용융시키면서 용접하는 방법으로 선박이나 보일러와 같이 두꺼운 판의 용접에 적합하다. 수직 상진으로 단층 용접하는 방식으로 용접전원으로는 정전압형 교류를 사용한다.

45 산소-아세틸렌불꽃에서 아세틸렌이 이론적으로 완전연소하는 데 필요한 산소 : 아세틸렌의 연소비로 가장 알맞은 것은?

① 1.5 : 1　② 1 : 1.5
③ 2.5 : 1　④ 1 : 2.5

해설
산소 : 아세틸렌의 완전연소비는 2.5 : 1이다.

42 ② 43 ④ 44 ① 45 ③ **정답**

46 압접의 종류가 아닌 것은?

① 단접(Forged Welding)
② 마찰용접(Friction Welding)
③ 점용접(Spot Welding)
④ 전자빔용접(Electron Beam Welding)

해설

용접법의 분류

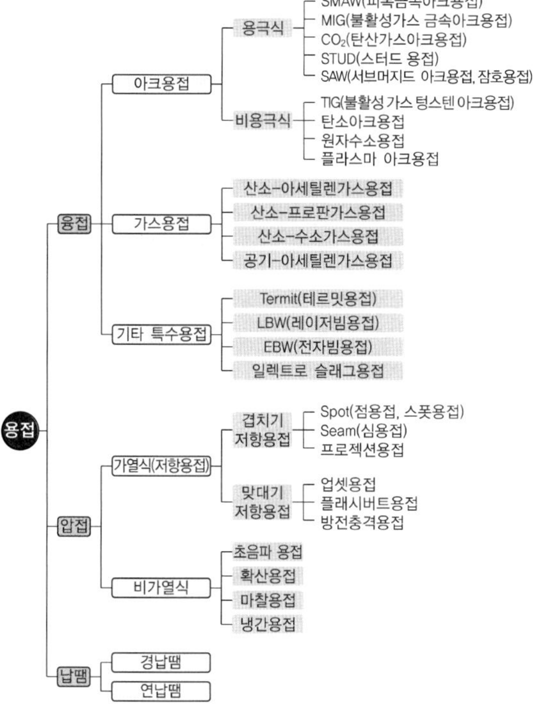

47 정격 2차 전류 400A, 정격사용률이 50%인 교류아크용접기로서 250A로 용접할 때 이 용접기의 허용사용률(%)은?

① 128　　② 122
③ 112　　④ 95

해설

$$\text{허용사용률(\%)} = \frac{(\text{정격 2차 전류})^2}{(\text{실제 용접전류})^2} \times \text{정격사용률(\%)}$$

$$= \frac{(400\text{A})^2}{(250\text{A})^2} \times 50\%$$

$$= \frac{160,000}{62,500} \times 50\%$$

$$= 128\%$$

48 황동을 가스용접 시 주로 사용하는 불꽃의 종류는?

① 탄화불꽃　　② 중성불꽃
③ 산화불꽃　　④ 질화불꽃

해설

③ 산화불꽃 : 산소과잉의 불꽃으로 산소 : 아세틸렌가스의 비율이 '1.15~1.17 : 1'로 강한 산화성을 나타내며 가스불꽃 중에서 온도가 가장 높다. 이 산화불꽃은 황동과 같은 구리합금의 용접에 적합하다.

① 탄화불꽃 : 아세틸렌 과잉불꽃으로 가스용접에서 산화 방지가 필요한 금속인 스테인리스나 스텔라이트의 용접에 사용되나 금속 표면에 침탄작용을 일으키기 쉽다.

정답 46 ④　47 ①　48 ③

49 용접 중 용융금속 중에 가스의 흡수로 인한 기공이 발생되는 화학 반응식을 나타낸 것은?

① $FeO + Mn \rightarrow MnO + Fe$

② $2FeO + Si \rightarrow SiO_2 + 2Fe$

③ $FeO + C \rightarrow CO + Fe$

④ $3FeO + 2Al \rightarrow Al_2O_3 + 3Fe$

해설

산화철(FeO)과 탄소(C)가 합금되면 일산화탄소가스(CO)와 철(Fe)이 발생된다.

50 불활성가스 아크용접의 특징으로 틀린 것은?

① 아크가 안정되어 스패터가 적고, 조작이 용이하다.

② 높은 전압에서 용입이 깊고 용접속도가 빠르며, 잔류용제처리가 필요하다.

③ 모든 자세 용접이 가능하고 열집중성이 좋아 용접 능률이 좋다.

④ 청정작용이 있어 산화막이 강한 금속의 용접이 가능하다.

해설

TIG용접이나 MIG용접과 같은 불활성가스 아크용접은 잔류용제의 처리가 불필요하다.

51 가스 실드(Shield)형으로 파이프용접에 가장 적합한 용접봉은?

① 라임티타니아계(E4303)

② 특수계(E4340)

③ 저수소계(E4316)

④ 고셀룰로스계(E4311)

해설

고셀룰로스계(E4311) 용접봉의 특징

- 기공이 생기기 쉽다.
- 아크가 강하고, 용입이 깊다.
- 비드표면이 거칠고 스패터가 많다.
- 전류가 높으면 용착금속이 나쁘다.
- 다량의 가스가 용착금속을 보호한다.
- 표면의 파형이 나쁘며, 스패터가 많다.
- 슬래그 생성이 적어 위보기, 수직자세 용접에 좋다.
- 도금 강판, 저합금강, 저장탱크나 배관공사에 이용된다.
- 가스 실드형으로 파이프용접에 가장 적합하다.
- 아크는 스프레이 형상으로 용입이 크고 용융속도가 빠르다.
- 가스 생성에 의한 환원성 아크 분위기로 용착금속의 기계적 성질이 양호하다.
- 피복제에 가스 발생제인 셀룰로스를 20~30% 정도를 포함한 가스 생성식 용접봉이다.
- 사용 전류는 슬래그 실드계 용접봉에 비해 10~15% 낮게 하며, 사용 전 70~100℃에서 30분~1시간 건조해야 한다.

52 용접 분류방법 중 아크용접에 해당되는 것은?

① 프로젝션용접

② 마찰용접

③ 서브머지드용접

④ 초음파용접

해설

프로젝션용접, 마찰용접, 초음파용접은 저항용접으로 분류된다.

49 ③ 50 ② 51 ④ 52 ③ 정답

53 플래시버트용접의 일반적인 특징으로 틀린 것은?

① 가열부의 열영향부가 좁다.

② 용접면을 아주 정확하게 가공할 필요가 없다.

③ 서로 다른 금속의 용접은 불가능하다.

④ 용접시간이 짧고 업셋용접보다 전력 소비가 적다.

해설

플래시용접(플래시버트용접)

2개의 금속 단면을 가볍게 접촉시키면서 큰 전류를 흐르게 하면 열이 집중적으로 발생하면서 그 부분이 용융되고 불꽃이 튀게 되는데, 이때 접촉이 끊어지고 다시 피용접재를 전진시키면서 용융과 불꽃 튀는 것을 반복하면서 강한 압력을 가해 압접하는 방법으로 불꽃용접이라고도 한다.

- 소비 전력이 적다.
- 접합 강도가 부족하다.
- 열변형이 커서 좌굴이 발생한다.
- 용접면에 산화물의 개입이 적다.
- 가열 범위가 좁고 열영향부가 적다.
- 종류가 다른 재료의 용접이 가능하다.
- 용접면의 끝맺음가공이 정확하지 않아도 된다.
- 열이 능률적으로 집중 발생하므로 용접속도가 빠르다.

54 피복아크 용접봉에서 피복제의 편심률은 몇 % 이내이어야 하는가?

① 3%　　② 6%

③ 9%　　④ 12%

해설

용접봉의 편심률(e)은 일반적으로 3% 이내이어야 한다.

$$e = \frac{D' - D}{D} \times 100\%$$

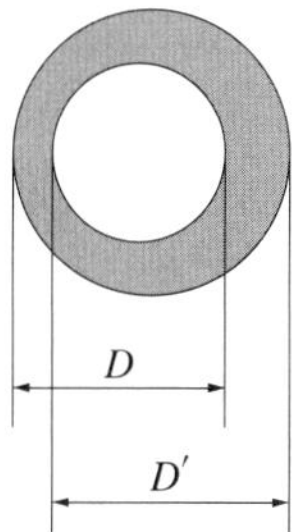

55 스터드용접의 용접장치가 아닌 것은?

① 용접건　　② 용접헤드

③ 제어장치　　④ 텅스텐 전극봉

해설

텅스텐 전극봉은 TIG용접에서 아크 발생용 전극이므로 스터드용접용으로는 사용되지 않는다.

56 자동으로 용접을 하는 서브머지드 아크용접에서 루트 간격과 루트면의 필요한 조건은?(단, 받침쇠가 없는 경우이다)

① 루트 간격 0.8mm 이상, 루트면은 ±5mm 허용

② 루트 간격 0.8mm 이하, 루트면은 ±1mm 허용

③ 루트 간격 3mm 이상, 루트면은 ±5mm 허용

④ 루트 간격 10mm 이상, 루트면은 ±10mm 허용

해설

서브머지드 아크용접(SAW)에서 수동용접이면서 받침쇠가 없을 경우 루트 간격은 0.8mm 이하로 좁혀야 한다. 그러나 자동용접일 경우에는 루트 간격을 0.8mm 이상, 루트면은 ±1mm 정도이어야 한다.

정답 53 ③　54 ①　55 ④　56 ②

57 다음 중 직류아크 용접기는?

① 가동코일형 용접기
② 정류형 용접기
③ 가동철심형 용접기
④ 탭전환형 용접기

해설

아크 용접기의 종류

직류아크 용접기	발전기형	전동발전식
		엔진구동형
	정류기형	셀 렌
		실리콘
		게르마늄
교류아크 용접기	가동철심형	
	가동코일형	
	탭전환형	
	가포화리액터형	

58 TIG 용접기에서 직류역극성을 사용하였을 경우 용접비드의 형상으로 옳은 것은?

① 비드폭이 넓고 용입이 깊다.
② 비드폭이 넓고 용입이 얕다.
③ 비드폭이 좁고 용입이 깊다.
④ 비드폭이 좁고 용입이 얕다.

해설

TIG 용접에서 직류역극성일 경우 용접봉에서 70%의 열이 발생하므로 용접봉이 빨리 녹아내려서 비드의 폭이 넓고 용입이 얕다.

직류정극성 (DCSP ; Direct Current Straight Polarity)	직류역극성 (DCRP ; Direct Current Reverse Polarity)
• 용입이 깊다. • 비드폭이 좁다. • 용접봉의 용융이 느리다. • 후판(두꺼운 판)용접이 가능하다. • 모재는 (+)전극이며 70% 열이 발생하고 용접봉은 (−)전극이며 30% 열이 발생한다.	• 용입이 얇다. • 비드폭이 넓다. • 용접봉의 용융이 빠르다. • 박판(얇은 판)용접이 가능하다. • 모재는 (+)전극이며 30% 열이 발생하고 용접봉은 (−)전극이며 70% 열이 발생한다. • 산화피막을 제거하는 청정작용이 있다.

59 산소용기의 취급상 주의사항이 아닌 것은?

① 운반이나 취급에서 충격을 주지 않는다.
② 가연성 가스와 함께 저장한다.
③ 기름이 묻은 손이나 장갑을 끼고 취급하지 않다.
④ 운반 시 가능한 한 운반 기구를 이용한다.

해설

산소용기는 순수한 산소만 저장해야 하며 절대 가연성가스와 함께 혼합하여 저장해서는 안 된다.

60 불활성가스 금속아크용접 시 사용되는 전원 특성은?

① 수하 특성　② 동전류 특성
③ 정전압 특성　④ 정극성 특성

해설

용접기의 특성 4가지

- 정전류 특성 : 부하 전류나 전압이 변해도 단자 전류는 거의 변하지 않는다.
- 정전압 특성
  - 부하 전류나 전압이 변해도 단자 전압은 거의 변하지 않는다.
  - 불활성가스 금속아크용접(MIG)에 사용된다.
- 수하 특성
  - 부하 전류가 증가하면 단자 전압이 낮아진다.
  - 피복아크용접 중 수동 용접기에 가장 적합하다.
- 상승 특성 : 부하 전류가 증가하면 단자 전압이 약간 높아진다.

57 ② 58 ② 59 ② 60 ③ **정답**

2015년 제3회 과년도 기출문제

제1과목 용접야금 및 용접설비제도

01 용접하기 전 예열하는 목적이 아닌 것은?

① 수축 변형을 감소한다.
② 열영향부의 경도를 증가시킨다.
③ 용접금속 및 열영향부에 균열을 방지한다.
④ 용접금속 및 열영향부의 연성 또는 노치 인성을 개선한다.

해설
용접 전 용접할 재료를 예열하는 목적은 용접 시 발생하는 열에 의한 변형 방지 및 잔류응력 제거이므로 열영향부(HAZ)의 경도 증가와는 관련이 없다.

용접 전과 후 모재에 예열을 가하는 목적

- 수축 변형 및 균열을 경감시킨다.
- 열영향부(HAZ)의 균열을 방지한다.
- 용접금속에 연성 및 인성을 부여한다.
- 열영향부와 용착금속의 경화를 방지한다.
- 급열 및 급랭 방지로 잔류응력을 줄인다.
- 용접금속의 팽창이나 수축의 정도를 줄여 준다.
- 수소 방출을 용이하게 하여 저온 균열을 방지한다.
- 금속 내부의 가스를 방출시켜 기공 및 균열을 방지한다.

주요 예열방법

- 물건이 작거나 변형이 큰 경우에는 전체 예열을 실시한다.
- 국부 예열의 가열 범위는 용접선 양쪽에 50~100mm 정도로 한다.
- 오스테나이트계 스테인리스강은 가능한 용접입열을 작게 해야 하므로 예열하지 않아야 한다.

02 강의 표면경화법이 아닌 것은?

① 불 림
② 침탄법
③ 질화법
④ 고주파 열처리

해설
불림(Normalizing)은 강의 기본 열처리 4단계에 속한다.

표면경화 열처리의 종류

종 류		열처리 재료
화염경화법		산소-아세틸렌불꽃
고주파경화법		고주파 유도전류
질화법		암모니아가스
침탄법	고체 침탄법	목탄, 코크스, 골탄
	액체 침탄법	KCN(사이안화칼륨), NaCN(사이안화나트륨)
	가스 침탄법	메탄, 에탄, 프로판
금속 침투법	세라다이징	Zn
	칼로라이징	Al
	크로마이징	Cr
	실리코나이징	Si
	보로나이징	B(붕소)

정답 1 ② 2 ①

03 용융금속 중에 첨가하는 탈산제가 아닌 것은?

① 규소철(Fe-Si)

② 타이타늄철(Fe-Ti)

③ 망간철(Fe-Mn)

④ 석회석($CaCO_3$)

해설

피복 배합제의 종류

배합제	용 도	종 류
고착제	심선에 피복제를 고착시킨다.	규산나트륨, 규산칼륨, 아교
탈산제	용융금속 중의 산화물을 탈산, 정련한다.	크롬, 망간, 알루미늄, 규소철, 페로망간, 페로실리콘, 망간철, 타이타늄철, 소맥분, 톱밥
가스 발생제	중성, 환원성 가스를 발생하여 대기와의 접촉을 차단하여 용융 금속의 산화나 질화를 방지한다.	아교, 녹말, 톱밥, 탄산바륨, 셀룰로이드, 석회석, 마그네사이트
아크 안정제	아크를 안정시킨다.	산화타이타늄, 규산칼륨, 규산나트륨, 석회석
슬래그 생성제	용융점이 낮고 가벼운 슬래그를 만들어 산화나 질화를 방지한다.	석회석, 규사, 산화철, 일미나이트, 이산화망간
합금 첨가제	용접부의 성질을 개선하기 위해 첨가한다.	페로망간, 페로실리콘, 니켈, 몰리브덴, 구리

04 이종의 원자가 결정격자를 만드는 경우 모재원자보다 작은 원자가 고용할 때 모재원자의 틈새 또는 격자결함에 들어가는 경우의 고용체는?

① 치환형 고용체　　② 변태형 고용체

③ 침입형 고용체　　④ 금속간 고용체

해설

③ 침입형 고용체 : 서로 다른 이종의 원자가 결정격자를 만들 때 모재원자보다 작은 원자가 고용될 때 모재원자의 틈새로 들어가는 경우의 고용체

① 치환형 고용체 : 결정격자 속에 있는 몇 개의 원자가 비슷한 크기의 다른 원자와 치환되는 경우의 고용체

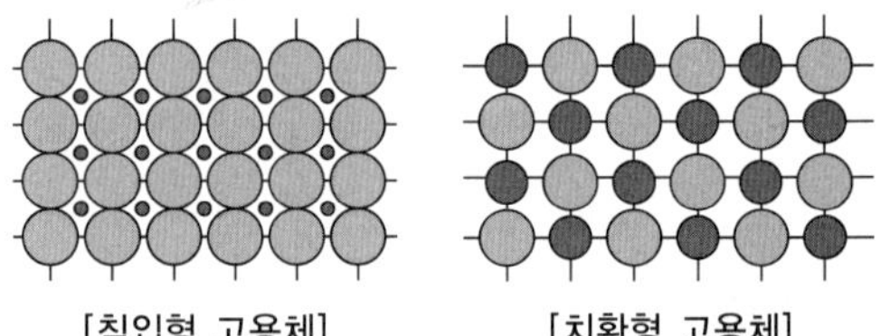

[침입형 고용체]　　[치환형 고용체]

05 고장력강용접 시 일반적인 주의사항으로 틀린 것은?

① 용접봉은 저수소계를 사용한다.

② 아크 길이는 가능한 한 길게 유지한다.

③ 위빙폭은 용접봉 지름의 3배 이하로 한다.

④ 용접 개시 전에 이음부 내부 또는 용접할 부분을 청소한다.

해설

아크용접 시 아크길이는 가급적 짧게 유지해야 한다. 아크 길이가 길 경우 아크열이 비산되기 때문에 열의 집중도가 좋지 않아서 용접 효율이 좋지 못하며 열영향부를 크게 하여 재료의 강도를 저하시킨다.

3 ④　4 ③　5 ② **정답**

06 γ고용체와 α고용체의 조직은?

① γ고용체 = 페라이트조직, α고용체 = 오스테나이트조직
② γ고용체 = 페라이트조직, α고용체 = 시멘타이트조직
③ γ고용체 = 시멘타이트조직, α고용체 = 페라이트조직
④ γ고용체 = 오스테나이트조직, α고용체 = 페라이트조직

해설

- γ고용체(γ철) : 오스테나이트조직
- α고용체(α철) : 페라이트조직

07 비열이 가장 큰 금속은?

① Al ② Mg
③ Cr ④ Mn

해설

- Mg의 비열 : 0.243kcal/K · kg
- Al의 비열 : 0.21kcal/K · kg
- Mn의 비열 : 0.114kcal/K · kg
- Cr의 비열 : 0.105kcal/K · kg

※ 비열 : 어떤 금속 1g을 1℃ 올리는 데 필요한 열량

08 재가열균열시험법으로 사용되지 않는 것은?

① 고온인장시험 ② 변형이완시험
③ 자율구속도시험 ④ 크리프저항시험

해설

크리프시험이란 고온에서 재료에 일정 크기의 하중(정하중)을 작용시키면 시간이 경과함에 따라 변형이 증가하는 현상이다. 따라서 크리프 저항시험은 재가열균열시험과는 관련이 없다.

09 용접 후 잔류응력이 있는 제품에 하중을 주고 용접부에 소성변형을 일으키는 방법은?

① 연화풀림법 ② 국부풀림법
③ 저온응력완화법 ④ 기계적 응력완화법

해설

④ 기계적 응력완화법 : 용접 후 잔류응력이 있는 제품에 하중을 주어 용접부에 약간의 소성변형을 일으킨 후 하중을 제거하면서 잔류응력을 제거하는 방법이다.
① 연화풀림법 : 재질을 연하고 균일화시킬 목적으로 실시하는 열처리법으로 650℃ 정도로 가열한 후 서랭한다.
② 국부풀림법 : 재료의 전체 중에서 일부분만의 재질을 표준화시키거나 잔류응력의 제거를 위해 사용하는 방법이다.
③ 저온응력완화법 : 용접선의 양측을 정속으로 이동하는 가스불꽃에 의하여 약 150mm의 너비에 걸쳐 150~200℃로 가열한 뒤 곧 수랭하는 방법으로 주로 용접선 방향의 응력을 제거하는 데 사용한다.

10 철강 재료의 변태 중 순철에서는 나타나지 않는 변태는?

① A_1 ② A_2
③ A_3 ④ A_4

해설

변태란 철이 온도 변화에 따라 원자 배열이 바뀌면서 내부의 결정구조나 자기적 성질이 변화되는 현상으로, 변태점은 이 변태가 일어나는 온도이다. A_1 변태점(723℃)은 공석변태점으로 순철에서는 나타나지 않는다.

정답 6 ④ 7 ② 8 ④ 9 ④ 10 ①

11 도면에 치수를 기입하는 경우에 유의사항으로 틀린 것은?

① 치수는 되도록 주투상도에 집중한다.
② 치수는 되도록 계산할 필요가 없도록 기입한다.
③ 치수는 되도록 공정마다 배열을 분리하여 기입한다.
④ 참고치수에 대하여는 치수에 원을 넣는다.

해설

기 호	구 분	기 호	구 분
ϕ	지 름	p	피 치
Sϕ	구의 지름	$\overset{\frown}{50}$	호의 길이
R	반지름	$\underline{50}$	비례척도가 아닌 치수
SR	구의 반지름	$\boxed{50}$	이론적으로 정확한 치수
□	정사각형	(50)	참고치수
C	45° 모따기	~~50~~	치수의 취소(수정 시 사용)
t	두 께		

12 용접부 보조기호 중 제거 가능한 덮개판을 사용하는 기호는?

① 
②
③ M
④ MR

해설

명 칭	기본기호
서페이싱	
용접부의 표면 모양이 볼록함	
영구적인 이면판재(덮개판)	M
제거 가능한 이면 판재	MR

13 다음 용접기호 중 이면 용접기호는?

① ②
③ ④

해설

명 칭	기본기호
넓은 루트면이 있는 V형 맞대기용접	
개선 각이 급격한 V형 맞대기용접	
뒷면(이면)용접	
토를 매끄럽게 함	

14 척도에 관계없이 적당한 크기로 부품을 그린 후 치수를 측정하여 기입하는 스케치방법은?

① 프린트법 ② 프리핸드법
③ 본뜨기법 ④ 사진촬영법

해설

프리핸드법은 척도에 관계없이 적당한 크기로 부품을 그린 후 치수를 측정한 후 제도용품을 사용하지 않고 손으로 작도하는 방법이다.

도형의 스케치방법

- 프린트법 : 스케치할 물체의 표면에 광명단 또는 스탬프잉크를 칠한 다음 용지에 찍어 실형을 뜨는 방법
- 모양뜨기법(본뜨기법) : 물체를 종이 위에 올려놓고 그 둘레의 모양을 직접 제도연필로 그리거나 납선, 구리선을 사용하여 모양을 만드는 방법
- 프리핸드법 : 운영자나 컴퍼스 등의 제도용품을 사용하지 않고 손으로 작도하는 스케치의 일반적인 방법으로, 척도에 관계없이 적당한 크기로 부품을 그린 후 치수를 측정한다.
- 사진 촬영법 : 물체의 사진을 찍는 방법

11 ④ 12 ④ 13 ③ 14 ② **정답**

15 가는 실선으로 규칙적으로 줄을 늘어놓은 것으로 도형의 한정된 특정 부분을 다른 부분과 구별하는 데 사용하며 예를 들면 단면도의 절단된 부분을 나타내는 선의 명칭은?

① 파단선 ② 지시선
③ 중심선 ④ 해 칭

해설

도면에서 단면도의 절단된 부분의 표시는 해칭선으로 나타내는데, 해칭선은 가는 실선으로 표시한다.

16 평면도법에서 인벌류트 곡선에 대한 설명으로 옳은 것은?

① 원기둥에 감긴 실의 한 끝을 늦추지 않고 풀어나갈 때 이 실의 끝이 그리는 곡선이다.
② 1개의 원이 직선 또는 원주 위를 굴러갈 때 그 구르는 원의 원주 위의 1점이 움직이며 그려나가는 자취를 말한다.
③ 전동원이 기선 위를 굴러갈 때 생기는 곡선을 말한다.
④ 원뿔을 여러 가지 각도로 절단하였을 때 생기는 곡선이다.

해설

- 인벌류트 곡선(Involute Circle) : 원기둥을 세운 후 여기에 감은 실을 풀 때, 실 중 임의 1점이 그리는 곡선 중 일부를 기어의 치형으로 사용한 곡선이다. 이뿌리가 튼튼하며 압력각이 일정할 때 중심거리가 다소 어긋나도 속도비가 크게 변하지 않고 맞물림이 원활하다는 장점이 있으나 마모가 잘된다는 단점이 있다.

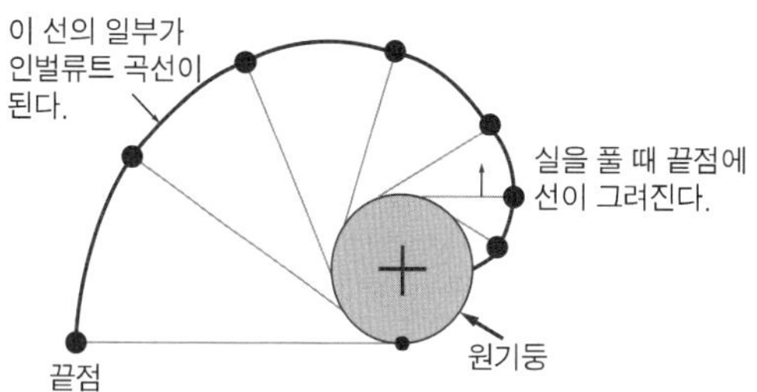

- 사이클로이드 곡선(Cycloid Circle) : 평면 위의 일직선상에서 원을 회전시킨다고 가정했을 때, 원의 둘레 중 임의의 한 점이 회전하면서 그리는 곡선을 기어의 치형으로 사용한 곡선이다. 피치원이 일치하지 않거나 중심거리가 다를 때는 기어가 바르게 물리지 않으며, 이뿌리가 약하다는 단점이 있으나 효율성이 좋고 소음과 마모가 적다는 장점이 있다.

※ 기어 이의 치형곡선에는 인벌류트 곡선과 사이클로이드 곡선이 사용된다.

정답 15 ④ 16 ①

17 3각법에서 물체의 위에서 내려다 본 모양을 도면에 표현한 투상도는?

① 정면도 ② 평면도

③ 우측면도 ④ 좌측면도

해설

물체를 위에서 내려다보는 투상도는 평면도이다.

제1각법	제3각법
투상면을 물체의 뒤에 놓는다.	투상면을 물체의 앞에 놓는다.
눈 → 물체 → 투상면	눈 → 투상면 → 물체
저면도 우측면도 정면도 좌측면도 배면도 평면도	평면도 좌측면도 정면도 우측면도 배면도 저면도

18 다음 중 용접기호에 대한 명칭으로 틀린 것은?

① ◺ : 필릿용접

② | | : 한쪽면 수직 맞대기용접

③ V : V형 맞대기용접

④ X : 양면 V형 맞대기용접

해설

평면형 평행 맞대기용접

도 시	기 호
	| |

19 한 도면에서 두 종류 이상의 선이 같은 장소에 겹치게 될 때 우선순위로 옳은 것은?

① 숨은선 → 절단선 → 외형선 → 중심선 → 무게중심선

② 외형선 → 중심선 → 절단선 → 무게중심선 → 숨은선

③ 숨은선 → 무게중심선 → 절단선 → 중심선 → 외형선

④ 외형선 → 숨은선 → 절단선 → 중심선 → 무게중심선

해설

두 종류 이상의 선이 중복되는 경우 선의 우선순위

숫자나 문자 > 외형선 > 숨은선 > 절단선 > 중심선 > 무게 중심선 > 치수보조선

20 도면에서 척도를 기입하는 경우, 도면을 정해진 척도값으로 그리지 못하거나 비례하지 않을 때 표시 방법은?

① 현 척 ② 축 척

③ 배 척 ④ NS

해설

척도의 종류

종 류	의 미
축 척	실물보다 작게 축소해서 그리는 것으로 1:2, 1:20의 형태로 표시
배 척	실물보다 크게 확대해서 그리는 것으로 2:1, 20:1의 형태로 표시
현 척	실물과 동일한 크기로 1:1의 형태로 표시
NS	Not to Scale, 비례척이 아니다.

17 ② 18 ② 19 ④ 20 ④ 정답

21 아크용접 시 용접이음의 용융부 밖에서 아크를 발생시킬 때 모재 표면에 결함이 생기는 것은?

① 아크 스트라이크(Arc Strike)
② 언더 필(Under Fill)
③ 스캐터링(Scattering)
④ 은점(Fish Eye)

해설
아크용접 시 용융부 밖에서 아크를 발생시키면 모재 표면에는 아크 스트라이크 불량이 생긴다.

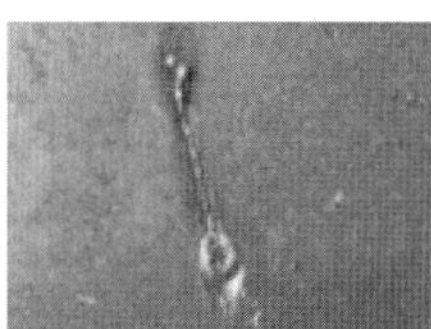
[Arc Strike 불량]

[Fish Eye 불량]

22 용접에 의한 용착효율을 구하는 식으로 옳은 것은?

① $\dfrac{\text{용접봉의 총사용량}}{\text{용착금속의 중량}} \times 100\%$

② $\dfrac{\text{피복제의 중량}}{\text{용착금속의 중량}} \times 100\%$

③ $\dfrac{\text{용착금속의 중량}}{\text{용접봉의 사용중량}} \times 100\%$

④ $\dfrac{\text{피복제의 중량}}{\text{용접봉의 사용중량}} \times 100\%$

해설
용착효율은 총 사용한 용접봉의 중량에 비해 용락 등 불량에 의한 손실 없이 얼마만큼의 중량이 실제 용접 부위에 용착이 되었는가를 나타내는 것이다.

$$\text{용착효율} = \frac{\text{용착금속의 중량}}{\text{용접봉의 사용중량}} \times 100\%$$

23 용접부 검사법에서 파괴시험방법 중 기계적 시험방법이 아닌 것은?

① 인장시험(Tensile Test)
② 부식시험(Corrosion Test)
③ 굽힘시험(Bending Test)
④ 경도시험(Hardness Test)

해설
부식시험은 파괴시험 중 화학적 시험법에 속한다.

용접부 검사방법의 종류

비파괴시험	내부결함	방사선투과시험(RT)
		초음파탐상시험(UT)
	표면결함	외관검사(VT)
		자분탐상검사(MT)
		침투탐상검사(PT)
		누설검사(LT)
파괴시험 (기계적 시험)	인장시험	인장강도, 항복점, 연신율 계산
	굽힘시험	연성의 정도 측정
	충격시험	인성과 취성의 정도 측정
	경도시험	외력에 대한 저항의 크기 측정
	피로시험	반복적인 외력에 대한 저항력 측정
파괴시험 (화학적 시험)	매크로시험	현미경 조직검사

24 용접작업 시 적절한 용접지그의 사용에 따른 효과로 틀린 것은?

① 용접작업을 용이하게 한다.
② 다량 생산의 경우 작업능률이 향상된다.
③ 제품의 마무리 정밀도를 향상시킨다.
④ 용접변형은 증가되나, 잔류응력을 감소시킨다.

해설
용접지그를 사용하면 용접모재를 작업자의 편의에 맞게 조정할 수 있으므로 작업자의 작업능률이 향상되어 제품을 대량으로 제작할 수 있다. 또한, 용접변형을 방지하는 역할을 하지만 잔류응력을 감소시키지는 않는다.

정답 21 ① 22 ③ 23 ② 24 ④

25 맞대기용접이음에서 각 변형이 가장 크게 나타날 수 있는 홈의 형상은?

① H형 ② V형
③ X형 ④ I형

해설

맞대기 이음에서 각 변형을 가장 크게 할 수 있는 홈의 형상은 V형 홈이다.

맞대기 V형 홈 형상 : 개선 각의 조절이 가능하다.

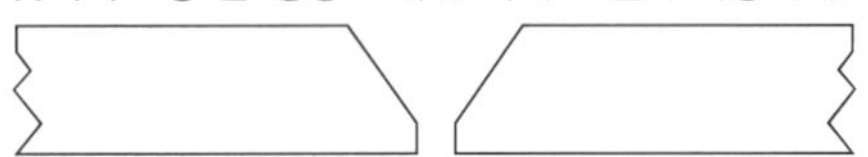

26 용접변형 방지방법에서 역변형법에 대한 설명으로 옳은 것은?

① 용접물을 고정시키거나 보강재를 이용하는 방법이다.
② 용접에 의한 변형을 미리 예측하여 용접하기 전에 반대쪽으로 변형을 주는 방법이다.
③ 용접물을 구속시키고 용접하는 방법이다.
④ 스트롱백을 이용하는 방법이다.

해설

용접으로 인한 재료의 변형방지법

- 억제법 : 지그나 보조판을 모재에 설치하거나 가접을 통해 변형을 억제하도록 한 것
- 역변형법 : 용접 전에 변형을 예측하여 반대 방향으로 변형시킨 후 용접하도록 한 것
- 도열법 : 용접 중 모재의 입열을 최소화하기 위해 물을 적신 동판을 덧대어 열을 흡수하도록 한 것

27 겹쳐진 두 부재의 한쪽에 둥근 구멍 대신에 좁고 긴 홈을 만들어 놓고 그곳을 용접하는 용접법은?

① 겹치기용접 ② 플랜지용접
③ T형 용접 ④ 슬롯용접

해설

④ 슬롯용접 : 겹쳐진 2개의 부재 중 한쪽에 가공한 좁고 긴 홈에 용접하는 방법

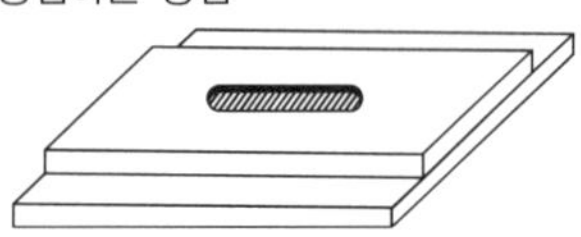

① 겹치기용접 : 2개의 부재를 일부 겹쳐서 부재의 표면과 두께 면에서 필릿용접을 하는 이음
③ T형 용접 : 한 개의 판의 끝면을 다른 판의 표면에 올려놓고 T 형상으로 직각이 되도록 용접하는 이음

28 아크전류 200A, 아크전압 30V, 용접속도 20cm/min일 때 용접 길이 1cm당 발생하는 용접입열(Joule/cm)은?

① 12,000 ② 15,000
③ 18,000 ④ 20,000

해설

$H: \frac{60EI}{v} = \frac{60 \times 30 \times 200}{20} = 18{,}000\text{J/cm}$

용접입열량 구하는 식

$$H: \frac{60EI}{v}\ (\text{J/cm})$$

H : 용접 단위길이 1cm당 발생하는 전기적 에너지
E : 아크전압(V)
I : 아크전류(A)
V : 용접속도(cm/min)
※ 일반적으로 모재에 흡수된 열량은 입열의 75~85% 정도이다.

25 ② 26 ② 27 ④ 28 ③ 정답

29 전용접 길이에 방사선투과검사를 하여 결함이 1개도 발견되지 않았을 때 용접이음의 효율은?

① 70% ② 80%

③ 90% ④ 100%

해설

방사선투과검사 시 결함이 1개도 없었으면 이 용접이음의 효율은 100%이다.

30 가접에 대한 설명으로 틀린 것은?

① 본용접 전에 용접물을 잠정적으로 고정하기 위한 짧은 용접이다.

② 가접은 아주 쉬운 작업이므로 본용접사보다 기량이 부족해도 된다.

③ 홈 안에 가접을 할 경우 본용접을 하기 전에 갈아낸다.

④ 가접에는 본용접보다는 지름이 약간 가는 용접봉을 사용한다.

해설

가접은 본용접 전 재료를 고정시키기 위해 가는 용접봉으로 실시하는 작업으로, 처음 형태를 잘못 고정시키면 안 되기 때문에 용접사의 기량이 중요하다.

31 용접부의 이음효율 공식으로 옳은 것은?

① $\text{이음효율} = \dfrac{\text{모재의 인장강도}}{\text{용접시편의 인장강도}} \times 100\%$

② $\text{이음효율} = \dfrac{\text{모재의 충격강도}}{\text{용접시편의 충격강도}} \times 100\%$

③ $\text{이음효율} = \dfrac{\text{용접시편의 충격강도}}{\text{모재의 충격강도}} \times 100\%$

④ $\text{이음효율} = \dfrac{\text{용접시편의 인장강도}}{\text{모재의 인장강도}} \times 100\%$

해설

$\text{용접부의 이음효율}(\eta) = \dfrac{\text{시험편의 인장강도}}{\text{모재의 인장강도}} \times 100\%$

32 맞대기용접에서 제1층부에 결함이 생겨 밑면 따내기를 하고자 할 때 이용되지 않는 방법은?

① 선삭(Turning)

② 핸드 그라인더에 의한 방법

③ 아크에어가우징(Arc Air Gouging)

④ 가스가우징(Gas Gouging)

해설

선삭(Turning)은 절삭기계인 선반을 통해서 작업하는 방법이므로 용접 및 가스절단작업과는 관련이 없다.

정답 29 ④ 30 ② 31 ④ 32 ①

33 맞대기용접이음의 피로강도값이 가장 크게 나타나는 경우는?

① 용접부 이면용접을 하고 용접 그대로인 것
② 용접부 이면용접을 하지 않고 표면용접 그대로인 것
③ 용접부 이면 및 표면을 기계다듬질한 것
④ 용접부 표면의 덧살만 기계다듬질한 것

해설

용접부에 피닝(Peening)과 같은 기계다듬질을 하면 피로강도는 오히려 더 커진다.

34 모세관 현상을 이용하여 표면결함을 검사하는 방법은?

① 육안검사　② 침투검사
③ 자분검사　④ 전자기적검사

해설

침투탐상검사 : 검사하려는 대상물의 표면에 침투력이 강한 형광성 침투액을 도포 또는 분무하거나 표면 전체를 침투액 속에 침적시켜 표면의 흠집 속에 침투액이 스며들게 한 다음 이를 백색 분말의 현상액을 뿌려서 침투액을 표면으로부터 빨아내서 결함을 검출하는 방법으로 모세관 현상을 이용한다. 침투액이 형광물질이면 형광침투탐상시험이라고 불린다.

35 용접 시 발생되는 용접변형을 방지하기 위한 방법이 아닌 것은?

① 용접에 의한 국부 가열을 피하기 위하여 전체 또는 국부적으로 가열하고 용접한다.
② 스트롱백을 사용한다.
③ 용접 후에 수랭처리를 한다.
④ 역변형을 주고 용접한다.

해설

용접 후 가급적 서랭시켜야 급랭으로 인한 수축 균열을 방지할 수 있다. 따라서 수랭처리를 하면 급랭되기 때문에 용접변형은 오히려 증가된다.

36 강판의 두께 15mm, 폭 100mm의 V형 홈을 맞대기 용접이음할 때 이음효율을 80%, 판의 허용응력을 35kgf/mm^2로 하면 인장하중(kgf)은 얼마까지 허용할 수 있는가?

① 35,000　② 38,000
③ 40,000　④ 42,000

해설

용접부의 이음효율(η)

$$\eta = \frac{\text{시험편의 인장강도}}{\text{모재의 인장강도}} \times 100\%$$

$$0.8 = \frac{\text{시험편의 인장강도}}{35\text{kgf/mm}^2}$$

$$0.8 = \frac{\dfrac{F(\text{인장하중})}{t \times l}}{35\text{kgf/mm}^2}$$

$$28\text{kgf/mm}^2 = \frac{F(\text{인장하중})}{15\text{mm} \times 100\text{mm}}$$

인장하중$(F) = 42{,}000\text{kgf/mm}^2$

정답 33 ③ 34 ② 35 ③ 36 ④

37 양면용접에 의하여 충분한 용입을 얻으려고 할 때 사용되며 두꺼운 판의 용접에 가장 적합한 맞대기 홈의 형태는?

① J형 ② H형
③ V형 ④ I형

해설

홈의 형상에 따른 특징

홈의 형상	특 징
I형	• 가공이 쉽고 용착량이 적어서 경제적이다. • 판이 두꺼워지면 이음부를 완전히 녹일 수 없다.
V형	• 한쪽 방향에서 완전한 용입을 얻고자 할 때 사용한다. • 홈가공이 용이하나 두꺼운 판에서는 용착량이 많아지고 변형이 일어난다.
X형	• 후판(두꺼운 판)용접에 적합하다. • 홈가공이 V형에 비해 어렵지만 용착량이 적다. • 양쪽에서 용접하므로 완전한 용입을 얻을 수 있다.
U형	• 두꺼운 판에서 비드의 너비가 좁고 용착량도 적다. • 루트 반지름을 최대한 크게 만들며 홈가공이 어렵다. • 두꺼운 판을 한쪽 방향에서 충분한 용입을 얻고자 할 때 사용한다.
H형	두꺼운 판을 양쪽에서 용접하므로 완전한 용입을 얻을 수 있다.
J형	한쪽 V형이나 K형 홈보다 두꺼운 판에 사용한다.

38 불활성가스 텅스텐아크용접 이음부 설계에서 I형 맞대기 용접이음의 설명으로 적합한 것은?

① 판 두께가 12mm 이상의 두꺼운 판용접에 이용된다.
② 판 두께가 6~20mm 정도의 다층 비드용접에 이용된다.
③ 판 두께가 3mm 정도의 박판용접에 많이 이용된다.
④ 판 두께가 20mm 이상의 두꺼운 판용접에 이용된다.

해설

I형 맞대기용접은 TIG용접으로 판 두께가 얇은 박판용접에 적합하다.

39 용접구조물에서의 비틀림 변형을 경감시켜 주는 시공상의 주의사항 중 틀린 것은?

① 집중적으로 교차용접을 한다.
② 지그를 활용한다.
③ 가공 및 정밀도에 주의한다.
④ 이음부의 맞춤을 정확하게 해야 한다.

해설

용접구조물의 비틀림 변형을 방지하려면 열이 분산되도록 실시해야 하므로 가급적 교차용접을 피해야 한다.

40 용접부의 시점과 끝나는 부분에 용입 불량이나 각종 결함을 방지하기 위해 주로 사용되는 것은?

① 엔드탭
② 포지셔너
③ 회전 지그
④ 고정 지그

해설

① 엔드탭 : 용접부의 시작부와 끝나는 부분에 용입 불량이나 각종 결함을 방지하기 위해서 사용되는 용접보조기구
② 용접 포지셔너 : 용접작업 중 불편한 용접자세를 바로잡기 위해 작업자가 원하는 대로 용접물을 움직일 수 있는 작업 보조기구

정답 37 ② 38 ③ 39 ① 40 ①

제3과목 용접일반 및 안전관리

41 레이저용접(Laser Welding)의 설명으로 틀린 것은?

① 모재의 열변형이 거의 없다.
② 이종 금속의 용접이 가능하다.
③ 미세하고 정밀한 용접을 할 수 있다.
④ 접촉식 용접방법이다.

해설

레이저빔용접(레이저용접)

레이저란 유도 방사에 의한 빛의 증폭이란 뜻이며 레이저에서 얻어진 접속성이 강한 단색 광선으로서 강렬한 에너지를 가지고 있으며, 이때의 광선 출력을 이용하여 용접을 하는 방법이다. 모재의 열변형이 거의 없으며, 이종 금속의 용접이 가능하고, 비접촉식 방식으로 모재에 손상을 주지 않는다는 특징을 갖는다. 또한 열영향부가 매우 작은 점으로 집중되므로 열영향 범위가 매우 작아서 미세하고 정밀한 용접이 가능하다.

42 가스용접에서 산소에 대한 설명으로 틀린 것은?

① 산소는 산소용기에 35℃, 150kgf/cm^2 정도의 고압으로 충전되어 있다.
② 산소병은 이음매 없이 제조되며 인장강도는 약 57kgf/cm^2 이상, 연신율은 18% 이상의 강재가 사용된다.
③ 산소를 다량으로 사용하는 경우에는 매니폴드(Manifold)를 사용한다.
④ 산소의 내압시험압력은 충전압력의 3배 이상으로 한다.

해설

산소가스의 내압시험압력은 충전압력의 1.5배로 한다.

43 산소-아세틸렌가스용접 시 사용하는 토치의 종류가 아닌 것은?

① 저압식 ② 절단식
③ 중압식 ④ 고압식

해설

산소-아세틸렌가스 용접용 토치별 사용압력

저압식	0.07kgf/cm^2 이하
중압식	0.07~1.3kgf/cm^2
고압식	1.3kgf/cm^2 이상

44 다음 중 아크에어가우징의 설명으로 가장 적합한 것은?

① 압축공기의 압력은 1~2kgf/cm^{2}이 적당하다.
② 비철금속에는 적용되지 않는다.
③ 용접균열 부분이나 용접결함부를 제거하는 데 사용한다.
④ 그라인딩이나 가스가우징보다 작업능률이 낮다.

해설

아크에어가우징은 용접부의 결함 부분을 파내거나 구멍을 뚫고, 절단하는 교정작업용으로 사용된다. 따라서 ③번이 적합하다.

아크에어가우징

탄소아크 절단법에 고압(5~7kgf/cm^2)의 압축공기를 병용하는 방법으로 용융된 금속에 탄소봉과 평행으로 분출하는 압축공기를 전극 홀더의 끝부분에 위치한 구멍을 통해 연속해서 불어내어 홈을 파내는 방법으로 홈가공이나 구멍 뚫기, 절단작업에 사용된다. 철이나 비철금속에 모두 이용할 수 있으며, 가스가우징보다 작업능률이 2~3배 높고 모재에도 해를 입히지 않는다.

41 ④ 42 ④ 43 ② 44 ③ 정답

45 용접법의 분류에서 융접에 속하는 것은?

① 전자빔용접
② 단 접
③ 초음파용접
④ 마찰용접

해설

용접법의 분류

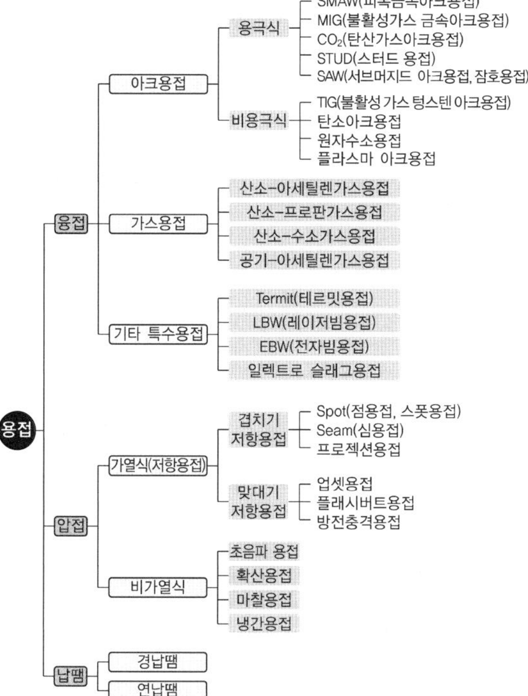

46 탄산가스아크용접의 특징에 대한 설명으로 틀린 것은?

① 전류밀도가 높아 용입이 깊고 용접속도를 빠르게 할 수 있다.
② 적용 재질이 철 계통으로 한정되어 있다.
③ 가시 아크이므로 시공이 편리하다.
④ 일반적인 바람의 영향을 받지 않으므로 방풍장치가 필요 없다.

해설

CO_2가스(탄산가스) 아크용접의 특징

- 용착효율이 양호하다.
- 용접봉 대신 Wire를 사용한다.
- 용접재료는 철(Fe)에만 한정되어 있다.
- 용접전원은 교류를 정류시켜서 직류로 사용한다.
- 용착금속에 수소함량이 적어서 기계적 성질이 좋다.
- 전류밀도가 높아서 용입이 깊고 용접 속도가 빠르다.
- 전원은 직류정전압 특성이나 상승 특성이 이용된다.
- 솔리드 와이어는 슬래그 생성이 적어서 제거할 필요가 없다.
- 보호가스로 이산화탄소(탄산가스)를 사용하므로 풍속이 2m/s 이상이 되면 방풍장치가 필요하다.
- 탄산가스 함량이 3~4%일 때 두통이나 뇌빈혈을 일으키고, 15% 이상이면 위험상태, 30% 이상이면 가스에 중독되어 생명이 위험해지기 때문에 자주 환기를 해야 한다.

47 교류아크용접 시 비안전형 홀더를 사용할 때 가장 발생하기 쉬운 재해는?

① 낙상 재해　　② 협착 재해
③ 전도 재해　　④ 전격 재해

해설

비안전형 홀더는 손잡이 부분만 절연된 홀더로서, 전격의 위험이 크다.

용접홀더의 종류

A형	• 전체가 절연된 홀더이다. • 안전형 홀더이다.
B형	• 손잡이 부분만 절연된 홀더이다. • 비안전형 홀더이다.

※ 전격이란 강한 전류를 갑자기 몸에 느꼈을 때의 충격을 말하며, 용접기에는 작업자의 전격을 방지하기 위해서 반드시 전격방지기를 용접기에 부착해야 한다. 전격방지기는 작업을 쉬는 동안에 2차 무부하전압이 항상 25V 정도로 유지되도록 하여 전격을 방지할 수 있다.

정답 45 ① 46 ④ 47 ④

48 **가스절단에서 일정한 속도로 절단할 때 절단 홈의 밑으로 갈수록 슬래그의 방해, 산소의 오염 등에 의해 절단이 느려져 절단면을 보면 거의 일정한 간격으로 평행한 곡선이 나타난다. 이 곡선을 무엇이라 하는가?**

① 절단면의 아크 방향
② 가스궤적
③ 드래그 라인
④ 절단속도의 불일치에 따른 궤적

해설
가스절단에서 드래그 라인이란 절단면에 나타나는 일정한 간격의 곡선을 의미한다.

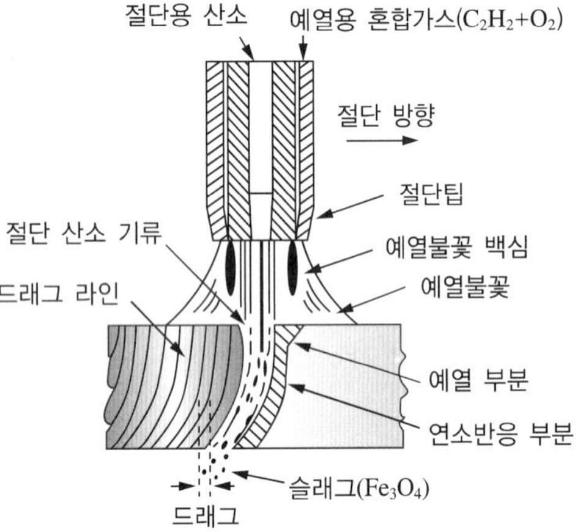

49 **가스용접에 사용하는 지연성가스는?**

① 산 소 ② 수 소
③ 프로판 ④ 아세틸렌

해설
지연성가스란 조연성가스를 달리 부르는 용어이다.
가스의 분류

조연성가스	다른 연소 물질이 타는 것을 도와주는 가스	산소, 공기
가연성가스 (연료가스)	산소나 공기와 혼합하여 점화하면 빛과 열을 내면서 연소하는 가스	아세틸렌, 프로판, 메탄, 부탄, 수소
불활성가스	다른 물질과 반응하지 않는 기체	아르곤, 헬륨, 네온, 이산화탄소

50 **피복아크용접작업에서 용접조건에 관한 설명으로 틀린 것은?**

① 아크 길이가 길면 아크가 불안정하게 되어 용융금속의 산화나 질화가 일어나기 쉽다.
② 좋은 용접비드를 얻기 위해서 원칙적으로 긴 아크로 작업한다.
③ 용접전류가 너무 낮으면 오버랩이 발생된다.
④ 용접속도를 운봉속도 또는 아크속도라고도 한다.

해설
아크용접 시 좋은 품질의 용접비드는 비교적 짧은 아크에서 만들어진다. 아크 길이가 길 경우 아크열의 집중이 좋지 않고 스패터가 많이 발생한다.

51 **사람의 팔꿈치나 손목의 관절에 해당하는 움직임을 갖는 로봇으로 아크용접용 다관절 로봇은?**

① 원통좌표 로봇(Cylindrical Robot)
② 직각좌표 로봇(Rectangular Coordinate Robot)
③ 극좌표 로봇(Polar Coordinate Robot)
④ 관절좌표 로봇(Articulated Robot)

해설
④ 관절좌표 로봇 : 다관절 로봇의 일종으로 수직 다관절 로봇과 수평 다관절 로봇으로 나뉘는데 3개 이상의 회전하는 관절이 장착된 로봇으로 사람의 팔과 같은 움직임을 할 수 있다. 동작이 빠르고 작동 반경이 넓어서 생산 공장에서 조립이나 도장작업, 아크용접용 로봇에 사용한다.
① 원통좌표 로봇 : 원통의 길이와 반경방향으로 움직이는 두 개의 직선 축과 원의 둘레방향으로 움직이는 하나의 회전축으로 구성되는데 설치공간이 직교 좌표형에 비해 작고 빠르게 움직인다.
② 직각좌표계 로봇 : 각 축들이 직선 운동만으로 작업 영역을 구성하는 로봇으로 인간에게 가장 익숙한 좌표계이다. 90°씩 분할된 직각좌표계로 일반 사용자들이 쉽게 운용할 수 있어서 산업 현장에 널리 이용되고 있다.
③ 극좌표 로봇 : 수직면이나 수평면 내에서 선회하는 회전영역이 넓고 팔이 기울어져 상하로 움직일 수 있어서 주로 스폿용접이나 중량물을 취급하는 장소에 이용된다.

48 ③ 49 ① 50 ② 51 ④ **정답**

52 **스터드용접에서 페롤의 역할로 틀린 것은?**

① 용융금속의 유출을 촉진시킨다.
② 아크열을 집중시켜 준다.
③ 용융금속의 산화를 방지한다.
④ 용착부의 오염을 방지한다.

해설

스터드용접에 사용되는 페롤(페룰)은 용융부를 둘러싸고 있으므로 용융금속의 유출을 방지한다.

스터드(Stud)용접방법

모재에 Stud 고정 및 Stud를 둘러싸고 있는 페롤에 의한 통전	Stud를 들어올려 Arc 발생	통전을 단절하고 가압스프링으로 가압	Stud용접 완료

53 **납땜에서 용제가 갖추어야 할 조건으로 틀린 것은?**

① 청정한 금속면의 산화를 방지할 것
② 모재의 땜납에 대한 부식 작용이 최소한일 것
③ 전기저항 납땜에 사용되는 것은 비전도체일 것
④ 납땜 후 슬래그의 제거가 용이할 것

해설

납땜용 용제가 갖추어야 할 조건

- 산화를 방지해야 한다.
- 인체에 해가 없어야 한다.
- 슬래그 제거가 용이해야 한다.
- 금속의 표면이 산화되지 않아야 한다.
- 모재나 땜납에 대한 부식이 최소이어야 한다.
- 침지땜에 사용되는 것은 수분이 함유되면 안 된다.
- 용제의 유효온도 범위와 납땜의 온도가 일치해야 한다.
- 땜납의 표면장력을 맞추어서 모재와의 친화력이 높아야 한다.
- 전기저항 납땜용 용제는 전기가 잘 통하는 도체를 사용해야 한다.

54 **TIG용접 시 안전사항에 대한 설명으로 틀린 것은?**

① 용접기 덮개를 벗기는 경우 반드시 전원 스위치를 켜고 작업한다.
② 제어장치 및 토치 등 전기계통의 절연상태를 항상 점검해야 한다.
③ 전원과 제어장치의 접지 단자는 반드시 지면과 접지되도록 한다.
④ 케이블 연결부와 단자의 연결 상태가 느슨해졌는지 확인하여 조치한다.

해설

TIG용접기뿐만 아니라 모든 용접기를 분해할 때는 반드시 전원 스위치를 끄고 작업해야 한다.

55 **다음 중 맞대기저항용접이 아닌 것은?**

① 스폿용접　② 플래시용접
③ 업셋버트용접　④ 퍼커션용접

해설

스폿용접(점용접, Spot Welding)은 겹치기저항용접에 속한다.
※ 45번 문제 해설 참고

정답 52 ① 53 ③ 54 ① 55 ①

56 프랑스식 가스용접 토치의 200번 팁으로 연강판을 용접할 때 가장 적당한 판두께는?

① 판두께와 무관하다.

② 0.2mm

③ 2mm

④ 20mm

해설

프랑스식 팁의 번호가 200번이므로

적당한 판두께는 $200 \times \frac{1}{100} = 2\text{mm}$ 이다.

가스용접용 팁의 종류

- 프랑스식 팁 : 팁의 번호는 팁에서 표준불꽃으로 1시간당 소비하는 아세틸렌의 가스량(L)으로 연강판의 용접 가능한 판 두께는 팁 번호의 $\frac{1}{100}$ 이다.
- 독일식 팁 : 팁의 번호는 용접가능한 두께를 표시한다.

57 점용접(Spot Welding)의 3대 요소에 해당하는 것은?

① 가압력, 통전시간, 전류의 세기

② 가압력, 통전시간, 전압의 세기

③ 가압력, 냉각수량, 전류의 세기

④ 가압력, 냉각수량, 전압의 세기

해설

저항용접의 3요소

- 가압력
- 용접전류
- 통전시간

58 가스절단작업에서 드래그는 판두께의 몇 % 정도를 표준으로 하는가?(단, 판두께는 25mm 이하이다)

① 50% ② 40%

③ 30% ④ 20%

해설

가스절단 시 표준 드래그 길이(mm) = 판두께(mm) $\times \frac{1}{5}$

즉, 판두께의 20%를 표준으로 한다.

59 교류아크 용접기에 감전사고를 방지하기 위해서 설치하는 것은?

① 전격방지장치

② 2차 권선장치

③ 원격제어장치

④ 핫스타트장치

해설

교류아크 용접기에서 감전사고 방지를 위하여 전격방지장치를 반드시 설치해야 한다.

60 피복아크용접의 용접입열에서 일반적으로 모재에 흡수되는 열량은 입열의 몇 % 정도인가?

① 45~55%

② 60~70%

③ 75~85%

④ 90~100%

해설

피복아크용접 시 용접입열량에 대한 모재로의 흡수율은 일반적으로 75~85%이다.

56 ③ 57 ① 58 ④ 59 ① 60 ③ 정답

2016년 제1회 과년도 기출문제

제1과목 용접야금 및 용접설비제도

01 동합금의 용접성에 대한 설명으로 틀린 것은?

① 순동은 좋은 용입을 얻기 위해서 반드시 예열이 필요하다.
② 알루미늄 청동은 열간에서 강도나 연성이 우수하다.
③ 인청동은 열간취성의 경향이 없으며, 용융점이 낮아 편석에 의한 균열 발생이 없다.
④ 황동에는 아연이 다량 함유되어 있어 용접 시 증발에 의해 기포가 발생하기 쉽다.

해설
청동은 구리와 주석의 합금인데 구리 중의 산화구리를 함유한 부분이 순수한 구리에 비해 용융점이 낮아서 먼저 용융되는데, 이때 균열이 발생하므로 동합금(구리합금)을 용접할 때 균열이 발생할 수 있다.

02 용접비드의 끝에서 발생하는 고온 균열로서 냉각속도가 지나치게 빠른 경우에 발생하는 균열은?

① 종 균열　　② 횡 균열
③ 호상 균열　　④ 크레이터 균열

해설
크레이터 균열 : 용접비드의 끝에서 발생하는 고온 균열로서 냉각속도가 지나치게 빠른 경우에 크레이터 부분에서 발생한다.

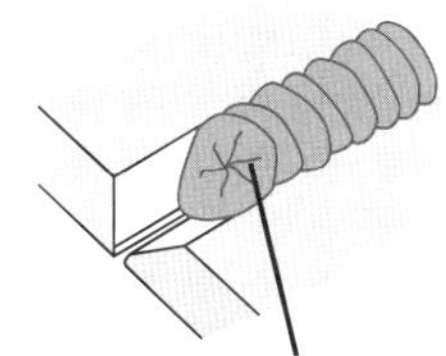
Crater Crack

※ 크레이터 : 아크용접의 비드 끝에서 오목하게 파인 부분으로 용접 후에는 반드시 크레이터처리를 실시해야 한다.

03 Fe–C계 평형상태도의 조직과 결정구조에 대한 연결이 옳은 것은?

① δ–페라이트 : 면심입방격자
② 펄라이트 : $\delta + Fe_3C$의 혼합물
③ γ–오스테나이트 : 체심입방격자
④ 레데부라이트 : $\gamma + Fe_3C$의 혼합물

해설
④ 레데부라이트 조직 : 융체(L) ↔ γ고용체 + Fe_3C
① δ–페라이트 : 체심입방격자
② 펄라이트 : α(페라이트) + Fe_3C(시멘타이트)
③ γ–오스테나이트 : 면심입방격자

04 용착금속이 응고할 때 불순물은 주로 어디에 모이는가?

① 결정입계　　② 결정입내
③ 금속의 표면　　④ 금속의 모서리

해설
용융된 금속이 응고할 때 잔류응력이나 불순물은 결정립계로 집중된다.

정답 1 ③ 2 ④ 3 ④ 4 ①

05 아크 분위기는 대부분 플럭스를 구성하고 있는 유기물 탄산염 등에서 발생한 가스로 구성되어 있다. 아크 분위기의 가스성분에 해당되지 않는 것은?

① He ② CO
③ H_2 ④ CO_2

해설
He(헬륨)은 다른 원소와 화학반응을 일으키기 어려운 불활성가스로 아크 분위기의 가스성분과는 관련이 없다.

06 용접 시 용접부에 발생하는 결함이 아닌 것은?

① 기 공 ② 텅스텐 혼입
③ 슬래그 혼입 ④ 래미네이션 균열

해설
래미네이션 균열 : 압연방향으로 얇은 층이 발생하는 내부결함이다. 강괴 내의 수축공이나 기공, 슬래그가 잔류하면 미압착된 부분이 생겨서 이 부분에 중공이 생기는 불량으로, 용접이 아닌 소성가공의 일종인 압연가공 시 발생되는 불량이다.

07 주철의 용접에서 예열은 몇 ℃ 정도가 가장 적당한가?

① 0~50℃ ② 60~90℃
③ 100~140℃ ④ 150~300℃

해설
예열온도란 용접 직전의 용접모재의 온도로, 주철(2~6.67%의 C)용접 시 일반적인 예열 및 후열의 온도는 500~600℃가 적당하다. 특별히 냉간용접을 실시할 경우에는 200℃ 전후가 알맞으므로 ④번이 정답에 가깝다.

08 용접부 응력제거풀림의 효과 중 틀린 것은?

① 치수오차 방지
② 크리프강도 감소
③ 용접 잔류응력 제거
④ 응력부식에 대한 저항력 증가

해설
응력제거풀림
주조나 단조, 기계가공, 용접으로 금속재료에 생긴 잔류응력을 제거하기 위한 열처리의 일종으로, 구조용 강의 경우 약 550~650℃의 온도 범위로 일정한 시간을 유지하였다가 노속에서 냉각시킨다. 충격에 대한 저항력과 응력부식에 대한 저항력을 증가시키고 크리프강도도 향상시킨다. 그리고 용착금속 중 수소 제거에 의한 연성을 증대시킨다.

09 다음 중 경도가 가장 낮은 조직은?

① 페라이트 ② 펄라이트
③ 시멘타이트 ④ 마텐자이트

해설
금속 조직의 강도와 경도순서

페라이트 < 오스테나이트 < 펄라이트 < 소르바이트 < 베이나이트 < 트루스타이트 < 마텐자이트 < 시멘타이트

5 ① 6 ④ 7 ④ 8 ② 9 ① 정답

10 용융슬래그의 염기도 식은?

① $\dfrac{\Sigma \text{산성 성분}(\%)}{\Sigma \text{염기성 성분}(\%)}$

② $\dfrac{\Sigma \text{염기성 성분}(\%)}{\Sigma \text{산성 성분}(\%)}$

③ $\dfrac{\Sigma \text{중성 성분}(\%)}{\Sigma \text{염기성 성분}(\%)}$

④ $\dfrac{\Sigma \text{염기성 성분}(\%)}{\Sigma \text{중성 성분}(\%)}$

해설

용융슬래그의 염기도 : 용융금속의 슬래그 안에 포함된 산성 산화물에 대한 염기성 산화물의 비율

$$\text{용융슬래그의 염기도} = \frac{\Sigma \text{염기성 성분}(\%)}{\Sigma \text{산성 성분}(\%)}$$

11 KS 분류기호 중 KS B는 어느 부문에 속하는가?

① 전 기　　② 금 속

③ 조 선　　④ 기 계

해설

한국산업규격(KS)의 부문별 분류기호

분류기호	분 야	분류기호	분 야	분류기호	분 야
KS A	기 본	KS F	건 설	KS T	물 류
KS B	기 계	KS I	환 경	KS V	조 선
KS C	전기전자	KS K	섬 유	KS W	항공우주
KS D	금 속	KS Q	품질경영	KS X	정 보
KS E	광 산	KS R	수송기계		

12 KS 용접 기본기호에서 현장용접 보조기호로 옳은 것은?

해설

용접부의 보조기호

구 분		보조기호	비 고
용접부의 표면 모양	평 탄	—	-
	볼 록		기선의 밖으로 향하여 볼록하게 한다.
	오 목		기선의 밖으로 향하여 오목하게 한다.
용접부의 다듬질 방법	치 핑	C	-
	연 삭	G	그라인더 다듬질일 경우
	절 삭	M	기계다듬질일 경우
	지정 없음	F	다듬질방법을 지정하지 않을 경우
현장용접			온둘레용접이 분명할 때에는 생략해도 좋다.
온둘레용접		○	
온둘레현장용접			

정답 10 ② 11 ④ 12 ②

13 도면에 치수를 기입할 때의 유의사항으로 틀린 것은?

① 치수는 계산할 필요가 없도록 기입하여야 한다.
② 치수는 중복 기입하여 도면을 이해하기 쉽게 한다.
③ 관련되는 치수는 가능한 한 한곳에 모아서 기입한다.
④ 치수는 될 수 있는 대로 주투상도에 기입해야 한다.

해설

치수 기입의 원칙(KS B 0001)

- 대상물의 기능, 제작, 조립 등을 고려하여, 도면에 필요 불가결하다고 생각되는 치수를 명료하게 지시한다.
- 대상물의 크기, 자세 및 위치를 가장 명확하게 표시하는 데 필요하고 충분한 치수를 기입한다.
- 치수는 치수선, 치수 보조선, 치수 보조 기호 등을 이용해서 치수 수치로 나타낸다.
- 치수는 되도록 주투상도에 집중해서 지시한다.
- 도면에는 특별히 명시하지 않는 한, 그 도면에 도시한 대상물의 다듬질 치수를 표시한다.
- 치수는 되도록 계산해서 구할 필요가 없도록 기입한다.
- 가공 또는 조립 시에 기준이 되는 형체가 있는 경우, 그 형체를 기준으로 하여 치수를 기입한다.
- 치수는 되도록 공정마다 배열을 분리하여 기입한다.
- 관련 치수는 되도록 한곳에 모아서 기입한다.
- 치수는 중복 기입을 피한다(단, 중복 치수를 기입하는 것이 도면의 이해를 용이하게 하는 경우에는 중복 기입을 해도 좋다).
- 원호 부분의 치수는 원호가 180°까지는 반지름으로 나타내고 180°를 초과하는 경우에는 지름으로 나타낸다.
- 기능상(호환성을 포함) 필요한 치수에는 치수의 허용한계를 지시한다.
- 치수 가운데 이론적으로 정확한 치수는 직사형 안에 치수 수치를 기입하고, 참고 치수는 괄호 안에 기입한다.

14 필릿용접에서 $a5 \triangle 4 \times 300(50)$의 설명으로 옳은 것은?

① 목두께 5mm, 용접부 수 4, 용접길이 300mm, 인접한 용접부 간격 50mm
② 판두께 5mm, 용접두께 4mm, 용접피치 300mm, 인접한 용접부 간격 50mm
③ 용입깊이 5mm, 경사길이 4mm, 용접피치 300mm, 용접부 수 50
④ 목길이 5mm, 용입깊이 4mm, 용접길이 300mm, 용접부 수 50

해설

단속필릿 용접기호

$a \triangle n \times l(e)$

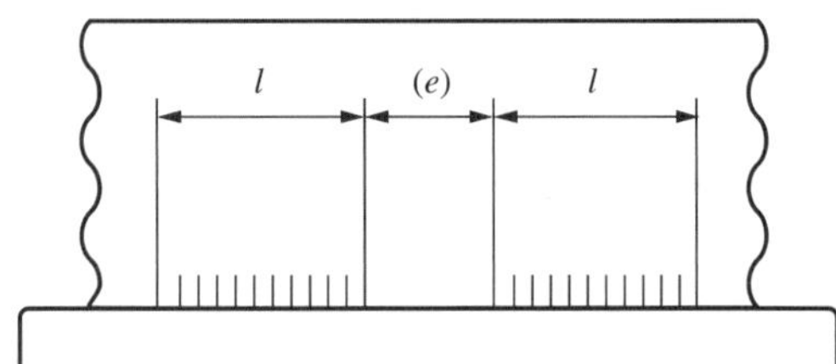

- a : 목두께 또는 Z : 목길이
- $\triangle$: 필릿용접기호
- n : 용접부 수
- l : 용접길이
- (e) : 인접한 용접부 간격

15 굵은 실선으로 나타내는 선의 명칭은?

① 외형선 ② 지시선
③ 중심선 ④ 피치선

해설

① 외형선 : 굵은 실선
② 지시선 : 가는 실선
③ 중심선 : 가는 1점 쇄선
④ 피치선 : 가는 1점 쇄선

13 ② 14 ① 15 ① **정답**

16 1개의 원이 직선 또는 원주 위를 굴러갈 때, 그 구르는 원의 원주 위 1점이 움직이며 그려 나가는 선은?

① 타원(Ellipse)

② 포물선(Parabola)

③ 쌍곡선(Hyperbola)

④ 사이클로이드 곡선(Cycloid Curve)

해설

• 사이클로이드 곡선(Cycloid Circle) : 평면 위의 일직선상에서 원을 회전시킨다고 가정했을 때, 원의 둘레 중 임의의 한 점이 회전하면서 그리는 곡선을 기어의 치형으로 사용한 곡선이다. 피치원이 일치하지 않거나 중심거리가 다를 때는 기어가 바르게 물리지 않으며, 이뿌리가 약하다는 단점이 있으나 효율성이 좋고 소음과 마모가 적다는 장점이 있다.

• 인벌류트 곡선(Involute Circle) : 원기둥을 세운 후 여기에 감은 실을 풀 때, 실 중 임의의 1점이 그리는 곡선 중 일부를 기어의 치형으로 사용한 곡선이다. 이뿌리가 튼튼하며 압력각이 일정할 때 중심거리가 다소 어긋나도 속도비가 크게 변하지 않고 맞물림이 원활하다는 장점이 있으나 마모가 잘된다는 단점이 있다.

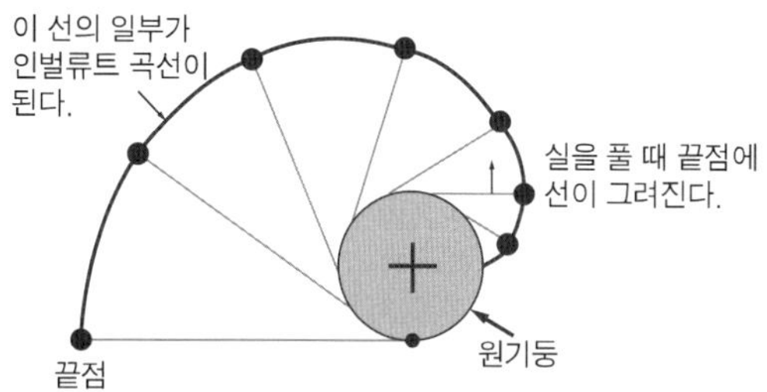

※ 기어 이의 치형 곡선에는 인벌류트 곡선과 사이클로이드 곡선이 사용된다.

17 45° 모따기의 기호는?

① SR ② R

③ C ④ t

해설

치수보조기호

기 호	구 분	기 호	구 분
ϕ	지 름	p	피 치
Sϕ	구의 지름	$\frown$50	호의 길이
R	반지름	<u>50</u>	비례척도가 아닌 치수
SR	구의 반지름	[50]	이론적으로 정확한 치수
□	정사각형	(50)	참고치수
C	45° 모따기	~~50~~	치수의 취소(수정 시 사용)
t	두 께		

18 다음 그림 중 I형 맞대기이음용접에 해당되는 것은?

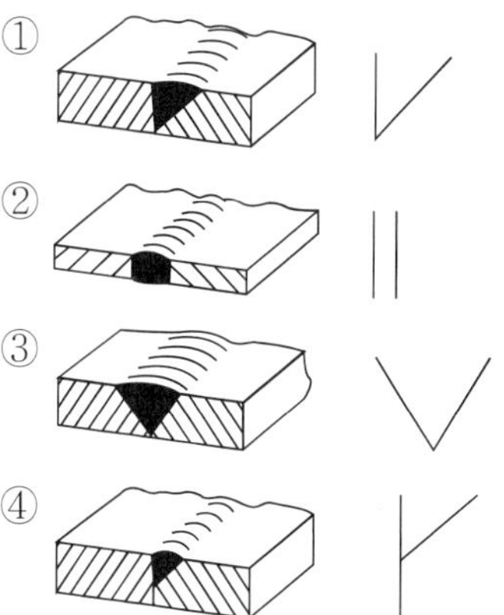

해설

KS B ISO 2553에 따르면 다음과 같이 정의할 수 있다.

① 일면 개선형 맞대기용접

② 평행(I)형 맞대기용접

③ V형 맞대기용접

④ 넓은 루트면이 있는 한 면 개선형 맞대기용접

정답 16 ④ 17 ③ 18 ②

19 척도의 표시방법에서 A : B로 나타낼 때 A가 의미하는 것은?

① 윤곽선의 굵기
② 물체의 실제 크기
③ 도면에서의 크기
④ 중심마크의 크기

해설

척도란 도면상의 길이와 실제 길이와의 비를 말한다. 척도의 표시에서 A : B = 도면에서의 크기 : 물체의 실제 크기이므로 '척도 2 : 1'은 실제 제품을 2배 확대해서 그린 그림이다.

A : B = 도면에서의 크기 : 물체의 실제 크기 예 축적 – 1 : 2, 현척 – 1 : 1, 배척 – 2 : 1

20 다음 용접기호의 명칭으로 옳은 것은?

① 플러그용접
② 뒷면용접
③ 스폿용접
④ 심용접

해설

명 칭	기 호
뒷면용접(이면용접)	(반원)
스폿용접(점용접)	(원)
심용접	(두 줄이 지나는 원)

제2과목 용접구조설계

21 용착금속의 최대인장강도 σ = 300MPa이다. 안전율을 3으로 할 때 강판의 허용응력은 몇 MPa인가?

① 50 ② 100
③ 150 ④ 200

해설

안전율(S) : 외부의 하중에 견딜 수 있는 정도를 수치로 나타낸 것이다.

$$S = \frac{\text{극한강도}(\sigma_u)\ \text{또는 인장강도}}{\text{허용응력}(\sigma_a)}$$

$$3 = \frac{300\text{MPa}}{\sigma_a},\ \sigma_a = \frac{300\text{MPa}}{3} = 100\text{MPa}$$

22 피복아크용접에서 발생한 용접결함 중 구조상의 결함이 아닌 것은?

① 기 공 ② 변 형
③ 언더컷 ④ 오버랩

해설

용접결함의 종류

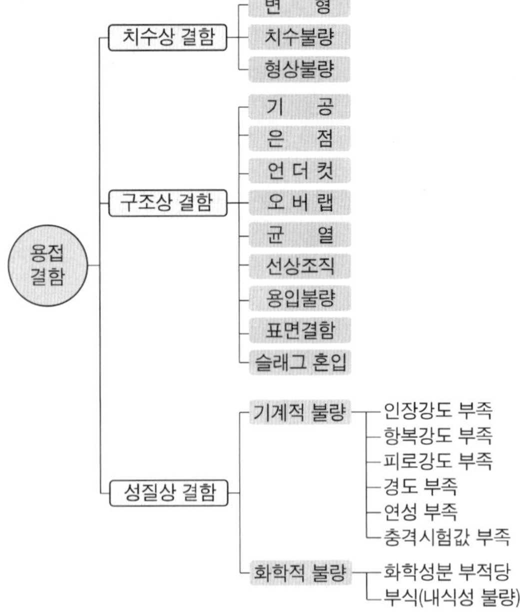

19 ③ 20 ① 21 ② 22 ② 정답

23 용접구조 설계상의 주의사항으로 틀린 것은?

① 용착금속량이 적은 이음을 선택할 것

② 용접치수는 강도상 필요한 치수 이상으로 크게 하지 말 것

③ 용접성, 노치인성이 우수한 재료를 선택하여 시공을 쉽게 설계할 것

④ 후판을 용접할 경우는 용입이 얕고 용착량이 적은 용접법을 이용하여 층수를 늘릴 것

해설

용접부를 설계할 때 후판의 용접 층수를 늘릴수록 용접부에 가해지는 열량도 더 커지므로 변형의 발생 확률도 더 커진다. 따라서 용접층수를 가급적 줄여야 한다.

24 작은 강구나 다이아몬드를 붙인 소형 추를 일정한 높이에서 시험편 표면에 낙하시켜 튀어 오르는 반발 높이로 경도를 측정하는 시험은?

① 쇼어 경도시험

② 브리넬 경도시험

③ 로크웰 경도시험

④ 비커스 경도시험

해설

경도시험법의 종류

종 류	시험원리	압입자
브리넬 경도 (H_B)	압입자인 강구에 일정량의 하중을 걸어 시험편의 표면에 압입한 후 압입자국의 표면적 크기와 하중의 비로 경도를 측정한다. $H_B = \frac{P}{A} = \frac{P}{\pi Dh}$ $= \frac{2P}{\pi D(D - \sqrt{D^2 - d^2})}$ 여기서, D : 강구 지름 d : 압입자국의 지름 h : 압입자국의 깊이 A : 압입자국의 표면적	강 구
비커스 경도 (H_V)	압입자에 1~120kg의 하중을 걸어 자국의 대각선 길이로 경도를 측정한다. 하중을 가하는 시간은 캠의 회전속도로 조절한다. $H_V = \frac{P(\text{하중})}{A(\text{압입자국의 표면적})}$	136°인 다이아몬드 피라미드 압입자
로크웰 경도 (H_{RB}, H_{RC})	압입자에 하중을 걸어 압입자국(홈)의 깊이를 측정하여 경도를 측정한다. • 예비하중 : 10kg • 시험하중 – B스케일 : 100kg – C스케일 : 150kg • $H_{RB} = 130 - 500h$ • $H_{RC} = 100 - 500h$ 여기서, h : 압입자국의 깊이	• B스케일 : 강구 • C스케일 : 120° 다이아몬드(콘)
쇼어 경도 (H_S)	추를 일정한 높이(h_0)에서 낙하시켜, 이 추의 반발높이(h)를 측정해서 경도를 측정한다. $H_S = \frac{10{,}000}{65} \times \frac{h(\text{해머의 반발 높이})}{h_0(\text{해머의 낙하 높이})}$	다이아몬드 추

25 내마멸성을 가진 용접봉으로 보수용접을 하고자 할 때 사용하는 용접봉으로 적합하지 않은 것은?

① 망간강 계통의 심선
② 크롬강 계통의 심선
③ 규소강 계통의 심선
④ 크롬-코발트-텅스텐 계통의 심선

해설
규소(Si, 실리콘)
규소는 용접성과 가공성을 저하시키는 원소이므로 규소강 계통의 심선을 가진 용접봉은 내마멸성의 용도로는 적합하지 않다.
- 탈산제로 사용한다.
- 유동성을 증가시킨다.
- 용접성과 가공성을 저하시킨다.
- 인장강도, 탄성한계, 경도를 상승시킨다.
- 결정립의 조대화로 충격값과 인성, 연신율을 저하시킨다.

26 용접구조물 조립 시 일반적인 고려사항이 아닌 것은?

① 변형 제거가 쉽게 되도록 하여야 한다.
② 구조물의 형상을 유지할 수 있어야 한다.
③ 경제적이고 고품질을 얻을 수 있는 조건을 설정한다.
④ 용접변형 및 잔류응력을 상승시킬 수 있어야 한다.

해설
용접구조물에 용접변형과 잔류응력이 존재하면 구조물이 파손되므로 변형과 잔류응력을 제거할 수 있는 방법으로 조립해야 한다.

27 용접성을 저하시키며 적열취성을 일으키는 원소는?

① 황 ② 규 소
③ 구 리 ④ 망 간

해설
적열취성(赤熱, 붉을 적, 더울 열, 철이 빨갛게 달궈진 상태)
S(황)의 함유량이 많은 탄소강이 900℃ 부근에서 적열(赤熱)상태가 되었을 때 파괴되는 성질로, 철에 S의 함유량이 많으면 황화철이 되면서 결정립계 부근의 S이 망상으로 분포되면서 결정립계가 파괴된다. 적열취성을 방지하려면 Mn(망간)을 합금하여 S을 MnS로 석출시켜야 한다. 이 적열취성은 높은 온도에서 발생하므로 고온취성으로도 불린다.

28 용접홈의 형상 중 V형 홈에 대한 설명으로 옳은 것은?

① 판두께가 대략 6mm 이하의 경우 양면용접에 사용한다.
② 양쪽용접에 의해 완전한 용입을 얻으려고 할 때 쓰인다.
③ 판두께 3mm 이하로 개선가공 없이 한쪽에서 용접할 때 쓰인다.
④ 보통 판두께 15mm 이하의 판에서 한쪽용접으로 완전한 용입을 얻고자 할 때 쓰인다.

해설
V형 홈을 맞대기용접을 할 경우 약 6~19mm의 판에서 한쪽 방향으로 완전한 용입을 얻고자 할 때 사용한다. ①, ③ 판두께가 6mm 이하일 때는 I형 홈을, ② 양쪽용접에서 완전한 용입을 얻고자 할 때는 X형이나 H형 홈을 사용해야 한다.

홈의 형상에 따른 특징

홈의 형상	특 징
I형	• 가공이 쉽고 용착량이 적어서 경제적이다. • 판이 두꺼워지면 이음부를 완전히 녹일 수 없다.
V형	• 한쪽 방향에서 완전한 용입을 얻고자 할 때 사용한다. • 홈가공이 용이하나 두꺼운 판에서는 용착량이 많아지고 변형이 일어난다.
X형	• 후판(두꺼운 판)용접에 적합하다. • 홈가공이 V형에 비해 어렵지만 용착량이 적다. • 양쪽에서 용접하므로 완전한 용입을 얻을 수 있다.
U형	• 두꺼운 판에서 비드의 너비가 좁고 용착량도 적다. • 루트 반지름을 최대한 크게 만들며 홈가공이 어렵다. • 두꺼운 판을 한쪽 방향에서 충분한 용입을 얻고자 할 때 사용한다.
H형	두꺼운 판을 양쪽에서 용접하므로 완전한 용입을 얻을 수 있다.
J형	한쪽 V형이나 K형 홈보다 두꺼운 판에 사용한다.

25 ③ 26 ④ 27 ① 28 ④ 정답

29 처음길이가 340mm인 용접재료를 길이방향으로 인장시험한 결과 390mm가 되었다. 이 재료의 연신율은 약 몇 %인가?

① 12.8 ② 14.7
③ 17.2 ④ 87.2

해설

연신율(ε) : 재료에 외력이 가해졌을 때 처음 길이에 비해 나중에 늘어난 길이의 비율

$$\varepsilon = \frac{\text{나중길이} - \text{처음길이}}{\text{처음길이}}$$
$$= \frac{l_1 - l_0}{l_0} \times 100\%$$
$$= \frac{390\text{mm} - 340\text{mm}}{340\text{mm}} \times 100\%$$
$$= 14.7\%$$

30 용접지그(Jig)에 해당되지 않는 것은?

① 용접고정구 ② 용접포지셔너
③ 용접핸드실드 ④ 용접머니퓰레이터

해설

용접핸드실드란 용접 시 발생하는 아크 빛으로부터 작업자의 눈을 보호하기 위해 작업자가 손에 직접 들고 눈에 대고 작업하는 작업용구로 용접지그와는 관련이 없다.

[용접핸드실드]

31 용접이음의 피로강도에 대한 설명으로 틀린 것은?

① 피로강도란 정적인 강도를 평가하는 시험방법이다.
② 하중, 변위 또는 열응력이 반복되어 재료가 손상되는 현상을 피로라고 한다.
③ 피로강도에 영향을 주는 요소는 이음형상, 하중상태, 용접부 표면상태, 부식환경 등이 있다.
④ S-N선도를 피로선도라 부르며, 응력변동이 피로한도에 미치는 영향을 나타내는 선도를 말한다.

해설

피로한도(피로강도) : 동적인 강도를 평가하는 시험법으로, 재료에 하중을 반복적으로 가했을 때 파괴되지 않는 응력변동의 최대범위로 S-N곡선으로 확인할 수 있다. 재질이나 반복하중의 종류, 표면상태나 형상에 큰 영향을 받는다.

32 재료의 크리프변형은 일정 온도의 응력하에서 진행하는 현상이다. 크리프 곡선의 영역에 속하지 않는 것은?

① 강도크리프 ② 천이크리프
③ 정상크리프 ④ 가속크리프

해설

크리프 곡선

Strain
(변형)
파단
$\Delta\varepsilon$
Δt
o
시간
1st Stage
2nd Stage
3rd Stage
천이크리프
정상크리프
가속크리프
파단시간

33 용접이음의 종류에 따라 분류한 것 중 틀린 것은?

① 맞대기용접 ② 모서리용접
③ 겹치기용접 ④ 후진법용접

해설
후진법은 용접방향에 따른 분류이므로 용접의 종류로는 분류되지 않는다.

용접이음의 종류

맞대기이음	겹치기이음	모서리이음
양면덮개판이음	**T이음(필릿)**	**십자(+)이음**
전면필릿이음	**측면필릿이음**	**변두리이음**

34 용접작업에서 지그 사용 시 얻어지는 효과로 틀린 것은?

① 용접변형을 억제한다.
② 제품의 정밀도가 낮아진다.
③ 대량 생산의 경우 용접 조립작업을 단순화시킨다.
④ 용접작업이 용이하고 작업능률이 향상된다.

해설
용접지그란 용접 시 작업의 편리성을 위해 모재를 작업하기 알맞게 고정시키기 위한 것으로 용접자세를 자유자재로 할 수 있으므로 제품의 정밀도가 높아진다.

35 그림과 같은 V형 맞대기용접에서 각부의 명칭 중 틀린 것은?

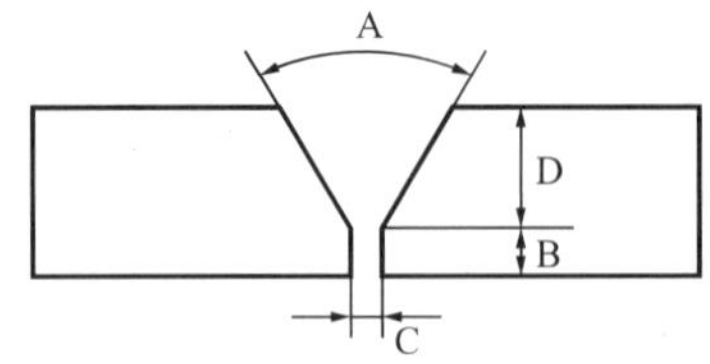

① A : 홈 각도
② B : 루트면
③ C : 루트 간격
④ D : 비드높이

해설
D의 명칭은 '홈 깊이'이다.

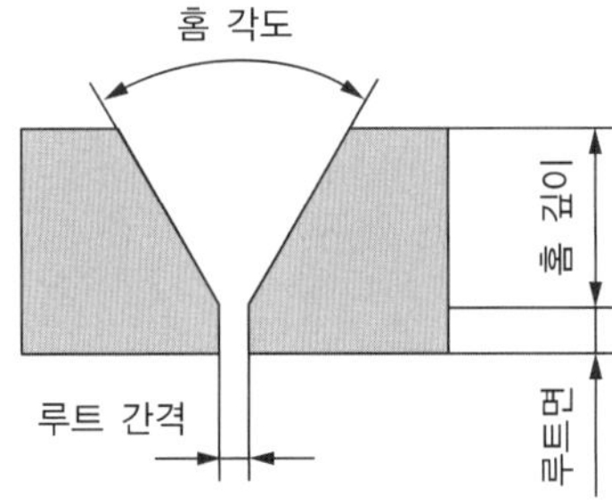

36 용접부시험에는 파괴시험과 비파괴시험이 있다. 파괴시험 중에서 야금학적 시험방법이 아닌 것은?

① 파면시험
② 물성시험
③ 매크로시험
④ 현미경 조직시험

해설
물성시험 : 물성이란 물체가 가지고 있는 성질이며, 물성시험은 물체의 성질을 파악하는 시험으로 비중이나 비열 등을 시험하는 것으로 물체에 파손을 가하지 않아도 되므로 이는 야금학적 시험방법에 속하지 않는다.
※ 야금 : 광석에서 금속을 추출하고 용융한 뒤 정련하여 사용목적에 알맞은 형상으로 제조하는 기술

33 ④ 34 ② 35 ④ 36 ② **정답**

37 용접기에 사용되는 전선(Cable) 중 용접기에서 모재까지 연결하는 케이블은?

① 1차 케이블　② 입력 케이블
③ 접지 케이블　④ 비닐코드 케이블

해설

일반적으로 용접기의 1차 케이블은 주전원에, 2차 케이블은 용접홀더에, 접지 케이블은 용접테이블에 연결하는데, 용접테이블에는 용접모재가 통전되어 있으므로 접지 케이블이 곧 모재까지 연결된 케이블로 볼 수 있다.

38 V형에 비하여 홈의 폭이 좁아도 작업성과 용입이 좋으며 한 쪽에서 용접하여 충분한 용입을 얻을 필요가 있을 때 사용하는 이음 형상은?

① U형　② I형
③ X형　④ K형

해설

U형 홈은 두꺼운 판에서 비드의 너비가 좁아도 한쪽 방향에서 충분한 용입을 얻고자 할 때 사용한다.
※ 28번 문제 해설 참고

39 길이가 긴 대형의 강관 원주부를 연속 자동용접을 하고자 한다. 이때 사용하고자 하는 지그로 가장 적당한 것은?

① 엔드탭(End Tap)
② 터닝롤러(Turning Roller)
③ 컨베이어(Conveyor) 정반
④ 용접포지셔너(Welding Positioner)

해설

터닝롤러지그

40 레이저용접의 특징으로 틀린 것은?

① 좁고 깊은 용접부를 얻을 수 있다.
② 고속용접과 용접공정의 융통성을 부여할 수 있다.
③ 대입열 용접이 가능하고, 열영향부의 범위가 넓다.
④ 접합되어야 할 부품의 조건에 따라서 한면용접으로 접합이 가능하다.

해설

레이저빔용접(레이저용접)

레이저란 유도 방사에 의한 빛의 증폭이란 뜻이며 레이저에서 얻어진 접속성이 강한 단색 광선으로서 강렬한 에너지를 가지고 있으며, 이때의 광선 출력을 이용하여 용접을 하는 방법이다. 모재의 열변형이 거의 없으며, 이종금속의 용접이 가능하고 정밀한 용접을 할 수 있으며, 비접촉식 방식으로 모재에 손상을 주지 않는다는 특징을 갖는다.

- 좁고 깊은 접합부의 용접에 적합하다.
- 접근이 곤란한 물체의 용접이 가능하다.
- 전자빔 용접기 설치비용보다 설치비가 저렴하다.
- 반사도가 높은 재료는 용접효율이 감소될 수 있다.
- 수축과 뒤틀림이 작으며 용접부의 품질이 뛰어나다.
- 전자부품과 같은 작은 크기의 정밀 용접이 가능하다.
- 용접 입열이 매우 작으며, 열영향부의 범위가 좁다.
- 용접될 물체가 불량도체인 경우에도 용접이 가능하다.
- 에너지 밀도가 매우 높으며, 고융점을 가진 금속의 용접에 이용한다.
- 열원이 빛의 빔이기 때문에 투명재료를 써서 어떤 분위기 속에서도(공기, 진공) 용접이 가능하다.

정답 37 ③ 38 ① 39 ② 40 ③

제3과목 용접일반 및 안전관리

41 가스용접의 특징으로 틀린 것은?

① 아크용접에 비해 불꽃온도가 높다.
② 응용 범위가 넓고 운반이 편리하다.
③ 아크용접에 비해 유해 광선의 발생이 적다.
④ 전원 설비가 없는 곳에서도 용접이 가능하다.

해설

가스용접의 장점

- 운반이 편리하고 설비비가 싸다.
- 전원이 없는 곳에 쉽게 설치할 수 있다.
- 아크용접에 비해 유해 광선의 피해가 적다.
- 가열할 때 열량 조절이 비교적 자유로워 박판용접에 적당하다.
- 기화용제가 만든 가스상태의 보호막은 용접 시 산화작용을 방지한다.
- 산화불꽃, 환원불꽃, 중성불꽃, 탄화불꽃 등 불꽃의 종류를 다양하게 만들 수 있다.

가스용접의 단점

- 폭발의 위험이 있다.
- 금속이 탄화 및 산화될 가능성이 많다.
- 아크 용접에 비해 불꽃의 온도가 낮다.
  - 아크 : 약 3,000~5,000℃
  - 산소-아세틸렌불꽃 : 약 3,430℃
- 열의 집중성이 나빠서 효율적인 용접이 어려우며 가열 범위가 커서 용접 변형이 크고 일반적으로 용접부의 신뢰성이 적다.

42 저항용접에 의한 압접에서 전류 20A, 전기저항 30Ω, 통전시간 10sec일 때 발열량은 약 몇 cal인가?

① 14,400 ② 24,400
③ 28,800 ④ 48,800

해설

전기저항용접의 발열량(H)

$H = 0.24I^2RT\text{cal}$

$= 0.24 \times 20^2 \times 30 \times 10 = 28,800\,\text{cal}$

여기서, I : 전류, R : 저항, T : 시간

43 카바이드 취급 시 주의사항으로 틀린 것은?

① 운반 시 타격, 충격, 마찰 등을 주지 않는다.
② 카바이드 통을 개봉할 때는 정으로 따낸다.
③ 저장소 가까이에 인화성 물질이나 화기를 가까이 하지 않는다.
④ 카바이드는 개봉 후 보관 시는 습기가 침투하지 않도록 보관한다.

해설

카바이드 통을 개봉할 때는 반드시 절단가위를 사용해야 한다. 정으로 개봉할 경우 불꽃이 발생할 수 있으므로 폭발의 위험성이 커진다.

카바이드 취급 시 주의사항

- 운반 시 타격, 충격, 마찰을 주지 말아야 한다.
- 카바이드 통을 개봉할 때 절단가위를 사용한다.
- 저장소 가까이에 인화성 물질이나 화기를 가까이 하지 않는다.
- 카바이드 통을 개봉한 후 뚜껑을 잘 닫아 습기가 침투되지 않도록 보관한다.

41 ① 42 ③ 43 ② 정답

44 용착금속 중의 수소 함유량이 다른 용접봉에 비해 약 $\frac{1}{10}$ 정도로 현저하게 적어 용접성은 다른 용접봉에 비해 우수하나 흡습하기 쉽고, 비드 시작점과 끝에서 아크 불안정으로 기공이 생기기 쉬운 용접봉은?

① E4301 ② E4316
③ E4324 ④ E4327

해설
저수소계(E4316)
- 기공이 발생하기 쉽다.
- 운봉에 숙련이 필요하다.
- 석회석이나 형석이 주성분이다.
- 이행 용적의 양이 적고, 입자가 크다.
- 강력한 탈산작용으로 강인성이 풍부하다.
- 아크가 다소 불안정하다.
- 용착금속 중의 수소량이 타 용접봉에 비해 1/10 정도로 현저하게 적다.
- 보통 저탄소강의 용접에 주로 사용되나 저합금강과 중, 고탄소강의 용접에도 사용된다.
- 피복제는 습기를 잘 흡수하기 때문에 사용 전에 300~350℃에서 1~2시간 건조 후 사용해야 한다.
- 균열에 대한 감수성이 좋아 구속도가 큰 구조물의 용접이나 탄소 및 황의 함유량이 많은 쾌삭강의 용접에 사용한다.

45 가스용접 토치의 취급상 주의사항으로 틀린 것은?

① 토치를 망치 등 다른 용도로 사용해서는 안 된다.
② 팁 및 토치를 작업장 바닥이나 흙 속에 방치하지 않는다.
③ 팁을 바꿔 끼울 때에는 반드시 양쪽 밸브를 모두 열고 팁을 교체한다.
④ 작업 중 발생하기 쉬운 역류, 역화, 인화에 항상 주의하여야 한다.

해설
가스용접용 토치팁을 교체할 때는 반드시 양쪽 밸브를 모두 닫아 가스가 새어나오지 않게 한 후 팁을 교체해야 한다.

46 탄산가스 아크용접장치에 해당되지 않는 것은?

① 제어 케이블 ② CO_2 용접 토치
③ 용접봉 건조로 ④ 와이어 송급장치

해설
용접봉 건조로는 피복금속아크용접용 용접봉을 건조할 때 사용하는 설비로 탄산가스 아크용접에는 사용하지 않는다.

47 서브머지드아크용접의 특징으로 틀린 것은?

① 유해광선 발생이 적다.
② 용착속도가 빠르며 용입이 깊다.
③ 전류밀도가 낮아 박판용접에 용이하다.
④ 개선각을 작게 하여 용접의 패스수를 줄일 수 있다.

해설
서브머지드아크용접의 장점
- 내식성이 우수하다.
- 이음부의 품질이 일정하다.
- 후판일수록 용접속도가 빠르다.
- 높은 전류밀도로 용접할 수 있다.
- 전류밀도가 높아서 후판용접에 적합하다.
- 용접 조건을 일정하게 유지하기 쉽다.
- 용접금속의 품질을 양호하게 얻을 수 있다.
- 용제의 단열 작용으로 용입을 크게 할 수 있다.
- 용입이 깊어 개선각을 작게 해도 되므로 용접변형이 적다.
- 용접 중 대기와 차폐되어 대기 중의 산소, 질소 등의 해를 받지 않는다.
- 용접 속도가 아크용접에 비해서 판두께 12mm에서는 2~3배, 25mm일 때 5~6배 빠르다.

서브머지드아크용접의 단점
- 설비비가 많이 든다.
- 용접시공 조건에 따라 제품의 불량률이 커진다.
- 용제의 흡습성이 커서 건조나 취급을 잘해야 한다.
- 용입이 크므로 모재의 재질을 신중히 검사해야 한다.
- 용입이 크므로 요구되는 이음가공의 정도가 엄격하다.
- 용접선이 짧고 복잡한 형상의 경우에는 용접기 조작이 번거롭다.
- 아크가 보이지 않으므로 용접의 적부를 확인해서 용접할 수 없다.
- 특수한 장치를 사용하지 않는 한 아래보기, 수평자세용접에 한정된다.
- 입열량이 크므로 용접금속의 결정립이 조대화되어 충격값이 낮아지기 쉽다.

정답 44 ② 45 ③ 46 ③ 47 ③

48 AW300 용접기의 정격사용률이 40%일 때 200A로 용접을 하면 10분 작업 중 몇 분까지 아크를 발생해도 용접기에 무리가 없는가?

① 3분　② 5분
③ 7분　④ 9분

해설

- 허용사용률(%) $= \dfrac{(\text{정격 2차 전류})^2}{(\text{실제 용접전류})^2} \times \text{정격사용률(\%)}$

$$= \frac{(300\text{A})^2}{(200\text{A})^2} \times 40\% = \frac{90,000}{40,000} \times 40\% = 90\%$$

- 사용률(%) $= \dfrac{\text{아크발생시간}}{\text{아크발생시간} + \text{정지시간}} \times 100$

$$90 = \frac{\text{아크발생시간}}{10} \times 100$$

∴ 아크발생시간 = 9분

49 일렉트로슬래그용접의 특징으로 틀린 것은?

① 용접입열이 낮다.
② 후판용접에 적당하다.
③ 용접능률과 용접품질이 우수하다.
④ 용접진행 중 직접 아크를 눈으로 관찰할 수 없다.

해설

일렉트로슬래그용접 : 용융된 슬래그와 용융금속이 용접부에서 흘러나오지 못하도록 수랭동판으로 둘러싸고 이 용융풀에 용접봉을 연속적으로 공급하는데 이때 발생하는 용융 슬래그의 저항열에 의하여 용접봉과 모재를 연속적으로 용융시키면서 용접하는 방법으로 선박이나 보일러와 같이 두꺼운 판의 용접에 적합하다. 수직상진으로 단층 용접하는 방식으로 용접전원으로는 정전압형 교류를 사용한다.

일렉트로슬래그용접의 장점
- 용접이 능률적이다.
- 전기저항열에 의한 용접이다.
- 용접시간이 적어서 용접 후 변형이 적다.
- 다전극을 이용하면 더 효과적인 용접이 가능하다.
- 후판용접을 단일 층으로 한 번에 용접할 수 있다.
- 스패터나 슬래그 혼입, 기공 등의 결함이 거의 없다.
- 일렉트로슬래그용접의 용착량은 거의 100%에 가깝다.
- 냉각하는 데 시간이 오래 걸려서 기공이나 슬래그가 섞일 확률이 적다.

일렉트로슬래그용접의 단점
- 손상된 부위에 취성이 크다.
- 용접진행 중에 용접부를 직접 관찰할 수는 없다.
- 가격이 비싸며, 용접 후 기계적 성질이 좋지 못하다.
- 저융점 합금원소의 편석과 작은 형상계수로 인해 고온 균열이 발생한다.

50 산소-아세틸렌가스로 절단이 가장 잘되는 금속은?

① 연 강
② 구 리
③ 알루미늄
④ 스테인리스강

해설

산소-아세틸렌가스 절단 시 작업성은 비철금속이나 스테인리스강보다 연강이 가장 잘된다.

48 ④　49 ①　50 ①　정답

51 다음 중 용사법의 종류가 아닌 것은?

① 아크 용사법
② 오토콘 용사법
③ 가스불꽃 용사법
④ 플라스마 제트 용사법

해설

용사(溶射)법 : 금속을 가열해서 미세한 용적형상으로 만들어 가공물의 표면에 분무시켜서 밀착시키는 방법이다.
※ 溶 : 녹일(용), 射 : 쏠(사)

52 가스용접에서 산소압력조정기의 압력조정나사를 오른쪽으로 돌리면 밸브는 어떻게 되는가?

① 닫힌다.　　② 고정된다.
③ 열리게 된다.　　④ 중립상태로 된다.

해설

산소압력조정기의 압력조정나사를 오른쪽으로 돌리면 밸브가 열려서 가스가 압력용기에서 가스토치로 흐르게 된다.

53 산소용기 취급 시 주의사항으로 틀린 것은?

① 산소병을 눕혀 두지 않는다.
② 산소병은 화기로부터 멀리한다.
③ 사용 전에 비눗물로 가스 누설검사를 한다.
④ 밸브는 기름을 칠하여 항상 유연해야 한다.

해설

가스용접에 사용하는 가스용기에는 이물질이 들어가지 않도록 마른걸레로 잘 닦아야 한다. 연결 부위에 그리스와 같은 이물질을 바르거나 기름이 묻은 천으로 닦을 경우 이물질이 용접부로 혼입되어 불량을 유발할 수 있다.

54 가스용접에서 충전가스용기의 도색을 표시한 것으로 틀린 것은?

① 산소 – 녹색　　② 산소 – 주황색
③ 프로판 – 회색　　④ 아세틸렌 – 청색

해설

일반가스용기의 도색색상

가스명칭	도 색	가스명칭	도 색
산 소	녹 색	암모니아	백 색
수 소	주황색	아세틸렌	황 색
탄산가스	청 색	프로판(LPG)	회 색
아르곤	회 색	염 소	갈 색

※ 산업용과 의료용의 용기색상은 다르다(의료용의 경우 산소는 백색).

정답 51 ② 52 ③ 53 ④ 54 ④

55 **불활성가스 아크용접에서 비용극식, 비소모식인 용접의 종류는?**

① TIG용접 ② MIG용접
③ 퓨즈아크법 ④ 아코스아크법

해설

용극식 아크용접법과 비용극식 아크용접법

용극식 용접법 (소모성 전극)	용가재인 와이어 자체가 전극이 되어 모재와의 사이에서 아크를 발생시키면서 용접 부위를 채워나가는 용접방법으로, 이때 전극의 역할을 하는 와이어는 소모된다. 예 서브머지드아크용접(SAW), MIG용접, CO_2용접, 피복금속아크용접(SMAW)
비용극식 용접법 (비소모성 전극)	전극봉을 사용하여 아크를 발생시키고 이 아크열로 용가재인 용접을 녹이면서 용접하는 방법으로, 이때 전극은 소모되지 않고 용가재인 와이어(피복금속아크용접의 경우 피복용접봉)는 소모된다. 예 TIG용접

56 **지름이 3.2mm인 피복아크 용접봉으로 연강판을 용접하고자 할 때 가장 적합한 아크의 길이는 몇 mm 정도인가?**

① 3.2 ② 4.0
③ 4.8 ④ 5.0

해설

아크길이는 보통 용접봉 심선의 지름 정도이나 일반적인 아크의 길이는 3mm 정도이다. 여기서 용접봉의 지름은 곧 심선의 지름이기 때문에 가장 적합한 아크길이는 3.2mm가 된다.

57 **가용접 시 주의사항으로 틀린 것은?**

① 강도상 중요한 부분에는 가용접을 피한다.
② 본용접보다 지름이 굵은 용접봉을 사용하는 것이 좋다.
③ 용접의 시점 및 종점이 되는 끝 부분은 가용접을 피한다.
④ 본용접과 비슷한 기량을 가진 용접사에 의해 실시하는 것이 좋다.

해설

가용접은 본용접보다 지름이 작은 용접봉으로 실시하는 것이 좋다.

58 **산소 및 아세틸렌용기 취급에 대한 설명으로 옳은 것은?**

① 산소병은 60℃ 이하, 아세틸렌 병은 30℃ 이하의 온도에서 보관한다.
② 아세틸렌병은 눕혀서 운반하되 운반 도중 충격을 주어서는 안 된다.
③ 아세틸렌 충전구가 동결되었을 때는 50℃ 이상의 온수로 녹여야 한다.
④ 산소병 보관 장소에 가연성가스를 혼합하여 보관해서는 안 되며 누설시험 시는 비눗물을 사용한다.

해설

가스용접뿐만 아니라 특수용접 중 보호가스로 사용되는 가스를 담고 있는 용기(봄베, 압력용기)는 안전을 위해 모두 세워서 보관해야 하며 누설시험은 비눗물로 한다.

- 가스용기는 40℃ 이하의 온도에서 직사광선을 피해 그늘진 곳에서 보관한다.
- 모든 가스용기는 세워서 보관해야 한다.
- 가스의 충전구가 동결되었을 때는 35℃ 이하의 온수로 녹인다.

55 ① 56 ① 57 ② 58 ④ 정답

59 피복아크용접에서 용입에 영향을 미치는 원인이 아닌 것은?

① 용접속도
② 용접홀더
③ 용접전류
④ 아크의 길이

해설
용입은 용접전류와 아크길이, 용접속도와 관련이 있으나 용접봉을 고정하는 용접홀더와는 관련이 없다.

60 직류아크 용접기에서 발전기형과 비교한 정류기형의 특징으로 틀린 것은?

① 소음이 적다.
② 보수점검이 간단하다.
③ 취급이 간편하고 가격이 저렴하다.
④ 교류를 정류하므로 완전한 직류를 얻는다.

해설
직류아크 용접기의 종류별 특징

발전기형	정류기형
고가이다.	저렴하다.
구조가 복잡하다.	구조가 간단하다.
보수와 점검이 어렵다.	취급이 간단하다.
완전한 직류를 얻는다.	완전한 직류를 얻지 못한다.
전원이 없어도 사용이 가능하다.	전원이 필요하다.
소음이나 고장이 발생하기 쉽다.	소음이 없다.

정답 59 ② 60 ④

2016년 제2회 과년도 기출문제

제1과목 용접야금 및 용접설비제도

01 용접 전후의 변형 및 잔류응력을 경감시키는 방법이 아닌 것은?

① 억제법 ② 도열법
③ 역변형법 ④ 롤러에 거는 법

해설
롤러에 거는 방법은 회전하는 롤러 사이를 지나게 하여 재료가 외력에 의해 소성변형을 일으키는 것으로 잔류응력을 오히려 증가시킨다.

용접 변형방지법의 종류
- 억제법 : 지그설치 및 가접을 통해 변형을 억제하도록 한 것
- 역변형법 : 용접 전에 변형을 예측하여 반대 방향으로 변형시킨 후 용접을 하도록 한 것
- 도열법 : 용접 중 모재의 입열을 최소화하기 위해 물을 적신 동판을 덧대어 열을 흡수하도록 한 것

02 결정입자에 대한 설명으로 틀린 것은?

① 냉각속도가 빠르면 입자는 미세화된다.
② 냉각속도가 빠르면 결정핵 수는 많아진다.
③ 과랭도가 증가하면 결정핵 수는 점차적으로 감소한다.
④ 결정핵의 수는 용융점 또는 응고점 바로 밑에서는 비교적 적다.

해설
결정립의 크기 변화에 따른 금속의 성질 변화
- 결정립이 작아지면 강도와 경도는 커진다.
- 용융금속이 급랭되면 결정립의 크기가 작아진다.
- 과랭도가 증가하면 결정핵의 수는 점차 증가한다.
- 금속이 응고되면 일반적으로 다결정체를 형성한다.
- 용융금속에 함유된 불순물은 주로 결정립 경계에 축적된다.
- 결정립이 커질수록 외력에 대한 보호막의 역할을 하는 결정립계의 길이가 줄어들기 때문에 강도와 경도는 감소한다.

03 철에서 체심입방격자인 α철이 A_3점에서 γ철인 면심입방격자로, A_4점에서 다시 δ철인 체심입방격자로 구조가 바뀌는 것은?

① 편 석 ② 고용체
③ 동소변태 ④ 금속간화합물

해설
③ 동소변태 : 동일한 원소 내에서 온도 변화에 따라 원자 배열이 바뀌는 현상으로 철(Fe)은 고체상태에서 910℃의 열을 받으면 체심입방격자(BCC) → 면심입방격자(FCC)로, 1,400℃에서는 FCC → BCC로 바뀌며 열을 잃을 때는 반대가 된다.
① 편석 : 합금원소나 불순물이 균일하지 못하고 편중되어 있는 상태
② 고용체 : 두 개 이상의 고체가 일정한 조성으로 완전하게 균일한 상을 이룬 혼합물
④ 금속간화합물 : 두 가지 이상의 원소를 간단한 원자의 정수비로 결합시킴으로써 원하는 성질의 재료를 만들어낸 결과물

04 금속간화합물에 대한 설명으로 틀린 것은?

① 간단한 원자비로 구성되어 있다.
② Fe_3C는 금속간화합물이 아니다.
③ 경도가 매우 높고 취약하다.
④ 높은 용융점을 갖는다.

해설
금속간화합물은 일종의 합금을 말하는 것으로 두 가지 이상의 원소를 간단한 원자의 정수비로 결합시킴으로써 원하는 성질의 재료를 만들어낸 결과물이다. 따라서, 시멘타이트의 기호인 Fe_3C는 Fe(철)과 C(탄소)의 합금이므로 금속간화합물에 속한다.

1 ④ 2 ③ 3 ③ 4 ② 정답

05 수소 취성도를 나타내는 식으로 옳은 것은?(단, δ_H : 수소에 영향을 받은 시험편의 면적, δ_o : 수소에 영향을 받지 않은 시험편의 면적이다)

① $\frac{\delta_H - \delta_o}{\delta_H}$ ② $\frac{\delta_o - \delta_H}{\delta_o}$

③ $\frac{\delta_o \times \delta_H}{\delta_o}$ ④ $\frac{\delta_o \times \delta_H}{\delta_H}$

해설

수소 취성도

$= \frac{\text{수소에 영향을 받지 않은 시험편 면적} - \text{수소에 영향을 받은 시험편 면적}}{\text{수소에 영향을 받지 않은 시험편 면적}}$

$= \frac{\delta_o - \delta_H}{\delta_o}$

06 E4301로 표시되는 용접봉은?

① 일미나이트계

② 고셀룰로스계

③ 고산화타이타늄계

④ 저수소계

해설

용접봉의 종류

기 호	종 류	기 호	종 류
E4301	일미나이트계	E4316	저수소계
E4303	라임티타니아계	E4324	철분 산화타이타늄계
E4311	고셀룰로스계	E4326	철분 저수소계
E4313	고산화타이타늄계	E4327	철분 산화철계

07 주철과 강을 분류할 때 탄소의 함량이 약 몇 %를 기준으로 하는가?

① 0.4% ② 0.8%

③ 2.0% ④ 4.3%

해설

주철과 강을 분류하는 기준은 2%의 탄소함유량이다.

철강의 분류

성 질	순 철	강	주 철
영문 표기	Pure Iron	Steel	Cast Iron
탄소함유량	0.02% 이하	0.02~2.0%	2.0~6.67%
담금질성	담금질이 안 된다.	좋다.	잘되지 않는다.
강도/경도	연하고 약하다.	크다.	경도는 크나 잘 부서진다.
활 용	전기재료	기계재료	주조용 철
제 조	전기로	전 로	큐폴라

08 다음 중 슬래그 생성배합제로 사용되는 것은?

① $CaCO_3$ ② Ni

③ Al ④ Mn

해설

$CaCO_3$(탄산칼슘)는 슬래그 생성제의 역할을 하는 피복배합제이다.

피복배합제의 종류

배합제	용 도	종 류
고착제	심선에 피복제를 고착시킨다.	규산나트륨, 규산칼륨, 아교
탈산제	용융금속 중의 산화물을 탈산, 정련한다.	크롬, 망간, 알루미늄, 규소철, 페로망간, 페로실리콘, 망간철, 타이타늄철, 소맥분, 톱밥
가스 발생제	중성, 환원성 가스를 발생하여 대기와의 접촉을 차단하여 용융 금속의 산화나 질화를 방지한다.	아교, 녹말, 톱밥, 탄산바륨, 셀룰로이드, 석회석, 마그네사이트
아크 안정제	아크를 안정시킨다.	산화타이타늄, 규산칼륨, 규산나트륨, 석회석
슬래그 생성제	용융점이 낮고 가벼운 슬래그를 만들어 산화나 질화를 방지한다.	석회석, 규사, 산화철, 일미나이트, 이산화망간
합금 첨가제	용접부의 성질을 개선하기 위해 첨가한다.	페로망간, 페로실리콘, 니켈, 몰리브덴, 구리

정답 5 ② 6 ① 7 ③ 8 ①

09 강의 연화 및 내부응력 제거를 목적으로 하는 열처리는?

① 불 림　　② 풀 림
③ 침탄법　　④ 질화법

해설
풀림(Annealing)처리는 재질을 연하고(연화시키고) 균일화시키거나 내부응력을 제거할 목적으로 실시하는 열처리법으로 완전풀림은 A_3 변태점(968℃) 이상의 온도로, 연화풀림은 650℃ 정도의 온도로 가열한 후 서랭한다.

10 용접금속의 응고 직후에 발생하는 균일로서 주로 결정립계에 생기며 300℃ 이상에서 발생하는 균열을 무슨 균열이라고 하는가?

① 저온 균열
② 고온 균열
③ 수소 균열
④ 비드 밑 균열

해설
② 고온 균열 : 용접금속의 응고 직후에 발생하는 균일로, 주로 결정립계에 생기며 300℃ 이상에서 발생한다.
① 저온 균열 : 약 220℃ 이하의 비교적 낮은 온도에서 발생하는 균열로 용접 후 용접부의 온도가 상온(약 24℃) 부근으로 떨어지면 발생하는 균열을 통틀어서 이르는 말이다.
③ 수소 균열 : 수소(H_2)가스에 의해 발생하는 균열로 주로 비드 밑 균열이 있다.
④ 비드 밑 균열 : 모재의 용융선 근처의 열영향부에서 발생되는 균열이며 고탄소강이나 저합금강을 용접할 때 용접열에 의한 열영향부의 경화와 변태응력 및 용착금속 내부의 확산성 수소에 의해 발생되는 균열이다. 용접비드의 밑 부분에서 발생되는 불량의 원인은 수소(H_2)가스이다.

11 도면의 분류 중 내용에 따른 분류에 해당되지 않는 것은?

① 기초도　　② 스케치도
③ 계통도　　④ 장치도

해설
도면의 분류

분 류	명 칭	정 의
용도에 따른 분류	계획도	설계자의 의도와 계획을 나타낸 도면
	공정도	제조 공정 도중이나 공정 전체를 나타낸 제작도면
	시공도	현장 시공을 대상으로 해서 그린 제작도면
	상세도	건조물이나 구성재의 일부를 상세하게 나타낸 도면으로, 일반적으로 큰 척도로 그린다.
	제작도	건설이나 제조에 필요한 정보 전달을 위한 도면
	검사도	검사에 필요한 사항을 기록한 도면
	주문도	주문서에 첨부하여 제품의 크기나 형태, 정밀도 등을 나타낸 도면
	승인도	주문자 등이 승인한 도면
	승인용도	주문자 등의 승인을 얻기 위한 도면
	설명도	구조나 기능 등을 설명하기 위한 도면
내용에 따른 분류	부품도	부품에 대하여 최종 다듬질 상태에서 구비해야 할 사항을 기록한 도면
	기초도	기초를 나타낸 도면
	장치도	각 장치의 배치나 제조 공정의 관계를 나타낸 도면
	배선도	구성 부품에서 배선의 실태를 나타낸 계통도면
	배치도	건물의 위치나 기계의 설치 위치를 나타낸 도면
	조립도	2개 이상의 부품들이 조립한 상태에서 상호관계와 필요 치수 등을 나타낸 도면
	구조도	구조물의 구조를 나타낸 도면
	스케치도	실제 물체를 보고 그린 도면
표현 형식에 따른 분류	선 도	기호와 선을 사용하여 장치나 플랜트의 기능, 그 구성 부분 사이의 상호관계, 에너지나 정보의 계통 등을 나타낸 도면
	전개도	대상물을 구성하는 면을 평행으로 전개한 도면
	외관도	대상물의 외형 및 최소로 필요한 치수를 나타낸 도면
	계통도	급수나 배수, 전력 등의 계통을 나타낸 도면
	곡면선도	선체나 자동차 차체 등의 복잡한 곡면을 여러 개의 선으로 나타낸 도면

9 ② 10 ② 11 ③ **정답**

12 KS에서 일반구조용 압연강재의 종류로 옳은 것은?

① SS400　　② SM45C
③ SM400A　　④ STKM

해설

① SS400 : 일반구조용 압연강재
② SM45C : 기계구조용 탄소강재
③ SM400A : 용접구조용 압연강재의 기호는 SM으로 기계구조용 탄소강재와 함께 사용하나, 다른 점은 최저인장강도 400 뒤에 용접성에 따라 A, B, C기호를 붙인다.
④ STKM : 기계구조용 탄소강관(Steel Tube)

13 겹쳐진 부재에 홀(Hole) 대신 좁고 긴 홈을 만들어 용접하는 것은?

① 필릿용접　　② 슬롯용접
③ 맞대기용접　　④ 플러그용접

해설

② 슬롯용접 : 겹쳐진 2개의 부재 중 한쪽에 가공한 좁고 긴 홈에 용접하는 방법

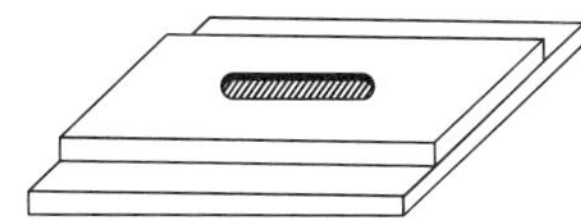

① 필릿용접 : 겹치기이음이나 T이음, 모서리이음에 있어서 거의 직교하는 두 개의 면을 접합하는 3각형 단면의 용착부를 갖는 용접
③ 맞대기용접 : 홈가공한 재료를 서로 맞대어 놓고 용접하는 방법
④ 플러그용접 : 겹쳐진 2개의 부재 중 한쪽에 구멍을 뚫고 판의 표면까지 가득하게 용접하고 다른 쪽 부재와 접합시키는 용접법

14 필릿용접 끝단부를 매끄럽게 다듬질하라는 보조기호는?

① 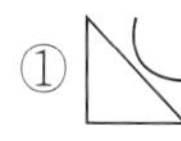　　② 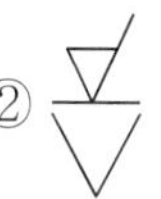

③ 　　④ 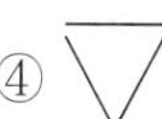

해설

용접부의 보조기호

보조기호	의 미
M	영구적인 덮개판(이면판재) 사용
MR	제거 가능한 덮개판(이면판재) 사용
	끝단부 토를 매끄럽게 한다.
	필릿용접부 토를 매끄럽게 한다.

※ 토 : 용접모재와 용접 표면이 만나는 부위

15 가는 1점 쇄선의 용도에 의한 명칭이 아닌 것은?

① 중심선　　② 기준선
③ 피치선　　④ 숨은선

해설

도면에서 숨은선은 점선으로 표시해야 한다.

정답 12 ① 13 ② 14 ③ 15 ④

16 다음 그림과 같이 경사부가 있는 물체를 경사면의 실제 모양을 표시할 때 보이는 부분의 전체 또는 일부를 나타낸 투상도는?

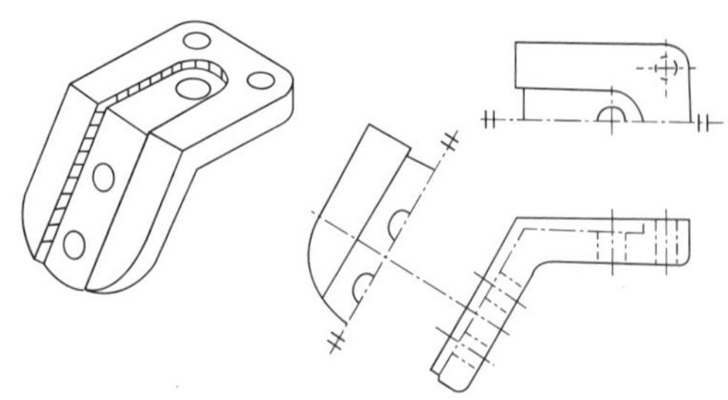

① 주투상도 ② 보조투상도
③ 부분투상도 ④ 회전투상도

해설

투상도의 종류

구분		내용
회전 투상도	정 의	각도를 가진 물체의 실제 모양을 나타내기 위해서 그 부분을 회전해서 그린다.
	도면 표시	
부분 투상도	정 의	그림의 일부를 도시하는 것만으로도 충분한 경우 필요한 부분만을 투상하여 그린다.
	도면 표시	
국부 투상도	정 의	대상물이 구멍, 홈 등과 같이 한 부분의 모양을 도시하는 것만으로도 충분한 경우에 사용한다.
	도면 표시	가는 1점 쇄선으로 연결한다. / 가는 실선으로 연결한다.
부분 확대도	정 의	특정 부분의 도형이 작아서 그 부분을 자세히 나타낼 수 없거나, 치수기입을 할 수 없을 때, 그 부분을 가는 실선으로 둘러싸고 한글이나 알파벳 대문자로 표시한 후 근처에 확대하여 표시한다.
	도면 표시	A / 확대도-A 척도 2:1
보조 투상도	정 의	경사면을 지니고 있는 물체는 그 경사면의 실제 모양을 표시할 필요가 있는데, 이 경우 보이는 부분의 전체 또는 일부분을 대상물의 사면에 대향하는 위치에 그린다.
	도면 표시	대칭기호

17 도면에서 2종류 이상의 선이 같은 장소에서 중복될 경우 가장 우선이 되는 선은?

① 외형선 ② 숨은선
③ 절단선 ④ 중심선

해설

두 종류 이상의 선이 중복되는 경우 선의 우선순위

숫자나 문자 > 외형선 > 숨은선 > 절단선 > 중심선 > 무게중심선 > 치수보조선

16 ② 17 ① 정답

18 핸들이나 바퀴 등의 암 및 리브, 훅, 축, 구조물의 부재 등의 절단면을 표시하는 데 가장 적합한 단면도는?

① 부분단면도　　② 한쪽단면도
③ 회전도시단면도　　④ 조합에 의한 단면도

해설
회전도시단면도는 핸들이나 벨트 풀리, 바퀴의 암, 리브, 축, 형강 등의 단면의 모양을 90°로 회전시켜 투상도의 안이나 밖에 그리는 단면도법이다.

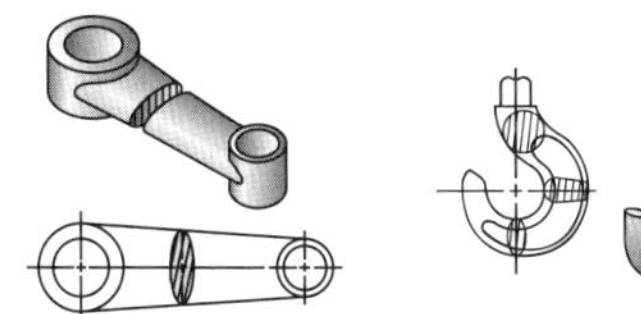
(a) 암의 회전단면도(투상도 안)

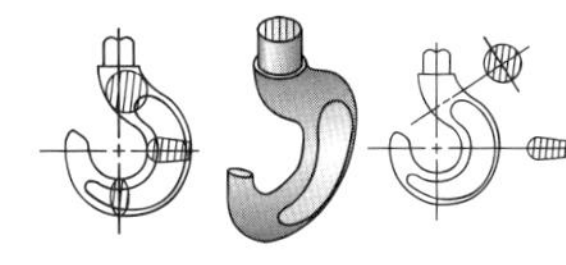
(b) 훅의 회전단면도(투상도 밖)

19 투상도의 배열에 사용된 제1각법과 제3각법의 대표기호로 옳은 것은?

① 제1각법 : 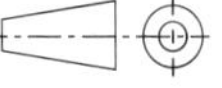　제3각법 : 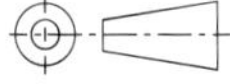
② 제1각법 : 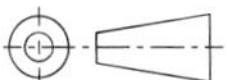　제3각법 : 
③ 제1각법 : 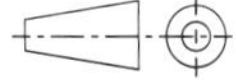　제3각법 : 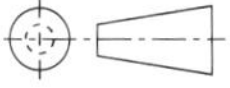
④ 제1각법 : 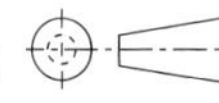　제3각법 : 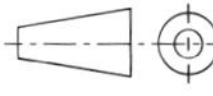

해설
정투상도의 배열방법 및 기호

제1각법	제3각법
저면도 우측면도　정면도　좌측면도　배면도 평면도	평면도 좌측면도　정면도　우측면도　배면도 저면도

20 도면의 치수기입방법 중 지름을 나타내는 기호는?

① Sϕ　　② SR
③ ( )　　④ ϕ

해설
치수 보조기호

기 호	구 분	기 호	구 분
ϕ	지 름	p	피 치
Sϕ	구의 지름	$\frown$50	호의 길이
R	반지름	<u>50</u>	비례척도가 아닌 치수
SR	구의 반지름	[50]	이론적으로 정확한 치수
□	정사각형	(50)	참고치수
C	45° 모따기	~~50~~	치수의 취소(수정 시 사용)
t	두 께		

제2과목 용접구조설계

21 용접결함 중 구조상의 결함이 아닌 것은?

① 균 열 ② 언더컷
③ 용입 불량 ④ 형상 불량

해설

용접결함의 종류

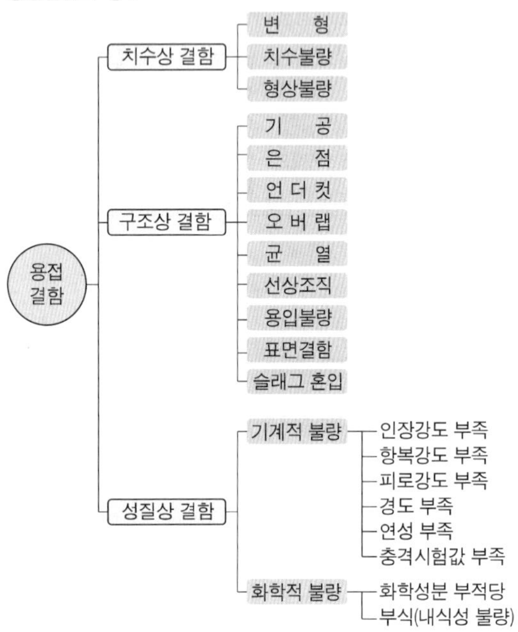

22 맞대기용접이음의 덧살은 용접이음의 강도에 어떤 영향을 주는가?

① 덧살은 응력집중과 무관하다.
② 덧살을 작게 하면 응력집중이 커진다.
③ 덧살을 크게 하면 피로강도가 증가한다.
④ 덧살은 보강 덧붙임으로써 과대한 경우 피로강도를 감소시킨다.

해설

덧살은 기존 용접부에 추가로 비드를 덧붙이는 작업으로 과대한 경우 피로강도를 감소시킨다.

23 용접길이를 짧게 나누어 간격을 두면서 용접하는 방법으로 피용접물 전체에 변형이나 잔류응력이 적게 발생하도록 하는 용착법은?

① 스킵법 ② 후진법
③ 전진블록법 ④ 캐스케이드법

해설

용접법의 종류

분 류		특 징
용착 방향에 의한 용착법	전진법	한쪽 끝에서 다른 쪽 끝으로 용접을 진행하는 방법으로, 용접진행 방향과 용착 방향이 서로 같다. 용접길이가 길면 끝부분 쪽에 수축과 잔류응력이 생긴다.
	후퇴법	용접을 단계적으로 후퇴하면서 전체 길이를 용접하는 방법으로, 용접진행 방향과 용착 방향이 서로 반대가 된다. 수축과 잔류응력을 줄이는 용접 기법이나 작업능률이 떨어진다.
	대칭법	변형과 수축응력의 경감법으로 용접의 전 길이에 걸쳐 중심에서 좌우 또는 용접물 형상에 따라 좌우대칭으로 용접하는 기법이다.
	스킵법(비석법)	용접부 전체의 길이를 5개 부분으로 나누어 놓고 1-4-2-5-3순으로 용접하는 방법으로, 용접부에 잔류응력을 적게 하면서 변형을 방지하고자 할 때 사용한다.
다층 비드 용착법	덧살올림법(빌드업법)	각 층마다 전체의 길이를 용접하면서 쌓아 올리는 방법으로 가장 일반적인 방법이다.
	전진 블록법	한 개의 용접봉으로 살을 붙일 만한 길이로 구분해서 홈을 한 층 완료한 후 다른 층을 용접하는 방법이다. 다층용접 시 변형과 잔류응력의 경감을 위해 사용한다.
	캐스 케이드법	한 부분의 몇 층을 용접하다가 다음 부분의 층으로 연속시켜 전체가 단계를 이루도록 용착시켜 나가는 방법이다.

21 ④ 22 ④ 23 ① **정답**

24 용접 후 구조물에서 잔류응력이 미치는 영향으로 틀린 것은?

① 용접구조물에 응력부식이 발생한다.
② 박판구조물에서는 국부 좌굴을 촉진한다.
③ 용접구조물에서는 취성파괴의 원인이 된다.
④ 기계 부품에서 사용 중에 변형이 발생되지 않는다.

해설
용접이 완료된 구조물에 남아 있는 잔류응력은 사용 중에 변형을 일으킨다.

25 용접구조물의 강도 설계에 있어서 가장 주의해야 할 사항은?

① 용접봉　　② 용접기
③ 잔류응력　　④ 모재의 치수

해설
용접구조물의 강도 설계 시 용접변형 및 강도 저하에 가장 큰 영향을 미치는 잔류응력의 제거가 가장 주의해야 할 사항이다.

26 비드가 끊어졌거나 용접봉이 짧아져서 용접이 중단될 때 비드 끝 부분이 오목하게 된 부분을 무엇이라고 하는가?

① 언더컷　　② 엔드탭
③ 크레이터　　④ 용착금속

해설
③ 크레이터 : 아크용접의 비드 끝에서 오목하게 파인 부분으로 용접 후에는 반드시 크레이터처리를 실시해야 한다.
① 언더컷 : 용접부의 가장자리 부분에서 모재가 파이고 용착금속이 채워지지 않고 홈으로 남아 있는 부분
② 엔드탭 : 용접부의 시작부와 끝나는 부분에 용입 불량이나 각종 결함을 방지하기 위해서 사용되는 용접보조기구
④ 용착금속 : 용접 후 용접 홈에 채워진 금속

27 용접구조물의 수명과 가장 관련이 있는 것은?

① 작업률　　② 피로강도
③ 작업 태도　　④ 아크 타임률

해설
용접구조물의 수명은 구조물을 구성하고 있는 재료가 받는 피로강도와 관련이 있고, 나머지 것들과는 무관하다.
피로한도(피로강도) : 재료에 하중을 반복적으로 가했을 때 파괴되지 않는 응력변동의 최대범위로, S-N곡선으로 확인할 수 있다. 재질이나 반복하중의 종류, 표면상태나 형상에 큰 영향을 받는다.

정답 24 ④　25 ③　26 ③　27 ②

28 **완전 용입된 평판맞대기이음에서 굽힘응력을 계산하는 식은?(단, σ : 용접부의 굽힘응력, M : 굽힘모멘트, l : 용접유효길이, h : 모재의 두께로 한다)**

① $\sigma = \dfrac{4M}{lh^2}$　　② $\sigma = \dfrac{4M}{lh^3}$

③ $\sigma = \dfrac{6M}{lh^2}$　　④ $\sigma = \dfrac{6M}{lh^3}$

해설

$M = \sigma \times Z$

여기서, 단면계수$(Z) = \dfrac{bh^2}{6} = \dfrac{lh^2}{6}$ 대입

$$\sigma = \frac{M}{Z} = \frac{M}{\frac{lh^2}{6}} = \frac{6M}{lh^2}$$

29 **용접부 결함의 종류가 아닌 것은?**

① 기 공　　② 비 드

③ 융합불량　　④ 슬래그 섞임

해설

비드란 용접 후 용접부위에 채워진 금속을 나타내는 용어로 이 비드 안에 기포가 발생하는 불량이 '기공'이고, 이 비드가 모재와 잘 결합되어 있지 않으면 '융합 불량', 이 비드 내에 슬래그가 섞여 있으면 '슬래그 섞임' 불량이 된다.

30 **맞대기용접이음 홈의 종류가 아닌 것은?**

① I형 홈　　② V형 홈

③ U형 홈　　④ T형 홈

해설

T형 홈은 필릿용접으로 분류된다.

필릿용접

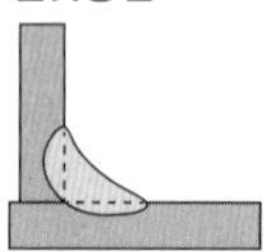

맞대기이음의 종류

I형	V형	X형
U형	H형	/형
K형	J형	양면 J형

31 **용접이음을 설계할 때 주의사항으로 틀린 것은?**

① 위보기자세용접을 많이 하게 한다.

② 강도상 중요한 이음에서는 완전 용입이 되게 한다.

③ 용접이음을 한곳으로 집중되지 않게 설계한다.

④ 맞대기용접에는 양면용접을 할 수 있도록 하여 용입 부족이 없게 한다.

해설

용접부을 설계할 때는 가급적 아래보기로 설계해야 한다. 위보기로 설계하면 작업성이 떨어지고 용접사의 기량에 따라 제품의 품질이 다르게 된다.

용접이음부 설계 시 주의사항

- 용접선의 교차를 최대한 줄인다.
- 가능한 한 용착량을 적게 설계해야 한다.
- 용접길이가 감소될 수 있는 설계를 한다.
- 가능한 한 아래보기자세로 작업하도록 한다.
- 용접열이 국부적으로 집중되지 않도록 한다.
- 보강재 등 구속이 커지도록 구조설계를 한다.
- 용접작업에 지장을 주지 않도록 공간을 남긴다.
- 가능한 한 열의 분포가 부재 전체에 고루 퍼지도록 한다.

28 ③ 29 ② 30 ④ 31 ① 정답

32 연강판의 양면필릿(Fillet)용접 시 용접부 목길이는 판두께의 얼마 정도로 하는 것이 가장 좋은가?

① 25%　　② 50%

③ 75%　　④ 100%

해설

양면필릿용접 시 용접부의 목길이는 판두께의 약 75%로 한다.

※ 참고사항 : 이론 목두께(a)는 $0.7z$이다.

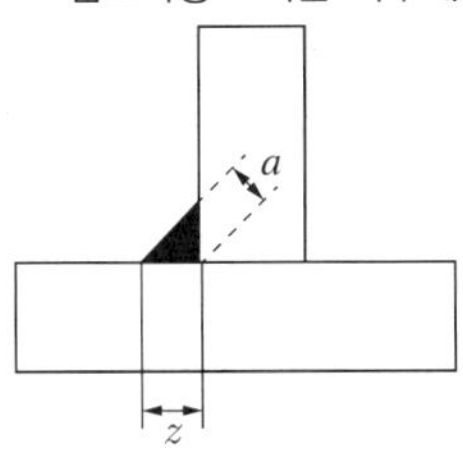

33 맞대기용접이음에서 강판의 두께 6mm, 인장하중 60kN을 작용시키려 한다. 이때 필요한 용접길이는?(단, 허용인장응력은 500MPa이다)

① 20mm　　② 30mm

③ 40mm　　④ 50mm

해설

인장응력(σ) $= \frac{F}{A} = \frac{F}{t \times L}$ 식을 응용하면

$$500 \times 10^6 \text{Pa} = \frac{60,000\text{N}}{6 \times 10^{-3}\text{m} \times L \times 10^{-3}\text{m}}$$

$$L = \frac{60,000\text{N}}{6 \times 10^{-3}\text{m} \times 500 \times 10^6 \times 10^{-3}\text{m}} = 20\text{mm}$$

맞대기용접부의 인장하중(힘)

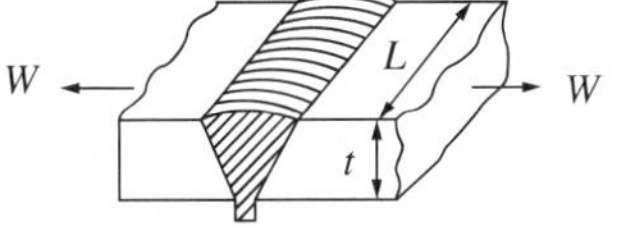

34 용융금속의 용적이행 형식인 단락형에 관한 설명으로 옳은 것은?

① 표면장력의 작용으로 이행하는 형식

② 전류소자 간 흡인력에 이행하는 형식

③ 비교적 미세용적이 단락되지 않고 이행하는 형식

④ 미세한 용적이 스프레이와 같이 날려 이행하는 형식

해설

용적이행방식의 종류

이행방식	이행형태	특 징
단락이행		• 박판용접에 적합하다. • 모재로의 입열량이 적고 용입이 얕다. • 용융금속이 표면장력의 작용으로 모재에 옮겨가는 용적이행이다. • 저전류의 CO_2 및 MIG용접에서 솔리드 와이어를 사용할 때 발생한다.
입상이행 (글로뷸러, Globular)		• Globule은 용융방울인 용적을 의미한다. • 깊고 양호한 용입을 얻을 수 있어서 능률적이나 스패터가 많이 발생한다. • 초당 90회 정도의 와이어보다 큰 용적으로 용융되어 모재로 이행된다.
스프레이 이행		• 용적이 작은 입자로 되어 스패터 발생이 적고 비드의 외관이 좋다. • 가장 많이 사용되는 것으로 아크기류 중에서 용가재가 고속으로 용융되어 미입자의 용적으로 분사되어 모재에 옮겨가면서 용착되는 용적이행이다. • 고전압, 고전류에서 발생하며, 아르곤가스나 헬륨가스를 사용하는 경합금 용접에서 주로 나타나며 용착속도가 빠르고 능률적이다.
맥동이행 (펄스아크)		연속적으로 스프레이 이행을 사용할 때 높은 입열로 인해 용접부의 물성이 변화되었거나 박판 용접 시 용락으로 인해 용접이 불가능할 때 낮은 전류에서도 스프레이 이행이 이루어지게 하여 박판용접을 가능하게 한다.

정답 32 ③ 33 ① 34 ①

35 다음 중 가장 얇은 판에 적용하는 용접홈 형상은?

① H형 ② I형
③ K형 ④ V형

해설

맞대기용접홈의 형상별 적용 판두께

형 상	적용두께
I형	6mm 이하
V형	6~19mm
/형	9~14mm
X형	18~28mm
U형	16~50mm

36 현장용접으로 판두께 15mm를 위보기자세로 20m 맞대기용접할 경우 환산 용접길이는 몇 m인가? (단, 위보기맞대기용접 환산계수는 4.8이다)

① 4.1 ② 24.8
③ 96 ④ 152

해설

위보기자세로 맞대기한 용접길이가 20m이다. 위보기자세에 대한 환산계수가 4.8이므로 20mm×4.8=96mm이다.

37 용접부의 피로강도 향상법으로 옳은 것은?

① 덧붙이용접의 크기를 가능한 한 최소화한다.
② 기계적 방법으로 잔류응력을 강화한다.
③ 응력집중부에 용접이음부를 설계한다.
④ 야금적 변태에 따라 기계적인 강도를 낮춘다.

해설

용접부의 피로강도를 향상시키려면 덧붙이(덧살)용접의 크기를 가능한 한 최소화해야 한다. 덧붙이용접이 과대한 경우 피로강도를 감소시킨다.

38 용접부의 결함을 육안검사로 검출하기 어려운 것은?

① 피 트
② 언더컷
③ 오버랩
④ 슬래그 혼입

해설

슬래그 혼입은 용접금속의 내부에 발생하는 불량이므로 육안으로 검출하기 힘들기 때문에 비파괴검사법을 사용해야 한다.

39 고셀룰로스계(E4311) 용접봉의 특징으로 틀린 것은?

① 슬래그 생성량이 적다.
② 비드 표면이 양호하고 스패터의 발생이 적다.
③ 아크는 스프레이 형상으로 용입이 비교적 양호하다.
④ 가스 실드에 의한 아크 분위기가 환원성이므로 용착금속의 기계적 성질이 양호하다.

해설

고셀룰로스계(E4311)

- 기공이 생기기 쉽다.
- 아크가 강하고, 용입이 깊다.
- 비드표면이 거칠고 스패터가 많다.
- 전류가 높으면 용착금속이 나쁘다.
- 다량의 가스가 용착금속을 보호한다.
- 표면의 파형이 나쁘며, 스패터가 많다.
- 슬래그 생성이 적어 위보기, 수직자세용접에 좋다.
- 도금 강판, 저합금강, 저장탱크나 배관공사에 이용된다.
- 아크는 스프레이 형상으로 용입이 크고 용융속도가 빠르다.
- 가스 생성에 의한 환원성 아크 분위기로 용착금속의 기계적 성질이 양호하다.
- 피복제에 가스 발생제인 셀룰로스를 20~30% 정도 포함한 가스 생성식 용접봉이다.
- 사용전류는 슬래그 실드계 용접봉에 비해 10~15% 낮게 하며, 사용 전 70~100℃에서 30분~1시간 건조해야 한다.

35 ② 36 ③ 37 ① 38 ④ 39 ② **정답**

40 비드 바로 밑에서 용접선과 평행되게 모재 열영향부에 생기는 균열은?

① 층상 균열
② 비드 밑 균열
③ 크레이터 균열
④ 래미네이션 균열

해설

비드 밑 균열 : 모재의 용융선 근처의 열영향부에서 발생되는 균열이며 고탄소강이나 저합금강을 용접할 때 용접열에 의한 열영향부의 경화와 변태응력 및 용착금속 내부의 확산성 수소에 의해 발생되는 균열

제3과목 용접일반 및 안전관리

41 용해 아세틸렌가스를 충전하였을 때의 용기 전체의 무게가 65kgf이고, 사용 후 빈 병의 무게가 61kgf였다면, 사용한 아세틸렌가스는 몇 리터(L)인가?

① 905 ② 1,810
③ 2,715 ④ 3,620

해설

용해 아세틸렌 1kg을 기화시키면 약 905L의 가스가 발생하므로, 아세틸렌가스량 공식은 다음과 같다.

아세틸렌가스량(L) = 905(병 전체 무게(A) – 빈 병의 무게(B))
= 905(65–61)
= 3,620L

42 아크용접에서 피복배합제 중 탈산제에 해당되는 것은?

① 산성 백토 ② 산화타이타늄
③ 페로망간 ④ 규산나트륨

해설

페로망간이 용융금속 내에서 탈산제의 역할을 한다.
※ 08번 문제 해설 참고

43 TIG, MIG, 탄산가스 아크용접 시 사용하는 차광렌즈 번호로 가장 적당한 것은?

① 4~5 ② 6~7
③ 8~9 ④ 12~13

해설

TIG 및 MIG용접은 일반적으로 100A 이상을 사용하므로 차광렌즈는 보기 중 12~13이 적합하다.

용접의 종류별 적정 차광번호(KS P 8141)

용접의 종류	전류범위(A)	차광도 번호(No.)
납 땜	–	2~4
가스용접	–	4~7
산소절단	901~2,000	5
	2,001~4,000	6
	4,001~6,000	7
피복아크용접 및 절단	30 이하	5~6
	36~75	7~8
	76~200	9~11
	201~400	12~13
	401 이상	14
아크에어가우징	126~225	10~11
	226~350	12~13
	351 이상	14~16
탄소아크용접	–	14
TIG, MIG	100 이하	9~10
	101~300	11~12
	301~500	13~14
	501 이상	15~16

정답 40 ② 41 ④ 42 ③ 43 ④

44 전격방지기가 설치된 용접기의 가장 적당한 무부하전압은?

① 25V 이하 ② 50V 이하
③ 75V 이하 ④ 상관없다.

해설

일반적인 교류아크 용접기의 2차측 무부하전압은 75V 정도가 되는데 이 때문에 직류아크 용접기보다 전격의 위험이 더 크다. 따라서 용접기에 정격방지기를 반드시 설치하고 무부하전압은 항상 25V 이하로 유지해야 한다.

※ 전격이란 강한 전류를 갑자기 몸에 느꼈을 때의 충격을 말하며, 용접기에는 작업자의 전격을 방지하기 위해서 반드시 전격방지기를 용접기에 부착해야 한다. 전격방지기는 작업을 쉬는 동안에 2차 무부하전압이 항상 25V 정도로 유지되도록 하여 전격을 방지할 수 있다.

45 피복아크 용접에 사용되는 피복배합제의 성질을 작용면에서 분류한 것으로 틀린 것은?

① 아크안정제는 아크를 안정시킨다.
② 가스발생제는 용착금속의 냉각속도를 빠르게 한다.
③ 고착제는 피복제를 단단하게 심선에 고착시킨다.
④ 합금제는 용강 중에 금속원소를 첨가하여 용접금속의 성질을 개선한다.

해설

가스 발생제는 피복아크 용접봉의 심선을 둘러싼 피복제에서 보호가스를 발생시키는 용도로, 모든 피복제는 냉각속도를 느리게 하는 역할을 한다.

46 납땜에서 경납용으로 쓰이는 용제는?

① 붕 사
② 인 산
③ 염화아연
④ 염화암모니아

해설

납땜용 용제의 종류

경납용 용제(Flux)	연납용 용제(Flux)
• 붕 사 • 붕 산 • 불화나트륨 • 불화칼륨 • 은 납 • 황동납 • 인동납 • 망간납 • 양은납 • 알루미늄납	• 송 진 • 인 산 • 염 산 • 염화아연 • 염화암모늄 • 주석-납 • 카드뮴-아연납 • 저융점 땜납

47 교류아크 용접기의 용접전류 조정범위는 전격 2차 전류의 몇 % 정도인가?

① 10~20%
② 20~110%
③ 110~150%
④ 160~200%

해설

교류아크 용접기의 용접전류의 조정범위는 전격 2차 전류의 20~110% 범위이다.

44 ① 45 ② 46 ① 47 ② **정답**

48 용접하고자 하는 부위에 분말형태의 플럭스를 일정 두께로 살포하고, 그 속에 전극 와이어를 연속적으로 송급하여 와이어 선단과 모재 사이에 아크를 발생시키는 용접법은?

① 전자빔용접
② 서브머지드아크용접
③ 불활성가스 금속아크용접
④ 불활성가스 텅스텐아크용접

해설

② 서브머지드아크용접 : 용접 부위에 미세한 입상의 플럭스를 도포한 뒤 용접선과 나란히 설치된 레일 위를 주행대차가 지나가면서 와이어를 용접부로 공급시키면 플럭스 내부에서 아크가 발생하면서 용접하는 자동 용접법이다. 아크가 플럭스 속에서 발생되므로 용접부가 눈에 보이지 않아 불가시 아크용접, 잠호용접이라고 불린다.

① 전자빔용접 : 고밀도로 집속되고 가속화된 전자빔을 높은 진공 속에서 용접물에 고속도로 조사시키면 빛과 같은 속도로 이동한 전자가 용접물에 충돌하면서 전자의 운동에너지를 열에너지로 변환시켜 국부적으로 고열을 발생시키는데, 이때 생긴 열원으로 용접부를 용융시켜 용접하는 방식이다. 텅스텐(3,410℃)과 몰리브덴(2,620℃)과 같이 용융점이 높은 재료의 용접에 적합하다.

③ 불활성가스 금속아크용접 : 용가재인 전극 와이어(1.0~2.4ϕ)를 연속적으로 보내어 아크를 발생시키는 방법으로 용극식 또는 소모식 불활성가스 아크 용접이라고 불리며 불활성가스로는 주로 Ar(아르곤)가스를 사용한다.

④ 불활성가스 텅스텐아크용접 : Tungsten(텅스텐) 재질의 전극봉으로 아크를 발생시킨 후 모재와 같은 성분의 용가재를 녹여가며 용접하는 특수 용접법으로 불활성가스 텅스텐 아크용접으로도 불린다. 용접 표면을 Inert Gas(불활성가스)인 Ar(아르곤)가스로 보호하기 때문에 용접부가 산화되지 않아 깨끗한 용접부를 얻을 수 있다.

49 피복아크용접 시 안전홀더를 사용하는 이유로 옳은 것은?

① 고무장갑 대용
② 유해가스 중독 방지
③ 용접작업 중 전격예방
④ 자외선과 적외선 차단

해설

피복아크용접의 전원은 전기이므로 반드시 전격의 위험을 방지하기 위해 안전홀더를 사용해야 한다.

용접홀더의 종류

A형	• 전체가 절연된 홀더이다. • 안전형 홀더이다.
B형	• 손잡이 부분만 절연된 홀더이다. • 비안전형 홀더이다.

50 불활성가스 텅스텐아크용접의 특징으로 틀린 것은?

① 보호가스가 투명하여 가시용접이 가능하다.
② 가열범위가 넓어 용접으로 인한 변형이 크다.
③ 용제가 불필요하고 깨끗한 비드 외관을 얻을 수 있다.
④ 피복아크용접에 비해 용접부의 연성 및 강도가 우수하다.

해설

TIG용접은 텅스텐 봉에서 시작하는 아크 주변만이 가열되므로 타 용접방법들에 비해 가열범위가 작아서 용접으로 인한 변형이 작다.

불활성가스 텅스텐아크용접(TIG)의 특징

- 보통의 아크용접법보다 생산비가 고가이다.
- 가열범위가 작아서 용접으로 인한 변형이 작다.
- 모든 용접자세가 가능하며, 박판용접에 적합하다.
- 용접전원으로 DC나 AC가 사용되며 직류에서 극성은 용접결과에 큰 영향을 준다.
- 보호가스로 사용되는 불활성가스는 용접봉 지지기 내를 통과시켜 용접물에 분출시킨다.
- 용접부가 불활성가스로 보호되어 용가재 합금 성분의 용착효율이 거의 100%에 가깝다.
- 직류역극성에서 청정효과가 있어서 Al과 Mg과 같은 강한 산화막이나 용융점이 높은 금속의 용접에 적합하다.
- 교류에서는 아크가 끊어지기 쉬우므로 용접전류에 고주파의 약전류를 중첩시켜 양자의 특징을 이용하여 아크를 안정시킬 필요가 있다.
- 직류정극성(DCSP)에서는 음전기를 가진 전자가 전극에서 모재쪽으로 흐르고 가스 이온은 반대로 모재에서 전극쪽으로 흐르며 깊은 용입을 얻는다.
- 불활성가스의 압력조정과 유량조정은 불활성가스 압력조정기로 하며 일반적으로 1차 압력은 150kgf/cm^2, 2차 조정압력은 140kgf/cm^2 정도이다.

51 금속원자 간에 인력이 작용하여 영구결합이 일어나도록 하기 위해서는 원자 사이의 거리가 어느 정도 접근해야 하는가?

① 0.001mm ② 10^{-6}cm
③ 10^{-8}cm ④ 0.0001mm

해설

금속은 용접이나 기타 방법이 없이도 두 모재 간 간격을 10^{-8}cm까지 접근시키면 서로 결합이 가능하다. 그러나 표면의 불순물이나 녹과 같은 이물질 때문에 순수한 결합은 불가능하다.

52 탄산가스아크용접에 대한 설명으로 틀린 것은?

① 용착금속에 포함된 수소량은 피복아크 용접봉의 경우보다 적다.
② 박판용접은 단락이행용접법에 의해 가능하고, 전자세용접도 가능하다.
③ 피복아크용접처럼 용접봉을 갈아 끼우는 시간이 필요없으므로 용접 생산성이 높다.
④ 용융지의 상태를 보면서 용접할 수가 없으므로 용접진행의 양부 판단이 곤란하다.

해설

이산화탄소(CO_2, 탄산)가스 아크용접은 아크와 용융지가 눈에 보여 정확한 용접이 가능하므로 용접진행의 양부 판단이 가능하다.

CO_2용접(탄산가스아크용접)의 특징

- 조작이 간단하다.
- 가시아크로 시공이 편리하다.
- 철 재질의 용접에만 한정된다.
- 전용접자세로 용접이 가능하다.
- 용착금속의 강도와 연신율이 크다.
- MIG용접에 비해 용착금속에 기공의 발생이 적다.
- 보호가스가 저렴한 탄산가스이므로 경비가 적게 든다.
- 킬드강이나 세미킬드강, 림드강도 쉽게 용접할 수 있다.
- 아크와 용융지가 눈에 보여 정확한 용접이 가능하다.
- 산화 및 질화가 되지 않아 양호한 용착금속을 얻을 수 있다.
- 용접의 전류밀도가 커서 용입이 깊고 용접속도를 빠르게 할 수 있다.
- 용착금속 내부의 수소 함량이 타 용접법보다 적어 은점이 생기지 않는다.
- 용제가 사용되지 않아 슬래그의 잠입이 적으며 슬래그를 제거하지 않아도 된다.
- 아크 특성에 적합한 상승 특성을 갖는 전원을 사용하므로 스패터의 발생이 적고 안정된 아크를 얻는다.

50 ② 51 ③ 52 ④ 정답

53 피복아크용접 시 전격 방지에 대한 주의사항으로 틀린 것은?

① 작업을 장시간 중지할 때는 스위치를 차단한다.
② 무부하전압이 필요 이상 높은 용접기를 사용하지 않는다.
③ 가죽장갑, 앞치마, 발 덮개 등 규정된 안전보호구를 착용한다.
④ 땀이 많이 나는 좁은 장소에서는 신체를 노출시켜 용접해도 된다.

해설
용접 시 전격을 방지하려면 반드시 절연장갑 등을 껴서 신체를 노출시켜서는 안 된다.

54 피복아크 용접봉 기호와 피복제 계통을 각각 연결한 것 중 틀린 것은?

① E4324 – 라임티타니아계
② E4301 – 일미나이트계
③ E4327 – 철분 산화철계
④ E4313 – 고산화타이타늄계

해설
용접봉의 종류

기 호	종 류	기 호	종 류
E4301	일미나이트계	E4316	저수소계
E4303	라임티타니아계	E4324	철분 산화타이타늄계
E4311	고셀룰로스계	E4326	철분 저수소계
E4313	고산화타이타늄계	E4327	철분 산화철계

55 불활성가스 텅스텐아크용접에서 일반 교류전원에 비해 고주파 교류전원이 갖는 장점이 아닌 것은?

① 텅스텐 전극봉이 많은 열을 받는다.
② 텅스텐 전극봉의 수명이 길어진다.
③ 전극을 모재에 접촉시키지 않아도 아크가 발생한다.
④ 아크가 안정되어 작업 중 아크가 약간 길어져도 끊어지지 않는다.

해설
TIG용접에서 고주파교류(ACHF)를 전원으로 사용하면 전극봉에 열이 적게 발생하므로 전극봉의 수명을 길게 할 수 있다.

TIG용접에서 고주파교류(ACHF)을 전원으로 사용하는 이유
- 긴 아크유지가 용이하다.
- 아크를 발생시키기 쉽다.
- 비접촉에 의해 용착금속과 전극의 오염을 방지한다.
- 전극의 소모를 줄여 텅스텐 전극봉의 수명을 길게 한다.
- 고주파 전원을 사용하므로 모재에 접촉시키지 않아도 아크가 발생한다.
- 동일한 전극봉에서 직류정극선(DCSP)에 비해 고주파교류(ACHF)가 사용전류범위가 크다.

56 피복아크용접에서 용접부의 보호방식이 아닌 것은?

① 가스 발생식
② 슬래그 생성식
③ 반가스 발생식
④ 스프레이 발생식

해설
용착금속의 보호방식에 따른 분류
- 가스 발생식 : 피복제 성분이 주로 셀룰로스이며, 연소 시 가스를 발생시켜 용접부를 보호한다.
- 슬래그 생성식 : 피복제 성분이 주로 규사나 석회석 등의 무기물로 슬래그를 만들어 용접부를 보호하며 산화 및 질화를 방지한다.
- 반가스 발생식 : 가스 발생식과 슬래그 생성식의 중간적 성질을 갖는다.

정답 53 ④ 54 ① 55 ① 56 ④

57 활성가스를 보호가스로 사용하는 용접법은?

① SAW용접　② MIG용접
③ MAG용접　④ TIG용접

해설

MAG(Metal Active Gas arc welding)용접 : 활성가스를 보호가스로 사용하는 용접법으로 일반적으로 Ar 80%, CO_2 20%의 혼합비로 섞어서 많이 사용하며 여기에 산소, 탄산가스를 혼합하여 사용하기도 한다. 용접원리는 미그용접이나 탄산가스 아크용접과 같다.

58 피복아크용접에서 직류정극성의 설명으로 틀린 것은?

① 용접봉의 용융이 늦다.
② 모재의 용입이 얕아진다.
③ 두꺼운 판의 용접에 적합하다.
④ 모재를 (+)극에, 용접봉을 (−)극에 연결한다.

해설

직류정극성은 모재에 (+)전극이 연결되어 70%의 열이 발생하므로 용입을 깊게 할 수 있다.

용접기의 극성에 따른 특징

구분	특징
직류정극성(DCSP ; Direct Current Straight Polarity)	• 용입이 깊다. • 비드폭이 좁다. • 용접봉의 용융속도가 느리다. • 후판(두꺼운 판)용접이 가능하다. • 모재에는 (+)전극이 연결되며 70% 열이 발생하고, 용접봉에는 (−)전극이 연결되며 30% 열이 발생한다.
직류역극성(DCRP ; Direct Current Reverse Polarity)	• 용입이 얕다. • 비드폭이 넓다. • 용접봉의 용융속도가 빠르다. • 박판(얇은 판)용접이 가능하다. • 모재에는 (−)전극이 연결되며 30% 열이 발생하고, 용접봉에는 (+)전극이 연결되며 70% 열이 발생한다. • 산화피막을 제거하는 청정작용이 있다.
교류(AC)	• 극성이 없다. • 전원주파수의 $\frac{1}{2}$사이클마다 극성이 바뀐다. • 직류정극성과 직류역극성의 중간적 성격이다.

59 브레이징(Brazing)은 용가재를 사용하여 모재를 녹이지 않고 용가재만 녹여 용접을 이행하는 방식인데, 몇 ℃ 이상에서 이행하는 방식인가?

① 150℃　② 250℃
③ 350℃　④ 450℃

해설

브레이징(Brazing)은 금속이나 비금속 재료를 접합하는 방법으로, 450℃ 이상과 모재의 용융점 이하의 온도에서 접합부를 가열하여 모재는 녹이지 않고 용가재만 녹여서 재료를 결합시킨다.

60 고장력강용 피복아크 용접봉 중 피복제의 계통이 특수계에 해당되는 것은?

① E5000　② E5001
③ E5003　④ E5026

해설

특수계 용접봉 : E4340, E5000, E8000

57 ③　58 ②　59 ④　60 ①　**정답**

2016년 제3회 과년도 기출문제

제1과목 용접야금 및 용접설비제도

01 용착금속이 응고할 때 불순물이 한곳으로 모이는 현상은?

① 공 석　② 편 석
③ 석 출　④ 고용체

해설
② 편석 : 합금 원소나 불순물이 균일하지 못하고 편중되어 있는 상태
① 공석(共析) : 하나의 고용체에서 두 가지 이상의 서로 다른 결정이 분리되어 나옴
※ 共 : 함께(공), 析 : 가를(석)
② 석출(析出) : 용액상태에서 고체 결정이 나오는 현상
※ 析 : 가를(석), 出 : 날(출)
④ 고용체 : 두 개 이상의 고체가 일정한 조성으로 완전하게 균일한 상을 이룬 혼합물

02 알루미늄과 그 합금의 용접성이 나쁜 이유로 틀린 것은?

① 비열과 열전도도가 대단히 커서 수축량이 크기 때문이다.
② 용융응고 시 수소 가스를 흡수하여 기공이 발생하기 쉽기 때문이다.
③ 강에 비해 용접 후의 변형이 커 균열이 발생하기 쉽기 때문이다.
④ 산화알루미늄의 용융온도가 알루미늄의 용융온도보다 매우 낮기 때문이다.

해설
알루미늄 합금은 표면에 강한 산화막이 존재하기 때문에 납땜이나 용접하기가 힘든데, 산화알루미늄의 용융온도(약 2,070℃)가 알루미늄(용융온도 660℃, 끓는점 약 2,500℃)의 용융온도보다 매우 크기 때문이다.

03 잔류응력 제거법 중 잔류응력이 있는 제품에 하중을 주어 용접 부위에 약간의 소성변형을 일으킨 다음 하중을 제거하는 방법은?

① 피닝법　② 노 내 풀림법
③ 국부풀림법　④ 기계적 응력완화법

해설
④ 기계적 응력완화법 : 용접 후 잔류응력이 있는 제품에 하중을 주어 용접부에 약간의 소성변형을 일으킨 후 하중을 제거하면서 잔류응력을 제거하는 방법이다.
① 피닝법 : 끝이 둥근 특수 해머를 사용하여 용접부를 연속적으로 타격하며 용접 표면에 소성변형을 주어 인장응력을 완화시킨다.
② 노 내 풀림법 : 가열 노(Furnace) 내부의 유지온도는 625℃ 정도이며 노에 넣을 때나 꺼낼 때의 온도는 300℃ 정도로 한다. 판 두께 25mm일 경우에 1시간 동안 유지하는데 유지온도가 높거나 유지시간이 길수록 풀림 효과가 크다.
③ 국부풀림법 : 재료의 전체 중에서 일부분의 재질을 표준화시키거나 잔류응력의 제거를 위해 사용하는 방법이다.

04 예열 및 후열의 목적이 아닌 것은?

① 균열의 방지　② 기계적 성질 향상
③ 잔류응력의 경감　④ 균열 감수성의 증가

해설
용접재료를 예열이나 후열을 하는 목적은 금속의 갑작스런 팽창과 수축에 의한 변형 방지 및 잔류응력을 제거함으로써 균열에 대한 감수성을 저하시키는 데 있다.
용접 전과 후 모재에 예열을 가하는 목적
- 열영향부(HAZ)의 균열을 방지한다.
- 수축변형 및 균열을 경감시킨다.
- 용접금속에 연성 및 인성을 부여한다.
- 열영향부와 용착금속의 경화를 방지한다.
- 급열 및 급랭 방지로 잔류응력을 줄인다.
- 용접금속의 팽창이나 수축의 정도를 줄여준다.
- 수소방출을 용이하게 하여 저온 균열을 방지한다.
- 금속 내부의 가스를 방출시켜 기공 및 균열을 방지한다.

정답 1 ② 2 ④ 3 ④ 4 ④

05 서브머지드아크용접 시 용융지에서 금속정련 반응이 일어날 때 용접금속의 청정도 및 인성과 매우 깊은 관계가 있는 것은?

① 플럭스(Flux)의 입도
② 플럭스(Flux)의 염기도
③ 플럭스(Flux)의 소결도
④ 플럭스(Flux)의 용융도

해설

서브머지드아크용접(SAW)에서 용접금속의 청정도 및 인성은 용착금속의 품질과 관련이 크다. 용착금속의 청정도는 용가재인 플럭스 염기도의 영향을 받는다.

06 적열취성에 가장 큰 영향을 미치는 것은?

① S
② P
③ H_2
④ N_2

해설

적열취성(赤熱, 붉을 적, 더울 열, 철이 빨갛게 달궈진 상태)

S(황)의 함유량이 많은 탄소강이 900℃ 부근에서 적열(赤熱)상태가 되었을 때 파괴되는 성질로 철에 S의 함유량이 많으면 황화철이 되면서 결정립계 부근의 S이 망상으로 분포되면서 결정립계가 파괴된다. 적열취성을 방지하려면 Mn(망간)을 합금하여 S을 MnS로 석출시키면 된다. 이 적열취성은 높은 온도에서 발생하므로 고온취성으로도 불린다.

07 6 : 4 황동에 1~2% Fe를 첨가한 것으로 강도가 크며 내식성이 좋아 광산기계, 선박용 기계, 화학기계 등에 이용되는 합금은?

① 톰 백
② 라우탈
③ 델타메탈
④ 네이벌 황동

해설

③ 델타메탈 : 6 : 4 황동에 1~2% Fe을 첨가한 것으로, 강도가 크고 내식성이 좋아서 광산기계나 선박용, 화학용 기계에 사용한다.
① 톰백 : Cu에 Zn을 5~20% 합금한 것으로 색깔이 아름답고 냉간가공이 쉽게 되어 단추나 금박, 금 모조품과 같은 장식용 재료로 사용된다.
② 라우탈 : 주조용 알루미늄 합금으로 Al + Cu + Si의 합금이다. Al에 Si를 첨가하면 주조성을 개선하며, Cu를 첨가하면 절삭성을 향상시킨다.
④ 네이벌 황동 : 6 : 4 황동에 0.8% 정도의 Sn을 첨가한 것으로 내해수성이 강해서 선박용 부품에 사용한다.

08 강의 오스테나이트 상태에서 냉각속도가 가장 빠를 때 나타나는 조직은?

① 펄라이트
② 소르바이트
③ 마텐자이트
④ 트루스타이트

해설

강을 급랭시키면 마텐자이트조직이 생성된다.

강의 담금질 조직의 냉각속도가 빠른 순서

오스테나이트 > 마텐자이트 > 트루스타이트 > 소르바이트 > 펄라이트

5 ② 6 ① 7 ③ 8 ③ **정답**

09 용접 시 수소원소에 의한 영향으로 옳은 것은?

① 수소는 용해도가 매우 높아 용접 시 쉽게 흡수된다.

② 용접 중에 흡수되는 대부분의 수소는 기체 수소로부터 공급된다.

③ 수소는 용접 시 냉각 중에 균열 또는 은점 형성의 원인이 된다.

④ 응력이 존재한 경우 격자 결함은 원자수소의 인력으로 작용하여 응력계(Stress-system)를 증가시켜 탄성 인자로 작용한다.

해설

용접 중 용접부의 수분에 의해 발생되는 수소가스는 냉각 중 비트 밑 균열이나 은점 형성의 원인이 된다.

- 비드 밑 균열 : 모재의 용융선 근처의 열영향부에서 발생되는 균열이며 고탄소강이나 저합금강을 용접할 때 용접열에 의한 열영향부의 경화와 변태응력 및 용착금속 내부의 확산성 수소에 의해 발생되는 균열이다. 용접비드의 밑 부분에서 발생되는 불량의 원인은 수소(H_2)가스이다.
- 은점(Fish Eye) : 수소가스에 의해 발생하는 불량으로 용착금속의 파단면에 은백색을 띤 물고기 눈 모양의 결함이다.

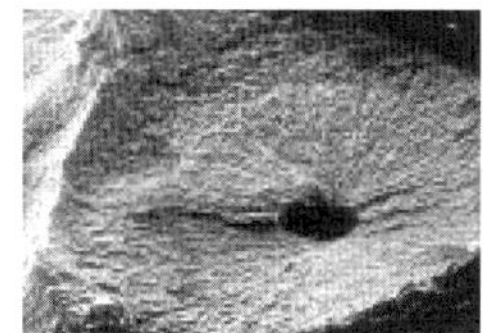

10 스테인리스강에서 용접성이 가장 좋은 계통은?

① 페라이트계 ② 펄라이트계

③ 마텐자이트계 ④ 오스테나이트계

해설

스테인리스강 중에서 가장 대표적으로 사용되는 오스테나이트계 스테인리스강은 일반 강(Steel)에 Cr-18%와 Ni-8%가 합금된 재료로 스테인리스강 중에서 용접성이 가장 좋다. 오스테나이트계 스테인리스강은 높은 열이 가해질수록 탄화물이 더 빨리 발생하여 입계부식을 일으키므로 가능한 용접 입열을 작게 해야 한다. 따라서 용접 전 예열을 하지 않는 것이 좋다. 또한 냉간가공으로만 경화되고 열처리로는 경화하지 않으며, 비자성이나 냉간가공에서는 약간의 자성을 갖고 있는 것이 특징이다.

11 기계나 장치 등의 실체를 보고 프리핸드(Free Hand)로 그린 도면은?

① 스케치도 ② 부품도

③ 배치도 ④ 기초도

해설

도면의 분류

분 류	명 칭	정 의
용도에 따른 분류	계획도	설계자의 의도와 계획을 나타낸 도면
	공정도	제조 공정 도중이나 공정 전체를 나타낸 제작도면
	시공도	현장 시공을 대상으로 해서 그린 제작도면
	상세도	건조물이나 구성재의 일부를 상세하게 나타낸 도면으로, 일반적으로 큰 척도로 그린다.
	제작도	건설이나 제조에 필요한 정보 전달을 위한 도면
	검사도	검사에 필요한 사항을 기록한 도면
	주문도	주문서에 첨부하여 제품의 크기나 형태, 정밀도 등을 나타낸 도면
	승인도	주문자 등이 승인한 도면
	승인용도	주문자 등의 승인을 얻기 위한 도면
	설명도	구조나 기능 등을 설명하기 위한 도면
내용에 따른 분류	부품도	부품에 대하여 최종 다듬질 상태에서 구비해야 할 사항을 기록한 도면
	기초도	기초를 나타낸 도면
	장치도	각 장치의 배치나 제조 공정의 관계를 나타낸 도면
	배선도	구성 부품에서 배선의 실태를 나타낸 계통도면
	배치도	건물의 위치나 기계의 설치 위치를 나타낸 도면
	조립도	2개 이상의 부품들을 조립한 상태에서 상호관계와 필요 치수 등을 나타낸 도면
	구조도	구조물의 구조를 나타낸 도면
	스케치도	실제 물체를 보고 그린 도면
표현 형식에 따른 분류	선 도	기호와 선을 사용하여 장치나 플랜트의 기능, 그 구성 부분 사이의 상호관계, 에너지나 정보의 계통 등을 나타낸 도면
	전개도	대상물을 구성하는 면을 평행으로 전개한 도면
	외관도	대상물의 외형 및 최소로 필요한 치수를 나타낸 도면
	계통도	급수나 배수, 전력 등의 계통을 나타낸 도면
	곡면선도	선체나 자동차 차체 등의 복잡한 곡면을 여러 개의 선으로 나타낸 도면

정답 9 ③ 10 ④ 11 ①

12 대상물의 보이지 않는 부분을 표시하는 데 쓰이는 선의 종류는?

① 굵은 실선

② 가는 파선

③ 가는 실선

④ 가는 2점 쇄선

해설

도면에서 대상물이 보이지 않는 부분을 나타낼 때는 숨은선인 점선(가는 파선) '-------------'을 사용한다.

① 굵은 실선 : 대상물의 실제 보이는 부분(외형선)

③ 가는 실선 : 치수선, 치수보조선, 회전단면선, 수준면선, 지시선

④ 가는 2점 쇄선 : 가상선, 무게 중심선

13 가는 실선으로 사용하는 선이 아닌 것은?

① 지시선

② 수준면선

③ 무게중심선

④ 치수보조선

해설

무게중심선은 가는 2점 쇄선으로 표시한다.

가는 2점 쇄선(—— - - ——)으로 표시되는 가상선의 용도

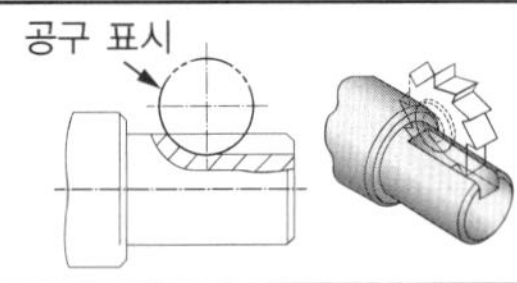

- 반복되는 것을 나타낼 때
- 가공 전이나 후의 모양을 표시할 때
- 도시된 단면의 앞부분을 표시할 때
- 물품의 인접 부분을 참고로 표시할 때
- 이동하는 부분의 운동범위를 표시할 때
- 공구 및 지그 등 위치를 참고로 나타낼 때
- 단면의 무게 중심을 연결한 선을 표시할 때

가공 전후의 모양

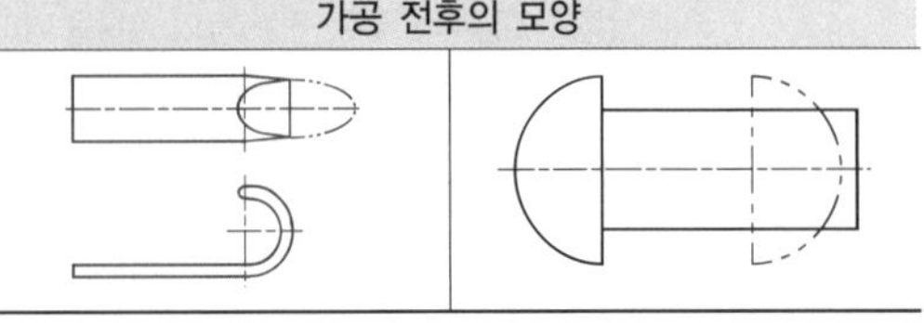

14 KS 재료기호 중 SM 45C의 설명으로 옳은 것은?

① 기계 구조용강 중에 45종이다.

② 재질강도가 45MPa인 기계 구조용강이다.

③ 탄소 함유량 4.5%인 기계 구조용 주물이다.

④ 탄소 함유량 0.45%인 기계 구조용 탄소강재이다.

해설

기계구조용 탄소강재인 SM 45C의 평균 탄소함유량은 0.45%이다.

- S : Steel(강-재질)
- M : 기계구조용(Machine Structural Use)
- 45C : 평균 탄소함유량(0.42~0.48%) - KS D 3752

15 투상법에 대한 설명으로 틀린 것은?

① 투상 : 대상물의 형태를 평면상에 투영하는 것을 말한다.

② 시선 : 시점과 공간에 있는 점을 연결하는 선 및 그 연장선을 말한다.

③ 투상선 : 시점과 대상물의 각 점을 연결하고 대상물의 형태를 투상면에 찍어내기 위해서 사용하는 선이다.

④ 시점 : 공간에 있는 점을 시점과 다른 방향으로 무한정 멀리했을 경우에 시점과 투상면과의 교점이다.

해설

- 시점(視點) : 대상물을 투상할 때 보는 눈의 위치
  ※ 視 : 볼(시), 點 : 점(점)
- 소점 : 공간에 있는 점을 시점과 다른 방향으로 무한정 멀리했을 경우 시선과 투상면과의 교점

12 ② 13 ③ 14 ④ 15 ④ **정답**

16 실형의 물건에 광명단 등 도료를 발라 용지에 찍어 스케치하는 방법은?

① 본뜨기법 ② 프린트법
③ 사진촬영법 ④ 프리핸드법

해설
① 모양뜨기법(본뜨기법) : 물체를 종이 위에 올려놓고 그 둘레의 모양을 직접 제도연필로 그리거나 납선, 구리선을 사용하여 모양을 만드는 방법이다.
③ 사진촬영법 : 물체의 사진을 찍는 방법이다.
④ 프리핸드법 : 운영자나 컴퍼스 등의 제도용품을 사용하지 않고 손으로 작도하는 스케치의 일반적인 방법으로, 척도에 관계없이 적당한 크기로 부품을 그린 후 치수를 측정한다.

17 선을 긋는 방법에 대한 설명으로 틀린 것은?

① 1점 쇄선은 긴 쪽 선으로 시작하고 끝나도록 긋는다.
② 파선이 서로 평행할 때에는 서로 엇갈리게 그린다.
③ 실선과 파선이 서로 만나는 부분은 띄워지도록 그린다.
④ 평행선은 선 간격을 선 굵기의 3배 이상으로 하여 긋는다.

해설
선의 연결 시 주의사항
• 파선이 서로 평행할 때에는 서로 엇갈리게 그린다.
• 두 파선이 인접할 때에는 서로 어긋나도록 그린다.
• 1점 쇄선은 긴 쪽 선으로 시작하고 끝나도록 긋는다.
• 파선과 파선이 연결되는 부분은 서로 이어지도록 그린다.
• 평행선은 선 간격을 선 굵기의 3배 이상으로 하여 긋는다.
• 파선이 실선(외형선)과 만날 때에는 서로 이어지도록 그린다.
• 파선이 실선(외형선)의 끝에서 만나면 서로 이어지지 않도록 한다.

18 도면으로 사용된 용지의 안쪽에 그려진 내용이 확실히 구분되도록 그리는 윤곽선은 일반적으로 몇 mm 이상의 실선으로 그리는가?

① 0.2mm ② 0.25mm
③ 0.3mm ④ 0.5mm

해설
일반적으로 전산응용기계제도기능사와 같이 국가기술자격시험에서 도면의 윤곽선을 0.7mm로 그리도록 권고하지만, 0.5mm로 사용하는 경우도 있다.

선의 굵기에 따른 색상 및 용도

선의 굵기	색 상	용 도
0.7mm	하늘색	윤곽선
0.5mm	초록색	외형선
0.35mm	노란색	숨은선
0.25mm	흰색, 빨간색	해칭, 치수선, 치수보조선, 중심선, 가상선, 지시선 등

19 용접기호에 대한 명칭이 틀리게 짝지어진 것은?

① (기호) : 스폿용접
② (기호) : 플러그용접
③ (기호) : 뒷면용접
④ (기호) : 현장용접

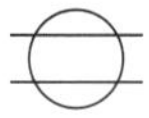

해설

심용접	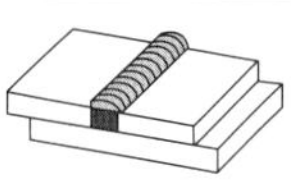 (그림)	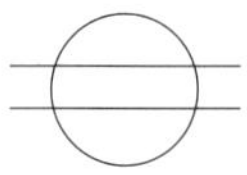 (기호)
스폿용접(점용접)	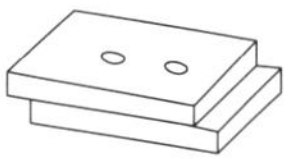 (그림)	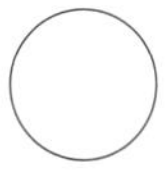 (기호)

정답 16 ② 17 ③ 18 ④ 19 ①

20 도면의 크기 중 A0 용지의 넓이는 약 얼마인가?

① 0.25m² ② 0.5m²
③ 0.8m² ④ 1.0m²

해설

도면의 종류별 크기 및 윤곽치수(mm)

크기의 호칭			A0	A1	A2	A3	A4
a×b			841×1,189	594×841	420×594	297×420	210×297
도면 윤곽	c(최소)		20	20	10	10	10
	d (최소)	철하지 않을 때	20	20	10	10	10
		철할 때	25	25	25	25	25

※ A0의 넓이 = 1m²

제2과목 용접구조설계

21 석회석이나 형석을 주성분으로 사용한 것으로, 용착금속 중의 수소 함유량이 다른 용접봉에 비해 약 1/10 정도로 현저하게 적은 용접봉은?

① 저수소계 ② 고산화타이타늄계
③ 일미나이트계 ④ 철분 산화타이타늄계

해설

저수소계(E4316)용접봉의 특징

- 기공이 발생하기 쉽다.
- 운봉에 숙련이 필요하다.
- 석회석이나 형석이 주성분이다.
- 이행 용적의 양이 적고, 입자가 크다.
- 강력한 탈산 작용으로 강인성이 풍부하다.
- 아크가 다소 불안정하다.
- 용착금속 중의 수소량이 타 용접봉에 비해 1/10 정도 현저하게 적어 용착효율이 좋아 고장력강용으로 사용한다.
- 보통 저탄소강의 용접에 주로 사용되나 저합금강과 중, 고탄소강의 용접에도 사용된다.
- 피복제는 습기를 잘 흡수하기 때문에 사용 전에 300~350℃에서 1~2시간 건조 후 사용해야 한다.
- 균열에 대한 감수성이 좋아 구속도가 큰 구조물의 용접이나 탄소 및 황의 함유량이 많은 쾌삭강의 용접에 사용한다.

22 용착법 중 단층 용착법이 아닌 것은?

① 스킵법
② 전진법
③ 대칭법
④ 빌드업법

해설

용접법의 종류

분 류		특 징
용착 방향에 의한 용착법	전진법	한쪽 끝에서 다른 쪽 끝으로 용접을 진행하는 방법으로 용접 진행 방향과 용착 방향이 서로 같다. 용접길이가 길면 끝부분 쪽에 수축과 잔류응력이 생긴다.
	후퇴법	용접을 단계적으로 후퇴하면서 전체 길이를 용접하는 방법으로 용접 진행 방향과 용착 방향이 서로 반대가 된다. 수축과 잔류응력을 줄이는 용접 기법이나 작업능률이 떨어진다.
	대칭법	변형과 수축응력의 경감법으로 용접의 전 길이에 걸쳐 중심에서 좌우 또는 용접물 형상에 따라 좌우대칭으로 용접하는 기법이다.
	스킵법 (비석법)	용접부 전체의 길이를 5개 부분으로 나누어 놓고 1-4-2-5-3순으로 용접하는 방법으로 용접부에 잔류응력을 적게 하면서 변형을 방지하고자 할 때 사용한다.
다층 비드 용착법	덧살올림법 (빌드업법)	각 층마다 전체의 길이를 용접하면서 쌓아올리는 방법으로 가장 일반적인 방법이다.
	전진블록법	한 개의 용접봉으로 살을 붙일 만한 길이로 구분해서 홈을 한 층 완료 후 다른 층을 용접하는 방법이다. 다층용접 시 변형과 잔류응력의 경감을 위해 사용한다.
	캐스케이드법	한 부분의 몇 층을 용접하다가 다음 부분의 층으로 연속시켜 전체가 단계를 이루도록 용착시켜 나가는 방법이다.

20 ④ 21 ① 22 ④ **정답**

23 용접 후 실시하는 잔류응력 완화법으로 틀린 것은?

① 도열법
② 저온응력완화법
③ 응력제거풀림법
④ 기계적 응력완화법

해설

도열법 : 용접 중 모재의 입열을 최소화하기 위해 물을 적신 동판을 덧대어 열을 흡수하도록 한 것으로, 용접변형방지법의 일종이다.

24 서브머지드아크용접 이음부 설계를 설명한 것으로 틀린 것은?

① 자동용접으로 정확한 이음부 홈 가공이 요구된다.
② 용접부 시작점과 끝점에는 엔드탭을 부착하여 용접한다.
③ 가로 수축량이 크므로 스트롱백을 이용하여 가로 수축량을 방지하여야 한다.
④ 루트 간격이 규정보다 넓으면 뒷댐판을 사용한다.

해설

스트롱백 지그

스트롱백은 용접변형 방지를 위한 지그(Zig)로, 세로방향의 수축량을 방지한다.

25 완전한 맞대기 용접이음의 굽힘모멘트(M_b) = 12,000 N · mm가 작용하고 있을 때 최대굽힘응력은 약 몇 N/mm^{2}인가?(단, l = 300mm, t = 25mm)

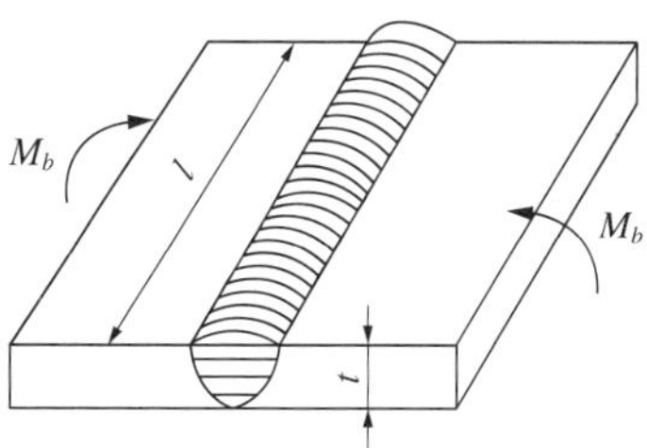

① 0.324　　② 0.344
③ 0.384　　④ 0.424

해설

최대굽힘모멘트$(M_{max}) = \sigma_{max} \times Z$(단면계수)

사각단면의 단면계수 : $\frac{bh^2}{6}$

여기서, 길이 $b = l$, 높이 $h = t$를 대입한다.

$$최대굽힘응력(\sigma_{max}) = \frac{6M}{lt^2} = \frac{6 \times 12{,}000\text{N} \cdot \text{mm}}{300\text{mm} \times (25\text{mm})^2} = 0.384\text{N/mm}^2$$

26 결함에코 형태로 결함을 판정하는 방법으로 초음파 검사법의 종류 중에서 가장 많이 사용하는 방법은?

① 투과법 ② 공진법
③ 타격법 ④ 펄스반사법

해설

초음파탐상검사(UT ; Ultrasonic Test)

사람이 들을 수 없는 매우 높은 주파수의 초음파를 사용하여 검사 대상물의 형상과 물리적 특성을 검사하는 방법이다. 4~5MHz 정도의 초음파가 경계면, 결함 표면 등에서 반사하여 되돌아오는 성질을 이용하는 방법으로 반사파의 시간과 크기를 스크린으로 관찰하여 결함의 유무, 크기, 종류 등을 검사한다.

- 투과법 : 초음파 펄스를 시험체의 한쪽 면에서 송신하고 반대쪽 면에서 수신하는 방법
- 펄스반사법 : 시험체 내로 초음파 펄스를 송신하고 내부 또는 바닥면에서 그 반사파를 탐지하는 결함에코의 형태로 내부결함이나 재질을 조사하는 방법으로 현재 가장 널리 사용되고 있다.
- 공진법 : 시험체에 가해진 초음파 진동수와 고유진동수가 일치할 때 진동폭이 커지는 공진현상을 이용하여 시험체의 두께를 측정하는 방법

27 용접지그에 대한 설명으로 틀린 것은?

① 잔류응력을 제거하기 위한 것이다.
② 모재를 용접하기 쉬운 상태로 놓기 위한 것이다.
③ 작업을 용이하게 하고 용접능률을 높이기 위한 것이다.
④ 용접제품의 치수를 정확하게 하기 위해 변형을 억제하는 것이다.

해설

용접지그는 작업의 편리성이나 변형 방지와 관련된 것으로 잔류응력의 제거와는 관련이 없다.

28 접합하려는 두 모재를 겹쳐 놓고 한쪽의 모재에 드릴이나 밀링머신으로 둥근 구멍을 뚫고 그곳을 용접하는 이음은?

① 필릿용접 ② 플레어용접
③ 플러그용접 ④ 맞대기 홈용접

해설

플러그용접 : 위아래로 겹쳐진 판을 접합할 때 사용하는 용접법으로 위에 놓인 판의 한쪽에 구멍을 뚫고 그 구멍 아래부터 용접하면 용접불꽃에 의해 아랫면이 용해되면서 용접이 되며 용가재로 구멍을 채워 용접하는 용접방법

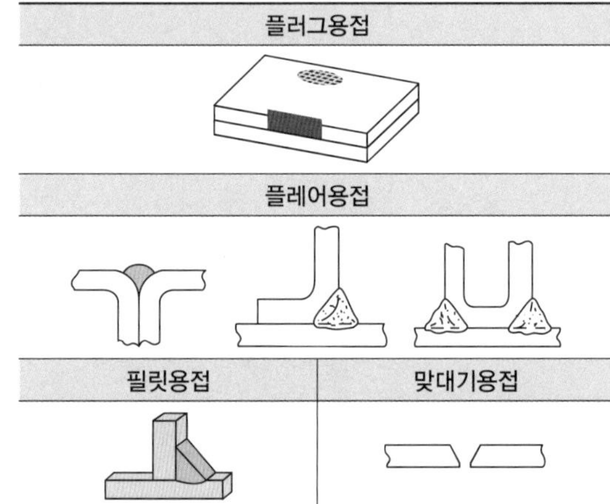

29 맞대기용접이음에서 모재의 인장강도가 50N/mm^{2}이고, 용접 시험편의 인장강도가 25N/mm^{2}으로 나타났을 때 이음효율은?

① 40% ② 50%
③ 60% ④ 70%

해설

용접부의 이음효율(η)

$$\eta = \frac{\text{시험편의 인장강도}}{\text{모재의 인장강도}} \times 100\%$$

$$= \frac{25\text{N/mm}^2}{50\text{N/mm}^2} \times 100\% = 50\%$$

26 ④ 27 ① 28 ③ 29 ② 정답

30 **용착금속의 인장 또는 파면 시험을 했을 경우 파단면에 나타나는 고기 눈 모양의 취약한 은백색 파면의 결함은?**

① 기 공　　② 은 점
③ 오버랩　　④ 크레이터

해설
② 은점(Fish Eye) : 수소가스에 의해 발생하는 불량으로 용착금속의 파단면에 은백색을 띤 물고기 눈 모양의 결함이다.

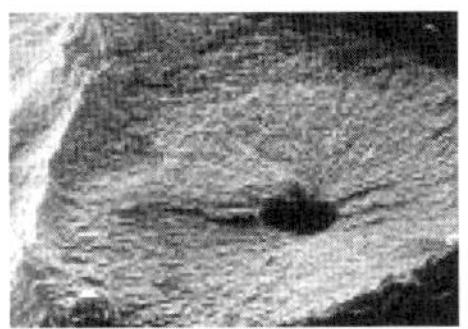

① 기공 : 용접부에서 산소와 같은 가스가 빠져나가지 못해서 공동부를 만드는 불량이다.
③ 오버랩 : 용융된 금속이 용입이 되지 않은 상태에서 표면을 덮어버린 불량이다.
④ 크레이터 : 아크용접의 비드 끝에서 오목하게 파인 부분으로 용접 후에는 반드시 크레이터 처리를 실시해야 한다.

31 **재료 절약을 위한 용접설계 요령으로 틀린 것은?**

① 안전하고 외관상 모양이 좋아야 한다.
② 용접 조립시간을 줄이도록 설계를 한다.
③ 가능한 용접할 조각의 수를 늘려야 한다.
④ 가능한 표준 규격의 부품이나 재료를 이용한다.

해설
재료 절약을 위해서는 가능한 한 용접할 조각의 수를 줄여야 한다.

32 **용접의 내부결함이 아닌 것은?**

① 은 점　　② 피 트
③ 선상조직　　④ 비금속 개재물

해설
② 피트(Pit) : 작은 구멍이 용접부 표면에 생기는 현상인데 주로 C(탄소)에 의해 발생된다. 따라서 피트는 표면결함이다.
① 은점(Fish Eye) : 수소가스에 의해 발생하는 불량으로 용착금속의 파단면에 은백색을 띤 물고기 눈 모양의 결함이다.
③ 선상조직 : 표면이 눈꽃 모양인 조직을 나타내고 있는 것으로 인(P)을 많이 함유하는 강에 나타나는 편석의 일종이다. 용접금속의 파단면에 미세한 주상정이 서릿발 모양으로 병립하고 그 사이에 현미경으로 확인 가능한 비금속 개재물이나 기공을 포함하고 있다.
④ 비금속 개재물 : 재료의 내부에 존재하는 비금속 물질(산화물, 황화물 등)로 재료의 성질에 나쁜 영향을 미친다.

33 **자기비파괴검사에서 사용하는 자화방법이 아닌 것은?**

① 형광법　　② 극간법
③ 관통법　　④ 축통전법

해설
자분탐상검사의 종류
- 축통전법
- 직각통전법
- 관통법
- 코일법
- 극간법

자분탐상검사(MT ; Magnetic Test)
철강 재료 등 강자성체를 자기장에 놓았을 때 시험편 표면이나 표면 근처에 균열이나 비금속 개재물과 같은 결함이 있으면 결함 부분에는 자속이 통하기 어려워 공간으로 누설되어 누설 자속이 생긴다. 이 누설 자속을 자분(자성 분말)이나 검사 코일을 사용하여 결함의 존재를 검출하는 방법이다.

정답 30 ② 31 ③ 32 ② 33 ①

34 불활성가스 텅스텐아크용접에서 직류역극성(DCRP)으로 용접할 경우 비드폭과 용입에 대한 설명으로 옳은 것은?

① 용입이 깊고 비드폭이 넓다.
② 용입이 깊고 비드폭이 좁다.
③ 용입이 얕고 비드폭이 넓다.
④ 용입이 얕고 비드폭이 좁다.

해설

TIG용접에서는 직류역극성일 경우 용접봉에서 70%의 열이 발생하므로 용접봉이 빨리 녹아내려서 비드의 폭이 넓고 용입이 얕다.

직류정극성(DCSP ; Direct Current Straight Polarity)	직류역극성(DCRP ; Direct Current Reverse Polarity)
• 용입이 깊다. • 비드폭이 좁다. • 용접봉의 용융이 느리다. • 후판(두꺼운 판)용접이 가능하다. • 모재는 (+)전극이며 70% 열이 발생하고, 용접봉은 (−)전극이며 30% 열이 발생한다.	• 용입이 얇다. • 비드폭이 넓다. • 용접봉의 용융이 빠르다. • 박판(얇은 판)용접이 가능하다. • 모재는 (+)전극이며 30% 열이 발생하고, 용접봉은 (−)전극이며 70% 열이 발생한다. • 산화피막을 제거하는 청정작용이 있다.

35 강판의 맞대기용접이음에서 가장 두꺼운 판에 사용할 수 있으며 양면 용접에 의해 충분한 용입을 얻으려고 할 때 사용하는 홈의 형상은?

① V형 ② U형
③ I형 ④ H형

해설

홈의 형상에 따른 특징

홈의 형상	특 징
I형	• 가공이 쉽고 용착량이 적어서 경제적이다. • 판이 두꺼워지면 이음부를 완전히 녹일 수 없다.
V형	• 한쪽 방향에서 완전한 용입을 얻고자 할 때 사용한다. • 홈가공이 용이하나 두꺼운 판에서는 용착량이 많아지고 변형이 일어난다.
X형	• 후판(두꺼운 판)용접에 적합하다. • 홈가공이 V형에 비해 어렵지만 용착량이 적다. • 양쪽에서 용접하므로 완전한 용입을 얻을 수 있다.
U형	• 두꺼운 판에서 비드의 너비가 좁고 용착량도 적다. • 루트 반지름을 최대한 크게 만들며 홈가공이 어렵다. • 두꺼운 판을 한쪽 방향에서 충분한 용입을 얻고자 할 때 사용한다.
H형	두꺼운 판을 양쪽에서 용접하므로 완전한 용입을 얻을 수 있다.
J형	한쪽 V형이나 K형 홈보다 두꺼운 판에 사용한다.

36 가용접 작업 시 주의사항으로 틀린 것은?

① 가용접 작업도 본용접과 같은 온도로 예열을 한다.
② 가용접 시 용접봉은 본용접보다 굵은 것을 사용하여 견고하게 접합시키는 것이 좋다.
③ 중요 부분은 용접 홈 내에 가접하는 것은 피한다. 부득이한 경우 본용접 전 깎아내도록 한다.
④ 가용접의 위치는 부품의 끝, 모서리, 각 등과 같이 단면이 급변하여 응력이 집중되는 곳은 피한다.

해설

가용접 시 본용접보다 지름이 작은 용접봉으로 실시하는 것이 좋다.

34 ③ 35 ④ 36 ② **정답**

37 용접이음에서 피로강도에 영향을 미치는 인자가 아닌 것은?

① 이음 형상　② 용접 결함
③ 하중 상태　④ 용접기 종류

해설
피로강도는 용접된 재료의 결함이나 이음매 형상, 용접부에 작용하는 하중과 관련 있다.

38 방사선투과검사의 장점에 대한 설명으로 틀린 것은?

① 모든 재질의 내부결함검사에 적용할 수 있다.
② 검사 결과를 필름에 영구적으로 기록할 수 있다.
③ 미세한 표면 균열이나 래미네이션도 검출할 수 있다.
④ 주변 재질과 비교하여 1% 이상의 흡수차를 나타내는 경우도 검출할 수 있다.

해설
방사선투과검사(Radiographic Testing) : 비파괴검사의 일종으로 용접부 뒷면에 필름을 놓고 용접물 표면에서 X선이나 γ선을 방사하여 용접부를 통과시키면, 금속 내부에 구멍이 있을 경우 그만큼 투과되는 두께가 얇아져서 필름에 방사선의 투과량이 그만큼 많아지게 되므로 다른 곳보다 검게 됨을 확인함으로써 불량을 검출하는 방법이다. 내부 결함의 검출에 용이한 비파괴검사법으로 기공이나 래미네이션 결함 등을 검출할 수 있다. 그러나 미세한 표면의 균열은 검출되지 않는다.
※ 래미네이션 : 압연방향으로 얇은 층이 발생하는 내부결함으로 강괴 내의 수축공, 기공, 슬래그가 잔류하면 미압착된 부분이 생겨서 이 부분에 중공이 생기는 불량이다.

39 용접이음의 내식성에 영향을 미치는 요인이 아닌 것은?

① 슬래그　② 용접자세
③ 잔류응력　④ 용접이음 형상

해설
용접자세는 작업성과 관련이 있으므로 내식성과는 관련이 없다.

40 필릿용접의 이음 강도를 계산할 때 목길이 10mm라면 목두께는?

① 약 7mm　② 약 10mm
③ 약 12mm　④ 약 15mm

해설
$10\cos 45° = 7.07$
목길이$(z) = a\sqrt{2}$
- a : 목두께
- z : 목길이(다리길이)

제3과목 용접일반 및 안전관리

41 수소가스 분위기에 있는 2개의 텅스텐 전극봉 사이에서 아크를 발생시키는 용접법은?

① 스터드용접　② 레이저용접
③ 전자빔용접　④ 원자수소아크용접

해설
원자수소아크용접 : 2개의 텅스텐 전극 사이에서 아크를 발생시키고 홀더의 노즐에서 수소가스를 유출시켜서 용접하는 방법이다. 연성이 좋고 표면이 깨끗한 용접부를 얻을 수 있으나, 토치 구조가 복잡하고 비용이 많이 들기 때문에 특수금속용접에 적합하다.

정답 37 ④ 38 ③ 39 ② 40 ① 41 ④

42 AW-240 용접기로 180A를 이용하여 용접한다면, 허용사용률은 약 몇 %인가?(단, 정격사용률은 40%이다)

① 51 ② 61
③ 71 ④ 81

해설

$$\text{허용사용률(\%)} = \frac{(\text{정격 2차 전류})^2}{(\text{실제 용접전류})^2} \times \text{정격사용률(\%)}$$
$$= \frac{(240A)^2}{(180A)^2} \times 40\%$$
$$= \frac{57,600}{32,400} \times 40\%$$
$$= 71.11\%$$

43 용접기의 전원 스위치를 넣기 전에 점검해야 할 사항으로 틀린 것은?

① 냉각팬의 회전부에는 윤활유를 주입해서는 안 된다.
② 용접기가 전원에 잘 접속되어 있는지 점검한다.
③ 용접기의 케이스에서 접지선이 이어져 있는지 점검한다.
④ 결선부의 나사가 풀어진 곳이나 케이블의 손상된 곳은 없는지 점검한다.

해설
냉각팬의 회전부는 원활하게 회전되어야 용접기 내부의 열을 빨리 빼낼 수 있기 때문에 회전수에 윤활유를 주입해도 된다.

44 MIG용접법의 특징에 대한 설명으로 틀린 것은?

① 전자세 용접이 불가능하다.
② 용접속도가 빠르므로 모재의 변형이 적다.
③ 피복아크용접에 비해 빠른 속도로 용접할 수 있다.
④ 후판에 적합하고 각종 금속용접에 다양하게 적용할 수 있다.

해설
MIG용접
용가재인 전극와이어(1.0~2.4ϕ)를 연속적으로 보내어 아크를 발생시키는 방법으로 용극식 또는 소모식 불활성가스 아크용접이라고 불리며 불활성가스로는 주로 Ar(아르곤)가스를 사용한다.
- 분무 이행이 원활하다.
- 열영향부가 매우 적다.
- 용착효율은 약 98%이다.
- 전자세용접이 가능하다.
- 용접기의 조작이 간단하다.
- 아크의 자기제어 기능이 있다.
- 직류용접기의 경우 정전압 특성 또는 상승 특성이 있다.
- 전류가 일정할 때 아크전압이 커지면 용융속도가 낮아진다.
- 전류밀도가 아크용접의 4~6배, TIG용접의 2배 정도로 매우 높다.
- 용접부가 좁고, 깊은 용입을 얻으므로 후판(두꺼운 판)용접에 적당하다.
- 전자동 또는 반자동식이 많으며 전극인 와이어는 모재와 동일한 금속을 사용한다.
- 용접부로 공급되는 와이어가 전극과 용가재의 역할을 동시에 하므로 전극인 와이어는 소모된다.
- 전원은 직류역극성이 이용되며 Al, Mg 등에는 클리닝 작용(청정 작용)이 있어 용제 없이도 용접이 가능하다.
- 용접봉을 갈아 끼울 필요가 없어 용접속도를 빨리할 수 있으므로 고속 및 연속적으로 양호한 용접을 할 수 있다.

42 ③ 43 ① 44 ① **정답**

45 가스절단을 할 때 사용되는 예열가스 중 최고불꽃 온도가 가장 높은 것은?

① CH_4 ② C_2H_2

③ H_2 ④ C_3H_8

해설

가스별 불꽃온도 및 발열량

가스 종류	불꽃온도(℃)	발열량(kcal/m³)
아세틸렌	3,430	12,500
부 탄	2,926	26,000
수 소	2,960	2,400
프로판	2,820	21,000
메 탄	2,700	8,500

46 티그(TIG)용접 시 보호가스로 쓰이는 아르곤과 헬륨의 특징을 비교할 때 틀린 것은?

① 헬륨은 용접 입열이 많으므로 후판용접에 적합하다.

② 헬륨은 열영향부(HAZ)가 아르곤보다 좁고 용입이 깊다.

③ 아르곤은 헬륨보다 가스 소모량이 적고 수동용접에 많이 쓰인다.

④ 헬륨은 위보기자세나 수직자세용접에서 아르곤보다 효율이 떨어진다.

47 아크 빛으로 인해 눈에 급성 염증 증상이 발생하였을 때 우선 조치해야 할 사항으로 옳은 것은?

① 온수로 씻은 후 작업한다.

② 소금물로 씻은 후 작업한다.

③ 냉습포를 눈 위에 얹고 안정을 취한다.

④ 심각한 사안이 아니므로 계속 작업한다.

해설

용접 시 발생하는 광선에 노출되어 눈이 붓는다면 냉습포를 눈 위에 얹고 안정을 취해야 한다.

48 텅스텐 전극봉을 사용하는 용접은?

① TIG용접 ② MIG용접

③ 피복아크용접 ④ 산소-아세틸렌 용접

해설

TIG용접은 Tungsten(텅스텐) 재질의 전극봉과 Inert Gas(불활성 가스)인 Ar을 사용해서 용접하는 특수용접법이다.

49 가스용접에서 황동은 무슨 불꽃으로 용접하는 것이 가장 좋은가?

① 탄화불꽃 ② 산화불꽃

③ 중성불꽃 ④ 약한 탄화불꽃

해설

② 산화불꽃(산소 과잉 불꽃) : 아세틸렌가스의 비율이 1.15~1.17 : 1로 강한 산화성을 나타내며 가스 불꽃 중에서 온도가 가장 높다. 황동과 같은 구리합금의 용접에 적합하다.

① 탄화불꽃 : 아세틸렌 과잉 불꽃으로 가스용접에서 산화방지가 필요한 금속인 스테인리스나 스텔라이트의 용접에 사용되나 금속 표면에 침탄작용을 일으키기 쉽다.

정답 45 ② 46 ④ 47 ③ 48 ① 49 ②

50 탄소전극과 모재와의 사이에 아크를 발생시켜 고압의 공기로 용융금속을 불어내어 홈을 파는 방법은?

① 불꽃가우징 ② 기계적 가우징
③ 아크에어가우징 ④ 산소수소가우징

해설

아크에어가우징

탄소아크절단법에 고압(5~7kgf/cm^2)의 압축공기를 병용하는 방법으로 용융된 금속에 탄소봉과 평행으로 분출하는 압축공기를 전극 홀더의 끝부분에 위치한 구멍을 통해 연속해서 불어내어 홈을 파내는 방법으로, 홈가공이나 구멍 뚫기, 절단작업에 사용된다. 철이나 비철 금속에 모두 이용할 수 있으며, 가스가우징보다 작업능률이 2~3배 높고 모재에도 해를 입히지 않는다.

51 피복아크용접 작업의 기초적인 용접조건으로 가장 거리가 먼 것은?

① 오버랩 ② 용접속도
③ 아크길이 ④ 용접전류

해설

오버랩은 용융된 금속이 용입이 되지 않은 상태에서 표면을 덮어버린 불량이므로 용접조건에는 해당되지 않는다.

52 일반적으로 가스용접에서 사용하는 가스의 종류와 용기의 색상이 옳게 짝지어진 것은?

① 산소 - 황색
② 수소 - 주황색
③ 탄산가스 - 녹색
④ 아세틸렌 가스 - 백색

해설

일반가스 용기의 도색 색상

가스명칭	도 색	가스명칭	도 색
산 소	녹 색	암모니아	백 색
수 소	주황색	아세틸렌	황 색
탄산가스	청 색	프로판(LPG)	회 색
아르곤	회 색	염 소	갈 색

53 AW 300의 교류아크용접기로 조정할 수 있는 2차 전류(A)값의 범위는?

① 30~220A ② 40~330A
③ 60~330A ④ 120~480A

해설

AW 300의 정격 2차 전류는 300A인데, 교류아크용접기의 용접전류의 조정범위는 전격 2차 전류의 20~110% 범위이다. 따라서 300A의 20~110%는 60~330A가 된다.

50 ③ 51 ① 52 ② 53 ③ 정답

54 가스용접에 쓰이는 가연성가스의 조건으로 옳은 것은?

① 발열량이 적어야 한다.
② 연소속도가 느려야 한다.
③ 불꽃의 온도가 낮아야 한다.
④ 용융금속과 화학반응을 일으키지 않아야 한다.

해설
가스용접에 쓰이는 가연성가스는 불꽃의 온도와 발열량이 커야 하고 연소속도가 빨라야 한다. 그리고 용융금속과 화학반응을 일으키지 않아야 한다.

55 피복아크용접에서 자기 불림(Magnetic Blow)의 방지책으로 틀린 것은?

① 교류용접을 한다.
② 접지점을 2개로 연결한다.
③ 접지점을 용접부에 가깝게 한다.
④ 용접부가 긴 경우는 후퇴 용접법으로 한다.

해설
아크쏠림 방지대책
- 용접전류를 줄인다.
- 교류용접기를 사용한다.
- 접지점을 2개 연결한다.
- 아크길이는 최대한 짧게 유지한다.
- 접지부를 용접부에서 최대한 멀리 한다.
- 용접봉 끝을 아크쏠림의 반대 방향으로 기울인다.
- 용접부가 긴 경우는 가용접 후 후진법(후퇴용접법)을 사용한다.
- 받침쇠, 긴 가용접부, 이음의 처음과 끝에는 엔드탭을 사용한다.

아크쏠림(Arc Blow, 자기불림)
용접봉과 모재 사이에 전류가 흐를 때 그 주위에는 자기장이 생기는데, 이 자기장이 용접봉에 대해 비대칭으로 형성되면 아크가 자력선이 집중되지 않은 한쪽으로 쏠리는 현상이다. 직류아크용접에서 피복제가 없는 맨(Bare) 용접봉을 사용했을 때 많이 발생하며 아크가 불안정하고, 기공이나 슬래그 섞임, 용착금속의 재질 변화 등의 불량이 발생한다.

56 피복아크 용접봉의 고착제에 해당되는 것은?

① 석 면
② 망 간
③ 규소철
④ 규산나트륨

해설
피복배합제의 종류

배합제	용 도	종 류
고착제	심선에 피복제를 고착시킨다.	규산나트륨, 규산칼륨, 아교
탈산제	용융금속 중의 산화물을 탈산, 정련한다.	크롬, 망간, 알루미늄, 규소철, 페로망간, 페로실리콘, 망간철, 타이타늄철, 소맥분, 톱밥
가스 발생제	중성, 환원성가스를 발생하여 대기와의 접촉을 차단하여 용융금속의 산화나 질화를 방지한다.	아교, 녹말, 톱밥, 탄산바륨, 셀룰로이드, 석회석, 마그네사이트
아크 안정제	아크를 안정시킨다.	산화타이타늄, 규산칼륨, 규산나트륨, 석회석
슬래그 생성제	용융점이 낮고 가벼운 슬래그를 만들어 산화나 질화를 방지한다.	석회석, 규사, 산화철, 일미나이트, 이산화망간
합금 첨가제	용접부의 성질을 개선하기 위해 첨가한다.	페로망간, 페로실리콘, 니켈, 몰리브덴, 구리

정답 54 ④ 55 ③ 56 ④

57 이음부의 루트 간격 치수에 특히 유의하여야 하며, 아크가 보이지 않는 상태에서 용접이 진행된다고 하여 잠호용접이라고도 부르는 용접은?

① 피복아크용접
② 탄산가스아크용접
③ 서브머지드아크용접
④ 불활성가스 금속아크용접

해설
서브머지드아크용접 : 용접 부위에 미세한 입상의 플럭스를 도포한 뒤 용접선과 나란히 설치된 레일 위를 주행대차가 지나가면서 와이어를 용접부로 공급시키면 플럭스 내부에서 아크가 발생하면서 용접하는 자동 용접법이다. 아크가 플럭스 속에서 발생되므로 용접부가 눈에 보이지 않아 불가시 아크용접, 잠호용접이라고 불린다.

58 구리 및 구리합금의 가스용접용 용제에 사용되는 물질은?

① 붕 사　② 염화칼슘
③ 황산칼륨　④ 중탄산소다

해설
가스용접 시 재료에 따른 용제의 종류

재 질	용 제
연 강	용제를 사용하지 않는다.
반경강	중탄산소다, 탄산소다
주 철	붕사, 탄산나트륨, 중탄산나트륨
알루미늄	염화칼륨, 염화나트륨, 염화리튬, 플루오린화칼륨
구리합금	붕사, 염화리튬

59 가스절단작업에서 프로판가스와 아세틸렌가스를 사용하였을 경우를 비교한 사항으로 틀린 것은?

① 포갬 절단속도는 프로판가스를 사용하였을 때가 빠르다.
② 슬래그 제거가 쉬운 것은 프로판가스를 사용하였을 경우이다.
③ 후판 절단 시 절단속도는 프로판가스를 사용하였을 때가 빠르다.
④ 점화가 쉽고 중성 불꽃을 만들기 쉬운 것은 프로판 가스를 사용하였을 경우이다.

해설
점화가 쉽고 중성 불꽃을 만들기 쉬운 것은 아세틸렌가스가 더 쉽다.

60 용접자동화에 대한 설명으로 틀린 것은?

① 생산성이 향상된다.
② 용접봉의 손실이 많아진다.
③ 외관이 균일하고 양호하다.
④ 용접부의 기계적 성질이 향상된다.

해설
용접을 자동화하면 용접시간을 최적화하기 때문에 손실되는 용접봉의 양을 줄일 수 있으므로 용접봉의 손실은 줄어든다.

57 ③ 58 ① 59 ④ 60 ② 정답

2017년 제1회 과년도 기출문제

제1과목 용접야금 및 용접설비제도

01 다음 스테인리스강 중 용접성이 가장 우수한 것은?

① 페라이트 스테인리스강
② 펄라이트 스테인리스강
③ 마텐자이트계 스테인리스강
④ 오스테나이트계 스테인리스강

해설
스테인리스강 중에서 오스테나이트계 스테인리스강의 용접성이 가장 우수하다.

02 용접균열 중 일반적인 고온균열의 특징으로 옳은 것은?

① 저합금강의 비드균열, 루트균열 등이 있다.
② 대입 열량의 용접보다 소입 열량의 용접에서 발생하기 쉽다.
③ 고온균열은 응고과정에서 발생하지 않고, 응고 후에 많이 발생한다.
④ 용접금속 내에서 종균열, 횡균열, 크레이터균열 형태로 많이 나타난다.

해설
고온균열은 용접금속 내에서 종균열이나 횡균열, 크레이터균열의 형태로 나타난다.
※ 저온균열 : 루트균열

03 Fe-C 평행상태도에서 나타나는 불변반응이 아닌 것은?

① 포석반응 ② 포정반응
③ 공석반응 ④ 공정반응

해설
Fe-C계 평형상태도에서의 불변반응

공석반응	• 반응온도 : 723℃ • 탄소함유량 : 0.8% • 반응 내용 : γ 고용체 ↔ α고용체 + Fe_3C • 생성조직 : 펄라이트조직
공정반응	• 반응온도 : 1,147℃ • 탄소함유량 : 4.3% • 반응 내용 : 융체(L) ↔ γ 고용체 + Fe_3C • 생성조직 : 레데부라이트조직
포정반응	• 반응온도 : 1,494℃(1,500℃) • 탄소함유량 : 0.18% • 반응 내용 : δ고용체 + 융체(L) ↔ γ 고용체 • 생성조직 : 오스테나이트조직

04 다음 중 전기전도율이 가장 높은 것은?

① Cr ② Zn
③ Cu ④ Mg

해설
Cu(구리)의 전기전도율이 가장 높다.
열 및 전기전도율이 높은 순서

Ag > Cu > Au > Al > Mg > Zn > Ni > Fe > Pb > Sb

※ 열전도율이 높을수록 고유저항은 작아진다.

정답 1 ④ 2 ④ 3 ① 4 ③

05 청열취성이 발생하는 온도는 약 몇 ℃인가?

① 250 ② 450
③ 650 ④ 850

해설

청열취성(靑熱 - 푸를 청, 더울 열, 철이 산화되어 푸른빛으로 달궈져 보이는 상태)
탄소강이 200~300℃에서 인장강도와 경도값이 상온일 때보다 커지는 반면, 연신율이나 성형성은 오히려 작아져서 취성이 커지는 현상이다. 이 온도범위(200~300℃)에서는 철의 표면에 푸른 산화피막이 형성되기 때문에 청열취성이라고 불린다. 따라서 탄소강은 200~300℃에서는 가공을 피해야 한다.

06 다음 중 재질을 연화시키고 내부응력을 줄이기 위해 실시하는 열처리 방법으로 가장 적합한 것은?

① 풀 림 ② 담금질
③ 크로마이징 ④ 세라다이징

해설

풀림(Annealing) : 재질을 연하고 균일화시킬 목적으로 목적에 맞는 일정온도 이상으로 가열한 후 서랭한다(완전풀림 - A_3변태점 이상, 연화풀림 - 650℃ 정도).

07 다음 중 황의 함유량이 많을 경우 발생하기 쉬운 취성은?

① 적열취성 ② 청열취성
③ 저온취성 ④ 뜨임취성

해설

적열취성(赤熱 - 붉을 적, 더울 열, 철이 빨갛게 달궈진 상태)
S(황)의 함유량이 많은 탄소강이 900℃ 부근에서 적열(赤熱)상태가 되었을 때 파괴되는 성질로 철에 S의 함유량이 많으면 황화철이 되면서 결정립계 부근의 S이 망상으로 분포되면서 결정립계가 파괴된다. 적열취성을 방지하려면 Mn(망간)을 합금하여 S을 MnS로 석출시키면 된다. 이 적열취성은 높은 온도에서 발생하므로 고온취성으로도 불린다.

08 다음 중 일반적인 금속재료의 특징으로 틀린 것은?

① 전성과 연성이 좋다.
② 열과 전기의 양도체이다.
③ 금속 고유의 광택을 갖는다.
④ 이온화하면 음(-)이온이 된다.

해설

금속의 일반적인 특성
- 비중이 크다.
- 전기 및 열의 양도체이다.
- 금속 특유의 광택을 갖는다.
- 이온화하면 양(+)이온이 된다.
- 상온에서 고체이며 결정체이다(단, Hg 제외).
- 연성과 전성이 우수하며 소성변형이 가능하다.

5 ① 6 ① 7 ① 8 ④ 정답

09 강의 내부에 모재 표면과 평행하게 층상으로 발생하는 균열로 주로 T이음, 모서리 이음에서 볼 수 있는 것은?

① 토 균열
② 설퍼 균열
③ 크레이터 균열
④ 라멜라 티어 균열

해설
라멜라 티어(Lamellar Tear) 균열 : 압연으로 제작된 강판 내부에 표면과 평행하게 층상으로 발생하는 균열로, T이음과 모서리 이음에서 발생한다. 평행부와 수직부로 구성되며 주로 MnS계 개재물에 의해서 발생되는데 S의 함량을 감소시키거나 판두께 방향으로 구속도가 최소가 되게 설계하거나 시공함으로써 억제할 수 있다.

10 다음 중 용접 후 잔류응력을 제거하기 위한 열처리 방법으로 가장 적합한 것은?

① 담금질
② 노 내 풀림법
③ 실리코나이징
④ 서브제로처리

해설
노 내 풀림법 : 가열 노(Furnace) 내부의 유지온도는 625℃ 정도이며 노에 넣을 때나 꺼낼 때의 온도는 300℃ 정도로 한다. 판두께 25mm일 경우에 1시간 동안 유지하는데 유지온도가 높거나 유지시간이 길수록 풀림 효과가 크다.
① 담금질 : 재질의 경도를 크게 한다.
③ 실리코나이징 : 강재의 표면에 Si을 침투시키는 표면경화법이다.
④ 서브제로처리 : 잔류 오스테나이트를 전부 오스테나이트조직으로 바꾸는 열처리법이다.

11 사투상도에 있어서 경사축의 각도로 가장 적합하지 않은 것은?

① 20°
② 30°
③ 45°
④ 60°

해설
사투상도의 경사축 각도는 30°, 45°, 60°로 한다.

12 제3각법의 투상도 배치에서 정면도의 위쪽에는 어느 투상면이 배치되는가?

① 배면도
② 저면도
③ 평면도
④ 우측면도

해설
제3각법에서 정면도의 위쪽에는 평면도가 위치한다.

정투상도의 배열

제1각법	제3각법
저면도 우측면도 정면도 좌측면도 배면도 평면도	평면도 좌측면도 정면도 우측면도 배면도 저면도

13 일부를 도시하는 것으로 충분한 경우에는 그 필요 부분만을 표시하는 투상도는?

① 부분 투상도　　② 등각 투상도
③ 부분 확대도　　④ 회전 투상도

해설

투상도의 종류

회전 투상도	정 의	각도를 가진 물체의 실제 모양을 나타내기 위해서 그 부분을 회전해서 그린다.
	도면 표시	
부분 투상도	정 의	그림의 일부를 도시하는 것만으로도 충분한 경우 필요한 부분만을 투상하여 그린다.
	도면 표시	
국부 투상도	정 의	대상물이 구멍, 홈 등과 같이 한 부분의 모양을 도시하는 것만으로도 충분한 경우에 사용한다.
	도면 표시	가는 1점 쇄선으로 연결한다. 가는 실선으로 연결한다.
부분 확대도	정 의	특정 부분의 도형이 작아서 그 부분을 자세히 나타낼 수 없거나 치수기입을 할 수 없을 때, 그 부분을 가는 실선으로 둘러싸고 한글이나 알파벳 대문자로 표시한 후 근처에 확대하여 표시한다.
	도면 표시	확대도-A 척도 2:1 A
보조 투상도	정 의	경사면을 지니고 있는 물체는 그 경사면의 실제 모양을 표시할 필요가 있는데, 이 경우 보이는 부분의 전체 또는 일부분을 대상물의 사면에 대향하는 위치에 그린다.
	도면 표시	대칭기호

14 다음 선의 종류 중 특수한 가공을 하는 부분 등 특별한 요구사항을 적용할 수 있는 범위를 표시하는 데 사용하는 선은?

① 굵은 실선
② 굵은 1점 쇄선
③ 가는 1점 쇄선
④ 가는 2점 쇄선

해설

열처리가 필요한 부분과 같이 특별한 요구사항을 적용할 수 있는 범위 표시 : 굵은 1점 쇄선

15 다음 중 기계를 나타내는 KS 부문별 분류기호는?

① KS A　　② KS B
③ KS C　　④ KS D

해설

한국산업규격(KS)의 부문별 분류기호

분류기호	분 야	분류기호	분 야	분류기호	분 야
KS A	기 본	KS F	건 설	KS T	물 류
KS B	기 계	KS I	환 경	KS V	조 선
KS C	전기전자	KS K	섬 유	KS W	항공우주
KS D	금 속	KS Q	품질경영	KS X	정 보
KS E	광 산	KS R	수송기계		

13 ① 14 ② 15 ② 정답

16 복사한 도면을 접을 때 그 크기는 원칙적으로 어느 사이즈로 하는가?

① A1　　② A2
③ A3　　④ A4

해설
복사한 도면은 A4(210×297) 크기로 접어서 보관한다.

17 탄소강 단강품인 SF340A에서 340이 의미하는 것은?

① 종별 번호
② 탄소 함유량
③ 열처리 상황
④ 최저인장강도

해설
탄소강 단강품 – SF340A
- SF : carbon Steel Forgings for general use
- 340 : 최저인장강도 340N/mm^2
- A : 어닐링, 노멀라이징 또는 노멀라이징 템퍼링을 한 단강품

18 용접부 보조기호 중 영구적인 덮개판을 사용하는 기호는?

① 　　② [M]
③ [MR]　　④ ━

해설
용접부의 보조기호

명 칭	기본기호
토를 매끄럽게 함	⌣⌣
영구적인 이면판재(덮개판)	[M]
제거 가능한 이면판재	[MR]
용접부의 표면 모양이 평탄함	━

19 KS 용접기호 중 $Z\triangle n\times L(e)$에서 n이 의미하는 것은?

① 피 치
② 목길이
③ 용접부 수
④ 용접길이

해설
단속 필릿 용접부의 표시기호

형 상	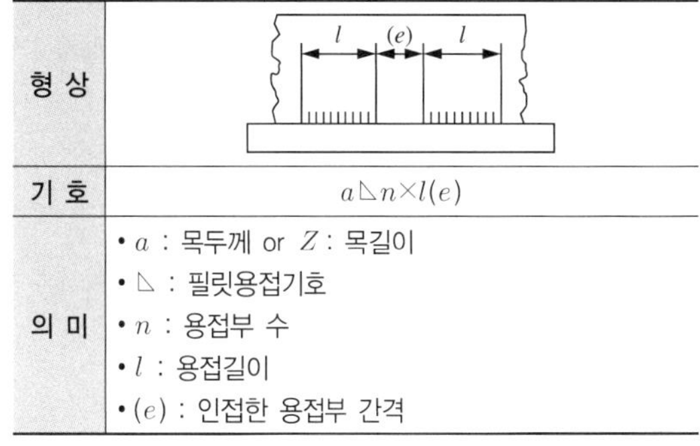
기 호	$a\triangle n\times l(e)$
의 미	• a : 목두께 or Z : 목길이 • △ : 필릿용접기호 • n : 용접부 수 • l : 용접길이 • (e) : 인접한 용접부 간격

20 다음 용접기호 중 가장자리 용접에 해당되는 기호는?

① ⌒⌒　　② ═
③ 　　④ ⊇

해설

명 칭	기본기호
표면(서페이싱) 육성 용접	⌒⌒
서페이싱 용접	═
가장자리 용접	|||
겹침이음	⊇

정답 16 ④　17 ④　18 ②　19 ③　20 ③

제2과목 용접구조설계

21 용접균열의 발생 원인이 아닌 것은?

① 수소에 의한 균열
② 탈산에 의한 균열
③ 변태에 의한 균열
④ 노치에 의한 균열

해설
용접부에서 산소가 빠지는 탈산작용을 통해서 용접부의 균열을 오히려 방지할 수 있다.

22 그림과 같은 용접이음에서 굽힘응력을 σ_b라 하고, 굽힘 단면계수를 W_b라 할 때, 굽힘모멘트 M_b를 구하는 식은?

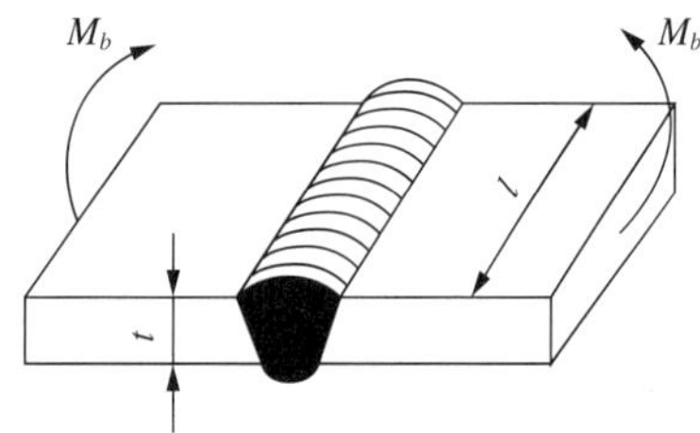

① $M_b = \dfrac{\sigma_b}{W_b}$

② $M_b = \sigma_b \cdot W_b$

③ $M_b = \dfrac{\sigma_b \cdot W_b}{l}$

④ $M_b = \dfrac{\sigma_b \cdot W_b}{t}$

해설
굽힘모멘트 $M_b = \sigma_b$(굽힘응력)$\times Z$(단면계수)

사각단면의 단면계수(Z)는 $\dfrac{bh^2}{6}$ 이나 W_b이므로

$M_b = \sigma_b \times W_b$

23 두께가 5mm인 강판을 가지고 다음 그림과 같이 완전 용입의 맞대기 용접을 하려고 한다. 이때 최대 인장하중을 50,000N 작용시키려면 용접 길이는 얼마인가?(단, 용접부의 허용 인장응력은 100MPa이다)

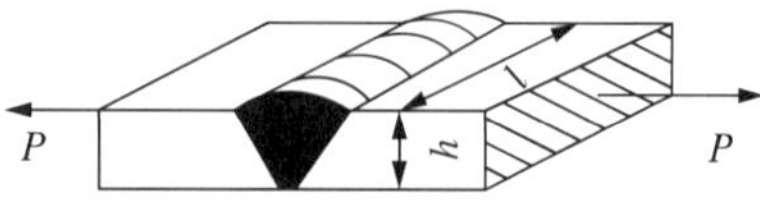

① 50mm　　② 100mm
③ 150mm　　④ 200mm

해설

$\sigma = \dfrac{F}{A} = \dfrac{F}{t \times l}$

$100 \times 10^6 \text{N/m}^2 = \dfrac{50,000\text{N}}{5\text{mm} \times l}$

$100 \times 10^6 \times 10^{-6} \text{N/mm}^2 = \dfrac{50,000\text{N}}{5\text{mm} \times l}$

용접길이 $l = \dfrac{50,000\text{N}}{5\text{mm} \times 100\text{N/mm}^2} = 100\text{mm}$

24 용접부의 변형교정 방법으로 틀린 것은?

① 롤러에 의한 방법
② 형재에 대한 직선 수축법
③ 가열 후 해머링하는 방법
④ 후판에 대하여 가열 후 공랭하는 방법

해설
후판(두꺼운 판)을 가열 후 공랭시키는 것은 잔류응력을 제거하는 것으로 변형교정과는 관련이 없다.

21 ② 22 ② 23 ② 24 ④ 정답

25 용접 이음을 설계할 때 주의사항으로 틀린 것은?

① 국부적인 열의 집중을 받게 한다.

② 용접선의 교차를 최대한으로 줄여야 한다.

③ 가능한 한 아래보기 자세로 작업을 많이 하도록 한다.

④ 용접 작업에 지장을 주지 않도록 공간을 두어야 한다.

해설

용접 이음부 설계 시 주의사항

- 용접선의 교차를 최대한 줄인다.
- 가능한 한 용착량을 적게 설계해야 한다.
- 용접 길이가 감소될 수 있는 설계를 한다.
- 가능한 한 아래보기 자세로 작업하도록 한다.
- 필릿용접보다는 맞대기 용접으로 설계한다.
- 용접 열이 국부적으로 집중되지 않도록 한다.
- 보강재 등 구속이 커지도록 구조설계를 한다.
- 용접 작업에 지장을 주지 않도록 공간을 남긴다.
- 가능한 한 열의 분포가 부재 전체에 고루 퍼지도록 한다.
- 용접 치수는 강도상 필요한 치수 이상으로 하지 않는다.
- 판면에 직각방향으로 인장하중이 작용할 경우에는 판의 이방성에 주의한다.

26 용접부 이음 강도에서 안전율을 구하는 식은?

① $\text{안전율} = \dfrac{\text{허용응력}}{\text{전단응력}}$

② $\text{안전율} = \dfrac{\text{인장강도}}{\text{허용응력}}$

③ $\text{안전율} = \dfrac{\text{전단응력}}{2 \times \text{허용응력}}$

④ $\text{안전율} = \dfrac{2 \times \text{인장강도}}{\text{허용응력}}$

해설

안전율(S) : 외부의 하중에 견딜 수 있는 정도를 수치로 나타낸 것이다.

$$S = \frac{\text{극한강도}(\sigma_u)\ \text{or 인장강도}}{\text{허용응력}(\sigma_a)}$$

27 맞대기 용접부의 접합면에 홈(Groove)을 만드는 가장 큰 이유는?

① 용접 변형을 줄이기 위하여

② 제품의 치수를 맞추기 위하여

③ 용접부의 완전한 용입을 위하여

④ 용접 결함 발생을 적게 하기 위하여

해설

용접부에 홈(V형 홈, I형 홈)을 만드는 이유는 용접부에 완전한 용입이 이루어지도록 하기 위함이다.

28 용접비용을 줄이기 위한 방법으로 틀린 것은?

① 용접지그를 활용한다.

② 대기 시간을 길게 한다.

③ 재료의 효과적인 사용계획을 세운다.

④ 용접 이음부가 적은 경제적인 설계를 한다.

해설

대기 시간이 길면 그만큼 작업시간이 길어지므로 인건비와 전기사용료 등 용접비용은 그만큼 늘어난다.

정답 25 ① 26 ② 27 ③ 28 ②

29 용접 결함 중 기공의 발생 원인으로 틀린 것은?

① 용접 이음부가 서랭될 경우
② 아크 분위기 속에 수소가 많을 경우
③ 아크 분위기 속에 일산화탄소가 많을 경우
④ 이음부에 기름, 페인트 등 이물질이 있을 경우

해설

비드란 용접 후 용접 부위에 채워진 금속을 나타내는 용어로 이 비드 안에 기포가 발생하는 불량이 기공이다. 기공은 주로 용접 이음부가 급랭되면서 그 안에 들어있던 가스가 미처 빠져나가지 못해서 발생한다.

30 용접부의 결함 중 구조상의 결함에 속하지 않는 것은?

① 기 공　② 변 형
③ 오버랩　④ 융합 불량

해설

용접 결함의 종류

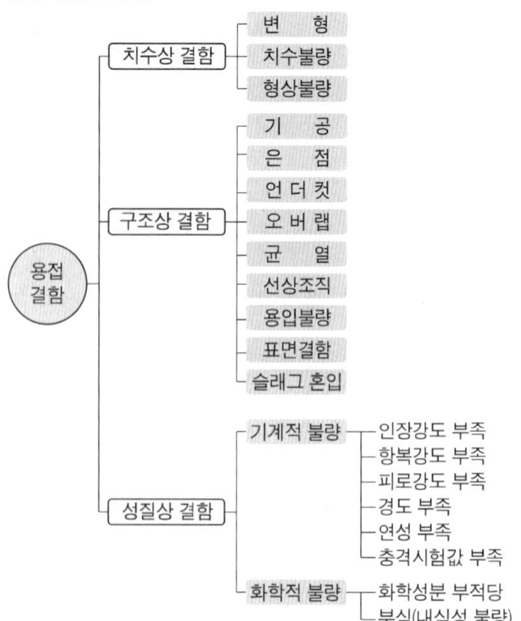

31 용접 시험에서 금속학적 시험에 해당하지 않는 것은?

① 파면시험
② 피로시험
③ 현미경시험
④ 매크로 조직시험

해설

피로시험은 응력(S)과 반복 횟수(N)와의 상관관계를 나타내서 피로 한도를 측정하는 시험법으로 조직검사를 실시하는 금속학적 시험법에 속하지 않는다.

피로시험(Fatigue Test)

재료의 강도시험으로 재료에 인장-압축응력을 반복해서 가했을 때 재료가 파괴되는 시점의 반복 횟수를 구해서 $S-N$(응력-횟수) 곡선에 응력(S)과 반복횟수(N)와의 상관관계를 나타내서 피로 한도를 측정하는 시험이다.

32 용접전류가 120A, 용접전압이 12V, 용접속도가 분당 18cm/min일 경우에 용접부의 열입량은 몇 Joule/cm인가?

① 3,500　② 4,000
③ 4,800　④ 5,100

해설

$$H = \frac{60EI}{v} = \frac{60 \times 12\text{V} \times 120\text{A}}{18\text{cm/min}} = 4{,}800\ \text{J/cm}$$

용접 입열량 구하는 식

$$H : \frac{60EI}{v}\ (\text{J/cm})$$

H : 용접 단위길이 1cm당 발생하는 전기적 에너지
E : 아크전압(V)
I : 아크전류(A)
v : 용접속도(cm/min)
※ 일반적으로 모재에 흡수된 열량은 입열의 75~85% 정도이다.

29 ① 30 ② 31 ② 32 ③ **정답**

33 레이저 용접장치의 기본형에 속하지 않는 것은?

① 반도체형
② 에너지형
③ 가스 방전형
④ 고체 금속형

해설

레이저 용접장치의 기본형태

- 반도체형
- 가스 방전형
- 고체 금속형

34 강판을 가스 절단할 때 절단열에 의하여 생기는 변형을 방지하기 위한 방법이 아닌 것은?

① 피절단재를 고정하는 방법
② 절단부에 역변형을 주는 방법
③ 절단 후 절단부를 수랭에 의하여 열을 제거하는 방법
④ 여러 대의 절단 토치로 한꺼번에 평행 절단하는 방법

해설

가스 절단 시 절단부에 역변형을 주면 잔류응력이 더 많이 발생되어 변형을 방지할 수 없다.

35 용접시공 시 엔드 탭(End Tab)을 붙여 용접하는 가장 주된 이유는?

① 언더컷의 방지
② 용접변형 방지
③ 용접 목두께의 증가
④ 용접 시작점과 종점의 용접결함 방지

해설

엔드 탭 : 용접부의 시작부와 끝나는 부분에 용입 불량이나 각종 결함을 방지하기 위해서 사용하는 용접 보조기구

36 다음 중 접합하려고 하는 부재 한쪽에 둥근 구멍을 뚫고 다른 쪽 부재와 겹쳐서 구멍을 완전히 용접하는 것은?

① 가용접　　② 심 용접
③ 플러그 용접　　④ 플레어 용접

해설

플러그 용접 : 위아래로 겹쳐진 판을 접합할 때 사용하는 용접법으로 위에 놓인 판의 한쪽에 구멍을 뚫고 그 구멍 아래부터 용접을 하면 용접불꽃에 의해 아랫면이 용해되면서 용접이 되며, 용가재로 구멍을 채워 용접하는 방법

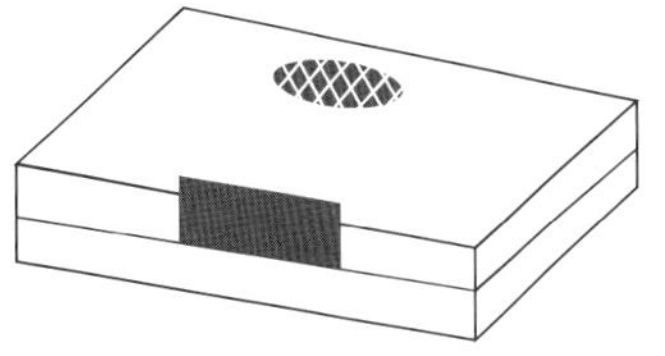

정답 33 ② 34 ② 35 ④ 36 ③

37 용접 시공 전에 준비해야 할 사항 중 틀린 것은?

① 용접부의 녹 부분은 그대로 둔다.
② 예열, 후열의 필요성 여부를 검토한다.
③ 제작 도면을 확인하고 작업 내용을 검토한다.
④ 용접 전류, 용접 순서, 용접 조건을 미리 정해 둔다.

해설
용접 시공 전 녹이 있는 부분은 반드시 그라인더 등으로 제거한 후 용접을 실시해야 한다.

38 용접 균열의 종류 중 맞대기 용접, 필릿 용접 등의 비드 표면과 모재와의 경계부에 발생하는 균열은?

① 토 균열
② 설퍼 균열
③ 헤어 균열
④ 크레이터 균열

해설
토 균열 : 표면비드와 모재와의 경계부에서 발생하는 불량으로, 토는 용접모재와 용접 표면이 만나는 부위를 말한다.

39 가용접(Tack Welding)에 대한 설명으로 틀린 것은?

① 가용접에는 본용접보다도 지름이 약간 가는 용접봉을 사용한다.
② 가용접은 쉬운 용접이므로 기량이 좀 떨어지는 용접사에 의해 실시하는 것이 좋다.
③ 가용접은 본용접을 하기 전에 좌우의 홈 부분을 잠정적으로 고정하기 위한 짧은 용접이다.
④ 가용접은 슬래그 섞임, 기공 등의 결함을 수반하기 때문에 이음의 끝 부분, 모서리 부분을 피하는 것이 좋다.

해설
가용접은 물체의 기본 형태를 잡는 중요한 작업이므로 숙련된 작업자가 실시해야 한다.

40 용접부 초음파 검사법의 종류에 해당되지 않는 것은?

① 투과법 ② 공진법
③ 펄스반사법 ④ 자기반사법

해설
초음파 탐상 시험법의 종류
- 투과법 : 초음파 펄스를 시험체의 한쪽 면에서 송신하고 반대쪽 면에서 수신하는 방법이다.
- 펄스반사법 : 시험체 내로 초음파 펄스를 송신하고 내부 또는 바닥면에서 그 반사파를 탐지하는 결함에코의 형태로 내부 결함이나 재질을 조사하는 방법으로 현재 가장 널리 사용되고 있다.
- 공진법 : 시험체에 가해진 초음파 진동수와 고유 진동수가 일치할 때 진동 폭이 커지는 공진현상을 이용하여 시험체의 두께를 측정하는 방법이다.

제3과목 용접일반 및 안전관리

41 가스 용접에서 판 두께를 t(mm)라고 하면 용접봉의 지름 D(mm)를 구하는 식으로 옳은 것은?(단, 모재의 두께는 1mm 이상인 경우이다)

① $D = t + 1$ ② $D = \frac{t}{2} + 1$
③ $D = \frac{t}{3} + 1$ ④ $D = \frac{t}{4} + 1$

해설
가스용접봉 지름$(D) = \frac{\text{판두께}(t)}{2} + 1$

42 연강판 가스 절단 시 가장 적합한 예열 온도는 약 몇 ℃인가?

① 100~200　　② 300~400
③ 400~500　　④ 800~900

해설
연강판의 가스 절단 전 예열 온도는 800~900℃로 한다.

43 직류 역극성(Reverse Polarity)을 이용한 용접에 대한 설명으로 옳은 것은?

① 모재의 용입이 깊다.
② 용접봉의 용융속도가 느려진다.
③ 용접봉을 음극(−), 모재를 양극(+)에 설치한다.
④ 얇은 판의 용접에서 용락을 피하기 위하여 사용한다.

해설
직류 역극성은 용접봉에 (+)전극이 연결되어 70%의 열이 발생하므로 정극성보다 비드의 폭이 더 넓고 용입이 얕아서 주로 박판의 용접에 사용된다.

용접기의 극성에 따른 특징

직류 정극성 (DCSP ; Direct Current Straight Polarity)	• 용입이 깊다. • 비드 폭이 좁다. • 용접봉의 용융속도가 느리다. • 후판(두꺼운 판) 용접이 가능하다. • 모재에는 (+)전극이 연결되며 70% 열이 발생하고, 용접봉에는 (−)전극이 연결되며 30% 열이 발생한다.
직류 역극성 (DCRP ; Direct Current Reverse Polarity)	• 용입이 얕다. • 비드 폭이 넓다. • 용접봉의 용융속도가 빠르다. • 박판(얇은 판) 용접이 가능하다. • 주철, 고탄소강, 비철금속의 용접에 쓰인다. • 모재에는 (−)전극이 연결되며 30% 열이 발생하고, 용접봉에는 (+)전극이 연결되며 70% 열이 발생한다.
교류(AC)	• 극성이 없다. • 전원 주파수의 $\frac{1}{2}$사이클마다 극성이 바뀐다. • 직류 정극성과 직류 역극성의 중간적 성격이다.

44 다음 중 열전도율이 가장 높은 것은?

① 구 리　　② 아 연
③ 알루미늄　　④ 마그네슘

해설
Cu(구리)의 열전도율이 Zn, Al, Mg보다 더 크다.
열 및 전기전도율이 높은 순서

Ag > Cu > Au > Al > Mg > Zn > Ni > Fe > Pb > Sb

※ 열전도율이 높을수록 고유저항은 작아진다.

45 다음 연료가스 중 발열량(kcal/m^3)이 가장 많은 것은?

① 수 소　　② 메 탄
③ 프로판　　④ 아세틸렌

해설
가스별 불꽃의 온도 및 발열량

가스 종류	불꽃온도(℃)	발열량(kcal/m^3)
아세틸렌	3,430	12,500
부 탄	2,926	26,000
수 소	2,960	2,400
프로판	2,820	21,000
메 탄	2,700	8,500
에틸렌	−	14,000

※ 불꽃온도나 발열량은 실험방식과 측정기의 캘리브레이션 정도에 따라 달라지므로 일반적으로 통용되는 수치를 기준으로 작성한다.

정답 42 ④ 43 ④ 44 ① 45 ③

46 아크 용접기로 정격 2차 전류를 사용하여 4분간 아크를 발생시키고 6분을 쉬었다면 용접기의 사용률은?

① 20%　　② 30%
③ 40%　　④ 60%

해설

아크 용접기 사용률(%) = $\frac{4분}{4분+6분} \times 100\% = 40\%$

아크 용접기의 사용률 구하는 식

$$사용률(\%) = \frac{아크\ 발생\ 시간}{아크\ 발생\ 시간 + 정지\ 시간} \times 100$$

47 용접 자동화에서 자동제어의 특징으로 틀린 것은?

① 위험한 사고의 방지가 불가능하다.
② 인간에게는 불가능한 고속작업이 가능하다.
③ 제품의 품질이 균일화되어 불량품이 감소된다.
④ 적정한 작업을 유지할 수 있어서 원자재, 원료 등이 절약된다.

해설

용접 자동화에서 자동제어는 사람이 발생 가능한 위험한 사고의 방지가 가능하다.

48 강재 표면의 홈이나 개재물, 탈탄층 등을 제거하기 위하여 얇게 타원형 모양으로 표면을 깎아내는 가공법은?

① 스카핑　　② 피닝법
③ 가스 가우징　　④ 겹치기 절단

해설

스카핑(Scarfing) : 강괴나 강편, 강재 표면의 홈이나 개재물, 탈탄층 등을 제거하기 위한 불꽃 가공으로 가능한 얇으면서 타원형의 모양으로 표면을 깎아내는 가공법

49 불활성가스 텅스텐 아크 용접을 할 때 주로 사용하는 가스는?

① H_2　　② Ar
③ CO_2　　④ C_2H_2

해설

TIG용접에서 보호가스로 사용되는 불활성가스는 주로 Ar(아르곤) 가스를 사용한다.

50 용접에 사용되는 산소를 산소용기에 충전시키는 경우 가장 적당한 온도와 압력은?

① 35℃, 15MPa　　② 35℃, 30MPa
③ 45℃, 15MPa　　④ 45℃, 18MPa

해설

산소 가스는 35℃에서 150kgf/cm^2 = 15MPa의 고압으로 충전한다.

46 ③ 47 ① 48 ① 49 ② 50 ① 정답

51 서브머지드 아크 용접(SAW)의 특징에 대한 설명으로 틀린 것은?

① 용융속도 및 용착속도가 빠르며 용입이 깊다.
② 특수한 지그를 사용하지 않는 한 아래보기 자세에 한정된다.
③ 용접선이 짧거나 불규칙한 경우 수동 용접에 비하여 능률적이다.
④ 불가시 용접으로 용접 도중 용접상태를 육안으로 확인할 수가 없다.

해설

서브머지드 아크 용접의 장점

- 내식성이 우수하다.
- 이음부의 품질이 일정하다.
- 후판일수록 용접속도가 빠르다.
- 높은 전류밀도로 용접할 수 있다.
- 용접 조건을 일정하게 유지하기 쉽다.
- 용접 금속의 품질을 양호하게 얻을 수 있다.
- 용제의 단열 작용으로 용입을 크게 할 수 있다.
- 용입이 깊어 개선각을 작게 해도 되므로 용접변형이 적다.
- 용접 중 대기와 차폐되어 대기 중의 산소, 질소 등의 해를 받지 않는다.
- 용접 속도가 아크 용접에 비해서 판두께 12mm에서는 2~3배, 25mm일 때에는 5~6배 빠르다.

서브머지드 아크 용접의 단점

- 설비비가 많이 든다.
- 용접시공 조건에 따라 제품의 불량률이 커진다.
- 용제의 흡습성이 커서 건조나 취급을 잘해야 한다.
- 용입이 크므로 모재의 재질을 신중히 검사해야 한다.
- 용입이 크므로 요구되는 이음가공의 정도가 엄격하다.
- 용접선이 짧고 복잡한 형상의 경우에는 용접기 조작이 번거롭기 때문에 비능률적이다.
- 아크가 보이지 않으므로 용접의 적부를 확인해서 용접할 수 없다.
- 특수한 장치를 사용하지 않는 한 아래보기, 수평자세 용접에 한정된다.
- 입열량이 크므로 용접금속의 결정립이 조대화되어 충격값이 낮아지기 쉽다.

52 다음 중 압접에 속하지 않는 것은?

① 마찰 용접　　② 저항 용접
③ 가스 용접　　④ 초음파 용접

해설

가스 용접은 두 모재를 녹여서 접합시키므로 융접으로 분류된다.

용접법의 분류

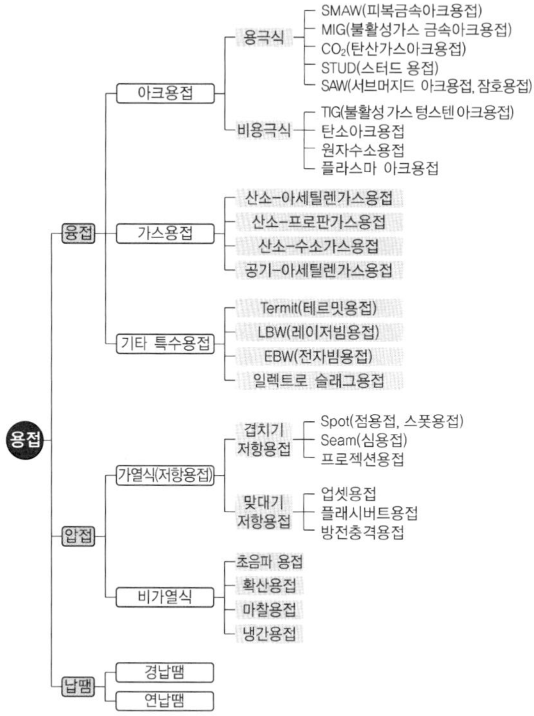

53 일반적인 용접의 특징으로 틀린 것은?

① 작업 공정이 단축되며 경제적이다.
② 재질의 변형이 없으며 이음효율이 낮다.
③ 제품의 성능과 수명이 향상되며 이종 재료도 접합할 수 있다.
④ 소음이 적어 실내에서의 작업이 가능하며 복잡한 구조물 제작이 쉽다.

해설

용접은 발생 열에 의해 재질이 변할 수 있으나 이음효율이 높은 장점이 있다.

정답 51 ③ 52 ③ 53 ②

54 피복 아크 용접에서 피복제의 역할로 틀린 것은?

① 용착효율을 높인다.
② 전기 절연 작용을 한다.
③ 스패터 발생을 적게 한다.
④ 용착금속의 냉각속도를 빠르게 한다.

해설

피복 아크 용접봉을 둘러싸고 있는 피복제는 용착금속의 냉각속도를 느리게 한다.

피복제(Flux)의 역할

- 아크를 안정시킨다.
- 전기 절연 작용을 한다.
- 보호가스를 발생시킨다.
- 스패터의 발생을 줄인다.
- 아크의 집중성을 좋게 한다.
- 용착금속의 급랭을 방지한다.
- 용착금속의 탈산정련 작용을 한다.
- 용융금속과 슬래그의 유동성을 좋게 한다.
- 용적(쇳물)을 미세화하여 용착효율을 높인다.
- 용융점이 낮고 적당한 점성의 슬래그를 생성한다.
- 슬래그 제거를 쉽게 하여 비드의 외관을 좋게 한다.
- 적당량의 합금 원소를 첨가하여 금속에 특수성을 부여한다.
- 중성 또는 환원성 분위기를 만들어 질화나 산화를 방지하고 용융금속을 보호한다.
- 쇳물이 쉽게 달라붙도록 힘을 주어 수직자세, 위보기자세 등 어려운 자세를 쉽게 한다.

55 직류 용접기와 비교한 교류 용접기의 특징으로 틀린 것은?

① 무부하 전압이 높다.
② 자기쏠림이 거의 없다.
③ 아크의 안정성이 우수하다.
④ 직류보다 감전의 위험이 크다.

해설

직류아크 용접기와 교류아크 용접기의 차이점

특 성	직류아크 용접기	교류아크 용접기
아크 안정성	우 수	보 통
비피복봉 사용 여부	가 능	불가능
극성 변화	가 능	불가능
아크(자기)쏠림 방지	불가능	가 능
무부하 전압	약간 낮음(40~60V)	높음(70~80V)
전격의 위험	적다.	많다.
유지보수	다소 어렵다.	쉽다.
고 장	비교적 많다.	적다.
구 조	복잡하다.	간단하다.
역 률	양 호	불 량
가 격	고 가	저 렴

56 다음 중 피복아크용접기 설치 장소로 가장 부적합한 곳은?

① 진동이나 충격이 없는 장소
② 주위온도가 -10℃ 이하인 장소
③ 유해한 부식성 가스가 없는 장소
④ 폭발성 가스가 존재하지 않는 장소

해설

용접기의 정상 가동 온도를 고려하면 주위온도가 -10℃인 곳은 피복아크용접기의 설치 장소로 적합하지 않다.

54 ④ 55 ③ 56 ② **정답**

57 레일의 접합, 차축, 선박의 프레임 등 비교적 큰 단면을 가진 주조나 단조품의 맞대기 용접과 보수 용접에 사용되는 용접은?

① 가스 용접
② 전자빔 용접
③ 테르밋 용접
④ 플라스마 용접

해설
테르밋 용접 : 금속 산화물과 알루미늄이 반응하여 열과 슬래그를 발생시키는 테르밋반응을 이용하는 용접법이다. 강을 용접할 경우에는 산화철과 알루미늄 분말을 3 : 1로 혼합한 테르밋제를 만든 후 냄비의 역할을 하는 도가니에 넣은 후, 점화제를 약 1,000℃로 점화시키면 약 2,800℃의 열이 발생되어 용접용 강이 만들어지는데 이 강(Steel)을 용접 부위에 주입 후 서랭하여 용접을 완료하며 철도 레일이나 차축, 선박의 프레임 접합에 주로 사용된다.

58 용접 시 필요한 안전 보호구가 아닌 것은?

① 안전화
② 용접 장갑
③ 핸드 실드
④ 핸드 그라인더

해설
핸드 그라인더는 표면을 매끈하게 연삭하는 작업공구로, 안전 보호구는 아니다.

[핸드 그라인더]

59 산소 및 아세틸렌 용기의 취급 시 주의사항으로 틀린 것은?

① 용기는 가연성 물질과 함께 뉘어서 보관할 것
② 통풍이 잘되고 직사광선이 없는 곳에 보관할 것
③ 산소 용기의 운반 시 밸브를 닫고 캡을 씌워서 이동할 것
④ 용기의 운반 시 가능한 운반기구를 이용하고, 넘어지지 않게 주의할 것

해설
가스 용접뿐만 아니라 특수용접 중 보호가스로 사용되는 가스를 담고 있는 용기(봄베, 압력용기)는 안전을 위해 모두 세워서 보관해야 한다.

60 불활성 가스 금속 아크 용접에서 이용하는 와이어 송급 방식이 아닌 것은?

① 풀 방식
② 푸시 방식
③ 푸시-풀 방식
④ 더블-풀 방식

해설
MIG 용접기의 와이어 송급 방식
• Push 방식 : 미는 방식
• Pull 방식 : 당기는 방식
• Push-pull 방식 : 밀고 당기는 방식

정답 57 ③ 58 ④ 59 ① 60 ④

2017년 제2회 과년도 기출문제

제1과목 용접야금 및 용접설비제도

01 담금질 시 재료의 두께에 따라 내·외부의 냉각속도 차이로 인하여 경화되는 깊이가 달라져 경도 차이가 발생하는 현상을 무엇이라고 하는가?

① 시효경화 ② 질량효과
③ 노치효과 ④ 담금질효과

해설
질량효과 : 탄소강을 담금질하였을 때 강의 질량(크기)에 따라 내부와 외부의 냉각속도 차이로 인해 경화되는 깊이가 달라져서 조직과 경도와 같은 기계적 성질이 변하는 현상이다. 담금질 시 질량이 큰 제품일수록 내부에 존재하는 열이 많기 때문에 천천히 냉각된다.

02 강의 조직을 개선 또는 연화시키기 위해 가장 흔히 쓰이는 방법이며, 주조 조직이나 고온에서 조대화된 입자를 미세화시키기 위해 A_{C3}점 또는 A_{C1}점 이상 20~50℃로 가열 후 노랭시키는 풀림 방법은?

① 연화 풀림 ② 완전 풀림
③ 항온 풀림 ④ 구상화 풀림

해설
② 완전 풀림 : A_3변태점(968℃)이나 A_1변태점(723℃)에서 20~50℃ 이상의 온도로 가열 후 노랭시키는 열처리법이다.
① 연화 풀림 : 650℃ 정도의 온도로 가열한 후 서랭한다.

03 용접작업에서 예열을 실시하는 목적으로 틀린 것은?

① 열영향부와 용착 금속의 경화를 촉진하고 연성을 감소시킨다.
② 수소의 방출을 용이하게 하여 저온 균열을 방지한다.
③ 용접부의 기계적 성질을 향상시키고 경화조직의 석출을 방지시킨다.
④ 온도 분포가 완만하게 되어 열응력의 감소로 변형과 잔류응력의 발생을 적게 한다.

해설
재료에 예열을 가하는 목적은 급열 및 급랭 방지로 잔류응력을 줄이고, 용착 금속의 경화를 방지하고, 연성과 인성을 부여하기 위함이다.
용접 전과 후 모재에 예열을 가하는 목적
- 열영향부(HAZ)의 균열을 방지한다.
- 수축변형 및 균열을 경감시킨다.
- 용접 금속에 연성 및 인성을 부여한다.
- 열영향부와 용착 금속의 경화를 방지한다.
- 급열 및 급랭 방지로 잔류응력을 줄인다.
- 용접 금속의 팽창이나 수축의 정도를 줄여 준다.
- 수소 방출을 용이하게 하여 저온 균열을 방지한다.
- 금속 내부의 가스를 방출시켜 기공 및 균열을 방지한다.

04 담금질한 강을 실온까지 냉각한 다음, 다시 계속하여 실온 이하의 마텐자이트 변태 종료 온도까지 냉각하여 잔류 오스테나이트를 마텐자이트로 변화시키는 열처리는?

① 심랭처리 ② 하드 페이싱
③ 금속 용사법 ④ 연속 냉각 변태처리

해설
심랭처리(Subzero Treatment, 서브제로)는 담금질 강의 경도를 증가시키고 시효변형을 방지하기 위한 열처리 조작으로, 담금질 강의 조직을 잔류 오스테나이트에서 전부 오스테나이트 조직으로 바꾸기 위해 재료를 오스테나이트 영역까지 가열한 후 0℃ 이하로 급랭시킨다.

1 ② 2 ② 3 ① 4 ① 정답

05 다음 중 금속조직에 따라 스테인리스강을 3종류로 분류하였을 때 옳은 것은?

① 마텐자이트계, 페라이트계, 펄라이트계
② 페라이트계, 오스테나이트계, 펄라이트계
③ 마텐자이트계, 페라이트계, 오스테나이트계
④ 페라이트계, 오스테나이트계, 시멘타이트계

해설

스테인리스강을 금속조직에 따라 분류하면 페라이트계, 오스테나이트계, 마텐자이트계이다.

스테인리스강의 분류

구 분	종 류	주요성분	자 성
Cr계	페라이트계 스테인리스강	Fe + Cr 12% 이상	자성체
	마텐자이트계 스테인리스강	Fe + Cr 13%	자성체
Cr + Ni계	오스테나이트계 스테인리스강	Fe + Cr 18% + Ni 8%	비자성체
	석출경화계 스테인리스강	Fe + Cr + Ni	비자성체

06 다음 중 건축구조용 탄소 강관의 KS 기호는?

① SPS 6
② SGT 275
③ SRT 275
④ SNT 275A

해설

KS D 3632 규격에 건축구조용 탄소 강관은 "SNT"를 기호로 사용한다.

07 탄소강에서 탄소의 함유량이 증가할 경우에 나타나는 현상은?

① 경도 증가, 연성 감소
② 경도 감소, 연성 감소
③ 경도 증가, 연성 증가
④ 경도 감소, 연성 증가

해설

탄소함유량 증가에 따른 철강의 특성

- 경도 증가
- 취성 증가
- 항복점 증가
- 충격치 감소
- 인장강도 증가
- 인성 및 연신율, 단면수축률 감소

08 다음 중 펄라이트의 조성으로 옳은 것은?

① 페라이트 + 소르바이트
② 페라이트 + 시멘타이트
③ 시멘타이트 + 오스테나이트
④ 오스테나이트 + 트루스타이트

해설

펄라이트(Pearlite) : α철(페라이트) + Fe_3C(시멘타이트)의 층상구조 조직으로 질기고 강한 성질을 갖는 금속조직

정답 5 ③ 6 ④ 7 ① 8 ②

09 다음 중 용접성이 가장 좋은 강은?

① 1.2%C 강
② 0.8%C 강
③ 0.5%C 강
④ 0.2%C 이하의 강

해설

Fe에 C의 함량이 많을수록 용접성이 나빠지고 균열이 생기기 쉬우므로 탄소의 함량이 작은 ④번의 용접성이 가장 좋다.

10 일반적인 고장력강 용접 시 주의해야 할 사항으로 틀린 것은?

① 용접봉은 저수소계를 사용한다.
② 위빙 폭을 크게 하지 말아야 한다.
③ 아크 길이는 최대한 길게 유지한다.
④ 용접 전 이음부 내부를 청소한다.

해설

일반 고장력강을 용접할 때는 저수소계 용접봉(E4316)을 사용하면서 아크 길이를 최대한 짧게 유지하고 위빙 폭을 가급적 작게 하여 열영향부를 줄여야 한다.

11 다음 중 가는 1점 쇄선의 용도가 아닌 것은?

① 중심선 ② 외형선
③ 기준선 ④ 피치선

해설

외형선은 굵은 실선으로 그린다.

12 다음 중 치수기입의 원칙으로 틀린 것은?

① 치수는 중복 기입을 피한다.
② 치수는 되도록 주투상도에 집중시킨다.
③ 치수는 계산하여 구할 필요가 없도록 기입한다.
④ 관련되는 치수는 되도록 분산시켜서 기입한다.

해설

치수 기입의 원칙(KS B 0001)

- 대상물의 기능, 제장, 조립 등을 고려하여 도면에 필요 불가결하다고 생각되는 치수를 명료하게 지시한다.
- 대상물의 크기, 자세 및 위치를 가장 명확하게 표시하는 데 필요하고 충분한 치수를 기입한다.
- 치수는 치수선, 치수 보조선, 치수 보조 기호 등을 이용해서 치수 수치로 나타낸다.
- 치수는 되도록 주투상도에 집중해서 지시한다.
- 도면에는 특별히 명시하지 않는 한, 그 도면에 도시한 대상물의 다듬질 치수를 표시한다.
- 치수는 되도록 계산해서 구할 필요가 없도록 기입한다.
- 가공 또는 조립 시에 기준이 되는 형체가 있는 경우, 그 형체를 기준으로 하여 치수를 기입한다.
- 치수는 되도록 공정마다 배열을 분리하여 기입한다.
- 관련 치수는 되도록 한곳에 모아서 기입한다.
- 치수는 중복 기입을 피한다(단, 중복 치수를 기입하는 것이 도면의 이해를 용이하게 하는 경우에는 중복 기입을 해도 좋다).
- 원호 부분의 치수는 원호가 180°까지는 반지름으로 나타내고 180°를 초과하는 경우에는 지름으로 나타낸다.
- 기능상(호환성을 포함) 필요한 치수에는 치수의 허용한계를 지시한다.
- 치수 가운데 이론적으로 정확한 치수는 직사형 안에 치수 수치를 기입하고, 참고 치수는 괄호 안에 기입한다.

9 ④ 10 ③ 11 ② 12 ④ **정답**

13 다음 중 SM45C의 명칭으로 옳은 것은?

① 기계 구조용 탄소 강재
② 일반 구조용 각형 강관
③ 저온 배관용 탄소 강관
④ 용접용 스테인리스강 선재

14 다음 용접의 명칭과 기호가 맞지 않는 것은?

① 심 용접 :
② 이면 용접 :
③ 겹침 접합부 :
④ 가장자리 용접 :

해설

겹침 이음부에 대한 기호는 다음과 같다.

15 용접부 표면의 형상과 기호가 올바르게 연결된 것은?

① 토를 매끄럽게 함 :
② 동일 평면으로 다듬질 :
③ 영구적인 덮개판을 사용 :
④ 제거 가능한 이면판재 사용 :

해설

용접부 보조기호

제거 가능한 덮개판(이면판재) 사용	MR
끝단부 토를 매끄럽게 함	
필릿 용접부 토를 매끄럽게 함	
영구적인 덮개판(이면판재) 사용	M

※ 토 : 용접 모재와 용접 표면이 만나는 부위

16 다음 중 각기둥이나 원기둥을 전개할 때 사용하는 전개도법으로 가장 적합한 것은?

① 사진 전개도법
② 평행선 전개도법
③ 삼각형 전개도법
④ 방사선 전개도법

해설

전개도법의 종류

종 류	의 미
평행선법	삼각기둥, 사각기둥과 같은 여러 가지의 각기둥과 원기둥을 평행하게 전개하여 그리는 방법
방사선법	삼각뿔, 사각뿔 등의 각뿔과 원뿔을 꼭짓점을 기준으로 부채꼴로 펼쳐서 전개도를 그리는 방법
삼각형법	꼭짓점이 먼 각뿔, 원뿔 등의 해당 면을 삼각형으로 분할하여 전개도를 그리는 방법

정답 13 ① 14 ③ 15 ① 16 ②

17 다음 중 스케치 방법이 아닌 것은?

① 프린트법 ② 투상도법

③ 본뜨기법 ④ 프리핸드법

해설

투상도법은 물체를 바라보는 방법에 관한 것으로 스케치와는 거리가 멀다.

도형의 스케치 방법

- 프린트법 : 스케치할 물체의 표면에 광명단 또는 스탬프잉크를 칠한 다음 용지에 찍어 실형을 뜨는 방법이다.
- 모양뜨기법(본뜨기법) : 물체를 종이 위에 올려놓고 그 둘레의 모양을 직접 제도연필로 그리거나 납선, 구리선을 사용하여 모양을 만드는 방법이다.
- 프리핸드법 : 운영자나 컴퍼스 등의 제도용품을 사용하지 않고 손으로 작도하는 방법이다. 스케치의 일반적인 방법으로 척도에 관계없이 적당한 크기로 부품을 그린 후 치수를 측정한다.
- 사진 촬영법 : 물체를 사진 찍는 방법이다.

18 치수기입의 방법을 설명한 것으로 틀린 것은?

① 구의 반지름 치수를 기입할 때는 구의 반지름 기호인 $S\phi$를 붙인다.

② 정사각형 변의 크기 치수 기입 시 치수 앞에 정사각형 기호 □를 붙인다.

③ 판재의 두께 치수 기입 시 치수 앞에 두께를 나타내는 기호 t를 붙인다.

④ 물체의 모양이 원형으로서 그 반지름 치수를 표시할 때는 치수 앞에 R을 붙인다.

해설

치수보조기호

기 호	구 분	기 호	구 분
ϕ	지 름	p	피 치
$S\phi$	구의 지름	$\overset{\frown}{50}$	호의 길이
R	반지름	$\underline{50}$	비례척도가 아닌 치수
SR	구의 반지름	$\boxed{50}$	이론적으로 정확한 치수
□	정사각형	(50)	참고치수
C	45° 모따기	~~50~~	치수의 취소(수정 시 사용)
t	두 께	–	–

19 KS의 부문별 기호 연결이 잘못된 것은?

① KS A – 기본 ② KS B – 기계

③ KS C – 전기 ④ KS D – 건설

해설

한국산업규격(KS)의 부문별 분류기호

분류기호	분 야	분류기호	분 야	분류기호	분 야
KS A	기 본	KS F	건 설	KS T	물 류
KS B	기 계	KS I	환 경	KS V	조 선
KS C	전기전자	KS K	섬 유	KS W	항공우주
KS D	금 속	KS Q	품질경영	KS X	정 보
KS E	광 산	KS R	수송기계		

20 다음 선의 용도 중 가는 실선을 사용하지 않는 것은?

① 지시선 ② 치수선

③ 숨은선 ④ 회전단면선

해설

숨은선은 실선(————)이 아닌 점선(----------)을 사용한다.

17 ② 18 ① 19 ④ 20 ③ **정답**

제2과목 용접구조설계

21 판두께 25mm 이상인 연강판을 0℃ 이하에서 용접할 경우 예열하는 방법은?

① 이음의 양쪽 폭 100mm 정도를 40~75℃로 예열하는 것이 좋다.
② 이음의 양쪽 폭 150mm 정도를 150~200℃로 예열하는 것이 좋다.
③ 이음의 한쪽 폭 100mm 정도를 40~75℃로 예열하는 것이 좋다.
④ 이음의 한쪽 폭 150mm 정도를 150~200℃로 예열하는 것이 좋다.

해설
연강을 0℃ 이하에서 용접할 경우 이음의 양쪽 폭 100mm 정도를 약 40~70℃ 정도로 예열하는 것이 좋다.

22 연강판 용접을 하였을 때 발생한 용접 변형을 교정하는 방법이 아닌 것은?

① 롤러에 의한 방법
② 기계적 응력 완화법
③ 가열 후 해머링하는 법
④ 얇은 판에 대한 점 수축법

해설
기계적 응력 완화법은 용접부에 발생하는 잔류응력 완화법으로 변형 교정법은 아니다.

23 용접 구조물을 조립하는 순서를 정할 때 고려사항으로 틀린 것은?

① 용접 변형을 쉽게 제거할 수 있어야 한다.
② 작업환경을 고려하여 용접자세를 편하게 한다.
③ 구조물의 형상을 고정하고 지지할 수 있어야 한다.
④ 용접진행은 부재의 구속단을 향하여 용접한다.

해설
용접 구조물의 조립 순서는 구속부를 먼저 용접한 후 자유단을 향해 나아가야 잔류응력을 줄일 수 있다.

24 용접 작업 시 용접 지그를 사용했을 때 얻는 효과로 틀린 것은?

① 용접 변형을 증가시킨다.
② 작업 능률을 향상시킨다.
③ 용접 작업을 용이하게 한다.
④ 제품의 마무리 정도를 향상시킨다.

해설
용접 지그를 사용하면 용접 구조물을 고정하고 있으므로 용접 변형을 감소시킬 수 있다.

25 강자성체인 철강 등의 표면결함검사에 사용되는 비파괴검사 방법은?

① 누설비파괴검사
② 자기비파괴검사
③ 초음파비파괴검사
④ 방사선비파괴검사

해설
자기탐상시험(자분탐상시험, MT) : 철강 재료 등 강자성체를 자기장에 놓았을 때 시험편 표면이나 표면 근처에 균열이나 비금속 개재물과 같은 결함이 있으면 결함 부분에는 자속이 통하기 어려워 공간으로 누설되어 누설 자속이 생긴다. 이 누설 자속을 자분(자성 분말)이나 검사 코일을 사용하여 재료의 표면 결함을 검출하는 비파괴검사법이다.

정답 21 ① 22 ② 23 ④ 24 ① 25 ②

26 다음 중 용접부 예열의 목적으로 틀린 것은?

① 용접부의 기계적 성질을 향상시킨다.

② 열응력의 감소로 잔류응력의 발생이 적다.

③ 열영향부와 용착금속의 경화를 방지한다.

④ 수소의 방출이 어렵고, 경도가 높아져 인성이 저하한다.

해설

용접 전과 후 모재에 예열을 가하는 목적

- 열영향부(HAZ)의 균열을 방지한다.
- 수축변형 및 균열을 경감시킨다.
- 용접 금속에 연성 및 인성을 부여한다.
- 열영향부와 용착금속의 경화를 방지한다.
- 급열 및 급랭 방지로 잔류응력을 줄인다.
- 용접 금속의 팽창이나 수축의 정도를 줄여 준다.
- 수소 방출을 용이하게 하여 저온 균열을 방지한다.
- 금속 내부의 가스를 방출시켜 기공 및 균열을 방지한다.

27 일반적인 용접의 장점으로 틀린 것은?

① 수밀, 기밀이 우수하다.

② 이종재료 접합이 가능하다.

③ 재료가 절약되고 무게가 가벼워진다.

④ 자동화가 가능하며 제작 공정수가 많아진다.

해설

용접은 자동화가 가능하므로 제작 공정이 줄어든다.

용접의 장점

- 이음효율이 높다.
- 재료가 절약된다.
- 제작비가 적게 든다.
- 이음 구조가 간단하다.
- 유지와 보수가 용이하다.
- 재료의 두께 제한이 없다.
- 이종재료도 접합이 가능하다.
- 제품의 성능과 수명이 향상된다.
- 유밀성, 기밀성, 수밀성이 우수하다.
- 작업 공정이 줄고, 자동화가 용이하다.

28 비파괴 검사법 중 표면결함 검출에 사용되지 않는 것은?

① PT ② MT

③ UT ④ ET

해설

비파괴 검사의 기호 및 영문 표기

검출부위	명 칭	기 호	영문 표기
내부결함	방사선투과시험	RT	Radiography Test
	초음파탐상검사	UT	Ultrasonic Test
표면결함	침투탐상검사	PT	Penetrant Test
	와전류탐상검사	ET	Eddy Current Test
	자분탐상검사	MT	Magnetic Test
	누설검사	LT	Leaking Test
	육안검사	VT	Visual Test

29 맞대기 용접 이음에서 이음효율을 구하는 식은?

① $\text{이음효율} = \dfrac{\text{허용응력}}{\text{사용응력}} \times 100\%$

② $\text{이음효율} = \dfrac{\text{사용응력}}{\text{허용응력}} \times 100\%$

③ $\text{이음효율} = \dfrac{\text{모재의 인장강도}}{\text{용접시험편의 인장강도}} \times 100\%$

④ $\text{이음효율} = \dfrac{\text{용접시험편의 인장강도}}{\text{모재의 인장강도}} \times 100\%$

해설

용접부의 이음효율(η)

$$\eta = \frac{\text{용접시험편 인장강도}}{\text{모재 인장강도}} \times 100\%$$

26 ④ 27 ④ 28 ③ 29 ④ 정답

30 얇은 판의 용접 시 주로 사용하는 방법으로 용접부의 뒷면에서 물을 뿌려주는 변형 방지법은?

① 살수법
② 도열법
③ 석면포 사용법
④ 수랭 동판 사용법

해설
살수법이란 용접 변형 방지를 위해 용접부 뒷면에 물을 뿌려 냉각속도를 전면부와 차이를 두어 변형을 방지하는 방법이다.
※ 살수(撒水) : 물을 뿌리다.

31 다음 중 용접 균열시험법은?

① 킨젤 시험　② 코머렐 시험
③ 슈나트 시험　④ 리하이 구속 시험

해설
용접부의 시험법의 종류

구 분	종 류
연성시험	킨젤 시험
	코머렐 시험
	T-굽힘 시험
취성시험	로버트슨 시험
	밴더 빈 시험
	칸티어 시험
	슈나트 시험
	카안인열 시험
	티퍼 시험
	에소 시험
	샤르피 충격시험
균열(터짐)시험	피스코 균열시험
	CTS 균열시험법
	리하이형 구속 균열시험

32 중판 이상의 용접을 위한 홈 설계 요령으로 틀린 것은?

① 루트 반지름은 가능한 한 크게 한다.
② 홈의 단면적을 가능한 한 작게 한다.
③ 적당한 루트 면과 루트 간격을 만들어 준다.
④ 전후좌우 5° 이하로 용접봉을 운봉할 수 없는 홈 각도를 만든다.

해설
중판 이상의 두꺼운 판 용접부 설계 시 유의사항
- 루트 반지름을 가급적 크게 해야 한다.
- 홈의 단면적은 가능한 한 작게 한다.
- 적당한 루트 간격과 루트 면을 만들어 준다.
- 최소 10° 정도 전후좌우로 용접봉을 움직일 수 있는 홈 각도를 만든다.

33 가접 시 주의해야 할 사항으로 옳은 것은?

① 본용접자보다 용접 기량이 낮은 용접자가 가용접을 실시한다.
② 용접봉은 본용접 작업 시에 사용하는 것보다 가는 것을 사용한다.
③ 가용접 간격은 일반적으로 판 두께의 60~80배 정도로 하는 것이 좋다.
④ 가용접 위치는 부품의 끝 모서리나 각 등과 같이 응력이 집중되는 곳에 가접한다.

해설
② 가접은 용접을 시작하기 전 재료의 형태를 고정시키는 역할을 하므로 본용접보다도 지름이 약간 가는 용접봉을 사용하는 것이 좋다.
① 가접은 각각의 재료를 구조물의 원형에 맞게 형태를 잡는 중요 작업이므로 기량이 높은 작업자가 작업하는 것이 적합하다.
④ 강도상 중요한 곳과 용접의 시점과 종점이 되는 끝부분에는 가접을 하면 안 된다.

정답 30 ① 31 ④ 32 ④ 33 ②

34 용접 전 길이를 적당한 구간으로 구분한 후 각 구간을 한 칸씩 건너 뛰어서 용접한 후 다시금 비어 있는 곳을 차례로 용접하는 방법으로 잔류응력이 가장 적은 용착법은?

① 후퇴법　　② 대칭법
③ 비석법　　④ 교호법

해설

용접법의 종류

분 류		특 징
용착 방향에 의한 용착법	전진법	• 한쪽 끝에서 다른 쪽 끝으로 용접을 진행하는 방법으로, 용접 진행 방향과 용착 방향이 서로 같다. • 용접 길이가 길면 끝부분 쪽에 수축과 잔류응력이 생긴다.
	후퇴법	• 용접을 단계적으로 후퇴하면서 전체 길이를 용접하는 방법으로, 용접 진행 방향과 용착 방향이 서로 반대가 된다. • 수축과 잔류응력을 줄이는 용접 기법이나 작업 능률이 떨어진다.
	대칭법	변형과 수축응력의 경감법으로, 용접의 전 길이에 걸쳐 중심에서 좌우 또는 용접물 형상에 따라 좌우 대칭으로 용접하는 기법이다.
	스킵법 (비석법)	용접부 전체의 길이를 5개 부분으로 나누어 놓고 1-4-2-5-3순으로 용접하는 방법으로, 용접부에 잔류응력을 적게 하면서 변형을 방지하고자 할 때 사용한다.
다층 비드 용착법	덧살올림법 (빌드업법)	각 층마다 전체의 길이를 용접하면서 쌓아올리는 가장 일반적인 방법이다.
	전진블록법	• 한 개의 용접봉으로 살을 붙일 만한 길이로 구분해서 홈을 한 층 완료한 후 다른 층을 용접하는 방법이다. • 다층 용접 시 변형과 잔류응력의 경감을 위해 사용한다.
	캐스케이드법	한 부분의 몇 층을 용접하다가 다음 부분의 층으로 연속시켜 전체가 단계를 이루도록 용착시켜 나가는 방법이다.

35 다음 용착법 중 각 층마다 전체 길이를 용접하며 쌓는 방법은?

① 전진법　　② 후진법
③ 스킵법　　④ 빌드업법

해설

덧살올림법(빌드업법)은 각 층마다 전체의 길이를 용접하면서 쌓아올리는 가장 일반적인 방법이다.

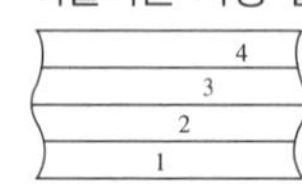

36 용착부의 인장응력이 5kgf/mm², 용접선 유효길이가 80mm이며, V형 맞대기로 완전 용입인 경우 하중 8,000kgf에 대한 판 두께는 몇 mm인가?(단, 하중은 용접선과 직각 방향이다)

① 10　　② 20
③ 30　　④ 40

해설

$\sigma = \dfrac{F(W)}{A} = \dfrac{F(W)}{t \times L}$ 식을 응용하면

$$5\text{kgf/mm}^2 = \frac{8{,}000\text{kgf}}{t \times 80\text{mm}}$$

$$t = \frac{8{,}000\text{kgf}}{5\text{kgf/mm}^2 \times 80\text{mm}} = 20\text{mm}$$

34 ③ 35 ④ 36 ② **정답**

37 다음 중 비파괴시험법에 해당되는 것은?

① 부식시험
② 굽힘시험
③ 육안시험
④ 충격시험

해설

육안검사는 재료에 손상을 입히지 않으므로 비파괴 시험법에 속한다.

파괴 및 비파괴시험법

비파괴시험	내부결함	방사선투과시험(RT)
		초음파탐상시험(UT)
	표면결함	외관검사(VT)
		자분탐상검사(MT)
		침투탐상검사(PT)
		누설검사(LT)
파괴시험 (기계적 시험)	인장시험	인장강도, 항복점, 연신율 계산
	굽힘시험	연성의 정도 측정
	충격시험	인성과 취성의 정도 측정
	경도시험	외력에 대한 저항의 크기 측정
	피로시험	반복적인 외력에 대한 저항력 측정
파괴시험 (화학적 시험)	매크로시험	현미경 조직검사

38 V형 맞대기 용접에서 판 두께가 10mm, 용접선의 유효길이가 200mm일 때, $5N/mm^2$의 인장응력이 발생한다면 이때 작용하는 인장하중은 몇 N인가?

① 3,000　　② 5,000
③ 10,000　　④ 12,000

해설

$\sigma = \dfrac{F(W)}{A} = \dfrac{F(W)}{t \times L}$ 식을 응용하면

$$5\mathrm{N/mm^2} = \frac{W}{10\mathrm{mm} \times 200\mathrm{mm}}$$

$$W = 5\mathrm{N/mm^2} \times (10\mathrm{mm} \times 200\mathrm{mm}) = 10{,}000\mathrm{N}$$

39 용접부에 잔류응력을 제거하기 위하여 응력 제거 풀림처리를 할 때 나타나는 효과로 틀린 것은?

① 충격 저항의 증대
② 크리프 강도의 향상
③ 응력 부식에 대한 저항력의 증대
④ 용착금속 중의 수소 제거에 의한 경도 증대

해설

응력제거 풀림 : 주조나 단조, 기계가공, 용접으로 금속재료에 생긴 잔류응력을 제거하기 위한 열처리의 일종으로 구조용 강의 경우 약 550~650℃의 온도 범위로 일정한 시간을 유지하였다가 노 속에서 냉각시킨다. 충격에 대한 저항력과 응력 부식에 대한 저항력을 증가시키고 크리프 강도도 향상시킨다. 또한, 용착금속 중 수소를 제거하여 경도를 증가시키지 않고 연성을 높여 준다.

40 용접부의 결함 중 구조상 결함이 아닌 것은?

① 변 형　　② 기 공
③ 언더컷　　④ 오버랩

해설

용접 결함의 분류

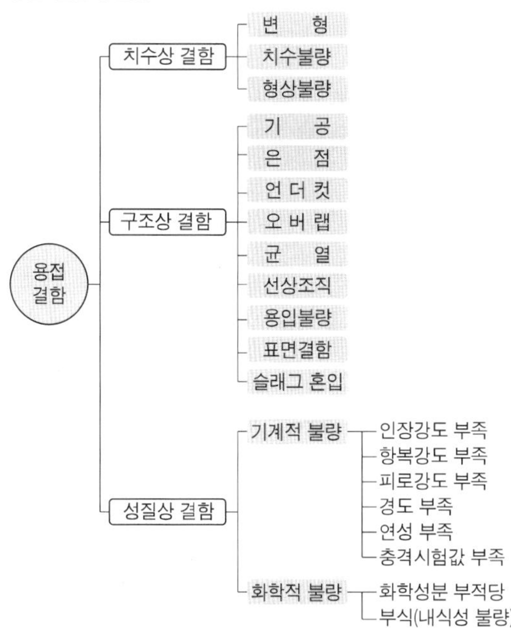

제3과목 용접일반 및 안전관리

41 산소-아세틸렌가스 용접의 특징으로 틀린 것은?

① 용접 변형이 적어 후판용접에 적합하다.
② 아크 용접에 비해서 불꽃의 온도가 낮다.
③ 열 집중성이 나빠서 효율적인 용접이 어렵다.
④ 폭발의 위험성이 크고 금속이 탄화 및 산화될 가능성이 많다.

해설
산소-아세틸렌가스 용접을 실시하면 용접 변형이 심하게 발생한다. 또한 열량 조절이 비교적 자유롭기 때문에 박판용접에 적당하다.

42 불활성가스 텅스텐 아크용접에 대한 설명으로 틀린 것은?

① 직류 역극성으로 용접하면 청정작용을 얻을 수 있다.
② 가스 노즐은 일반적으로 세라믹 노즐을 사용한다.
③ 불가시 용접으로 용접 중에는 용접부를 확인할 수 없다.
④ 용접용 토치는 냉각 방식에 따라 수랭식과 공랭식으로 구분된다.

해설
불활성가스 텅스텐 아크용접(TIG)은 가시아크이므로 용접 중 용접부 확인이 가능하다. 서브머지드 아크 용접이 불가시 용접에 속한다.

43 연강용 피복 아크 용접봉의 종류에서 E4303 용접봉의 피복제 계통은?

① 특수계 ② 저수소계
③ 일루미나이트계 ④ 라임티타니아계

해설
용접봉의 종류

기 호	종 류	기 호	종 류
E4301	일미나이트계	E4316	저수소계
E4303	라임티타니아계	E4324	철분 산화타이타늄계
E4311	고셀룰로스계	E4326	철분 저수소계
E4313	고산화타이타늄계	E4327	철분 산화철계

44 가스용접에서 가변압식 토치의 팁(B형) 250번을 사용하여 표준불꽃으로 용접하였을 때의 설명으로 옳은 것은?

① 독일식 토치의 팁을 사용한 것이다.
② 용접 가능한 판 두께가 250mm이다.
③ 1시간 동안에 산소 소비량이 25L이다.
④ 1시간 동안에 아세틸렌가스의 소비량이 250L 정도이다.

해설
프랑스식인 가변압식 팁은 매 시간당 아세틸렌가스의 소비량을 리터(L)로 표시한다. 따라서 250번 팁은 1시간당 아세틸렌가스의 소비량이 250L이다.

41 ① 42 ③ 43 ④ 44 ④ 정답

45 U형, H형의 용접홈을 가공하기 위하여 슬로 다이버전트로 설계된 팁을 사용하여 깊은 홈을 파내는 가공법은?

① 스카핑 ② 수중 절단
③ 가스 가우징 ④ 산소창 절단

해설

③ 가스 가우징 : 용접 결함이나 가접부 등의 제거를 위해 사용하는 방법으로써, 가스 절단과 비슷한 토치를 사용해 용접부의 뒷면을 따내거나 U형이나 H형의 용접 홈을 가공하기 위하여 깊은 홈을 파내는 가공법이다.
① 스카핑 : 강괴나 강편, 강재 표면의 홈이나 개재물, 탈탄층 등을 제거하기 위한 불꽃가공으로 가능한 한 얇으면서 타원형의 모양으로 표면을 깎아내는 가공법이다.
② 수중 절단 : 수(水)중에서 철 구조물을 절단하고자 할 때 사용하는 가스용접법으로 주로 수소(H_2)가스가 사용되며 예열 가스의 양은 공기 중의 4~8배로 한다. 교량의 개조나 침몰선의 해체, 항만의 방파제 공사에도 사용한다.
④ 산소창 절단 : 가늘고 긴 강관(안지름 3.2~6mm, 길이 1.5~3m)을 사용해서 절단 산소를 큰 강괴의 중심부에 분출시켜 창으로 불리는 강관 자체가 함께 연소되면서 절단하는 방법으로, 주로 두꺼운 강판이나 주철, 강괴 등의 절단에 사용된다.

46 다음 중 아크 용접 시 발생되는 유해한 광선에 해당되는 것은?

① X-선 ② 자외선
③ 감마선 ④ 중성자선

해설

아크 용접과 절단 작업 시 발생되는 광선은 적외선과 자외선이 있다. 그중 적외선은 작업자의 눈에 열성 백내장을 일으키고 자외선과 방사선은 피부를 붉게 하고 살갗을 태워 맨살에 화상을 입힌다.

47 가스절단에서 예열불꽃이 약할 때 일어나는 현상으로 가장 거리가 먼 것은?

① 드래그가 증가한다.
② 절단면이 거칠어진다.
③ 절단 속도가 늦어진다.
④ 절단이 중단되기 쉽다.

해설

예열불꽃의 세기

예열불꽃이 너무 강할 때	예열불꽃이 너무 약할 때
• 절단면이 거칠어진다. • 절단면 위 모서리가 녹아 둥글게 된다. • 슬래그가 뒤쪽에 많이 달라붙어 잘 떨어지지 않는다. • 슬래그 중의 철 성분의 박리가 어려워진다.	• 드래그가 증가한다. • 역화를 일으키기 쉽다. • 절단 속도가 느려지며, 절단이 중단되기 쉽다.

48 모재 두께가 다른 경우에 전극의 과열을 피하기 위하여 전류를 단속하여 용접하는 점 용접법은?

① 맥동 점 용접
② 단극식 점 용접
③ 인터랙 점 용접
④ 다전극 점 용접

해설

① 맥동 점 용접 : 모재 두께가 다른 경우에 전극의 과열을 피하기 위해 전류를 단속하여 용접한다.
② 단극식 점 용접 : 점 용접의 기본적인 방법으로 전극 1쌍으로 1개의 점 용접부를 만든다.
③ 인터랙 점 용접 : 용접 전류가 피용접물의 일부를 통하여 다른 곳으로 전달하는 방식이다.
④ 다전극 점 용접 : 전극을 2개 이상으로 2점 이상의 용접을 하며 용접 속도 향상 및 용접 변형 방지에 좋다.

정답 45 ③ 46 ② 47 ② 48 ①

49 다음 중 교류아크 용접기에 해당되지 않는 것은?

① 발전기형 아크 용접기
② 탭 전환형 아크 용접기
③ 가동코일형 아크 용접기
④ 가동철심형 아크 용접기

해설

피복 금속 아크 용접기의 종류

직류아크 용접기	발전기형	전동발전식
		엔진구동형
	정류기형	셀 렌
		실리콘
		게르마늄
교류아크 용접기	가동철심형	
	가동코일형	
	탭 전환형	
	가포화 리액터형	

50 가스용접에서 탄산나트륨 15%, 붕사 15%, 중탄산나트륨 70%가 혼합된 용제는 어떤 금속용접에 가장 적합한가?

① 주 철 ② 연 강
③ 알루미늄 ④ 구리합금

해설

주철의 가스 용접용 용제로는 붕사와 탄산나트륨, 중탄산나트륨이 사용된다.

가스용접 시 재료에 따른 용제의 종류

재 질	용 제
연 강	용제를 사용하지 않음
반경강	중탄산소다, 탄산소다
주 철	붕사, 탄산나트륨, 중탄산나트륨
알루미늄	염화칼륨, 염화나트륨, 염화리튬, 플루오린화칼륨
구리합금	붕사, 염화리튬

51 피복 아크 용접봉의 피복 배합제 중 아크 안정제에 속하지 않는 것은?

① 석회석 ② 마그네슘
③ 규산칼륨 ④ 산화타이타늄

해설

심선을 둘러싸는 피복 배합제의 종류

배합제	용 도	종 류
고착제	심선에 피복제를 고착시킨다.	규산나트륨, 규산칼륨, 아교
탈산제	용융 금속 중의 산화물을 탈산, 정련한다.	크롬, 망간, 알루미늄, 규소철, 톱밥, 페로망간(Fe-Mn), 페로실리콘(Fe-Si), Fe-Ti, 망간철, 소맥분(밀가루)
가스 발생제	중성, 환원성 가스를 발생하여 대기와의 접촉을 차단하여 용융 금속의 산화나 질화를 방지한다.	아교, 녹말, 톱밥, 탄산바륨, 셀룰로이드, 석회석, 마그네사이트
아크 안정제	아크를 안정시킨다.	산화타이타늄, 규산칼륨, 규산나트륨, 석회석
슬래그 생성제	용융점이 낮고 가벼운 슬래그를 만들어 산화나 질화를 방지한다.	석회석, 규사, 산화철, 일미나이트, 이산화망간
합금 첨가제	용접부의 성질을 개선하기 위해 첨가한다.	페로망간, 페로실리콘, 니켈, 몰리브덴, 구리

52 다음 용접자세의 기호 중 수평자세를 나타낸 것은?

① F ② H
③ V ④ O

해설

용접자세(Welding Position)

자 세	KS규격
아래보기	F(Flat Position)
수 평	H(Horizontal Position)
수 직	V(Vertical Position)
위보기	OH(Overhead Position)

49 ① 50 ① 51 ② 52 ② 정답

53 불활성가스 텅스텐 아크용접에서 전극을 모재에 접촉시키지 않아도 아크 발생이 되는 이유로 가장 적합한 것은?

① 전압을 높게 하기 때문에

② 텅스텐의 작용으로 인해서

③ 아크 안정제를 사용하기 때문에

④ 고주파 발생장치를 사용하기 때문에

해설

TIG용접에서 고주파교류(ACHF)를 전원으로 사용하면 전극을 모재에 접촉시키지 않아도 아크가 발생한다.

TIG용접에서 고주파교류(ACHF)를 전원으로 사용하는 이유

- 긴 아크 유지가 용이하다.
- 아크를 발생시키기 쉽다.
- 비접촉에 의해 용착금속과 전극의 오염을 방지한다.
- 전극의 소모를 줄여 텅스텐 전극봉의 수명을 길게 한다.
- 고주파 전원을 사용하므로 모재에 접촉시키지 않아도 아크가 발생한다.
- 동일한 전극봉에서 직류정극선(DCSP)에 비해 고주파 교류(ACHF)가 사용 전류범위가 크다.

54 정격 2차 전류가 300A, 정격 사용률 50%인 용접기를 사용하여 100A의 전류로 용접을 할 때 허용 사용률은?

① 5.6%　　② 150%

③ 450%　　④ 550%

해설

허용사용률 구하는 식

$$허용사용률(\%) = \frac{(정격\ 2차\ 전류)^2}{(실제\ 용접\ 전류)^2} \times 정격사용률(\%)$$

$$= \frac{(300A)^2}{(100A)^2} \times 50\% = \frac{90,000}{10,000} \times 50\% = 450\%$$

55 일반적인 가동철심형 교류아크 용접기의 특성으로 틀린 것은?

① 미세한 전류 조정이 가능하다.

② 광범위한 전류 조정이 어렵다.

③ 조작이 간단하고 원격제어가 된다.

④ 가동철심으로 누설자속을 가감하여 전류를 조정한다.

해설

조작이 간단하고 원격제어가 되는 교류아크 용접기는 가포화 리액터형 용접기이다.

56 용접작업자의 전기적 재해를 줄이기 위한 방법으로 틀린 것은?

① 절연상태를 확인한 후 사용한다.

② 용접 안전보호구를 완전히 착용한다.

③ 무부하 전압이 낮은 용접기를 사용한다.

④ 직류용접기보다 교류용접기를 많이 사용한다.

해설

교류아크 용접기는 극성 변화가 불가능하며 전격의 위험이 크다.

정답 53 ④ 54 ③ 55 ③ 56 ④

57 **피복제 중에 석회석이나 형석을 주성분으로 사용한 것으로 용착금속 중의 수소 함유량이 다른 용접봉에 비해 약 1/10 정도로 현저하게 적은 피복 아크 용접봉은?**

① E4301 ② E4311
③ E4313 ④ E4316

해설
저수소계 용접봉(E4316)은 용착금속 중의 수소량이 타 용접봉에 비해 $\frac{1}{10}$ 정도로 적어서 용착효율이 좋아 고장력강용으로 사용한다.

58 **다음 중 압접에 해당하는 것은?**

① 전자빔 용접 ② 초음파 용접
③ 피복 아크 용접 ④ 일렉트로 슬래그 용접

해설
용접법의 분류

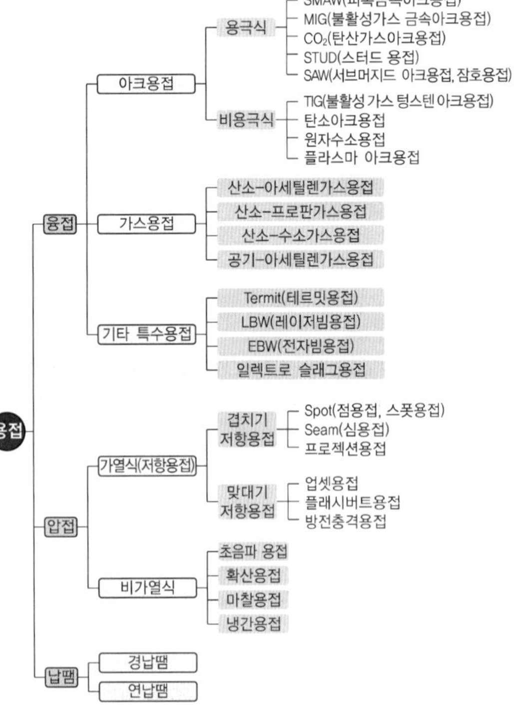

59 **탄산가스 아크 용접에 대한 설명으로 틀린 것은?**

① 전자세 용접이 가능하다.
② 가시 아크이므로 시공이 편리하다.
③ 용접전류의 밀도가 낮아 용입이 얕다.
④ 용착금속의 기계적, 야금적 성질이 우수하다.

해설
CO_2가스(탄산가스) 아크 용접의 특징
- 용착 효율이 양호하다.
- 용접봉 대신 Wire를 사용한다.
- 용접 재료는 철(Fe)에만 한정되어 있다.
- 용접전원은 교류를 정류시켜서 직류로 사용한다.
- 용착금속에 수소함량이 적어서 기계적 성질이 좋다.
- 전류밀도가 높아서 용입이 깊고 용접 속도가 빠르다.
- 전원은 직류 정전압 특성이나 상승 특성이 이용된다.
- 솔리드 와이어는 슬래그 생성이 적어서 제거할 필요가 없다.
- 바람의 영향을 받아 풍속 2m/s 이상은 방풍장치가 필요하다.
- 탄산가스 함량이 3~4%일 때 두통이나 뇌빈혈을 일으키고, 15% 이상이면 위험상태, 30% 이상이면 가스에 중독되어 생명이 위험해지기 때문에 자주 환기를 해야 한다.

60 **자동 및 반자동 용접이 수동 아크 용접에 비하여 우수한 점이 아닌 것은?**

① 용입이 깊다.
② 와이어 송급 속도가 빠르다.
③ 위보기 용접자세에 적합하다.
④ 용착금속의 기계적 성질이 우수하다.

해설
자동 용접으로 위보기 자세를 용접하려면 용락 방지 등의 부가 설비들이 더 필요하기 때문에 위보기 용접은 수동 아크 용접이 더 적합하다.

57 ④ 58 ② 59 ③ 60 ③ **정답**

2017년 제3회 과년도 기출문제

제1과목 용접야금 및 용접설비제도

01 다음 원소 중 강의 담금질 효과를 증대시키며, 고온에서 결정립 성장을 억제시키고, S의 해를 감소시키는 것은?

① C ② Mn
③ P ④ Si

해설
망간(Mn)은 강의 담금질 효과를 증대시킬 수 있는 원소로, 탄소강에 함유된 황(S)을 MnS로 석출시켜 적열취성을 방지하고 고온에서 결정립의 성장을 억제시킨다.

02 일반적인 금속의 특성으로 틀린 것은?

① 열과 전기의 양도체이다.
② 이온화하면 양(+)이온이 된다.
③ 비중이 크고, 금속적 광택을 갖는다.
④ 소성변형성이 있어 가공하기 어렵다.

해설
금속의 일반적인 특성
- 비중이 크다.
- 전기 및 열의 양도체이다.
- 금속 특유의 광택을 갖는다.
- 이온화하면 양(+)이온이 된다.
- 상온에서 고체이며 결정체이다(단, Hg 제외).
- 연성과 전성이 우수하다.
- 소성변형이 가능해서 가공하기 더 쉽다.

03 용접부의 저온균열은 약 몇 ℃ 이하에서 발생하는가?

① 200 ② 450
③ 600 ④ 750

해설
저온균열 : 약 220℃ 이하의 비교적 낮은 온도에서 발생하는 균열로 용접 후 용접부의 온도가 상온(약 24℃) 부근으로 떨어지면 발생하는 균열을 모두 일컫는 말이다.

04 용접 시 발생하는 일차 결함으로 응고온도범위 또는 그 직하의 비교적 고온에서 용접부의 자기수축과 외부구속 등에 의한 인장스트레인과 균열에 민감한 조직이 존재하면 발생하는 용접부의 균열은?

① 루트균열 ② 저온균열
③ 고온균열 ④ 비드밑균열

해설
고온균열 : 용접금속의 응고 직후에 발생하는 일차적 결함으로, 주로 결정립계에 생기는데 응고온도범위나 그 직하의 비교적 고온인 300℃ 이상에서 발생한다. 용접부의 자기수축과 외부구속에 의한 인장스트레인과 균열에 민감한 조직이 존재할 때 발생한다.

정답 1 ② 2 ④ 3 ① 4 ③

05 다음 중 열전도율이 가장 높은 것은?

① Ag ② Al

③ Pb ④ Fe

해설

Ag(은)의 열전도율이 가장 높다.

열 및 전기전도율이 높은 순서

Ag > Cu > Au > Al > Mg > Zn > Ni > Fe > Pb > Sb

※ 열전도율이 높을수록 고유저항은 작아진다.

06 다음 재료의 용접작업 시 예열을 하지 않았을 때 용접성이 가장 우수한 강은?

① 고장력강

② 고탄소강

③ 마텐자이트계 스테인리스강

④ 오스테나이트계 스테인리스강

해설

스테인리스강 중에서 가장 대표적으로 사용되는 오스테나이트계 스테인리스강은 일반 강(Steel)에 Cr-18%와 Ni-8%가 합금된 재료로 용접성이 가장 좋다.

07 체심입방격자의 슬립면과 슬립방향으로 맞는 것은?

① {110}-⟨110⟩ ② {110}-⟨111⟩

③ {111}-⟨110⟩ ④ {111}-⟨111⟩

해설

철의 결정구조별 슬립면과 슬립방향

결정구조	슬립면	슬립방향
BCC (체심입방격자)	{110}	⟨111⟩
	{211}	⟨111⟩
	{321}	⟨111⟩
FCC (면심입방격자)	{111}	⟨110⟩

08 피복 아크 용접봉의 피복 배합제의 성분 중 용착금속의 산화, 질화를 방지하고 용착금속의 냉각속도를 느리게 하는 것은?

① 탈산제 ② 가스 발생제

③ 아크 안정제 ④ 슬래그 생성제

해설

심선을 둘러싸는 피복 배합제의 종류

배합제	용 도	종 류
고착제	심선에 피복제를 고착시킨다.	규산나트륨, 규산칼륨, 아교
탈산제	용융 금속 중의 산화물을 탈산, 정련한다.	크롬, 망간, 알루미늄, 규소철, 톱밥, 페로망간(Fe-Mn), 페로실리콘(Fe-Si), Fe-Ti, 망간철, 소맥분(밀가루)
가스 발생제	중성, 환원성 가스를 발생하여 대기와의 접촉을 차단하여 용융 금속의 산화나 질화를 방지한다.	아교, 녹말, 톱밥, 탄산바륨, 셀룰로이드, 석회석, 마그네사이트
아크 안정제	아크를 안정시킨다.	산화타이타늄, 규산칼륨, 규산나트륨, 석회석
슬래그 생성제	용융점이 낮고 가벼운 슬래그를 만들어 산화나 질화를 방지한다.	석회석, 규사, 산화철, 일미나이트, 이산화망간
합금 첨가제	용접부의 성질을 개선하기 위해 첨가한다.	페로망간, 페로실리콘, 니켈, 몰리브덴, 구리

5 ① 6 ④ 7 ② 8 ④ **정답**

09 용접부의 잔류응력을 경감시키기 위한 방법으로 틀린 것은?

① 예열을 할 것
② 용착금속량을 증가시킬 것
③ 적당한 용착법, 용접순서를 선정할 것
④ 적당한 포지셔너 및 회전대 등을 이용할 것

해설
용착금속량을 증가시킬수록 재료에 가해 주는 열량이 더욱 많아지고 구속력도 커지므로 재료에 발생되는 잔류응력도 커진다.

10 응력제거 풀림처리 시 발생하는 효과가 아닌 것은?

① 잔류응력이 제거된다.
② 응력부식에 대한 저항력이 증가한다.
③ 충격저항성과 크리프 강도가 감소한다.
④ 용착금속 중의 수소가스가 제거되어 연성이 증가된다.

해설
응력제거 풀림
주조나 단조, 기계가공, 용접으로 금속재료에 생긴 잔류응력을 제거하기 위한 열처리의 일종으로, 구조용 강의 경우 약 550~650℃의 온도 범위로 일정한 시간을 유지하였다가 노 속에서 냉각시킨다. 충격에 대한 저항력과 응력부식에 대한 저항력을 증가시키고 크리프 강도도 향상시킨다. 그리고 용착금속 중 수소 제거에 의한 연성을 증대시킨다.

11 다음 용접부 기호의 설명으로 옳은 것은?(단, 네모 박스 안의 영문자는 MR이다)

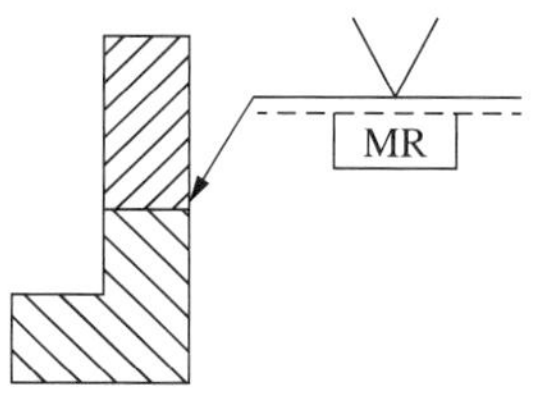

① 화살표 반대쪽에 필릿 용접한다.
② 화살표 쪽에 V형 맞대기 용접한다.
③ 화살표 쪽에 토를 매끄럽게 한다.
④ 화살표 반대쪽에 영구적인 덮개판을 사용한다.

해설
V표시는 V형 맞대기 용접을 하라는 기호이다. 또한 MR 은 제거 가능한 이면 판재를 나타내는 기호이다.

- 실선 위에 V표가 있으면 화살표 쪽에 용접한다.
- 점선 위에 V표가 있으면 화살표 반대쪽에 용접한다.

12 KS의 부문별 분류기호 중 "B"에 해당하는 분야는?

① 기 본 ② 기 계
③ 전 기 ④ 조 선

해설
한국산업규격(KS)의 부문별 분류기호

분류기호	분 야	분류기호	분 야	분류기호	분 야
KS A	기 본	KS F	건 설	KS T	물 류
KS B	기 계	KS I	환 경	KS V	조 선
KS C	전기전자	KS K	섬 유	KS W	항공우주
KS D	금 속	KS Q	품질경영	KS X	정 보
KS E	광 산	KS R	수송기계	–	–

정답 9 ② 10 ③ 11 ② 12 ②

13 다음 용접기호 중 플러그 용접을 표시한 것은?

①

②

③

④

해설

용접부 기호의 종류

명 칭	기본기호
점 용접(스폿 용접)	
급경사면(스팁 플랭크) 한쪽 면 V형 홈 맞대기이음 용접	
급경사면 한쪽면 K형 맞대기 이음 용접	
플러그 용접	

14 다음 용접기호 표시를 바르게 설명한 것은?

$$C \ominus n \times l\,(e)$$

① 지름이 C이고 용접 길이 l인 스폿 용접이다.

② 지름이 C이고 용접 길이 l인 플러그 용접이다.

③ 용접부 너비가 C이고 용접부 수가 n인 심 용접이다.

④ 용접부 너비가 C이고 용접부 수가 n인 스폿 용접이다.

해설

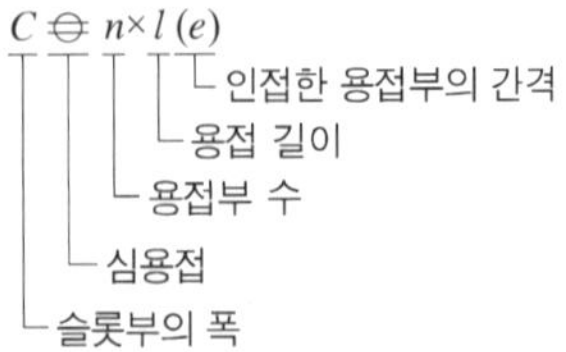

15 도면에 치수를 기입할 때 유의해야 할 사항으로 틀린 것은?

① 치수는 중복 기입을 피한다.

② 관련되는 치수는 되도록 분산하여 기입한다.

③ 치수는 되도록 계산해서 구할 필요가 없도록 기입한다.

④ 치수는 필요에 따라 점, 선 또는 면을 기준으로 하여 기입한다.

해설

치수 기입의 원칙(KS B 0001)

- 대상물의 기능, 제작, 조립 등을 고려하여 도면에 필요 불가결하다고 생각되는 치수를 명료하게 지시한다.
- 대상물의 크기, 자세 및 위치를 가장 명확하게 표시하는 데 필요하고 충분한 치수를 기입한다.
- 치수는 치수선, 치수 보조선, 치수 보조 기호 등을 이용해서 치수 수치로 나타낸다.
- 치수는 되도록 주투상도에 집중해서 지시한다.
- 도면에는 특별히 명시하지 않는 한, 그 도면에 도시한 대상물의 다듬질 치수를 표시한다.
- 치수는 되도록 계산해서 구할 필요가 없도록 기입한다.
- 가공 또는 조립 시에 기준이 되는 형체가 있는 경우, 그 형체를 기준으로 하여 치수를 기입한다.
- 치수는 되도록 공정마다 배열을 분리하여 기입한다.
- 관련 치수는 되도록 한 곳에 모아서 기입한다.
- 치수는 중복 기입을 피한다(단, 중복 치수를 기입하는 것이 도면의 이해를 용이하게 하는 경우에는 중복 기입을 해도 좋다).
- 원호 부분의 치수는 원호가 180°까지는 반지름으로 나타내고 180°를 초과하는 경우에는 지름으로 나타낸다.
- 기능상(호환성을 포함) 필요한 치수에는 치수의 허용한계를 지시한다.
- 치수 가운데 이론적으로 정확한 치수는 직사형 안에 치수 수치를 기입하고, 참고 치수는 괄호 안에 기입한다.

13 ④ 14 ③ 15 ② **정답**

16 그림과 같이 치수를 둘러싸고 있는 사각 틀(□)이 뜻하는 것은?

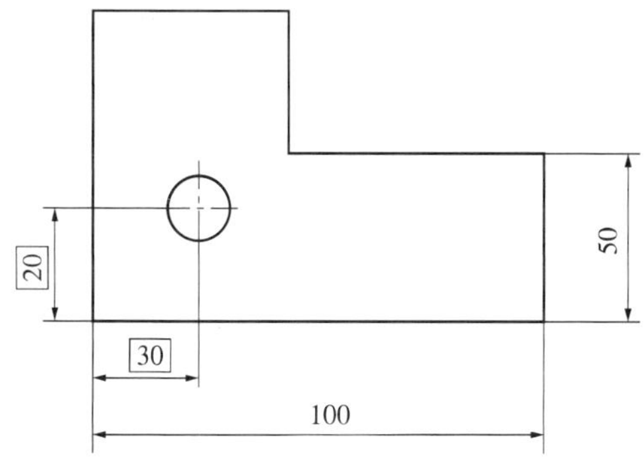

① 참고 치수
② 판 두께의 치수
③ 이론적으로 정확한 치수
④ 정사각형 한 변의 길이

해설
사각 틀은 그 안의 숫자가 이론적으로 정확한 치수임을 나타낸다.

17 치수 보조기호로 사용되는 기호가 잘못 표기된 것은?

① 구의 지름 : S
② 45° 모따기 : C
③ 원의 반지름 : R
④ 정사각형의 한 변 : □

해설
치수 보조기호

기 호	구 분	기 호	구 분
ϕ	지 름	p	피 치
Sϕ	구의 지름	$\overset{\frown}{50}$	호의 길이
R	반지름	$\underline{50}$	비례척도가 아닌 치수
SR	구의 반지름	$\boxed{50}$	이론적으로 정확한 치수
□	정사각형	(50)	참고치수
C	45° 모따기	~~50~~	치수의 취소(수정 시 사용)
t	두 께	–	–

18 용접 기본 기호 중 "⊇" 기호의 명칭으로 옳은 것은?

① 표면 육성
② 표면 접합부
③ 경사 접합부
④ 겹침 접합부

해설
겹침 이음부(접합부)를 나타내는 기호

⊇

19 일반적으로 부품의 모양을 스케치하는 방법이 아닌 것은?

① 판화법
② 프린트법
③ 프리핸드법
④ 사진 촬영법

해설
판화법은 인쇄법의 일종이다.
도형의 스케치 방법
- 프린트법 : 스케치할 물체의 표면에 광명단 또는 스탬프잉크를 칠한 다음 용지에 찍어 실형을 뜨는 방법
- 모양뜨기법(본뜨기법) : 물체를 종이 위에 올려놓고 그 둘레의 모양을 직접 제도연필로 그리거나 납선, 구리선을 사용하여 모양을 만드는 방법
- 프리핸드법 : 운영자나 컴퍼스 등의 제도용품을 사용하지 않고 손으로 작도하는 스케치의 일반적인 방법으로, 척도에 관계없이 적당한 크기로 부품을 그린 후 치수를 측정한다.
- 사진 촬영법 : 물체를 사진 찍는 방법

정답 16 ③ 17 ① 18 ④ 19 ①

20 선의 종류에 의한 용도에서 가는 실선으로 사용하지 않는 것은?

① 치수선 ② 외형선
③ 지시선 ④ 치수보조선

해설
도면을 작성할 때 외형선은 굵은 실선으로 그린다.

제2과목 용접구조설계

21 가용접 시 주의해야 할 사항으로 틀린 것은?

① 본용접과 같은 온도에서 예열을 한다.
② 본용접사와 동등한 기량을 갖는 용접사로 하여금 가용접을 하게 한다.
③ 가용접의 위치는 부품의 끝, 모서리, 각 등과 같이 단면이 급변하여 응력이 집중되는 곳은 가능한 한 피한다.
④ 용접봉은 본용접 작업에 사용하는 것보다 큰 것을 사용하며, 간격은 판두께의 5~10배 정도로 하는 것이 좋다.

해설
가용접은 본용접 시보다 지름이 작은 용접봉으로 실시하는 것이 좋다.

22 침투탐상검사의 특징으로 틀린 것은?

① 제품의 크기, 형상 등에 크게 구애를 받지 않는다.
② 주변 환경이나 특히 온도에 민감하여 제약을 받는다.
③ 국부적 시험과 미세한 균열도 탐상이 가능하다.
④ 시험 표면이 침투제 등과 반응하여 손상을 입은 제품도 검사할 수 있다.

해설
침투탐상검사(PT)
검사하려는 대상물의 표면에 침투력이 강한 형광성 침투액을 도포 또는 분무하거나 표면 전체를 침투액 속에 침적시켜 표면의 흠집 속에 침투액이 스며들게 한 다음 이를 백색 분말의 현상액을 뿌려서 침투액을 표면으로부터 빨아내서 결함을 검출하는 방법이다. 제품의 표면의 상태에 따라 검사성이 크게 영향을 받기 때문에 손상된 표면의 제품은 검사가 어렵다. 침투액이 형광물질이면 형광침투탐상시험이라고도 한다.

23 필릿용접에서 다리길이가 10mm인 용접부의 이론 목두께는 약 몇 mm인가?

① 0.707 ② 7.07
③ 70.7 ④ 707

해설
필릿 용접에서 이론 목두께$(a) = 0.707z$를 적용하면
$0.707 \times 10\text{mm} = 7.07\text{mm}$가 된다.
- 이론 목두께$(a) = 0.7z$ (또는 $0.707z$)
- 용접부 기호표시
  a : 목두께, z : 목길이(다리길이)

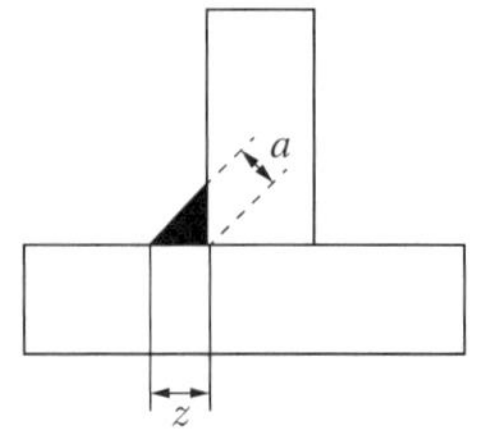

20 ② 21 ④ 22 ④ 23 ② **정답**

24 피닝(Peening)의 목적으로 가장 거리가 먼 것은?

① 수축변형의 증가
② 잔류응력의 완화
③ 용접변형의 방지
④ 용착금속의 균열 방지

해설
피닝법 : 잔류응력과 변형, 균열을 방지하기 위한 작업으로, 끝이 둥근 특수 해머를 사용하여 용접부를 연속적으로 타격하며 용접 표면에 소성변형을 주어 인장응력을 완화시킨다. 수축변형을 증가시키지는 않는다.

25 다음 중 플레어 용접부의 형상으로 맞는 것은?

①
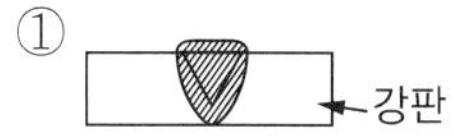

②
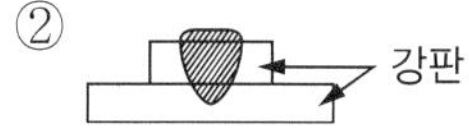

③

④
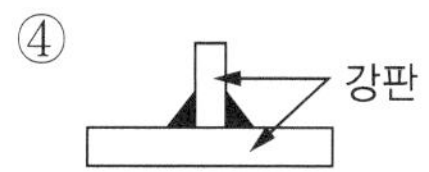

해설
플레어 용접

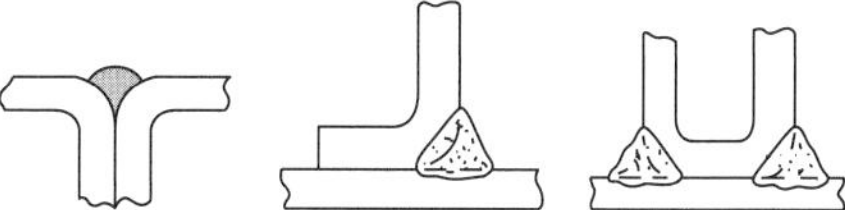

26 다음 맞대기 용접이음 홈의 종류 중 가장 두꺼운 판의 용접이음에 적용하는 것은?

① H형
② I형
③ U형
④ V형

해설
H형 홈은 두꺼운 판을 양쪽 방향에서 충분한 용입을 얻고자 할 때 사용한다.

27 주로 비금속 개재물에 의해 발생되며, 강의 내부에 모재 표면과 평행하게 층상으로 형성되는 균열은?

① 토 균열
② 힐 균열
③ 재열 균열
④ 라멜라 티어 균열

해설
라멜라 티어(Lamellar Tear) 균열 : 압연으로 제작된 강판 내부에 표면과 평행하게 층상으로 발생하는 균열로 T이음과 모서리 이음에서 발생한다. 평행부와 수직부로 구성되며 주로 MnS계 개재물에 의해서 발생되는데 S의 함량을 감소시키거나 판두께 방향으로 구속도가 최소가 되게 설계하거나 시공함으로써 억제할 수 있다.

정답 24 ① 25 ③ 26 ① 27 ④

28 응력제거 풀림에 의해 얻어지는 효과로 틀린 것은?

① 충격저항이 증대된다.
② 크리프 강도가 향상된다.
③ 용착금속 중의 수소가 제거된다.
④ 강도는 낮아지고 열영향부는 경화된다.

해설

응력제거 풀림

주조나 단조, 기계가공, 용접으로 금속재료에 생긴 잔류응력을 제거하기 위한 열처리의 일종으로, 구조용 강의 경우 약 550~650℃의 온도 범위로 일정한 시간을 유지하였다가 노 속에서 냉각시킨다. 충격에 대한 저항력과 응력부식에 대한 저항력을 증가시키고 크리프 강도는 커지면서 열영향부는 연화된다. 그리고 용착금속 중 수소 제거에 의한 연성을 증대시킨다.

29 다음 중 용접 홈을 설계할 때 고려하여야 할 사항으로 가장 거리가 먼 것은?

① 용접 방법
② 아크 쏠림
③ 모재의 두께
④ 변형 및 수축

해설

용접 홈을 설계할 때는 용접 중 발생하는 아크 쏠림을 고려할 필요는 없다.

30 용접 구조 설계상의 주의사항으로 틀린 것은?

① 용접 이음의 집중, 접근 및 교차를 피할 것
② 용접치수는 강도상 필요한 치수 이상으로 크게 하지 말 것
③ 용접성, 노치인성이 우수한 재료를 선택하여 시공하기 쉽게 설계할 것
④ 후판을 용접할 경우에는 용입이 얕은 용접법을 이용하여 층수를 늘릴 것

해설

후판을 용접할 경우는 용입이 깊은 용접법을 이용하여 용착 층수를 줄인다.

31 구조물 용접에서 조립순서를 정할 때의 고려사항으로 틀린 것은?

① 변형 제거가 쉽게 되도록 한다.
② 잔류응력을 증가시킬 수 있게 한다.
③ 구조물의 형상을 유지할 수 있어야 한다.
④ 작업환경의 개선 및 용접자세 등을 고려한다.

해설

구조물 용접에서 용접 순서는 잔류응력을 최대로 감소할 수 있도록 해야 한다.

28 ④ 29 ② 30 ④ 31 ② 정답

32 다음 용접봉 중 내압용기, 철골 등의 후판용접에서 비드 하층용접에 사용하는 것으로 확산성 수소량이 적고 우수한 강도와 내균열성을 갖는 것은?

① 저수소계
② 일미나이트계
③ 고산화타이타늄계
④ 라임티타니아계

해설
저수소계 용접봉은 후판용접에서 비드의 하층용접에 사용하는 것으로 확산성 수소량이 적고 우수한 강도와 내균열성을 크게 한다.

33 다음 중 용접 구조물의 이음설계 방법으로 틀린 것은?

① 반복하중을 받는 맞대기 이음에서 용접부의 덧붙이를 필요 이상 높게 하지 않는다.
② 용접선이 교차하는 곳이나 만나는 곳의 응력집중을 방지하기 위하여 스캘럽을 만든다.
③ 용접 크레이터 부분의 결함을 방지하기 위하여 용접부 끝단에 돌출부를 주어 용접한 후 돌출부를 절단한다.
④ 굽힘응력이 작용하는 겹치기 필릿용접의 경우 굽힘응력에 대한 저항력을 크게 하기 위하여 한쪽 부분만 용접한다.

해설
굽힘응력이 작용하는 겹치기 필릿용접에서 저항력을 크게 하려면 양쪽 부분에 모두 용접을 실시해야 한다.

34 강판의 두께가 7mm, 용접길이가 12mm인 완전 용입된 맞대기 용접 부위에 인장하중을 3,444kgf로 작용시켰을 때 용접부에 발생하는 인장응력은 약 몇 kgf/mm^{2}인가?

① 0.024 ② 41
③ 82 ④ 2,009

해설
인장응력 구하는 식

$\sigma = \frac{F}{A} = \frac{F}{t \times L}$, $\sigma(\text{N/mm}^2) = \frac{W}{t(\text{mm}) \times L(\text{mm})}$

인장응력 $\sigma = \frac{F}{A} = \frac{F}{t \times L}$ 식을 응용하면

$\sigma = \frac{3,444\,\text{kgf}}{7\text{mm} \times 12\text{mm}} = 41\,\text{kgf/mm}^2$

맞대기 용접부의 인장하중(힘)

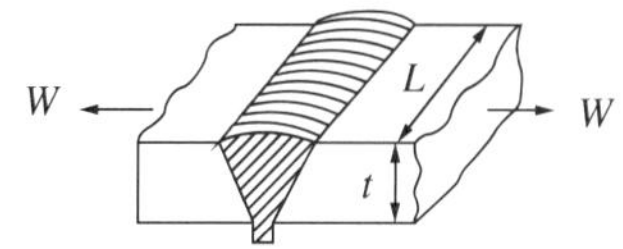

35 모재 및 용접부의 연성을 조사하는 파괴시험 방법으로 가장 적합한 것은?

① 경도시험 ② 피로시험
③ 굽힘시험 ④ 충격시험

해설
기계적 시험법의 종류

파괴시험 (기계적 시험)	인장시험	인장강도, 항복점, 연신율 계산
	굽힘시험	연성의 정도 측정
	충격시험	인성과 취성의 정도 측정
	경도시험	외력에 대한 저항의 크기 측정
	피로시험	반복적인 외력에 대한 저항력 측정

36 다음 중 용접 비용 절감 요소에 해당되지 않는 것은?

① 용접 대기시간의 최대화
② 합리적이고 경제적인 설계
③ 조립 정반 및 용접지그의 활용
④ 가공 불량에 의한 용접 손실 최소화

해설
용접 비용을 절감하려면 용접 대기시간을 최소화시켜야 용접봉 건조기 및 용접기에 사용되는 전기세를 절약할 수 있다.

37 두께 4mm인 연강판을 I 형 맞대기 이음 용접을 한 결과 용착금속의 중량이 3kg이었다. 이때 용착효율이 60%라면 용접봉의 사용중량은 몇 kg인가?

① 4　② 5
③ 6　④ 7

해설

$$\text{용착효율} = \frac{\text{용착금속의 중량}}{\text{용접봉 사용중량}} \times 100\%$$

$$\text{용접봉 사용중량} = \frac{\text{용착금속의 중량}}{\text{용착효율}} = \frac{3{,}000\text{g}}{0.6} = 5{,}000\text{g} = 5\text{kg}$$

38 다음 중 직류아크 용접기가 아닌 것은?

① 정류기식 직류아크 용접기
② 엔진구동식 직류아크 용접기
③ 가동철심형 직류아크 용접기
④ 전동발전식 직류아크 용접기

해설
아크 용접기의 종류

직류아크 용접기	발전기형	전동발전식
		엔진구동형
	정류기형	셀 렌
		실리콘
		게르마늄
교류아크 용접기	가동철심형	
	가동코일형	
	탭전환형	
	가포화리액터형	

39 다음 그림과 같은 순서로 용접하는 용착법을 무엇이라고 하는가?

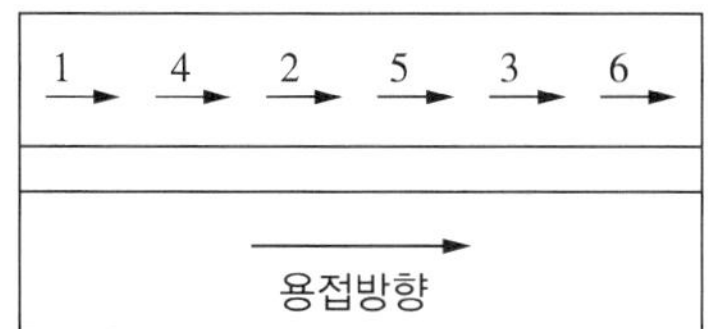

① 전진법
② 후퇴법
③ 스킵법
④ 캐스케이드법

해설
그림은 용접부 전 부분을 일정하게 나누어 균형 있게 용접하는 방법인 스킵법(비석법)이다.
용착법의 종류

구 분	종 류	
용접 방향에 의한 용착법	전진법	후퇴법
	대칭법	스킵법(비석법)
다층 비드 용착법	빌드업법(덧살올림법)	캐스케이드법
	전진블록법	

40 용접부의 부식에 대한 설명으로 틀린 것은?

① 틈새부식은 틈 사이의 부식을 말한다.
② 용접부의 잔류응력은 부식과 관계없다.
③ 용접부의 부식은 전면부식과 국부부식으로 분류한다.
④ 입계부식은 용접 열영향부의 오스테나이트 입계에 Cr 탄화물이 석출될 때 발생한다.

해설
용접부에 발생되는 부식은 잔류응력과도 관련이 크다.

제3과목 용접일반 및 안전관리

41 일반적인 탄산가스 아크 용접의 특징으로 틀린 것은?

① 용접속도가 빠르다.
② 전류 밀도가 높으므로 용입이 깊다.
③ 가시 아크이므로 용융지의 상태를 보면서 용접할 수 있다.
④ 후판용접은 단락이행 방식으로 가능하고, 비철금속 용접에 적합하다.

해설
이산화탄소(CO_2, 탄산)가스 아크 용접은 철 재질의 용접에만 한정된다.

정답 39 ③ 40 ② 41 ④

42 다음 중 허용사용률을 구하는 공식은?

① 허용사용률(%)

$$= \frac{(\text{정격 2차 전류})^2}{(\text{실제 용접 전류})} \times \text{정격사용률}(\%)$$

② 허용사용률(%)

$$= \frac{(\text{정격 2차 전류})}{(\text{실제 용접 전류})^2} \times \text{정격사용률}(\%)$$

③ 허용사용률(%)

$$= \frac{(\text{실제 용접 전류})^2}{(\text{정격 2차 전류})^2} \times \text{정격사용률}(\%)$$

④ 허용사용률(%)

$$= \frac{(\text{정격 2차 전류})^2}{(\text{실제 용접 전류})^2} \times \text{정격사용률}(\%)$$

43 다음 중 모재를 녹이지 않고 접합하는 용접법으로 가장 적합한 것은?

① 납 땜
② TIG용접
③ 피복 아크 용접
④ 일렉트로 슬래그 용접

해설

납땜은 모재를 녹이지 않고 모재의 표면에 납땜용 용제로 부착시키는 방법이다.

44 다음 중 불활성가스 금속 아크 용접(MIG)의 특징으로 틀린 것은?

① 후판용접에 적합하다.
② 용접속도가 빠르므로 변형이 적다.
③ 피복 아크 용접보다 전류 밀도가 크다.
④ 용접토치가 용접부에 접근하기 곤란한 경우에도 용접하기가 쉽다.

해설

불활성가스 금속 아크 용접(MIG) 시 용접 토치에서 불활성가스가 용접부를 보호하기 위하여 분출되는데 이 토치가 용접부에 접근하기 곤란하면 용접부에 산화가 발생되므로 용접이 제대로 이루어지기 어렵다.

45 가스 절단이 곤란한 주철, 스테인리스강 및 비철금속의 절단부에 철분 또는 용제를 공급하며 절단하는 방법은?

① 스카핑　② 분말 절단
③ 가스 가우징　④ 플라스마 절단

해설

② 분말 절단 : 철 분말이나 용제 분말을 절단용 산소에 연속적으로 혼입시켜서 용접부에 공급할 때 반응하면서 발생하는 산화열로 구조물을 절단하는 방법이다. 가스 절단이 곤란한 주철이나 스테인리스강, 비철금속의 절단에 주로 사용한다.
① 스카핑(Scarfing) : 강괴나 강편, 강재 표면의 홈이나 개재물, 탈탄층 등을 제거하기 위한 불꽃 가공으로 가능한 한 얇으면서 타원형의 모양으로 표면을 깎아내는 가공법이다.
② 가스 가우징 : 용접 결함(압연강재나 주강의 표면결함)이나 가접부 등의 제거를 위하여 가스 절단과 비슷한 토치를 사용해서 용접 부분의 뒷면을 따내거나 U형, H형상의 용접 홈을 가공하기 위하여 깊은 홈을 파내는 가공방법이다.
④ 플라스마 절단(플라스마 제트절단) : 높은 온도를 가진 플라스마를 한 방향으로 모아서 분출시키는 것을 일컬어 플라스마 제트라고 부르는데 이 열원으로 절단하는 방법이다.

42 ④　43 ①　44 ④　45 ②　**정답**

46 가스용접 작업 시 역화가 생기는 원인과 가장 거리가 먼 것은?

① 팁의 과열
② 산소압력 과대
③ 팁과 모재의 접촉
④ 팁 구멍에 이물질 부착

해설
역화 : 토치의 팁 끝이 모재에 닿아 순간적으로 막히거나 팁의 과열 또는 사용가스의 압력이 부적당할 때 팁 속에서 폭발음을 내며 불꽃이 꺼졌다가 다시 나타나는 현상이다. 불꽃이 꺼지면 산소 밸브를 차단하고, 이어 아세틸렌 밸브를 닫는다. 팁이 가열되었으면 물속에 담가 산소를 약간 누출시키면서 냉각한다.

47 용접전류 200A, 전압 40V일 때 1초 동안에 전달되는 일률을 나타내는 전력은?

① 2kW　　② 4kW
③ 6kW　　④ 8kW

해설
아크전력 = 아크전압 × 정격 2차 전류
= 40V × 200A = 8,000W = 8kW

48 가스 용접 장치 중 압력 조정기의 취급상 주의사항으로 틀린 것은?

① 압력 지시계가 잘 보이도록 설치한다.
② 압력 용기의 설치구 방향에는 아무런 장애물이 없어야 한다.
③ 조정기를 취급할 때는 기름이 묻은 장갑을 착용하고 작업해야 한다.
④ 조정기를 견고하게 설치한 다음 조정 나사를 풀고 밸브를 천천히 열어야 하며 가스 누설 여부를 비눗물로 점검한다.

해설
가스 절단이나 용접 시 사용되는 가스 봄베(병)의 압력 조정기를 취급할 때 기름이 묻은 손이나 장갑을 끼고 취급하지 않는다.

49 아크 용접기에 핫 스타트(Hot Start) 장치를 사용함으로써 얻어지는 장점이 아닌 것은?

① 기공을 방지한다.
② 아크 발생이 쉽다.
③ 크레이터 처리가 용이하다.
④ 아크 발생 초기의 용입을 양호하게 한다.

해설
핫 스타트 장치는 아크의 안정과 관련이 있을 뿐 크레이터 처리와는 관련이 적다.
핫 스타트 장치
아크 발생 초기에 용접봉과 모재가 냉각되어 있어 아크가 불안정하게 되는데 아크 발생을 더 쉽게 하기 위해 아크 발생 초기에만 용접전류를 특별히 크게 하는 장치이므로 아크 발생을 쉽게 하여 초기 비드 용입을 가능하게 하고 비드 모양을 개선시킨다.

정답 46 ② 47 ④ 48 ③ 49 ③

50 **다음 중 전격의 위험성이 가장 적은 것은?**

① 젖은 몸에 홀더 등이 닿았을 때
② 땀을 흘리면서 전기용접을 할 때
③ 무부하 전압이 낮은 용접기를 사용할 때
④ 케이블의 피복이 파괴되어 절연이 나쁠 때

해설
전격은 무부하 전압이 높은 용접기를 사용할 때 발생 위험성이 커진다.
전격 : 강한 전류를 갑자기 몸에 느꼈을 때의 충격으로, 용접기에는 작업자의 전격을 방지하기 위해서 반드시 전격방지기를 용접기에 부착해야 한다.

51 **연강의 가스 절단 시 드래그(Drag) 길이는 주로 어느 인자에 의해 변화하는가?**

① 후열과 절단 팁의 크기
② 토치각도와 진행방향
③ 절단속도와 산소 소비량
④ 예열 불꽃 및 백심의 크기

해설
드래그(Drag)
가스 절단 시 한 번에 토치를 이동한 거리로서 절단면에 일정한 간격의 곡선이 나타나는 것이다. 드래그 길이는 작업자가 움직이는 절단토치의 절단속도와 발생 열량과 관련된 산소 소비량에 의해 변화된다.

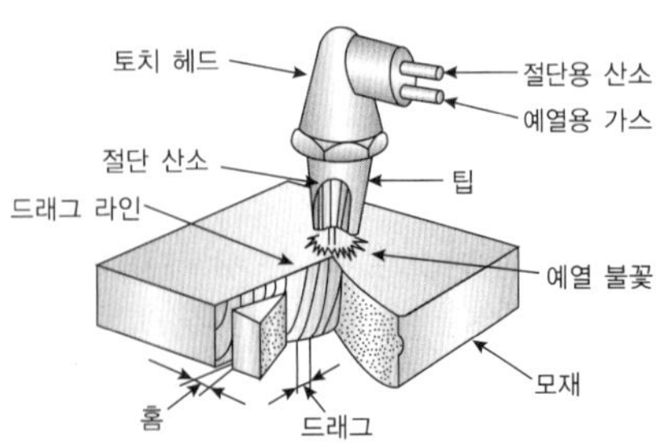

52 **연납땜과 경납땜을 구분하는 온도는?**

① 350℃ ② 450℃
③ 550℃ ④ 650℃

해설
연납땜과 경납땜을 구분하는 온도는 450℃이며, 경납땜은 융점이 450℃ 이상인 용가재를 사용한다.

53 **아크전류 200A, 무부하전압 80V, 아크전압 30V인 교류용접기를 사용할 때 효율과 역률은 얼마인가?(단, 내부손실을 4kW라고 한다)**

① 효율 60%, 역률 40%
② 효율 60%, 역률 62.5%
③ 효율 62.5%, 역률 60%
④ 효율 62.5%, 역률 37.5%

해설
- 효율(%) $= \dfrac{\text{아크전력}}{\text{소비전력}} \times 100$

  여기서, 아크전력 = 아크전압 × 정격 2차 전류
  = 30 × 200 = 6,000W
  소비전력 = 아크전력 + 내부손실
  = 6,000 + 4,000 = 10,000W

  ∴ 효율(%) $= \dfrac{6,000}{10,000} \times 100 = 60\%$
- 역률(%) $= \dfrac{\text{소비전력}}{\text{전원입력}} \times 100$

  여기서, 전원입력 = 무부하전압 × 정격 2차 전류
  = 80 × 200 = 16,000W

  ∴ 역률(%) $= \dfrac{10,000}{16,000} \times 100 = 62.5\%$

50 ③ 51 ③ 52 ② 53 ② 정답

54 다음 용접법 중 전기에너지를 에너지원으로 사용하지 않는 것은?

① 마찰 용접
② 피복 아크 용접
③ 서브머지드 아크 용접
④ 불활성가스 아크 용접

해설
마찰 용접은 재료 간 접촉 부위의 접촉에 마찰열을 사용하므로 에너지원으로 전기를 사용하지 않는다.

55 가스절단에서 예열불꽃이 약할 때 나타나는 현상을 가장 적절하게 설명한 것은?

① 드래그가 증가한다.
② 절단속도가 빨라진다.
③ 절단면이 거칠어진다.
④ 모서리가 용융되어 둥글게 된다.

해설
드래그(Drag) : 가스 절단 시 한 번에 토치를 이동한 거리로서 절단면에 일정한 간격의 곡선이 나타나는 것이다.
예열불꽃의 세기

예열불꽃이 너무 강할 때	예열불꽃이 너무 약할 때
• 절단면이 거칠어진다. • 절단면 위 모서리가 녹아 둥글게 된다. • 슬래그가 뒤쪽에 많이 달라붙어 잘 떨어지지 않는다. • 슬래그 중의 철 성분의 박리가 어려워진다.	• 절단이 잘 안 되므로 드래그가 증가한다. • 역화를 일으키기 쉽다. • 절단속도가 느려지며, 절단이 중단되기 쉽다.

56 가스용접에 쓰이는 토치의 취급상 주의사항으로 틀린 것은?

① 토치를 함부로 분해하지 말 것
② 팁을 모래나 먼지 위에 놓지 말 것
③ 토치에 기름, 그리스 등을 바를 것
④ 팁을 바꿀 때에는 반드시 양쪽 밸브를 잘 닫고 할 것

해설
가스용접용 토치에 기름이나 그리스를 바르면 용접부에 불순물이 혼입되므로 절대 이물질을 발라서는 안 된다.

57 일반적인 용접의 특징으로 틀린 것은?

① 품질 검사가 곤란하다.
② 변형과 수축이 발생한다.
③ 잔류응력이 발생하지 않는다.
④ 저온취성이 발생할 우려가 있다.

해설
용접은 용접 시 발생되는 용접열이 식는 과정에서 잔류응력이 발생된다.

정답 54 ① 55 ① 56 ③ 57 ③

58 용접의 분류에서 압접에 속하지 않는 용접은?

① 저항 용접
② 마찰 용접
③ 스터드 용접
④ 초음파 용접

해설

용접법의 분류

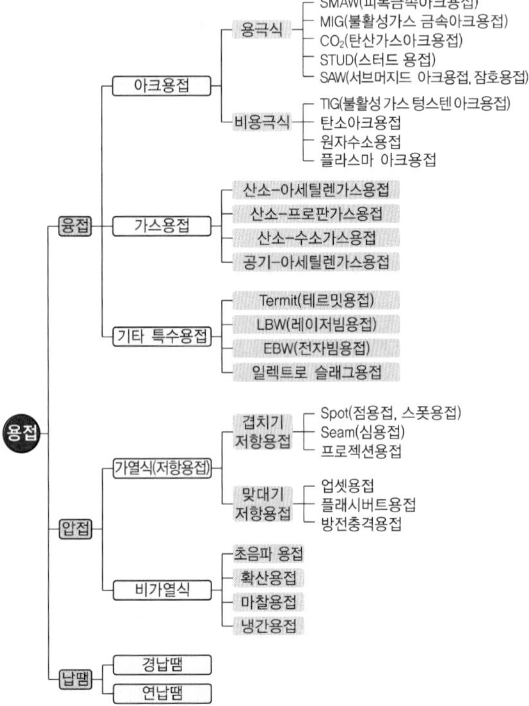

59 일반적인 정류기형 직류아크 용접기의 특성에 관한 설명으로 틀린 것은?

① 소음이 거의 없다.
② 보수 점검이 간단하다.
③ 완전한 직류를 얻을 수 있다.
④ 정류기 파손에 주의해야 한다.

해설

직류아크 용접기의 종류별 특징

발전기형	정류기형
고가이다.	저렴하다.
구조가 복잡하다.	구조가 간단하다.
보수와 점검이 어렵다.	취급이 간단하다.
완전한 직류를 얻는다.	완전한 직류를 얻지 못한다.
전원이 없어도 사용이 가능하다.	전원이 필요하다.
소음이나 고장이 발생하기 쉽다.	소음이 없다.

60 불가시 아크 용접, 잠호 용접, 유니언 멜트 용접, 링컨 용접 등으로 불리는 용접법은?

① 전자 빔 용접
② 가압 테르밋 용접
③ 서브머지드 아크 용접
④ 불활성가스 아크 용접

해설

서브머지드 아크 용접(SAW) : 용접 부위에 미세한 입상의 플럭스를 용제호퍼를 통해 다량으로 공급하면서 도포하면 용접선과 나란히 설치된 레일 위를 주행대차가 지나가면서 와이어 릴에 감겨 있는 와이어를 이송 롤러를 통해 용접부로 공급시키면 플럭스 내부에서 아크가 발생하는 자동 용접법이다. 이때 아크가 플럭스 속에서 발생되므로 불가시 아크 용접, 잠호 용접, 개발자의 이름을 딴 케네디 용접, 그리고 이를 개발한 회사의 상품명인 유니언 멜트 용접이라고도 한다.

58 ③ 59 ③ 60 ③ **정답**

2018년 제1회 과년도 기출문제

제1과목 용접야금 및 용접설비제도

01 저온균열의 발생에 관한 내용으로 옳은 것은?

① 용융금속의 응고 직후에 일어난다.

② 오스테나이트계 스테인리스강에서 자주 발생한다.

③ 용접금속이 약 300℃ 이하로 냉각되었을 때 발생한다.

④ 입계가 충분히 고상화되지 못한 상태에서 응력이 작용하여 발생한다.

해설

①, ②, ④는 고온균열에 관련된 내용이다.

저온균열 : 약 300℃(일부 서적 220℃) 이하의 비교적 낮은 온도에서 발생하는 균열로 용접 후 용접부의 온도가 상온(약 24℃) 부근으로 떨어지면 발생하는 균열을 모두 일컫는 말이다.

고온균열 : 용접금속의 응고 직후에 발생하는 일차적 결함이다. 응고 온도범위나 비교적 고온인 300℃ 이상에서 발생하는데, 용접부의 자기수축과 외부 구속에 의한 인장 스트레인, 균열에 민감한 조직이 존재할 때, 결정입계가 충분히 고상화되지 못한 상태에서 생기는 균열현상이다.

02 일반적인 금속의 결정격자 중 전연성이 가장 큰 것은?

① 면심입방격자

② 체심입방격자

③ 조밀육방격자

④ 체심정방격자

해설

철(Fe)의 결정구조(격자) 중 전연성이 가장 커서 재질이 무른 특징을 갖는 것은 면심입방격자이다.

Fe의 결정구조

종 류	체심입방격자 (BCC ; Body Centered Cubic lattice)	면심입방격자 (FCC ; Face Centered Cubic lattice)	조밀육방격자 (HCP ; Hexagonal Close Packed lattice)
성 질	• 강도가 크다. • 용융점이 높다. • 전성과 연성이 작다.	• 전기전도도가 크다. • 가공성이 우수하다. • 장신구로 사용된다. • 전성과 연성이 크다. • 연한 성질의 재료이다.	• 전성과 연성이 작다. • 가공성이 좋지 않다.
원 소	W, Cr, Mo, V, Na, K	Al, Ag, Au, Cu, Ni, Pb, Pt, Ca	Mg, Zn, Ti, Be, Hg, Zr, Cd, Ce
단위격자	2개	4개	2개
배위수	8	12	12
원자 충진율	68%	74%	74%

정답 1 ③ 2 ①

03 **탄소와 질소를 동시에 강의 표면에 침투, 확산시켜 강의 표면을 경화시키는 방법은?**

① 침투법
② 질화법
③ 침탄질화법
④ 고주파 담금질

해설

③ 침탄질화법 : 탄소(C)와 질소(N)를 동시에 강의 표면 침투 및 확산시킴으로써 표면을 경화시키는 방법

① 침투법 : 금속을 표면에 침투시키는 방법으로 종류에는 Zn(세라다이징), Al(칼로라이징), Cr(크로마이징), Si(실리코나이징), B(보로나이징)가 있다.

② 질화법 : 암모니아(NH_3)가스 분위기(영역) 안에 재료를 넣고 500℃에서 50~100시간을 가열하면 재료표면에 Al, Cr, Mo 원소와 함께 질소가 확산되면서 강 재료의 표면이 단단해지는 표면경화법이다. 내연기관의 실린더 내벽이나 고압용 터빈날개를 표면경화할 때 주로 사용된다.

04 **킬드강(Killed Steel)을 제조할 때 탈산 작용을 하는 가장 적합한 원소는?**

① P ② S
③ Ar ④ Si

해설

킬드강은 평로, 전기로에서 제조된 용강을 Fe-Mn, Fe-Si, Al 등으로 완전히 탈산시킨 강으로, 상부에 작은 수축관과 소수의 기포만이 존재하며 탄소 함유량이 0.15~0.3% 정도이다. 따라서 탈산을 위해 가장 적합한 합금 원소는 Si이다.

05 **연강을 0℃ 이하에서 용접할 경우 예열하는 요령으로 옳은 것은?**

① 연강은 예열이 필요 없다.
② 용접 이음부를 약 500~600℃로 예열한다.
③ 용접 이음부의 홈 안을 700℃ 전후로 예열한다.
④ 용접 이음의 양쪽 폭 100mm 정도를 40~75℃로 예열한다.

해설

판 두께가 25mm 이상인 연강을 0℃ 이하에서 용접하면 저온균열이 발생하므로 이음부의 양쪽에서 대략 100mm 정도를 띄워서 40~75℃로 예열한다. 그리고 구리합금이나 알루미늄합금, 후판은 약 200~400℃로, 저합금강이나 스테인리스강 등은 50~350℃ 정도로 예열하면 된다.

06 **스테인리스강 중 내식성, 내열성, 용접성이 우수하며 대표적인 조성이 18Cr-8Ni인 계통은?**

① 페라이트계
② 소르바이트계
③ 마텐자이트계
④ 오스테나이트계

해설

스테인리스강의 분류

구 분	종 류	주요성분	자 성
Cr계	페라이트계 스테인리스강	Fe + Cr 12% 이상	자성체
	마르텐사이트계 스테인리스강	Fe + Cr 13%	자성체
Cr + Ni계	오스테나이트계 스테인리스강	Fe + Cr 18% + Ni 8%	비자성체
	석출경화계 스테인리스강	Fe + Cr + Ni	비자성체

3 ③ 4 ④ 5 ④ 6 ④ **정답**

07 다음 중 용착금속의 샤르피 흡수에너지를 가장 높게 할 수 있는 용접봉은?

① E4303 ② E4311
③ E4316 ④ E4327

해설
피복아크용접용 용접봉 중에서 E4316으로 표시되는 저수소계 용접봉의 용착 강도가 가장 크다. 그러므로 충격시험의 일종인 샤르피 흡수에너지 역시 가장 높게 할 수 있다.

08 Fe-C 합금에서 6.67%C를 함유하는 탄화철의 조직은?

① 페라이트 ② 시멘타이트
③ 오스테나이트 ④ 트루스타이트

해설
시멘타이트(Cementite) : 순철에 6.67%의 탄소(C)가 합금된 금속 조직으로 재료기호는 Fe_3C로 표시한다. 시멘타이트 조직은 경도가 매우 크고 취성도 커서 외력에 취약하다는 단점이 있다.

09 일반적인 피복아크용접봉의 편심률은 몇 % 이내인가?

① 3% ② 5%
③ 10% ④ 20%

해설
피복아크용접봉의 편심률(e)은 일반적으로 3% 이내이어야 한다.

$$e = \frac{D' - D}{D} \times 100\%$$

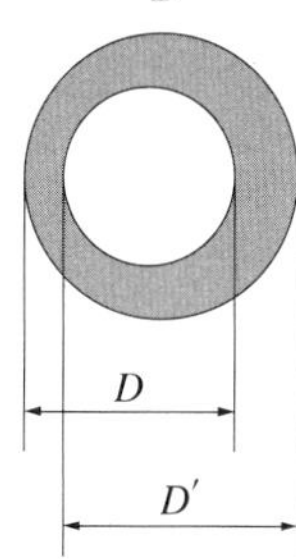

10 슬래그를 구성하는 산화물 중 산성 산화물에 속하는 것은?

① FeO ② SiO_2
③ TiO_2 ④ Fe_2O_3

해설
산화물의 종류

구 분	종 류
산성 산화물	SiO_2(이산화규소), P_2O_5(오산화인)
염기성 산화물	CaO(산화칼슘), FeO(산화철), MgO(산화마그네슘)

정답 7 ③ 8 ② 9 ① 10 ②

11 다음 용접자세 중 수직자세를 나타내는 것은?

① F ② O
③ V ④ H

해설

용접자세(Welding Position)

자 세	KS규격	모재와 용접봉 위치	ISO	AWS
아래보기	F (Flat Position)	바닥면	PA	1G
수 평	H (Horizontal Position)		PC	2G
수 직	V (Vertical Position)		PF	3G
위보기	OH (Overhead Position)		PE	4G

12 다음 중 도면의 크기에 대한 설명으로 틀린 것은?

① A0의 넓이는 약 $1m^2$이다.
② A4의 크기는 210×297mm이다.
③ 제도 용지의 세로와 가로 비는 $1 : \sqrt{2}$ 이다.
④ 복사한 도면이나 큰 도면을 접을 때는 A3의 크기로 접는 것을 원칙으로 한다.

해설

KS규격에 따르면 복사한 도면이나 큰 도면을 접을 때는 A4(210×297) 용지 크기로 접는 것이 원칙이다.

13 다음 중 얇은 부분의 단면도를 도시할 때 사용하는 선은?

① 가는 실선
② 가는 파선
③ 가는 1점 쇄선
④ 아주 굵은 실선

해설

도면상 개스킷과 같이 두께가 얇은 부분은 아주 굵은 실선으로 표시해야 한다.

14 다음 중 치수 보조기호의 의미가 틀린 것은?

① C : 45° 모따기
② SR : 구의 반지름
③ t : 판의 두께
④ ( ) : 이론적으로 정확한 치수

해설

치수 보조기호 중 괄호( )는 참고치수를 의미한다.

15 일반적인 판금전개도를 그릴 때 전개 방법이 아닌 것은?

① 사각형 전개법 ② 평행선 전개법
③ 방사선 전개법 ④ 삼각형 전개법

해설

전개도법의 종류

종 류	의 미
평행선법	삼각기둥, 사각기둥과 같은 여러 가지의 각기둥과 원기둥을 평행하게 전개하여 그리는 방법
방사선법	삼각뿔, 사각뿔 등의 각뿔과 원뿔을 꼭짓점을 기준으로 부채꼴로 펼쳐서 전개도를 그리는 방법
삼각형법	꼭짓점이 먼 각뿔, 원뿔 등의 해당 면을 삼각형으로 분할하여 전개도를 그리는 방법

11 ③ 12 ④ 13 ④ 14 ④ 15 ① **정답**

16 **상하 또는 좌우 대칭인 물체의 중심선을 기준으로 내부와 외부 모양을 동시에 표시하는 단면도법은?**

① 온단면도　　② 한쪽 단면도
③ 계단 단면도　　④ 부분 단면도

해설

단면도의 종류

단면도명	특 징
온단면도 (전단면도)	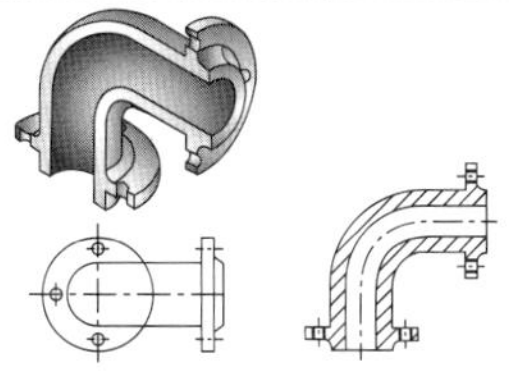 • 전단면도라고도 한다. • 물체 전체를 직선으로 절단하여 앞부분을 잘라내고 남은 뒷부분의 단면 모양을 그린 것이다. • 절단 부위의 위치와 보는 방향이 확실한 경우에는 절단선, 화살표, 문자 기호를 기입하지 않아도 된다.
한쪽단면도 (반단면도)	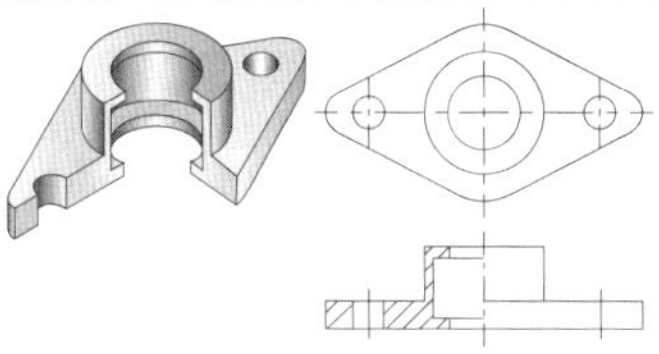 • 반단면도라고도 한다. • 절단면을 전체의 반만 설치하여 단면도를 얻는다. • 상하 또는 좌우가 대칭인 물체를 중심선을 기준으로 1/4 절단하여 내부 모양과 외부 모양을 동시에 표시하는 방법이다.
부분단면도	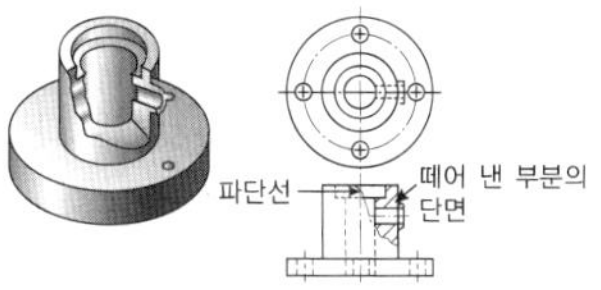 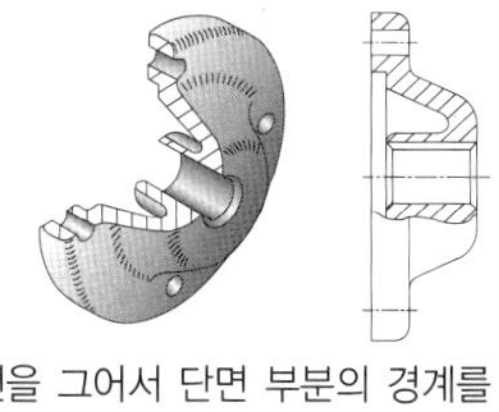 • 파단선을 그어서 단면 부분의 경계를 표시한다. • 일부분을 잘라 내고 필요한 내부의 모양을 그리기 위한 방법이다.
회전도시 단면도	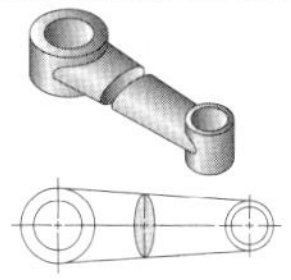 (a) 암의 회전단면도(투상도 안) 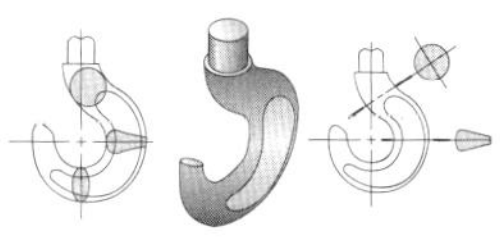 (b) 훅의 회전단면도(투상도 밖) • 절단선의 연장선 뒤에도 그릴 수 있다. • 투상도의 절단할 곳과 겹쳐서 그릴 때는 가는 실선으로 그린다. • 주투상도의 밖으로 끌어내어 그릴 경우는 가는 1점 쇄선으로 한계를 표시하고 굵은 실선으로 그린다. • 핸들이나 벨트 풀리, 바퀴의 암, 리브, 축, 형강 등의 단면의 모양을 90°로 회전시켜 투상도의 안이나 밖에 그린다.
계단단면도	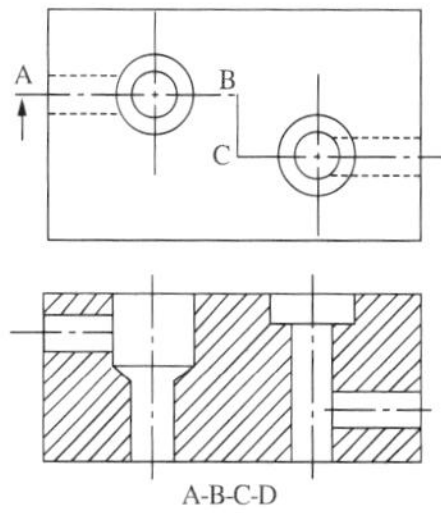 • 절단면을 여러 개 설치하여 그린 단면도이다. • 복잡한 물체의 투상도 수를 줄일 목적으로 사용한다. • 절단선, 절단면의 한계와 화살표 및 문자기호를 반드시 표시하여 절단면의 위치와 보는 방향을 정확히 명시해야 한다.

정답 16 ②

17 다음은 KS 기계제도의 모양에 따른 선의 종류를 설명한 것이다. 틀린 것은?

① 실선 : 연속적으로 이어진 선
② 파선 : 짧은 선을 불규칙한 간격으로 나열한 선
③ 1점 쇄선 : 길고 짧은 두 종류의 선을 번갈아 나열한 선
④ 2점 쇄선 : 긴 선과 두 개의 짧은 선을 번갈아 나열한 선

해설

주요 선의 정의

선의 종류	기 호	설 명
실 선	──────────	연속적으로 이어진 선
파 선	----------	짧은 선을 일정한 간격으로 나열한 선
1점 쇄선	—·—·—·—·—	길고 짧은 2종류의 선을 번갈아 나열한 선
2점 쇄선	—··—··—··—	긴 선 1개와 짧은 선 2개를 번갈아 나열한 선

18 제도에서 사용되는 선의 종류 중 가는 2점 쇄선의 용도를 바르게 나타낸 것은?

① 대상물의 실제 보이는 부분을 나타낸다.
② 도형의 중심선을 간략하게 나타내는 데 쓰인다.
③ 가공 전 또는 가공 후의 모양을 표시하는 데 쓰인다.
④ 특수한 가공을 하는 부분 등 특별한 요구사항을 적용할 수 있는 범위를 표시하는 데 쓰인다.

해설

가는 2점 쇄선(—— - - ——)으로 표시되는 가상선의 용도

- 반복되는 것을 나타낼 때
- 가공 전이나 후의 모양을 표시할 때
- 도시된 단면의 앞부분을 표시할 때
- 물품의 인접 부분을 참고로 표시할 때
- 이동하는 부분의 운동 범위를 표시할 때
- 공구 및 지그 등 위치를 참고로 나타낼 때
- 단면의 무게중심을 연결한 선을 표시할 때

19 도면에서 2종류 이상의 선이 같은 장소에서 중복될 경우 도면에 우선적으로 그어야 하는 선은?

① 외형선 ② 중심선
③ 숨은선 ④ 무게중심선

해설

2종류 이상의 선이 중복되는 경우, 선의 우선순위

숫자나 문자 > 외형선 > 숨은선 > 절단선 > 중심선 > 무게중심선 > 치수보조선

20 다음 중 가는 실선을 사용하지 않는 선은?

① 치수선 ② 지시선
③ 숨은선 ④ 치수보조선

해설

도면에서 대상물이 보이지 않는 부분을 나타낼 때는 숨은선은 점선(가는 파선) "-------"을 사용한다.

제2과목 용접구조설계

21 각 변형의 방지대책에 관한 설명 중 틀린 것은?

① 구속지그를 활용한다.
② 용접속도가 빠른 용접법을 이용한다.
③ 개선 각도는 작업에 지장이 없는 한도 내에서 작게 하는 것이 좋다.
④ 판 두께와 개선형상이 일정할 때 용접봉 지름이 작은 것을 이용하여 패스의 수를 늘린다.

해설

패스(Pass) : 용접의 운행 방법에 따라 실시한 1회의 용접 조작이다. 용접할 때 패스수가 많아지면 그만큼 용접모재에 가해지는 열량이 더 크기 때문에 가급적 패스수를 줄여야 한다. 따라서 판 두께와 개선형상이 동일하다면 용접봉의 직경이 큰 것으로 해야 패스 수를 줄일 수 있다.

17 ② 18 ③ 19 ① 20 ③ 21 ④ 정답

22 용접 시점이나 종점 부분의 결함을 줄이는 설계 방법으로 가장 거리가 먼 것은?

① 주부재와 2차 부재를 전 둘레 용접하는 경우 틈새를 10mm 정도로 둔다.

② 용접부의 끝단에 돌출부를 주어 용접한 후에 엔드 탭(End Tab)은 제거한다.

③ 양면에서 용접 후 다리길이 끝에 응력이 집중되지 않게 라운딩을 준다.

④ 엔드 탭(End Tab)을 붙이지 않고 한 면에 V형 홈으로 만들어 용접 후 라운딩한다.

해설

주부재와 2차 부재를 전 둘레로 용접할 경우 틈새를 두어서는 안 된다. 틈새를 둘 경우 용입 불량이나 슬래그 혼입 등의 용접 불량이 발생하여 강도가 저하될 우려가 크다.

23 용접부 윗면이나 아랫면이 모재의 표면보다 낮게 되는 것으로 용접사가 충분히 용착금속을 채우지 못하였을 때 생기는 결함은?

① 오버랩 ② 언더 필
③ 스패터 ④ 아크 스트라이크

해설

② 언더 필 : 용접부의 윗면이나 아랫부분의 용입이 충분하지 않아서 용착금속이 다 채워지지 않은 용접 불량
① 오버랩 : 용융된 금속이 용입이 되지 않은 상태에서 표면을 덮어버린 불량
③ 스패터 : 아크용접이나 가스용접에서 용접 중 비산하는 금속 입자
④ 아크 스트라이크 : 아크용접 시 용접이음의 용융부 밖에서 아크를 발생시킬 때 모재 표면에 생기는 결함

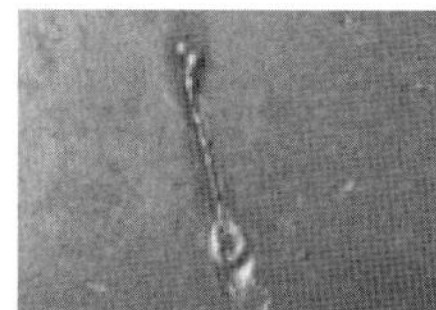

[아크 스트라이크 불량]

24 용접구조물에서 파괴 및 손상의 원인으로 가장 거리가 먼 것은?

① 재료 불량
② 포장 불량
③ 설계 불량
④ 시공 불량

해설

용접구조물의 파괴나 손상과 포장(도로에 아스팔트나 시멘트 같은 재료를 덮는 작업)은 보기 중에서 서로 관련성이 가장 적다.

25 T이음 등에서 강의 내부에 강판 표면과 평행하게 층상으로 발생되는 균열로 주요 원인이 모재의 비금속 개재물인 것은?

① 토 균열
② 재열 균열
③ 루트 균열
④ 라멜라 티어

해설

라멜라 티어(Lamellar Tear) 균열 : 압연으로 제작된 강판 내부에 표면과 평행하게 층상으로 발생하는 균열로 T이음과 모서리 이음에서 발생한다. 평행부와 수직부로 구성되며 주로 MnS계 개재물에 의해서 발생되는데 S의 함량을 감소시키거나 판 두께 방향으로 구속도가 최소가 되게 설계 또는 시공함으로써 억제할 수 있다.

정답 22 ① 23 ② 24 ② 25 ④

26 아래 그림과 같은 필릿용접부의 종류는?

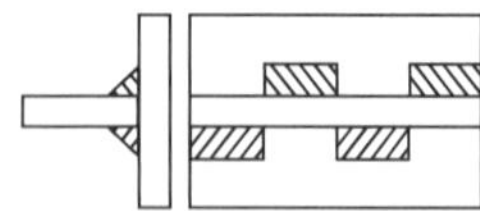

① 연속 필릿용접
② 단속 병렬 필릿용접
③ 연속 병렬 필릿용접
④ 단속 지그재그 필릿용접

해설

하중 방향에 따른 필릿 용접의 종류

하중 방향에 따른 필릿용접	전면 필릿이음	측면 필릿이음	경사 필릿이음
형상에 따른 필릿용접	연속필릿	단속 병렬필릿	단속 지그재그 필릿

27 응력제거 풀림의 효과에 대한 설명으로 틀린 것은?

① 치수 틀림의 방지
② 충격저항의 감소
③ 크리프 강도의 향상
④ 열영향부의 템퍼링 연화

해설

응력제거 풀림

주조나 단조, 기계가공, 용접으로 금속재료에 생긴 잔류응력을 제거하기 위한 열처리의 일종으로, 구조용 강의 경우 약 550~650℃의 온도 범위로 일정한 시간을 유지하였다가 노 속에서 냉각시킨다. 충격에 대한 저항력과 응력 부식에 대한 저항력을 증가시키고, 크리프 강도도 향상시킨다. 그리고 용착금속 중 수소 제거에 의한 연성을 증대시킨다.

28 다음 중 용접용 공구가 아닌 것은?

① 앞치마
② 치핑해머
③ 용접집게
④ 와이어브러시

해설

용접할 때 사용하는 용접용 앞치마는 보호장비에 속한다.

29 판 두께 8mm를 아래보기 자세로 15m, 판 두께 15mm를 수직자세로 8m 맞대기용접하였다. 이때 환산용접 길이는 얼마인가?(단, 아래보기 맞대기 용접의 환산계수는 1.32이고, 수직 맞대기용접의 환산계수는 4.32이다)

① 44.28m　　② 48.56m
③ 54.36m　　④ 61.24m

해설

- 아래보기 자세로 맞대기한 용접길이가 15m이다.
  아래보기 자세에 대한 환산계수 1.32이므로 15m × 1.32 = 19.8m
- 수직자세로 맞대기한 용접길이가 8m이다.
  수직자세에 대한 환산계수 4.32이므로 8m × 4.32 = 34.56mm

∴ 19.8m + 34.56m = 54.36m

30 용접변형의 일반적 특성에서 홈 용접 시 용접 진행에 따라 홈 간격이 넓어지거나 좁아지는 변형은?

① 종변형　　② 횡변형
③ 각변형　　④ 회전변형

해설

회전변형 : 용접변형의 일종으로 용접 진행방향으로 홈 간격이 넓어지거나 좁아지는 변형

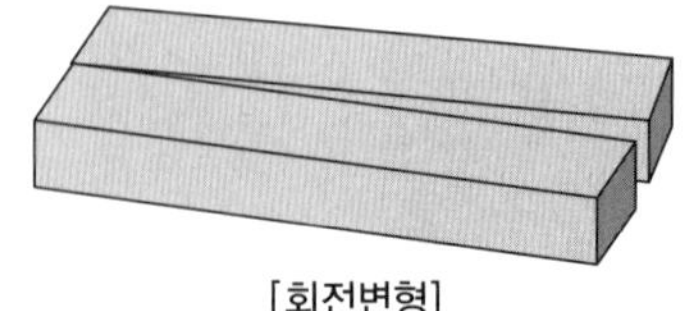

[회전변형]

26 ④ 27 ② 28 ① 29 ③ 30 ④ 정답

31 다음 중 용착금속 내부에 발생된 기공을 검출하는 데 가장 적합한 검사법은?

① 누설검사
② 육안검사
③ 침투탐상검사
④ 방사선투과검사

해설

방사선투과검사(Radiographic Testing)는 내부결함의 검출에 용이한 비파괴검사법으로 기공이나 래미네이션 결함 등을 검출할 수 있다.

※ 기공 : 용접부에서 산소와 같은 가스가 빠져나가지 못해서 공동부를 만드는 불량

32 모세관 현상을 이용하여 표면결함을 검사하는 방법은?

① 육안검사
② 침투검사
③ 자분검사
④ 전자기적검사

해설

침투탐상검사(PT ; Penetrant Test)

검사하려는 대상물의 표면에 침투력이 강한 형광성 침투액을 도포 또는 분무하거나 표면 전체를 침투액 속에 침적시켜 표면의 흠집 속에 침투액이 스며들게 한 후 이 백색 분말의 현상액을 뿌려서 침투액을 표면으로부터 빨아내서 결함을 검출하는 방법으로, 모세관 현상이 이용된다(침투액이 형광물질이면 형광침투탐상시험이라고 불린다).

33 맞대기용접 시 사용되는 엔드 탭(End Tab)에 대한 설명으로 틀린 것은?

① 모재와 다른 재질을 사용해야 한다.
② 용접 시작부와 끝부분의 결함을 방지한다.
③ 모재와 같은 두께와 홈을 만들어 사용한다.
④ 용접 시작부와 끝부분에 가접한 후 용접한다.

해설

엔드 탭(End Tab)은 용접결함이 생기기 쉬운 용접 비드의 시작과 끝 지점에 용접을 하기 위해 모재의 양단에 부착하는 보조강판으로 모재와 같은 재질의 것을 사용해야 한다.

엔드 탭

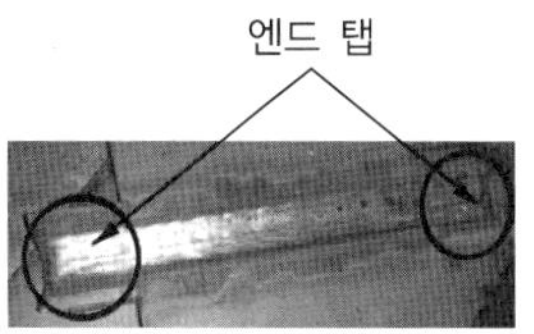

34 어떤 용접구조물을 시공할 때 용접봉이 0.2톤 소모되었는데, 170kgf의 용착금속 중량이 산출되었다면 용착효율은 몇 %인가?

① 7.6　　② 8.5
③ 76　　④ 85

해설

용착효율은 총 사용한 용접봉의 중량에 비해 용락 등 불량에 의한 손실 없이 얼마만큼의 중량이 실제 용접 부위에 용착되었는가를 나타내는 것이다.

$$\text{용착효율} = \frac{\text{용착금속의 중량}}{\text{용접봉의 사용중량}} \times 100\%$$

$$= \frac{170\text{kgf}}{200\text{kgf}} \times 100\% = 85\%$$

정답 31 ④ 32 ② 33 ① 34 ④

35 본용접의 용착법에서 용접방향에 따른 비드배치법이 아닌 것은?

① 전진법　② 펄스법
③ 대칭법　④ 스킵법

해설

용접법의 종류

분 류		특 징
용착 방향에 의한 용착법	전진법	한쪽 끝에서 다른 쪽 끝으로 용접을 진행하는 방법으로, 용접 진행방향과 용착 방향이 서로 같다. 용접길이가 길면 끝부분 쪽에 수축과 잔류응력이 생긴다.
	후퇴법	용접을 단계적으로 후퇴하면서 전체 길이를 용접하는 방법으로, 용접 진행방향과 용착방향이 서로 반대가 된다. 수축과 잔류응력을 줄이는 용접 기법이나 작업능률이 떨어진다.
	대칭법	변형과 수축응력의 경감법으로, 용접의 전 길이에 걸쳐 중심에서 좌우 또는 용접물 형상에 따라 좌우 대칭으로 용접하는 기법이다.
	스킵법 (비석법)	용접부 전체의 길이를 5개 부분으로 나누어 놓고 1-4-2-5-3순으로 용접하는 방법으로, 용접부에 잔류응력을 적게 하면서 변형을 방지하고자 할 때 사용한다.
다층 비드 용착법	덧살올림법 (빌드업법)	각 층마다 전체의 길이를 용접하면서 쌓아 올리는 가장 일반적인 방법이다.
	전진 블록법	한 개의 용접봉으로 살을 붙일 만한 길이로 구분해서 홈을 한 층 완료한 후 다른 층을 용접하는 방법이다. 다층 용접 시 변형과 잔류응력의 경감을 위해 사용한다.
	캐스케이드법	한 부분의 몇 층을 용접하다가 다음 부분의 층으로 연속시켜 전체가 단계를 이루도록 용착시켜 나가는 방법이다.

36 인장시험기로 인장·파단하여 측정할 수 없는 것은?

① 연신율　② 인장강도
③ 굽힘응력　④ 단면수축률

해설

만능시험기로도 불리는 인장시험기는 재료를 길이방향으로 힘을 주어 늘어나게 함으로써 파단에 이르게 하여 재료의 연신율과 인장강도, 단면수축률을 파악할 수 있다. 재료를 굽혀야 알 수 있는 굽힘응력의 파악은 불가능하다.

37 용착금속의 인장강도가 40kgf/mm^{2}이고, 안전율이 5라면 용접이음의 허용응력은 몇 kgf/mm^{2}인가?

① 8　② 20
③ 40　④ 200

해설

안전율(S) : 외부의 하중에 견딜 수 있는 정도를 수치로 나타낸 것이다.

$$S = \frac{\text{극한강도}(\sigma_u)\text{ 또는 인장강도}}{\text{허용응력}(\sigma_a)}$$

$$5 = \frac{40\text{kgf/mm}^2}{\sigma_a}$$

$$\sigma_a = \frac{40\text{kgf/mm}^2}{5} = 8\text{kgf/mm}^2$$

35 ② 36 ③ 37 ① 정답

38 용접 구조설계 시 주의사항으로 틀린 것은?

① 용접이음의 집중, 접근 및 교차를 피한다.
② 리벳과 용접의 혼용 시에는 충분히 주의를 한다.
③ 용착금속은 가능한 한 다듬질 부분에 포함되게 한다.
④ 후판 용접의 경우 용입이 깊은 용접법을 이용하여 층수를 줄인다.

해설

용접부을 설계할 때는 용착금속을 반드시 다듬질 부분에 포함시킬 필요는 없다.

용접이음부 설계 시 주의사항

- 용접선의 교차를 최대한 줄인다.
- 용착량이 가능한 적게 설계해야 한다.
- 용접길이가 감소될 수 있는 설계를 한다.
- 가능한 아래보기 자세로 작업하도록 한다.
- 용접열이 국부적으로 집중되지 않도록 한다.
- 보강재 등 구속이 커지도록 구조설계를 한다.
- 용접작업에 지장을 주지 않도록 공간을 남긴다.
- 열의 분포가 가능한 부재 전체에 고루 퍼지도록 한다.

39 똑같은 두께의 재료를 용접할 때 냉각속도가 가장 빠른 이음은?

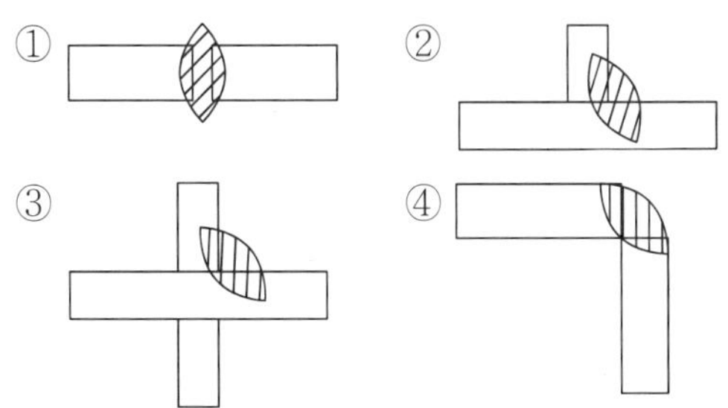

해설

냉각속도는 방열 면적이 클수록 빨라지는데 ③번의 필릿용접부가 다른 용접이음보다 대기와의 접촉 면적이 가장 크므로 냉각속도도 가장 빠르다.

40 용접이음부의 형태를 설계할 때 고려하여야 할 사항으로 틀린 것은?

① 최대한 깊은 홈을 설계한다.
② 적당한 루트 간격과 홈 각도를 선택한다.
③ 용착 금속량이 적게 되는 이음모양을 선택한다.
④ 용접봉이 쉽게 접근되도록 하여 용접하기 쉽게 한다.

해설

용접이음부를 설계할 때 용접부는 적절한 깊이로 설계해야 용입이 잘된다. 용접 홈을 깊게 만들면 용입 불량이 발생할 가능성이 크다.

제3과목 용접일반 및 안전관리

41 불활성 가스 텅스텐 아크용접에서 일반 교류전원을 사용하지 않고, 고주파 교류전원을 사용할 때의 장점으로 틀린 것은?

① 텅스텐 전극의 수명이 길어진다.
② 텅스텐 전극봉이 많은 열을 받는다.
③ 전극봉을 모재에 접촉시키지 않아도 아크가 발생한다.
④ 아크가 안정되어 작업 중 아크가 약간 길어져도 끊어지지 않는다.

해설

TIG용접에서 고주파 교류(ACHF)를 전원으로 사용하는 이유

- 긴 아크 유지가 용이하다.
- 아크를 발생시키기 쉽다.
- 비접촉에 의해 용착금속과 전극의 오염을 방지한다.
- 전극의 소모를 줄여 텅스텐 전극봉의 수명을 길게 한다.
- 고주파 전원을 사용하므로 모재에 접촉시키지 않아도 아크가 발생한다.
- 동일한 전극봉에서 직류 정극성(DCSP)에 비해 고주파 교류(ACHF)가 사용 전류범위가 크다.

정답 38 ③ 39 ③ 40 ① 41 ②

42 공업용 아세틸렌 가스 용기의 색상은?

① 황 색　② 녹 색
③ 백 색　④ 주황색

해설

일반 가스 용기의 도색 색상

가스 명칭	도 색	가스 명칭	도 색
산 소	녹 색	암모니아	백 색
수 소	주황색	아세틸렌	황 색
탄산가스	청 색	프로판(LPG)	회 색
아르곤	회 색	염 소	갈 색

※ 산업용과 의료용의 용기 색상은 다름(의료용의 경우 산소는 백색)

43 피크 아크용접 작업에서 아크쏠림의 방지대책으로 틀린 것은?

① 짧은 아크를 사용할 것
② 직류용접 대신 교류용접을 사용할 것
③ 용접봉 끝을 아크쏠림 반대방향으로 기울일 것
④ 접지점을 될 수 있는 대로 용접부에 가까이 할 것

해설

아크쏠림 방지대책

- 용접 전류를 줄인다.
- 교류용접기를 사용한다.
- 접지점을 2개 연결한다.
- 아크길이는 최대한 짧게 유지한다.
- 접지부를 용접부에서 최대한 멀리한다.
- 용접봉 끝을 아크쏠림의 반대방향으로 기울인다.
- 용접부가 긴 경우는 가용접 후 후진법(후퇴용접법)을 사용한다.
- 받침쇠, 긴 가용접부, 이음의 처음과 끝에는 엔드 탭을 사용한다.

44 아크용접과 가스용접을 비교할 때, 일반적인 가스용접의 특징으로 옳은 것은?

① 아크용접에 비해 불꽃의 온도가 높다.
② 열집중성이 좋아 효율적인 용접이 된다.
③ 금속이 탄화 및 산화될 가능성이 많다.
④ 아크용접에 비해서 유해광선의 발생이 많다.

해설

가스용접은 아크용접에 비해 열의 집중성이 떨어져 가열범위가 넓어진다. 이로 인해 열영향부(HAZ ; Heat Affected Zone) 역시 넓어지기 때문에 금속이 탄화 및 산화될 가능성도 더 많아진다.

- 가스용접의 장점
  - 운반이 편리하고 설비비가 저렴하다.
  - 전원이 없는 곳에 쉽게 설치할 수 있다.
  - 아크용접에 비해 유해 광선의 피해가 작다.
  - 가열할 때 열량 조절이 비교적 자유로워 박판용접에 적당하다.
  - 기화용제가 만든 가스 상태의 보호막은 용접 시 산화작용을 방지한다.
  - 산화불꽃, 환원불꽃, 중성불꽃, 탄화불꽃 등 불꽃의 종류를 다양하게 만들 수 있다.
- 가스용접의 단점
  - 폭발의 위험이 있다.
  - 금속이 탄화 및 산화될 가능성이 많다.
  - 아크용접에 비해 불꽃의 온도가 낮다[아크 불꽃(약 3,000℃~5,000℃), 산소-아세틸렌 불꽃(약 3,430℃)].
  - 열의 집중성이 나빠 효율적인 용접이 어려우며, 가열범위가 커서 용접 변형이 크고 일반적으로 용접부의 신뢰성이 적다.

45 용접 작업에서 전격의 방지대책으로 틀린 것은?

① 무부하 전압이 높은 용접기를 사용한다.
② 작업을 중단하거나 완료 시 전원을 차단한다.
③ 안전 홀더 및 완전 절연된 보호구를 착용한다.
④ 습기 찬 작업복 및 장갑 등을 착용하지 않는다.

해설

무부하 전압이 낮은 용접기를 사용하면 전격의 위험성이 줄어든다.

전 격

강한 전류를 갑자기 몸에 느꼈을 때의 충격을 말하며, 용접기에는 작업자의 전격을 방지하기 위해서 반드시 전격방지기를 용접기에 부착해야 한다. 전격방지기는 작업을 쉬는 동안에 2차 무부하 전압이 항상 25V 정도로 유지되도록 하여 전격을 방지한다.

42 ① 43 ④ 44 ③ 45 ① 정답

46 CO_2가스 아크용접에 대한 설명으로 틀린 것은?

① 전류 밀도가 높아 용입이 깊고, 용접속도를 빠르게 할 수 있다.

② 용접장치, 용접전원 등 장치로서는 MIG용접과 같은 점이 많다.

③ CO_2가스 아크용접에서는 탈산제로 Mn 및 Si를 포함한 용접와이어를 사용한다.

④ CO_2가스 아크용접에서는 보호가스로 CO_2에 다량의 수소를 혼합한 것을 사용한다.

해설

CO_2가스 아크용접은 보호가스로 이산화탄소가스를 사용할 뿐 다른 가스는 사용하지 않는다.

CO_2용접의 특징

- 조작이 간단하다.
- 가시아크로 시공이 편리하다.
- 철 재질의 용접에만 한정된다.
- 전 용접자세로 용접이 가능하다.
- 용착금속의 강도와 연신율이 크다.
- MIG용접에 비해 용착금속에 기공의 발생이 적다.
- 보호가스가 저렴한 탄산가스이므로 경비가 적게 든다.
- 킬드강이나 세미킬드강, 림드강도 쉽게 용접할 수 있다.
- 아크와 용융지가 눈에 보여 정확한 용접이 가능하다.
- 산화 및 질화가 되지 않아 양호한 용착금속을 얻을 수 있다.
- 용접의 전류밀도가 커서 용입이 깊고 용접속도를 빠르게 할 수 있다.
- 용착금속 내부의 수소 함량이 타 용접법보다 적어 은점이 생기지 않는다.
- 용제가 사용되지 않아 슬래그의 잠입이 적으며 슬래그를 제거하지 않아도 된다.
- 아크 특성에 적합한 상승 특성을 갖는 전원을 사용하므로 스패터의 발생이 적고 안정된 아크를 얻는다.

47 돌기용접(Projection Welding)의 특징으로 틀린 것은?

① 점용접에 비해 작업속도가 매우 느리다.

② 작은 용접점이라도 높은 신뢰도를 얻을 수 있다.

③ 점용접에 비해 전극의 소모가 적어 수명이 길다.

④ 용접된 양쪽의 열용량이 크게 다를 경우라도 양호한 열평형이 얻어진다.

해설

프로젝션 용접(돌기용접)의 특징

- 열의 집중성이 좋다.
- 스폿용접의 일종이다.
- 전극의 가격이 고가이다.
- 대전류가 돌기부에 집중된다.
- 표면에 요철부가 생기지 않는다.
- 용접 위치를 항상 일정하게 할 수 있다.
- 좁은 공간에 많은 점을 용접할 수 있다.
- 전극의 형상이 복잡하지 않으며 수명이 길다.
- 돌기를 미리 가공해야 하므로 원가가 상승한다.
- 두께, 강도, 재질이 현저히 다른 경우에도 양호한 용접부를 얻는다.
- 한 번에 많은 양의 돌기부를 용접할 수 있어서 용접속도가 빠르다.

48 정격전류가 500A인 용접기를 실제는 400A로 사용하는 경우의 허용사용률은 몇 %인가?(단, 이 용접기의 정격사용률은 40%이다)

① 60.5 ② 62.5

③ 64.5 ④ 66.5

해설

허용사용률(%)

$$=\frac{(\text{정격 2차 전류})^2}{(\text{실제 용접 전류})^2}\times \text{정격사용률(\%)}$$

$$=\frac{(500\text{A})^2}{(400\text{A})^2}\times 40\% = \frac{250,000}{160,000}\times 40\% = 62.5\%$$

49 저소수계 용접봉의 피복제에 30~50% 정도의 철분을 첨가한 것으로서 용착속도가 크고 작업능률이 좋은 용접봉은?

① E4326 ② E4313
③ E4324 ④ E4327

해설

피복아크 용접봉의 종류

종 류		특 징
E4313	고산화 타이타늄계	• 균열에 대한 감수성이 좋아서 구속이 큰 구조물의 용접이나 고탄소강, 쾌삭강의 용접에 사용한다. • 피복제에 산화타이타늄(TiO_2)을 약 35% 정도 합금한 것으로 일반 구조용 용접에 사용된다. • 용접기의 2차 무부하 전압이 낮을 때에도 아크가 안정적이며 조용하다. • 스패터가 적고 슬래그의 박리성도 좋아서 비드의 모양이 좋다. • 저합금강이나 탄소량이 높은 합금강의 용접에 적합하다. • 다층용접에서는 만족할 만한 품질을 만들지 못한다. • 기계적 성질이 다른 용접봉에 비해 약하고 고온 균열을 일으키기 쉬운 단점이 있다.
E4324	철분 산화 타이타늄계	• E4313의 피복제에 철분을 50% 정도 첨가한 것이다. • 작업성이 좋고 스패터가 적게 발생하나 용입이 얕다. • 용착금속의 기계적 성질은 E4313과 비슷하다.
E4326	철분 저수소계	• E4316의 피복제에 30~50% 정도의 철분을 첨가한 것으로 용착속도가 크고 작업능률이 좋다. • 용착금속의 기계적 성질이 양호하고 슬래그의 박리성이 저수소계 용접봉보다 좋으며 아래보기나 수평 필릿용접에만 사용된다.
E4327	철분 산화철계	• 주성분인 산화철에 철분을 첨가한 것으로 규산염을 다량 함유하고 있어서 산성의 슬래그가 생성된다. • 아크가 분무상으로 나타나며 스패터가 적고 용입은 E4324보다 깊다. • 비드의 표면이 곱고 슬래그의 박리성이 좋아서 아래보기나 수평 필릿용접에 많이 사용된다.

50 아크에어가우징에 대한 설명으로 틀린 것은?

① 가우징봉은 탄소 전극봉을 사용한다.
② 가스가우징보다 작업능률이 2~3배 높다.
③ 용접결함부 제거 및 홈의 가공 등에 이용된다.
④ 사용하는 압축공기의 압력은 20kgf/cm^2 정도가 좋다.

해설

아크에어가우징 : 탄소아크절단법에 고압(5~7kgf/cm^2)의 압축공기를 병용하는 방법으로 용융된 금속에 탄소봉과 평행으로 분출하는 압축공기를 전극 홀더의 끝부분에 위치한 구멍을 통해 연속해서 불어내어 홈을 파내는 방법으로 홈 가공이나 구멍 뚫기, 절단작업에 사용된다. 이것은 철이나 비철금속에 모두 이용할 수 있으며, 가스가우징보다 작업능률이 2~3배 높고 모재에도 해를 입히지 않는다.

49 ① 50 ④ 정답

51 **불활성 가스 금속아크용접의 특징으로 틀린 것은?**

① 가시아크이므로 시공이 편리하다.
② 전류밀도가 낮기 때문에 용입이 얕고, 용접 재료의 손실이 크다.
③ 바람이 부는 옥외에서는 별도의 방풍 장치를 설치하여야 한다.
④ 용접토치가 용접부에 접근하기 곤란한 조건에서는 용접이 불가능한 경우가 있다.

해설

MIG(Metal Inert Gas arc welding)용접은 전류밀도가 크며 깊은 용입을 얻을 수 있어 후판 용접에 적합하다.

MIG용접의 특징

- 분무 이행이 원활하다.
- 열영향부가 매우 적다.
- 용착효율은 약 98%이다.
- 전 자세용접이 가능하다.
- 용접기의 조작이 간단하다.
- 아크의 자기제어기능이 있다.
- 직류용접기의 경우 정전압 특성 또는 상승 특성이 있다.
- 전류가 일정할 때 아크 전압이 커지면 용융속도가 낮아진다.
- 전류밀도가 아크용접의 4~6배, TIG용접의 2배 정도로 매우 높다.
- 용접부가 좁고, 깊은 용입을 얻으므로 후판(두꺼운 판) 용접에 적당하다.
- 전자동 또는 반자동식이 많으며 전극인 와이어는 모재와 동일한 금속을 사용한다.
- 용접부로 공급되는 와이어가 전극과 용가재의 역할을 동시에 하므로 전극인 와이어는 소모된다.
- 전원은 직류 역극성이 이용되며 Al, Mg 등에는 클리닝 작용(청정작용)이 있어 용제 없이도 용접이 가능하다.
- 용접봉을 갈아 끼울 필요가 없어 용접속도를 빨리할 수 있으므로 고속 및 연속적으로 양호한 용접을 할 수 있다.

52 **표피효과(Skin Effect)와 근접효과(Proximity Effect)를 이용하여 용접부를 가열 용접하는 방법은?**

① 폭발 압접(Explosive Welding)
② 초음파용접(Ultrasonic Welding)
③ 마찰용접(Friction Pressure Welding)
④ 고주파용접(High-frequency Welding)

해설

고주파용접 : 용접부 주위에 감은 유도 코일에 고주파 전류를 흘려서 용접 물체에 2차적으로 유기되는 유도전류의 가열작용을 이용하여 용접하는 방법으로, 표피효과(Skin Effect)와 근접효과(Proximity Effect)를 이용한다.

53 **다음 용착법 중 각 층마다 전체의 길이를 용접하면서 쌓아 올리는 다층 용착법은?**

① 스킵법　　② 대칭법
③ 빌드업법　　④ 캐스케이드법

해설

다층 비드 용착법의 종류

분 류	특 징
덧살올림법(빌드업법)	각 층마다 전체의 길이를 용접하면서 쌓아 올리는 가장 일반적인 방법이다.
전진블록법	한 개의 용접봉으로 살을 붙일만한 길이로 구분해서 홈을 한 층 완료 후 다른 층을 용접하는 방법이다. 다층 용접 시 변형과 잔류응력의 경감을 위해 사용한다.
캐스케이드법	한 부분의 몇 층을 용접하다가 다음 부분의 층으로 연속시켜 전체가 단계를 이루도록 용착시켜 나가는 방법이다.

정답 51 ② 52 ④ 53 ③

54 가스용접에서 압력조정기(Pressure Regulator)의 구비조건으로 틀린 것은?

① 동작이 예민해야 한다.
② 빙결하지 않아야 한다.
③ 조정압력과 방출압력과의 차이가 커야 한다.
④ 조정압력은 용기 내의 가스량이 변화하여도 항상 일정해야 한다.

해설
가스용접에서 사용하는 압력조정기의 경우 원하는 압력으로 조정한 압력은 실제 방출하는 압력과 차이가 거의 없어야 한다.

55 가스용접봉에 관한 내용으로 틀린 것은?

① 용접봉을 용가재라고도 한다.
② 인이나 황의 성분이 많아야 한다.
③ 용융온도가 모재와 동일하여야 한다.
④ 가능한 한 모재와 같은 재질이어야 한다.

해설
연강용 가스용접봉의 성분 중 인과 황이 모재에 미치는 영향
- P(인) : 강에 취성을 주며 연성을 작게 한다.
- S(황) : 용접부의 저항력을 감소시키며 기공과 취성을 발생할 우려가 있다.

따라서 가스용접봉에 인이나 황의 성분이 많으면 안 된다.

56 용접법의 분류에서 경납땜의 종류가 아닌 것은?

① 가스 납땜　② 마찰 납땜
③ 노 내 납땜　④ 저항 납땜

해설
경납땜 : 가스 납땜, 노 내 납땜, 전기저항 납땜, 아크 납땜, 유도가열 납땜
연납땜 : 화염법

57 다음 중 용접작업자가 착용하는 보호구가 아닌 것은?

① 용접 장갑　② 용접 헬멧
③ 용접 차광막　④ 가죽 앞치마

해설
용접 차광막은 용접부 주위를 둘러싸서 용접 시 발생되는 아크빛이 주위 사람들에게 미치는 영향을 막기 위한 것일 뿐, 작업자가 착용하는 보호구가 아니다.

58 용접기의 아크 발생시간을 6분, 휴식시간을 4분이라 할 때 용접기의 사용률은 몇 %인가?

① 20　② 40
③ 60　④ 80

해설
아크용접기의 사용률 구하는 식

$$\text{아크용접기 사용률(\%)} = \frac{\text{아크 발생 시간}}{\text{아크 발생 시간} + \text{정지 시간}} \times 100$$

$$= \frac{6\text{분}}{6\text{분} + 4\text{분}} \times 100\% = 60\%$$

54 ③　55 ②　56 ②　57 ③　58 ③ 정답

59 TIG용접 시 직류 정극성을 사용하여 용접하면 비드 모양은 어떻게 되는가?

① 극성은 비드와는 관계없다.
② 비드 폭이 역극성과 같아진다.
③ 비드 폭이 역극성보다 좁아진다.
④ 비드 폭이 역극성보다 넓어진다.

해설

TIG용접에서는 직류 역극성일 경우 용접봉에서 70%의 열이 발생하므로 용접봉이 빨리 녹아내려서 비드의 폭이 넓고 용입이 얕다.

직류 정극성 (DCSP ; Direct Current Straight Polarity)	직류 역극성 (DCRP ; Direct Current Reverse Polarity)
• 용입이 깊다. • 비드폭이 좁다. • 용접봉의 용융이 느리다. • 후판(두꺼운 판)용접이 가능하다. • 모재에는 (+)전극이 연결되며 70% 열이 발생하고, 용접봉에는 (−)전극이 연결되며 30% 열이 발생한다.	• 용입이 얇다. • 비드폭이 넓다. • 용접봉의 용융이 빠르다. • 박판(얇은 판)용접이 가능하다. • 모재에는 (−)전극이 연결되며 30% 열이 발생하고, 용접봉에는 (+)전극이 연결되며 70% 열이 발생한다. • 산화피막을 제거하는 청정작용이 있다.

60 실드가스로서 주로 탄산가스를 사용하여 용융부를 보호하고 탄산가스 분위기 속에서 아크를 발생시켜 그 아크열로 모재를 용융시켜 용접하는 방법은?

① 실드용접
② 테르밋용접
③ 전자빔용접
④ 일렉트로가스 아크용접

해설

④ 일렉트로가스 아크용접 : 탄산가스(CO_2)로 용접부의 보호가스로 사용하며 탄산가스 분위기 속에서 아크를 발생시켜 그 아크열로 모재를 용융시켜 용접하는 방법이다.

② 테르밋용접 : 금속 산화물과 알루미늄이 반응하여 열과 슬래그를 발생시키는 테르밋반응을 이용하는 용접법이다. 강을 용접할 경우에는 산화철과 알루미늄 분말을 3 : 1로 혼합한 테르밋제를 만든 후 냄비의 역할을 하는 도가니에 넣은 후 점화제를 약 1,000℃로 점화시키면, 약 2,800℃의 열이 발생되어 용접용 강이 만들어지는데 이 강(Steel)을 용접 부위에 주입 후 서랭하여 용접을 완료하며 철도 레일이나 차축, 선박의 프레임 접합에 주로 사용된다.

③ 전자빔용접 : 고밀도로 집속되고 가속화된 전자빔을 높은 진공 속에서 용접물에 고속도로 조사시키면 빛과 같은 속도로 이동한 전자가 용접물에 충돌하면서 전자의 운동에너지를 열에너지로 변환시켜 국부적으로 고열을 발생시키는데, 이때 생긴 열원으로 용접부를 용융시켜 용접하는 방식이다. 텅스텐(3,410℃)과 몰리브덴(2,620℃)과 같이 용융점이 높은 재료의 용접에 적합하다.

정답 59 ③ 60 ④

2018년 제2회 과년도 기출문제

제1과목 용접야금 및 용접설비제도

01 비드 밑 균열에 대한 설명으로 틀린 것은?

① 주로 200℃ 이하 저온에서 발생한다.
② 용착금속 속의 확산성 수소에 의해 발생한다.
③ 오스테나이트에서 마텐자이트 변태 시 발생한다.
④ 담금질 경화성이 약한 재료를 용접했을 때 발생하기 쉽다.

해설

비드 밑 균열

모재의 용융선 근처의 열영향부에서 발생되는 균열이다. 고탄소강이나 저합금강을 용접할 때 용접열에 의한 열영향부의 경화와 변태응력 및 용착금속 내부의 확산성 수소에 의해 발생하며, 고탄소강이나 저합금강을 용접할 때 발생하기 쉽다.

02 주철용접에서 예열을 실시할 때 얻는 효과 중 틀린 것은?

① 변형의 저감
② 열영향부 경도의 증가
③ 이종재료 용접 시 온도 기울기 감소
④ 사용 중인 주조의 탄수화물 오염 저감

해설

주철에 예열을 실시하면 열영향부에 잔류응력이 감소되며 풀림효과가 있으나 경도가 증가하지는 않는다. 여기서 예열온도란 용접 직전의 용접모재의 온도이다. 주철(2~6.67%의 C)용접 시 일반적인 예열 및 후열의 온도는 500~600℃가 적당하나, 특별히 냉간용접을 실시할 경우에는 200℃ 전후가 알맞다.

03 마텐자이트계 스테인리스강은 지연균열 감수성이 높다. 이를 방지하기 위한 적정한 예열온도 범위는?

① 100~200℃
② 200~400℃
③ 400~500℃
④ 500~650℃

해설

철강재료의 강도가 높아짐에 따라서 용접부와 그 주변인 열영향부에서 발생하는 저온균열이 발생되는데, 용접한 이후에 시간이 지남에 따라서 발생한다고 해서 "지연균열"로도 불린다. 마텐자이트계 스테인리스강의 지연균열을 방지하기 위해서는 200~400℃의 온도로 예열하는 것이 적절하다.

04 Fe-C 평형상태도에 없는 반응은?

① 편정반응 ② 공정반응
③ 공석반응 ④ 포정반응

해설

Fe-C계 평형상태도에서의 3개 불변반응

공석반응	• 반응온도 : 723℃ • 탄소함유량 : 0.8% • 반응 내용 : γ 고용체 ↔ α고용체 + Fe_3C • 생성조직 : 펄라이트조직
공정반응	• 반응온도 : 1,147℃ • 탄소함유량 : 4.3% • 반응 내용 : 융체(L) ↔ γ 고용체 + Fe_3C • 생성조직 : 레데부라이트조직
포정반응	• 반응온도 : 1,494℃(1,500℃) • 탄소함유량 : 0.18% • 반응 내용 : δ고용체 + 융체(L) ↔ γ 고용체 • 생성조직 : 오스테나이트조직

1 ④ 2 ② 3 ② 4 ① 정답

05 다음 중 탈황을 촉진하기 위한 조건으로 틀린 것은?

① 비교적 고온이어야 한다.

② 슬래그의 염기도가 낮아야 한다.

③ 슬래그의 유동성이 좋아야 한다.

④ 슬래그 중의 산화철분 함유량이 낮아야 한다.

해설

슬래그의 염기도 = $\frac{\text{염기성 산화물}}{\text{산성 산화물}}$

탈황을 촉진하기 위해서는 더 많은 산소 이온이 필요하기 때문에 슬래그의 염기도도 높은 것이 좋다.

06 일반적으로 탄소의 함유량이 0.025~0.8% 사이의 강을 무슨 강이라 하는가?

① 공석강 ② 공정강

③ 아공석강 ④ 과공석강

해설

강의 분류

- 아공석강 : 순철에 0.02~0.8%의 C가 합금된 강
- 공석강 : 순철에 0.8%의 C가 합금된 강, 공석강을 서랭(서서히 냉각)시키면 펄라이트조직이 나온다.
- 과공석강 : 순철에 0.8~2%의 C가 합금된 강

07 γ고용체와 α고용체에서 나타나는 조직은?

① γ고용체 = 페라이트조직
α고용체 = 오스테나이트조직

② γ고용체 = 페라이트조직
α고용체 = 시멘타이트조직

③ γ고용체 = 시멘타이트조직
α고용체 = 페라이트조직

④ γ고용체 = 오스테나이트조직
α고용체 = 페라이트조직

해설

페라이트(Ferrite) : 체심입방격자인 α철이 723℃에서 최대 0.02%의 탄소를 고용하는데, 이때의 고용체가 페라이트이다. 전연성이 크고 자성체이다.

오스테나이트(Austenite) : γ철, 강을 A_1 변태점 이상으로 가열했을 때 얻어지는 조직으로 비자성체이며 전기저항이 크고 질기고 강한 성질을 갖는다.

08 풀림의 방법에 속하지 않은 것은?

① 질 화 ② 항 온

③ 완 전 ④ 구상화

해설

풀림의 종류로 항온풀림과 완전풀림, 구상화풀림이 있으나, 질화풀림은 존재하지 않으며 표면경화법의 일종으로 질화법은 존재한다.

정답 5 ② 6 ③ 7 ④ 8 ①

09 다음 중 강의 5원소에 포함되지 않은 것은?

① P　　② S

③ Cr　　④ Mn

해설

철강의 5대 합금 원소

- C(탄소)
- Si(규소, 실리콘)
- Mn(망간)
- P(인)
- S(황)

10 강에 함유된 원소 중 강의 담금질 효과를 증대시키며, 고온에서 결정립 성장을 억제시키는 것은?

① 황　　② 크 롬

③ 탄 소　　④ 망 간

해설

망간(Mn)이 합금된 강에 미치는 영향

- 주철의 흑연화를 방지한다.
- 고온에서 결정립 성장을 억제한다.
- 주조성과 담금질 효과를 향상시킨다.
- 탄소강에 함유된 S(황)을 MnS로 석출시켜 적열취성을 방지한다.

11 용접부 표면 및 용접부 형상 보조기호 중 영구적인 이면판재 사용을 나타내는 기호는?

① ▬　　② [M]

③ [MR]　　④ ◡◡

해설

종 류	의 미
▬	용접부 표면모양이 편평하다.
[M]	영구적인 이면판재(덮개판)
[MR]	제거 가능한 이면판재
◡◡	끝단부 토를 매끄럽게 한다.

※ 토 : 용접모재와 용접 표면이 만나는 부위

12 그림과 같은 용접 도시기호에 의하여 용접할 경우 설명으로 틀린 것은?

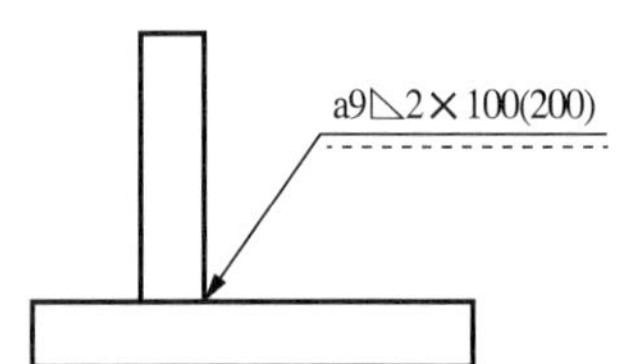

① 목두께는 9mm이다.

② 용접부의 개수는 2개이다.

③ 화살표 쪽에 필릿 용접한다.

④ 용접부 길이는 200mm이다.

해설

200mm는 인접한 용접부의 간격을 나타낸다.

단속 필릿 용접부의 표시기호

형 상	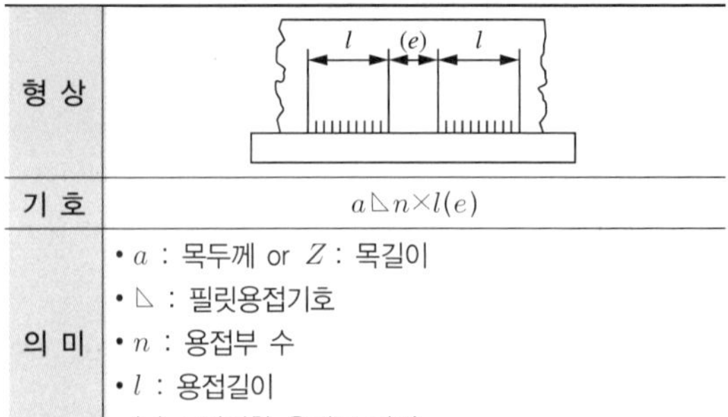
기 호	a◺$n \times l(e)$
의 미	• a : 목두께 or Z : 목길이 • ◺ : 필릿용접기호 • n : 용접부 수 • l : 용접길이 • (e) : 인접한 용접부 간격

9 ③ 10 ④ 11 ② 12 ④ **정답**

13 KS의 재료기호 중 'SPLT 390'은 어떤 재료를 의미하는가?

① 내열강판
② 저온 배관용 탄소강관
③ 일반구조용 탄소강관
④ 보일러, 열 교환기용 합금강 강관

해설
SPLT : Steel Pipes for Low Temperature, 저온 배관용 탄소강관

14 도면에 치수를 기입할 때 유의사항으로 틀린 것은?

① 치수는 가급적 주투상도에 집중해서 기입한다.
② 치수는 가급적 계산할 필요가 없도록 기입한다.
③ 치수는 가급적 공정마다 배열을 분리하여 기입한다.
④ 참고치수를 기입할 때는 원을 먼저 그린 후 원 안에 치수를 넣는다.

해설
치수 보조기호

기 호	구 분	기 호	구 분
ϕ	지 름	p	피 치
Sϕ	구의 지름	$\overset{\frown}{50}$	호의 길이
R	반지름	$\underline{50}$	비례척도가 아닌 치수
SR	구의 반지름	$\boxed{50}$	이론적으로 정확한 치수
□	정사각형	(50)	참고치수
C	45° 모따기	~~50~~	치수의 취소(수정 시 사용)
t	두 께		

15 도면에서 해칭을 하는 경우는?

① 단면도의 절단된 부분을 나타낼 때
② 움직이는 부분을 나타내고자 할 때
③ 회전하는 물체를 나타내고자 할 때
④ 대상물의 보이는 부분을 표시할 때

해설
도면에서 단면도의 절단된 부분은 해칭선으로 나타내는데, 해칭선은 가는 실선으로 표시한다.

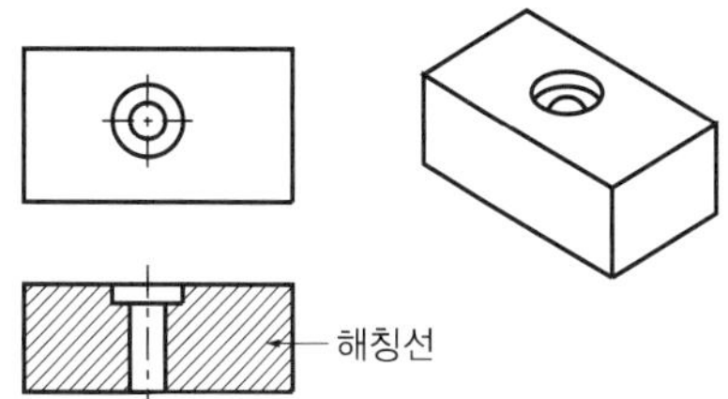

16 도면의 양식 및 도면 접기에 대한 설명 중 틀린 것은?

① 척도는 도면의 표제란에 기입한다.
② 복사한 도면을 접을 때, 그 크기는 원칙적으로 210 × 297mm(A4의 크기)로 한다.
③ 도면의 중심마크는 사용하기 편리한 크기와 양식으로 임의의 위치에 설치한다.
④ 도면의 크기 치수에 따라 굵기 0.5mm 이상의 실선으로 윤곽선을 그린다.

해설
도면의 양식에 비교눈금은 반드시 표시하지 않아도 된다.

도면에 반드시 마련해야 할 양식

- 윤곽선
- 표제란
- 중심마크

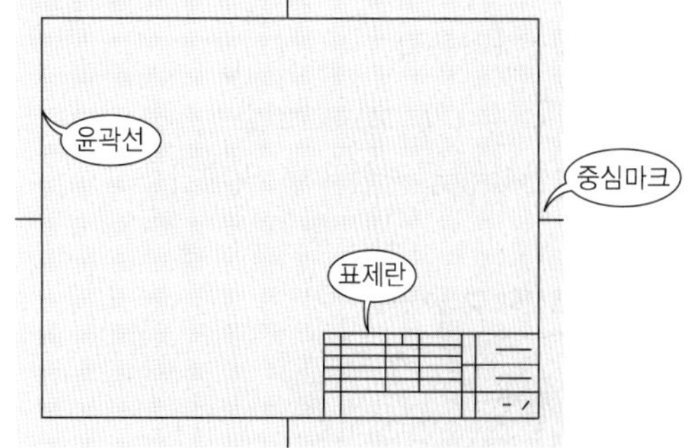

정답 13 ② 14 ④ 15 ① 16 ③

17 도면관리에 필요한 사항과 도면 내용에 관한 중요한 사항을 정리하여 도면에 기입하는 것은?

① 표제란 ② 윤곽선
③ 중심마크 ④ 비교눈금

해설

도면에 마련되는 양식

윤곽선	도면 용지의 안쪽에 그려진 내용이 확실히 구분되도록 하고, 종이의 가장자리가 찢어져서 도면의 내용을 훼손하지 않도록 하기 위해서 굵은 실선으로 표시한다.
표제란	도면 관리에 필요한 사항과 도면 내용에 관한 중요 사항으로서 도명, 도면 번호, 기업(소속명), 척도, 투상법, 작성 연월일, 설계자 등이 기입된다.
중심마크	도면의 영구 보존을 위해 마이크로필름으로 촬영하거나 복사하고자 할 때 굵은 실선으로 표시한다.
비교눈금	도면을 축소하거나 확대했을 때 그 정도를 알기 위해 도면 아래쪽의 중앙 부분에 10mm 간격의 눈금을 굵은 실선으로 그려놓은 것이다.
재단마크	인쇄, 복사, 플로터로 출력된 도면을 규격에서 정한 크기로 자르기 편하도록 하기 위해 사용한다.

18 다음 용접 기본기호의 명칭으로 맞는 것은?

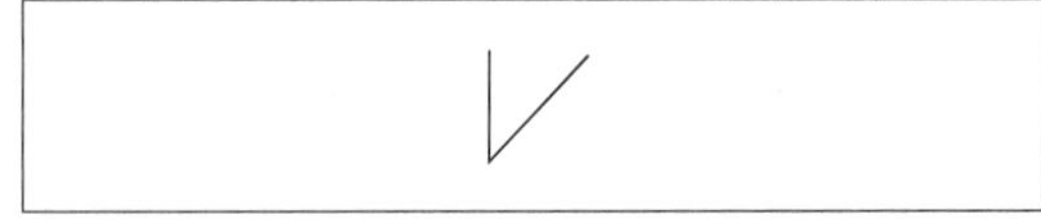

① 필릿용접
② 가장자리용접
③ 일면 개선형 맞대기용접
④ 개선각이 급격한 V형 맞대기용접

해설

일면 개선형 맞대기용접

19 다음 도면에서 ㉠이 표시된 선의 명칭은?

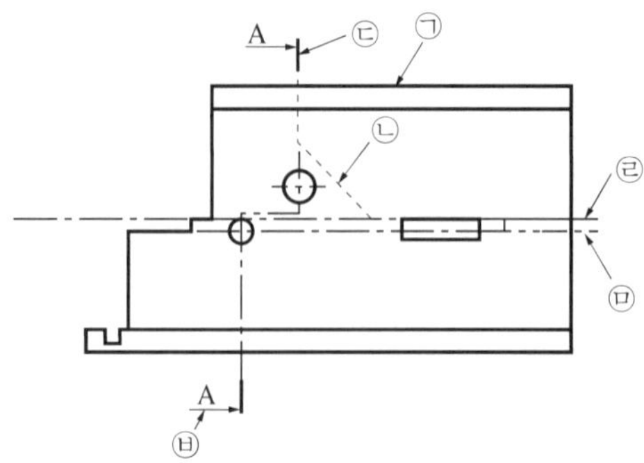

① 해칭선 ② 절단선
③ 외형선 ④ 치수 보조선

해설

㉠ 외형선(굵은 실선)
㉡ 숨은선(파선)
㉢ 절단선(굵은 실선+가는 1점 쇄선)
㉣ 중심선(가는 1점 쇄선)
㉤ 가상선(가는 2점 쇄선)

20 도형 내의 특정한 부분이 평면이라는 것을 표시할 경우 맞는 기입방법은?

① 은선으로 대각선을 기입
② 가는 실선으로 대각선을 기입
③ 가는 1점 쇄선으로 사각형을 기입
④ 가는 2점 쇄선으로 대각선을 기입

해설

기계 제도에서 대상으로 하는 부분이 평면인 경우에는 단면에 가는 실선을 대각선으로 표시한다.

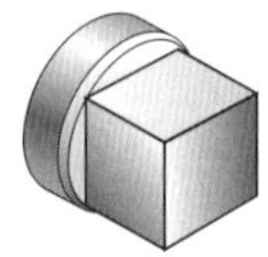

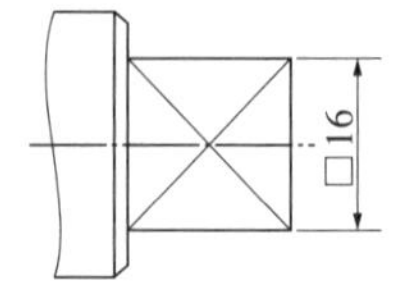

17 ① 18 ③ 19 ③ 20 ② 정답

제2과목 용접구조설계

21 다음 중 용접부를 검사하는 데 이용하는 비파괴검사법이 아닌 것은?

① 누설시험
② 충격시험
③ 침투탐상법
④ 초음파탐상법

해설
충격시험은 파괴시험법의 일종이다.

22 용접 제품을 제작하기 위한 조립 및 가용접에 대한 일반적인 설명으로 틀린 것은?

① 조립 순서는 용접 순서 및 용접 작업의 특성을 고려하여 계획한다.
② 불필요한 잔류응력이 남지 않도록 미리 검토하여 조립 순서를 정한다.
③ 강도상 중요한 곳과 용접의 시점과 종점이 되는 끝부분에 주로 가용접한다.
④ 가용접 시에는 본용접보다도 지름이 약간 가는 용접봉을 사용하는 것이 좋다.

해설
가용접(가접)은 재료의 형틀을 잡기 위한 초기 용접 작업으로, 강도상 중요한 곳이나 용접의 시작점과 마치는 점에는 실시하면 안 된다.

가용접 시 주의사항
- 강도상 중요한 부분에는 가용접을 피한다.
- 본용접보다 지름이 굵은 용접봉을 사용하는 것이 좋다.
- 용접의 시점 및 종점이 되는 끝 부분은 가용접을 피한다.
- 본용접과 비슷한 기량을 가진 용접사에 의해 실시하는 것이 좋다.

23 서브머지드 아크용접 이음설계에서 용접부의 시작점과 끝점에 모재와 같은 재질의 판 두께를 사용하여 충분한 용입을 얻기 위하여 사용하는 것은?

① 엔드 탭
② 실링 비드
③ 플레이트 정반
④ 알루미늄판 받침

해설
엔드 탭(End Tab)은 용접결함이 생기기 쉬운 용접 비드의 시작과 끝 지점에 용접을 하기 위해 모재의 양단에 부착하는 보조강판으로 모재와 같은 재질의 것을 사용해야 한다.

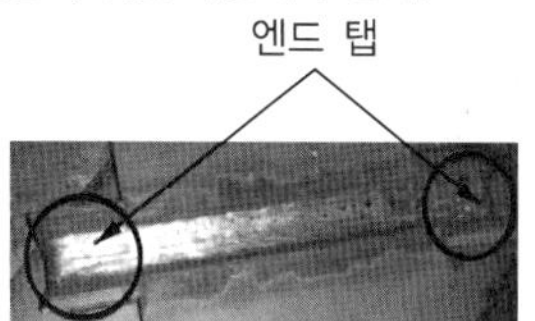

24 다음 중 용접부에서 방사선투과검사법으로 검출하기 가장 곤란한 결함은?

① 기 공
② 용입 불량
③ 슬래그 섞임
④ 래미네이션 균열

해설
래미네이션 균열 : 압연 방향으로 얇은 층이 발생하는 내부결함으로, 소성가공의 일종인 압연가공 시 발생한다. 강괴 내의 수축공이나 기공, 슬래그가 잔류하면 미압착된 부분이 생겨서 이 부분에 중공부가 생기는 불량이다.

정답 21 ② 22 ③ 23 ① 24 ④

25 다음 금속 중 열전도율이 가장 낮은 금속은?

① 연 강

② 구 리

③ 알루미늄

④ 18-8 스테인리스강

해설

보기를 열전도율 순서로 나열하면 다음과 같다.

구리 > 알루미늄 > 연강 > 18 : 8 스테인리스강

여기서 연강은 C의 함유량이 0.02% 이하이므로 열전도에 대한 저항력이 스테인리스강보다 더 적다.

열 및 전기전도율이 높은 순서

Ag > Cu > Au > Al > Mg > Zn > Ni > Fe > Pb > Sb

※ 열전도율이 높을수록 고유저항은 작아진다.

26 다음 중 용접이음 성능에 영향을 주는 요소로 가장 거리가 먼 것은?

① 용접결함

② 용접홀더

③ 용접이음의 위치

④ 용접변형 및 잔류응력

해설

용접홀더는 용접 시 사용하는 작업 도구다. 따라서 결함이나 용접이음부의 위치, 변형과 잔류응력보다 용접이음의 성능에 영향을 미치는 데 있어서 가장 거리가 멀다.

27 그림과 같은 겹치기 이음의 필릿용접을 하려고 한다. 허용응력이 50MPa, 인장하중이 50kN, 판 두께가 12mm일 때, 용접 유효길이(l)는 약 몇 mm인가?

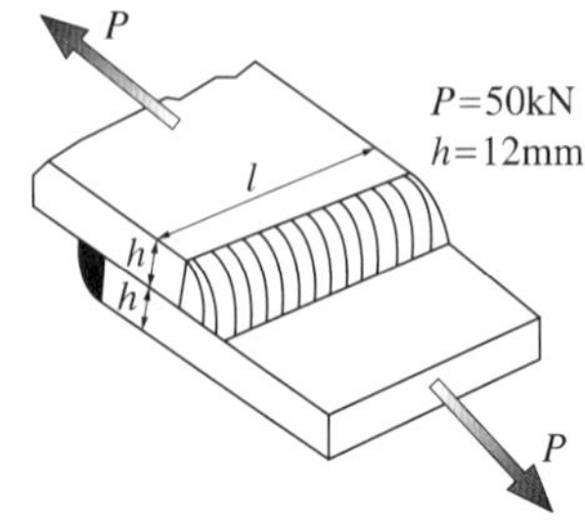

① 59 ② 73

③ 69 ④ 83

해설

$\sigma_a = \frac{F}{A} = \frac{F}{t \times L}$ 식을 응용하면, 필릿용접은 t 대신 목두께 $a(h\cos 45°)$ 대입

$$50 \times 10^6 \text{Pa} = \frac{50,000\text{N}}{(2 \times h\cos 45°) \times L}$$

겹치기 이음이므로 용접부 수는 2개이다.

$$L = \frac{50,000\text{N}}{2h\cos 45°\text{mm} \times (50 \times 10^6 \times 10^{-6}\text{N/mm}^2)}$$

$$L = \frac{50,000\text{N}}{848.5\text{N/mm}} = 58.9\text{mm}$$

28 용접구조물의 재료 절약 설계 요령으로 틀린 것은?

① 가능한 표준 규격의 재료를 이용한다.

② 용접할 조각의 수를 가능한 한 많게 한다.

③ 재료는 쉽게 구입할 수 있는 것으로 한다.

④ 고장이 발생했을 경우 수리할 때의 편의도 고려한다.

해설

재료 절약을 위해서는 가능한 용접할 조각의 수를 줄여야 한다. 조각 수가 많으면 그만큼 용접이 필요한 패스수도 많아지므로 용접봉의 투입량도 더 많아진다.

25 ④ 26 ② 27 ① 28 ② **정답**

29 잔류응력이 남아 있는 용접 제품에 소성변형을 주어 용접 잔류응력을 제거(완화)하는 방법을 무엇이라고 하는가?

① 노 내 풀림법
② 국부 풀림법
③ 저온 응력 완화법
④ 기계적 응력 완화법

해설

④ 기계적 응력 완화법 : 용접 후 잔류응력이 있는 제품에 하중을 주어 용접부에 약간의 소성변형을 일으킨 후 하중을 제거하면서 잔류응력을 제거하는 방법이다.
① 노 내 풀림법 : 가열 노(Furnace) 내부의 유지온도는 625℃ 정도이며 노에 넣을 때나 꺼낼 때의 온도는 300℃ 정도로 한다. 판 두께 25mm일 경우에 1시간 동안 유지하는데 유지온도가 높거나 유지시간이 길수록 풀림 효과가 크다.
② 국부 풀림법 : 노 내 풀림이 곤란한 경우에 사용하며 용접선 양측을 각각 250mm나 판 두께가 12배 이상의 범위를 가열한 후 서랭한다. 유도가열장치를 사용하며 온도가 불균일하게 실시되면 잔류응력이 발생할 수 있다.
③ 저온 응력 완화법 : 용접선의 양측을 정속으로 이동하는 가스불꽃에 의하여 약 150mm의 너비에 걸쳐 150~200℃로 가열한 뒤 곧 수랭하는 방법으로, 주로 용접선 방향의 응력을 제거하는 데 사용한다.

30 아크용접 시 용접이음의 용융부 밖에서 아크를 발생시킬 때 아크열에 의해 모재 표면에 생기는 결함은?

① 은점(Fish Eye)
② 언더 필(Under Fill)
③ 스캐터링(Scattering)
④ 아크 스트라이크(Arc Strike)

해설

아크 스트라이크 : 아크용접 시 용접이음의 용융부 밖에서 아크를 발생시킬 때 모재 표면에 생기는 결함

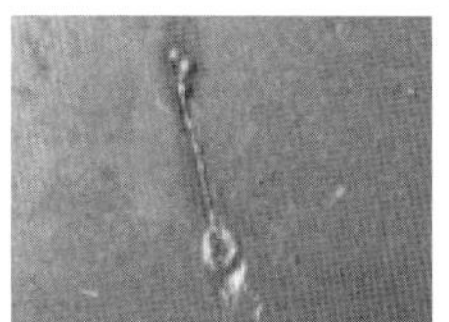

[아크 스트라이크 불량]

31 다음 용접기호가 뜻하는 용접은?

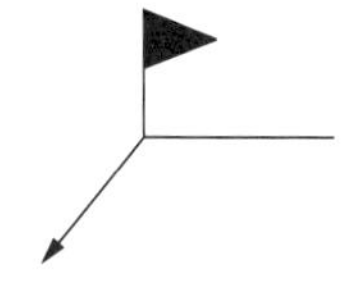

① 심용접 ② 점용접
③ 현장용접 ④ 일주용접

해설

명 칭	기본기호
심용접	
스폿용접(점용접)	
현장용접	

정답 29 ④ 30 ④ 31 ③

32 그림과 같이 완전용입 T형 맞대기용접 이음에 굽힘 모멘트 M = 9,000kgf · cm가 작용할 때 최대 굽힘 응력(kgf/cm²)은?(단, L = 400mm, l = 300mm, t = 20mm, P(kgf)는 하중이다)

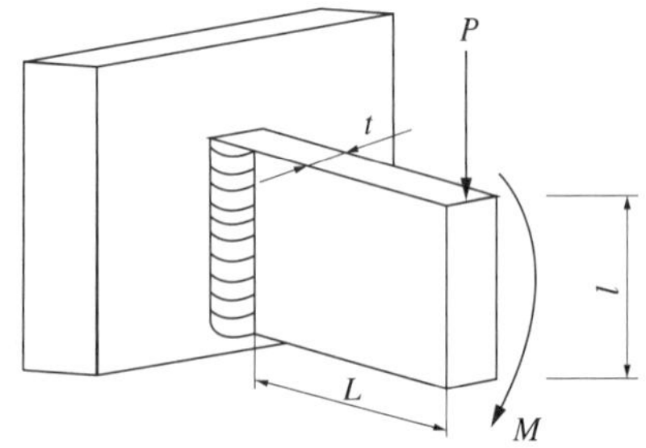

① 30　　② 45
③ 300　　④ 450

해설

$M = \sigma_{\max} \times Z$, 여기서 단면계수($Z$) : $\frac{bh^2}{6}$ 대입

$$\sigma_{\max} = \frac{M}{Z} = \frac{M}{\frac{bh^2}{6}} = \frac{6M}{bh^2}, \quad b = 2, \; h = 30$$

$$= \frac{6 \times 9{,}000}{2 \times 30^2} = 30$$

33 그라인더를 사용하여 용접부의 표면비드를 모재의 표면 높이와 동일하게 잘 다듬질하는 가장 큰 이유는?

① 용접부의 인성을 낮추기 위해
② 용접부의 잔류응력을 증가시키기 위해
③ 용접부의 응력집중을 감소시키기 위해
④ 용접부의 내부결함의 크기를 증대시키기 위해

해설

핸드 그라인더는 표면을 매끈하게 연삭하는 작업공구다. 이것으로 용접비드가 표면 높이보다 올라와서 경계부가 생긴 것을 없애는 작업을 했다면, 이 재료에는 응력이 집중되는 곳이 사라진 것으로 볼 수 있다.

[핸드 그라인더]

34 다음 용접봉 중 제품의 인장강도가 요구될 때 사용하는 것으로 내균열성이 가장 우수한 용접봉은?

① 저수소계
② 라임티타니아계
③ 고셀룰로스계
④ 고산화 타이타늄계

해설

저수소계(E4316) 용접봉의 특징

- 기공이 발생하기 쉽다.
- 운봉에 숙련이 필요하다.
- 석회석이나 형석이 주성분이다.
- 이행 용적의 양이 적고, 입자가 크다.
- 강력한 탈산 작용으로 강인성이 풍부하다.
- 용착금속 중의 수소량이 타 용접봉에 비해 1/10 정도로 현저하게 적어서 용착효율이 좋아 고장력강용으로 사용한다.
- 보통 저탄소강의 용접에 주로 사용되나 저합금강과 중, 고탄소강의 용접에도 사용된다.
- 피복제는 습기를 잘 흡수하기 때문에 사용 전에 300~350℃에서 1~2시간 건조 후 사용해야 한다.
- 균열에 대한 감수성이 좋아 구속도가 큰 구조물의 용접이나 탄소 및 황의 함유량이 많은 쾌삭강의 용접에 사용한다.

32 ① 33 ③ 34 ① **정답**

35 본용접에서 그림과 같은 순서로 용접하는 용착법은?

1 → 4 → 2 → 5 → 3 →

① 대칭법　　② 스킵법
③ 후퇴법　　④ 살수법

해설

피복금속 아크용접기법

분 류		특 징
용착 방향에 의한 용착법	전진법	한쪽 끝에서 다른 쪽 끝으로 용접을 진행하는 방법으로 용접 진행방향과 용착 방향이 서로 같다. 용접길이가 길면 끝부분 쪽에 수축과 잔류응력이 생긴다.
	후퇴법	용접을 단계적으로 후퇴하면서 전체 길이를 용접하는 방법으로 용접 진행방향과 용착방향이 서로 반대가 된다. 수축과 잔류응력을 줄이는 용접기법이나 작업능률이 떨어진다.
	대칭법	변형과 수축응력의 경감법으로 용접의 전 길이에 걸쳐 중심에서 좌우 또는 용접물 형상에 따라 좌우 대칭으로 용접하는 기법이다.
	스킵법 (비석법)	용접부 전체의 길이를 5개 부분으로 나누어 놓고 1-4-2-5-3순으로 용접하는 방법으로 용접부에 잔류응력을 적게 하면서 변형을 방지하고자 할 때 사용한다.
다층 비드 용착법	덧살올림법 (빌드업법)	각 층마다 전체의 길이를 용접하면서 쌓아 올리는 방법으로 가장 일반적인 방법이다.
	전진 블록법	한 개의 용접봉으로 살을 붙일 만한 길이로 구분해서 홈을 한 층 완료 후 다른 층을 용접하는 방법이다. 다층용접 시 변형과 잔류응력의 경감을 위해 사용한다.
	캐스 케이드법	한 부분의 몇 층을 용접하다가 다음 부분의 층으로 연속시켜 전체가 단계를 이루도록 용착시켜 나가는 방법이다.

36 잔류응력 측정법에는 정성적 방법과 정량적 방법이 있다. 다음 중 정성적 방법에 속하는 것은?

① X-선법
② 자기적 방법
③ 응력이완법
④ 광탄성에 의한 방법

해설

잔류응력 측정법

- 정성적 : 자기적 방법
- 정량적 : X-선 회절법, 응력이완법, 광탄성을 이용한 방법

37 용접 모재의 뒤편을 강하게 받쳐 주어 구속에 의하여 변형을 억제하는 것은?

① 포지셔너　　② 회전 지그
③ 스트롱백　　④ 매니플레이트

해설

③ 스트롱백 지그 : 스트롱백은 용접변형 방지를 위한 지그(Zig)로 세로방향의 수축량을 방지한다.

① 용접 포지셔너 : 용접 작업 중 불편한 용접자세를 바로잡기 위해 작업자가 원하는 대로 용접물을 움직일 수 있는 작업보조 기구이다.
② 회전 지그 : 지그란 용접 시 작업의 편리성을 위해 모재를 작업하기에 알맞게 고정시키기 위한 것으로 용접자세를 원활하게 만드는데, 여기서 회전기능을 추가한 것이 회전 지그이다.

정답 35 ② 36 ② 37 ③

38 20kg의 피복아크용접봉을 가지고 두께 9mm 연강판 구조물을 용접하여 용착되고 남은 피복중량, 스패터, 잔봉, 연소에 의한 손실 등의 무게가 4kg이었다면, 이때 피복아크용접봉의 용착효율은?

① 60% ② 70%
③ 80% ④ 90%

해설

$$용착효율 = \frac{용착금속의\ 중량}{용접봉의\ 사용중량} \times 100\%$$

$$= \frac{20kg - 4kg}{20kg} \times 100\% = 80\%$$

용착효율은 총 사용한 용접봉의 중량에 비해 용락 등 불량에 의한 손실 없이 얼마만큼의 중량이 실제 용접 부위에 용착되었는가를 나타내는 것이다.

39 구조물 용접작업 시 용접 순서에 관한 설명으로 틀린 것은?

① 용접물의 중심에서 대칭으로 용접을 해 나간다.
② 용접작업이 불가능한 곳이나 곤란한 곳이 생기지 않도록 한다.
③ 수축이 작은 이음을 먼저 용접하고 수축이 큰 이음을 나중에 용접한다.
④ 용접 구조물의 중심축을 기준으로 용접 수축력의 모멘트 합이 0이 되게 하면 용접선 방향에 대한 굽힘을 줄일 수 있다.

해설

용접변형을 최소화하려면 용접 순서는 용접 후 수축이 큰 이음부를 먼저 용접한 뒤 수축이 작은 부분을 용접해야 최종 용접물의 변형을 방지할 수 있다. 또한, 용접물 중심에 대하여 항상 대칭으로 용접하고, 가능한 한 구속용접을 피해야 한다.

40 끝이 구면인 특수한 해머로 용접부를 연속적으로 때려 용착금속부의 인장응력을 완화하는 데 큰 효과가 있는 잔류응력 제거법은?

① 피닝법 ② 국부 풀림법
③ 케이블 커넥터법 ④ 저온 응력 완화법

해설

피닝(Peening) : 타격 부분이 둥근 구면인 특수 해머를 모재의 표면에 지속적으로 충격을 가함으로써 재료 내부에 있는 잔류응력을 완화시키면서 표면층에 소성변형을 주는 방법

제3과목 용접일반 및 안전관리

41 진공 상태에서 용접을 행하게 되므로 텅스텐, 몰리브덴과 같이 대기에서 반응하기 쉬운 금속도 용이하게 접합할 수 있는 용접은?

① 스터드용접 ② 테르밋용접
③ 전자빔용접 ④ 원자수소용접

해설

③ 전자빔 용접 : 고밀도로 집속되고 가속화된 전자빔을 높은 진공(10^{-6}~10^{-4}mmHg) 속에서 용접물에 고속도로 조사시키면 빛과 같은 속도로 이동한 전자가 용접물에 충돌하면서 전자의 운동에너지를 열에너지로 변환시켜 국부적으로 고열을 발생시키는데, 이때 생긴 열원으로 용접부를 용융시켜 용접하는 방식이다. 텅스텐(3,410℃), 몰리브덴(2,620℃)과 같이 용융점이 높은 재료의 용접에 적합하다.
① 스터드용접 : 아크용접의 일부로서 봉재나 볼트 등의 스터드를 판 또는 프레임과 같은 구조재에 직접 부착시키는 능률적인 용접 방법이다. 여기서 스터드란 판재에 덧대는 물체인 봉이나 볼트같이 긴 물체를 일컫는 용어이다.
② 테르밋용접 : 금속 산화물과 알루미늄이 반응하여 열과 슬래그를 발생시키는 테르밋반응을 이용하는 용접법이다. 강을 용접할 경우에는 산화철과 알루미늄 분말을 3 : 1로 혼합한 테르밋제를 만든 후 냄비의 역할을 하는 도가니에 넣은 후 점화제를 약 1,000℃로 점화시키면, 약 2,800℃의 열이 발생되어 용접용 강이 만들어지는데 이 강(Steel)을 용접 부위에 주입 후 서랭하여 용접을 완료하며 철도 레일이나 차축, 선박의 프레임 접합에 주로 사용된다.
④ 원자수소 아크용접 : 2개의 텅스텐 전극 사이에서 아크를 발생시키고 홀더의 노즐에서 수소가스를 유출시켜서 용접하는 방법이다. 연성이 좋고 표면이 깨끗한 용접부를 얻을 수 있으나, 토치 구조가 복잡하고 비용이 많이 들기 때문에 특수 금속용접에 적합하다.

38 ③ 39 ③ 40 ① 41 ③ 정답

42 다음 재료 중 용제 없이 가스용접을 할 수 있는 것은?

① 용 접　② 황 동
③ 연 강　④ 알루미늄

해설
연강은 순수한 철에 C(탄소)가 0.02% 이하로 첨가된 강이므로 용제 없이도 가스 불꽃만으로 접합이 가능하다.

43 강인성이 풍부하고 기계적 성질, 내균열성이 가장 좋은 피복아크용접봉은?

① 저수소계
② 고산화타이타늄계
③ 철분 산화타이타늄계
④ 고셀룰로스계

해설
저수소계 용접봉(E4326)은 철분 저수소계 용접봉으로 E4316의 피복제에 30~50% 정도의 철분을 첨가한 것으로 용착속도가 크고 작업 능률이 좋다. 또한, 용착금속의 기계적 성질이 양호하고 슬래그의 박리성이 저수소계 용접봉보다 좋으며 아래보기나 수평 필릿 용접에만 사용된다.

44 유전, 습지대에서 분출되는 메탄이 주성분인 가스는?

① 수소가스
② 천연가스
③ 아르곤가스
④ 프로판가스

해설
천연가스는 탄광이나 유전지역과 같이 땅을 파거나 암석을 뚫는 지역에서 자연적으로 분출되는 가스로, 메탄가스가 약 70~80% 정도 차지하며, 에탄가스가 약 20% 이내, 나머지 성분으로 구성된다. 대표적인 제품으로는 LNG(Liquefied Natural Gas, 액화천연가스), CNG(Compressed Natural Gas, 압축천연가스)가 있다.

45 다음 용접법 중 가장 두꺼운 판을 용접할 수 있는 것은?

① 전자빔용접
② 일렉트로 슬래그용접
③ 서브머지드 아크용접
④ 불활성 가스 아크용접

해설
일렉트로 슬래그용접은 판의 두께가 아주 두꺼울 때 효과적인 용접법이다.

정답 42 ③ 43 ① 44 ② 45 ②

46 리벳이음과 비교하여 용접의 장점을 설명한 것으로 틀린 것은?

① 작업공정이 단축된다.
② 기밀, 수밀이 우수하다.
③ 복잡한 구조물 제작에 용이하다.
④ 열영향으로 이음부의 재질이 변하지 않는다.

해설
리벳은 기계적 접합법이므로 열의 영향이 거의 없으나, 용접은 작업 중 발생되는 열에 의해 이음부 재질이 변한다.

47 다음 중 용접기의 설치 및 정비 시 주의해야 할 사항으로 틀린 것은?

① 습도가 높은 곳에 설치해야 한다.
② 먼지가 많은 장소에는 가급적 용접기 설치를 피한다.
③ 용접 케이블 등의 파손된 부분은 절연 테이프로 감아야 한다.
④ 2차측 단자의 한쪽과 용접기 케이스는 접지를 확실히 해 둔다.

해설
용접기에 습기가 있으면 작업자가 감전될 우려가 크기 때문에 습도가 높은 곳에는 설치를 피해야 한다.

48 다음 보기 중 용접의 자동화에서 자동제어의 장점을 모두 고른 것은?

보기
㉠ 제품의 품질이 균일화되어 불량품이 감소한다.
㉡ 원자재, 원가 등이 증가한다.
㉢ 인간에게는 불가능한 고속작업이 가능하다.
㉣ 위험한 사고의 방지가 불가능하다.
㉤ 연속작업이 가능하다.

① ㉠, ㉡, ㉣
② ㉠, ㉢, ㉤
③ ㉠, ㉡, ㉢, ㉤
④ ㉠, ㉡, ㉢, ㉣, ㉤

해설
생산 공정을 자동제어화하면 오작업에 의한 제품의 불량률을 줄일 수 있으므로 원가를 줄일 수 있다. 또한 안전센서를 설비에 부착하여 위험한 사고의 방지가 가능하다. 따라서 ㉡, ㉣은 자동제어의 장점이라 볼 수 없다.

49 가스용접 토치의 종류가 아닌 것은?

① 저압식 토치 ② 중압식 토치
③ 고압식 토치 ④ 등압식 토치

해설
산소-아세틸렌가스용접용 토치별 사용압력

구분	사용압력
저압식	0.07kgf/cm^2 이하
중압식	0.07~1.3kgf/cm^2
고압식	1.3kgf/cm^2 이상

46 ④ 47 ① 48 ② 49 ④ 정답

50 무부하 전압 80V, 아크전압 30V, 아크전류 300A, 내부손실이 4kW인 경우 아크용접기의 효율은 약 몇 %인가?

① 59　　② 69
③ 75　　④ 80

해설

용접기의 효율(%) $= \dfrac{\text{아크전력}}{\text{소비전력}} \times 100\%$

여기서, 아크전력 = 아크전압 × 정격 2차전류
= 30 × 300 = 9,000W

소비전력 = 아크전력 + 내부손실
= 9,000 + 4,000 = 13,000W

∴ 용접기의 효율(%) $= \dfrac{9,000}{13,000} \times 100\% = 69.2\%$

51 다음 중 연소의 3요소에 해당하지 않는 것은?

① 가연물　　② 점화원
③ 충진재　　④ 산소공급원

해설

연소의 3요소
점화원, 탈물질(가연물), 산소

52 냉간압접의 일반적인 특징으로 틀린 것은?

① 용접부가 가공경화된다.
② 압접에 필요한 공구가 간단하다.
③ 접합부의 열영향으로 숙련이 필요하다.
④ 접합부의 전기저항은 모재와 거의 동일하다.

해설

냉간압접 : 외부의 열이나 전기의 공급 없이 연한 재료의 경계부를 상온에서 강하게 압축시켜 접합면을 국부적으로 소성변형시켜서 압접하는 방법으로 열이 발생하지 않는다. 그리고 접합면의 청정이 중요하므로 접합부를 청소한 후 1시간 이내에 접합하여 산화막의 생성을 피해야 한다.

53 가스절단에서 판 두께가 12.7mm일 때, 표준드래그의 길이로 가장 적당한 것은?

① 2.4mm　　② 5.2mm
③ 5.6mm　　④ 6.4mm

해설

표준드래그 길이(mm) = 판 두께(mm) $\times \dfrac{1}{5}$
$= 12.7\text{mm} \times \dfrac{1}{5}$
$= 2.54\text{mm}$

따라서 가장 적당한 길이는 ①이다.

표준드래그 길이

표준드래그 길이(mm) = 판 두께(mm) $\times \dfrac{1}{5}$ = 판 두께의 20%

정답 50 ② 51 ③ 52 ③ 53 ①

54 금속원자 사이에 작용하는 인력으로 원자를 서로 결합하기 위해서는 원자 간의 거리가 어느 정도 되어야 하는가?

① 10^{-4}cm ② 10^{-6}cm
③ 10^{-7}cm ④ 10^{-8}cm

해설
금속은 용접이나 기타 방법이 없어도 두 모재 간 간격을 10^{-8}cm까지 접근시키면 서로 결합이 가능하다. 그러나 표면의 불순물이나 녹과 같은 이물질 때문에 순수한 결합은 불가능하다.

55 서브머지드 아크용접법의 설명 중 틀린 것은?

① 비소모식이므로 비드의 외관이 거칠다.
② 용접선이 수직인 경우 적용이 곤란하다.
③ 모재 두께가 두꺼운 용접에서 효율적이다.
④ 용융속도와 용착속도가 빠르며, 용입이 깊다.

해설
서브머지드 아크용접(SAW)은 전극이 소모되는 소모식 용접법으로 일정하고 양호한 비드의 품질을 얻을 수 있다.
서브머지드 아크용접의 정의
용접 부위에 미세한 입상의 플럭스를 도포한 뒤 용접선과 나란히 설치된 레일 위를 주행대차가 지나가면서 와이어를 용접부로 공급시키면 플럭스 내부에서 아크가 발생하면서 용접하는 자동용접법이다. 아크가 플럭스 속에서 발생되므로 용접부가 눈에 보이지 않아 불가시아크용접, 잠호용접이라고 불린다.
용접봉인 와이어의 공급과 이송이 자동이며 용접부를 플럭스가 덮고 있으므로 복사열과 연기가 많이 발생하지 않는다. 특히, 용접부로 공급되는 와이어가 전극과 용가재의 역할을 동시에 하므로 전극인 와이어는 소모된다.

56 피복아크용접에서 정극성과 역극성의 설명으로 옳은 것은?

① 박판의 용접은 주로 정극성을 이용한다.
② 용접봉에 (–)극을, 모재에 (+)극을 연결하는 것을 정극성이라 한다.
③ 정극성일 때 용접봉의 용융속도는 빠르고 모재의 용입은 얕아진다.
④ 역극성일 때 용접봉의 용융속도는 빠르고 모재의 용입은 깊어진다.

해설
직류 정극성은 모재에 (+)전극이 연결되어 70%의 열이 발생하므로 용입을 깊게 할 수 있다.
용접기의 극성에 따른 특징

구분	특징
직류 정극성 (DCSP ; Direct Current Straight Polarity)	• 용입이 깊다. • 비드 폭이 좁다. • 용접봉의 용융속도가 느리다. • 후판(두꺼운 판)용접이 가능하다. • 모재에는 (+)전극이 연결되며 70% 열이 발생하고, 용접봉에는 (–)전극이 연결되며 30% 열이 발생한다.
직류 역극성 (DCRP ; Direct Current Reverse Polarity)	• 용입이 얕다. • 비드 폭이 넓다. • 용접봉의 용융속도가 빠르다. • 박판(얇은 판)용접이 가능하다. • 모재에는 (–)전극이 연결되며 30% 열이 발생하고, 용접봉에는 (+)전극이 연결되며 70% 열이 발생한다. • 산화피막을 제거하는 청정작용이 있다.
교류(AC)	• 극성이 없다. • 전원주파수의 $\frac{1}{2}$사이클마다 극성이 바뀐다. • 직류 정극성과 직류 역극성의 중간적 성격이다.

54 ④ 55 ① 56 ② **정답**

57 다음 분말소화기의 종류 중 A, B, C급 화재에 모두 사용할 수 있는 것은?

① 제1종 분말소화기 ② 제2종 분말소화기
③ 제3종 분말소화기 ④ 제4종 분말소화기

해설

분말소화기의 종류별 성분 및 적용화재

종 류	주성분	사용처	색 상
제1종 분말소화기	탄산수소나트륨	B, C	백 색
제2종 분말소화기	탄산수소칼륨	B, C	담회색
제3종 분말소화기	인산암모늄	A, B, C	황 색
제4종 분말소화기	탄산수소칼륨 반응물	B, C	회 색

58 용접법의 종류 중 압접법이 아닌 것은?

① 마찰용접 ② 초음파용접
③ 스터드용접 ④ 업셋 맞대기용접

해설

용접법의 종류

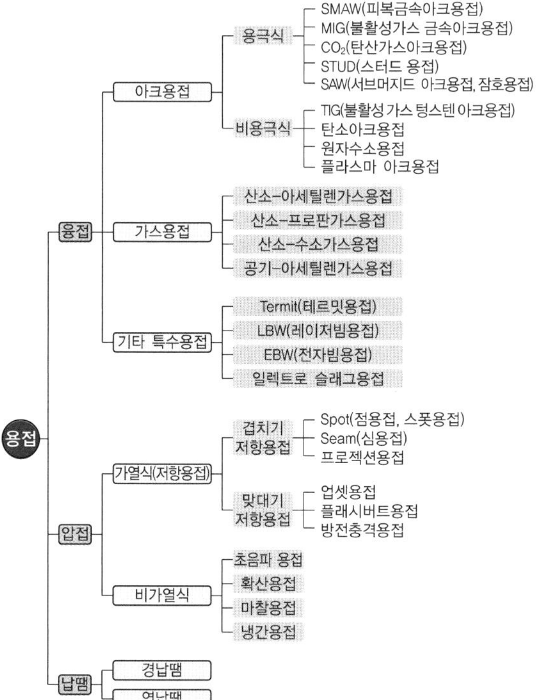

59 아크용접 시 차광유리를 선택할 경우 용접전류가 400A 이상일 때의 가장 적합한 차광도 번호는?

① 5 ② 8
③ 10 ④ 14

해설

용접의 종류별 적정 차광번호(KS P 8141)

용접의 종류	전류범위(A)	차광도 번호(No.)
납 땜	–	2~4
가스용접	–	4~7
산소절단	901~2,000	5
	2,001~4,000	6
	4,001~6,000	7
피복아크용접 및 절단	30 이하	5~6
	36~75	7~8
	76~200	9~11
	201~400	12~13
	401 이상	14
아크에어가우징	126~225	10~11
	226~350	12~13
	351 이상	14~16
탄소아크용접	–	14
TIG, MIG	100 이하	9~10
	101~300	11~12
	301~500	13~14
	501 이상	15~16

60 두 개의 모재에 압력을 가해 접촉시킨 후 회전시켜 발생하는 열과 가압력을 이용하여 접합하는 용접법은?

① 단조용접 ② 마찰용접
③ 확산용접 ④ 스터드용접

해설

마찰용접 : 특별한 용가재 없이도 회전력과 압력만 이용해서 두 소재를 붙이는 용접방법이다. 환봉이나 파이프 등을 가압된 상태에서 회전시키면 이때 마찰열이 발생하는데, 일정 온도에 도달하면 회전을 멈추고 가압시켜 용접한다.

정답 57 ③ 58 ③ 59 ④ 60 ②

2018년 제3회 과년도 기출문제

제1과목 용접야금 및 용접설비제도

01 강자성체인 Fe, Ni, Co의 자기변태 온도가 낮은 것에서 높은 순으로 바르게 배열된 것은?

① Fe → Ni → Co

② Fe → Co → Ni

③ Ni → Fe → Co

④ Ni → Co → Fe

해설

자기변태 온도 낮은 순서

Ni(350℃) → Fe(768℃) → Co(1,120℃)

자기변태

금속이 퀴리점이라고 불리는 자기변태 온도를 지나면서 자성을 띤 강자성체에서 자성을 잃어버리는 상자성체로 변화되는 현상으로 자기변태점이 없는 대표적인 금속으로는 Zn(아연)과 Al(알루미늄)이 있다.

02 일반적인 탄소강에 함유된 5대 원소에 속하지 않는 것은?

① Mn ② Si

③ P ④ Cr

해설

철강의 5대 합금원소

- C(탄소)
- Si(규소, 실리콘)
- Mn(망간)
- P(인)
- S(황)

03 탄소강의 표준조직이 아닌 것은?

① 페라이트 ② 마텐자이트

③ 펄라이트 ④ 시멘타이트

해설

탄소강의 표준조직

- 페라이트
- 펄라이트
- 시멘타이트
- 오스테나이트

04 다음 중 탈황을 촉진하기 위한 조건으로 틀린 것은?

① 비교적 고온이어야 한다.

② 슬래그의 염기도가 낮아야 한다.

③ 슬래그의 유동성이 좋아야 한다.

④ 슬래그 중의 산화철분이 낮아야 한다.

해설

$$\text{슬래그의 염기도} = \frac{\text{염기성 산화물}}{\text{산성 산화물}}$$

탈황을 촉진하기 위해서는 더 많은 산소 이온이 필요하기 때문에 슬래그의 염기도가 높은 것이 좋다.

1 ③ 2 ④ 3 ② 4 ② 정답

05 습기 제거를 위한 용접봉의 건조 시 건조온도가 가장 높은 것은?

① 저수소계　　② 라임티타니아계
③ 셀룰로스계　　④ 고산화타이타늄계

해설

고장력강 용접봉인 저수소계 용접봉(E4316)의 건조온도가 다른 용접봉들보다 더 높다.

일반 용접봉과 저수소계 용접봉의 건조온도 및 시간

일반 용접봉	약 100℃로 30분~1시간
저수소계 용접봉	약 300~350℃에서 1~2시간

06 알루미늄 계열의 분류에서 번호대와 첨가 원소가 바르게 짝지어진 것은?

① 1000계 : 순금속 알루미늄(순도 > 99.0%)
② 3000계 : 알루미늄–Si계 합금
③ 4000계 : 알루미늄–Mg계 합금
④ 5000계 : 알루미늄–Mn계 합금

해설

알루미늄의 기본기호

구 분	기 호	내 용
계열 분류번호	1000계열	순금속 알루미늄(순도 > 99.0%)
	2000계열	Al + Cu계 합금
	3000계열	Al + Mn계 합금
	4000계열	Al + Si계 합금
	5000계열	Al + Mg계 합금
	6000계열	Al + Mg + Si계 합금
	7000계열	Al + Zn + Mg계 합금
기본기호	F	제조한 그대로의 것
	O	어닐링(풀림) 처리한 것
	H	가공경화 처리한 것
	W	용체화 처리한 것
	T	열처리에 의해 F, O, H 외의 안정한 질별로 한 것

※ 질별 : 제조과정에서 가공, 열처리 조건이 달라짐에 따라 얻어진 재료의 성질의 구분

07 다음 원소 중 황(S)의 해를 방지할 수 있는 것으로 가장 적합한 것은?

① Mn　　② Si
③ Al　　④ Mo

해설

적열취성(赤熱 : 붉을 적, 더울 열, 철이 빨갛게 달궈진 상태)
S(황)의 함유량이 많은 탄소강이 900℃ 부근에서 적열(赤熱)상태가 되었을 때 파괴되는 성질로 철에 S의 함유량이 많으면 황화철이 되면서 결정립계 부근의 S이 망상으로 분포되면서 결정립계가 파괴된다. 적열취성을 방지하려면 Mn(망간)을 합금하여 S을 MnS로 석출시키면 된다. 적열취성은 높은 온도에서 발생하므로 고온취성으로도 불린다.

08 다음 균열 중 모재의 열팽창 및 수축에 의한 비틀림이 주원인이며, 필릿용접이음부의 루트 부분에 생기는 균열은?

① 힐 균열
② 설퍼 균열
③ 크레이터 균열
④ 래미네이션 균열

해설

① 힐 균열 : 용접열에 의해 모재가 열팽창과 수축됨으로 인해 비틀림이 생기면서 발생하는 균열로, 주로 필릿용접이음부의 루트 부분에서 발생한다.
② 설퍼 균열 : 유황의 편석이 층상으로 존재하는 강재를 용접하는 경우, 낮은 융점의 황화철이 원인이 되어 용접금속 내에 생기는 1차 결정립계의 균열이다.
③ 크레이터 균열 : 용접 비드의 끝에서 발생하는 고온균열로 냉각속도가 지나치게 빠른 경우에 발생한다.
④ 래미네이션 균열 : 압연방향으로 얇은 층이 발생하는 내부결함으로 강괴 내의 수축공이나 기공, 슬래그가 잔류하면 미압착된 부분이 생겨서 이 부분에 중공이 생기는 불량으로 용접이 아닌 소성가공의 일종인 압연가공 시 발생되는 불량이다.

정답 5 ① 6 ① 7 ① 8 ①

09 용접하기 전 예열하는 목적이 아닌 것은?

① 수축변형을 감소한다.
② 열영향부의 경도를 증가시킨다.
③ 용접금속 및 열영향부에 균열을 방지한다.
④ 용접금속 및 열영향부의 연성 또는 노치 인성을 개선한다.

해설

용접 전과 후 모재에 예열을 가하는 목적
- 열영향부(HAZ)의 균열을 방지한다.
- 수축변형 및 균열을 경감시킨다.
- 용접금속에 연성 및 인성을 부여한다.
- 열영향부와 용착금속의 경화를 방지한다.
- 급열 및 급랭 방지로 잔류응력을 줄인다.
- 용접금속의 팽창이나 수축의 정도를 줄여 준다.
- 수소 방출을 용이하게 하여 저온균열을 방지한다.
- 금속 내부의 가스를 방출시켜 기공 및 균열을 방지한다.

10 강을 연하게 하여 기계가공성을 향상시키거나, 내부 응력을 제거하기 위해 실시하는 열처리는?

① 불림(Normalizing)
② 뜨임(Tempering)
③ 담금질(Quenching)
④ 풀림(Annealing)

해설

④ 풀림(Annealing)처리 : 재질을 연하고(연화시키고) 균일화시키거나 내부응력을 제거할 목적으로 실시하는 열처리법으로 완전풀림은 A_3변태점(968℃) 이상의 온도로, 연화풀림은 약 650℃ 정도로 가열한 후 서랭한다.
① 불림(Normalizing) : 담금질 정도가 심하거나 결정입자가 조대해진 강, 소성가공이나 주조로 거칠어진 조직을 표준화조직으로 만들기 위하여 A_3 변태점(968℃)이나 A_{cm}(시멘타이트)점보다 30~50℃ 이상의 온도로 가열 후 공랭시킨다.
② 뜨임(Tempering) : 담금질 한 강을 A_1변태점(723℃) 이하로 가열 후 서랭하는 것으로 담금질로 경화된 재료에 인성을 부여하고 내부응력을 제거한다.
③ 담금질(Quenching) : 재질을 경화시킬 목적으로 강을 오스테나이트조직의 영역으로 가열한 후 급랭시켜 강도와 경도를 증가시키는 열처리법이다.

11 다음 중 가는 실선으로 표시되는 것은?

① 외형선 ② 숨은선
③ 절단선 ④ 회전 단면선

해설

④ 회전 단면선 : 가는 실선
① 외형선 : 굵은 실선
② 숨은선 : 파선
③ 절단선 : 교차나 끝점에는 굵은 실선, 이 사이를 잇는 선은 가는 1점 쇄선

12 다음 중 판의 맞대기용접에서 위보기 자세를 나타내는 것은?

① H ② V
③ O ④ AP

해설

용접자세(Welding Position)

자 세	KS규격	모재와 용접봉 위치	ISO	AWS
아래보기	F (Flat Position)	바닥면	PA	1G
수 평	H (Horizontal Position)		PC	2G
수 직	V (Vertical Position)		PF	3G
위보기	OH (Overhead Position)		PE	4G

13 다음 치수기입방법의 일반 형식 중 잘못 표시된 것은?

① 각도 치수 :

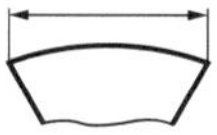

② 호의 길이 치수 :

③ 현의 길이 치수 :

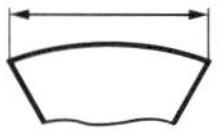

④ 변의 길이 치수 :

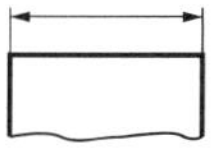

해설

길이와 각도의 치수기입

현의 치수기입	호의 치수기입
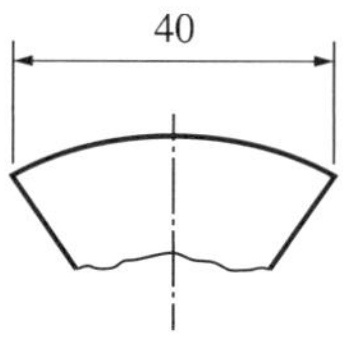 40	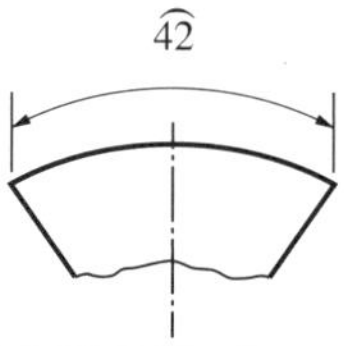 42
반지름의 치수기입	**각도의 치수기입**
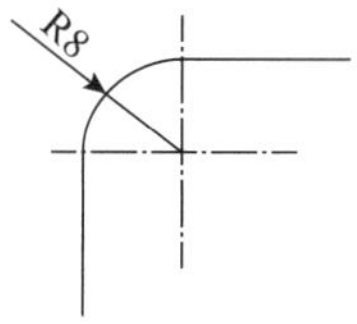 R8	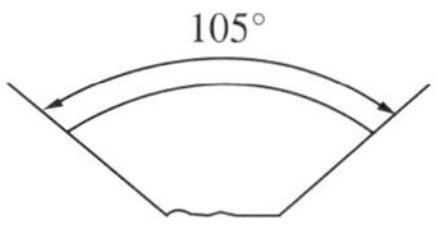 105°

14 핸들이나 바퀴의 암 및 리브 훅, 축 구조물의 부재 등에 절단면을 90° 회전하여 그린 단면도는?

① 회전도시 단면도 ② 부분 단면도

③ 한쪽 단면도 ④ 온 단면도

해설

회전도시 단면도는 핸들이나 벨트 풀리, 바퀴의 암, 리브, 축, 형강 등의 단면의 모양을 90°로 회전시켜 투상도의 안이나 밖에 그리는 단면도법이다.

15 아래 그림의 화살표 쪽의 인접 부분을 참고로 표시하는 데 사용하는 선의 명칭은?

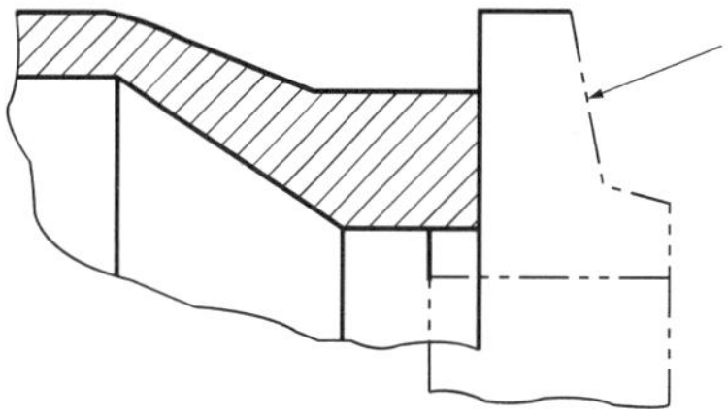

① 가상선 ② 숨은선

③ 외형선 ④ 파단선

해설

가상선은 가는 2점 쇄선으로 표시하며 인접 부분을 참고로 표시할 때 사용한다.

16 다음 중 심(Seam)용접이음 기호로 맞는 것은?

①

②

③

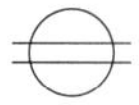

④

해설

용접이음 기호

명 칭	기본기호
스폿용접	
뒷면용접	
심용접	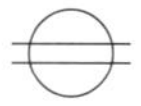
서페이싱	

정답 13 ① 14 ① 15 ① 16 ③

17 X, Y, Z방향의 축을 기준으로 공간상에 하나의 점을 표시할 때 각 축에 대한 X, Y, Z에 대응하는 좌표값으로 표시하는 CAD 시스템의 좌표계의 명칭은?

① 극좌표계 ② 직교좌표계

③ 원통좌표계 ④ 구면좌표계

해설

② 직교좌표계 : 두 개(X, Y)나 세 개(X, Y, Z)의 방향의 축을 기준으로 공간상에 하나의 점을 표시할 때 각 축에 대응하는 좌표값을 표시하는 방법이다.

① 극좌표계 : 평면 위의 위치를 각도와 거리를 써서 나타내는 2차원 좌표계

③ 원통좌표계 : 3차원 공간을 나타내기 위해 평면 극좌표계에 평면에서부터의 높이를 더해서 나타내는 좌표계

④ 구면좌표계 : 3차원 구의 형태를 나타내는 것으로 거리 r과 두 개의 각으로 표현되는 좌표계

18 도면에 치수를 기입할 때의 유의사항으로 틀린 것은?

① 치수는 계산할 필요가 없도록 기입하여야 한다.

② 치수는 중복 기입하여 도면을 이해하기 쉽게 한다.

③ 관련되는 치수는 가능한 한 한곳에 모아서 기입한다.

④ 치수는 될 수 있는 대로 주투상도에 기입해야 한다.

해설

도면에 치수를 기입할 때는 중복해서 기입하지 않는다.

19 다음 KS 용접기호에서 C가 의미하는 것은?

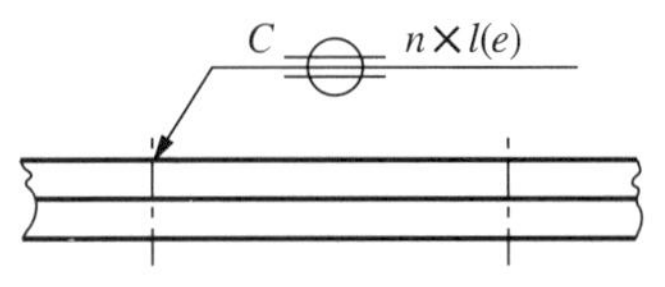

① 용접 강도 ② 용접길이

③ 루트 간격 ④ 용접부의 너비

해설

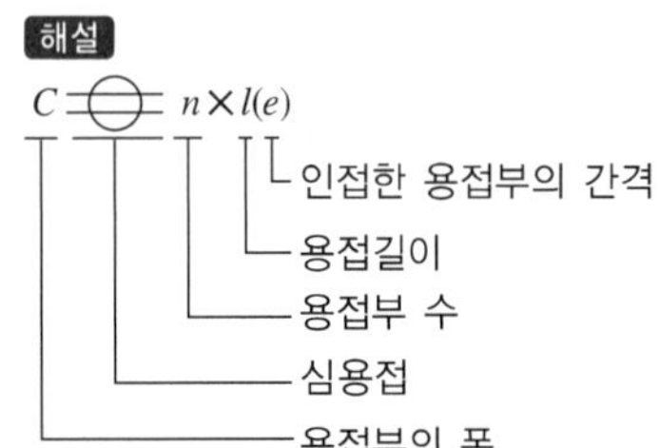

20 기계제도에 사용하는 문자의 종류가 아닌 것은?

① 한 글

② 알파벳

③ 상형문자

④ 아라비아숫자

해설

기계제도로 만들어지는 도면에는 상형문자를 사용하지 않는다.

17 ② 18 ② 19 ④ 20 ③ 정답

제2과목 용접구조설계

21 잔류응력 측정법의 분류에서 정량적 방법에 속하는 것은?

① 부식법　　② 자기적 방법
③ 응력 이완법　　④ 경도에 의한 방법

해설
응력 이완법은 재료를 인장시키면서 저항성의 스트레인 게이지를 사용하여 측정치를 구하기 때문에 정량적 방법에 속한다.

22 저온균열의 발생에 가장 큰 영향을 주는 것은?

① 피 닝
② 후열처리
③ 예열처리
④ 용착금속의 확산성 수소

해설
저온균열(Cold Cracking)은 상온까지 냉각한 다음 시간이 지남에 따라 균열이 발생하는 불량으로 일반적으로는 220℃ 이하의 온도에서 발생하나 200~300℃에서 발생하기도 한다. 잔류응력이나 용착금속 내의 확산성의 수소가스, 철강 재료의 용접부나 HAZ(열영향부)의 경화현상에 의해 주로 발생한다.

23 그림의 용착 방법 종류로 옳은 것은?

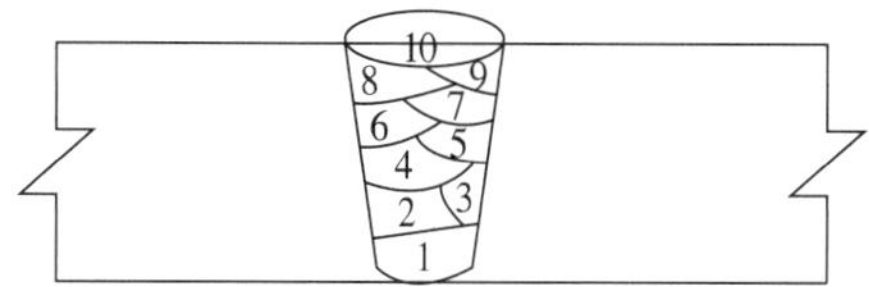

① 전진법　　② 후진법
③ 비석법　　④ 덧살올림법

해설
덧살올림법(빌드업법)은 그림과 같이 각 층마다 전체의 길이를 용접하면서 쌓아 올리는 방법으로 가장 일반적인 다층 비드 용착법의 일종이다.

24 다음 중 예열에 관한 설명으로 틀린 것은?

① 용접부와 인접한 모재의 수축응력을 감소시키기 위하여 예열을 한다.
② 냉각속도를 지연시켜 열영향부와 용착금속의 경화를 방지하기 위하여 예열을 한다.
③ 냉각속도를 지연시켜 용접금속 내에 수소성분을 배출함으로써 비드 밑 균열을 방지한다.
④ 탄소성분이 높을수록 임계점에서의 냉각속도가 느리므로 예열을 할 필요가 없다.

해설
탄소의 함유량이 높은 주철(2~6.67%의 C)용접 시 일반적인 예열 및 후열의 온도는 500~600℃로 한다. 이처럼 탄소성분이 높아도 예열을 해야 한다.

정답 21 ③ 22 ④ 23 ④ 24 ④

25 **피복아크용접에서 언더컷(Undercut)의 발생 원인으로 가장 거리가 먼 것은?**

① 용착부가 급랭될 때
② 아크길이가 너무 길 때
③ 용접전류가 너무 높을 때
④ 용접봉의 운봉속도가 부적당할 때

해설
언더컷은 용접봉의 용융속도나 전류의 크기, 운봉의 속도와 관련이 있지만 용착부의 급랭과는 관련이 없다.

26 **다음 그림과 같은 형상의 용접이음 종류는?**

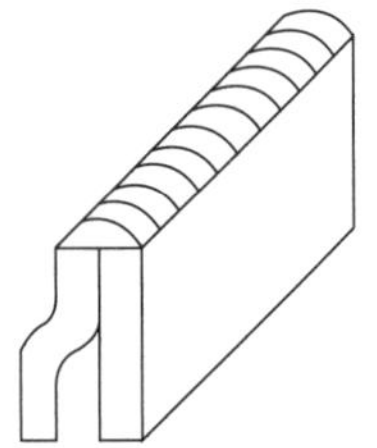

① 십자이음 ② 모서리이음
③ 겹치기이음 ④ 변두리이음

해설
용접이음의 종류

맞대기이음	겹치기이음	모서리이음
양면덮개판이음	T이음(필릿)	십자(+)이음
전면필릿이음	측면필릿이음	변두리이음

27 **금속에 열을 가했을 경우 변화에 대한 설명으로 틀린 것은?**

① 팽창과 수축의 정도는 가열된 면적의 크기에 반비례한다.
② 구속된 상태의 팽창과 수축은 금속의 변형과 잔류응력을 생기게 한다.
③ 구속된 상태의 수축은 금속이 그 장력에 견딜만한 연성이 없으면 파단한다.
④ 금속은 고온에서 압축응력을 받으면 잘 파단되지 않으며, 인장력에 대해서는 파단되기 쉽다.

해설
금속재료에 열이 가해지는 면적이 클수록 재료 내부에 영향을 미치는 열용량이 커지므로 팽창과 수축의 정도도 커진다. 따라서 반비례하는 것이 아니라 비례한다.

28 **용접구조물의 피로강도를 향상시키기 위한 주의사항으로 틀린 것은?**

① 가능한 한 응력 집중부에 용접부가 집중되도록 할 것
② 냉간가공 또는 야금적 변태 등에 의하여 기계적인 강도를 높일 것
③ 열처리 또는 기계적인 방법으로 용접부 잔류응력을 완화시킬 것
④ 표면가공 또는 다듬질 등을 이용하여 단면이 급변하는 부분을 최소화할 것

해설
용접 구조물의 피로강도를 향상시키기 위해서는 가능한 한 응력 집중부에 용접부가 집중되지 않도록 설계해야 한다.

25 ① 26 ④ 27 ① 28 ① **정답**

29 가늘고 긴 망치로 용접 부위를 계속적으로 두들겨 줌으로써 비드 표면층에 성질 변화를 주어 용접부의 인장 잔류응력을 완화시키는 방법은?

① 피닝법
② 역변형법
③ 취성 경감법
④ 저온 응력완화법

해설

피닝(Peening) : 타격 부분이 둥근 구면인 특수 해머를 모재의 표면에 지속적으로 충격을 가함으로써 재료 내부에 있는 잔류응력을 완화시키면서 표면층에 소성변형을 주는 방법

30 그림과 같은 용접부에 발생하는 인장응력(σ_t)는 약 몇 MPa인가?(단, 용접길이와 두께의 단위는 mm이다)

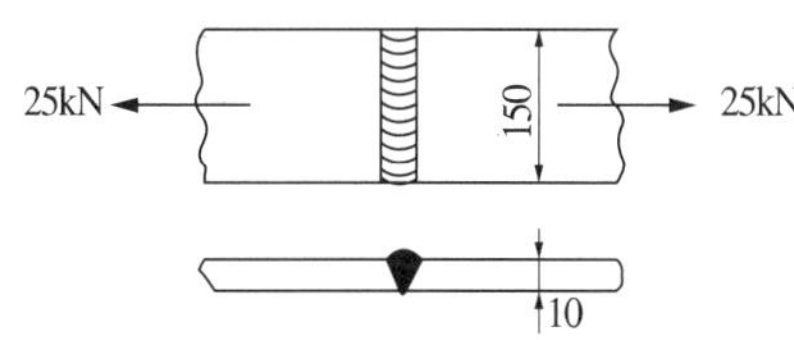

① 14.6　　② 16.7
③ 21.6　　④ 26.6

해설

용접부의 인장응력$(\sigma) = \frac{P}{A} = \frac{25,000\text{N}}{10\text{mm} \times 150\text{mm}}$

$\fallingdotseq 16.66\text{N/mm}^2 \fallingdotseq 16.7\text{MPa}$

31 일반적인 자분탐상검사를 나타내는 기호는?

① UT　　② PT
③ MT　　④ RT

해설

비파괴검사의 기호 및 영문 표기

검출 부위	명 칭	기 호	영문 표기
내부결함	방사선투과시험	RT	Radiography Test
	초음파탐상검사	UT	Ultrasonic Test
표면결함	침투탐상검사	PT	Penetrant Test
	와전류탐상검사	ET	Eddy Current Test
	자분탐상검사	MT	Magnetic Test
	누설검사	LT	Leaking Test
	육안검사	VT	Visual Test

32 인장강도 P, 사용응력 σ, 허용응력 σ_a라 할 때 안전율을 구하는 공식으로 옳은 것은?

① 안전율 $= \frac{P}{(\sigma \times \sigma_a)}$

② 안전율 $= \frac{P}{\sigma_a}$

③ 안전율 $= \frac{P}{(2 \times \sigma)}$

④ 안전율 $= \frac{P}{\sigma}$

해설

안전율(S) : 외부의 하중에 견딜 수 있는 정도를 수치로 나타낸 것이다.

$S = \frac{\text{극한강도}(\sigma_u) \text{ 혹은 인장강도}}{\text{허용응력}(\sigma_a)}$

정답 29 ① 30 ② 31 ③ 32 ②

33 일반적인 침투탐상검사의 특징으로 틀린 것은?

① 제품의 크기, 형상 등에 크게 구애를 받지 않는다.
② 주변 환경의 오염도, 습도, 온도와 무관하게 항상 검사가 가능하다.
③ 철, 비철, 플라스틱, 세라믹 등 거의 모든 제품에 적용이 용이하다.
④ 시험 표면이 침투제 등과 반응하여 손상을 입는 제품은 검사할 수 없다.

해설

침투탐상검사(PT)
검사하려는 대상물의 표면에 침투력이 강한 형광성 침투액을 도포 또는 분무하거나 표면 전체를 침투액 속에 침적시켜 표면의 흠집 속에 침투액이 스며들게 한 다음 이를 백색 분말의 현상액을 뿌려서 침투액을 표면으로부터 빨아내서 결함을 검출하는 방법이다. 따라서 주변 환경의 온도나 습도, 재료표면의 오염도는 검사 결과에 큰 영향을 미치는 요소로 작용한다.

34 다음 중 용접사의 기량과 무관한 결함은?

① 용입 불량
② 슬래그 섞임
③ 크레이터 균열
④ 래미네이션 균열

해설

래미네이션 균열
압연방향으로 얇은 층이 발생하는 내부결함으로 강괴 내의 수축공이나 기공, 슬래그가 잔류하면 미압착된 부분이 생겨서 이 부분에 중공부가 생기는 불량이다. 용접부에 발생하는 결함이 아니라 소성가공의 일종인 압연가공 시 발생하는 결함이므로 용접사의 기량과는 관련이 없다.

35 처음 길이가 340mm인 용접재료를 길이방향으로 인장시험한 결과 390mm가 되었다. 이 재료의 연신율은 약 몇 %인가?

① 12.8 ② 14.7
③ 17.2 ④ 87.2

해설

연신율(ε) : 재료에 외력이 가해졌을 때 처음길이에 비해 나중에 늘어난 길이의 비율

$$\varepsilon = \frac{\text{나중길이} - \text{처음길이}}{\text{처음길이}} = \frac{l_1 - l_0}{l_0} \times 100\%$$

$$= \frac{390\text{mm} - 340\text{mm}}{340\text{mm}} \times 100\%$$

$$= 14.7\%$$

36 본용접을 시행하기 전에 좌우의 이음 부분을 일시적으로 고정하기 위한 짧은 용접은?

① 후용접 ② 점용접
③ 가용접 ④ 선용접

해설

가용접(가접)은 재료의 형틀을 잡기 위한 초기 용접 작업이다.

가용접 시 주의사항
- 강도상 중요한 부분에는 가용접을 피한다.
- 본용접보다 지름이 굵은 용접봉을 사용하는 것이 좋다.
- 용접의 시점 및 종점이 되는 끝부분은 가용접을 피한다.
- 본용접과 비슷한 기량을 가진 용접사에 의해 실시하는 것이 좋다.

33 ② 34 ④ 35 ② 36 ③ 정답

37 맞대기용접 시 부등형 용접 홈을 사용하는 이유로 가장 거리가 먼 것은?

① 수축변형을 적게 하기 위할 때
② 홈의 용적을 가능한 크게 하기 위할 때
③ 루트 주위를 가우징해야 할 경우 가우징을 쉽게 하기 위할 때
④ 위보기 용접을 할 경우 용착량을 적게 하여 용접 시공을 쉽게 해야 할 때

해설
V형과 같은 부등형 용접 홈을 사용하는 이유는 홈의 용적을 가능한 한 작게 하여 용접재료에 가해지는 입열량을 줄여 수축결함과 용착량을 줄이기 위함이다.

38 판 두께가 25mm 이상인 연강에서는 주위의 기온이 0℃ 이하로 내려가면 저온균열이 발생할 우려가 있다. 이것을 방지하기 위한 예열온도는 얼마 정도로 하는 것이 좋은가?

① 50~75℃　② 100~150℃
③ 200~250℃　④ 300~350℃

해설
판 두께가 25mm 이상인 연강을 0℃ 이하에서 용접하면 저온균열이 발생하므로 이음부의 양쪽에서 대략 100mm 정도 띄워서 40~75℃로 예열한다.

39 용접을 실시하면 일부 변형과 내부에 응력이 남는 경우가 있는데 이것을 무엇이라고 하는가?

① 인장응력　② 공칭응력
③ 잔류응력　④ 전단응력

해설
용접은 용접재료에 열에 의한 변형과 내부응력을 발생시키는데, 응력이 재료 내부에 남아 있는 것을 잔류응력이라고 부른다.

40 용접구조물을 설계할 때 주의해야 할 사항으로 틀린 것은?

① 용접구조물은 가능한 한 균형을 고려한다.
② 용접성, 노치인성이 우수한 재료를 선택하여 시공하기 쉽게 설계한다.
③ 중요한 부분에서 용접이음의 집중, 접근, 교차가 되도록 설계한다.
④ 후판을 용접할 경우는 용입이 깊은 용접법을 이용하여 층수를 줄이도록 한다.

해설
용접구조물을 설계할 때는 교차나 집중을 줄여야 구조적으로 안전하다.

용접이음부 설계 시 주의사항
- 용접선의 교차를 최대한 줄인다.
- 가능한 한 용착량을 적게 설계해야 한다.
- 용접길이가 감소될 수 있는 설계를 한다.
- 가능한 한 아래보기 자세로 작업하도록 한다.
- 용접열이 국부적으로 집중되지 않도록 한다.
- 보강재 등 구속이 커지도록 구조설계를 한다.
- 용접작업에 지장을 주지 않도록 공간을 남긴다.
- 가능한 한 열의 분포가 부재 전체에 고루 퍼지도록 한다.

정답 37 ② 38 ① 39 ③ 40 ③

제3과목 용접일반 및 안전관리

41 상온에서 강하게 압축함으로써 경계면을 국부적인 소성변형시켜 압접하는 방법은?

① 냉간압접 ② 가스압접
③ 테르밋용접 ④ 초음파용접

해설
① 냉간압접 : 외부의 열이나 전기의 공급 없이 연한 재료의 경계부를 상온에서 강하게 압축시켜 접합면을 국부적으로 소성변형시켜서 압접하는 방법으로, 열이 발생하지 않는다. 그리고 접합면의 청정이 중요하므로 접합부를 청소한 후 1시간 이내에 접합하여 산화막의 생성을 피해야 한다.
② 가스압접 : 열원은 주로 산소-아세틸렌 불꽃이 사용되며 접합부를 그 재료의 재결정 온도 이상으로 가열하여 축방향으로 압축력을 가하여 접합하는 방법이다.
④ 초음파용접 : 용접물을 겹쳐서 용접 팁과 하부 앤빌 사이에 끼워 놓고 압력을 가하면서 초음파 주파수로 횡진동을 주어 그 진동 에너지에 의한 마찰열로 압접하는 방법이다.

42 피복아크용접에서 감전으로부터 용접사를 보호하는 장치는?

① 원격제어장치 ② 핫스타트장치
③ 전격방지장치 ④ 고주파발생장치

해설
피복아크용접기는 용접사의 감전사고 예방을 위하여 반드시 전격방지장치를 설치해야 한다.
전 격
강한 전류를 갑자기 몸에 느꼈을 때의 충격을 말하며, 용접기에는 작업자의 전격을 방지하기 위해서 반드시 전격방지기를 용접기에 부착해야 한다. 전격방지장치는 작업을 쉬는 동안에 2차 무부하전압이 항상 25V 정도로 유지되도록 하여 전격을 방지한다.

43 다음 중 T형 필릿용접을 나타낸 것은?

①
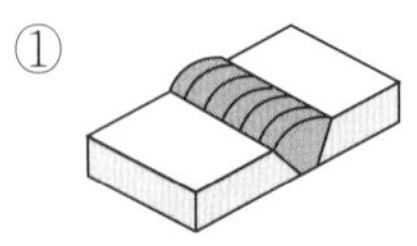
②
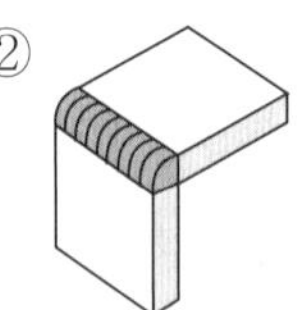
③
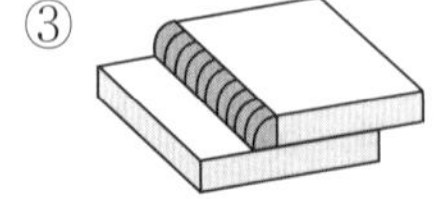
④
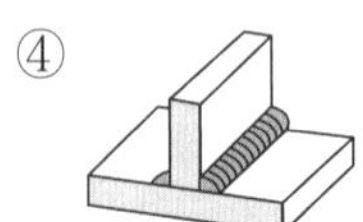

해설
① 맞대기이음용접
② 모서리이음용접
③ 겹치기이음용접

44 납땜에 쓰이는 용제(Flux)가 갖추어야 할 조건으로 가장 적합한 것은?

① 납땜 후 슬래그 제거가 어려울 것
② 청정한 금속면의 산화를 촉진시킬 것
③ 침지땜에 사용되는 것은 수분을 함유할 것
④ 모재와 친화력을 높일 수 있으며 유동성이 좋을 것

해설
납땜용 용제가 갖추어야 할 조건
- 유동성이 좋아야 한다.
- 산화를 방지해야 한다.
- 인체에 해가 없어야 한다.
- 슬래그 제거가 용이해야 한다.
- 금속의 표면이 산화되지 않아야 한다.
- 모재나 땜납에 대한 부식이 최소이어야 한다.
- 침지땜에 사용되는 것은 수분이 함유되면 안 된다.
- 용제의 유효온도 범위와 납땜의 온도가 일치해야 한다.
- 땜납의 표면장력을 맞추어서 모재와의 친화력이 높아야 한다.
- 전기저항 납땜용 용제는 전기가 잘 통하는 도체를 사용해야 한다.

41 ① 42 ③ 43 ④ 44 ④ 정답

45 다전극 서브머지드 아크용접 중 두 개의 전극 와이어를 독립된 전원에 접속하여 용접선에 따라 전극의 간격을 10~30mm 정도로 하여 2개의 전극 와이어를 동시에 녹게 함으로써 한꺼번에 많은 양의 용착금속을 얻을 수 있는 것은?

① 다전식 ② 탠덤식
③ 횡직렬식 ④ 횡병렬식

해설

서브머지드 아크용접(SAW)에서 다전극 용극방식의 종류

- 텐덤식 : 2개의 와이어를 독립전원(AC-DC or AC-AC)에 연결한 후 아크를 발생시켜 한 번에 다량의 용착금속을 얻는 방식
- 횡병렬식 : 2개의 와이어를 독립전원에 직렬로 흐르게 하여 아크의 복사열로 모재를 용융시켜 다량의 용착금속을 얻는 방식으로 용접 폭이 넓고 용입이 깊다.
- 횡직렬식 : 2개의 와이어를 한 개의 같은 전원에(AC-AC or DC-DC) 연결한 후 아크를 발생시켜 그 복사열로 다량의 용착금속을 얻는 방법으로 용입이 얕아서 스테인리스강의 덧붙이용접에 사용한다.

46 가스용접 시 전진법에 비교한 후진법의 장점으로 가장 거리가 먼 것은?

① 열이용률이 좋다.
② 용접변형이 작다.
③ 용접속도가 빠르다.
④ 판 두께가 얇은 것(3~4mm)에 적당하다.

해설

가스용접에서의 전진법과 후진법의 차이점

구 분	전진법	후진법
열이용률	나쁘다.	좋다.
비드의 모양	보기 좋다.	매끈하지 못하다.
홈의 각도	크다(약 80°).	작다(약 60°).
용접 속도	느리다.	빠르다.
용접 변형	크다.	작다.
용접 가능 두께	두께 5mm 이하의 박판	후 판
가열 시간	길다.	짧다.
기계적 성질	나쁘다.	좋다.
산화 정도	심하다.	양호하다.
토치 진행 방향 및 각도	오른쪽 → 왼쪽	왼쪽 → 오른쪽

47 ϕ3.2mm인 용접봉으로 연강판을 가스용접하려 할 때 선택하여야 할 가장 적합한 판재의 두께는 몇 mm인가?

① 4.4 ② 6.6
③ 7.5 ④ 8.8

해설

$$가스용접봉\ 지름(D) = \frac{판두께(T)}{2} + 1$$

$$= \frac{T}{2} + 1 = 3.2\text{mm}$$

$$\therefore\ T = (3.2 - 1) \times 2 = 4.4\text{mm}$$

정답 45 ② 46 ④ 47 ①

48 가스 용접용 용제에 관한 설명 중 틀린 것은?

① 용제는 건조한 분말, 페이스트 또는 용접봉 표면에 피복한 것도 있다.
② 용제의 융점은 모재의 융점보다 낮은 것이 좋다.
③ 연강재료를 가스 용접할 때에는 용제를 사용하지 않는다.
④ 용제는 용접 중에 발생하는 금속의 산화물을 용해하지 않는다.

해설

가스용접용 용제의 특징

- 용융온도가 낮은 슬래그를 생성한다.
- 모재의 용융점보다 낮은 온도에서 녹는다.
- 일반적으로 연강은 용제를 사용하지 않는다.
- 불순물을 제거함으로써 용착금속의 성질을 좋게 한다.
- 용접 중에 생기는 금속의 산화물이나 비금속 개재물을 용해한다.

49 다음 중 압접에 속하는 용접법은?

① 단 접 ② 가스용접
③ 전자빔용접 ④ 피복아크용접

해설

단접이란 2개의 접합재료를 녹는점 부근까지 가열하여 가압하여 접합하는 방법으로, 압접의 일종이다.

50 MIG용접에 관한 설명으로 틀린 것은?

① CO_2가스아크용접에 비해 스패터의 발생이 많아 깨끗한 비드를 얻기 힘들다.
② 수동 피복아크용접에 비해 용접속도가 빠르다.
③ 정전압 특성 또는 상승특성이 있는 직류용접기가 사용된다.
④ 전류 밀도가 높아 3mm 이상의 두꺼운 판의 용접에 능률적이다.

해설

MIG용접은 CO_2용접과 동일한 용극식 용접법이므로 스패터의 발생과 용접비드의 품질이 비슷하다.

51 판 두께가 12.7mm인 강판을 가스절단하려 할 때 표준 드래그의 길이는 2.4mm이다. 이때 드래그는 약 몇 %인가?

① 18.9 ② 32.1
③ 42.9 ④ 52.4

해설

$$\text{드래그량}(\%) = \frac{\text{드래그 길이}}{\text{판 두께}} \times 100(\%)$$
$$= \frac{2.4\text{mm}}{12.7\text{mm}} \times 100(\%) = 18.9\%$$

48 ④ 49 ① 50 ① 51 ① 정답

52 **피복아크용접봉에서 피복배합제의 성분 중 슬래그 생성제의 역할이 아닌 것은?**

① 급랭 방지

② 균일한 전류 유지

③ 산화와 질화 방지

④ 기공, 내부결함 방지

해설

슬래그 생성제는 용착금속에서 불순물을 더 잘 제거함과 동시에 슬래그를 잘 만들기 위한 것으로 균일한 전류를 유지하는 것과는 거리가 멀다.

53 **다음 중 아크에어가우징에 관한 설명으로 가장 적합한 것은?**

① 비철금속에는 적용되지 않는다.

② 압축공기의 압력은 1~2kgf/cm^2 정도가 가장 좋다.

③ 용접 균열 부분이나 용접결함부를 제거하는 데 사용한다.

④ 그라인딩이나 가스가우징보다 작업 능률이 낮다.

해설

아크에어가우징은 용접부의 균열이나 결함부를 제거하는 데 주로 사용하는 가공법이다.

아크에어가우징

탄소아크절단법에 고압(5~7kgf/cm^2)의 압축공기를 병용하는 방법으로 용융된 금속에 탄소봉과 평행으로 분출하는 압축공기를 전극 홀더의 끝부분에 위치한 구멍을 통해 연속해서 불어내어 홈을 파내는 방법으로 홈 가공이나 구멍 뚫기, 절단작업에 사용된다. 철이나 비철금속에 모두 이용할 수 있으며, 가스가우징보다 작업 능률이 2~3배 높고 모재에도 해를 입히지 않는다.

54 **일반적인 서브머지드 아크용접에 대한 설명으로 틀린 것은?**

① 용접전류를 증가시키면 용입이 증가한다.

② 용접전압이 증가하면 비드 폭이 넓어진다.

③ 용접속도가 증가하면 비드 폭과 용입이 감소한다.

④ 용접와이어 지름이 증가하면 용입이 깊어진다.

해설

서브머지드 아크용접에서 용접와이어의 직경을 크게 하면 동일한 전류일 경우 용접봉이 더 늦게 용융되어 용융지로 투입되므로 깊은 용입이 불가능하다.

55 **피복아크용접기의 구비조건으로 틀린 것은?**

① 역률 및 효율이 좋아야 한다.

② 구조 및 취급이 간단해야 한다.

③ 사용 중에 온도 상승이 커야 한다.

④ 용접전류 조정이 용이하여야 한다.

해설

피복아크용접기는 안정성을 위해서 사용 중 온도 상승이 크지 않아야 한다.

56 **다음 중 폭발위험이 가장 큰 산소 : 아세틸렌가스의 혼합비율은?**

① 85 : 15 ② 75 : 25

③ 25 : 75 ④ 15 : 85

해설

가스용접 시 산소

아세틸렌가스의 혼합비가 산소 85% : 아세틸렌가스 15% 부근일 때 폭발 위험성이 가장 크다.

정답 52 ② 53 ③ 54 ④ 55 ③ 56 ①

57 절단산소의 순도가 낮은 경우 발생하는 현상이 아닌 것은?

① 절단속도가 늦어진다.
② 절단 홈의 폭이 좁아진다.
③ 산소의 소비량이 증가된다.
④ 절단개시시간이 길어진다.

해설
절단산소의 순도가 낮으면 절단 시 더 많은 산소를 공급해주어야 하므로 산소의 압력이 높아져 절단홈의 폭은 더 넓어진다.

58 아크용접 작업 중 전격에 관련된 설명으로 옳지 않은 것은?

① 용접 홀더를 맨손으로 취급하지 않는다.
② 습기 찬 작업복, 장갑 등을 착용하지 않는다.
③ 전격받은 사람을 발견하였을 때에는 즉시 맨손으로 잡아당긴다.
④ 오랜 시간 작업을 중단할 때에는 용접기의 스위치를 끄도록 한다.

해설
아크용접 중 전격받은 사람을 발견했다면 즉시 전원을 차단시킨 후 다친 작업자를 살펴야 한다.

59 다음 교류아크용접기 중 가변 저항의 변화로 용접 전류를 조정하며, 조작이 간단하고 원격 제어가 가능한 것은?

① 탭 전환형 ② 가동 코일형
③ 가동 철심형 ④ 가포화 리액터형

해설
교류아크용접기의 종류별 특징

종 류	특 징
가동 철심형	• 현재 가장 많이 사용된다. • 미세한 전류조정이 가능하다. • 광범위한 전류의 조정이 어렵다. • 가동 철심으로 누설 자속을 가감하여 전류를 조정한다.
가동 코일형	• 아크 안정성이 크고 소음이 없다. • 가격이 비싸며 현재는 거의 사용되지 않는다. • 용접기의 핸들로 1차 코일을 상하로 이동시켜 2차 코일의 간격을 변화시켜 전류를 조정한다.
탭 전환형	• 주로 소형이 많다. • 탭 전환부의 소손이 심하다. • 넓은 범위의 전류 조정이 어렵다. • 코일의 감긴 수에 따라 전류를 조정한다. • 미세 전류의 조정 시 무부하전압이 높아서 전격의 위험이 크다.
가포화 리액터형	• 조작이 간단하고 원격 제어가 된다. • 가변 저항의 변화로 전류의 원격 조정이 가능하다. • 전기적 전류 조정으로 소음이 없고 기계의 수명이 길다.

60 구리(순동)를 불활성 가스 텅스텐 아크용접으로 용접하려 할 때의 설명으로 틀린 것은?

① 보호가스는 아르곤가스를 사용한다.
② 전류는 직류 정극성을 사용한다.
③ 전극봉은 순수 텅스텐봉을 사용하는 것이 가장 효과적이다.
④ 박판을 용접할 때에는 아크열로 시작점에서 가열한 후 용융지가 형성될 때 용접한다.

해설
TIG용접으로 스테인리스강이나 탄소강, 주철, 동합금을 용접할 때는 토륨 텅스텐 전극봉을 이용해서 직류 정극성으로 용접한다.

57 ② 58 ③ 59 ④ 60 ③ **정답**

2019년 제1회 과년도 기출문제

제1과목 용접야금 및 용접설비제도

01 금속의 일반적인 특성으로 틀린 것은?

① 전성 및 연성이 좋다.
② 전기 및 열의 양도체이다.
③ 금속 고유의 광택을 가진다.
④ 액체 상태에서 결정구조를 가진다.

해설
금속은 고체 상태에서 결정구조를 갖는다.
금속의 일반적인 특징
- 비중이 크다.
- 전기 및 열의 양도체이다.
- 금속 특유의 광택을 갖는다.
- 이온화하면 양(+)이온이 된다.
- 상온에서 고체이며 결정체이다(단, Hg 제외).
- 연성과 전성이 우수하며 소성 변형이 가능하다.

02 용접작업에서 예열을 하는 목적으로 가장 거리가 먼 것은?

① 열영향부와 용착금속의 경도를 증가시키기 위해
② 수소의 방출을 용이하게 하여 저온균열을 방지하기 위해
③ 용접부의 기계적 성질을 향상시키고 경화조직의 석출을 방지하기 위해
④ 온도 분포가 완만하게 되어 열응력의 감소로 용접변형을 줄이기 위해

해설
용접부에 예열을 해도 용착금속의 경도는 증가하지 않는다.

03 Fe-C계 평행상태도에서 체심입방격자인 α철이 A_3점에서 γ철인 면심입방격자로, A_4점에서 다시 δ철인 체심입방격자로 구조가 바뀌는 것을 무엇이라고 하는가?

① 편 석　　② 자기변태
③ 동소변태　　④ 금속간화합물

해설
③ 동소변태 : 동일한 원소 내에서 온도 변화에 따라 원자 배열이 바뀌는 현상이다. 철(Fe)은 고체 상태에서 910℃의 열을 받으면 체심입방격자(BCC) → 면심입방격자(FCC)로, 1,410℃에서는 FCC → BCC로 바뀌며, 열을 잃을 때는 반대가 된다.
① 편석 : 합금원소나 불순물이 균일하지 못하고 편중되어 있는 상태이다.
② 자기변태 : 금속이 퀴리점이라고 불리는 자기변태온도를 지나면서 자성을 띤 강자성체에서 자성을 잃어버리는 상자성체로 변화되는 현상으로, 자기변태점이 없는 대표적인 금속으로는 Zn(아연)과 Al(알루미늄)이 있다.
④ 금속간화합물 : 일종의 합금으로 두 가지 이상의 원소를 간단한 원자의 정수비로 결합시킴으로써 원하는 성질의 재료를 만들어낸 결과물이다.

04 한국산업표준에서 정한 일반 구조용 탄소강관을 표시하는 것은?

① SS275　　② SM275A
③ SGT275　　④ STWW290

해설
③ SGT : 일반 구조용 탄소강관
① SS : 일반 구조용 압연강재
② SM275A : 용접구조용 압연강재
④ STWW : 상수도용 도복장 강관

정답 1 ④ 2 ① 3 ③ 4 ③

05 다음 원소 중 적열취성의 원인이 되는 것은?

① C　　② H
③ P　　④ S

해설

적열취성

S(황)의 함유량이 많은 탄소강이 900℃ 부근에서 적열(赤熱) 상태가 되었을 때 파괴되는 성질로, 철에 S의 함유량이 많으면 황화철이 되면서 결정립계 부근의 S이 망상으로 분포되면서 결정립계가 파괴된다. 적열취성을 방지하려면 Mn(망간)을 합금하여 S을 MnS로 석출시키면 된다. 이 적열취성은 높은 온도에서 발생하므로 고온취성이라고도 한다.

※ 적열(赤熱) : 철이 빨갛게 달궈진 상태
赤 : 붉을 적, 熱 : 더울 열

06 연강류 제품을 용접한 후 노 내 풀림법을 이용하여 용접 후 처리를 하려고 한다. 이때 제품을 노 내에서 출입시키는 온도로 가장 적당한 것은?

① 300℃ 이하　　② 400℃ 이하
③ 500℃ 이하　　④ 600℃ 이하

해설

노 내 풀림법 : 가열 노(Furnace) 내부의 유지 온도는 625℃ 정도이며, 노에 넣을 때나 꺼낼 때의 온도는 300℃ 정도로 한다. 판 두께가 25mm일 경우 1시간 동안 유지하는데, 유지 온도가 높거나 유지시간이 길수록 풀림효과가 크다.

07 황동에서 일어나는 화학적 성질이 아닌 것은?

① 자연균열　　② 시효경화
③ 탈아연 부식　　④ 고온 탈아연

해설

시효경화 : 열처리 후 시간이 지남에 따라 강도와 경도가 증가하는 현상으로, 기계적 성질이므로 화학적 성질과는 관련 없다.

08 일반적으로 강재의 탄소당량이 몇 % 이하일 때 용접성이 양호한 것으로 판단하는가?

① 0.4　　② 0.6
③ 0.8　　④ 1.0

해설

탄소당량 : 강재의 단단함과 용접성을 나타내는 기준으로 화학성분에 큰 영향을 받는다. 일반적으로 0.4% 이하일 때 용접성이 양호하다.

09 다음 중 경도가 가장 낮은 조직은?

① 펄라이트　　② 페라이트
③ 시멘타이트　　④ 마텐자이트

해설

금속조직의 강도와 경도 순서

페라이트 < 오스테나이트 < 펄라이트 < 소르바이트 < 베이나이트 < 트루스타이트 < 마텐자이트 < 시멘타이트

정답 5 ④ 6 ① 7 ② 8 ① 9 ②

10 용접한 오스테나이트계 스테인리스강의 입간부식을 방지하기 위해 사용하는 탄화물 안정화 원소에 속하지 않는 것은?

① Ti ② Nb
③ Ta ④ Al

해설

스테인리스강의 입계부식이란 금속 또는 합금의 입계를 따라서 생기는 선택적 부식현상으로 입간부식이라고도 한다. 입간부식 방지를 위해서 그 안정화 원소로 Ti, Nb, Ta 등의 원소를 첨가시킨다.

스테인리스강의 입계부식 방지법

- Ti, Nb, Ta 등의 안정화 원소를 합금시킨다.
- 탄소량을 감소시켜 Cr_4C 탄화물의 발생을 줄인다.
- 고온으로 가열한 후 Cr 탄화물을 오스테나이트조직 중에 용체화하여 급랭시킨다.

11 다음 재료기호 중 기계구조용 탄소강재를 나타낸 것은?

① SM38C ② SF340A
③ SMA460 ④ SM375A

해설

기계구조용 탄소강재(SM45C의 경우)

- S : Steel(강-재질)
- M : 기계구조용(Machine Structural Use)
- 38C : 평균 탄소 함유량(KS D 3752)

12 도면에서 척도를 표시할 때 NS의 의미는?

① 배척을 나타낸다.
② 현척이 아님을 나타낸다.
③ 비례척이 아님을 나타낸다.
④ 척도가 생략됨을 나타낸다.

해설

NS(Not to Scale) : 도면을 비례척으로 그리지 못하는 경우에는 표제란에 'NS'를 표시한다.

척도의 종류

종 류	의 미
축 척	실물보다 작게 축소해서 그리는 것으로 1 : 2, 1 : 20의 형태로 표시
배 척	실물보다 크게 확대해서 그리는 것으로 2 : 1, 20 : 1의 형태로 표시
현 척	실물과 동일한 크기로 1 : 1의 형태로 표시
NS (Not to Scale)	비례척이 아님

13 다음 그림과 같은 제3각법 투상도에서 A가 정면도일 때 배면도는?

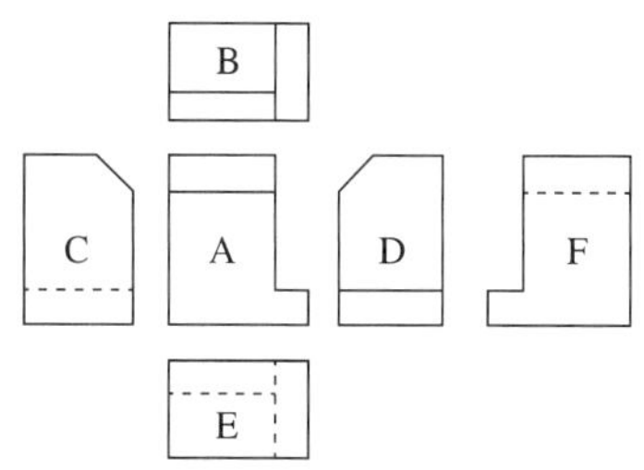

① C ② D
③ E ④ F

해설

제3각법의 배면도는 물체를 뒤쪽에서 바라본 모양을 도면에 나타낸 것으로 'F' 자리에 위치한다.

제1각법	제3각법
저면도 우측면도 정면도 좌측면도 배면도 평면도	평면도 좌측면도 정면도 우측면도 배면도 저면도

14 다음 용접기호 중 '2a'가 의미하는 것은?

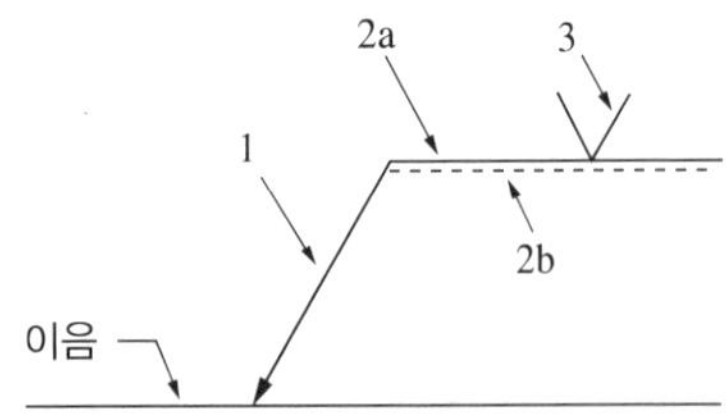

① 홈 형상 ② 루트 간격
③ 기준선(실선) ④ 식별선(점선)

해설

기준선(기선)의 하나는 실선으로 하고, 두 줄로 나타낼 경우 다른 하나는 파선으로 표시한다. 기준선(기선)은 실선으로 수평 방향으로 그린다.

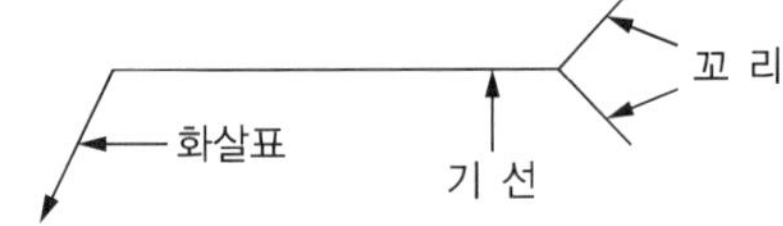

15 용접기호의 참고 표시로 끝(꼬리) 부분에 표시하는 내용이 아닌 것은?

① 용접방법
② 허용 수준
③ 작업자세
④ 재료 인장강도

해설

용접기호를 표시할 때 재료의 인장강도는 표시내용의 제일 앞쪽에 위치시킨다.

16 다음 중 모서리 이음을 나타낸 것은?

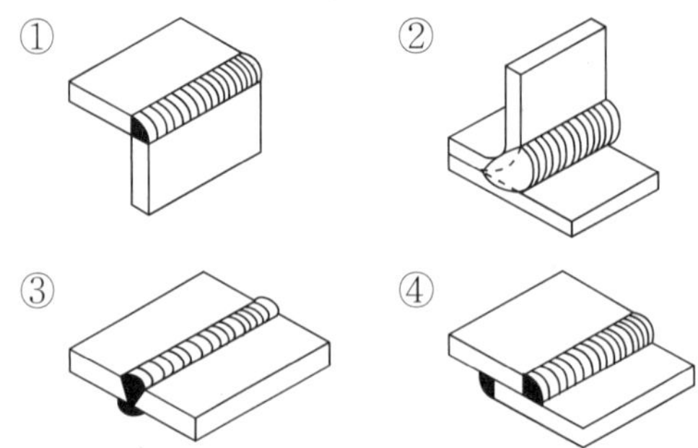

해설

용접 이음의 종류

맞대기 이음	겹치기 이음	모서리 이음
양면 덮개판 이음	T이음(필릿)	십자(+) 이음
전면 필릿 이음	측면 필릿 이음	변두리 이음

14 ③ 15 ④ 16 ① 정답

17 부품의 면이 평면으로 가공되어 있고, 복잡한 윤곽을 갖는 부품인 경우에 그 면에 광명단 등을 발라 스케치 용지에 찍어 그 면의 실형을 얻는 스케치 방법은?

① 본뜨기법　② 프린트법
③ 사진촬영법　④ 프리핸드법

해설

도형의 스케치 방법

- 프린트법 : 스케치할 물체의 표면에 광명단 또는 스탬프잉크를 칠한 다음 용지에 찍어 실형을 뜨는 방법이다.
- 모양뜨기법(본뜨기법) : 물체를 종이 위에 올려놓고 그 둘레의 모양을 직접 제도연필로 그리거나 납선, 구리선을 사용하여 모양을 만드는 방법이다.
- 프리핸드법 : 운영자나 컴퍼스 등의 제도용품을 사용하지 않고 손으로 작도하는 방법이다. 스케치의 일반적인 방법으로 척도에 관계없이 적당한 크기로 부품을 그린 후 치수를 측정한다.
- 사진 촬영법 : 물체를 사진 찍는 방법이다.

18 다음 중 가는 2점 쇄선의 용도로 가장 적합한 것은?

① 치수선　② 수준면선
③ 회전단면선　④ 무게중심선

해설

선의 표시		선의 종류 및 그 용도	
가는 실선	————	치수선	치수 기입을 위해 사용하는 선
		치수보조선	치수를 기입을 위해 도형에서 인출한 선
		회전단면선	회전한 형상을 나타내기 위한 선
		수준면선	수면, 유면 등의 위치를 나타내는 선
가는 2점 쇄선	—··—··—	무게중심선	단면의 무게중심을 연결한 선
		가상선	가공 부분의 이동하는 특정 위치나 이동 한계의 위치를 나타내는 선

19 핸들이나 바퀴 등의 암 및 리브, 훅, 축, 구조물의 부재 등의 절단면을 표시하는 데 가장 적합한 단면도는?

① 부분 단면도
② 한쪽 단면도
③ 회전도시 단면도
④ 조합에 의한 단면도

해설

회전도시 단면도 : 핸들이나 벨트 풀리, 바퀴의 암, 리브, 축, 형강 등의 단면 모양을 90°로 회전시켜 투상도의 안이나 밖에 그리는 단면도법이다.

20 다음 용접 도시기호의 설명으로 옳은 것은?

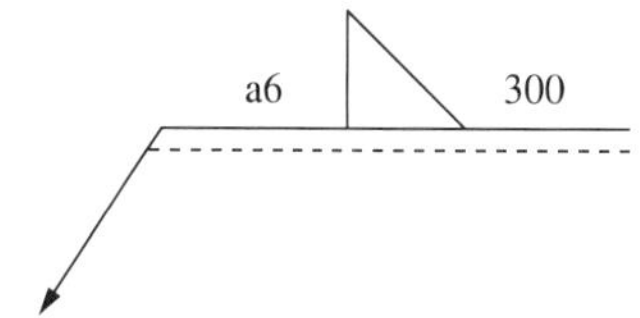

① 필릿용접부의 목 길이는 6mm이다.
② 필릿용접부의 목 두께는 6mm이다.
③ 맞대기 용접부의 길이는 300mm이다.
④ 필릿용접을 화살표 반대쪽에서 실시한다.

해설

단속 필릿용접부의 표시기호

형 상	기 호	의 미
(그림)	$Z\triangle n \times l(e)$	• a : 목 두께 또는 Z : 목 길이 • ◺ : 필릿용접기호 • n : 용접부의 수 • l : 용접 길이 • (e) : 인접한 용접부 간격

정답 17 ② 18 ④ 19 ③ 20 ②

제2과목 용접구조설계

21 연강의 맞대기 용접이음에서 용착금속의 인장강도가 100kgf/mm^{2}이고, 안전율이 5일 때 용접이음의 허용응력은 몇 kgf/mm^{2}인가?

① 10 ② 20
③ 40 ④ 80

해설
안전율(S) : 외부의 하중에 견딜 수 있는 정도를 수치로 나타낸 것

$$S = \frac{\text{극한강도}(\sigma_u)\ \text{또는 인장강도}}{\text{허용응력}(\sigma_a)}$$

$$5 = \frac{100\text{kgf/mm}^2}{\sigma_a}$$

$$\sigma_a = \frac{100\text{kgf/mm}^2}{5} = 20\text{kgf/mm}^2$$

22 다음 용접 시공조건 중 수축과 관련된 내용으로 틀린 것은?

① 루트 간격이 클수록 수축이 작다.
② 피닝을 하면 수축이 감소한다.
③ 구속도가 크면 수축이 작아진다.
④ V형 이음은 X형 이음보다 수축이 크다.

해설
용접작업 시 재료의 루트 간격이 클수록 수축 정도가 크다.

23 용접구조물 조립 시 일반적인 고려사항이 아닌 것은?

① 변형 제거가 쉽게 되도록 하여야 한다.
② 구조물의 형상을 유지할 수 있어야 한다.
③ 경제적이고 고품질을 얻을 수 있는 조건을 설정한다.
④ 용접 변형 및 잔류응력을 증가시킬 수 있어야 한다.

해설
용접구조물을 조립할 때는 용접 변형이나 잔류응력을 줄이도록 작업해야 한다.

24 용접부의 후열처리로 나타나는 효과가 아닌 것은?

① 조직을 경화시킨다.
② 잔류응력을 제거한다.
③ 확산성 수소를 방출한다.
④ 급랭에 따른 균열을 방지한다.

해설
용접부의 후열처리는 조직을 연화시킨다.

25 표점거리가 50mm인 인장시험편을 인장시험한 결과 62mm로 늘어났다면 연신율(%)은 얼마인가?

① 12 ② 18
③ 24 ④ 30

해설
연신율(ε) : 재료에 외력이 가해졌을 때 처음 길이에 비해 나중에 늘어난 길이의 비율

$$\varepsilon = \frac{\text{나중 길이} - \text{처음 길이}}{\text{처음 길이}} = \frac{l_1 - l_0}{l_0} \times 100\%$$

$$= \frac{62-50}{50} \times 100\% = 24\%$$

21 ② 22 ① 23 ④ 24 ① 25 ③ 정답

26 120A의 용접전류로 피복아크용접을 하고자 한다. 적정한 차광유리의 차광도 번호는?

① 4번　　② 6번

③ 8번　　④ 10번

해설

아크용접 시 전류를 120A로 설정했다면 차광도는 다음 표에 따라 10번 차광도가 적합하다.

용접 종류별 적정 차광도 번호[KS P 8141]

용접의 종류	전류범위(A)	차광도 번호(No.)
납 땜	–	2~4
가스용접	–	4~7
산소 절단	901~2,000	5
	2,001~4,000	6
	4,001~6,000	7
피복아크용접 및 절단	30 이하	5~6
	36~75	7~8
	76~200	9~11
	201~400	12~13
	401~	14
아크에어 가우징	126~225	10~11
	226~350	12~13
	351~	14~16
탄소아크용접	–	14
TIG, MIG	100 이하	9~10
	101~300	11~12
	301~500	13~14
	501~	15~16

27 다음 그림의 필릿용접부에서 이론 목 두께 h_t는?

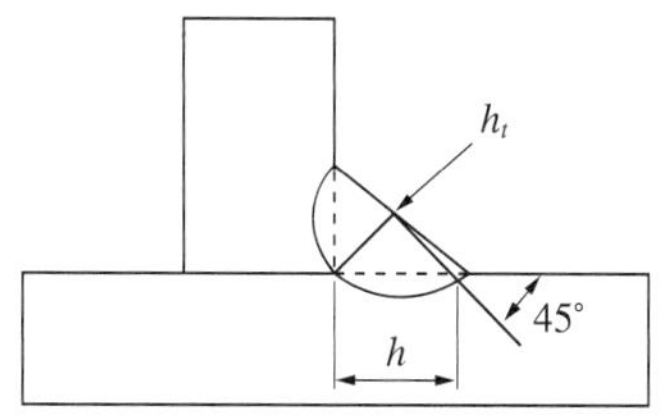

① $0.303h$　　② $0.505h$

③ $0.707h$　　④ $1.414h$

해설

이론 목 두께 $h_t = h\cos 45°$로 구할 수 있다.

cos45° = 0.707이므로, 이론 목 두께 공식은 '$0.707h$'이다.

28 용접이음을 설계할 때 정하중을 받는 강(Steel)의 안전율로 가장 적합한 것은?

① 3　　② 6

③ 9　　④ 12

해설

하중의 종류에 따른 안전율 설정

- 정하중 : 3
- 동하중(일반) : 5
- 동하중(주기적) : 8
- 충격하중 : 12

안전율(S) : 외부의 하중에 견딜 수 있는 정도를 수치로 나타낸 것

$$S = \frac{\text{극한강도}(\sigma_u)\text{ 또는 인장강도}}{\text{허용응력}(\sigma_a)}$$

29 다음 중 침투탐상검사의 특징으로 틀린 것은?

① 침투제가 오염되기 쉽다.
② 국부적 시험이 불가능하다.
③ 미세한 균열도 탐상이 가능하다.
④ 시험 표면이 너무 거칠거나 기공이 많으면 허위 지시 모양을 만든다.

해설

침투탐상검사(PT)
비파괴검사의 일종인 침투탐상검사는 제품의 한정된 표면을 국부적으로 시험할 수 있다. 검사하려는 대상물의 표면에 침투력이 강한 형광성 침투액을 도포 또는 분무하거나 표면 전체를 침투액 속에 침적시켜 표면의 흠집 속에 침투액이 스며들게 한 다음 이를 백색 분말의 현상액을 뿌려서 침투액을 표면으로부터 빨아내서 결함을 검출하는 방법이다. 침투액이 형광물질이면 형광침투탐상시험이라고 한다.

30 잔류응력을 경감시키는 방법이 아닌 것은?

① 피닝법
② 담금질 열처리법
③ 저온 응력완화법
④ 기계적 응력완화법

해설

담금질 열처리는 재료에 강도를 주기 위한 시행법으로, 잔류응력을 경감시키는 방법은 아니다.

31 용접구조물 설계 시 주의사항에 대한 설명으로 틀린 것은?

① 용접이음의 집중, 교차를 피한다.
② 용접 치수는 강도상 필요 이상 크게 하지 않는다.
③ 후판을 용접할 경우 용입이 낮은 용접법을 이용하여 층수를 늘린다.
④ 판면에 직각 방향으로 인장하중이 작용할 경우 판의 압연 방향에 주의한다.

해설

용접구조물을 설계할 때 후판을 용접할 경우는 용접열을 줄이기 위해 용입이 깊은 용접법으로 층수를 줄여야 한다.

32 용접 잔류응력 등 인장응력이 걸리거나, 특정의 부식 환경으로 될 때 발생하는 용접이음의 부식은?

① 입계부식 ② 틈새부식
③ 응력부식 ④ 접촉부식

해설

③ 응력부식 : 용접으로 인한 잔류응력이나 인장응력이 걸리는 특정한 부식환경하에서 발생한다.
① 입계부식 : 용접 열영향부의 오스테나이트입계에 Cr 탄화물이 석출될 때 발생한다.
② 틈새부식 : 용접부 틈 사이에 발생하는 부식이다.

29 ② 30 ② 31 ③ 32 ③ 정답

33 일반적인 용접구조물의 조립 순서를 결정할 때 고려해야 할 사항으로 틀린 것은?

① 변형 발생 시 변형 제거가 용이해야 한다.
② 수축이 큰 이음보다 작은 이음을 먼저 용접한다.
③ 구조물의 형상을 고정하고 지지할 수 있어야 한다.
④ 변형 및 잔류응력을 경감할 수 있는 방법을 채택한다.

해설
용접 변형을 최소화하려면 용접 후 수축이 큰 이음부를 먼저 용접한 뒤 수축이 작은 부분을 용접해야 최종 용접물 변형을 방지할 수 있다.

34 다음 용접 결함 중 치수상의 결함이 아닌 것은?

① 변 형　② 치수 불량
③ 형상 불량　④ 슬래그 섞임

해설
용접 결함의 종류

결함의 종류	결함의 명칭	
치수상 결함	변 형	
	치수 불량	
	형상 불량	
구조상 결함	기 공	
	은 점	
	언더컷	
	오버랩	
	균 열	
	선상조직	
	용입 불량	
	표면 결함	
	슬래그 혼입	
성질상 결함	기계적 불량	인장강도 부족
		항복강도 부족
		피로강도 부족
		경도 부족
		연성 부족
		충격시험값 부족
	화학적 불량	화학 성분 부적당
		부식(내식성 불량)

35 용융된 금속이 모재와 잘못 녹아 어울리지 못하고 모재에 덮인 상태의 결함은?

① 스패터　② 언더컷
③ 오버랩　④ 기 공

해설
③ 오버랩 : 용융된 금속이 모재와 잘못 녹아서 어울리지 못하고 용입이 완전히 되지 않은 상태에서 표면을 덮어 버린 불량
① 스패터 : 아크용접이나 가스용접에서 용접 중 비산하는 금속 입자
② 언더컷 : 용접부의 가장자리 부분에서 용착금속이 채워지지 않고 파여서 홈으로 남아 있는 부분
④ 기공 : 용접부가 급랭될 때 미처 빠져나오지 못한 가스에 의해 발생하는 빈 공간

36 용접이음부의 홈 형상을 선택할 때 고려해야 할 사항이 아닌 것은?

① 용착금속의 양이 많을 것
② 경제적인 시공이 가능할 것
③ 완전한 용접부가 얻어질 수 있을 것
④ 홈가공이 쉽고 용접하기가 편할 것

해설
용접이음부의 홈 형상은 금속구조상의 안정성을 이유로 가급적 용착 금속의 양이 적게 되도록 설계해야 한다.

정답 33 ② 34 ④ 35 ③ 36 ①

37 용접 준비사항 중 용접 변형 방지를 위해 사용하는 것은?

① 앤빌(Anvil)
② 스트롱백(Strong Back)
③ 터닝 롤러(Turning Roller)
④ 용접 머니퓰레이터(Welding Manipulator)

해설

용접 변형 방지용 지그

바이스 지그	
스트롱백 지그	
역변형 지그	

38 용접구조물 시공 시 비틀림 변형을 경감하기 위한 방법으로 틀린 것은?

① 용접 지그를 활용한다.
② 집중용접을 피하여 작업한다.
③ 이음부의 맞춤을 정확하게 한다.
④ 용접 순서는 구속이 없는 자유단에서부터 구속이 큰 부분으로 진행한다.

해설

용접구조물의 비틀림 변형을 방지하려면 용접 순서는 구속이 큰 부분에서부터 구속이 없는 자유단으로 진행해야 한다.

39 허용응력을 계산하는 식으로 옳은 것은?

① $\text{허용응력} = \dfrac{\text{하 중}}{\text{단면적}}$

② $\text{허용응력} = \dfrac{\text{단면적}}{\text{하 중}}$

③ $\text{허용응력} = \dfrac{\text{변형량}}{\text{단면적}}$

④ $\text{허용응력} = \dfrac{\text{단면적}}{\text{변형량}}$

해설

허용응력

재료에 하중이 가해질 때 허용되는 응력

$\text{허용응력} = \dfrac{\text{하중}(F)}{\text{단면적}(A)}$

40 다음 중 위보기자세를 의미하는 기호는?

① F ② H
③ V ④ O

해설

① 아래보기자세
② 수평자세
③ 수직자세

37 ② 38 ④ 39 ① 40 ④ 정답

제3과목 용접일반 및 안전관리

41 피복아크용접 작업 중 스패터가 발생하는 원인으로 가장 거리가 먼 것은?

① 운봉이 불량할 때

② 전류가 너무 높을 때

③ 아크 길이가 너무 짧을 때

④ 건조되지 않은 용접봉을 사용했을 때

해설

아크 길이가 너무 길면 열이 집중되지 못하고 분산되기 때문에 스패터가 많이 발생한다. 따라서 아크 길이를 용접봉의 직경 정도로 적절하게 조절해야 한다.

※ 아크 길이 : 모재에서 용접봉 심선 끝부분까지의 거리(= 아크 기둥의 길이)

42 46.7L의 산소용기에 150kgf/cm^{2}이 되게 산소를 충전하였고, 이것을 대기 중에서 환산하면 산소는 약 몇 리터인가?

① 4,090 ② 5,030

③ 6,100 ④ 7,005

해설

용기에서 사용한 산소량 = 내용적 × 기압

= 46.7L × 150

= 7,005L

43 피복아크용접 중 용접봉에서 모재로 용융금속이 이행하는 방식이 아닌 것은?

① 단락형 ② 용단형

③ 스프레이형 ④ 글로뷸러형

해설

용적 이행방식의 종류

이행방식	이행형태	특 징
단락 이행		• 박판용접에 적합하다. • 모재로의 입열량이 적고 용입이 얕다. • 용융금속이 표면장력의 작용으로 모재에 옮겨 가는 용적 이행이다. • 저전류의 CO_2 및 MIG 용접에서 솔리드 와이어를 사용할 때 발생한다.
입상 이행 (Globular, 글로뷸러)		• 글로뷸(Globule)은 용융방울인 용적을 의미한다. • 깊고 양호한 용입을 얻을 수 있어서 능률적이나 스패터가 많이 발생한다. • 초당 90회 정도의 와이어보다 큰 용적으로 용융되어 모재로 이행된다.
스프레이 이행		• 용적이 작은 입자로 되어 스패터 발생이 작고 비드의 외관이 좋다. • 가장 많이 사용되는 것으로 아크기류 중에서 용가재가 고속으로 용융되어 미입자의 용적으로 분사되어 모재에 옮겨가면서 용착되는 용적 이행이다. • 고전압, 고전류에서 발생하며, 아르곤가스나 헬륨가스를 사용하는 경합금용접에서 주로 나타나며 용착속도가 빠르고 능률적이다.
맥동 이행 (펄스아크)		• 연속적으로 스프레이 이행을 사용할 때 높은 입열로 인해 용접부의 물성이 변화되었거나 박판용접 시 용락으로 인해 용접이 불가능하게 되었을 때 낮은 전류에서도 스프레이 이행이 이루어지게 하여 박판용접이 가능하다.

정답 41 ③ 42 ④ 43 ②

44 TIG 용접 시 안전사항에 대한 설명으로 틀린 것은?

① 용접기 덮개를 벗기는 경우 반드시 전원 스위치를 켜고 작업한다.
② 제어장치 및 토치 등 전기계통의 절연 상태를 항상 점검해야 한다.
③ 전원과 제어장치의 접지단자는 반드시 지면과 접지되도록 한다.
④ 케이블 연결부와 단자의 연결 상태가 느슨해졌는지 확인하여 조치한다.

해설
용접기의 덮개를 벗길 때 반드시 전원 스위치를 끄고 작업해야 감전되지 않는다.

45 연납땜에 가장 많이 사용하는 용가재는?

① 구리납 ② 망간납
③ 주석납 ④ 황동납

해설
연납땜에서 가장 많이 사용하는 용가재는 주석납으로 대표적인 것은 주석 40%, 납 60%의 합금이다.

46 가스용접에서 수소가스 충전용기의 도색 표시로 옳은 것은?

① 회 색 ② 백 색
③ 청 색 ④ 주황색

해설
일반 가스용기의 도색 색상

가스 명칭	도 색	가스 명칭	도 색
산 소	녹 색	암모니아	백 색
수 소	주황색	아세틸렌	황 색
탄산가스	청 색	프로판(LPG)	회 색
아르곤	회 색	염 소	갈 색

47 산소－아세틸렌 용접에서 후진법과 비교한 전진법의 특징으로 틀린 것은?

① 용접 변형이 크다.
② 용접속도가 느리다.
③ 열이용률이 나쁘다.
④ 산화의 정도가 약하다.

해설
가스용접에서의 전진법과 후진법의 차이점

구 분	전진법	후진법
열이용률	나쁘다.	좋다.
비드의 모양	보기 좋다.	매끈하지 못하다.
홈의 각도	크다(약 80°).	작다(약 60°).
용접속도	느리다.	빠르다.
용접 변형	크다.	작다.
용접 가능 두께	두께 5mm 이하의 박판	후 판
가열시간	길다.	짧다.
기계적 성질	나쁘다.	좋다.
산화 정도	심하다.	양호하다.
토치 진행 방향	좌 ← 우	좌 → 우

48 아크용접기의 보수 및 점검 시 유의해야 할 사항으로 틀린 것은?

① 회전부와 가동 부분에 윤활유가 없도록 한다.
② 용접기는 습기나 먼지 많은 곳에 설치하지 않도록 한다.
③ 2차측 단자의 한쪽과 용접기 케이스는 접지를 확실히 해 둔다.
④ 탭 전환의 전기적 접속부는 샌드페이퍼(Sandpaper) 등으로 잘 닦아 준다.

해설
아크용접기의 회전부나 가동 부분에는 잘 움직이도록 윤활유를 주입해야 한다.

44 ① 45 ③ 46 ④ 47 ④ 48 ① 정답

49 일반적인 가스압접의 특징으로 틀린 것은?

① 전력이 불필요하다.
② 용가재 및 용제가 불필요하다.
③ 이음부의 탈탄층이 전혀 없다.
④ 장치가 복잡하고 설비비가 비싸다.

해설

가스압접

열원은 주로 산소–아세틸렌 불꽃이 사용되며 접합부를 그 재료의 재결정온도 이상으로 가열하여 축 방향으로 압축력을 가하여 접합하는 방법으로, 장치가 간단하고 설비비가 저렴하다.

- 전력이 불필요하다.
- 보수비가 저렴하다.
- 용가재나 용제가 불필요하다.
- 이음부의 탈탄층이 전혀 없다.
- 설비비가 저렴하고 구조가 간단하다.

50 다음 중 땜납의 구비조건으로 틀린 것은?

① 접합 강도가 우수해야 한다.
② 모재보다 용융점이 높아야 한다.
③ 표면장력이 작아 모재의 표면에 잘 퍼져야 한다.
④ 유동성이 좋고 금속과 친화력이 있어야 한다.

해설

땜납은 모재와 온도가 비슷해야 한다. 모재보다 용융점이 높으면 땜납은 녹지 않고 모재인 재료가 용융되면서 손상될 수 있다.

51 가스 절단 시 예열불꽃의 세기가 강할 때 나타나는 현상으로 틀린 것은?

① 절단면이 거칠어진다.
② 역화를 일으키기 쉽다.
③ 모서리가 용융되어 둥글게 된다.
④ 슬래그 중 철 성분의 박리가 어려워진다.

해설

예열불꽃의 세기가 강하다고 해서 역화를 쉽게 일으키지는 않는다.

52 탄산가스 아크용접에 대한 설명으로 틀린 것은?

① 가시아크이므로 시공이 편리하다.
② 바람의 영향을 받지 않으므로 방풍장치가 필요 없다.
③ 전류밀도가 높아 용입이 깊고, 용접속도를 빠르게 할 수 있다.
④ 단락 이행에 의하여 박판도 용접이 가능하며, 전자세 용접이 가능하다.

해설

CO_2가스(탄산가스) 아크용접의 특징

- 용착효율이 양호하다.
- 용접봉 대신 와이어(Wire)를 사용한다.
- 용접재료는 철(Fe)에만 한정되어 있다.
- 용접 전원은 교류를 정류시켜서 직류로 사용한다.
- 용착금속에 수소 함량이 적어서 기계적 성질이 좋다.
- 전류밀도가 높아서 용입이 깊고 용접속도가 빠르다.
- 전원은 직류 정전압 특성이나 상승 특성이 이용된다.
- 솔리드 와이어는 슬래그 생성이 적어서 제거할 필요가 없다.
- 보호가스로 이산화탄소가스(탄산가스)를 사용하는데, 풍속이 2m/s 이상이 되면 반드시 방풍장치가 필요하다.
- 탄산가스 함량이 3~4%일 때 두통이나 뇌빈혈을 일으키고, 15% 이상이면 기절에 이르는 위험 상태, 30% 이상이면 가스 흡입 시 생명이 위독해지기 때문에 자주 환기를 해야 한다.

정답 49 ④ 50 ② 51 ② 52 ②

53 논가스아크용접의 특징으로 옳은 것은?

① 보호가스나 용제를 필요로 한다.
② 용접장치가 복잡하고 운반이 불편하다.
③ 보호가스의 발생이 적어 용접선이 잘 보인다.
④ 용접 길이가 긴 용접물에 아크를 중단하지 않고 연속용접을 할 수 있다.

해설

논가스아크용접

솔리드 와이어나 플럭스 와이어를 사용하여 보호가스 없이 공기 중에서 직접 용접하는 방법으로, 비피복아크용접이라고도 하며 긴 용접물에 아크 중단 없이 연속용접이 가능해서 반자동용접 중 가장 간편하다. 보호가스가 필요치 않으므로 바람에도 비교적 안정되어 옥외 용접도 가능하다. 용접 비드가 깨끗하지 않지만 슬래그 박리성은 좋다. 용착금속의 기계적 성질은 다른 용접법에 비해 좋지 못하며 용접아크에 의해 스패터가 많이 발생하고 용접 전원도 특수하게 만들어야 한다는 단점이 있다.

54 초음파용접으로 금속을 용접하고자 할 때 모재의 두께로 가장 적당한 것은?

① 0.01~2mm ② 3~5mm
③ 6~9mm ④ 10~15mm

해설

초음파용접은 비가열식 압접의 일종으로, 모재를 서로 가압한 후 초음파의 진동에너지를 국부적으로 작용시키면 접촉면의 불순물이 제거되면서 금속원자 간 결합이 이루어져 접합되는 용접법이다. 이때 모재의 두께는 0.01~2mm 정도가 적당하다.

55 AW 300의 교류아크용접기로 조정할 수 있는 2차 전류(A)값의 범위는?

① 30~220A ② 40~330A
③ 60~330A ④ 120~480A

해설

AW 300의 정격 2차 전류는 300A인데, 교류아크용접기의 용접전류의 조정범위는 전격 2차 전류의 20~110% 범위이다. 따라서 300A의 20~110%는 60~330A가 된다.

56 가스 절단에 사용하는 연료용 가스 중 발열량($kcal/m^3$)이 가장 낮은 것은?

① 수 소 ② 메 탄
③ 프로판 ④ 아세틸렌

해설

가스별 불꽃온도 및 발열량

가스 종류	불꽃온도(℃)	발열량($kcal/m^3$)
아세틸렌	3,430	12,500
부 탄	2,926	26,000
수 소	2,960	2,400
프로판	2,820	21,000
메 탄	2,700	8,500

53 ④ 54 ① 55 ③ 56 ① 정답

57 다음 용접기호 중 수평자세를 의미하는 것은?

① F　② H
③ V　④ O

해설
수평자세를 나타내는 기호는 'H'(Horizontal Position)이다.
용접자세(Welding Position)

자세	KS 규격	모재와 용접봉 위치	ISO	AWS
아래보기	F (Flat Position)	바닥면	PA	1G
수 평	H (Horizontal Position)		PC	2G
수 직	V (Vertical Position)		PF	3G
위보기	OH (Overhead Position)		PE	4G

58 카바이드(CaC_2)의 취급 시 주의사항으로 틀린 것은?

① 카바이드는 인화성 물질과 같이 보관한다.
② 카바이드 통을 개봉할 때 절단가위를 사용한다.
③ 카바이드 운반 시 타격, 충격, 마찰을 주지 말아야 한다.
④ 카바이드 개봉 후 뚜껑을 잘 닫아 습기가 침투되지 않도록 보관한다.

해설
카바이드(CaC_2)와 물(H_2O)이 만나면 아세틸렌(C_2H_2)가스가 발생되므로 인화성 물질과 함께 보관하면 안 된다.

59 토치를 사용하여 용접 부분의 뒷면을 따내거나 U형, H형의 용접 홈으로 가공하기 위한 방법으로 가장 적당한 것은?

① 스카핑　② 분말 절단
③ 가스 가우징　④ 산소창 절단

해설
③ 가스가우징 : 용접 결함(압연강재나 주강의 표면 결함)이나 가접부 등의 제거를 위하여 가스 절단과 비슷한 토치를 사용해서 용접 부분의 뒷면을 따내거나 U형, H형상의 용접 홈을 가공하기 위하여 깊은 홈을 파내는 가공방법이다.
① 스카핑(Scarfing) : 강괴나 강편, 강재 표면의 홈이나 개재물, 탈탄층 등을 제거하기 위한 불꽃가공으로 가능한 한 얇으면서 타원형의 모양으로 표면을 깎아내는 가공법이다.
② 분말 절단 : 철 분말이나 용제 분말을 절단용 산소에 연속적으로 혼입시켜서 용접부에 공급하면 반응하면서 발생하는 산화열로 구조물을 절단하는 방법이다.
④ 산소창 절단 : 가늘고 긴 강관(안지름 3.2~6mm, 길이 1.5~3m)을 사용해서 절단산소를 큰 강괴의 중심부에 분출시켜 창으로 불리는 강관 자체가 함께 연소되면서 절단하는 방법으로 주로 두꺼운 강판이나 주철, 강괴 등의 절단에 사용된다.

60 접합할 모재를 고정시킨 후 비소모식 툴을 이음부에 삽입시킨 후 회전하여 마찰열을 발생시켜 접합하는 것으로, 알루미늄 및 마그네슘 합금의 접합에 주로 활용되는 용접은?

① 오토콘용접
② 레이저빔용접
③ 마찰교반용접
④ 고주파 업셋용접

해설
마찰교반용접은 모재를 고정시킨 후 비소모식 툴을 이음부에 삽입하고 회전시켜 마찰열을 발생시키면서 접합시키는 용접법이다. 주로 알루미늄이나 마그네슘 합금의 접합에 사용된다.

정답 57 ② 58 ① 59 ③ 60 ③

2019년 제2회 과년도 기출문제

제1과목 용접야금 및 용접설비제도

01 제련공정 및 용접공정에서 용융금속과 슬래그의 반응에 의해 P를 제거하여 금속 중의 P의 함량을 제거시키는 것을 무엇이라고 하는가?

① 탈 산 ② 탈 황
③ 탈 인 ④ 탈 탄

해설
인(P)을 제거하는 공정을 탈인공정이라고 한다. 인을 탈락시킨다는 의미로, 여기서 탈(奪)은 빼앗다라는 의미이다.

02 다음 스테인리스강 중 내식성, 가공성 및 용접성이 가장 우수한 것은?

① 페라이트계 스테인리스강
② 펄라이트계 스테인리스강
③ 마텐자이트계 스테인리스강
④ 오스테나이트계 스테인리스강

해설
오스테나이트계 스테인리스강
스테인리스강 중에서 가장 대표적으로 사용되는 오스테나이트계 스테인리스강은 일반 강(Steel)에 Cr-18%와 Ni-8%가 합금된 재료로 스테인리스강 중에서 용접성이 가장 좋다. 오스테나이트계 스테인리스강은 높은 열이 가해질수록 탄화물이 더 빨리 발생하여 입계부식을 일으키므로 가능한 한 용접 입열을 작게 해야 한다. 따라서 용접 전 예열을 하지 않는 것이 좋다. 또한, 냉간가공으로만 경화되고 열처리로는 경화하지 않으며, 비자성이나 냉간가공에서는 약간의 자성을 갖고 있는 것이 특징이다.

03 내부응력의 제거, 경도 저하, 연화를 목적으로 적당한 온도까지 가열한 다음 그 온도에서 유지하고 나서 서랭하는 열처리는?

① 뜨 임 ② 풀 림
③ 담금질 ④ 심랭처리

해설
② 풀림(Annealing) : 재질을 연하고(연화시키고) 균일화시키거나 내부응력을 제거할 목적으로 실시하는 열처리법으로 완전풀림은 A_3 변태점(968℃) 이상의 온도로, 연화 풀림은 약 650℃ 정도로 가열한 후 서랭한다.
① 뜨임(Tempering) : 담금질한 강을 A_1 변태점(723℃) 이하로 가열 후 서랭하는 것으로 담금질로 경화된 재료에 인성을 부여하고 내부응력을 제거한다.
③ 담금질(Quenching) : 재질을 경화시킬 목적으로 강을 오스테나이트조직의 영역으로 가열한 후 급랭시켜 강도와 경도를 증가시키는 열처리법이다.
④ 심랭처리(Subzero Treatment, 서브제로) : 담금질강의 경도를 증가시키고 시효 변형을 방지하기 위한 열처리조작으로, 담금질 강의 조직이 잔류 오스테나이트에서 전부 오스테나이트 조직으로 바꾸기 위해 재료를 오스테나이트 영역까지 가열한 후 0℃ 이하로 급랭시킨다.

04 한국산업규격에서 용접구조용 압연강재를 나타내는 종류의 기호는?

① SM 35C
② SM 420A
③ HSM 500
④ STS 430TKA

해설
SM 400C : 용접구조용 압연강재의 기호는 SM으로 기계구조용 탄소강재와 동일하게 사용하나, 다른 점은 최저 인장강도 400 뒤에 용접성에 따라 A, B, C 기호를 붙인다.

1 ③ 2 ④ 3 ② 4 ② 정답

05 Fe–C 평형상태도에서 아공석강의 탄소 함량은 약 몇 %인가?

① 0.0025~0.80
② 0.80~2.0
③ 2.0~4.3
④ 4.3~6.67

해설

강의 분류

- 아공석강 : 순철에 0.02~0.8%의 C가 합금된 강으로 일부 책에는 소수점 4자리까지 나타내어 0.0025~0.8%까지 표기하고 있다.
- 공석강 : 순철에 0.8%의 C가 합금된 강으로, 공석강을 서랭(서서히 냉각)시키면 펄라이트 조직이 나온다.
- 과공석강 : 순철에 0.8~2%의 C가 합금된 강

06 용접부의 노 내 응력 제거방법에서 가열부를 노에 넣을 때와 꺼낼 때의 노 내 온도는 몇 ℃ 이하로 하는가?

① 300℃ ② 400℃
③ 500℃ ④ 600℃

해설

노 내 풀림법 : 가열 노(Furnace) 내부의 유지온도는 625℃ 정도이며, 노에 넣을 때나 꺼낼 때의 온도는 300℃ 정도로 한다. 판 두께 25mm일 경우에 1시간 동안 유지하는 데 유지온도가 높거나 유지시간이 길수록 풀림효과가 크다.

07 Fe–C 평형상태도에서 탄소 함유량 4.3%, 온도 1,130℃에서 공정반응이 일어날 때, 생성되는 금속 조직은?

① 페라이트
② 펄라이트
③ 베이나이트
④ 레데부라이트

해설

Fe–C 평형상태도상 4.3%의 탄소 함유량과 1,130℃의 반응온도에는 레데부라이트 조직이 생성된다. Fe–C 평형상태도는 온도에 따라 Fe에 C가 합금된 상태를 그래프로 나타낸 것으로 수치가 약간씩 다를 수 있으나 일반적으로 다음과 같다.

종류	반응 온도	탄소 함유량	반응내용	생성 조직
공석 반응	723℃	0.8%	γ고용체 ↔ α고용체 + Fe_3C	펄라이트 조직
공정 반응	1,147℃	4.3%	융체(L) ↔ γ고용체 + Fe_3C	레데부라이트 조직
포정 반응	1,494℃ (1,500℃)	0.18%	δ고용체 + 융체(L) ↔ γ고용체	오스테나이트 조직

08 용착금속이 응고할 때 불순물은 주로 어디에 모이는가?

① 결정립계 ② 결정립 내
③ 금속의 표면 ④ 금속의 모서리

해설

용착금속 응고 시 불순물들은 결정립계로 모이게 된다.
※ 결정립계 : 결정립과 결정립 사이의 경계

정답 5 ① 6 ① 7 ④ 8 ①

09 다음 조직 중 브리넬경도가 가장 높은 것은?

① 페라이트 ② 펄라이트
③ 마텐자이트 ④ 오스테나이트

해설

금속조직의 경도 순서

페라이트 < 오스테나이트 < 펄라이트 < 소르바이트 < 베이나이트 < 트루스타이트 < 마텐자이트 < 시멘타이트

10 오스테나이트계 스테인리스강의 용접 시 유의해야 할 사항이 아닌 것은?

① 예열을 실시한다.
② 짧은 아크 길이를 유지한다.
③ 층간 온도가 320℃ 이상을 넘어서는 안 된다.
④ 아크를 중단하기 전에 크레이터처리를 한다.

해설

오스테나이트계 스테인리스강은 높은 열이 가해질수록 탄화물이 더 빨리 발생하여 입계부식을 일으키므로, 가능한 한 용접 입열을 작게 해야 한다. 따라서 용접 전 예열을 하지 않는 것이 좋다.

11 불규칙한 곡선 부분이 있는 부품을 직접 용지 위에 놓고 납선 또는 구리선 등의 연납선을 부품의 윤곽에 대고 스케치하는 방법은?

① 사진법 ② 프린트법
③ 본뜨기법 ④ 프리핸드법

해설

도형의 스케치 방법

- 본뜨기법(모양뜨기법)은 물체를 종이 위에 올려놓고 그 둘레의 모양을 직접 제도연필로 그리거나 납선, 구리선을 사용하여 모양을 만드는 방법이다.
- 사진촬영법(사진법) : 물체를 사진 찍는 방법이다.
- 프린트법 : 스케치할 물체의 표면에 광명단 또는 스탬프잉크를 칠한 다음 용지에 찍어 실형을 뜨는 방법이다.
- 프리핸드법 : 운영자나 컴퍼스 등의 제도용품을 사용하지 않고 손으로 작도하는 방법이다. 스케치의 일반적인 방법으로 척도에 관계없이 적당한 크기로 부품을 그린 후 치수를 측정한다.

12 정투상도법의 제3각법에서 투상 순서로 가장 적합한 것은?

① 눈 → 투상면 → 물체
② 눈 → 물체 → 투상면
③ 물체 → 투상면 → 눈
④ 물체 → 눈 → 투상면

해설

제1각법	제3각법
투상면을 물체의 뒤에 놓는다.	투상면을 물체의 앞에 놓는다.
눈 → 물체 → 투상면	눈 → 투상면 → 물체
저면도 / 우측면도, 정면도, 좌측면도, 배면도 / 평면도	평면도 / 좌측면도, 정면도, 우측면도, 배면도 / 저면도

9 ③ 10 ① 11 ③ 12 ① 정답

13 도면에서 2종류 이상의 선이 같은 장소에서 중복될 경우 우선되는 선의 순서는?

① 외형선 → 숨은선 → 중심선 → 절단선
② 외형선 → 숨은선 → 절단선 → 중심선
③ 외형선 → 중심선 → 절단선 → 숨은선
④ 외형선 → 중심선 → 숨은선 → 절단선

해설
두 종류 이상의 선이 중복되는 경우 선의 우선순위
숫자나 문자 > 외형선 > 숨은선 > 절단선 > 중심선 > 무게중심선 > 치수 보조선

14 정면, 평면, 측면을 하나의 투상면 위에 동시에 볼 수 있도록 두 개의 옆면 모서리가 수평선과 30°가 되게 하여 세 축이 120°의 등각이 되도록 입체도로 투상한 것은?

① 투시도　　② 정투상도
③ 등각 투상도　　④ 부등각 투상도

해설
등각 투상도는 다음 그림과 같이 도면에 물체의 앞면과 뒷면을 동시에 표시한다.

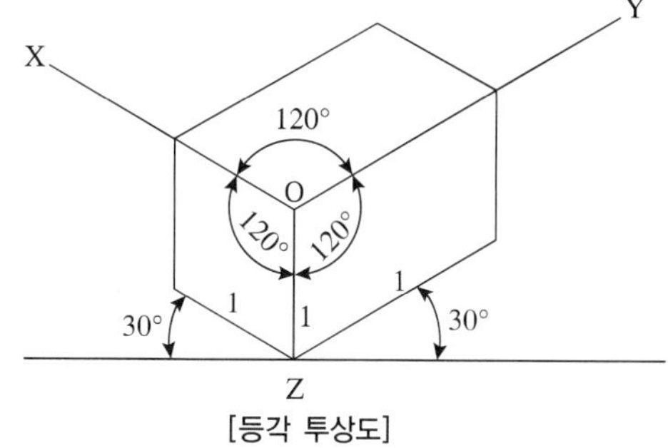

[등각 투상도]

등각 투상도의 특징
- 정면, 평면, 측면을 하나의 투상도에서 동시에 볼 수 있도록 그린 투상법이다.
- 직육면체의 등각 투상도에서 직각으로 만나는 3개의 모서리는 각각 120°를 이룬다.
- 주로 기계부품의 조립이나 분해를 설명하는 정비지침서 등에 사용한다.

15 특수한 용도의 선으로 얇은 부분의 단면 도시를 명시하는 데 사용하는 선은?

① 파단선
② 가는 1점 쇄선
③ 가는 2점 쇄선
④ 아주 굵은 실선

해설
도면에 얇은 부분의 단면을 그릴 때는 아주 굵은 실선으로 그린다.

16 도면의 크기에서 A4 제도용지의 크기는?(단, 단위는 mm이다)

① 594 × 841　　② 420 × 594
③ 297 × 420　　④ 210 × 297

해설
제도용지의 크기

용지 크기	A0	A1	A2	A3	A4
a × b (세로 × 가로)	841× 1,189	594× 841	420× 594	297× 420	210× 297

※ A0의 넓이 = $1m^2$

17 1개의 원이 직선 또는 원주 위를 굴러갈 때, 그 구르는 원의 원주 위의 1점이 움직이며 그려 나가는 선은?

① 타 원　　② 포물선

③ 쌍곡선　　④ 사이클로이드 곡선

해설

사이클로이드 곡선(Cycloid Circle)

평면 위의 일직선상에서 원을 회전시킨다고 가정했을 때, 원의 둘레 중 임의의 한 점이 회전하면서 그리는 곡선을 기어의 치형으로 사용한 곡선이다. 피치원이 일치하지 않거나 중심거리가 다를 때는 기어가 바르게 물리지 않으며, 이뿌리가 약하다는 단점이 있으나 효율성이 좋고 소음과 마모가 적다는 장점이 있다.

18 KS 용접 도시기호에서 현장용접을 표시한 것은?

해설

용접부의 보조기호

구 분		보조기호	비 고
용접부의 표면 모양	평 탄	―	–
	볼 록	⌒	기선의 밖으로 향하여 볼록하게 한다.
	오 목	◡	기선의 밖으로 향하여 오목하게 한다.
용접부의 다듬질 방법	치 핑	C	–
	연 삭	G	그라인더 다듬질일 경우
	절 삭	M	기계 다듬질일 경우
	지정 없음	F	다듬질방법을 지정하지 않을 경우
현장용접		⚑	온둘레용접이 분명할 때에는 생략해도 좋다.
온둘레용접		○	
온둘레현장용접		⚑○	

19 다음 그림이 나타내는 용접 명칭으로 옳은 것은?

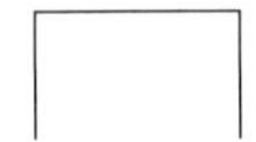

① 점용접

② 심용접

③ 플러그용접

④ 단속 필릿용접

해설

③ 플러그용접 : ⊓

① 스폿용접(점용접) : ○

② 심용접 : ⊖

20 치수 보조기호에 대한 용어의 연결이 틀린 것은?

① ϕ : 지름

② C : 치핑

③ R : 반지름

④ SR : 구의 반지름

해설

치핑은 치수 보조기호로 표시하지는 않는다.

치수 보조기호

기 호	구 분	기 호	구 분
ϕ	지 름	p	피 치
Sϕ	구의 지름	$\overset{\frown}{50}$	호의 길이
R	반지름	$\underline{50}$	비례척도가 아닌 치수
SR	구의 반지름	$\boxed{50}$	이론적으로 정확한 치수
□	정사각형	(50)	참고 치수
C	45° 모따기	~~50~~	치수의 취소(수정 시 사용)
t	두 께	⊠	해당 면은 평면임

17 ④　18 ④　19 ③　20 ②　**정답**

제2과목 용접구조설계

21 다음 용접기호 중 가장자리 용접기호로 옳은 것은?

① ◺ ② ||| ③ ○ ④ ⊓

해설

용접기호

명 칭	기본 기호
필릿용접	◺
가장자리 용접	|||
점용접(스폿용접)	○
플러그용접	⊓

22 다음 그림과 같은 변형 방지용 지그의 명칭은?

① 스트롱 백
② 바이스 지그
③ 탄성 역변형 지그
④ 맞대기 이음 각 변형 지그

해설

바이스 지그	
스트롱백 지그	
역변형 지그	

23 다음 그림과 같은 용접이음의 종류는?

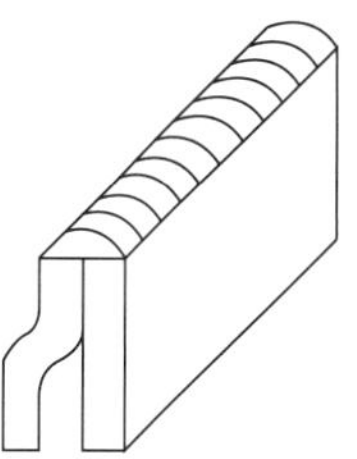

① 변두리 이음
② 모서리 이음
③ 겹치기 이음
④ 전면 필릿이음

해설

모재의 양 끝부분을 평행으로 놓고 용접하는 방식은 변두리 이음이다.

용접이음의 종류

맞대기 이음	겹치기 이음	모서리 이음
양면 덮개판 이음	**T이음(필릿)**	**십자(+) 이음**
전면 필릿이음	**측면 필릿 이음**	**변두리 이음**

정답 21 ② 22 ① 23 ①

24 용접구조물을 설계할 때 주의사항으로 틀린 것은?

① 용접이음의 집중, 접근 및 교차를 피한다.
② 용접 치수는 강도상 필요한 치수 이상으로 크게 하지 않는다.
③ 두꺼운 판을 용접할 때에는 용입이 얕은 용접법을 이용하여 층수를 늘린다.
④ 이음의 역학적 특성을 고려하여 구조상의 불연속부, 단면 형상의 급격한 변화를 피한다.

해설
용접구조물 설계 시 두꺼운 판을 용접할 때는 용입을 두껍게 하여 층수를 줄임으로써 용접열에 의한 재료 변형을 방지해야 한다.

25 용접부의 이음효율을 계산하는 식으로 옳은 것은?

① 이음효율 $= \dfrac{\text{모재의 인장강도}}{\text{용접시편의 인장강도}} \times 100(\%)$

② 이음효율 $= \dfrac{\text{모재의 충격강도}}{\text{용접시편의 충격강도}} \times 100(\%)$

③ 이음효율 $= \dfrac{\text{용접시편의 충격강도}}{\text{모재의 충격강도}} \times 100(\%)$

④ 이음효율 $= \dfrac{\text{용접시편의 인장강도}}{\text{모재의 인장강도}} \times 100(\%)$

해설
용접부의 이음효율(η)

$$\eta = \frac{\text{용접시험편의 인장 강도}}{\text{모재 인장강도}} \times 100\%$$

26 서브머지드 아크용접에서 와이어 돌출 길이는 와이어 지름의 몇 배 전후가 가장 적당한가?

① 2배 ② 5배
③ 8배 ④ 12배

해설
서브머지드 아크용접에서 와이어 돌출 길이는 와이어 지름의 8배 정도가 적당하다.

27 용접 시공 시 모재의 열전도를 억제하여 변형을 방지하는 방법으로 가장 적합한 것은?

① 피닝법
② 도열법
③ 역변형법
④ 가우징법

해설
도열법은 용접 중 모재의 입열을 최소화하기 위해 물을 적신 동판을 덧대어 열을 흡수하도록 한 것으로, 모재의 열전도를 억제하여 변형을 방지하는 방법이다.

24 ③ 25 ④ 26 ③ 27 ② 정답

28 다음 용접 결함 중 구조상 결함에 속하지 않는 것은?

① 변 형
② 기 공
③ 균 열
④ 오버랩

해설

용접 결함의 종류

결함의 종류	결함의 명칭	
치수상 결함	변 형	
	치수 불량	
	형상 불량	
구조상 결함	기 공	
	은 점	
	언더컷	
	오버랩	
	균 열	
	선상조직	
	용입 불량	
	표면 결함	
	슬래그 혼입	
성질상 결함	기계적 불량	인장강도 부족
		항복강도 부족
		피로강도 부족
		경도 부족
		연성 부족
		충격시험값 부족
	화학적 불량	화학 성분 부적당
		부식(내식성 불량)

29 일반적으로 가접(Tack Welding) 시에 수반되는 용접 결함이라고 볼 수 없는 것은?

① 기 공
② 균 열
③ 슬래그 섞임
④ 용접 홈 각도 증가

해설

가접은 용접 전 구조물의 형태를 만들기 위해 재료들을 임시로 고정시키기 위해 지정된 위치에 지정된 길이로 짧게 용접하는 것이다.

30 레이저용접의 특징으로 틀린 것은?

① 좁고 깊은 용접부를 얻을 수 있다.
② 대입열 용접이 가능하고, 열영향부의 범위가 넓다.
③ 고속용접과 용접공정의 융통성을 부여할 수 있다.
④ 접합되어야 할 부품의 조건에 따라서 한 방향의 용접으로 접합이 가능하다.

해설

레이저빔 용접(레이저용접)

레이저란 유도 방사에 의한 빛의 증폭이란 뜻이다. 레이저에서 얻어진 접속성이 강한 단색 광선으로서 강렬한 에너지를 가지고 있으며, 이때의 광선 출력을 이용하여 용접하는 방법이다. 모재의 열 변형이 거의 없으며, 이종 금속의 용접이 가능하고 정밀한 용접을 할 수 있으며, 비접촉식 방식으로 모재에 손상을 주지 않는다는 특징을 갖는다. 또한 열영향부가 매우 작은 점으로 집중되므로 열영향범위가 매우 작아서 미세하고 정밀한 용접이 가능하다.

정답 28 ① 29 ④ 30 ②

31 용접봉의 용착효율은 용접봉의 소요량을 산출하거나 용접 작업시간을 판단하는 데 필요하다. 용착효율(%)을 나타내는 식으로 옳은 것은?

① 용착효율(%) = $\frac{\text{피복제의 중량}}{\text{용착금속의 중량}} \times 100(\%)$

② 용착효율(%) = $\frac{\text{용착금속의 중량}}{\text{피복제의 중량}} \times 100(\%)$

③ 용착효율(%) = $\frac{\text{용착금속의 중량}}{\text{용접봉 사용 중량}} \times 100(\%)$

④ 용착효율(%) = $\frac{\text{용접봉 사용 중량}}{\text{용착금속의 중량}} \times 100(\%)$

해설

용착효율은 총사용한 용접봉의 중량에 비해 용락 등 불량에 의한 손실 없이 얼마만큼의 중량이 실제 용접 부위에 용착되었는가를 나타내는 것이다.

용착효율 = $\frac{\text{용착금속의 중량}}{\text{용접봉 사용 중량}} \times 100\%$

32 용접부에 균열이 발생했을 때 보수방법으로 가장 적합한 것은?

① 가열 후 해머링한다.

② 엔드탭을 사용하여 재용접한다.

③ 국부풀림을 이용하여 열처리한다.

④ 정지 구멍을 뚫고 가우징 후 재용접한다.

해설

용접부에 균열이 발생하면 정지 구멍(스톱 홀, Stop Hole)을 뚫고 가우징 후 재용접함으로써 균열이 더 이상 진행되지 못하도록 한다.

33 다음 중 크리프(Creep) 곡선의 영역에 속하지 않는 것은?

① 강도크리프

② 천이크리프

③ 정상크리프

④ 가속크리프

해설

크리프 곡선

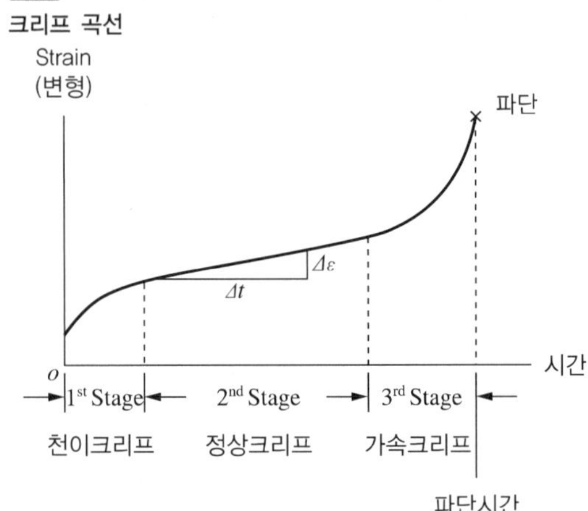

31 ③ 32 ④ 33 ① 정답

34 각 층마다 전체의 길이를 용접하면서 쌓아올리는 용착법은?

① 비석법
② 대칭법
③ 덧살 올림법
④ 캐스케이드법

해설

용접법의 종류

분 류		특 징
용착 방향에 의한 용착법	전진법	한쪽 끝에서 다른 쪽 끝으로 용접을 진행하는 방법으로, 용접 진행 방향과 용착 방향이 서로 같다. 용접 길이가 길면 끝부분쪽에 수축과 잔류응력이 생긴다.
	후퇴법	용접을 단계적으로 후퇴하면서 전체 길이를 용접하는 방법으로, 용접 진행 방향과 용착 방향이 서로 반대가 된다. 수축과 잔류응력을 줄이는 용접기법이지만 작업 능률이 떨어진다.
	대칭법	변형과 수축응력의 경감법으로, 용접의 전 길이에 걸쳐 중심에서 좌우 또는 용접물 형상에 따라 좌우 대칭으로 용접하는 기법이다.
	스킵법 (비석법)	용접부 전체의 길이를 5개 부분으로 나누어 1-4-2-5-3순으로 용접하는 방법으로, 용접부의 잔류응력을 작게 하면서 변형을 방지하고자 할 때 사용한다.
다층 비드 용착법	덧살올림법 (빌드업법)	각 층마다 전체의 길이를 용접하면서 쌓아올리는 가장 일반적인 방법이다.
	전진 블록법	한 개의 용접봉으로 살을 붙일 만한 길이로 구분해서 홈을 한 층 완료한 후 다른 층을 용접하는 방법이다. 다층 용접 시 변형과 잔류응력의 경감을 위해 사용한다.
	캐스케이드법	한 부분의 몇 층을 용접하다가 다음 부분의 층으로 연속시켜 전체가 단계를 이루도록 용착시켜 나가는 방법이다.

35 다음 용접부 표면 결함 검출법 중 렌즈, 반사경을 이용하여 작은 결함을 확대하여 조사하거나 치수의 적부를 조사하는 것은?

① 육안검사
② 침투검사
③ 자기검사
④ 와류검사

해설

육안검사는 제품의 손상 없이 사람의 눈으로 용접부의 결함을 검출하는 방법으로, 렌즈나 반사경, 확대경을 사용할 수도 있다.

36 노 내 풀림법으로 잔류응력을 제거하고자 할 때 연강재 용접부의 최대 두께가 25mm인 경우 가열 및 냉각속도 R이 만족시켜야 하는 식은?

① $R \leq 500\text{deg/h}$　② $R \leq 200\text{deg/h}$
③ $R \leq 300\text{deg/h}$　④ $R \leq 400\text{deg/h}$

해설

노 내 풀림법으로 잔류응력을 제거할 때 연강제의 용접부 두께가 25mm 이면 가열 및 냉각속도 $R \leq 200\text{deg/h}$을 충족시켜야 하는데 상승 및 하강온도는 판 두께 25mm당 10℃ 변화에 20분의 시간 동안 진행시킨다.

정답 34 ③ 35 ① 36 ②

37 일반적인 용접구조물을 제작할 때 용접 순서를 결정하는 기준으로 틀린 것은?

① 용접구조물이 조립되면서 용접이 곤란한 경우가 발생하지 않도록 한다.
② 용접물의 중심에서 항상 좌우가 대칭이 되도록 용접해 나간다.
③ 수축이 작은 이음을 먼저하고 수축이 큰 이음은 나중에 용접한다.
④ 구조물의 중립축에 대하여 수축력의 모멘트의 합이 0이 되도록 한다.

해설
용접 변형을 최소화하려면 용접 순서는 용접 후 수축이 큰 이음부를 먼저 용접한 뒤 수축이 작은 부분을 용접해야 최종 용접물의 변형을 방지할 수 있다.

38 맞대기 용접이음의 덧살은 용접이음의 강도에 어떤 영향을 주는가?

① 덧살은 응력집중과 무관하다.
② 덧살을 작게 하면 응력집중이 커진다.
③ 덧살을 크게 하면 피로강도가 증가한다.
④ 덧살은 보강 덧붙임으로서 과대한 경우 피로강도를 감소시킨다.

해설
덧살은 보강 덧붙임으로서, 과대하면 제품의 안정성을 더욱 높일 수 있으므로 피로강도를 감소시켜 준다.

39 용접비용을 줄이기 위해 고려해야 할 사항으로 틀린 것은?

① 효과적인 재료 사용계획을 세운다.
② 조립 정반 및 용접 지그를 활용한다.
③ 인원 배치 및 교대시간 등에 대한 시간계획을 잘 세운다.
④ 개선 홈가공 정밀도가 불량하더라도 우선 용접작업을 수행한다.

해설
개선 홈가공 정밀도가 불량하면 용접 후 변형에 의해 제품의 치수 불량이 발생하여 다시 제작에 필요한 비용이 추가로 발생할 수 있다. 따라서 개선 홈가공의 정밀도를 높여야 한다.

40 두께 10mm, 폭 20mm인 시편을 인장시험한 후 파단 부위를 측정하였더니 두께 8mm, 폭 16mm가 되었을 때 단면 수축률은 몇 %인가?

① 36 ② 48
③ 64 ④ 82

해설
단면 수축률

$$\frac{\text{나중 단면적} - \text{처음 단면적}}{\text{처음 단면적}} = \frac{128}{200} \times 100\% = 64\%$$

제3과목 용접일반 및 안전관리

41 가스 절단에서 절단용 산소 중에 불순물이 증가되었을 때 나타나는 현상으로 옳은 것은?

① 절단면이 거칠어진다.
② 절단시간이 단축된다.
③ 절단 홈의 폭이 좁아진다.
④ 슬래그 박리성이 양호하다.

해설
가스 절단 시 조연성 가스인 산소에 불순물이 증가하면 불꽃이 안정화되지 않아 절단면이 거칠어진다.

37 ③ 38 ④ 39 ④ 40 ① 41 ① **정답**

42 아크에어 가우징에 대한 설명으로 틀린 것은?

① 그라인딩이나 가스 가우징보다 작업능률이 높다.
② 용접현장에서 결함부 제거, 용접 홈의 준비 및 가공 등에 이용된다.
③ 비철금속(스테인리스강, 알루미늄, 동합금 등)에는 사용할 수 없다.
④ 가우징 봉은 탄소와 흑연의 혼합물로 만들어지고, 표면은 구리로 도금한다.

해설
아크에어 가우징
탄소아크 절단법에 고압(5~7kg/cm^2)의 압축공기를 병용하는 방법이다. 용융된 금속에 탄소봉과 평행으로 분출하는 압축공기를 전극 홀더의 끝부분에 위치한 구멍을 통해 연속해서 불어내어 홈을 파내는 방법으로, 홈 가공이나 구멍 뚫기, 절단작업에 사용된다. 아크에어 가우징은 철이나 비철금속에 모두 이용할 수 있으며, 가스 가우징보다 작업능률이 2~3배 높고 모재에도 해를 입히지 않는다.

43 침몰선의 해체나 교량의 개조공사 등에 쓰이는 수중 절단작업에서 예열가스의 양은 공기 중에서보다 몇 배가 필요한가?

① 1 ② 3
③ 4~8 ④ 10~15

해설
수중 절단 : 수중(水中)에서 철구조물을 절단하고자 할 때 사용하는 가스용접법으로 주로 수소(H_2)가스가 사용되며 예열가스의 양은 공기 중의 4~8배로 한다. 교량의 개조나 침몰선의 해체, 항만의 방파제 공사에 사용한다.

44 자동으로 용접을 하는 서브머지드 아크용접에서 루트 간격과 루트면의 필요한 조건은?(단, 받침쇠가 없는 경우이다)

① 루트 간격 3mm 이상, 루트면은 ±5mm 허용
② 루트 간격 0.8mm 이하, 루트면은 ±1mm 허용
③ 루트 간격 0.8mm 이상, 루트면은 ±5mm 허용
④ 루트 간격 10mm 이상, 루트면은 ±10mm 허용

해설
서브머지드 아크용접(SAW)에서 자동용접이면서 받침쇠가 없을 경우 루트 간격은 0.8mm 이하, 루트면은 ±1mm 정도이어야 한다.

45 아크용접 작업장 안에서 나타나는 상황의 설명으로 옳지 않은 것은?

① 작업 중 해로운 가스가 발생한다.
② 용접 시 발생하는 가스에 일산화탄소가 함유되어 있다.
③ 아크용접 시 저융점 금속의 경우도 증기가 발생한다.
④ 아연 도금판 용접에는 유독한 금속증기가 발생하나, 납 도금판의 경우에는 증기가 발생하지 않아 중독의 위험이 없다.

해설
용접작업장에서는 아연 도금판뿐만 아니라 납 도금판 역시 유독증기가 발생하므로 반드시 환기장치를 설치하거나 통풍된 장소 또는 야외에서 작업해야 한다.

정답 42 ③ 43 ③ 44 ② 45 ④

46 다음 용접 중 산화철 분말과 알루미늄 분말의 혼합제에 점화시켜 화학반응을 이용하여 용접하는 것은?

① 테르밋용접 ② 스터드용접
③ 전자 빔용접 ④ 아크 점용접

해설

테르밋용접 : 금속 산화물과 알루미늄이 반응하여 열과 슬래그를 발생시키는 테르밋반응을 이용하는 용접법이다. 강을 용접할 경우에는 산화철과 알루미늄 분말을 3 : 1로 혼합한 테르밋제를 만든 후 냄비의 역할을 하는 도가니에 넣은 후 점화제를 약 1,000℃로 점화시키면 약 2,800℃의 열이 발생되어 용접용 강이 만들어지는데 이 강(Steel)을 용접 부위에 주입시킨 후 서랭하여 용접을 완료한다. 주로 철도 레일이나 차축, 선박의 프레임 접합에 사용된다.

47 피복아크용접에서 아크가 용접의 단위 길이 1cm당 발생하는 용접 입열(H)를 구하는 식은?(단, 아크전압 E[V], 아크전류 I[A], 용접속도 V[cm/min]이다)

① $H=\dfrac{EI}{60V}$[J/cm]

② $H=\dfrac{60V}{EI}$[J/cm]

③ $H=\dfrac{V}{60EI}$[J/cm]

④ $H=\dfrac{60EI}{V}$[J/cm]

해설

용접입열량 구하는 식

$H=\dfrac{60EI}{V}$[J/cm]

여기서, H : 용접 단위 길이 1cm당 발생하는 전기적 에너지
E : 아크전압[V]
I : 아크전류[A]
V : 용접속도[cm/min]

※ 일반적으로 모재에 흡수된 열량은 입열의 75~85% 정도이다.

48 탄산가스아크용접장치에 해당되지 않는 것은?

① 제어케이블 ② 세라믹 노즐
③ CO_2 용접토치 ④ 와이어 송급장치

해설

세라믹 노즐은 TIG 용접 시 사용되는 것으로 탄산가스아크용접에는 사용되지 않는다.

49 피복아크용접봉에서 피복제의 역할이 아닌 것은?

① 아크를 안정시킨다.
② 용착금속의 냉각속도를 빠르게 한다.
③ 용적을 미세화하고 용착효율을 높인다.
④ 용착금속에 필요한 합금원소를 첨가한다.

해설

피복제는 용착금속을 덮고 있는 형태로 냉각속도를 지연시킨다.

피복제의 역할

- 아크를 안정시킨다.
- 전기 절연작용을 한다.
- 보호가스를 발생시킨다.
- 스패터의 발생을 줄인다.
- 아크의 집중성을 좋게 한다.
- 용착금속의 급랭을 방지한다.
- 용착금속의 탈산 정련작용을 한다.
- 용융 금속과 슬래그의 유동성을 좋게 한다.
- 용적(쇳물)을 미세화하여 용착효율을 높인다.
- 용융점이 낮고 적당한 점성의 슬래그를 생성한다.
- 슬래그 제거를 쉽게 하여 비드의 외관을 좋게 한다.
- 적당량의 합금원소를 첨가하여 금속에 특수성을 부여한다.
- 중성 또는 환원성 분위기를 만들어 질화나 산화를 방지하고 용융금속을 보호한다.
- 쇳물이 쉽게 달라붙도록 힘을 주어 수직자세, 위보기자세 등 어려운 자세를 쉽게 한다.

46 ① 47 ④ 48 ② 49 ② 정답

50 탄산가스아크용접의 특징으로 틀린 것은?

① 용착금속의 기계적 성질 및 금속학적 성질이 좋다.

② 전류밀도가 높으므로 용입이 깊고 용접속도를 빠르게 할 수 있다.

③ 가시아크이므로 용융지의 상태를 보면서 용접할 수 있어 시공이 편리하다.

④ 솔리드 와이어를 이용한 용접에서는 용제가 필요하고 슬래그 섞임이 발생하여 용접 후의 처리가 필요하다.

해설

탄산가스아크용접에서 솔리드 와이어를 이용하면 용제가 불필요하고 슬래그 섞임의 발생 우려가 없어서 용접 후처리가 불필요하다.

51 일반적인 용접의 특징으로 틀린 것은?

① 재료가 절약된다.

② 변형, 수축이 없다.

③ 기밀성, 수밀성이 우수하다.

④ 기공, 균열 등 결함이 있다.

해설

용접은 아크열이나 전기저항열에 의해 재료의 변형 및 수축이 발생한다.

52 가스용접에서 사용하는 가스의 종류와 용기의 색상이 옳게 짝지어진 것은?

① 산소 – 황색

② 수소 – 주황색

③ 탄산가스 – 녹색

④ 아세틸렌가스 – 흰색

해설

일반 가스용기의 도색 색상

가스 명칭	도 색	가스 명칭	도 색
산 소	녹 색	암모니아	백 색
수 소	주황색	아세틸렌	황 색
탄산가스	청 색	프로판(LPG)	회 색
아르곤	회 색	염 소	갈 색

53 불활성 가스 텅스텐 아크용접에서 직류 정극성 사용에 관한 내용으로 옳은 것은?

① 비드 폭이 넓어진다.

② 전극이 냉각되며 용입이 얕아진다.

③ 양극(+)에 모재를, 음극(–)에 토치를 연결한다.

④ 직류 역극성을 사용할 때보다 청정작용이 우수하다.

해설

TIG 용접에서는 직류 정극성일 경우 모재에 (+)전극이 연결되어 70%의 열이 발생하고, 토치에는 (–)극이 연결되어 30%의 열이 발생한다.

직류 정극성 (DCSP ; Direct Current Straight Polarity)	직류 역극성 (DCRP ; Direct Current Reverse Polarity)
• 용입이 깊다. • 비드 폭이 좁다. • 용접봉의 용융이 느리다. • 후판(두꺼운 판)용접이 가능하다. • 모재는 (+)전극이며 70% 열이 발생하고, 용접봉은 (–)전극이며 30% 열이 발생한다.	• 용입이 얇다. • 비드 폭이 넓다. • 용접봉의 용융이 빠르다. • 박판(얇은 판)용접이 가능하다. • 모재는 (+)전극이며 30% 열이 발생하고, 용접봉은 (–)전극이며 70% 열이 발생한다. • 산화피막을 제거하는 청정작용이 있다.

정답 50 ④ 51 ② 52 ② 53 ③

54 일반적인 가스용접에 사용하는 차광유리의 차광도 번호로 가장 적합한 것은?

① 0~1번
② 2~3번
③ 4~8번
④ 10~12번

해설

가스용접 시 차광도는 다음 표에 따라 4~8번 차광도가 적합하다. 그 범위는 미세하게 달라질 수 있다.

용접 종류별 적정 차광번호(KS P 8141)

용접 종류	전류범위(A)	차광도 번호(No.)
납 땜	–	2~4
가스용접	–	4~7
산소 절단	901~2,000	5
	2,001~4,000	6
	4,001~6,000	7
피복아크용접 및 절단	30 이하	5~6
	36~75	7~8
	76~200	9~11
	201~400	12~13
	401~	14
아크에어 가우징	126~225	10~11
	226~350	12~13
	351~	14~16
탄소아크용접	–	14
TIG, MIG	100 이하	9~10
	101~300	11~12
	301~500	13~14
	501~	15~16

55 플라스마 아크용접의 특징으로 틀린 것은?

① 전류밀도가 높아 용입이 깊다.
② 아크의 방향성과 집중성이 좋다.
③ 1층으로 용접할 수 있으므로 능률적이다.
④ 용접부에 텅스텐이 혼입될 가능성이 높다.

해설

플라스마 아크용접에는 텅스텐이 사용되지 않으므로 혼입될 가능성이 없다.

플라스마 아크용접(Plasma Arc Welding)

양이온과 음이온이 혼합된 도전성의 가스체로 높은 온도를 가진 플라스마를 한 방향으로 모아서 분출시키는 것을 플라스마 제트라고 하는데, 이를 이용하여 용접이나 절단에 사용하는 용접법이다. 용접 품질이 균일하며 용접속도가 빠른 장점이 있으나 설비비가 많이 드는 단점이 있다.

※ 플라스마 : 기체를 가열하여 온도가 높아지면 기체의 전자는 심한 열운동에 의해 전리(양이온과 음이온으로 분리)되어 이온과 전자가 혼합되면서 매우 높은 온도와 도전성을 가지는 현상

56 내용적 40L의 산소용기에 125kgf/cm^{2}의 산소가 들어 있다. 1시간에 200L를 사용하는 토치를 쓰고 있을 때, 1:1의 중성불꽃으로는 약 몇 시간 쓸 수 있는가?

① 2 ② 4
③ 25 ④ 40

해설

프랑스식 200번 팁은 가변압식으로 시간당 소비량은 200L이다.

$$\text{용접 가능 시간} = \frac{\text{산소용기의 총가스량}}{\text{시간당 소비량}} = \frac{\text{내용적} \times \text{압력}}{\text{시간당 소비량}} = \frac{40 \times 125}{200} = 25\text{시간}$$

54 ③ 55 ④ 56 ③ **정답**

57 피복아크용접 시 아크 쏠림 방지 대책이 아닌 것은?

① 직류로 용접한다.

② 짧은 아크를 사용한다.

③ 용접봉 끝을 아크 쏠림 반대 방향으로 기울인다.

④ 접지점은 될 수 있는 대로 용접부에서 멀리 한다.

해설

아크 쏠림(자기불림) 방지 대책

- 용접전류를 줄인다.
- 교류용접기를 사용한다.
- 접지점을 2개 연결한다.
- 아크 길이는 최대한 짧게 유지한다.
- 접지부를 용접부에서 최대한 멀리 한다.
- 용접봉 끝을 아크 쏠림의 반대 방향으로 기울인다.
- 용접부가 긴 경우는 가용접 후 후진법(후퇴용접법)을 사용한다.
- 받침쇠, 긴 가용접부, 이음의 처음과 끝에는 앤드 탭을 사용한다.

58 이음 형상에 따른 저항용접의 분류 중 맞대기 용접에 속하지 않는 것은?

① 점용접 ② 플래시용접

③ 버트심용접 ④ 퍼커션용접

해설

저항용접의 종류

겹치기 저항용접	맞대기 저항용접
점용접(스폿용접)	버트용접
심용접	퍼커션용접
프로젝션 용접	업셋용접
–	플래시버트용접
	포일심용접

59 교류아크용접 시 비안전형 홀더를 사용할 때 가장 발생하기 쉬운 재해는?

① 낙상 재해 ② 협착 재해

③ 전도 재해 ④ 전격 재해

해설

용접 홀더의 종류

- A형 : 전체가 절연된 안전형 홀더이다.
- B형 : 손잡이 부분만 절연된 비안전형 홀더이다.

※ 전격 : 갑자기 강한 전류를 몸에 느꼈을 때의 충격으로, 용접기에는 작업자의 전격을 방지하기 위해서 반드시 전격방지기를 용접기에 부착해야 한다. 전격방지기는 작업을 쉬는 동안에 2차 무부하전압이 항상 25V 정도로 유지되도록 하여 전격을 방지한다.

60 다음 피복아크용접봉 중 가스 실드계의 대표적인 용접봉으로 셀룰로스를 20~30% 정도 포함하고 있으며, 파이프용접에 이용되는 용접봉은?

① E4301 ② E4303

③ E4311 ④ E4316

해설

가스생성식(발생식)을 대표하는 고셀룰로스계(E4311) 용접봉은 피복제에 가스발생제인 셀룰로스(유기물)를 20~30% 정도 포함한 것으로 피복량이 얇고 슬래그가 적어 수직, 위보기 용접에서 우수한 작업성을 보인다.

정답 57 ① 58 ① 59 ④ 60 ③

2019년 제3회 과년도 기출문제

제1과목 용접야금 및 용접설비제도

01 피복아크용접 시 수소가 원인이 되어 발생할 수 있는 결함으로 가장 거리가 먼 것은?

① 은 점 ② 언더컷
③ 헤어크랙 ④ 비드 밑 균열

해설
언더컷 불량은 용접전륫값이 너무 커서 발생되는 결함으로 수소가스가 원인이 되지는 않는다.

02 Fe–C 평형상태도에서 용융액으로부터 γ고용체와 시멘타이트가 동시에 정출하는 점은?

① 포정점 ② 공석점
③ 공정점 ④ 고용점

해설
Fe–C계 평형상태도에서의 3개 불변반응

종 류	반응온도	탄소 함유량	반응내용	생성조직
공석 반응	723℃	0.8%	γ고용체↔ α고용체 + Fe_3C	펄라이트 조직
공정 반응	1,147℃	4.3%	융체(L)↔ γ고용체 + Fe_3C	레데부라이트 조직
포정 반응	1,494℃ (1,500℃)	0.18%	δ고용체 + 융체(L) ↔γ고용체	오스테나이트 조직

03 다음 중 용접구조용 압연강재는?

① STC2 ② SS330
③ SM275A ④ SMn433

해설
SM275A : 용접구조용 압연강재
용접구조용 압연강재의 기호는 SM으로 기계구조용 탄소강재와 동일하게 사용하나, 다른 점은 최저 인장강도 275 뒤에 용접성에 따라 A, B, C 기호를 붙인다.

04 용접하기 전 예열을 하는 목적으로 틀린 것은?

① 수축 변형의 감소를 위하여
② 용접작업성의 개선을 위하여
③ 용접부의 결함을 방지하게 위하여
④ 용접부의 냉각속도를 빠르게 하기 위하여

해설
용접 전 모재에 예열을 하면 용접부의 냉각속도를 느리게 함으로써 잔류응력을 경감시킬 수 있다.
용접 전후 모재에 예열을 가하는 목적
- 열영향부(HAZ)의 균열을 방지하기 위해서이다.
- 수축 변형 및 균열을 경감시킨다.
- 용접금속에 연성 및 인성을 부여한다.
- 열영향부와 용착금속의 경화를 방지한다.
- 급열 및 급랭 방지로 잔류응력을 줄인다.
- 용접금속의 팽창이나 수축의 정도를 줄여 준다.
- 수소 방출을 용이하게 하여 저온 균열을 방지한다.
- 금속 내부의 가스를 방출시켜 기공 및 균열을 방지한다.

1 ② 2 ③ 3 ③ 4 ④ 정답

05 다음 중 입방정계의 결정격자구조에 해당하지 않는 것은?

① SC ② BCC
③ FCC ④ HCP

해설

Fe 결정구조의 종류 및 특징

종 류	성 질	원 소	단위격자	배위수	원자충진율
체심입방격자 (BCC ; Body Centered Cubic)	• 강도가 크다. • 용융점이 높다. • 전성과 연성이 작다.	W, Cr, Mo, V, Na, K	2개	8	68%
면심입방격자 (FCC ; Face Centered Cubic)	• 전기전도도가 크다. • 가공성이 우수하다. • 장신구로 사용된다. • 전성과 연성이 크다. • 연한 성질의 재료이다.	Al, Ag, Au, Cu, Ni, Pb, Pt, Ca	4개	12	74%
조밀육방격자 (HCP ; Hexagonal Close Packed lattice)	• 전성과 연성이 작다. • 가공성이 좋지 않다.	Mg, Zn, Ti, Be, Hg, Zr, Cd, Ce	2개	12	74%

06 일반적인 용접작업 시 각종 금속의 예열에 대한 설명으로 옳은 것은?

① 주철의 경우 용접 홈을 600~700℃로 예열한다.
② 알루미늄 합금, 구리 합금은 200~400℃ 정도로 예열한다.
③ 고장력강, 저합금강의 경우 용접 홈을 50~350℃로 예열한다.
④ 연강을 0℃ 이하에서 용접할 경우 이음의 양쪽 폭 100mm 정도를 40~75℃로 예열한다.

해설

주철(2~6.67%의 C)용접 시 예열 및 후열의 온도는 500~600℃가 적당하다.

07 내부응력 제거, 경도 저하, 절삭성 및 냉간 가공성을 향상시키기 위해 실시하는 일반 열처리는?

① 뜨 임
② 풀 림
③ 청화법
④ 오스포밍

해설

풀림(Annealing)처리는 재질을 연하고(연화시키고), 균일화시키거나 내부응력을 제거할 목적으로 실시하는 열처리법으로 완전풀림은 A_3 변태점(968℃) 이상의 온도로, 연화풀림은 약 650℃ 정도로 가열한 후 서랭한다.

정답 5 ④ 6 ① 7 ②

08 규소는 선철과 탈산제에서 잔류하게 되며, 보통 0.35~ 1.0%를 함유한다. 규소가 페라이트 중에 고용되면 생기는 영향으로 틀린 것은?

① 용접성을 저하시킨다.
② 결정립을 조대화한다.
③ 연신율과 충격값을 감소시킨다.
④ 강의 인장강도, 탄성한계, 경도를 낮게 한다.

해설

규소(Si)

- 탈산제로 사용한다.
- 유동성을 증가시킨다.
- 용접성과 가공성을 저하시킨다.
- 인장강도, 탄성한계, 경도를 상승시킨다.
- 결정립의 조대화로 충격값과 인성, 연신율을 저하시킨다.

09 연강용 피복아크용접봉에서 피복제의 염기도가 가장 낮은 것은?

① 타이타늄계
② 저수소계
③ 일미나이트계
④ 고셀룰로스계

해설

연강용 피복아크용접봉 중에서 피복제의 염기도가 가장 낮은 것은 타이타늄계이다. 피복제의 염기성이 높을수록 용융금속의 성질과 내균열성을 좋게 하지만, 작업성이 떨어진다는 단점이 있다. 그러나 저수소계(E4316) 용접봉이 피복아크용접봉 중에서 염기도가 가장 크다. 일반적인 염기도 순서는 E4316 > E4301 > E4311이다.

용접봉의 종류

기 호	종 류
E4301	일미나이트계
E4303	라임티타니아계
E4311	고셀룰로스계
E4313	고산화타이타늄계
E4316	저수소계
E4324	철분 산화타이타늄계
E4326	철분 저수소계
E4327	철분 산화철계

10 두 가지 이상의 금속원소가 간단한 원자비로 결합되어 있는 물질을 무엇이라고 하는가?

① 층간화합물
② 합금화합물
③ 치환화합물
④ 금속간화합물

해설

금속간화합물은 일종의 합금으로, 두 가지 이상의 원소를 간단한 원자의 정수비로 결합시킴으로써 원하는 성질의 재료를 만들어낸 결과물이다.

11 일반 구조용 압연강재를 KS 기호로 바르게 나타낸 것은?

① SM45C　② SS235
③ SGT275　④ SPP

해설

② SS : 일반 구조용 압연강재
① SM45C : 기계구조용 탄소강재
③ SGT : 일반 구조용 탄소강관
④ SPP : 배관용 탄소강판

8 ④ 9 ① 10 ④ 11 ② **정답**

12 다음 용접 보조기호의 설명으로 옳은 것은?

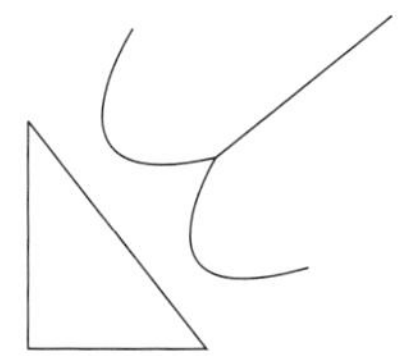

① 오목 필릿용접

② 평면 마감처리한 필릿용접

③ 매끄럽게 처리한 필릿용접

④ 표면 모두 평면 마감처리한 필릿용접

해설

토(Toe)는 용접 모재와 용접 표면이 만나는 부위이다. 문제의 용접 보조기호는 필릿용접부의 끝단부를 매끄럽게 처리하라는 것을 나타낸다.

13 핸들이나 바퀴 등의 암 및 림, 리브, 훅 등의 절단 부위를 90° 회전시켜서 그린 단면도는?

① 온단면도

② 한쪽 단면도

③ 부분 단면도

④ 회전도시 단면도

해설

회전도시 단면도는 핸들이나 벨트 풀리, 바퀴의 암, 리브, 축, 형강 등의 단면의 모양을 90°로 회전시켜 투상도의 안이나 밖에 그리는 단면도법이다.

단면도의 종류

단면 도명	도 면	특 징
온 단면도 (전 단면도)		• 전단면도라고도 한다. • 물체 전체를 직선으로 절단하여 앞부분을 잘라내고 남은 뒷부분의 단면 모양을 그린 것이다. • 절단 부위의 위치와 보는 방향이 확실한 경우에는 절단선, 화살표, 문자기호를 기입하지 않아도 된다.
한쪽 단면도 (반 단면도)		• 반단면도라고도 한다. • 절단면을 전체의 반만 설치하여 단면도를 얻는다. • 상하 또는 좌우가 대칭인 물체를 중심선을 기준으로 1/4 절단하여 내부 모양과 외부 모양을 동시에 표시하는 방법이다.
부분 단면도	파단선 떼어 낸 부분의 단면	• 파단선을 그어서 단면 부분의 경계를 표시한다. • 일부분을 잘라 내고 필요한 내부의 모양을 그리기 위한 방법이다.
회전 도시 단면도	(a) 암의 회전도시 단면도(투상도 안) (b) 훅의 회전도시 단면도(투상도 밖)	• 절단선의 연장선 뒤에도 그릴 수 있다. • 투상도의 절단할 곳과 겹쳐서 그릴 때는 가는 실선으로 그린다. • 주투상도의 밖으로 끌어내어 그릴 경우는 가는 1점 쇄선으로 한계를 표시하고 굵은 실선으로 그린다. • 핸들이나 벨트 풀리, 바퀴의 암, 리브, 축, 형강 등의 단면 모양을 90°로 회전시켜 투상도의 안이나 밖에 그린다.
계단 단면도	A B C D A-B-C-D	• 절단면을 여러 개 설치하여 그린 단면도이다. • 복잡한 물체의 투상도 수를 줄일 목적으로 사용한다. • 절단선, 절단면의 한계와 화살표 및 문자기호를 반드시 표시하여 절단면의 위치와 보는 방향을 정확히 명시해야 한다.

정답 12 ③ 13 ④

14 치수 기입 시 구의 반지름을 표시하는 치수 보조기호는?

① t ② R

③ SR ④ Sϕ

해설

치수 보조기호

기 호	구 분	기 호	구 분
ϕ	지 름	p	피 치
Sϕ	구의 지름	$\overset{\frown}{50}$	호의 길이
R	반지름	$\underline{50}$	비례척도가 아닌 치수
SR	구의 반지름	$\boxed{50}$	이론적으로 정확한 치수
□	정사각형	(50)	참고 치수
C	45° 모따기	~~50~~	치수의 취소(수정 시 사용)
t	두 께	⊠	해당 면은 평면임

15 다음 용접부 기호에 대한 설명으로 틀린 것은?

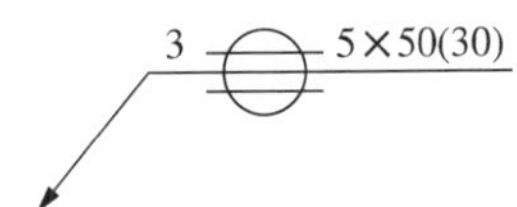

① 심용접부의 폭은 3mm이다.

② 심용접부의 두께는 5mm이다.

③ 심용접부의 길이는 50mm이다.

④ 심용접부의 간격은 30mm이다.

해설

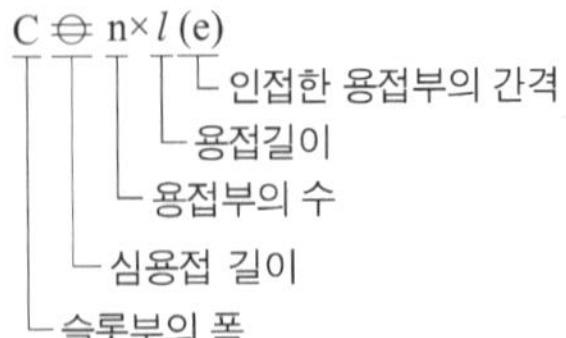

16 복사한 도면을 접을 때 그 크기를 원칙적으로 어느 사이즈로 하는가?

① A1 ② A2

③ A3 ④ A4

해설

KS 규격에 따르면 복사한 도면이나 큰 도면을 접을 때는 A4(210×297) 크기의 용지로 접는 것이 원칙이다.

17 KS 규격에 의한 치수 기입의 원칙에 대한 설명으로 틀린 것은?

① 치수는 되도록 주투상도에 집중한다.

② 각 형체의 치수는 하나의 도면에서 한 번만 기입한다.

③ 기능 치수는 대응하는 도면에 직접 기입해야 한다.

④ 도면에는 특별히 명시하지 않는 한 그 도면에 도시한 대상물의 다듬질 치수를 생략한다.

해설

치수 기입의 원칙(KS B 0001)

- 대상물의 기능, 제장, 조립 등을 고려하여 도면에 필요 불가결하다고 생각되는 치수를 명료하게 지시한다.
- 대상물의 크기, 자세 및 위치를 가장 명확하게 표시하는 데 필요하고 충분한 치수를 기입한다.
- 치수는 치수선, 치수 보조선, 치수 보조 기호 등을 이용해서 치수 수치로 나타낸다.
- 치수는 되도록 주투상도에 집중해서 지시한다.
- 도면에는 특별히 명시하지 않는 한, 그 도면에 도시한 대상물의 다듬질 치수를 표시한다.
- 치수는 되도록 계산해서 구할 필요가 없도록 기입한다.
- 가공 또는 조립 시에 기준이 되는 형체가 있는 경우, 그 형체를 기준으로 하여 치수를 기입한다.
- 치수는 되도록 공정마다 배열을 분리하여 기입한다.
- 관련 치수는 되도록 한 곳에 모아서 기입한다.
- 치수는 중복 기입을 피한다(단, 중복 치수를 기입하는 것이 도면의 이해를 용이하게 하는 경우에는 중복 기입을 해도 좋다).
- 원호 부분의 치수는 원호가 180°까지는 반지름으로 나타내고 180°를 초과하는 경우에는 지름으로 나타낸다.
- 기능상(호환성을 포함) 필요한 치수에는 치수의 허용한계를 지시한다.
- 치수 가운데 이론적으로 정확한 치수는 직사형 안에 치수 수치를 기입하고, 참고 치수는 괄호 안에 기입한다.

14 ③ 15 ② 16 ④ 17 ④ **정답**

18 사투상도에 있어서 경사축의 각도로 가장 적합하지 않은 것은?

① 20°　② 30°
③ 45°　④ 60°

해설
사투상도의 경사축 각도는 30°, 45°, 60°로 한다.

19 다음 중 관 결합방식의 종류가 아닌 것은?

① 용접식 이음　② 풀리식 이음
③ 플랜지식 이음　④ 턱걸이식 이음

해설
관의 결합방식
- 용접식 이음
- 플랜지식 이음
- 턱걸이식 이음

20 치수선, 치수 보조선, 지시선 회전 단면선에 사용되는 선으로 가장 적합한 것은?

① 가는 실선　② 가는 파선
③ 굵은 파선　④ 굵은 실선

해설
① 가는 실선 : 치수선, 치수 보조선, 회전 단면선, 수준면선, 지시선에 사용한다.
② 가는 파선 : 도면에서 대상물이 보이지 않는 부분을 나타낼 때 사용한다.
④ 굵은 실선 : 대상물의 실제 보이는 부분(외형선)에 사용한다.

제2과목 용접구조설계

21 용접구조물을 설계할 때 일반적인 주의사항으로 틀린 것은?

① 용접에 적합한 설계에 용접하기 편하고 쉽도록 설계할 것
② 용접 길이는 짧게 하고 용착량도 강도상 필요한 최소량으로 설계할 것
③ 용접이음이 한곳에 집중되고 용접선이 한쪽 방향으로 되도록 설계할 것
④ 노치인성이 우수한 재료를 선택하여 시공하기 쉽게 설계할 것

해설
용접구조물을 설계할 때는 용접선을 겹치지 않고 분산되도록 설계해야 발생열이 집중되지 않고 분산되어 열에 의한 변형을 방지할 수 있다.

22 탐촉자를 이용하여 결함의 위치 및 크기를 검사하는 비파괴시험법은?

① 침투탐상시험
② 자분탐상시험
③ 방사선투과시험
④ 초음파탐상시험

해설
초음파탐상검사(UT ; Ultrasonic Test)
사람이 들을 수 없는 매우 높은 주파수의 초음파와 탐촉자를 사용하여 검사 대상물의 형상과 물리적 특성을 검사하는 방법이다. 4~5MHz 정도의 초음파가 경계면, 결함 표면 등에서 반사되어 되돌아오는 성질을 이용하는 방법으로 반사파의 시간과 크기를 스크린으로 관찰하여 결함의 유무, 크기, 종류 등을 검사한다.

정답 18 ① 19 ② 20 ① 21 ③ 22 ④

23 강에서 탄소량이 증가할 때 기계적 성질의 변화로 옳은 것은?

① 경도가 증가한다.
② 인성이 증가한다.
③ 전연성이 증가한다.
④ 단면 수축률이 증가한다.

해설
순수한 금속에 탄소 함량이 증가하면 경도는 점점 증가하여 표면이 단단해지지만 인성이나 전연성, 단면 수축률은 감소한다.

24 용접부에 발생하는 기공이나 피트의 원인으로 가장 거리가 먼 것은?

① 용접부 건조 불량
② 용접 홈 각도의 과대
③ 이음부에 녹이나 이물질 부착
④ 용접전류가 높고 아크 길이가 길 때

해설
피트나 기공 불량은 용접 홈 각도와 관련 없다.
- 피트 : 작은 구멍이 용접부 표면에 생기는 현상으로 주로 C(탄소)에 의해 발생한다.
- 기공 : 용접부에서 산소와 같은 가스가 빠져나가지 못해서 공동부를 만드는 불량

25 다음 중 적열취성의 주요 원인이 되는 원소는?

① P ② S
③ Si ④ Mn

해설
적열취성(赤熱, 철이 빨갛게 달궈진 상태)
S(황)의 함유량이 많은 탄소강이 900℃ 부근에서 적열(赤熱) 상태가 되었을 때 파괴되는 성질로, 철에 S의 함유량이 많으면 황화철이 되면서 결정립계 부근의 S이 망상으로 분포되면서 결정립계가 파괴된다. 적열취성을 방지하려면 Mn(망간)을 합금하여 S을 MnS로 석출시키면 된다. 이 적열취성은 높은 온도에서 발생하므로 고온취성이라고도 한다.
※ 赤 : 붉을(적), 熱 : 더울(열)

26 용접 결함의 분류에서 내부 결함에 속하지 않는 것은?

① 기 공 ② 은 점
③ 언더컷 ④ 선상조직

해설
언더컷은 용접부의 가장자리 부분에서 용착금속이 채워지지 않고 파여서 홈으로 남아 있는 결함으로 외부결함에 속한다.

23 ① 24 ② 25 ② 26 ③ 정답

27 다음 그림과 같은 V형 맞대기 용접이음부에서 각 부의 명칭 중 틀린 것은?

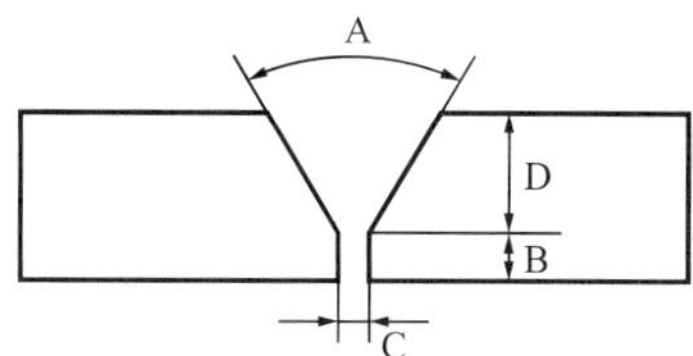

① A : 홈 각도

② B : 루트면

③ C : 루트 간격

④ D : 비드 높이

해설

D의 명칭은 '홈 깊이'이다.

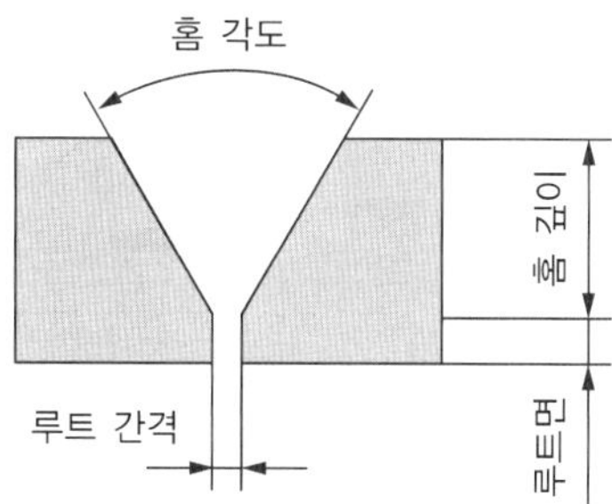

28 용접부를 연속적으로 타격하여 표면층의 소성 변형을 주어 잔류응력을 감소시키는 방법은?

① 피닝법

② 변형 교정법

③ 응력 제거 풀림

④ 저온 응력완화법

해설

피닝법 : 타격 부분이 둥근 구면인 특수해머를 모재의 표면에 지속적으로 충격을 가함으로써 재료 내부에 있는 잔류응력을 완화시키면서 표면층에 소성 변형을 주는 방법

29 피복아크용접을 이용하여 연강 맞대기 용접을 실시할 때 용접경비를 줄이기 위한 방법을 가장 거리가 먼 것은?

① 적절한 용접봉을 선정하여 용접한다.

② 용접용 고정구를 사용하여 용접한다.

③ 재료를 절약할 수 있는 용접방법을 사용하여 용접한다.

④ 용접 지그를 사용하여 위보기자세 위주로 용접한다.

해설

위보기자세로 용접할 경우 작업시간이 많이 걸릴 뿐 아니라 기량이 좋은 용접사가 작업해야 하므로 인건비가 많이 든다. 따라서 아래보기자세로 작업을 설계해야 용접경비를 줄일 수 있다.

30 V형 맞대기 이음에 완전 용입된 경우 용접선에 직각 방향으로 5,000kgf의 인장하중이 작용하고 모재 두께가 5mm, 용접선 길이가 5cm일 때 이음부에 발생되는 인장응력은 몇 kgf/mm^{2}인가?

① 2 ② 20

③ 200 ④ 2,000

해설

용접부의 인장응력

$$\sigma = \frac{P}{A} = \frac{5{,}000\text{kgf}}{5\text{mm} \times 50\text{mm}} = 20\text{kgf/mm}^2$$

31 연강의 맞대기 용접이음에서 용착금속의 인장강도가 $45kgf/mm^2$, 안전율 3일 때 용접 이음의 허용응력은 몇 kgf/mm^2인가?

① 10 ② 15
③ 20 ④ 25

해설

안전율(S) : 외부의 하중에 견딜 수 있는 정도를 수치로 나타낸 것

$$S=\frac{\text{극한강도}(\sigma_u)\text{ 또는 인장강도}}{\text{허용응력}(\sigma_a)}$$

$$3=\frac{45kgf/mm^2}{\sigma_a}$$

$$\sigma_a=\frac{45kgf/mm^2}{3}=15kgf/mm^2$$

32 다음 이음 홈 형상 중 가장 얇은 판의 용접에 이용되는 것은?

① I형 ② V형
③ U형 ④ K형

해설

맞대기 용접 시 가장 얇은 판은 I형 홈으로 가공해서 작업해야 한다.

홈의 형상에 따른 특징

홈의 형상	특 징
I형	• 가공이 쉽고 용착량이 적어서 경제적이다. • 판이 두꺼워지면 이음부를 완전히 녹일 수 없다.
V형	• 한쪽 방향에서 완전한 용입을 얻고자 할 때 사용한다. • 홈가공이 용이하나 두꺼운 판에서는 용착량이 많아지고 변형이 일어난다.
X형	• 후판(두꺼운 판)용접에 적합하다. • 홈가공이 V형에 비해 어렵지만 용착량이 적다. • 양쪽에서 용접하므로 완전한 용입을 얻을 수 있다.
U형	• 홈가공이 어렵다. • 두꺼운 판에서 비드의 너비가 좁고 용착량도 적다. • 두꺼운 판을 한쪽 방향에서 충분한 용입을 얻고자 할 때 사용한다.
H형	두꺼운 판을 양쪽에서 용접하므로 완전한 용입을 얻을 수 있다.
J형	한쪽 V형이나 K형 홈보다 두꺼운 판에 사용한다.

33 다음 중 수직자세를 나타내는 기호는?

① O ② F
③ V ④ H

해설

용접자세(Welding Position)

자 세	KS 규격	모재와 용접봉 위치	ISO	AWS
아래보기	F (Flat Position)	바닥면	PA	1G
수 평	H (Horizontal Position)		PC	2G
수 직	V (Vertical Position)		PF	3G
위보기	OH (Overhead Position)		PE	4G

31 ② 32 ① 33 ③ 정답

34 약 2.5g의 강구를 25cm 높이에서 낙하시켰을 때 20cm 튀어 올랐다면 쇼어경도(H_S) 값은 약 얼마인가?(단, 계측통은 목측형(C형)이다)

① 112.4　② 192.3
③ 123.1　④ 154.1

해설
쇼어경도(H_S)는 추를 일정한 높이(h_0)에서 낙하시켜, 이 추의 반발 높이(h)를 측정해서 경도를 측정하는 방법이다.

$$H_S = \frac{10,000}{65} \times \frac{h(\text{해머의 반발 높이})}{h_0(\text{해머 낙하 높이})}$$
$$= \frac{10,000}{65} \times \frac{20}{25}$$
$$= 123.07$$

35 일반적인 주철의 용접 시 주의사항으로 틀린 것은?

① 용접봉은 지름이 굵은 것을 사용한다.
② 비드의 배치는 짧게 여러 번 실시한다.
③ 가열되어 있을 때는 피닝작업을 하여 변형을 줄이는 것이 좋다.
④ 용접전류는 필요 이상 높이지 않고, 지나치게 용입을 깊게 하지 않는다.

해설
주철용접(Cast Iron) 시 주의사항
- 용입을 지나치게 깊게 하지 않는다.
- 용접전류는 필요 이상으로 높이지 않는다.
- 용접부를 필요 이상으로 크게 하지 않는다.
- 되도록 가는 지름의 용접봉을 사용한다.
- 비드 배치는 짧게 해서 여러 번의 조작으로 완료한다.
- 가열되어 있을 때 피닝작업을 하여 변형을 줄이는 것이 좋다.
- 균열의 보수는 균열의 연장을 방지하기 위하여 균열의 끝에 작은 구멍을 뚫는다.

36 파이프 용접 시 용접능률과 품질을 향상시킬 수 있고 아래보기자세의 유지가 가능한 용접 지그는?

① 정 반　② 터닝 롤러
③ 스트롱 백　④ 바이스 플라이어

해설
터닝 롤러 지그는 길이가 긴 대형의 강관 원주부를 연속 자동용접을 하고자 할 때 사용한다.

[터닝 롤러 지그]

37 연강용 피복아크용접봉 중 내균열성이 가장 우수한 것은?

① E4303　② E4311
③ E4313　④ E4316

해설
저수소계(E4316) 용접봉의 특징
- 기공이 발생하기 쉽다.
- 운봉에 숙련이 필요하다.
- 석회석이나 형석이 주성분이다.
- 이행 용적의 양이 적고, 입자가 크다.
- 강력한 탈산작용으로 강인성이 풍부하다.
- 아크가 다소 불안정하고 균열 감수성이 낮다.
- 용접봉 중 내균열성과 용착강도가 가장 우수하다.
- 용착금속 중의 수소량이 타 용접봉에 비해 1/10 정도로 현저하게 적다.
- 보통 저탄소강의 용접에 주로 사용되나 저합금강과 중·고탄소강의 용접에도 사용된다.
- 피복제는 습기를 잘 흡수하기 때문에 사용 전에 300~350℃에서 1~2시간 건조 후 사용해야 한다.
- 균열에 대한 감수성이 좋아 구속도가 큰 구조물의 용접이나 탄소 및 황의 함유량이 많은 쾌삭강의 용접에 사용한다.

정답 34 ③　35 ①　36 ②　37 ④

38 용접부에 응력제거풀림을 실시했을 때 나타나는 효과가 아닌 것은?

① 충격저항의 감소
② 응력부식의 방지
③ 크리프 강도의 향상
④ 열영향부의 템퍼링 연화

해설
응력을 제거하는 풀림처리를 실시하면 충격저항력이 커진다.

39 용접부의 응력집중을 피하는 방법이 아닌 것은?

① 판 두께가 다른 경우 라운딩(Rounding)이나 경사를 주어 용접한다.
② 모서리의 응력집중을 피하기 위해 평탄부에 용접부를 설치한다.
③ 용접구조물에서 용접선이 교차하는 곳에는 부채꼴 오목부를 주어 설계한다.
④ 강도상 중요한 용접이음 설계 시 맞대기 용접부는 가능한 한 피하고 필릿용접부를 많이 하도록 한다.

해설
용접부 설계 시 응력집중을 피하기 위해서 필릿용접보다는 맞대기 용접부로 설계한다.

40 용접재료의 시험 중 경도 시험에 포함되지 않는 것은?

① 쇼어경도시험
② 비커스경도시험
③ 현미경경도시험
④ 브리넬경도시험

해설
경도시험법의 종류

종 류	시험원리	압입자
브리넬 경도 (H_B)	압입자인 강구에 일정량의 하중을 걸어 시험편의 표면에 압입한 후 압입 자국의 표면적 크기와 하중의 비로 경도를 측정한다. $H_B = \frac{P}{A} = \frac{P}{\pi Dh} = \frac{2P}{\pi D(D-\sqrt{D^2-d^2})}$ 여기서, D : 강구 지름 d : 압입 자국의 지름 h : 압입 자국의 깊이 A : 압입 자국의 표면적	강 구
비커스 경도 (H_V)	압입자에 1~120kg의 하중을 걸어 자국의 대각선 길이로 경도를 측정한다. 하중을 가하는 시간은 캠의 회전속도로 조절한다. $H_V = \frac{P(\text{하중})}{A(\text{압입 자국의 표면적})}$	136°인 다이아몬드 피라미드 압입자
로크웰 경도 (H_{RB}, H_{RC})	압입자에 하중을 걸어 압입 자국(홈)의 깊이로 경도를 측정한다. • 예비하중 : 10kg • 시험하중 : B스케일 : 100kg, C스케일 : 150kg • $H_{RB} = 130 - 500h$ • $H_{RC} = 100 - 500h$ (여기서, h : 압입 자국의 깊이)	B스케일 : 강구 C스케일 : 120° 다이아몬드(콘)
쇼어 경도 (H_S)	추를 일정한 높이(h_0)에서 낙하시켜, 이 추의 반발 높이(h)를 측정해서 경도를 측정한다. • $H_S = \frac{10,000}{65} \times \frac{h(\text{해머의 반발 높이})}{h_0(\text{해머 낙하 높이})}$	다이아몬드 추

38 ① 39 ④ 40 ③ 정답

41 산소-아세틸렌 용접에서 전진법과 비교한 후진법의 특징을 옳은 것은?

① 용접 변형이 크다.
② 열이용률이 나쁘다.
③ 용접속도가 빠르다.
④ 용접 가능한 판 두께가 얇다.

해설
가스용접에서의 전진법과 후진법의 차이점

구 분	전진법	후진법
열이용률	나쁘다.	좋다.
비드의 모양	보기 좋다.	매끈하지 못하다.
홈의 각도	크다(약 80°).	작다(약 60°).
용접속도	느리다.	빠르다.
용접 변형	크다.	작다.
용접 가능 두께	두께 5mm 이하의 박판	후 판
가열시간	길다.	짧다.
기계적 성질	나쁘다.	좋다.
산화 정도	심하다.	양호하다.
토치 진행 방향 및 각도	좌 우 오른쪽 → 왼쪽	좌 우 왼쪽 → 오른쪽

42 300A 이상의 아크용접 및 절단 시 착용하는 차광유리의 차광도 번호로 가장 적합한 것은?

① 1~2　② 5~6
③ 9~10　④ 13~14

해설
아크용접 시 전류를 300A로 설정했다면 차광도는 다음 표에 따라 13번 차광도가 적합하다.
용접의 종류별 적정 차광번호(KS P 8141)

용접의 종류	전류범위(A)	차광도 번호(No.)
납 땜	-	2~4
가스용접	-	4~7
산소 절단	901~2,000	5
	2,001~4,000	6
	4,001~6,000	7
피복아크용접 및 절단	30 이하	5~6
	36~75	7~8
	76~200	9~11
	201~400	12~13
	401~	14
아크에어 가우징	126~225	10~11
	226~350	12~13
	351~	14~16
탄소아크용접	-	14
TIG, MIG	100 이하	9~10
	101~300	11~12
	301~500	13~14
	501~	15~16

43 용접재를 강하게 맞대어 놓고 대전류를 통하여 이음부 부근에 발생하는 접촉저항열에 의해 용접부가 적당한 온도에 도달하였을 때 축 방향으로 큰 압력을 주어 용접하는 방법은?

① 업셋용접　② 가스압접
③ 초음파용접　④ 테르밋용접

해설
업셋용접은 용접재료를 강하게 맞대어 놓은 상태에서 대전류를 통전시키면 접촉한 부분에서 저항열에 의해 용접부가 가열되면 축 방향으로 큰 압력을 가하면서 용접시키는 방법이다.

정답 41 ③ 42 ④ 43 ①

44 피복아크용접봉에서 피복배합제 성분인 슬래그 생성제에 속하지 않는 원료는?

① 구 리 ② 규 사
③ 산화타이타늄 ④ 이산화망간

해설

심선을 둘러싸는 피복배합제의 종류

배합제	용 도	종 류
고착제	심선에 피복제를 고착시킨다.	규산나트륨, 규산칼륨, 아교
탈산제	용융금속 중의 산화물을 탈산, 정련한다.	크롬, 망간, 알루미늄, 규소철, 톱밥, 페로망간(Fe-Mn), 페로실리콘(Fe-Si), Fe-Ti, 망간철, 소맥분(밀가루)
가스 발생제	중성, 환원성 가스를 발생하여 대기와의 접촉을 차단하여 용융 금속의 산화나 질화를 방지한다.	아교, 녹말, 톱밥, 탄산바륨, 셀룰로이드, 석회석, 마그네사이트
아크 안정제	아크를 안정시킨다.	산화타이타늄, 규산칼륨, 규산나트륨, 석회석
슬래그 생성제	용융점이 낮고 가벼운 슬래그를 만들어 산화나 질화를 방지한다.	석회석, 규사, 산화타이타늄, 산화철, 일미나이트, 이산화망간
합금 첨가제	용접부의 성질을 개선하기 위해 첨가한다.	페로망간, 페로실리콘, 니켈, 몰리브덴, 구리

45 산소용기의 윗부분에 표기된 각인 중 용기 중량을 나타내는 기호는?

① V ② W
③ FP ④ TP

해설

- 용기 중량 : W
- 최고 충전압력 : FP(Full Pressure)
- 내압시험압력 : TP(Test Pressure)

46 탄소전극과 모재와의 사이에 아크를 발생시켜 고압의 공기로 용융금속을 불어내어 홈을 파는 방법은?

① 스카핑
② 용제 절단
③ 워터젯 가우징
④ 아크에어 가우징

해설

아크에어 가우징

탄소아크 절단법에 고압(5~7kgf/cm^2)의 압축공기를 병용하는 방법이다. 용융된 금속에 탄소봉과 평행으로 분출하는 압축공기를 전극 홀더의 끝부분에 위치한 구멍을 통해 연속해서 불어내어 홈을 파내는 방법으로, 홈 가공이나 구멍 뚫기, 절단작업에 사용된다. 철이나 비철금속에 모두 이용할 수 있으며, 가스 가우징보다 작업능률이 2~3배 높고 모재에도 해를 입히지 않는다.

47 가스용접 시 역화의 원인에 대한 설명으로 틀린 것은?

① 팁이 과열되었을 때
② 역화방지기를 사용하였을 때
③ 순간적으로 팁 끝이 막혔을 때
④ 사용 가스의 압력이 부적당할 때

해설

역화의 발생을 방지하기 위해 설치하는 것이 역화방지기이다.
역화 : 토치의 팁 끝이 모재에 닿아 순간적으로 막히거나 팁의 과열 또는 사용 가스의 압력이 부적당할 때 팁 속에서 폭발음을 내면서 불꽃이 꺼졌다가 다시 나타나는 현상이다. 불꽃이 꺼지면 산소밸브를 차단하고, 이어 아세틸렌밸브를 닫는다. 팁이 가열되었으면 물속에 담가 산소를 약간 누출시키면서 냉각한다.

44 ① 45 ② 46 ④ 47 ② 정답

48 용접봉 홀더 200호로 접속할 수 있는 최대 홀더용 케이블의 도체 공칭 단면적은 몇 mm^2인가?

① 22 ② 30
③ 38 ④ 50

해설

용접 홀더의 종류(KS C 9607)

종 류	정격 용접 전류(A)	홀더로 잡을 수 있는 용접봉 지름(mm)	접촉할 수 있는 최대 홀더용 케이블의 도체 공칭 단면적(mm^2)
125호	125	1.6~3.2	22
160호	160	3.2~4.0	30
200호	200	3.2~5.0	38
250호	250	4.0~6.0	50
300호	300	4.0~6.0	50
400호	400	5.0~8.0	60
500호	500	6.4~10.0	80

49 피복아크용접기의 구비조건으로 틀린 것은?

① 역률 및 효율이 좋아야 한다.
② 구조 및 취급이 간단해야 한다.
③ 사용 중 내부 온도 상승이 커야 한다.
④ 전류 조정이 용이하고 일정한 전류가 흘러야 한다.

해설

아크용접기의 구비조건

- 내구성이 좋아야 한다.
- 역률과 효율이 높아야 한다.
- 구조 및 취급이 간단해야 한다.
- 사용 중 온도 상승이 작아야 한다.
- 단락되는 전류가 크지 않아야 한다.
- 전격방지기가 설치되어 있어야 한다.
- 아크 발생이 쉽고 아크가 안정되어야 한다.
- 아크 안정을 위해 외부 특성 곡선을 따라야 한다.
- 전류 조정이 용이하고 전류가 일정하게 흘러야 한다.
- 아크 길이의 변화에 따라 전류의 변동이 작아야 한다.
- 적당한 무부하전압이 있어야 한다(AC : 70~80V, DC : 40~60V).

50 정격 2차 전류 300A인 아크용접기에서 200A로 용접 시 허용 사용률은 몇 %인가?(단, 정격 사용률은 40%이다)

① 75 ② 90
③ 100 ④ 120

해설

$$\text{허용 사용률[\%]} = \frac{(\text{정격 2차 전류})^2}{(\text{실제 용접전류})^2} \times \text{정격 사용률[\%]}$$

$$= \frac{(300\text{A})^2}{(200\text{A})^2} \times 40\% = \frac{90,000}{40,000} \times 40\% = 90\%$$

51 일반적인 일렉트로 슬래그용접의 특징으로 틀린 것은?

① 용접속도가 빠르다.
② 박판용접에 주로 이용된다.
③ 아크가 눈에 보이지 않는다.
④ 용접구조가 복잡한 형상은 적용하기 어렵다.

해설

일렉트로 슬래그용접

용융된 슬래그와 용융금속이 용접부에서 흘러나오지 못하도록 수냉동판으로 둘러싸고 이 용융 풀에 용접봉을 연속적으로 공급하는데 이때 발생하는 용융 슬래그의 저항열에 의하여 용접봉과 모재를 연속적으로 용융시키면서 용접하는 방법으로, 선박이나 보일러와 같이 두꺼운 판의 용접에 적합하다. 수직 상진으로 단층 용접하는 방식으로 용접 전원으로는 정전압형 교류를 사용한다.

일렉트로 슬래그 용접의 장점

- 용접이 능률적이다.
- 전기저항열에 의한 용접이다.
- 용접시간이 짧아 용접 후 변형이 작다.
- 다전극을 이용하면 더 효과적인 용접이 가능하다.
- 후판용접을 단일 층으로 한 번에 용접할 수 있다.
- 스패터나 슬래그 혼입, 기공 등의 결함이 거의 없다.
- 일렉트로 슬래그 용접의 용착량은 거의 100%에 가깝다.
- 냉각하는 데 시간이 오래 걸려서 기공이나 슬래그가 섞일 확률이 작다.

정답 48 ③ 49 ③ 50 ② 51 ②

52 산소 및 아세틸렌용기 취급에 대한 설명으로 옳은 것은?

① 아세틸렌용기는 눕혀서 운반하되 운반 중 충격을 주어서는 안 된다.
② 용기를 이동할 때에는 밸브를 닫고 캡을 반드시 제거하고 이동시킨다.
③ 산소용기는 60℃ 이하, 아세틸렌용기는 30℃ 이하의 온도에서 보관한다.
④ 산소용기 보관 장소에 가연성 가스용기를 혼합하여 보관해서는 안 되며 누설시험 시는 비눗물을 사용한다.

해설
- 가스용접뿐만 아니라 특수용접 중 보호가스로 사용되는 가스를 담고 있는 용기(봄베, 압력용기)는 안전을 위해 모두 세워서 보관해야 하며 누설시험은 비눗물로 한다.
- 모든 가스용기는 세워서 보관해야 한다.
- 용기를 이동시킬 때는 밸브를 닫고 캡을 씌워야 한다.
- 가스용기는 40℃ 이하의 온도에서 직사광선을 피해 그늘진 곳에서 보관한다.

53 점용접의 특징을 틀린 것은?

① 가압력에 의하여 조직이 치밀해진다.
② 용접부 표면에 돌기가 발생하지 않는다.
③ 재료가 절약되고 작업의 공정수가 감소한다.
④ 작업속도가 느리고 용접 변형이 비교적 크다.

해설
점용접은 작업속도가 빠르며, 입열량이 작아서 용접 변형이 비교적 작다.

54 이음 형상에 따른 저항용접의 분류에서 맞대기 용접에 속하는 것은?

① 점용접 ② 심용접
③ 플래시용접 ④ 프로젝션용접

해설
저항용접의 종류

겹치기 저항용접	맞대기 저항용접
점용접(스폿용접)	버트용접
심용접	퍼커션용접
프로젝션용접	업셋용접
–	플래시 버트용접
	포일심용접

55 금속 산화물이 알루미늄에 의하여 산소를 빼앗기는 반응을 이용하여 주로 레일의 접합, 차축, 선박의 프레임 등 비교적 큰 단면을 가진 주조나 단조품의 맞대기 용접과 보수용접에 사용되는 용접은?

① 테르밋용접 ② 레이저용접
③ 플라스마용접 ④ 논실드아크용접

해설
테르밋용접 : 금속 산화물과 알루미늄이 반응하여 열과 슬래그를 발생시키는 테르밋반응을 이용하는 용접법이다. 강을 용접할 경우에는 산화철과 알루미늄 분말을 3 : 1로 혼합한 테르밋제를 만든 후 냄비의 역할을 하는 도가니에 넣은 후 점화제를 약 1,000℃로 점화시키면 약 2,800℃의 열이 발생되어 용접용 강이 만들어지는데 이 강(Steel)을 용접 부위에 주입시킨 후 서랭하여 용접을 완료하며 철도 레일이나 차축, 선박의 프레임 접합에 주로 사용된다.

52 ④ 53 ④ 54 ③ 55 ① 정답

56 전기저항용접에 의한 압접에서 전류 25A, 저항 20 Ω, 통전시간 10s일 때 발열량은 약 몇 cal인가?

① 300　② 1,200
③ 60,00　④ 30,000

해설

전기저항용접의 발열량

발열량(H) $= 0.24I^2RT$[cal]

$= 0.24 \times 25^2 \times 20 \times 10 = 30{,}000$cal

여기서, I : 전류, R : 저항, T : 시간

57 피부가 붉게 되고 따끔거리는 통증을 수반하며 피부층의 가장 바깥쪽 표피의 손상만을 가져오는 화상으로, 며칠 안에 증세는 없어지며 냉찜질만으로도 효과를 볼 수 있는 화상은?

① 제1도 화상　② 제2도 화상
③ 제3도 화상　④ 제4도 화상

해설

화상 등급

- 제1도 화상 : 뜨거운 물이나 불에 가볍게 표피만 데인 화상으로, 피부가 붉게 변하고 따가운 상태이다.
- 제2도 화상 : 표피 안의 진피까지 화상을 입은 경우로, 피부에 물집이 생기는 상태이다.
- 제3도 화상 : 표피, 진피, 피하지방까지 화상을 입은 경우로, 피부의 살이 벗겨지는 매우 심한 상태이다.

58 용접봉의 용융속도에 대한 설명으로 틀린 것은?

① 용융속도는 아크전압×용접봉쪽 전압강하이다.
② 용접봉 혹은 용접심선이 1분간에 용융되는 중량(g/min)을 말한다.
③ 용접봉 혹은 용접심선이 1분간에 용융되는 길이(mm/min)를 말한다.
④ 용접봉의 지름(심선의 지름)이 동일할 때는 전압과 전류가 높을수록 커진다.

해설

피복아크용접에서 용접봉의 용융속도는 곧 용접봉이 녹아들어간 시간과 관련 있다. '단위시간당 소비되는 용접봉의 길이'이므로 ①번은 틀린 표현이다.

59 아크용접기의 보수 및 점검 시 지켜야 할 사항으로 틀린 것은?

① 가동 부분, 냉각팬을 점검하고 회전부 등에는 주유를 해야 한다.
② 2차측 단자의 한쪽과 용접기 케이스는 접지해서는 안 된다.
③ 탭 전환의 전기적 접속부는 샌드페이퍼 등으로 잘 닦아 준다.
④ 용접케이블 등의 파손된 부분은 절연테이프로 감아야 한다.

해설

2차측 단자 한쪽과 용접기 케이스는 반드시 접지해야 하며, 다른 한쪽은 용접 홀더와 연결된다.

60 가용접 시 주의사항으로 가장 거리가 먼 것은?

① 강도상 중요한 부분에는 가용접을 피한다.
② 용접의 시점 및 종점이 되는 끝 부분은 가용접을 피한다.
③ 본 용접보다 지름이 굵은 용접봉을 사용하는 것이 좋다.
④ 본용접과 비슷한 기량을 가진 용접사에 의해 실시하는 것이 좋다.

해설

가용접은 본용접 시보다 지름이 작은 용접봉으로 실시하는 것이 좋다.

정답 56 ④ 57 ① 58 ① 59 ② 60 ③

2020년 제 1·2회 통합 과년도 기출문제

제1과목 용접야금 및 용접설비제도

01 제품이 너무 크거나 노 내에 넣을 수 없는 대형 용접구조물의 경우에 용접부 주위를 가열하여 잔류응력을 제거하는 방법은?

① 국부응력제거법 ② 저온응력완화법
③ 기계적 응력완화법 ④ 노 내 응력제거법

해설

① 국부응력제거법 : 제품이 너무 커서 노(Furnace) 내에 넣을 수 없을 경우 용접부 주위를 가열하여 잔류응력을 제거하는 방법이다.
② 저온응력완화법 : 용접선의 양측을 정속으로 이동하는 가스불꽃에 의하여 약 150mm의 너비에 걸쳐 150~200℃로 가열한 뒤 곧 수랭하는 방법으로, 주로 용접선 방향의 응력을 제거하는 데 사용한다.
③ 기계적 응력완화법 : 용접 후 잔류응력이 있는 제품에 하중을 주어 용접부에 약간의 소성 변형을 일으킨 후 하중을 제거하면서 잔류응력을 제거하는 방법이다.
④ 노 내 응력제거법(노내 응력풀림법) : 가열 노 내부의 유지온도는 625℃ 정도이며, 노에 넣을 때나 꺼낼 때의 온도는 300℃ 정도로 한다. 판 두께 25mm일 경우에 1시간 동안 유지하는데 유지온도가 높거나 유지시간이 길수록 풀림효과가 크다.

02 용융슬래그의 염기도 식은?

① $\frac{\Sigma \text{염기성 성분}(\%)}{\Sigma \text{산성 성분}(\%)}$ ② $\frac{\Sigma \text{산성 성분}(\%)}{\Sigma \text{염기성 성분}(\%)}$

③ $\frac{\Sigma \text{중성 성분}(\%)}{\Sigma \text{염기성 성분}(\%)}$ ④ $\frac{\Sigma \text{염기성 성분}(\%)}{\Sigma \text{중성 성분}(\%)}$

해설

용융슬래그의 염기도 : 용융금속의 슬래그 안에 포함된 산성 산화물에 대한 염기성 산화물의 비율

$$\text{용융슬래그 염기도} = \frac{\Sigma \text{염기성 성분}(\%)}{\Sigma \text{산성 성분}(\%)}$$

03 다음 중 펄라이트의 구성조직으로 옳은 것은?

① 페라이트 + 소르바이트
② 페라이트 + 시멘타이트
③ 시멘타이트 + 오스테나이트
④ 오스테나이트 + 트루스타이트

해설

펄라이트(Pearlite) : α철(페라이트) + Fe_3C(시멘타이트)의 층상 구조조직으로 질기고 강한 성질을 갖는 금속조직

04 순철의 조직에 관련된 설명으로 틀린 것은?

① α-철 : 910℃ 이하에서 BCC 구조이다.
② γ-철 : 910~1,390℃에서 FCC 구조이다.
③ δ-철 : 1,390~1,537℃에서 BCC 구조이다.
④ β-철 : 1,537~1,890℃에서 HCP 구조이다.

해설

철의 용융온도는 약 1,538℃이므로 ④번의 상태는 액체 상태의 용융된 철이므로 틀린 표현이다. 고체 상태에서 순철은 온도 변화에 따라 α철-페라이트, γ철-오스테나이트 조직, δ철로 변하는데, 조직에 따른 결정격자는 α철(체심입방격자), γ철(면심입방격자), δ철(체심입방격자)이다.

1 ① 2 ① 3 ② 4 ④ 정답

05 **이종원자의 합금화에서 모재원자보다 작은 원자가 모재원자의 틈새 또는 결정격자 사이에 들어가는 경우의 고용체는?**

① 치환형 고용체
② 변태형 고용체
③ 침입형 고용체
④ 금속간 고용체

해설

- 침입형 고용체 : 서로 다른 이종(異種)의 원자가 결정격자를 만들 때, 모재원자보다 작은 원자가 고용될 때 모재원자의 틈새로 들어가는 경우의 고용체
  ※ 異 : 다를(이), 種 : 근원(씨)(종)
- 치환형 고용체 : 결정격자 속에 있는 몇 개의 원자가 비슷한 크기의 다른 원자와 치환되는 경우의 고용체

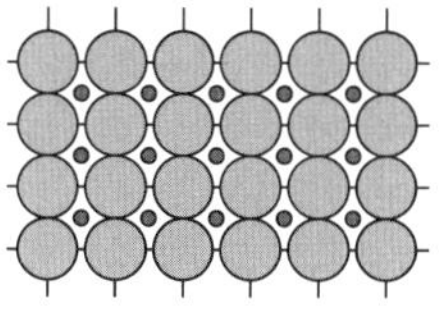
[침입형 고용체]

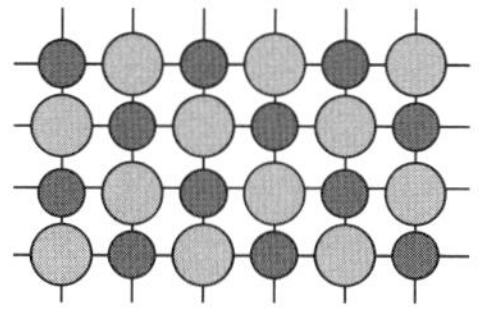
[치환형 고용체]

06 **실용 주철의 특성에 대한 설명으로 틀린 것은?**

① 비중은 C와 Si 등이 많을수록 감소한다.
② 용융점은 C와 Si 등이 많을수록 낮아진다.
③ 흑연편이 클수록 자기감응도가 나빠진다.
④ 내식성 주철은 염산, 질산 등의 산에는 강하나 알칼리에는 약하다.

해설

주철은 일반적으로 알칼리에 강한 성질을 갖는다. 그러나 철에 내식성 원소인 Ni이나 Cr을 합금시킨 내식성 주철은 염산이나 질산과 같은 산에는 약하다.

07 **용접 모재의 탄소당량에 대한 설명으로 옳은 것은?**

① 탄소당량이 클수록 연성이 증가된다.
② 탄소당량이 클수록 용접성이 좋아진다.
③ 탄소당량이 클수록 저온 균열이 발생하기 쉽다.
④ 탄소당량이 클수록 예열은 불필요하다.

해설

탄소당량(CE ; Carbon Equivalent, Ceq)

용접금속에 합금된 원소들의 함량을 탄소의 함량을 1로 기준으로 삼고 그에 대한 대응량을 환산한 수치를 탄소량을 포함하여 나타낸 수치이다. 탄소당량이 낮을수록 용접성이 좋아진다. 탄소당량이 높아지면 재료에 탄소량이 더 많아져서 재료는 더 단단해지기 때문에 저온 균열이 발생하기 쉽다. 따라서 용접성이 양호해지려면 탄소당량(CE, Ceq)을 0.4 이하로 낮추어야 한다.

08 **용접부의 냉각속도가 빨라지는 경우가 아닌 것은?**

① 모재가 두꺼울 때
② 예열을 해 주었을 때
③ 모재의 열전도율이 높을 때
④ 맞대기 이음보다 T형 이음일 때

해설

모재의 용접부를 예열하면 용접부의 냉각속도는 느려진다.

정답 5 ③ 6 ④ 7 ③ 8 ②

09 철강재가 200~300℃ 정도에서 상온보다 인장강도와 경도가 증가하지만 연신율이 저하하는 현상은?

① 적열취성 ② 청열취성
③ 고온취성 ④ 크리프취성

해설
청열취성(青熱, 철이 산화되어 푸른빛으로 달궈져 보이는 상태)
탄소강이 200~300℃에서 인장강도와 경도값이 상온일 때보다 커지는 반면, 연신율이나 성형성은 오히려 작아져서 취성이 커지는 현상이다. 이 온도범위(200~300℃)에서는 철의 표면에 푸른 산화피막이 형성되기 때문에 청열취성이라고 한다. 따라서 탄소강은 200~300℃에서는 가공을 피해야 한다.
※ 青 : 푸를(청), 熱 : 더울(열)

10 예열 및 후열의 목적이 아닌 것은?

① 균열의 방지
② 기계적 성질 향상
③ 잔류응력의 경감
④ 균열 감수성의 증가

해설
용접재료를 예열이나 후열을 하는 목적은 금속의 갑작스런 팽창과 수축에 의한 변형방지 및 잔류응력을 제거함으로써 균열에 대한 감수성을 저하시키는 데 있다.

11 다음 선의 종류 중 특수한 가공을 하는 부분 등 특별한 요구사항을 적용할 수 있는 범위를 표시하는 데 사용하는 선은?

① 굵은 실선 ② 굵은 1점쇄선
③ 가는 1점쇄선 ④ 가는 2점쇄선

해설
① 굵은 실선 : 외형선
③ 가는 1점쇄선 : 중심선, 기어의 피치원 지름
④ 가는 1점쇄선 : 가상선

12 다음 그림과 같이 '넓은 루트면이 있고 이면 용접된 V형 맞대기 용접'의 기호를 바르게 표시한 것은?

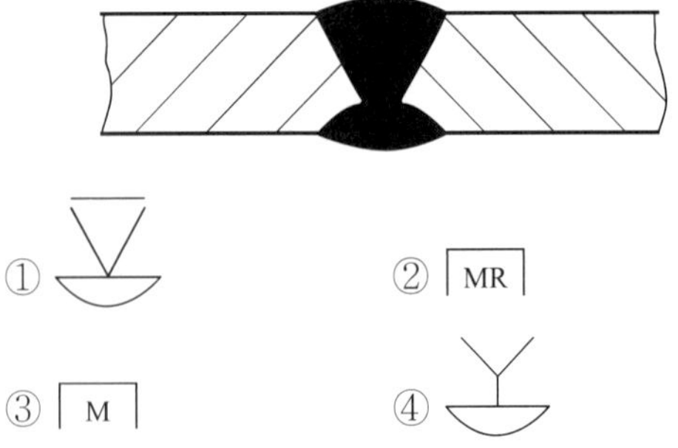

해설
도면에 사용하는 기호는 작업자가 쉽게 알아봐야 하므로, 그림 형상과 비슷한 형태로 그린다. 그림에서 위쪽 형태인 V형 홈과 아래 볼록한 형상(뒷면 용접기호)이 이어진 ④번 기호가 정답이다.

9 ② 10 ④ 11 ② 12 ④ 정답

13 제조공정의 도중 상태 또는 일련의 공정 전체를 나타낸 제작도로 공작공정도, 검사도, 설치도가 포함된 제작도는?

① 공정도　　② 설명도
③ 승인도　　④ 배근도

해설

도면의 분류

분 류	명 칭	정 의
용도에 따른 분류	계획도	설계자의 의도와 계획을 나타낸 도면
	공정도	제조공정 도중이나 공정 전체를 나타낸 제작 도면
	시공도	현장 시공을 대상으로 해서 그린 제작도면
	상세도	건조물이나 구성재의 일부를 상세하게 나타낸 도면으로, 일반적으로 큰 척도로 그린다.
	제작도	건설이나 제조에 필요한 정보 전달을 위한 도면
	검사도	검사에 필요한 사항을 기록한 도면
	주문도	주문서에 첨부하여 제품의 크기나 형태, 정밀도 등을 나타낸 도면
	승인도	주문자 등이 승인한 도면
	승인용도	주문자 등의 승인을 얻기 위한 도면
	설명도	구조나 기능 등을 설명하기 위한 도면
내용에 따른 분류	부품도	부품에 대하여 최종 다듬질 상태에서 구비해야 할 사항을 기록한 도면
	기초도	기초를 나타낸 도면
	장치도	제조공업에서 각 장치의 배치나 제조공정의 관계를 나타낸 도면
	배선도	구성 부품에서 배선의 실태를 나타낸 계통도면
	배치도	건물의 위치나 기계의 설치 위치를 나타낸 도면
	조립도	2개 이상의 부품들이 조립한 상태에서 상호관계와 필요 치수 등을 나타낸 도면
	구조도	구조물의 구조를 나타낸 도면
	스케치도	실제 물체를 보고 그린 도면
표현 형식에 따른 분류	선 도	기호와 선을 사용하여 장치나 플랜트의 기능, 그 구성 부분 사이의 상호관계, 에너지나 정보의 계통 등을 나타낸 도면
	전개도	대상물을 구성하는 면을 평행으로 전개한 도면
	외관도	대상물의 외형 및 최소로 필요한 치수를 나타낸 도면
	계통도	급수나 배수, 전력 등의 계통을 나타낸 도면
	곡면선도	선체나 자동차 차체 등이 복잡한 곡면을 여러 개의 선으로 나타낸 도면

14 CAD 시스템의 도입효과가 아닌 것은?

① 품질 향상　　② 원가 절감
③ 납기 연장　　④ 표준화

해설

CAD(Computer Aided Design) 시스템을 도입하면 부품이 표준화되고, 제품의 개발시간 및 도면관리의 효율성 등으로 인해 납기 시간은 줄어든다.

15 다음 용접의 명칭과 기호가 틀린 것은?

① 심용접 :
② 이면용접 :
③ 겹침 접합부 :
④ 가장자리용접 :

해설

- 겹침이음 :
- 개선 각이 급격한 V형 맞대기 용접 :

정답 13 ① 14 ③ 15 ③

16 다음 용접기호에 대한 설명으로 틀린 것은?

$$\begin{array}{l} a \triangleright\ n\times l \ (e) \\ a \triangleright\ n\times l \ (e) \end{array}$$

① n은 용접부의 개수를 말한다.

② 목 두께가 a인 연속 필릿용접이다.

③ (e)는 인접한 용접부 간의 거리를 표시한다.

④ l은 크레이터부를 포함한 용접부의 길이이다.

해설

② 목 두께가 a인 단속 필릿용접이다.

④ l은 크레이터를 제외한 용접부 길이이다.

17 특정 부분의 도형이 작아서 그 부분의 상세한 도시나 치수 기입을 할 수 없을 때 그 부분을 가는 실선으로 에워싸고, 영문자 대문자로 표시함과 동시에 그 해당 부분을 다른 장소에 확대하여 그리는 것은?

① 국부투상도 ② 부분확대도

③ 보조투상도 ④ 부분투상도

해설

투상도의 종류

종 류	정 의	도면 표시
회전 투상도	각도를 가진 물체의 실제 모양을 나타내기 위해서 그 부분을 회전해서 그린다.	
부분 투상도	그림의 일부를 도시하는 것만으로도 충분한 경우 필요한 부분만 투상하여 그린다.	
국부 투상도	대상물이 구멍, 홈 등과 같이 한 부분의 모양을 도시하는 것만으로도 충분한 경우에 사용한다.	가는 1점쇄선으로 연결한다. 가는 실선으로 연결한다.
부분 확대도	특정 부분의 도형이 작아서 그 부분을 자세히 나타낼 수 없거나 치수 기입을 할 수 없을 때, 그 부분을 가는 실선으로 둘러싸고 한글이나 알파벳 대문자로 표시한 후 근처에 확대하여 표시한다.	A 확대도-A 척도 2:1
보조 투상도	경사면을 지니고 있는 물체는 그 경사면의 실제 모양을 표시할 필요가 있는데, 이 경우 보이는 부분의 전체 또는 일부분을 대상물의 사면에 대향하는 위치에 그린다.	대칭기호

16 ②, ④ 17 ② 정답

18 KS에서 일반구조용 압연강재의 종류로 옳은 것은?

① SS410　　② SM45C
③ SM400A　　④ STKM

해설

① SS410 : SS는 일반구조용 압연강재, 410은 최저 인장강도를 나타낸다.
② SM : 기계구조용 탄소강재
③ SM400A : 용접구조용 압연강재의 기호는 SM으로, 기계구조용 탄소강재와 동일하게 사용하지만, 다른 점은 최저 인장강도 400 뒤에 용접성에 따라 A, B, C 기호를 붙인다.
④ STKM : 기계구조용 탄소강관(Steel Tube)

19 중심축과 물체의 표면이 나란하게 이루어진 물체, 즉 각 모서리가 직각으로 만나는 물체나 원통형 물체를 전개할 때 사용하는 전개도법으로 가장 적합한 것은?

① 타출을 이용한 전개도법
② 방사선을 이용한 전개도법
③ 삼각형을 이용한 전개도법
④ 평행선을 이용한 전개도법

해설

모서리가 직각으로 만나는 원기둥의 입체물은 전개도법 중 평행선법을 사용한다.

전개도법의 종류

종 류	의 미
평행선법	삼각기둥, 사각기둥과 같은 여러 가지 각기둥과 원기둥을 평행하게 전개하여 그리는 방법
방사선법	삼각뿔, 사각뿔 등의 각뿔과 원뿔을 꼭짓점을 기준으로 부채꼴로 펼쳐서 전개도를 그리는 방법
삼각형법	꼭짓점이 먼 각뿔, 원뿔 등을 해당 면을 삼각형으로 분할하여 전개도를 그리는 방법

20 치수선으로 사용되는 선의 종류는?

① 은 선　　② 가는 실선
③ 굵은 실선　　④ 가는 1점쇄선

해설

치수선, 치수보조선은 모두 가는 실선을 사용한다.
① 은선 : 주로 숨은선에 이용
③ 굵은 실선 : 주로 외형선에 이용
④ 가는 1점쇄선 : 주로 중심선, 기어의 피치원 지름에 이용

제2과목 용접구조설계

21 용접성을 저하시키며 적열취성을 일으키는 원소는?

① 황
② 규 소
③ 구 리
④ 망 간

해설

적열취성(赤熱, 철이 빨갛게 달궈진 상태)

S(황)의 함유량이 많은 탄소강이 900℃ 부근에서 적열(赤熱) 상태가 되었을 때 파괴되는 성질로, 철에 S의 함유량이 많으면 황화철이 되면서 결정립계 부근의 S가 망상으로 분포되면서 결정립계가 파괴된다. 적열취성을 방지하려면 Mn(망간)을 합금하여 S을 MnS로 석출시키면 된다. 적열취성은 높은 온도에서 발생하므로 고온취성이라고도 한다.
※ 赤 : 붉을(적), 熱 : 더울(열)

정답 18 ① 19 ④ 20 ② 21 ①

22 두께가 5mm인 강판을 가지고 다음 그림과 같이 완전용입의 맞대기 용접을 하려고 한다. 이때 최대 인장하중을 50,000N 작용시키려면 용접 길이는 얼마인가?(단, 용접부의 허용 인장응력은 100MPa이다)

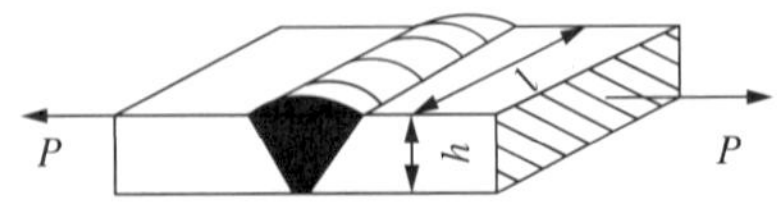

① 50mm ② 100mm
③ 150mm ④ 200mm

해설

$\sigma = \frac{F}{A} = \frac{F}{t \times l}$

$100 \times 10^6 \text{N/m}^2 = \frac{50{,}000\text{N}}{5\text{mm} \times l}$, m를 mm로 단위 변환

$100 \times 10^6 \times 10^{-6} \text{N/mm}^2 = \frac{50{,}000\text{N}}{5\text{mm} \times l}$

용접 길이$(l) = \frac{50{,}000\text{N}}{5\text{mm} \times 100\text{N/mm}^2} = 100\text{mm}$

23 용접구조 설계상의 주의사항으로 틀린 것은?

① 용접에 의한 변형 및 잔류응력을 경감시킬 수 있도록 한다.
② 용접 치수는 강도상 필요한 치수 이상으로 크게 하지 않는다.
③ 용접 부위는 단면 형상의 급격한 변화 및 노치가 있는 부위로 한다.
④ 용접 이음을 감소시키기 위하여 압연 형재, 주단조품, 파이프 등을 적절히 이용한다.

해설

노치란 모재의 한쪽 면에 흠집이 있는 것으로, 용접부에 노치가 있으면 응력이 집중되어 크랙(Crack)이 발생하기 쉽다. 또한, 단면이 급격히 변화되면 그 경계선에 응력이 집중되기 때문에 용접구조물 설계 시 노치부나 단면의 급격한 변화가 있는 구조로 설계하면 안 된다.

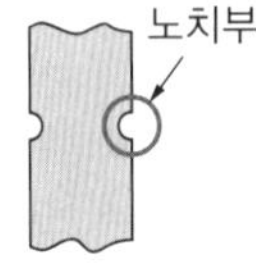

24 강에 황이 층상으로 존재하는 유황 밴드가 심한 모재를 서브머지드 아크용접할 때 나타나는 고온 균열은?

① 토 균열 ② 설퍼 균열
③ 비드 밑 균열 ④ 크레이터 균열

해설

② 설퍼 균열 : 유황의 편석이 층상으로 존재하는 강재를 용접하는 경우, 낮은 융점의 황화철이 원인이 되어 용접금속 내에 생기는 1차 결정입계의 균열
① 토 균열 : 표면 비드와 모재의 경계부에 발생하는 불량으로, 토란 용접 모재와 용접 표면이 만나는 부위이다.
③ 비드 밑 균열 : 모재의 용융선 근처의 열영향부에서 발생되는 균열로, 고탄소강이나 저합금강을 용접할 때 용접열에 의한 열영향부의 경화와 변태응력 및 용착금속 내부의 확산성 수소에 의해 발생되는 균열이다.
④ 크레이터 균열 : 용접 비드의 끝에서 발생하는 고온 균열로, 냉각속도가 지나치게 빠른 경우에 발생한다.

25 가용접 시 주의해야 할 사항으로 틀린 것은?

① 본용접과 같은 온도에서 예열한다.
② 개선 홈 내의 가용접부는 백치핑으로 완전히 제거한다.
③ 가용접 위치는 부품의 끝 모서리나 중요한 부위에 실시한다.
④ 본용접자와 동등한 기량을 갖는 작업자가 가용접을 실시한다.

해설

시점 및 종점이 되는 끝 부분 및 강도상 중요한 부분에는 가용접을 피한다.

22 ② 23 ③ 24 ② 25 ③ 정답

26 다음 금속 중 냉각속도가 가장 빠른 것은?

① 구 리　　② 연 강
③ 알루미늄　　④ 스테인리스강

해설
구리의 열전도율이 가장 크므로 냉각속도도 가장 크다.
열 및 전기 전도율이 높은 순서
Ag > Cu > Au > Al > Mg > Zn > Ni > Fe > Pb > Sb

27 플러그용접의 전단강도는 구멍의 면적당 전용착 금속 인장강도의 몇 % 정도인가?

① 20~30　　② 40~50
③ 60~70　　④ 80~90

해설
플러그 용접 : 위아래로 겹쳐진 판을 접합할 때 사용하는 용접법이다. 위에 놓인 판의 한쪽에 구멍을 뚫고 그 구멍 아래부터 용접을 하면 용접불꽃에 의해 아랫면이 용해되면서 용접이 되며, 용가재로 구멍을 채워 용접하는 방법이다. 플러그 용접의 전단강도는 구멍의 면적당 전용착 금속 인장강도의 60~70%이다.

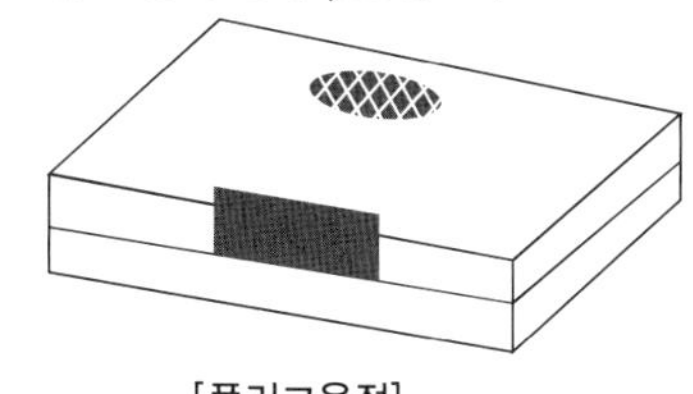

[플러그용접]

28 일반적인 용접이음 설계 시 주의사항으로 틀린 것은?

① 가능하면 용접선은 교차하지 않도록 설계한다.
② 될 수 있는 한 용접량이 많은 홈 형상을 설계한다.
③ 용접작업에 지장을 주지 않도록 충분한 공간을 갖도록 설계한다.
④ 맞대기 용접에는 이면용접을 할 수 있도록 해서 용입 부족이 없도록 한다.

해설
용접부의 변형을 방지하려면 가급적 용접 시 발생되는 입열량을 줄여야 한다. 그러나 용접량이 많아지면 입열량도 커지기 때문에 ②번은 틀린 내용이다.

29 일반적인 각 변형 방지대책으로 틀린 것은?

① 구속지그를 활용한다.
② 역변형의 시공법을 사용한다.
③ 용접속도가 느린 용접법을 이용한다.
④ 개선 각도는 작업에 지장이 없는 한도 내에서 작게 하는 것이 좋다.

해설
용접부의 각도 변형을 방지시키려면 용접부 및 구조물 용접 시 발생되는 입열량을 줄여야 하는데, 용접속도가 느린 용접법을 사용하면 용접 입열량이 더 커지므로 방지대책으로 사용할 수 없다.

정답 26 ① 27 ③ 28 ② 29 ③

30 초음파탐상법의 종류가 아닌 것은?

① 투과법 ② 공진법
③ 펄스반사법 ④ 플라스마법

해설
플라스마란 기체를 가열하여 온도가 높아지면 기체의 전자는 심한 열운동에 의해 전리(양이온과 음이온으로 분리)되어 이온과 전자가 혼합되면서 매우 높은 온도와 도전성을 가진 것으로, 용접이나 절단에 사용한다. 따라서 초음파와는 거리가 멀다.

31 용접구조물을 제작할 때 피로강도를 향상시키기 위한 방법을 올바르게 설명한 것은?

① 표면가공, 다듬질 등에 의하여 단면이 급변하게 할 것
② 가능한 한 응력 집중부에는 용접부가 집중되도록 할 것
③ 냉간가공 또는 야금적 변태를 이용하여 기계적 강도를 줄일 것
④ 열처리 또는 기계적인 방법으로 용접부 잔류응력을 완화시킬 것

해설
피로강도를 향상시키려면 재료에 응력이 집중되지 않도록 구조물을 제작해야 한다. 따라서 용접부에 잔류응력을 완화시키면 되지만, 재료의 단면이 급변하거나 응력이 집중되며 기계적 강도가 줄어든다면 오히려 피로강도는 감소한다.

32 탄소 함유량이 약 0.25%인 탄소강을 용접할 때 가장 적당한 예열온도는 약 몇 ℃인가?

① 90~150 ② 250~350
③ 400~450 ④ 470~550

해설
탄소량에 따른 모재의 예열온도(℃)

탄소량	0.2% 이하	0.2~0.3	0.3~0.45	0.45~0.8
예열온도	90 이하	90~150	150~260	260~420

33 인장강도가 530N/mm^{2}인 모재를 용접하여 만든 용접시험편의 인장강도가 380N/mm^{2}일 때 이 용접부의 이음효율은 약 몇 %인가?

① 52 ② 72
③ 94 ④ 140

해설
용접부의 이음효율(η)

$$\eta = \frac{\text{시험편 인장강도}}{\text{모재 인장강도}} \times 100\%$$

$$= \frac{380\text{N/mm}^2}{530\text{N/mm}^2} \times 100\%$$

$= 71.6\%$

30 ④ 31 ④ 32 ① 33 ② **정답**

34 피복아크용접에서 판 두께 8mm 이상의 두꺼운 강판을 용접할 때 사용되는 이음 홈의 형상으로 가장 거리가 먼 것은?

① I형　② H형
③ U형　④ 양면 J형

해설

맞대기용접 홈의 형상별 적용 판 두께

형 상	적용 두께
I형	6mm 이하
V형	6~19mm
/형	9~14mm
X형	18~28mm
U형	16~50mm

35 용접 변형의 종류에 해당되지 않는 것은?

① 좌굴 변형　② 연성 변형
③ 회전 변형　④ 비틀림 변형

해설

용접한 재료는 좌굴(축 방향 외력에 의한 휨 변형), 비틀림, 회전 변형이 일어날 수 있으나, 연성 변형과는 관련이 없다.

- 좌굴 변형 : 용접 변형의 종류 중 박판을 사용하여 용접하는 경우 다음 그림과 같이 생기는 물결 모양의 변형으로 한 번 발생하면 교정하기 힘든 변형

- 회전 변형 : 용접 변형의 일종으로 용접 진행 방향으로 홈 간격이 넓어지거나 좁아지는 변형

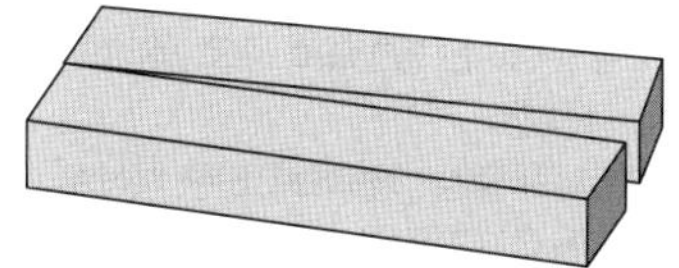

36 다음 용착법 중 용접 방향과 용착 방향이 동일하게 되도록 용착하는 방법은?

① 전진법　② 후퇴법
③ 양분법　④ 빔 진동법

해설

용접법의 종류

분 류		특 징
용착 방향에 의한 용착법	전진법	한쪽 끝에서 다른 쪽 끝으로 용접을 진행하는 방법으로, 용접 진행 방향과 용착 방향이 서로 같다. 용접 길이가 길면 끝부분 쪽에 수축과 잔류응력이 생긴다.
	후퇴법	용접을 단계적으로 후퇴하면서 전체 길이를 용접하는 방법으로, 용접 진행 방향과 용착 방향이 서로 반대가 된다. 수축과 잔류응력을 줄이는 용접기법이지만, 작업능률이 떨어진다.
	대칭법	변형과 수축응력의 경감법으로, 용접의 전 길이에 걸쳐 중심에서 좌우 또는 용접물 형상에 따라 좌우 대칭으로 용접하는 기법이다.
	스킵법 (비석법)	용접부 전체의 길이를 5개 부분으로 나누어 놓고 1-4-2-5-3 순서로 용접하는 방법으로, 용접부에 잔류응력을 작게 하면서 변형을 방지하고자 할 때 사용한다.
다층 비드 용착법	덧살올림법 (빌드업법)	각 층마다 전체의 길이를 용접하면서 쌓아올리는 방법으로, 가장 일반적인 방법이다.
	전진블록법	한 개의 용접봉으로 살을 붙일 만한 길이로 구분해서 홈을 한 층 완료한 후 다른 층을 용접하는 방법이다. 다층 용접 시 변형과 잔류응력의 경감을 위해 사용한다.
	캐스케이드법	한 부분의 몇 층을 용접하다가 다음 부분의 층으로 연속시켜 전체가 단계를 이루도록 용착시켜 나가는 방법이다.

정답 34 ① 35 ② 36 ①

37 다음 그림과 같은 홈의 종류는 무슨 형인가?

① U형　　② V형
③ I형　　④ J형

해설

맞대기이음의 종류

I형	V형	X형
U형	H형	/형
K형	J형	양면 J형

38 용접부 검사의 분류 중 기계적 시험법이 아닌 것은?

① 인장시험　　② 굽힘시험
③ 피로시험　　④ 현미경 조직시험

해설

현미경 조직검사는 시편에 손상을 주기 때문에 파괴시험법에 속하지만 기계적 시험법은 아니다.

용접부 검사방법의 종류

비파괴시험	내부결함	방사선투과시험(RT)
		초음파탐상시험(UT)
	표면결함	외관검사(VT)
		자분탐상검사(MT)
		침투탐상검사(PT)
		누설검사(LT)
파괴시험 (기계적 시험)	인장시험	인장강도, 항복점, 연신율 계산
	굽힘시험	연성의 정도 측정
	충격시험	인성과 취성의 정도 측정
	경도시험	외력에 대한 저항의 크기 측정
	피로시험	반복적인 외력에 대한 저항력 측정
파괴시험 (화학적 시험)	매크로시험	현미경 조직검사

39 최초 길이가 15mm인 시험편을 인장시험 후 20mm가 되었을 경우 연신율은 약 몇 %인가?

① 13　　② 23
③ 33　　④ 53

해설

연신율(ε) : 재료에 외력이 가해졌을 때 처음 길이에 비해 나중에 늘어난 길이의 비율

$$\varepsilon = \frac{\text{나중 길이} - \text{처음 길이}}{\text{처음 길이}}$$

$$= \frac{l_1 - l_0}{l_0} \times 100\%$$

$$= \frac{20 - 15\text{mm}}{15\text{mm}} \times 100\%$$

$=33.3\%$

40 용접부를 연속적으로 타격하여 표면층에 소성 변형을 주어 잔류응력을 감소시키는 방법은?

① 피닝법
② 변형 교정법
③ 저온응력완화법
④ 응력 제거 어닐링

해설

① 피닝법 : 끝이 둥근 특수 해머를 사용하여 용접부를 연속적으로 타격하며 용접 표면에 소성변형을 주어 인장응력을 완화시킨다.
③ 저온응력완화법 : 용접선의 양측을 정속으로 이동하는 가스불꽃에 의하여 약 150mm의 너비에 걸쳐 150~200℃로 가열한 뒤 곧 수랭하는 방법으로, 주로 용접선 방향의 응력을 제거하는 데 사용한다.
④ 응력 제거 풀림 : 응력으로 인한 부식의 저항력을 크게 해 줌으로써 용접구조물을 더 안전하게 만든다(풀림 = 어닐링).

37 ④　38 ④　39 ③　40 ①　**정답**

제3과목 용접일반 및 안전관리

41 정격 사용률이 50%이고, 정격 2차 전류가 300A인 아크용접기를 사용하여 실제 300A로 용접한다면 용접기의 허용 사용률은 몇 %인가?

① 34.7 ② 41.7
③ 50 ④ 72

해설

$$\text{허용 사용률(\%)} = \frac{(\text{정격 2차 전류})^2}{(\text{실제 용접 전류})^2} \times \text{정격 사용률(\%)}$$

$$= \frac{(300\text{A})^2}{(300\text{A})^2} \times 50\%$$

$$= \frac{90,000}{90,000} \times 50\%$$

$$= 50\%$$

42 가스 절단에 사용되는 프로판가스의 성질을 설명한 것 중 틀린 것은?

① 공기보다 가볍다.
② 증발잠열이 크다.
③ 상온에서는 기체 상태이고 무색이다.
④ 액화하기 쉽고 용기에 넣어 수송하기 편리하다.

해설
프로판가스(C_3H_8)는 공기보다 무겁다.

43 가스 절단 시 사용되는 산소 중에 불순물이 증가되면 나타나는 결과로 틀린 것은?

① 절단면이 거칠어진다.
② 절단속도가 빨라진다.
③ 산소의 소비량이 많아진다.
④ 슬래그의 이탈성이 나빠진다.

해설
가스 절단 시 조연성 가스인 산소에 불순물이 증가되면 절단속도가 느려지고, 불꽃이 안정화되지 않아 절단면이 거칠다.

44 서브머지드 아크용접의 특징으로 틀린 것은?

① 유해광선 발생이 적다.
② 용착속도가 빠르며 용입이 깊다.
③ 전류밀도가 낮아 박판용접에 용이하다.
④ 개선각을 작게 하여 용접의 패스수를 줄일 수 있다.

해설
서브머지드 아크용접(SAW)은 전류밀도가 높아서 후판용접에 적합하다.

정답 41 ③ 42 ① 43 ② 44 ③

45 저항용접의 특징으로 틀린 것은?

① 접합강도가 비교적 크다.
② 산화 및 변질 부분이 작다.
③ 용접봉, 용제 등이 불필요하다.
④ 작업속도가 느려 소량 생산에 적합하다.

해설
저항용접은 작업속도가 빨라서 대량 생산에 적합하다.
전기저항용접
용접하고자 하는 2개의 금속면을 서로 맞대어 놓고 적당한 기계적 압력을 주고 전류를 흐르게 하면, 접촉면에 존재하는 접촉저항 및 금속 자체의 저항 때문에 접촉면과 그 부근에 열이 발생하여 온도가 올라가면 그 부분에 가해진 압력 때문에 양면이 완전히 밀착되며, 이때 전류를 끊어서 용접을 완료한다. 전기저항용접은 용접부에 대전류를 직접 흐르게 하여 이때 생기는 열을 열원으로 접합부를 가열하고, 동시에 큰 압력을 주어 금속을 접합하는 방법이다.

46 가스용접에서 토치의 취급상 주의사항으로 틀린 것은?

① 토치를 망치 등 다른 용도로 사용해서는 안 된다.
② 팁 및 토치를 작업장 바닥이나 흙 속에 방치하지 않는다.
③ 작업 중 발생하기 쉬운 역류, 역화, 인화에 항상 주의하여야 한다.
④ 팁을 바꿔 끼울 때에는 반드시 양쪽 밸브를 모두 열고 팁을 교체한다.

해설
가스용접용 토치 팁을 교체할 때는 반드시 양쪽 밸브를 모두 닫아 가스가 새어나오지 않게 한 후 팁을 교체해야 한다.

47 교류아크용접기에서 용접전류 조정범위는 정격 2차 전류의 몇 % 정도인가?

① 20~110%　② 40~170%
③ 60~190%　④ 80~210%

48 일반적인 프로젝션용접의 특징으로 옳은 것은?

① 전극의 수명이 짧다.
② 용접속도가 느리다.
③ 제품의 신뢰도가 낮다.
④ 작업능률이 높으며 외관이 아름답다.

해설
프로젝션 용접의 특징
- 돌기용접이라고도 한다.
- 열의 집중성이 좋다.
- 스폿용접의 일종이다.
- 전극의 가격이 고가이다.
- 대전류가 돌기부에 집중된다.
- 표면에 요철부가 생기지 않는다.
- 작업능률이 높으며 외관이 아름답다.
- 좁은 공간에 많은 점을 용접할 수 있다.
- 전극의 형상이 복잡하지 않으며 수명이 길다.
- 돌기를 미리 가공해야 하므로 원가가 상승한다.
- 용접 위치를 항상 일정하게 할 수 있으며, 제품의 신뢰도가 높다.
- 한 번에 많은 양의 돌기부를 용접할 수 있어서 용접속도가 빠르다.
- 두께, 강도, 재질이 현저히 다른 경우에도 양호한 용접부를 얻는다.

45 ④ 46 ④ 47 ① 48 ④ **정답**

49 역류, 역화, 인화 등을 막기 위해 사용하는 수봉식 안전기 취급 시 주의사항이 아닌 것은?

① 수봉관에 규정된 선까지 물을 채운다.
② 안전기가 얼었을 경우 가스토치로 해빙시킨다.
③ 한 개의 안전기에는 반드시 한 개의 토치를 설치한다.
④ 수봉관의 수위는 작업 전에 반드시 점검한다.

해설
가스봄베의 수봉식 안전기가 언 경우 가스토치로 해빙하면 내부의 압력 상승에 의한 가스 폭발의 위험이 크다.

50 고장력강용 피복아크용접봉에서 피복제 계통이 철분 저수소계인 것은?

① E5001
② E5003
③ E5316
④ E5326

해설
고장력강용 피복아크용접봉의 피복제 계통(KS D 7006)
- E5001 : 일루미나이트계
- E5003 : 라임티타니아계
- E5016, E5316, E5816, E6216, E7016, E7616, E8016 : 저수소계
- E5026, E5326, E5826, E6226 : 철분 저수소계

51 피복아크용접봉의 피복배합제 중 탈산제로 사용되는 것은?

① 붕 사
② 망간철
③ 석회석
④ 산화타이타늄

해설
탈산제는 용융금속 속에 있는 산화물을 탈산, 정련하는 것으로 크롬, 망간, 알루미늄, 규소철, 톱밥 페로망간(Fe-Mn), 페로실리콘(Fe-Si), Fe-Ti, 망간철, 소맥분(밀가루) 등이 사용된다.

52 가스 절단에서 일정한 속도로 절단할 때 절단 홈의 밑으로 갈수록 슬래그의 방해, 산소의 오염 등에 의해 절단이 느려져 절단면을 보면 거의 일정한 간격으로 평행한 곡선이 나타난다. 이 곡선을 무엇이라고 하는가?

① 가스 궤적
② 드래그라인
③ 절단면의 아크 방향
④ 절단속도의 불일치에 따른 궤적

해설

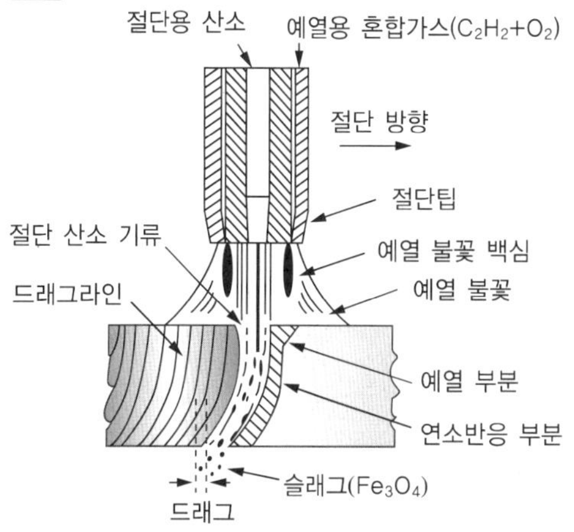

53 연납땜과 경납땜을 구분하는 기준 온도는 몇 ℃인가?

① 120　　② 300
③ 350　　④ 450

54 MIG용접의 특징으로 옳은 것은?

① 수하 특성 및 정전류 특성을 가진다.
② MIG용접은 전자동용접에만 사용한다.
③ 전류밀도가 피복아크용접의 약 6배 정도 높다.
④ TIG용접에 비해 능률이 작아 3mm 이하의 박판 용접에 주로 사용한다.

해설

MIG용접(Metal Inert Gas arc welding)

용가재인 전극와이어(1.0~2.4ϕ)를 연속적으로 보내어 아크를 발생시키는 방법으로, 용극식 또는 소모식 불활성 가스아크용접이라고도 하며 불활성 가스로는 주로 Ar(아르곤)가스를 사용한다. MIG 용접의 특징은 다음과 같다.

- 정전압 특성 또는 상승 특성이 있다.
- 전자세 용접이 가능하다.
- TIG 용접은 용접부가 좁고, 깊은 용입을 얻으므로 후판(두꺼운 판) 용접에 적당하다.
- 전류밀도가 아크용접보다 4~6배 더 높다.

55 레이저용접의 설명으로 틀린 것은?

① 접촉식 용접방법이다.
② 모재의 열 변형이 거의 없다.
③ 이종금속의 용접이 가능하다.
④ 미세하고 정밀한 용접을 할 수 있다.

해설

레이저빔 용접(레이저용접)

레이저란 유도방사에 의한 빛의 증폭이란 뜻이다. 레이저에서 얻어진 접속성이 강한 단색 광선으로서 강렬한 에너지를 가지고 있으며, 이때의 광선 출력을 이용하여 용접하는 방법이다. 모재의 열 변형이 거의 없으며, 이종금속의 용접이 가능하고 정밀한 용접을 할 수 있으며, 비접촉식 방식으로 모재에 손상을 주지 않는다는 특징을 갖는다.

56 전격방지기가 설치된 용접기의 가장 적당한 무부하전압은 몇 V 정도인가?

① 20~30　　② 40~50
③ 60~70　　④ 80~90

해설

일반적인 교류아크용접기의 2차측 무부하전압은 75V 정도되는데, 이 때문에 직류아크용접기보다 전격의 위험이 더 크다. 따라서 용접기에 전격방지기를 반드시 설치하고, 무부하전압은 항상 25V 이하로 유지해야 한다.

53 ④ 54 ③ 55 ① 56 ① **정답**

57 직류아크용접기의 극성에 따른 특징으로 옳은 것은?

① 역극성의 경우 비드폭이 좁다.

② 정극성의 경우 모재의 용입이 깊다.

③ 역극성의 경우 용접봉의 녹음이 느리다.

④ 정극성은 박판용접 및 비철금속용접에 쓰인다.

해설

직류아크용접기에서 정극성은 모재에 (+)전극이 가해지며, 약 70%의 열이 집중되므로 모재가 더 잘 녹아서 용입이 깊다.

58 중압식 가스용접 토치에 사용되는 아세틸렌가스의 압력으로 적당한 것은?

① 0.25MPa 이상

② 0.13~0.25MPa

③ 0.007~0.13MPa

④ 0.001~0.007MPa

해설

토치를 사용압력(단위 : MPa)으로 분류하면 다음과 같다.

저압식	0.007MPa 이하
중압식	0.007~0.13MPa
고압식	0.13MPa 이상

59 교류아크용접기의 부속장치 중 아크 발생 초기에만 용접전류를 특별히 높이는 장치는?

① 핫스타트 장치

② 원격제어장치

③ 전격방지장치

④ 초음파 발생장치

해설

핫스타트 장치

아크 발생 초기에는 용접봉과 모재가 냉각되어 있어 아크가 불안정하다. 핫스타트 장치는 아크 발생을 더 쉽게 하기 위해 아크 발생 초기에만 용접전류를 특별히 높이는 장치로, 아크 발생을 쉽게 하여 초기 비드 용입을 가능하게 하고 비드 모양을 개선시킨다.

60 1차 입력이 40kVA인 피복아크용접기에서 전원전압이 200V라면 퓨즈의 용량은 몇 A가 가장 적합한가?

① 100　② 150

③ 200　④ 250

해설

$$\text{퓨즈용량} = \frac{\text{전력[kVA]}}{\text{전압[V]}} = \frac{40{,}000\text{VA}}{200\text{V}} = 200\text{A}$$

따라서 200A 용량의 퓨즈가 가장 적합하다.

정답 57 ② 58 ③ 59 ① 60 ③

2020년 제3회 과년도 기출문제

제1과목 용접야금 및 용접설비제도

01 금속의 일반적인 성질로 틀린 것은?

① 수은 이외에는 상온에서 고체이다.
② 전기에 부도체이며, 비중이 작다.
③ 고체 상태에서 결정구조를 갖는다.
④ 금속 고유의 광택을 갖고 있다.

해설
금속은 전기에 도체이며, 비중은 7.8로 비철금속보다 크다.

02 아크용접피복제의 종류 중에서 슬래그 생성제로만 짝지어진 것은?

① 산화철, 규사, 장석, 석회석, 일미나이트
② 석회석, 일미나이트, 망간철, 장석, 몰리브덴
③ 산화철, 석회석, 톱밥, 형석, 일미나이트
④ 석회석, 산화니켈, 장석, 규산나트륨, 일미나이트

해설
심선을 둘러싸는 피복배합제의 종류

배합제	용 도	종 류
고착제	심선에 피복제를 고착시킨다.	규산나트륨, 규산칼륨, 아교
탈산제	용융 금속 중의 산화물을 탈산, 정련한다.	크롬, 망간, 알루미늄, 규소철, 톱밥, 페로망간(Fe-Mn), 페로실리콘(Fe-Si), Fe-Ti, 망간철, 소맥분(밀가루)
가스 발생제	중성, 환원성 가스를 발생하여 대기와의 접촉을 차단하여 용융 금속의 산화나 질화를 방지한다.	아교, 녹말, 톱밥, 탄산바륨 셀룰로이드, 석회석, 마그네사이트
아크 안정제	아크를 안정시킨다.	산화타이타늄, 규산칼륨, 규산나트륨, 석회석
슬래그 생성제	용융점이 낮고 가벼운 슬래그를 만들어 산화나 질화를 방지한다.	석회석, 규사, 장석, 산화철, 일미나이트, 이산화망간
합금 첨가제	용접부의 성질을 개선하기 위해 첨가한다.	페로망간, 페로실리콘, 니켈, 몰리브덴, 구리

1 ② 2 ① 정답

03 강의 조직 중에서 경도가 높은 것에서 낮은 순으로 나열된 것은?

① 트루스타이트 > 소르바이트 > 오스테나이트 > 마텐자이트
② 소르바이트 > 트루스타이트 > 오스테나이트 > 마텐자이트
③ 마텐자이트 > 오스테나이트 > 소르바이트 > 트루스타이트
④ 마텐자이트 > 트루스타이트 > 소르바이트 > 오스테나이트

해설

금속조직의 강도와 경도가 높은 순서
페라이트 < 오스테나이트 < 펄라이트 < 소르바이트 < 베이나이트 < 트루스타이트 < 마텐자이트 < 시멘타이트

04 강의 연화 및 내부 응력 제거를 목적으로 하는 열처리는?

① Marquenching ② Annealing
③ Carburizing ④ Nitriding

해설

풀림(Annealing) : 재질을 연하고 균일화시킬 목적으로 실시하는 열처리법으로, 완전풀림은 A_3 변태점(968℃) 이상의 온도로, 연화풀림은 650℃ 정도의 온도로 가열한 후 서랭한다.

05 다음 중 용접 전에 적당한 온도로 예열하는 목적과 가장 거리가 먼 것은?

① 수축 변형을 감소시키기 위하여
② 냉각속도를 빠르게 하기 위하여
③ 잔류응력을 경감시키기 위하여
④ 연성을 증가시키기 위하여

해설

용접 전 예열을 하는 목적은 용접 후 재료의 급격한 냉각을 막기 위해서이다.

06 체심입방격자의 단위격자에 속하는 원자수는?

① 1개 ② 2개
③ 3개 ④ 4개

해설

Fe의 결정구조의 종류 및 특징

종 류	성 질	원 소	단위 격자 내 원자수	배위 수	원자 충진율
체심입방격자 (BCC ; Body Centered Cubic)	• 강도가 크다. • 용융점이 높다. • 전성과 연성이 작다.	W, Cr, Mo, V, Na, K	2개	8	68%
면심입방격자 (FCC ; Face Centered Cubic)	• 전기전도도가 크다. • 가공성이 우수하다. • 장신구로 사용된다. • 전성과 연성이 크다. • 연한 성질의 재료이다.	Al, Ag, Au, Cu, Ni, Pb, Pt, Ca	4개	12	74%
조밀육방격자 (HCP ; Hexa-gonal Close Packed lattice)	• 전성과 연성이 작다. • 가공성이 좋지 않다.	Mg, Zn, Ti, Be, Hg, Zr, Cd, Ce	2개	12	74%

정답 3 ④ 4 ② 5 ② 6 ②

07 순철의 성질이 아닌 것은?

① 담금질 효과를 받지 않는다.
② 용접성이 좋다.
③ 연성이 크다.
④ 취성이 크다.

해설
순철은 매우 무른 재질로, 취성이 작다.

08 저탄소강의 용접 열영향부 조직 중 가열온도 범위가 900~1,100℃이고, 재결정으로 미세화되어 인성 등의 기계적 성질이 양호한 것은?

① 조립부 ② 세립부
③ 모재부 ④ 취화부

해설
열영향부 조직 중 세립부는 900~1,100℃ 정도로 가열된 부분으로, 결정이 재결정되어 미세화됨으로써 인성 등의 기계적 성질이 양호한 부분이다.

09 강의 제조법 중 탈산 정도에 따른 강괴의 종류에 해당하지 않는 것은?

① 킬드강 ② 림드강
③ 쾌삭강 ④ 세미킬드강

해설
쾌삭강은 재료가 잘 절삭되는 강(Steel) 재료로, 강괴의 종류에 해당되지 않는다. 강괴는 킬드강, 림드강, 캡트강, 세미킬드강으로 구분된다.

10 용접 슬래그 중 중성 산화물은 어느 것인가?

① SiO_2 ② Al_2O_3
③ MnO ④ Na_2O

해설
알루미나(Al_2O_3)는 중성 산화물인 용접 슬래그이다.

11 다음 중 치수 기입의 원칙으로 틀린 것은?

① 치수는 중복 기입을 피한다.
② 치수는 되도록 주투상도에 집중시킨다.
③ 치수는 계산하여 구할 필요가 없도록 기입한다.
④ 관련되는 치수는 되도록 분산시켜서 기입한다.

해설
도면 작성 시 관련된 치수는 되도록 한곳에 집중되도록 기입해야 한다.

7 ④ 8 ② 9 ③ 10 ② 11 ④ **정답**

12 다음 그림의 용접기호는 어떤 용접을 나타내는가?

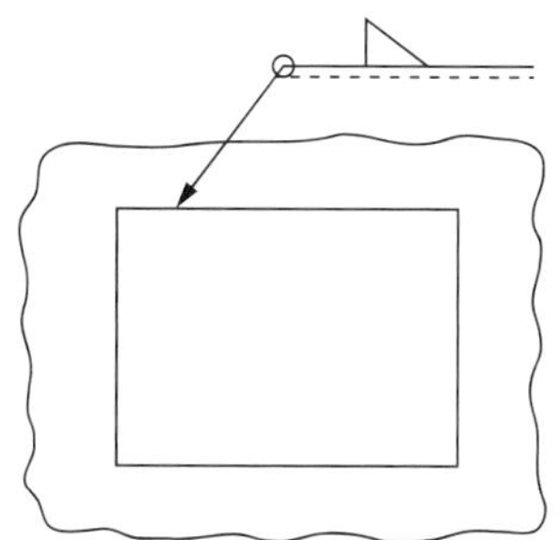

① 일주 필릿용접
② 연속 필릿현장용접
③ 단속 필릿현장용접
④ 일주 맞대기현장용접

해설

◺는 필릿용접의 도시기호이다.

13 다음과 같은 용접 기본기호의 명칭으로 맞는 것은?

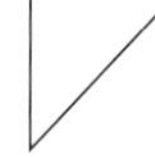

① 일면 개선형 맞대기용접
② 개선각이 급격한 V형 맞대기용접
③ 넓은 루트면이 있는 V형 맞대기용접
④ 넓은 루트면이 있는 한 면 개선형 맞대기용접

해설

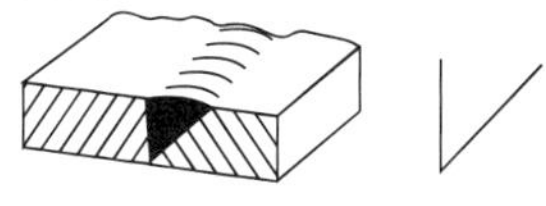

[일면 개선형 맞대기용접]

14 특정 부분의 도형이 작아서 그 부분의 상세한 도시나 치수 기입을 할 수 없을 때 그 부분을 가는 실선으로 에워싸고, 영문자 대문자로 표시함과 동시에 그 해당 부분을 다른 장소에 확대하여 그리는 것은?

① 부분투상도
② 부분확대도
③ 국부투상도
④ 보조투상도

해설

투상도의 종류

종 류	정 의	도면 표시
회전 투상도	각도를 가진 물체의 실제 모양을 나타내기 위해서 그 부분을 회전해서 그린다.	
부분 투상도	그림의 일부를 도시하는 것만으로도 충분한 경우 필요한 부분만 투상하여 그린다.	
국부 투상도	대상물이 구멍, 홈 등과 같이 한 부분의 모양을 도시하는 것만으로도 충분한 경우에 사용한다.	
부분 확대도	특정 부분의 도형이 작아서 그 부분을 자세히 나타낼 수 없거나 치수 기입을 할 수 없을 때, 그 부분을 가는 실선으로 둘러싸고 한글이나 알파벳 대문자로 표시한 후 근처에 확대하여 표시한다.	확대도-A 척도 2:1
보조 투상도	경사면을 지니고 있는 물체는 그 경사면의 실제 모양을 표시할 필요가 있는데, 이 경우 보이는 부분의 전체 또는 일부분을 대상물의 사면에 대향하는 위치에 그린다.	대칭기호

정답 12 ① 13 ① 14 ②

15 다음 선의 종류 중 단면의 무게중심을 연결한 선을 표시하거나 렌즈를 통과하는 광축을 나타내는 데 사용하는 것은?

① 굵은 파선
② 가는 1점쇄선
③ 가는 2점쇄선
④ 굵은 1점쇄선

해설

가는 2점쇄선(―― - - ――)으로 표시되는 가상선의 용도

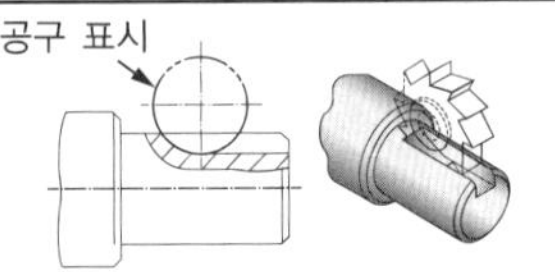

- 반복되는 것을 나타낼 때
- 렌즈를 통과하는 광축을 나타낼 때
- 가공 전이나 후의 모양을 표시할 때
- 도시된 단면의 앞부분을 표시할 때
- 물품의 인접 부분을 참고로 표시할 때
- 이동하는 부분의 운동범위를 표시할 때
- 공구 및 지그 등 위치를 참고로 나타낼 때
- 단면의 무게중심을 연결한 선을 표시할 때

가공 전후의 모양

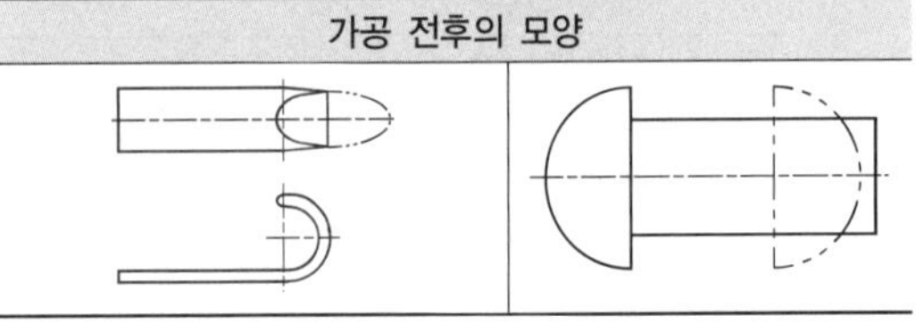

16 도형의 표시방법 중 도형의 생략도시에 관한 내용으로 가장 적절하지 않은 것은?

① 도형이 대칭일 경우에는 대칭 중심선의 한쪽 도형만 그리고, 그 대칭 중심선의 양끝 부분에 짧은 2개의 나란한 가는 선을 그린다.
② 도면에서 같은 크기나 모양이 계속 반복될 경우에는 생략하여 도시할 수 있다.
③ 긴 테이퍼 부분 또는 기울기 부분을 잘라낸 도시에서는 경사가 완만한 것은 실제의 각도로 도시하지 않아도 된다.
④ 긴 테이퍼의 중간 부분을 생략하여 도시하였을 경우 잘라낸 끝부분은 아주 굵은 선으로 나타낸다.

해설

긴 부분을 잘라낸 경우 끝부분은 가는 실선으로 나타낸다.

17 다음 중 각기둥이나 원기둥을 전개할 때 사용하는 전개도법으로 가장 적합한 것은?

① 사진 전개도법 ② 평행선 전개도법
③ 삼각형 전개도법 ④ 방사선 전개도법

해설

전개도법의 종류

종 류	의 미
평행선법	삼각기둥, 사각기둥과 같은 여러 가지 각기둥과 원기둥을 평행하게 전개하여 그리는 방법
방사선법	삼각뿔, 사각뿔 등의 각뿔과 원뿔을 꼭짓점을 기준으로 부채꼴로 펼쳐서 전개도를 그리는 방법
삼각형법	꼭짓점이 먼 각뿔, 원뿔 등을 해당 면을 삼각형으로 분할하여 전개도를 그리는 방법

15 ③ 16 ④ 17 ② **정답**

18 다음 관 이음쇠의 기호 중 플랜지 이음의 캡기호로 가장 적합한 것은?

① 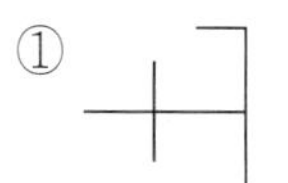

② 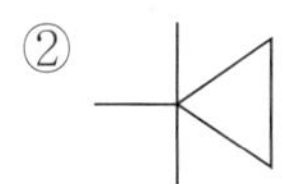

③ 

④ 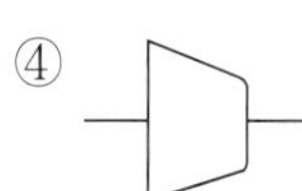

해설

② : 나사이음의 플러그기호

③ : 플랜지이음의 가는 엘보기호

④ : 나사이음의 부시기호

19 한 도면에서 두 종류 이상의 선이 같은 장소에 겹치게 될 때 우선순위로 옳은 것은?

① 숨은선 → 절단선 → 외형선 → 중심선

② 숨은선 → 절단선 → 중심선 → 외형선

③ 외형선 → 숨은선 → 절단선 → 중심선

④ 외형선 → 중심선 → 절단선 → 숨은선

해설

두 종류 이상의 선이 중복되는 경우 선의 우선순위

숫자나 문자 > 외형선 > 숨은선 > 절단선 > 중심선 > 무게중심선 > 치수 보조선

20 다음 그림과 같은 용접기호가 심(Seam)용접부에 도시되어 있다. 다음 중 설명이 틀린 것은?

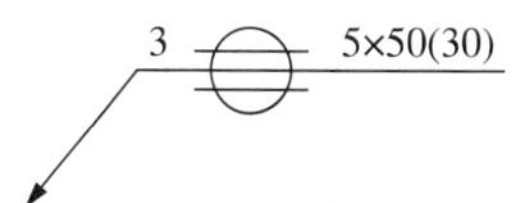

① 심용접부의 폭은 3mm이다.

② 심용접부의 두께는 5mm이다.

③ 심용접부의 길이는 50mm이다.

④ 심용접부의 용접 거리는 30mm이다.

해설

심용접 기호에서 용접부의 두께는 표현되지 않는다.

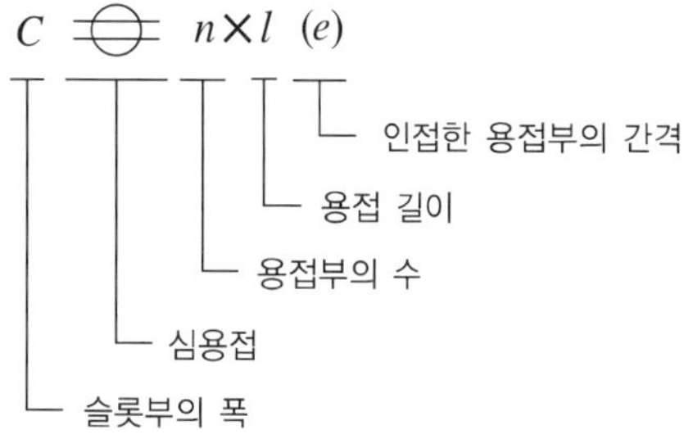

제2과목 용접구조설계

21 용접 접합면에 홈(Groove)을 만드는 주된 이유는?

① 변형을 줄이기 위하여

② 완전한 용입을 위하여

③ 재료를 절약하기 위하여

④ 제품의 치수를 조절하기 위하여

해설

서로 다른 모재의 끝부분에 홈(Groove)을 만드는 이유는 용접 시 만들어지는 용융된 쇳물이 잘 용입되도록 하기 위해서이다.

정답 18 ① 19 ③ 20 ② 21 ②

22 용접부 검사에서 비파괴시험법에 속하는 것은?

① 충격시험 ② 피로시험
③ 경도시험 ④ 형광침투시험

해설
충격시험, 피로시험, 경도시험 모두 재료에 손상을 가져오지만 형광침투시험은 재료 표면의 결함부를 검출하는 시험법으로, 재료에 손상을 가져오지는 않으므로 비파괴시험법에 속한다.

침투탐상검사
검사하려는 대상물의 표면에 침투력이 강한 형광성 침투액을 도포 또는 분무하거나 표면 전체를 침투액 속에 침적시켜 표면의 흠집 속에 침투액이 스며들게 한 다음 이를 백색 분말의 현상액을 뿌려서 침투액을 표면으로부터 빨아내서 결함을 검출하는 방법이다. 침투액이 형광물질이면 형광침투탐상시험이라고 한다.

23 용접 수축에 의한 굽힘 변형 방지법으로 틀린 것은?

① 개선 각도는 용접에 지장이 없는 범위에서 작게 한다.
② 후퇴법, 대칭법, 비석법 등을 채택하여 용접한다.
③ 역변형을 주거나 구속 지그로 구속한 후 용접한다.
④ 핀 두께가 얇은 경우 첫 패스측의 개선 깊이를 작게 한다.

해설
판 두께가 얇은 경우 첫 패스측의 개선 깊이를 크게 해야 한다.
※ 패스(Pass) : 용접의 운행방법에 따라 실시한 1회의 용접 조작

24 용접 기본기호에서 '넓은 루트면이 있는 한 면 개선형 맞대기용접'을 나타내는 것은?

해설
넓은 루트면이 있는 한 면 개선형 맞대기용접부의 기호와 형상은 다음과 같다.

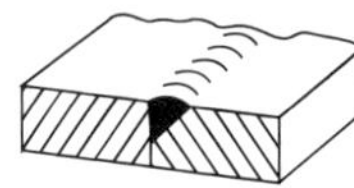

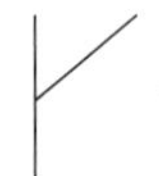

25 모재의 인장강도가 400MPa이고, 용접시험편의 인장강도가 280MPa이라면 용접부의 이음효율은 몇 %인가?

① 50 ② 60
③ 70 ④ 80

해설
용접부의 이음효율(η)

$$\eta = \frac{\text{시험편 인장강도}}{\text{모재 인장강도}} \times 100\%$$

$$= \frac{280\text{N/mm}^2}{400\text{N/mm}^2} \times 100\%$$

$$= 70\%$$

22 ④ 23 ④ 24 ③ 25 ③ 정답

26 용접 변형의 일반적 특성에서 홈용접 시 용접 진행에 따라 홈 간격이 넓어지거나 좁아지는 변형은?

① 종 변형　　② 횡 변형
③ 각 변형　　④ 회전 변형

해설

회전 변형 : 용접 변형의 일종으로 용접 진행 방향으로 홈 간격이 넓어지거나 좁아지는 변형

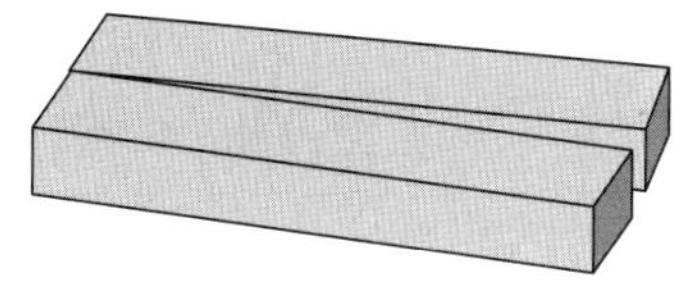

27 다음 중 용접구조물의 피로강도를 향상시키기 위한 방법으로 틀린 것은?

① 구조상 응력집중이 되는 곳에 용접을 집중시킬 것
② 열처리방법을 이용하여 용접부의 잔류응력을 완화시킬 것
③ 냉간가공이나 야금적 변화 등을 이용하여 기계적인 강도를 높일 것
④ 표면가공이나 다듬질을 이용하여 단면이 급변하는 부분을 피할 것

해설

피로강도를 향상시키려면 재료에 응력이 집중되지 않도록 구조물을 제작해야 한다. 따라서 용접부에 잔류응력을 완화시키면 된다. 그러나 재료의 단면이 급변하거나 응력이 집중되며 기계적 강도가 줄어든다면 오히려 피로강도는 감소한다.

28 용접이음 설계 시 충격하중을 받는 연강의 안전율로 적당한 것은?

① 3　　② 5
③ 8　　④ 12

해설

하중의 종류에 따른 안전율 설정

- 정하중 : 3
- 동하중(일반) : 5
- 동하중(주기적) : 8
- 충격하중 : 12

안전율(S) : 외부의 하중에 견딜 수 있는 정도를 수치로 나타낸 것

$$S = \frac{\text{극한강도}(\sigma_u)\text{ 또는 인장강도}}{\text{허용응력}(\sigma_a)}$$

29 두께 4mm인 연강판을 I형 맞대기 이음용접을 한 결과 용착금속의 중량이 3kg이었다. 이때 용착효율이 60%라면 용접봉의 사용 중량은 몇 kg인가?

① 4　　② 5
③ 6　　④ 7

해설

$$\text{용착효율} = \frac{\text{용착금속의 중량}}{\text{용접봉 사용 중량}} \times 100\%$$

$$\text{용접봉 사용 중량} = \frac{\text{용착금속의 중량}}{\text{용착효율}} = \frac{3}{0.6} = 5\text{kg}$$

정답 26 ④ 27 ① 28 ④ 29 ②

30 용접부의 단면을 연삭기나 샌드페이퍼 등으로 연마하고 적당히 부식시켜 육안이나 저배율의 확대경으로 관찰하여 용입의 상태, 다층 용접에 있어서의 각층의 양상, 열영향부의 범위, 결함의 유무 등을 알아보는 시험은?

① 파면시험
② 피로시험
③ 전단시험
④ 매크로 조직시험

해설
용착효율은 총 사용한 용접봉의 중량에 비해 용락 등 불량에 의한 손실 없이 얼마만큼의 중량이 실제 용접 부위에 용착되었는가를 나타내는 것이다.

31 중판 이상 두꺼운 판의 용접을 위한 홈 설계 시 고려사항으로 틀린 것은?

① 루트 반지름은 가능한 한 작게 한다.
② 홈의 단면적은 가능한 한 작게 한다.
③ 적당한 루트 간격과 루트면을 만들어 준다.
④ 최소 10° 정도 전후, 좌우로 용접봉을 움직일 수 있는 홈 각도를 만든다.

해설
중판 이상으로 두꺼운 판의 루트 반지름은 가능한 한 크게 해야 용접 시 가장자리 재료의 용융되어 소실되는 현상을 막을 수 있다.

32 다음 홈 이음 형상 중 플레어용접부의 형상과 가장 거리가 먼 것은?

① I형 ② V형
③ X형 ④ K형

해설
플레어용접 : 두 재료에서 경계 부분에 용접하는 방법으로, K형의 형상이라 용접부의 설계가 어렵다.

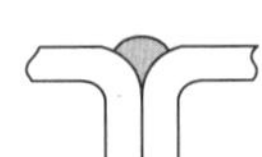
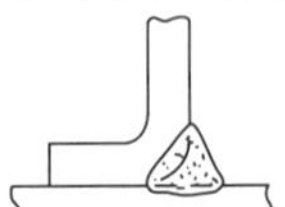

33 용접 설계상 유의해야 할 상항이 아닌 것은?

① 가능한 한 낮은 전류를 사용한다.
② 가능한 한 아래보기 용접을 하도록 한다.
③ 이음부가 한곳에 집중되지 않도록 한다.
④ 적당한 루트 간격과 홈 각도를 선택하도록 한다.

해설
용접은 작업할 모재에 따라 적절한 전류를 사용해야 용접봉과 모재가 동시에 용융될 수 있으므로, 너무 낮은 전류를 사용하면 안 된다.

30 ④ 31 ① 32 ① 33 ① 정답

34 **용접이음에서 취성파괴의 일반적 특징에 대한 설명 중 틀린 것은?**

① 온도가 높을수록 발생하기 쉽다.
② 항복점 이하의 평균응력에서도 발생한다.
③ 거시적 파면상황은 판 표면에 거의 수직이다.
④ 파괴의 기점은 응력과 변형이 집중하는 구조적 및 형상적인 불연속부에서 발생하기 쉽다.

해설
취성파괴는 온도가 낮을수록 더 발생하기 쉽다.

35 **피복아크용접에서 아크전류 200A, 아크전압 30V, 용접속도 20cm/min일 때 용접 길이 1cm당 발생하는 용접입열(Joule/cm)은?**

① 12,000 ② 15,000
③ 18,000 ④ 20,000

해설
용접입열량

$$H = \frac{60EI}{v}$$
$$= \frac{60 \times 30 \times 200}{20}$$
$= 18,000$J/cm

36 **연강판의 양면 필릿(Fillet)용접 시 용접부의 목 길이는 판 두께의 얼마 정도로 하는 것이 가장 좋은가?**

① 25% ② 50%
③ 75% ④ 100%

해설
양면 필릿용접 시 용접부의 목 길이는 판 두께의 약 75%로 한다.
필릿용접에서 이론 목 두께(a)는 $0.7z$이다.

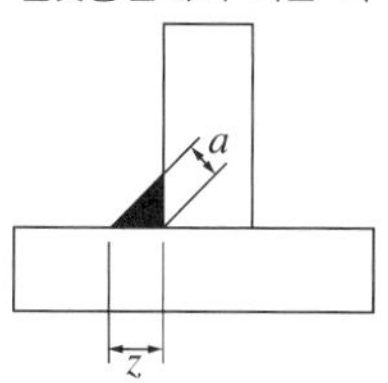

37 **판의 굽힘이 생긴 부분을 가열온도 500~600℃, 가열시간은 약 30초, 가열점의 지름은 20~30mm, 중심거리는 60~80mm로 가열 후 즉시 수랭하는 용접 변형 교정방법은?**

① 피닝법 ② 점 가열법
③ 선상 가열법 ④ 가열 후 해머링법

해설
- 점 가열법 : 판의 굽힘 부분을 500~600℃로 약 30초 가열하는데, 가열점의 크기는 약 20~30cm이고, 중심거리는 60~80cm 떨어져서 가열한 후 즉시 수랭시키는 용접 변형의 교정방법이다.
- 피닝법(Peening) : 타격 부분이 둥근 구면인 특수 해머를 모재의 표면에 지속적으로 충격을 가함으로써 재료 내부에 있는 잔류응력을 완화시키면서 표면층에 소성변형을 주는 방법이다.

정답 34 ① 35 ③ 36 ③ 37 ②

38 용접 시 발생하는 일차 결함으로서, 응고온도범위 또는 그 직하의 비교적 고온에서 용접부의 자기수축과 외부 구속 등에 의한 인장 스트레스와 균열에 민감한 조직이 존재하면 발생하는 용접부의 균열은?

① 공칭 균열 ② 저온 균열
③ 고온 균열 ④ 지연 균열

해설
- 저온 균열 : 약 220℃ 이하의 비교적 낮은 온도에서 발생하는 균열로 용접 후 용접부의 온도가 상온(약 24℃) 부근으로 떨어지면 발생하는 균열을 통틀어서 이르는 말이다.
- 고온 균열 : 용접금속의 응고 직후에 발생하는 균일로, 주로 결정립계에 생기며 300℃ 이상에서 발생한다.
- 지연 균열 : 철강재료의 강도가 높아짐에 따라서 용접부와 그 주변인 열영향부에서 저온 균열이 발생되는데, 용접한 이후에 시간이 지남에 따라서 발생한다고 해서 지연 균열이라고도 한다.

39 양면용접에 의하여 충분한 용입을 얻으려고 할 때 사용되며 두꺼운 판의 용접에 가장 적합한 맞대기 홈의 형태는?

① I형 ② H형
③ U형 ④ V형

해설
홈 형상에 따른 특징

홈의 형상	특 징
I형	• 가공이 쉽고 용착량이 적어서 경제적이다. • 판이 두꺼워지면 이음부를 완전히 녹일 수 없다.
V형	• 한쪽 방향에서 완전한 용입을 얻고자 할 때 사용한다. • 홈가공이 용이하나 두꺼운 판에서는 용착량이 많아지고 변형이 일어난다.
X형	• 후판(두꺼운 판)용접에 적합하다. • 홈가공이 V형에 비해 어렵지만 용착량이 적다. • 양쪽에서 용접하므로 완전한 용입을 얻을 수 있다.
U형	• 두꺼운 판에서 비드의 너비가 좁고 용착량도 적다. • 루트 반지름을 최대한 크게 만들며 홈가공이 어렵다. • 두꺼운 판을 한쪽 방향에서 충분한 용입을 얻고자 할 때 사용한다.
H형	• 두꺼운 판을 양쪽에서 용접하므로 완전한 용입을 얻을 수 있다.
J형	• 한쪽 V형이나 K형 홈보다 두꺼운 판에 사용한다.

40 일반적으로 용접 순서를 결정할 때 주의해야 할 사항으로 옳은 것은?

① 중심선에 대하여 비대칭으로 용접을 진행한다.
② 리벳과 용접을 병용하는 경우에는 용접이음을 먼저 한다.
③ 동일 평면 내에 이음이 많을 경우, 수축은 오른쪽으로 보낸다.
④ 수축이 작은 이음을 먼저 용접하고, 수축이 큰 이음을 나중에 용접한다.

해설
리벳과 용접작업이 병용될 때는 용접 시 발생되는 용접 열에 의한 변형 때문에 재료를 구속시키는 용접작업을 먼저 해야 한다.

제3과목 용접일반 및 안전관리

41 다음 재료 중 용접 시 가스 중독을 일으킬 수 있는 위험이 가장 큰 것은?

① 아연 도금판 ② 니켈 도금판
③ 망간 도금판 ④ 알루미늄 도금판

해설
아연 도금강판은 인체에 가스 중독을 일으키기 쉬운 비철금속인 아연이 도금되어 있으므로 용접 시 유해가스가 발생하므로 반드시 작업 시 방독마스크를 착용해야 한다.

38 ③ 39 ② 40 ② 41 ① 정답

42 다음 중 연납에 대한 설명으로 틀린 것은?

① 연납에는 주석-납을 가장 많이 사용한다.

② 염화아연, 염산, 염화암모늄은 연납용 용제로 사용된다.

③ 전기적인 접합이나 기밀, 수밀을 필요로 하는 장소에 사용된다.

④ 연납의 흡착작용은 주로 아연의 함량에 의존되며 아연 100%의 것이 가장 좋다.

해설

연납땜은 납땜재의 용융점이 450℃ 이하에서 실시하는 것으로 인장강도와 경도, 용융점이 낮고 주로 주석-납계 합금용으로 사용되며 주석의 함유량에 의해 흡착력이 결정된다. 주석이 100%일 때는 흡착작용이 없으며 주석과 납이 50 : 50일 때 용융점이 낮고 작업성도 좋다.

43 불활성 가스 금속아크용접에 관한 설명으로 틀린 것은?

① 롤러 가압방식은 2단식과 4단식이 있다.

② 송급 롤러의 형태는 V형, U형, 롤렛형 등이 있다.

③ 와이어의 송급방식은 푸시, 풀, 푸시-풀, 더블 푸시의 4종류가 있다.

④ 공랭식 MIG용접 토치는 비교적 높은 전류로 용접하는 곳에 사용되며 형태로는 립부착형을 사용한다.

해설

공랭식 MIG용접 토치는 방열의 문제로 인해 비교적 발생 열이 작을 때 사용되어야 하므로, 비교적 낮은 전류에서 사용할 수 있다.

44 용접이나 절단에서 사용하는 가스와 가스용기의 색상이 바르게 짝지어진 것은?

① 수소 - 주황색　　② 프로판 - 황색

③ 아세틸렌 - 녹색　　④ 이산화탄소 - 흰색

해설

일반 가스용기의 도색 색상

가스 명칭	도 색	가스 명칭	도 색
산 소	녹 색	암모니아	백 색
수 소	주황색	아세틸렌	황 색
탄산가스	청 색	프로판(LPG)	회 색
아르곤	회 색	염 소	갈 색

45 이음부의 루트 간격 치수에 특히 유의하여야 하며, 아크가 보이지 않는 상태에서 용접이 진행된다고 하여 잠호용접이라고도 하는 것은?

① 피복아크용접

② 탄산가스 아크용접

③ 서브머지드 아크용접

④ 불활성 가스 금속아크용접

해설

서브머지드 아크용접 : 용접 부위에 미세한 입상의 플럭스를 도포한 뒤 용접선과 나란히 설치된 레일 위를 주행대차가 지나가면서 와이어를 용접부로 공급시키면 플럭스 내부에서 아크가 발생하면서 용접하는 자동용접법이다. 아크가 플럭스 속에서 발생되므로 용접부가 눈에 보이지 않아 불가시 아크용접, 잠호용접이라고 한다.

정답 42 ④　43 ④　44 ①　45 ③

46 아세틸렌 압력조정기의 구비조건으로 옳은 것은?

① 압력조정기는 항상 빙결되어야 한다.
② 압력조정기는 동작이 둔감해야 한다.
③ 조정압력과 방출압력의 차이가 클수록 좋다.
④ 조정압력은 용기 내의 가스량이 변해도 항상 일정해야 한다.

해설

압력조정기는 용기 내 가스량이 줄어드는 상태에서도 분출압력이 항상 일정하게 유지되어야 한다.

47 다음 중 아크용접 시 발생되는 유해한 광선에 해당되는 것은?

① X-선 ② 자외선
③ 감마선 ④ 중성자선

해설

용접 시 발생되는 유해광선으로는 자외선, 적외선, 가시광선이 있다.

48 일반적인 초음파 용접의 특징으로 틀린 것은?

① 얇은 판이나 필름(Film)의 용접도 가능하다.
② 판의 두께에 따라 용접강도가 현저하게 변화한다.
③ 냉간압접에 비하여 주어지는 압력이 작으므로 용접물의 변형이 작다.
④ 용접입열이 작고 용접부가 좁으며 용입이 깊어 이종금속의 용접이 불가능하다.

해설

초음파용접

용접물을 겹쳐서 용접 팁과 하부 앤빌 사이에 끼워 놓고 압력을 가하면서 초음파 주파수로 횡진동을 주어 그 진동에너지에 의한 마찰열로 압접하는 방법이다. 초음파용접은 접합시킬 면에 초음파 진동을 주므로 용접부가 좁은지, 큰지 판별이 쉽지 않으며 이종금속의 용접도 가능하다. 특징은 다음과 같다.

- 용접시간이 짧다.
- 이종금속의 용접도 가능하다.
- 판의 두께에 따라 용접강도가 변한다.
- 얇은 판이나 필름(Film)의 용접도 가능하다.
- 냉간압접에 비해 주어지는 압력이 작아서 용접물의 변형이 작다.

49 직류 아크용접 중이 전압분포에서 양극 전압 강하 V_1, 음극 전압 강하 V_2, 아크 기둥 전압 강하 V_3로 분류할 때, 아크전압 V_a를 구하는 식으로 옳은 것은?

① $V_a = V_1 - V_2 + V_3$
② $V_a = V_1 - V_2 - V_3$
③ $V_a = V_1 + V_2 + V_3$
④ $V_a = V_1 + V_2 - V_3$

해설

아크전압

$V_a = V_1$(양극 전압 강하) + V_2(음극 전압 강하) + V_3(아크 기둥 전압 강하)

46 ④ 47 ② 48 ④ 49 ③ **정답**

50 스터드용접에서 페룰(Ferrule)의 작용이 아닌 것은?

① 용융금속의 산화를 방지한다.
② 용접 후 모재의 변형을 방지한다.
③ 용접이 진행되는 동안 아크열을 집중시켜 준다.
④ 용접사의 눈을 아크 광선으로부터 보호해 준다.

해설

스터드용접에서 페룰은 용접부와 대기와의 접촉을 차단시킴으로써 용융금속의 산화를 방지하고, 용접 중 아크열을 집중시키며, 아크광선을 밖으로 새어나가지 않게 해 주는 역할을 한다. 그러나 모재의 변형을 방지하는 역할은 할 수 없다.

페룰(Ferrule)

모재와 스터드가 통전할 수 있도록 연결해 주는 것으로 아크 공간을 대기와 차단하여 아크 분위기를 보호한다. 아크열을 집중시켜 주며 용착금속의 누출을 방지하고 작업자의 눈을 보호해 준다.

51 일반적인 용접의 특징으로 틀린 것은?

① 작업공정이 단축되며 경제적이다.
② 재질의 변형이 없으며 이음효율이 낮다.
③ 제품의 성능과 수명이 향상되며 이종재료도 접합할 수 있다.
④ 소음이 작아 실내에서의 작업이 가능하며 복잡한 구조물 제작이 쉽다.

해설

용접은 아크 발생 시 용접열이 발생되므로 용접 변형이 발생하며, 이음효율이 높다.

52 TIG 용접에서 교류용접기에 고주파 전류를 사용할 때의 특징으로 틀린 것은?

① 텅스텐 전극봉의 수명이 길어진다.
② 전극봉을 모재에 접촉시키지 않아도 아크가 발생된다.
③ 주어진 전극봉 지름에 비하여 전류 사용범위가 크다.
④ 용접작업 중 아크 길이가 약간 길어지면 아크가 끊어진다.

해설

TIG용접에서 고주파 교류(ACHF)를 전원으로 사용하면 아크 길이를 길게 유지할 수 있다. 따라서 아크 길이가 길어진다고 해서 아크가 끊어지지 않는다.

TIG 용접에서 고주파 교류(ACHF)을 전원으로 사용하는 이유

- 긴 아크 유지가 용이하다.
- 아크를 발생시키기 쉽다.
- 비접촉에 의해 용착금속과 전극의 오염을 방지한다.
- 전극의 소모를 줄여 텅스텐 전극봉의 수명을 길게 한다.
- 고주파 전원을 사용하므로 모재에 접촉시키지 않아도 아크가 발생한다.
- 동일한 전극봉에서 직류 정극선(DCSP)에 비해 고주파 교류(ACHF)가 사용 전류범위가 크다.

정답 50 ② 51 ② 52 ④

53 발전형 직류용접기와 비교할 때 정류기형 직류용접기의 특성이 아닌 것은?

① 보수와 점검이 어렵다.
② 완전한 직류를 얻지 못한다.
③ 정류기의 파손에 주의해야 한다.
④ 취급이 간단하고 가격이 저렴하다.

해설

직류아크용접기의 종류별 특징

발전기형	정류기형
고가이다.	저렴하다.
구조가 복잡하다.	구조가 간단하고 보수가 쉽다.
보수와 점검이 어렵다.	취급이 간단하다.
완전한 직류를 얻는다.	완전한 직류를 얻지 못한다.
전원이 없어도 사용이 가능하다.	전원이 필요하다.
소음이나 고장이 발생하기 쉽다.	소음이 없다.

54 구리나 황동을 가스용접할 때 주로 사용하는 불꽃의 종류는?

① 탄화불꽃 ② 산화불꽃
③ 질화불꽃 ④ 중성불꽃

해설

- 산화불꽃(산소과잉불꽃) : 아세틸렌가스의 비율이 1.15~1.17 : 1로 강한 산화성을 나타내며 가스불꽃 중에서 온도가 가장 높아 황동과 같은 구리합금의 용접에 적합하다.
- 탄화불꽃 : 아세틸렌과잉불꽃으로 가스용접에서 산화 방지가 필요한 금속인 스테인리스나 스텔라이트의 용접에 사용되지만, 금속 표면에 침탄작용을 일으키기 쉽다.

55 피복아크용접에서 피복배합제의 성분 중 탈산제에 속하는 것은?

① 형 석
② 석회석
③ 페로실리콘
④ 중탄산나트륨

해설

피복 배합제 중 탈산제는 용융금속 속에 있는 산화물을 탈산, 정련하는 것으로 크롬, 망간, 알루미늄, 규소철, 톱밥, 페로망간(Fe-Mn), 페로실리콘(Fe-Si), Fe-Ti, 망간철, 소맥분(밀가루) 등이 사용된다. 탄산나트륨은 아크안정제로 사용된다.

56 가스 절단이 용이하지 않은 주철 및 스테인리스강 등을 철분 또는 용제를 분출시켜 산화열 또는 용제의 화학작용을 이용하여 절단하는 방법은?

① 분말 절단
② 수중 절단
③ 산소창 절단
④ 탄소아크 절단

해설

① 분말 절단 : 철 분말이나 용제 분말을 절단용 산소에 연속적으로 혼입시켜서 용접부에 공급하면 반응하면서 발생하는 산화열로 구조물을 절단하는 방법이다.
② 수중 절단 : 수중(水中)에서 철 구조물을 절단하고자 할 때 사용하는 가스용접법으로, 주로 수소(H_2)가스가 사용되며 예열가스의 양은 공기 중의 4~8배로 한다. 교량의 개조나 침몰선의 해체, 항만의 방파제 공사에 사용한다.
③ 산소창 절단 : 가늘고 긴 강관(안지름 3.2~6mm, 길이 1.5~3m)을 사용해서 절단 산소를 큰 강괴의 중심부에 분출시켜 창으로 불리는 강관 자체가 함께 연소되면서 절단하는 방법으로, 주로 두꺼운 강판이나 주철, 강괴 등의 절단에 사용된다.

53 ① 54 ② 55 ③ 56 ① 정답

57 아크용접기의 사용률을 구하는 식으로 옳은 것은?

① 사용률(%) $= \frac{\text{휴식시간}}{\text{아크시간}} \times 100$

② 사용률(%) $= \frac{\text{아크시간}}{\text{휴식시간}} \times 100$

③ 사용률(%) $= \frac{\text{아크시간} + \text{휴식시간}}{\text{아크시간}} \times 100$

④ 사용률(%) $= \frac{\text{아크시간}}{\text{아크시간} + \text{휴식시간}} \times 100$

해설

용접기의 사용률 : 용접기를 사용하여 아크용접을 할 때 용접기의 2차 측에서 아크를 발생한 시간

$$\text{사용률(\%)} = \frac{\text{아크 발생시간}}{\text{아크 발생시간} + \text{정지시간(휴식시간)}} \times 100\%$$

58 AW-400, 정격 사용률이 60%인 아크용접기로 300A의 전류로 용접한다면 허용 사용률은 약 몇 %인가?

① 90 ② 100

③ 107 ④ 126

해설

$$\text{허용 사용률(\%)} = \frac{(\text{정격 2차 전류})^2}{(\text{실제 용접 전류})^2} \times \text{정격 사용률(\%)}$$

$$= \frac{(400\text{A})^2}{(300\text{A})^2} \times 60\%$$

$$= \frac{160,000}{90,000} \times 60\%$$

$$= 106.66\%$$

59 높은 진공 속에서 음극으로부터 방출된 전자를 고전압으로 가속시켜 피용접물과의 충돌에 의한 에너지로 용접을 행하는 방법은?

① 테르밋용접법 ② 스터드용접법

③ 전자빔용접법 ④ 그래비티용접법

해설

③ 전자빔용접법 : 고밀도로 집속되고 가속화된 전자빔을 높은 진공 속에서 용접물에 고속도로 조사시키면 빛과 같은 속도로 이동한 전자가 용접물에 충돌하면서 전자의 운동에너지를 열에너지로 변환시켜 국부적으로 고열을 발생시키는데, 이때 생긴 열원으로 용접부를 용융시켜 용접하는 방식이다. 텅스텐(3,410℃), 몰리브덴(2,620℃)과 같이 용융점이 높은 재료의 용접에 적합하다.

① 테르밋용접법 : 금속 산화물과 알루미늄이 반응하여 열과 슬래그를 발생시키는 테르밋반응을 이용하는 용접법이다. 강을 용접할 경우에는 산화철과 알루미늄 분말을 3 : 1로 혼합한 테르밋제를 만든 후 냄비의 역할을 하는 도가니에 넣은 후 점화제를 약 1,000℃로 점화시키면 약 2,800℃의 열이 발생되어 용접용 강이 만들어지는데, 이 강(Steel)을 용접 부위에 주입 후 서랭하여 용접을 완료한다. 철도 레일이나 차축, 선박의 프레임 접합에 주로 사용된다.

② 스터드용접법 : 아크용접의 일부로서 봉재나 볼트 등의 스터드를 판 또는 프레임과 같은 구조재에 직접 부착시키는 능률적인 용접방법이다. 여기서 스터드란 판재에 덧대는 물체인 봉이나 볼트 같이 긴 물체를 일컫는 용어이다.

④ 그래비티용접법(중력용접법) : 피복아크용접법에서 생산성 향상을 위해 응용된 방법으로, 피복아크용접봉이 용융되면서 소모될 때 용접봉의 지지부가 슬라이드바의 면을 따라 중력에 의해 하강하면서 용접봉이 용접선을 따라 이동하면서 용착시키는 방법이다. 주로 아래보기나 수평자세 필릿용접에 사용하며 한 명의 작업자가 여러 대의 용접장치를 사용할 수 있어서 수동용접보다 훨씬 능률적이다. 균일하고 정확한 용접이 가능하다.

60 연강용 피복아크용접봉 중 가스실드계의 대표적인 용접봉으로 피복제 중에 유기물을 20~30% 정도 포함하고 있는 것은?

① E4303 ② E4311

③ E4313 ④ E4326

해설

E4311(고셀룰로스계)은 피복제에 가스발생제인 셀룰로스(유기물)를 20~30% 정도를 포함한 가스 생성식의 대표적인 용접봉이다. 발생 가스량이 많아 피복량이 얇고 슬래그가 적으므로 수직, 위보기 용접에서 우수한 작업성을 보인다.

정답 57 ④ 58 ③ 59 ③ 60 ②

2021년 제1회 과년도 기출복원문제

※ 2021년부터는 CBT(컴퓨터 기반 시험)로 진행되어 수험자의 기억에 의해 문제를 복원하였습니다. 실제 시행문제와 일부 상이할 수 있음을 알려드립니다.

제1과목 용접야금 및 용접설비제도

01 Fe-C 평형상태도에서 순철의 용융온도는?

① 약 1,530℃ ② 약 1,495℃
③ 약 1,145℃ ④ 약 723℃

해설
순철의 용융온도는 일반적으로 1,538℃로 나타내는데 일부 책에는 1,530℃, 1,540℃로 나타내고 있다.

02 용접부의 노 내 응력제거방법에서 가열부를 노에 넣을 때 및 꺼낼 때의 노 내 온도는 몇 ℃ 이하로 하는가?

① 180℃ ② 200℃
③ 250℃ ④ 300℃

해설
노 내 풀림법 : 가열 노(Furnace) 내부의 유지온도는 625℃ 정도이며, 노에 넣을 때나 꺼낼 때의 온도는 300℃ 정도로 한다. 판 두께가 25mm일 경우에 1시간 동안 유지하는데 유지온도가 높거나 유지시간이 길수록 풀림효과가 크다.

03 슬립에 의한 변형에서 철(Fe)의 슬립면과 슬립 방향이 맞지 않는 것은?

① {110}, ⟨111⟩ ② {112}, ⟨111⟩
③ {123}, ⟨111⟩ ④ {111}, ⟨111⟩

해설
철의 결정구조별 슬립면과 슬립 방향

결정구조	슬립면	슬립 방향
BCC (체심입방격자)	{110}	⟨111⟩
	{112}	⟨111⟩
	{123}	⟨111⟩
FCC (면심입방격자)	{111}	⟨110⟩

04 용접 후 열처리의 목적이 아닌 것은?

① 용접 잔류응력 제거
② 용접 열영향부 조직 개선
③ 응력부식 균열 방지
④ 아크열량 부족 보충

해설
아크 열량의 부족 여부는 용접 중 발생하는 사항이므로 후 열처리와는 관련이 없다.

용접 후 열처리의 목적
- 잔류응력 제거
- 응력부식 균열 방지
- 용접 재료의 급랭 및 급열로 인한 변형 방지
- 열영향부(HAZ ; Heat Affected Zone)의 조직 개선

1 ① 2 ④ 3 ④ 4 ④ 정답

05 탄소강의 A_2, A_3 변태점이 모두 옳게 표시된 것은?

① $A_2 = 723℃$, $A_3 = 1,400℃$

② $A_2 = 768℃$, $A_3 = 910℃$

③ $A_2 = 723℃$, $A_3 = 910℃$

④ $A_2 = 910℃$, $A_3 = 1,400℃$

해설

변태점이란 변태가 일어나는 온도로, 다음과 같이 5개의 변태점이 있다.

- A_0 변태점(210℃) : 시멘타이트의 자기변태점
- A_1 변태점(723℃) : 철의 동소변태점(공석변태점)
- A_2 변태점(768℃) : 철의 자기변태점
- A_3 변태점(910℃) : 철의 동소변태점, 체심입방격자(BCC) → 면심입방격자(FCC)
- A_4 변태점(1,410℃) : 철의 동소변태점, 면심입방격자(FCC) → 체심입방격자(BCC)

06 노내풀림법으로 잔류응력을 제거하고자 할 때 연강제 용접부 최대 두께가 25mm인 경우 가열 및 냉각속도 R이 만족시켜야 하는 식은?

① $R \leqq 500$(deg/h)

② $R \leqq 200$(deg/h)

③ $R \leqq 300$(deg/h)

④ $R \leqq 400$(deg/h)

해설

노내풀림법으로 잔류응력을 제거할 때 연강제의 용접부 두께가 25mm이면 가열 및 냉각속도 $R \leqq 200$(deg/h)을 충족시켜야 하는데 상승 및 하강온도는 판 두께 25mm당 10℃ 변화에 20분 동안 진행시킨다.

07 스테인리스강 중에서 내식성, 내열성, 용접성이 우수하여 대표적인 조성이 18Cr-8Ni인 계통은?

① 마텐자이트계

② 페라이트계

③ 오스테나이트계

④ 소르바이트계

해설

18-8스테인리스강은 18%의 Cr과 8%의 Ni이 합금된 것으로 오스테나이트계 스테인리스강을 달리 부르는 말이다.

스테인리스강의 분류

구 분	종 류	주요성분	자 성
Cr계	페라이트계 스테인리스강	Fe+Cr 12% 이상	자성체
	마텐자이트계 스테인리스강	Fe+Cr 13%	자성체
Cr+Ni계	오스테나이트계 스테인리스강	Fe+Cr 18%+Ni 8%	비자성체
	석출경화계 스테인리스강	Fe+Cr+Ni	비자성체

08 황(S)의 해를 방지할 수 있는 적합한 원소는?

① Mn(망간)

② Si(규소)

③ Al(알루미늄)

④ Mo(몰리브덴)

해설

적열취성

S(황)의 함유량이 많은 탄소강이 900℃ 부근에서 적열(赤熱) 상태가 되었을 때 파괴되는 성질로, 철에 S의 함유량이 많으면 황화철이 되면서 결정립계 부근의 S이 망상으로 분포되면서 결정립계가 파괴된다. 적열취성을 방지하려면 Mn(망간)을 합금하여 S을 MnS로 석출시키면 된다. 적열취성은 높은 온도에서 발생하므로 고온취성이라고도 한다.

※ 적열(赤熱) : 철이 빨갛게 달궈진 상태
赤 : 붉을(적), 熱 : 더울(열)

정답 5 ② 6 ② 7 ③ 8 ①

09 2종 이상의 금속원자가 간단한 원자비로 결합되어 본래의 물질과는 전혀 다른 결정격자를 형성하는 것을 무엇이라고 하는가?

① 동소변태
② 금속간화합물
③ 고용체
④ 편 석

해설

② 금속간화합물 : 일종의 합금을 말하는 것으로, 두 가지 이상의 원소를 간단한 원자의 정수비로 결합시킴으로써 원하는 성질의 재료를 만들어낸 결과물이다.
① 동소변태 : 동일한 원소 내에서 온도 변화에 따라 원자 배열이 바뀌는 현상으로, 철(Fe)은 고체 상태에서 910℃의 열을 받으면 체심입방격자(BCC) → 면심입방격자(FCC)로, 1,400℃에서는 FCC → BCC로 바뀐다. 열을 잃을 때는 반대가 된다.
③ 고용체 : 두 개 이상의 고체가 일정한 조성으로 완전하게 균일한 상을 이룬 혼합물이다.
④ 편석 : 합금원소나 불순물이 균일하지 못하고 편중되어 있는 상태이다.

10 저탄소강 용접금속의 조직에 대한 설명으로 맞는 것은?

① 용접 후 재가열하면 여러 가지 탄화물 또는 a상이 석출하여 용접 성질을 저하시킨다.
② 용접금속의 조직은 대부분 페라이트이고 다층용접의 경우 미세 페라이트이다.
③ 용접부가 급랭되는 경우는 레데부라이트가 생성한 백선조직이 된다.
④ 용접부가 급랭되는 경우는 시멘타이트 조직이 생성된다.

해설

저탄소강이란 순수한 철에 C가 0.2% 이하로 첨가된 페라이트 조직으로 다층용접의 경우 미세 페라이트가 생성된다.

탄소주강의 분류

- 저탄소 주강 : 0.2% 이하의 C가 합금된 주조용 재료
- 중탄소 주강 : 0.2~0.5%의 C가 합금된 주조용 재료
- 고탄소 주강 : 0.5% 이상의 C가 합금된 주조용 재료

11 다음 용접기호 표시를 올바르게 설명한 것은?

$C \ominus n \times l\ (e)$

① 지름이 C이고 용접 길이 l인 스폿용접이다.
② 지름이 C이고 용접 길이 l인 플러그용접이다.
③ 용접부 너비가 C이고 용접 개수 n인 심용접이다.
④ 용접부 너비가 C이고 용접 개수 n인 스폿용접이다.

해설

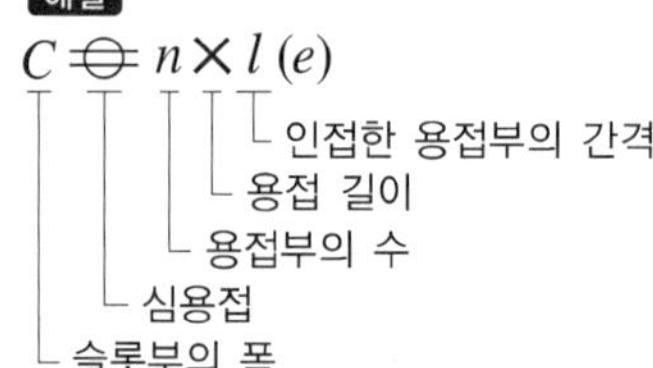

12 용접부 및 용접부 표면의 형상 보조기호 중 영구적인 이면 판재를 사용할 때 기호는?

① ——
② [M]
③ [MR]
④ (토 매끄럽게 기호)

해설

용접부의 보조기호

기호	설명
——	용접부 표면 모양이 편평하다.
[M]	영구적인 이면판재(덮개판)
[MR]	제거 가능한 이면판재
	끝단부 토를 매끄럽게 한다.

※ 토 : 용접모재와 용접 표면이 만나는 부위

정답 9 ② 10 ② 11 ③ 12 ②

13 대칭 모양의 물체를 중심선을 기준으로 내부 모양과 외부 모양을 동시에 표시하는 단면도는?

① 회전단면도
② 부분단면도
③ 한쪽단면도
④ 전단면도

해설

단면도의 종류

단면도명	특 징
온단면도 (전단면도)	• 전단면도라고도 한다. • 물체 전체를 직선으로 절단하여 앞부분을 잘라내고 남은 뒷부분의 단면 모양을 그린 것이다. • 절단 부위의 위치와 보는 방향이 확실한 경우에는 절단선, 화살표, 문자기호를 기입하지 않아도 된다.
한쪽단면도 (반단면도)	• 반단면도라고도 한다. • 절단면을 전체의 반만 설치하여 단면도를 얻는다. • 상하 또는 좌우가 대칭인 물체를 중심선을 기준으로 1/4 절단하여 내부 모양과 외부 모양을 동시에 표시하는 방법이다.
부분단면도	파단선 / 떼어 낸 부분의 단면 • 파단선을 그어서 단면 부분의 경계를 표시한다. • 일부분을 잘라 내고 필요한 내부의 모양을 그리기 위한 방법이다.

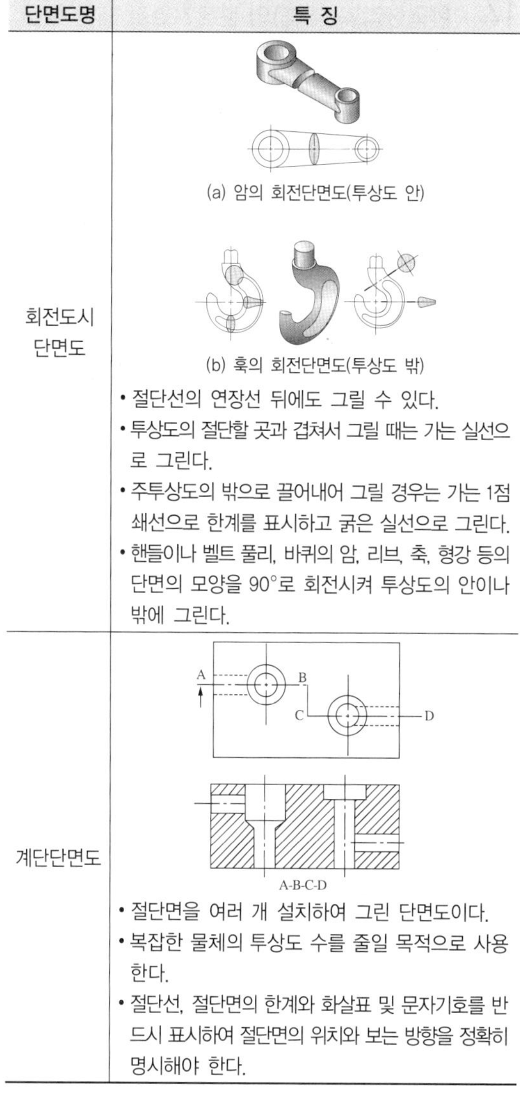

단면도명	특 징
회전도시 단면도	(a) 암의 회전단면도(투상도 안) (b) 훅의 회전단면도(투상도 밖) • 절단선의 연장선 뒤에도 그릴 수 있다. • 투상도의 절단할 곳과 겹쳐서 그릴 때는 가는 실선으로 그린다. • 주투상도의 밖으로 끌어내어 그릴 경우는 가는 1점 쇄선으로 한계를 표시하고 굵은 실선으로 그린다. • 핸들이나 벨트 풀리, 바퀴의 암, 리브, 축, 형강 등의 단면의 모양을 90°로 회전시켜 투상도의 안이나 밖에 그린다.
계단단면도	A B C D A-B-C-D • 절단면을 여러 개 설치하여 그린 단면도이다. • 복잡한 물체의 투상도 수를 줄일 목적으로 사용한다. • 절단선, 절단면의 한계와 화살표 및 문자기호를 반드시 표시하여 절단면의 위치와 보는 방향을 정확히 명시해야 한다.

정답 13 ③

14 한국산업표준(KS)의 분류기호와 해당 부문의 연결이 틀린 것은?

① KS K : 섬유
② KS B : 기계
③ KS E : 광산
④ KS D : 건설

해설

한국산업규격(KS)의 부문별 분류기호

분류기호	분 야	분류기호	분 야	분류기호	분 야
KS A	기 본	KS F	건 설	KS T	물 류
KS B	기 계	KS I	환 경	KS V	조 선
KS C	전기전자	KS K	섬 유	KS W	항공우주
KS D	금 속	KS Q	품질경영	KS X	정 보
KS E	광 산	KS R	수송기계		

15 도면 크기의 치수가 '841×1,189'인 경우 호칭방법은?

① A0 ② A1
③ A2 ④ A3

해설

도면용지의 종류별 크기 및 윤곽 치수(mm)

크기의 호칭	A0	A1	A2	A3	A4
a×b	841 ×1,189	594 ×841	420 ×594	297 ×420	210 ×297

16 제도에서 사용되는 선의 종류 중 가는 2점 쇄선의 용도를 바르게 나타낸 것은?

① 물체의 가공 전 또는 가공 후의 모양을 표시하는 데 쓰인다.
② 도형의 중심선을 간략하게 나타내는 데 쓰인다.
③ 특수한 가공을 하는 부분 등 특별한 요구사항을 적용할 수 있는 범위를 표시하는 데 쓰인다.
④ 대상물의 실제 보이는 부분을 나타낸다.

해설

② 도형의 중심선 : 가는 1점 쇄선
③ 특수 가공 부분의 표시 : 아주 굵은 1점 쇄선
④ 대상물의 실제 보이는 부분(외형선) : 굵은 실선

가는 2점 쇄선(—— - - ——)으로 표시되는 가상선의 용도

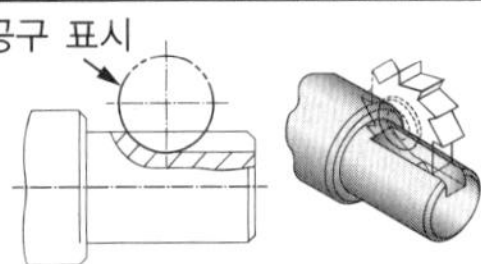

- 반복되는 것을 나타낼 때
- 가공 전이나 후의 모양을 표시할 때
- 도시된 단면의 앞부분을 표시할 때
- 물품의 인접 부분을 참고로 표시할 때
- 이동하는 부분의 운동범위를 표시할 때
- 공구 및 지그 등 위치를 참고로 나타낼 때
- 단면의 무게중심을 연결한 선을 표시할 때

가공 전후의 모양

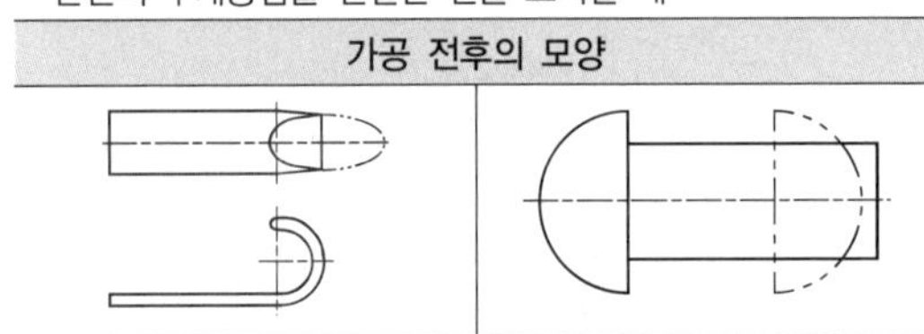

14 ④ 15 ① 16 ① **정답**

17 다음 그림은 용접 실제 모양을 표시한 것이다. 기호 표시로 올바른 것은?

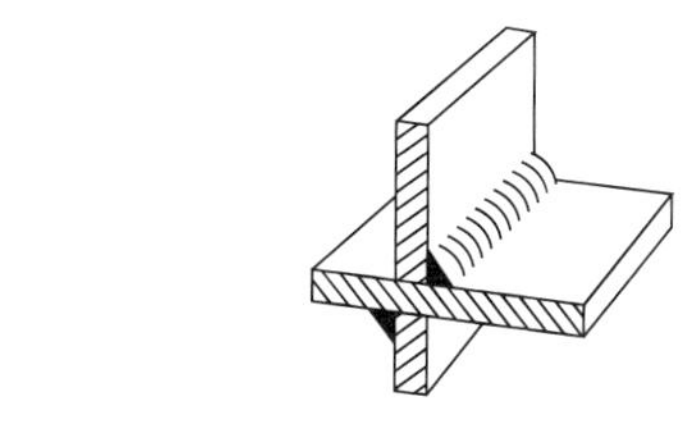

①

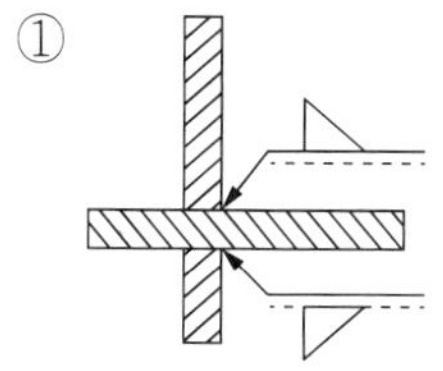

②

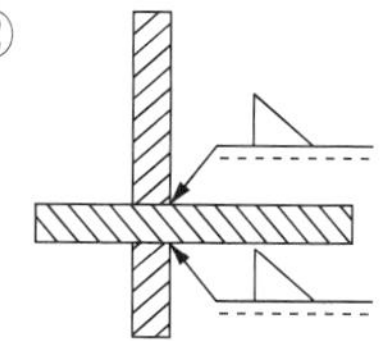

③

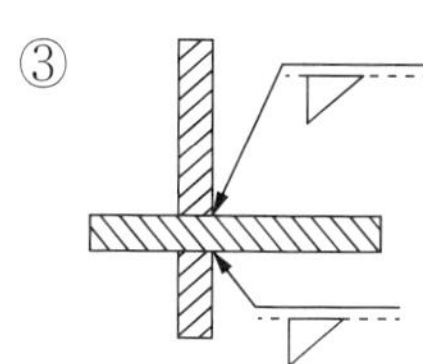

④

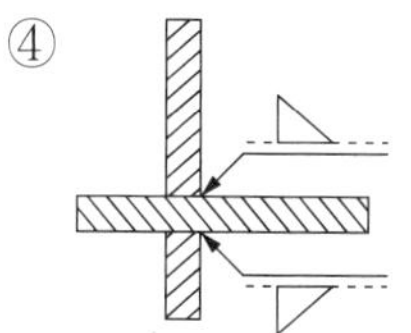

해설

용접부가 화살표 쪽에 있으면 기호는 실선 위에 위치해야 한다. 반대로 화살표의 반대 방향으로 용접부가 만들어져야 한다면 점선 위에 용접기호를 위치시켜야 한다. 따라서 정답은 ①번이 된다.

실선 위에 V표가 있으면 화살표 쪽에 용접한다.
점선 위에 V표가 있으면 화살표 반대쪽에 용접한다.

18 다음 중 치수 보조기호의 설명으로 옳은 것은?

① SØ – 원통의 지름

② C – 45°의 모따기

③ R – 구의 지름

④ □ – 직사각형의 변

해설

치수 표시기호의 종류

기 호	구 분	기 호	구 분
Ø	지 름	p	피 치
SØ	구의 지름	$\overset{\frown}{50}$	호의 길이
R	반지름	$\underline{50}$	비례척도가 아닌 치수
SR	구의 반지름	$\boxed{50}$	이론적으로 정확한 치수
□	정사각형	(50)	참고치수
C	45° 모따기	~~50~~	치수의 취소(수정 시 사용)
t	두 께		

정답 17 ① 18 ②

19 치수문자를 표시하는 방법에 대하여 설명한 것 중 틀린 것은?

① 길이 치수문자는 mm 단위를 기입하고 단위기호를 붙이지 않는다.
② 각도 치수문자는 도(°)의 단위만 기입하고 분(′), 초(″)는 붙이지 않는다.
③ 각도 치수문자를 라디안으로 기입하는 경우 단위기호 rad 기호를 기입한다.
④ 치수문자의 소수점은 아래쪽의 점으로 하고 약간 크게 찍는다.

해설

치수 기입 시 주의사항

- 한 도면 안에서의 치수는 같은 크기로 기입한다.
- 치수문자의 소수점은 아래쪽의 점으로 하고 약간 크게 찍는다.
- 각도를 라디안 단위로 기입하는 경우 그 단위 기호인 rad을 기입한다.
- cm나 m를 사용할 필요가 있는 경우 반드시 cm나 m를 기입해야 한다.
- 길이 치수는 원칙적으로 mm의 단위로 기입하고, 단위기호는 붙이지 않는다.
- 치수 숫자는 정자로 명확하게 치수선의 중앙 위쪽에 약간 띄어서 평행하게 표시한다.
- 치수 숫자의 단위수가 많은 경우 3자리마다 숫자의 사이를 적당히 띄우고 콤마를 붙이지 않는다.
- 숫자와 문자는 고딕체를 사용하고, 크기는 도면과 투상도의 크기에 따라 알맞은 크기와 굵기를 선택한다.
- 각도 치수는 일반적으로 도(°)의 단위로 기입하고, 필요한 경우 분(′), 초(″)를 병용할 수 있으며 도, 분, 초의 단위를 기입한다.

20 다음 그림과 같은 원뿔을 단면 M–N으로 경사지게 잘랐을 때 원뿔에 나타난 단면 형태는?

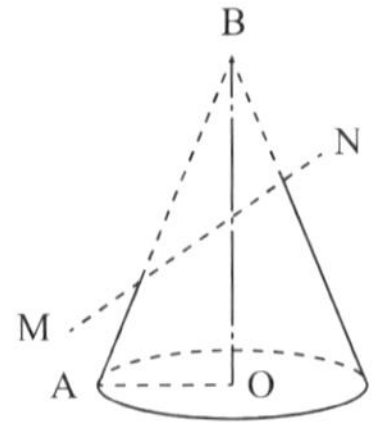

① 원　② 타 원
③ 포물선　④ 쌍곡선

해설

원뿔을 M–N단면으로 자르면 그 단면의 형상은 다음 그림과 같이 타원이 된다.

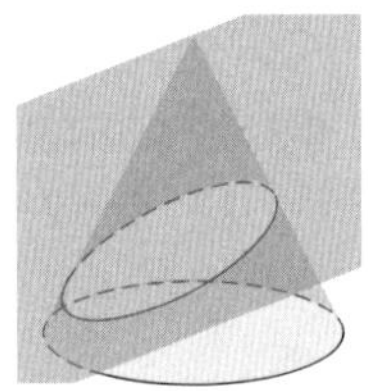

제2과목 용접구조설계

21 용접부 인장시험에서 최초의 길이가 50mm이고, 인장시험편의 파단 후 거리가 60mm일 경우에 변형률은?

① 10%　② 15%
③ 20%　④ 25%

해설

변형률(ε) : 재료가 외력에 의해 원래 길이보다 늘어나거나 줄어든 비율

$$\varepsilon = \frac{l_2 - l_1}{l_1} \times 100\% = \frac{60\text{mm} - 50\text{mm}}{50\text{mm}} \times 100\% = 20\%$$

19 ② 20 ② 21 ③ 정답

22 용접설계에 있어 일반적인 주의사항으로 틀린 것은?

① 용접에 적합한 구조의 설계를 할 것

② 반복하중을 받는 이음에서는 특히 이음 표면을 볼록하게 할 것

③ 용접이음을 한곳으로 집중 근접시키지 않도록 할 것

④ 강도가 약한 필릿용접은 가급적 피할 것

해설

반복하중을 받는 이음에서는 특히 이음 표면을 편평하게 해야 한다. 만약 굴곡이 있을 경우 그 경계부에 균열이 발생한다.

23 맞대기용접이음에서 모재의 인장강도가 50N/mm² 이고, 용접시험편의 인장강도가 25N/mm²로 나타났을 때 이음효율은?

① 40%　　② 50%

③ 60%　　④ 70%

해설

용접부의 이음효율(η)

$$\eta = \frac{\text{시험편의 인장강도}}{\text{모재의 인장강도}} \times 100\%$$

$$= \frac{25\text{N/mm}^2}{50\text{N/mm}^2} \times 100\% = 50\%$$

24 V형 홈에 비해 홈의 폭이 좁아도 되고 루트 간격을 '0'으로 해도 작업성과 용입이 좋으나 홈 가공이 어려운 단점이 있는 이음 형상은?

① H형 홈　　② X형 홈

③ I형 홈　　④ U형 홈

해설

홈(Groove)의 형상에 따른 특징

홈의 형상	특 징
I형	• 가공이 쉽고 용착량이 적어서 경제적이다. • 판이 두꺼워지면 이음부를 완전히 녹일 수 없다.
V형	• 한쪽 방향에서 완전한 용입을 얻고자 할 때 사용한다. • 홈가공이 용이하나 두꺼운 판에서는 용착량이 많아지고 변형이 일어난다.
X형	• 후판(두꺼운 판)용접에 적합하다. • 홈가공이 V형에 비해 어렵지만 용착량이 적다. • 양쪽에서 용접하므로 완전한 용입을 얻을 수 있다.
U형	• 홈가공이 어렵다. • 두꺼운 판에서는 비드의 너비가 좁고 용착량도 적다. • 두꺼운 판을 한쪽 방향에서 충분한 용입을 얻고자 할 때 사용한다. • V형 홈에 비해 홈의 폭이 좁아도 되고 루트 간격을 '0'으로 해도 용입이 좋다.
H형	두꺼운 판을 양쪽에서 용접하므로 완전한 용입을 얻을 수 있다.
J형	한쪽 V형이나 K형 홈보다 두꺼운 판에 사용한다.

25 용접구조 설계자가 알아야 할 용접 작업요령으로 틀린 것은?

① 용접기 및 케이블의 용량을 충분하게 준비한다.

② 용접 보조기구 및 장비를 사용하여 작업조건을 좋게 만든다.

③ 용접 진행은 부재의 자유단에서 고정단으로 향하여 용접하게 한다.

④ 열의 분포가 가능한 한 부재 전체에 일정하게 되도록 한다.

해설

용접은 용접 열에 의한 변형 및 잔류응력의 이동과 관련하여 고정단에서 자유단 방향으로 진행해야 한다.

정답 22 ② 23 ② 24 ④ 25 ③

26 다음 그림과 같이 두께(h)=10mm인 연강판에 길이(l)=400mm로 용접하여 1,000N의 인장하중(P)을 작용시킬 때 발생하는 인장응력(σ)은?

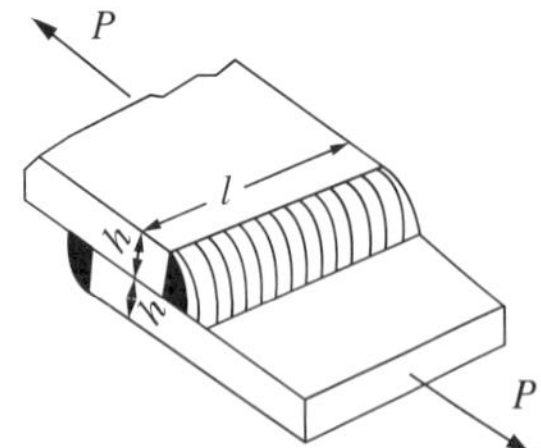

① 약 177MPa ② 약 125MPa
③ 약 177kPa ④ 약 125kPa

해설

$$\sigma_t = \frac{F}{A} = \frac{F}{2(h\cos45° \times l)} = \frac{1{,}000\text{N}}{2(0.01\cos45°\text{m} \times 0.4\text{m})}$$

$$= \frac{1{,}000\text{N}}{0.005656\text{m}^2} = 176{,}803\text{N/m}^2$$

∴ 약 177kPa

27 용접금속의 파단면이 매우 미세한 주상정(柱狀晶)이 서릿발 모양으로 병립하고 그 사이에 현미경으로 보이는 정도의 비금속 개재물이나 기공을 포함한 조직이 나타나는 결함은?

① 선상조직 ② 은 점
③ 슬래그 혼입 ④ 용입 불량

해설

① 선상조직 : 표면이 눈꽃 모양의 조직을 나타내고 있는 것으로 인(P)을 많이 함유하는 강에 나타나는 편석의 일종이다. 용접금속의 파단면에 미세한 주상정이 서릿발 모양으로 병립하고 그 사이에 현미경으로 확인 가능한 비금속 개재물이나 기공을 포함하고 있다.
② 은점(Fish Eye) : 수소가스에 의해 발생하는 불량으로 용착금속의 파단면에 은백색을 띤 물고기 눈 모양의 결함이다.

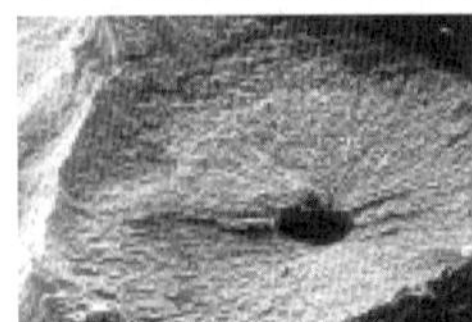

③ 슬래그 혼입 : 용접금속의 내부에 슬래그가 혼입된 불량이다.
④ 용입 불량 : 용접금속이 용접부(Groove)를 완전히 채우지 못한 상태이다.

28 용접부에 균열이 있을 때 보수하려면 균열이 더 이상 진행되지 못하도록 균열 진행 방향의 양단에 구멍을 뚫는다. 이 구멍을 무엇이라 하는가?

① 스톱 홀(Stop Hole)
② 핀 홀(Pin Hole)
③ 블로 홀(Blow Hole)
④ 피트(Pit)

해설

스톱 홀(Stop Hole) : 용접부에 균열이 생겼을 때 균열이 더 이상 진행되지 못하도록 균열 진행 방향의 양단에 뚫는 구멍이다.

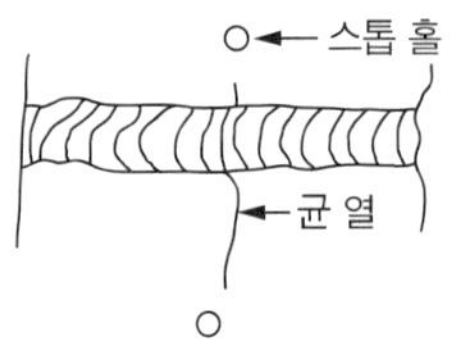

29 다음 중 용접 균열성 시험이 아닌 것은?

① 리하이 구속균열시험
② 휘스코시험
③ CTS시험
④ 코머렐시험

해설

용접부의 성질시험법의 종류

구 분	종 류
연성시험	킨젤시험
	코머렐시험
	T-굽힘시험
취성시험	로버트슨시험
	밴더빈시험
	칸티어시험
	슈나트시험
	카안인열시험
	티퍼시험
	에소시험
	샤르피 충격시험
균열(터짐)성 시험	피스코 균열시험
	CTS 균열시험
	리하이형 구속균열시험

26 ③ 27 ① 28 ① 29 ④ **정답**

30 피복아크용접 결함 중 용입 불량의 원인으로 틀린 것은?

① 이음 설계의 불량
② 용접속도가 너무 빠를 때
③ 용접전류가 너무 높을 때
④ 용접봉 선택 불량

해설

피복아크용접 중 용접전류가 너무 높으면 용접봉이 빨리 녹기 때문에 용접 부위에 충분한 용입을 시킬 수 있다. 따라서 용접전류가 너무 낮을 때 용입 불량이 발생하기 쉽다.

31 설계단계에서 용접부 변형을 방지하기 위한 방법이 아닌 것은?

① 용접 길이가 감소될 수 있는 설계를 한다.
② 변형이 작아질 수 있는 이음 부분을 배치한다.
③ 보강재 등 구속이 커지도록 구조 설계를 한다.
④ 용착금속을 증가시킬 수 있는 설계를 한다.

해설

용접부의 변형을 방지하려면 가급적 용접 시 발생되는 입열량을 줄여야 한다. 이를 줄이려면 가급적 용접시간을 줄이고 용착금속을 강도에 영향을 미치지 않는 한 최소가 되도록 설계해야 한다.

32 일반적으로 사용되는 용접부의 비파괴시험의 기본 기호로 틀린 것은?

① UT : 초음파시험
② PT : 와류탐상시험
③ RT : 방사선투과시험
④ VT : 육안시험

해설

비파괴시험법의 분류

내부결함	방사선투과시험(RT)
	초음파탐상시험(UT)
표면결함	외관검사(VT)
	자분탐상검사(MT)
	침투탐상검사(PT)
	누설검사(LT)
	와전류탐상시험(ET)

33 용접 시 탄소량이 높아지면 어떤 대책을 세우는 것이 가장 적당한가?

① 지그를 사용한다.
② 예열온도를 높인다.
③ 용접기를 바꾼다.
④ 구속용접을 한다.

해설

용접 시 탄소의 함유량이 높아지면 냉각되는 과정에서 잔류응력이 발생하기 쉬우므로 잔류응력 제거를 위하여 예열온도를 높인다.

정답 30 ③ 31 ④ 32 ② 33 ②

34 쇼어 경도(H_S) 측정 시 산출 공식으로 맞는 것은? (단, h_0 : 해머의 낙하 높이, h_1 : 해머의 반발 높이)

① $H_S = \dfrac{10,000}{65} \times \dfrac{h_0}{h_1}$

② $H_S = \dfrac{65}{10,000} \times \dfrac{h_1}{h_0}$

③ $H_S = \dfrac{65}{10,000} \times \dfrac{h_0}{h_1}$

④ $H_S = \dfrac{10,000}{65} \times \dfrac{h_1}{h_0}$

해설

경도시험의 종류

종 류	시험원리	압입자
브리넬 경도 (H_B)	압입자인 강구에 일정량의 하중을 걸어 시험편의 표면에 압입한 후 압입 자국의 표면적 크기와 하중의 비로 경도를 측정한다. $H_B = \dfrac{P}{A} = \dfrac{P}{\pi Dh}$ $= \dfrac{2P}{\pi D(D - \sqrt{D^2 - d^2})}$ 여기서, D : 강구 지름 d : 압입 자국의 지름 h : 압입 자국의 깊이 A : 압입 자국의 표면적	강 구
비커스 경도 (H_V)	압입자에 1~120kg의 하중을 걸어 자국의 대각선 길이로 경도를 측정한다. 하중을 가하는 시간은 캠의 회전속도로 조절한다. $H_V = \dfrac{P(\text{하중})}{A(\text{압입 자국의 표면적})}$	136°인 다이아몬드 피라미드 압입자
로크웰 경도 (H_{RB}, H_{RC})	압입자에 하중을 걸어 압입 자국(홈)의 깊이를 측정하여 경도를 측정한다. • 예비하중 : 10kg • 시험하중 – B스케일 : 100kg – C스케일 : 150kg • $H_{RB} = 130 - 500h$ • $H_{RC} = 100 - 500h$ 여기서, h : 압입 자국의 깊이	• B스케일 : 강구 • C스케일 : 120° 다이아몬드(콘)
쇼어 경도 (H_S)	추를 일정한 높이(h_0)에서 낙하시켜, 이 추의 반발높이(h)를 측정해서 경도를 측정한다. $H_S = \dfrac{10,000}{65} \times \dfrac{h(\text{해머의 반발 높이})}{h_0(\text{해머의 낙하 높이})}$	다이아몬드 추

35 다음 그림과 같은 용접이음의 종류는?

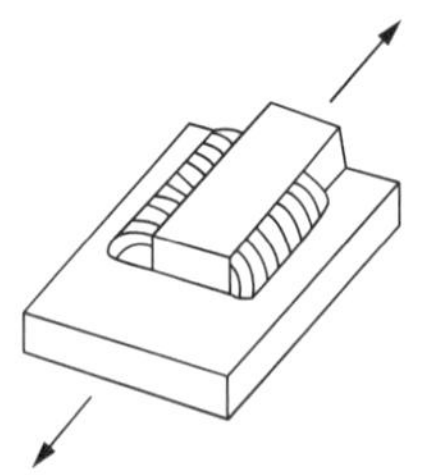

① 전면 필릿용접

② 경사 필릿용접

③ 양쪽 덮개판용접

④ 측면 필릿용접

해설

비드가 용접물에 작용하는 힘의 방향과 평행을 이루므로, 측면 필릿용접으로 분류된다.

하중 방향에 따른 필릿용접의 종류

하중 방향에 따른 필릿용접	전면 필릿이음	측면 필릿이음	경사 필릿이음
형상에 따른 필릿용접	연속필릿	단속 병렬필릿	단속 지그재그필릿

36 용접이음의 부식 중 용접 잔류응력 등 인장응력이 걸리거나 특정의 부식환경으로 될 때 발생하는 부식은?

① 입계부식

② 틈새부식

③ 접촉부식

④ 응력부식

해설

응력부식 : 용접으로 인한 잔류응력이나 인장응력이 걸리는 특정한 부식환경하에서 발생하는 부식

34 ④ 35 ④ 36 ④ **정답**

37 용접부를 연속적으로 타격하여 표면층에 소성변형을 주어 잔류응력을 감소시키는 방법은?

① 저온응력완화법
② 피닝법
③ 변형교정법
④ 응력제거어닐링

해설
피닝(Peening) : 타격 부분이 둥근 구면인 특수 해머를 사용하여 모재의 표면에 지속적으로 충격을 가해 줌으로써 재료 내부에 있는 잔류응력을 완화시키면서 표면층에 소성변형을 주는 방법이다.

38 용착금속의 인장강도가 $40kgf/mm^2$이고 안전율이 5라면, 용접이음의 허용응력은 얼마인가?

① $8kgf/mm^2$
② $20kgf/mm^2$
③ $40kgf/mm^2$
④ $200kgf/mm^2$

해설
안전율(S) : 외부의 하중에 견딜 수 있는 정도를 수치로 나타낸 것이다.

$$S = \frac{\text{극한강도}(\sigma_u)\ \text{혹은 인장강도}}{\text{허용응력}(\sigma_a)}$$

$$5 = \frac{40kgf/mm^2}{\sigma_a}$$

$$\sigma_a = \frac{40kgf/mm^2}{5} = 8kgf/mm^2$$

39 구조물 용접에서 용접선이 만나는 곳 또는 교차하는 곳에 응력 집중을 방지하기 위해 만들어 주는 부채꼴 오목부를 무엇이라 하는가?

① 스캘럽(Scallop)
② 포지셔너(Positioner)
③ 머니퓰레이터(Manipulator)
④ 원뿔(Cone)

해설
스캘럽(Scallop) : 구조물 용접에서 용접선이 만나는 곳이나 교차하는 곳에 응력 집중을 방지하기 위해 만들어 주는 부채꼴 모양의 오목부이다.

40 용접 후 열처리(PWHT) 중 응력 제거 열처리의 목적과 가장 관계가 없는 것은?

① 응력부식 균열 저항성의 증가
② 용접 변형을 방지
③ 용접 열영향부의 연화
④ 용접부의 잔류응력 완화

해설
응력 제거 열처리는 재료 내부의 잔류응력을 제거하기 위함이므로 용접 변형 방지와는 관련이 없다. 용접 변형의 방지를 위해서는 예열을 실시해야 한다.

정답 37 ② 38 ① 39 ① 40 ②

제3과목 용접일반 및 안전관리

41 겹쳐진 두 부재의 한쪽에 둥근 구멍 대신 좁고 긴 홈을 만들어 놓고 그곳을 용접하는 용접법은?

① 겹치기용접
② 플랜지용접
③ T형용접
④ 슬롯용접

해설

④ 슬롯용접 : 겹쳐진 2개의 부재 중 한쪽에 가공한 좁고 긴 홈에 용접하는 방법이다.

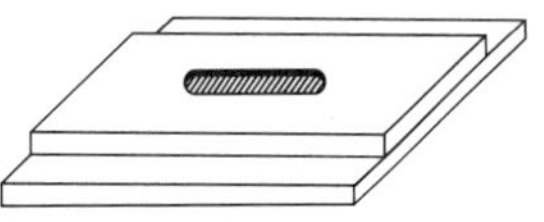

① 겹치기용접 : 2개의 부재를 일부 겹쳐서 부재의 표면과 두께면에서 필릿용접을 하는 이음이다.
③ T형용접 : 한 개의 판의 끝면을 다른 판의 표면에 올려놓고 T형상으로 직각이 되도록 용접하는 이음이다.

42 스터드용접(Stud Welding)법의 특징으로 틀린 것은?

① 아크열을 이용하여 자동적으로 단시간에 용접부를 가열 용융하여 용접하는 방법으로 용접 변형이 극히 작다.
② 탭 작업, 구멍 뚫기 등이 필요 없이 모재에 볼트나 환봉 등을 용접할 수 있다.
③ 용접 후 냉각속도가 비교적 느리므로 용착금속부 또는 열영향부가 경화되는 경우가 적다.
④ 철강재료 외에 구리, 황동, 알루미늄, 스테인리스강에도 적용이 가능하다.

해설

스터드용접

아크용접의 일부로서 봉재, 볼트 등의 스터드를 판 또는 프레임 등의 구조재에 직접 심는 능률적인 용접방법으로, 용접부가 비교적 작기 때문에 냉각속도가 빠르다. 여기서 스터드란 판재에 덧대는 물체인 봉이나 볼트와 같이 긴 물체를 일컫는 용어이다.

43 납땜부를 용제가 들어 있는 용융 땜 조에 침지하여 납땜하는 방법과 이음면에 땜납을 삽입하여 미리 가열된 염욕에 침지하여 가열하는 두 가지 방법이 있는 납땜법은?

① 가스 납땜
② 담금 납땜
③ 노 내 납땜
④ 저항 납땜

해설

② 담금 납땜 : 납땜부를 용제가 있는 용융 땜 조에 담가서(침지) 납땜하거나 이음면에 땜납을 삽입하고 가열한 후 이를 다시 담가서 가열하여 납땜한다.
① 가스 납땜 : 두 재료의 연결부와 땜납을 가스 불로 가열하여 납땜시키는 방법
③ 노 내 납땜 : 노(전기로)의 열로 납땜하는 방법
④ 저항 납땜 : 전기저항열을 이용하여 납땜하는 방법

44 아크용접법과 비교할 때 레이저 하이브리드용접법의 특징으로 틀린 것은?

① 용접속도가 빠르다.
② 용입이 깊다.
③ 입열량이 높다.
④ 강도가 높다.

해설

아크용접과 레이저빔용접법을 결합시킨 레이저 하이브리드용접법은 아크용접법에 비해 입열량이 작다.

41 ④ 42 ③ 43 ② 44 ③ 정답

45 피복아크용접 작업 중 스패터가 발생하는 원인으로 가장 거리가 먼 것은?

① 전류가 높을 때
② 운봉이 불량할 때
③ 건조되지 않은 용접봉을 사용했을 때
④ 아크 길이가 너무 짧을 때

해설

아크 길이가 너무 길면 열이 집중되지 못하고 분산되기 때문에 스패터가 많이 발생한다. 따라서 아크 길이를 용접봉의 직경 정도로 적절하게 조절해야 한다.

※ 아크 길이 : 모재에서 용접봉 심선 끝부분까지의 거리(아크 기둥의 길이)

46 산소-아세틸렌 불꽃에 대한 설명으로 틀린 것은?

① 불꽃은 불꽃심, 속불꽃, 겉불꽃으로 구성되어 있다.
② 불꽃의 종류는 탄화, 중성, 산화불꽃으로 나눈다.
③ 용접작업은 백심불꽃의 끝이 용융금속에 닿도록 한다.
④ 구리를 용접할 때 중성불꽃을 사용한다.

해설

산소-아세틸렌 불꽃의 구조

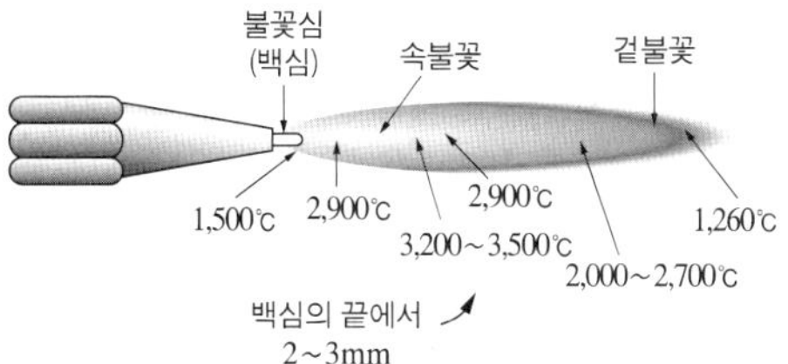

47 피복아크용접봉의 피복제작용을 설명한 것으로 틀린 것은?

① 아크를 안정시킨다.
② 점성을 가진 무거운 슬래그를 만든다.
③ 용착금속의 탈산정련작용을 한다.
④ 전기절연작용을 한다.

해설

피복제(Flux)의 역할

- 아크를 안정시킨다.
- 전기절연작용을 한다.
- 보호가스를 발생시킨다.
- 스패터의 발생을 줄인다.
- 아크의 집중성을 좋게 한다.
- 용착금속의 급랭을 방지한다.
- 용착금속의 탈산정련작용을 한다.
- 용융금속과 슬래그의 유동성을 좋게 한다.
- 용적(쇳물)을 미세화하여 용착효율을 높인다.
- 용융점이 낮고 적당한 점성의 슬래그를 생성한다.
- 슬래그 제거를 쉽게 하여 비드의 외관을 좋게 한다.
- 적당량의 합금 원소를 첨가하여 금속에 특수성을 부여한다.
- 중성 또는 환원성 분위기를 만들어 질화나 산화를 방지하고 용융금속을 보호한다.
- 쇳물이 쉽게 달라붙도록 힘을 주어 수직자세, 위보기자세 등 어려운 자세를 쉽게 한다.

48 피복아크용접 시 안전홀더를 사용하는 이유는?

① 자외선과 적외선 차단
② 유해가스 중독 방지
③ 고무장갑 대용
④ 용접작업 중 전격 예방

해설

용접홀더의 종류

A형	• 전체가 절연된 홀더이다. • 안전형 홀더이다.
B형	• 손잡이 부분만 절연된 홀더이다. • 비안전형 홀더이다.

※ 전격이란 강한 전류를 갑자기 몸에 느꼈을 때의 충격으로, 작업자의 전격을 방지하기 위해서 반드시 전격방지기를 용접기에 부착해야 한다. 전격방지기는 작업을 쉬는 동안에 2차 무부하전압이 항상 25V 정도로 유지되도록 하여 전격을 방지할 수 있다.

정답 45 ④ 46 ③ 47 ② 48 ④

49 피복아크용접에서 자기쏠림을 방지하는 대책은?

① 접지점은 가능한 한 용접부에 가까이 한다.
② 용접봉 끝을 아크쏠림 방향으로 기울인다.
③ 직류용접 대신 교류용접으로 한다.
④ 긴 아크를 사용한다.

해설

아크쏠림 방지대책

- 용접전류를 줄인다.
- 교류용접기를 사용한다.
- 접지점을 2개 연결한다.
- 아크 길이는 최대한 짧게 유지한다.
- 접지부를 용접부에서 최대한 멀리 한다.
- 용접봉 끝을 아크쏠림의 반대 방향으로 기울인다.
- 용접부가 긴 경우는 가용접 후 후진법(후퇴용접법)을 사용한다.
- 받침쇠, 긴 가용접부, 이음의 처음과 끝에는 앤드 탭을 사용한다.

50 실드가스로서 주로 탄산가스를 사용하여 용융부를 보호하여 탄산가스 분위기 속에서 아크를 발생시켜 그 아크열로 모재를 용융시켜 용접하는 방법은?

① 테르밋용접
② 실드용접
③ 전자빔용접
④ 일렉트로가스 아크용접

해설

④ 일렉트로가스 아크용접 : 탄산가스(CO_2)를 용접부의 보호가스로 사용하며 탄산가스 분위기 속에서 아크를 발생시켜 그 아크열로 모재를 용융시켜 용접하는 방법이다.

① 테르밋용접 : 금속 산화물과 알루미늄이 반응하여 열과 슬래그를 발생시키는 테르밋반응을 이용하는 용접법이다. 강을 용접할 경우에는 산화철과 알루미늄 분말을 3 : 1로 혼합한 테르밋제를 만든 후 냄비의 역할을 하는 도가니에 넣은 후 점화제를 약 1,000℃로 점화시키면 약 2,800℃의 열이 발생되어 용접용 강이 만들어지는데 이 강(Steel)을 용접 부위에 주입 후 서랭하여 용접을 완료한다. 주로 철도 레일이나 차축, 선박의 프레임 접합에 사용된다.

③ 전자빔용접 : 고밀도로 집속되고 가속화된 전자빔을 높은 진공 속에서 용접물에 고속도로 조사시키면 빛과 같은 속도로 이동한 전자가 용접물에 충돌하면서 전자의 운동에너지를 열에너지로 변환시켜 국부적으로 고열을 발생시키는데, 이때 생긴 열원으로 용접부를 용융시켜 용접하는 방식이다. 텅스텐(3,410℃)과 몰리브덴(2,620℃)과 같이 용융점이 높은 재료의 용접에 적합하다.

51 가스도관(호스) 취급에 관한 주의사항 중 틀린 것은?

① 고무호스에 무리한 충격을 주지 말 것
② 호스 이음부에는 조임용 밴드를 사용할 것
③ 한랭 시 호스가 얼면 더운물로 녹일 것
④ 호스 내부의 청소는 고압 수소를 사용할 것

해설

가스호스를 청소할 때는 고온의 수증기나 불활성가스와 같이 폭발의 위험성이 없는 것으로 해야 하므로, 수소가스와 같은 가연성 가스를 사용하면 안 된다.

52 100A 이상 300A 미만의 아크용접 및 절단에 사용되는 차광유리의 차광도 번호는?

① 4~6　② 7~9
③ 10~12　④ 13~14

해설

100~300A로 아크용접이나 절단작업을 할 경우 다음의 KS규격에 따라 차광도 10~12의 차광유리를 선택해서 작업하면 된다.

용접의 종류별 적정 차광번호(KS P 8141)

용접의 종류	전류범위(A)	차광도 번호(No.)
납 땜	–	2~4
가스용접	–	4~7
산소 절단	901~2,000	5
	2,001~4,000	6
	4,001~6,000	7
피복아크용접 및 절단	30 이하	5~6
	36~75	7~8
	76~200	9~11
	201~400	12~13
	401 이상	14
아크에어가우징	126~225	10~11
	226~350	12~13
	351 이상	14~16
탄소아크용접	–	14
TIG, MIG	100 이하	9~10
	101~300	11~12
	301~500	13~14
	501 이상	15~16

49 ③ 50 ④ 51 ④ 52 ③ **정답**

53 테르밋용접에 관한 설명으로 틀린 것은?

① 테르밋 혼합제는 미세한 알루미늄 분말과 산화철의 혼합물이다.
② 테르밋 반응 시 온도는 약 4,000℃이다.
③ 테르밋용접 시 모재가 강일 경우 약 800~900℃로 예열시킨다.
④ 테르밋은 차축, 레일, 선미 프레임 등 단면이 큰 부재 용접 시 사용한다.

해설

테르밋용접

금속 산화물과 알루미늄이 반응하여 열과 슬래그를 발생시키는 테르밋반응을 이용하는 용접법이다. 강을 용접할 경우에는 산화철과 알루미늄 분말을 3 : 1로 혼합한 테르밋제를 만든 후 냄비의 역할을 하는 도가니에 넣은 후 점화제를 약 1,000℃로 점화시키면 약 2,800℃의 열이 발생되어 용접용 강이 만들어지는데 이 강(Steel)을 용접 부위에 주입 후 서랭하여 용접을 완료한다. 주로 철도 레일이나 차축, 선박의 프레임 접합에 사용된다.

54 인체에 흐르는 전류의 값에 따라 나타나는 증세 중 근육운동은 자유로우나 고통을 수반한 쇼크(Shock)를 느끼는 전류량은?

① 1mA ② 5mA
③ 10mA ④ 20mA

해설

전류(Ampere)량에 따라 사람의 몸에 미치는 영향

전류량	인체에 미치는 영향
1mA	전기를 조금 느낀다.
5mA	상당한 고통을 느낀다.
10mA	근육운동은 자유로우나 고통을 수반한 쇼크를 느낀다.
20mA	근육 수축, 스스로 현장을 탈피하기 힘들다.
20~50mA	고통과 강한 근육 수축, 호흡이 곤란하다.
50mA	심장마비 발생으로 사망의 위험이 있다.
100mA	사망과 같은 치명적인 결과를 준다.

55 탄산가스(CO_2) 아크용접에 대한 설명 중 틀린 것은?

① 전자세 용접이 가능하다.
② 용착금속의 기계적, 야금적 성질이 우수하다.
③ 용접전류의 밀도가 낮아 용입이 얕다.
④ 가시(可視)아크이므로 시공이 편리하다.

해설

CO_2 용접(탄산가스, 이산화탄소가스 아크용접)의 특징

- 조작이 간단하다.
- 가시아크로 시공이 편리하다.
- 철 재질의 용접에만 한정된다.
- 전용접자세로 용접이 가능하다.
- 용착금속의 강도와 연신율이 크다.
- MIG 용접에 비해 용착금속에 기공의 발생이 적다.
- 보호가스가 저렴한 탄산가스이므로 경비가 적게 든다.
- 킬드강이나 세미킬드강, 림드강도 쉽게 용접할 수 있다.
- 아크와 용융지가 눈에 보여 정확한 용접이 가능하다.
- 산화 및 질화가 되지 않아 양호한 용착금속을 얻을 수 있다.
- 용접의 전류밀도가 커서 용입이 깊고 용접속도를 빠르게 할 수 있다.
- 용착금속 내부의 수소 함량이 타 용접법보다 적어 은점이 생기지 않는다.
- 용제가 사용되지 않아 슬래그의 잠입이 적으며 슬래그를 제거하지 않아도 된다.
- 아크 특성에 적합한 상승 특성을 갖는 전원을 사용하므로 스패터의 발생이 적고 안정된 아크를 얻는다.

정답 53 ② 54 ③ 55 ③

56 MIG용접 시 사용되는 전원은 직류의 무슨 특성을 사용하는가?

① 수하 특성
② 동전류 특성
③ 정전압 특성
④ 정극성 특성

해설

용접기 외부특성곡선

용접기는 아크 안정성을 위해서 외부특성곡선을 필요로 한다. 외부특성곡선이란 부하전류와 부하단자 전압의 관계를 나타낸 곡선으로 피복아크용접에서는 수하 특성을, MIG나 CO_2 용접기는 정전압 특성이나 상승특성을 사용한다.

- 정전류 특성(CC 특성, Constant Current) : 전압이 변해도 전류는 거의 변하지 않는다.
- 정전압 특성(CP 특성, Constant Voltage) : 전류가 변해도 전압은 거의 변하지 않는다.
- 수하 특성(DC 특성, Drooping Characteristic) : 전류가 증가하면 전압이 낮아진다.
- 상승 특성(RC 특성, Rising Characteristic) : 전류가 증가하면 전압이 약간 높아진다.

57 절단하려는 재료에 전기적 접촉을 하지 않으므로 금속재료뿐만 아니라 비금속 절단도 가능한 절단법은?

① 플라스마(Plasma) 아크절단
② 불활성가스 텅스텐(TIG) 아크절단
③ 산소 아크절단
④ 탄소 아크절단

해설

플라스마 아크절단(플라스마 제트절단) : 10,000~30,000℃의 높은 온도를 가진 플라스마를 한 방향으로 모아서 분출시키는 것을 일컬어 플라스마 제트라고 하는데 이 열원으로 절단하는 방법이다. 절단하려는 재료에 전기적 접촉하지 않으므로 금속재료와 비금속재료 모두 절단이 가능하다.

58 전기저항용접 시 발생되는 발열량 Q를 나타내는 식은?

① $Q = 0.24I^2Rt$
② $Q = 0.24IR^2t$
③ $Q = 0.24I^2R^2t$
④ $Q = 0.24IRt$

해설

전기저항용접의 발열량(Q)

발열량(Q) $= 0.24I^2RT$

여기서, I : 전류, R : 저항, T : 시간

※ 발열량(Q)은 H로 표시하기도 한다.

59 이론적으로 순수한 카바이드 5kg에서 발생할 수 있는 아세틸렌량은 약 몇 L인가?

① 3,480L
② 1,740L
③ 348L
④ 34.8L

해설

순수한 카바이드 1kg은 이론적으로 348L의 아세틸렌가스를 발생하며, 보통의 카바이드는 230~300L의 아세틸렌가스를 발생시킨다. 따라서 순수한 카바이드 5kg에서 발생할 수 있는 아세틸렌량은 5kg × 348L = 1,740L이다.

56 ③ 57 ① 58 ① 59 ② 정답

60 가스 실드계의 대표적인 용접봉으로 피복이 얇고 슬래그가 적어 좁은 홈의 용접이나 수직상진, 하진 및 위보기용접에서 우수한 작업성을 가진 용접봉은?

① E4301　　② E4311
③ E4313　　④ E4316

해설

피복아크 용접봉의 종류

일미나이트계 (E4301)	• 일미나이트($TiO_2 \cdot FeO$)를 약 30% 이상 합금한 것으로 우리나라에서 많이 사용한다. • 일본에서 처음 개발한 것으로 작업성과 용접성이 우수하며 값이 저렴하여 철도나 차량, 구조물, 압력용기에 사용된다. • 내균열성, 내가공성, 연성이 우수하여 25mm 이상의 후판용접도 가능하다.
라임티타니아계 (E4303)	• E4313의 새로운 형태로 약 30% 이상의 산화타이타늄(TiO_2)과 석회석($CaCO_3$)이 주성분이다. • 산화타이타늄과 염기성 산화물이 다량으로 함유된 슬래그 생성식이다. • 피복이 두껍고 전자세용접성이 우수하다. • E4313의 작업성을 따르면서 기계적 성질과 일미나이트계의 부족한 점을 개량하여 만든 용접봉이다. • 고산화타이타늄계 용접봉보다 약간 높은 전류를 사용한다.
고셀룰로스계 (E4311)	• 피복제에 가스 발생제인 셀룰로스를 20~30% 정도 포함한 가스 생성식 용접봉이다. • 발생 가스량이 많아 피복량이 얇고 슬래그가 적어 수직, 위보기용접에서 우수한 작업성을 보인다. • 가스 생성에 의한 환원성 아크분위기로 용착금속의 기계적 성질이 양호하며 아크는 스프레이 형상으로 용입이 크고 용융속도가 빠르다. • 슬래그가 적어 비드 표면이 거칠고 스패터가 많다. • 사용 전류는 슬래그 실드계 용접봉에 비해 10~15% 낮게 하며, 사용 전 70~100℃에서 30분~1시간 건조시켜야 한다. • 도금 강판, 저합금강, 저장탱크나 배관공사에 이용된다.
고산화타이타늄계 (E4313)	• 균열에 대한 감수성이 좋아서 구속이 큰 구조물의 용접이나 고탄소강, 쾌삭강의 용접에 사용한다. • 피복제에 산화타이타늄(TiO_2)을 약 35% 정도 합금한 것으로 일반 구조용 용접에 사용된다. • 용접기의 2차 무부하전압이 낮을 때에도 아크가 안정적이며 조용하다. • 스패터가 적고 슬래그의 박리성도 좋아서 비드의 모양이 좋다. • 저합금강이나 탄소량이 높은 합금강의 용접에 적합하다. • 다층 용접에서는 만족할 만한 품질을 만들지 못한다. • 기계적 성질이 다른 용접봉에 비해 약하고 고온 균열을 일으키기 쉬운 단점이 있다.
철분 저수소계 (E4326)	• E4316의 피복제에 30~50% 정도의 철분을 첨가한 것으로 용착속도가 크고 작업능률이 좋다. • 용착금속의 기계적 성질이 양호하고 슬래그의 박리성이 저수소계 용접봉보다 좋으며 아래보기나 수평 필릿용접에만 사용된다.
철분 산화타이타늄계 (E4324)	• E4313의 피복제에 철분을 50% 정도 첨가한 것이다. • 작업성이 좋고 스패터가 적게 발생하나 용입이 얕다. • 용착금속의 기계적 성질은 E4313과 비슷하다.
저수소계 (E4316)	• 아크가 불안정하다. • 용접봉 중에서 피복제의 염기성이 가장 높다. • 석회석이나 형석을 주성분으로 한 피복제를 사용한다. • 주로 저탄소강의 용접에 사용되나 저합금강과 중, 고탄소강의 용접에도 사용된다. • 용착금속 중의 수소량이 타 용접봉에 비해 1/10 정도로 현저하게 적다. • 균열에 대한 감수성이 좋아 구속도가 큰 구조물이 용접이나 탄소 및 황의 함유량이 많은 쾌삭강의 용접에 사용한다. • 피복제는 습기를 잘 흡수하기 때문에 사용 전에 300~350℃에서 1~2시간 건조 후 사용해야 한다.
철분 산화철계 (E4327)	• 주성분인 산화철에 철분을 첨가한 것으로 규산염을 다량 함유하고 있어서 산성의 슬래그가 생성된다. • 아크가 분무상으로 나타나며 스패터가 적고 용입은 E4324보다 깊다. • 비드의 표면이 곱고 슬래그의 박리성이 좋아서 아래보기나 수평 필릿용접에 많이 사용된다.

정답 60 ②

2021년 제2회 과년도 기출복원문제

제1과목 용접야금 및 용접설비제도

01 응력제거풀림의 효과를 나타낸 것 중 틀린 것은?

① 용접 잔류응력의 제거
② 치수 비틀림 방지
③ 충격 저항 증대
④ 응력부식에 대한 저항력 감소

해설
응력제거풀림은 응력으로 인한 부식의 저항력을 크게 해 줌으로써 용접 구조물을 더 안전하게 만든다.

02 응력 제거 열처리법 중에서 노내풀림 시 판 두께가 2mm인 일반구조용 압연강재, 용접구조용 압연강재 또는 탄소강의 경우 일반적으로 노내풀림온도로 가장 적당한 것은?

① 300±25℃ ② 400±25℃
③ 525±25℃ ④ 625±25℃

해설
응력제거풀림
주조나 단조, 기계가공, 용접으로 금속재료에 생긴 잔류응력을 제거하기 위한 열처리의 일종으로, 구조용 강의 경우 약 550~650℃의 온도 범위에서 일정한 시간을 유지하였다가 노 속에서 냉각시킨다. 따라서 노내풀림온도는 625±25℃의 범위가 적당하다. 충격에 대한 저항력과 응력부식에 대한 저항력을 증가시키고 크리프강도도 향상시킨다. 그리고 용착금속 중 수소 제거에 의한 연성을 증대시킨다.

03 오스테나이트계 스테인리스강의 용접 시 유의사항으로 틀린 것은?

① 예열을 한다.
② 짧은 아크 길이를 유지한다.
③ 아크를 중단하기 전에 크레이터처리를 한다.
④ 용접입열을 억제한다.

해설
스테인리스강 중 가장 널리 사용되는 오스테나이트계 스테인리스강은 높은 열이 가해질수록 탄화물이 더 빨리 발생하여 입계부식을 일으키므로 가능한 용접입열을 작게 해야 한다. 따라서 용접 전 예열을 하지 않는 것이 좋다.

04 일반적으로 고장력강은 인장강도가 몇 N/mm^2 이상일 때인가?

① 290 ② 390
③ 490 ④ 690

해설
- 고장력강 : $50kgf/mm^2 = 490N/mm^2$ 이상인 강
- 보통강 : $50kgf/mm^2 = 490N/mm^2$ 이하인 강

1 ④ 2 ④ 3 ① 4 ③ 정답

05 탄소강의 A_2, A_3 변태점이 모두 옳게 표시된 것은?

① A_2 = 723℃, A_3 = 1,400℃
② A_2 = 768℃, A_3 = 910℃
③ A_2 = 723℃, A_3 = 910℃
④ A_2 = 910℃, A_3 = 1,400℃

해설

변태점이란 변태가 일어나는 온도로 다음과 같이 5개의 변태점이 있다.

- A_0 변태점(210℃) : 시멘타이트의 자기변태점
- A_1 변태점(723℃) : 철의 동소변태점(공석변태점)
- A_2 변태점(768℃) : 철의 자기변태점
- A_3 변태점(910℃) : 철의 동소변태점, 체심입방격자(BCC) → 면심입방격자(FCC)
- A_4 변태점(1,410℃) : 철의 동소변태점, 면심입방격자(FCC) → 체심입방격자(BCC)

06 주철의 용접 시 주의사항으로 틀린 것은?

① 용접전류는 필요 이상 높이지 말고, 용입을 지나치게 깊게 하지 않는다.
② 비드의 배치는 짧게 해서 여러 번의 조작으로 완료한다.
③ 용접봉은 가급적 지름이 굵은 것을 사용한다.
④ 용접부를 필요 이상 크게 하지 않는다.

해설

주철용접 시 주의사항

- 용입을 지나치게 깊게 하지 않는다.
- 용접전류는 필요 이상으로 높이지 않는다.
- 용접부를 필요 이상으로 크게 하지 않는다.
- 용접봉은 되도록 가는 지름의 것을 사용한다.
- 비드 배치는 짧게 해서 여러 번의 조작으로 완료한다.
- 가열되어 있을 때 피닝작업을 하여 변형을 줄이는 것이 좋다.
- 균열의 보수는 균열의 연장을 방지하기 위하여 균열의 끝에 작은 구멍을 뚫는다.

07 피복아크용접 시 용융금속 중에 침투한 산화물을 제거하는 탈산제로 쓰이지 않는 것은?

① 망간철　　② 규소철
③ 산화철　　④ 타이타늄철

해설

피복배합제의 종류

배합제	용 도	종 류
고착제	심선에 피복제를 고착시킨다.	규산나트륨, 규산칼륨, 아교
탈산제	용융금속 중의 산화물을 탈산, 정련한다.	크롬, 망간, 알루미늄, 규소철, 페로망간, 페로실리콘, 망간철, 타이타늄철, 소맥분, 톱밥
가스 발생제	중성, 환원성 가스를 발생하여 대기와의 접촉을 차단하여 용융 금속의 산화나 질화를 방지한다.	아교, 녹말, 톱밥, 탄산바륨, 셀룰로이드, 석회석, 마그네사이트
아크 안정제	아크를 안정시킨다.	산화타이타늄, 규산칼륨, 규산나트륨, 석회석
슬래그 생성제	용융점이 낮고 가벼운 슬래그를 만들어 산화나 질화를 방지한다.	석회석, 규사, 산화철, 일미나이트, 이산화망간
합금 첨가제	용접부의 성질을 개선하기 위해 첨가한다.	페로망간, 페로실리콘, 니켈, 몰리브덴, 구리

08 용접제품의 열처리 선택조건과 가장 관련이 적은 것은?

① 용접부의 치수
② 용접부의 모양
③ 용접부의 재질
④ 가공경화

해설

열처리는 용접부의 두께(치수)나 모양, 재질에 따라 열처리의 시간과 종류를 다르게 해야 하므로 선택조건이 되지만 가공경화의 정도는 관련이 적다.

정답 5 ② 6 ③ 7 ③ 8 ④

09 2성분계의 평형상태도에서 액체, 고체 어떤 상태에서도 두 성분이 완전히 융합하는 경우는?

① 공정형 ② 전율포정형
③ 편정형 ④ 전율고용형

해설

전율고용형 : 액체와 고체 상태에서 두 개의 성분(2성분계)이 완전히 융합된 형태

10 순철은 상온에서 어떤 조직을 갖는가?

① γ-Fe의 오스테나이트
② α-Fe의 페라이트
③ α-Fe의 펄라이트
④ γ-Fe의 마텐자이트

해설

고체 상태에서 순철은 온도 변화에 따라 α철-페라이트 조직, γ철-오스테나이트 조직, δ철로 변하는데 상온에서의 철은 α철-페라이트 조직이다. 그리고 이 3개는 철의 동소체이며 결정격자는 α철(체심입방격자), γ철(면심입방격자), δ철(체심입방격자)이다.

11 한국산업규격에서 냉간압연 강판 및 강대 종류의 기호 중 드로잉용을 나타내는 것은?

① SPCC ② SPCD
③ SPCE ④ SPCF

해설

한국표준규격인 KS D 3512에 따르면 다음과 같이 기입되어 있다.

- SPCC : 냉간압연 강판 및 강대(일반용)
- SPCD : 냉간압연 강판 및 강대(드로잉용)
- SPCE : 냉간압연 강판 및 강대(딥드로잉용)
- SPCF : 냉간압연 강판 및 강대(비시효성 딥드로잉용)
- SPCG : 냉간압연 강판 및 강대(비시효성 초딥드로잉용)

12 도면을 그리기 위하여 도면에 설정하는 양식에 대한 설명으로 틀린 것은?

① 윤곽선 : 도면으로 사용된 용지의 안쪽에 그려진 내용을 확실히 구분되도록 하기 위함
② 도면의 구역 : 도면을 축소 또는 확대했을 경우, 그 정도를 알기 위함
③ 표제란 : 도면 관리에 필요한 사항과 도면 내용에 관한 중요한 사항을 정리하여 기입하기 위함
④ 중심마크 : 완성된 도면을 영구적으로 보관하기 위하여 도면을 마이크로필름을 사용하여 사진 촬영을 하거나 복사하고자 할 때 도면의 위치를 알기 쉽도록 하기 위하여 표시하기 위함

해설

도면의 구역 표시는 다음과 같이 구분기호로 나타낸다.

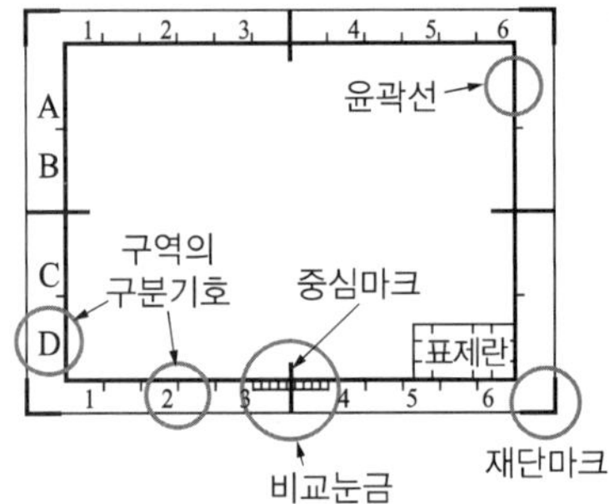

도면에 마련되는 양식

윤곽선	도면 용지의 안쪽에 그려진 내용이 확실히 구분되도록 하고, 종이의 가장자리가 찢어져서 도면의 내용을 훼손하지 않도록 하기 위해서 굵은 실선으로 표시한다.
표제란	도면 관리에 필요한 사항과 도면 내용에 관한 중요 사항으로서 도명, 도면 번호, 기업(소속명), 척도, 투상법, 작성 연월일, 설계자 등이 기입된다.
중심마크	도면의 영구 보존을 위해 마이크로필름으로 촬영하거나 복사하고자 할 때 굵은 실선으로 표시한다.
비교눈금	도면을 축소하거나 확대했을 때 그 정도를 알기 위해 도면 아래쪽의 중앙 부분에 10mm 간격의 눈금을 굵은 실선으로 그려 놓은 것이다.
재단마크	인쇄, 복사, 플로터로 출력된 도면을 규격에서 정한 크기로 자르기 편하도록 하기 위해 사용한다.

9 ④ 10 ② 11 ② 12 ② **정답**

13 건설 또는 제조에 필요한 정보를 전달하기 위한 도면으로 제작도가 사용되는데, 이 종류에 해당되는 것으로만 조합된 것은?

① 계획도, 시공도, 견적도
② 설명도, 장치도, 공정도
③ 상세도, 승인도, 주문도
④ 상세도, 시공도, 공정도

해설

제작도란 제품을 제작할 때 설계자가 제작자에게 전달하는 언어이므로 견적도나 주문도와는 거리가 멀다. 상세도(부품의 필요한 부분을 부분적으로 상세히 표시한 도면), 시공도, 공정도가 제작도에 속한다.

- 제작도 : 제품을 제작할 때 설계자의 의도가 공장의 제작자에게 충분히 전달되도록 만드는 도면
- 설명도 : 기계의 구조나 기능, 취급방법, 작동원리 등을 설명한 도면으로, 소비자에게 정보를 전달하기 위한 도면
- 승인도 : 제작자가 제품의 제작방법이나 계획 등을 주문자에게 승인받기 위해 제작한 도면

14 선의 종류에 따른 용도에 의한 명칭으로 틀린 것은?

① 굵은 실선 – 외형선
② 가는 실선 – 치수선
③ 가는 1점 쇄선 – 기준선
④ 가는 파선 – 치수보조선

해설

치수보조선은 도면에서 가는 실선으로 나타낸다.

15 다음의 용접 보조기호에 대한 명칭으로 옳은 것은?

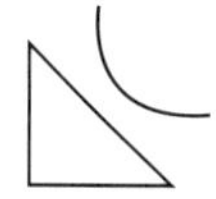

① 볼록 필릿용접
② 오목 필릿용접
③ 필릿용접 끝단부를 매끄럽게 다듬질
④ 한쪽면 V형 맞대기용접 평면 다듬질

해설

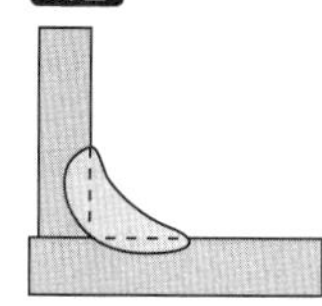

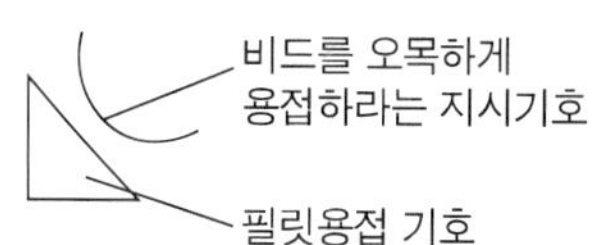

16 다음 용접기호 설명 중 틀린 것은?

① ╲╱ 는 V형 맞대기용접을 의미한다.
② ◺ 는 필릿용접을 의미한다.
③ ◯ 는 점용접을 의미한다.
④ ╯╰ 는 플러그용접을 의미한다.

해설

- 플러그용접 : ┌─┐
- 양면 플랜지형 맞대기이음 : ╯╰

정답 13 ④ 14 ④ 15 ② 16 ④

17 용접의 기본기호 중 가장자리 용접을 나타내는 것은?

①

②

③

④

해설

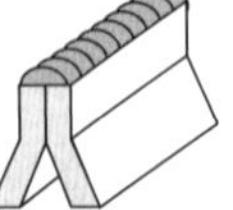

가장자리용접은 다음과 같이 구조물의 끝 부분을 용접하며 ③번과 같은 기호로 표시한다.

용접의 기본기호

겹침이음	개선 각이 급격한 V형 맞대기용접	서페이싱용접

18 다음 그림과 같이 대상물의 사면에 대향하는 위치에 그린 투상도는?

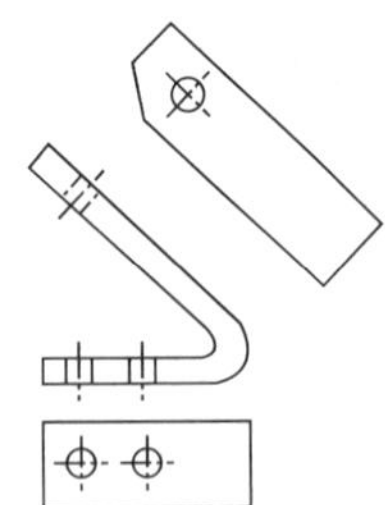

① 회전투상도

② 보조투상도

③ 부분투상도

④ 국부투상도

해설

투상도의 종류

종류	구분	내용
회전 투상도	정 의	각도를 가진 물체의 실제 모양을 나타내기 위해서 그 부분을 회전해서 그린다.
	도면 표시	
부분 투상도	정 의	그림의 일부를 도시하는 것만으로도 충분한 경우 필요한 부분만 투상하여 그린다.
	도면 표시	
국부 투상도	정 의	대상물이 구멍, 홈 등과 같이 한 부분의 모양을 도시하는 것만으로도 충분한 경우에 사용한다.
	도면 표시	가는 1점 쇄선으로 연결한다. / 가는 실선으로 연결한다.
부분 확대도	정 의	특정 부분의 도형이 작아서 그 부분을 자세히 나타낼 수 없거나 치수 기입을 할 수 없을 때 그 부분을 가는 실선으로 둘러싸고 한글이나 알파벳 대문자로 표시한 후 근처에 확대하여 표시한다.
	도면 표시	A / 확대도-A 척도 2:1
보조 투상도	정 의	경사면을 지니고 있는 물체는 그 경사면의 실제 모양을 표시할 필요가 있는데, 이 경우 보이는 부분의 전체 또는 일부분을 대상물의 사면에 대향하는 위치에 그린다.
	도면 표시	대칭기호

17 ③ 18 ② 정답

19 용접도면에서 기호의 위치를 설명한 것 중 틀린 것은?

① 화살표는 기준선이 한쪽 끝에 각을 이루며 연결된다.

② 좌우대칭인 용접부에서 파선은 필요 없고 생략하는 편이 좋다.

③ 파선은 연속선의 위 또는 아래에 그을 수 있다.

④ 용접부(용접면)가 이음의 화살표 쪽에 있으면 기호는 파선 쪽의 기준선에 표시한다.

해설

용접부가 화살표 쪽에 있으면 기호는 실선 위에 위치해야 한다. 반대로 화살표의 반대 방향으로 용접부가 만들어져야 한다면 점선 위에 용접기호를 위치시켜야 한다.

실선 위에 V표가 있으면 화살표 쪽에 용접한다.
점선 위에 V표가 있으면 화살표 반대쪽에 용접한다.

20 다음 중 도면용지 A0의 크기로 옳은 것은?

① 841×1,189

② 594×841

③ 420×594

④ 297×420

해설

도면용지의 종류별 크기 및 윤곽 치수(mm)

크기의 호칭	A0	A1	A2	A3	A4
a×b	841 ×1,189	594 ×841	420 ×594	297 ×420	210 ×297

제2과목 용접구조설계

21 맞대기용접이음에서 이음효율을 구하는 식은?

① 이음효율$=\dfrac{\text{모재의 인장강도}}{\text{용접시험편의 인장강도}}\times 100(\%)$

② 이음효율$=\dfrac{\text{용접시험편의 인장강도}}{\text{모재의 인장강도}}\times 100(\%)$

③ 이음효율$=\dfrac{\text{허용응력}}{\text{사용응력}}\times 100(\%)$

④ 이음효율$=\dfrac{\text{사용응력}}{\text{허용응력}}\times 100(\%)$

해설

용접부의 이음효율(η)

$$\eta=\frac{\text{용접시험편의 인장강도}}{\text{모재의 인장강도}}\times 100\%$$

22 다음 그림과 같은 용접이음의 명칭은?

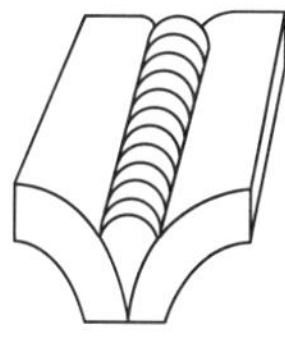

① 겹치기용접

② T용접

③ 플레어용접

④ 플러그용접

해설

플레어용접	겹치기용접	필릿용접 (T용접)	플러그용접

정답 19 ④ 20 ① 21 ② 22 ③

23 용접이음을 설계할 때 주의사항으로 옳은 것은?

① 용접 길이는 되도록 길게 하고, 용착금속도 많게 한다.
② 용접이음을 한 군데로 집중시켜 작업의 편리성을 도모한다.
③ 결함이 적게 발생하는 아래보기자세를 선택한다.
④ 강도가 강한 필릿용접을 주로 선택한다.

해설
용접이음을 할 때 용접자세는 용접물의 품질과 직접적인 관련이 높다. 따라서 가급적 가장 안정적인 용접자세인 아래보기(Flat Position)자세를 모든 용접이음에 적용시켜야 한다.

용접자세(Welding Position)

자 세	KS규격	모재와 용접봉의 위치	ISO	AWS
아래보기	F (Flat Position)	바닥면	PA	1G
수 평	H (Horizontal Position)		PC	2G
수 직	V (Vertical Position)		PF	3G
위보기	OH 또는 O (Overhead Position)		PE	4G

24 맞대기용접이음의 가접 또는 첫 층에서 루트 근방의 열영향부에서 발생하여 점차 비드 속으로 들어가는 균열은?

① 토 균열
② 루트 균열
③ 세로 균열
④ 크레이터 균열

해설
루트 균열 : 맞대기용접 시 가접이나 비드의 첫 층에서 루트면 근방의 열영향부(HAZ)에 발생한 노치에서 시작하여 점차 비드 속으로 들어가는 균열(세로 방향 균열)로, 함유 수소에 의해서도 발생되는 저온 균열의 일종이다.

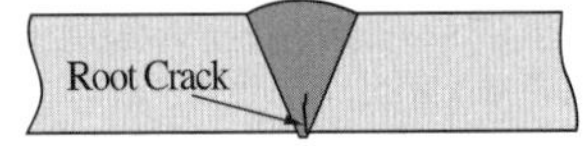

25 용접 변형의 종류 중 박판을 사용하여 용접하는 경우 다음 그림과 같이 생기는 물결 모양의 변형으로 한 번 발생하면 교정하기 힘든 변형은?

① 좌굴 변형
② 회전 변형
③ 가로 굽힘 변형
④ 가로 수축

해설
좌굴이란 축 방향을 기준으로 변형되는 것을 말하는데 박판(얇은 판)에 이 좌굴 변형이 생기면 편평하게 교정하기 힘들다.

23 ③ 24 ② 25 ① **정답**

26 용접부의 피로강도 향상법으로 맞는 것은?

① 덧붙이 크기를 가능한 한 최소화한다.
② 기계적 방법으로 잔류응력을 강화한다.
③ 응력 집중부에 용접이음부를 설계한다.
④ 야금적 변태에 따라 기계적인 강도를 낮춘다.

해설

덧살은 기존 용접부에 추가로 비드를 덧붙이는 작업으로, 과대한 경우 피로강도를 감소시키므로 강도를 저하시키지 않는 선에서 가능한 한 최소화해야 한다.

27 용접이음에서 취성파괴의 일반적인 특징에 대한 설명 중 틀린 것은?

① 온도가 높을수록 발생하기 쉽다.
② 항복점 이하의 평균응력에서도 발생한다.
③ 파괴의 기점은 응력과 변형이 집중하는 구조적 및 형상적인 불연속부에서 발생하기 쉽다.
④ 거시적 파면상황은 판 표면에 거의 수직이다.

해설

취성파괴는 온도가 낮을수록 더 발생하기 쉽다.

28 용접 열영향부에서 생기는 균열에 해당되지 않는 것은?

① 비드 밑 균열(Under Bead Crack)
② 세로 균열(Longitudinal Crack)
③ 토 균열(Toe Crack)
④ 라멜라 티어 균열(Lamellar Tear Crack)

해설

세로 균열은 용접부에 세로 방향의 크랙이 생기는 결함으로, 열영향부에서 발생하지 않는다.

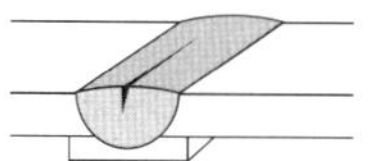

① 비드 밑 균열 : 모재의 용융선 근처의 열영향부에서 발생되는 균열이며 고탄소강이나 저합금강을 용접할 때 용접열에 의한 열영향부의 경화와 변태응력 및 용착금속 내부의 확산성 수소에 의해 발생되는 균열이다.
③ 토 균열 : 표면비드와 모재의 경계부에서 발생하는 불량으로, 토란 용접 모재와 용접 표면이 만나는 부위를 말한다.
④ 라멜라 티어(Lamellar Tear) 균열 : 압연으로 제작된 강판 내부에 표면과 평행하게 층상으로 발생하는 균열로, T 이음과 모서리 이음에서 발생한다. 평행부와 수직부로 구성되며 주로 MnS계 개재물에 의해서 발생되는데 S의 함량을 감소시키거나 판두께 방향으로 구속도가 최소가 되게 설계하거나 시공함으로써 억제할 수 있다.

정답 26 ① 27 ① 28 ②

29 다음 그림과 같은 순서로 하는 용착법을 무엇이라고 하는가?

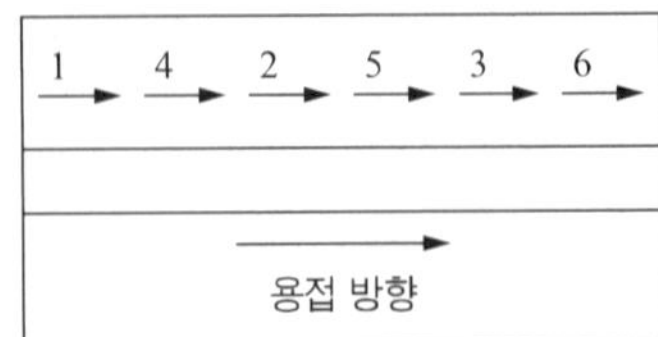

① 전진법 ② 후퇴법
③ 캐스케이드법 ④ 스킵법

해설

문제의 그림은 용접부 전 부분을 일정하게 나누어 균형 있게 용접하는 방법인 스킵법(비석법)이다.

용착법의 종류

구 분	종 류	
용접 방향에 의한 용착법	전진법	후퇴법
	1 2 3 4 5	5 4 3 2 1
	대칭법	스킵법(비석법)
	4 2 1 3	1 4 2 5 3
다층 비드 용착법	빌드업법(덧살올림법)	캐스케이드법
	4 3 2 1	4 3 2 1
	전진블록법	
	4 8 12 / 3 7 11 / 2 6 10 / 1 5 9	

30 용접구조물의 수명과 가장 관련 있는 것은?

① 작업 태도 ② 아크 타임률
③ 피로강도 ④ 작업률

해설

용접구조물의 수명은 구조물을 구성하고 있는 재료가 받는 피로강도와 관련 있다.
피로한도(피로강도) : 재료에 하중을 반복적으로 가했을 때 파괴되지 않는 응력변동의 최대범위로 S-N곡선으로 확인할 수 있다. 재질이나 반복하중의 종류, 표면 상태나 형상에 큰 영향을 받는다.

31 잔류응력을 제거하는 방법이 아닌 것은?

① 저온응력완화법
② 기계적 응력완화법
③ 피닝법(Peening)
④ 담금질열처리법

해설

담금질(Quenching) : 재질을 경화시킬 목적으로 강을 오스테나이트 조직의 영역으로 가열한 후 급랭시켜 강도와 경도를 증가시키는 열처리법이다. 따라서 담금질처리를 하면 잔류응력이 발생하기 때문에 잔류응력의 제거와는 거리가 멀다.

32 다음 그림과 같은 맞대기용접이음 홈의 각부 명칭을 잘못 설명한 것은?

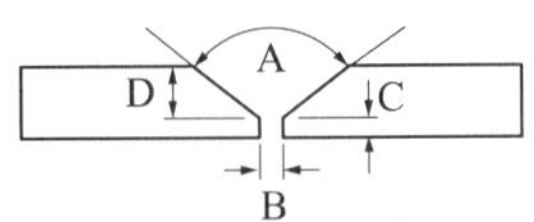

① A-홈 각도 ② B-루트 간격
③ C-루트면 ④ D-홈 길이

해설

D의 명칭은 홈 깊이이다.

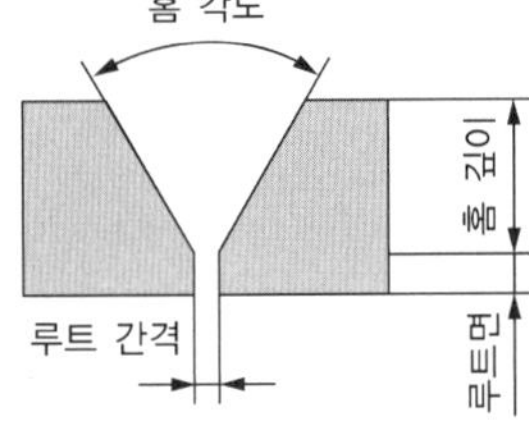

33 용접부의 파괴시험법 중에서 화학적 시험방법이 아닌 것은?

① 함유수소시험 ② 비중시험
③ 화학분석시험 ④ 부식시험

해설

비중은 재료가 동일한 체적의 물의 중량과 물체의 중량의 비를 말하는 것이므로 비중시험은 물리적 시험법에 속한다.

29 ④ 30 ③ 31 ④ 32 ④ 33 ② 정답

34 2매의 판이 100°의 각도로 조립되는 필릿용접이음의 경우 이론 목 두께는 다리 길이의 약 몇 %인가?

① 70.7% ② 65%
③ 50% ④ 55%

해설
두 판 사이의 목 두께(a) = 판재 간 사이각(θ)이 100°이므로, z를 다리 길이라고 했을 때 목 두께는 $z\times\cos 50°$가 된다.

따라서, $\dfrac{\text{이론 목 두께}}{\text{이론 다리 길이}} = \dfrac{z\cos 50°}{z} = \cos 50° \times 100\%$
$= 64.2\%$

35 연강을 0℃ 이하에서 용접할 경우 예열하는 방법은?

① 이음의 양쪽 폭 100mm 정도를 40~75℃로 예열하는 것이 좋다.
② 이음의 양쪽 폭 150mm 정도를 150~200℃로 예열하는 것이 좋다.
③ 비드 균열을 일으키기 쉬우므로 50~350℃로 용접 홈을 예열하는 것이 좋다.
④ 200~400℃ 정도로 홈을 예열하고 냉각속도를 빠르게 용접한다.

해설
판 두께가 25mm 이상인 연강을 0℃ 이하에서 용접하면 저온균열이 발생하므로 이음부의 양쪽에서 대략 100mm 정도를 띄어서 40~75℃로 예열한다. 그리고 구리합금이나 알루미늄합금, 후판은 약 200~400℃로, 저합금강이나 스테인리스강 등은 50~350℃ 정도로 예열한다.

36 용접부의 시점과 끝나는 부분에 용입 불량이나 각종 결함을 방지하기 위해 주로 사용되는 것은?

① 엔드탭 ② 포지셔너
③ 회전지그 ④ 고정지그

해설
① 엔드탭 : 용접부의 시작부와 끝나는 부분에 용입 불량이나 각종 결함을 방지하기 위해서 사용되는 용접보조기구
② 용접 포지셔너 : 용접작업 중 불편한 용접자세를 바로잡기 위해 작업자가 원하는 대로 용접물을 움직일 수 있는 작업보조기구

37 65%의 용착효율을 가지고 단일의 V형 홈을 가진 20mm 두께의 철판을 3m 맞대기용접했을 때, 필요한 소요 용접봉의 중량은 약 몇 kgf인가?(단, 20mm 철판의 용접부 단면적은 $2.6cm^2$이고, 용착금속의 비중은 7.85이다)

① 7.42 ② 9.42
③ 11.42 ④ 13.42

해설
• 용착효율 $= \dfrac{\text{용착금속의 중량}}{\text{용접봉 사용중량}} \times 100\%$

• 용접봉 사용중량 $= \dfrac{\text{용착금속의 중량}}{\text{용착효율}} = \dfrac{6,123g}{0.65} = 9,420g$
$= 9.42kg$

• 용착금속의 중량$(W) = \gamma \times V = \gamma \times A \times L$
$= 7.85g/cm^3 \times 2.6cm \times 300cm^2$
$= 6,123g$

38 용접제품을 제작하기 위한 조립 및 가접에 대한 일반적인 설명으로 틀린 것은?

① 강도상 중요한 곳과 용접의 시점과 종점이 되는 끝부분을 주로 가접한다.
② 조립 순서는 용접 순서 및 용접작업의 특성을 고려하여 계획한다.
③ 가접 시에는 본용접보다도 지름이 약간 가는 용접봉을 사용하는 것이 좋다.
④ 불필요한 잔류응력이 남지 않도록 미리 검토하여 조립 순서를 정한다.

해설
가접은 용접을 시작하기 전 재료의 형태를 고정시키는 역할을 하는 것이므로 강도가 중요하지 않은 부분에 가볍게 실시해야 하므로, 강도상 중요한 곳과 용접의 시점과 종점이 되는 끝부분에는 가접을 하면 안 된다.

정답 34 ② 35 ① 36 ① 37 ② 38 ①

39 다음 그림과 같이 강판 두께(t) 19mm, 용접선의 유효 길이(l) 200mm, h_1, h_2가 각각 8mm, 하중(P) 7,000kgf가 작용할 때 용접부에 발생하는 인장응력은 약 몇 kgf/mm^{2}인가?

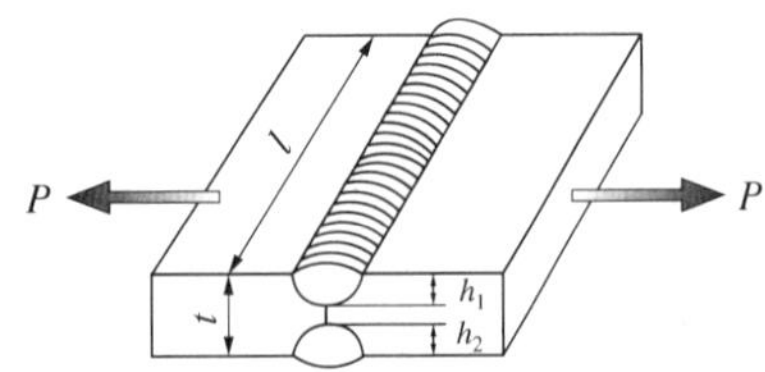

① 0.2　② 2.2
③ 4.8　④ 6.8

해설

$$\sigma_t = \frac{F}{A} = \frac{W}{(t_1 + t_2)l}$$
$$= \frac{7{,}000\text{kgf}}{(8\text{mm} + 8\text{mm})200\text{mm}} = 2.18\text{kgf/mm}^2$$

40 용접작업에서 지그 사용 시 얻어지는 효과로 틀린 것은?

① 용접 변형을 억제하고 적당한 역변형을 주어 변형을 방지한다.
② 제품의 정밀도가 낮아진다.
③ 대량 생산의 경우 용접 조립작업을 단순화시킨다.
④ 용접작업은 용이하고 작업능률이 향상된다.

해설

용접작업에서 지그를 사용하면 제품을 항상 일정 위치에서 고정시키므로 제품의 정밀도는 높아진다.

제3과목 용접일반 및 안전관리

41 직류아크용접기에서 발전기형과 비교한 정류기형의 특징에 대한 설명으로 틀린 것은?

① 소음이 작다.
② 취급이 간편하고 가격이 저렴하다.
③ 교류를 정류하므로 완전한 직류를 얻는다.
④ 보수 점검이 간단하다.

해설

직류아크용접기의 종류별 특징

발전기형	정류기형
고가이다.	저렴하다.
완전한 직류를 얻는다.	완전한 직류를 얻지 못한다.
전원이 없어도 사용이 가능하다.	전원이 필요하다.
소음이나 고장이 발생하기 쉽다.	소음이 없다.
구조가 복잡하다.	구조가 간단하다.
보수와 점검이 어렵다.	고장이 적고 유지보수가 용이하다.
다소 무게감이 있다.	소형, 경량화가 가능하다.

42 이음형상에 따른 저항용접의 분류 중 맞대기용접이 아닌 것은?

① 플래시용접
② 버트심용접
③ 점용접
④ 퍼커션용접

해설

저항용접의 종류

겹치기 저항용접	맞대기 저항용접
• 점용접(스폿용접) • 심용접 • 프로젝션용접	• 버트용접 • 퍼커션용접 • 업셋용접 • 플래시버트용접 • 포일심용접

39 ② 40 ② 41 ③ 42 ③ **정답**

43 연강의 가스 절단 시 드래그(Drag) 길이는 주로 어느 인자에 의해 변화하는가?

① 예열과 절단 팁의 크기
② 토치 각도와 진행 방향
③ 예열 불꽃 및 백심의 크기
④ 절단속도와 산소소비량

해설

드래그 길이는 작업자가 움직이는 절단토치의 절단속도와 발생 열량과 관련된 산소소비량에 의해 변화된다.

드래그(Drag)

가스 절단 시 한 번에 토치를 이동한 거리로써 절단면에 일정한 간격의 곡선이 나타나는 것이다.

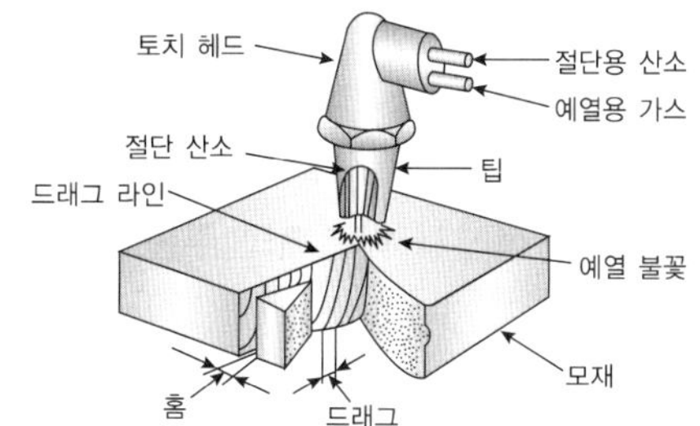

44 피복아크용접봉의 단면적 $1mm^2$에 대한 적당한 전류밀도는?

① 6~9A ② 10~13A
③ 14~17A ④ 18~21A

해설

피복아크용접봉의 단면적 $1mm^2$당 적당한 전류밀도는 약 10~13A 이다.

45 금속과 금속의 원자 간 거리를 충분히 접근시키면 금속원자 사이에 인력이 작용하여 그 인력에 의하여 금속을 영구 결합시키는 것이 아닌 것은?

① 융 접 ② 압 접
③ 납 땜 ④ 리벳이음

해설

용접법의 종류에는 융접, 압접, 납땜이 있으며, 리벳이음은 기계적 이음법에 속한다.

리 벳

판재나 형강을 영구적인 이음을 할 때 사용되는 결합용 기계요소로 구조가 간단하고 잔류 변형이 없어서 기밀을 요하는 압력용기나 보일러, 항공기, 교량 등의 이음에 주로 사용된다. 간단한 리벳작업은 망치도 가능하나 큰 강도를 요하는 곳을 리벳이음하기 위해서는 리베팅 장비가 필요하다.

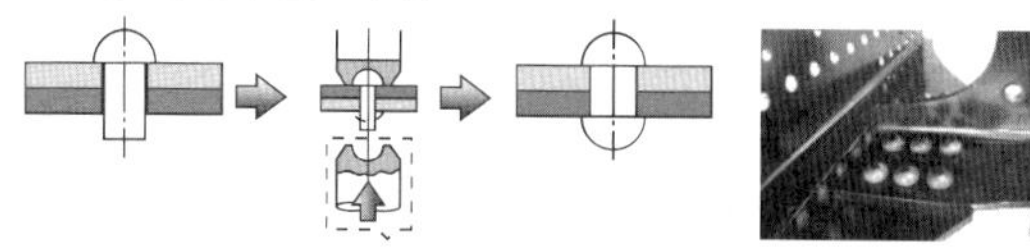

정답 43 ④ 44 ② 45 ④

46 용접법의 분류에서 융접에 속하는 것은?

① 테르밋용접
② 단 접
③ 초음파용접
④ 마찰용접

해설

테르밋용접(Termit Welding)

금속 산화물과 알루미늄이 반응하여 열과 슬래그를 발생시키는 테르밋반응을 이용하는 용접법이다. 강을 용접할 경우에는 산화철과 알루미늄 분말을 3 : 1로 혼합한 테르밋제를 만든 후 냄비의 역할을 하는 도가니에 넣은 후 점화제를 약 1,000℃로 점화시키면 약 2,800℃의 열이 발생되어 용접용 강이 만들어지는데 이 강(Steel)을 용접 부위에 주입 후 서랭하여 용접을 완료한다. 주로 철도 레일이나 차축, 선박의 프레임 접합에 사용된다.

용접법의 분류

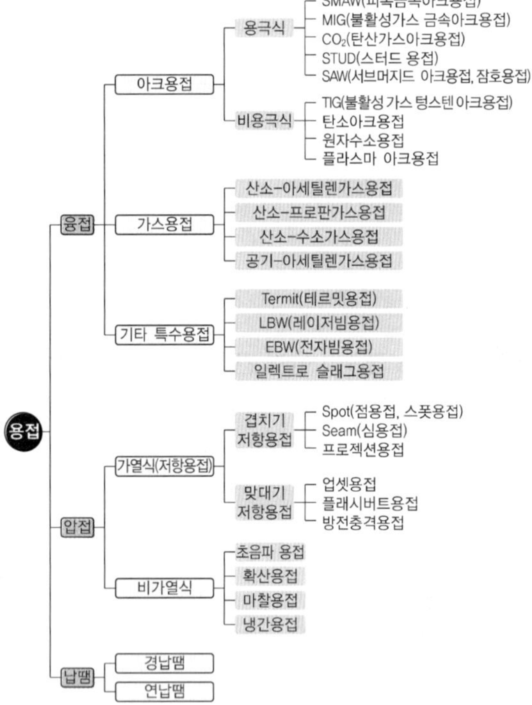

47 피복아크 용접봉에서 피복제의 편심률은 몇 % 이내이어야 하는가?

① 3% ② 6%
③ 9% ④ 12%

해설

피복아크 용접봉의 편심률(e)은 일반적으로 3% 이내이어야 한다.

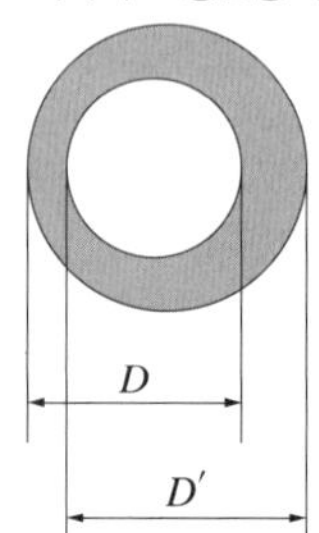

$$e = \frac{D' - D}{D} \times 100\%$$

48 피복아크용접에서 피복제의 주된 역할 중 틀린 것은?

① 전기절연작용을 한다.
② 탈산·정련작용을 한다.
③ 아크를 안정시킨다.
④ 용착금속의 급랭을 돕는다.

해설

피복아크용접봉은 심선 주위를 피복제(Flux)가 감싸고 있는 것으로, 피복제는 슬래그를 만들어 용접부를 덮는 형상을 만들기 때문에 급랭을 방지한다.

피복제(Flux)의 역할

- 아크를 안정시킨다.
- 전기절연작용을 한다.
- 보호가스를 발생시킨다.
- 스패터의 발생을 줄인다.
- 아크의 집중성을 좋게 한다.
- 용착금속의 급랭을 방지한다.
- 용착금속의 탈산·정련작용을 한다.
- 용융금속과 슬래그의 유동성을 좋게 한다.
- 용적(쇳물)을 미세화하여 용착효율을 높인다.
- 용융점이 낮고 적당한 점성의 슬래그를 생성한다.
- 슬래그 제거를 쉽게 하여 비드의 외관을 좋게 한다.
- 적당량의 합금 원소를 첨가하여 금속에 특수성을 부여한다.
- 중성 또는 환원성 분위기를 만들어 질화나 산화를 방지하고 용융금속을 보호한다.
- 쇳물이 쉽게 달라붙도록 힘을 주어 수직자세, 위보기자세 등 어려운 자세를 쉽게 한다.

46 ① 47 ① 48 ③ 정답

49 아크용접기의 사용률을 구하는 식으로 옳은 것은?

① $사용률(\%) = \frac{아크시간 + 휴식시간}{아크시간} \times 100\%$

② $사용률(\%) = \frac{아크시간}{아크시간 + 휴식시간} \times 100\%$

③ $사용률(\%) = \frac{휴식시간}{아크시간} \times 100\%$

④ $사용률(\%) = \frac{아크시간}{휴식시간} \times 100\%$

해설

용접기의 사용률 : 용접기를 사용하여 아크용접을 할 때 용접기의 2차 측에서 아크를 발생한 시간

$$사용률(\%) = \frac{아크\ 발생시간}{아크\ 발생시간 + 정지시간} \times 100\%$$

50 피복아크용접봉의 피복제 중에 포함되어 있는 주성분이 아닌 것은?

① 아크 안정제 ② 가스 억제제

③ 슬래그 생성제 ④ 탈산제

해설

피복아크용접봉의 심선을 둘러싸는 피복제는 용접부를 보호하는 가스를 발생시켜야 하므로 가스 억제제를 주성분으로 하지 않는다.

피복배합제의 종류

배합제	용 도	종 류
고착제	심선에 피복제를 고착시킨다.	규산나트륨, 규산칼륨, 아교
탈산제	용융금속 중의 산화물을 탈산, 정련한다.	크롬, 망간, 알루미늄, 규소철, 페로망간, 페로실리콘, 망간철, 타이타늄철, 소맥분, 톱밥
가스 발생제	중성, 환원성 가스를 발생하여 대기와의 접촉을 차단하여 용융금속의 산화나 질화를 방지한다.	아교, 녹말, 톱밥, 탄산바륨, 셀룰로이드, 석회석, 마그네사이트
아크 안정제	아크를 안정시킨다.	산화타이타늄, 규산칼륨, 규산나트륨, 석회석
슬래그 생성제	용융점이 낮고 가벼운 슬래그를 만들어 산화나 질화를 방지한다.	석회석, 규사, 산화철, 일미나이트, 이산화망간
합금 첨가제	용접부의 성질을 개선하기 위해 첨가한다.	페로망간, 페로실리콘, 니켈, 몰리브덴, 구리

51 탄산가스 아크용접의 특징에 대한 설명으로 틀린 것은?

① 전류밀도가 높아 용입이 깊고 용접속도를 빠르게 할 수 있다.

② 적용 재질이 철 계통으로 한정되어 있다.

③ 가시아크이므로 시공이 편리하다.

④ 일반적인 바람의 영향을 받지 않으므로 방풍장치가 필요 없다.

해설

CO_2가스(탄산가스) 아크용접의 특징

- 용착효율이 양호하다.
- 용접봉 대신 와이어(Wire)를 사용한다.
- 용접재료는 철(Fe)에만 한정되어 있다.
- 용접전원은 교류를 정류시켜서 직류로 사용한다.
- 용착금속에 수소 함량이 적어서 기계적 성질이 좋다.
- 전류밀도가 높아서 용입이 깊고 용접 속도가 빠르다.
- 전원은 직류 정전압 특성이나 상승 특성이 이용된다.
- 솔리드 와이어는 슬래그 생성이 적어서 제거할 필요가 없다.
- 보호가스로 이산화탄소 가스(탄산가스)를 사용하는데 풍속이 2m/s 이상이 되면 바람의 영향을 받아 풍속 2m/s 이상은 방풍장치가 필요하다.
- 탄산가스 함량이 3~4%일 때 두통이나 뇌빈혈을 일으키고, 15% 이상이면 위험 상태, 30% 이상이면 가스에 중독되어 생명이 위험해지기 때문에 환기를 자주 해야 한다.

52 연납에 대한 설명 중 틀린 것은?

① 연납은 인장강도 및 경도가 낮고 용융점이 낮아 납땜작업이 쉽다.

② 연납의 흡착작용은 주로 아연의 함량에 의존되며 아연 100%의 것이 가장 좋다.

③ 대표적인 것은 주석 40%, 납 60%의 합금이다.

④ 전기적인 접합이나 기밀, 수밀을 필요로 하는 장소에 사용된다.

해설

연납땜은 납땜재의 용융점이 450℃ 이하에서 실시하는 것으로, 인장강도와 경도, 용융점이 낮고 주로 주석-납계 합금용으로 사용되며 주석의 함유량에 의해 흡착력이 결정된다. 주석이 100%일 때는 흡착작용이 없으며 주석과 납이 50 : 50일 때 용융점이 낮고 작업성도 좋다.

정답 49 ② 50 ② 51 ④ 52 ②

53 용접용 케이블이음에서 케이블을 홀더 끝이나 용접기 단자에 연결하는 데 쓰이는 부품의 명칭은?

① 케이블 티그(Tig)
② 케이블 태그(Tag)
③ 케이블 러그(Lug)
④ 케이블 래그(Lag)

해설

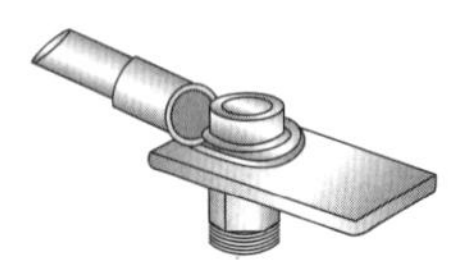

[케이블 러그(Cable Lug)]

54 직류와 교류아크용접기를 비교한 것으로 틀린 것은?

① 아크 안정 : 직류용접기가 교류용접기보다 우수하다.
② 전격의 위험 : 직류용접기가 교류용접기보다 많다.
③ 구조 : 직류용접기가 교류용접기보다 복잡하다.
④ 역률 : 직류용접기가 교류용접기보다 매우 양호하다.

해설

직류아크 용접기와 교류아크 용접기의 차이점

특 성	직류아크 용접기	교류아크 용접기
아크 안정성	우 수	보 통
비피복봉 사용 여부	가 능	불가능
극성 변화	가 능	불가능
아크쏠림 방지	불가능	가 능
무부하전압	약간 낮다(40~60V).	높다(70~80V).
전격의 위험	적다.	많다.
유지보수	다소 어렵다.	쉽다.
고 장	비교적 많다.	적다.
구 조	복잡하다.	간단하다.
역 률	양 호	불 량
가 격	고 가	저 렴

55 냉간압접의 일반적인 특징으로 틀린 것은?

① 용접부가 가공 경화된다.
② 압접에 필요한 공구가 간단하다.
③ 접합부의 열 영향으로 숙련이 필요하다.
④ 접합부의 전기저항은 모재와 거의 동일하다.

해설

냉간압접 : 외부의 열이나 전기의 공급 없이 연한 재료의 경계부를 상온에서 강하게 압축시켜 접합면을 국부적으로 소성변형시켜서 압접하는 방법으로 열이 발생하지 않는다. 그리고 접합면의 청정이 중요하므로 접합부를 청소한 후 1시간 이내에 접합하여 산화막의 생성을 피해야 한다.

56 TIG, MIG, 탄산가스아크용접 시 사용하는 차광렌즈 번호로 가장 적당한 것은?

① 12~13　② 8~9
③ 6~7　④ 4~5

해설

TIG 및 MIG용접 시 일반적으로 101~200A를 사용하므로 ①번이 정답에 가깝다.

용접의 종류별 적정 차광번호(KS P 8141)

용접의 종류	전류범위(A)	차광도 번호(No.)
납 땜	-	2~4
가스용접	-	4~7
산소 절단	901~2,000	5
	2,001~4,000	6
	4,001~6,000	7
피복아크용접 및 절단	30 이하	5~6
	36~75	7~8
	76~200	9~11
	201~400	12~13
	401 이상	14
아크에어가우징	126~225	10~11
	226~350	12~13
	351 이상	14~16
탄소아크용접	-	14
TIG, MIG	100 이하	9~10
	101~300	11~12
	301~500	13~14
	501 이상	15~16

53 ③ 54 ② 55 ③ 56 ① **정답**

57 중량물의 안전 운반에 관한 설명 중 잘못된 것은?

① 힘이 센 사람과 약한 사람이 조를 짜며 키가 큰 사람과 작은 사람이 한 조가 되게 한다.
② 화물의 무게가 여러 사람에게 평균적으로 걸리게 한다.
③ 긴 물건은 작업자의 같은 쪽 어깨에 메고 보조를 맞춘다.
④ 정해진 자의 구령에 맞추어 동작한다.

해설
중량물을 운전할 때는 이동하는 높이가 일정해야 하므로 키가 비슷한 사람을 한 조가 되도록 해야 한다.

58 아크용접용 로봇(Robot)에서 용접작업에 필요한 정보를 사람이 로봇에게 기억(입력)시키는 장치는?

① 전원장치
② 조작장치
③ 교시장치
④ 머니퓰레이터

해설
③ 교시(敎示)장치 : 머니퓰레이터의 동작 순서나 위치, 속도를 설정하는 작업을 로봇에게 지령하는 장치
※ 敎 : 가르칠(교), 示 : 보일(시)
④ 머니퓰레이터 : 원격의 거리에서 조종할 수 있는 로봇으로 집게팔이 대표적이며 매직핸드라고도 한다.

59 TIG용접기에서 직류 역극성을 사용하였을 경우 용접 비드의 형상으로 맞는 것은?

① 비드폭이 넓고 용입이 깊다.
② 비드폭이 넓고 용입이 얕다.
③ 비드폭이 좁고 용입이 깊다.
④ 비드폭이 좁고 용입이 얕다.

해설
TIG용접에서는 직류 역극성일 경우 용접봉에서 70%의 열이 발생하므로 용접봉이 빨리 녹아내려서 비드의 폭이 넓고 용입이 얕다.

구분	특징
직류정극성 (DCSP ; Direct Current Straight Polarity)	• 용입이 깊다. • 비드폭이 좁다. • 용접봉의 용융속도가 느리다. • 후판(두꺼운 판)용접이 가능하다. • 모재에는 (+)전극이 연결되며 70% 열이 발생하고, 용접봉에는 (−)전극이 연결되며 30% 열이 발생한다.
직류역극성 (DCRP ; Direct Current Reverse Polarity)	• 용입이 얕다. • 비드폭이 넓다. • 용접봉의 용융속도가 빠르다. • 박판(얇은 판)용접이 가능하다. • 모재에는 (−)전극이 연결되며 30% 열이 발생하고, 용접봉에는 (+)전극이 연결되며 70% 열이 발생한다. • 산화피막을 제거하는 청정작용이 있다.

60 공업용 아세틸렌가스 용기의 도색은?

① 녹 색 ② 백 색
③ 황 색 ④ 갈 색

해설
일반 가스용기의 도색 색상

가스 명칭	도 색	가스 명칭	도 색
산 소	녹 색	암모니아	백 색
수 소	주황색	아세틸렌	황 색
탄산가스	청 색	프로판(LPG)	회 색
아르곤	회 색	염 소	갈 색

정답 57 ① 58 ③ 59 ② 60 ③

2022년 제1회 과년도 기출복원문제

제1과목 용접야금 및 용접설비제도

01 일반적인 금속원자의 단위결정격자의 종류가 아닌 것은?

① 체심입방격자
② 정밀입방격자
③ 면심입방격자
④ 조밀육방격자

해설
일반적인 금속원자의 단위결정격자는 다음과 같다.
- 체심입방격자(BCC ; Body Centered Cubic lattice)
- 면심입방격자(FCC ; Face Centered Cubic lattice)
- 조밀육방격자(HCP ; Hexagonal Close Packed lattice)

02 철의 동소변태에 대한 설명으로 틀린 것은?

① α철 : 910℃ 이하에서 체심입방격자이다.
② γ철 : 910~1,400℃에서 면심입방격자이다.
③ β철 : 1,400~1,500℃에서 조밀육방격자이다.
④ δ철 : 1,400~1,538℃에서 체심입방격자이다.

해설
고체 상태에서 순철은 온도 변화에 따라 α철, γ철, δ철로 변하는데, 이 3개가 철의 동소체이다. 그러나 β철은 철의 동소체에 속하지 않으므로 ③번은 틀린 표현이다.
동소변태 : 동일한 원소 내에서 온도 변화에 따라 원자 배열이 바뀌는 현상으로 철(Fe)은 고체 상태에서 910℃의 열을 받으면 체심입방격자(BCC) → 면심입방격자(FCC)로, 1,400℃에서는 FCC → BCC로 바뀌며 냉각될 때는 반대가 된다.

03 용접금속의 변형시효(Strain Aging)에 큰 영향을 미치는 것은?

① H_2 ② O_2
③ CO_2 ④ CH_4

해설
변형시효란 저탄소강을 소성가공할 때 가공량이 작은 부분에 표면결함(물결무늬 등)이 생기는 현상으로, 질소(N_2)나 산소(O_2), 탄소(C)원자와 전위의 상호작용에 의해 발생되는데 이를 방지하려면 템퍼 압연처리(Temper Rolling)를 실시한다.

04 부피가 큰 재료일수록 내·외부 열처리 효과의 차이가 생기는 현상으로, 강의 담금질성에 의하여 영향을 받는 현상은?

① 시효경화 ② 노치효과
③ 담금질효과 ④ 질량효과

해설
④ 질량효과 : 탄소강을 담금질하였을 때 강의 질량 또는 크기에 따라 조직과 기계적 성질이 변하는 현상이다. 담금질 처리 시 질량이 큰 제품일수록 물체가 가진 내부 열이 많기 때문에 질량이 작은 것보다도 천천히 냉각되며, 그 결과 조직과 경도도 달라진다.
① 시효경화 : 열처리 후 시간이 지남에 따라 강도와 경도가 증가하는 현상이다.
② 노치효과 : 표면층에 노치가 있는 물체에 기계적 외력을 가하면 다른 부분보다 노치 부분에서 먼저 소성변형이 일어나거나 파괴되는 현상이다.
③ 담금질효과 : 담금질 조작은 재료의 강도와 경도를 향상시키는데, 이는 물체를 가열한 후 냉각시키는 속도에 큰 영향을 받는다.

정답 1 ② 2 ③ 3 ② 4 ④

05 다음 중 강의 담금질효과를 증대시키며, 고온에서 결정립 성장을 억제시키고, S의 해를 감소시키는 원소는?

① C　② Mn
③ P　④ Si

해설
망간(Mn)은 탄소강에 함유된 황(S)을 MnS로 석출시켜 적열취성을 방지하고 고온에서 결정립의 성장을 억제시킨다. 그리고 강의 담금질 효과를 증대시킬 수 있는 원소이다.

06 용접부의 단면을 나타낸 것이다. 열영향부를 나타내는 것은?

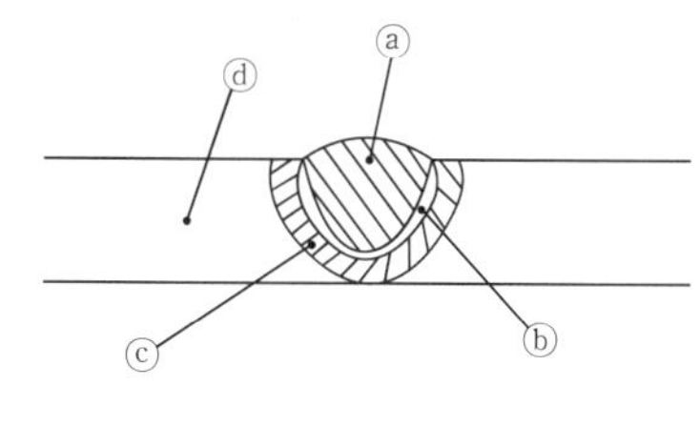

① ⓐ　② ⓑ
③ ⓒ　④ ⓓ

해설
ⓒ 열영향부(HAZ ; Heat Affected Zone)
ⓐ 용융금속
ⓑ 본드부
ⓓ 모 재

07 연강용 피복아크용접봉에서 피복제의 염기도가 가장 낮은 것은?

① 타이타늄계　② 저수소계
③ 일미나이트계　④ 고셀룰로스계

해설
염기도란 피복제의 박리성과 관련된 수치로, 염기도가 높을수록 용접물의 산소 함유량이 적어 기계적 특성이 우수하며 내균열성이 좋다. 그러나 비드 형상이 좋지 못하고 작업성이 떨어지는 단점이 있다. 일반적인 염기도 순서는 E4316 > E4301 > E4311이다. 연강용 피복아크용접봉 중에서 피복제의 염기도가 가장 낮은 것은 타이타늄계이다.

용접봉의 종류

기 호	종 류
E4301	일미나이트계
E4303	라임티타니아계
E4311	고셀룰로스계
E4313	고산화타이타늄계
E4316	저수소계
E4324	철분 산화타이타늄계
E4326	철분 저수소계
E4327	철분 산화철계

08 편석이나 기공이 적은 가장 좋은 양질의 단면을 갖는 강은?

① 킬드강　② 세미킬드강
③ 림드강　④ 세미림드강

해설
① 킬드강 : 편석이나 기공이 적은 가장 좋은 양질의 단면을 갖는 강이다. 평로, 전기로에서 제조된 용강을 Fe-Mn, Fe-Si, Al 등으로 완전히 탈산시킨 강으로, 상부에 작은 수축관과 소수의 기포만 존재하며 탄소 함유량이 0.15~0.3% 정도이다.
② 세미킬드강 : 탈산의 정도가 킬드강과 림드강 중간으로 림드강에 비해 재질이 균일하며 용접성이 좋고, 킬드강보다는 압연이 잘된다.
③ 림드강 : 평로, 전로에서 제조된 것을 Fe-Mn으로 가볍게 탈산시킨 강이다.
④ 캡트강 : 림드강을 주형에 주입한 후 탈산제를 넣거나 주형에 뚜껑을 덮고 리밍작용을 억제하여 표면을 림드강처럼 깨끗하게 만듦과 동시에 내부를 세미킬드강처럼 편석이 적은 상태로 만든 강이다.

정답 5 ② 6 ③ 7 ① 8 ①

09 **용접작업에서 예열을 실시하는 목적으로 틀린 것은?**

① 열영향부와 용착금속의 경화를 촉진하고 연성을 감소시킨다.

② 수소의 방출을 용이하게 하여 저온 균열을 방지한다.

③ 용접부의 기계적 성질을 향상시키고 경화조직의 석출을 방지시킨다.

④ 온도 분포가 완만하게 되어 열응력의 감소로 변형과 잔류응력의 발생을 적게 한다.

해설

재료에 예열을 가하는 목적은 급열 및 급랭 방지로, 잔류응력을 줄이고 용착금속의 경화를 방지하고 연성과 인성을 부여하기 위함이다.

용접 전과 후 모재에 예열을 가하는 목적

- 열영향부(HAZ)의 균열을 방지한다.
- 수축 변형 및 균열을 경감시킨다.
- 용접금속에 연성 및 인성을 부여한다.
- 열영향부와 용착금속의 경화를 방지한다.
- 급열 및 급랭 방지로 잔류응력을 줄인다.
- 용접금속의 팽창이나 수축의 정도를 줄여 준다.
- 수소 방출을 용이하게 하여 저온 균열을 방지한다.
- 금속 내부의 가스를 방출시켜 기공 및 균열을 방지한다.

10 **용접부에 하중을 걸어 소성변형을 시킨 후 하중을 제거하면 잔류응력이 감소되는 현상을 이용한 응력제거방법은?**

① 기계적 응력완화법 ② 저온응력완화법

③ 응력제거풀림법 ④ 국부응력제거법

해설

① 기계적 응력완화법 : 용접 후 잔류응력이 있는 제품에 하중을 주어 용접부에 약간의 소성변형을 일으킨 후 하중을 제거하면서 잔류응력을 제거하는 방법이다.

② 저온응력완화법 : 용접선의 양측을 정속으로 이동하는 가스불꽃에 의하여 약 150mm의 너비에 걸쳐 150~200℃로 가열한 뒤 곧 수랭하는 방법으로, 주로 용접선 방향의 응력을 제거하는 데 사용한다.

③ 응력제거풀림법 : 응력으로 인한 부식의 저항력을 크게 해 줌으로써 용접 구조물을 더 안전하게 만든다.

④ 국부풀림법 : 재료의 전체 중에서 일부분만의 재질을 표준화시키거나 잔류응력의 제거를 위해 사용하는 방법이다.

11 **도면에서 척도를 표시할 때 NS의 의미는?**

① 배척을 나타낸다.

② 현척이 아님을 나타낸다.

③ 비례척이 아님을 나타낸다.

④ 척도가 생략됨을 나타낸다.

해설

NS(Not to Scale) : 도면을 비례척으로 그리지 못하는 경우에는 표제란에 'NS'를 표시한다.

척도의 종류

종 류	의 미
축 척	실물보다 작게 축소해서 그리는 것으로 1 : 2, 1 : 20의 형태로 표시
배 척	실물보다 크게 확대해서 그리는 것으로 2 : 1, 20 : 1의 형태로 표시
현 척	실물과 동일한 크기로 1 : 1의 형태로 표시
NS (Not to Scale)	비례척이 아님

12 **다음 중 특수한 가공을 하는 부분 등 특별한 요구사항을 적용할 수 있는 범위를 표시하는 데 사용하는 선은?**

① 굵은 실선

② 굵은 1점쇄선

③ 가는 1점쇄선

④ 가는 2점쇄선

해설

재료에서 열처리가 필요한 부분과 같이 별도로 특별한 요구사항을 적용할 수 있는 범위를 표시할 때는 굵은 1점쇄선을 사용한다.

① 굵은 실선 : 외형선

③ 가는 1점쇄선 : 중심선, 기어의 피치원 지름

④ 가는 1점쇄선 : 가상선

13 도면의 보관방법 및 출고에 대한 설명으로 가장 거리가 먼 것은?

① 원도는 화재나 수해로부터 안전하도록 방재처리를 한 후 도면 보관함에 격리하여 보관한다.
② 도면 보관함에는 도면번호, 도면 크기 등을 표시하여 사용하기 쉽게 한다.
③ 복사도에는 출고용 도장을 찍지 않아도 사용이 가능하며, 도면이 심하게 파손되었을 때는 현장에서 즉시 태워버린다.
④ 원도는 도면을 변경하고자 하는 이외에는 출고하지 않으며, 곧바로 생산 현장에 출고할 때는 복사도를 출고한다.

해설

도면을 관리할 때 출고용 도면이라도 출고용 도장을 찍어서 도면의 사용 여부를 파악해야 하며, 파손되었다면 이를 회수한 뒤 후속 조치를 취하는 것이 바람직하다.

14 사투상도에 있어서 경사축의 각도로 적합하지 않는 것은?

① 15° ② 30°
③ 45° ④ 60°

해설

사투상도는 물체를 도면에 작성할 때 투상면에 대해 한쪽으로 경사지게 입체적으로 표현한 도면이다. 정면은 정면도와 같으나 측면은 30°, 45°, 60°로 경사지게 그린다.

15 도형의 표시방법 중 보조투상도의 설명으로 옳은 것은?

① 그림의 일부를 도시하는 것으로 충분한 경우에 그 필요 부분만을 그리는 투상도
② 대상물의 구멍, 홈 등 한 국부만의 모양을 도시하는 것으로 충분한 경우에 그 필요 부분만을 그리는 투상도
③ 대상물의 일부가 어느 각도를 가지고 있기 때문에 투상면에 그 실형이 나타나지 않을 때에 그 부분을 회전해서 그리는 투상도
④ 경사면부가 있는 대상물에 그 경사면의 실형을 나타낼 필요가 있는 경우에 그리는 투상도

해설

보조투상도 : 경사면을 지니고 있는 물체는 그 경사면의 실제 모양을 표시할 필요가 있는데, 이 경우 보이는 부분의 전체 또는 일부분을 나타낼 때 사용한다.

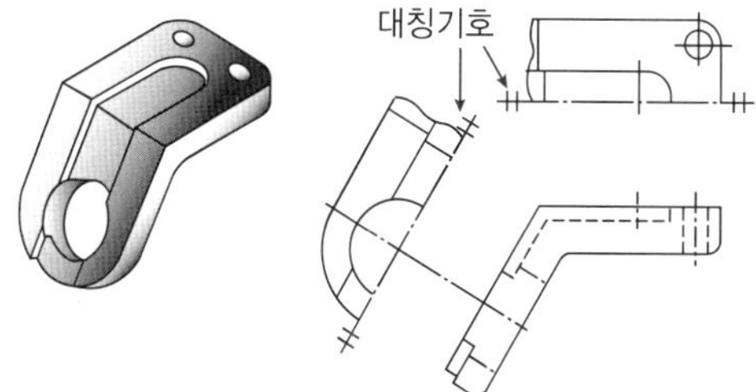

16 다음 치수보조기호 중 잘못 설명된 것은?

① t : 판의 두께

② (20) : 이론적으로 정확한 치수

③ C : 45°의 모따기

④ SR : 구의 반지름

해설

치수보조기호

기 호	구 분	기 호	구 분
ϕ	지 름	p	피 치
Sϕ	구의 지름	$\frown$50	호의 길이
R	반지름	50 (밑줄)	비례척도가 아닌 치수
SR	구의 반지름	[50] (사각형)	이론적으로 정확한 치수
□	정사각형	(50)	참고치수
C	45° 모따기	~~50~~	치수의 취소(수정 시 사용)
t	두 께		

17 면이 평면으로 가공되어 있고, 복잡한 윤곽을 갖는 부품인 경우에는 그 면에 광명단 등을 발라 스케치 용지에 찍어 그 면의 실형을 얻는 스케치방법은?

① 프리핸드법　　② 프린트법

③ 모양뜨기법　　④ 사진촬영법

해설

도형의 스케치방법

- 프린트법 : 스케치할 물체의 표면에 광명단 또는 스탬프잉크를 칠한 다음 용지에 찍어 실형을 뜨는 방법이다.
- 모양뜨기법(본뜨기법) : 물체를 종이 위에 올려놓고 그 둘레의 모양을 직접 제도연필로 그리거나 납선, 구리선을 사용하여 모양을 만드는 방법이다.
- 프리핸드법 : 운영자나 컴퍼스 등의 제도용품을 사용하지 않고 손으로 작도하는 스케치의 일반적인 방법으로, 척도에 관계없이 적당한 크기로 부품을 그린 후 치수를 측정한다.
- 사진촬영법 : 물체의 사진을 찍는 방법이다.

18 X, Y, Z방향의 축을 기준으로 공간상에 하나의 점을 표시할 때 각 축에 대한 X, Y, Z에 대응하는 좌표값으로 표시하는 CAD 시스템의 좌표계의 명칭은?

① 극좌표계　　② 직교좌표계

③ 원통좌표계　　④ 구면좌표계

해설

② 직교좌표계 : 두 개(X, Y)나 세 개(X, Y, Z)의 방향의 축을 기준으로 공간상에 하나의 점을 표시할 때 각 축에 대응하는 좌표값을 표시하는 방법

① 극좌표계 : 평면 위의 위치를 각도와 거리를 써서 나타내는 2차원 좌표계

③ 원통좌표계 : 3차원 공간을 나타내기 위해 평면 극좌표계에 평면에서부터의 높이를 더해서 나타내는 좌표계

④ 구면좌표계 : 3차원 구의 형태를 나타내는 것으로, 거리 r과 두 개의 각으로 표현되는 좌표계

19 다음 용접기호에 대한 설명으로 옳지 않은 것은?

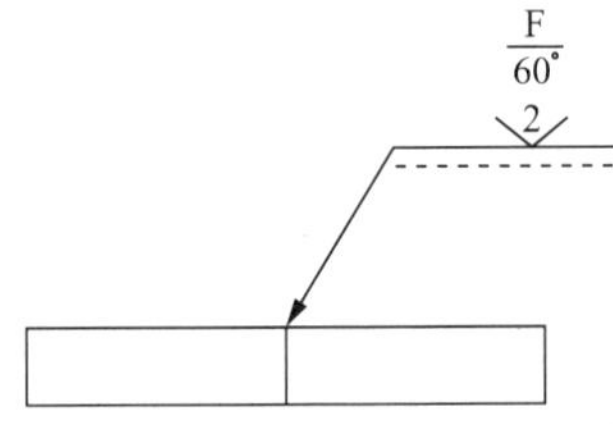

① 용접부의 다듬질 방법은 연삭으로 한다.

② 루트 간격은 2mm로 한다.

③ 개선 각도는 60°로 한다.

④ 용접부의 표면 모양은 평탄하게 한다.

해설

연삭가공을 나타내는 표시기호인 G의 표시가 없다.

16 ② 17 ② 18 ② 19 ① 정답

20 KS 용접기호 중 보기와 같은 보조기호의 설명으로 옳은 것은?

보기

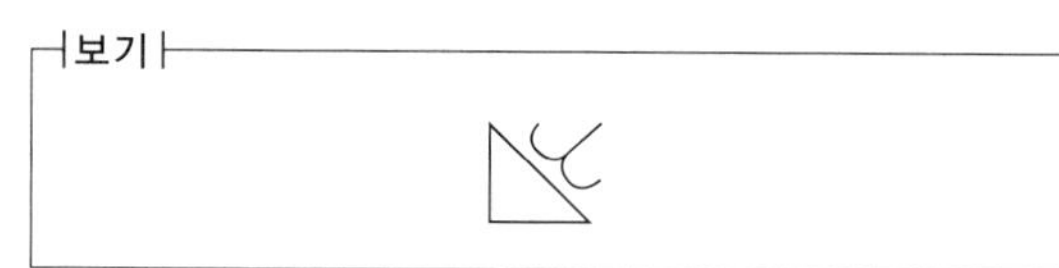

① 끝단부를 2번 오목하게 한 필릿용접
② K형 맞대기용접 끝단부를 2번 오목하게 함
③ K형 맞대기용접 끝단부를 매끄럽게 함
④ 매끄럽게 처리한 필릿용접

해설
KS에서 삼각형은 필릿용접을 의미하며, 삼각형의 빗면 위의 기호는 매끄럽게 처리한 필릿용접을 실시하라는 의미이다.

제2과목 용접구조설계

21 강판의 맞대기용접이음에서 가장 두꺼운 판에 사용할 수 있으며 양면용접에 의해 충분한 용입을 얻으려고 할 때 사용하는 홈의 종류는?

① V형　　② U형
③ I형　　④ H형

해설
홈의 형상에 따른 특징

홈의 형상	특 징
I형	• 가공이 쉽고 용착량이 적어서 경제적이다. • 판이 두꺼워지면 이음부를 완전히 녹일 수 없다.
V형	• 한쪽 방향에서 완전한 용입을 얻고자 할 때 사용한다. • 홈가공이 용이하지만, 두꺼운 판에서는 용착량이 많아지고 변형이 일어난다.
X형	• 후판(두꺼운 판)용접에 적합하다. • 홈가공이 V형에 비해 어렵지만 용착량이 적다. • 양쪽에서 용접하므로 완전한 용입을 얻을 수 있다.
U형	• 두꺼운 판에서 비드의 너비가 좁고 용착량도 적다. • 루트 반지름을 최대한 크게 만들며 홈가공이 어렵다. • 두꺼운 판을 한쪽 방향에서 충분한 용입을 얻고자 할 때 사용한다.
H형	• 두꺼운 판을 양쪽에서 용접하므로 완전한 용입을 얻을 수 있다.
J형	• 한쪽 V형이나 K형 홈보다 두꺼운 판에 사용한다.

22 용접부의 후열처리로 나타나는 효과가 아닌 것은?

① 조직을 경화시킨다.
② 잔류응력을 제거한다.
③ 확산성 수소를 방출한다.
④ 급랭에 따른 균열을 방지한다.

해설
용접부의 후열처리는 조직을 연화시킨다.

23 다음 그림과 같은 형상의 용접이음의 종류는?

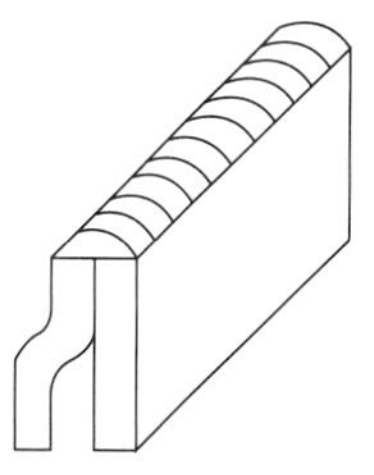

① 십자이음　　② 모서리이음
③ 겹치기이음　　④ 변두리이음

해설
용접이음의 종류

맞대기이음	겹치기이음	모서리이음
양면덮개판이음	**T이음(필릿)**	**십자(+)이음**
전면필릿이음	**측면필릿이음**	**변두리이음**

24 맞대기 용접부의 접합면에 홈(Groove)을 만드는 가장 큰 이유는?

① 용접 변형을 줄이기 위하여
② 제품의 치수를 맞추기 위하여
③ 용접부의 완전한 용입을 위하여
④ 용접결함 발생을 적게 하기 위하여

해설
용접부에 홈(V형 홈, I형 홈)을 만드는 이유는 용접부에 완전한 용입이 이루어지도록 하기 위함이다.

25 필릿용접에서 다리 길이가 10mm인 용접부의 이론 목 두께는 약 몇 mm인가?

① 0.707 ② 7.07
③ 70.7 ④ 707

해설
필릿용접에서 이론 목 두께$(a) = 0.707z$를 적용하면 $0.707 \times 10\text{mm} = 7.07\text{mm}$가 된다.
- 이론 목 두께$(a) = 0.7z$ (또는 $0.707z$)
- 용접부 기호 표시
  a : 목 두께, z : 목 길이(다리 길이)

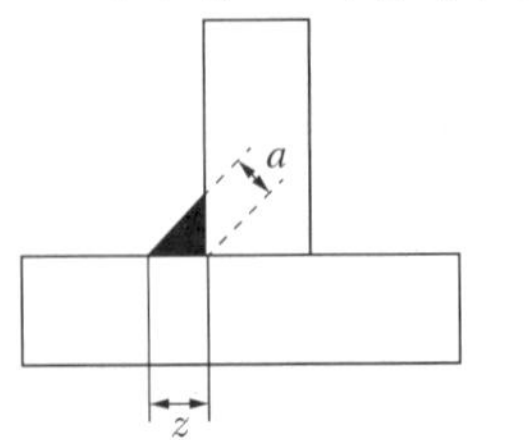

26 다음 그림과 같은 V형 맞대기용접에서 굽힘 모멘트(M_b)가 1,000N · m 작용하고 있을 때, 최대굽힘 응력은 몇 MPa 인가?(단, l = 150mm, t = 20mm 이고, 완전 용입이다)

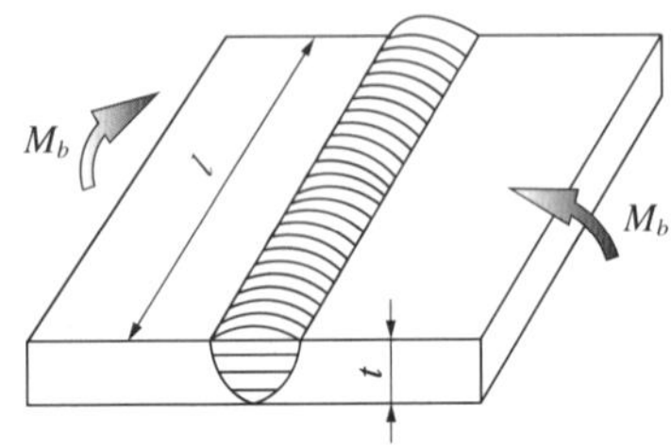

① 10 ② 100
③ 1,000 ④ 10,000

해설
- 최대굽힘모멘트$(M_{max}) = \sigma_{max} \times Z$(단면계수),
  사각 단면의 단면계수 : $\frac{bh^2}{6}$
- 최대굽힘응력$(\sigma_{max}) = \frac{6M}{bh^2} = \frac{6 \times 1{,}000\text{N} \cdot \text{m}}{0.15\text{m} \times (0.02\text{m})^2}$
  $= 100 \times 10^6\,\text{N/m}$
  $= 100\text{MPa}$

27 두께가 5mm인 강판으로 다음 그림과 같이 완전 용입의 맞대기용접을 하려고 한다. 이때 최대 인장하중을 50,000N 작용시키려면 용접 길이는 얼마인가?(단, 용접부의 허용 인장응력은 100MPa이다)

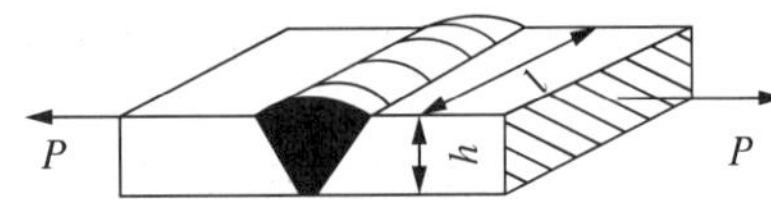

① 50mm ② 100mm
③ 150mm ④ 200mm

해설
$\sigma = \frac{F}{A} = \frac{F}{t \times l}$

$100 \times 10^6\text{N/m}^2 = \frac{50{,}000\text{N}}{5\text{mm} \times l}$

$100 \times 10^6 \times 10^{-6}\text{N/mm}^2 = \frac{50{,}000\text{N}}{5\text{mm} \times l}$

용접 길이 $l = \frac{50{,}000\text{N}}{5\text{mm} \times 100\text{N/mm}^2} = 100\text{mm}$

24 ③ 25 ② 26 ② 27 ② **정답**

28 다음 중 용접 구조물의 이음 설계방법으로 틀린 것은?

① 반복하중을 받는 맞대기 이음에서 용접부의 덧붙이를 필요 이상 높게 하지 않는다.
② 용접선이 교차하는 곳이나 만나는 곳의 응력집중을 방지하기 위하여 스캘럽을 만든다.
③ 용접 크레이터 부분의 결함을 방지하기 위하여 용접부 끝단에 돌출부를 주어 용접한 후 돌출부를 절단한다.
④ 굽힘응력이 작용하는 겹치기 필릿용접의 경우 굽힘응력에 대한 저항력을 크게 하기 위하여 한 쪽 부분만 용접한다.

해설
굽힘응력이 작용하는 겹치기 필릿용접에서 저항력을 크게 하려면 양쪽 부분에 모두 용접을 실시해야 한다.

29 용접 수축량에 미치는 용접 시공조건의 영향을 설명한 것으로 틀린 것은?

① 루트 간격이 클수록 수축이 크다.
② V형 이음은 X형 이음보다 수축이 크다.
③ 같은 두께를 용접할 경우 용접봉 직경이 큰 쪽이 수축이 크다.
④ 위빙을 하는 쪽이 수축이 작다.

해설
같은 두께를 용접할 경우 용접봉의 직경이 큰 쪽은 용접 패스 수를 줄일 수 있으므로 용접봉 직경이 작은 쪽보다 수축량도 더 작아진다.

30 가용접(Tack Welding)에 대한 설명으로 틀린 것은?

① 가용접에는 본용접보다도 지름이 약간 가는 용접봉을 사용한다.
② 가용접은 쉬운 용접이므로 기량이 좀 떨어지는 용접사에 의해 실시하는 것이 좋다.
③ 가용접은 본용접을 하기 전에 좌우의 홈 부분을 잠정적으로 고정하기 위한 짧은 용접이다.
④ 가용접은 슬래그 섞임, 기공 등의 결함을 수반하기 때문에 이음의 끝부분, 모서리 부분을 피하는 것이 좋다.

해설
가용접은 물체의 기본 형태를 잡는 중요한 작업이므로 숙련된 작업자가 실시해야 한다.

31 다음 중 용접용 공구가 아닌 것은?

① 앞치마
② 치핑해머
③ 용접 집게
④ 와이어브러시

해설
용접할 때 사용하는 용접용 앞치마는 보호장비에 속한다.

32 퍼커링(Puckering)현상이 발생하는 한계전륫값의 주원인이 아닌 것은?

① 와이어 지름
② 후열방법
③ 용접속도
④ 보호가스의 조성

해설
퍼커링(Puckering)현상 : 재료가 울퉁불퉁하게 만들어진 것으로, 퍼커링현상을 만드는 한계전륫값의 원인으로 후열처리는 관련이 없다.

정답 28 ④ 29 ③ 30 ② 31 ① 32 ②

33 용접전류가 120A, 용접전압이 12V, 용접속도가 분당 18cm/min일 경우에 용접부의 열입량은 몇 Joule/cm인가?

① 3,500 ② 4,000
③ 4,800 ④ 5,100

해설

$$H = \frac{60EI}{v} = \frac{60 \times 12\text{V} \times 120\text{A}}{18\text{cm/min}} = 4{,}800\ \text{J/cm}$$

용접 입열량 구하는 식

$$H = \frac{60EI}{v}(\text{J/cm})$$

H : 용접 단위 길이 1cm당 발생하는 전기적 에너지
E : 아크전압(V)
I : 아크전류(A)
v : 용접속도(cm/min)
※ 일반적으로 모재에 흡수된 열량은 입열의 75~85% 정도이다.

34 응력이 '0'을 통과하여 같은 양의 다른 부호 사이를 변동하는 반복응력 사이클은?

① 교번응력 ② 양진응력
③ 반복응력 ④ 편진응력

해설

② 양진응력 : 같은 양의 응력이 0을 통과하여 (+)응력과 (−)응력을 변동하는 응력
① 교번응력 : 하중의 크기와 방향이 변화하면서 인장과 압축하중이 연속작용하는 하중에 의해 발생하는 응력
③ 반복응력 : 하중의 크기와 방향이 같은 일정한 하중이 반복되는 하중에 의해 발생하는 응력
④ 편진응력 : 한쪽 방향으로 작용하는 하중에 의해 발생하는 응력

35 용접이음의 부식 중 용접 잔류응력 등 인장응력이 걸리거나, 특정의 부식환경으로 될 때 발생하는 부식은?

① 입계부식 ② 틈새부식
③ 접촉부식 ④ 응력부식

해설

④ 응력부식 : 용접으로 인한 잔류응력이나 인장응력이 걸리는 특정한 부식환경하에서 발생하는 부식
① 입계부식 : 용접 열영향부의 오스테나이트입계에 Cr 탄화물이 석출될 때 발생한다.
② 틈새부식 : 용접부 틈 사이에 발생한 부식이다.

36 강판을 가스 절단할 때 절단열에 의하여 생기는 변형을 방지하기 위한 방법이 아닌 것은?

① 피절단재를 고정하는 방법
② 절단부에 역변형을 주는 방법
③ 절단 후 절단부를 수랭에 의하여 열을 제거하는 방법
④ 여러 대의 절단 토치로 한꺼번에 평행 절단하는 방법

해설

가스 절단 시 절단부에 역변형을 주면 잔류응력이 더 많이 발생되므로 변형을 방지할 수 없다.

37 초음파 경사각 탐상기호는?

① UT-A ② UT
③ UT-N ④ UT-S

해설

① UT-A : 경사각, UT-VA : 가변각, UT-LA : 종파 경사각
③ UT-N : 수직 형식으로 탐상
④ UT-S : 표면파

초음파탐상검사(UT ; Ultrasonic Test)

사람이 들을 수 없는 매우 높은 주파수의 초음파를 사용하여 검사 대상물의 형상과 물리적 특성을 검사하는 방법이다. 4~5MHz 정도의 초음파가 경계면, 결함 표면 등에서 반사하여 되돌아오는 성질을 이용하는 방법으로, 반사파의 시간과 크기를 스크린으로 관찰하여 결함의 유무, 크기, 종류 등을 검사한다.

33 ③ 34 ② 35 ④ 36 ② 37 ① **정답**

38 아크용접 시 발생되는 유해한 광선에 해당하는 것은?

① X-선 ② 감마선(γ)
③ 알파선(α) ④ 적외선

해설
아크용접과 절단작업 시 발생되는 적외선은 작업자의 눈에 백내장을 일으키고 맨살에 화상을 입힌다.

39 용착금속 내부에 균열이 발생되었을 때 방사선투과검사 필름에 나타나는 것은?

① 검은 반점 ② 날카로운 검은 선
③ 흰 색 ④ 검출이 안 됨

해설
방사선투과검사(Radiography Test)
비파괴검사의 일종으로 용접부 뒷면에 필름을 놓고 용접물 표면에서 X선이나 γ선을 방사하여 용접부를 통과시키면, 금속 내부에 구멍이 있을 경우 그만큼 투과되는 두께가 얇아져서 필름에 방사선의 투과량이 그만큼 많아지게 되므로 다른 곳보다 검게 됨을 확인함으로써 불량을 검출하는 방법이다.

40 약 2.5g의 강구를 25cm 높이에서 낙하시켰을 때 20cm 튀어 올랐다면 쇼어경도(H_S) 값은 약 얼마인가?(단, 계측통은 목측형(C형)이다)

① 112.4 ② 192.3
③ 123.1 ④ 154.1

해설
쇼어경도(H_S)는 추를 일정한 높이(h_0)에서 낙하시켜, 이 추의 반발 높이(h)를 측정해서 경도를 측정하는 방법이다.

$$H_S = \frac{10,000}{65} \times \frac{h(\text{해머의 반발 높이})}{h_0(\text{해머 낙하 높이})}$$
$$= \frac{10,000}{65} \times \frac{20}{25}$$
$$= 123.07$$

제3과목 용접일반 및 안전관리

41 다음 중 T형 필릿이음용접을 나타낸 것은?

①
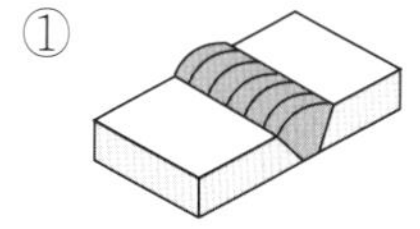
②
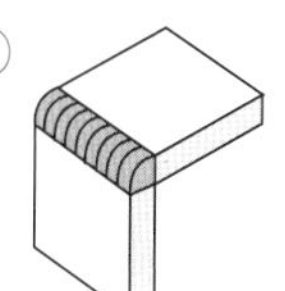
③
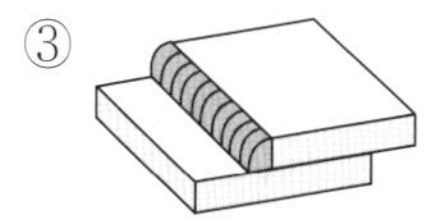
④
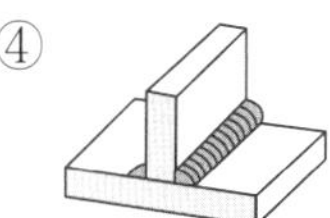

해설
① 맞대기이음용접
② 모서리이음용접
③ 겹치기이음용접

정답 38 ④ 39 ② 40 ③ 41 ④

42 용접법의 종류 중 알루미늄 합금재료의 용접이 불가능한 것은?

① 피복아크용접
② 탄산가스 아크용접
③ 불활성가스 아크용접
④ 산소-아세틸렌가스 용접

해설
이산화탄소(CO_2, 탄산)가스 아크용접은 용접재료가 철(Fe)에 한정되어 알루미늄의 용접은 불가능하다.

CO_2 용접(탄산가스 아크용접)의 특징
- 조작이 간단하다.
- 가시아크로 시공이 편리하다.
- 철 재질의 용접에만 한정된다.
- 전용접자세로 용접이 가능하다.
- 용착금속의 강도와 연신율이 크다.
- MIG용접에 비해 용착금속에 기공의 발생이 적다.
- 보호가스가 저렴한 탄산가스이므로 경비가 적게 든다.
- 킬드강이나 세미킬드강, 림드강도 쉽게 용접할 수 있다.
- 아크와 용융지가 눈에 보여 정확한 용접이 가능하다.
- 산화 및 질화가 되지 않아 양호한 용착금속을 얻을 수 있다.
- 용접의 전류밀도가 커서 용입이 깊고 용접속도를 빠르게 할 수 있다.
- 용착금속 내부의 수소 함량이 타 용접법보다 적어 은점이 생기지 않는다.
- 용제가 사용되지 않아 슬래그의 잠입이 적으며 슬래그를 제거하지 않아도 된다.
- 아크 특성에 적합한 상승 특성을 갖는 전원을 사용하므로 스패터의 발생이 적고 안정된 아크를 얻는다.

43 수소가스 분위기에 있는 2개의 텅스텐 전극봉 사이에서 아크를 발생시키는 용접법은?

① 스터드용접
② 레이저용접
③ 전자빔용접
④ 원자수소아크용접

해설
원자수소아크용접 : 2개의 텅스텐 전극 사이에서 아크를 발생시키고 홀더의 노즐에서 수소가스를 유출시켜서 용접하는 방법이다. 연성이 좋고 표면이 깨끗한 용접부를 얻을 수 있으나, 토치 구조가 복잡하고 비용이 많이 들기 때문에 특수금속용접에 적합하다.

44 텅스텐 전극봉을 사용하는 용접은?

① TIG용접
② MIG용접
③ 피복아크용접
④ 산소-아세틸렌 용접

해설
TIG용접은 Tungsten(텅스텐) 재질의 전극봉과 Inert Gas(불활성가스)인 Ar을 사용해서 용접하는 특수용접법이다.

42 ② 43 ④ 44 ① **정답**

45 활성가스를 보호가스로 사용하는 용접법은?

① SAW용접
② MIG용접
③ MAG용접
④ TIG용접

해설
MAG(Metal Active Gas arc welding)용접 : 활성가스를 보호가스로 사용하는 용접법이다. 일반적으로 Ar 80%, CO_2 20%의 혼합비로 섞어서 많이 사용하며, 여기에 산소, 탄산가스를 혼합하여 사용하기도 한다. 용접원리는 MIG용접이나 CO_2용접과 같다.

46 표준불꽃으로 용접할 때 가스용접 팁의 번호가 200이면, 다음 중 옳은 설명은?

① 매시간당 산소의 소비량이 200L이다.
② 매분당 산소의 소비량이 200L이다.
③ 매시간당 아세틸렌가스의 소비량이 200L이다.
④ 매분당 아세틸렌가스의 소비량이 200L이다.

해설
가변압식 팁은 프랑스식으로 매시간당 아세틸렌가스의 소비량을 리터(L)로 표시한다. 따라서 200번 팁은 1시간당 아세틸렌가스의 소비량이 200L이다.

47 내용적 40L의 산소용기에 140kgf/cm^{2}의 산소가 들어 있다. 350번 팁을 사용하여 혼합비 1 : 1의 표준불꽃으로 작업하면 몇 시간이나 작업할 수 있는가?

① 10시간　② 12시간
③ 14시간　④ 16시간

해설
프랑스식 350번 팁은 가변압식으로 시간당 소비량은 350L이다.

$$\text{용접 가능시간} = \frac{\text{산소용기의 총가스량}}{\text{시간당 소비량}} = \frac{\text{내용적} \times \text{압력}}{\text{시간당 소비량}}$$

$$= \frac{40 \times 140}{350} = 16\text{시간}$$

48 토치를 사용하여 용접 부분의 뒷면을 따내거나 U형, H형의 용접 홈으로 가공하기 위한 방법으로 가장 적합한 것은?

① 스카핑　② 분말 절단
③ 가스 가우징　④ 산소창 절단

해설
③ 가스가우징 : 용접결함(압연강재나 주강의 표면결함)이나 가접부 등의 제거를 위하여 가스 절단과 비슷한 토치를 사용해서 용접 부분의 뒷면을 따내거나 U형, H형상의 용접 홈을 가공하기 위하여 깊은 홈을 파내는 가공방법이다.
① 스카핑(Scarfing) : 강괴나 강편, 강재 표면의 홈이나 개재물, 탈탄층 등을 제거하기 위한 불꽃가공으로, 가능한 한 얇으면서 타원형의 모양으로 표면을 깎아내는 가공법이다.
② 분말 절단 : 철 분말이나 용제 분말을 절단용 산소에 연속적으로 혼입시켜서 용접부에 공급하면 반응하면서 발생하는 산화열로 구조물을 절단하는 방법이다.
④ 산소창 절단 : 가늘고 긴 강관(안지름 3.2~6mm, 길이 1.5~3m)을 사용해서 절단산소를 큰 강괴의 중심부에 분출시켜 창이라는 강관 자체가 함께 연소되면서 절단하는 방법으로, 주로 두꺼운 강판이나 주철, 강괴 등의 절단에 사용된다.

정답 45 ③ 46 ③ 47 ④ 48 ③

49 레이저 용접장치의 기본형에 속하지 않는 것은?

① 반도체형
② 에너지형
③ 가스 방전형
④ 고체 금속형

해설

레이저 용접장치의 기본 형태

- 반도체형
- 가스 방전형
- 고체 금속형

50 교류아크용접기 중 전기적 전류 조정으로 소음이 없고 기계적 수명이 길며 원격제어가 가능한 용접기는?

① 가동 철심형　② 가동 코일형
③ 탭 전환형　④ 가포화 리액터형

해설

교류아크 용접기의 종류별 특징

종 류	특 징
가동 철심형	• 현재 가장 많이 사용된다. • 미세한 전류 조정이 가능하다. • 광범위한 전류의 조정이 어렵다. • 가동 철심으로 누설 자속을 가감하여 전류를 조정한다.
가동 코일형	• 아크 안정성이 크고 소음이 없다. • 가격이 비싸며 현재는 거의 사용되지 않는다. • 용접기의 핸들로 1차 코일을 상하로 이동시켜 2차 코일의 간격을 변화시켜 전류를 조정한다.
탭 전환형	• 주로 소형이 많다. • 탭 전환부의 소손이 심하다. • 넓은 범위의 전류 조정이 어렵다. • 코일의 감긴 수에 따라 전류를 조정한다. • 미세 전류의 조정 시 무부하전압이 높아서 전격의 위험이 크다.
가포화 리액터형	• 조작이 간단하고 원격제어가 된다. • 가변저항의 변화로 전류의 원격 조정이 가능하다. • 전기적 전류 조정으로 소음이 없고 기계의 수명이 길다.

51 이산화탄소 아크용접에 대한 설명으로 옳지 않은 것은?

① 아크시간을 길게 할 수 있다.
② 가시(可視)아크이므로 시공 시 편리하다.
③ 용접 입열이 크고, 용융속도가 빠르며 용입이 깊다.
④ 바람의 영향을 받지 않으므로 방풍장치가 필요 없다.

해설

CO_2 용접(이산화탄소가스 아크용접)도 보호가스로 이산화탄소가스를 사용하므로 바람의 영향을 받기 때문에 야외에서 작업 시 방풍장치가 필요하다.

52 일반적인 용접의 특징으로 틀린 것은?

① 품질 검사가 곤란하다.
② 변형과 수축이 발생한다.
③ 잔류응력이 발생하지 않는다.
④ 저온취성이 발생할 우려가 있다.

해설

용접은 용접 시 발생되는 용접열이 식는 과정에서 잔류응력이 발생된다.

49 ② 50 ④ 51 ④ 52 ③ **정답**

53 가스용접에 쓰이는 토치의 취급상 주의사항으로 틀린 것은?

① 토치를 함부로 분해하지 말 것
② 팁을 모래나 먼지 위에 놓지 말 것
③ 토치에 기름, 그리스 등을 바를 것
④ 팁을 바꿀 때에는 반드시 양쪽 밸브를 잘 닫고 할 것

해설
가스용접용 토치에 기름이나 그리스를 바르면 용접부에 불순물이 혼입되므로 절대 이물질을 발라서는 안 된다.

54 강재 표면의 홈이나 개재물, 탈탄층 등을 제거하기 위하여 얇게 타원형 모양으로 표면을 깎아내는 가공법은?

① 스카핑
② 피닝법
③ 가스 가우징
④ 겹치기 절단

55 정격 2차 전류가 300A, 정격사용률 50%인 용접기를 사용하여 100A의 전류로 용접을 할 때 허용사용률은?

① 250%
② 350%
③ 450%
④ 500%

해설

$$\text{허용사용률(\%)} = \frac{(\text{정격 2차 전류})^2}{(\text{실제 용접전류})^2} \times \text{정격사용률(\%)}$$

$$= \frac{(300\text{A})^2}{(100\text{A})^2} \times 50\% = 450\%$$

56 납땜에 쓰이는 용제(Flux)가 갖추어야 할 조건으로 가장 적합한 것은?

① 납땜 후 슬래그 제거가 어려울 것
② 청정한 금속면의 산화를 촉진시킬 것
③ 침지땜에 사용되는 것은 수분을 함유할 것
④ 모재와 친화력을 높일 수 있으며 유동성이 좋을 것

해설
납땜용 용제가 갖추어야 할 조건
- 유동성이 좋아야 한다.
- 산화를 방지해야 한다.
- 인체에 해가 없어야 한다.
- 슬래그 제거가 용이해야 한다.
- 금속의 표면이 산화되지 않아야 한다.
- 모재나 땜납에 대한 부식이 최소이어야 한다.
- 침지땜에 사용되는 것은 수분이 함유되면 안 된다.
- 용제의 유효온도 범위와 납땜의 온도가 일치해야 한다.
- 땜납의 표면장력을 맞추어서 모재와의 친화력이 높아야 한다.
- 전기저항 납땜용 용제는 전기가 잘 통하는 도체를 사용해야 한다.

정답 53 ③ 54 ① 55 ③ 56 ④

57 **용접 자동화에서 자동제어의 특징으로 틀린 것은?**

① 위험한 사고의 방지가 불가능하다.
② 인간에게는 불가능한 고속작업이 가능하다.
③ 제품의 품질이 균일화되어 불량품이 감소된다.
④ 적정한 작업을 유지할 수 있어서 원자재, 원료 등이 절약된다.

해설
용접 자동화에서 자동제어는 사람에 의해 발생 가능한 위험한 사고의 방지가 가능하다.

58 **탱크 등 밀폐용기 속에서 용접작업을 할 때 주의사항으로 적합하지 않은 것은?**

① 환기에 주의한다.
② 감시원을 배치하여 사고의 발생에 대처한다.
③ 유해가스 및 폭발가스의 발생을 확인한다.
④ 위험하므로 혼자서 용접하도록 한다.

해설
저장탱크와 같이 밀폐된 공간 안에서 용접을 할 때는 작업자가 탱크에 남아 있거나 작업 중 발생한 가스에 의해 질식되는 사고가 발생할 수 있으므로 반드시 보조 작업자와 함께 있어야 한다. 이때 또 다른 작업자는 밖에서 대기하고 있음으로써 만일의 사고에 대비해야 한다. 또한 작업 전이나 중, 후에는 반드시 탱크의 내부를 환기시켜야 한다.

59 **카바이드 취급 시 주의사항으로 틀린 것은?**

① 운반 시 타격, 충격, 마찰 등을 주지 않는다.
② 카바이드 통을 개봉할 때는 정으로 따낸다.
③ 저장소 가까이에 인화성 물질이나 화기를 가까이 하지 않는다.
④ 카바이드는 개봉 후 보관 시에는 습기가 침투하지 않도록 주의한다.

해설
카바이드 통을 개봉할 때는 반드시 절단가위를 사용해야 한다. 정으로 따낼 경우 불꽃이 발생할 수 있어 폭발의 위험성이 커진다.
카바이드 취급 시 주의사항
- 운반 시 타격, 충격, 마찰을 주지 말아야 한다.
- 카바이드 통을 개봉할 때 절단가위를 사용한다.
- 저장소 가까이에 인화성 물질이나 화기를 가까이 하지 않는다.
- 카바이드 개봉 후 뚜껑을 잘 닫아 습기가 침투되지 않도록 보관한다.

60 **아크 빛으로 인해 눈에 급성 염증 증상이 발생하였을 때 우선 조치해야 할 사항으로 옳은 것은?**

① 온수로 씻은 후 작업한다.
② 소금물로 씻은 후 작업한다.
③ 냉습포를 눈 위에 얹고 안정을 취한다.
④ 심각한 사안이 아니므로 계속 작업한다.

해설
용접 시 발생하는 광선에 노출되어 눈이 붓는다면 냉습포를 눈 위에 얹고 안정을 취해야 한다.

57 ① 58 ④ 59 ② 60 ③ **정답**

2022년 제2회 과년도 기출복원문제

제1과목 용접야금 및 용접설비제도

01 면심입방격자(FCC)에서 단위격자 중에 포함되어 있는 원자의 수는 몇 개인가?

① 2 ② 4
③ 6 ④ 8

해설

금속의 결정구조

종 류	단위격자	배위수	원자 충진율
체심입방격자(BCC ; Body Centered Cubic lattice)	2개	8	68%
면심입방격자 (FCC ; Face Centered Cubic lattice)	4개	12	74%
조밀육방격자 (HCP ; Hexagonal Close Packed lattice)	2개	12	74%

02 Fe–C 상태도에서 공정반응에 의해 생성된 조직은?

① 펄라이트 ② 페라이트
③ 레데부라이트 ④ 솔바이트

해설

공정반응은 레데부라이트 조직을 만들어낸다. 공정반응이란 두 개의 성분 금속이 용융 상태에서는 하나의 액체로 존재하나 응고 시에는 1,150℃에서 일정한 비율로 두 종류의 금속이 동시에 정출되어 나온다.

Fe–C계 평형상태도에서의 불변반응

종 류	반응온도	탄소 함유량	반응내용	생성조직
공석 반응	723℃	0.8%	γ고용체 ↔ α고용체 + Fe_3C	펄라이트 조직
공정 반응	1147℃	4.3%	융체(L) ↔ γ고용체 + Fe_3C	레데부라이트 조직
포정 반응	1,494℃ (1,500℃)	0.18%	δ고용체 + 융체(L) ↔ γ고용체	오스테나이트조직

03 강의 내부에 모재 표면과 평행하게 층상으로 발생하는 균열로서 주로 T이음, 모서리이음에 잘 생기는 것은?

① 라멜라 티어(Lamellar Tear) 균열
② 크레이터(Crater) 균열
③ 설퍼(Sulfur) 균열
④ 토(Toe) 균열

해설

① 라멜라 티어 균열 : 압연으로 제작된 강판 내부에 표면과 평행하게 층상으로 발생하는 균열로, T이음과 모서리이음에서 발생한다. 평행부와 수직부로 구성되며 주로 MnS계 개재물에 의해서 발생되는데 S의 함량을 감소시키거나 판 두께 방향으로 구속도가 최소가 되게 설계하거나 시공함으로써 억제할 수 있다.
② 크레이터 균열 : 용접 비드의 끝에서 발생하는 고온 균열로서 냉각속도가 지나치게 빠른 경우에 발생한다.
③ 설퍼 균열 : 유황의 편석이 층상으로 존재하는 강재를 용접하는 경우, 낮은 융점의 황화철이 원인이 되어 용접금속 내에 생기는 1차 결정립계의 균열이다.
④ 토 균열 : 표면 비드와 모재의 경계부에서 발생하는 불량이다.

04 일반적으로 용융금속 중에 기포가 응고 시 빠져나가지 못하고 잔류하여 용접부에 기계적 성질을 저하시키는 것은?

① 편 석 ② 은 점
③ 기 공 ④ 노 치

해설

③ 기공 : 용접부가 급랭될 때 미처 빠져나오지 못한 가스에 의해 발생하는 불량이다.
① 편석 : 합금 원소나 불순물이 균일하지 못하고 편중되어 있는 상태이다.
② 은점 : 수소가스에 의해 발생하는 불량으로 용착금속의 파단면에 은백색을 띤 물고기 눈 모양의 결함이다.
④ 노치 : 모재의 한쪽 면에 흠집이 있는 것으로 용접부에 노치가 있으면 응력이 집중되어 크랙(Crack)이 발생하기 쉽다.

정답 1 ② 2 ③ 3 ① 4 ③

05 **용접 시 발생하는 일차 결함으로 응고온도범위 또는 그 직하의 비교적 고온에서 용접부의 자기수축과 외부구속 등에 의한 인장 스트레인과 균열에 민감한 조직이 존재하면 발생하는 용접부의 균열은?**

① 루트 균열 ② 저온 균열
③ 고온 균열 ④ 비드 밑 균열

해설
고온 균열 : 용접금속의 응고 직후에 발생하는 일차적 결함으로, 주로 결정립계에 생기는데 응고온도범위나 그 직하의 비교적 고온인 300℃ 이상에서 발생한다. 용접부의 자기수축과 외부구속에 의한 인장 스트레인과 균열에 민감한 조직이 존재할 때 발생한다.

06 **담금질한 강을 실온까지 냉각한 후 다시 계속하여 실온 이하의 마텐자이트 변태 종료 온도까지 냉각하여 잔류 오스테나이트를 마텐자이트로 변화시키는 열처리는?**

① 심랭처리 ② 하드 페이싱
③ 금속용사법 ④ 연속 냉각변태처리

해설
심랭처리(Subzero Treatment, 서브제로)는 담금질 강의 경도를 증가시키고 시효변형을 방지하기 위한 열처리 조작으로, 담금질 강의 조직을 잔류 오스테나이트에서 전부 오스테나이트 조직으로 바꾸기 위해 재료를 오스테나이트 영역까지 가열한 후 0℃ 이하로 급랭시킨다.

07 **다음 중 SM45C의 명칭으로 옳은 것은?**

① 기계 구조용 탄소 강재
② 일반 구조용 각형 강관
③ 저온 배관용 탄소 강관
④ 용접용 스테인리스강 선재

해설
SM45C : 기계 구조용 탄소 강재

08 **주철용접에서 예열을 실시할 때 얻는 효과가 아닌 것은?**

① 변형의 저감
② 열영향부 경도의 증가
③ 이종재료 용접 시 온도 기울기 감소
④ 사용 중인 주조의 탄수화물 오염 저감

해설
주철에 예열을 실시하면 열영향부에 잔류응력이 감소되며 풀림효과가 있으나 경도는 증가하지 않는다. 여기서 예열온도란 용접 직전의 용접모재의 온도이다. 주철(2~6.67%의 C)용접 시 일반적인 예열 및 후열의 온도는 500~600℃가 적당하지만, 특별히 냉간 용접을 실시할 경우에는 200℃ 전후가 알맞다.

09 **판 두께 25mm 이상인 연강판을 0℃ 이하에서 용접할 경우 예열하는 방법은?**

① 이음의 양쪽 폭 100mm 정도를 40~75℃로 예열하는 것이 좋다.
② 이음의 양쪽 폭 150mm 정도를 150~200℃로 예열하는 것이 좋다.
③ 이음의 한쪽 폭 100mm 정도를 40~75℃로 예열하는 것이 좋다.
④ 이음의 한쪽 폭 150mm 정도를 150~200℃로 예열하는 것이 좋다.

해설
연강을 0℃ 이하에서 용접할 경우 이음의 양쪽 폭 100mm 정도를 약 40~70℃ 정도로 예열하는 것이 좋다.

5 ③ 6 ① 7 ① 8 ② 9 ① **정답**

10 비드 밑 균열에 대한 설명으로 틀린 것은?

① 주로 200℃ 이하 저온에서 발생한다.
② 용착금속 속의 확산성 수소에 의해 발생한다.
③ 오스테나이트에서 마텐자이트 변태 시 발생한다.
④ 담금질 경화성이 약한 재료를 용접했을 때 발생하기 쉽다.

해설

비드 밑 균열 : 모재의 용융선 근처 열영향부에서 발생되는 균열이다. 고탄소강이나 저합금강을 용접할 때 용접열에 의한 열영향부의 경화와 변태응력 및 용착금속 내부의 확산성 수소에 의해 발생하며, 고탄소강이나 저합금강을 용접할 때 발생하기 쉽다.

11 척도의 표시방법에서 A : B로 나타낼 때 A가 의미하는 것은?

① 윤곽선의 굵기
② 물체의 실제 크기
③ 도면에서의 크기
④ 중심마크의 크기

해설

척도란 도면상의 길이와 실제 길이와의 비이다. 척도의 표시에서 A : B = 도면에서의 크기 : 물체의 실제 크기이므로 '척도 2 : 1'은 실제 제품을 2배 확대해서 그린 그림이다.

A : B = 도면에서의 크기 : 물체의 실제 크기 예 축적 - 1 : 2, 현척 - 1 : 1, 배척 - 2 : 1

12 다음 중 가는 1점 쇄선의 용도가 아닌 것은?

① 중심선 ② 외형선
③ 기준선 ④ 피치선

해설

외형선은 굵은 실선(두께는 대략 0.5mm)으로 그린다.

13 도면의 분류 중내용에 따른 분류에 해당하지 않는 것은?

① 전개도 ② 부품도
③ 기초도 ④ 조립도

해설

도면의 분류

분 류	명 칭	정 의
용도에 따른 분류	계획도	설계자의 의도와 계획을 나타낸 도면
	공정도	제조공정 도중이나 공정 전체를 나타낸 제작도면
	시공도	현장 시공을 대상으로 해서 그린 제작도면
	상세도	건조물이나 구성재의 일부를 상세하게 나타낸 도면으로, 일반적으로 큰 척도로 그린다.
	제작도	건설이나 제조에 필요한 정보 전달을 위한 도면
	검사도	검사에 필요한 사항을 기록한 도면
	주문도	주문서에 첨부하여 제품의 크기나 형태, 정밀도 등을 나타낸 도면
	승인도	주문자 등이 승인한 도면
	승인용도	주문자 등의 승인을 얻기 위한 도면
	설명도	구조나 기능 등을 설명하기 위한 도면
내용에 따른 분류	부품도	부품에 대하여 최종 다듬질 상태에서 구비해야 할 사항을 기록한 도면
	기초도	기초를 나타낸 도면
	장치도	각 장치의 배치나 제조 공정의 관계를 나타낸 도면
	배선도	구성 부품에서 배선의 실태를 나타낸 계통도면
	배치도	건물의 위치나 기계의 설치 위치를 나타낸 도면
	조립도	2개 이상의 부품들을 조립한 상태에서 상호관계와 필요 치수 등을 나타낸 도면
	구조도	구조물의 구조를 나타낸 도면
	스케치도	실제 물체를 보고 그린 도면
표현 형식에 따른 분류	선 도	기호와 선을 사용하여 장치나 플랜트의 기능, 그 구성 부분 사이의 상호관계, 에너지나 정보의 계통 등을 나타낸 도면
	전개도	대상물을 구성하는 면을 평행으로 전개한 도면
	외관도	대상물의 외형 및 최소로 필요한 치수를 나타낸 도면
	계통도	급수나 배수, 전력 등의 계통을 나타낸 도면
	곡면선도	선체나 자동차 차체 등의 복잡한 곡면을 여러 개의 선으로 나타낸 도면

정답 10 ④ 11 ③ 12 ② 13 ①

14 단면도의 표시방법으로 알맞지 않은 것은?

① 단면도의 도형은 절단면을 사용하여 대상물을 절단하였다고 가정하고 절단면의 앞부분을 제거하고 그린다.

② 온단면도에서 절단면을 정하여 그릴 때 절단선은 기입하지 않는다.

③ 외형도에 있어서 필요로 하는 요소의 일부만을 부분단면도로 표시할 수 있으며 이 경우 파단선에 의해서 그 경계를 나타낸다.

④ 절단했기 때문에 축, 핀, 볼트의 경우는 원칙적으로 긴 쪽 방향으로 절단한다.

해설

길이 방향으로 절단 도시가 가능 및 불가능한 기계요소

길이 방향으로 절단하여 도시가 가능한 것	보스, 부시, 칼라, 베어링, 파이프 등 KS 규격에서 절단하여 도시가 불가능하다고 규정되지 않은 부품
길이 방향으로 절단하여 도시가 불가능한 것	축, 키, 바퀴의 암, 핀, 볼트, 너트, 리브, 리벳, 코터, 기어의 이, 베어링의 볼과 롤러

15 사투상도에 있어서 경사축의 각도로 가장 적합하지 않은 것은?

① 20° ② 30°

③ 45° ④ 60°

해설

사투상도의 경사축 각도는 30°, 45°, 60°로 한다.

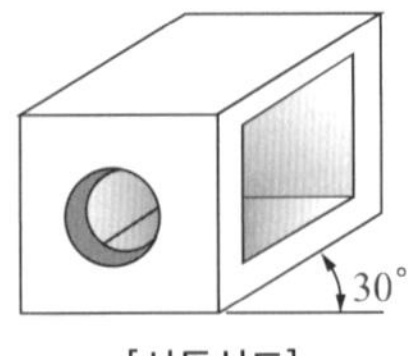

[사투상도]

16 KS규격에 의한 치수 기입의 원칙에 대한 설명으로 틀린 것은?

① 치수는 되도록 주투상도에 집중한다.

② 각 형체의 치수는 하나의 도면에서 한 번만 기입한다.

③ 기능 치수는 대응하는 도면에 직접 기입해야 한다.

④ 치수는 되도록 계산으로 구할 수 있도록 기입한다.

해설

치수 기입의 원칙(KS B 0001)

- 대상물의 기능, 제작, 조립 등을 고려하여 도면에 필요 불가결하다고 생각되는 치수를 명료하게 지시한다.
- 대상물의 크기, 자세 및 위치를 가장 명확하게 표시하는 데 필요하고 충분한 치수를 기입한다.
- 치수는 치수선, 치수 보조선, 치수 보조 기호 등을 이용해서 치수 수치로 나타낸다.
- 치수는 되도록 주투상도에 집중해서 지시한다.
- 도면에는 특별히 명시하지 않는 한, 그 도면에 도시한 대상물의 다듬질 치수를 표시한다.
- 치수는 되도록 계산해서 구할 필요가 없도록 기입한다.
- 가공 또는 조립 시에 기준이 되는 형체가 있는 경우, 그 형체를 기준으로 하여 치수를 기입한다.
- 치수는 되도록 공정마다 배열을 분리하여 기입한다.
- 관련 치수는 되도록 한 곳에 모아서 기입한다.
- 치수는 중복 기입을 피한다(단, 중복 치수를 기입하는 것이 도면의 이해를 용이하게 하는 경우에는 중복 기입을 해도 좋다).
- 원호 부분의 치수는 원호가 180°까지는 반지름으로 나타내고 180°를 초과하는 경우에는 지름으로 나타낸다.
- 기능상(호환성을 포함) 필요한 치수에는 치수의 허용한계를 지시한다.
- 치수 가운데 이론적으로 정확한 치수는 직사형 안에 치수 수치를 기입하고, 참고 치수는 괄호 안에 기입한다.

17 한국산업표준에서 정한 일반 구조용 탄소강관을 표시하는 것은?

① SCPH ② STKM

③ NCF ④ STK

해설

④ STK : 일반 구조용 탄소강관
① SCPH : 고온 고압용 주강품
② STKM : 기계 구조용 탄소강관(Steel Tube)
③ NCF : 니켈-크롬-철합금 관

14 ④ 15 ① 16 ④ 17 ④ **정답**

18 중심축과 물체의 표면이 나란하게 이루어진 물체, 즉 각 모서리가 직각으로 만나는 물체나 원통형 물체를 전개할 때 사용하는 전개도법으로 가장 적합한 것은?

① 타출을 이용한 전개도법
② 방사선을 이용한 전개도법
③ 삼각형을 이용한 전개도법
④ 평행선을 이용한 전개도법

해설

전개도법의 종류

종 류	의 미
평행선법	삼각기둥, 사각기둥과 같은 여러 가지 각기둥과 원기둥을 평행하게 전개하여 그리는 방법
방사선법	삼각뿔, 사각뿔 등의 각뿔과 원뿔을 꼭짓점을 기준으로 부채꼴로 펼쳐서 전개도를 그리는 방법
삼각형법	꼭짓점이 먼 각뿔, 원뿔 등을 해당 면을 삼각형으로 분할하여 전개도를 그리는 방법

19 용접부의 기호 도시방법 설명으로 옳지 않은 것은?

① 설명선은 기선, 화살표, 꼬리로 구성되고, 꼬리는 필요가 없으면 생략해도 좋다.
② 화살표는 용접부를 지시하는 것이므로 기선에 대하여 되도록 60°의 직선으로 한다.
③ 기선은 보통 수직선으로 한다.
④ 화살표는 기선의 한쪽 끝에 연결한다.

해설

기선은 수평선으로 한다.

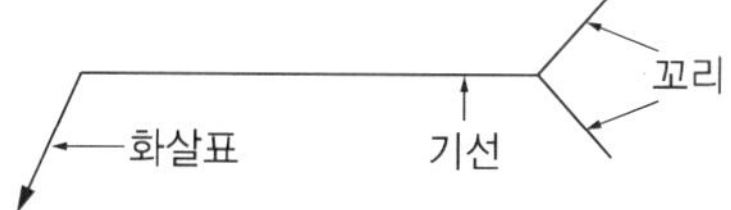

20 판금 제관 도면에 대한 설명으로 틀린 것은?

① 주로 정투상도는 제1각법에 의하여 도면이 작성되어 있다.
② 도면 내에는 각종 가공 부분 등이 단면도 및 상세도로 표시되어 있다.
③ 중요 부분에는 치수공차가 주어지며 주로 평면도, 직각도, 진원도 등이 표시된다.
④ 일반공차는 KS기준을 적용한다.

해설

판금 제관 도면은 주로 제3각법에 의해 작성되어 있다.

제2과목 용접구조설계

21 용접이음의 종류에 따라 분류한 것 중 틀린 것은?

① 맞대기용접 ② 모서리용접
③ 겹치기용접 ④ 후진법용접

해설

후진법은 용접 방향에 따른 분류이므로 용접의 종류로는 분류되지 않는다.

용접이음의 종류

맞대기이음	겹치기이음	모서리이음
양면덮개판이음	T이음(필릿)	십자(+)이음
전면필릿이음	측면필릿이음	변두리이음

정답 18 ④ 19 ③ 20 ① 21 ④

22 다음 그림과 같은 홈의 종류는?

① U형　　② V형
③ I형　　④ J형

해설

맞대기이음의 종류

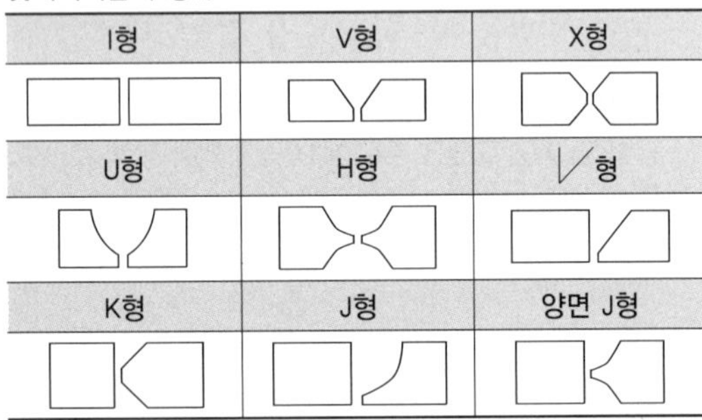

I형	V형	X형
U형	H형	⁄형
K형	J형	양면 J형

23 다음 그림에서 실제 목 두께는 어느 부분인가?

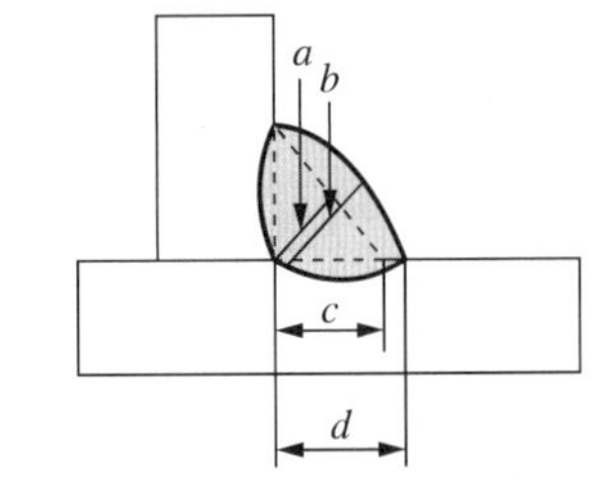

① a　　② b
③ c　　④ d

해설

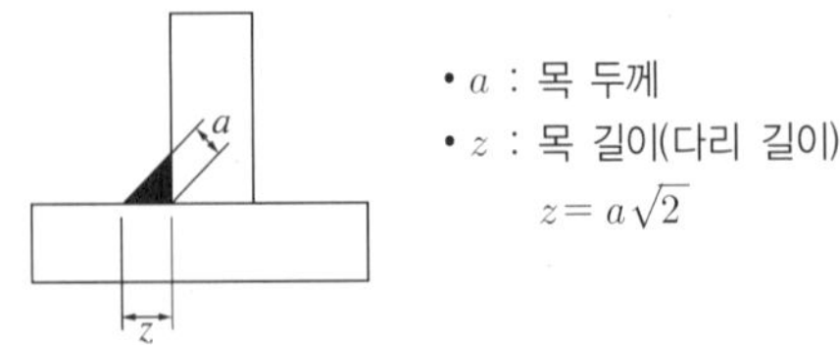

- a : 목 두께
- z : 목 길이(다리 길이)
  $z = a\sqrt{2}$

24 용접 열영향부에서 생기는 균열에 해당되지 않는 것은?

① 비드 밑 균열(Under Bead Crack)
② 세로 균열(Longitudinal Crack)
③ 토 균열(Toe Crack)
④ 라멜라 티어 균열(Lamellar Tear Crack)

해설

② 세로 균열 : 용접부에 세로 방향의 크랙이 생기는 결함으로, 열영향부에서 발생하지 않는다.

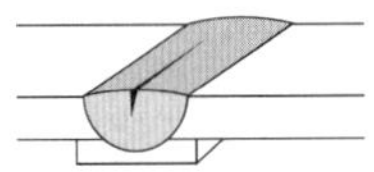

① 비드 밑 균열 : 모재의 용융선 근처의 열영향부에서 발생되는 균열로, 고탄소강이나 저합금강을 용접할 때 용접열에 의한 열영향부의 경화와 변태응력 및 용착금속 내부의 확산성 수소에 의해 발생한다.
③ 토 균열 : 표면비드와 모재의 경계부에서 발생하는 불량으로 토란 용접 모재와 용접 표면이 만나는 부위이다.
④ 라멜라 티어 균열 : 압연으로 제작된 강판 내부에 표면과 평행하게 층상으로 발생하는 균열로, T이음과 모서리이음에서 발생한다. 평행부와 수직부로 구성되며 주로 MnS계 개재물에 의해서 발생되는데 S의 함량을 감소시키거나 판 두께 방향으로 구속도가 최소가 되게 설계하거나 시공함으로써 억제할 수 있다.

25 일반적인 용접구조물의 조립 순서를 결정할 때 고려해야 할 사항으로 틀린 것은?

① 변형 발생 시 변형 제거가 용이해야 한다.
② 수축이 큰 이음보다 작은 이음을 먼저 용접한다.
③ 구조물의 형상을 고정하고 지지할 수 있어야 한다.
④ 변형 및 잔류응력을 경감할 수 있는 방법을 채택한다.

해설

용접 변형을 최소화하려면 용접 후 수축이 큰 이음부를 먼저 용접한 후 수축이 작은 부분을 용접해야 최종 용접물의 변형을 방지할 수 있다.

26 다음 그림과 같이 폭 50mm, 두께 10mm의 강판을 40mm만을 겹쳐서 전둘레 필릿용접을 한다. 이때 100kN의 하중을 작용시킨다면 필릿용접의 치수는 얼마로 하면 좋은가?(단, 용접 허용응력은 10.2kN/cm^{2}으로 한다)

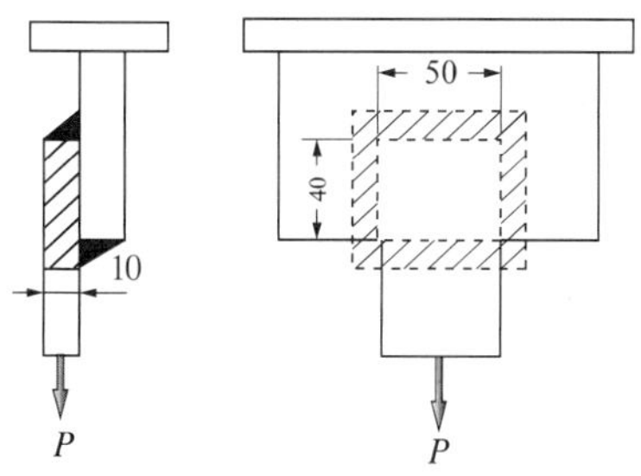

① 약 2mm ② 약 5mm
③ 약 8mm ④ 약 11mm

해설

$$\sigma_a = \frac{F}{A} = \frac{F}{z\cos 45° \times l}$$

$$10,200\text{N/cm}^2 = \frac{100,000\text{N}}{2(z\cos 45° \times 5\text{cm}) + 2(z\cos 45° \times 4\text{cm})}$$

$$10,200\text{N/cm}^2 = \frac{100,000\text{N}}{12.7z}$$

$$z = \frac{100,000\text{N}}{12.7\text{cm} \times 10,200\text{N/cm}^2} = 0.77\text{cm} = 7.7\text{mm}$$

27 용융된 금속이 모재와 잘못 녹아 어울리지 못하고 모재에 덮인 상태의 결함은?

① 스패터 ② 언더컷
③ 오버랩 ④ 기 공

해설

③ 오버랩 : 용융된 금속이 용입이 되지 않은 상태에서 표면을 덮은 불량이다.
① 스패터 : 아크용접이나 가스용접에서 용접 중 비산하는 금속입자이다.
② 언더컷 : 용접부의 가장자리 부분에서 용착금속이 채워지지 않고 파여 홈으로 남아 있는 부분이다.
④ 기공 : 용접부가 급랭될 때 미처 빠져나오지 못한 가스에 의해 발생하는 불량이다.

28 용접에 의한 용착금속의 기계적 성질에 대한 사항으로 옳은 것은?

① 용접 시 발생하는 급열·급랭효과에 의하여 용착금속이 경화한다.
② 용착금속의 기계적 성질은 일반적으로 다층용접보다 단층용접쪽이 더 양호하다.
③ 피복아크용접에 의한 용착금속의 강도는 보통 모재보다 저하된다.
④ 예열과 후열처리로 냉각속도를 감소시키면 인성과 연성이 감소된다.

해설

용접 시 발생하는 급열이나 급랭효과에 의하여 용착금속이 담금질 열처리가 되기 때문에 용접부는 경화된다.

29 용접부의 시점과 끝나는 부분에 용입 불량이나 각종 결함을 방지하기 위해 주로 사용되는 것은?

① 엔드탭 ② 포지셔너
③ 회전지그 ④ 고정지그

해설

- 엔드탭 : 용접부의 시작부와 끝나는 부분에 용입 불량이나 각종 결함을 방지하기 위해서 사용되는 용접 보조기구
- 용접 포지셔너 : 용접작업 중 불편한 용접자세를 바로잡기 위해 작업자가 원하는 대로 용접물을 움직일 수 있는 작업 보조기구

정답 26 ③ 27 ③ 28 ① 29 ①

30 습기 찬 저수소계 용접봉은 사용 전 건조해야 하는데 가장 적당한 건조온도는?

① 70~100℃ ② 100~150℃
③ 150~200℃ ④ 300~350℃

해설

일반 용접봉	약 100℃로 30분~1시간
저수소계 용접봉	약 300~350℃에서 1~2시간

31 다음 그림과 같은 다층용접법은?

5	5′	5″	5‴	5⁗
4	4′	4″	4‴	4⁗
3	3′	3″	3‴	3⁗
2	2′	2″	2‴	2⁗
1	1′	1″	1‴	1⁗

① 전진 블록법 ② 캐스케이드법
③ 덧살 올림법 ④ 교호법

해설

용착법의 종류

구 분	종 류	
용접 방향에 의한 용착법	전진법	후퇴법
	1 2 3 4 5	5 4 3 2 1
	대칭법	스킵법(비석법)
	4 2 1 3	1 4 2 5 3
다층 비드 용착법	빌드업법(덧살올림법)	캐스케이드법
	4 3 2 1	4 3 2 1
	전진블록법	
	4 8 12 / 3 7 11 / 2 6 10 / 1 5 9	

32 예열 및 후열의 목적이 아닌 것은?

① 균열 방지
② 기계적 성질 향상
③ 잔류응력의 경감
④ 균열 감수성의 증가

해설

용접재료를 예열이나 후열을 하는 목적은 금속의 갑작스런 팽창과 수축에 의한 변형 방지 및 잔류응력을 제거함으로써 균열에 대한 감수성을 저하시키는 데 있다.

용접 전과 후 모재에 예열을 가하는 목적

- 열영향부(HAZ)의 균열을 방지한다.
- 수축 변형 및 균열을 경감시킨다.
- 용접금속에 연성 및 인성을 부여한다.
- 열영향부와 용착금속의 경화를 방지한다.
- 급열 및 급랭 방지로 잔류응력을 줄인다.
- 용접금속의 팽창이나 수축의 정도를 줄여 준다.
- 수소 방출을 용이하게 하여 저온 균열을 방지한다.
- 금속 내부의 가스를 방출시켜 기공 및 균열을 방지한다.

33 용접결함 중 언더컷이 발생했을 때 보수방법은?

① 예열한다.
② 후열한다.
③ 언더컷 부분을 연삭한다.
④ 언더컷 부분을 가는 용접봉으로 용접 후 연삭한다.

해설

언더컷 불량은 용접 부위가 깊이 파인 불량이므로 직경이 가는 용접봉으로 용접을 실시한 후 그라인더로 연삭하여 보수작업을 마친다.

30 ④ 31 ① 32 ④ 33 ④ **정답**

34 본용접의 용착법에서 용접 방향에 따른 비드 배치법이 아닌 것은?

① 전진법　　② 펄스법
③ 대칭법　　④ 스킵법

해설

용접법의 종류

분 류		특 징
용착 방향에 의한 용착법	전진법	한쪽 끝에서 다른 쪽 끝으로 용접을 진행하는 방법으로, 용접 진행 방향과 용착 방향이 서로 같다. 용접 길이가 길면 끝부분 쪽에 수축과 잔류응력이 생긴다.
	후퇴법	용접을 단계적으로 후퇴하면서 전체 길이를 용접하는 방법으로, 용접 진행 방향과 용착 방향이 서로 반대가 된다. 수축과 잔류응력을 줄이는 용접 기법이지만 작업능률이 떨어진다.
	대칭법	변형과 수축응력의 경감법으로 용접의 전 길이에 걸쳐 중심에서 좌우 또는 용접물 형상에 따라 좌우 대칭으로 용접하는 기법이다.
	스킵법 (비석법)	용접부 전체의 길이를 5개 부분으로 나누어 놓고 1-4-2-5-3순으로 용접하는 방법으로, 용접부에 잔류응력을 적게 하면서 변형을 방지하고자 할 때 사용한다.
다층 비드 용착법	덧살올림법 (빌드업법)	각 층마다 전체의 길이를 용접하면서 쌓아 올리는 방법으로, 가장 일반적인 방법이다.
	전진 블록법	한 개의 용접봉으로 살을 붙일만한 길이로 구분해서 홈을 한 층 완료한 후 다른 층을 용접하는 방법이다. 다층용접 시 변형과 잔류응력의 경감을 위해 사용한다.
	캐스 케이드법	한 부분의 몇 층을 용접하다가 다음 부분의 층으로 연속시켜 전체가 단계를 이루도록 용착시켜 나가는 방법이다.

35 잔류응력 측정법의 분류 중 정량적 방법에 속하는 것은?

① 부식법
② 자기적 방법
③ 응력이완법
④ 경도에 의한 방법

해설

응력이완법은 재료를 인장시키면서 저항성의 스트레인 게이지를 사용하여 측정치를 구하기 때문에 정량적 방법에 속한다.

36 잔류응력 측정법에는 정성적 방법과 정량적 방법이 있다. 다음 중 정성적 방법에 속하는 것은?

① X-선법
② 자기적 방법
③ 응력이완법
④ 광탄성에 의한 방법

해설

잔류응력 측정법

- 정성적 : 자기적 방법
- 정량적 : X-선 회절법, 응력이완법, 광탄성을 이용한 방법

정답 34 ② 35 ③ 36 ②

37 일반적인 침투탐상검사의 특징으로 틀린 것은?

① 제품의 크기, 형상 등에 크게 구애를 받지 않는다.
② 주변 환경의 오염도, 습도, 온도와 무관하게 항상 검사가 가능하다.
③ 철, 비철, 플라스틱, 세라믹 등 거의 모든 제품에 적용이 용이하다.
④ 시험 표면이 침투제 등과 반응하여 손상을 입는 제품은 검사할 수 없다.

해설

침투탐상검사(PT) : 검사하려는 대상물의 표면에 침투력이 강한 형광성 침투액을 도포 또는 분무하거나 표면 전체를 침투액 속에 침적시켜 표면의 흠집 속에 침투액이 스며들게 한 다음 이를 백색 분말의 현상액을 뿌려서 침투액을 표면으로부터 빨아내서 결함을 검출하는 방법이다. 따라서 주변 환경의 온도나 습도, 재료 표면의 오염도는 검사결과에 큰 영향을 미치는 요소로 작용한다.

38 비파괴검사법 중 표면결함 검출에 사용되지 않는 것은?

① PT ② MT
③ UT ④ ET

해설

비파괴검사의 기호 및 영문

검출 부위	명 칭	기 호	영 문
내부결함	방사선투과시험	RT	Radiography Test
	초음파탐상검사	UT	Ultrasonic Test
표면결함	침투탐상검사	PT	Penetrant Test
	와전류탐상검사	ET	Eddy Current Test
	자분탐상검사	MT	Magnetic Test
	누설검사	LT	Leaking Test
	육안검사	VT	Visual Test

39 용접부의 시험과 검사 중 파괴시험에 해당되는 것은?

① 방사선투과시험
② 초음파탐사시험
③ 현미경조직시험
④ 음향시험

해설

현미경 조직검사는 시편에 손상을 주기 때문에 파괴시험법에 속한다.

용접부 검사방법의 종류

비파괴시험	내부결함	방사선투과시험(RT)
		초음파탐상시험(UT)
	표면결함	외관검사(VT)
		자분탐상검사(MT)
		침투탐상검사(PT)
		누설검사(LT)
파괴시험 (기계적 시험)	인장시험	인장강도, 항복점, 연신율 계산
	굽힘시험	연성의 정도 측정
	충격시험	인성과 취성의 정도 측정
	경도시험	외력에 대한 저항의 크기 측정
	피로시험	반복적인 외력에 대한 저항력 측정
파괴시험 (화학적 시험)	매크로시험	현미경 조직검사

40 용접이음의 충격강도에서 취성파괴의 일반적인 특징이 아닌 것은?

① 항복점 이하의 평균응력에서도 발생한다.
② 온도가 낮을수록 발생하기 쉽다.
③ 파괴의 기점은 각종 용접결함, 가스 절단부 등에서 발생된 예가 많다.
④ 거시적 파면상황은 판 표면에 거의 수평이고, 평탄하게 연성이 큰 상태에서 파괴된다.

해설

거시적(전체적인) 파면상황은 판 표면에 거의 수직이고, 연성이 작은 상태에서 파괴된다.

37 ② 38 ③ 39 ③ 40 ④ 정답

제3과목 용접일반 및 안전관리

41 피복아크용접 작업의 기초적인 용접조건으로 가장 거리가 먼 것은?

① 용접속도　　② 아크 길이
③ 스틱아웃 길이　　④ 용접전류

해설

스틱아웃 : MIG나 CO_2 용접 시 사용되는 와이어 전극의 돌출 길이를 의미하므로, 일반 Stick 형상의 용접봉을 사용하는 피복금속아크용접과는 관련이 없다.

42 다음 중 압접에 속하지 않는 것은?

① 마찰용접　　② 저항용접
③ 가스용접　　④ 초음파용접

해설

용접법의 분류

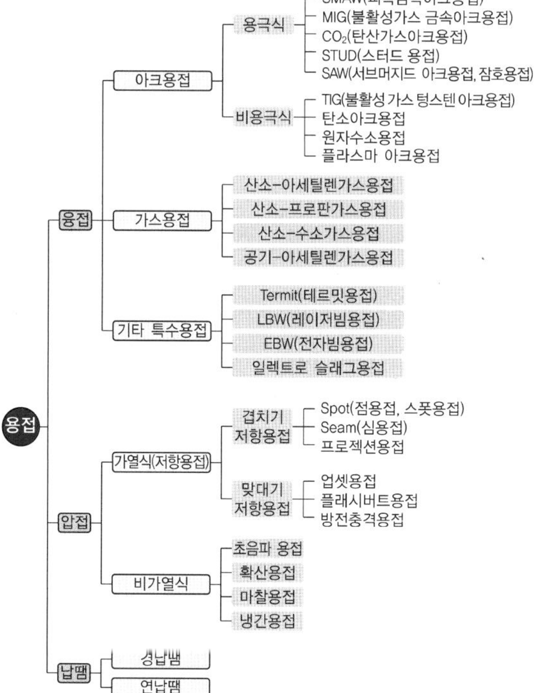

43 레일의 접합, 차축, 선박의 프레임 등 비교적 큰 단면을 가진 주조나 단조품의 맞대기용접과 보수용접에 사용되는 용접은?

① 가스용접　　② 전자빔용접
③ 테르밋용접　　④ 플라스마용접

해설

테르밋용접 : 금속 산화물과 알루미늄이 반응하여 열과 슬래그를 발생시키는 테르밋반응을 이용하는 용접법이다. 강을 용접할 경우에는 산화철과 알루미늄 분말을 3 : 1로 혼합한 테르밋제를 만든 후 냄비의 역할을 하는 도가니에 넣고 점화제를 약 1,000℃로 점화시키면 약 2,800℃의 열이 발생되어 용접용 강이 만들어지는데 이 강(Steel)을 용접 부위에 주입 후 서랭하여 용접을 완료하며, 철도 레일이나 차축, 선박의 프레임 접합에 주로 사용된다.

44 다음 그림과 같은 홈용접은?

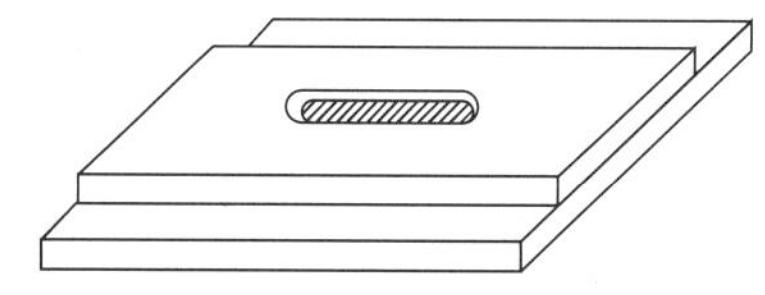

① 플러그용접　　② 슬롯용접
③ 플레어용접　　④ 필릿용접

해설

② 슬롯용접 : 겹쳐진 2개의 부재 중 한쪽에 가공한 좁고 긴 홈에 용접하는 방법이다.

① 플러그용접 : 겹쳐진 2개의 부재 중 한쪽에 구멍을 뚫고 판의 표면까지 가득하게 용접하고 다른 쪽 부재와 접합시키는 용접법이다.

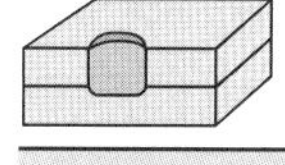

플레어용접	필릿용접

45 불활성가스 금속아크용접에서 와이어 송급방식이 아닌 것은?

① 위빙방식　② 푸시방식

③ 풀방식　④ 푸시-풀방식

해설

MIG용접기의 와이어 송급방식

- Push방식 : 미는 방식
- Pull방식 : 당기는 방식
- Push-Pull방식 : 밀고 당기는 방식

46 B형 가스용접 토치의 팁번호 250을 바르게 설명한 것은?(단, 불꽃은 중성불꽃일 때)

① 판 두께 250mm까지 용접한다.

② 1시간에 250L의 아세틸렌가스를 소비하는 것이다.

③ 1시간에 250L의 산소가스를 소비하는 것이다.

④ 1시간에 250cm까지 용접한다.

해설

가변압식 팁은 프랑스식으로 매시간당 아세틸렌가스의 소비량을 리터(L)로 표시한다. 따라서 250번 팁은 1시간당 아세틸렌가스의 소비량이 250L이다.

47 용접에 사용되는 산소를 산소용기에 충전시키는 경우 가장 적당한 온도와 압력은?

① 35℃, 15MPa

② 35℃, 30MPa

③ 45℃, 15MPa

④ 45℃, 18MPa

해설

산소가스는 35℃에서 150kgf/cm^2 = 15MPa의 고압으로 충전한다.

48 가스 용접에서 판 두께를 t(mm)라고 하면 용접봉의 지름 D(mm)를 구하는 식으로 옳은 것은?(단, 모재의 두께는 1mm 이상인 경우이다)

① $D=t+1$　② $D=\frac{t}{2}+1$

③ $D=\frac{t}{3}+1$　④ $D=\frac{t}{4}+1$

해설

가스용접봉 지름(D) = $\frac{\text{판 두께}(t)}{2}+1$

45 ③　46 ②　47 ①　48 ② 정답

49 직류 역극성(Reverse Polarity)을 이용한 용접에 대한 설명으로 옳은 것은?

① 모재의 용입이 깊다.
② 용접봉의 용융속도가 느려진다.
③ 용접봉을 음극(−), 모재를 양극(+)에 설치한다.
④ 얇은 판의 용접에서 용락을 피하기 위하여 사용한다.

해설

직류 역극성은 용접봉에 (+)전극이 연결되어 70%의 열이 발생하므로 정극성보다 비드의 폭이 더 넓고 용입이 얕아서 주로 박판의 용접에 사용된다.

용접기의 극성에 따른 특징

직류 정극성 (DCSP ; Direct Current Straight Polarity)	• 용입이 깊다. • 비드 폭이 좁다. • 용접봉의 용융속도가 느리다. • 후판(두꺼운 판)용접이 가능하다. • 모재에는 (+)전극이 연결되며 70% 열이 발생하고, 용접봉에는 (−)전극이 연결되며 30% 열이 발생한다.
직류 역극성 (DCRP ; Direct Current Reverse Polarity)	• 용입이 얕다. • 비드 폭이 넓다. • 용접봉의 용융속도가 빠르다. • 박판(얇은 판)용접이 가능하다. • 주철, 고탄소강, 비철금속의 용접에 쓰인다. • 모재에는 (−)전극이 연결되며 30% 열이 발생하고, 용접봉에는 (+)전극이 연결되며 70% 열이 발생한다.
교류(AC)	• 극성이 없다. • 전원 주파수의 $\frac{1}{2}$사이클마다 극성이 바뀐다. • 직류 정극성과 직류 역극성의 중간적 성격이다.

50 아크용접기로 정격 2차 전류를 사용하여 4분간 아크를 발생시키고 6분을 쉬었다면 용접기의 사용률은?

① 20%　② 30%
③ 40%　④ 60%

해설

$$\text{아크용접기 사용률(\%)} = \frac{4\text{분}}{4\text{분}+6\text{분}} \times 100\% = 40\%$$

아크용접기의 사용률 구하는 식

$$\text{사용률(\%)} = \frac{\text{아크 발생시간}}{\text{아크 발생시간} + \text{정지시간}} \times 100$$

51 TIG용접 시 교류용접기에 고주파 전류를 사용할 때의 특징이 아닌 것은?

① 아크는 전극을 모재에 접촉시키지 않아도 발생된다.
② 전극의 수명이 길다.
③ 일정 지름의 전극에 대해 광범위한 전류의 사용이 가능하다.
④ 아크가 길어지면 끊어진다.

해설

TIG용접에서는 아크 안정을 위해 고주파 교류(ACHF)를 전원으로 사용하는데 고주파 전류는 아크를 길게 유지할 수 있는 특성을 갖는다.

TIG용접에서 고주파 교류의 특성을 사용하는 목적

• 긴 아크 유지가 용이하다.
• 아크를 발생시키기 쉽다.
• 비접촉에 의해 용착금속과 전극의 오염을 방지한다.
• 전극의 소모를 줄여 텅스텐 전극봉의 수명을 길게 한다.
• 고주파 전원을 사용하므로 모재에 접촉시키지 않아도 아크가 발생한다.
• 동일한 전극봉에서 직류 정극선(DCSP)에 비해 고주파 교류가 사용전류범위가 크다.

정답 49 ④ 50 ③ 51 ④

52 다음 그림은 피복아크용접봉에서 피복제의 편심 상태를 나타낸 단면도이다. D' = 3.5mm, D = 3mm 일 때 편심률은 약 몇 %인가?

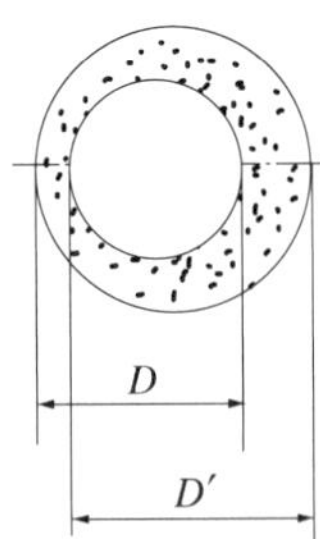

① 14%   ② 17%
③ 18%   ④ 20%

해설

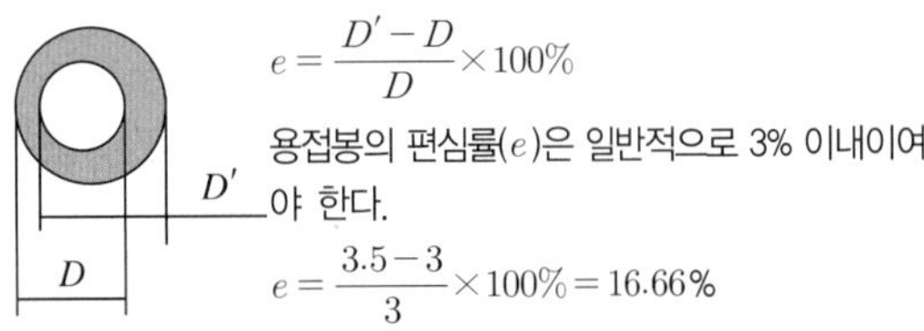

$$e = \frac{D' - D}{D} \times 100\%$$

용접봉의 편심률(e)은 일반적으로 3% 이내이여야 한다.

$$e = \frac{3.5 - 3}{3} \times 100\% = 16.66\%$$

53 아세틸렌(C_2H_2)가스 폭발과 관계가 없는 것은?

① 압 력   ② 아세톤
③ 온 도   ④ 동 또는 동합금

해설

아세틸렌가스의 폭발과 아세톤은 관련이 없다.

54 두 개의 모재에 압력을 가해 접촉시킨 후 회전시켜 발생하는 열과 가압력을 이용하여 접합하는 용접법은?

① 단조용접   ② 마찰용접
③ 확산용접   ④ 스터드용접

해설

마찰용접 : 특별한 용가재 없이도 회전력과 압력만을 이용해서 두 소재를 붙이는 용접방법이다. 환봉이나 파이프 등을 가압된 상태에서 회전시키면 이때 마찰열이 발생하는데, 일정 온도에 도달하면 회전을 멈추고 가압시켜 용접한다.

55 돌기용접(Projection Welding)의 특징으로 틀린 것은?

① 용접된 양쪽의 열용량이 크게 다른 경우라도 양호한 열평형이 얻어진다.
② 작은 용접점이라도 높은 신뢰도를 얻기 쉽다.
③ 점용접에 비해 작업속도가 매우 느리다.
④ 점용접에 비해 전극의 소모가 적어 수명이 길다.

해설

돌기용접이라고도 하는 프로젝션용접은 한 번에 많은 양의 돌기부를 용접할 수 있으므로 점용접에 비해 작업속도가 빠르다.

프로젝션용접의 특징

- 열의 집중성이 좋다.
- 스폿용접의 일종이다.
- 전극의 가격이 고가이다.
- 대전류가 돌기부에 집중된다.
- 표면에 요철부가 생기지 않는다.
- 용접 위치를 항상 일정하게 할 수 있다.
- 좁은 공간에 많은 점을 용접할 수 있다.
- 전극의 형상이 복잡하지 않으며 수명이 길다.
- 돌기를 미리 가공해야 하므로 원가가 상승한다.
- 두께, 강도, 재질이 현저히 다른 경우에도 양호한 용접부를 얻는다.

52 ② 53 ② 54 ② 55 ③ 정답

56 점용접의 3대 주요요소가 아닌 것은?

① 용접전류 ② 통전시간
③ 용 제 ④ 가압력

해설

저항용접의 3요소
- 가압력
- 용접전류
- 통전시간

57 길이가 긴 대형의 강관 원주부를 연속 자동용접을 하고자 한다. 이때 사용하고자 하는 지그로 가장 적당한 것은?

① 엔드탭(End Tap)
② 터닝롤러(Turning Roller)
③ 컨베이어(Conveyor) 정반
④ 용접 포지셔너(Welding Positioner)

해설

터닝롤러지그

58 가스용접 작업에 필요한 보호구에 대한 설명 중 틀린 것은?

① 앞치마와 팔덮개 등은 착용하면 작업하기 힘들기 때문에 착용하지 않아도 된다.
② 보호장갑은 화상 방지를 위하여 꼭 착용한다.
③ 보호안경은 비산되는 불꽃에서 눈을 보호한다.
④ 유해가스가 발생할 염려가 있을 때에는 방독면을 착용한다.

해설

가스용접뿐만 아니라 모든 용접 및 절단작업 시에는 용접열이나 스패터로부터 작업자를 보호하기 위하여 안전보호구인 앞치마와 팔덮개, 보호장갑, 보호안경을 반드시 착용해야 한다.

59 다음 분말소화기의 종류 중 A, B, C급 화재에 모두 사용할 수 있는 것은?

① 제1종 분말소화기
② 제2종 분말소화기
③ 제3종 분말소화기
④ 제4종 분말소화기

해설

분말소화기의 종류별 성분 및 적용 화재

종 류	주성분	사용처	색 상
제1종 분말소화기	탄산수소나트륨	B, C	백 색
제2종 분말소화기	탄산수소칼륨	B, C	담회색
제3종 분말소화기	인산암모늄	A, B, C	황 색
제4종 분말소화기	탄산수소칼륨 반응물	B, C	회 색

60 피복아크용접 시 안전홀더를 사용하는 이유로 옳은 것은?

① 고무장갑 대용
② 유해가스 중독 방지
③ 용접작업 중 전격 예방
④ 자외선과 적외선 차단

해설

피복아크용접의 전원은 전기이므로 반드시 전격의 위험을 방지하기 위해 안전홀더를 사용해야 한다.

정답 56 ③ 57 ② 58 ① 59 ③ 60 ③

2023년 제1회 과년도 기출복원문제

제1과목 용접야금 및 용접설비제도

01 용접금속에 수소가 침입하여 발생하는 결함이 아닌 것은?

① 언더 비드 크랙
② 은 점
③ 미세균열
④ 언더 필

해설
언더 필 용접 불량은 용접부의 아랫부분에 용입이 완전히 되지 못한 불량이므로 수소가스와는 관련이 없다.

02 대상 편석이 고스트 선(Ghost Line)을 형성시키고, 상온취성의 원인이 되는 원소는?

① Mn ② Si
③ S ④ P

해설
상온취성은 P(인)의 함유량이 많은 탄소강이 상온(약 24℃)에서 충격치가 떨어지면서 취성이 커지는 현상이다.
① Mn(망간) : 적열취성 방지
② Si(규소, 실리콘) : 유동성 저하
③ S(황) : 적열취성의 원인

03 용강 중에 Fe-Si 또는 Al 분말 등의 강한 탈산제를 첨가하여 완전히 탈산시킨 강은?

① 림드강
② 킬드강
③ 캡트강
④ 세미킬드강

해설
② 킬드강 : 편석이나 기공이 적은 가장 좋은 양질의 단면을 갖는 강으로 평로, 전기로에서 제조된 용강을 Fe-Mn, Fe-Si, Al 등으로 완전히 탈산시킨 강이다. 상부에 작은 수축관과 소수의 기포만 존재하며 탄소 함유량은 0.15~0.3% 정도이다.
① 림드강 : 평로, 전로에서 제조된 것을 Fe-Mn으로 가볍게 탈산시킨 강이다.
③ 캡트강 : 림드강을 주형에 주입한 후 탈산제를 넣거나 주형에 뚜껑을 덮고 리밍작용을 억제하여 표면을 림드강처럼 깨끗하게 만듦과 동시에 내부를 세미킬드강처럼 편석이 적은 상태로 만든 강이다.
④ 세미킬드강 : 탈산의 정도가 킬드강과 림드강 중간으로 림드강에 비해 재질이 균일하며 용접성이 좋고, 킬드강보다는 압연이 잘된다.

킬드강	림드강	세미킬드강
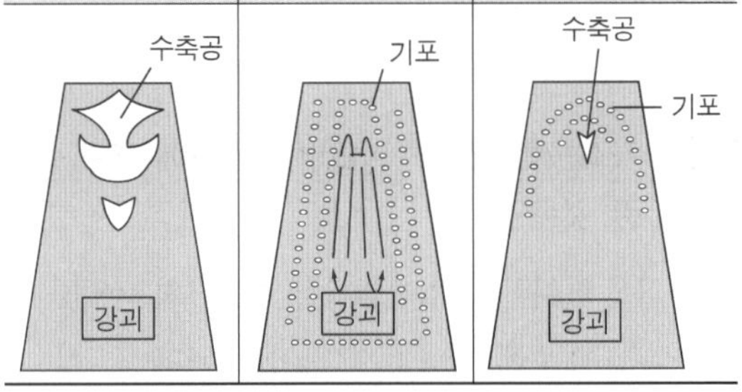 수축공 강괴	기포 강괴	수축공 기포 강괴

1 ④ 2 ④ 3 ② 정답

04 응력제거 열처리법 중에서 가장 많이 이용되는 방법으로써 제품 전체를 가열로 안에 넣고 적당한 온도에서 일정시간 유지한 다음 노 내에서 서랭시킴으로써 잔류응력을 제거하는데 연강류 제품을 노 내에서 출입시키는 온도는 몇 ℃를 넘지 않아야 하는가?

① 100℃ ② 300℃
③ 500℃ ④ 700℃

해설

노 내 풀림법 : 가열 노(Furnace) 내부의 유지온도는 625℃ 정도이며, 노에 넣을 때나 꺼낼 때의 온도는 300℃ 정도로 한다. 판 두께가 25mm일 경우에 1시간 동안 유지하는데 유지온도가 높거나 유지시간이 길수록 풀림효과가 크다.

05 다음 중 적열취성을 일으키는 유화물 편석을 제거하기 위한 열처리는?

① 재결정풀림 ② 확산풀림
③ 구상화풀림 ④ 항온풀림

해설

적열취성을 일으키는 원소는 황(S)이므로 이를 제거하기 위해서는 확산풀림처리를 해야 한다.
확산풀림 : 강 내부의 C나 P, S, Mn 등의 미소 편석을 제거하는 작업으로 A_{c3}선이나 A_{cm}선 이상(1,050~1,300℃) 고온의 분위기 하에서 실시하는 풀림처리이다.

06 냉간가공한 강을 저온으로 뜨임할 때 질소의 영향으로 경화가 되는 경우는?

① 질량효과 ② 저온경화
③ 자기확산 ④ 변형시효

해설

질량효과 : 탄소강을 담금질하였을 때 강의 질량(크기)에 따라 조직과 기계적 성질이 변하는 현상이다. 질량이 무거운 제품을 담금질할 때 질량이 큰 제품일수록 내부의 열이 많기 때문에 천천히 냉각되며, 그 결과 조직과 경도가 변한다.

07 탄소 함유량이 약 0.25%인 탄소강을 용접할 때 예열온도는 약 몇 ℃ 정도가 적당한가?

① 90~150℃
② 150~260℃
③ 260~420℃
④ 420~550℃

해설

탄소량에 따른 모재의 예열온도(℃)

탄소량	0.2% 이하	0.2~0.3	0.3~0.45	0.45~0.8
예열온도	90 이하	90~150	150~260	260~420

08 금속재료의 일반적인 특징이 아닌 것은?

① 금속결합인 결정체로 되어 있어 소성가공이 유리하다.
② 열과 전기의 양도체이다.
③ 이온화하면 음(-)이온이 된다.
④ 비중이 크고 금속적 광택을 갖는다.

해설

금속의 일반적인 특성

- 비중이 크다.
- 전기 및 열의 양도체이다.
- 금속 특유의 광택을 갖는다.
- 이온화하면 양(+)이온이 된다.
- 상온에서 고체이며 결정체이다(단, Hg 제외).
- 연성과 전성이 우수하며 소성변형이 가능하다.

정답 4 ② 5 ② 6 ④ 7 ① 8 ③

09 다음 중 스테인리스강의 종류에 포함되지 않는 것은?

① 펄라이트계 스테인리스강
② 페라이트계 스테인리스강
③ 마텐자이트계 스테인리스강
④ 오스테나이트계 스테인리스강

해설

스테인리스강의 분류

구 분	종 류	주요성분	자 성
Cr계	페라이트계 스테인리스강	Fe + Cr 12% 이상	자성체
	마텐자이트계 스테인리스강	Fe + Cr 13%	자성체
Cr + Ni계	오스테나이트계 스테인리스강	Fe + Cr 18% + Ni 8%	비자성체
	석출경화계 스테인리스강	Fe + Cr + Ni	비자성체

10 순철에 대한 설명으로 틀린 것은?

① 비중이 약 7.8 정도이다.
② 용점이 약 1,538℃ 정도이다.
③ 순철의 A_3 변태점은 약 910℃이다.
④ 순철의 조직인 페라이트는 공석강 조직보다 경도가 강하다.

해설

순철은 C(탄소)의 함유량이 0.02% 이하인 철로 가장 연하다.

11 대상물의 구멍, 홈 등 모양만 나타내는 것으로 충분한 경우에 그 부분만 도시하는 다음 그림과 같은 투상도는?

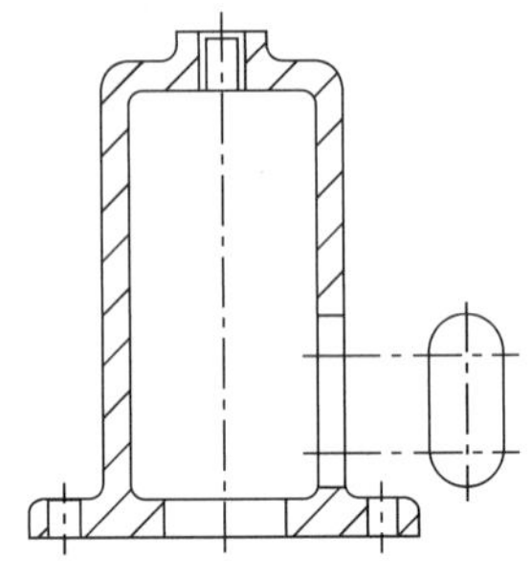

① 회전 투상도 ② 국부 투상도
③ 부분 투상도 ④ 보조 투상도

12 다음 용접보조기호는?

① 용접부를 볼록으로 다듬질한다.
② 끝단부를 매끄럽게 한다.
③ 용접부를 오목으로 다듬질한다.
④ 영구적인 덮개판을 사용한다.

해설

용접부의 보조기호

M	영구적인 덮개판(이면판재)을 사용한다.
MR	제거 가능한 덮개판(이면판재)을 사용한다.
(끝단부 기호)	끝단부 토를 매끄럽게 한다.
(필릿 기호)	필릿용접부 토를 매끄럽게 한다.

※ 토 : 용접 모재와 용접 표면이 만나는 부위

9 ① 10 ④ 11 ② 12 ② 정답

13 다음 그림이 나타내는 용접은?

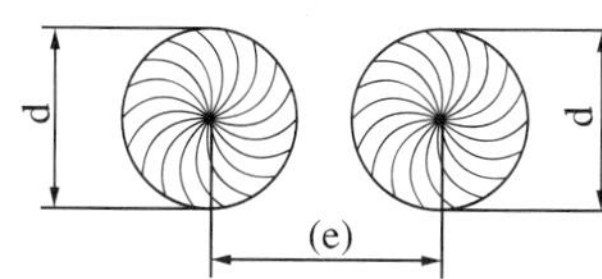

① 플러그용접
② 점용접
③ 심용접
④ 단속 필릿용접

해설

플러그용접부의 기호 표시

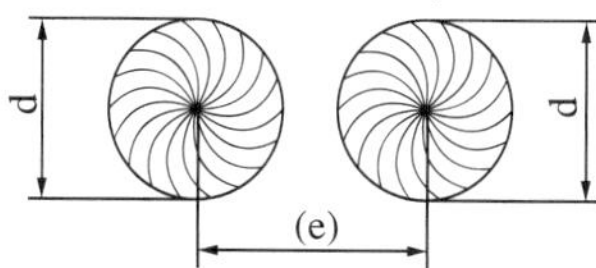

d ⎾⏋ n(e)

- d : 구멍의 지름
- ⎾⏋ : 플러그용접 기호
- n : 용접부 수
- (e) : 인접한 용접부 간격

14 도형 내의 특정한 부분이 평면이라는 것을 표시할 경우 맞는 기입방법은?

① 가는 2점 쇄선으로 대각선을 기입한다.
② 은선으로 대각선을 기입한다.
③ 가는 실선으로 대각선을 기입한다.
④ 가는 1점 쇄선으로 사각형을 기입한다.

해설

기계제도에서 대상으로 하는 부분이 평면인 경우에는 단면에 가는 실선을 대각선으로 표시한다.

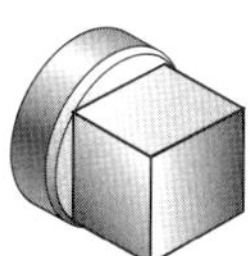

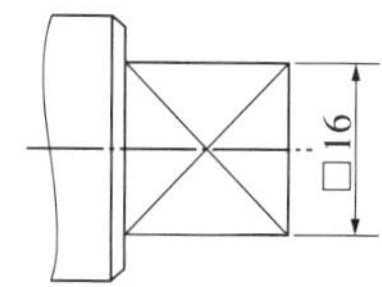

15 한국산업표준에서 현장용접을 나타내는 기호는?

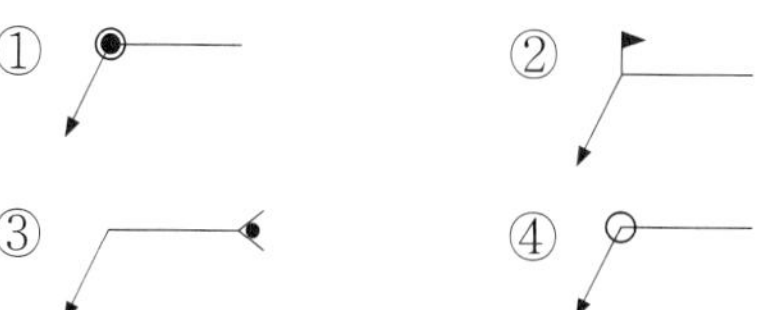

해설

용접부의 보조기호

구 분		보조기호	비 고
용접부의 표면 모양	평 탄	───	–
	볼 록	⌒	기선의 밖으로 향하여 볼록하게 한다.
	오 목	◡	기선의 밖으로 향하여 오목하게 한다.
용접부의 다듬질 방법	치 핑	C	–
	연 삭	G	그라인더 다듬질일 경우
	절 삭	M	기계 다듬질일 경우
	지정 없음	F	다듬질방법을 지정하지 않을 경우
현장용접		(깃발)	온둘레용접이 분명할 때에는 생략해도 좋다.
온둘레용접		○	
온둘레현장용접		(깃발+○)	

16 복사도를 재단할 때 편의를 위해서 원도(原圖)에 설정하는 표시를 뜻하는 용어는?

① 중심마크 ② 비교눈금
③ 재단마크 ④ 대조번호

해설

도면에 마련되는 양식

윤곽선	도면용지의 안쪽에 그려진 내용이 확실히 구분되도록 하고, 종이의 가장자리가 찢어져서 도면의 내용이 훼손되지 않도록 하기 위해서 굵은 실선으로 표시한다.
표제란	도면 관리에 필요한 사항과 도면 내용에 관한 중요 사항으로서 도명, 도면 번호, 기업(소속명), 척도, 투상법, 작성 연월일, 설계자 등을 기입한다.
중심마크	도면의 영구 보존을 위해 마이크로필름으로 촬영하거나 복사하고자 할 때 굵은 실선으로 표시한다.
비교눈금	도면을 축소하거나 확대했을 때 그 정도를 알기 위해 도면 아래쪽의 중앙 부분에 10mm 간격의 눈금을 굵은 실선으로 그려 놓은 것이다.
재단마크	인쇄, 복사, 플로터로 출력된 도면을 규격에서 정한 크기로 자르기 편하도록 하기 위해 사용한다.

17 치수 기입 시 구의 반지름을 표시하는 치수보조기호는?

① ϕ ② Sϕ
③ SR ④ C

해설

치수보조기호

기 호	구 분	기 호	구 분
ϕ	지 름	p	피 치
Sϕ	구의 지름	$\frown$50	호의 길이
R	반지름	$\underline{50}$	비례척도가 아닌 치수
SR	구의 반지름	$\boxed{50}$	이론적으로 정확한 치수
□	정사각형	(50)	참고치수
C	45° 모따기	~~50~~	치수의 취소(수정 시 사용)
t	두 께		

18 정투상법으로 물체를 투상하여 정면도를 기준으로 배열할 때 제1각법과 제3각법에 관계없이 배열 위치가 같은 투상도는?

① 저면도
② 좌측면도
③ 평면도
④ 배면도

해설

제1각법과 제3각법에 관계없이 배열 위치가 같은 투상도는 정면도와 배면도이다.

19 물체의 가공 전이나 가공 후의 모양을 나타낼 때 사용되는 선의 종류는?

① 가는 2점 쇄선
② 굵은 2점 쇄선
③ 가는 1점 쇄선
④ 굵은 1점 쇄선

16 ③ 17 ③ 18 ④ 19 ① 정답

20 전개도를 그리는 방법에 속하지 않는 것은?

① 평행선 전개법
② 나선형 전개법
③ 방사선 전개법
④ 삼각형 전개법

해설

전개도법의 종류

종 류	의 미
평행선법	삼각기둥, 사각기둥과 같은 여러 가지 각기둥과 원기둥을 평행하게 전개하여 그리는 방법
방사선법	삼각뿔, 사각뿔 등의 각뿔과 원뿔을 꼭짓점을 기준으로 부채꼴로 펼쳐서 전개도를 그리는 방법
삼각형법	꼭짓점이 먼 각뿔, 원뿔 등의 해당 면을 삼각형으로 분할하여 전개도를 그리는 방법

제2과목 용접구조설계

21 기계나 용접구조물을 설계할 때 각 부분에 발생되는 응력이 어떤 크기의 값을 기준으로 그 이내이면 인정되는 최대 허용치를 표현하는 응력은?

① 사용응력 ② 잔류응력
③ 허용응력 ④ 극한강도

해설

① 사용응력 : 실제 구조물에 적용하는 응력이다.
② 잔류응력 : 재료의 내부에 존재하는 응력으로 주로 결정립계 주위에 몰려 있다.
④ 극한강도 : 재료가 파단되기 전에 외력에 버틸 수 있는 최대의 응력이다.

22 용접제품 설계자가 알아야 하는 용접작업 공정의 제반 사항 중 틀린 것은?

① 용접기 및 케이블의 용량은 충분하게 준비한다.
② 홈 용접에서 용접 품질상 첫 패스는 뒷댐판 없이 용접한다.
③ 가능한 한 높은 전류를 사용하여 짧은 시간에 용착량을 많게 용접한다.
④ 용접 진행은 부재의 자유단으로 향하게 한다.

해설

홈 용접에서 용접 품질상 첫 패스에서 뒷댐판을 사용하면 작업장의 기량이 다소 부족해도 백 비드(이면 비드)를 양호하게 작업할 수 있으므로 뒷댐판을 사용해도 된다.

23 용접구조 설계 시 주의사항으로 틀린 것은?

① 용접이음의 집중, 접근 및 교차를 피한다.
② 용접 치수는 강도상 필요한 치수 이상으로 하지 않는다.
③ 두꺼운 판을 용접할 경우에는 용입이 얕은 용접법을 이용하여 층수를 늘인다.
④ 판면에 직각 방향으로 인장하중이 작용할 경우에는 판의 이방성에 주의한다.

해설

두꺼운 판을 용접할 때는 용입을 크게 하여 용접 층수를 작게 함으로써 모재로의 과다한 입열에 의한 변형을 방지한다.

정답 20 ② 21 ③ 22 ② 23 ③

24 꼭지각이 136°인 다이아몬드 사각추의 압입자를 시험하중으로 시험편에 압입한 후 측정하여 환산표에 의해 경도를 표시하는 시험법은?

① 로크웰 경도시험
② 브리넬 경도시험
③ 비커스 경도시험
④ 쇼어 경도시험

해설

경도시험법의 종류

종 류	시험 원리	압입자
브리넬 경도 (H_B)	압입자인 강구에 일정량의 하중을 걸어 시험편의 표면에 압입한 후, 압입 자국의 표면적 크기와 하중의 비로 경도를 측정한다. $H_B = \frac{P}{A} = \frac{P}{\pi Dh}$ $= \frac{2P}{\pi D(D-\sqrt{D^2-d^2})}$ 여기서, D : 강구 지름 d : 압입 자국의 지름 h : 압입 자국의 깊이 A : 압입 자국의 표면적	강 구
비커스 경도 (H_V)	압입자에 1~120kg의 하중을 걸어 자국의 대각선 길이로 경도를 측정한다. 하중을 가하는 시간은 캠의 회전속도로 조절한다. $H_V = \frac{P(하중)}{A(압입\ 자국의\ 표면적)}$	136°인 다이아몬드 피라미드 압입자
로크웰 경도 $(H_{RB},$ $H_{RC})$	압입자에 하중을 걸어 압입 자국(홈)의 깊이를 측정하여 경도를 측정한다. • 예비하중 : 10kg • 시험하중 – B스케일 : 100kg – C스케일 : 150kg • $H_{RB} = 130 - 500h$ • $H_{RC} = 100 - 500h$ 여기서, h : 압입자국의 깊이	• B스케일 : 강구 • C스케일 : 120° 다이아몬드(콘)
쇼어 경도 (H_S)	추를 일정한 높이(h_0)에서 낙하시켜, 이 추의 반발 높이(h)를 측정해서 경도를 측정한다. $H_S = \frac{10,000}{65} \times \frac{h(해머의\ 반발\ 높이)}{h_0(해머의\ 낙하\ 높이)}$	다이아몬드 추

25 다음 그림과 같은 순서로 하는 용착법은?

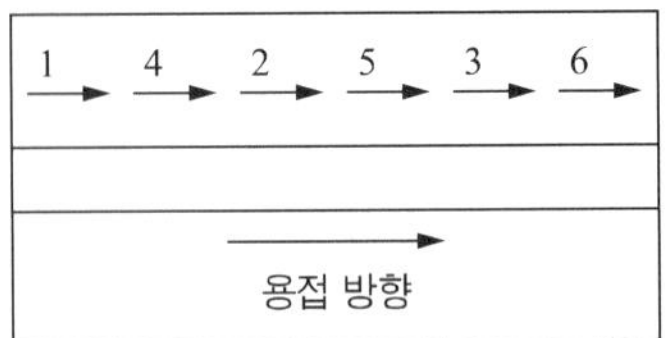

① 전진법 ② 후퇴법
③ 캐스케이드법 ④ 스킵법

해설

문제의 그림은 용접부 전 부분을 일정하게 나누어 균형 있게 용접하는 방법인 스킵법(비석법)이다.

용착법의 종류

구 분	종 류	
용접 방향에 의한 용착법	전진법	후퇴법
	대칭법	스킵법(비석법)
다층 비드 용착법	빌드업법(덧살올림법)	캐스케이드법
	전진블록법	

26 용접구조물의 수명과 가장 관련 있는 것은?

① 작업 태도 ② 아크 타임률
③ 피로강도 ④ 작업률

해설

용접구조물의 수명은 구조물을 구성하고 있는 재료가 받는 피로강도와 관련이 있다.

피로한도(피로강도) : 재료에 하중을 반복적으로 가했을 때 파괴되지 않는 응력변동의 최대범위로 S–N곡선으로 확인할 수 있다. 재질이나 반복하중의 종류, 표면 상태나 형상에 큰 영향을 받는다.

24 ③ 25 ④ 26 ③ 정답

27 잔류응력을 제거하는 방법이 아닌 것은?

① 저온응력완화법
② 기계적 응력완화법
③ 피닝법(Peening)
④ 담금질열처리법

해설

담금질(Quenching) : 재질을 경화시킬 목적으로 강을 오스테나이트조직의 영역으로 가열한 후 급랭시켜 강도와 경도를 증가시키는 열처리법이다. 따라서 담금질처리를 하면 잔류응력이 발생하기 때문에 잔류응력의 제거와는 거리가 멀다.

28 용접부의 비파괴시험법 기호로서 'RT'는?

① 초음파시험
② 자분탐상시험
③ 침투탐상시험
④ 방사선투과시험

해설

비파괴시험법의 분류

내부결함	방사선투과시험(RT)
	초음파탐상시험(UT)
표면결함	외관검사(VT)
	자분탐상검사(MT)
	침투탐상검사(PT)
	누설검사(LT)
	와전류탐상시험(ET)

29 용접결함 중 비드 밑(Under Bead) 균열의 원인이 되는 원소는?

① 산 소 ② 수 소
③ 질 소 ④ 탄산가스

30 용접이음 설계에서 홈의 특징에 대한 설명으로 틀린 것은?

① I형 홈은 홈 가공이 쉽고, 루트 간격을 좁게 하면 용착금속의 양도 적어져서 경제적인 면에서 우수하다.
② V형 홈은 홈 가공이 비교적 쉽지만 판의 두께가 두꺼워지면 용착금속량이 증대한다.
③ X형 홈은 양쪽에서 용접하므로 완전한 용입을 얻는 데 적합하다.
④ U형 홈은 두꺼운 판을 양쪽에서 용접하므로 충분한 용입을 얻고자 할 때 사용한다.

해설

홈(Groove)의 형상에 따른 특징

홈의 형상	특 징
I형	• 가공이 쉽고 용착량이 적어서 경제적이다. • 판이 두꺼워지면 이음부를 완전히 녹일 수 없다.
V형	• 한쪽 방향에서 완전한 용입을 얻고자 할 때 사용한다. • 홈 가공이 용이하나 두꺼운 판에서는 용착량이 많아지고 변형이 일어난다.
X형	• 후판(두꺼운 판)용접에 적합하다. • 홈 가공이 V형에 비해 어렵지만 용착량이 적다. • 양쪽에서 용접하므로 완전한 용입을 얻을 수 있다.
U형	• 홈 가공이 어렵다. • 두꺼운 판에서는 비드의 너비가 좁고 용착량도 적다. • 두꺼운 판을 한쪽 방향에서 충분한 용입을 얻고자 할 때 사용한다. • V형 홈에 비해 홈의 폭이 좁아도 되고 루트 간격을 '0'으로 해도 용입이 좋다.
H형	• 두꺼운 판을 양쪽에서 용접하므로 완전한 용입을 얻을 수 있다.
J형	• 한쪽 V형이나 K형 홈보다 두꺼운 판에 사용한다.

정답 27 ④ 28 ④ 29 ② 30 ④

31 용접에 의한 용착금속의 기계적 성질에 대한 사항으로 옳은 것은?

① 용접 시 발생하는 급열, 급랭효과에 의하여 용착금속이 경화한다.
② 용착금속의 기계적 성질은 일반적으로 다층용접보다 단층용접 쪽이 더 양호하다.
③ 피복아크용접에 의한 용착금속의 강도는 보통 모재보다 저하된다.
④ 예열과 후열처리로 냉각속도를 감소시키면 인성과 연성이 감소된다.

해설
용접 시 발생하는 급열이나 급랭효과에 의하여 용착금속이 담금질 열처리가 되기 때문에 용접부는 경화된다.

32 용접이음에서 피로강도에 영향을 미치는 인자가 아닌 것은?

① 용접기 종류
② 이음 형상
③ 용접 결함
④ 하중 상태

33 용접성 시험 중 용접부 연성시험에 해당하는 것은?

① 로버트슨시험 ② 카안인열시험
③ 킨젤시험 ④ 슈나트시험

해설
용접부의 시험법의 종류

구 분	종 류
연성시험	킨젤시험
	코머렐시험
	T-굽힘시험
취성시험	로버트슨시험
	밴더빈시험
	칸티어시험
	슈나트시험
	카안인열시험
	티퍼시험
	에소시험
	샤르피 충격시험
균열(터짐)시험	피스코 균열시험
	CTS 균열시험
	리하이형 구속균열시험

34 잔류응력이 있는 제품에 하중을 주고 용접부에 약간의 소성변형을 일으킨 다음 하중을 제거하는 잔류응력 제거법은?

① 저온응력완화법
② 기계적 응력완화법
③ 고온응력완화법
④ 피닝법

해설
① 저온응력완화법 : 용접선의 양측을 정속으로 이동하는 가스불꽃에 의하여 약 150mm의 너비에 걸쳐 150~200℃로 가열한 뒤 곧 수랭하는 방법으로, 주로 용접선 방향의 응력을 제거하는 데 사용한다.
④ 피닝법 : 타격 부분이 둥근 구면인 특수 해머를 사용하여 모재의 표면에 지속적으로 충격을 가해 줌으로써 재료 내부에 있는 잔류응력을 완화시키면서 표면층에 소성변형을 주는 방법이다.

31 ① 32 ① 33 ③ 34 ② 정답

35 맞대기 이음에서 1,500kgf의 인장력을 작동시키려고 한다. 판 두께가 6mm일 때 필요한 용접 길이는 약 몇 mm인가?(단, 허용인장응력은 $7kgf/mm^2$이다)

① 25.7　② 35.7
③ 38.5　④ 47.5

해설

허용인장응력 $\sigma_a = \frac{F}{A} = \frac{F}{t \times L}$ 식을 응용하면

$$7kgf/mm^2 = \frac{1,500kgf}{6mm \times L}$$

$$L = \frac{1,500kgf}{6mm \times 7kgf/mm^2} ≒ 35.7mm$$

36 정격 2차 전류가 300A, 정격사용률이 60%인 용접기를 사용하여 200A로 용접할 때, 허용사용률은?

① 91%　② 111%
③ 121%　④ 135%

해설

$$허용사용률(\%) = \frac{(정격\ 2차\ 전류)^2}{(실제\ 용접\ 전류)^2} \times 정격사용률(\%)$$

$$= \frac{(300A)^2}{(200A)^2} \times 60\% = \frac{90,000}{40,000} \times 60\% = 135\%$$

37 아크전류(Welding Current) 210A, 아크전압 25V, 용접속도 15cm/min일 때 용접의 단위 길이 1cm당 발생하는 용접입열(Joule/cm)은?

① 11,000Joule/cm
② 3,000Joule/cm
③ 21,000Joule/cm
④ 8,000Joule/cm

해설

$$용접입열량(H) = \frac{60EI}{v} = \frac{60 \times 25 \times 210}{15} = 21,000J/cm$$

여기서, H : 용접 단위 길이 1cm당 발생하는 전기적 에너지
E : 아크전압(V)
I : 아크전류(A)
v : 용접속도(cm/min)

※ 일반적으로 모재에 흡수된 열량은 입열의 75~85% 정도이다.

38 용접구조물 조립 순서 결정 시 고려사항이 아닌 것은?

① 가능한 한 구속하여 용접한다.
② 가접용 정반이나 지그를 적절히 채택한다.
③ 구조물의 형상을 고정하고 지지할 수 있어야 한다.
④ 변형이 발생되었을 때 쉽게 제거할 수 있어야 한다.

해설

용접 시 구속용접을 하면 잔류응력이나 변형이 구속된 곳에 집중되기 때문에 반드시 구속용접을 피해야 한다.

정답 35 ② 36 ④ 37 ③ 38 ①

39 용접부 인장시험에서 모재의 인장강도가 450kg/mm^2, 용접시험편의 인장강도가 300kg/mm^{2}으로 나타났다면 이음효율은 몇 %인가?

① 15%　　② 66.7%
③ 150%　　④ 667%

해설

용접부의 이음효율(η)

$$\eta = \frac{\text{시험편의 인장강도}}{\text{모재의 인장강도}} \times 100\%$$

$$= \frac{300\text{kg/mm}^2}{450\text{kg/mm}^2} \times 100\% \fallingdotseq 66.6\%$$

40 피복아크용접에서 아크 길이가 긴 경우 발생하는 용접결함에 해당되지 않는 것은?

① 선상조직
② 스패터
③ 기 공
④ 언더컷

해설

선상조직

용착금속의 냉각속도가 빠를 때 발생되는 용접 불량으로 표면조직이 눈꽃 모양이다. 인(P)을 많이 함유하는 강에 나타나는 편석의 일종이다. 용접금속의 파단면에 미세한 주상정이 서릿발 모양으로 병립하고 그 사이에 현미경으로 확인 가능한 비금속 개재물이나 기공을 포함한다.

제3과목 용접일반 및 안전관리

41 용접이음의 내식성에 영향을 미치는 인자가 아닌 것은?

① 이음 형상
② 플럭스(Flux)
③ 잔류응력
④ 인장강도

해설

용접이음에서 인장강도는 기계적 성질에 영향을 미치는 인자이다.

42 산소-아세틸렌 불꽃에 대한 설명으로 틀린 것은?

① 불꽃은 불꽃심, 속불꽃, 겉불꽃으로 구성되어 있다.
② 불꽃의 종류는 탄화, 중성, 산화불꽃으로 나눈다.
③ 용접작업은 백심불꽃 끝이 용융금속에 닿도록 한다.
④ 구리를 용접할 때 중성불꽃을 사용한다.

해설

산소-아세틸렌 불꽃의 구조

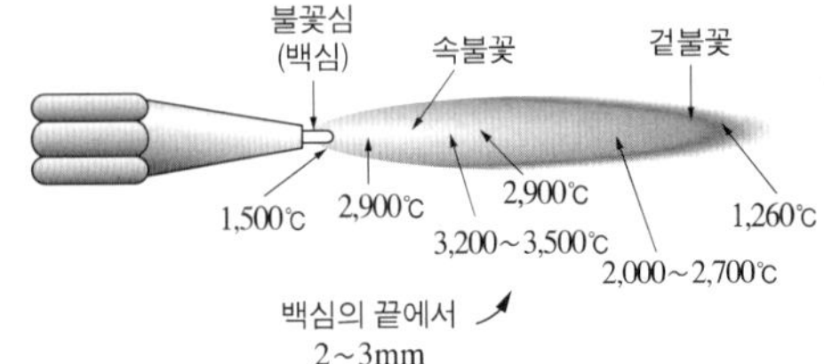

39 ② 40 ① 41 ④ 42 ③ 정답

43 서브머지드 아크용접에서 용접선의 전후에 약 150mm × 150mm × 판 두께 크기의 엔드 탭(End Tab)을 붙여 용접비드를 이음 끝에서 약 100mm 정도 연장시켜 용접 완료 후 절단하는 이유로 가장 적당한 것은?

① 용접 후 모재의 급랭을 방지하기 위하여
② 루트 간격이 너무 클 때, 용락을 방지하기 위하여
③ 용접 시점 및 종점에서 일어나는 결함을 방지하기 위하여
④ 용접선의 길이가 너무 짧으면 용접 시공하기가 어려우므로 원활한 용접을 하기 위하여

해설

서브머지드 아크용접에서 용접비드를 이음의 끝에서 약 100mm 정도 연장시키는 이유는 실제 강도가 필요한 부분에 절단 시 발생되는 불량이나 노치 등의 결함으로부터 자유롭게 하기 위해서이다.

엔드 탭

용접부의 시작부와 끝나는 부분에 용입 불량이나 각종 결함을 방지하기 위해서 사용되는 용접 보조기구

44 용적 40L의 아세틸렌 용기의 고압력계에서 60기압이 나타났다면, 가변압식 300번 팁으로 약 몇 시간을 용접할 수 있는가?

① 4.5시간 ② 8시간
③ 10시간 ④ 20시간

해설

가스용접용 토치 팁인 가변압식(프랑스식) 팁은 '100번 팁', '200번 팁'과 같이 나타내는데, '가변압식 300번 팁'이란 표준불꽃으로 1시간에 소비하는 아세틸렌가스의 양이 300L임을 나타낸다.

$$\text{용접 가능시간} = \frac{\text{산소용기 총가스량}}{\text{시간당 소비량}} = \frac{\text{내용적} \times \text{압력}}{\text{시간당 소비량}}$$

$$= \frac{40\text{L} \times 60\text{기압}}{300\text{L/h}} = 8\text{시간}$$

45 구리 및 구리합금의 가스용접용 용제에 사용되는 물질은?

① 중탄산소다
② 염화칼슘
③ 붕 사
④ 황산칼륨

해설

가스용접 시 재료에 따른 용제의 종류

재 질	용 제
연 강	용제를 사용하지 않는다.
반경강	중탄산소다, 탄산소다
주 철	붕사, 탄산나트륨, 중탄산나트륨
알루미늄	염화칼륨, 염화나트륨, 염화리튬, 플루오린화칼륨
구리합금	붕사, 염화리튬

가스용접용 용제의 특징

- 용융온도가 낮은 슬래그를 생성한다.
- 모재의 용융점보다 낮은 온도에서 녹는다.
- 일반적으로 연강은 용제를 사용하지 않는다.
- 불순물을 제거함으로써 용착금속의 성질을 좋게 한다.
- 용접 중에 생기는 금속의 산화물이나 비금속 개재물을 용해한다.

정답 43 ③ 44 ② 45 ③

46 피복아크용접에서 피복제의 주된 역할 중 틀린 것은?

① 전기절연작용을 한다.
② 탈산·정련작용을 한다.
③ 아크를 안정시킨다.
④ 용착금속의 급랭을 돕는다.

해설
피복아크용접봉은 심선 주위를 피복제(Flux)가 감싸고 있는 것으로, 피복제는 슬래그를 만들어 용접부를 덮는 형상을 만들기 때문에 급랭을 방지한다.

피복제(Flux)의 역할
- 아크를 안정시킨다.
- 전기절연작용을 한다.
- 보호가스를 발생시킨다.
- 스패터의 발생을 줄인다.
- 아크의 집중성을 좋게 한다.
- 용착금속의 급랭을 방지한다.
- 용착금속의 탈산·정련작용을 한다.
- 용융금속과 슬래그의 유동성을 좋게 한다.
- 용적(쇳물)을 미세화하여 용착효율을 높인다.
- 용융점이 낮고 적당한 점성의 슬래그를 생성한다.
- 슬래그 제거를 쉽게 하여 비드의 외관을 좋게 한다.
- 적당량의 합금 원소를 첨가하여 금속에 특수성을 부여한다.
- 중성 또는 환원성 분위기를 만들어 질화나 산화를 방지하고 용융금속을 보호한다.
- 쇳물이 쉽게 달라붙도록 힘을 주어 수직자세, 위보기자세 등 어려운 자세를 쉽게 한다.

47 교류아크용접기의 용접전류 조정방법에 의한 분류에 해당하지 않는 것은?

① 가동철심형
② 가동코일형
③ 탭전환형
④ 발전기형

해설
아크용접기의 종류

직류아크 용접기	발전기형	전동발전식
		엔진구동형
	정류기형	셀 렌
		실리콘
		게르마늄
교류아크 용접기	가동철심형	
	가동코일형	
	탭전환형	
	가포화리액터형	

48 전기저항용접 시 발생되는 발열량 Q 를 나타내는 식은?

① $Q = 0.24I^2Rt$
② $Q = 0.24IR^2t$
③ $Q = 0.24I^2R^2t$
④ $Q = 0.24IRt$

해설
전기저항용접의 발열량(Q)

발열량(Q) $= 0.24I^2RT$

여기서, I : 전류, R : 저항, T : 시간
발열량(Q)을 H로 표시하기도 한다.

46 ④ 47 ④ 48 ① **정답**

49 테르밋용접에서 테르밋제의 혼합물은?

① 탄소와 붕사 분말
② 탄소와 규소의 분말
③ 알루미늄과 산화철의 분말
④ 알루미늄과 납의 분말

해설

- 테르밋제 : 산화철과 알루미늄 분말을 3 : 1로 혼합하여 만든다.
- 테르밋용접(Termit Welding) : 금속 산화물과 알루미늄이 반응하여 열과 슬래그를 발생시키는 테르밋반응을 이용하는 용접법이다. 강을 용접할 경우에는 산화철과 알루미늄 분말을 3 : 1로 혼합한 테르밋제를 만든 후 냄비의 역할을 하는 도가니에 넣은 후, 점화제를 약 1,000℃로 점화시키면 약 2,800℃의 열이 발생되어 용접용 강이 만들어지는데, 이 강(Steel)을 용접 부위에 주입 후 서랭하여 용접을 완료한다. 주로 철도 레일이나 차축, 선박의 프레임 접합에 사용된다.

50 상하 부재의 접합을 위해 한편의 부재에 구멍을 내어 이 구멍 부분을 채워 용접하는 것은?

① 플레어용접 ② 플러그용접
③ 비드용접 ④ 필릿용접

해설

플러그용접

위아래로 겹쳐진 판을 접합할 때 사용하는 용접법으로 위에 놓여진 판의 한쪽에 구멍을 뚫고 그 구멍 아래부터 용접을 하면 용접불꽃에 의해 아랫면이 용해되면서 용접이 되며, 용가재로 구멍을 채워 용접하는 용접방법이다.

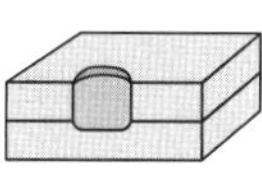

플레어용접	필릿용접

51 아크용접작업에서 전격의 방지대책으로 틀린 것은?

① 절단 홀더의 절연 부분이 노출되면 즉시 교체한다.
② 홀더나 용접봉은 절대로 맨손으로 취급하지 않는다.
③ 밀폐된 공간에서는 자동 전격방지기를 사용하지 않는다.
④ 용접기의 내부에 함부로 손을 대지 않는다.

해설

용접기의 전원은 전기를 사용하므로 감전을 대비하여 장소를 불문하고 전격방지기를 내장하고 있어야 한다.

※ 전격이란 강한 전류를 갑자기 몸에 느꼈을 때의 충격으로, 용접기에는 작업자의 전격을 방지하기 위해서 반드시 전격방지기를 용접기에 부착해야 한다. 전격방지기는 작업을 쉬는 동안에 2차 무부하전압이 항상 25V 정도로 유지되도록 하여 전격을 방지할 수 있다.

52 연강용 피복아크용접봉 중 특수계에 해당하는 용접봉은?

① E4301 ② E4311
③ E4324 ④ E4340

해설

특수계 용접봉 : E4340, E5000, E8000
① E4301 : 일미나이트계
② E4311 : 고셀룰로스계
③ E4324 : 철분 산화타이타늄계

정답 49 ③ 50 ② 51 ③ 52 ④

53 점용접(Spot Welding)의 3대 요소에 해당되는 것은?

① 가압력, 통전시간, 전류의 세기
② 가압력, 통전시간, 전압의 세기
③ 가압력, 냉각수량, 전류의 세기
④ 가압력, 냉각수량, 전압의 세기

해설

저항용접의 3요소

- 가압력
- 용접전류
- 통전시간

54 탄산가스 아크용접장치에 해당되지 않는 것은?

① 용접 토치
② 보호가스 설비
③ 제어장치
④ 플럭스 공급장치

해설

플럭스 공급장치는 서브머지드 아크용접에 사용되는 장치이다.

55 서브머지드 아크용접의 다전극 방식에 의한 분류 중 같은 종류의 전원에 두 개의 전극을 접속하여 용접하는 것으로 비드 폭이 넓고, 용입이 깊은 용접부를 얻기 위한 방식은?

① 탠덤식
② 횡병렬식
③ 횡직렬식
④ 종직렬식

해설

같은 종류의 전원에 두 개의 전극을 접속한다고 했으므로 이는 독립전원에 각각 연결시키는 횡병렬식에 대한 설명이다.

서브머지드 아크용접(SAW)에서 다전극 용극방식의 종류

- 탠덤식 : 2개의 와이어를 독립전원(AC-DC or AC-AC)에 연결한 후 아크를 발생시켜 한 번에 다량의 용착금속을 얻는 방식이다.
- 횡병렬식 : 2개의 와이어를 독립전원에 직렬로 흐르게 하여 아크의 복사열로 모재를 용융시켜 다량의 용착금속을 얻는 방식으로, 용접폭이 넓고 용입이 깊다.
- 횡직렬식 : 2개의 와이어를 한 개의 같은 전원(AC-AC 또는 DC-DC)에 연결한 후 아크를 발생시켜 그 복사열로 다량의 용착금속을 얻는 방법으로, 용입이 얕아서 스테인리스강의 덧붙이용접에 사용한다.

56 용접기에서 떨어져 작업할 때 작업 위치에서 전류를 조정할 수 있는 장치는?

① 전자개폐장치
② 원격제어장치
③ 전류측정기
④ 전격방지장치

해설

원격제어장치 : 원거리에서 용접전류 및 용접전압 등의 조정이 필요할 때 설치하는 원거리조정장치이다.

53 ① 54 ④ 55 ② 56 ② **정답**

57 연강용 피복아크용접봉의 피복제 계통에 속하지 않는 것은?

① 철분 산화철계
② 철분 저수소계
③ 저셀룰로스계
④ 저수소계

해설

용접봉의 종류

기 호	종 류
E4301	일미나이트계
E4303	라임티타니아계
E4311	고셀룰로스계
E4313	고산화타이타늄계
E4316	저수소계
E4324	철분 산화타이타늄계
E4326	철분 저수소계
E4327	철분 산화철계

58 다음 중 중압식 토치(Medium Pressure Torch)에 대한 설명으로 틀린 것은?

① 아세틸렌가스의 압력은 $0.07 \sim 1.3 kgf/cm^2$이다.
② 산소의 압력은 아세틸렌의 압력과 같거나 약간 높다.
③ 팁의 능력에 따라 용기의 압력조정기 및 토치의 조정밸브로 유량을 조절한다.
④ 인젝터 부분에 니들밸브로 유량과 압력을 조정한다.

해설

니들밸브로 유량과 압력을 조절하는 팁은 저압식 가스용접용 토치인 가변압식(프랑스식) 토치이다.

59 산소용기의 취급상 주의사항으로 옳지 않은 것은?

① 운반이나 취급에서 충격을 주지 않는다.
② 가연성 가스와 함께 저장하여 누설되어도 인화되지 않게 한다.
③ 기름이 묻은 손이나 장갑을 끼고 취급하지 않는다.
④ 운반 시 가능한 한 운반기구를 이용한다.

해설

산소용기는 순수한 산소만 저장해야 하며 절대 가연성 가스와 함께 혼합하여 저장해서는 안 된다.

60 피복아크용접 시 안전홀더를 사용하는 이유는?

① 자외선과 적외선 차단
② 유해가스 중독 방지
③ 고무장갑 대용
④ 용접작업 중 전격 예방

해설

피복아크용접의 전원은 전기이므로 반드시 전격의 위험을 방지하기 위해 안전홀더를 사용해야 한다.

용접홀더의 종류

A형	• 전체가 절연된 홀더이다. • 안전형 홀더이다.
B형	• 손잡이 부분만 절연된 홀더이다. • 비안전형 홀더이다.

정답 57 ③ 58 ④ 59 ② 60 ④

2023년 제2회 과년도 기출복원문제

제1과목 용접야금 및 용접설비제도

01 용접금속 균열에서 저온 균열의 루트크랙은 실험에 의하면 약 몇 ℃ 이하의 저온에서 일어나는가?

① 200℃ 이하
② 400℃ 이하
③ 600℃ 이하
④ 800℃ 이하

해설

- 저온 균열 : 일반적으로는 220℃ 이하의 비교적 낮은 온도에서 발생하는 균열로 용접 후 용접부의 온도가 상온(약 24℃) 부근으로 떨어지면 발생하는 균열을 통틀어서 이르는 용어이다.
- 루트 균열 : 맞대기용접 시 가접이나 비드의 첫 층에서 루트면 근방의 열영향부(HAZ)에 발생한 노치에서 시작하여 점차 비드 속으로 들어가는 균열(세로 방향 균열)로 함유 수소에 의해서도 발생되는 저온균열의 일종이다.

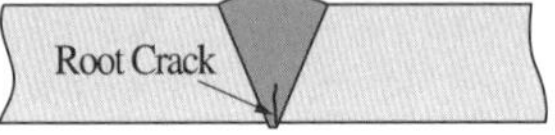

02 주철용접 시 주의사항으로 틀린 것은?

① 용접전류는 필요 이상 높이지 말고 지나치게 용입을 깊게 하지 않는다.
② 비드 배치는 짧게 해서 여러 번의 조작으로 완료한다.
③ 용접봉은 가급적 지름이 굵은 것을 사용한다.
④ 용접부를 필요 이상 크게 하지 않는다.

해설

주철 용접 시 주의사항

- 용입을 지나치게 깊게 하지 않는다.
- 용접전류는 필요 이상으로 높이지 않는다.
- 용접부를 필요 이상으로 크게 하지 않는다.
- 용접봉은 되도록 가는 지름의 것을 사용한다.
- 비드 배치는 짧게 해서 여러 번의 조작으로 완료한다.
- 가열되어 있을 때 피닝작업을 하여 변형을 줄이는 것이 좋다.
- 균열의 보수는 균열의 연장을 방지하기 위하여 균열의 끝에 작은 구멍을 뚫는다.

03 열처리 방법 및 목적으로 틀린 것은?

① 불림 : 소재를 일정온도에 가열 후 공랭시킨다.
② 풀림 : 재질을 단단하고 균일하게 한다.
③ 담금질 : 급랭시켜 재질을 경화시킨다.
④ 뜨임 : 담금질된 것에 인성을 부여한다.

해설

재료를 단단하게 만드는 열처리 작업은 담금질이다.

풀림(Annealing) : 재질을 연하고 균일화시킬 목적으로 실시하는 열처리법으로 완전풀림은 A_3변태점(968℃) 이상의 온도로, 연화풀림은 약 650℃의 온도로 가열한 후 서랭한다.

1 ① 2 ③ 3 ② 정답

04 순수 비중이 2.7이며 주조가 쉽고 가벼울 뿐만 아니라, 대기 중에서 내식력이 강하고 전기와 열의 양도체로 다른 금속과 합금하여 쓰이는 금속은?

① 구리(Cu)
② 알루미늄(Al)
③ 마그네슘(Mg)
④ 텅스텐(W)

해설
① 구리의 비중 : 8.9
③ 마그네슘의 비중 : 1.7
④ 텅스텐의 비중 : 19.1

05 황동의 자연균열 방지책이 아닌 것은?

① 수 은 ② 아연 도금
③ 도 료 ④ 저온 풀림

해설
황동의 자연균열 방지법
• 수분에 노출되지 않도록 한다.
• 표면에 도색이나 도금을 한다.
• 200~300℃로 저온 풀림처리를 하여 내부응력을 제거한다.

06 재료를 상온에서 다른 형상으로 변형시킨 후 원래 모양으로 회복되는 온도로 가열하면 원래 모양으로 돌아오는 합금은?

① 제진 합금
② 형상기억 합금
③ 비정질 합금
④ 초전도 합금

07 금속재료를 고온에서 오랜 시간 외력을 걸어 놓으면 시간의 경과에 따라 서서히 그 변형이 증가하는 현상은?

① 크리프 ② 스트레스
③ 스트레인 ④ 템퍼링

해설
템퍼링은 열처리 방법 중의 하나로 뜨임을 의미한다.

08 다음 재료의 용접 예열온도로 가장 적합한 것은?

① 주철 : 150~300℃
② 주강 : 150~250℃
③ 청동 : 60~100℃
④ 망간(Mn) – 몰리브덴(Mo)강 : 20~100℃

해설
주철의 예열온도는 탄소(C) 함유량에 따라 달라지나, 일반적으로 150~300℃ 사이면 적합하다.

정답 4 ② 5 ① 6 ② 7 ① 8 ①

09 탄소강이 200~300℃에서 단면수축률, 연신율이 현저히 감소되어 충격치가 저하하는 현상은?

① 상온취성 ② 적열취성
③ 청열취성 ④ 저온취성

해설
청열취성(철이 산화되어 푸른빛으로 달궈져 보이는 상태) : 탄소강이 200~300℃에서 인장강도와 경도값이 상온일 때보다 커지는 반면, 연신율이나 성형성은 오히려 작아져서 취성이 커지는 현상이다. 이 온도 범위(200~300℃)에서는 철의 표면에 푸른 산화피막이 형성되기 때문에 청열취성이라고 한다. 따라서 탄소강은 200~300℃에서 가공을 피해야 한다.

10 강을 담금질한 후 0℃ 이하로 냉각하고 잔류 오스테나이트를 마텐자이트화하기 위한 방법은?

① 저온 풀림 ② 고온뜨임
③ 오스템퍼링 ④ 서브제로처리

해설
심랭처리(Subzero Treatment, 서브제로)는 담금질 강의 경도를 증가시키고, 시효변형을 방지하기 위한 열처리 조작이다. 담금질 강의 조직이 잔류 오스테나이트에서 전부 오스테나이트 조직으로 바꾸기 위해 재료를 오스테나이트 영역까지 가열한 후 0℃ 이하로 급랭시킨다.

11 KS 기계제도에서 특수한 용도의 선으로 가는 실선을 사용하는 경우가 아닌 것은?

① 위치를 명시하는 데 사용한다.
② 얇은 부분의 단면 도시를 명시하는 데 사용한다.
③ 평면이라는 것을 나타내는 데 사용한다.
④ 외형선 및 숨은선의 연장을 표시하는 데 사용한다.

해설
개스킷과 같은 얇은 부분의 단면을 도시할 때는 아주 굵은 실선으로 표시한다.

12 정면, 평면, 측면을 하나의 투상면 위에서 동시에 볼 수 있도록 그린 도법은?

① 보조투상도 ② 단면도
③ 등각투상도 ④ 전개도

해설
등각투상도

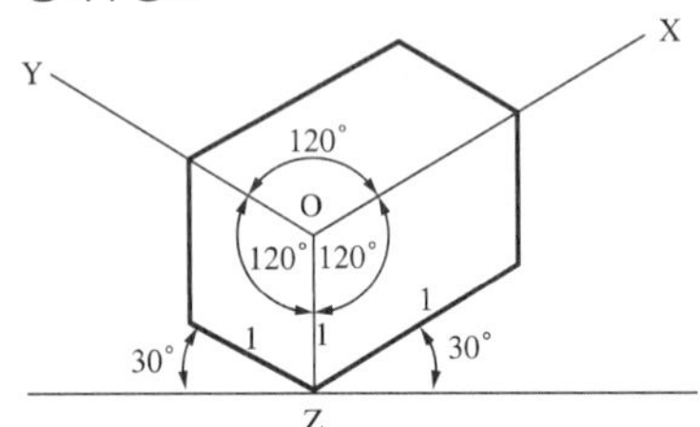

- 정면, 평면, 측면을 하나의 투상도에서 동시에 볼 수 있도록 그린 투상법이다.
- 직육면체의 등각투상도에서 직각으로 만나는 3개의 모서리는 각각 120°를 이룬다.
- 주로 기계 부품의 조립이나 분해를 설명하는 정비지침서 등에 사용한다.

13 다음 해칭에 대한 설명 중 틀린 것은?

① 해칭선은 수직 또는 수평의 중심선에 대하여 45°로 경사지게 긋는 것이 좋다.
② 인접한 단면의 해칭은 선의 방향 또는 각도를 변경하거나 해칭 간격을 다르게 긋는다.
③ 단면 면적이 넓은 경우에는 그 외형선에 따라 적절한 범위에 해칭 또는 스머징을 한다.
④ 해칭 또는 스머징하는 부분 안에 문자나 기호를 절대로 기입해서는 안 된다.

해설
해칭(Hatching) 또는 스머징(Smudging)
단면도에는 필요한 경우 절단하지 않은 면과 구별하기 위해 해칭이나 스머징을 한다. 인접한 단면의 해칭은 기존 해칭이나 스머징 선의 방향 또는 각도를 다르게 하여 구분한다. 또한 해칭 또는 스머징하는 부분 안에는 문자나 기호를 기입할 수 있다.

9 ③ 10 ④ 11 ② 12 ③ 13 ④ 정답

14 다음 그림의 용접도면을 설명한 것 중 맞지 않는 것은?

$a \triangleright n \times l\,(e)$

① a : 목 두께

② l : 용접 길이(크레이터 제외)

③ n : 목길이의 개수

④ (e) : 인접한 용접부 간격

해설

단속필릿용접부 표시기호

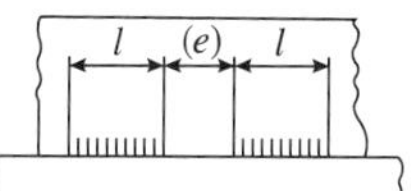

- a : 목 두께
- ◺ : 필릿용접기호
- n : 용접부 수
- l : 용접 길이
- (e) : 인접한 용접부 간격

15 용접이음 중 맞대기 이음은?

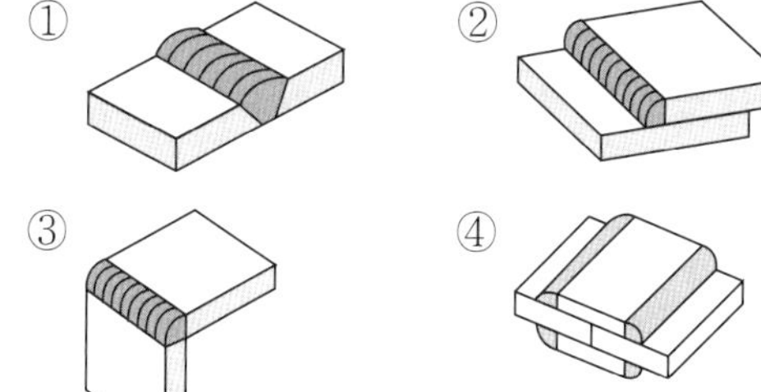

해설

② 한쪽면 겹치기 이음

③ 모서리 이음

④ 양면 덮개판 이음

16 다음 그림과 같은 형상을 한 용접부를 용접기호로 나타낸 것은?

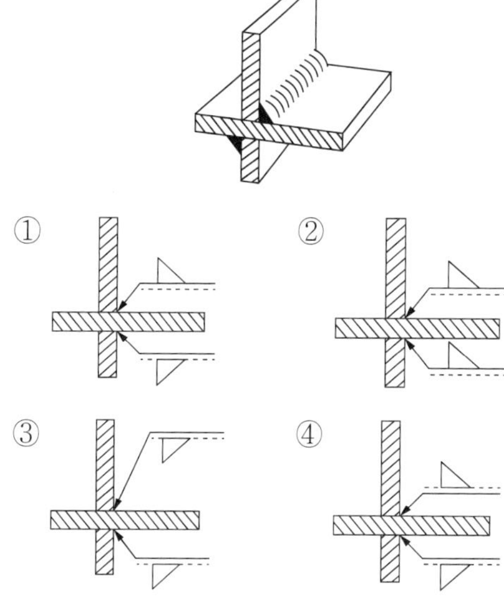

해설

용접부가 화살표쪽에 있으면 기호는 실선 위에 위치해야 한다. 반대로 화살표의 반대 방향으로 용접부가 만들어져야 한다면 점선 위에 용접기호를 위치시켜야 한다, 따라서 정답은 ①번이 된다.

실선 위에 V표가 있으면 화살표 쪽에 용접한다.

점선 위에 V표가 있으면 화살표 반대쪽에 용접한다.

17 다음 밸브 도시법 중 게이트 밸브를 나타내는 기호는?

① ② ③ ④

해설

① 볼 밸브

③ 체크 밸브

④ 글로브 밸브

18 **용접보조기호 중 용접부의 다듬질 방법을 표시하는 기호에 대한 설명으로 잘못된 것은?**

① P : 치핑　　② G : 연삭
③ M : 절삭　　④ F : 지정 없음

해설

용접부의 보조기호

구 분		보조기호	비 고
용접부의 다듬질 방법	치 핑	C	–
	연 삭	G	그라인더 다듬질일 경우
	절 삭	M	기계다듬질일 경우
	지정 없음	F	다듬질방법을 지정하지 않을 경우

19 **가공 결과, 그림과 같은 줄무늬가 나타났을 때 표면의 결 도시기호로 옳은 것은?**

① R　　② M
③ P　　④ C

해설

줄무늬 방향 기호 중 R은 중심에 대하여 레이디얼 모양이다.

20 **다음 그림과 같이 절단된 편심원뿔의 전개법으로 가장 적합한 것은?**

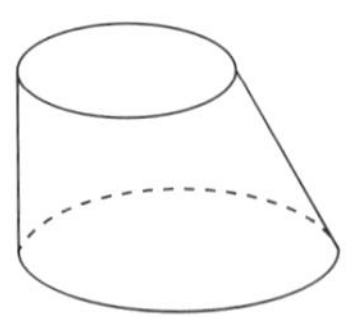

① 삼각형법　　② 동심원법
③ 평행선법　　④ 사각형법

해설

전개도법의 종류

종 류	의 미
평행선법	삼각기둥, 사각기둥과 같은 여러 가지 각기둥과 원기둥을 평행하게 전개하여 그리는 방법
방사선법	삼각뿔, 사각뿔 등의 각뿔과 원뿔을 꼭짓점을 기준으로 부채꼴로 펼쳐서 전개도를 그리는 방법
삼각형법	꼭짓점이 먼 각뿔이나 원뿔 등을 해당 면을 삼각형으로 분할하여 전개도를 그리는 방법

제2과목 용접구조설계

21 **용접이음의 충격강도에서 취성파괴의 일반적인 특징이 아닌 것은?**

① 항복점 이하의 평균응력에서도 발생한다.
② 온도가 낮을수록 발생하기 쉽다.
③ 파괴의 기점은 각종 용접결함, 가스절단부 등에서 발생된 경우가 많다.
④ 거시적 파면상황은 판 표면에 거의 수평이고 평탄하게 연성이 큰 상태에서 파괴된다.

해설

거시적(전체적인) 파면상황은 판 표면에 거의 수직이고 연성이 작은 상태에서 파괴된다.

18 ① 19 ① 20 ① 21 ④ **정답**

22 **본용접하기 전에 적당한 예열을 함으로써 얻는 효과가 아닌 것은?**

① 예열을 하면 기계적 성질이 향상된다.
② 용접부의 냉각속도를 느리게 하면 균열 발생이 적다.
③ 용접부 변형과 잔류응력을 경감시킨다.
④ 용접부의 냉각속도가 빨라지고 높은 온도에서 큰 영향을 받는다.

해설
용접 전 모재에 예열을 하면 용접부의 냉각속도를 느리게 함으로써 잔류응력을 경감시킬 수 있다.

용접 전과 후 모재에 예열을 가하는 목적
- 열영향부(HAZ)의 균열을 방지한다.
- 수축변형 및 균열을 경감시킨다.
- 용접금속에 연성 및 인성을 부여한다.
- 열영향부와 용착금속의 경화를 방지한다.
- 급열 및 급랭 방지로 잔류응력을 줄인다.
- 용접금속의 팽창이나 수축의 정도를 줄여준다.
- 수소 방출을 용이하게 하여 저온 균열을 방지한다.
- 금속 내부의 가스를 방출시켜 기공 및 균열을 방지한다.

23 **동일한 강도의 강에서 노치 인성을 높이기 위한 방법이 아닌 것은?**

① 탄소량을 적게 한다.
② 망간을 될수록 적게 한다.
③ 탈산이 잘되도록 한다.
④ 조직이 치밀하도록 한다.

해설
망간(Mn)은 탄소강에 함유된 S(황)을 MnS로 석출시켜 적열취성을 방지하고 고온에서 결정립의 성장을 억제하기 때문에 함유량을 적게 하면 오히려 노치부의 인성을 저하시키므로 ②번은 틀린 표현이다.

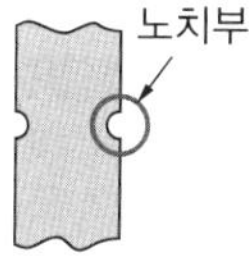

24 **다음 중 산소에 의해 발생할 수 있는 가장 큰 용접 결함은?**

① 은 점　　② 헤어크랙
③ 기 공　　④ 슬래그

해설
기공은 용접부에서 산소와 같은 가스가 빠져나가지 못해서 공동부를 만드는 불량이다. 은점(백점)이나 헤어크랙은 수소(H_2)가스가 원인이며, 슬래그는 용융금속의 맨 위에 뜨는 불순물로 용접 후 비드 표면을 덮고 있어서 급랭을 방지하는 역할을 한다.

25 **미소한 결함이 있어 응력의 이상 집중에 의하여 성장하거나 새로운 균열이 발생될 경우 변형 개방에 의한 초음파가 방출되는데 이러한 초음파를 AE검출기로 탐상함으로써 발생장소와 균열의 성장속도를 감지하는 용접시험검사법은?**

① 누설 탐상검사법
② 전자초음파법
③ 진공검사법
④ 음향 방출 탐상검사법

해설
④ 음향 방출 탐상검사법 : 미소한 결함이나 균열이 발생된 경우 초음파를 방출하여 AE검출기로 탐상함으로써 발생 장소와 균열의 성장속도를 감지하는 용접시험검사법이다.
① 누설 탐상검사법 : 유체(액체나 기체)가 시험체 내부와 외부의 압력차에 의해 결함부로 흘러 들어가거나 흘러나오는 성질을 이용하여 결함을 찾아내는 검사법이다.
② 전자초음파법(전자초음파 공명법) : 비접촉으로 초음파를 송수신할 수 있는 전자초음파 탐촉자를 이용하여 금속 내부에 초음파 공명을 발생시켜 그 공명스펙트럼에서 재료의 결함을 검사하는 비파괴검사법이다.

정답 22 ④ 23 ② 24 ③ 25 ④

26 용접부에 발생한 잔류응력을 완화시키는 방법이 아닌 것은?

① 기계적 응력완화법 ② 저온응력완화법
③ 피닝법 ④ 선상가열법

해설
선상가열법이란 모재에 열을 가하는 작업이므로 오히려 잔류응력을 발생시킨다.

27 용접작업 시 용접지그의 사용에 따른 효과로 틀린 것은?

① 용접작업을 용이하게 한다.
② 대량 생산의 경우 작업 능률이 향상된다.
③ 제품의 마무리 정밀도를 향상시킨다.
④ 용접변형은 증가되나, 잔류응력을 감소시킨다.

해설
용접지그를 사용하면 용접모재를 작업자의 편의에 맞게 조정할 수 있으므로 작업자의 작업 능률이 향상되어 제품을 대량으로 제작할 수 있다. 그리고 용접변형을 방지하는 역할은 하지만 잔류응력을 감소시키지는 않는다.

28 용접부의 단면 중 열영향부를 나타내는 것은?

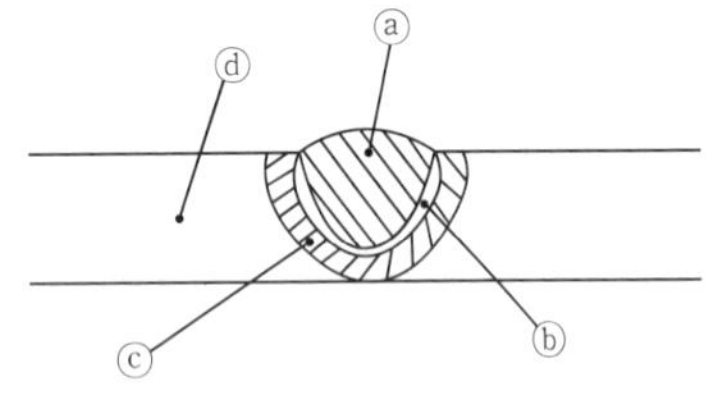

① ⓐ ② ⓑ
③ ⓒ ④ ⓓ

해설
ⓐ 용융금속
ⓑ 본드부
ⓓ 모 재

29 보통 판 두께가 4~19mm 이하의 경우 한쪽에서 용접으로 완전 용입을 얻고자 할 때 사용하며 비교적 홈 가공이 쉬우나 판의 두께가 두꺼워지면 용착금속의 양이 증가하는 맞대기 이음 형상은?

① V형 홈 ② H형 홈
③ J형 홈 ④ X형 홈

해설
V형 홈은 일반적으로 6~19mm(일부 책에는 4~19mm) 이하인 두께의 판을 한쪽에서 용접할 때 완전한 용입을 얻고자 할 때 사용하는 홈 형상이다.

홈의 형상에 따른 특징

홈의 형상	특 징
I형	• 가공이 쉽고 용착량이 적어서 경제적이다. • 판이 두꺼워지면 이음부를 완전히 녹일 수 없다.
V형	• 한쪽 방향에서 완전한 용입을 얻고자 할 때 사용한다. • 홈 가공이 용이하나 두꺼운 판에서는 용착량이 많아지고 변형이 일어난다.
X형	• 후판(두꺼운 판)용접에 적합하다. • 홈 가공이 V형에 비해 어렵지만 용착량이 적다. • 양쪽에서 용접하므로 완전한 용입을 얻을 수 있다.
U형	• 두꺼운 판에서 비드의 너비가 좁고 용착량도 적다. • 루트 반지름을 최대한 크게 만들며 홈 가공이 어렵다. • 두꺼운 판을 한쪽 방향에서 충분한 용입을 얻고자 할 때 사용한다.
H형	• 두꺼운 판을 양쪽에서 용접하므로 완전한 용입을 얻을 수 있다.
J형	• 한쪽 V형이나 K형 홈보다 두꺼운 판에 사용한다.

30 용접변형을 방지하는 방법 중 냉각법이 아닌 것은?

① 수랭동판 사용법 ② 살수법
③ 피닝법 ④ 석면포 사용법

해설
피닝(Peening)법은 타격 부분이 둥근 구면인 특수 해머를 사용하여 모재의 표면에 지속적으로 충격을 가하여 재료 내부에 있는 잔류응력을 완화시키면서 표면층에 소성변형을 주는 작업이다.

26 ④ 27 ④ 28 ③ 29 ① 30 ③ **정답**

31 T형 이음(홈완전용입)에서 인장하중 6ton, 판 두께를 20mm로 할 때 필요한 용접 길이는 몇 mm인가?(단, 용접부의 허용인장응력은 $5kgf/mm^2$이다)

① 60　　② 80
③ 100　　④ 102

해설

인장응력$(\sigma) = \frac{F}{A} = \frac{F}{t \times L}$ 식을 응용하면

$5kgf/mm^2 = \frac{6,000N}{20mm \times L}$

$L = \frac{6,000kgf}{20mm \times 5kgf/mm^2} = 60mm$

32 다음 중 아크 절단법의 종류에 해당되지 않는 것은?

① TIG 절단
② 분말 절단
③ MIG 절단
④ 플라스마 절단

해설

분말 절단은 철 분말이나 용제 분말을 절단용 산소에 연속적으로 혼입시켜서 용접부에 공급하면 반응하면서 발생하는 산화열로 구조물을 절단하는 방법으로 아크 절단법에 속하지 않는다.

33 아세틸렌가스와 프로판가스를 이용한 절단 시의 비교 내용으로 틀린 것은?

① 프로판은 슬래그의 제거가 쉽다.
② 아세틸렌은 절단 개시까지의 시간이 빠르다.
③ 프로판이 점화하기 쉽고 중성불꽃을 만들기도 쉽다.
④ 프로판이 포갬절단 속도는 아세틸렌보다 빠르다.

해설

아세틸렌과 LP(프로판)가스의 비교

아세틸렌가스	LP가스
점화가 용이하다.	슬래그의 제거가 용이하다.
중성불꽃을 만들기 쉽다.	절단면이 깨끗하고 정밀하다.
절단 시작까지 시간이 빠르다.	절단 위 모서리 녹음이 적다.
박판 절단 때 속도가 빠르다.	두꺼운 판(후판) 절단 시 유리하다.
모재 표면에 대한 영향이 작다.	포갬절단에서 아세틸렌보다 유리하다.

34 방사선투과검사의 장점에 대한 설명으로 틀린 것은?

① 모든 재질의 내부결함검사에 적용할 수 있다.
② 검사 결과를 필름에 영구적으로 기록할 수 있다.
③ 미세한 표면 균열이나 래미네이션도 검출할 수 있다.
④ 주변 재질과 비교하여 1% 이상의 흡수차를 나타내는 경우도 검출할 수 있다.

해설

방사선투과검사(Radiographic Testing) : 비파괴검사의 일종으로 용접부 뒷면에 필름을 놓고 용접물 표면에서 X선이나 γ선을 방사하여 용접부를 통과시키면, 금속 내부에 구멍이 있을 경우 그만큼 투과되는 두께가 얇아져서 필름에 방사선의 투과량이 그만큼 많아지게 되므로 다른 곳보다 검게 됨을 확인함으로써 불량을 검출하는 방법이다. 내부 결함의 검출에 용이한 비파괴검사법으로 기공이나 래미네이션 결함 등을 검출할 수 있다. 그러나 미세한 표면의 균열은 검출되지 않는다.

※ 래미네이션 : 압연방향으로 얇은 층이 발생하는 내부결함으로 강괴 내의 수축공, 기공, 슬래그가 잔류하면 미압착된 부분이 생겨서 이 부분에 중공이 생기는 불량이다.

정답 31 ① 32 ② 33 ③ 34 ③

35 용접비드 끝부분에서 흔히 나타나는 고온 균열로서 고장력강이나 합금원소가 많은 강에서 나타나는 균열은?

① 토 균열(Toe Crack)
② 설퍼 균열(Sulfur Crack)
③ 크레이터 균열(Crater Crack)
④ 비드 밑 균열(Under Bead Crack)

해설
크레이터 균열 : 용접비드의 끝에서 발생하는 고온 균열로서 냉각속도가 지나치게 빠른 경우에 발생하며 용접루트의 노치부에 의한 응력집중부에도 발생한다. 주로 고장력강이나 합금원소가 많이 함유된 강에 발생한다.

36 로봇의 동작기능을 나타내는 좌표계가 아닌 것은?

① 극좌표 로봇
② 다관절 로봇
③ 원통좌표 로봇
④ 삼각좌표 로봇

37 각 층마다 전체의 길이를 용접하면서 쌓아 올리는 용접방법은?

① 스킵법
② 덧살올림법
③ 전진블록법
④ 캐스케이드법

해설
덧살올림법은 다층용접법의 일종으로서 각 층마다 전체의 길이를 용접하면서 쌓아 올리는 가장 일반적인 방법이다.

38 재료의 인성과 취성을 측정할 때 가장 적합한 파괴시험법은?

① 인장시험
② 압축시험
③ 충격시험
④ 피로시험

해설
재료의 인성과 취성의 정도를 측정하기 위해서 충격시험을 활용한다. 충격시험법의 종류에는 샤르피식과 아이조드식이 있다.

파괴 및 비파괴 시험법

비파괴시험	내부결함	방사선투과시험(RT)
		초음파탐상시험(UT)
	표면결함	외관검사(VT)
		자분탐상검사(MT)
		침투탐상검사(PT)
		누설검사(LT)
파괴시험 (기계적 시험)	인장시험	인장강도, 항복점, 연신율 계산
	굽힘시험	연성의 정도 측정
	충격시험	인성과 취성의 정도 측정
	경도시험	외력에 대한 저항의 크기 측정
	피로시험	반복적인 외력에 대한 저항력 측정
파괴시험 (화학적 시험)	매크로시험	현미경 조직검사

※ 굽힘시험은 용접 부위를 U자 모양으로 굽힘으로써, 용접부의 연성 여부를 확인하는 시험법이다.

35 ③ 36 ④ 37 ② 38 ③ 정답

39 용접부의 비파괴검사 중 비자성체 재료에 적용할 수 없는 검사방법은?

① 침투탐상검사
② 자분탐상검사
③ 초음파탐상검사
④ 방사선투과검사

해설

② 자기탐상시험(자분탐상검사, Magnetic Test) : 철강재료 등 강자성체를 자기장에 놓았을 때 시험편 표면이나 표면 근처에 균열이나 비금속 개재물과 같은 결함이 있으면 결함 부분에는 자속이 통하기 어려워 공간으로 누설되어 누설 자속이 생긴다. 이 누설 자속을 자분(자성 분말)이나 검사 코일을 사용하여 결함의 존재를 검출하는 검사방법이다. 기계 부품의 표면부에 존재하는 결함을 검출하는 비파괴시험법이나 알루미늄, 오스테나이트 스테인리스강, 구리 등 비자성체에는 적용이 불가능하다.

① 침투탐상검사 : 검사하려는 대상물의 표면에 침투력이 강한 형광성 침투액을 도포 또는 분무하거나 표면 전체를 침투액 속에 침적시켜 표면의 흠집 속에 침투액이 스며들게 한 다음 이를 백색 분말의 현상액을 뿌려서 침투액을 표면으로부터 빨아내서 결함을 검출하는 방법이다. 침투액이 형광물질이면 형광침투탐상시험이라고 한다.

③ 초음파탐상검사 : 사람이 들을 수 없는 매우 높은 주파수의 초음파를 사용하여 검사 대상물의 형상과 물리적 특성을 검사하는 방법이다. 4~5MHz 정도의 초음파가 경계면, 결함 표면 등에서 반사되어 되돌아오는 성질을 이용하는 방법으로 반사파의 시간과 크기를 스크린으로 관찰하여 결함의 유무, 크기, 종류 등을 검사한다.

④ 방사선투과검사 : 용접부 뒷면에 필름을 놓고 용접물 표면에서 X선이나 γ선을 방사하여 용접부를 통과시키면, 금속 내부에 구멍이 있을 경우 그만큼 투과되는 두께가 얇아져서 필름에 방사선의 투과량이 많아지게 되므로 다른 곳보다 검게 됨을 확인하여 불량을 검출하는 시험법이다.

40 용접으로 인한 변형 교정방법 중에서 가열에 의한 교정방법이 아닌 것은?

① 롤러에 의한 법
② 형재에 대한 직선 수축법
③ 얇은 판에 대한 점 수축법
④ 후판에 대한 가열 후 압력을 주어 수랭하는 법

해설

롤러를 통해서 재료를 소성변형(영구적인 변형)시킬 때는 재료에 열을 가하지 않고 외력만 가해도 된다.

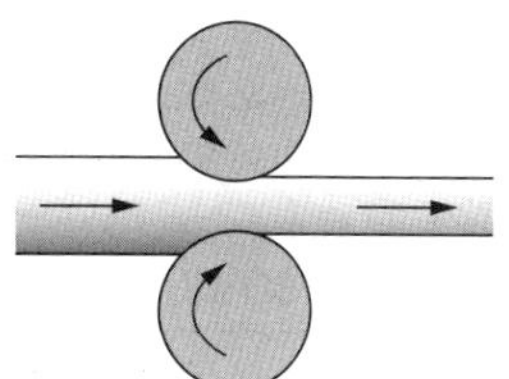

정답 39 ② 40 ①

41 피복아크용접법이 가스용접법보다 우수한 점이 아닌 것은?

① 열의 집중성이 좋다.
② 용접 변형이 작다.
③ 유해 광선의 발생이 적다.
④ 용접부의 강도가 크다.

해설
피복아크용접에서 발생되는 아크 광선(Arc Ray)이 가스용접보다 더 크다. 그러므로 작업 시에도 차광도가 더 높은 차광유리를 사용해야 한다.

용접의 종류별 적정 차광번호(KS P 8141)

용접의 종류	전류범위(A)	차광도 번호(No.)
납 땜		2~4
가스용접		4~7
산소절단	901~2,000	5
	2,001~4,000	6
	4,001~6,000	7
피복아크용접 및 절단	30 이하	5~6
	36~75	7~8
	76~200	9~11
	201~400	12~13
	401~	14
아크에어 가우징	126~225	10~11
	226~350	12~13
	351~	14~16
탄소아크용접		14
TIG, MIG	100 이하	9~10
	101~300	11~12
	301~500	13~14
	501~	15~16

42 가스용접으로 주철을 용접할 때 가장 적당한 예열 온도는 몇 ℃인가?

① 300~400℃
② 500~600℃
③ 700~800℃
④ 900~1,000℃

43 이음부의 루트 간격 치수에 특히 유의하여야 하며, 아크가 보이지 않는 상태에서 용접이 진행된다고 하여 잠호용접이라고도 하는 용접은?

① 피복아크용접
② 서브머지드 아크용접
③ 탄산가스아크용접
④ 불할성가스 금속아크용접

해설
서브머지드 아크용접 : 용접 부위에 미세한 입상의 플럭스를 도포한 뒤 용접선과 나란히 설치된 레일 위를 주행대차가 지나가면서 와이어를 용접부로 공급시키면 플럭스 내부에서 아크가 발생하면서 용접하는 자동용접법이다. 아크가 플럭스 속에서 발생되므로 용접부가 눈에 보이지 않아 불가시 아크용접, 잠호용접이라고 한다.

41 ③ 42 ② 43 ② **정답**

44 가스용접에서 전진법에 비교한 후진법의 설명으로 틀린 것은?

① 열 이용률이 좋다.
② 용접속도가 빠르다.
③ 용접 변형이 크다.
④ 후판에 적합하다.

해설

가스용접에서의 전진법과 후진법의 차이점

구 분	전진법	후진법
열 이용률	나쁘다.	좋다.
비드의 모양	보기 좋다.	매끈하지 못하다.
홈의 각도	크다(약 80°).	작다(약 60°).
용접속도	느리다.	빠르다.
용접 변형	크다.	작다.
용접 가능 두께	두께 5mm 이하의 박판	후 판
가열 시간	길다.	짧다.
기계적 성질	나쁘다.	좋다.
산화 정도	심하다.	양호하다.
토치 진행 방향 및 각도	오른쪽 → 왼쪽	왼쪽 → 오른쪽

45 가스절단에서 표준드래그의 길이는 판 두께의 얼마 정도인가?

① 5% ② 10%
③ 15% ④ 20%

해설

표준드래그 길이

표준드래그 길이(mm) = 판 두께(mm) $\times \frac{1}{5}$ = 판 두께의 20%

46 가스절단에 영향을 미치는 인자 중 절단속도에 대한 설명으로 틀린 것은?

① 모재의 온도가 높을수록 고속절단이 가능하다.
② 절단속도는 절단산소의 높을수록 정비례하여 증가한다.
③ 예열불꽃의 세기가 약하면 절단속도가 늦어진다.
④ 절단속도는 산소 소비량이 적을수록 정비례하여 증가한다.

해설

절단속도는 산소 소비량이 많을수록 그 발열량도 커지기 때문에 산소 소비량과 정비례하여 증가한다.

47 피복아크용접봉의 피복제 작용을 설명한 것으로 틀린 것은?

① 아크를 안정시킨다.
② 점성을 가진 무거운 슬래그를 만든다.
③ 용착금속의 탈산정련작용을 한다.
④ 전기절연작용을 한다.

해설

피복아크용접봉을 둘러싸고 있는 피복제의 역할은 용융점이 낮고 적당한 점성의 슬래그를 생성하는 것이다.

피복제(Flux)의 역할

- 아크를 안정시킨다.
- 전기절연작용을 한다.
- 보호가스를 발생시킨다.
- 스패터의 발생을 줄인다.
- 아크의 집중성을 좋게 한다.
- 용착금속의 급랭을 방지한다.
- 용착금속의 탈산정련작용을 한다.
- 용융금속과 슬래그의 유동성을 좋게 한다.
- 용적(쇳물)을 미세화하여 용착효율을 높인다.
- 용융점이 낮고 적당한 점성의 슬래그를 생성한다.
- 슬래그 제거를 쉽게 하여 비드의 외관을 좋게 한다.
- 적당량의 합금 원소를 첨가하여 금속에 특수성을 부여한다.
- 중성 또는 환원성 분위기를 만들어 질화나 산화를 방지하고 용융금속을 보호한다.
- 쇳물이 쉽게 달라붙도록 힘을 주어 수직자세, 위보기자세 등 어려운 자세를 쉽게 한다.

정답 44 ③ 45 ④ 46 ④ 47 ②

48 **납땜부를 용제가 들어 있는 용융 땜 조에 침지시켜 납땜하거나 이음면에 땜납을 삽입하여 미리 가열된 염욕에 침지시켜 가열하는 납땜법은?**

① 가스 납땜
② 담금 납땜
③ 노 내 납땜
④ 저항 납땜

해설

② 담금 납땜 : 납땜부를 용제가 있는 용융 땜 조에 담가서(침지) 납땜하거나 이음면에 땜납을 삽입하고 가열한 후 이를 다시 담가서 가열하여 납땜한다.
① 가스 납땜 : 두 재료의 연결부와 땜납을 가스 불로 가열하여 납땜시키는 방법이다.
③ 노 내 납땜 : 노(전기로)의 열로 납땜하는 방법이다.
④ 저항 납땜 : 전기저항열을 이용하여 납땜하는 방법이다.

49 **아크용접법과 비교할 때 레이저 하이브리드 용접법의 특징으로 틀린 것은?**

① 용접속도가 빠르다.
② 용입이 깊다.
③ 입열량이 많다.
④ 강도가 높다.

해설

아크용접과 레이저빔 용접법을 결합시킨 레이저 하이브리드 용접법은 아크용접법에 비해 입열량이 적다.

50 **스터드용접에서 페룰의 역할이 아닌 것은?**

① 용착부의 오염을 방지한다.
② 용접이 진행되는 동안 아크열을 집중시켜 준다.
③ 탈산제가 들어 있어 용접부의 기계적 성질을 개선해 준다.
④ 용융금속의 산화를 방지하고, 용융금속의 유출을 막아준다.

해설

페룰(Ferrule)

모재와 스터드가 통전할 수 있도록 연결해 주는 것으로 아크 공간을 대기와 차단하여 아크 분위기를 보호한다. 아크열을 집중시켜 주며 용착금속의 누출을 방지하고 작업자의 눈을 보호해 준다. 작업 도구의 일종이므로 탈산제가 함유되어 있지 않다.

51 **다음 중 아크쏠림 방지대책으로 옳은 것은?**

① 긴 아크를 사용한다.
② 교류용접기를 사용한다.
③ 접지점을 용접부로부터 가깝게 한다.
④ 용접봉 끝을 아크쏠림 방향으로 기울인다.

해설

아크쏠림(Arc Blow, 자기불림)

용접봉과 모재 사이에 전류가 흐를 때 그 주위에는 자기장이 생기는데, 이 자기장이 용접봉에 대해 비대칭으로 형성되면 아크가 자력선이 집중되지 않은 한쪽으로 쏠리는 현상이다. 직류아크용접에서 피복제가 없는 맨(Bare) 용접봉을 사용했을 때 많이 발생하며 아크가 불안정하고, 기공이나 슬래그 섞임, 용착금속의 재질 변화 등의 불량이 발생한다.

아크쏠림 방지대책

- 용접전류를 줄인다.
- 교류용접기를 사용한다.
- 접지점을 2개 연결한다.
- 아크 길이는 최대한 짧게 유지한다.
- 접지부를 용접부에서 최대한 멀리 한다.
- 용접봉 끝을 아크쏠림의 반대 방향으로 기울인다.
- 용접부가 긴 경우는 가용접 후 후진법(후퇴용접법)을 사용한다.
- 받침쇠, 긴 가용접부, 이음의 처음과 끝에는 앤드 탭을 사용한다.

48 ② 49 ③ 50 ③ 51 ② **정답**

52 다음 중 아세틸렌가스의 폭발성과 관련이 없는 것은?

① 외 력　② 압 력
③ 온 도　④ 증류수

53 다음 중 용접에 속하지 않는 것은?

① 마찰용접
② 스터드 용접
③ 피복아크용접
④ 탄산가스아크용접

해설

용접법의 분류

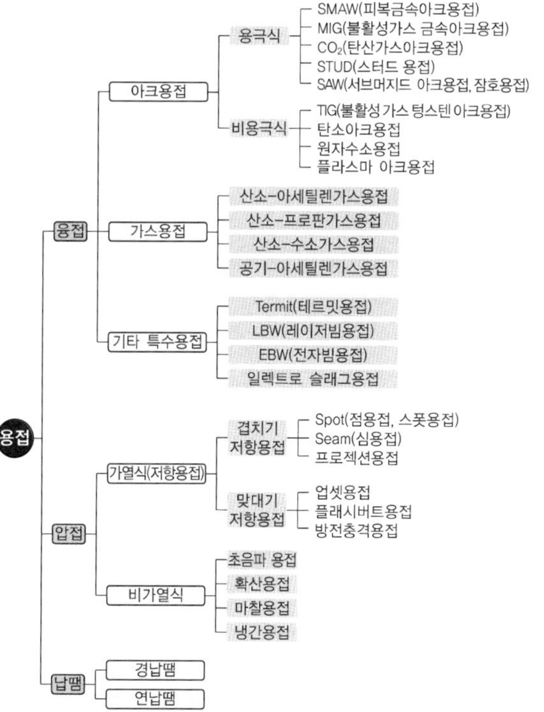

54 서브머지드용접과 같이 대전류 영역에서 비교적 큰 용적이 단락되지 않고 옮겨가는 용적이행방식은?

① 입상이행(Globular Transfer)
② 단락이행(Short-circuiting Transfer)
③ 분사식이행(Spray Transfer)
④ 중간이행(Middle Transfer)

해설

MIG용접용 이행방식인 입상이행(글로뷸러)은 대전류 영역에서 초당 90회 정도의 와이어보다 큰 용적으로 용융되어 모재로 이행된다.

55 강재 표면에 흠이나 개재물, 탈탄층 등을 제거하기 위하여 얇게 타원형 모양으로 표면을 깎아내는 가공법은?

① 스카핑
② 가스 가우징
③ 탄소 가우징
④ 아크에어 가우징

해설

① 스카핑(Scarfing) : 강괴나 강편, 강재 표면의 홈이나 개재물, 탈탄층 등을 제거하기 위한 불꽃가공으로 가능한 한 얇으면서 타원형의 모양으로 표면을 깎아내는 가공법이다.
② 가스 가우징 : 용접결함이나 가접부 등의 제거를 위해 사용하는 방법으로써, 가스절단과 비슷한 토치를 사용해 용접부의 뒷면을 따내거나 U형이나 H형의 용접 홈을 가공하기 위하여 깊은 홈을 파내는 가공법이다.
④ 아크에어 가우징 : 탄소봉을 전극으로 하여 아크를 발생시킨 후 절단하는 탄소아크절단법에 약 5~7kgf/cm²인 고압의 압축공기를 병용하는 것으로 용융된 금속에 탄소봉과 평행으로 분출하는 압축공기를 계속 불어내서 홈을 파내는 방법이다. 용접부의 홈 가공, 구멍 뚫기, 절단작업, 뒷면 따내기, 용접결함부 제거 등에 사용된다. 이 방법은 철이나 비철금속에 모두 이용할 수 있으며, 가스 가우징보다 작업 능률이 2~3배 높고 모재에도 해를 입히지 않는다.

정답 52 ④ 53 ① 54 ① 55 ①

56 피복아크용접봉에 사용되는 피복 배합제 중 아크 안정제로 사용되는 것은?

① 니 켈
② 산화타이타늄
③ 페로망간
④ 마그네슘

해설

피복 배합제의 종류

배합제	용 도	종 류
고착제	심선에 피복제를 고착시킨다.	규산나트륨, 규산칼륨, 아교
탈산제	용융금속 중의 산화물을 탈산, 정련한다.	크롬, 망간, 알루미늄, 규소철, 페로망간, 페로실리콘, 망간철, 타이타늄철, 소맥분, 톱밥
가스 발생제	중성, 환원성가스를 발생하여 대기와의 접촉을 차단하여 용융금속의 산화나 질화를 방지한다.	아교, 녹말, 톱밥, 탄산바륨, 셀룰로이드, 석회석, 마그네사이트
아크 안정제	아크를 안정시킨다.	산화타이타늄, 규산칼륨, 규산나트륨, 석회석
슬래그 생성제	용융점이 낮고 가벼운 슬래그를 만들어 산화나 질화를 방지한다.	석회석, 규사, 산화철, 일미나이트, 이산화망간
합금 첨가제	용접부의 성질을 개선하기 위해 첨가한다.	페로망간, 페로실리콘, 니켈, 몰리브덴, 구리

57 아크전류 200A, 아크전압 20V, 용접속도 15cm/min이라 하면 용접의 단위 길이 1cm당 발생하는 용접입열은 몇 J/cm인가?

① 2,000
② 5,000
③ 10,000
④ 16,000

해설

용접입열량$(H) = \frac{60EI}{v} = \frac{60 \times 20 \times 200}{15} = 16{,}000\text{J/cm}$

여기서, H : 용접 단위길이 1cm당 발생하는 전기적 에너지
E : 아크전압(V)
I : 아크전류(A)
V : 용접속도(cm/min)

※ 일반적으로 모재에 흡수된 열량은 입열의 75~85% 정도이다.

56 ② 57 ④ 정답

58 일반적인 레이저빔 용접의 특징으로 옳은 것은?

① 용접속도가 느리고 비드 폭이 매우 넓다.
② 깊은 용입을 얻을 수 있고 이종금속의 용접도 가능하다.
③ 가공물의 열변형이 크고 정밀용접이 불가능하다.
④ 여러 작업을 한 레이저로 동시에 작업할 수 없으며 생산성이 낮다.

해설

레이저빔 용접(레이저 용접)의 특징

- 좁고 깊은 용접부를 얻을 수 있다.
- 이종금속의 용접이 가능하다.
- 미세하고 정밀한 용접이 가능하다.
- 접근이 곤란한 물체의 용접이 가능하다.
- 열변형이 거의 없는 비접촉식 용접법이다.
- 전자빔 용접기보다 설치비가 저렴하다.
- 고속용접과 용접공정의 융통성을 부여할 수 있다.
- 전자부품과 같은 작은 크기의 정밀용접이 가능하다.
- 용접 입열이 매우 작으며, 열영향부의 범위가 좁다.
- 용접될 물체가 불량도체인 경우에도 용접이 가능하다.
- 에너지 밀도가 매우 높으며, 고융점을 가진 금속의 용접에 이용한다.
- 접합되어야 할 부품의 조건에 따라서 한면 용접으로 접합이 가능하다.
- 열원이 빛의 빔이기 때문에 투명재료를 써서 어떤 분위기 속에서도(공기, 진공) 용접이 가능하다.

59 불활성가스 텅스텐 아크용접을 이용하여 알루미늄 주물을 용접할 때 사용하는 전류로 가장 적합한 것은?

① AC ② DCRP
③ DCSP ④ ACHF

해설

TIG 용접으로 스테인리스강이나 탄소강, 주철, 동합금을 용접할 때는 토륨 텅스텐 전극봉을 이용해서 직류 정극성으로 용접한다. 이외의 재질을 TIG 용접법으로 용접할 때는 아크 안정을 위해 주로 고주파 교류(ACHF)를 전원으로 사용하는데, 고주파 교류는 아크를 발생시키기 쉽고 전극의 소모를 줄여 텅스텐봉의 수명을 길게 하는 장점이 있다.

60 점용접의 종류에 속하지 않는 것은?

① 직렬식 점용접
② 맥동 점용접
③ 인터랙 점용접
④ 플래시 점용접

해설

① 직렬식 점용접 : 1개의 전류 회로에 2개 이상의 용접점을 만드는 방법으로, 전류 손실이 크다. 전류를 증가시켜야 하며 용접 표면이 불량하고 균일하지 못하다.
② 맥동 점용접 : 모재 두께가 다른 경우에 전극의 과열을 피하기 위해 전류를 단속하여 용접한다.
③ 인터랙 점용접 : 용접전류가 피용접물의 일부를 통하여 다른 곳으로 전달하는 방식이다.

정답 58 ② 59 ④ 60 ④

2024년 제1회 최근 기출복원문제

제1과목 용접야금 및 용접설비제도

01 철강의 용접부 조직 중 수지상 결정조직으로 되어 있는 부분은?

① 모 재　　② 열영향부
③ 용착금속부　　④ 융합부

해설
철강의 용접부 조직에서 수지상의 결정구조를 갖는 부분은 용착금속부이다.
수지상정(수지상 결정) : 금속이 응고하는 과정에서 성장하는 결정립의 모양으로 그 모양이 나뭇가지 모양을 닮았다고 하여 수지상정이라고 불린다.

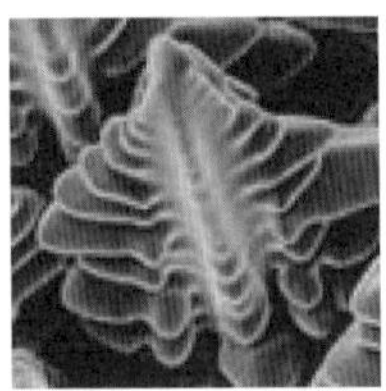
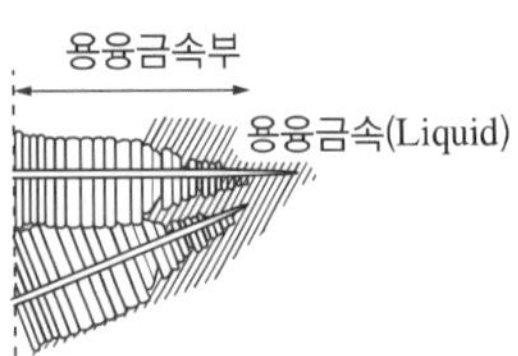

02 금속재료의 일반적인 특징이 아닌 것은?

① 금속결합인 결정체로 되어 있어 소성가공이 유리하다.
② 열과 전기의 양도체이다.
③ 이온화하면 음(−)이온이 된다.
④ 비중이 크고 금속적 광택을 갖는다.

해설
금속의 일반적인 특성
- 비중이 크다.
- 전기 및 열의 양도체이다.
- 금속 특유의 광택을 갖는다.
- 이온화하면 양(+)이온이 된다.
- 상온에서 고체이며 결정체이다(단, Hg 제외).
- 연성과 전성이 우수하며 소성변형이 가능하다.

03 용접 중 용융된 강의 탈산, 탈황, 탈인에 관한 설명으로 적합한 것은?

① 용융슬래그(Slag)는 염기도가 높을수록 탈인율이 크다.
② 탈황반응 시 용융슬래그(Slag)는 환원성, 산성과 관계없다.
③ Si, Mn 함유량이 같을 경우 저수소계 용접봉은 타이타늄계 용접봉보다 산소 함유량이 적어진다.
④ 관구이론은 피복아크용접봉의 플럭스(Flux)를 사용한 탈산에 관한 이론이다.

해설
저수소계 용접봉은 타이타늄계 용접봉보다 산소와 수소의 함유량이 적어서 고장력강용 용접에 널리 사용된다.

04 다음 그림에서 실제 목두께는 어느 부분인가?

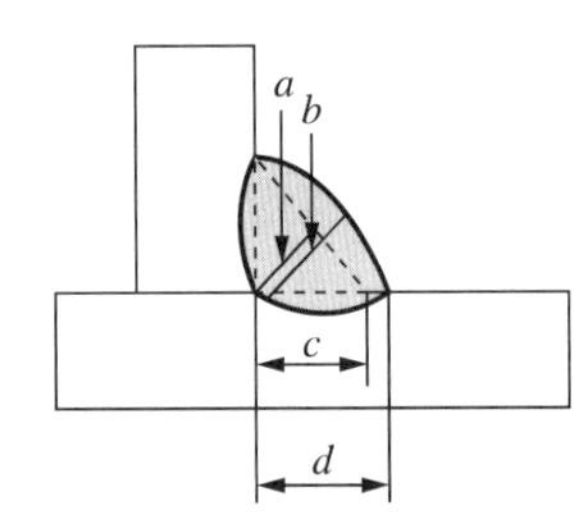

① a　　② b
③ c　　④ d

해설

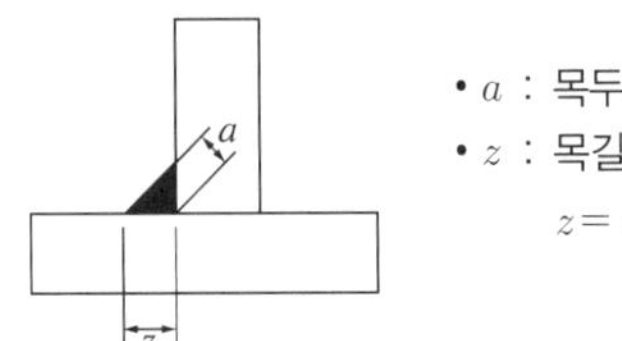

- a : 목두께
- z : 목길이(다리길이)
  $z = a\sqrt{2}$

05 **용접부에서 발생하는 저온 균열과 직접적인 관계가 없는 것은?**

① 열영향부의 경화현상
② 용접 잔류응력의 존재
③ 용착금속에 함유된 수소
④ 합금의 응고 시에 발생하는 편석

해설
저온 균열(Cold Cracking)은 용착금속에 함유된 수소나 잔류응력, 열영향부의 경화현상에 의해 발생하나 합금이 응고할 때 생기는 편석과는 관련이 없다. 저온 균열은 상온까지 냉각한 다음 시간이 지남에 따라 균열이 발생하는 불량으로 일반적으로는 220℃ 이하의 온도에서 발생하나 200~300℃에서 발생하기도 한다. 잔류응력이나 용착금속 내의 수소가스, 철강재료의 용접부나 열영향부(HAZ)의 경화현상에 의해 주로 발생한다.

06 **필릿용접에서 목길이가 10mm일 때 이론 목두께는 몇 mm인가?**

① 약 5.0 ② 약 6.1
③ 약 7.1 ④ 약 8.0

해설
필릿용접에서 이론 목두께$(a) = 0.7z$이므로
$0.7 \times 10\text{mm} = 7\text{mm}$가 된다.

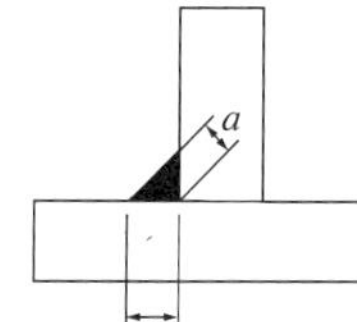

• 이론 목두께$(a) = 0.7z$
• 용접부 기호 표시
 – a : 목두께
 – z : 목길이(다리길이)

07 **용접봉의 피복제 중에 산화타이타늄을 약 35% 정도 포함한 용접봉으로서, 일반 경구조물의 용접에 많이 사용되는 용접봉은?**

① 저수소계
② 일루미나이트계
③ 고산화타이타늄계
④ 철분산화철계

해설
고산화타이타늄계(E4313)의 특징
• 아크가 안정하다.
• 외관이 아름답다.
• 균열이 생기기 쉽다.
• 박판용접에 적합하다.
• 용입이 얕고, 스패터가 적다.
• 용착금속의 연성이나 인성이 다소 부족하다.
• 피복제에 약 35% 정도의 산화타이타늄을 함유한다.

08 **서브머지드 용접에서 소결형 용제의 사용 전 건조 온도와 시간은?**

① 150~300℃에서 1시간 정도
② 150~300℃에서 3시간 정도
③ 400~600℃에서 1시간 정도
④ 400~600℃에서 3시간 정도

해설
서브머지드 아크용접에 사용되는 소결형 용제의 특징
• 용융형 용제에 비해 용제의 소모량이 적다.
• 페로실리콘이나 페로망간 등에 의해 강력한 탈산작용이 된다.
• 분말형태로 작게 만든 후 결합하여 만들어서 흡습성이 가장 높다.
• 고입열의 자동차 후판용접, 고장력강 및 스테인리스강의 용접에 유리하다.
• 흡습성이 높아서 사용 전 150~300℃에서 1시간 정도 건조해서 사용해야 한다.

정답 5 ④ 6 ③ 7 ③ 8 ①

09 용접작업 중 예열에 대한 일반적인 설명으로 틀린 것은?

① 수소의 방출을 용이하게 하여 저온 균열을 방지한다.
② 열영향부와 용착금속의 경화를 방지하고 연성을 증가시킨다.
③ 물건이 작거나 변형이 많은 경우에는 국부 예열을 한다.
④ 국부 예열의 가열 범위는 용접선 양쪽에 50~100mm 정도로 한다.

해설
용접 전 변형 방지를 위해 실시하는 예열은 국부 예열일 경우 용접선 양쪽에서 50~100mm로 해야 하지만 물건이 작거나 변형이 큰 경우에는 전체 예열을 실시해야 한다.

용접 전과 후 모재에 예열을 가하는 목적
- 열영향부(HAZ)의 균열 방지
- 수축변형 및 균열을 경감시킨다.
- 용접금속에 연성 및 인성을 부여한다.
- 열영향부와 용착금속의 경화를 방지한다.
- 급열 및 급랭 방지로 잔류응력을 줄인다.
- 용접금속의 팽창이나 수축의 정도를 줄여 준다.
- 수소 방출을 용이하게 하여 저온 균열을 방지한다.
- 금속 내부의 가스를 방출시켜 기공 및 균열을 방지한다.

10 도면의 표제란에 표시하는 내용이 아닌 것은?

① 도 명
② 척 도
③ 각 법
④ 부품 재질

해설
부품의 재질은 표제란의 위에 배치되는 부품란에 기입해야 한다.

11 용접부에 하중을 걸어 소성변형을 시킨 후 하중을 제거하면 잔류응력이 감소되는 현상을 이용한 응력제거방법은?

① 기계적 응력완화법
② 저온응력완화법
③ 응력제거풀림법
④ 국부응력제거법

해설
① 기계적 응력완화법 : 용접 후 잔류응력이 있는 제품에 하중을 주어 용접부에 약간의 소성변형을 일으킨 후 하중을 제거하면서 잔류응력을 제거하는 방법이다.
② 저온응력완화법 : 용접선의 양측을 정속으로 이동하는 가스불꽃에 의하여 약 150mm의 너비에 걸쳐 150~200℃로 가열한 후 바로 수랭하는 방법으로, 주로 용접선 방향의 응력을 제거하는데 사용한다.
③ 응력제거풀림 : 응력으로 인한 부식의 저항력을 크게 해 줌으로써 용접 구조물을 더 안전하게 만든다.
④ 국부 응력제거법 : 재료의 전체 중에서 일부분만의 재질을 표준화시키거나 잔류응력의 제거를 위해 사용하는 방법이다.

12 도면에서 두 종류 이상의 선이 같은 장소에서 중복될 경우 우선되는 선의 순서는?

① 외형선 – 숨은선 – 중심선 – 절단선
② 외형선 – 중심선 – 절단선 – 숨은선
③ 외형선 – 중심선 – 숨은선 – 절단선
④ 외형선 – 숨은선 – 절단선 – 중심선

해설
두 종류 이상의 선이 중복되는 경우 선의 우선순위

숫자나 문자 > 외형선 > 숨은선 > 절단선 > 중심선 > 무게중심선 > 치수보조선

9 ③ 10 ④ 11 ① 12 ④ **정답**

13 **도면의 분류 중 표현 형식에 따른 설명으로 틀린 것은?**

① 선도 : 투시투상법에 의해서 입체적으로 표현한 그림의 총칭이다.

② 전개도 : 대상물을 구성하는 면을 평면으로 전개한 그림이다.

③ 외관도 : 대상물의 외형 및 최소한의 필요한 치수를 나타낸 도면이다.

④ 곡면선도 : 선체, 자동차 차체 등의 복잡한 곡면을 여러 개의 선으로 나타낸 도면이다.

해설

• 선도 : 기호와 선을 사용하여 장치나 플랜트의 기능, 그 구성 부분 사이의 상호관계, 에너지나 정보의 계통 등을 나타낸 도면이다.

• 투시투상도 : 투시투상법에 의해서 입체적으로 표현한 그림으로 사투상도와 투시투상도가 있다.

도면의 분류

분 류	명 칭	정 의
용도에 따른 분류	계획도	설계자의 의도와 계획을 나타낸 도면
	공정도	제조공정 도중이나 공정 전체를 나타낸 제작도면
	시공도	현장 시공을 대상으로 해서 그린 제작도면
	상세도	건조물이나 구성재의 일부를 상세하게 나타낸 도면으로, 일반적으로 큰 척도로 그린다.
	제작도	건설이나 제조에 필요한 정보 전달을 위한 도면
	검사도	검사에 필요한 사항을 기록한 도면
	주문도	주문서에 첨부하여 제품의 크기나 형태, 정밀도 등을 나타낸 도면
	승인도	주문자 등이 승인한 도면
	승인용도	주문자 등의 승인을 얻기 위한 도면
	설명도	구조나 기능 등을 설명하기 위한 도면
내용에 따른 분류	부품도	부품에 대하여 최종 다듬질 상태에서 구비해야 할 사항을 기록한 도면
	기초도	기초를 나타낸 도면
	장치도	각 장치의 배치나 제조 공정의 관계를 나타낸 도면
	배선도	구성 부품에서 배선의 실태를 나타낸 계통도면
	배치도	건물의 위치나 기계의 설치 위치를 나타낸 도면
	조립도	2개 이상의 부품들을 조립한 상태에서 상호관계와 필요 치수 등을 나타낸 도면
	구조도	구조물의 구조를 나타낸 도면
	스케치도	실제 물체를 보고 그린 도면
표현 형식에 따른 분류	선 도	기호와 선을 사용하여 장치나 플랜트의 기능, 그 구성 부분 사이의 상호관계, 에너지나 정보의 계통 등을 나타낸 도면
	전개도	대상물을 구성하는 면을 평행으로 전개한 도면
	외관도	대상물의 외형 및 최소로 필요한 치수를 나타낸 도면
	계통도	급수나 배수, 전력 등의 계통을 나타낸 도면
	곡면선도	선체나 자동차 차체 등의 복잡한 곡면을 여러 개의 선으로 나타낸 도면

14 **부품의 면이 평면으로 가공되어 있고, 복잡한 윤곽을 갖는 부품인 경우에 그 면에 광명단 등을 발라 스케치 용지에 찍어 그 면의 실형을 얻는 스케치 방법은?**

① 프리핸드법

② 프린트법

③ 본뜨기법

④ 사진촬영법

해설

도형의 스케치 방법

• 프린트법 : 스케치할 물체의 표면에 광명단 또는 스탬프잉크를 칠한 다음 용지에 찍어 실형을 뜨는 방법이다.

• 모양뜨기법(본뜨기법) : 물체를 종이 위에 올려놓고 그 둘레의 모양을 직접 제도연필로 그리거나 납선, 구리선을 사용하여 모양을 만드는 방법이다.

• 프리핸드법 : 운영자나 컴퍼스 등의 제도용품을 사용하지 않고 손으로 작도하는 스케치의 일반적인 방법으로, 척도에 관계없이 적당한 크기로 부품을 그린 후 치수를 측정한다.

• 사진촬영법 : 물체의 사진을 찍는 방법이다.

정답 13 ① 14 ②

15 투상도의 배열에 사용된 제1각법과 제3각법의 대표기호로 옳은 것은?

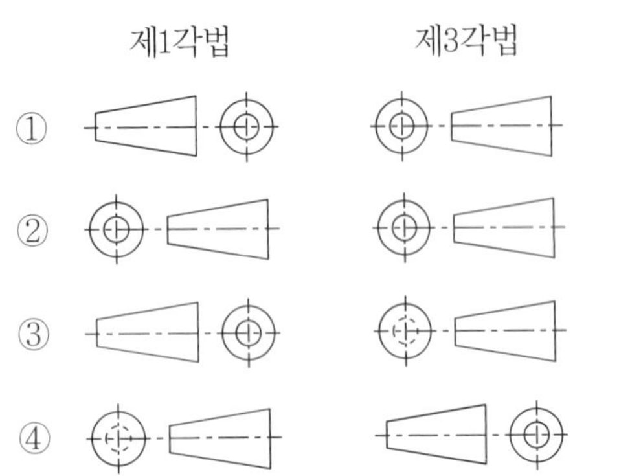

해설

정투상도의 배열방법 및 기호

제1각법	제3각법
저면도 / 우측면도, 정면도, 좌측면도, 배면도 / 평면도	평면도 / 좌측면도, 정면도, 우측면도, 배면도 / 저면도

16 KS규격에 의한 치수 기입의 원칙 설명 중 틀린 것은?

① 치수는 되도록 주투상도에 집중한다.

② 각 형체의 치수는 하나의 도면에서 한 번만 기입한다.

③ 기능 치수는 대응하는 도면에 직접 기입해야 한다.

④ 치수는 되도록 계산으로 구할 수 있도록 기입한다.

해설

치수 기입의 원칙(KS B 0001)

- 대상물의 기능, 제작, 조립 등을 고려하여 도면에 필요 불가결하다고 생각되는 치수를 명료하게 지시한다.
- 대상물의 크기, 자세 및 위치를 가장 명확하게 표시하는 데 필요하고 충분한 치수를 기입한다.
- 치수는 치수선, 치수 보조선, 치수 보조기호 등을 이용해서 치수 수치로 나타낸다.
- 치수는 되도록 주투상도에 집중해서 지시한다.
- 도면에는 특별히 명시하지 않는 한 그 도면에 도시한 대상물의 다듬질 치수를 표시한다.
- 치수는 되도록 계산해서 구할 필요가 없도록 기입한다.
- 가공 또는 조립 시에 기준이 되는 형체가 있는 경우, 그 형체를 기준으로 하여 치수를 기입한다.
- 치수는 되도록 공정마다 배열을 분리하여 기입한다.
- 관련 치수는 되도록 한곳에 모아서 기입한다.
- 치수는 중복 기입을 피한다(단, 중복 치수를 기입하는 것이 도면의 이해를 용이하게 하는 경우에는 중복 기입을 해도 좋다).
- 원호 부분의 치수는 원호가 180°까지는 반지름으로 나타내고 180°를 초과하는 경우에는 지름으로 나타낸다.
- 기능상(호환성을 포함) 필요한 치수에는 치수의 허용한계를 지시한다.
- 치수 가운데 이론적으로 정확한 치수는 직사형 안에 치수 수치를 기입하고, 참고 치수는 괄호 안에 기입한다.

15 ① 16 ④ **정답**

17 재료기호 중 “SM400C”의 재료 명칭은?

① 일반구조용 압연강재
② 용접구조용 압연강재
③ 기계구조용 탄소강재
④ 탄소공구강재

해설

② SM400C : 용접구조용 압연강재의 기호는 SM으로 기계구조용 탄소강재와 동일하게 사용하나, 다른 점은 최저 인장강도 400 뒤에 용접성에 따라 A, B, C 기호를 붙인다.
① SS : 일반구조용 압연강재
③ SM : 기계구조용 탄소강재
④ STC : 탄소공구강재

18 CAD 시스템의 출력장치가 아닌 것은?

① 스캐너
② 그래픽 디스플레이
③ 프린터
④ 플로터

해설

스캐너는 입력장치에 속한다.

19 다음 그림과 같은 형상을 한 용접기호에 대한 설명으로 옳은 것은?

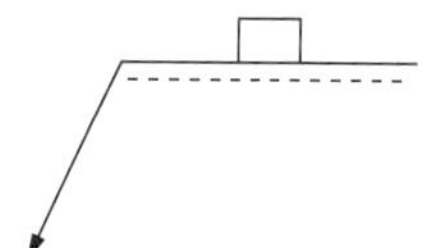

① 플러그용접 기호로 화살표 반대쪽 용접이다.
② 플러그용접 기호로 화살표쪽 용접이다.
③ 스폿용접 기호로 화살표 반대쪽 용접이다.
④ 스폿용접 기호로 화살표쪽 용접이다.

해설

⊓ 는 플러그용접에 대한 기호이다.
용접부가 화살표 쪽에 있으면 기호는 실선 위에 위치해야 한다. 반대로 화살표의 반대 방향으로 용접부가 만들어져야 한다면 점선 위에 용접기호를 위치시켜야 한다. 따라서 기호가 실선 위에 존재하므로 용접은 화살표 쪽에서 작업한다.

실선 위에 V표가 있으면 화살표 쪽에 용접한다.
점선 위에 V표가 있으면 화살표 반대쪽에 용접한다.

20 다음 보기에서 기계용 황동 각봉 재료 표시방법 중 ⊏ 의 의미는?

보기

BS BM A D ⊏

① 강 판 ② 채 널
③ 각 재 ④ 둥근강

해설

⊏ 은 채널(Channel, 형강)로 ⊏ 형강을 나타내는 기호이다.

금속재료 기호

- BS : 황동(Brass)
- BM : 비철금속 기계용 봉재
- A : 연질재료
- D : 무광택의 마무리(Dull Finishing)
- ⊏ : ⊏ 형강(채널)

금속재료 기호 표시방법

BS BM A D ⊏
- BS: 재질
- BM: 제품명
- A: 재료 종류 기호, 탄소 함량, 인장강도
- D ⊏: 열처리나 표면, 형상기호 등

제2과목 용접구조설계

21 다음 그림과 같은 홈용접은?

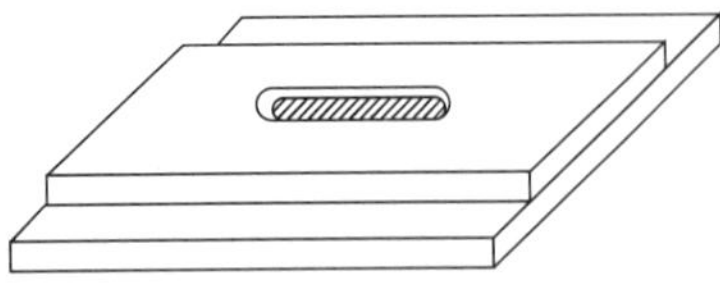

① 플러그용접
② 슬롯용접
③ 플레어용접
④ 필릿용접

해설

② 슬롯용접 : 겹쳐진 2개의 부재 중 한쪽에 가공한 좁고 긴 홈에 용접하는 방법이다.
① 플러그용접 : 겹쳐진 2개의 부재 중 한쪽에 구멍을 뚫고 판의 표면까지 가득하게 용접하고 다른 쪽 부재와 접합시키는 용접법이다.

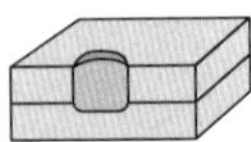

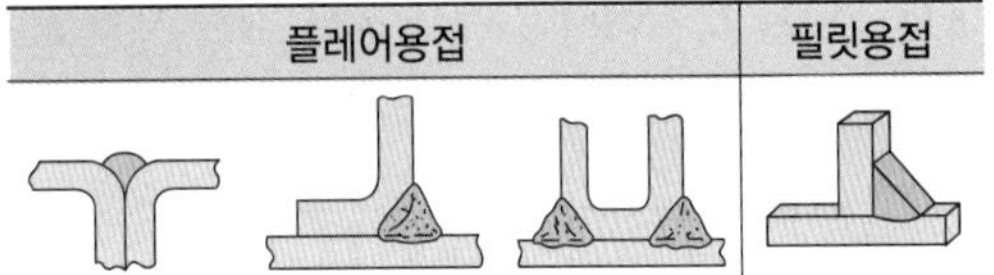

22 접합하려는 두 모재를 겹쳐 놓고 한쪽 모재에 드릴이나 밀링머신으로 둥근 구멍을 뚫고 그곳을 용접하는 이음은?

① 필릿 용접
② 플레어 용접
③ 플러그 용접
④ 맞대기 홈 용접

해설

플러그 용접 : 위아래로 겹쳐진 판을 접합할 때 사용하는 용접법이다. 위에 놓인 판의 한쪽에 구멍을 뚫고 그 구멍 아래부터 용접하면 용접불꽃에 의해 아랫면이 용해되면서 용접이 되며 용가재로 구멍을 채워 용접하는 방법이다.

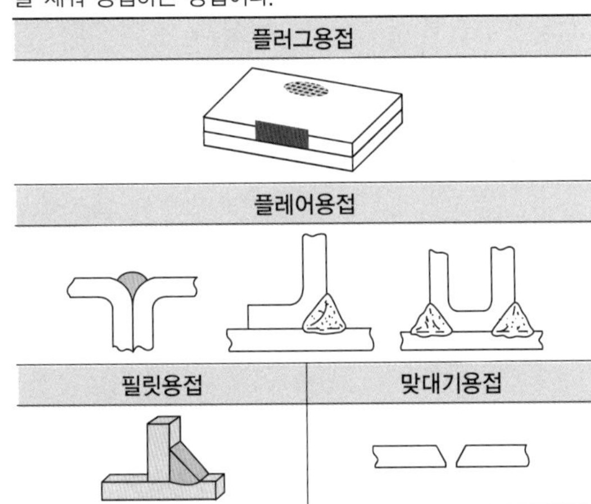

21 ② 22 ③ 정답

23 다음 그림과 같은 V형 맞대기용접에서 굽힘 모멘트(M_b)가 1,000N · m 작용하고 있을 때, 최대굽힘응력은 몇 MPa 인가?(단, $l=150$mm, $t=20$mm이고 완전 용입이다)

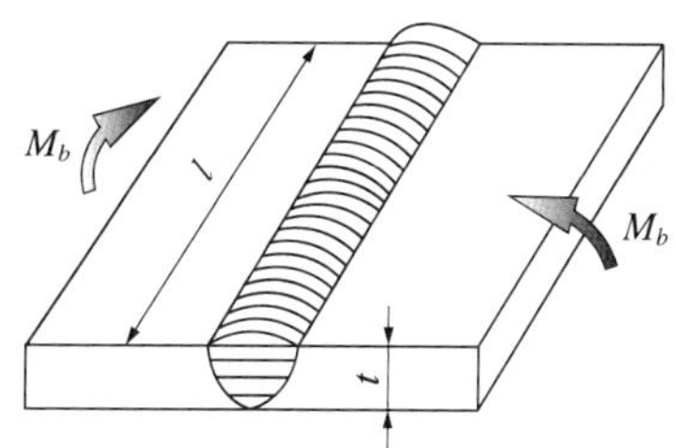

① 10 ② 100
③ 1,000 ④ 10,000

해설

- 최대굽힘모멘트$(M_{max}) = \sigma_{max} \times Z$(단면계수),
  사각단면의 단면계수 : $\dfrac{bh^2}{6}$
- 최대굽힘응력$(\sigma_{max}) = \dfrac{6M}{bh^2} = \dfrac{6 \times 1{,}000\text{N} \cdot \text{m}}{0.15\text{m} \times (0.02\text{m})^2}$
  $= 100 \times 10^6 \text{N/m}^2$
  $= 100\text{MPa}$

24 다음 그림과 같이 두께(h) = 10mm인 연강판에 길이(l) = 400mm로 용접하여 1,000N의 인장하중(P)을 작용시킬 때 발생하는 인장응력(σ)은?

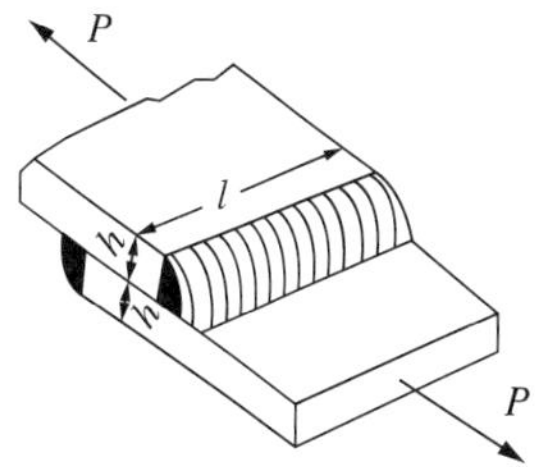

① 약 177MPa ② 약 125MPa
③ 약 177KPa ④ 약 125KPa

해설

$\sigma_t = \dfrac{F}{A} = \dfrac{F}{2(h\cos 45° \times l)}$

$= \dfrac{1{,}000\text{N}}{2(0.01\cos 45°\text{m} \times 0.4\text{m})}$

$= \dfrac{1{,}000\text{N}}{0.005656\text{m}^2}$

$= 176{,}803\text{N/m}^2$

∴ 약 177kPa

25 완전 용입된 평판 맞대기 이음에서 굽힘응력을 계산하는 식은?(단, σ :용접부의 굽힘응력, M :굽힘 모멘트, l : 용접 유효 길이, h : 모재의 두께)

① $\sigma = \dfrac{4M}{lh^2}$ ② $\sigma = \dfrac{4M}{lh^3}$

③ $\sigma = \dfrac{6M}{lh^2}$ ④ $\sigma = \dfrac{6M}{lh^3}$

해설

$M = \sigma \times Z$

여기서, 단면계수(Z) : $\dfrac{bh^2}{6} = \dfrac{lh^2}{6}$ 대입

$\sigma = \dfrac{M}{Z} = \dfrac{M}{\dfrac{lh^2}{6}} = \dfrac{6M}{lh^2}$

정답 23 ② 24 ③ 25 ③

26 맞대기 용접부에 3,960N의 힘이 작용할 때 이음부에 발생하는 인장응력은 약 몇 N/mm^{2}인가?(단, 판 두께는 6mm, 용접선의 길이는 220mm로 한다)

① 2　　② 3
③ 4　　④ 5

해설

인장응력$(\sigma) = \frac{F}{A} = \frac{F}{t \times L}$ 식을 응용하면

$$\sigma(\mathrm{N/mm^2}) = \frac{W}{t(\mathrm{mm}) \times L(\mathrm{mm})} = \frac{3{,}960\mathrm{N}}{6\mathrm{mm} \times 220\mathrm{mm}} = 3\mathrm{N/mm^2}$$

맞대기 용접부의 인장하중(힘)

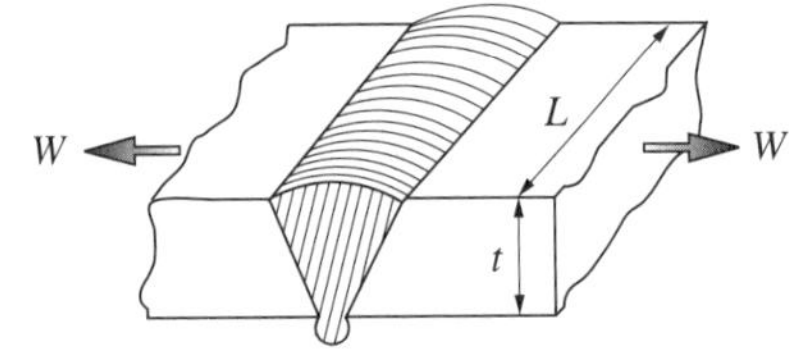

27 중판 이상 두꺼운 판의 용접을 위한 홈 설계 시 고려사항으로 틀린 것은?

① 적당한 루트 간격과 루트 면을 만들어 준다.
② 홈의 단면적은 가능한 한 작게 한다.
③ 루트 반지름은 가능한 한 작게 한다.
④ 최소 10° 정도 전후좌우로 용접봉을 움직일 수 있는 홈 각도를 만든다.

해설

중판 이상 두꺼운 판의 용접 홈을 가공할 때는 루트 반지름을 가급적 크게 해야 한다.

28 약 2.5g의 강구를 25cm 높이에서 낙하시켰을 때 20cm 튀어 올랐다면 쇼어 경도(H_S) 값은 약 얼마인가?(단, 계측통은 목측형(C형)이다)

① 112.4　　② 192.3
③ 123.1　　④ 154.1

해설

쇼어 경도(H_S) : 추를 일정한 높이(h_0)에서 낙하시켜 이 추의 반발 높이(h)를 측정해서 경도를 측정한다.

$$H_S = \frac{10{,}000}{65} \times \frac{h(\text{해머의 반발 높이})}{h_0(\text{해머의 낙하 높이})} = \frac{10{,}000}{65} \times \frac{20}{25} = 123.07$$

29 강판의 맞대기 용접이음에서 가장 두꺼운 판에 사용할 수 있으며 양면용접에 의해 충분한 용입을 얻으려고 할 때 사용하는 홈의 종류는?

① V형　　② U형
③ I형　　④ H형

해설

홈의 형상에 따른 특징

홈의 형상	특 징
I형	• 가공이 쉽고 용착량이 적어서 경제적이다. • 판이 두꺼워지면 이음부를 완전히 녹일 수 없다.
V형	• 한쪽 방향에서 완전한 용입을 얻고자 할 때 사용한다. • 홈 가공이 용이하나 두꺼운 판에서는 용착량이 많아지고 변형이 일어난다.
X형	• 후판(두꺼운 판) 용접에 적합하다. • 홈가공이 V형에 비해 어렵지만 용착량이 적다. • 양쪽에서 용접하므로 완전한 용입을 얻을 수 있다.
U형	• 두꺼운 판에서 비드의 너비가 좁고 용착량도 적다. • 루트 반지름을 최대한 크게 만들며 홈 가공이 어렵다. • 두꺼운 판을 한쪽 방향에서 충분한 용입을 얻고자 할 때 사용한다.
H형	• 두꺼운 판을 양쪽에서 용접하므로 완전한 용입을 얻을 수 있다.
J형	• 한쪽 V형이나 K형 홈보다 두꺼운 판에 사용한다.

26 ② 27 ③ 28 ③ 29 ④ 정답

30 용접길이 1m당 종수축은 약 얼마인가?

① 1mm ② 5mm
③ 7mm ④ 10mm

해설

용접길이 종수축 : 용접길이의 $\frac{1}{1,000}$ 인 것으로 용접길이 1m당 종수축량은 1mm가 된다.

31 용접구조 설계상 주의 사항으로 틀린 것은?

① 용접 부위는 단면 형상의 급격한 변화 및 노치가 있는 부위로 한다.
② 용접 치수는 강도상 필요한 치수 이상으로 크게 하지 않는다.
③ 용접에 의한 변형 및 잔류응력을 경감시킬 수 있도록 한다.
④ 용접이음을 감소시키기 위하여 압연 형재, 주단조품, 파이프 등을 적절히 이용한다.

해설

노치란 모재의 한쪽 면에 흠집이 있는 것으로, 용접부에 노치가 있으면 응력이 집중되어 Crack이 발생하기 쉽다. 따라서 용접 부위는 급격한 단면 변화나 노치부가 있는 곳에 작업하면 안 된다.

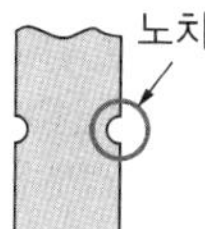

32 용접 후 열처리의 목적이 아닌 것은?

① 용접 잔류응력 제거
② 용접 열영향부 조직 개선
③ 응력 부식 균열 방지
④ 아크 열량 부족 보충

해설

아크 열량의 부족은 용접 중에 발생하는 사항이므로 용접 후 열처리와는 관련이 없다.

용접 후 열처리의 목적
- 잔류응력 제거
- 응력 부식 균열 방지
- 용접재료의 급랭 및 급열로 인한 변형 방지
- 열영향부(HAZ ; Heat Affected Zone)의 조직 개선

33 용접 입열량에 대한 설명으로 옳지 않은 것은?

① 모재에 흡수되는 열량은 보통 용접 입열량의 약 98% 정도이다.
② 용접전압과 전류의 곱에 비례한다.
③ 용접속도에 반비례한다.
④ 용접부에 외부로부터 가해지는 열량을 말한다.

해설

모재에 흡수되는 열량은 일반적으로 입열량의 75~85%로 볼 수 있다. 모재로의 입열량은 직류 정극성으로 용접기를 연결할 경우 70%, 직류 역극성으로 연결할 경우 30%가 된다.

34 용접 후 잔류응력을 완화하는 방법으로 가장 적합한 것은?

① 피닝(Peening)
② 치핑(Chipping)
③ 담금질(Quenching)
④ 노멀라이징(Normalizing)

해설

피닝(Peening) : 특수 해머를 사용하여 모재의 표면에 지속적으로 충격을 가해 줌으로써 재료 내부에 있는 잔류응력을 완화시키면서 표면층에 소성변형을 주는 방법이다.

정답 30 ① 31 ① 32 ④ 33 ① 34 ①

35 잔류응력완화법이 아닌 것은?

① 기계적 응력완화법
② 도열법
③ 저온응력완화법
④ 응력제거풀림법

해설
도열법 : 용접변형방지법의 일종으로, 용접 중 모재의 입열을 최소화하기 위해 물을 적신 동판을 덧대어 열을 흡수하도록 한 것이다.

36 용접변형방지법 중 용접부의 뒷면에서 물을 뿌려주는 방법은?

① 살수법
② 수랭 동판 사용법
③ 석면포 사용법
④ 피닝법

해설
살수법이란 용접 변형 방지를 위해 용접부 뒷면에 물을 뿌려 냉각속도를 전면부와 차이를 두어 변형을 방지하는 방법이다.
※ 살수(撒水) : 물을 뿌리다.

37 용접부의 비파괴시험 보조기호 중 잘못 표기된 것은?

① RT : 방사선투과시험
② UT : 초음파탐상시험
③ MT : 침투탐상시험
④ ET : 와류탐상시험

해설
비파괴시험법의 분류

구분	시험법
내부결함	방사선투과시험(RT)
	초음파탐상시험(UT)
표면결함	외관검사(VT)
	자분탐상검사(MT)
	침투탐상검사(PT)
	누설검사(LT)
	와전류탐상시험(ET)

38 용착금속 내부에 균열이 발생되었을 때 방사선투과검사 필름에 나타나는 것은?

① 검은 반점
② 날카로운 검은 선
③ 흰 색
④ 검출이 안 됨

해설
방사선투과검사에 결함이 있으면 필름에 검은색으로 그 결함의 형상이 표시된다.
방사선투과검사(Radiography Test)
비파괴검사의 일종으로 용접부 뒷면에 필름을 놓고 용접물 표면에서 X선이나 γ선을 방사하여 용접부를 통과시키면, 금속 내부에 구멍이 있을 경우 그만큼 투과되는 두께가 얇아져서 필름에 방사선의 투과량이 그만큼 많아지게 되므로 다른 곳보다 검게 됨을 확인함으로써 불량을 검출하는 방법이다.

35 ② 36 ① 37 ③ 38 ② **정답**

39 **용접성 시험 중 용접부 연성시험에 해당하는 것은?**

① 로버트슨 시험
② 카안 인열 시험
③ 킨젤시험
④ 슈나트 시험

해설

용접부의 시험법의 종류

구 분	종 류
연성시험	킨젤시험
	코머렐 시험
	T-굽힘시험
취성시험	로버트슨 시험
	밴더 빈 시험
	칸티어 시험
	슈나트 시험
	카안 인열 시험
	티퍼시험
	에소시험
	샤르피 충격시험
균열(터짐)시험	피스코 균열시험
	CTS 균열시험법
	리하이형 구속균열시험

40 **용접부시험에는 파괴시험과 비파괴시험이 있다. 파괴시험 중 야금학적 시험방법이 아닌 것은?**

① 파면시험
② 물성시험
③ 매크로시험
④ 현미경 조직시험

해설

물성시험 : 물체의 성질을 파악하는 시험으로, 비중이나 비열 등을 시험한다. 물체에 파손을 가하지 않아도 되는 시험법이므로 야금학적 시험방법에 속하지 않는다.

※ 야금 : 광석에서 금속을 추출하고 용융한 뒤 정련하여 사용목적에 맞은 형상으로 제조하는 기술

제3과목 용접일반 및 안전관리

41 **음극과 양극의 두 전극을 접촉시켰다가 떼었을 때 두 전극 사이에 생기는 활 모양의 불꽃방전은?**

① 용 착
② 용 적
③ 용융지
④ 아 크

해설

④ 아크(Arc) : 양극과 음극 사이의 고온에서 이온이 분리되면 이온화된 기체들이 매개체가 되어 전류가 흐르는 상태가 되는데 용접봉과 모재 사이에 전원을 연결한 후 용접봉을 모재에 접촉시킨 다음 약 1~2mm 정도 들어 올리면 불꽃방전에 의하여 청백색의 강한 빛이 아크 모양으로 생기는 것이다. 청백색의 강렬한 빛과 열을 내는 이 아크는 온도가 가장 높은 부분(아크 중심)이 약 6,000℃이며, 보통 3,000~5,000℃ 정도이다.

① 용착 : 녹을 용, 붙을 착의 한자어로 녹아서 붙는다는 의미의 용어이다.

② 용적 : 용융방울이라고도 하며 용융지에 용착되는 것으로써 용접봉이 녹아 이루어진 형상이다.

③ 용융지 : 모재가 녹은 부분(쇳물)으로 용융풀(Pool)이라고도 불린다.

정답 39 ③ 40 ② 41 ④

42 압접에 속하는 용접법은?

① 아크용접
② 단 접
③ 가스용접
④ 전자빔용접

해설

단접이란 2개의 접합재료를 녹는점 부근까지 가열하여 가압접합하는 방법으로, 압접의 일종이다.

용접법의 분류

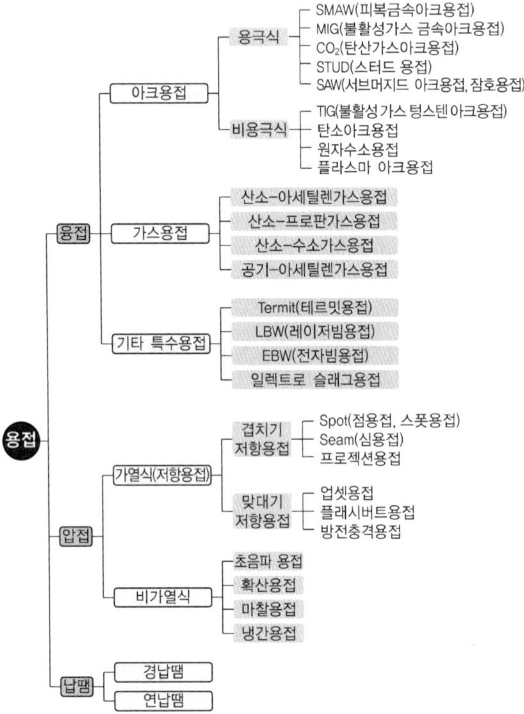

43 고진공 중에서 높은 전압에 의한 열원을 이용하여 행하는 용접법은?

① 초음파용접법
② 고주파용접법
③ 전자빔용접법
④ 심용접법

해설

전자빔용접 : 고밀도로 집속되고 가속화된 전자빔을 높은 진공 속에서 용접물에 고속도로 조사시키면 빛과 같은 속도로 이동한 전자가 용접물에 충돌하면서 전자의 운동에너지를 열에너지로 변환시켜 국부적으로 고열을 발생시키는데, 이때 생긴 열원으로 용접부를 용융시켜 용접하는 방식이다. 텅스텐(3,410℃)과 몰리브덴(2,620℃)과 같이 용융점이 높은 재료의 용접에 적합하다.

44 MIG용접의 스프레이 용적 이행에 대한 설명이 아닌 것은?

① 고전압 고전류에서 얻어진다.
② 주로 경합금 용접에서 나타난다.
③ 용착속도가 빠르고 능률적이다.
④ 와이어보다 큰 용적으로 용융 이행한다.

해설

MIG(Metal Inert Gas arc welding)용접의 용적 이행방식 중에서 스프레이 이행은 가장 많이 사용되는 방식이다. 아크기류 중에서 용가재가 고속으로 용융되어 용접봉보다 작은 미입자의 용적으로 분사되어 모재에 옮겨가면서 용착되는 용적 이행방법으로 ④번은 틀린 표현이다.

42 ② 43 ③ 44 ④ **정답**

45 산화철 분말과 알루미늄 분말의 혼합제에 점화시켜 화학 반응을 이용한 용접법은?

① 스터드용접
② 전자빔용접
③ 테르밋용접
④ 아크점용접

해설

테르밋용접(Termit Welding) : 금속 산화물과 알루미늄이 반응하여 열과 슬래그를 발생시키는 테르밋반응을 이용하는 용접법이다. 강을 용접할 경우에는 산화철과 알루미늄 분말을 3 : 1로 혼합한 테르밋제를 만든 후 냄비의 역할을 하는 도가니에 넣은 후, 점화제를 약 1,000℃로 점화시키면 약 2,800℃의 열이 발생되어 용접용 강이 만들어지는데 이 강(Steel)을 용접 부위에 주입 후 서랭하여 용접을 완료한다. 주로 철도 레일이나 차축, 선박의 프레임 접합에 사용된다.

46 가스용접으로 알루미늄판을 용접하려 할 때 용제의 혼합물이 아닌 것은?

① 염화나트륨
② 염화칼륨
③ 황 산
④ 염화리튬

해설

가스용접 시 재료에 따른 용제의 종류

재 질	용 제
연 강	용제를 사용하지 않는다.
반경강	중탄산소다, 탄산소다
주 철	붕사, 탄산나트륨, 중탄산나트륨
알루미늄	염화칼륨, 염화나트륨, 염화리튬, 플루오린화칼륨
구리합금	붕사, 염화리튬

47 산소-아세틸렌 불꽃의 구성 중 온도가 가장 높은 것은?

① 백 심　　② 속불꽃
③ 겉불꽃　　④ 불꽃심

해설

산소-아세틸렌 불꽃에서 속불꽃의 온도가 가장 높다.

산소-아세틸렌 불꽃의 구조

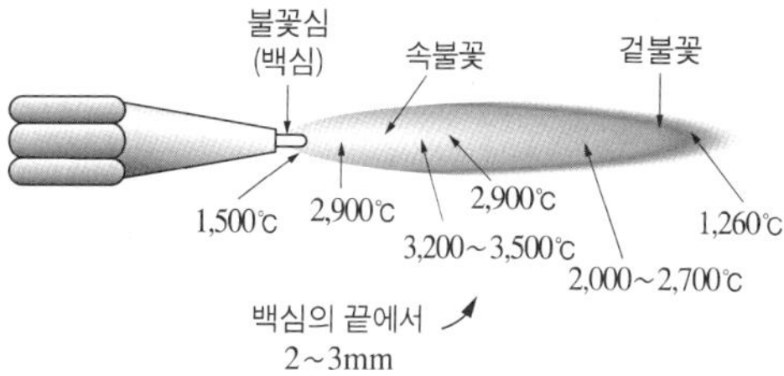

48 강재 표면의 홈이나 개재물, 탈탄층 등을 제거하기 위하여 될 수 있는 대로 얇게 그리고 타원형 모양으로 표면을 깎아내는 가공법은?

① 가스 가우징
② 코 킹
③ 아크에어 가우징
④ 스카핑

해설

④ 스카핑 : 강괴나 강편, 강재 표면의 홈이나 개재물, 탈탄층 등을 제거하기 위하여 불꽃가공으로 될 수 있는 대로 얇게 그리고 타원형 모양으로 표면을 깎아내는 가공법이다.

① 가스 가우징 : 용접 결함이나 가접부 등의 제거를 위해 사용하는 방법으로써, 가스 절단과 비슷한 토치를 사용해 용접부의 뒷면을 따내거나 U형이나 H형의 용접 홈을 가공하기 위하여 깊은 홈을 파내는 가공법이다.

③ 아크에어 가우징 : 탄소아크절단법에 고압(5~7kgf/cm^2)의 압축공기를 병용하는 방법이다. 용융된 금속에 탄소봉과 평행으로 분출하는 압축공기를 전극 홀더의 끝부분에 위치한 구멍을 통해 연속해서 불어내어 홈을 파내는 방법으로 홈 가공이나 구멍 뚫기, 절단작업에 사용된다. 철이나 비철 금속에 모두 이용할 수 있으며, 가스 가우징보다 작업 능률이 2~3배 높고 모재에도 해를 입히지 않는다.

정답 45 ③ 46 ③ 47 ② 48 ④

49 아크 용접기로 정격 2차 전류를 사용하여 4분간 아크를 발생시키고 6분을 쉬었다면 용접기의 사용률은 얼마인가?

① 20% ② 30%
③ 40% ④ 60%

해설

아크 용접기 사용률(%) $= \frac{4분}{4분+6분} \times 100\% = 40\%$

아크 용접기의 사용률 구하는 식

$$사용률(\%) = \frac{아크\ 발생\ 시간}{아크\ 발생\ 시간 + 정지\ 시간} \times 100$$

50 아크 용접기의 구비조건이 아닌 것은?

① 구조 및 취급이 간단해야 한다.
② 가격이 저렴하고 유지비가 적게 들어야 한다.
③ 효율이 낮아야 한다.
④ 사용 중 용접기의 온도 상승이 작아야 한다.

해설

아크 용접기의 구비조건

- 내구성이 좋아야 한다.
- 역률과 효율이 높아야 한다.
- 구조 및 취급이 간단해야 한다.
- 사용 중 온도 상승이 작아야 한다.
- 단락되는 전류가 크지 않아야 한다.
- 전격방지기가 설치되어 있어야 한다.
- 아크 발생이 쉽고 아크가 안정되어야 한다.
- 아크 안정을 위해 외부 특성 곡선을 따라야 한다.
- 전류 조정이 용이하고 전류가 일정하게 흘러야 한다.
- 아크길이의 변화에 따라 전류의 변동이 작아야 한다.
- 적당한 무부하전압이 있어야 한다(AC : 70~80V, DC : 40~60V).

51 2차 무부하전압이 80V, 아크전압이 30V, 아크전류가 250A, 내부 손실이 2.5kW라 할 때 역률은 얼마인가?

① 50% ② 60%
③ 75% ④ 80%

해설

$$역률(\%) = \frac{소비전력}{전원입력} \times 100\%$$
$$= \frac{10,000W}{20,000W} \times 100\% = 50\%$$

여기서, 아크전력 = 아크전압 × 정격 2차 전류
= 30 × 250 = 7,500W
소비전력 = 아크전력 + 내부손실
= 7,500 + 2,500 = 10,000W
전원입력 = 무부하전압 × 정격 2차 전류
= 80 × 250 = 20,000W

52 가스용접작업 시 점화할 때, 폭음이 생기는 경우의 직접적인 원인이 아닌 것은?

① 혼합가스의 배출이 불완전했다.
② 산소와 아세틸렌 압력이 부족했다.
③ 팁이 완전히 막혔다.
④ 가스분출 속도가 부족했다.

해설

가스용접 시 토치 팁이 막히면 가스가 분출될 수 없으므로 폭음이 생길 수 없다. 따라서 팁이 막히면 가늘고 뾰족한 팁 클리너를 사용하여 막힌 것을 뚫어서 재사용하거나, 팁을 새것으로 교체해야 한다.

53 산소병 용기에 표시되어 있는 FP, TP의 의미는?

① FP : 최고충전압력, TP : 내압시험압력
② FP : 용기의 중량, TP : 가스충전 시 중량
③ FP : 용기의 사용량, TP : 용기의 내용적
④ FP : 용기의 사용압력, TP : 잔량

해설

- 최고충전압력(FP ; Full Pressure)
- 내압시험압력(TP ; Test Pressure)

49 ③ 50 ③ 51 ① 52 ③ 53 ① **정답**

54 서브머지드아크용접의 용접 헤드에 속하지 않는 것은?

① 와이어 송급장치
② 제어장치
③ 용접레일
④ 콘택트 팁

해설
용접 헤드는 용접작업과 직접 관련된 부속장치들이 장착된 것으로, 용접레일과는 관련이 없다.

[서브머지드아크 용접장치]

55 이음 형상에 따른 저항용접의 분류 중 맞대기 용접이 아닌 것은?

① 플래시용접
② 버트심용접
③ 점용접
④ 퍼커션용접

해설
저항용접의 종류

겹치기 저항용접	맞대기 저항용접
점용접(스폿용접)	버트용접
심용접	퍼커션용접
프로젝션용접	업셋용접
–	플래시버트용접
	포일심용접

56 경납땜은 용점이 몇 도(℃) 이상인 용가재를 사용하는가?

① 300℃ ② 350℃
③ 450℃ ④ 120℃

해설
연납땜과 경납땜을 구분하는 온도는 450℃이며, 경납땜은 융점이 450℃ 이상인 용가재를 사용한다.

57 용접 자동화에 대한 설명으로 틀린 것은?

① 생산성이 향상된다.
② 외관이 균일하고 양호하다.
③ 용접부의 기계적 성질이 향상된다.
④ 용접봉 손실이 크다.

해설
용접을 자동화하면 용접시간을 최적화하기 때문에 손실되는 용접봉의 양을 줄일 수 있다.

58 아크용접작업 중의 전격에 관련된 설명으로 옳지 않은 것은?

① 습기 찬 작업복, 장갑 등을 착용하지 않는다.
② 오랜 시간 작업을 중단할 때에는 용접기의 스위치를 끄도록 한다.
③ 전격받은 사람을 발견하였을 때에는 즉시 손으로 잡아 당긴다.
④ 용접 홀더를 맨손으로 취급하지 않는다.

해설
전격으로 감전된 사람을 발견했을 때는 그 즉시 용접기의 전원을 내린 후 작업자의 상태를 살피면서 119에 신고해야 한다.
※ 전격이란 강한 전류를 갑자기 몸에 느꼈을 때의 충격으로, 용접기에는 작업자의 전격을 방지하기 위해서 반드시 전격방지기를 부착해야 한다. 전격방지기는 작업을 쉬는 동안에 2차 무부하전압이 항상 25V 정도로 유지되도록 하여 전격을 방지한다.

정답 54 ③ 55 ③ 56 ③ 57 ④ 58 ③

59 300A 이상의 아크용접 및 절단 시 착용하는 차광유리의 차광도 번호로 가장 적합한 것은?

① 1~2　　② 5~6

③ 9~10　　④ 13~14

해설

300A 이상의 아크용접이나 절단 시 다음 KS규격에 따라 차광도 13~14를 선택해서 작업하면 된다.

용접의 종류별 적정 차광번호(KS P 8141)

용접의 종류	전류범위(A)	차광도 번호(No.)
납 땜	–	2~4
가스 용접	–	4~7
산소절단	901~2,000	5
	2,001~4,000	6
	4,001~6,000	7
피복아크용접 및 절단	30 이하	5~6
	36~75	7~8
	76~200	9~11
	201~400	12~13
	401 이상	14
아크에어가우징	126~225	10~11
	226~350	12~13
	351 이상	14~16
탄소아크용접	–	14
TIG, MIG	100 이하	9~10
	101~300	11~12
	301~500	13~14
	501 이상	15~16

60 탱크 등 밀폐용기 속에서 용접작업을 할 때 주의사항으로 적합하지 않은 것은?

① 환기에 주의한다.

② 감시원을 배치하여 사고의 발생에 대처한다.

③ 유해가스 및 폭발가스의 발생을 확인한다.

④ 위험하므로 혼자서 용접하도록 한다.

해설

저장탱크와 같이 밀폐된 공간 안에서 용접을 할 때는 작업자가 탱크에 남아 있거나 작업 중 발생한 가스에 의해 질식되는 사고가 발생할 수 있으므로 반드시 보조 작업자와 함께 있어야 한다. 이때 또 다른 작업자는 밖에서 대기하고 있음으로써 만일의 사고에 대비해야 한다. 또한 작업 전이나 중, 후에는 반드시 탱크의 내부를 환기시켜야 한다.

59 ④ 60 ④ **정답**

2024년 제2회 최근 기출복원문제

제1과목 용접야금 및 용접설비제도

01 다음 금속 중 면심입방격자(FCC)에 속하는 것은?

① 니켈, 알루미늄
② 크롬, 구리
③ 텅스텐, 바나듐
④ 몰리브덴, 리듐

해설
면심입방격자는 Ni이나 Al과 같이 비교적 연한 금속들이 갖는 결정구조이다.

금속의 결정구조

체심입방격자 (BCC ; Body Centered Cubic)	• 성 질 – 강도가 크다. – 용융점이 높다. – 전성과 연성이 작다. • 원소 : W, Cr, Mo, V, Na, K • 단위격자 : 2개 • 배위수 : 8 • 원자충진율 : 68%
면심입방격자 (FCC ; Face Centered Cubic)	• 성 질 – 전기전도도가 크다. – 가공성이 우수하다. – 장신구로 사용된다. – 전성과 연성이 크다. – 연한 성질의 재료이다. • 원소 : Al, Ag, Au, Cu, Ni, Pb, Pt, Ca • 단위격자 : 4개 • 배위수 : 12 • 원자충진율 : 74%
조밀육방격자 (HCP ; Hexagonal Close Packed lattice)	• 성 질 – 전성과 연성이 작다. – 가공성이 좋지 않다. • 원소 : Mg, Zn, Ti, Be, Hg, Zr, Cd, Ce • 단위격자 : 2개 • 배위수 : 12 • 원자충진율 : 74%

02 피복아크용접작업의 기초적인 용접조건으로 가장 거리가 먼 것은?

① 용접속도 ② 아크길이
③ 스틱아웃 길이 ④ 용접전류

해설
스틱아웃 : MIG나 CO_2 용접 시 사용되는 와이어 전극의 돌출길이를 의미하므로 일반 Stick 형상의 용접봉을 사용하는 피복금속아크용접과는 관련이 없다.

03 6.67%의 C와 Fe의 화합물로서, Fe_3C로 표기하는 것은?

① 펄라이트 ② 페라이트
③ 시멘타이트 ④ 오스테나이트

해설
시멘타이트(Cementite) : 순철에 6.67%의 탄소(C)가 합금된 금속조직으로, 재료기호는 Fe_3C 로 표시한다. 시멘타이트 조직은 경도가 매우 크나 취성도 커서 외력에 취약하다는 단점이 있다.

04 다음 그림에서 2번의 명칭으로 알맞은 것은?

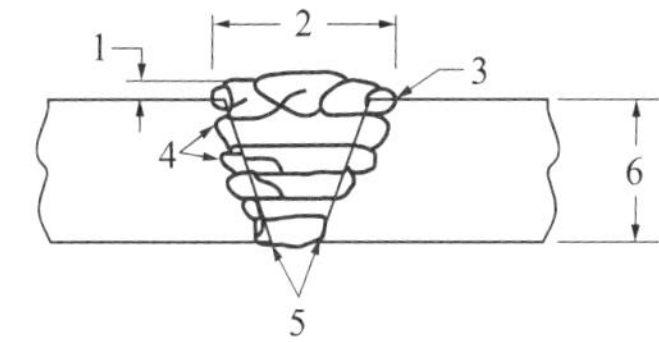

① 용접토 ② 용접덧살
③ 용접루트 ④ 용접비드

해설
2번은 '용접비드' 혹은 '용접비드의 폭'으로 볼 수 있다.

정답 1 ① 2 ③ 3 ③ 4 ④

05 **오스테나이트계 스테인리스강 용접부의 입계부식 균열 저항성을 증가시키는 원소가 아닌 것은?**

① Nb ② C

③ Ti ④ Ta

해설

스테인리스강의 입계부식이란 금속 또는 합금의 입계를 따라서 생기는 선택적 부식현상으로 입간부식이라고도 한다. Ti, Nb, Ta 등의 안정화 원소를 합금시키면 저항성이 증가되지만 C(탄소)는 오히려 저항성을 떨어뜨린다.

스테인리스강의 입계부식 방지법

- Ti, Nb, Ta 등의 안정화 원소를 합금시킨다.
- 탄소량을 감소시켜 Cr_4C탄화물의 발생을 줄인다.
- 고온으로 가열한 후 Cr탄화물을 오스테나이트 조직 중에 용체화하여 급랭시킨다.

06 **용접금속 근방의 모재에 용접열에 의해 급열, 급랭되는 부위가 발생하는데 이 부위를 무엇이라 하는가?**

① 본드(Bond)부 ② 열영향부

③ 세립부 ④ 용착금속부

해설

열영향부(HAZ ; Heat Affected Zone) : 용접할 때 용접부 주위가 발생 열에 영향을 받아서 급열 및 급랭으로 인해 금속의 성질이 처음 상태와 달라지는 부분으로, 용융점(1,538℃) 이하에서 금속의 미세조직이 변한 부분이다.

07 **연강용 피복아크 용접봉 E4316의 피복제 계통은?**

① 저수소계 ② 고산화타이타늄계

③ 일미나이트계 ④ 철분 산화철계

해설

피복용접봉의 종류

E4301	일미나이트계	E4316	저수소계
E4303	라임티타니아계	E4324	철분 산화타이타늄계
E4311	고셀룰로스계	E4326	철분 저수소계
E4313	고산화타이타늄계	E4327	철분 산화철계

08 **탄소강 중에 인(P)의 영향으로 틀린 것은?**

① 연신율과 충격값을 증대시킨다.

② 강도와 경도를 증대시킨다.

③ 결정립을 조대화시킨다.

④ 상온취성의 원인이 된다.

해설

탄소강 중에 P(인)이 함유되면 강도와 경도를 증가시키지만 연신율과 충격값을 떨어뜨리고, 너무 많이 함유되면 상온취성의 원인이 된다.

09 **본용접을 하기 전에 적당한 예열을 함으로써 얻어지는 효과가 아닌 것은?**

① 예열을 하면 기계적 성질이 향상된다.

② 용접부의 냉각속도를 느리게 하면 균열 발생이 적어진다.

③ 용접부 변형과 잔류응력을 경감시킨다.

④ 용접부의 냉각속도가 빨라지고 높은 온도에서 큰 영향을 받는다.

해설

용접 전 모재에 예열을 하면 용접부의 냉각속도를 느리게 함으로써 잔류응력을 경감시킬 수 있다.

용접 전과 후 모재에 예열을 가하는 목적

- 열영향부(HAZ)의 균열을 방지한다.
- 수축변형 및 균열을 경감시킨다.
- 용접금속에 연성 및 인성을 부여한다.
- 열영향부와 용착금속의 경화를 방지한다.
- 급열 및 급랭 방지로 잔류응력을 줄인다.
- 용접금속의 팽창이나 수축의 정도를 줄여준다.
- 수소방출을 용이하게 하여 저온 균열을 방지한다.
- 금속 내부의 가스를 방출시켜 기공 및 균열을 방지한다.

5 ② 6 ② 7 ① 8 ① 9 ④ **정답**

10 응력제거풀림의 효과가 아닌 것은?

① 충격저항의 감소
② 용착금속 중 수소 제거에 의한 연성의 증대
③ 응력 부식에 대한 저항력 증대
④ 크리프강도의 향상

해설

응력제거풀림 : 주조나 단조, 기계가공, 용접으로 금속재료에 생긴 잔류응력을 제거하기 위한 열처리의 일종으로, 구조용 강의 경우 약 550~650℃의 온도 범위로 일정한 시간을 유지하였다가 노속에서 냉각시킨다. 충격에 대한 저항력과 응력 부식에 대한 저항력을 증가시키고 크리프 강도도 향상시킨다. 그리고 용착금속 중 수소 제거에 의한 연성을 증대시킨다.

11 제3각법에 대한 설명으로 틀린 것은?

① 제3상한에 놓고 투상하여 도시하는 것이다.
② 각 방향으로 돌아가며 비춰진 투상도를 얻는 원리이다.
③ 표제란에 제3각법의 그림 기호로 과 같이 표시한다.
④ 투상도를 얻는 원리는 눈 → 투상면 → 물체이다.

해설

제3각법은 사람의 눈으로 물체를 바라보는 방향의 형상대로 투상면에 옮겨 그리는 형태이므로 ②번은 틀린 표현이다.

제1각법	제3각법
투상면을 물체의 뒤에 놓는다.	투상면을 물체의 앞에 놓는다.
눈 → 물체 → 투상면	눈 → 투상면 → 물체
저면도 / 우측면도, 정면도, 좌측면도, 배면도 / 평면도	평면도 / 좌측면도, 정면도, 우측면도, 배면도 / 저면도

12 인접 부분, 공구, 지그 등의 위치를 참고로 나타내는데 사용하는 선은?

① 지시선
② 외형선
③ 가상선
④ 파단선

해설

가는 2점 쇄선(——- - ——)으로 표시되는 가상선의 용도

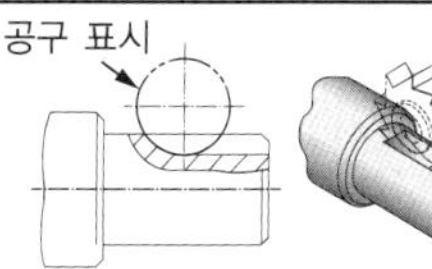

- 반복되는 것을 나타낼 때
- 가공 전이나 후의 모양을 표시할 때
- 도시된 단면의 앞부분을 표시할 때
- 물품의 인접 부분을 참고로 표시할 때
- 이동하는 부분의 운동 범위를 표시할 때
- 공구 및 지그 등 위치를 참고로 나타낼 때
- 단면의 무게중심을 연결한 선을 표시할 때

가공 전후의 모양

정답 10 ① 11 ② 12 ③

13 다음 중 도면의 용도에 따른 분류가 아닌 것은?

① 계획도 ② 배치도
③ 승인도 ④ 주문도

해설

도면의 분류

분 류	명 칭	정 의
용도에 따른 분류	계획도	설계자의 의도와 계획을 나타낸 도면
	공정도	제조공정 도중이나 공정 전체를 나타낸 제작도면
	시공도	현장 시공을 대상으로 해서 그린 제작도면
	상세도	건조물이나 구성재의 일부를 상세하게 나타낸 도면으로, 일반적으로 큰 척도로 그린다.
	제작도	건설이나 제조에 필요한 정보 전달을 위한 도면
	검사도	검사에 필요한 사항을 기록한 도면
	주문도	주문서에 첨부하여 제품의 크기나 형태, 정밀도 등을 나타낸 도면
	승인도	주문자 등이 승인한 도면
	승인용도	주문자 등의 승인을 얻기 위한 도면
	설명도	구조나 기능 등을 설명하기 위한 도면
내용에 따른 분류	부품도	부품에 대하여 최종 다듬질 상태에서 구비해야 할 사항을 기록한 도면
	기초도	기초를 나타낸 도면
	장치도	각 장치의 배치나 제조 공정의 관계를 나타낸 도면
	배선도	구성 부품에서 배선의 실태를 나타낸 계통도면
	배치도	건물의 위치나 기계의 설치 위치를 나타낸 도면
	조립도	2개 이상의 부품들을 조립한 상태에서 상호관계와 필요 치수 등을 나타낸 도면
	구조도	구조물의 구조를 나타낸 도면
	스케치도	실제 물체를 보고 그린 도면
표현형식에 따른 분류	선 도	기호와 선을 사용하여 장치나 플랜트의 기능, 그 구성 부분 사이의 상호관계, 에너지나 정보의 계통 등을 나타낸 도면
	전개도	대상물을 구성하는 면을 평행으로 전개한 도면
	외관도	대상물의 외형 및 최소로 필요한 치수를 나타낸 도면
	계통도	급수나 배수, 전력 등의 계통을 나타낸 도면
	곡면선도	선체나 자동차 차체 등의 복잡한 곡면을 여러 개의 선으로 나타낸 도면

14 용접부의 실제 모양이 그림과 같을 때 용접기호 표시로 옳은 것은?

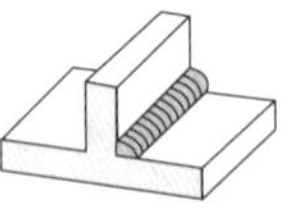

① ②

③ ④

해설

문제의 그림은 필릿용접을 나타내는 기호이다.

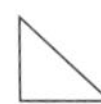

15 기계재료의 재질을 표시하는 기호 중 기계구조용 강을 나타내는 기호는?

① Al ② SM
③ Bs ④ Br

해설

기계구조용 탄소강재의 기호는 'SM 45C'와 같이 나타낸다.

- S : Steel(강-재질)
- M : 기계구조용(Machine Structural Use)
- 45C : 평균 탄소함유량(0.42~0.48%) – KS D 3752

13 ② 14 ③ 15 ② **정답**

16 외형도에 있어서 필요로 하는 요소의 일부분만 오려서 국부적으로 단면도를 표시한 것은?

① 한쪽단면도
② 온단면도
③ 부분단면도
④ 회전도시단면도

해설

단면도의 종류

단면도명	특 징
온단면도 (전단면도)	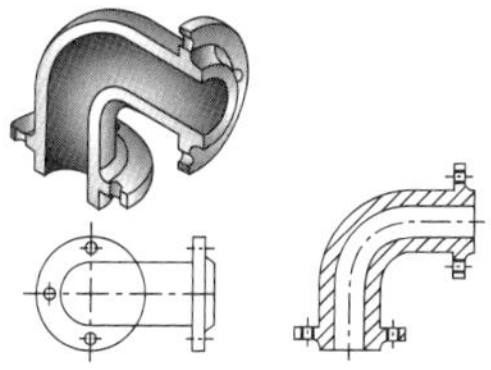 • 전단면도라고도 한다. • 물체 전체를 직선으로 절단하여 앞부분을 잘라내고 남은 뒷부분의 단면 모양을 그린 것이다. • 절단 부위의 위치와 보는 방향이 확실한 경우에는 절단선, 화살표, 문자기호를 기입하지 않아도 된다.
한쪽단면도 (반단면도)	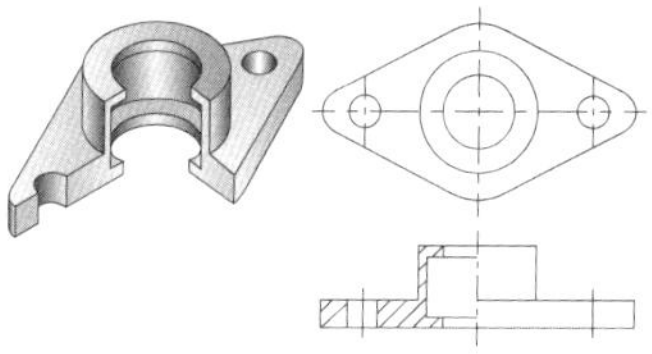 • 반단면도라고도 한다. • 절단면을 전체의 반만 설치하여 단면도를 얻는다. • 상하 또는 좌우가 대칭인 물체를 중심선을 기준으로 1/4 절단하여 내부 모양과 외부 모양을 동시에 표시하는 방법이다.
부분단면도	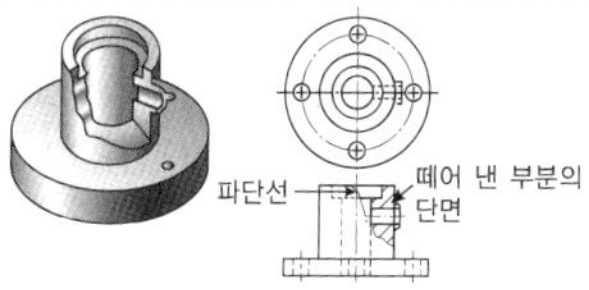 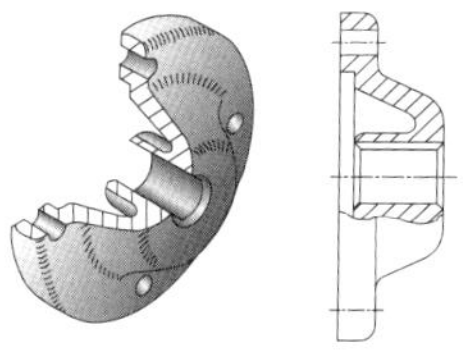 파단선 떼어 낸 부분의 단면 • 파단선을 그어서 단면 부분의 경계를 표시한다. • 일부분을 잘라 내고 필요한 내부의 모양을 그리기 위한 방법이다.
회전도시 단면도	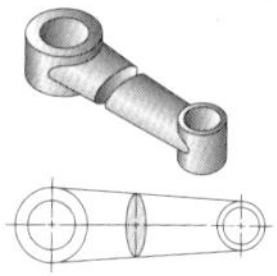 (a) 암의 회전단면도(투상도 안) 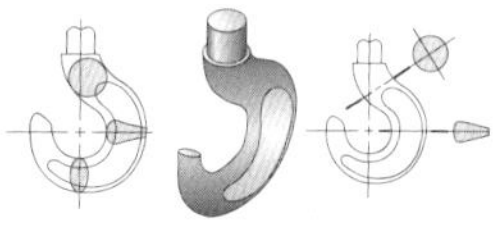 (b) 훅의 회전단면도(투상도 밖) • 절단선의 연장선 뒤에도 그릴 수 있다. • 투상도의 절단할 곳과 겹쳐서 그릴 때는 가는 실선으로 그린다. • 주투상도의 밖으로 끌어내어 그릴 경우는 가는 1점 쇄선으로 한계를 표시하고 굵은 실선으로 그린다. • 핸들이나 벨트 풀리, 바퀴의 암, 리브, 축, 형강 등의 단면의 모양을 90°로 회전시켜 투상도의 안이나 밖에 그린다.
계단단면도	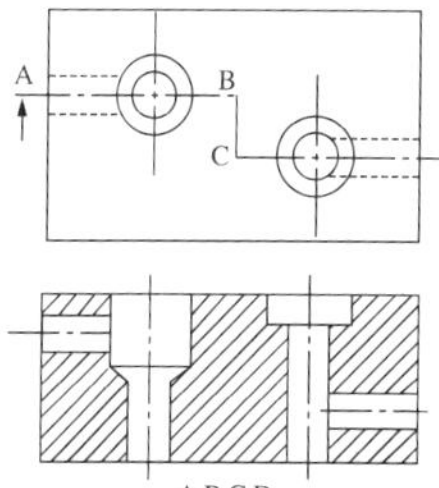 A B C D A-B-C-D • 절단면을 여러 개 설치하여 그린 단면도이다. • 복잡한 물체의 투상도 수를 줄일 목적으로 사용한다. • 절단선, 절단면의 한계와 화살표 및 문자기호를 반드시 표시하여 절단면의 위치와 보는 방향을 정확히 명시해야 한다.

정답 16 ③

17 기계재료 표시방법 중 SF340A에서 '340'이 의미하는 것은?

① 평균 탄소함유량
② 단조품
③ 최저인장강도
④ 최고인장강도

해설

탄소강 단강품 – SF340A

- SF : carbon Steel Forgings for general use
- 340 : 최저인장강도 340N/mm^2
- A : 어닐링, 노멀라이징 또는 노멀라이징 템퍼링을 한 단강품

18 CAD 시스템에서 마지막 입력점을 기준으로 다음 점까지의 직선거리와 기준 직교축과 그 직선이 이루는 각도로 입력하는 좌표계는?

① 직교좌표계
② 구면좌표계
③ 원통좌표계
④ 상대 극좌표계

해설

① 직교좌표계 : 두 개(X, Y)나 세 개(X, Y, Z)의 방향의 축을 기준으로 공간상에 하나의 점을 표시할 때 각 축에 대응하는 좌표값을 표시하는 좌표계
② 구면좌표계 : 3차원 구의 형태를 나타내는 것으로, 거리 r과 두 개의 각으로 표현되는 좌표계
③ 원통좌표계 : 3차원 공간을 나타내기 위해 평면 극좌표계에 평면에서부터의 높이를 더해서 나타내는 좌표계

19 다음 용접기호를 설명한 것으로 옳지 않은 것은?

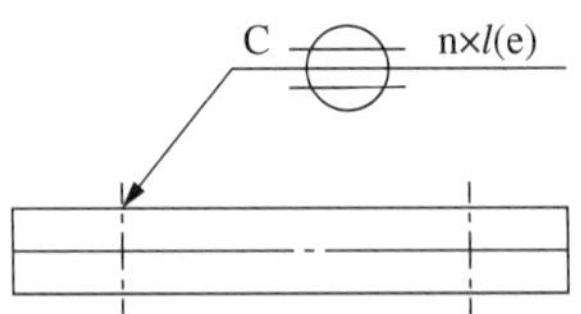

① n : 용접 개수
② l : 용접길이
③ C : 심용접길이
④ e : 용접 단속거리

해설

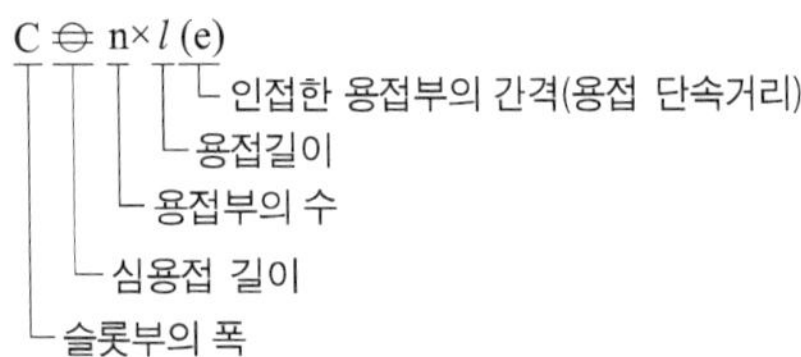

20 판금 제관 도면에 대한 설명으로 틀린 것은?

① 주로 정투상도는 제1각법에 의하여 도면이 작성되어 있다.
② 도면 내에는 각종 가공 부분 등이 단면도 및 상세도로 표시되어 있다.
③ 중요 부분에는 치수공차가 주어지며, 평면도, 직각도, 진원도 등이 주로 표시된다.
④ 일반공차는 KS기준을 적용한다.

해설

판금 제관 도면은 주로 제3각법에 의해 작성되어 있다.

17 ③ 18 ④ 19 ③ 20 ① 정답

제2과목 용접구조설계

21 용접이음의 종류 중 겹치기 필릿이음은?

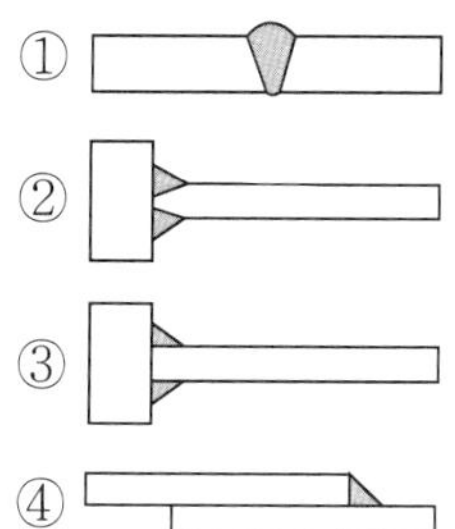

해설
① 맞대기용접
② 플레어용접
③ 필릿용접

22 용접선의 방향과 하중방향이 직교되는 것은?

① 전면 필릿용접
② 측면 필릿용접
③ 경사 필릿용접
④ 병용 필릿용접

해설
하중 방향과 용접선의 방향이 직교인 이음은 전면 필릿이음이다.
하중 방향에 따른 필릿용접의 종류

하중 방향에 따른 필릿용접	전면 필릿이음	측면 필릿이음	경사 필릿이음
형상에 따른 필릿용접	연속필릿	단속 병렬필릿	단속 지그재그필릿

23 용접이음의 안전율을 나타내는 식은?

① 안전율 $= \dfrac{\text{인장강도}}{\text{허용응력}}$
② 안전율 $= \dfrac{\text{허용응력}}{\text{인장강도}}$
③ 안전율 $= \dfrac{\text{이음효율}}{\text{허용응력}}$
④ 안전율 $= \dfrac{\text{허용응력}}{\text{이음효율}}$

해설
안전율(S) : 외부의 하중에 견딜 수 있는 정도를 수치로 나타낸 것이다.

$$S = \frac{\text{극한강도}(\sigma_u)\ \text{혹은 인장강도}}{\text{허용응력}(\sigma_a)}$$

24 용착금속의 인장강도를 구하는 식은?

① 인장강도 $= \dfrac{\text{인장하중}}{\text{시험편의 단면적}}$
② 인장강도 $= \dfrac{\text{시험편의 단면적}}{\text{인장하중}}$
③ 인장강도 $= \dfrac{\text{표점거리}}{\text{연신율}}$
④ 인장강도 $= \dfrac{\text{연신율}}{\text{표점거리}}$

해설
인장응력 구하는 식

$$\sigma = \frac{F(W)}{A} = \frac{\text{작용 힘(N 또는 kgf)}}{\text{시험편의 단면적}(mm^2)}$$

정답 21 ④ 22 ① 23 ① 24 ①

25 단면적이 150mm², 표점거리가 50mm인 인장시험편에 20kN의 하중이 작용할 때 시험편에 작용하는 인장응력(σ)은?

① 약 133GPa ② 약 133MPa
③ 약 133kPa ④ 약 133Pa

해설

용접부의 인장응력 $(\sigma) = \frac{P}{A} = \frac{20,000\text{N}}{150\text{mm}^2} = 133.3\text{N/mm}^2$
$= 133.3 \times 10^6\text{N/m}^2$
$= 133.3\text{MPa}$

26 다음 그림과 같이 폭 50mm, 두께 10mm의 강판을 40mm만 겹쳐서 전둘레 필릿용접을 한다. 이때 100 kN의 하중을 작용시킨다면 필릿용접의 치수는 얼마로 하면 좋은가?(단, 용접 허용응력은 10.2kN/cm²으로 한다)

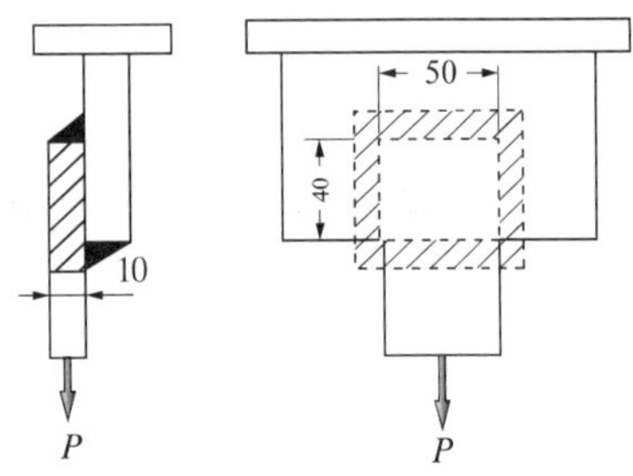

① 약 2mm ② 약 5mm
③ 약 8mm ④ 약 11mm

해설

$\sigma_a = \frac{F}{A} = \frac{F}{z\cos 45° \times l}$

$10,200\text{N/cm}^2 = \frac{100,000\text{N}}{2(z\cos 45° \times 5\text{cm}) + 2(z\cos 45° \times 4\text{cm})}$

$10,200\text{N/cm}^2 = \frac{100,000\text{N}}{12.7z}$

$z = \frac{100,000\text{N}}{12.7\text{cm} \times 10,200\text{N/cm}^2} = 0.77\text{cm} = 7.7\text{mm}$

27 용접이음 설계 시 일반적인 주의사항 중 틀린 것은?

① 가급적 능률이 좋은 아래보기용접을 많이 할 수 있도록 설계한다.
② 후판을 용접할 경우는 용입이 깊은 용접법을 이용하여 용착량을 줄인다.
③ 맞대기용접에는 이면용접을 할 수 있도록 해서 용입 부족이 없도록 한다.
④ 될 수 있는 대로 용접량이 많은 홈 형상을 선택한다.

해설

용접이음 설계 시 가능한 한 용접량이 적은 홈 형상으로 해야 한다. 용접량이 많을수록 용접하는 시간도 길어지므로 용접 시 발생하는 입열량은 그만큼 많아져서 변형이 발생하기 쉽다.

28 1차 입력전원 전압이 220V인 용접기의 정격용량이 20kVA라면 가장 적합한 퓨즈의 용량은 몇 A인가?

① 50 ② 100
③ 150 ④ 200

해설

퓨즈용량 $= \frac{\text{전력(kVA)}}{\text{전압(V)}} = \frac{20,000\text{VA}}{220\text{V}} = 90.9\text{A}$

따라서, 100A 용량의 퓨즈가 가장 적합하다.

정답 25 ② 26 ③ 27 ④ 28 ②

29 이면 따내기방법이 아닌 것은?

① 아크에어가우징
② 밀 링
③ 가스가우징
④ 산소창 절단

해설
④ 산소창 절단 : 가늘고 긴 강관(안지름 3.2~6mm, 길이 1.5~3m)을 사용해서 절단 산소를 큰 강괴의 중심부에 분출시켜 창으로 불리는 강관 자체가 함께 연소되면서 절단하는 방법이므로, 이면(뒷면) 따내기 작업과는 관련이 없다.
① 아크에어가우징 : 탄소아크절단법에 고압(5~7kgf/cm^2)의 압축공기를 병용하는 방법이다. 용융된 금속에 탄소봉과 평행으로 분출하는 압축공기를 전극 홀더의 끝부분에 위치한 구멍을 통해 연속해서 불어내어 홈을 파내는 방법으로 홈 가공이나 구멍 뚫기, 절단 작업에 사용된다. 이것은 철이나 비철 금속에 모두 이용할 수 있으며, 가스 가우징보다 작업 능률이 2~3배 높고 모재에도 해를 입히지 않는다.
② 밀링 : 공작물을 고정시킨 후 상단에서 절삭공구를 회전시켜 평면가공에 주로 사용하는 절삭가공법이다.
③ 가스가우징 : 용접 결함이나 가접부 등의 제거를 위해 사용하는 방법으로써, 가스 절단과 비슷한 토치를 사용해 용접부의 뒷면을 따내거나 U형이나 H형의 용접 홈을 가공하기 위하여 깊은 홈을 파내는 가공법이다.

30 용접이음부 형상의 선택 시 고려사항이 아닌 것은?

① 용접하고자 하는 모재의 성질
② 용접부에 요구되는 기계적 성질
③ 용접할 물체의 크기, 형상, 외관
④ 용접 장비의 효율과 용가재의 건조

해설
용접이음부 형상을 선택할 때는 모재의 성질이나 요구되는 성질, 물체의 크기나 두께 등을 고려해야 한다. 그러나 용접 장비의 효율과 용가재의 건조상태와는 관련이 없다.

31 강의 표면경화법에 있어 침탄법과 질화법에 대한 설명으로 옳지 않은 것은?

① 침탄법은 경도가 질화법보다 높다.
② 질화법은 경화처리 후 열처리가 필요 없다.
③ 침탄법은 고온가열 시 뜨임되고, 경도는 낮아진다.
④ 질화법은 침탄법에 비하여 경화에 의한 변형이 작다.

해설
질화처리한 재료의 경도가 침탄처리한 재료보다 더 높다.

32 담금질강의 경도를 증가시키고, 시효변형을 방지하기 위해 하는 심랭처리(Subzero Treatment)는 몇 ℃에서 처리하는가?

① 0℃ 이하 ② 300℃ 이하
③ 600℃ 이하 ④ 800℃ 이하

해설
심랭처리(Subzero Treatment, 서브제로) : 담금질강의 경도를 증가시키고 시효변형을 방지하기 위한 열처리 조작으로, 담금질강의 조직을 잔류 오스테나이트에서 전부 오스테나이트 조직으로 바꾸기 위해 재료를 오스테나이트 영역까지 가열한 후 0℃ 이하로 급랭시킨다.

33 용접금속의 변형시효(Strain Aging)에 큰 영향을 미치는 것은?

① H_2 ② O_2
③ CO_2 ④ CH_4

해설
변형시효란 저탄소강을 소성가공할 때 가공량이 작은 부분에 표면결함(물결무늬 등)이 생기는 현상으로 질소(N_2)나 산소(O_2), 탄소(C)원자와 전위의 상호작용에 의해 발생되는데 이를 방지하려면 템퍼 압연처리(Temper Rolling)를 실시한다.

정답 29 ④ 30 ④ 31 ① 32 ① 33 ②

34 **용접부를 기계적으로 타격을 주어 잔류응력을 경감시키는 것은?**

① 저온응력완화법 ② 취성경감법
③ 역변형법 ④ 피닝법

해설

④ 피닝 : 타격 부분이 둥근 구면인 특수 해머를 사용하여 모재의 표면에 지속적으로 충격을 가해 줌으로써 재료 내부에 있는 잔류응력을 완화시키면서 표면층에 소성변형을 주는 방법이다.
① 저온응력완화법 : 용접선의 양측을 정속으로 이동하는 가스불꽃에 의하여 약 150mm의 너비에 걸쳐 150~200℃로 가열한 후 바로 수랭하는 방법으로, 주로 용접선 방향의 응력을 제거하는데 사용한다.
③ 역변형법 : 용접 전에 변형을 예측하여 반대 방향으로 변형시킨 후 용접을 하도록 한 것이다.

35 **용접부 잔류응력 측정방법 중 응력이완법에 대한 설명으로 옳은 것은?**

① 초음파탐상실험장치로 응력 측정을 한다.
② 와류실험장치로 응력 측정을 한다.
③ 만능인장시험장치로 응력 측정을 한다.
④ 저항성 스트레인 게이지로 응력 측정을 한다.

해설

응력이완법은 재료를 인장시키면서 측정해야 하므로 저항성의 스트레인 게이지를 사용한다.

36 **다음 중 똑같은 용접조건으로 용접을 실시하였을 때 용접변형이 가장 크게 되는 재료는?**

① 연 강
② 800MPa급 고장력강
③ 9%Ni강
④ 오스테나이트계 스테인리스강

해설

오스테나이트계 스테인리스강은 동일한 열량이 주어졌을 때 다른 재료들에 비해 용접변형이 가장 크기 때문에 용접 입열을 가능한 한 작게 해야 한다. 그리고 구속력이 있는 상태의 오스테나이트계 스테인리스강은 용접 후 냉각될 때 고온 균열이 발생할 정도로 열에 약하다.

37 **용착금속부 내부에 발생된 기공결함 검출에 가장 좋은 검사법은?**

① 누설검사
② 방사선투과검사
③ 침투탐상검사
④ 자분침투검사

해설

방사선투과검사(Radiographic Testing)는 내부 결함의 검출에 용이한 비파괴검사법으로, 기공이나 래미네이션 결함 등을 검출할 수 있다. 그러나 미세한 표면의 균열은 검출되지 않는다.
※ 래미네이션 : 압연 방향으로 얇은 층이 발생하는 내부결함으로 강괴 내의 수축공, 기공, 슬래그가 잔류하면 미압착된 부분이 생겨서 이 부분에 중공이 생기는 불량이다.

38 **초음파 경사각 탐상기호는?**

① UT-A ② UT
③ UT-N ④ UT-S

해설

① UT-A : 경사각, UT-VA : 가변각, UT-LA : 종파 경사각
③ UT-N : 수직 형식으로 탐상
④ UT-S : 표면파

초음파탐상검사(UT ; Ultrasonic Test)
사람이 들을 수 없는 매우 높은 주파수의 초음파를 사용하여 검사대상물의 형상과 물리적 특성을 검사하는 방법이다. 4~5MHz 정도의 초음파가 경계면, 결함 표면 등에서 반사하여 되돌아오는 성질을 이용하는 방법으로 반사파의 시간과 크기를 스크린으로 관찰하여 결함의 유무, 크기, 종류 등을 검사한다.

34 ④ 35 ④ 36 ④ 37 ② 38 ① 정답

39 **용접부검사에서 파괴시험에 해당되는 것은?**

① 음향시험
② 누설시험
③ 형광침투시험
④ 함유수소시험

해설
함유수소시험은 시편의 성분 중 수소의 포함 여부를 파악하는 시험이므로 재료의 파괴가 필요하다.

40 **일반적으로 피로강도는 세로축에 응력(S), 가로축에 파괴까지의 응력 반복 횟수(N)를 가진 선도로 표시한다. 이 선도를 무엇이라 하는가?**

① B-S 선도
② S-S 선도
③ N-N 선도
④ S-N 선도

해설
피로시험은 재료의 강도시험으로 재료에 인장-압축응력을 반복해서 가했을 때 재료가 파괴되는 시점의 반복 수를 구해서 S-N곡선에 응력(S)과 반복하중 횟수(N)와의 상관관계를 나타내서 피로한도를 측정하는 시험이다. 이 시험을 통해서 S-N곡선이 만들어진다.

제3과목 용접일반 및 안전관리

41 **일렉트로 슬래그 용접의 특징에 대한 설명으로 옳지 않은 것은?**

① 용접 입열이 낮다.
② 후판용접에 적당하다.
③ 용접 능률과 용접 품질이 우수하다.
④ 용접 진행 중 직접 아크를 눈으로 관찰할 수 없다.

해설
일렉트로 슬래그 용접 : 용융된 슬래그와 용융금속이 용접부에서 흘러나오지 못하도록 수랭동판으로 둘러싸고 이 용융 풀에 용접봉을 연속적으로 공급하는데, 이때 발생하는 용융 슬래그의 저항열에 의하여 용접봉과 모재를 연속적으로 용융시키면서 용접하는 방법이다. 선박이나 보일러와 같이 두꺼운 판의 용접에 적합하며, 수직 상진으로 단층 용접하는 방식으로 용접 전원으로는 정전압형 교류를 사용한다.

• 장점
  - 용접이 능률적이다.
  - 전기저항열에 의한 용접이다.
  - 용접시간이 짧아서 용접 후 변형이 작다.
  - 다전극을 이용하면 더 효과적인 용접이 가능하다.
  - 입열량이 커서 후판용접에 적합하다.
  - 후판용접을 단일 층으로 한 번에 용접할 수 있다.
  - 스패터나 슬래그 혼입, 기공 등의 결함이 거의 없다.
  - 일렉트로 슬래그 용접의 용착량은 거의 100%에 가깝다.
  - 냉각하는 데 시간이 오래 걸려서 기공이나 슬래그가 섞일 확률이 작다.
• 단점
  - 손상된 부위에 취성이 크다.
  - 용접 진행 중에 용접부를 직접 관찰할 수 없다.
  - 가격이 비싸며, 용접 후 기계적 성질이 좋지 못하다.
  - 저용점 합금원소의 편석과 작은 형상계수로 인해 고온 균열이 발생한다.

정답 39 ④ 40 ④ 41 ①

42 수소가스 분위기에 있는 2개의 텅스텐 전극봉 사이에서 아크를 발생시키는 용접법은?

① 전자빔용접 ② 원자수소용접
③ 스폿용접 ④ 레이저용접

해설

원자수소아크용접 : 2개의 텅스텐 전극 사이에서 아크를 발생시키고 홀더의 노즐에서 수소가스를 유출시켜서 용접하는 방법으로 연성이 좋고 표면이 깨끗한 용접부를 얻을 수 있으나, 토치 구조가 복잡하고 비용이 많이 들기 때문에 특수 금속 용접에 적합하다.

43 서브머지드아크용접의 장점에 속하지 않는 것은?

① 용융속도 및 용착속도가 빠르다.
② 용입이 깊다.
③ 용접자세에 제약을 받지 않는다.
④ 대전류 사용이 가능하여 고능률적이다.

해설

서브머지드아크용접의 장점
- 내식성이 우수하다.
- 이음부의 품질이 일정하다.
- 후판일수록 용접속도가 빠르다.
- 높은 전류밀도로 용접할 수 있다.
- 용접 조건을 일정하게 유지하기 쉽다.
- 용접금속의 품질을 양호하게 얻을 수 있다.
- 용제의 단열작용으로 용입을 크게 할 수 있다.
- 용입이 깊어 개선각을 작게 해도 되므로 용접변형이 적다.
- 용접 중 대기와 차폐되어 대기 중의 산소, 질소 등의 해를 받지 않는다.
- 용접속도가 아크용접에 비해서 판두께가 12mm일 때는 2~3배, 25mm일 때는 5~6배 빠르다.

서브머지드아크용접의 단점
- 설비비가 많이 든다.
- 용접시공 조건에 따라 제품의 불량률이 커진다.
- 용제의 흡습성이 커서 건조나 취급을 잘해야 한다.
- 용입이 크므로 모재의 재질을 신중히 검사해야 한다.
- 용입이 크므로 요구되는 이음가공의 정도가 엄격하다.
- 용접선이 짧고 복잡한 형상의 경우에는 용접기 조작이 번거롭다.
- 아크가 보이지 않으므로 용접의 적부를 확인해서 용접할 수 없다.
- 특수한 장치를 사용하지 않는 한 아래보기, 수평자세 용접에 한정된다.
- 입열량이 크므로 용접금속의 결정립이 조대화되어 충격값이 낮아지기 쉽다.

44 용접법의 종류 중 알루미늄 합금재료의 용접이 불가능한 것은?

① 피복아크용접
② 탄산가스 아크용접
③ 불활성가스 아크용접
④ 산소-아세틸렌가스 용접

해설

CO_2 용접(탄산가스 아크용접)의 특징
- 조작이 간단하다.
- 가시아크로 시공이 편리하다.
- 용접재료가 철(Fe)에 한정되어 있으므로 알루미늄의 용접은 불가능하다.
- 전용접자세로 용접이 가능하다.
- 용착금속의 강도와 연신율이 크다.
- MIG용접에 비해 용착금속에 기공의 발생이 적다.
- 보호가스가 저렴한 탄산가스이므로 경비가 적게 든다.
- 킬드강이나 세미킬드강, 림드강도 쉽게 용접할 수 있다.
- 아크와 용융지가 눈에 보여 정확한 용접이 가능하다.
- 산화 및 질화가 되지 않아 양호한 용착금속을 얻을 수 있다.
- 용접의 전류밀도가 커서 용입이 깊고 용접속도를 빠르게 할 수 있다.
- 용착금속 내부의 수소 함량이 타 용접법보다 적어 은점이 생기지 않는다.
- 용제가 사용되지 않아 슬래그의 잠입이 적으며 슬래그를 제거하지 않아도 된다.
- 아크 특성에 적합한 상승 특성을 갖는 전원을 사용하므로 스패터의 발생이 적고 안정된 아크를 얻는다.

45 알루미늄을 TIG용접할 때 가장 적합한 전류는?

① DCSP ② DCRP
③ ACHF ④ AC

해설

TIG(Tungsten Inert Gas arc welding)용접으로 알루미늄용접 시에는 고주파 교류(ACHF ; Across Current High Frequency)를 사용한다.

42 ② 43 ③ 44 ② 45 ③ 정답

46 가스용접용으로 사용되는 가스가 갖추어야 할 성질에 해당되지 않는 것은?

① 불꽃의 온도가 높을 것
② 연소속도가 빠를 것
③ 발열량이 적을 것
④ 용융금속과 화학반응을 일으키지 않을 것

해설
가스용접용 가스는 발열량이 커야 원활한 용접작업이 가능하다.
가스별 불꽃온도 및 발열량

가스 종류	불꽃온도(℃)	발열량(kcal/m³)
아세틸렌	3,430	12,500
부 탄	2,926	26,000
수 소	2,960	2,400
프로판	2,820	21,000
메 탄	2,700	8,500

47 용접에 사용되는 산소를 산소용기에 충전시키는 경우 가장 적당한 온도와 압력은?

① 30℃, 18MPa ② 35℃, 18MPa
③ 30℃, 15MPa ④ 35℃, 15MPa

해설
산소가스는 35℃에서 150kgf/cm^2 = 15MPa의 고압으로 충전한다.

48 강의 가스절단(Gas Cutting) 시 화학반응에 의하여 생성되는 산화철의 융점에 관한 설명 중 가장 알맞은 것은?

① 금속 산화물의 융점이 모재의 융점보다 높다.
② 금속 산화물의 융점이 모재의 융점보다 낮다.
③ 금속 산화물의 융점과 모재의 융점이 같다.
④ 금속 산화물의 융점은 모재의 융점과 관련이 없다.

해설
금속 산화물의 융점은 순수한 철에 C의 함유량이 2% 이하인 강(Steel)보다 낮다.

49 교류아크 용접기 AW 300인 경우 정격부하전압은?

① 30V ② 35V
③ 40V ④ 45V

해설
교류아크 용접기의 규격

종 류	정격 2차 전류(A)	정격 사용률(%)	정격부하 전압(V)	사용 용접봉 지름(mm)
AW200	200	40	30	2.0~4.0
AW300	300	40	35	2.6~6.0
AW400	400	40	40	3.2~8.0
AW500	500	60	40	4.0~8.0

50 아크용접기의 특성 중 부하전류(아크전류)가 증가하면 단자전압이 저하하는 특성은?

① 수하 특성 ② 정전압 특성
③ 정전기 특성 ④ 상승 특성

해설
용접기의 특성 4가지
- 정전류 특성 : 부하전류나 전압이 변해도 단자전류는 거의 변하지 않는다.
- 정전압 특성
  - 부하전류나 전압이 변해도 단자전압은 거의 변하지 않는다.
  - 불활성가스 금속아크용접(MIG)에 사용된다.
- 수하 특성
  - 부하전류가 증가하면 단자전압이 낮아진다.
  - 피복아크용접 중 수동 용접기에 가장 적합하다.
- 상승 특성 : 부하전류가 증가하면 단자전압이 약간 높아진다.

정답 46 ③ 47 ④ 48 ② 49 ② 50 ①

51 플라스마 아크용접의 장점으로 옳지 않은 것은?

① 높은 에너지밀도를 얻을 수 있다.

② 용접속도가 빠르고 품질이 우수하다.

③ 용접부의 기계적 성질이 좋으며 변형이 작다.

④ 맞대기 용접에서 용접 가능한 모재 두께의 제한이 없다.

해설

플라스마 아크용접은 판 두께가 두꺼울 경우 토치 노즐이 용접이음부의 루트면까지 접근이 어려워서 모재의 두께는 25mm 이하로 제한을 받는다.

플라즈마 아크용접의 특징

- 용입이 깊다.
- 비드의 폭이 좁다.
- 용접 변형이 작다.
- 용접의 품질이 균일하다.
- 용접부의 기계적 성질이 좋다.
- 용접속도를 크게 할 수 있다.
- 용접장치 중에 고주파 발생장치가 필요하다.
- 용접속도가 빨라서 가스 보호가 잘 안 된다.
- 무부하전압이 일반 아크용접기보다 2~5배 더 높다.
- 핀치효과에 의해 전류밀도가 크고, 안정적이며 보유 열량이 크다.

52 피복아크용접에서 보통 용접봉의 단면적 1mm^{2}에 대한 전류밀도로 가장 적합한 것은?

① 8~9A ② 10~13A

③ 14~18A ④ 19-23A

해설

피복아크 용접봉의 단면적 1mm^{2}당 적당한 전류밀도는 약 10~13A이다.

53 전자빔용접의 일반적인 특징에 대한 설명으로 틀린 것은?

① 불순가스에 의한 오염이 적다.

② 용접 입열이 적으므로 용접변형이 작다.

③ 텅스텐, 몰리브덴 등 고융점재료의 용접이 가능하다.

④ 에너지 밀도가 낮아 용융부나 열영향부가 넓다.

해설

전자빔용접은 에너지 밀도가 크고 용융부나 열영향부가 좁은 특징을 갖는다.

전자빔용접의 장점 및 단점

장 점	• 에너지밀도가 크다. • 용접부의 성질이 양호하다. • 아크용접에 비해 용입이 깊다. • 활성재료가 용이하게 용접이 된다. • 고용융점재료의 용접이 가능하다. • 아크 빔에 의해 열의 집중이 잘된다. • 고속 절단이나 구멍 뚫기에 적합하다. • 얇은 판에서 두꺼운 판까지 용접할 수 있다(응용 범위가 넓다). • 높은 진공상태에서 행해지므로 대기와 반응하기 쉬운 재료도 용접이 가능하다. • 진공 중에서도 용접하므로 불순가스에 의한 오염이 적고 높은 순도의 용접이 된다. • 용접부가 작아서 용접부의 입열이 작고 용입이 깊어 용접변형이 작고 정밀 용접이 가능하다.
단 점	• 용접부에 경화 현상이 생긴다. • X선 피해에 대한 특수 보호장치가 필요하다. • 진공 중에서 용접하기 때문에 진공 상자의 크기에 따라 모재의 크기가 제한된다.

전자빔용접

고밀도로 집속되고 가속화된 전자빔을 높은 진공(10^{-6}~10^{-4}mmHg) 속에서 용접물에 고속도로 조사시키면 빛과 같은 속도로 이동한 전자가 용접물에 충돌하면서 전자의 운동에너지를 열에너지로 변환시켜 국부적으로 고열을 발생시키는데, 이때 생긴 열원으로 용접부를 용융시켜 용접하는 방식이다. 텅스텐(3,410℃)과 몰리브덴(2,620℃)과 같이 용융점이 높은 재료의 용접에 적합하다.

51 ④ 52 ② 53 ④ 정답

54 아크용접 중에 아크가 전류 자장의 영향을 받아 용접비드(Bead)가 한쪽 방향으로 쏠리는 현상은?

① 용융 속도(Melting Rate)
② 자기불림(Magnetic Blow)
③ 아크부스터(Arc Booster)
④ 전압강하(Cathode Drop)

해설

아크쏠림(Arc Blow, 자기불림) : 용접봉과 모재 사이에 전류가 흐를 때 그 주위에는 자기장이 생기는데, 이 자기장이 용접봉에 대해 비대칭으로 형성되면 아크가 자력선이 집중되지 않은 한쪽으로 쏠리는 현상이다. 직류아크용접에서 피복제가 없는 맨(Bare) 용접봉을 사용했을 때 많이 발생하며 아크가 불안정하고, 기공이나 슬래그 섞임, 용착금속의 재질 변화 등의 불량이 발생한다.

아크쏠림 방지대책

- 용접 전류를 줄인다.
- 교류용접기를 사용한다.
- 접지점을 2개 연결한다.
- 아크 길이는 최대한 짧게 유지한다.
- 접지부를 용접부에서 최대한 멀리 한다.
- 용접봉 끝을 아크쏠림의 반대 방향으로 기울인다.
- 용접부가 긴 경우는 가용접 후 후진법(후퇴용접법)을 사용한다.
- 받침쇠, 긴 가용접부, 이음의 처음과 끝에 앤드 탭을 사용한다.

55 점용접(Spot Welding)의 3대 요소에 해당되는 것은?

① 가압력, 통전시간, 전류의 세기
② 가압력, 통전시간, 전압의 세기
③ 가압력, 냉각수량, 전류의 세기
④ 가압력, 냉각수량, 전압의 세기

해설

저항용접의 3요소

- 가압력
- 용접전류
- 통전시간

56 납땜에서 경납용으로 쓰이는 용제는?

① 붕 사 ② 인 산
③ 염화아연 ④ 염화암모니아

해설

납땜용 용제(Flux)의 종류

경납용 용제	연납용 용제
• 붕 사	• 송 진
• 붕 산	• 인 산
• 불화나트륨	• 염 산
• 불화칼륨	• 염화아연
• 은 납	• 염화암모늄
• 황동납	• 주석-납
• 인동납	• 카드뮴-아연납
• 망간납	• 저융점 땜납
• 양은납	
• 알루미늄납	

57 MIG용접이나 CO_2 아크용접과 같이 반자동용접에 사용되는 용접기의 특성은?

① 정전류 특성과 맥동전류 특성
② 수하 특성과 정전류 특성
③ 정전압 특성과 상승 특성
④ 수하 특성과 맥동전류 특성

해설

MIG용접이나 CO_2 용접과 같이 전류밀도가 높은 용접기의 경우 정전압 특성이나 상승 특성을 전원으로 사용한다.

정답 54 ② 55 ① 56 ① 57 ③

58 용접작업에서 전격의 방지대책으로 틀린 것은?

① 용접기 내부에 함부로 손을 대지 않는다.
② 홀더나 용접봉은 맨손으로 취급하지 않는다.
③ 보호구는 반드시 착용하지 않아도 된다.
④ 습기 찬 작업복, 장갑 등을 착용하지 않는다.

해설
용접작업 시에는 전격뿐만 아니라 기타 용접 열에 의한 사고를 방지하기 위해서라도 반드시 안전용품을 착용해야 한다.
※ 전격이란 강한 전류를 갑자기 몸에 느꼈을 때의 충격으로, 용접기에는 작업자의 전격을 방지하기 위해서 반드시 전격방지기를 부착해야 한다. 전격방지기는 작업을 쉬는 동안에 2차 무부하전압이 항상 25V 정도로 유지되도록 하여 전격을 방지한다.

59 피복아크용접용 기구 중 보호구가 아닌 것은?

① 핸드실드
② 케이블 커넥터
③ 용접헬멧
④ 팔 덮개

해설
케이블 커넥터는 용접설비에 전원을 연결시키는 고정용 부품으로 안전용품은 아니다.

60 아크용접 중 방독마스크를 쓰지 않아도 되는 용접재료는?

① 연 강
② 황 동
③ 아연도금강판
④ 카드뮴합금

해설
아크용접 시 일반마스크를 착용해서 용접 시 발생하는 가스가 인체에 흡입되지 않도록 해야 한다. 그러나 방독마스크는 용접재료에 유해 가스가 존재할 경우에 사용하는데 황동이나 아연도금강판, 카드뮴합금은 모두 비철금속이 도금되어 있으므로 용접 시 유해가스가 발생하므로 반드시 착용해야 한다. 그러나 연강은 일반마스크만 착용해도 된다.

58 ③ 59 ② 60 ① 정답

우리 인생의 가장 큰 영광은 결코 넘어지지 않는 데 있는 것이 아니라

넘어질 때마다 일어서는 데 있다.

– 넬슨 만델라 –

참 / 고 / 문 / 헌

- 간추린 금속재료(이승평), 청호
- 금속재료(교육과학기술부), ㈜두산동아
- 금속제조(교육과학기술부), ㈜두산동아
- 기계공작법(교육과학기술부), ㈜두산동아
- 기계기초공작(교육과학기술부), ㈜두산동아
- 기계일반(교육과학기술부), ㈜두산동아
- 기계제도(교육과학기술부), ㈜두산동아
- 기초제도(교육과학기술부), ㈜두산동아
- 산업설비 상(교육과학기술부), ㈜두산동아
- 산업설비 하(교육과학기술부), ㈜두산동아
- 소성가공(교육인적자원부), ㈜대한교과서
- 재료가공(교육과학기술부), ㈜두산동아
- Win-Q 용접기능사(홍순규), 시대고시기획

Win-Q 용접산업기사 필기

개정8판1쇄 발행	2025년 01월 10일 (인쇄 2024년 08월 16일)
초 판 발 행	2017년 03월 10일 (인쇄 2017년 01월 30일)
발 행 인	박영일
책 임 편 집	이해욱
편 저	홍순규
편 집 진 행	윤진영, 최 영
표지디자인	권은경, 길전홍선
편집디자인	정경일
발 행 처	(주)시대고시기획
출 판 등 록	제10-1521호
주 소	서울시 마포구 큰우물로 75 [도화동 538 성지 B/D] 9F
전 화	1600-3600
팩 스	02-701-8823
홈 페 이 지	www.sdedu.co.kr
I S B N	979-11-383-7709-6(13550)
정 가	27,000원

한눈에 이해할 수 있도록
체계적으로 정리한 **핵심이론**

철저한 시험유형 파악으로
만든 **필수확인문제**

국가직 · 지방직 등
최신 기출문제와 상세 해설

기술직 공무원 건축계획
별판 | 30,000원

기술직 공무원 전기이론
별판 | 23,000원

기술직 공무원 전기기기
별판 | 23,000원

기술직 공무원 생물
별판 | 20,000원

기술직 공무원 임업경영
별판 | 20,000원

기술직 공무원 조림
별판 | 20,000원

※도서의 이미지와 가격은 변경될 수 있습니다.